“十二五”普通高等教育本科国家级规划教材

图像工程 中册
图像分析（第5版）

Image Engineering (II)

Image Analysis

(Fifth Edition)

章毓晋　编著

清华大学出版社
北　京

内 容 简 介

本书为《图像工程》第5版的中册，主要介绍图像工程的第二层次——图像分析基本概念、基本原理、典型方法、实用技术以及国际上有关研究的新成果。

本书第1章是绪论，介绍图像分析基础并概述全书。图像分析的主要内容分别在4个单元中介绍。第1单元(包含第2～5章)介绍图像分割技术；其中第2章介绍图像分割的基础知识和基本方法，第3章介绍一些典型的图像分割技术，第4章介绍对基本分割技术的推广，第5章介绍对图像分割的评价研究。第2单元(包含第6～9章)介绍对分割出目标的表达描述技术，其中第6章介绍目标表达技术，第7章介绍目标描述技术，第8章介绍对目标显著性的检测和描述技术，第9章介绍进一步的特征测量和误差分析内容。第3单元(包含第10～13章)介绍目标特性分析技术，其中第10章介绍纹理分析技术，第11章介绍形状分析技术，第12章介绍运动分析技术，第13章介绍目标属性的含义及其应用。第4单元(包含第14～16章)介绍一些相关的数学工具，其中第14章介绍二值数学形态学，第15章介绍灰度数学形态学，第16章介绍图像模式识别原理和方法。书中的附录A介绍了人脸和表情识别的原理和技术，主要与第16章相关。

本书可作为高等院校信号与信息处理、通信与信息系统、电子与通信工程、模式识别与智能系统、计算机视觉等本科和研究生专业基础课或专业课教材，也可供信息与通信工程、电子科学与技术、计算机科学与技术、测控技术与仪器、机器人自动化、生物医学工程、光学、电子医疗设备研制、遥感、测绘和军事侦察等领域的科技工作者参考。

图书在版编目(CIP)数据

图像工程. 中册，图像分析/章毓晋编著. —5版. —北京：清华大学出版社，2024.5
ISBN 978-7-302-66289-1

Ⅰ. ①图… Ⅱ. ①章… Ⅲ. ①计算机应用－图像处理 Ⅳ. ①TP391.41

中国国家版本馆CIP数据核字(2024)第098090号

责任编辑：文 怡 李 晔
封面设计：王昭红
责任校对：王勤勤
责任印制：丛怀宇

出版发行：清华大学出版社
　　网　　址：https://www.tup.com.cn，https://www.wqxuetang.com
　　地　　址：北京清华大学学研大厦A座　　**邮　　编**：100084
　　社 总 机：010-83470000　　**邮　　购**：010-62786544
　　投稿与读者服务：010-62776969，c-service@tup.tsinghua.edu.cn
　　质量反馈：010-62772015，zhiliang@tup.tsinghua.edu.cn
　　课件下载：https://www.tup.com.cn，010-83470236
印 装 者：三河市龙大印装有限公司
经　　销：全国新华书店
开　　本：185mm×260mm　　**印　　张**：29　　**字　　数**：763千字
版　　次：1999年3月第1版　2024年5月第5版　　**印　　次**：2024年5月第1次印刷
印　　数：1～1500
定　　价：99.00元

产品编号：103183-01

FOREWORD 前言

这是《图像工程》第 5 版，全套书仍分 3 册，分别为《图像工程（上册）——图像处理》、《图像工程（中册）——图像分析》和《图像工程（下册）——图像理解》。它们全面介绍图像工程的基础概念、基本原理、典型方法、实用技术以及国际上相关内容研究的新成果。

《图像工程》第 4 版也分 3 册，名称相同。上、中、下册均于 2018 年出版，《图像工程》第 4 版的 3 册合订本也在 2018 年出版。第 4 版至今已重印 22 次，总计印刷 2 万多册。另有电子版。

《图像工程》第 3 版也分 3 册，名称相同。上、中、下册均于 2012 年出版，2013 年出版了《图像工程》第 3 版的 3 册合订本。第 3 版共重印 13 次，总计印刷 3 万多册。

《图像工程》第 2 版也分 3 册，名称相同。上、中、下册分别于 2006 年、2005 年和 2007 年出版，2007 年还出版了《图像工程》第 2 版的 3 册合订本。第 2 版共重印 18 次，总计印刷近 7 万册。

《图像工程》第 1 版也分 3 册，名称分别为《图像工程（上册）——图像处理和分析》、《图像工程（下册）——图像理解和计算机视觉》和《图像工程（附册）——教学参考及习题解答》。这三册分别于 1999 年、2000 年和 2002 年出版。第 1 版共重印 27 次，总计印刷约 11 万册。

《图像工程》的多次重印表明作者一直倡导的，为了对各种图像技术进行综合研究、集成应用而建立的整体框架——图像工程——作为一门系统地研究各种图像理论、技术和应用的新的交叉学科得到了广泛的认可，相关教材也在教学中得到大量使用。同时，随着研究的深入和技术的发展，编写新版的工作也逐渐提上议事日程。

第 5 版的编写开始于 2022 年，是年暑假静心构思了全套书的整体框架。其后，根据框架陆续收集了一些最新的相关书籍和文献（包括印刷版和电子版），仔细进行了阅读并做了笔记。这为新版的编写打下了一个坚实的基础。其间，还结合以往课堂教学和学生反馈，对一些具体内容（包括习题）进行了整理和调整。第 5 版内容具有一定的深度和广度，希望读者通过本套书的学习，能够独立和全面地了解该领域的基本理论、技术、应用和发展。

第 5 版在编写方针上，仍如前 4 版那样力求突出理论性、实用性、系统性、实时性；在内容叙述上，力求理论概念严谨，论证简明扼要。第 5 版在内容方面，基本保留了第 4 版中有代表性的经典内容，同时考虑到图像技术的飞速发展，认真选取了近年的一些最新研究成果和得到广泛使用的典型技术进行充实。这些新内容既参考了许多有关文献，也结合了作者的一些研究工作和成果以及这些年来的教学教案。除每册书均增加了一章全新内容外，还各增加了多个节和小节，使全书内容更加完整。总体来说，第 5 版的内容覆盖面更广，介绍更全面、细致，整体篇幅比第 4 版增加约 20%。第 5 版的内容根据技术发展进行了很多更新，21 世纪 20 年代以来的参考文献约为总数的 20%。

第 5 版在具体结构和章节安排方面仍然保留了上一版的特点：

第一，各册书均从第 2 章就开始介绍正式内容，更快进入主题。先修或预备内容分别安排在需要先修部分的同一章前部，从教学角度来说，更加实用，也突出了主线内容。

第二,除第1章绪论外,各册书的正式内容仍都结合成4个主题相关的单元(并画在封面上),每个单元都有具体说明,帮助选择学习。全书有较强的系统性和结构性,也有利于复习考核。

第三,各章中的习题均只有少部分给出了解答,使教师可以更灵活地选择布置。更多的习题和其余的习题解答将会放在出版社网站上,便于补充、改进,网址为 https://www.tup.com.cn。

第四,各册书后均仍有主题索引(并给出了英文),这样既方便在书中查找有关内容,又方便在网上查找有关文献和解释。

第5版仍保留了第4版开始的举措,即可以扫描书中(黑白印刷的)图片旁的二维码,调出存放在出版社网站上对应的彩色图片,以获得更好的观察效果和更多的信息。

第5版还新增加了微课形式(对各章内容结合 ppt 进行讲解)及多选测试题(包括提示和解答),可扫描书中相应位置处的二维码获得。

从1996年开始编写《图像工程》第1版以来至今已20多年。其间,作者与许多读者(包括教师、学生、自学者等)有过各种形式的讨论和交流,除了与一些同行面谈外,许多人打来电话或发来电子邮件。这些讨论和交流给作者提供了许多宝贵的意见和建议,在编写这5版书中都起到了不可或缺的作用,特别是在解释和描述的详略方面都结合读者反馈意见进行了调整,从而更加容易理解和学习。值得指出的是,书中还汇集了多年来不少听课学生的贡献,许多例题和练习题是在历届学生作业和课堂讨论的基础上提炼出来的,一些图片还直接由学生帮助制作,在选材上也从学生的反馈中受到许多启发。借此机会向他们一并表示衷心的感谢。

书中有相当多的内容基于作者和他人共同研究的成果,特别是历年加入图像工程研究室的成员(按姓名拼音排):学生(本科生、硕士生、博士生)安浩田、敖腾隆、边辉、卜莎莎、蔡伟、陈达勤、陈权崎、陈挺、陈伟、陈正华、程正东、崔崟、达内什瓦(DANESHVAR Elaheh)、戴声扬、段菲、方慕园、冯上平、傅卓、高永英、葛菁华、侯乐天、胡浩基、黄祥耀、黄翔宇、黄小明、黄英、贾波、贾超、贾慧星、姜帆、李佳童、李娟、李乐、李孟栖、李品一、李勍、李睿、李硕、李闻天、李相贤(LEE Sang Hyun)、李小鹏、李雪、梁含悦、刘宝弟、刘晨阳、刘峰、刘锴、刘青棣、刘惟锦、刘晓旻、刘忠伟、陆海斌、陆志云、罗惠韬、罗沄、明祐愍(MING YouMin)、朴寅奎(PARK In Kyu)、钱宇飞、秦暄、秦垠峰、阮孟贵(NGUYEN Manh Quy)、赛义(BAGHERI Saeid)、沈斌、谭华春、汤达、王树徽、王宇雄、王志国、王志明、王钟绪、温宇豪、文熙安(VINCENT Tristan)、吴高洪、吴纬、夏尔雷(PAULUS Charley)、向振、徐丹、徐枫、徐洁、徐培、徐寅、许翔宇、薛菲、薛景浩、严严、杨劲波、杨翔英、杨忠良、姚玉荣、游钱皓喆、于信男、鱼荣珍(EO Young Jin)、俞天利、袁静、贠亮、张宁、赵雪梅、郑胤、周丹、朱施展、朱小青、朱云峰,博士后高立志、王怀颖,以及进修教师和科研人员陈洪波、崔京守(CHOI Jeong Swu)、郭红伟、石俊生、杨卫平、曾萍萍、张贵仓等。各版书中采用的图表除作者本人制作的外,也包括他们在研究工作中收集和实验得到的。该书应该说是多人合作成果的体现。

最后,感谢妻子何芸、女儿章荷铭在各方面的理解和支持!

章毓晋

2023年暑假于书房

通信:北京清华大学电子工程系,100084

电邮:zhang-yj@tsinghua.edu.cn

主页:https://oa.ee.tsinghua.edu.cn/~zhangyujin/

中册书概况和使用建议

本书为《图像工程》第 5 版的中册，主要介绍图像工程的第二层次——图像分析基本概念、基本原理、典型方法、实用技术以及国际上有关研究的新成果。

本书第 1 章是绪论，介绍图像分析基础并概述全书。图像分析的主要内容分别在 4 个单元中介绍。第 1 单元(包含第 2～5 章)介绍图像分割技术；其中第 2 章介绍图像分割的基础知识和基本方法，第 3 章介绍一些典型的图像分割技术，第 4 章介绍对基本分割技术的推广，第 5 章介绍对图像分割的评价研究。第 2 单元(包含第 6～9 章)介绍对分割出目标的表达描述技术，其中第 6 章介绍目标表达技术，第 7 章介绍目标描述技术，第 8 章介绍对目标显著性的检测和描述技术，第 9 章介绍进一步的特征测量和误差分析内容。第 3 单元(包含第 10～13 章)介绍目标特性分析技术，其中第 10 章介绍纹理分析技术，第 11 章介绍形状分析技术，第 12 章介绍运动分析技术，第 13 章介绍目标属性的含义及其应用。第 4 单元(包含第 14～16 章)介绍一些相关的数学工具，其中第 14 章介绍二值数学形态学，第 15 章介绍灰度数学形态学，第 16 章介绍图像模式识别原理和方法。书中的附录 A 介绍了人脸和表情识别的原理和技术，主要与第 16 章相关。

本书包括 16 章正文，1 个附录，以及"主题索引"、"部分思考题和练习题解答"和"参考文献"。在这 20 个一级标题下共有 108 个二级标题(节)，再下还有 212 个三级标题(小节)。全书折合文字(包括图片、绘图、表格、公式等)约 70 万。本书共有编了号的图 522 个(包括图片 635 幅)、表格 74 个、公式 835 个。为便于教学和理解，本书共给出各类例题 141 个。为便于检查教学和学习效果，各章后均有 12 个思考题和练习题，全书共有 192 个，对其中的 32 个(每章 2 个)提供了参考答案(更多的思考题和练习题解答将考虑另行提供)。另外，书后统一列出了直接引用和提供参考的 640 多篇文献的目录。最后，书末还给出了近 850 个主题索引(及英译)。

本书各章主要内容和可讲授长度基本平衡，根据学生的基础和背景，每章可用 3～4 个课堂学时讲授，另外可能还需要平均 2～3 个课外学时练习和复习。本书电子教案可在清华大学出版社网站 https://www.tup.com.cn 或作者主页 http://oa.ee.tsinghua.edu.cn/～zhangyujin/下载。

本书每章均配有微课视频(在每章开头扫码即可下载并观看)和"随堂测试"(在每章末尾扫码即可下载并使用)。"总结和复习"(在每章末尾)、"部分思考题和练习题解答"(全书末尾)和参考文献(全书末尾)均已电子化，扫码即可下载。

CONTENTS 目录

注：加*号的部分均已电子化，可扫描二维码下载并使用。

第1章

绪　论

本书为《图像工程》整套书的中册，起着承上（图像处理）启下（图像理解）的作用。

本章对全书内容和结构进行概括介绍，并介绍一些预备知识，各节将安排如下。

1.1 节首先回顾一些与图像相关的概念、定义，然后对代表整个图像领域研究应用的新学科——图像工程——及发展情况进行概述，还讨论了与其他相关学科的联系。

1.2 节概括介绍图像分析的定义和研究内容，讨论图像分析与图像处理、图像分析与模式识别的联系和区别，并结合图像分析系统的框架讨论其各个组成工作模块的功能和特点。

1.3 节介绍图像分析中常用到的一系列数字化概念（上册第 3 章有初步介绍），包括离散距离、连通组元、数字化模型、数字弧和数字弦。

1.4 节介绍图像分析中广泛使用的距离变换。先给出距离变换的定义和性质，然后介绍利用局部距离来逐步计算全局距离的原理，最后分别讨论离散距离变换的串行实现方法和并行实现方法。

1.5 节概括介绍本书主要内容、框架结构、编写特点以及先修知识要求。

1.1　图像和图像工程

先简要回顾一些有关图像的基本概念，再概述图像工程学科 3 个层次的主要名词、定义和发展情况，及其与相近学科的联系、区别。

1.1.1　图像基础

图像是用各种观测系统以不同形式和手段观测客观世界而获得的，可以直接或间接作用于人眼并进而产生视知觉的实体[章 1996a]。这里图像的概念是广义的，包括照片、绘图、动画、视像，甚至文档等。图像中包含了它所表达物体和场景的丰富描述信息，是人们最主要的信息源。

客观世界在空间上是三维（3-D）的，通过投影得到的则是二维（2-D）的图像（还可以结合成 3-D 图像），这是本书讨论的主体。在常见的观察尺度上，客观世界是连续的。进行图像采集时考虑到计算机加工的要求，需要在图像坐标空间和性质空间中都进行离散化。一幅图像可用一个 2-D 数组 $f(x,y)$ 来表示，这里 x 和 y 表示 2-D 空间 XY 中一个离散坐标点的位置，而 f 则代表图像在点 (x,y) 的某种性质 $\boldsymbol{F}$ 的离散数值。对实际图像，x 和 y 以及 f 的取值都是有限的（本书中，x 和 y 以及 f 都取整数值）。本书讨论的都是离散的数字图像，在不会引起误解的情况下，均直接使用图像一词。

从计算的角度出发，常用一个 2-D 的 $M \times N$ 的矩阵 $\boldsymbol{F}$（其中，M 和 N 分别为图像的总行数和总列数）来表示一幅 2-D 图像：

$$\boldsymbol{F} = \begin{bmatrix} f_{11} & f_{12} & \cdots & f_{1N} \\ f_{21} & f_{22} & \cdots & f_{2N} \\ \vdots & \vdots & \ddots & \vdots \\ f_{M1} & f_{M2} & \cdots & f_{MN} \end{bmatrix} \tag{1.1.1}$$

式(1.1.1)的形式比较形象地表明一幅 2-D 图像是一种空间属性(如**亮度**)的分布模式。2-D 图像中每个基本单元(对应式(1.1.1)中矩阵的每一项)称为图像元素，简称**像素**；而对 3-D 空间 XYZ 中的图像，其基本单元称为**体素**。由式(1.1.1)还可见，一幅 2-D 图像是某种性质的幅度模式在 2-D 空间的分布。对 2-D 图像显示的基本思路就是将 2-D 图像看作在 2-D 空间位置上的一种亮度分布。一般利用显示设备在每个空间位置赋予不同灰度(或颜色)来显示图像。

例 1.1.1　图像显示

图 1.1.1 给出两幅典型的**灰度图像**(Lena 和 Cameraman)，它们分别用两种形式显示。如图 1.1.1(a)所示的坐标系统常在屏幕显示中采用，其坐标的原点 O 在图像的左上角，纵轴标记图像的行，横轴标记图像的列。如图 1.1.1(b)所示的坐标系统常在图像计算中采用，它的原点位于图像的左下角，横轴为 X 轴，纵轴为 Y 轴(与常用的笛卡儿坐标系相同)。注意，$f(x,y)$既可代表这幅图像，也可表示在(x,y)坐标处像素的值。

图 1.1.1　图像和像素

□

1.1.2　图像工程

图像技术在广义上是各种与图像有关的技术的总称，除对图像的采集和加工外，还可包括基于加工结果的判断决策和行为规划等，以及为完成上述功能而进行的硬件设计及制作等方面的技术。

图像工程学科是一个将数学、光学等基础科学的原理结合在图像应用中，不断积累经验而发展起来的，并将各种图像技术集中结合起来对整个图像领域进行研究应用的新学科。

1. 图像工程 3 个层次

图像工程的内容非常丰富，覆盖面也很广，根据抽象程度、数据量和研究方法等的不同可分为 3 个层次，即图像处理、图像分析和图像理解，参见图 1.1.2。上册已集中介绍的**图像处理**是比较低层的操作，它主要在图像像素级上进行处理，处理的数据量非常大。本册书集中介

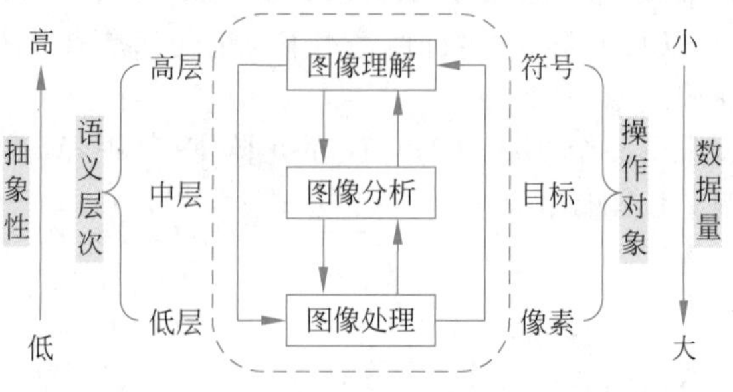

图 1.1.2　图像工程 3 个层次的示意图

绍的**图像分析**则进入了中层，分割和特征提取把原来以像素描述的图像转变成比较简洁的非图形式的描述。下册将集中介绍的**图像理解**主要是高层操作，基本上是对从描述抽象出来的符号进行运算，其处理过程和方法与人类的思维推理有许多类似之处。

另外由图 1.1.2 可见，随着抽象程度的提高，数据量是逐渐减少的。具体来说，原始图像数据经过一系列的处理过程，其表达形式逐步转化，代表了组织更强和用途更广的信息。在这个过程中，一方面，语义不断引入，操作对象发生变化，数据量得到了压缩；另一方面，高层操作对低层操作有指导作用，因此能提高低层操作的效能。

例 1.1.2　从图像表达到符号表达

原始采集的图像一般采用**光栅图像**的形式表达和存储。将图像区域分成小的单元，在每个单元中，使用一个介于最大值和最小值之间的灰度值来表示该单元处图像的亮度。如果光栅足够细，即单元尺寸足够小，就可看到连续的图像。

图像分析的目的是提取可以充分地描述目标特性的数据且使用尽可能少的存储空间。图 1.1.3 给出随着对光栅图像的分析而出现的表达变化。图 1.1.3(a)是原始的用光栅形式表达的图像，每个小正方形对应一个像素。图像中有些像素有较低的灰度(阴影)，表示它们与周围其他像素(的性质)不同。这些有较低灰度的像素构成一个近似的圆环。通过图像分析，可将圆环目标(目标是图像中某些像素的集合)分割出来，得到轮廓曲线如图 1.1.3(b)所示。接下来，用一个圆来拟合上面的曲线，并采用几何表达将圆矢量化，得到一条封闭光滑的曲线。在此基础上，可对其采用符号表达，其中图 1.1.3(c)定量且简洁地给出了圆的方程，而图 1.1.3(d)抽象地给出了“圆”的概念。图 1.1.3(d)可以看成对图 1.1.3(c)的数学公式所给出的符号表达进行解释或识别的结果，相对图 1.1.3(c)的定量表达(描述目标的精确尺寸和形状)，图 1.1.3(d)的表达更定性，也更抽象。

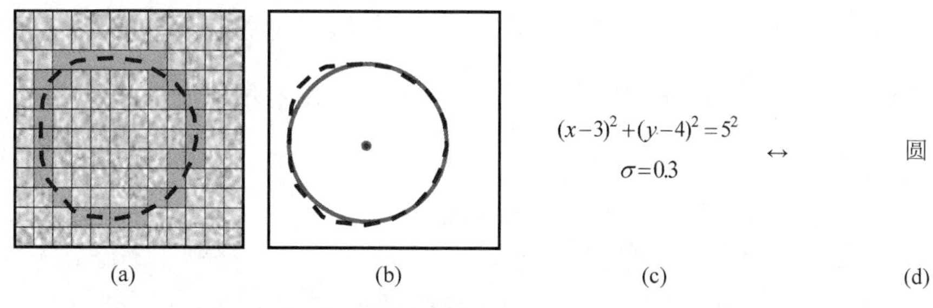

图 1.1.3　从图像表达到符号表达

很明显，随着对图像的处理和分析，从图像表达到符号表达，数据量减少，语义层次提高。

□

2. 3 个层次文献分类

图像工程 3 个层次的研究和应用都在不断地发展。在对图像工程文献的统计分类序列([章 1996a]、[章 1996b]、[章 1997a]、[章 1998a]、[章 1999a]、[章 2000a]、[章 2001a]、[章 2002a]、[章 2003a]、[章 2004a]、[章 2005a]、[章 2006a]、[章 2007a]、[章 2008a]、[章 2009a]、[章 2010]、[章 2011a]、[章 2012a]、[章 2013]、[章 2014a]、[章 2015a]、[章 2016a]、[章 2017a]、[章 2018a]、[章 2019]、[章 2020a]、[章 2021a]、[章 2022]、[章 2023])中，相关文献主要分为图像处理、图像分析、图像理解和技术应用 4 大类，它们在总文献数量中的百分比变化如图 1.1.4 所示。可以看出，图像处理文献和图像分析文献多年来一直占据前两位。近年来，图像分析文献占据了榜首，得到了最多的关注。

彩图

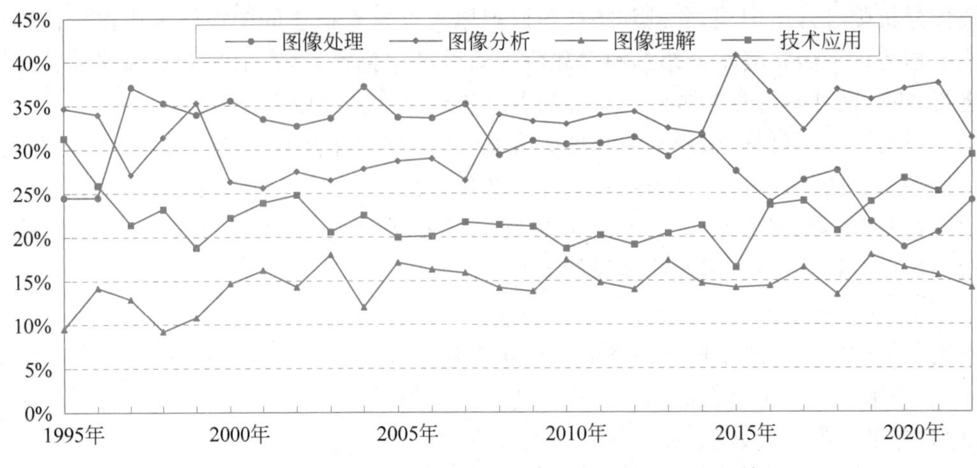

图 1.1.4　4 大类文献数量 28 年来所占百分比的变化情况

3. 图像工程的相近学科

图像工程作为一门新的概括整个图像领域研究应用的交叉学科，与许多学科有密切联系。图 1.1.5 给出了图像工程与几个最相近学科的联系和区别[章 1996b]。其中，图像分析与计算机图形学两者的处理对象和输出结果正好对调；且图像分析与(图像)模式识别有相同的输入，而不同的输出结果可以比较方便地进行转换(具体讨论见 1.2 节)。另外，计算机视觉当前的研究重点主要也是基于图像分析的图像理解。

事实上，图像工程与计算机图形学、模式识别、计算机视觉等学科互相联系，虽各有侧重但常常是互为补充的。在许多场合和情况下，专业和背景不同的人也常常混合使用不同的术语。另外，以上各学科都得到了包括人工智能、神经网络、图像代数、遗传算法、模糊逻辑、机器学习、深度学习等新理论、新工具、新技术的支持(见图 1.1.5)，所以它们又都在近年得到了长足的发展。

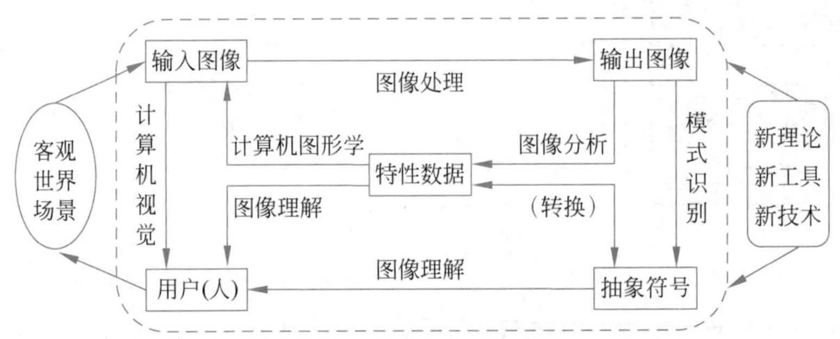

图 1.1.5　图像工程及最相近学科的联系与区别

1.2　图像分析概论

如图 1.1.2 所示，图像分析处在图像工程的中层，既要借助图像处理的结果又要为图像理解打基础，起着承上启下的作用。

1.2.1　图像分析的定义和研究内容

对图像分析的定义以及它所研究的内容都受到图像工程上层和下层的影响。

1. 图像分析的定义

对**图像分析**的定义和描述有不同的说法，下面给出几个示例：

(1) 图像分析的目的是基于从图像中提取的信息构建对场景的描述[Rosenfeld 1984]。

(2) 图像分析常指利用计算机处理图像以发现图像中有哪些目标[Pavlidis 1988]。

(3) 图像分析对图像和图像中的目标进行量化和分类[Mahdavieh 1992]。

(4) 图像分析考虑如何从多维信号中提取有意义的测量数据[Young 1993]。

(5) 图像分析的中心问题是将若干兆字节大小的灰度图像或彩色图像简化成只有若干有意义和有用的数字[Russ 2006]。

在本书中,图像分析被看作从图像出发,对其中感兴趣的目标进行检测、提取、表达、描述和测量,从而获取客观信息,输出数据结果的过程和技术。

2. 图像处理和图像分析的区别和联系

图像处理和图像分析各有特点,这在 1.1.2 小节已分别叙述。图像处理和图像分析是有区别的。有人认为图像处理(如同文字处理、食品处理那样)是一种**重组**的科学[Russ 2006]。对一个像素来说,它的属性值有可能根据其相邻像素的值而改变,或它本身被移动到图像中的其他地方,但整幅图像中像素的绝对数量并不改变。例如,在文字处理中,可以剪切或复制段落,进行拼音检查或改变字体而不改变文字的数量。又如在食品处理中,是要重组各种成分(ingredient)以产生更好的组合,而不是要提炼出各种成分的精华(essence)。但图像分析不同,它的目标就是试图从图像中提取出那些精练地表达图像重要信息的描述系数,并定量地表示图像的内容。

图像处理和图像分析又是有联系的。在许多从采集图像到分析出结果的过程中,都使用了各种图像处理的技术。在实际应用中,图像分析的工作常基于图像(预)处理的结果进行。

例 1.2.1 图像分析应用流程示例

图 1.2.1 给出了一个 3-D 图像分析的流程。该流程涉及的步骤主要包括:

(1) 图像采集——由原始景物获得图像;

(2) 预处理——校正采集图像过程中产生的失真;

(3) 图像恢复——对校正后的图像进行过滤以减少噪声的影响;

(4) 图像分割——将图像分解成需要分析的目标和其他背景;

(5) 目标测量——从数字化的图像数据中测量原始景物的"模拟"性质;

(6) 图形生成——将测量的结果以一种对用户有用且容易理解的方式表示出来。

由此可见图像处理和图像分析的一些联系。

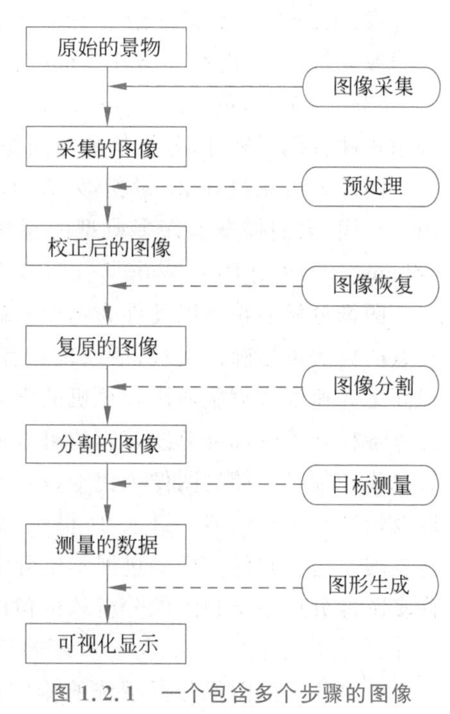

图 1.2.1 一个包含多个步骤的图像分析流程图 □

3. 图像分析和模式识别

图像分析的主要功能模块如图 1.2.2 所示。

由图 1.2.2 可见,图像分析主要包括对图像的分割、对目标的表达描述和对测量数据的特性分析。为完成这些工作,还需要使用和借助许多相关的理论、工具和技术。图像分析的工作围绕其操作对象——**目标**——进行,**图像分割**就是要从图像中分离出目标,表达描述则是要有效地表示和描述目标,而特性分析是希望获得目标的特性。由于目标是像素集合,所以图像分

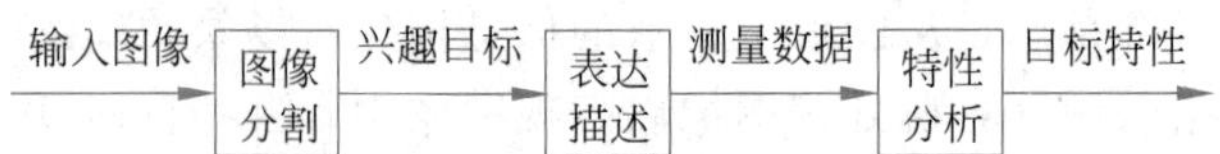

图 1.2.2　图像分析的主要功能模块

析对像素间的联系和关系（如邻域、连通等）更为重视。

图像分析和模式识别有密切的关系。**模式识别**的目的是将不同的模式对象分类，图像模式识别就是要将不同的图像目标分类。对图像进行模式识别的一个概括流程可参见图 1.2.3。对输入图像进行分割以将目标从背景中分离出来，对目标进行特征（描述特性的参数）检测并进行测量计算，根据得到的目标特征量可对目标进行分类。

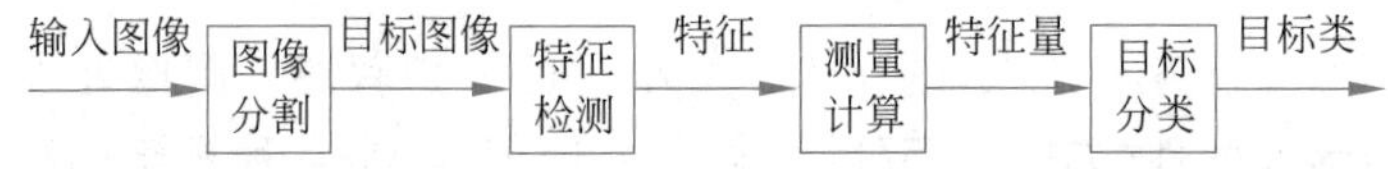

图 1.2.3　图像模式识别流程

两相比较，图像分析和图像模式识别的输入是相同的，工作的步骤也基本一致。图像分析的目的是要获得图像中目标的特性，以便对目标进行判断或为进一步的理解场景打下基础。图像模式识别的目的是根据目标的特征量对目标进行辨识。两者的直接输出虽然不同，但可以互相转换。

1.2.2　图像分析系统

利用各种图像分析设备和技术可构建图像分析系统以完成许多图像分析的工作。

1. 历史和发展

图像分析已有较长的历史。下面是图像分析系统发展早期的几个事件[Joyce 1985]：

(1) 第一个使用电视摄像机扫描图像进行分析的系统是由一个金属研究所研制的，其最早的模型系统诞生于 1963 年。

(2) 电子纪元真正开始于 1969 年，那一年美国的一个公司（Bausch and Lomb）生产了一种图像分析仪，它能在小型计算机中存储一幅完整的黑白图像并进行分析。

(3) 1977 年，英国的 Joyce Loebl 公司提出了一种可称为第 3 代的图像分析系统，该系统采用软件替代了硬件，分析功能与图像采集分离且更通用。

图像分析系统在 20 世纪 80 年代和 90 年代得到了深入的研究、快速的发展和广泛的应用。其间，人们提出了许多典型的系统结构，建立了许多实用的应用系统（可见[章 2001e]、[Zhang 1991a]、[Russ 2006]）。

图像分析系统要以硬件为物理基础。对图像的各种分析一般可用算法的形式描述，而大多数的算法可用软件实现，所以现在有许多图像分析系统只需用到普通的通用计算机。为了提高运算速度或克服通用计算机的限制，可使用特制的硬件。从 20 世纪 90 年代开始，人们设计了各种与工业标准总线兼容的可以插入微机或工作站的图像卡。这些图像卡包括用于图像数字化和临时存储的图像采集卡，用于实现以视频速度进行算术和逻辑运算的算术逻辑单元，以及帧缓存等存储器。进入 21 世纪后，系统的集成度进一步提高，**片上系统**（SOC）也得到快速发展。这些硬件方面的进展不仅降低了成本，也促进了图像处理专用软件的发展。现在有许多图像分析系统和图像分析软件包已商品化。

2. 分析系统框图

一个基本的图像分析系统的构成可由图 1.2.4 表示。它与图像处理系统的框架很类似（其中，原来的处理模块被分析模块所取代），也具有完成特定功能的采集、合成、输入、通信、存储、输出等模块。分析的最后输出或者是数据(对目标测量的数据、分析的结果数据),或者是用于进一步图像理解的符号表达,这与图像处理系统不同。

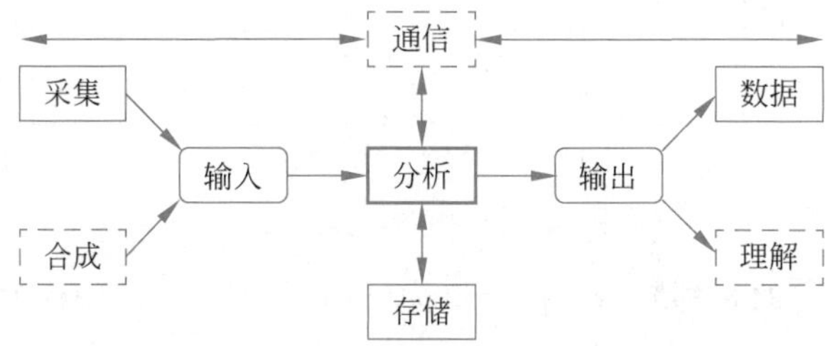

图 1.2.4 一个基本的图像分析系统的构成示意图

因为有关处理等模块的基本情况已在上册介绍过,所以本书将详细地讨论分析模块内的各种技术。根据 1.1 节所介绍的对图像工程文献的综述序列,目前图像分析研究文献主要集中在 5 方面[章 2023]:

(1) 边缘检测、图像分割;

(2) 目标表达、描述、测量;

(3) 目标颜色、形状、纹理、空间、运动等特性的分析;

(4) 目标检测、提取、跟踪、识别和分类;

(5) 人体生物特征提取和验证。

1.3 节和 1.4 节先对分析的一些基础知识进行简单介绍。

1.3 图像分析中的数字化

图像分析要获得对图像中感兴趣目标的测量数据,而这些感兴趣目标是对场景中连续景物离散化得到的。**目标**是图像分析中的一个重要概念和操作对象,是由相关像素联合组成的。相关像素在空间的位置和属性都有密切联系,一般它们构成图像中的连通组元。要分析像素在空间位置上的联系,需要考虑像素之间的空间关系,其中离散距离起着重要作用。对于连通性,则在距离关系上还要考虑属性关系。为获得对目标准确的测量数据,需对分析中的数字化过程和特点有所了解。

1.3.1 离散距离

在数字图像中,像素是离散的,它们之间的空间关系可用**离散距离**来描述。

1. 距离和邻域

如果令 p、q、r 分别代表 3 个像素,其坐标分别为(x_p, y_p)、(x_q, y_q)、(x_r, y_r),则**距离量度函数** d 应满足下列 3 个条件:

(1) $d(p,q) \geqslant 0$(当且仅当 $p=q$ 时,有 $d(p,q)=0$);

(2) $d(p,q)=d(q,p)$;

(3) $d(p,r) \leqslant d(p,q)+d(q,r)$。

借助距离可定义像素的各种像素邻域。一个像素 $p(x_p, y_p)$的**4-邻域** $N_4(p)$定义为(参见图 1.3.1(a)中标为 r 的像素(x_r, y_r))

$$N_4(p)=\{r \mid d_4(p,r)=1\} \tag{1.3.1}$$

其中,**城区距离** $d_4(p,r)=|x_p-x_r|+|y_p-y_r|$。

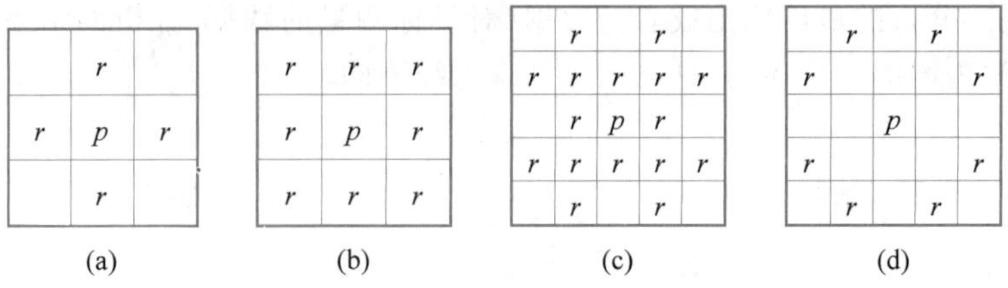

(a)　(b)　(c)　(d)

图 1.3.1　各种邻域示意

一个像素 $p(x_p, y_p)$ 的 **8-邻域** $N_8(p)$ 定义为（参见图 1.3.1(b) 中标为 r 的像素 (x_r, y_r)）

$$N_8(p) = \{r \mid d_8(p, r) = 1\} \tag{1.3.2}$$

其中，**棋盘距离** $d_8(p, r) = \max(|x_p - x_r|, |y_p - y_r|)$。

邻域的定义还可以扩展。4-邻域和 8-邻域之上是 16-邻域。一个像素 $p(x_p, y_p)$ 的 **16-邻域** $N_{16}(p)$ 定义为（参见图 1.3.1(c) 中标为 r 的像素 (x_r, y_r)）：

$$N_{16}(p) = N_8(p) \cup N_{\mathrm{k}}(p) \tag{1.3.3}$$

其中，**马步邻域**（也称**骑士邻域**）$N_{\mathrm{k}}(p)$ 定义为（参见图 1.3.1(d) 中标为 r 的像素 (x_r, y_r)）：

$$N_{\mathrm{k}}(p) = \{r \mid d_{\mathrm{k}}(p, r) = 1\} \tag{1.3.4}$$

其中，**马步距离**是按国际象棋棋盘上马从一格运动到另一格所需步数来计算的，这也是图像网格上两点之间最短 k-通路的长度[Das 1988]。

例 1.3.1　取整函数

常见的取整函数（将实数值转为整数值）包括：

(1) 上取整函数——也称为顶函数，记为 $\lceil\cdot\rceil$。如果 x 是实数，则 $\lceil x\rceil$ 是整数且 $x \leqslant \lceil x\rceil < x+1$；

(2) 下取整函数——也称为底函数，记为 $\lfloor\cdot\rfloor$。如果 x 是实数，则 $\lfloor x\rfloor$ 是整数且 $x-1 < \lfloor x\rfloor \leqslant x$；

(3) 取整函数——即常用的四舍五入函数，记为 $\mathrm{round}(\cdot)$。如果 x 是实数，则 $\mathrm{round}(x)$ 是整数且 $x - 1/2 < \mathrm{round}(x) \leqslant x + 1/2$。□

例 1.3.2　马步距离

借助顶函数可定义马步距离为（仅考虑第一象限）

$$d_{\mathrm{k}}(p, r)\begin{cases} \max\left\{\left\lceil\dfrac{s}{2}\right\rceil, \left\lceil\dfrac{s+t}{3}\right\rceil\right\} + \left\{(s+t) - \max\left[\left\lceil\dfrac{s}{2}\right\rceil, \left\lceil\dfrac{s+t}{3}\right\rceil\right]\right\} \bmod 2, & \begin{cases}(s,t) \neq (1,0)\\ (s,t) \neq (2,2)\end{cases} \\ 3, & (s,t) = (1,0) \\ 4, & (s,t) = (2,2) \end{cases} \tag{1.3.5}$$

其中，$s = \max[|x_p - x_r|, |y_p - y_r|]$；$t = \min[|x_p - x_r|, |y_p - y_r|]$。□

2. 离散距离圆盘

给定一个离散距离度量 d_{D}，以像素 p 为中心的、半径为 $R(R \geqslant 0)$ 的圆盘是满足 $\Delta_{\mathrm{D}}(p, R) = \{q \mid d_{\mathrm{D}}(p, q) \leqslant R\}$ 的点集。当中心像素 p 的位置可不考虑时，半径为 R 的圆盘也可简记为 $\Delta_{\mathrm{D}}(R)$。

设用 $\Delta_i(R), i = 4, 8$ 表示与中心像素的 d_i 距离小于或等于 R 的**等距离圆盘**，用 $\#[\Delta_i(R)]$ 表示除中心像素外 $\Delta_i(R)$ 所包含的像素个数，则像素个数随距离成比例增加。对城区距离圆盘有

$$\#[\Delta_4(R)] = 4\sum_{j=1}^{R} j = 4(1 + 2 + 3 + \cdots + R) = 2R(R+1) \tag{1.3.6}$$

类似地，对棋盘距离圆盘有

$$\#[\Delta_8(R)] = 8\sum_{j=1}^{R} j = 8(1+2+3+\cdots+R) = 4R(R+1) \tag{1.3.7}$$

另外，棋盘距离圆盘实际上是一个正方形，所以也可用下式计算棋盘距离圆盘中除中心像素外所包含的像素个数

$$\#[\Delta_8(R)] = (2R+1)^2 - 1 \tag{1.3.8}$$

这里给出几个不同的 $\Delta_i(R)$ 的数值：$\#[\Delta_4(5)]=60$，$\#[\Delta_4(6)]=84$，$\#[\Delta_8(3)]=48$，$\#[\Delta_8(4)]=80$。

3. 斜面距离

斜面距离是对邻域中欧氏距离的整数近似。从像素 p 到其 4-邻域的像素只需水平移动或垂直移动(称为 a-move)。因为所有移动根据对称或旋转都是相等的，所以对离散距离的唯一可能的定义就是 d_4 距离，其中 $a=1$。从像素 p 到其 8-邻域的像素不仅可有水平移动或垂直移动，还可有对角移动(称为 b-move)。同时考虑这两种移动，可把斜面距离记为 $d_{a,b}$。最自然的 b 值为 $2^{1/2}a$，但为了计算简单和减少存储量，将 a 值和 b 值都取整数。最常用的一组值是 $a=3$ 和 $b=4$。这组值可按如下方法获得。考虑像素 p 和 q 之间在水平方向相差的像素个数为 n_x，在垂直方向相差的像素个数为 n_y(为不失一般性，设 $n_x > n_y$)，则像素 p 和 q 之间的斜面距离为

$$D(p,q) = (n_x - n_y)a + n_y b \tag{1.3.9}$$

它与欧氏距离之差为

$$\Delta D(p,q) = \sqrt{n_x^2 + n_y^2} - [(n_x - n_y)a + n_y b] \tag{1.3.10}$$

取 $a=1, b=2^{1/2}$，将 $\Delta D(p,q)$ 对 n_y 求导数，得到

$$\Delta D'(p,q) = \frac{n_y}{\sqrt{n_x^2 + n_y^2}} - (\sqrt{2} - 1) \tag{1.3.11}$$

令导数为零，计算 $\Delta D(p,q)$ 的极值可得到

$$n_y = n_x\sqrt{(\sqrt{2} - 1)/2} \tag{1.3.12}$$

即两个像素距离之差 $\Delta D(p,q)$ 在满足上式时取最大值 $(\sqrt{2\sqrt{2}-2}-1)n_x \approx -0.09n_x$(此时直线与横轴间夹角约为 24.5°)。进一步可证明当 $b=1/2^{1/2}+(2^{1/2}-1)^{1/2}\approx 1.351$ 时，$\Delta D(p,q)$ 的最大值可达到最小。因为 $4/3\approx 1.33$，所以斜面距离中取 $a=3$ 和 $b=4$。

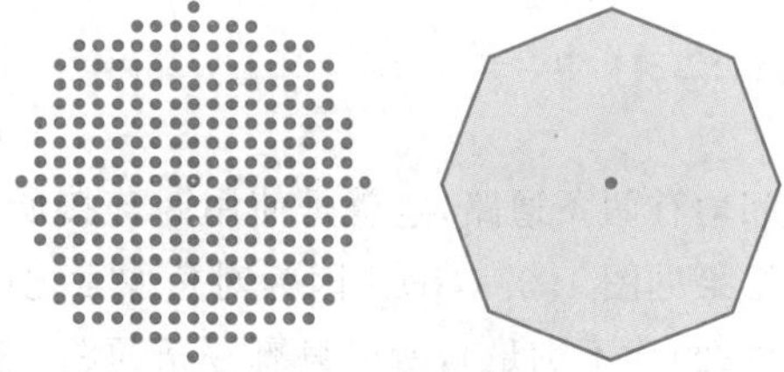

图 1.3.2 斜面圆盘的示例

图 1.3.2 给出两个基于斜面距离的等距离圆盘示例，其中左图表示 $\Delta_{3,4}(27)$，右图表示 $\Delta_{a,b}$。

1.3.2 连通组元

图像中的目标是由像素构成的**连通组元**。一个连通组元是连通像素的集合。连通需要根据连接来定义。**连接**是两个像素之间的一种关系，其中既要考虑它们相互的位置关系，也要考虑它们相互的幅度关系。两个连接的像素在空间上是**邻接**的(即一个像素在另一个像素的邻域中)，在幅度上又满足某个特定的相似准则(对灰度图像，它们的灰度值应相等，或更一般地同在一个灰度值集合 V 中取值)。

可见,两个像素的邻接是这两个像素连接的必要条件之一(另一个条件是它们同在一个灰度值集合 V 中取值)。如图 1.3.1 所示,两个像素可以是**4-邻接**的(一个像素在另一个像素的 4-邻域内),或者是**8-邻接**的(一个像素在另一个像素的 8-邻域内)。对应地,两个像素可以是**4-连接**的(这两个像素 4-邻接),或者是**8-连接**的(这两个像素 8-邻接)。

事实上,还可以定义另外一种连接,即**m-连接**(**混合连接**)。两个像素 p 和 r 在 V 中取值且满足下列条件之一,则它们为 m-连接:

(1) r 在 $N_4(p)$ 中;

(2) r 在 $N_D(p)$ 中且 $N_4(p) \cap N_4(r)$ 不包含 V 中取值的像素。

对混合连接中条件(2)的进一步解释可见图 1.3.3。由图 1.3.3(a)可见,像素 r 在 $N_D(p)$ 中,$N_4(p)$ 包括标为 a、b、c、d 的 4 个像素,$N_4(r)$ 包括标为 c、d、e、f 的 4 个像素,$N_4(p) \cap N_4(r)$ 包括标为 c 和 d 的两个像素。设 $V=\{1\}$,则图 1.3.3(b)和图 1.3.3(c)分别给出满足和不满足条件(2)的各一个例子。在这两个图中,两个有阴影的像素都互相在对方的**对角邻域**中,但图 1.3.3(b)中两个像素没有共同的值为 1 的邻域像素而图 1.3.3(c)中两个像素有共同的值为 1 的邻域像素。这样,图 1.3.3(b)中像素 p 和 r 是 m-连接的而图 1.3.3(c)中像素 p 和 r 之间的 m-连接不成立(它们通过像素 c 而连通)。

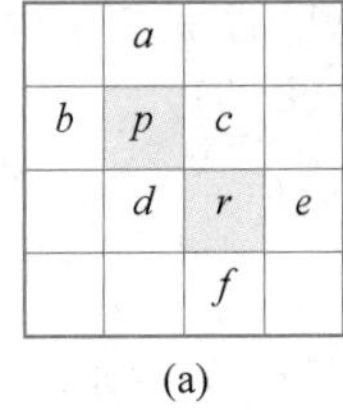

(a)

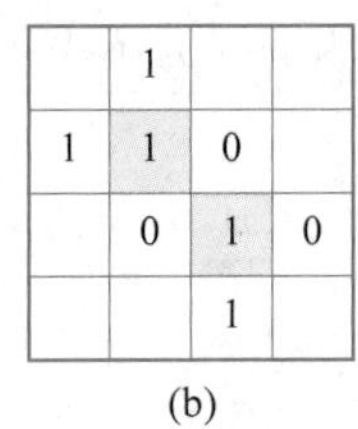

(b)

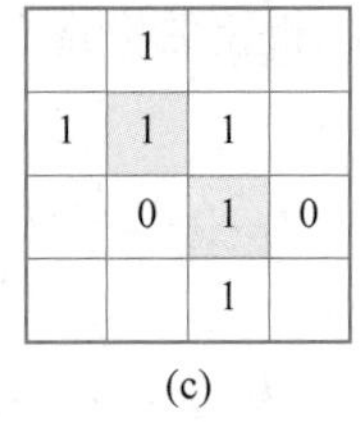

(c)

图 1.3.3 对混合连接中的条件(2)的进一步解释

由上可见,混合连接在实质上是当两个像素间同时存在 4-连接和 8-连接的可能时,优先采用 4-连接,并屏蔽两个和同一像素间存在 4-连接的像素之间的 8-连接。混合连接可认为是 8-连接的一种变型,引进它是为了消除使用 8-连接时常会出现的多路问题。图 1.3.4 给出了一个示例。在图 1.3.4(a)中,标为 1 的像素构成中心标为 0 的 3 个像素所组成的区域的边界。将这个边界看作一条通路,则在 4 个角的 3 个像素间均有两条通路,这就是使用 8-连接所产生的歧义性。这种歧义性可用 m-连接来消除,所得结果见图 1.3.4(b)。因为对角像素之间直接的 m-连接不能成立(混合连接中的条件(1)和条件(2)均不满足),所以只剩一条通路,这就没有歧义了。

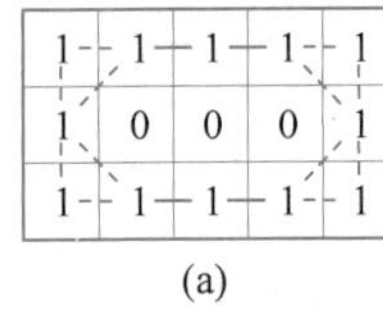

(a)

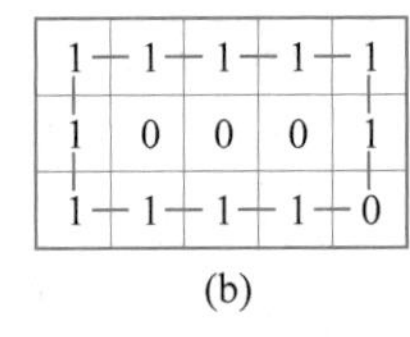

(b)

图 1.3.4 混合连接消除多通路歧义问题

例 1.3.3 16-连接和 M-连接

借助**4-邻域**可定义 4-邻接和 4-连接,借助**8-邻域**可定义 8-邻接和 8-连接,同样借助**16-邻域**可定义**16-邻接**和**16-连接**。类似前面在 8-邻域中使用 8-连接会出现歧义性一样,在 16-邻域中使用 16-连接也会出现歧义性问题。如图 1.3.5(a)所示,从中心像素到几个有阴影马步落点所在的像素之间都出现了歧义连接问题(如图中各细线所示)。为解决这个问题,可类似定义 m-连接一样定义如下 **M-连接**[章 2000c]:两个像素 p 和 r 在同一集合中取值且满足下列条件之一,则它们为 M-连接:

(1) r 在 $N_4(p)$ 中;

(2) r 在 $N_D(p)$ 中且 $N_4(p) \cap N_4(r)$ 是空集;

(3) r 在 $N_k(p)$ 中且 $N_8(p) \cap N_8(r)$ 是空集。

根据上述定义可把 M-连接看作是 16-连接的一种变型。引进它可以消除使用 16-连接时所出现的连接歧义性问题。如图 1.3.5(b)所示,根据 M-连接的定义,从中心像素到几个马步落点像素之间都只有一条通路。注意,中心像素与左下方马步落点像素间的通路。在这里,中心像素之左方像素与马步落点像素的连接不存在,因为不满足条件(2)。同理,马步落点像素之右方像素与中心像素的连接也不存在,所以只剩下如图 1.3.5 所示的唯一一条通路[Zhang 1999a]。

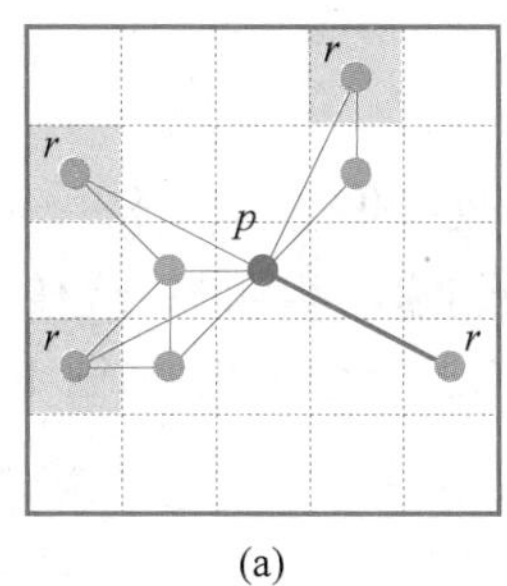

(a)

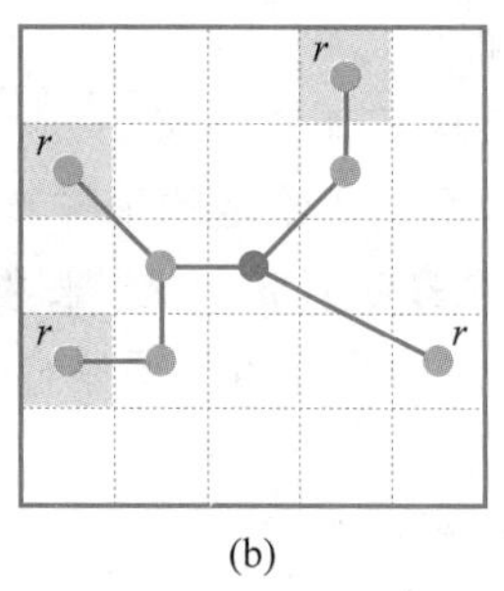

(b)

图 1.3.5 16-连接和 M-连接

□

连通可以看作连接的一种推广。它是两个像素借助其他像素建立的一种关系。考虑有一系列像素$\{p_i(x_i, y_i), i=0, n\}$,当所有的 $p_i(x_i, y_i)$ 与 $p_{i-1}(x_{i-1}, y_{i-1})$ 都连接时,则 $p_0(x_0, y_0)$ 和 $p_n(x_n, y_n)$ 这两个像素通过其他像素 $p_i(x_i, y_i)$ 而连通。若 $p_i(x_i, y_i)$ 与 $p_{i-1}(x_{i-1}, y_{i-1})$ 是 4-连接的,则 $p_0(x_0, y_0)$ 和 $p_n(x_n, y_n)$ 是 **4-连通**的。若 $p_i(x_i, y_i)$ 与 $p_{i-1}(x_{i-1}, y_{i-1})$ 是 8-连接的,则 $p_0(x_0, y_0)$ 和 $p_n(x_n, y_n)$ 是 **8-连通**的。若 $p_i(x_i, y_i)$ 与 $p_{i-1}(x_{i-1}, y_{i-1})$ 是 16-连接的,则 $p_0(x_0, y_0)$ 和 $p_n(x_n, y_n)$ 是 **16-连通**的。若 $p_i(x_i, y_i)$ 与 $p_{i-1}(x_{i-1}, y_{i-1})$ 是 m-连接的,则 $p_0(x_0, y_0)$ 和 $p_n(x_n, y_n)$ 是 **m-连通**的。进一步地,若 $p_i(x_i, y_i)$ 与 $p_{i-1}(x_{i-1}, y_{i-1})$ 是 M-连接的,则 $p_0(x_0, y_0)$ 和 $p_n(x_n, y_n)$ 是 **M-连通**的。

如上连通的一系列像素组成图像中的一个**连通组元**,或者一个图像子集合,或者一个区域。在连通组元中,任意两个像素都通过其他在组元内的像素的连接而连通。对两个连通组元,如果其中一个连通组元中的一个或一些像素与另一个连通组元中的一个或一些像素邻接,则这两个连通组元邻接;如果其中一个连通组元中的一个或一些像素与另一个连通组元中的一个或一些像素连接,则这两个连通组元连接,而且这两个连通组元可合成一个连通组元。

1.3.3 数字化模型

这里要讨论的**数字化模型**用于如何将空间上连续的场景转换为离散的数字图像,所以是一种空间上的量化模型。

1. 基础

下面介绍一些数字化模型的基础知识[Marchand 2000]。

先定义数字化集合 P 的预图像和域:

(1) 给定一个离散点集合 P,一个其数字化为 P 的连续点集合 S 称为 P 的**预图像**;

(2) 由所有可能的预图像 S 的并集所定义的区域称为 P 的**域**。

数字化模型有多种,其中的量化都是多对一的映射,所以都是不可逆的过程。因此,相同的量化结果图可以由不同的预图像映射得到。也可以说,尺寸或形状不同的物体有可能会得到相同的离散化结果。

现在先考虑一个简单的数字化模型。将一个正方形的图像网格覆盖到连续的目标 S 上，一个像素用一个正方形网格上的交点 p 表示，该像素当且仅当 $p \in S$ 时属于 S 的数字化结果。图 1.3.6 给出了一个示例，S 在图中用阴影部分表示，黑色圆点代表属于 S 的像素 p，所有 p 组成集合 P。

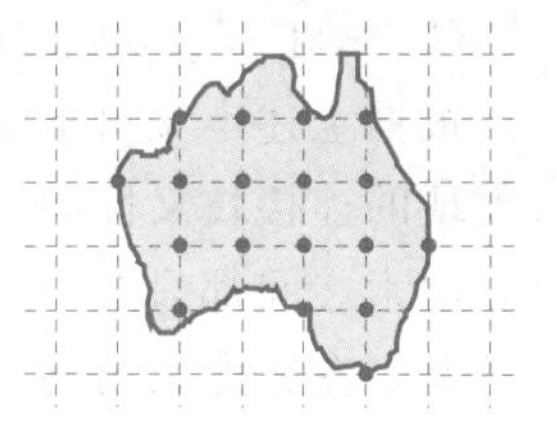

图 1.3.6　一个简单的数字化模型示例

这里图像网格间的距离也称采样步长，可用 h 表示。在正方形网格的情况下，采样步长根据定义是实数值，且 $h>0$，它定义了两个 4-邻域像素间的距离。

例 1.3.4　不同采样步长的效果

在图 1.3.7(a)中，用一个给定的采样步长 h 来数字化连续集合 S。图 1.3.7(b)给出对相同的集合 S 用另一个采样步长 $h'=2h$ 来数字化的结果。很明显，这样的效果也等价于用尺度 h/h' 改变连续集合 S 的尺寸再用原采样步长 h 来进行数字化，如图 1.3.7(c)所示。

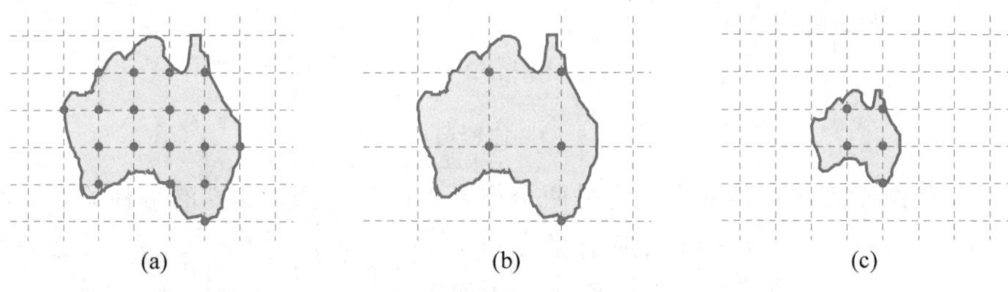

图 1.3.7　用不同的采样步长数字化连续集合的效果

□

对这种数字化模型的分析表明，它有可能导致一些不一致性：

(1) 一个非空集合 S 有可能映射到一个空的数字化集合中。图 1.3.8(a)给出了几个例子，其中的各个非空集合(包括两个细目标)不包含任何整数点。

(2) 该数字化模型不是平移不变的。图 1.3.8(b)给出几个例子，同一个集合 S 根据它在网格中的位置有可能被分别映射到一个空的、不连通的或连通的数字化集合(各集合中的点数分别为 0、2、3、6)。在图像处理的术语中，P 在 S 平移下的变化称为**混叠**。

(3) 给定一个数字化集合 P，并不能保证精确地刻画它的预图像 S。图 1.3.8(c)给出几个例子，其中形状很不相同的 3 个连续目标都给出相同的数字化结果(排成一行的点)。

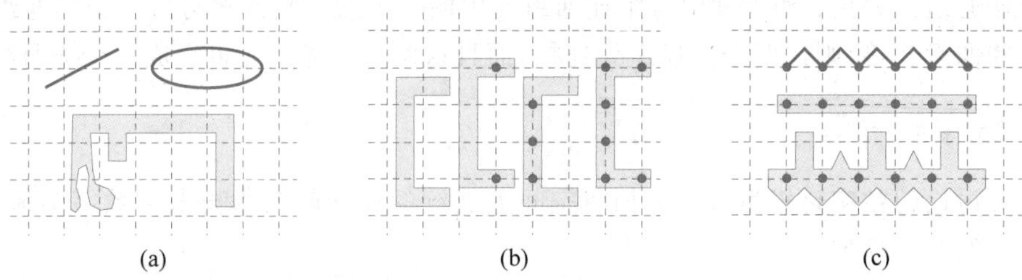

图 1.3.8　数字化模型的不一致性示例

由上可知，一个合适的数字化模型应该具有如下特征：

(1) 对一个非空的连续集合的数字化结果应是非空的。

(2) 数字化模型应该尽可能是平移不变(即混叠效应尽可能小)的。

(3) 给定 P，其各个预图像应在一定准则下相似。更严格地说，P 的域应该有限且越小越好。

常用的数字化模型主要有方盒量化、网格相交量化和目标轮廓量化 3 种[章 2005b]。下面仅介绍方盒量化和网格相交量化的数字化模型。

2. 方盒量化

在**方盒量化**(SBQ)中,对任何像素 $p_i=(x_i,y_i)$,都有一个对应的数字化盒 $B_i=[x_i-1/2,x_i+1/2)\times[y_i-1/2,y_i+1/2)$。这里为保证它们完全覆盖平面,定义了半开的盒。一个像素 p_i 当且仅当 $B_i\cap S\neq\varnothing$ 时(即它对应的数字化盒 B_i 与 S 相交)处在 S 的数字化集合 P 中。图 1.3.9 给出了对图 1.3.5 中的连续点集合 S 用方盒量化得到的数字化集合(中心有圆点的方盒),其中点线表示正方形分割,与正方形采样网格对偶。从图 1.3.9 中可以看出,一个像素所对应的方形与 S 相交,则它会出现在其方盒量化的数字化集合中。即从一个连续点集合 S 得到的数字化集合 P 是像素集合 $\{p_i \mid B_i\cap S\neq\varnothing\}$。

对一个连续直线段的方盒量化的结果是一个 4-数字弧(见 1.3.4 小节)。方盒量化的定义保证了非空集合 S 会被映射到非空离散集合 P,这是因为可以保证每个实数点都能唯一地映射到一个离散点。不过,这并不能保证完全的平移不变性,仅可使混叠大大减少。图 1.3.10 给出了几个示例,其中的连续集合与图 1.3.8(b)中的相同。这里各离散集合中的点数分别为 9、6、9、6,互相之间比图 1.3.8(b)中的点数要更接近一些。

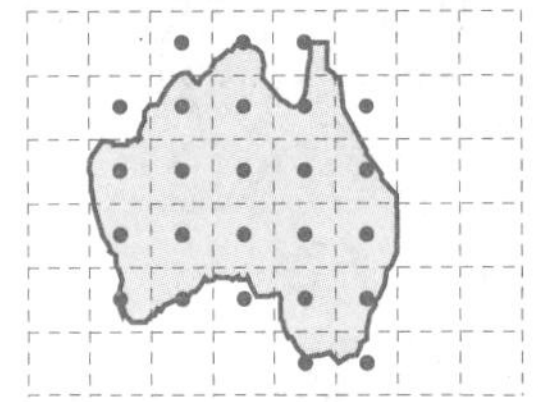

图 1.3.9 基于方盒量化的数字化示例

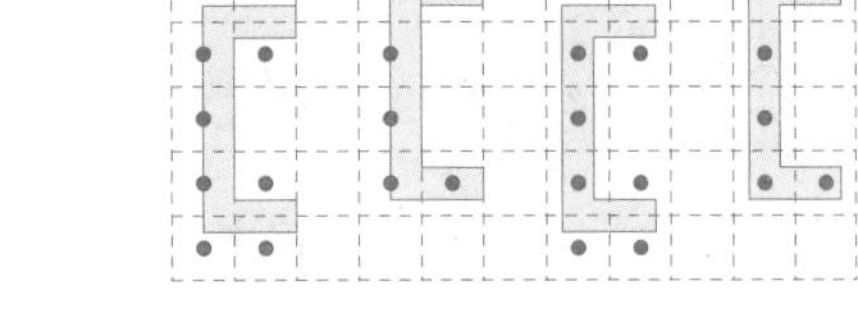

图 1.3.10 使用方盒量化可以减少混叠

最后需要指出,在方盒量化中下面几个问题还没有解决[Marchand 2000]:

(1) 背景中连通组元的个数不一定能保持。具体地说,S 中的孔有可能不出现在 P 中,如图 1.3.11(a)所示,其中,深阴影区域代表 S(中间有两个孔),而黑点集合代表 P(中间没有孔)。

(2) 因为 $S\subset\bigcup_i B_i$,一个连续集合 S 中的连通组元的个数 N_S 与它对应的离散集合 P 中的连通组元的个数 N_P 常不相等,一般为 $N_S\leqslant N_P$。图 1.3.11(b)给出了两个示例,其中,代表 S 的深阴影区域中的黑点数均少于代表 P 的浅阴影区域中的黑点数。

(3) 更一般地,一个连续集合 S 的离散集合 P 与一个连续集合 S^c 的离散集合 P^c 没有关系,这里上标表示补集。图 1.3.11(c)给出了两个示例,其中左图中深阴影区域代表 S,而黑点集合代表 P;右图中深阴影区域代表 S^c,而黑点集合代表 P^c。两图比较,完全看不出 P 和 P^c 应有的互补关系。

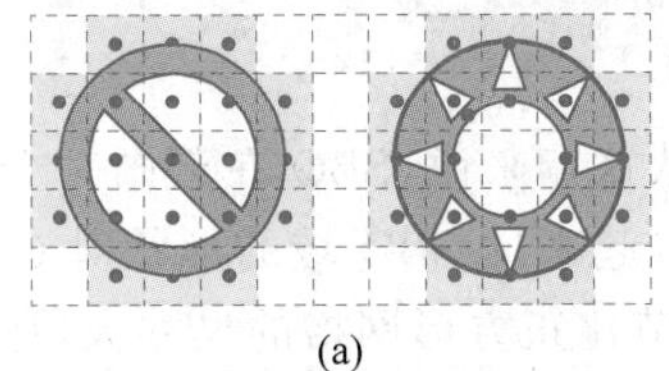

(a)

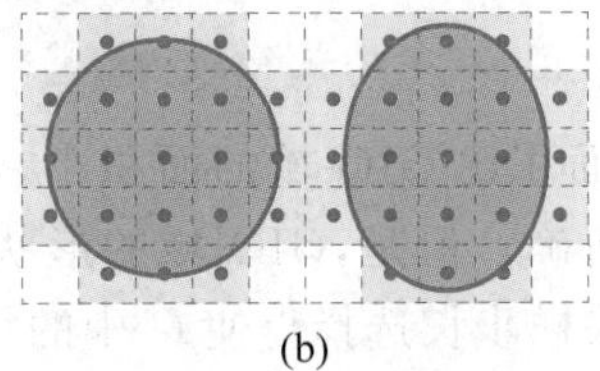

(b)

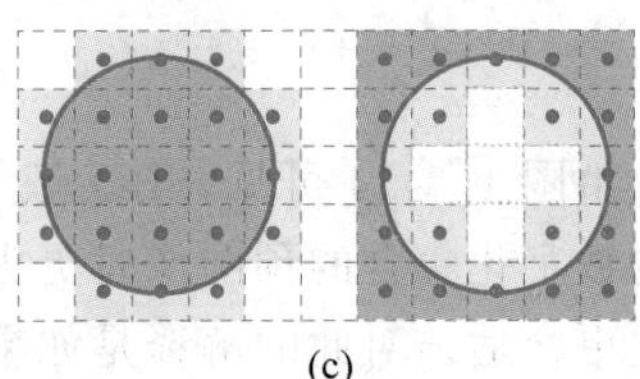

(c)

图 1.3.11 方盒量化的一些问题示例

3. 网格相交量化

网格相交量化(GIQ)可定义如下:给定一个连续点构成的细目标 C,它与网格线的交点是一个实数点 $t=(x_t,y_t)$,该点根据目标 C 与垂直网格线或与水平网格线相交的不同情况分别满足 $x_t\in\mathbb{I}$ 或 $y_t\in\mathbb{I}$(这里$\mathbb{I}$代表 1-D 整数集合)。这个点 $t\in C$ 将被映射到一个网格点 $p_i=(x_i,y_i)$,这里 $t\in(x_i-1/2,x_i+1/2)\times(y_i-1/2,y_i+1/2)$。在特殊情况(如 $x_t=x_i+$

1/2 或 $y_t = y_i + 1/2$)下,则取落在左边或上边的点 p_i 属于离散集合 P。

图 1.3.12 给出了对一条曲线 C 进行网格相交量化得到的结果。在这个例子中,C 是顺时针朝向的(如图 1.3.12 中的箭头所示)。任何在 C 和指向标有圆点像素间的短的连续线段都映射到对应的像素。

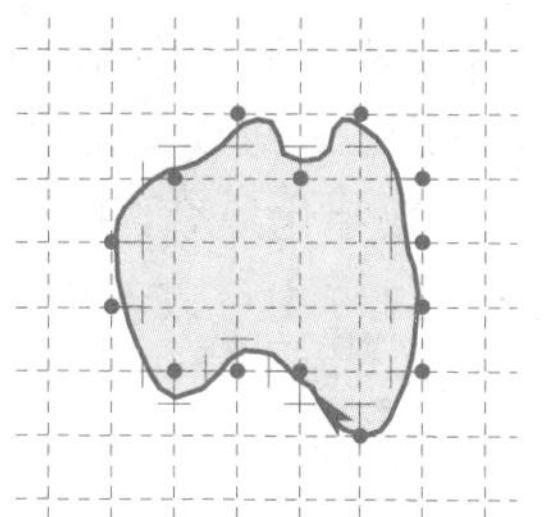

图 1.3.12 对一条曲线 C 进行网格相交量化示例

可以证明,对一个连续直线段[α,β]的网格相交量化结果是一个 8-数字弧。进一步地,它可用[α,β]和水平或垂直(依赖于[α,β]的斜率)线的相交部分来定义。

网格相交量化常被用作图像采集过程的理论模型。网格相交量化所产生的混叠效应展示在图 1.3.13 中。如果采样步长 h 相对 C 的数字化来说选得合适,那么所产生的混叠效应与由方盒量化所产生的混叠效应类似。

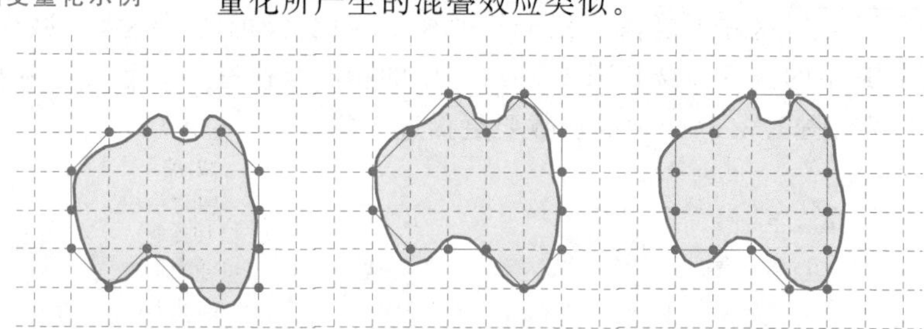

图 1.3.13 网格相交量化所产生的混叠效应

为了比较 GIQ-域和 SBQ-域,图 1.3.14(a)给出了用 SBQ 方法数字化曲线 C 的结果。由小正方形围绕的像素是那些没有出现在 C 的 GIQ 结果中的像素。很明显,GIQ 减少了数字化集合中的像素个数。另外,图 1.3.14(b)给出了从对应 C 的 GIQ 结果和 SBQ 结果得到的域边界。点画线表示由 C 的 GIQ 结果定义的连续子集的并集的边界,而细线表示由 C 的 SBQ 结果定义的连续子集的并集的边界。

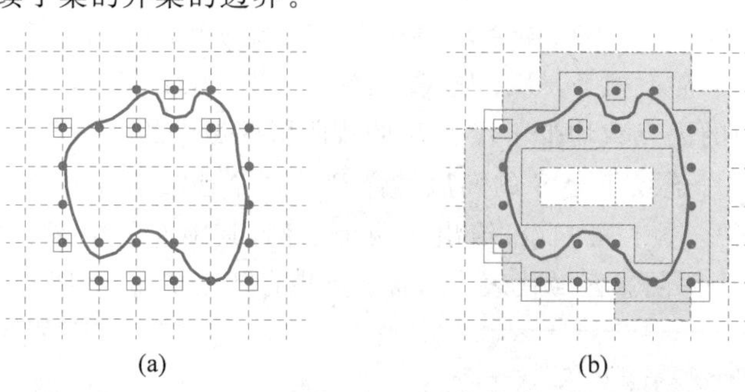

图 1.3.14 GIQ 和 SBQ 模型的比较

由图 1.3.14 可见,SBQ-域的面积比 GIQ-域的面积小。从这点来说,SBQ 在刻画一个给定的数字化集合的预图像时更为精确。但是,GIQ-域的形状看起来比 SBQ-域的形状对 C 的描述更合适。对此的解释是如果采样步长选择得使 C 中的细节比正方形网格的尺寸大,那么这些细节将与不同的网格线相交。进一步地,每个这样的相交将映射到一个像素,这样的像素确定了如图 1.3.14(a)所示的连续子集。与此相对,SBQ 将这些细节映射到一组 4-邻接像素,它们确定了一个较宽的连续区域,该区域是对应的数字盒的并集。

1.3.4 数字弧和数字弦

在欧氏几何中,弧是曲线上介于两点之间的部分,弦是连接圆锥曲线上任意两点间的直线段。常常可将连续直线段看作弧的特例。

数字化集合是对连续集合利用数字化模型数字化得到的离散集合。在研究离散目标时可以将其看作对连续目标数字化的结果，并将在欧氏几何中已得到证明的连续目标的性质映射到离散集合中。下面讨论数字弧和数字弦以及它们的一些性质。

1. 数字弧

给定一个邻域和对应的移动长度，两个像素 p 和 q 之间相对于这个邻域的斜面距离就是从 p 到 q 的最短数字弧的长度。这里**数字弧**可定义如下：给定一组离散点和它们之间的相邻关系，从点 p 到点 q 的数字弧 P_{pq} 定义为满足下列条件的弧 $P_{pq}=\{p_i, i=0,1,\cdots,n\}$ [Marchand 2000]：

(1) $p_0=p, p_n=q$；

(2) $\forall i=1,2,\cdots,n-1$，点 p_i 在弧 P_{pq} 中正好有两个相邻点：p_{i-1} 和 p_{i+1}；

(3) 端点 p_0(或 p_n)在弧 P_{pq} 中正好有一个相邻点：p_1(或 p_{n-1})。

根据相邻关系的不同(如 4-邻接或 8-邻接)，如上定义可分别给出不同的数字弧(4-数字弧或 8-数字弧)。

考虑图 1.3.15 所给出的正方形网格中的连续直线段$[\alpha,\beta]$(该线段从 α 到 β)。采用网格相交量化，在$[\alpha,\beta]$之间与网格线相交的点都映射到它们最接近的整数点。当有两个相等距离的最近点时，可先选择在$[\alpha,\beta]$左边的离散点。这样得到的离散点集合$\{p_i\}_{i=0,1,\cdots,n}$称为$[\alpha,\beta]$的数字化集合。

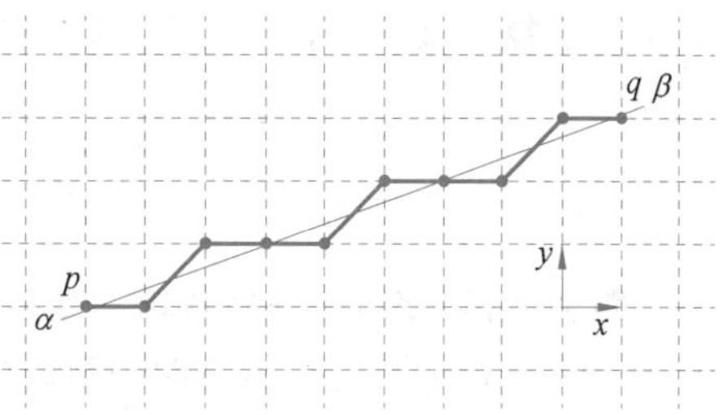

图 1.3.15 直线段用网格相交量化数字化的结果

2. 数字弦

下面讨论**离散直线性**，并判断一个数字弧是否是一条数字弦。

数字弦的判断基于以下原理：给定一条从 $p=p_0$ 到 $q=p_n$ 的数字弧 $P_{pq}=\{p_i\}_{i=0,1,\cdots,n}$，连续线段$[p_i,p_j]$和各段之和$\bigcup_i[p_i,p_{i+1}]$间的距离可用离散距离函数来测量，且不应该超过一定的阈值[Marchand 2000]。图 1.3.16 给出了两个示例，其中有阴影的区域表示 P_{pq} 和连续线段$[p_i,p_j]$间的距离。

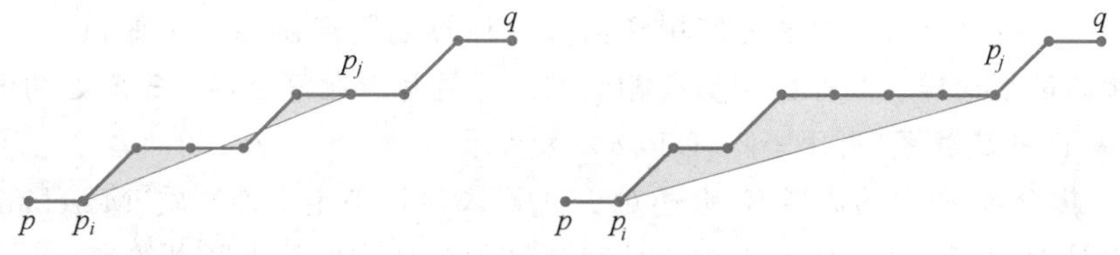

图 1.3.16 判断弦性质的示例

可以证明，如果当且仅当对一条 8-数字弧 $P_{pq}=\{p_i\}_{i=0,1,\cdots,n}$ 中的任意两个离散点 p_i 和 p_j 以及任意连续线段$[p_i,p_j]$中的实数点 ρ，存在一个点 $p_k\in P_{pq}$，使得 $d_8(\rho,p_k)<1$，则 P_{pq} 满足弦的性质。

为判断弦的性质，可以定义一个围绕数字弧的多边形，而将在数字弧上的离散点间的连续线段全包含在该多边形中(如图 1.3.17 和图 1.3.18 中的阴影多边形所示)。这个多边形将被称为可见多边形，因为在这个多边形中从任何一个点都可看见任何另一个点(即两点间可用全在多边形中的直线相连)。图 1.3.17 和图 1.3.18 分别给出了验证弦性质成立和不成立的两个例子。

在图 1.3.17 中，对数字弧 P_{pq} 的阴影多边形中的所有点$\rho\in\mathbb{R}^2$，总存在一个点 $p_k\in P_{pq}$，使得 $d_8(\rho,p_k)<1$。而在图 1.3.18 中，$\rho\in[p_1,p_8]$可使得对任意 $k=0,1,\cdots,n$，都有 $d_8(\rho,$

$p_k) \geqslant 1$。换句话说,ρ 处于可见多边形之外,或者说,在可见多边形里从 p_1 看不到 p_8(反过来也一样)。这个弦性质不满足的示例表明 P_{pq} 不是一个直线段数字化的结果。

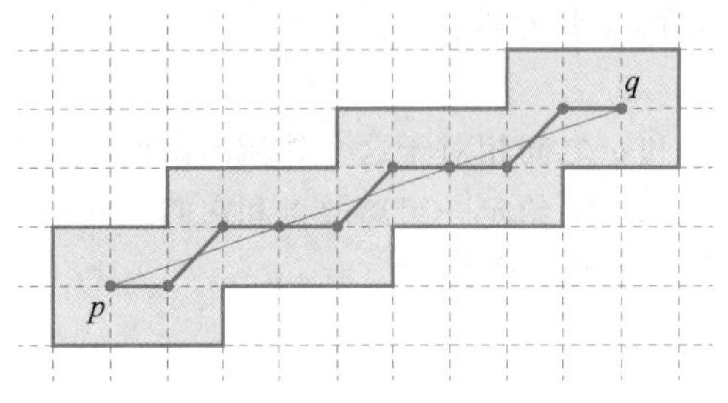

图 1.3.17 验证弦性质正确性的例子

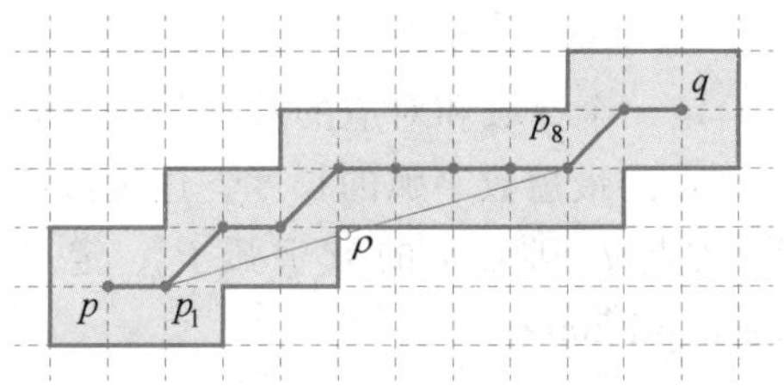

图 1.3.18 弦性质不成立的例子

可以证明,在 8-数字空间中,直线数字化的结果是一条数字弧,它满足弦的性质;反过来,如果一条数字弧满足弦的性质,那么它是直线段数字化的结果[Marchand 2000]。

1.4 距离变换

距离变换(DT)是一种特殊的变换,它把二值图像变换为灰度图像,其中每个目标像素被赋予了一个指示其与目标轮廓的距离的数值。距离变换本身是一个全局概念,但可以借助局部距离的计算化整为零进行。

1.4.1 定义和性质

给定图像中的一个目标,距离变换执行的操作是计算目标区域中的每个点与其最接近的区域外点之间的距离,并将该距离值赋给该点。换句话说,对目标中的一个点,距离变换定义为该点与目标边界的最近距离。更严格地,距离变换可定义如下:给定一个点集(合)P、P 的一个子集 B,以及满足测度条件的距离函数 $d(\cdot,\cdot)$,对 P 的距离变换中赋予点 $p \in P$ 的值为

$$\mathrm{DT}(p) = \min_{q \in B}\{d(p,q)\} \tag{1.4.1}$$

在图像中,常用的距离测度多为使用整数算术运算的距离函数。例如,1.3 节介绍的 d_4 距离和 d_8 距离都是这样。与原始图像有相同的尺寸且其中在每个点 $p \in P$ 处的值为 $\mathrm{DT}(p)$ 的图称为点集 P 的**距离图**,可用矩阵[$\mathrm{DT}(p)$]来表示。

给定一个集合 P 和它的边界 B,上述对 P 的距离变换满足下列性质[Marchand 2000]:

(1) 根据定义,$\mathrm{DT}(p)$是以 p 为中心且完全包含在 P 中的最大圆盘的半径;

(2) 若正好有一个点 $q \in B$ 使得 $\mathrm{DT}(p)=d(p,q)$,则存在一个点 $r \in P$,使得中心在 r 半径为 $\mathrm{DT}(r)$的圆盘完全包含中心在 p 以 $\mathrm{DT}(p)$为半径的圆盘;

(3) 反过来,若在 B 中至少有两个点 q 和 q',使得 $\mathrm{DT}(p)=d(p,q)=d(p,q')$,则不存在完全包含在 P 中且能完全包含中心在 p 以 $\mathrm{DT}(p)$为半径的圆盘,此时称 p 为最大圆盘的中心。

例 1.4.1 距离图示例

距离图一般可用灰度图像来表示,其中在各个位置的灰度值正比于距离变换值,图 1.4.1(a)为一幅二值图,若将图像的边缘看作目标区域的轮廓,图 1.4.1(b)为对图 1.4.1(a)进行距离变换后得到的灰度图,中心数值比较大,四周数值比较小。若将图像中心的两个白像素看作子集 B,则图 1.4.1(c)为对图 1.4.1(a)进行距离变换后得到的灰度图,其中心数值最小,四周数值随与中心距离增加而变大。

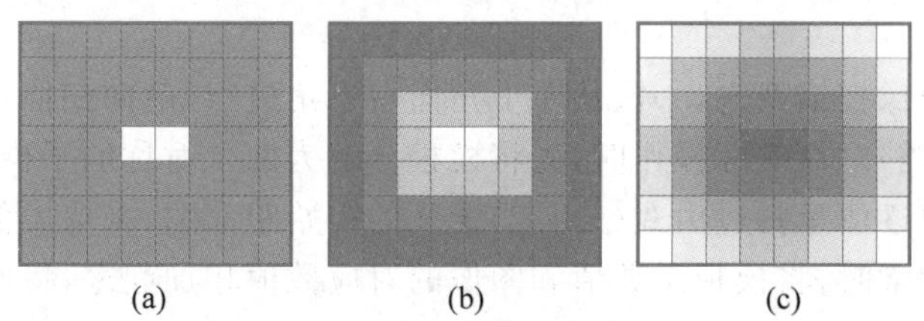

图 1.4.1 二值图像和其用灰度图像表示的距离图

□

1.4.2 局部距离的计算

上述关于距离的计算是一个全局的操作，所以计算量会很大。为解决这个问题可以仅使用局部邻域信息。考虑下面的性质：给定一个集合 P 和它的一个子集 B，用 d 表示计算距离图的距离函数。那么，对任何点 $p \in P^{\circ}$（即 $p \in P-B$），存在 p 的一个邻域点 q（即 $q \in N(p)$），使得在 p 的距离变换值 $\mathrm{DT}(p)$ 满足 $\mathrm{DT}(p)=\mathrm{DT}(q)+d(p,q)$。进一步地，因为 p 和 q 互为邻接点，从 p 移动到 q 的长度为 $l(p,q)=d(p,q)$。这样，对任意点 $p \notin B$，q 可由 $\mathrm{DT}(q)=\min\{\mathrm{DT}(p)+l(p,q), q \in N(p)\}$ 来刻画。

根据上述性质，在实际计算距离变换时可以定义包含局部距离的模板，并通过将局部距离进行扩展来计算距离图。

一个尺寸为 $n \times n$ 的用于计算距离变换的模板可用一个 $n \times n$ 的矩阵 $\boldsymbol{M}(k,l)$ 表达，其中每个元素的值表示像素 $p=(x_p, y_p)$ 和它的邻接像素 $q=(x_p+k, y_p+l)$ 之间的局部距离。一般模板以像素 p 为中心，所以尺寸 n 为奇数，位置指标 k 和 l 包含在 $\{-\lfloor n/2 \rfloor, -\lfloor (n-1)/2 \rfloor, \cdots, \lfloor n/2 \rfloor\}$ 中。

图 1.4.2 给出两个用于局部距离扩展的模板。左边的模板基于 4-邻域定义且被用来扩展 d_4 距离。右边的模板基于 8-邻域且被用来扩展 d_8 距离或 $d_{a,b}$ 距离（$a=1, b=1$）。中心的像素 p 用阴影区域表示并代表模板的中心（$k=0, l=0$），模板的尺寸由所考虑的邻域种类确定。在 p 的邻域中的像素具有对应的从 p 移动过来的长度值。中心像素的值为 0，而用无穷表示一个很大的数。

∞	a	∞
a	0	a
∞	a	∞

(a)

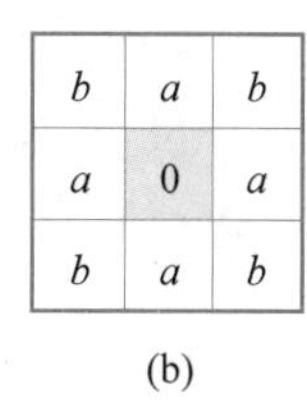

(b)

图 1.4.2 用于计算距离变换的模板

用模板计算距离图的方法可总结如下。给定一幅 $W \times H$ 的二值图像，设其边界集合 B 已知。距离图是一个尺寸为 $W \times H$，值为 $[\mathrm{DT}(p)]$ 的矩阵。该矩阵可用迭代的方法更新直到一个稳定状态。首先，初始化距离图（迭代指数 $t=0$）如下：

$$\mathrm{DT}^{(0)}(p)=\begin{cases}0, & p \in B \\ \infty, & p \neq B\end{cases} \tag{1.4.2}$$

然后，在 $t>0$ 时，将模板 $M(k,l)$ 的中心放在像素 $p=(x_p, y_p)$ 处，并用下面的规则将距离值从像素 $q=(x_p+k, y_p+l)$ 传播到 p：

$$\mathrm{DT}^{(t)}(p)=\min_{k,l}\{\mathrm{DT}^{(t-1)}(q)+M(k,l);\ q=(x_p+k, y_p+l)\} \tag{1.4.3}$$

这个更新过程将持续进行，直到距离图不再发生变化而停止。

1.4.3 距离变换的实现

为实现距离变换，可根据计算设备的特点分别采用串行实现和并行实现的方式。两种方式能给出相同的距离图。

1. 串行实现

串行算法需对图像扫描两次，一次从左上角向右下角进行(**前向扫描**)，另一次从右下角向左上角进行(**反向扫描**)。在实际操作时，先将模板分解为两个对称的子模板；然后，将两个模板分别前向和反向地逐像素扫过由式(1.4.2)定义的初始距离图，采取类似卷积的方法进行计算。在扫描到某个像素时，将模板系数值和图像的对应数值相加起来，将所得和中的最小值赋给对应模板中心值的像素。下面用一个例子来介绍。

例 1.4.2 距离图的串行计算

考虑如图 1.4.1(a)所示的图像，令所有的像素组成集合 P，而中心的两个白像素构成集合 B(这样做是为了解释方便)。现用如图 1.4.3(a)所示的 3×3 模板(取 $a=3$ 和 $b=4$)来计算距离图。这个模板可分解为两个对称的子模板，分别称为上子模板和下子模板，如图 1.4.3(b)和图 1.4.3(c)所示。

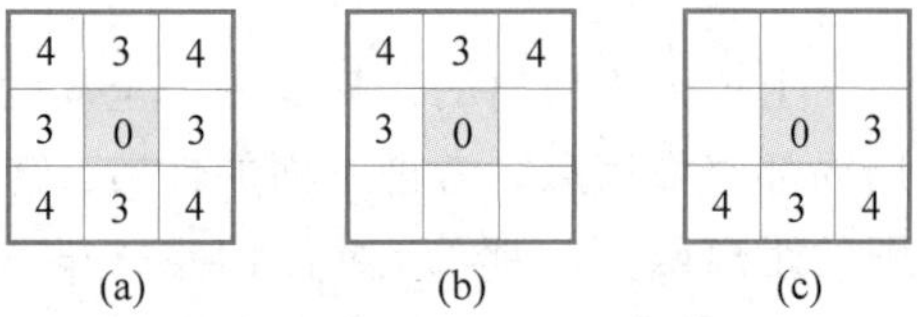

4	3	4
3	0	3
4	3	4

(a)

4	3	4
3	0	

(b)

	0	3
4	3	4

(c)

图 1.4.3 串行计算距离变换

1) 前向扫描

图 1.4.4(a)给出初始距离图$[DT^{(0)}(p)]$。将上子模板沿着图 1.4.4(b)标出的顺序对初始距离图的每个位置按式(1.4.3)进行扫描和数值更新。当模板处在图像边界时仅考虑处于距离图内的模板系数。这次扫描的结果是距离图$[DT^{(t')}(p)]$，如图 1.4.4(c)所示。

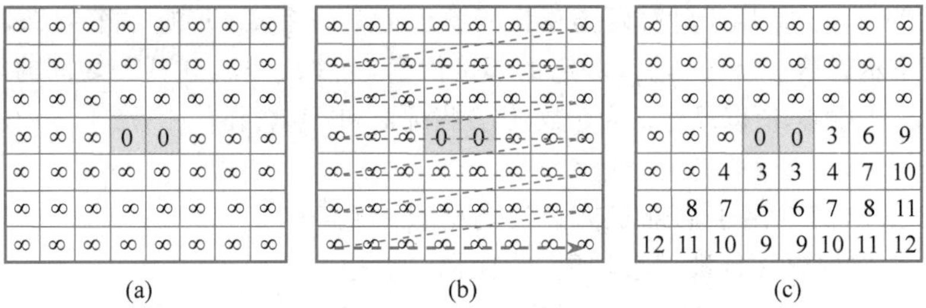

∞	∞	∞	∞	∞	∞	∞	∞
∞	∞	∞	∞	∞	∞	∞	∞
∞	∞	∞	∞	∞	∞	∞	∞
∞	∞	∞	0	0	∞	∞	∞
∞	∞	∞	∞	∞	∞	∞	∞
∞	∞	∞	∞	∞	∞	∞	∞
∞	∞	∞	∞	∞	∞	∞	∞

(a)

∞	∞	∞	∞	∞	∞	∞	∞
∞	∞	∞	∞	∞	∞	∞	∞
∞	∞	∞	∞	∞	∞	∞	∞
∞	∞	∞	0	0	∞	∞	∞
∞	∞	∞	∞	∞	∞	∞	∞
∞	∞	∞	∞	∞	∞	∞	∞
∞	∞	∞	∞	∞	∞	∞	∞

(b)

∞	∞	∞	∞	∞	∞	∞	∞
∞	∞	∞	∞	∞	∞	∞	∞
∞	∞	∞	∞	∞	∞	∞	∞
∞	∞	∞	0	0	3	6	9
∞	∞	4	3	3	4	7	10
∞	8	7	6	6	7	8	11
12	11	10	9	9	10	11	12

(c)

图 1.4.4 前向扫描及结果

2) 反向扫描

按类似的方式，将下子模板沿着图 1.4.5(a)标出的顺序对距离图$[DT^{(t')}(p)]$的每个位置按式(1.4.3)进行扫描和数值更新。这次扫描的结果是如图 1.4.5(b)所示的距离图。图 1.4.1(c)就是该距离图的灰度图表示。

很明显，该算法的计算复杂度是 $O(W \times H)$，因为式(1.4.3)中的更新规则可用常数时间计算。

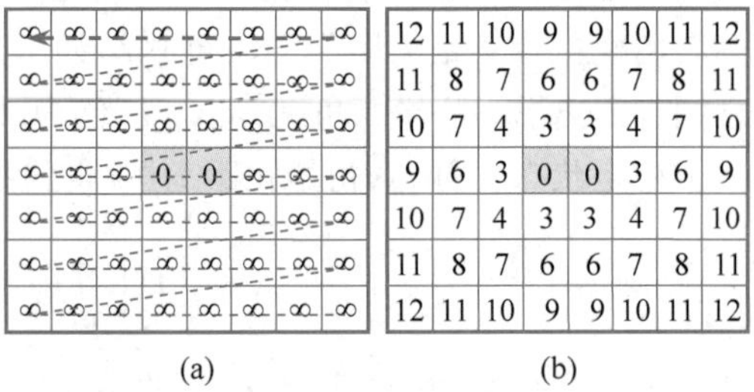

∞	∞	∞	∞	∞	∞	∞	∞
∞	∞	∞	∞	∞	∞	∞	∞
∞	∞	∞	∞	∞	∞	∞	∞
∞	∞	∞	0	0	∞	∞	∞
∞	∞	∞	∞	∞	∞	∞	∞
∞	∞	∞	∞	∞	∞	∞	∞
∞	∞	∞	∞	∞	∞	∞	∞

(a)

12	11	10	9	9	10	11	12
11	8	7	6	6	7	8	11
10	7	4	3	3	4	7	10
9	6	3	0	0	3	6	9
10	7	4	3	3	4	7	10
11	8	7	6	6	7	8	11
12	11	10	9	9	10	11	12

(b)

图 1.4.5 反向扫描及结果 □

2. 并行实现

在并行计算结构中，每个像素对应一个处理器。先根据式(1.4.2)获得初始距离图，然后对所有像素迭代地使用式(1.4.3)的更新规则来计算。这个更新过程将持续进行到距离图不再发生变化而停止。并行算法可表示为($p=(x_p, y_p)$)

$$DT^{(t)}(x_p, y_p) = \min_{k,j}\{DT^{(t-1)}(x_p+k, y_p+l) + M(k,l)\} \tag{1.4.4}$$

其中，$DT^{(t)}(x_p, y_p)$是在(x_p, y_p)处第 t 次迭代时的值；k 和 l 是相对于模板中心(0,0)的位置值；$M(k,l)$是对应位置的模板值。具体的步骤可用下面的例子来介绍。

例 1.4.3 距离图的并行计算

仍考虑图 1.4.1(a)所示的图像，如例 1.4.2 那样令所有的像素组成集合 P，而中心的两个白

像素构成集合 B。现在考虑直接使用图 1.4.3(a)所示的整个 3×3 模板来计算距离图。初始距离图仍如图 1.4.4(a)所示。图 1.4.6 分别给出并行计算过程中的各个步骤所得到的距离图。得到图 1.4.6(c)后，距离图不再变化，这就是最后的距离图。

∞	∞	∞	∞	∞	∞	∞	∞
∞	∞	∞	∞	∞	∞	∞	∞
∞	∞	4	3	3	4	∞	∞
∞	∞	3	0	0	3	∞	∞
∞	∞	4	3	3	4	∞	∞
∞	∞	∞	∞	∞	∞	∞	∞
∞	∞	∞	∞	∞	∞	∞	∞

(a)

∞	∞	∞	∞	∞	∞	∞	∞
∞	8	7	6	6	7	8	∞
∞	7	4	3	3	4	7	∞
∞	6	3	0	0	3	6	∞
∞	7	4	3	3	4	7	∞
∞	8	7	6	6	7	8	∞
∞	∞	∞	∞	∞	∞	∞	∞

(b)

12	11	10	9	9	10	11	12
11	8	7	6	6	7	8	11
10	7	4	3	3	4	7	10
9	6	3	0	0	3	6	9
10	7	4	3	3	4	7	10
11	8	7	6	6	7	8	11
12	11	10	9	9	10	11	12

(c)

图 1.4.6　并行计算过程中的各个步骤及结果

□

与串行算法所需的扫描次数总是 2 不同，对一个并行算法，所需的扫描次数等于图像中最宽目标的最大宽度的一半，且是距离函数的最大值。

假设使用普通的串行计算机来进行运算，则对一幅 $N \times N$ 的图像，并行算法所需的时间约为 $N^2 \times N/2 \times 8 = N^3 \times 4$；串行算法所需的时间约为 $N^2 \times 2 \times (5 \times 2) = N^2 \times 20$。

1.5　内容框架和特点

本书主要介绍图像分析的基本概念、基础理论和实用技术。通过综合使用这些理论和技术可构建各种图像分析系统，并具体应用于解决实际问题。另外，通过对图像工程中间层次内容的介绍，一方面可帮助读者在利用图像工程低层技术得到的结果基础上获得更多的信息，解决更多的实际图像应用中的具体问题；另一方面也可帮助读者进一步学习和研究图像工程高层技术。

1. 整体框架和各章概述

全书主要包含 16 章正文和 1 个附录。相比上一版[章 2018b]，基本保持了全书的框架和特色[章 2018e]，但增加了一章以及增加了一些新的节，而且还对许多节和小节(包括文献及介绍)进行了更新，也对原有内容(包括思考题和练习题)进行了一些补充和扩展，使用者可以根据教学要求、学生基础、学时数量等酌情选择。

本书第 1 章是对图像分析的概括介绍，包括图像基础、图像工程概述。在图像工程的整体框架下，给出了图像分析的定义，讨论了图像处理和图像分析的区别和联系。根据图像分析的特点，介绍了相关的数字化概念和模型以及距离变换方法。结合对图像分析系统的主要模块的讨论，介绍本书的范围、主要内容及整体安排。

本书主要内容分为 4 个单元(参见图 1.5.1)，每个单元包括内容密切相关的 3 或 4 章。

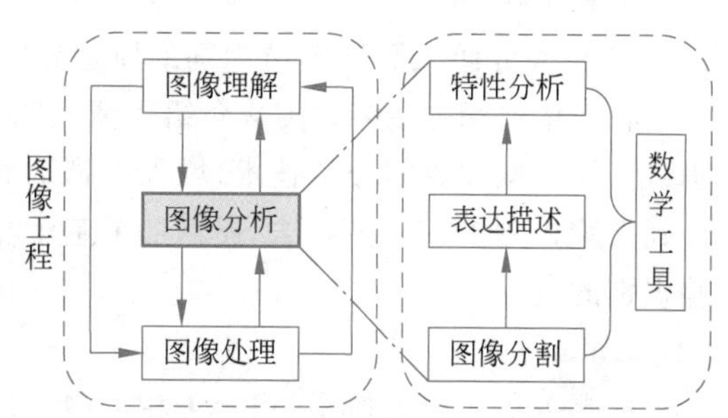

图 1.5.1　图像分析主要内容单元

第 1 单元为“图像分割”。其中第 2 章介绍分割的定义和算法的分类，以及并行边界类、串行边界类、并行区域类、串行区域类的典型技术，还增加了对基于深度学习的分割方法分类介绍和对全景分割的解析。第 3 章介绍一些得到较多应用的有特色的图像分割技术，包括 SUSAN 算子、图割方法(增加了与 U-net 的结合)，一些典型的取阈值方法、基于分水岭的方法(增加了与 D-Linknet 的结合)。第 4 章介绍对基本分割方法的推广

（考虑了不同定义的区域），包括从哈夫变换到广义哈夫变换，像素边缘检测到亚像素边缘检测，从 2-D 分割算法到 3-D 分割算法的推广，从灰度图像到彩色图像的分割，还增加了面向医学领域的分割。第 5 章介绍对图像分割的评价，包括对评价研究的分类，一个通用的评价框架和各种类型的评价准则，以及对评价的评价；另外，介绍了一个基于评价的分割算法优选系统作为用分割评价的成果指导分割的示例；最后，还增加了对分割评价进展的介绍。

第 2 单元为"表达描述"。其中，第 6 章介绍目标表达方法，包括基于目标边界像素的表达、基于目标区域像素的表达（增加了对骨架细化算法的改进介绍）以及基于变换的表达方法。第 7 章介绍目标描述方法，包括基于目标边界像素的描述、基于目标区域像素的描述以及对多个目标间关系的描述方法（增加了对空间关系数据集的介绍）。第 8 章将目标属性专门提取出来以描述图像内容，除了属性的定义和概况、属性提取中的特征比较和属性应用外，着重讨论了属性和零样本学习的关联以及基于属性的行人再识别方法。第 9 章介绍特征测量和误差分析，包括不同的测度和测度的结合，测量中密切相关但又需区别的术语，多种影响测量误差的因素以及用离散距离代替欧氏距离所产生误差的分析。

第 3 单元为"特性分析"。其中，第 10 章介绍纹理分析技术，包括纹理描述的统计方法、纹理描述的结构方法（增加了完全局部二值模式的内容）、利用频谱描述纹理的方法，一种纹理分类合成的方法以及有监督纹理分割和无监督纹理分割的思路。第 11 章介绍形状分析技术，包括用不同的理论技术对同一个形状特性的描述和基于同一种技术对不同形状特性的描述方法，增加了对形状描述的方法分类介绍，另外介绍了可用于形状分析的分形概念和分形维数的计算方法。第 12 章介绍运动分析技术，包括运动检测和运动目标检测技术、对序列图像中运动目标的分割技术（增加了两种结合不同信息的新方法）以及运动跟踪的典型策略和技术（增加了结合均移的方法），还增加了移动阴影检测和基于孪生网络的目标跟踪内容。第 13 章专门分析显著性，除了显著性检测和显著区域分割提取外，还分别增加了基于背景先验和基于最稳定区域的提取方法，以及结合各种特征和面向特定类型图像的显著性检测技术。

第 4 单元为"数学工具"。其中，第 14 章介绍以形态为基础对图像进行分析的数学工具之一——二值数学形态学，包括基本运算、组合运算、实用算法，还增加了对形态学算子和应用领域以及最新参考文献的介绍。第 15 章介绍以形态为基础对图像进行分析的数学工具之二——灰度数学形态学，也包括基本运算、组合运算、实用算法，增加了对结构元素中属性修改的内容，另外还介绍了更为一般的图像代数。第 16 章介绍模式识别和分类原理（零样本学习的进展），包括统计模式识别中的分类器、基于人工神经网络的感知机和基于统计学习理论的支持向量机、结构模式识别中的结构模式描述符。这些数学工具和方法也可用于前几个单元的技术和工作中。

附录 A 介绍人脸和表情识别的原理和技术。先讨论它们共同的人脸检测定位技术，增加了人脸活体检测的内容；接着介绍表情识别中的脸部器官提取和跟踪技术；然后详细分析了表情特征提取和表情分类技术，增加了微表情识别的内容；最后讨论将人脸表情识别技术推广到人脸识别中的一些方法，还增加了基于相关滤波器和有监督线性降维的方法以及遮挡人脸识别的内容。

2. 编写特点

本书各单元自成体系，集合了相关内容，并有概况介绍，适合分阶段学习和复习。与上一版相比，各章样式仍比较规范。在每章开始除整体内容介绍外，均有对各节的概述，以把握全章脉络。考虑到学习者基础的不同和课程学时的不同，有相当的内容（包括一些扩展内容）是以示例的形式给出的，可根据需要选择。为帮助理解和进行复习，在每章最后均有"总结和复习”一节(其中给出各节小结和参考文献介绍)以及“思考题和练习题”(部分题给出了解答,有些概念也借此进行介绍)。附录内容与一章正文篇幅基本相当,形式也类似,只是没有“总结和复习”一节,但也可以作为一章进行课程教学。

书中引用的600多篇参考文献列于书的最后。这些参考文献大体可分成两大类。一类是与本书所介绍的内容直接联系的素材文献,读者可从中查到相关定义的出处、对相关公式的推导以及相关示例的解释等。这些参考文献一般均标注在正文中的相应位置,读者可以查阅这些参考文献以找到更多的细节。另一类则是为了帮助读者进一步深入学习或研究所提供的参考文献,它们大都出现在各章末的“总结和复习”中。如果读者希望扩大视野或解决科研中的具体问题则可以查阅这些文献。“总结和复习”中均对这些参考文献简单指明了其涉及的内容,以帮助读者有的放矢地进行查阅。

各章末的思考题和练习题形式多样,其中有些是对概念的辨析,有些涉及公式推导,有些需要进行计算,还有些是编程实践,读者可在学习完一章后根据需要和情况进行选择。本书末给出了对其中少部分题(主要是涉及计算的题)的解答,供学习参考。

全书最后提供了超过800个主题/术语索引(文中术语用黑体表示),并有对应的英文全文(文中一般只有缩写)。

3. 先修基础

从学习图像工程的角度来说,有三方面的基础知识是比较重要的。

(1) 数学:首先值得指出的是线性代数和矩阵理论,因为图像可表示为点阵,需借助矩阵表达解释各种加工运算过程;另外,有关统计学、概率论和随机建模的知识也很有用。

(2) 计算机科学:计算机视觉要用计算机完成视觉任务,所以对计算机软件技术的掌握,对计算机结构体系的理解以及对计算机编程方法的应用都非常重要。

(3) 电子学:一方面采集图像的照相机和采集视频的摄像机都是电子器件,要想快速对图像进行加工,需要使用一定的电子设备;另一方面,信号处理更是图像处理的直接基础。

本书涉及图像工程的中层内容,还需要有一些图像处理的基础知识,可参见上册。

总结和复习

随堂测试

第1单元

图像分割

本单元包括 4 章,分别为

第 2 章　图像分割基础

第 3 章　典型分割算法

第 4 章　分割技术扩展

第 5 章　分割评价比较

在对图像的研究和应用中,很多时候关注的仅是图像中的目标或前景(其他部分称为背景),它们一般对应图像中特定的、具有独特性质的区域。为了分析目标,需要将这些区域分离提取出来,在此基础上才有可能进一步利用,如进行特征提取和测量。图像分割就是指把图像分成各具特性的区域并提取出感兴趣目标区域的技术和过程。这里特性可以是灰度、颜色、纹理等,目标可以对应单个区域,也可以对应多个区域。

图像分割是由图像处理进展到图像分析的关键步骤,也是一种基本的计算机视觉技术。图像的分割、目标的分离、特征的提取和参数的测量等不仅完成了图像分析的任务,还将原始图像转换为更抽象、更紧凑的形式,使得更高层的图像理解得以实现。

图像分割多年来一直得到人们的高度重视。20 世纪就已提出了上千种分割算法。图像分割技术的发展与许多其他学科和领域密切相关。例如,Gibbs 随机场、贝叶斯理论、布朗链、多尺度边缘检测、分形理论、高斯混合分布、盖伯滤波器、马尔可夫随机场、模拟退火、小波模极大值、遗传算法、隐马尔可夫模型、专家系统、深度学习等都被结合或应用到分割技术中。事实上,图像分割至今尚无通用的自身理论。所以,每当有新的数学工具或方法提出来,人们就试着将其用于图像分割,因而提出了不少特殊的或者各有特色的分割算法[Zhang 2015d]。

对图像分割的研究一直是图像工程中的重点和热点,每年都有大量有关研究报道发表。本单元拟对图像分割给予比较全面的阐述。

第 2 章介绍图像分割的基础知识、分割技术的分类以及各类技术的基本原理与方法。

第 3 章讨论了一些在各类分割技术中得到较多实际应用的、有特色的典型分割算法,较详细地描述了它们的主要步骤。

第 4 章对常用基本分割技术进行推广,以解决更广泛领域的图像分割问题。这包括从划分像素到划分目标、从分割规则的到任意形状的图像目标,将分割精度从像素级提高亚像素级,从分割 2-D 灰度图像到 3-D 图像、矢量图像以及各种医学图像等。

第 5 章对如何对图像分割算法进行评价给予介绍和讨论,包括评价的框架流程、评价的各种指标或准则、评价的实例、评价的进展,以及对评价方法的系统比较。

对图像分割的研究涉及的内容和层次比较多,除本单元外,10.6 节将介绍有监督和无监督纹理分割的思路和方法,12.3 节将讨论运动目标分割,15.4 节将讨论基于灰度形态学的图像聚类快速分割、水线分割和纹理分割,而对深度图像分割将在下册介绍。

第2章

教学视频

图像分割基础

本章是图像分割单元的基础，首先介绍图像分割的定义，然后讨论方法分类，并对各类基本的分割技术和原理进行分析和解释，还对近年的一些新动向进行概括分析。

根据上述讨论，本章各节将安排如下。

2.1 节先对图像分割给出较严格的定义，并借助定义对图像分割技术进行分类。这里所给出的分类方法是基本的和通用的，各种图像分割方法均可按此分类。

2.2 节介绍并行边界分割的原理和特点、几种基本的边缘检测算子以及边界闭合的方法。

2.3 节介绍串行边界分割的原理和特点及有代表性的主动轮廓方法。

2.4 节介绍并行区域分割的原理和特点、3 类典型的阈值选取技术，以及空间聚类的方法。

2.5 节介绍串行区域分割的原理和特点及基本的区域生长和分裂合并方法。

2.6 节对基于深度学习的分割方法进行了分类概括。

2.7 节解析了近年提出的全景分割概念，并概述了其中一些常用的网络模型。

2.1 图像分割定义和技术分类

图像分割可借助集合概念用如下比较正式的方法定义：

令集合 R 代表整个图像区域，对 R 的分割可看作将 R 分成若干满足以下 5 个条件的非空子集(子区域) $R_1, R_2, \cdots, R_n$。

(1) $\bigcup_{i=1}^{n} R_i = R$。

(2) 对所有的 i 和 j，$i \neq j$，有 $R_i \cap R_j = \varnothing$。

(3) 对 $i=1,2,\cdots,n$，有 $P(R_i)=\text{TRUE}$。

(4) 对 $i \neq j$，有 $P(R_i \cup R_j)=\text{FALSE}$。

(5) 对 $i=1,2,\cdots,n$，R_i 是连通的区域。

其中，$P(R_i)$代表对所有在集合 R_i 中元素的**逻辑谓词**；$\varnothing$代表空集。

上述条件(1)指出分割所得到的全部子区域的总和(并集)应能包括图像中的所有像素，或者说分割应将图像中的每个像素都分进某一个子区域中。条件(2)指出各个子区域是互不重叠的，或者说一个像素不能同时属于两个子区域。条件(3)指出在分割后得到的属于同一个子区域中的像素应该具有某些相同的特性/性质(同质性)。条件(4)指出在分割后得到的属于不同子区域中的像素应该具有一些不同的特性/性质。条件(5)要求同一个子区域内的像素应当是连通的。这里需要注意的是，一幅图像中可以有多个同一类的目标，每个对应一个子区域。对图像的分割总是根据一些分割的准则进行。条件(1)与(2)说明分割准则应适用于所有子区域和所有像素，而条件(3)与(4)说明分割准则应能帮助确定各子区域像素有代表性的特性[Zhang 1997a]。最后，条件(5)说明每个目标内的像素不仅应该具有某些相同的特性/性质，而且在空间上有密切的关系。

需要指出的是，在一些特定应用中，条件(2)可以放松，即在一定层次或一定阶段，一个像素可以以不同的似然度或概率属于不同区域，这就是所谓的**软分割**。另外，条件(3)与(4)中的特性/性质也可以有较高层的含义，如在**图像类分割**中，特性/性质可以对应目标或概念(如[Xue 2011])。

根据以上定义和讨论，可考虑按如下方法对分割技术进行分类[Zhang 1993d]。对灰度图像的分割(本章主要讨论灰度图像分割，但也可扩展到其他图像)常可基于像素灰度值的两个性质：不连续性和相似性。同一区域内部的像素一般具有**灰度相似性**，而在不同区域之间的边界上一般具有**灰度不连续性**。所以分割技术可据此分为利用区域间灰度不连续性的基于边界的技术和利用区域内灰度相似性的基于区域的技术。另外，根据分割过程中处理策略的不同，分割技术又可分为并行技术和串行技术。在**并行技术**中，主要利用局部信息，且所有判断和决定都可独立地和同时地做出；而在**串行技术**中，更多地利用了全局信息，且早期处理的结果可被其后的处理过程所利用。一般串行技术的流程常较复杂，所需计算时间也通常比并行技术要长，但抗噪声和整体决策能力通常也较强。

上述两个分类准则互不重合又互为补充，所以分割技术可根据这两个准则分成4类(见表2.1.1)。

表 2.1.1 分割技术分类表

分　类	边界(不连续性)	区域(相似性)
并行处理	PB：并行边界类	PR：并行区域类
串行处理	SB：串行边界类	SR：串行区域类

(1) PB：并行边界类。

(2) SB：串行边界类。

(3) PR：并行区域类。

(4) SR：串行区域类。

这种分类法既能满足上述分割定义的5个条件，也适用于各种图像分割算法。例如，基于边缘检测的方法可以是并行的或串行的，主要取决于边缘连接或跟踪时采用的策略，阈值分割法和像素分类法都属于并行区域类，而区域生长和区域分裂合并法则都属于串行区域类。

近年来，人们还提出了一些综合利用以上4类方法基本思想的混合算法，但一般只是将分属4类的算法用不同的形式组合起来。2.2～2.5节将分别介绍这4类方法的基本原理和各类中一些典型的算法。对各类方法中一些更实用技术的讨论可见第3章。

2.2 并行边界技术

边缘检测是所有基于边界的图像分割方法的第一步，也是**并行边界技术**的关键。在灰度图中，两个不同的相邻区域之间灰度值会有不连续或局部突变，从而导致出现边缘。如果同时并行地对边缘点进行检测就有可能获得将相邻区域区分开的边界。

2.2.1 边缘及检测原理

在2-D图像中，沿一定方向上的边缘可用该方向剖面上的4个参数来模型化，见图2.2.1。

(1) 位置：边缘(等效的)最大灰度变化处(边缘朝向就在该变化方向上)。

(2) 斜率：边缘在其朝向上的倾斜程度(由于采样等原因，实际图像中的边缘是倾斜的)。

(3) 均值：分属边缘两边(近邻)像素的灰度均值(由于噪声等原因，灰度有波动)。

(4) 幅度：边缘两边灰度均值间的差(反映了不连续或局部突变的程度)。

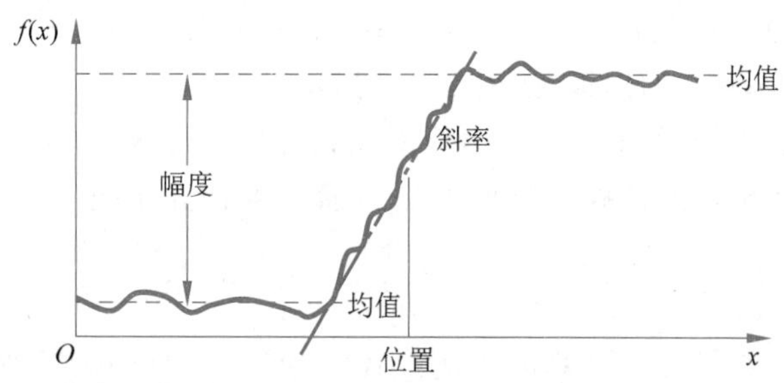

图 2.2.1 描述边缘的几个参数

在上述 4 个参数中，位置常常最重要，它给出了相邻两个区域之间的边界点。边缘位置处灰度的明显变化可借助计算灰度的导数/微分来检测。一般常借助一阶导数和二阶导数来检测边缘。在边缘位置处，一阶导数的幅度值会出现局部极值，而二阶导数的幅度值会出现过零点，所以可通过计算灰度导数并检测局部极值点或过零点来确定边缘位置。

2.2.2 正交梯度算子

由上面的讨论可知，对边缘的检测可借助空域微分算子通过卷积来完成。实际上，在数字图像中求导数是利用差分近似微分来进行的。

梯度对应一阶导数，梯度算子是一阶导数算子。对一个连续函数 $f(x,y)$，它在位置 (x,y) 的梯度可表示为一个矢量(两个分量分别是沿 X 和 Y 方向的一阶导数，可借助两个**模板**分别计算)

$$\nabla f(x,y)=[G_x \quad G_y]^{\mathrm{T}}=\begin{bmatrix}\dfrac{\partial f}{\partial x} & \dfrac{\partial f}{\partial y}\end{bmatrix}^{\mathrm{T}} \tag{2.2.1}$$

这个矢量的幅度(也常直接简称为梯度)和方向角分别为

$$\operatorname{mag}(\nabla f)=\|\nabla f_{(2)}\|=[G_x^2+G_y^2]^{1/2} \tag{2.2.2}$$

$$\phi(x,y)=\arctan(G_x/G_y) \tag{2.2.3}$$

式(2.2.2)的幅度计算以 2 为范数，对应欧氏距离。由于涉及平方和开方运算，计算量会比较大。在实用中为了计算简便，常采用其他方法组合两个模板的输出[Zhang 1993c]。有一种简单的方法是以 1 为范数(对应城区距离)的，即

$$\|\nabla f_{(1)}\|=|G_x|+|G_y| \tag{2.2.4}$$

另一种简单的方法是以∞为范数(对应棋盘距离)的，即

$$\|\nabla f_{(\infty)}\|=\max\{|G_x|,|G_y|\} \tag{2.2.5}$$

实际计算中对 G_x 和 G_y 各用一个模板，而两个模板组合起来构成一个**梯度算子**。最简单的梯度算子是**罗伯特交叉算子**，它的两个 2×2 模板见图 2.2.2(a)。比较常用的还有**蒲瑞维特算子**和**索贝尔算子**，它们都用两个 3×3 模板，分别见图 2.2.2(b)和图 2.2.2(c)。算子运算时是采取类似卷积的方式，将模板在图像上移动并在每个位置计算对应中心像素的梯度值，从而得到一幅梯度图。在边缘灰度值过渡比较尖锐且图像中噪声比较小时，梯度算子工作效果较好。

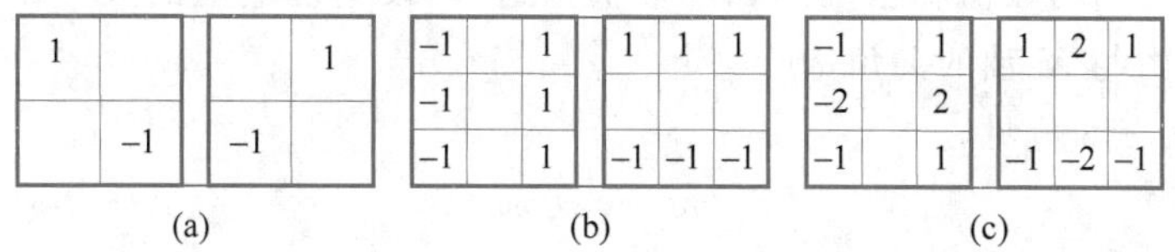

1	
	−1

	1
−1	

(a)

−1		1
−1		1
−1		1

1	1	1
−1	−1	−1

(b)

−1		1
−2		2
−1		1

1	2	1
−1	−2	−1

(c)

图 2.2.2 几种常用梯度算子的模板

基本的索贝尔算子的两个模板分别对应 0°和 90°方向，它们对垂直和水平方向的边缘有较大响应。为检测更多方向的边缘，还可以增加两个方向(45°和 135°)的模板，如图 2.2.3 所示。

	1	2
–1		1
–2	–1	

2	1	
1		–1
	–1	–2

图 2.2.3　对索贝尔算子增加的两个模板

对索贝尔算子增加模板后，其对沿着两个对角线方向的边缘响应更加敏感，定位边缘方向更精确。类似方法对蒲瑞维特算子也适用。

例 **2.2.1**　梯度图实例

图 2.2.4 给出了一组梯度图计算的实例。其中，图 2.2.4(a)为一幅原始图像，它包含有各种朝向的边缘；图 2.2.4(b)和图 2.2.4(c)分别为用索贝尔算子的水平模板和垂直模板得到的水平梯度图和垂直梯度图，它们分别对垂直边缘和水平边缘有较强的响应。这两图中灰色部分对应梯度较小的区域，深色或黑色部分对应负梯度较大的区域，浅色或白色部分对应正梯度较大的区域。对比两图中的三脚架，因为三脚架主要偏向竖直线条，所以在图 2.2.4(b)中的正负梯度值都比图 2.2.4(c)中为大。图 2.2.4(d)为根据式(2.2.2)得到的索贝尔算子梯度图。图 2.2.4(e)和图 2.2.4(f)分别为根据式(2.2.4)和式(2.2.5)得到的索贝尔算子近似梯度图。在这 3 幅图中已对梯度进行了二值化。比较这 3 幅图可见，虽然它们从总体上看相当类似，但以 2 为范数比以 1 和∞为范数更为灵敏，例如，图 2.2.4(e)中塔形建筑物的左轮廓和图 2.2.4(f)中塔形建筑物左边的穹顶都未检测出来。

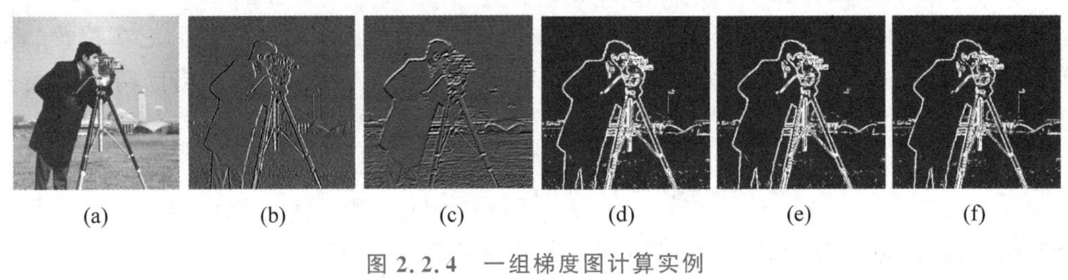

图 **2.2.4**　一组梯度图计算实例 □

2.2.3　方向微分算子

方向微分算子基于特定方向上的微分来检测边缘。它先辨认像素为可能的边缘元素，再给它赋予预先定义的若干朝向之一。在空域中，方向微分算子利用一组模板与图像进行卷积来分别计算不同方向上的差分值，取其中最大的值作为边缘强度，而将与之对应的方向作为边缘方向。实际上，每个模板会对应两个相反的方向，所以最后还需要根据卷积值的符号来确定其中之一。

常用的 8 方向基尔希(Kirsch)算子的 3×3 模板如图 2.2.5 所示，各方向之间的夹角均为 45°。

如果取卷积值的最大值的绝对值为边缘强度，并用考虑最大值符号的方法来确定相应的边缘方向，则由于各模板的对称性只需要用前 4 个模板就可以了。

当使用一组 8 个模板检测边缘点或角点时，标准的方法是仅取最大响应模板的朝向数值 θ 和幅度数值 λ，但这样的结果是比较粗糙的。下面借助图 2.2.6 来介绍如何优化方向模板的输出以获得精确的朝向数值和精确的幅度数值。这里，设精确响应的矢量由两个分量 m_1 和 m_2 组成，其朝向由与 X 轴的夹角 α 所决定。

首先，由图 2.2.6 可见，

$$m_1 = \lambda\cos\alpha \tag{2.2.6}$$

$$m_2 = \lambda\cos\beta \tag{2.2.7}$$

−5	3	3
−5		3
−5	3	3

3	3	3
−5	0	3
−5	−5	3

3	3	3
3	0	3
−5	−5	−5

3	3	3
3	0	−5
3	−5	−5

3	3	−5
3		−5
3	3	−5

3	−5	−5
3	0	−5
3	3	3

−5	−5	−5
3	0	3
3	3	3

−5	−5	3
−5	0	3
3	3	3

图 2.2.5　常用的 8 方向基尔希算子的 3×3 模板

两个分量的比值为

$$\frac{m_2}{m_1}=\frac{\cos\beta}{\cos\alpha}=\cos(\gamma-\alpha)\sec\alpha=\cos\gamma+\sin\gamma\tan\alpha \tag{2.2.8}$$

解出 α：

$$\alpha=\arctan\left[\left(\frac{m_2}{m_1}\right)\csc\gamma-\cot\gamma\right] \tag{2.2.9}$$

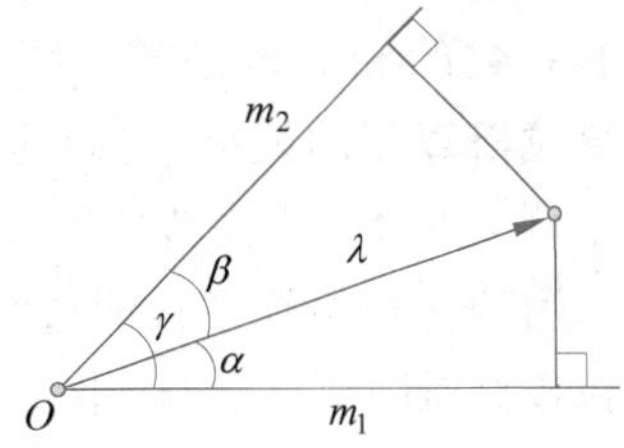

图 2.2.6　优化方向模板输出的矢量计算几何

由 α 可解出 λ：

$$\lambda=(m_1^2+m_2^2-2m_1m_2\cos\gamma)^{1/2}\csc\gamma \tag{2.2.10}$$

当 $\gamma=90°$时，式(2.2.9)和式(2.2.10)就成为一般边缘检测时的结果：

$$\alpha=\arctan\left(\frac{m_2}{m_1}\right) \tag{2.2.11}$$

$$\lambda=(m_1^2+m_2^2)^{1/2} \tag{2.2.12}$$

现在，定义具有 $2\pi/n$ 旋转不变性的特征为 n-矢量。则边缘(以及角点等)为 1-矢量，线段(以及对称的 S 形状)为 2-矢量。不过，$n>2$ 的 n-矢量在实际中不常用。前面给出对边缘使用 1-矢量的结果。要对线段使用 2-矢量，需要考虑 1∶2 的联系。即，要将 α、β 和 γ 分别用 2α、2β 和 2γ 替换，式(2.2.6)和式(2.2.7)变为

$$m_1=\lambda\cos(2\alpha) \tag{2.2.13}$$

$$m_2=\lambda\cos(2\beta) \tag{2.2.14}$$

取 $2\gamma=90°$，即 $\gamma=45°$，代入解得

$$\alpha=\frac{1}{2}\arctan\left(\frac{m_2}{m_1}\right) \tag{2.2.15}$$

最后，用上面的方法来获得对 1-矢量和 2-矢量的 8 个模板组的插值公式。对 1-矢量，8 个模板组的 $\gamma=45°$，式(2.2.9)和式(2.2.10)成为

$$\alpha=\arctan\left[\sqrt{2}\left(\frac{m_2}{m_1}\right)-1\right] \tag{2.2.16}$$

$$\lambda=\sqrt{2}(m_1^2+m_2^2-\sqrt{2}m_1m_2)^{1/2} \tag{2.2.17}$$

对 2-矢量，8 个模板组的 $\gamma=22.5°$，式(2.2.9)和式(2.2.10)成为

$$\alpha=\frac{1}{2}\arctan\left[\sqrt{2}\left(\frac{m_2}{m_1}\right)-1\right] \tag{2.2.18}$$

$$\lambda=\sqrt{2}(m_1^2+m_2^2-\sqrt{2}m_1m_2)^{1/2} \tag{2.2.19}$$

2.2.4 二阶导数算子

利用对二阶导数的计算也可以确定边缘位置。常用的二阶导数算子有下面 3 种。

1. 拉普拉斯算子

对一个连续函数 $f(x,y)$，它在位置 (x,y) 的拉普拉斯值定义如下：

$$\nabla^2 f = \frac{\partial^2 f}{\partial x^2} + \frac{\partial^2 f}{\partial y^2} \tag{2.2.20}$$

在图像中，对拉普拉斯值的计算可借助各种模板实现。这里对模板的基本要求是对应中心像素的系数应是正的，而对应中心像素邻近像素的系数应是负的，且所有系数的和应该是零。图 2.2.7 给出了 3 种典型的**拉普拉斯算子**的模板，它们均满足上面的条件。

0	−1	0
−1	4	−1
0	−1	0

−1	−1	−1
−1	8	−1
−1	−1	−1

−2	−3	−2
−3	20	−3
−2	−3	−2

图 2.2.7 3 种典型的拉普拉斯算子的模板

例 2.2.2 用拉普拉斯算子检测边缘

用拉普拉斯算子检测边缘需在卷积后确定过零点。图 2.2.8 给出了一个检测阶梯状边缘的拉普拉斯图简单示例。图 2.2.8(a)为一幅含有字母 S 的二值图。图 2.2.8(b)为用图 2.2.7 中左边模板与图 2.2.8(a)卷积得到的结果。图 2.2.8(b)中黑色对应最大负值，白色对应最大正值，灰色对应零值。注意，对应字母边缘内侧有一条白色边界，对应字母外侧有一条黑色边界，它们之间的过零点就是边缘所在位置。如果把两条边界均看作边缘，则得到双像素宽的边界，如图 2.2.8(c)中白色曲线所示。

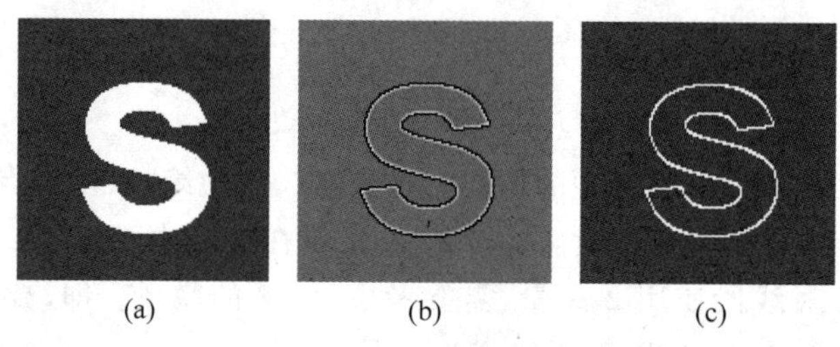

图 2.2.8 拉普拉斯图示例

□

拉普拉斯算子是一种二阶导数算子，所以对图像中的噪声相当敏感。另外它常产生双像素宽的边缘，且不能提供边缘方向的信息。由于以上原因，拉普拉斯算子很少直接用于检测边缘，而主要用于已知边缘像素后确定该像素是在图像的暗区或明区一边。

例 2.2.3 借助导数检测 2-D 边缘

需要指出的是，在 1-D 时用计算一阶导数的极值和二阶导数的过零点所得到的边缘是一致的。但在 2-D 时，会有 2 种一阶(偏)导数和 3 种二阶(偏)导数，所以情况发生了变化。图 2.2.9 给出了一个理想的边缘直角，以及分别用一阶(偏)导数和二阶(偏)导数算得的实际边缘。这里将两个一阶(偏)导数结合成梯度矢量，根据其幅度来检测边缘。二阶(偏)导数的计算按拉普拉斯算子进行，根据其过零点值来检测边缘。可以看出，两种导数返回的边缘是不一样的，而且与理想边缘也都不一致。这种情况对弯曲的边缘总会发生。借助梯度幅度得到的边缘会落在直角内；而借助拉普拉斯算子过零点得到的边缘会落在直角外，但能通过直角的顶点。相对来说，后者检测到的边缘与理想边缘不相同的部分比前者检测到的边缘

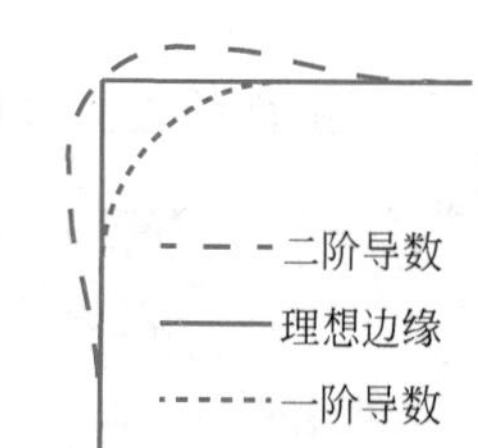

图 2.2.9 一阶导数和二阶导数所检测边缘与理想边缘的不同

与理想边缘不相同的部分要更多，所以在 2-D 时一般首选用梯度幅度来检测边缘。 □

2. 马尔算子

马尔算子是在拉普拉斯算子的基础上实现的，它得益于对人类视觉机理的研究，具有一定的生物学和生理学意义[Marr 1982]。拉普拉斯算子对噪声比较敏感，为了减少噪声影响，可先对原始图像进行平滑处理后再运用拉普拉斯算子。由于在成像时，一个给定像素点所对应场景位置的周围环境对其光强贡献呈高斯分布，所以可采用高斯加权平滑函数作为进行平滑的函数。

马尔边缘检测的思路基于对哺乳动物视觉系统的生物学研究成果，它对不同分辨率的图像分别处理，在每个分辨率上，都通过二阶导数算子来计算过零点以获得边缘图。这样在每个分辨率上的计算包括[Ritter 2001]以下 3 个步骤。

(1) 用一个 2-D 的高斯平滑模板与原始图像卷积。

(2) 计算卷积后图像的拉普拉斯值。

(3) 检测拉普拉斯图像中的过零点作为边缘点。

3. 坎尼算子

坎尼把边缘检测问题转换为检测单位函数极大值的问题来考虑[Canny 1986]，使用了一个特定的边缘数学模型——被高斯噪声污染的阶跃边缘。坎尼借助图像滤波的概念指出，一个好的边缘检测算子应满足 3 个指标。

(1) 低失误概率，既要少将真正的边缘丢失也要少将非边缘判为边缘。

(2) 高位置精度，检测出的边缘应在真正的边界上。

(3) 对每个边缘点有唯一的响应，得到的边界为单像素宽。

根据这 3 个指标，坎尼将下面 3 条准则结合起来，用变分积分来解决边缘检测问题。

(1) 边缘检测算子应该有好的检测质量，即它对边缘点的漏检和误检概率要低，这可描述为边缘检测算子的输出信噪比要最大化。

(2) 边缘检测算子应该有好的局部化能力，即所提取的边缘点应尽量靠近真正的边缘位置，这可描述为提取出来的边缘位置的方差要最小化。

(3) 边缘检测算子应该避免多重响应，即对每个真正的边缘只返回一个唯一的位置，这可描述为提取出来的边缘位置之间的距离要最大化。

坎尼从上述 3 个指标的最优化出发，设计了一个实用的近似算法(常称为**坎尼算子**)，其核心是用高斯滤波器的一阶导数来近似理想的边缘检测算子(但使用了二阶导数的过零点进行精确的边缘定位)。它包括 4 个基本步骤(可参见图 2.2.10)[Nixon 2008]、[Umbaugh 2005]。

(1) 在空间进行低通滤波：具体使用高斯滤波器平滑图像以减轻噪声影响。滤波器模板的尺寸(对应高斯函数的方差)可随尺度不同而改变(结果如图 2.2.10(a)所示)。较大的模板会在较大程度上使图像模糊，但可检测出数量较少而更为突出的边缘。

(2) 使用一阶微分模板：检测滤波图像中灰度梯度的大小和方向(可使用类似于索贝尔的边缘检测算子)。图 2.2.10(b)所示为梯度幅度图。

(3) 执行**非最大值消除**：细化借助梯度检测得到的边缘像素所构成的边界。常用的方法是考虑梯度幅度图中的小邻域(如使用 3×3 模板)，并在其中比较中心像素与其梯度方向上的相邻像素来实现。如果中心像素的值不大于沿梯度方向的相邻像素值，则将其置为零；否则，这就是一个局部最大，将其保留下来(结果如图 2.2.10(c)所示)。

(4) **滞后阈值化**：选取两个阈值并借助滞后阈值化方法最后确定边缘点。这里两个阈值分别称为高阈值和低阈值。首先标记梯度大于高阈值的边缘像素（认为它们都肯定是边缘像素），然后再对与这些像素相连的像素使用低阈值（认为其梯度值大于低的阈值且与大于高阈值的像素又邻接的像素也是边缘像素）。这样得到的结果如图 2.2.10(d)所示。该方法可减弱噪声在最终边缘图像中的影响，并可避免产生由于直接使用单一阈值时阈值过低导致的虚假边缘或阈值过高导致的边缘丢失。该过程可递归或迭代进行。

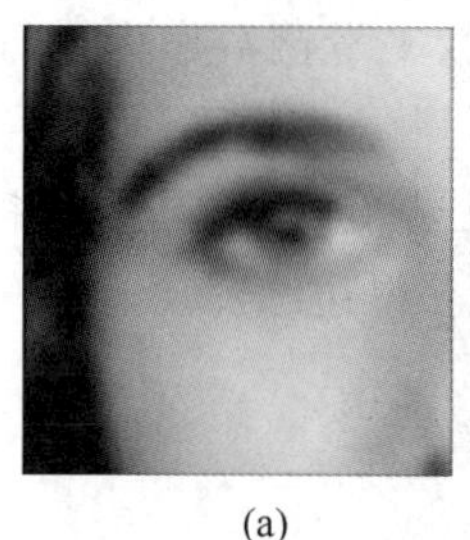
(a)

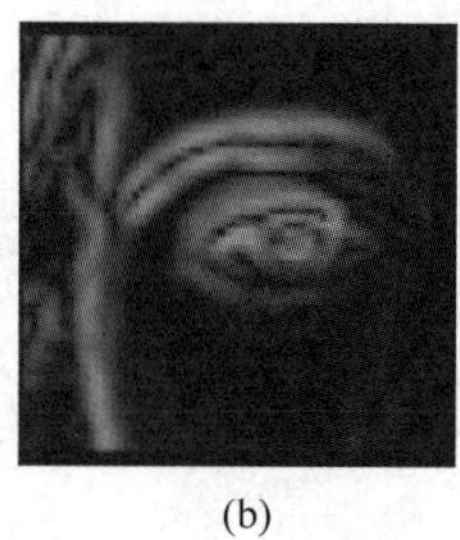
(b)

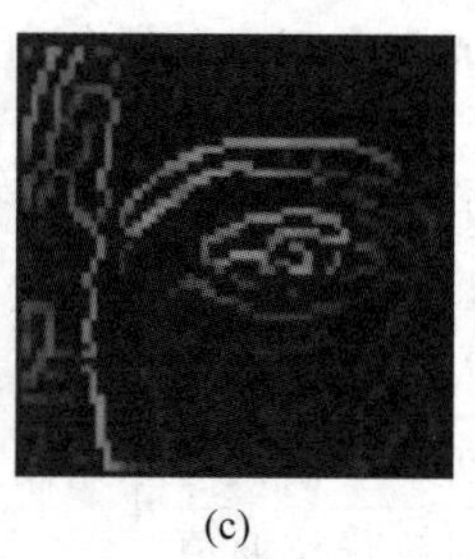
(c)

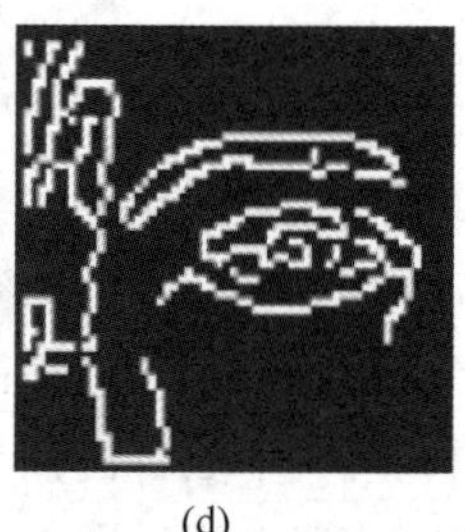
(d)

图 2.2.10 坎尼算子步骤示例

例 2.2.4 非最大值消除示例

前述细化边缘的方法也称为非最大值消除。考虑如图 2.2.11 所示的局部图像，其中各数值为各个位置的灰度，箭头表示梯度方向。该局部图像的中心像素灰度值为 100，梯度方向为水平（对应垂直的线）。将其与左边和右边的像素值（分别为 40 和 80）比较，因为比它们都大，所以保留它作为边缘像素。如果它小于其中之一，则将被除去。注意，沿梯度方向这样做可将粗的边缘细化。

$$\begin{bmatrix} \leftarrow 60 & 120 \rightarrow & 30 \rightarrow \\ \leftarrow 40 & 100 \rightarrow & 80 \rightarrow \\ \leftarrow 50 & 90 \rightarrow & 70 \rightarrow \end{bmatrix}$$

图 2.2.11 非最大值消除示例

□

例 2.2.5 坎尼算子检测边缘的细节

坎尼算子检测边缘的一些细节步骤说明如下：

在步骤(1)中，可使用已知并事先确定标准方差的高斯卷积算子。

在步骤(2)中，可使用索贝尔算子。注意，此时索贝尔算子的模板可看作将基本的差分模板[−1 1]与平滑模板[1 1]卷积的结果。以水平模板为例：

$$\begin{bmatrix} -1 & 0 & 1 \\ -2 & 0 & 2 \\ -1 & 0 & 1 \end{bmatrix} = \begin{bmatrix} 1 \\ 2 \\ 1 \end{bmatrix} \begin{bmatrix} -1 & 0 & 1 \end{bmatrix}$$

其中

$$\begin{bmatrix} 1 & 2 & 1 \end{bmatrix} = \begin{bmatrix} 1 & 1 \end{bmatrix} \otimes \begin{bmatrix} 1 & 1 \end{bmatrix}$$

$$\begin{bmatrix} -1 & 0 & 1 \end{bmatrix} = \begin{bmatrix} -1 & 1 \end{bmatrix} \otimes \begin{bmatrix} 1 & 1 \end{bmatrix}$$

上述公式表明，索贝尔算子自身已包含了相当量的低通滤波，所以步骤(1)中的滤波可以少一些。换句话说，不需要使用大尺寸的高斯模板，使用如下 3×3 的模板就可以了：

$$\begin{bmatrix} 1 & 2 & 1 \\ 2 & 4 & 2 \\ 1 & 2 & 1 \end{bmatrix}$$

在步骤(3)中，需要确定局部边缘的法线方向。对 3×3 的模板，任意卦限中的边缘法线都在给定的一对像素 I_1 和 I_2 之间，如图 2.2.12 所示。

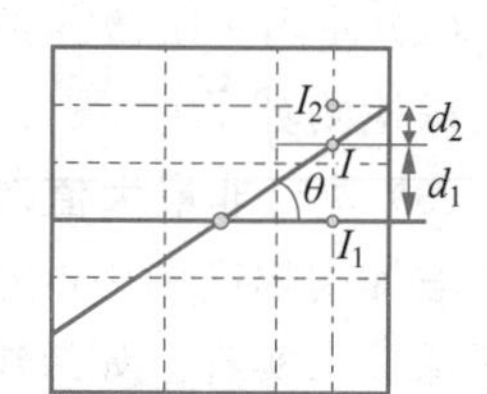

图 2.2.12 确定 3×3 模板中的局部边缘法线方向

在图 2.2.12 中，沿边缘法线像素的灰度是对应像素灰度用距离反比加权的结果：

$$I=\frac{I_1d_2+I_2d_1}{d_1+d_2}=(1-d_1)I_1+I_2d_1$$

其中，$d_1=\tan\theta$ 指示了边缘法线的方向。□

4. 德瑞切算子

坎尼算子的优点是各向同性和旋转不变，缺点是不能递归实现（因为高斯滤波器和它的一阶导数滤波器都不能用递归的方式来实现），所以其计算时间由 σ（对应平滑程度）所决定。德瑞切（Deriche）参照坎尼的方式给出了两个能用递归方式来实现的理想边缘检测滤波器：

$$d'_{1\sigma}(x)=-\sigma^2x\mathrm{e}^{-\sigma|x|} \tag{2.2.21}$$

$$d'_{2\sigma}(x)=-2\sigma\sin(\sigma x)^{-\sigma|x|} \tag{2.2.22}$$

它们对应的平滑滤波器（其中，σ 的值越大平滑程度反而越小，这与高斯滤波器相反）是

$$d_{1\sigma}(x)=\frac{1}{4}\sigma(\sigma\mid x\mid+1)\mathrm{e}^{-\sigma|x|} \tag{2.2.23}$$

$$d_{2\sigma}(x)=\frac{1}{2}\sigma[\sin(\sigma\mid x\mid)+\cos(\sigma\mid x\mid)]^{-\sigma|x|} \tag{2.2.24}$$

德瑞切滤波器的优点是可以递归实现，其计算时间不受平滑参数 σ 的影响。但它是各向异性的，所计算出来的边缘幅度有赖于边缘朝向。它的各向同性版本称为兰泽尔（Lanser）滤波器。

如果用 A 代表真实边缘的幅度，用 σ_{n}^2 代表图像中噪声的方差，则对坎尼滤波器，其边缘位置的方差 σ_{C}^2 是

$$\sigma_{\mathrm{C}}^2=\frac{3}{8}\frac{\sigma_{\mathrm{n}}^2}{A^2} \tag{2.2.25}$$

由上式可见，当信噪比 $A^2/\sigma_{\mathrm{n}}^2\geqslant3/2$ 时，坎尼滤波器具有亚像素（见 4.3 节）精度（$\sigma_{\mathrm{C}}\leqslant1/2$）。

对德瑞切滤波器，其边缘位置的方差 σ_{D}^2 是（比坎尼滤波器更精确）

$$\sigma_{\mathrm{D}}^2=\frac{5}{64}\frac{\sigma_{\mathrm{n}}^2}{A^2} \tag{2.2.26}$$

对兰泽尔滤波器，其边缘位置的方差 σ_{L}^2 是（比坎尼滤波器更精确）

$$\sigma_{\mathrm{L}}^2=\frac{3}{16}\frac{\sigma_{\mathrm{n}}^2}{A^2} \tag{2.2.27}$$

上述计算都是在连续域的结果，与平滑程度无关。但在离散域，滤波器离散化的结果导致较少的平滑（对应较大的 σ 值），所得到的结果比连续域的结果稍差。

上面的分析结果是比较直观的：图像中的噪声越大，边缘的定位精确度越差；边缘的幅度值越大，边缘的定位精确度越好。不过，下面的分析结果是与直观相反的：提高平滑的程度并不能增加精确度。这是因为由提高平滑程度而导致的噪声降低的效果会被提高平滑程度而导致的边缘幅度降低的效果所抵消。

2.2.5 边界闭合

在有噪声时，用各种算子得到的边缘像素常常是孤立的或仅分小段连续。为组成区域的封闭边界以将不同区域分开，需要将边缘像素连接起来。前述的各种边缘检测算子都是并行工作的，如果在此基础上并行地闭合边界，则分割基本上可以并行实现。下面介绍一种利用像

素梯度的幅度和方向进行**边界闭合**的并行方法。

边缘像素连接的基础是它们之间有一定的相似性。所以，如果像素(s,t)在像素(x,y)的邻域中且它们的梯度幅度和梯度方向分别满足以下2个条件（其中，T是幅度阈值，A是角度阈值）：

$$|\nabla f(x,y)-\nabla f(s,t)|\leqslant T \tag{2.2.28}$$

$$|\phi(x,y)-\phi(s,t)|\leqslant A \tag{2.2.29}$$

就可将位于(s,t)的像素与位于(x,y)的像素连接起来。如果对所有边缘像素都进行这样的判断和连接，有希望得到闭合的边界。

例2.2.6　根据梯度信息实现边界闭合

图2.2.13(a)和图2.2.13(b)分别为对图2.2.4(a)求梯度得到的梯度幅度图和方向角图，图2.2.13(c)为根据式(2.2.28)和式(2.2.29)进行边界闭合得到的边界图。

(a)

(b)

(c)

图2.2.13　根据梯度信息实现边界闭合

□

上述方法对边缘点的连接可以并行地进行，即一个像素是否与它邻域中的另一个像素连接并不需要考虑其他像素。在这个意义上，边界连接可对所有像素并行地进行和完成。这个方法的推广形式还可用于连接相距较近的间断边缘段和消除独立的（常由噪声干扰产生的）短边缘段。

2.3　串行边界技术

用并行方法检测边缘点，然后再将它们如2.2.5小节介绍的那样连接起来都只是利用了局部的信息，在图像受噪声影响较大时效果较差。为此可采用一边检测边缘点一边串行连接边缘点构成闭合边界的方法，或先初始化一个闭合边界再逐步迭代地（串行）调整到真实边缘的方法。由于这些方法考虑了图像中边界的全局信息，因此常可取得较鲁棒的结果。

早期的典型**串行边界技术**包括基于图搜索和基于动态规划的方法[章2005b]。在图搜索方法中，将边界点和边界段用数据结构——**图**表示，通过在图中进行搜索对应最小代价的通道以找到闭合边界。考虑到边界两边像素之间的灰度差，可令图中结点对应两个边界点之间的边缘元素，图中的弧对应结点之间的通路，该通路的代价与灰度差成比例。一般情况下，为求得最小代价通道而进行穷举搜索所需的计算量很大。基于动态规划的方法则借助有关具体应用问题的启发性知识来减少搜索计算量。下面介绍的主动轮廓模型方法也是一种串行边界技术。

2.3.1　主动轮廓模型

采用主动轮廓模型的方法通过逐步改变封闭曲线的形状以逼近图像中目标的轮廓[Kass 1988]。**主动轮廓模型**也称变形轮廓模型或蛇模型，因为在对目标轮廓的逼近过程中，封闭曲线像蛇爬行一样不断地改变形状。在实际应用中，主动轮廓模型常用于在给定图像中目标边界的一个近似（初始轮廓）的情况下去检测精确的轮廓。

一个主动轮廓是图像上一组排序点的集合，可表示为

$$\boldsymbol{V}=\{\boldsymbol{v}_1,\boldsymbol{v}_2,\cdots,\boldsymbol{v}_L\} \tag{2.3.1}$$

其中

$$\boldsymbol{v}_i=(x_i,y_i),\quad i=1,2,\cdots,L \tag{2.3.2}$$

处在轮廓上的点可通过解一个最小能量问题来迭代地逼近目标的轮廓，对每个处于$\boldsymbol{v}_i$邻域中的点$\boldsymbol{v}'_i$，计算下面的能量项

$$E_i(\boldsymbol{v}'_i)=\alpha E_{\text{int}}(\boldsymbol{v}'_i)+\beta_{\text{ext}}(\boldsymbol{v}'_i) \tag{2.3.3}$$

其中，$E_{\text{int}}(\cdot)$称为**内部能量函数**；$E_{\text{ext}}(\cdot)$称为**外部能量函数**；α和β都是加权系数。

可以用图2.3.1来解释初始轮廓上的点逼近目标轮廓的过程，其中，$\boldsymbol{v}_i$是当前主动轮廓上的一个点，$\boldsymbol{v}'_i$是当前根据能量项所能确定的最小能量位置。在迭代的逼近过程中，每个点$\boldsymbol{v}_i$都会移动到对应$E_i(\cdot)$最小值的位置点$\boldsymbol{v}'_i$。如果能量函数选择得恰当，则通过不断调整和逼近，主动轮廓$\boldsymbol{V}$应该最终停在（对应最小能量的）实际目标轮廓上。

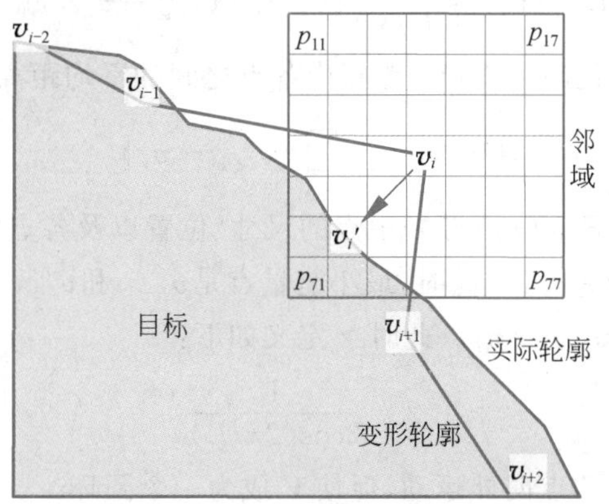

图 2.3.1　主动轮廓及边缘点的移动

例 2.3.1　主动轮廓变形实例

图2.3.2给出了主动轮廓变形的一个实例。左图给出了一幅图像和对人脸初始轮廓的一个估计模型（叠加在图像上），中图给出了变形逼近过程中的一个瞬间，右图给出了最终得到的主动轮廓。

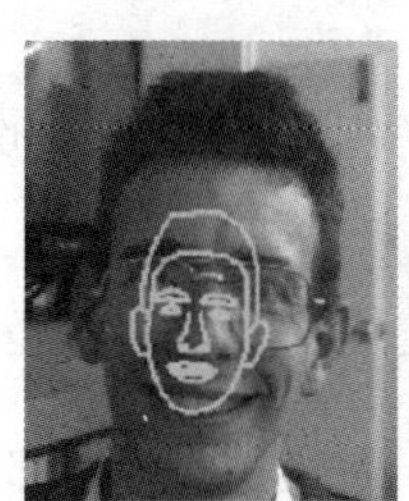  

图 2.3.2　主动轮廓变形的实例

□

2.3.2　能量函数

主动轮廓形状的逐步改变要借助能量函数进行。参见式(2.3.3)，能量函数分内部和外部能量函数，这里内部和外部都是相对轮廓自身来说的。一般内部能量常与轮廓自身有关（如尺寸、形状等），而外部能量多依赖于图像中的性质（如灰度、梯度等）。在具体应用中，两类能量

函数都有多种形式。为使不同种类的能量可结合，实际中还需要将各种能量函数进行归一化。

1. 内部能量函数

有人认为内部能量包括弹性类的能量和弯曲类的能量。弹性能量可以控制轮廓不会无限制地扩展或收缩，弯曲能量可以限制轮廓中尖的角点和尖刺的出现。

内部能量函数可用来推动轮廓形状的改变并保持轮廓上各点之间的距离，所以常与坐标有关。例如，可定义如下的能量函数：

$$\alpha E_{\text{int}}(\boldsymbol{v}_i) = cE_{\text{con}}(\boldsymbol{v}_i) + bE_{\text{bal}}(\boldsymbol{v}_i) \tag{2.3.4}$$

其中，$E_{\text{con}}(\cdot)$称为连续能量，用来推动轮廓形状的全局整体改变（对应作用在切线方向的力）；$E_{\text{bal}}(\cdot)$称为膨胀能量，用来使轮廓膨胀或收缩（对应作用在法线方向的力）；c 和 b 都是加权系数。

1）连续能量

当没有其他因素时，连续能量项将迫使不封闭的曲线变成直线，而封闭的曲线变成圆环。$E_{\text{con}}(\boldsymbol{v}'_i)$可定义如下（注意能量正比于距离的平方）：

$$E_{\text{con}}(\boldsymbol{v}'_i) = \frac{1}{D(\mathbf{V})}\|\boldsymbol{v}'_i - \gamma(\boldsymbol{v}_{i-1} + \boldsymbol{v}_{i+1})\|^2 \tag{2.3.5}$$

其中，γ 是加权系数；归一化因子 $D(\mathbf{V})$是 $\mathbf{V}$ 中各点之间的平均距离：

$$D(\mathbf{V}) = \frac{1}{L}\sum_{i=1}^{L}\|\boldsymbol{v}_{i+1} - \boldsymbol{v}_i\|^2 \tag{2.2.6}$$

利用这个归一化可以使得 $E_{\text{con}}(\boldsymbol{v}_i)$与 $\mathbf{V}$ 中点的尺寸、位置以及各点间的朝向关系无关。

对开放的曲线，可取 $\gamma=0.5$。此时，最小能量点是$\boldsymbol{v}_{i-1}$ 和$\boldsymbol{v}_{i+1}$ 之间的中点。对封闭的曲线，$\mathbf{V}$ 以 L 为模。这样，有$\boldsymbol{v}_{L+i}=\boldsymbol{v}_i$。此时 γ 定义如下：

$$\gamma = \frac{1}{2\cos(2\pi/L)} \tag{2.3.7}$$

这里，$E_{\text{con}}(\boldsymbol{v}'_i)$中最小能量的点向外运动，促使 $\mathbf{V}$ 成为一个圆环。

2）膨胀能量

膨胀能量可作用在闭合的初始轮廓上，以强制轮廓在没有外来影响的情况下扩展或收缩。例如，可以如下构造随图像中各处的梯度成反比的自适应膨胀能量[Mackiewic 1995]。该自适应膨胀能量在均匀区域比较强，而在目标轮廓处比较弱。$E_{\text{bal}}(\boldsymbol{v}'_i)$可以表示成一个内积（注意与式(2.3.12)的区别）：

$$E_{\text{bal}}(\boldsymbol{v}'_i) = \boldsymbol{n}_i \cdot [\boldsymbol{v}_i - \boldsymbol{v}'_i] \tag{2.3.8}$$

其中，$\boldsymbol{n}_i$ 是在点$\boldsymbol{v}_i$ 处的沿 $\mathbf{V}$ 向外的单位法线向量。实际中，$\boldsymbol{n}_i$ 可通过将切线向量 $\boldsymbol{t}_i$ 旋转 90°来获得，而 $\boldsymbol{t}_i$ 可通过如下公式方便地获得：

$$\boldsymbol{t}_i = \frac{\boldsymbol{v}_i - \boldsymbol{v}_{i-1}}{\|\boldsymbol{v}_i - \boldsymbol{v}_{i-1}\|} + \frac{\boldsymbol{v}_{i+1} - \boldsymbol{v}_i}{\|\boldsymbol{v}_{i+1} - \boldsymbol{v}_i\|} \tag{2.3.9}$$

图 2.3.3 给出了一个示意图，初始轮廓处在具有均匀灰度的目标内部，借助膨胀能量来推动轮廓变形并向目标边界扩展以避免其停在目标内部（在边界处则外部能量将起作用）。

2. 外部能量函数

外部能量函数常借助图像性质用感兴趣的特征吸引轮廓点，这里感兴趣的特征常是图像中目标的边界。任何可以达到这样目的的能量表达形式都可以使用。图像梯度和灰度最常用来构建能量函数，有时目标的尺寸和形状也可用来构建能量函数。考虑下面的外部能量函数：

$$\beta E_{\text{ext}}(\boldsymbol{v}_i) = mE_{\text{mag}}(\boldsymbol{v}_i) + gE_{\text{grad}}(\boldsymbol{v}_i) \tag{2.3.10}$$

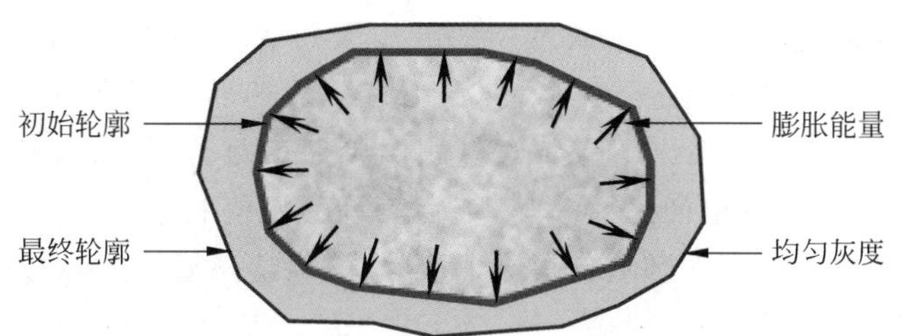

图 2.3.3　主动轮廓上的点由于膨胀能量的作用而移动

其中，$E_{\mathrm{mag}}(\boldsymbol{v}_i)$是灰度能量，用来推动轮廓移向高或低的灰度区域；$E_{\mathrm{grad}}(\boldsymbol{v}_i)$是梯度能量，用来将轮廓移向目标边界；$m$ 和 g 都是加权系数。

1）图像灰度能量

灰度能量 $E_{\mathrm{mag}}(\boldsymbol{v}'_i)$应与对应图像点的灰度值 $I(\boldsymbol{v}'_i)$成比例，可取

$$E_{\mathrm{mag}}(\boldsymbol{v}'_i)=I(\boldsymbol{v}'_i) \tag{2.3.11}$$

如果 m 是正的，那么轮廓将向低灰度区域移动；如果 m 是负的，那么轮廓将向高灰度区域移动。

2）图像梯度能量

图像梯度能量函数将轮廓吸向图像中的边界位置。与梯度幅度成正比的能量表达是 $|\nabla I(\boldsymbol{v}'_i)|$。当用主动轮廓模型来检测目标轮廓时，常需要能区分相邻目标间边界的能量函数。这里关键是要使用目标边界处梯度的方向。进一步地，在目标边界处梯度的方向还要与轮廓的单位法线方向接近。参见图 2.3.1，设在感兴趣目标边界处的梯度方向与轮廓单位法线的方向比较接近，那么主动轮廓算法将会把轮廓上的点$\boldsymbol{v}_i=p_{44}$ 移动到$\boldsymbol{v}'_i=p_{62}$（这里下标分别对应行和列的位置），尽管梯度幅度在这两个点很接近。所以，梯度能量 $E_{\mathrm{grad}}(\boldsymbol{v}'_i)$将被赋予在对应点处的单位法线和图像梯度的内积：

$$E_{\mathrm{grad}}(\boldsymbol{v}'_i)=-\boldsymbol{n}_i\cdot\nabla I(\boldsymbol{v}'_i) \tag{2.3.12}$$

2.4　并行区域技术

最常见的并行检测区域的分割方法是**阈值化**或**取阈值分割**，也称**并行区域技术**。其他同类方法（如像素特征空间分类）可看作是阈值化技术的推广。事实上，有些多维特征空间分类（如彩色图像分割）的问题可转化为用多次阈值分割的方法来解决[Zhang 1997c]。另外，对灰度图阈值化后可以将图像中各个区域区分开来，但要把需要的目标从中提取出来，还需要有一个把目标识别标记出来的步骤。下面介绍一些基本的阈值选取方法以及将阈值化和区域标记相结合进行的聚类方法。

2.4.1　原理和分类

在利用阈值化方法来分割灰度图像时一般都对图像有一定的假设。换句话说，是基于一定的图像模型的。最常用的模型可描述如下：假设图像由具有单峰灰度分布的目标和背景组成，在目标或背景内部的相邻像素间的灰度值是高度相关的，但在目标和背景交界处两边的像素在灰度值上有很大的差别。如果一幅图像满足这些条件，那么它的灰度**直方图**基本上可看作是由分别对应目标和背景的两个单峰直方图混合而成。此时，如果这两个分布大小（数量）接近且均值相距足够远，而且均方差也足够小，则直方图应是双峰的。对这类图像常可用阈值化方法较好地进行分割。

最简单的利用阈值化方法来分割灰度图像的步骤如下。首先对一幅灰度取值在 $g_{\min}$ 和 $g_{\max}$ 之间的图像确定一个灰度阈值 $T(g_{\min}<T<g_{\max})$,然后将图像中每个像素的灰度值与阈值 T 相比较,并根据比较结果(分割)将对应的像素划为两类,即像素的灰度值大于阈值的为一类,像素的灰度值小于阈值的为另一类(灰度值等于阈值的像素可归入这两类之一)。这两类像素一般对应图像中的两类区域。在以上步骤中,确定阈值是关键,如果能确定一个合适的阈值就可实现图像的正确分割。

选取阈值有许多方法,但不管用何种方法选取阈值,取阈值分割后的图像可定义为

$$g(x,y)=\begin{cases}1, & f(x,y)>T\\0, & f(x,y)\leqslant T\end{cases} \tag{2.4.1}$$

如果图像中有多个灰度值不同的区域,则可以选择一系列的阈值以将每个像素分到合适的区域类别中去。如果只用一个阈值分割则称为单阈值方法,如果使用多个阈值分割则称为多阈值方法。

例 **2.4.1** 单阈值分割示例

图 2.4.1 给出了单阈值分割的一个示例。图 2.4.1(a)代表一幅含有多个不同灰度值区域的图像;图 2.4.1(b)给出了它的灰度直方图,其中,z 代表图像灰度值,T 为用于分割的阈值;图 2.4.1(c)给出了分割的结果,大于阈值的像素以白色显示,小于阈值的像素以黑色显示,它们构成两类区域。

(a)

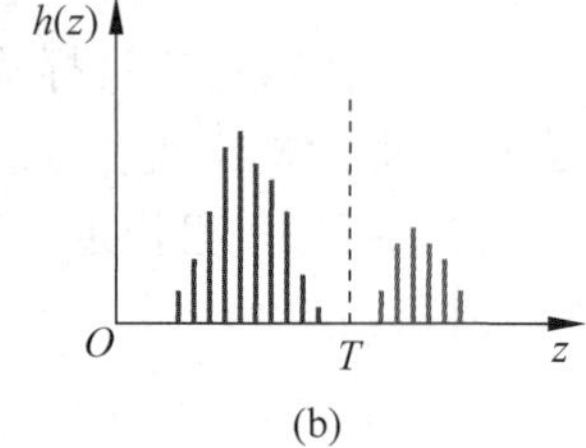

(b)

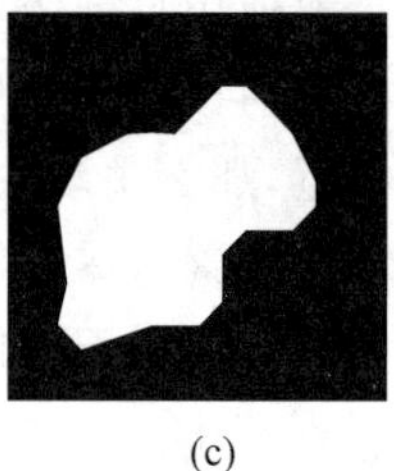
(c)

图 **2.4.1** 单阈值分割示例 □

在一般的多阈值情况下,阈值化分割结果可表示为

$$g(x,y)=k,\quad T_k<f(x,y)\leqslant T_{k+1},\quad k=0,1,\cdots,K \tag{2.4.2}$$

其中,$T_0,T_1,\cdots,T_K$ 是一系列分割阈值;k 表示赋予分割后图像各区域的不同灰度或标号。

例 **2.4.2** 多阈值分割示例

图 2.4.2 给出了多阈值分割的一个示例。图 2.4.2(a)仍然代表一幅含有多个不同灰度值的区域的图像;图 2.4.2(b)表示进行分割的 1-D 示意图,其中,用多个阈值把(连续灰度值的)$f(x)$分成若干灰度值段(见 $g(x)$轴);图 2.4.2(c)给出了分割的结果。注意,由于这里是多阈值分割,所以结果与例 2.4.1 不同,它仍包含多类区域(根据阈值个数的不同,分割得到的区域个数也不同)。 □

纵观阈值化分割方法的全过程,可知其关键点是选取合适的阈值。阈值一般可写成如下形式:

$$T=T[(x,y),f(x,y),q(x,y)] \tag{2.4.3}$$

其中,$f(x,y)$是在像素点(x,y)处的灰度值;$q(x,y)$是该点邻域的某种局部性质。换句话说,T 在一般情况下可以是(x,y),$f(x,y)$和 $q(x,y)$的函数。借助式(2.4.3),可将阈值化分割方法分成如下 3 类。

(1) **全局阈值**方法:仅根据 $f(x,y)$来选取阈值(一般考虑全图的像素),所得到的阈值仅

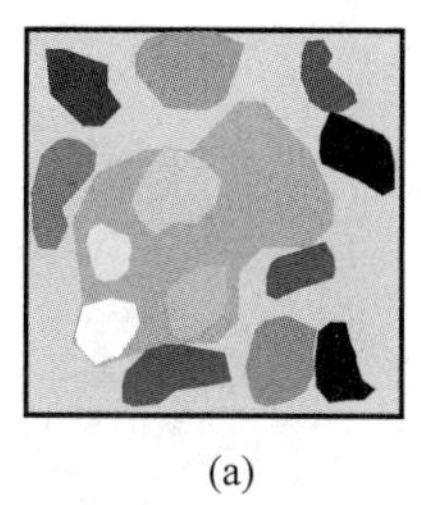
(a)

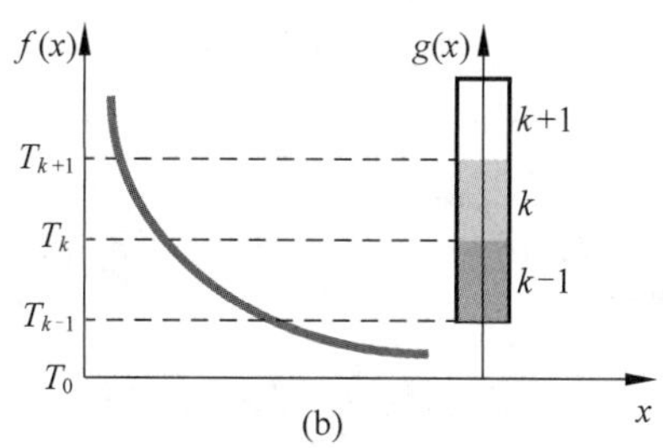

(b)

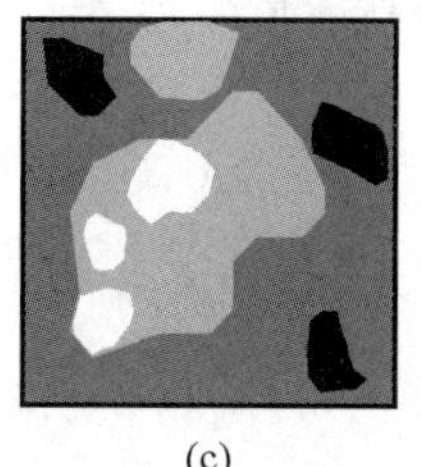
(c)

图 2.4.2　多阈值分割示例

与各个图像像素的自身性质相关。

(2) **局部阈值**方法：阈值是根据 $f(x,y)$和 $q(x,y)$来选取的，所得到的阈值不仅与 $f(x,y)$相关，还与(局部)区域性质相关。

(3) **动态阈值**方法：阈值除根据 $f(x,y)$和 $q(x,y)$来选取外，还要考虑(x,y)，即所得到的阈值还与坐标相关。

与动态阈值方法相比较，前述第(1)类和第(2)类方法也称为固定阈值方法。

以上对阈值化分割方法的分类思想是通用的。近年来，许多阈值化分割方法借用了深度学习、神经网络、模糊数学、遗传算法、信息论等工具，但这些方法仍可归纳到以上 3 种方法类型中。

2.4.2　依赖像素的阈值选取

图像的灰度直方图是图像各像素灰度值的一种统计度量。许多简单的阈值选取方法是根据直方图来进行的。根据前面对图像模型的描述，如果对双峰直方图选取两峰之间的谷所对应的灰度值作为阈值，则可较好地将目标和背景分开来。谷的选取有许多方法，下面介绍两种比较有特点的方法。

1. 最优阈值

实际图像中目标和背景的灰度值常有部分交错，即便选取直方图的谷也不能将它们绝对分开。这时常希望能减小误分割的概率，而选取**最优阈值**是一种常用的方法。设一幅图像仅包含两类主要的灰度值区域(目标和背景)，它的直方图可看成对灰度值概率密度函数 $p(z)$的一个近似。这个密度函数实际上是代表目标和背景的两个单峰密度函数之和。如果已知密度函数的形式，那么就有可能选取一个最优阈值把图像分成两类区域而使误差最小。

设有这样一幅混有加性高斯噪声的图像，它的混合概率密度是

$$p(z)=P_b p_b(z)+P_o p_o(z)=\frac{P_b}{\sqrt{2\pi}\sigma_b}\exp\left[-\frac{(z-\mu_b)^2}{2\sigma_b^2}\right]+\frac{P_o}{\sqrt{2\pi}\sigma_o}\exp\left[-\frac{(z-\mu_o)^2}{2\sigma_o^2}\right] \tag{2.4.4}$$

其中，P_b 和 P_o 分别是背景和目标区域灰度值的先验概率；μ_b 和 μ_o 分别是背景和目标区域的平均灰度值；μ_b 和 μ_o 分别是关于均值的均方差。根据概率定义有 $P_b+P_o=1$，所以混合概率密度中共有 5 个未知的参数。如果能求得这些参数就可以确定混合概率密度。

现在来考虑图 2.4.3。假设 $\mu_b<\mu_o$，需定义一个阈值 T 使得灰度值小于 T 的像素被分割为背景，而使得灰度值大于 T 的像素被分割为目标。此时，错误地将一个目标像素划分为背景的概率和将一个背景像素错误地划分为目标的概率分别是

$$\begin{cases}E_b(T)=\int_{-\infty}^{T}p_o(z)\mathrm{d}z\\ E_o(T)=\int_{T}^{\infty}p_b(z)\mathrm{d}z\end{cases} \tag{2.4.5}$$

总的误差概率是

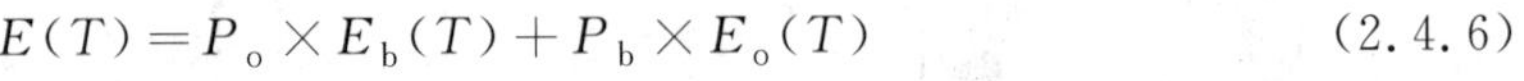

$$E(T)=P_{\mathrm{o}}\times E_{\mathrm{b}}(T)+P_{\mathrm{b}}\times E_{\mathrm{o}}(T) \tag{2.4.6}$$

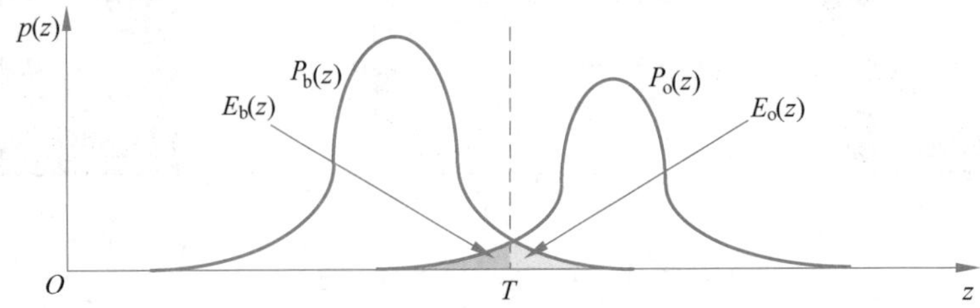

图 2.4.3 最优阈值选取示意

为求得使该误差最小的阈值,可将 $E(T)$ 对 T 求导并令导数为零,得到

$$P_{\mathrm{b}}\times p_{\mathrm{b}}(T)=P_{\mathrm{o}}\times p_{\mathrm{o}}(T) \tag{2.4.7}$$

将这个结果用于高斯密度(将式(2.4.4)代入)可得到二次式

$$\begin{cases} A=\sigma_{\mathrm{b}}^2-\sigma_{\mathrm{o}}^2 \\ B=2(\mu_{\mathrm{b}}\sigma_{\mathrm{o}}^2-\mu_{\mathrm{o}}\sigma_{\mathrm{b}}^2) \\ C=\sigma_{\mathrm{b}}^2\mu_{\mathrm{o}}^2-\sigma_{\mathrm{o}}^2\mu_{\mathrm{b}}^2+2\sigma_{\mathrm{b}}^2\sigma_{\mathrm{o}}^2\ln(\sigma_{\mathrm{o}}P_{\mathrm{b}}/\sigma_{\mathrm{b}}P_{\mathrm{o}}) \end{cases} \tag{2.4.8}$$

该二次式在一般情况下有两个解。如果两个区域的方差相等,则只有一个最优阈值:

$$T_{\text{optimal}}=\frac{\mu_{\mathrm{b}}+\mu_{\mathrm{o}}}{2}+\frac{\sigma^2}{\mu_{\mathrm{b}}-\mu_{\mathrm{o}}}\ln\left(\frac{P_{\mathrm{o}}}{P_{\mathrm{b}}}\right) \tag{2.4.9}$$

进一步地,如果两种灰度值的先验概率相等(或方差为零),则最优阈值就是两个区域中平均灰度值的中值。如上得到的最优阈值也称最大似然阈值。

2. 由直方图凹凸性确定的阈值

含有目标和背景两类区域的真实图像的直方图并不一定总是呈现双峰形式,特别是当图像中目标和背景面积相差较大时,直方图的一个峰会被淹没在另一个峰旁边的缓坡里,直方图基本成为单峰形式。为解决这类问题,可以通过对直方图凹凸性的分析,以从这样的直方图中确定一个合适的阈值来分割图像[Rosenfeld 1983]。

图像的直方图(包括部分坐标轴)可看作平面上的一个区域,对该区域可计算其**凸包**并求取其最大的**凸残差**(见 6.1.3 小节),由于凸残差的最大值常出现在直方图高峰的肩处,所以可用对应最大凸残差的灰度值作为阈值来分割图像。这里最大的凸残差是用一种称为**凹性测度**的指标来衡量的[Rosenfeld 1983]。与一般方法不同,这里要求对凸残差的计算是沿着与灰度轴垂直的直线进行的。

图 2.4.4 给出了解释上述方法的一个图示。这里可认为直方图的包络(粗曲线)及相应的左边缘(粗直线)、右边缘(已退化为点)和底边(粗直线)一起围出了一个 2-D 平面(阴影)区域。计算出这个区域的凸包(见图 2.4.4 中各前后相连的细直线段)并检测凸残差最大处可得到一个分割阈值 T,利用这个阈值就可以分割图像。这样确定的阈值仍是一种依赖像素的全局阈值。

上述方法的一种变型是先将直方图函数取对数,计算**指数凸包**,然后借助凹凸性分析确定阈值。上述方法的另一种改型曾用于 3-D 图像分割[Zhang 1990]。

对噪声较大的图像,上述方法有时会由于噪声干扰而产生一些虚假的凹性点,从而导致选取出错误的阈值。解决这个问题的一种方法是再结合一些其他准则,例如,将**平衡测度**[Rosenfeld 1983]和**繁忙性测度**[Weszka 1978]与凹性测度结合定义一个**优度函数**,这个优度

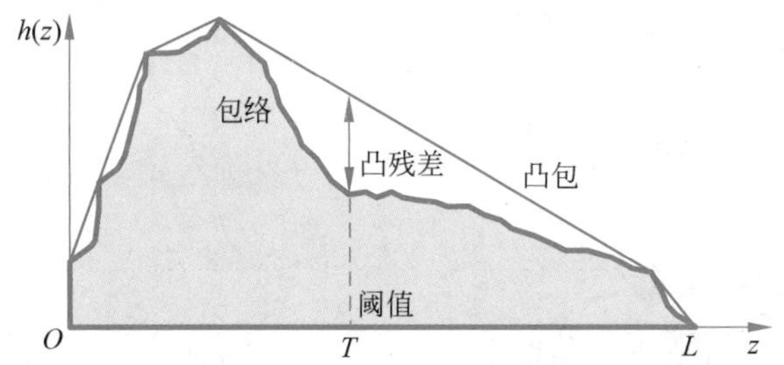

图 2.4.4　分析直方图凹凸性来确定分割阈值

函数的值与平衡测度和凹性测度成正比，与繁忙性测度成反比。通过搜索优度函数的极值可得到对噪声有相当鲁棒性的分割阈值[Zhang 1990]。

2.4.3　依赖区域的阈值选取

实际图像常受到噪声等的影响，此时原本将峰分离开的谷会被填充。根据前面介绍的图像模型，如果直方图上对应目标和背景的峰相距很近或者高度差很多，那么要检测它们之间的谷就很困难了。因为此时直方图基本是单峰的，虽然在峰的一侧会有缓坡，或者峰的一侧没有另一侧陡峭。为解决这类问题除利用像素自身性质外，还可以利用一些像素邻域的局部性质。下面介绍两种方法。

1. 直方图变换

直方图变换的基本思想是利用像素邻域的局部性质对原来的直方图进行变换以得到一个新的直方图。这个新的直方图与原直方图相比，或者峰之间的谷更深了，或者谷转变成峰从而更易检测了。这里常用的像素邻域局部性质是像素的梯度值，它可借助前面的梯度算子作用于像素邻域得到。

现在来考虑图 2.4.5，其中图 2.4.5(b)给出了图像中一段边缘的剖面(横轴为空间坐标，竖轴为灰度值)，这段剖面可分成Ⅰ、Ⅱ、Ⅲ共 3 部分。根据这段剖面得到的灰度直方图见图 2.4.5(a)(横轴为灰度值统计值，3 段点画线分别给出边缘剖面中 3 部分各自的统计值)。对图 2.4.5(b)中边缘的剖面计算梯度得到图 2.4.5(d)的曲线，可见，对应目标或背景区内部的梯度值小，而对应目标和背景边界区的梯度值大。如果统计图 2.4.5(d)的梯度值的分布，则可得到图 2.4.5(c)的梯度直方图，它的两个峰将分别对应目标与背景的内部区和边界区。变换直方图就是根据这些特点得到的，一般可分为两类：具有低梯度值像素的直方图和具有高梯度值像素的直方图。

先看第 1 类直方图。根据前面描述的图像模型，目标和背景区域内部的像素具有较低的梯度值，而它们边界上的像素具有较高的梯度值。如果设法获得仅具有低梯度值的像素的直方图，那么这个新直方图中对应内部点的峰应基本不变，但因为减少了一些边界点，所以谷应比原直方图要深。

更一般地，还可以计算一个加权的直方图，其中赋给具有低梯度值的像素权重大一些。例如，设一个像素点的梯度值为 g，则在统计直方图时可给它加权 $1/(1+g)^2$。这样一来，如果像素的梯度值为零，则它得到最大的权重(1)；如果像素具有很大的梯度值，则它得到的权重就变得微乎其微。在这样的加权直方图中，边界点贡献小，内部点贡献大，所以直方图的峰基本不变而谷变深，即峰谷差距加大(参见图 2.4.6(a)，虚线为原直方图)。

第 2 类直方图与第 1 类相反。仅具有高梯度值像素的直方图在对应目标和背景的边界像素灰度级处有一个峰(参见图 2.4.6(b)，虚线为原直方图)。这个峰主要由边界像素构成，对

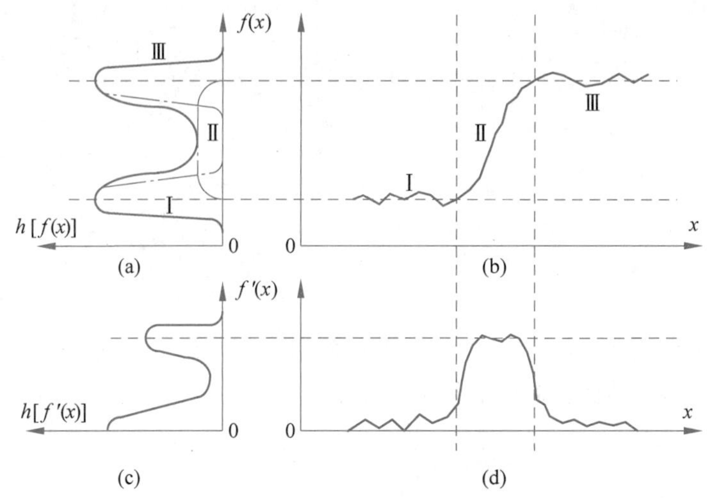

图 2.4.5 边缘及梯度的直方图

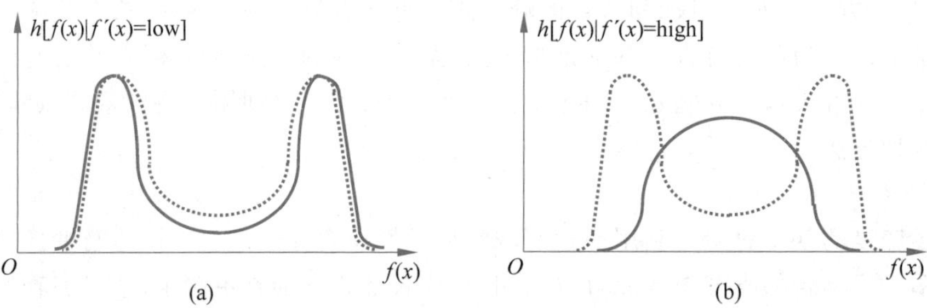

图 2.4.6 直方图变换示例

应这个峰的灰度值就可选作分割用的阈值。

更一般地,也可计算一个加权的直方图,不过这里赋给具有高梯度值的像素权重大一些。例如,可用每个像素的梯度值 g 作为赋给该像素的权值。这样在统计直方图时就不必考虑梯度值为零的像素,而具有大梯度值的像素将得到较大的权重。

上述方法也等效于将对应每个灰度级像素的梯度值加起来,如果对应目标和背景边界处像素的梯度大,则在这个梯度直方图中对应目标像素和背景像素之间的灰度级处会出现一个峰。该方法可能会遇到的一个问题是:当目标和背景的面积比较大但边界像素比较少时(如边界比较尖锐时),由于许多个小梯度值的和可能会大于少量较大梯度值的和,从而使原来预期的峰呈现不出来。为解决这个问题,可以对每种灰度级像素的梯度以求平均值来代替求和。这个梯度平均值对边界像素点来说一定会比内部像素点的要大。

例 2.4.3 变换直方图实例

图 2.4.7 给出了一组变换直方图实例。在图 2.4.7 中,图 2.4.7(a)为原始图像,图 2.4.7(b)为其直方图,图 2.4.7(c)和图 2.4.7(d)分别为仅具有低梯度值和高梯度值像素的直方图。比较图 2.4.7(b)和图 2.4.7(c)可见,在低梯度值直方图中谷更深了(注意箭头所指位置),而对比图 2.4.7(b)和图 2.4.7(d)可见在高梯度值直方图中其单峰基本对应原来的谷(箭头所在位置)。

2. 灰度值和梯度值散射图

以上介绍的直方图变换法都可以通过建立一个 2-D 的**灰度值和梯度值散射图**并计算对灰度值轴的不同权重的投影而得到[Weszka 1979]。这个散射图也可称为 2-D 直方图,其中一个轴是灰度值轴,另一个轴是梯度值轴,而其统计值是同时具有某一个灰度值和某一个梯度值的

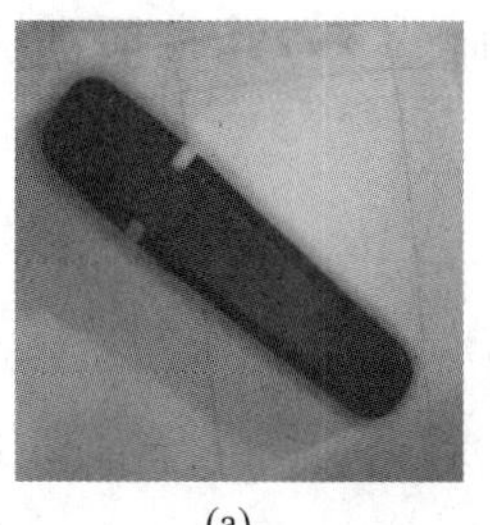
(a)
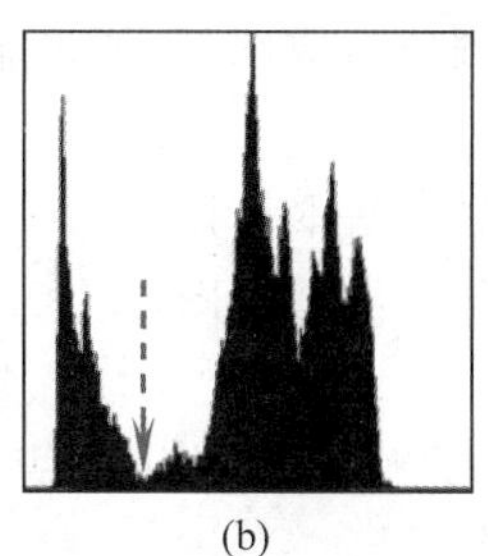
(b)
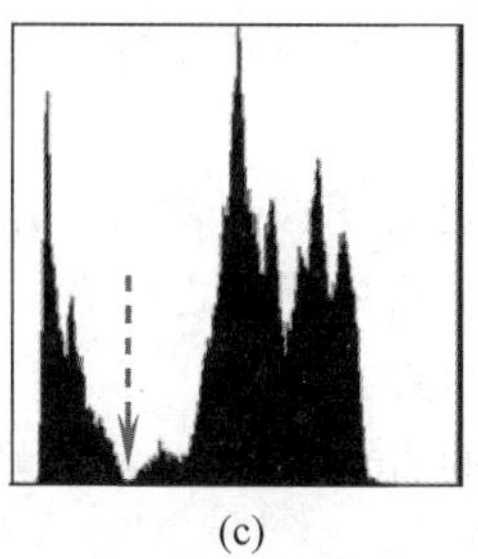
(c)
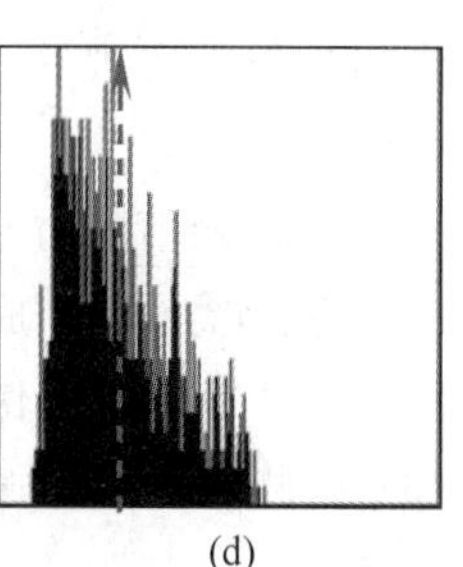
(d)

图 2.4.7 变换直方图实例 □

像素个数。例如，当计算仅具有低梯度值像素的直方图时，实际上是对散射图用了一个阶梯状的权函数进行投影，其中给低梯度值像素的权为 1，而给高梯度值像素的权为 0。

图 2.4.8(a)给出了一幅基本满足 2.4.1 小节介绍的图像模型的图像。它是通过将图 2.4.7(a)反色得到的，以符合一般图像中背景暗而目标亮的习惯(其直方图仍可参见图 2.4.7(b)，只是左右对调)。对该图做出的灰度值和梯度值散射图见图 2.4.8(b)，其中，颜色越浅代表满足条件的点越多。这一对图是比较典型的，可借助图 2.4.8(c)来解释一下。散射图中一般会有两个接近灰度值轴(低梯度值)，但沿灰度值轴又互相分开一些的大聚类，它们分别对应目标和背景内部的像素。这两个聚类的形状与这些像素相关的程度有关。如果相关性很强或梯度算子对噪声不太敏感，那么这些聚类会很集中且很接近灰度值轴。反之，如果相关性较弱，或梯度算子对噪声很敏感，则这些聚类会比较远离灰度值轴。散射图中还会有较少的对应目标和背景边界上像素的点。这些点的位置沿灰度值轴处于前两个聚类中间，但由于有较大的梯度值而与灰度值轴有一定的距离。这些点的分布与边界的形状以及梯度算子的种类有关。如果边界是斜坡状的，且使用了一阶微分算子，那么边界像素的聚类将与目标和背景的聚类相连。这个聚类将以与边界坡度成正比的规律远离灰度值轴。

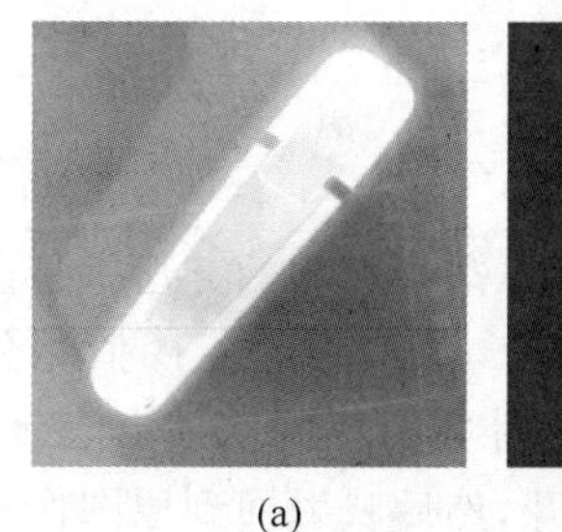
(a)
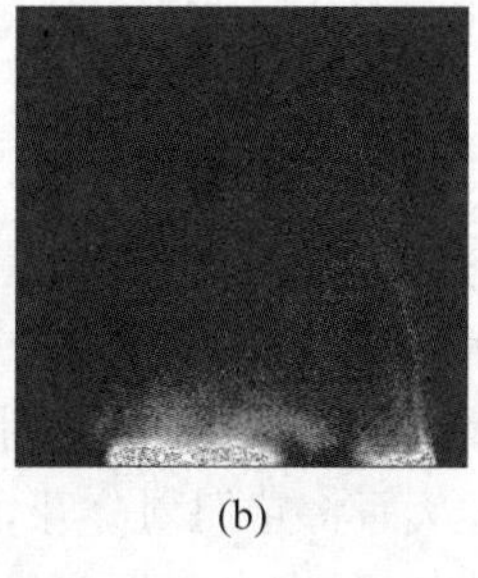
(b)
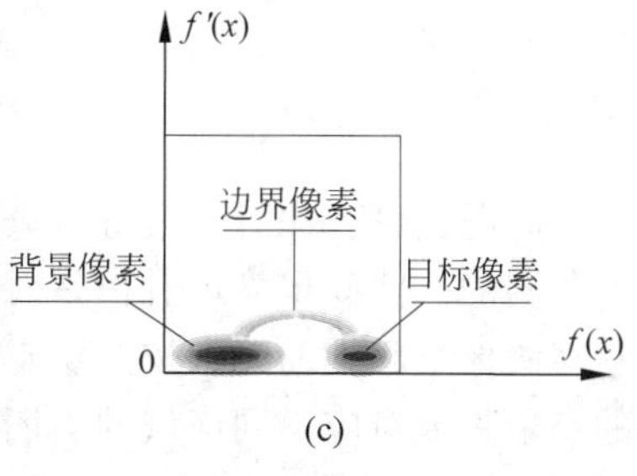

(c)

图 2.4.8 灰度值和梯度值散射图

根据以上分析，在散射图上同时考虑灰度值和梯度值将聚类分开就可得到分割结果。

2.4.4 依赖坐标的阈值选取

当图像中有不同的阴影(例如，由于照度影响)或各处的对比度不同时，如果只用一个固定的全局阈值对整幅图进行分割，则由于不能兼顾图像各处的情况而使分割效果受到影响。有一种解决办法是用与坐标相关的一组阈值来对图像进行分割。这种与坐标相关的阈值也叫**动态阈值**。它的基本思想是首先将图像分解成一系列子图像，这些子图像可以互相重叠也可以只互相邻接。如果子图像比较小，则由阴影或对比度的空间变化带来的问题就会比较小，就可对每个子图像计算一个阈值。此时阈值可使用任意一种固定阈值法(如 2.4.2 小节和 2.4.3 小节介绍的任一种方法)来选取。通过对这些子图像所得阈值的插值(参见上册 7.2.2 小节)就可得到对图像中每个位置的像素进行分割所需的阈值。分割就是将每个像素都和与之对应的阈值相比较而实现的。这里对应每个像素的阈值组成图像(幅度轴)上的一个曲面,也可叫阈值曲面。

采用动态阈值的方法进行图像分割可采用如下基本步骤。

(1) 将整幅图像分成一系列互相之间有50%重叠的子图像。

(2) 统计每个子图像的直方图。

(3) 检测各个子图像的直方图是否为双峰,是则采用最优阈值法确定一个阈值,否则不处理。

(4) 根据对直方图为双峰的子图像得到的阈值通过插值得到所有子图像的阈值。

(5) 根据各子图像的阈值再通过插值得到所有像素的阈值,然后对图像进行分割。

例 2.4.4 依赖坐标的阈值分割

图 2.4.9 给出了用依赖坐标的阈值选取方法进行图像分割的一个实例。图 2.4.9(a)为一幅由于侧面光照而具有灰度梯度的图像,图 2.4.9(b)为用全局取阈值分割得到的结果。由于光照不匀用一个阈值对全图分割不可能都合适,如图 2.4.9(b)左下角围巾和背景没能分开。对这个问题,可用对全图各部分分别阈值化的方法来解决。图 2.4.9(c)为所用的分区网格,图 2.4.9(d)为对各分区阈值进行插值后得到的阈值曲面图,用这个阈值曲面去分割图 2.4.9(a)就得到如图 2.4.9(e)所示的结果图。

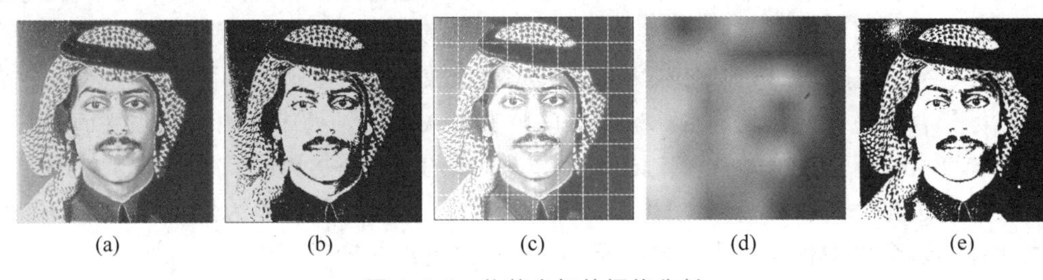

图 2.4.9 依赖坐标的阈值分割 □

2.4.5 空间聚类

图像分割问题也可看作对像素进行分类的问题。利用特征空间聚类的方法就是以这种思路进行图像分割的。**空间聚类**可看作是对阈值分割概念的推广,同时结合了阈值化分割和标记过程。它将图像空间中的元素按照从它们测得的特征值用对应的特征空间点表示,通过将特征空间的点聚集成对应不同区域的类团,从而将它们划分开,然后映射回到原图像空间就得到分割的结果。在利用直方图的阈值分割中,取像素灰度为特征,用灰度直方图作为特征空间,对特征空间的划分借助灰度阈值进行。在利用灰度-梯度散射图分割的方法中,以像素灰度和梯度为特征,用散射图作为特征空间,对特征空间的划分利用灰度阈值和梯度阈值进行。与阈值化分割类似,聚类方法也是一种全局的方法,比仅基于边缘检测的方法更抗噪声。但是特征空间的聚类有时也会产生在图像空间不连通的分割区域,这是因为没有利用像素在图像空间分布的信息。

聚类的方法很多,下面介绍两种基本的聚类方法。

1. K-均值聚类

将一个特征空间分成 K 个聚类的一种常用方法是 **K-均值法**。令 $\boldsymbol{x}=(x_1,x_2)$ 代表一个特征空间里的坐标,$g(\boldsymbol{x})$ 代表在这个位置的特征值,K-均值法是要最小化如下的指标:

$$E=\sum_{i=1}^{K}\sum_{\boldsymbol{x}\in Q_j^{(i)}}\|g(\boldsymbol{x})-\mu_j^{(i+1)}\|^2 \tag{2.4.10}$$

其中，$Q_j^{(i)}$ 代表在第 i 次迭代后赋给第 j 类的特征点集合；μ_j 表示第 j 类的均值。式(2.4.10)的指标给出了每个特征点与其对应类均值的距离和。具体的 K-均值法包括如下步骤：

(1) 任意选 K 个初始类均值，$\mu_1^{(1)},\mu_2^{(1)},\cdots,\mu_K^{(1)}$。

(2) 在第 i 次迭代时，根据下述准则将每个特征点都赋给 K 类之一($j=1,2,\cdots,K,l=1,2,\cdots,K,j\neq l$)，即

$$x \in Q_l^{(i)}, \quad \|g(\boldsymbol{x})-\mu_l^{(i)}\| < \|g(\boldsymbol{x})-\mu_j^{(i)}\| \tag{2.4.11}$$

则将特征点赋给均值离它最近的类。

(3) 对 $j=1,2,\cdots,K$，更新类均值 $\mu_j^{(i+1)}$：

$$\mu_j^{(i+1)}=\frac{1}{N_j}\sum_{x \in Q_j^{(i)}} g(\boldsymbol{x}) \tag{2.4.12}$$

其中，j 是 $Q_j^{(i)}$ 中的特征点个数。

(4) 如果对所有的 $j=1,2,\cdots,K$，都有 $\mu_j^{(i+1)}=\mu_j^{(i)}$，则算法收敛，结束；否则返回步骤(2)继续下一次迭代。

运用 K-均值法时理论上并未设类的数目已知，实际中常使用试探法来先确定 K。为此需要测定聚类品质(quality)，常用的判别准则多基于分割后类内和类间特征值的散布图，要求类内相接近而类间区别大。具体可以先采用不同的 K 值进行聚类，根据聚类品质来确定最后的类别数。

2. ISODATA 聚类

ISODATA 聚类方法是在 K-均值法上发展起来的。它是一种非分层的聚类方法，其主要步骤如下。

(1) 设定 N 个聚类中心位置的初始值。

(2) 对每个特征点求取离其最近的聚类中心位置，通过赋值把特征空间分成 N 个区域。

(3) 分别计算属于各个聚类模式的平均值。

(4) 将最初的聚类中心位置与新的平均值比较，如果相同则停止，如果不同则将新的平均值作为新的聚类中心位置并返回步骤(2)继续进行。

从理论上说，ISODATA 算法也需要预先知道聚类的数目，但实际中常根据经验先取稍大一点的值，然后通过合并距离较近的聚类以得到最后的聚类数目。

2.5 串行区域技术

串行分割方法的特点是将处理过程分解为顺序的多个步骤，其中后续步骤的处理要根据对前面步骤的结果进行判断而确定。下面介绍两种基本的**串行区域技术**(基于区域串行进行)。

2.5.1 区域生长

区域生长的基本思想是将具有相似性质的像素集合起来构成区域。具体先对每个需要分割的区域找一个**种子像素**作为生长的起点，然后将种子像素周围邻域中与种子像素有相同或相似性质的像素(根据某种事先确定的生长或相似准则来判定)合并到种子像素所在的区域中。将这些新像素作为新的种子像素继续进行上面的生长过程，直到再没有满足条件的像素可被包括进来。这样一个区域就长成了。如借助 2.1 节中**逻辑谓词**的概念，就是在生长过程中要始终保持 $P(R_i)=\text{TRUE}$。

例 2.5.1 区域生长的示例

图 2.5.1 给出了已知种子像素进行区域生长的一个示例。图 2.5.1(a)给出了需分割的

图像，设已知有两个种子像素（分别标为浅色和深色），现据此进行区域生长。这里所采用的生长准则是：如果所考虑的像素与种子像素的灰度值差的绝对值小于某个阈值 T，则将该像素包括进种子像素所在的区域。图 2.5.1(b)给出了 $T=3$ 时的区域生长结果，整幅图被较好地分成两个区域；图 2.5.1(c)给出了 $T=2$ 时的区域生长结果，有些像素无法判定；图 2.5.1(d)给出了 $T=7$ 时的区域生长结果，整幅图都被分在同一个区域中。由此例可见，阈值的选择是很重要的。

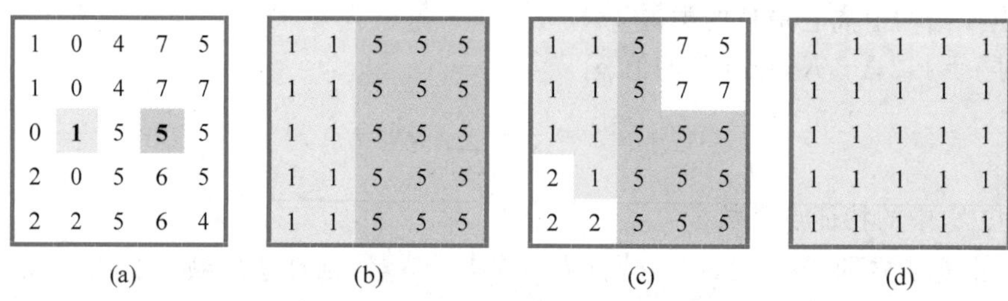

图 2.5.1 区域生长示例（已知种子点） □

在实际应用区域生长法时需要解决 3 个问题。

(1) 选择或确定一组能正确代表所需区域的种子像素。

(2) 确定在生长过程中能将相邻像素包括进来的合适的**生长准则**（借助阈值是方法之一）。

(3) 制定让生长停止的条件或规则。

种子像素的选取常可借助具体问题的特点。例如，在军用红外图像中检测目标时，由于一般情况下目标辐射较大，所以可选用图中最亮的像素作为种子像素。如果对具体问题没有先验知识，则常先借助生长所用准则对每个像素进行相应计算。如果计算结果呈现聚类的情况，则可取接近聚类重心的像素为种子像素。以图 2.5.1(a)为例，由对它所做直方图可知具有灰度值为 1 和 5 的像素最多且处在聚类的中心。因为生长准则基于灰度值的差，所以各选一个具有聚类中心灰度值的像素作为种子。

生长准则的选取不仅依赖于具体问题本身，也和所用图像数据的种类有关。例如，对彩色图像，仅用单色的准则，效果就会受到影响。另外，还需考虑像素间的连通性和邻近性，否则有时会出现无意义的分割结果。

一般生长过程在进行到没有满足生长准则需要的像素时停止。但常用的基于灰度、纹理、彩色的准则大都基于图像中的局部性质，并没有充分考虑生长的"历史"。为增加区域生长的能力常需考虑一些与尺寸、形状等图像全局性质有关的准则。在这种情况下常需对分割结果建立一定的模型。

2.5.2 分裂合并

前面介绍的生长方法是从单个种子像素开始，通过不断接纳新像素最后得到整个区域。另一种分割的想法可以是从整幅图像开始，通过不断分裂得到各个区域。实际中常将两种思路结合起来，先把图像分成任意大小且不重叠的区域，然后再合并或分裂这些区域以满足分割的要求。下面介绍一种利用图像四叉树表达方法（参见图 2.5.2 和 6.2.3 小节）的迭代分裂合并算法。

根据图 2.5.2，令 R 代表整个正方形图像区域，P 代表**逻辑谓词**（见 2.1 节）。实际中可把 R 连续地分裂成越来越小的 1/4 尺寸的正方形子区域 R_i，并且始终使 $P(R_i)=\text{TRUE}$。换句话说，如果 $P(R)=\text{FALSE}$，那么就将图像分成 4 等份。如果 $P(R_i)=\text{FALSE}$，那么就将 R_i 分成 4 等份。以此类推，直到 $P(R_i)=\text{TRUE}$ 或 R_i 为单个像素（此时肯定满足 $P(R_i)=\text{TRUE}$）。

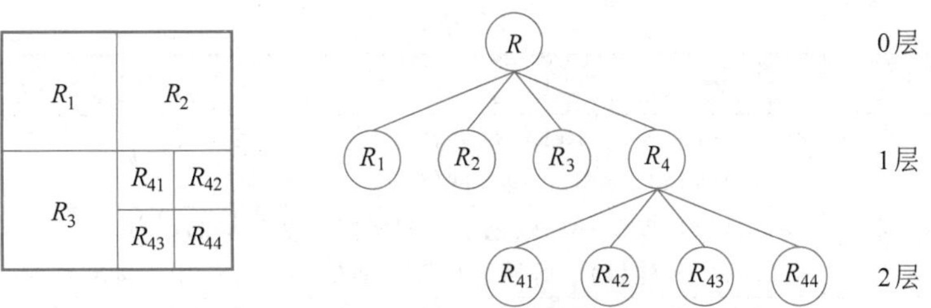

图 2.5.2　图像四叉树表达方法

如果仅仅允许使用分裂操作，那么最后有可能出现相邻的两个区域具有相同的性质但并没有合成一体的情况。为解决这个问题，在每次分裂后允许其后选择继续分裂或合并。这里合并操作仅合并那些相邻且合并后组成的新区域满足逻辑谓词 P 的区域。换句话说，如果能满足 $P(R_i \cup R_j) = \text{TRUE}$，则将 R_i 和 R_j 合并起来。

可总结前面所述的基本**分裂合并**算法步骤如下。

(1) 对任一个区域 R_i，如果 $P(R_i) = \text{FALSE}$，则将其分裂成不重叠的 4 等份。

(2) 对相邻的两个区域 R_i 和 R_j，如果 $P(R_i \cup R_j) = \text{TRUE}$，就将它们合并起来。

(3) 如果进一步的分裂或合并都不可能了，则得到分割结果，结束。

上述基本算法可有一些改进变型。例如，可将原图像先分裂成一组正方块，进一步的分裂仍按上述方法进行，但先仅合并在四叉树表达中属于同一个父结点且满足逻辑谓词 P 的 4 个区域。如果这种类型的合并不再可能了，在整个分割过程结束前再最后按满足上述第(2)步的条件进行一次合并，注意此时合并的各个区域有可能彼此尺寸不同。这个方法的主要优点是在最后一步合并前，分裂和合并用的都是同一个四叉树。

例 2.5.2　分裂合并法示例

分裂合并法分割图像的步骤如图 2.5.3 所示，其中阴影区域为目标，白色区域为背景，它们都具有常数灰度值。对整个图像 R，$P(R) = \text{FALSE}$(这里令 $P(R) = \text{TRUE}$ 代表在 R 中的所有像素都具有相同的灰度值)，所以先将其分裂成如图 2.5.3(a)所示的 4 个正方形区域。由于左上角区域满足 P，所以不必继续分裂。其他 3 个区域继续分裂而得到图 2.5.3(b)。此时，除目标下部的两个子区域外，其他区域都可分别按目标和背景合并。对那两个剩下的子区域继续分裂可得到图 2.5.3(c)。因为此时所有区域都已满足 P，所以最后一次合并就可得到如图 2.5.3(d)所示的分割结果。

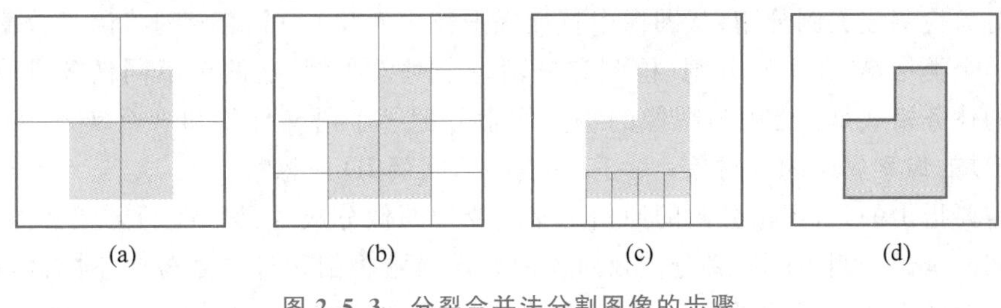

图 2.5.3　分裂合并法分割图像的步骤 □

2.6　基于深度学习的分割方法分类

深度学习已被证明对图像分割非常有效。许多基于深度学习的方法已经被提出并应用于各个领域。在一项基于深度学习分割方法的调查中[Lateef 2019]，所研究的网络模型/方法被分为 10 类，如表 2.6.1 所示。

表 2.6.1 基于深度学习的分割方法一览

#.	分 类	简要说明
1	基于特征编码器的方法	基于堆叠卷积层、ReLU层和池化层提取的特征图。主要使用VGGNet(视觉几何组网络)和ResNet(残差网络)
2	基于区域建议的方法	核心思想是根据各种颜色空间和相似性度量检测区域,然后执行分类(可能包含对象的区域建议)。区域卷积神经网络(R-CNN)用于区域预测
3	基于RNN的方法	利用递归神经网络从序列数据中学习长期依赖性的能力以及沿着序列保持记忆的能力,使其适用于语义分割、场景分割和标记
4	基于上采样/反卷积的方法	下采样操作期间丢失的空间信息可以借助上采样和去卷积来恢复。通过融合低层和高层特征,可以开发用于提高空间精度的重建技术和细化技术
5	提高基于特征方法的分辨率	通过使用收缩卷积和扩张卷积来恢复空间分辨率,这可以生成用于密集预测的高分辨率特征图。扩张的卷积具有在不损失分辨率的情况下扩展感受野的能力
6	增强基于特征的方法	对基于特征方法的增强包括多尺度或从嵌套区域序列中提取特征。在用于语义分割的深度网络中,将神经网络应用于方形图像块,通常称为以每个像素为中心的固定大小的核,通过观察邻近的小区域来标记每个像素
7	基于半监督和弱监督概念	深度CNN需要大规模的数据集和大量的计算能力来进行训练。手动收集标记的数据集非常耗时,需要大量人力。为了解决这些问题,使用深度学习技术应用半监督或弱监督方法
8	基于时空的方法	将空间信息和时间信息都用于语义分割。时空结构化预测在有监督和半有监督的方式下都是有用的
9	使用CRF/MRF的方法	将马尔可夫随机场(MRF)及其变型条件随机场(CRF)用于平滑和细化像素分类中的像素预测。因此,可以训练神经网络来模拟一元和成对潜力,以便捕获上下文信息
10	CRF的替代方案	大多数CRF使用手工构建的基于颜色的相关性,这可能导致空间预测错误。因此,要用替代方法来解决这些问题

2.7 全景分割

全景分割(PS)是近年提出的一个分割概念[Kirillov 2019]。它区分了对"物质"(即相似纹理或材料的无定形区域)和"事物"(即可计数对象,如人、车等)的研究。它将对物质研究的形式称为**语义分割**(根据属于不同语义对象的特性对每个像素进行分类),而将对事物研究的形式称为对象检测或**实例分割**(从图像中直接提取特定对象)。全景分割将语义分割(为每个像素分配一个类标签)和实例分割(检测和分割每个对象实例)这两个不同任务进行了结合。全景分割的任务格式是:必须为图像的每个像素分配一个语义标签和一个实例ID。具有相同标签和ID的像素属于同一对象;对于填充标签,实例ID被忽略。

这里需要指出的是,图像分割的原始定义是要把图像分成各具特性的区域并提取出感兴趣目标区域。全景分割中的语义分割仅对应原始定义中将图像像素划分为不同区域的部分,没有考虑提取感兴趣目标的部分,所以语义分割与图像分割并不是同等的概念[章 2022a]。图像分割包括两个阶段:将图像像素分类为不同区域的阶段以及进一步提取所需区域的阶段。全景分割可看作将整个分割过程也分成了两个阶段:对图像像素进行分类的语义分割阶段以及基于语义分割而检测对象的实例分割阶段。所以本质上全景分割还是图像分割,或者说是图像分割的一种具体表述。

2.7.1 全景分割流程

全景分割流程图如图 2.7.1 所示，主要包括 4 个模块：特征提取、语义分割、实例分割和任务融合。对于输入图像，首先提取特征。然后，将提取的特征分别输入语义分割分支和实例分割分支中，以产生语义分割输出和实例分割输出。最后，执行任务融合，通过适当的策略融合语义和实例分支生成的结果，以获得最终的输出结果。

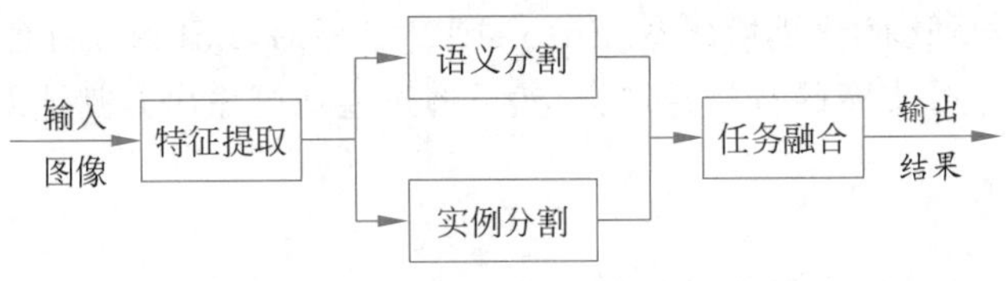

图 2.7.1 全景分割流程图

下面先对特征提取和任务融合进行一些简要讨论。然后在后面的小节中给出一些实现语义分割和实例分割的基于深度学习的技术。

1. 特征提取

特征提取的主要任务是获取输入图像的特征，并为后续的语义分割和实例分割提供必要的信息。常用的主干网络包括**视觉几何组网络**（VGGNet）、**残差网络**（ResNet）以及 DenseNet、MobileNet 等。

2. 任务融合

任务融合步骤是将语义分割和实例分割两个分支的输出结果相结合，以产生最终的全景分割结果。主要的方法包括启发式方法（相对于优化方法提出），试图依靠有限的信息，在短时间内找到问题的解决方案；全景图方法，其中语义分割的逻辑输出分为两类：物质和事物，通过双线性插值和边界外的语义分割掩模的零填充形成新的实例分割掩模，然后将当前掩模用事物类掩模和实例掩模的组合表示，实例类由 Softmax 预测。

2.7.2 语义分割

早期开发的分割技术更加面向语义分割。传统的语义分割方法大多基于模型驱动方法，模型驱动方法可分为生成方法和判别方法。生成模型首先学习图像的特征和标签概率，然后计算在输入图像的特征出现时每个标签的后验概率，并根据该概率对图像赋标签。**马尔可夫随机场**（MRF）是一种典型的生成模型。判别模型假设图像特征和标签之间存在一定的映射关系，然后可从历史数据中学习映射关系的相关参数。典型的判别模型包括**支持向量机**（SVM）、**条件随机场**（CRF）等。

随着深度学习技术的快速发展，出现了许多用于语义分割的卷积神经网络模型。

1. 全卷积网络（FCN）

与在卷积层之后使用全连接层和 Softmax 来分类和分配标签的传统的 CNN 不同，FCN 用卷积层替换网络中的全连接层，并对最后一个卷积层的输出进行采样，从而获得像素语义类别的密集预测[Shelhamer 2017]。

2. U-Net

U-Net 是一个 U 形语义分割网络，是 FCN 的变体[Ronneberger 2015]。它采用编码器-解码器结构，简单高效。编码器部分提取输入图像的特征，该过程由卷积和下采样操作组成。解码器部分将特征尺寸恢复到原始图像尺寸，主要由上采样和跳跃连接组成。上采样增加了特征维度,而该扩展将特征与空间信息融合以产生准确的分割。

3. 深度实验室(DeepLab)

该网络基于 VGG-16,VGG-16 的完全连接层被转换为卷积层。DeepLab V2 基于 ResNet 和 VGG-16,并使用**空洞空间池化金字塔**(ASPP)修改网络[Chen 2018a]。

4. PSPNet

在这个金字塔场景解析网络中,先用 ResNet 骨干网络提取特征以形成特征图,然后用金字塔池化模块按不同的比例池化特征图[Zhao 2017]。最后,PSPNet 对合并的结果进行上采样,并将它们与另一个分支图的特征相结合,然后通过卷积层输出分割结果。

2.7.3 实例分割

实例分割本质上是对象检测和语义分割的结合。目的是检测输入图像中的对象,并为对象的每个像素分配一个类标签。实例分割的发展相对较晚,因此实例分割模型主要基于深度学习技术。下面介绍一些典型的实例分割网络。

1. 深度掩模

深度掩模(DeepMask)网络[Pinheiro 2015]使用 VGGNet 从输入图像中提取特征并生成分割建议。提取的特征由两个分支使用。第一分支预测所选对象的分割块,第二分支预测输入块的对象分数。

2. 掩模 R-CNN

掩模 R-CNN 是在 Faster R-CNN 基础上扩展的实例分割模型[He 2017]。先使用**区域建议网络**(RPN)生成**感兴趣区域**(ROI)作为候选区域,再预测各 ROI 的类别、边界框偏移和二值化掩模。

3. PANet

PANet 使用低级别的精确定位信息来增强特征金字塔,创建自下而上的增强路径[Liu 2018]。它使用自适应特征池化来汇集每个候选区域的所有特征层的特征,并使用完全连接层来增强掩模预测。

4. 掩模 SSD

在单级检测器 SSD 的基础上,**掩模 SSD** 添加了一个实例分割模块,包括多个卷积层和一个去卷积层,以预测每个检测到的对象的前景掩码[Zhang 2019a]。

总结和复习　　随堂测试

第3章

典型分割算法

图像分割技术的研究已有60多年的历史，而且一直都在不断发展，已提出的各种图像分割方法非常多，10年前的统计就表明有关图像分割文献的数量已达近10万[章2014c]。本章仅介绍几种具有比较特殊思路的典型算法作为例子。在2.1节中曾将图像分割技术分为4大类，本章各节介绍的内容也分别对应这4大类分割技术。

根据上述讨论，本章各节将安排如下。

3.1节先介绍利用二阶导数对兴趣点的检测（包括计算拉普拉斯值和海森值），再讨论既可用于边缘检测也可用于角点检测的最小核同值区算子的具体方法和特点，最后介绍哈里斯兴趣点算子，它们都属于并行边界类技术。

3.2节介绍一种结合了图像整体信息和局部信息，并利用了图结构的特殊方法——图割方法，它属于串行边界类技术。

3.3节介绍3种不同的属于并行区域类技术的方法，分别是借助小波变换的多分辨率特性阈值化方法、借助过渡区的阈值化方法和借助均移确定空间聚类的方法。

3.4节介绍一种结合了图像整体信息和局部信息的特殊方法——基于分水岭的方法，除了基本原理，还讨论了对基本算法的改进和扩展，以及基于深度学习的方法。虽然分水岭本身对应边界，但这种方法更多的是利用边界所包围的区域性质来工作的，所以是一种串行区域类技术。

3.1 兴趣点检测

兴趣点或感兴趣点泛指图像中或目标上具有特定几何性质或属性性质的点，例如，角点、拐点、梯度极值点等。对这些点的检测多可并行进行，检测出这些点对获得目标边界常常能起很大作用，所以可看作基于边缘的并行分割基础。对兴趣点的检测有很多方法，下面先讨论利用二阶导数来检测角点，再介绍两种比较有特色的检测算子，可检测多种类型的兴趣点。

3.1.1 二阶导数检测角点

若一个像素在其小邻域中具有两个明显不同的边缘方向，则常可被看作一个角点（或者说小邻域中有两个边缘段，其朝向更偏于互相垂直），也有人将局部曲率（离散曲率计算可参见11.5.2小节）较大的边缘点看作**角点**。典型的角点检测器仍多基于像素灰度差（梯度）。

利用二阶导数算子检测角点的原理与利用一阶导数算子检测边缘有些类似。在2-D图像中，由各个二阶导数组成的对称矩阵（也称为**局部结构矩阵**）可写成（下标指示偏导数的方向）

$$\boldsymbol{M}_{(2)}=\begin{bmatrix} M_{xx} & M_{xy} \\ M_{yx} & M_{yy} \end{bmatrix},\quad M_{xy}=M_{yx} \tag{3.1.1}$$

它给出在被检测点（可设为坐标原点）的局部曲率的信息。上述矩阵有两个特征值，可考虑它们的3种组合情况：

(1) 两个特征值都很小，表示被检测点局部的邻域平坦，被检测点非边缘点或角点；

(2) 两个特征值一个很小而另一个很大，表示被检测点局部的邻域呈脊线状，沿一个方向平坦而沿另一个方向变化迅速，被检测点为边缘点；

(3) 两个特征值都很大，表示被检测点为角点。

这种检测方法对平移和旋转变换不敏感，也对光照和视角变化有一定的稳定性。

如果旋转坐标系统，可将 $\boldsymbol{M}_{(2)}$ 变换成对角形式：

$$\widetilde{\boldsymbol{M}}_{(2)}=\begin{bmatrix}M_{\tilde{x}\tilde{x}} & 0\\ 0 & M_{\tilde{y}\tilde{y}}\end{bmatrix}=\begin{bmatrix}K_1 & 0\\ 0 & K_2\end{bmatrix} \tag{3.1.2}$$

此时的二阶导数矩阵给出了在原点的主曲率，即 K_1 和 K_2。

再回到如 $\boldsymbol{M}_{(2)}$ 的矩阵，其秩和行列式都是旋转不变的。进一步可分别得到拉普拉斯值和海森值：

$$\text{Laplacian}=M_{xx}+M_{yy}=K_1+K_2 \tag{3.1.3}$$

$$\text{Hessian}=\det(\boldsymbol{M}_{(2)})=M_{xx}M_{yy}-M_{xy}^2=K_1K_2 \tag{3.1.4}$$

基于一个函数的二阶偏导数构成的方阵，**拉普拉斯算子**和**海森算子**分别计算拉普拉斯值和海森值。前者对边缘和直线都给出较强的响应，所以不太适合用来检测角点。后者描述了函数的局部曲率，虽然对边缘和直线没有响应，但是在角点邻域中有较强的响应，所以比较适合用来检测角点。不过海森算子在角点自身处响应为零而且在角点周边的符号是不一样的，所以需要较复杂的分析过程以确定角点的存在性并准确地对角点定位。为避免这个复杂的分析过程，可先计算曲率(K)与局部灰度梯度(g)的乘积：

$$C=Kg=K\sqrt{M_x^2+M_y^2}=\frac{M_{xx}M_y^2-2M_{xy}M_xM_y+M_{yy}M_x^2}{M_x^2+M_y^2} \tag{3.1.5}$$

再沿边缘法线方向利用非最大消除来确定角点的位置。

3.1.2 最小核同值区算子

最小核同值区(SUSAN)算子是一种很有特色的检测算子[Smith 1997]，它既可以检测边缘点，也可以检测角点。

1. 核同值区

先借助图 3.1.1 来解释检测的原理。这里设有一幅图像，取其顶部一个矩形区域，其上部为亮区域，下部为暗区域，分别代表背景和目标。现在考虑有一个圆形的**模板**(其大小由模板边界所限定)，其中心称为“核”，用“+”表示。图 3.1.1 中给出了该模板放在图像中 6 个不同位置的示意情况，从左边数过去，第 1 个模板全部在亮区域，第 2 个模板大部在亮区域，第 3 个模板一半在亮区域(另一半在暗区域)，第 4 个模板大部在暗区域，第 5 个模板全部在暗区域，第 6 个模板的 1/4 在暗区域。

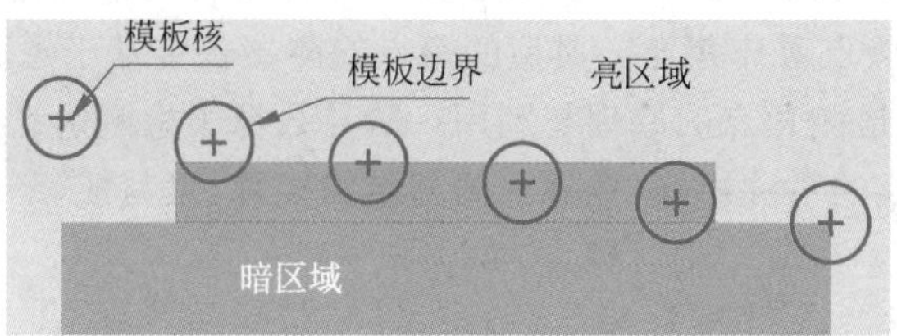

图 3.1.1 圆形模板在图像中的不同位置

如果将模板中各个像素的灰度都与模板中心核像素的灰度进行比较，就会发现总有一部分模板像素的灰度与核像素的灰度相同或相似。这部分区域可称为**核同值区**(USAN),即与核像素灰度具有相同数值的区域。核同值区包含了很多与图像结构有关的信息。利用这种区域的尺寸、重心、二阶矩等各种特征可以检测图像中的边缘和角点。从图 3.1.1 可见,当核像素处在图像中的灰度一致区域时,核同值区的面积会达到最大,第 1 个模板和第 5 个模板就属于这种情况。在第 2 个模板和第 4 个模板的情况下,核同值区的面积超过一半。这个面积当核处在直边缘处约为最大值的一半,第 3 个模板就属于这种情况。这个面积当核处在角点位置时更小,约为最大值的 1/4,第 6 个模板就属于这种情况。

利用核同值区的面积具有上述变化的性质可检测边缘或角点。具体来说,核同值区面积较大(超过一半)时表明核像素处在图像中的灰度一致区域,在模板核接近边缘时减少为一半,而在接近角点时减少得更多,即在角点处取得最小值(约 1/4)。如果将核同值区面积的倒数作为检测的输出,则可以通过计算输出的极大值来方便地确定角点的位置。

由上面的讨论可见,使用核同值区面积作为特征可起到增强边缘和角点的效果。基于这种模板的检测方式与其他常用的检测方式有许多不同之处,最明显的就是不需要计算微分,因而对噪声不太敏感。

2. 最小核同值区算子与角点检测

借助核同值区的定义可讨论最小核同值区算子。最小核同值区算子采用圆形模板来得到各向同性的响应。在数字图像中,可用一个含有 37 个像素的模板来近似圆,如图 3.1.2 所示。这 37 个像素排成 7 行,分别有 3、5、7、7、7、5、3 个像素。这相当于一个半径约为 3.4 个像素的圆。如考虑到计算量,也有用简单的 3×3 模板来粗略近似圆形模板的。

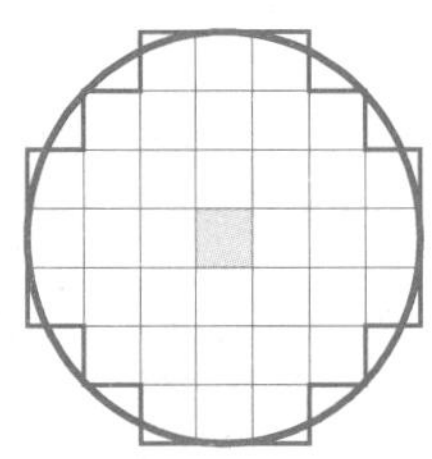

图 3.1.2　37 个像素的模板

设模板用 $N(x,y)$表示,将其依次放在图像中每个点的位置。在每个位置,将模板内每个像素的灰度值与核的灰度值进行比较,计算其响应:

$$C(x_0,y_0;x,y)=\begin{cases}1, & |f(x_0,y_0)-f(x,y)|\leqslant T\\ 0, & |f(x_0,y_0)-f(x,y)|>T\end{cases} \tag{3.1.6}$$

其中,(x_0,y_0)是核在图像中的位置坐标;(x,y)对应模板 $N(x,y)$中除核以外的其他位置;$f(x_0,y_0)$和 $f(x,y)$分别是在(x_0,y_0)和(x,y)处像素的灰度;T 是一个灰度差的阈值;函数 $C(\cdot;\cdot)$代表输出响应。一般当检测到角点时,该函数类似一个门函数,如图 3.1.3 所示,设这里的阈值 T 取为 10。

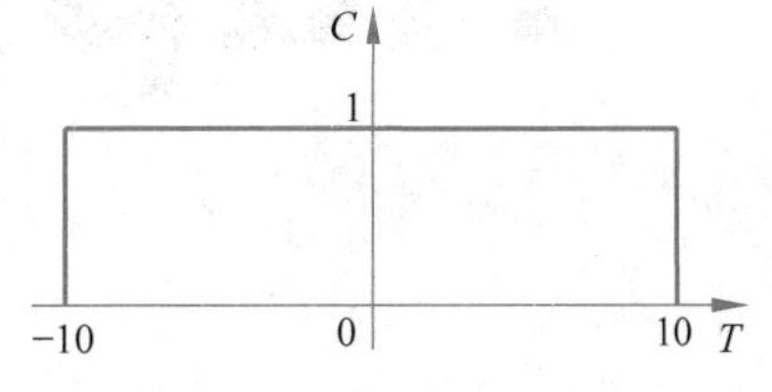

图 3.1.3　函数 $C(\cdot;\cdot)$示例

上述计算需要对模板中的每个像素进行,由此可得到一个输出的**游程和**:

$$S(x_0,y_0)=\sum_{(x,y)\in N(x_0,y_0)} C(x_0,y_0;x,y) \tag{3.1.7}$$

这个总和其实就是核同值区中的像素个数,或者说它给出了核同值区的面积。由前面的讨论可知,这个面积在角点处会达到最小。由式(3.1.6)和式(3.1.7)可知,阈值 T 既可用来帮助检测核同值区面积的最小值,也可以确定可消除的噪声的最大值。

实际应用最小核同值区算子时,需要将游程和 S 与一个固定的几何阈值 G 进行比较以做出判断。该阈值可设为 $3S_{max}/4$,其中 S_{max} 是 S 所能取得的最大值(对 37 个像素的模板,最大值为 36,所以 $3S_{max}/4=27$)。初始的边缘响应 $R(x_0,y_0)$根据下式得到:

$$R(x_0,y_0)=\begin{cases}G-S(x_0,y_0), & S(x_0,y_0)<G \\ 0, & \text{其他}\end{cases} \tag{3.1.8}$$

式(3.1.8)是根据核同值区原理获得的,即核同值区的面积越小,边缘的响应就越大。

当图像中没有噪声时,完全不需要几何阈值。但当图像中有噪声时,将阈值 G 设为 $3S_{max}/4$ 可给出最优的噪声消除性能。考虑有一个垂直的阶跃状边缘,则 S 的值总会在其某一边小于 $S_{max}/2$。如果边缘是弯曲的,则小于 $S_{max}/2$ 的 S 值会出现在凹的一边。如果边缘不是理想的阶跃状边缘(有一定坡度),则 S 的值会更小(R 的值会更大),这样边缘检测不到的可能性更小。

上面介绍的方法一般已可以给出相当好的结果,但一个更稳定的计算 $C(\cdot;\cdot)$的公式是

$$C(x_0,y_0;\ x,y)=\exp\left\{-\left[\frac{f(x_0,y_0)-f(x,y)}{T}\right]^2\right\} \tag{3.1.9}$$

式(3.1.9)对应的曲线如图 3.1.4 中的曲线 b(曲线 a 对应式(3.1.6))所示。可见,式(3.1.9)给出了式(3.1.6)的一个平滑版本。它允许像素的灰度有一定的变化而不会对 $C(\cdot;\cdot)$造成太大的影响。

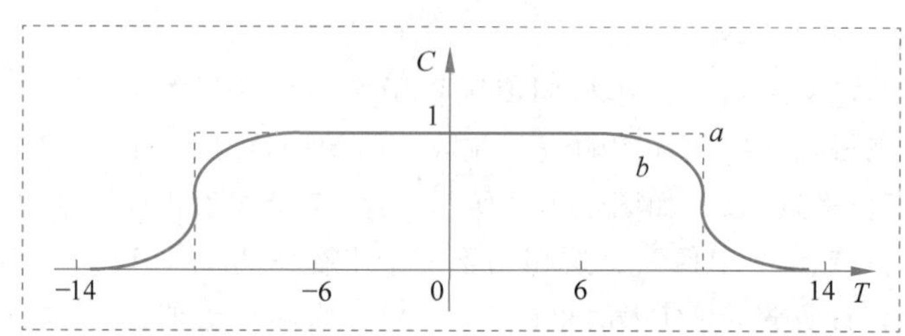

图 3.1.4 不同的 $C(\cdot;\cdot)$函数曲线示例

例 3.1.1 角点检测实例

图 3.1.5 给出了两个用最小核同值区算子检测图像中角点得到的结果。

图 3.1.5 用最小核同值区算子检测到的角点

□

3. 边缘方向的检测

在对边缘的检测中,很多情况下不仅需要考虑边缘的强度,还需要考虑边缘的方向。首先,如果要除去非最大边缘值,则必须要借助边缘的方向。另外,如果需要确定边缘的位置到亚像素精度,常常需要利用边缘方向的信息。最后,在许多应用中常把边缘的位置、强度和方向结合使用。对大多数现有的边缘检测算子,边缘方向是借助边缘强度来确定的。根据核同值区的原理确定边缘方向需根据边缘点的种类采用不同的方法。

根据核同值区的特点,可将边缘点分成两类。参见图 3.1.6,其中左图给出图像中一个典型的直线边缘。图中方格里的阴影用来近似地区分具有不同灰度的像素。对 3 个感兴趣点的局部核同值区分别显示在右边的 3 个 3×3 模板中。其中"○"代表核同值区的重心,"+"代表模板的核。区域 A 和 B 中都是同一类的边缘点,边缘都通过核同值区的重心,只是模板的核

分别落在了边缘的两边。区域 C 中是另一类边缘点，这里模板的核与核同值区的重心重合。

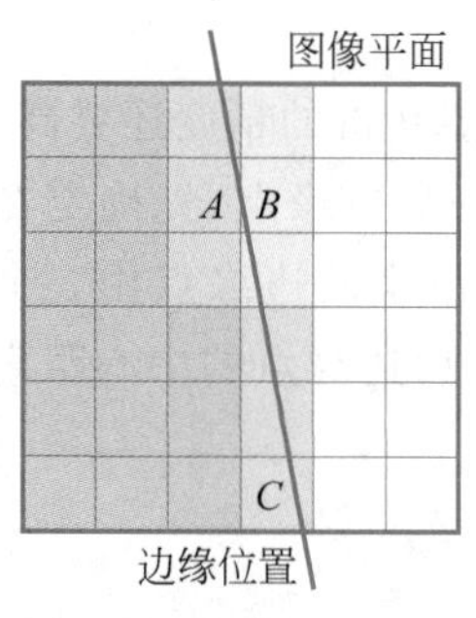

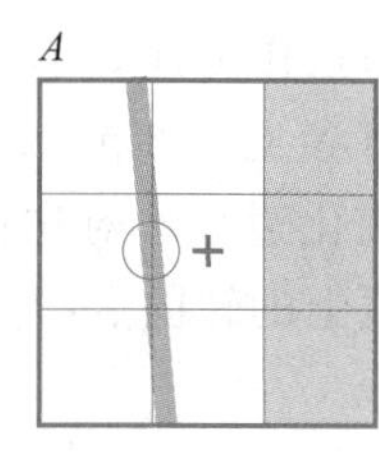

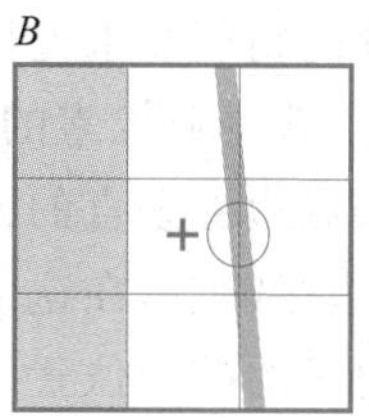

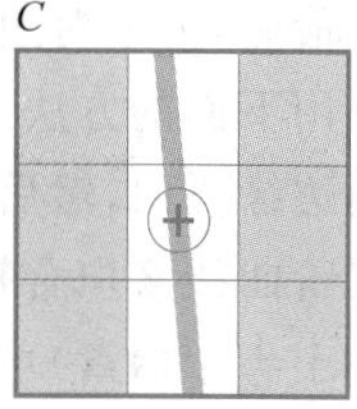

图 3.1.6　主要的边缘种类示意

在区域 A 和区域 B 中，边缘落在像素之间，从核同值区的重心到模板核的矢量与边缘的局部方向(几乎)垂直。在区域 C 中，边缘通过像素的中心而不是像素之间的边界，且边缘两边有较高的反差。这种情况对应像素内部边缘，此时，所获得的核同值区是沿边缘方向的细条，如图 3.1.6 所示。通过寻找最长的对称轴就可以确定边缘方向。具体可通过如下求和公式所得到的结果来估计：

$$F_x(x_0,y_0)=\sum_{(x,y)\in N(x_0,y_0)}(x-x_0)^2C(x_0,y_0;x,y) \tag{3.1.10}$$

$$F_y(x_0,y_0)=\sum_{(x,y)\in N(x_0,y_0)}(y-y_0)^2C(x_0,y_0;x,y) \tag{3.1.11}$$

$$F_{xy}(x_0,y_0)=\sum_{(x,y)\in N(x_0,y_0)}(x-x_0)(y-y_0)C(x_0,y_0;x,y) \tag{3.1.12}$$

使用 $F_y(x_0,y_0)$和 $F_x(x_0,y_0)$的比值就可以确定边缘的朝向，而利用 $F_{xy}(x_0,y_0)$的符号可帮助区别对角朝向的边缘具有正的或负的梯度。

剩下的问题就是如何自动地确定哪个图像点属于哪种情况。首先，如果核同值区的面积比模板的直径小，那么应该对应像素内部边缘的情况。如果核同值区的面积比模板的直径大，那么可以确定出核同值区的重心，并可根据像素之间边缘的情况计算边缘的方向。当然，如果重心处在离核不到一个像素的位置，那么这更有可能属于像素内部边缘的情况。当用较大的模板使得处于中间灰度的条带比一个像素还宽时，这种情况就会发生。

4. 最小核同值区算子的特点

与其他边缘和角点检测算子相比，最小核同值区算子有一些独特的地方。

(1) 在用最小核同值区算子对边缘和角点进行检测增强时没有计算微分，这可帮助解释为什么在有噪声时最小核同值区算子的性能会较好。这个特点再加上最小核同值区算子的非线性响应特点都有利于减少噪声。为理解这一点，可考虑一个混有独立分布的高斯噪声的输入信号。只要噪声相对于核同值区面积比较小，就不会影响基于核同值区面积所做的判断。另外，在面积计算中，对各个像素值的求和操作进一步减少了噪声的影响。

(2) 从图 3.1.1 可以看出，当边缘变得模糊时，在边缘中心的核同值区的面积将减少。所以，最小核同值区算子对边缘的响应将随着边缘的平滑或模糊而增强。这个有趣的现象对一般的边缘检测算子是不常见的，但它在实际中很有用。

(3) 最小核同值区检测算子能提供不依赖于模板尺寸的边缘精度，这与大多数边缘检测算子会随图像或模板尺度的变化而改变所检测出的边缘位置不同。这是因为最小核同值区面积的计算是一个相对的概念，与模板的绝对尺寸无关，所以最小核同值区算子的性能不受模板尺寸的影响。这是一个很有用的期望特性。

(4) 最小核同值区算子选择控制参数很简单,且任意性比较小(只取决于模板的尺寸),所以比较容易实现自动化选取。

最后,如果对边缘位置的精度要求比用全部像素作为计算单元所能获得的精度还要高,则可采用下面的方法来改进以获得亚像素的精度(可参见4.3节)。对每个边缘点,先确定在该点的边缘方向,然后在与该点边缘垂直的方向上细化边缘。对这样剩下来的边缘点用3个点的二阶曲线来拟合初始的边缘响应,在这条拟合线上的转向点(与细化后边缘点的中心距离应该小于半个像素)可取作边缘的准确位置。

3.1.3 哈里斯兴趣点算子

哈里斯兴趣点算子也称哈里斯兴趣点检测器。检测器的表达矩阵可借助图像中局部模板中两个方向的梯度 G_x 和 G_y 来定义。一种常用的哈里斯矩阵可写成

$$\boldsymbol{H}=\begin{bmatrix}\sum G_x^2 & \sum G_x G_y \\ \sum G_x G_y & \sum G_y^2\end{bmatrix} \tag{3.1.13}$$

1. 角点检测

哈里斯角点检测器通过计算像素邻域中灰度值平方差的和来检测角点[Sonka 2008]。在检测角点时,可用下式计算角点强度(注意,行列式 det 和秩 trace 都不受坐标轴旋转的影响):

$$C=\frac{\det(\boldsymbol{H})}{\operatorname{trace}(\boldsymbol{H})} \tag{3.1.14}$$

理想情况下考虑圆形的局部模板。对模板中只有直线的情况,$\det(\boldsymbol{H})=0$,所以 $C=0$。如果模板中有一个锐角(两条边之间的夹角小于90°)的角点,如图3.1.7(a)所示,则哈里斯矩阵可写成

$$\boldsymbol{H}=\begin{bmatrix}l_2 g^2\sin^2\theta & l_2 g^2\sin\theta\cos\theta \\ l_2 g^2\sin\theta\cos\theta & l_2 g^2\cos^2\theta+l_1 g^2\end{bmatrix} \tag{3.1.15}$$

其中,l_1 和 l_2 分别为角的两条边的长度,g 表示边两侧的灰度对比度,在整个模板中为常数。

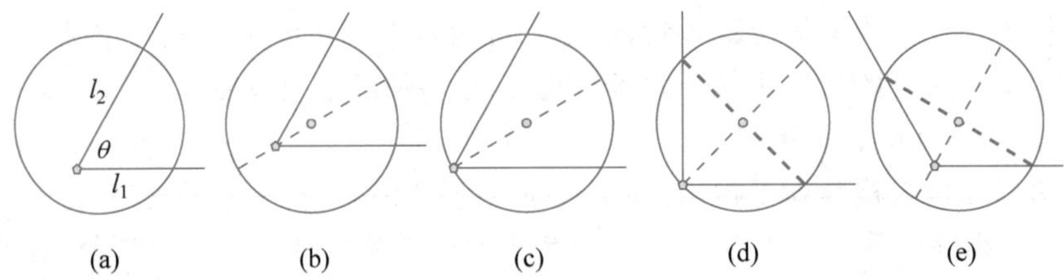

图3.1.7 角点与模板的各种位置关系

根据式(3.1.15)可算得

$$\det(\boldsymbol{H})=l_1 l_2 g^4\sin^2\theta \tag{3.1.16}$$

$$\operatorname{trace}(\boldsymbol{H})=(l_1+l_2)g^2 \tag{3.1.17}$$

代入式(3.1.14)得到角点强度

$$C=\frac{l_1 l_2}{l_1+l_2}g^2\sin^2\theta \tag{3.1.18}$$

其中包括3项:依赖于模板中边长度的强度因子 $\lambda=l_1 l_2/(l_1+l_2)$,依赖于灰度差的对比度因子 g^2,依赖于锐角度数的形状因子 $\sin^2\theta$。

前面已指出,对比度因子是一个常数。形状因子依赖于夹角 θ。在 $\theta=\pi/2$ 时,形状因子

取得最大值1；而在 $\theta=0$ 和 $\theta=\pi$ 时，形状因子都取得最小值（$=0$）。由式(3.1.18)可知，对直线，角点强度为零。

强度因子与模板中两条边的长度都有关。如果设 l_1 与 l_2 之和为一个常数 L，则强度因子 $\lambda=(Ll_2-l_2^2)/L$，并在 $l_1=l_2=L/2$ 时取得极大值。这表明为获得大的角点强度，需要把角点的两条边对称地放入模板区域，如图3.1.7(b)所示，即角点落在角的中分线（也是圆直径）上。为了获得最大的角点强度，要让角点的两条边在模板区域中都最长，这种情况如图3.1.7(c)所示，即将角点沿中分直径线移动，直到角点落在圆形模板的边界上。

由上面的分析可知，如果角点是直角的角点，则角点强度最大的位置是在圆形模板的边界上，如图3.1.7(d)所示。此时，角点两条边与圆形模板边界的两个交点间的直径是与角平分线垂直的。进一步地，对钝角角点也可进行类似的分析，而结论也是角点两条边和圆形模板边界的两个交点间的直径都是与角平分线垂直的，如图3.1.7(e)所示。

2. 交叉点检测

哈里斯兴趣点算子除了可帮助检测各种角点外，还可帮助检测其他兴趣点，如交叉点和T形交点。这里交叉点可以是两条互相垂直的直线的交点（如图3.1.8(a)所示），也可以是两条互相不垂直的直线的交点（如图3.1.8(b)所示）。类似地，构成T形交点的两条直线可以互相垂直（如图3.1.8(c)所示），也可以不互相垂直（如图3.1.8(d)所示）。在图3.1.8中，相同的数字表示所指示的区域具有相同的灰度，不同的数字表示所指示的区域具有不同的灰度。

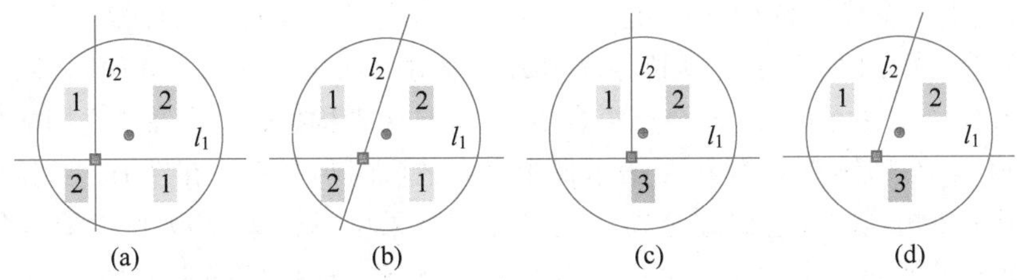

图3.1.8　交叉点和T形交点

在计算交叉点的强度时，仍可以使用式(3.1.18)，只是这里 l_1 和 l_2 的值分别是两个方向直线的总长度（交叉点两边线段之和）。另外需要注意，在交叉点处，沿两个方向的对比度符号都会反转。但这对交叉点强度的计算没有影响，因为在式(3.1.18)中使用了 g 的平方作为对比度因子。所以，如果使交叉点与模板中心点重合，那么 l_1 和 l_2 的值将分别是角点时的两倍，这也是交叉点强度最大的位置。顺便指出，这个位置是二阶导数的过零点。

T形交点可以看作比角点和交叉点更一般的兴趣点，因为它涉及3个具有不同灰度的区域。为考虑交点处有两种对比度的情况，需要将式(3.1.18)推广为

$$C=\frac{l_1l_2g_1^2g_2^2}{l_1g_1^2+l_2g_2^2}\sin^2\theta \tag{3.1.19}$$

T形交点可以有许多不同的构型，这里仅考虑一种一个（斜）弱边缘接触到一个（水平）强边缘但没有穿过该强边缘的情况，如图3.1.9所示。

在图3.1.9中，T形交点是不对称的。由式(3.1.19)可知，其最大值在 $l_1|g_1|=l_2|g_2|$ 时取得。这表明检测强度最大的点处于弱边缘上但不处于强边缘上，如图3.1.9中的圆点所示。换句话说，检测强度最大的点并不处于T形交点的几何位置上，因为受到灰度的影响而产生了偏移。

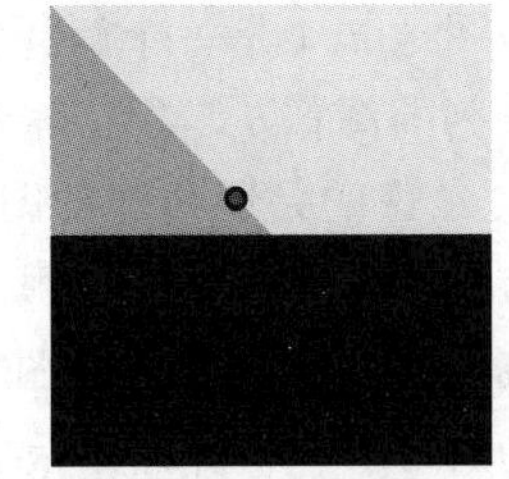

图3.1.9　T形交点示例和检测强度最大的点

3.2 图割方法

图割方法是一类基于**图论**的图像分割技术，本质上采用了基于边缘的串行分割思路，所以属于串行边界类。下面先给出用图割方法进行图像分割的主要步骤，再具体对每个步骤进行解释。

用图割方法进行图像分割的主要步骤如下。

(1) 将待分割图像 I 映射为一个对弧加权的有向图 G，G 在尺寸上和维数上都与 I 对应。

(2) 确定目标和背景的种子像素，并针对它们构建两个特殊的图结点，即源结点 s 和汇结点 t；然后将所有其他像素对应的图结点都与源结点或汇结点分别连接。

(3) 计算弧代价函数，并对图 G 中的各个弧赋予一定的弧代价。

(4) 使用最大流图优化算法来确定对图 G 的图割，从而区分对应目标和背景像素的结点。

下面对 4 个步骤的一些原理和方法分别进行简单介绍。

1. 构建有向图 G

一个**图**结构可表示为 $G=[N,A]$，其中，N 是一个有限非空的结点集合，A 是一个无序结点对的集合。集合 A 中的每个结点对 (n_i, n_j) 称为一段弧 $(n_i \in N, n_j \in N)$。如果图中的弧是有向的，即从一个结点指向另一个结点，则称该弧为有向弧，称该图为有向图。对任一段弧 (n_i, n_j) 都可定义一个代价（或费用），记为 $C(n_i, n_j)$，它可看作对弧的加权。

对给定的待分割图像 I，要将其转化表示为一个对弧加权的图 G。其中，将图像 I 中的每个像素看成图 G 中的一个结点，即结点集合 N 由所有像素构成；而将像素之间的邻接关系用图 G 中的弧来表示，即结点对集合 A 表示像素之间的（加权）联系。在图 G 中，需要确定目标种子结点和背景种子结点，它们应分别是最终分割结果中目标集合 O 和背景集合 B 的一部分。这个工作目前采用的方法常常借助人机交互来进行。根据所确定的种子，可以对应构建两个特殊的图结点：源结点 s 和汇结点 t（这里取源结点对应目标种子，汇结点对应背景种子），它们分别对应源集合 S 和汇集合 T。初始时，源结点和汇结点都与所有对应种子像素和背景像素的结点相连接。

2. 确定种子像素并连接图结点

如上构建的弧加权图可表示成：$G_{st}=[N \cup \{s,t\}, A]$，其中结点集 N 对应图像 I 中的像素，s 和 t 是两个特殊的终端结点。在 G_{st} 中的弧集合 A 中的元素可以分为两类：连接一对相邻像素的弧以及将像素和终端结点连接起来的弧。可使用割(cut)将其穿过/跨越的弧切断。在 G_{st} 中的一个割集合可将图中的结点分成两组，它的代价是这个割集合所对应的弧集合的代价之和。代价最小的割集合被称为最小 s-t 割，它将结点分成两组不重叠的子集 S（所有与源连接的结点，$s \in S$）和 T（所有与汇连接的结点，$t \in T$），且从 s 到 t 没有有向的通路。

图 3.2.1 是一个解释上面构建有向图和连接图结点的示意图。图 3.2.1(a)给出了一幅待分割的图像 I，且已确定了目标种子 o（属于源集合 S）和背景种子 b（属于汇集合 T）。图 3.2.1(b)是所构建的图 G_{st}（其中，用虚线表示连接相邻像素的弧，用不同粗细的实线表示连接像素和终端结点的弧），其中，$o \subset N$，$b \subset N$，$o \cap b = \varnothing$。在分割开始前，所有结点都同时在源集合和汇集合之中。图 3.2.1(c)在图 G_{st} 中给出一个 s-t 割（将相应的弧割断了），它将结点分为两组，其中，所有目标结点都仅在源集合中，而所有背景结点都仅在汇集合中。图 3.2.1(d)给出了根据这个 s-t 割将各个结点映射回图像而得到的分割结果，其中所有的目标像素都标记为白色，所有的背景像素都标记为黑色。

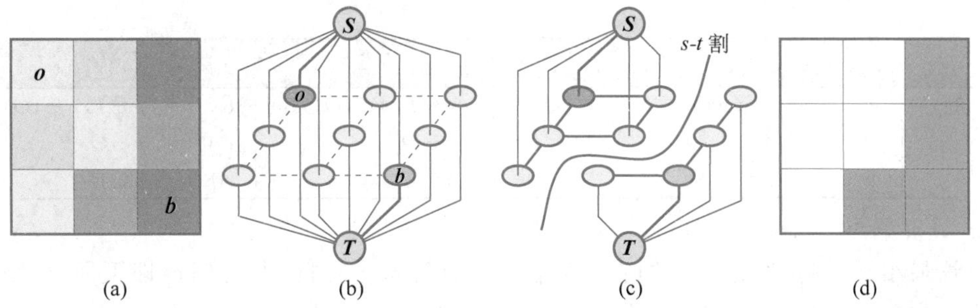

图 3.2.1 图割分割示意图

3. 计算弧代价

代价最小 s-t 割的代价是其所对应的所有弧的代价之和。下面考虑各种弧的**代价函数**的计算。

给各个像素 i_p 一个二值的标号 $L_p \in \{o, b\}$，其中，o 和 b 分别代表目标和背景的标号。标号矢量 $\boldsymbol{L}=\{L_1, L_2, \cdots, L_p, \cdots, L_{|I|}\}$定义所得到的二值分割结果。为计算一段弧的代价，既要考虑该弧两个端结点所对应像素的灰度，也要考虑该弧两个端结点所对应像素之间的灰度差。这里，需要最小化以获得最优标号的代价函数，该函数可以定义为一个用 λ 加权的区域性质项 $R(\boldsymbol{L})$和边界性质项 $F(\boldsymbol{L})$的组合，即

$$C(\boldsymbol{L})=\lambda R(\boldsymbol{L})+F(\boldsymbol{L}) \tag{3.2.1}$$

其中

$$R(\boldsymbol{L})=\sum_{p \in I} R_p(L_p) \tag{3.2.2}$$

$$F(\boldsymbol{L})=\sum_{(p,q) \in A} F_{(p,q)} \delta(L_p, L_q) \tag{3.2.3}$$

$$\delta(L_p, L_q)=\begin{cases}1, & L_p \neq L_q \\ 0, & \text{其他}\end{cases} \tag{3.2.4}$$

先考虑连接一对相邻像素之间的弧。一方面，给定一个像素，根据其灰度将其标为目标或背景都会有一定的代价。这里，$R_p(o)$可看作将像素 p 标为目标的代价，$R_p(b)$可看作将像素 p 标为背景的代价。当亮的目标处于暗背景中时，$R_p(o)$的值在暗像素(低 I_p 值)处大而在亮像素处小。反之，当暗的目标处在亮背景上时，$R_p(b)$的值在亮像素(高 I_p 值)处大而在暗像素处小。另一方面，对两个相邻的像素 p 和 q，根据其灰度将其赋予不同的标号也会有一定的代价。如果它们都属于目标或背景，则弧(p, q)的代价 $F_{(p,q)}$ 应比较大；如果它们一个属于目标而另一个属于背景，即跨越目标和背景的边界，则弧(p, q)的代价 $F_{(p,q)}$ 应比较小。例如，可以取两个相邻像素 p 和 q 之间弧(p, q)的代价 $F_{(p,q)}$ 与它们之间的梯度幅度(边缘两边的绝对灰度差$|f(p)-f(q)|$)成反比。

再考虑将像素和终端结点连接起来的弧。两个终端结点之间借助通路上对应相邻像素之间的各段弧连接起来的总代价应是这些相邻像素之间弧的代价之和。实际中常常可再加 1 以使弧没有饱和(B 和 O 分别代表背景像素集合和目标像素集合)：

$$K=1+\max_{p \in B} \sum_{q:(p,q) \in O} F(p, q) \tag{3.2.5}$$

将上述分析结果结合起来，赋予各种弧的代价函数如表 3.2.1 所示。

表 3.2.1 各种弧的代价函数

弧	(p,q)		(s,p)		(p,t)	
代价	$C_{(p,q)}$	$(p,q)\in N$	$\lambda R_p(b)$	$p\in I, p\notin(O\cup B)$	$\lambda R_p(o)$	$p\in I, p\notin(O\cup B)$
			K	$p\in O$	0	$p\in O$
			0	$p\in B$	K	$p\in B$

4. 计算最小 s-t 割

计算最小 s-t 割的问题可借助它的对偶——计算最大流问题来进行，即可通过搜索从 s 到 t 的最大流来解决。式(3.2.5)的弧代价也可解释成从 s 到 $p\in O$（或从 $p\in B$ 到 t）的最大流容量。在最大流算法中，从 s 到 t 的"最大量的水流"通过图中的各段弧构成的通路来输送，而通过各段弧的流量由它的容量或弧代价所决定。从 s 到 t 的最大流能使图中的一组弧达到饱和，这些饱和的弧（对应最小割）会将结点分为不重合的两个集合 S 和 T。最大流的值对应最小割的代价。

最小 s-t 割问题和它的对偶最大流问题都是传统的**组合问题**，可用多项式时间算法解决。有许多算法都可用来解决这个组合优化的问题，如增强通路算法、优化最大流的压入和重标记(push-relabel)算法等[Sonka 2014]。

增强通路算法[Ahuja 1993]考虑推动从 s 到 t 的流直至达到最大流量以计算最短的 $s\to t$ 通路。算法开始时将流的状态初始化为 0，在将流增强并使通路逐渐饱和的过程中，将流分布的当前状态保存在一个**残留图** G_r 中。当 G_r 的拓扑与 G_{st} 相同时，弧的值在当前流的状态下保留了余下弧的流量。在各个迭代步骤，算法沿着残留图中未饱和的弧所构成的通路来确定最短的 $s\to t$ 通路。流过一条通路的流量借助推动最大可能的流而增加，直到这条通路上的至少一个弧能达到饱和。每个流量增加的步骤都能增加从 s 到 t 的总流量。持续增加每条通路的流量直到都不能再增加（不能定义新的 $s\to t$ 通路组成非饱和的弧），则达到最大流，最优化过程结束。此时的饱和弧集合（对应最小 s-t 割）将分别属于 S 和 T 的图结点分了开来。在确定最短的 $s\to t$ 通路时可以采用宽度优先搜索的策略。开始先搜索长度最短的 $s\to t$ 通路，一旦所有长度为 k 的通路都饱和了，则接着搜索长度为 $k+1$ 的通路，直到穷尽所有长度的通路。可以证明该算法具有收敛性，算法的复杂度是 $O(|N||A|^2)$，其中 $|N|$ 是结点总数而 $|A|$ 是弧总数。

图 3.2.2 给出了一个使用增强通路最大流算法来确定最小割的各个步骤的示例。其中，图 3.2.2(a)所示为与图 3.2.1(a)相对应的原始图像；图 3.2.2(b)所示为根据 4-连接计算得到的图像灰度的梯度幅度($|f(p)-f(q)|$)；图 3.2.2(c)所示为构建图 G_{st} 而使用的结点标记，其中源结点记为 s，汇结点记为 t，其余结点按扫描顺序依次记为 a 到 g。图 3.2.2(d)中用粗线表示出饱和图的弧；图 3.2.2(e)加上了分开 S 和 T 结点的最小 s-t 割；图 3.2.2(f)是最终的图像分割结果（一旦获得了 s-t 割，则将结点映射回到图像中即可）。

图 3.2.2(g)所示为根据图 3.2.2(c)的标记而画出的图 G_{st}，弧的代价标在弧旁；图 3.2.2(h)所示为将图 3.2.2(b)的梯度幅度值画在图 G_{st} 中的结果；图 3.2.2(i)所示为根据表 3.2.1 构建的图 G_{st}，其中，$\lambda=0$，$F_{(p,q)}=\max|f(p)-f(q)|-|f(p)-f(q)|$（由于有 3 条弧的流量为 0，所以实际上该图中只有一条从 s 到 t 的通路）；图 3.2.2(j)所示为当唯一具有非饱和 $s\to t$ 连接的最短通路被确定且饱和后的残留图 G_r，此时已没有非饱和的 $s\to t$ 通路了，分割结束。这里，图 3.2.2(i)中沿最短通路的流量增加 2 后从结点 a 到结点 b 的弧饱和，则图 3.2.2(j)中该通路上各段弧的残留流量都减少 2。注意，图 3.2.2(j)是与图 3.2.2(d)相对应的。

图割方法的一个重要特性是提供了一种借助交互以有效地改进先前获得的分割结果的能

力。假设用户确定了初始的种子，且有了代价函数，但图割产生的结果还未达到要求（所得到的割还不能将目标结点和背景结点完全分开）。用户可通过增加目标或背景的种子进行改进。此时不需要从头计算，可以使用先前已经得到的结果来初始化下一个优化过程并继续分割。

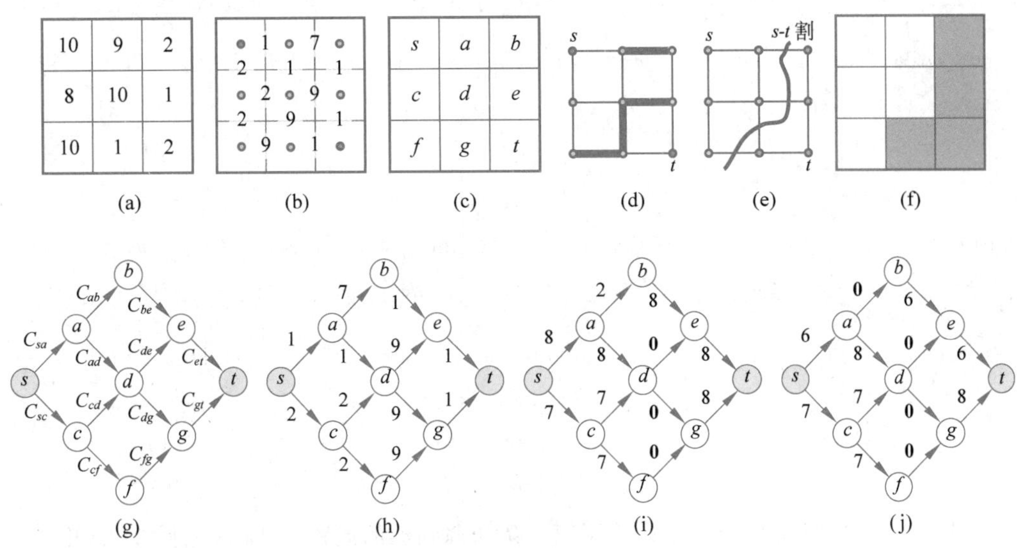

图 3.2.2　利用图割和最大流优化的图像分割过程

例 3.2.1　增强通路算法示例

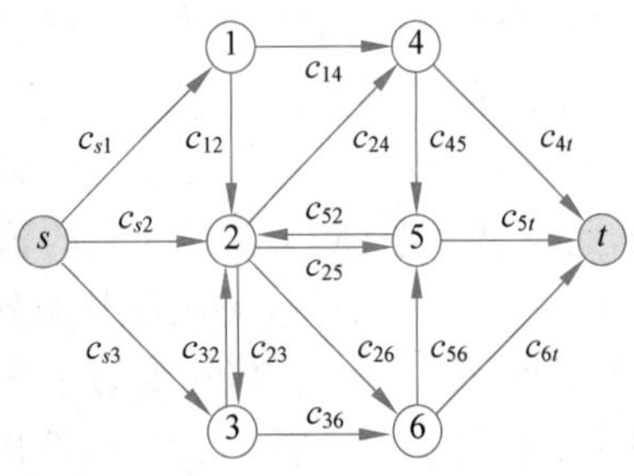

图 3.2.3　最大流计算示意图

使用增强通路算法来计算最大流和最小割的过程可以借助图 3.2.3 来示例说明。图中给出一个图 $G=\{N, A\}$，即结点集合 N 和有向弧集合 A 构成的图。每条连接结点 p 和 q 的弧 c 上的（最大）流量为 c_{pq}（非负值），与弧代价 $C(p,q)$ 对应。结点集合 N 有两个特殊的结点，分别是源（起点）s 和汇（终点）t。这是一个有向图，在一般情况下允许有些结点之间存在两个方向的弧。最大流计算问题可描述成在图中找到一条从源到汇的通路，这条通路要在各条弧所允许的流量约束下能通过最大的流。换句话说，可以考虑不断增加流量来获得需要的能通过最大流的通路。

这样找到的从源到汇的通路可能不止一条。但在每条这样的通路上，至少有一条弧的流量会达到饱和，否则就可以继续增加流量，因此该通路就不是最大流通路。根据这个分析，最大流计算问题也可从考虑弧的饱和来解决。设“割”是图中将源和汇结点分离开的弧集合，则如果把这个弧集合从图中除去，从源结点到汇结点就没有通路了。每个弧集合对应一个代价，即集合中所有弧的代价（这里对应流量 c_{pq}）之和。现在，最大流计算问题就成为找到代价最小的最小割的计算问题了。

图 3.2.4 给出了一个增强通路算法在计算过程中各个步骤的示例，所用的图 $G=\{N, A\}$ 与图 3.2.3 相同，对弧的标记形式为“当前流/饱和流”。它首先从图中任意选择一条从源到汇的通路，并不断增加其中的流量，直到最大流量被通路中允许流量最小的弧所限制（该弧达到饱和）。此时，将这个流量从这条通路中的其他弧的允许流量中减去，饱和弧的允许流量会成为 0。重复这个过程，选择第二条从源到汇的通路，增加流量直到有一条弧饱和，更新各条弧的允许流量。这样重复进行，直到再也找不到不含饱和弧的、从源到汇的通路时为止。这些通路的总流量就是从源到汇的最大流量，而这些饱和的弧合起来就构成最小割。如果在选择通路时每次都选择能使剩下的流量达到最大的通路，则该算法可保证收敛。

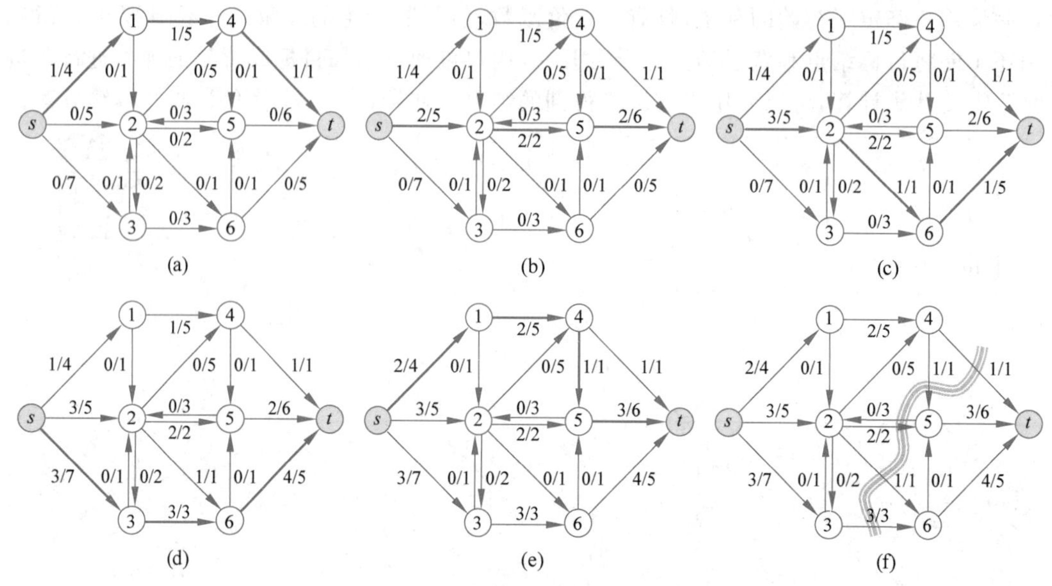

图 3.2.4 增强通路算法计算过程

在图 3.2.4 中,图 3.2.4(a)中画出了第一条从源到汇的通路(上部),包括 3 条(粗线)弧,即从 s 到①到④到 t。增加流量,直到第三条弧(④到 t)饱和(红色)。图 3.2.4(b)中画出了第二条从源到汇的通路(中部),也包括 3 条(粗线)弧,即从 s 到②到⑤到 t。同样增加流量,这次直到第二条弧(②到⑤)饱和(红色)。在图 3.2.4(c)中,将刚才已饱和的弧用另一条弧(②到⑥)替换,得到一条新的通路,也包括 3 条弧,即从 s 到②到⑥到 t。增加流量,使②到⑥的弧饱和,此时第一条弧(s 到②)上的流量是原饱和弧(②到⑤)与现饱和弧(②到⑥)的总和。图 3.2.4(d)中画出了第四条从源到汇的通路(下部),包括 3 条弧,即从 s 到③到⑥到 t。增加流量,使③到⑥的弧饱和,则第三条弧(⑥到 t)上的流量是原经过②到⑥的流量与现经过③到⑥的流量的总和。图 3.2.4(e)给出第五条通路,也是唯一的长度为 4 的通路(前面 4 条通路的长度均为 3)。该通路包括的 4 条弧为:s 到①、①到④、④到⑤、⑤到 t,其中第三条弧(④到⑤)先饱和。图 3.2.4(f)中共有 5 条饱和的弧,截断这些弧的割如图 3.2.4(f)中的条带所示。该条带将所有从 s 通往 t 的通路全部割断,对应最小割。它将所有结点分成了两组:一组包括源结点 s 不包括汇结点 t,另一组包括汇结点 t 不包括源结点 s。 □

图割方法在医学图像分割中得到了广泛应用。例如,[杨 2022]采用了一种结合级联 Dense-UNet 和图割的方法分割 CT 图像中的肝脏肿瘤区域。首先运用级联的 Dense-UNet 获取肿瘤初始分割结果(包含肿瘤组织的感兴趣区域),然后利用图像像素级和区域级特征,分别构建可有效区分肿瘤与非肿瘤的灰度模型和概率模型,并将其融入图割能量函数,进一步精确分割感兴趣区域中的肿瘤组织。

3.3 特色的阈值化和聚类技术

第 2 章介绍并行区域分割方法时主要讨论了基本的阈值化和聚类方法。本节介绍两种有一定代表性的借助特殊理论和方法确定阈值的技术,以及一种近年常用的确定空间聚类以分割图像的技术。

(1) 借助小波变换的多分辨率特性来帮助进行阈值选取。

(2) 借助过渡区选取阈值进行分割。

(3) 借助均移计算特征空间的聚类中心来进行分割。

3.3.1 多分辨率阈值选取

利用图像的**直方图**帮助选取阈值是常用的方法，其中的关键是确定峰点和谷点。由于场景的复杂性、图像成像过程中各种干扰因素的存在等原因，峰点和谷点的有无检测和位置确定通常比较困难。峰点和谷点的检测与直方图的尺度有密切的联系。一般在较大尺度下常能较可靠地检测到真正的峰点和谷点，但在大尺度下对峰点和谷点的定位不易准确。相反，在较小尺度下对真正峰点和谷点的定位常比较准确，但在小尺度下误检或漏检的比例会增加。

图像在小波变换后可分解为一系列尺度不同的分量(见上册 11.4 节)。对小波变换后的图像直方图也可进行多分辨率分析(见上册 16.3 节)，具体就是先在较大尺度下检测出真正的峰点和谷点，再在较小尺度下对这些峰点和谷点进行较精确的定位。这里主要有如下两个步骤。

1. 确定分割区域的类数

首先利用在较大尺度(粗分辨率)下的直方图细节信息确定分割区域的类数。引入相当于低通滤波器的尺度函数 $\phi(x)$，则图像直方图 $H(x)$的低通分量可表示为

$$S_{2^i}[H(x)] = H(x) \otimes \phi_{2^i}(x) \tag{3.3.1}$$

设原始图像直方图信号的分辨率为 1，最低分辨率尺度为 2^I，则尺度在 $2^1 \sim 2^I$ 的各阶小波变换为$\{W_{2^i}[H(x)], 1 \leqslant i \leqslant I\}$。可以证明，对信号在尺度为 2^I 时被平滑掉的高频部分可以用尺度在 $2^1 \sim 2^I$ 的小波变换来恢复。这里集合$\{S_{2^i}[H(x)], W_{2^i}[H(x)], 1 \leqslant i \leqslant I\}$就是直方图的多分辨率小波分解表达。

先在分辨率为 2^1 时确定初始的分割区域类数，即判断直方图中独立的峰的个数。这里要求独立的峰应满足 3 个条件：

(1) 具有一定的灰度范围；

(2) 具有一定的峰下面积；

(3) 具有一定的峰谷差。

2. 确定最优阈值

确定类数后，可利用多分辨率的层次结构在直方图的相邻峰之间确定**最优阈值**。这个过程首先在最低分辨率一层进行，然后逐渐向高层推进，直到最高分辨率层。选择高斯函数作为平滑函数 $\theta(x)$，令小波函数为 $\psi(x)$，有

$$\psi(x) = \frac{\mathrm{d}^2 \theta(x)}{\mathrm{d}x^2} \tag{3.3.2}$$

则 $\psi(x)$对应的二进小波变换为

$$W_{2^i}[H(x)] = (2^i)^2 \frac{\mathrm{d}^2}{\mathrm{d}x^2}[H(x) \otimes \theta_{2^i}(x)] \tag{3.3.3}$$

由式(3.3.3)可知，小波变换的零交叉位置对应在分辨率 2^i 时的低通信号 $H(x) \otimes \theta_{2^i}(x)$的剧烈变化点。当尺度 2^i 减小时，信号的局部细节增多；而当尺度 2^i 增加时，信号中结构较大的轮廓比较明显。

对图像的直方图来说，式(3.3.1)中的 $S_{2^i}[H(x)]$是一个最低分辨率下的近似信号，式(3.3.3)中的 $W_{2^i}[H(x)]$代表不同分辨率下的细节信号，它们联合构成直方图的多分辨率小波分解表示。给定直方图，可考虑其多分辨率小波分解表示的零交叉点和极值点来确定直

方图的峰点和谷点。具体可利用以下 4 个准则(参见图 3.3.1)。

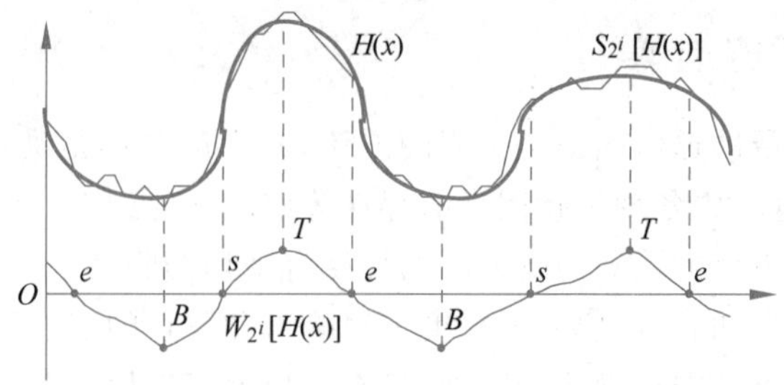

图 3.3.1 直方图的峰点和谷点的确定

(1) 用从负值变化到正值的零交叉点确定峰的起点(图 3.3.1 中各个 s 点)；

(2) 用从正值变化到负值的零交叉点确定峰的终点(图 3.3.1 中各个 e 点)；

(3) 用起点和终点间的最大值点确定峰的位置(图 3.3.1 中各个 T 点)；

(4) 用前一个峰的终点和后一个峰的起点间的最小值点确定这两个峰之间谷点的位置(图 3.3.1 中各个 B 点)。

随着分辨率的逐渐增加，阈值数目也会逐渐增加。这里可用最小距离判据来解决两个相邻尺度之间各阈值并非一一对应的问题。设在两相邻尺度 2^{i+1} 和 2^i 所对应的阈值分别为 T_j^{i+1} 和 T_k^i，考察下列条件(N^i 是在尺度 2^i 所具有的阈值数目)：

$$\operatorname{dis}(T_j^{i+1}, T_k^i) = \min\{\operatorname{dis}(T_j^{i+1}, T_l^i), l = 0, 1, \cdots, N^i\} \tag{3.3.4}$$

当 $l=k$ 时取得最小值，这表明在尺度 2^{i+1} 的阈值 T_j^{i+1} 对应在尺度 2^i 的阈值 T_k^i。所以，可先对在最低分辨率一层选取的所有阈值逐层跟踪，然后选取在最高分辨率一层的对应阈值作为最优阈值。

3.3.2 借助过渡区选择阈值

一般在讨论基于区域和基于边界的算法时认为区域的并集覆盖了整个图像而边界本身是没有宽度的。然而实际数字图像中的边界是有宽度的，它本身也是图像中的一个区域。这是一个特殊的区域，一方面它将不同的区域分隔开来，具有边界的特点；另一方面它的面积不为零，具有区域的特点。这类特殊区域可称为**过渡区**。下面介绍一种先计算图像中目标和背景之间的过渡区，再进一步选取阈值进行分割的方法[Zhang 1991c]。

1. 过渡区和有效平均梯度

过渡区可借助对图像**有效平均梯度**(EAG)的计算和对图像灰度的**剪切操作**来确定。设以 $f(x,y)$ 代表 2-D 空间的图像函数，再设 $g(x,y)$ 代表 $f(x,y)$ 的梯度图(可通过将梯度算子作用于 $f(x,y)$ 得到)，则 EAG 可定义为($\mathbb{Z}$ 代表整数集合)

$$\mathrm{EAG} = \frac{\mathrm{TG}}{\mathrm{TP}} \tag{3.3.5}$$

其中

$$\mathrm{TG} = \sum_{x,y \in \mathbf{Z}} g(x,y) \tag{3.3.6}$$

为梯度图的总梯度值，而

$$\mathrm{TP} = \sum_{x,y \in \mathbf{Z}} p(x,y) \tag{3.3.7}$$

为非零梯度像素的总数，因为这里 $p(x,y)$ 定义为

$$p(x,y)=\begin{cases}1, & g(x,y)>0\\ 0, & g(x,y)=0\end{cases} \tag{3.3.8}$$

由此定义可知,在计算 EAG 时只用到了具有非零值梯度的像素。因为除去了零梯度像素的影响,所以称为"有效"梯度。EAG 是图中非零梯度像素的平均梯度,它代表了图像中一个有选择的统计量。

进一步地,为了减少各种干扰的影响,定义以下特殊的**剪切变换**。它与一般剪切操作的不同之处是:它把被剪切了的部分设成剪切值,从而避免了一般剪切操作在剪切边缘处产生大的反差而导致的不良影响。根据剪切部分的灰度值与全图灰度值的关系,这类剪切可分为低端剪切与高低端剪切两种。设 L 为剪切值,则低端剪切与高端剪切后的图可分别表示为

$$f_{\text{low}}(x,y)=\begin{cases}f(x,y), & f(x,y)>L\\ L, & f(x,y)\leqslant L\end{cases} \tag{3.3.9}$$

$$f_{\text{high}}(x,y)=\begin{cases}L, & f(x,y)\geqslant L\\ f(x,y), & f(x,y)<L\end{cases} \tag{3.3.10}$$

若对这样剪切后的图像求梯度,则其梯度函数必然与剪切值 L 有关,由此得到的 EAG 也变成剪切值 L 的函数 EAG(L)。注意,EAG(L)与剪切的方式也有关,对应低端和高端剪切的 EAG(L)分别为 $\text{EAG}_{\text{low}}(L)$和 $\text{EAG}_{\text{high}}(L)$。

2. 有效平均梯度的极值点和过渡区边界

典型的 $\text{EAG}_{\text{low}}(L)$和 $\text{EAG}_{\text{high}}(L)$曲线都是单峰曲线,即它们都各有一个极值,这可以借助对 TG 和 TP 的分析得到。这里仅考虑 $\text{EAG}_{\text{low}}(L)$,参见图 3.3.2[Zhang 1993e],其中,$\text{EAG}_{\text{low}}(L)$是 $\text{TG}_{\text{low}}(L)$与 $\text{TP}_{\text{low}}(L)$的比。$\text{TG}_{\text{low}}(L)$和 $\text{TP}_{\text{low}}(L)$都随 L 的增加而减少。$\text{TP}_{\text{low}}(L)$减少是因为大的 L 会剪切掉更多的像素,而 $\text{TG}_{\text{low}}(L)$的减少有两个原因:一是像素个数的减少,二是剩下的像素之间的对比度也会减少。当 L 从 0 开始增加时,$\text{TG}_{\text{low}}(L)$和 $\text{TP}_{\text{low}}(L)$曲线都从它们各自的最大值下降。开始时,$\text{TG}_{\text{low}}(L)$曲线下降得比较慢,因为剪切掉的像素都属于背景(梯度较小);而 $\text{TP}_{\text{low}}(L)$曲线下降得相对较快,因为此时剪切掉的像素个数较多。这两个因素的共同作用会使 $\text{EAG}_{\text{low}}(L)$值逐步增加并达到一个极大值。然后,$\text{TG}_{\text{low}}(L)$曲线会比 $\text{TP}_{\text{low}}(L)$曲线下降得快,因为更多的具有大梯度的像素会被剪切掉,结果 $\text{EAG}_{\text{low}}(L)$值减少,并最后在 $L_{\max}$ 处趋向 0。

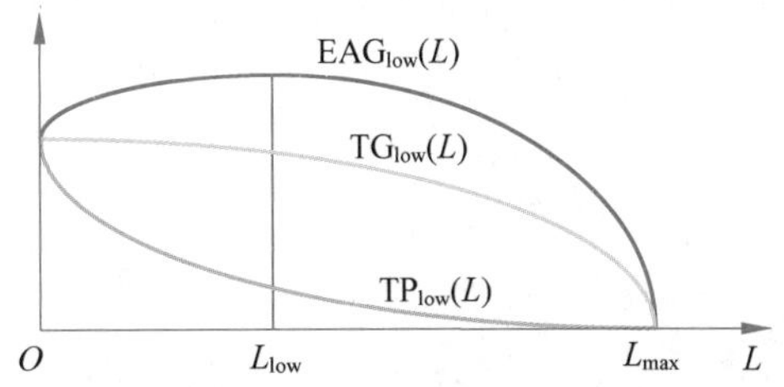

图 3.3.2 对 $\text{EAG}_{\text{low}}(L)$曲线是单峰曲线的解释

设 $\text{EAG}_{\text{low}}(L)$和 $\text{EAG}_{\text{high}}(L)$曲线的极值点分别为 L_{low} 和 L_{high},则

$$L_{\text{low}}=\arg\{\max_L[\text{EAG}_{\text{low}}(L)]\} \tag{3.3.11}$$

$$L_{\text{high}}=\arg\{\max_L[\text{EAG}_{\text{high}}(L)]\} \tag{3.3.12}$$

上面计算出的 $\text{EAG}_{\text{low}}(L)$和 $\text{EAG}_{\text{high}}(L)$曲线的极值点对应图像灰度值集合中的两个特殊值,由它们可确定过渡区。事实上,过渡区是一个由两个边界圈定的 2-D 区域,其中像素的灰度值是由两个 1-D 灰度空间的边界灰度值所限定的(见图 3.3.3)。这两个边界的灰度值分别是 L_{high} 和 L_{low},它们在灰度值上限定了过渡区的灰度

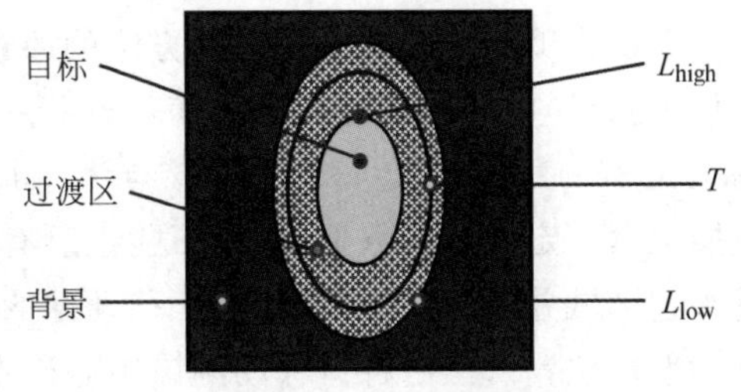

图 3.3.3 过渡区示例

范围。

这两个极值点具有 3 个重要的性质(严格的证明可见[章 2001c]或[Zhang 1991c])。

(1) 对每个过渡区，L_{low} 和 L_{high} 总是存在并且分别只存在一个。

(2) L_{low} 和 L_{high} 所对应的灰度值都具有明显的像素特性区别能力。

(3) 对同一个过渡区，L_{high} 不会比 L_{low} 小，在实际图像中，L_{high} 总是大于 L_{low}。

由于过渡区处于目标和背景之间，而目标和背景之间的边界又在过渡区之中，所以可借助过渡区来帮助选取阈值。首先，因为过渡区所包含像素的灰度值一般在目标和背景区域内部像素的灰度值之间，所以可根据这些像素确定一个阈值以进行分割。例如，可取过渡区内像素的平均灰度值或过渡区内像素的直方图的极值。其次，由于 L_{high} 和 L_{low} 限定了边界线灰度值的上下界，阈值还可直接借助它们来计算[Zhang 1993e]。

前面指出的两个极值点的 3 个重要性质在图像中有不止一个过渡区时也成立。如图 3.3.4 所示，其中图 3.3.4(a)中的剖面有两个阶跃(对应两个过渡区)，反映在梯度曲线上有两个峰。图 3.3.4(b)给出了由此得到的有两组极值点的 $\text{EAG}_{\text{high}}(L)$ 和 $\text{EAG}_{\text{low}}(L)$ 曲线。可以看出，对同一个过渡区，极值点的上面 3 个重要性质仍成立[章 1996c]。所以，上面基于过渡区的方法不仅可用于确定单个阈值对图像进行二值分割，还可以确定多个阈值对图像进行多值分割。另外，由图 3.3.4(b)可见，如果将两个过渡区混淆了，则有可能出现 $L_{\text{high}} < L_{\text{low}}$ 的反常情况。根据前面关于极值点性质的讨论，对同一个过渡区 L_{high} 不会比 L_{low} 小，据此可确定对应同一个过渡区的 L_{high} 和 L_{low}。

彩图

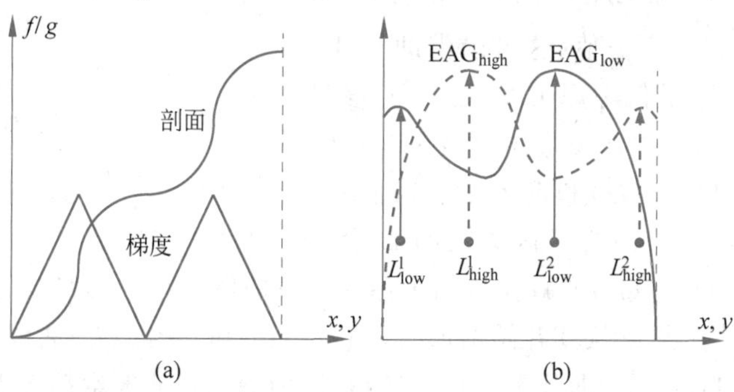

图 3.3.4　多过渡区时的情况

3.3.3　借助均移方法确定聚类

在空间聚类方法中，需要确定聚类的均值或聚类的中心。作为 **K-均值法**的一种替代方法，**均移**方法采用寻找点密度的最频值(峰)的技术，它的一个潜在好处是还可以自动地选择聚类的数目。均移代表偏移的均值矢量，是一种非参数技术，可用于分析复杂的多模特征空间并确定特征聚类。它假设聚类在其中心部分的分布要密，通过迭代计算密度核的均值(对应聚类重心，也是给定窗时的最频值)来达到目的。

下面借助图 3.3.5 介绍均移方法的原理和步骤，其中各图中的圆点表示 2-D 特征空间(实际可更高维)中的特征点。首先随机选择一个初始的感兴趣区域(初始窗)并确定其重心(如图 3.3.5(a)所示)。也可看作以该点为中心画个球(在 2-D 情况下画个圆)。该球或圆的半径应能包含一定数量的数据点，但不能把所有数据点都包进来。接下来，搜索周围点密度更大的感兴趣区域并确定其重心(相当于移动球的中心到一个新的位置，该位置是在这个半径中所有点的平均位置)，然后将窗移动到该重心确定的位置，这里原重心和新重心之间的位移矢量对应的就是均移(如图 3.3.5(b)所示)。重复上面的过程,不断地移动均值(结果就是球体会逐步向具有较大密度的区域靠近),直到收敛(如图 3.3.5(c)所示)。这里最后的重心位置确定了局部密度的极大值,即局部概率密度函数的最频值。

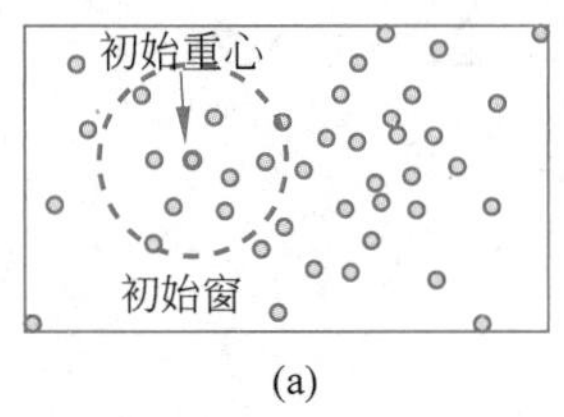

(a)

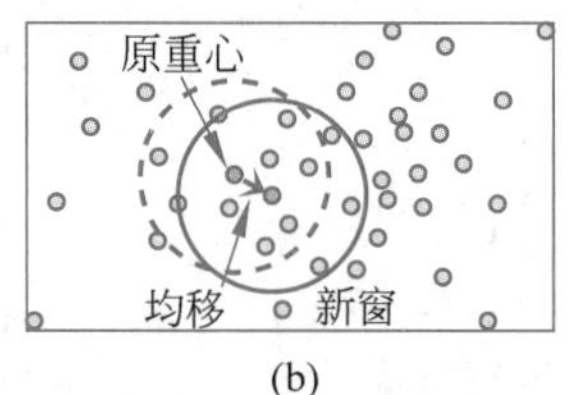

(b)

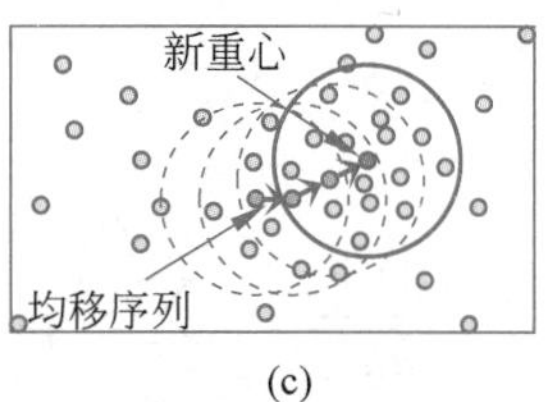

(c)

图 3.3.5　均移方法的原理示意图

在均移方法中,需要确定**多变量密度核估计器**。这里**核函数**的作用是使得特征点随着与均值的距离 $\boldsymbol{x}$ 不同,对均值偏移的贡献也不同。实际中使用的是放射对称的核 $K(\boldsymbol{x})$,它满足

$$K(\boldsymbol{x}) = ck(\|\boldsymbol{x}\|^2) \tag{3.3.13}$$

其中,c 是一个大于 0 的常数,用来使对 $K(\boldsymbol{x})$的求和为 1; k 为剖面核函数。两个典型的核是正态核 $K_{\mathrm{N}}(\boldsymbol{x})$和 Epanechnikov 核 $K_{\mathrm{E}}(\boldsymbol{x})$。正态核定义为(它常被对称性地截断以获得有限支撑的核)

$$K_{\mathrm{N}}(\boldsymbol{x}) = c\exp\left(-\frac{1}{2}\|\boldsymbol{x}\|^2\right) \tag{3.3.14}$$

它的核剖面是

$$k_{\mathrm{N}}(\boldsymbol{x}) = \exp\left(-\frac{1}{2}x^2\right), \quad x \geqslant 0 \tag{3.3.15}$$

Epanechnikov(叶帕涅奇尼科夫)核定义为

$$K_{\mathrm{E}}(\boldsymbol{x}) = \begin{cases} c(1-\|\boldsymbol{x}\|^2), & \|\boldsymbol{x}\| \leqslant 1 \\ 0, & \text{其他} \end{cases} \tag{3.3.16}$$

它的核剖面在边界处不可微分:

$$k_{\mathrm{E}}(\boldsymbol{x}) = \begin{cases} 1-x, & 0 \leqslant x \leqslant 1 \\ 0, & x > 1 \end{cases} \tag{3.3.17}$$

给定 d-D 空间的 n 个数据点 $\boldsymbol{x}_i$,在点 $\boldsymbol{x}$ 算得的多变量密度核估计器为

$$\tilde{f}_{h,k}(\boldsymbol{x}) = \frac{1}{nh^d}\sum_{i=1}^{n} K\left(\frac{\boldsymbol{x}-\boldsymbol{x}_i}{h}\right) \tag{3.3.18}$$

其中,h 表示核尺寸,也称为**核带宽**。

由图 3.3.5 可见,需要确定 $f_{h,k}(\boldsymbol{x})$的梯度为零的点,即确定 $\boldsymbol{x}$ 以使$\nabla f_{h,k}(\boldsymbol{x})=0$。均移方法就是不用估计概率密度函数而确定这些点位置的一种有效方法。这里把要解决的问题由估计密度变成估计密度梯度:

$$\nabla\tilde{f}_{h,k}(\boldsymbol{x}) = \frac{1}{nh^d}\sum_{i=1}^{n} \nabla K\left(\frac{\boldsymbol{x}-\boldsymbol{x}_i}{h}\right) \tag{3.3.19}$$

使用剖面为 $k(x)$的核形式,并设它的导数 $k'(x)=-g(x)$对所有 $x\in[0,\infty]$存在(除去有限个点),则

$$K\left(\frac{\boldsymbol{x}-\boldsymbol{x}_i}{h}\right) = c_k k\left(\left\|\frac{\boldsymbol{x}-\boldsymbol{x}_i}{h}\right\|^2\right) \tag{3.3.20}$$

其中,c_k 是归一化常数。若 $K(\boldsymbol{x})=K_{\mathrm{E}}(\boldsymbol{x})$,则剖面 $g_{\mathrm{E}}(x)$是均匀/各向同性的;若 $K(\boldsymbol{x})=$

$K_{\mathrm{N}}(\boldsymbol{x})$,则剖面 $g_{\mathrm{N}}(x)$ 由与 $K_{\mathrm{N}}(\boldsymbol{x})$ 相同的指数表达所定义。使用 $g(x)$ 作为剖面的核 $G(\boldsymbol{x})=c_g g(\|\boldsymbol{x}\|^2)$,式(3.3.19)变成

$$\nabla \tilde{f}_{h,k}(\boldsymbol{x})=\frac{2c_k}{nh^{(d+2)}}\sum_{i=1}^{n}(\boldsymbol{x}-\boldsymbol{x}_i)k'\left(\left\|\frac{\boldsymbol{x}-\boldsymbol{x}_i}{h}\right\|^2\right)=\frac{2c_k}{nh^{(d+2)}}\sum_{i=1}^{n}(\boldsymbol{x}-\boldsymbol{x}_i)g\left(\left\|\frac{\boldsymbol{x}-\boldsymbol{x}_i}{h}\right\|^2\right)$$

$$=\frac{2c_k}{nh^{(d+2)}}\left(\sum_{i=1}^{n}g_i\right)\left(\frac{\sum_{i=1}^{n}\boldsymbol{x}_i g_i}{\sum_{i=1}^{n}g_i}-\boldsymbol{x}\right) \tag{3.3.21}$$

其中,$\sum_{i=1}^{n}g_i$ 设计为正,$g_i=g(\|(\boldsymbol{x}-\boldsymbol{x}_i)/h\|^2)$。

式(3.3.21)中的第一项正比于用核 G 算得的密度估计:

$$\tilde{f}_{h,G}(\boldsymbol{x})=\frac{c_g}{nh^{(d)}}\sum_{i=1}^{n}g\left(\left\|\frac{\boldsymbol{x}-\boldsymbol{x}_i}{h}\right\|^2\right) \tag{3.3.22}$$

第二项代表均移矢量 $m_{h,G}(\boldsymbol{x})$:

$$m_{h,G}(\boldsymbol{x})=\frac{\sum_{i=1}^{n}\boldsymbol{x}_i g(\|(\boldsymbol{x}-\boldsymbol{x}_i)/h\|^2)}{\sum_{i=1}^{n}g(\|(\boldsymbol{x}-\boldsymbol{x}_i)/h\|^2)}-\boldsymbol{x} \tag{3.3.23}$$

对核 G 依次确定的位置 $\{\boldsymbol{y}_j\}_{j=1,2,\dots}$ 为

$$\boldsymbol{y}_{j+1}=\frac{\sum_{i=1}^{n}\boldsymbol{x}_i g(\|(\boldsymbol{y}_j-\boldsymbol{x}_i)/h\|^2)}{\sum_{i=1}^{n}g(\|(\boldsymbol{y}_j-\boldsymbol{x}_i)/h\|^2)}-\boldsymbol{x} \tag{3.3.24}$$

其中,$\boldsymbol{y}_1$ 是核 G 的初始位置。

用核 K 计算得到的密度估计序列为

$$\tilde{f}_{h,K}(j)=\tilde{f}_{h,K}(\boldsymbol{y}_j) \tag{3.3.25}$$

如果核 K 具有凸的和单减的剖面,则序列 $\{\boldsymbol{y}_j\}_{j=1,2,\dots}$ 和 $\{\tilde{f}_{h,K}(j)\}_{j=1,2,\dots}$ 都收敛,其中 $\{\tilde{f}_{h,K}(j)\}_{j=1,2,\dots}$ 是单增的,收敛速度依赖于所用的核。在离散数据上使用 Epanechnikov 核,在有限步迭代后就可以收敛。当考虑对数据加权时(如使用正态核),均移过程无穷收敛。此时可用步长变化的下限值来停止计算。

均移方法的优缺点都与它对数据的全局表达有关。最主要的优点就是它的通用性。由于对噪声鲁棒,所以可用于各种实际场合。它可以处理任何聚类的形状和特征空间。它仅有的一个选择参数(核尺寸 h)具有物理上可理解的意义。不过对 h 的选择也是对它应用的一个限制,因为确定一个合适的 h 并不是一件简单的事情。过大会导致最频值被聚合起来,而过小又会引入不重要的最频值并人为使得聚类被分裂。

3.4 分水岭分割算法

分水岭(也称分水线/**水线**)分割算法借助**地形学**概念进行图像分割,近年来得到了广泛使用。该算法的实现可借助一些数学形态学的方法(参见第 14 章和第 15 章)。该算法的计算过

程是串行的，虽然直接得到的是目标的边界，但在计算过程中利用的是区域一致性。

3.4.1　基本原理和步骤

下面先介绍分水岭的概念，再给出对分水岭的计算方法。

1. 分水岭

分水岭是一个地形学的概念。图像也可看成 3-D 地形的表达，即 2-D 的地基（对应图像坐标空间 xy）加上第三维的高度（对应图像灰度 f）。

参见图 3.4.1，设想有一个简单的圆形目标，其灰度从边缘向中间逐步增加，如把图像看成 3-D 地形，则该目标类似一座山峰（圆锥体），如图 3.4.1(a)所示。如果从上向下成像，则得到一幅有圆形目标的图像，如图 3.4.1(b)所示。现在考虑有两个圆形的目标，对应两个圆锥体，它们相距很近且有部分重叠，如图 3.4.1(c)所示。如果对这两个圆锥体从上向下成像，则得到一幅有两个重叠圆形目标的图像，如图 3.4.1(d)所示。假设有水同时从两个山峰上流下来，则水交汇的地方为一条直线，该直线可称为分水岭。在分水岭位置将两个重叠圆形目标分开应可给出一种最优的目标分割结果。

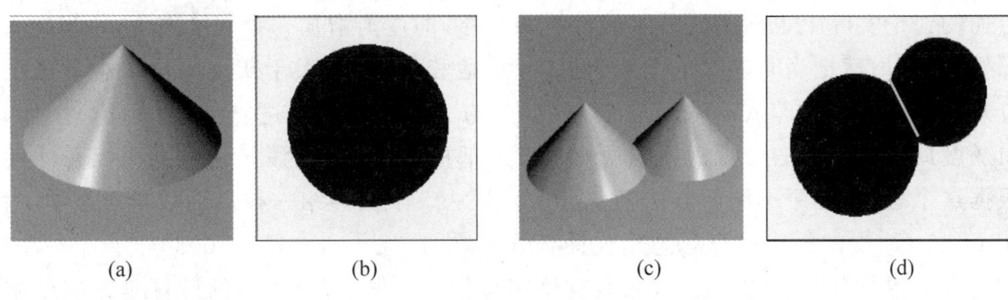

图 3.4.1　将图像看成地形图用分水岭进行分割

上面借助降水法（水从高下降）引出了分水岭的概念。实际中建立不同目标之间分水岭的过程常借助涨水法（水从低上涨）来讨论。参见图 3.4.2（可看作灰度图像的一个剖面），这里为了简便，仅画出了各个目标的 2-D 剖面。假设有水从各谷底孔涌出并且水位逐渐增高。如果从两个相邻谷底涌出的水的水位高过其间的山峰，这些水就会汇合。如要阻止这些水汇合，就需在该山峰上修筑水坝，且水坝的高度要随水位的上升而增高。这个过程随着全部山峰都被水浸没而结束。在这个过程中修筑的各个水坝将整片土地分割成很多区域，这些水坝就构成了这片土地的分水岭。

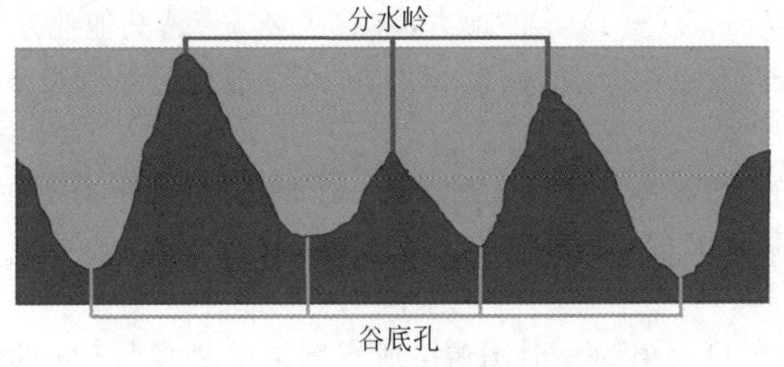

图 3.4.2　涨水法分水岭示意

由上可见，如果能确定出分水岭的位置，则可将图像用一组各自封闭的曲线分割成不同的区域。分水岭图像分割算法就是通过确定分水岭的位置而进行图像分割的。一般考虑到各区域内部像素的灰度比较接近，而相邻区域像素之间的灰度差距比较大，所以可先计算一幅图像的梯度图，再寻找梯度图的分水岭。在梯度图中，小梯度值像素对应区域的内部，大梯度值像素对应区域的边界。分水岭算法要寻找大梯度值像素的位置,也就是寻找分割边界的位置。

例 3.4.1 用分水岭算法分割接触目标

图 3.4.3 给出了使用分水岭算法对相接触的圆形目标进行分割的示例。图 3.4.3(a)是原始图像,图 3.4.3(b)是用分水岭算法分割的结果。需要指出的是,由于目标有可能具有不同的尺寸,所以如果仅使用形态学方法(见第 14 章)中的膨胀和腐蚀并不能很好地将所有目标分割开,而分水岭算法则对不同尺寸的目标均适用。

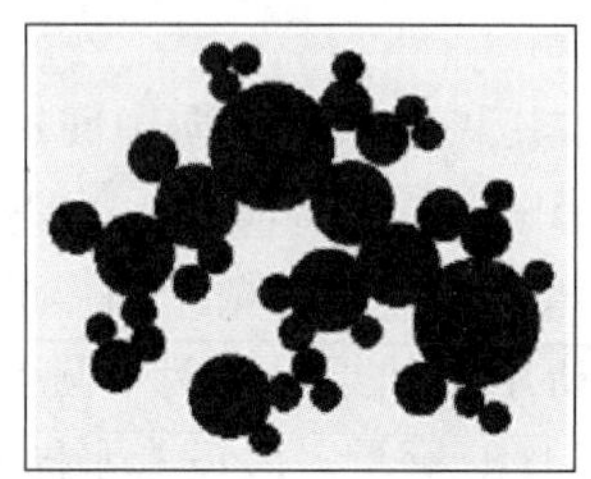
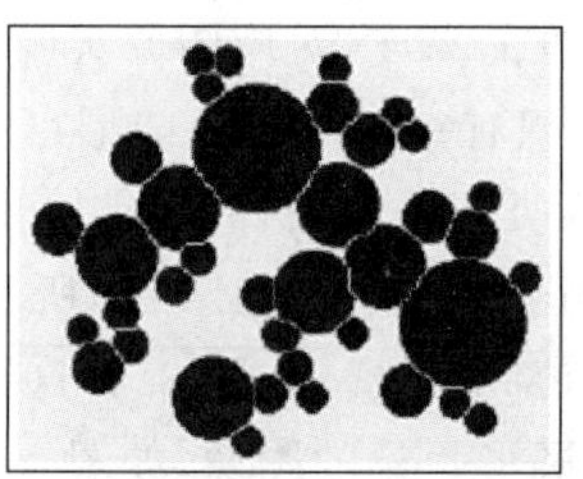

图 3.4.3 对不同尺寸的接触圆目标的分割 □

2. 分水岭计算步骤

上面的讨论实际上也指出了分水岭计算的思路,即逐渐增加一个灰度阈值,每当它大于一个局部极大值时,就把当时的二值图像(只区分陆地和水域,即大于灰度阈值和小于灰度阈值两部分)与前一个时刻(即灰度阈值取上一个值)的二值图像进行逻辑异或(XOR)操作,从而确定出灰度局部极大值的位置。根据所有灰度局部极大值的位置集合就可以确定分水岭。

根据这个思路,可用不同的方法实现分水岭算法。下面介绍一种借助**数学形态学**(参见第 14 章和第 15 章)中的膨胀运算思想迭代计算分水岭的方法[Gonzalez 2008]。

设给定一幅待分割图像 $f(x,y)$,其梯度图像为 $g(x,y)$,分水岭的计算是在梯度空间进行的。用 $M_1, M_2, \cdots, M_R$ 表示 $g(x,y)$ 中各局部极小值的像素位置,$C(M_i)$为与 M_i 对应的(分水岭所围绕的)区域中的像素坐标集合。用 n 表示当前的梯度阈值,$T[n]$代表记为(u,v)的像素集合,$g(u,v)<n$,即

$$T[n]=\{(u,v) \mid g(u,v)<n\} \tag{3.4.1}$$

梯度阈值从图像梯度范围的最低值以整数步长增加。在梯度阈值为 n 时,算法统计处于平面 $g(x,y)=n$ 以下的像素集合 $T[n]$。对 M_i 所在的区域,其中满足条件的坐标集合 $C_n(M_i)$可看作一幅二值图像:

$$C_n(M_i)=C(M_i) \cap T[n] \tag{3.4.2}$$

即在$(x,y)\in C(M_i)$且$(x,y)\in T[n]$的地方,有 $C_n(M_i)=1$,其他地方 $C_n(M_i)=0$。也可这样说,对处于平面 $g(x,y)=n$ 以下的像素,用"与"操作可将与最低点 M_i 对应的那些像素提取出来。

图 3.4.4 用 1-D 的形式(可看作梯度图像的一个剖面)给出了对上面讨论的各个概念的一个直观解释,$C_n(M_i)$可由 $C(M_i)$和 $T[n]$求交集得到,$C_n(M_{i+1})$可由 $C(M_{i+1})$和 $T[n]$求交集得到。

若用 $C[n]$代表在梯度阈值为 n 时图像中所有满足梯度值小于 n 的像素集合:

$$C[n]=\bigcup_{i=1}^{R} C_n(M_i) \tag{3.4.3}$$

则 $C[\max+1]$将是所有区域的并集(max 是图像灰度范围的最高值):

$$C[\max+1]=\bigcup_{i=1}^{R} C_{\max+1}(M_i) \tag{3.4.4}$$

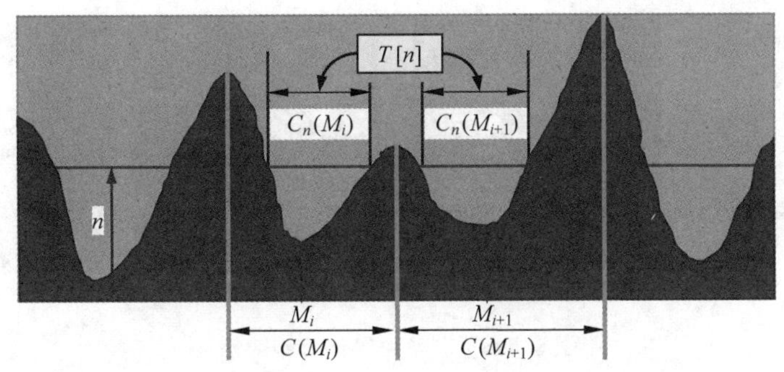

图 3.4.4 计算 $C_n(M_i)$的示意图

可以证明，集合 $C_n(M_i)$和 $T[n]$中的所有元素在分割算法进行中，即在将 n 逐渐增加期间始终保持在原集合中。随着 n 的增加，这两个集合中的元素个数是单增不减的。所以 $C[n-1]$是 $C[n]$的子集。根据式(3.4.2)和式(3.4.3)，$C[n]$是 $T[n]$的子集，所以 $C[n-1]$又是 $T[n]$的子集。由此可知，每个 $C[n-1]$中的连通组元都包含在一个 $T[n]$的连通组元中。

分水岭算法先初始化 $C[\min+1]=T[\min+1]$，然后算法逐步迭代进行。设在步骤 n 时已建立了 $C[n-1]$，下面考虑从 $C[n-1]$得到 $C[n]$的计算过程。令 S 代表 $T[n]$中的连通组元集合，对每个连通组元 $s\in S[n]$，有如下 3 种可能情况(参见图 3.4.5)：

(1) $s\cap C[n-1]$是一个空集(见图 3.4.5(a))；

(2) $s\cap C[n-1]$中包含 $C[n-1]$中的一个连通组元(见图 3.4.5(b))；

(3) $s\cap C[n-1]$中包含 $C[n-1]$中一个以上的连通组元(见图 3.4.5(c))。

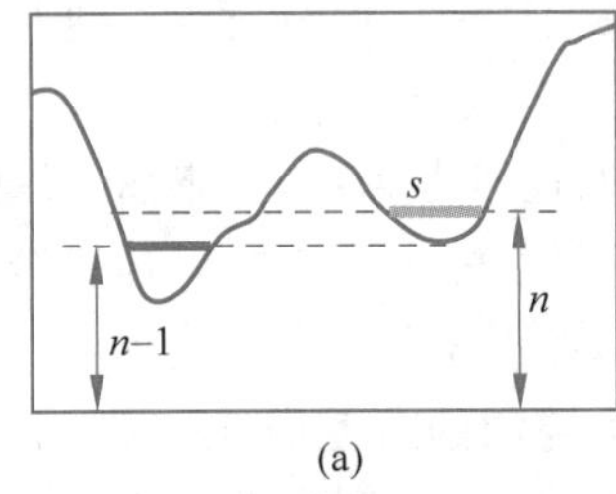

(a)

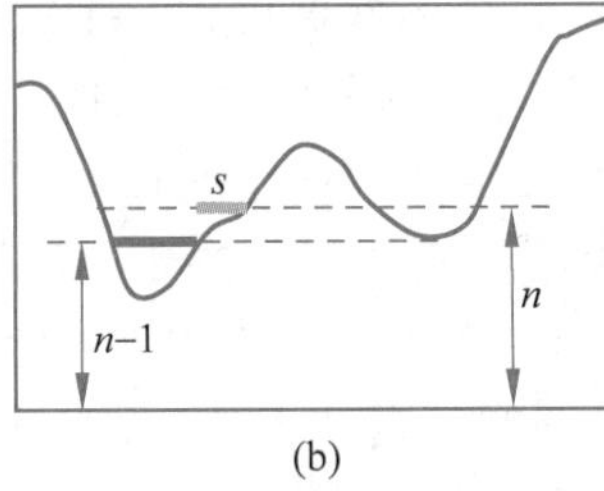

(b)

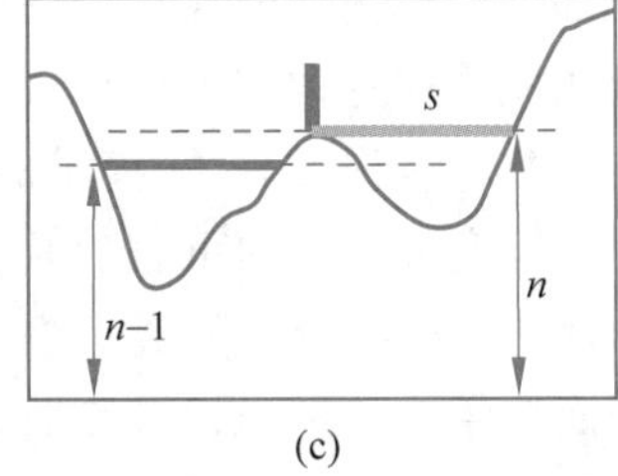

(c)

图 3.4.5 计算 $C_n(M_i)$的示意图

从 $C[n-1]$得到 $C[n]$的计算过程取决于出现上面 3 种情况中的哪一种。情况(1)在遇到一个新的极小值时出现，在这种情况下，$C[n]$可由把连通组元 s 加到 $C[n-1]$中得到。情况(2)在 s 属于某些极小值的区域时出现，在这种情况下，$C[n]$也可由把连通组元 s 加到 $C[n-1]$中得到。情况(3)在遇到部分或整个能区分两个或以上区域的分界线时出现。如果 n 继续增加，那么不同的区域将会连通，这时就需要在 s 中建分水岭。实际中，通过用全是 1 的 3×3 结构元素(参见 14.3.1 小节的讨论)对 $s\cap C[n-1]$进行膨胀(限定在 s 中)就可获得宽度为 1 的边界。

例 3.4.2 分水岭算法分割实例

图 3.4.6 给出了一组对实际沙粒图像用分水岭算法分割的结果。图 3.4.6(a)是原始图像，图 3.4.6(b)是阈值化后的结果(相邻沙粒混在一起)，图 3.4.6(c)是应用分水岭算法分割的结果，图 3.4.6(d)是将图 3.4.6(c)得到的轮廓线叠加到原始图像上的效果。

3.4.2 算法改进和扩展

上面介绍的基本分水岭算法已得到广泛应用，在实用中，还有一些改进和推广。

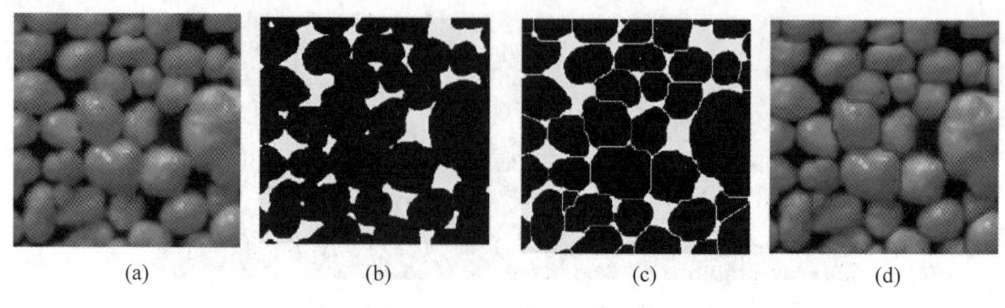

图 3.4.6　分水岭算法分割实例 □

1. 利用标号控制分割

分水岭分割算法的主要优点是对图像灰度的变化很敏感(逐级检测),既可以检测出感兴趣区域的轮廓,又可检测出均匀区域中的低对比度变化。在实际中,由于受到图像中噪声和其他局部不规则结构的影响(在梯度图中这些问题更明显),直接使用前述的算法步骤常常会导致**过分割**,即将图像分割得过细。直观地说,由于梯度噪声、量化误差及目标内部细密纹理的影响,在平坦区域内部可能会产生许多局部的"谷底"和"山峰",经分水岭变换后形成小的区域,很容易导致过分割,使希望得到的正确轮廓被大量不相关的轮廓所淹没。

为解决上述过分割的问题,一般可在分水岭分割算法前先加一个预处理步骤(如可借助先验知识),限定允许的分割区域的数目。

有一种常用的控制过分割的方法是利用**标号**。一个标号本身是图像中的一个连通组元,可以区分内部标号和外部标号,前者对应目标,后者对应背景。相同内部标号的像素应有相近灰度并组成一个连通的局部极小值区域。运用分水岭算法,将得到的分水岭作为外部标号。这些外部标号将图像分成多个区域,每个区域仅包含一个内部标号和一部分背景。这样分割问题简化成将这些区域一分为二的问题:一个目标和它的背景。

选择标号有许多方法,简单的仅考虑灰度和连通性,复杂的还可考虑尺寸、形状、纹理、相互位置和距离等。具体可根据应用的先验知识来决定。利用标号可将先验知识加入分割过程,从这个角度说,分水岭算法提供了一个借用先验知识帮助分割的框架。

下面介绍一种利用标号克服过分割的具体方法,称为**标号控制的分割**[Jähne 2000]。该技术的基本思路是除了对输入图像中的轮廓进行增强以获得分割函数图像(前面求梯度图就是一种特例)外,还用**强制最小值**技术先对输入图像进行滤波处理。具体就是借助特征检测确定一个标号函数,这个标号函数标示出目标和对应的背景(也可看作标号图像)。将这些标号强制加到分割函数中作为极小值,然后计算分水岭得到分割结果。整个流程可参见图 3.4.7,其中细线框代表与外界交互的模块。

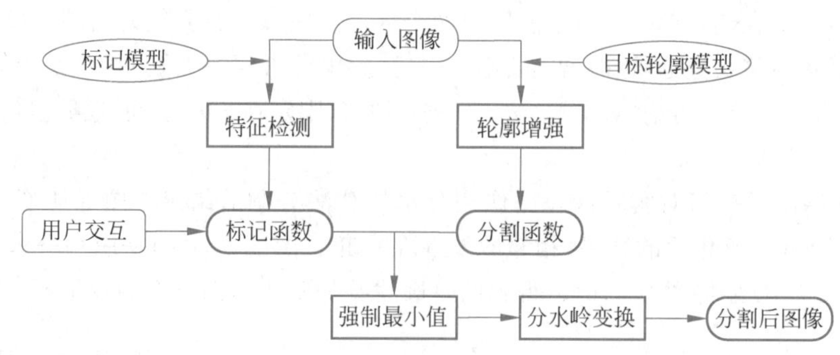

图 3.4.7　标号控制分割方法的流程框图

这里目标的标号可用特征检测的方法从图像中提取出来。对合适特征的选取与先验知识或对图像目标性质的假设有关，常用的包括图像极值、平坦区域等，必要时也可手工确定标号。对每个目标区域都要确定一个标号，因为标号和最终的分割区域是一对一的。标号区域的尺寸可大可小(最小一个像素)，如果处理噪声较大的图像，标号区域也要较大。目标标号确定后，与分割函数图像结合使用。最后通过计算滤波后的分割函数图像的分水岭而得到目标的边界。

前面提到的强制最小值技术是一种基于测绘算子的方法。**测绘算子**也是一类形态学算子(更多介绍见第14章和第15章)，其主要特点是需使用两幅输入图像。先将一个形态学算子(基本的膨胀和腐蚀算子)作用于第一幅图像，再要求结果保持大于或等于第二幅图像。

在使用强制最小值技术时，认为与图像特征对应的标号已知。对每个像素(x,y)，其标号图像$f_L(x,y)$可定义为

$$f_L(x,y)=\begin{cases}0, & (x,y)\text{ 属于标号图像}\\ 255, & \text{其他}\end{cases} \tag{3.4.5}$$

强制最小值的计算分两个步骤进行：

(1) 首先逐点计算输入图像$f(x,y)$和标号图像$f_L(x,y)$的最小值：$f_{\min}(x,y)=\min\{f(x,y),f_L(x,y)\}=f\wedge f_L$。这里$\wedge$表示取最小值的操作，并在对应标号的地方保留最小值，这样得到的图像将总是小于或等于标号图像。如果需要强制的两个最小值都已经属于$f(x,y)$在0级时的一个最小值，这时就需要考虑$f_{\min}(x,y)+1=\min\{f(x+1,y+1),f_L(x,y)\}+1=(f+1)\wedge f_L$而不是$f\wedge f_L$。

(2) 从标号图像$f_L(x,y)$出发腐蚀$f_{\min}(x,y)$，直到稳定(类似15.4节中图像聚类快速分割时用到的最终腐蚀)，可以表示为

$$R^*_{[(f+1)\wedge f_L]}(f_L) \tag{3.4.6}$$

图3.4.8给出了对一个1-D信号计算强制最小值的示例。图3.4.8(a)中的信号$f(x)$有7个极小值，而标号信号$f_m(x)$有两个极小值，这两个极小值借助腐蚀加到$f(x)$上。图3.4.8(b)给出了逐点计算$f(x)$和$f_L(x)$的最小值得到的结果。图3.4.8(c)给出了从标号图像$f_L(x)$出发腐蚀$(f+1)\wedge f_L$直到稳定的结果。

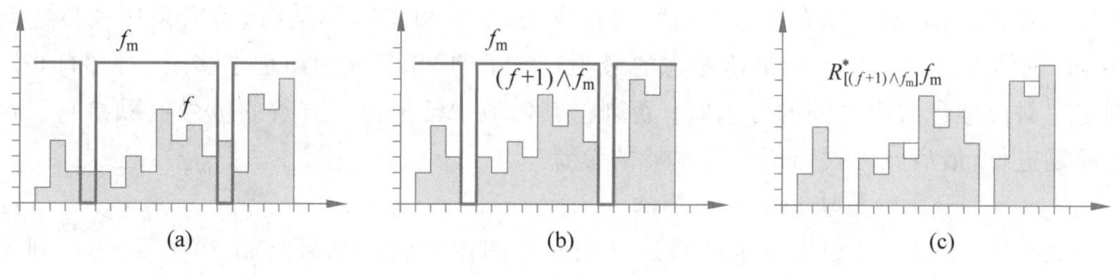

图3.4.8 强制最小值技术示例

例3.4.3 使用标号控制分割

图3.4.9给出了一个使用标号控制分割技术的示例。生物细胞在图像上呈现为块状区域，且常接触或互相重叠。为将这样的区域区分开，可使用标号控制的分割技术。图3.4.9(a)表示部分重叠的两个区域。图3.4.9(b)表示经过距离变换的结果(即1.4节中的**距离图**)，因为它的局部极小值和需要分开的区域有一对一的关系，所以可用作标号函数(这里取围绕局部极小值的小区域为标号)。从图3.4.9(b)中检测出的分水岭可将两个部分覆盖的区域分割开来，结果见图3.4.9(c)。

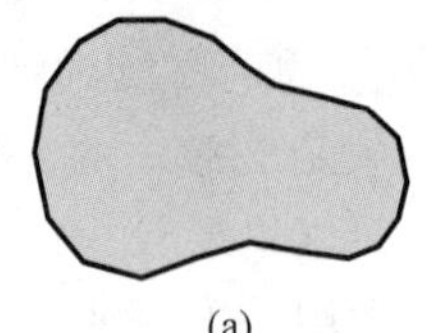
(a)

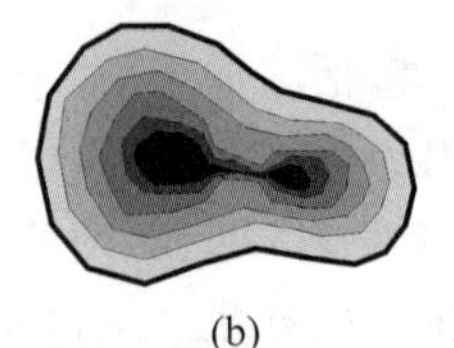
(b)

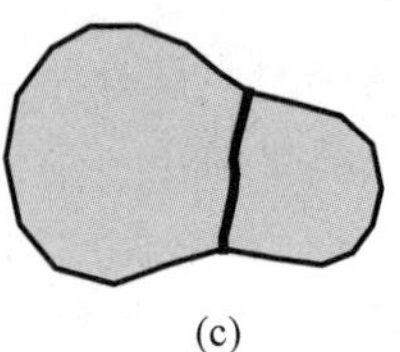
(c)

图 3.4.9　分割互相重叠的块状区域 □

2. 分水岭算法的扩展

分水岭算法不仅可以在图像域(灰度图和梯度图)中使用,还可以在特征域中使用。下面介绍一种在 3-D 颜色直方图中用分水岭算法找出颜色聚类从而进行**彩色图像分割**的方法。其主要步骤为[Dai 2003]：

(1) 选择合适的颜色空间(这里选了 $L^*a^*b^*$,主要考虑颜色空间中各颜色之间的相对欧氏距离应与人的视觉特性有尽可能接近正比的关系,参见上册 14.2.2 小节),做出待分割图像的 3-D 颜色直方图。实际中为减少计算量,可将颜色空间量化以减少 3-D 颜色直方图中直方条的数量。

(2) 将 3-D 颜色直方图进行反转变换,使其中极小值的位置对应颜色空间中像素个数最多的颜色。对自然图像来说,同一个区域内部的颜色通常比较接近,反映在直方图上会形成山峰形状。当将直方图反转过来后,区域内部的颜色将对应局部极小值。

(3) 在不同的颜色聚类之间建立分水岭,将颜色直方图分割开来,获得颜色聚类。分水岭算法所确定的分水岭位置是直方图中对应图像中不同颜色区域的边界位置,在这些位置能将各个对应不同颜色区域的颜色聚类区分开。

(4) 将聚类结果映射回图像域中,得到图像分割后的各个区域。如果在直方图中找到了颜色聚类的边界,那么在原始图像中也就找到了不同颜色区域的轮廓。

(5) 对上面的结果进行后处理,最终得到分割图像。对颜色丰富的自然图像,常会出现过分割的情况,有些颜色区域非常小,不对应有意义的目标。此时可先确定一个面积阈值将这些过小区域除去。对属于这些小区域的像素可利用诸如最高置信度优先算法等将它们分配到其他区域中。

上述第(3)步中建立分水岭的方法是一种迭代的方法。先将反转直方图中的极小值点依次计算标号,然后取出尚没有标号的最小的直方条,对它根据其邻域(这里需采用 3-D 空间的 26-邻域)的情况计算标号。如果所考虑的最小直方条的 26-邻域中出现了多于一种的标号,则可判定它对应颜色聚类之间的分水岭;否则将其邻域中已标记直方条的标号值赋给它。这个过程反复进行,最后就可找出所有分水岭的位置。

例 3.4.4　分水岭算法分割彩色图像

图 3.4.10 给出了几组用分水岭算法分割彩色图像得到的结果[Dai 2006]。第 1 列是一组原始图像,第 2 列是后处理前的结果,第 3 列是后处理后的结果。 □

3. 分水岭方法与深度学习技术

深度学习技术与分水岭方法也有许多交集。例如,[张 2022a]在根据高分遥感影像对地震灾区倒损建筑进行的研究中,比较了基于分水岭分割和基于 U-Net 分割的效果。基于分水岭分割中,先去除阴影,再采取分水岭算法对建筑物分割分类,对建筑物倒损程度进行评估。基于 U-Net 分割中,先对数据集进行训练,得到建筑物分割结果,再对地震前后分割结果做变化检测,进行建筑物倒损程度评估。实验结果：对建筑物提取精度的评价如表 3.4.1 所示；对建筑物倒损识别精度的评价如表 3.4.2 所示。该对比表明 U-Net 分割的效果更优(Kappa 系数是一种衡量分类精度的指标,其值越大说明精度越高,可用于一致性检验)。

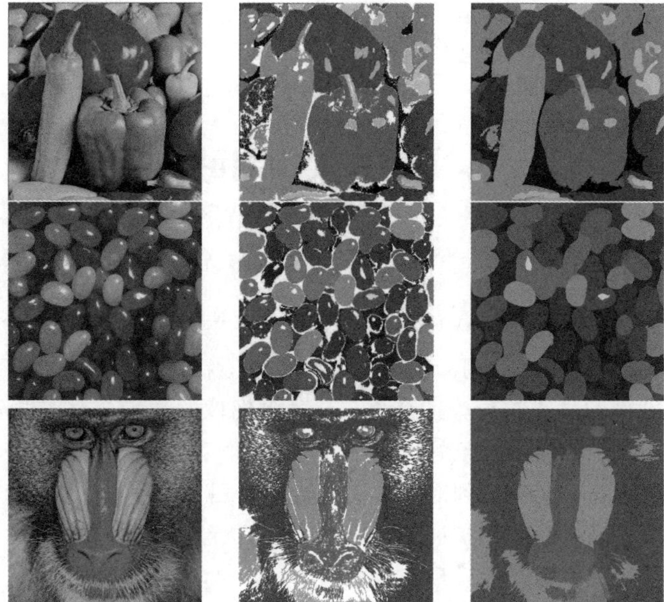

彩图

图 3.4.10　分水岭算法分割彩色图像的结果

表 3.4.1　建筑物提取精度的评价表

精度评价方法	分水岭分割	U-Net 分割
总体精度	0.690	0.803
用户精度	0.732	0.782
Kappa 系数	0.715	0.837

表 3.4.2　建筑物倒损识别精度的评价表

精度评价方法	分水岭分割	U-Net 分割
总体精度	0.719	0.823
用户精度	0.694	0.841
Kappa 系数	0.734	0.845

深度学习技术与分水岭方法也可以结合。例如,[朱 2022]提出了一种基于深度卷积网络和分水岭分割的方法用于分割耕地的地块。实际中,基于深度卷积模型直接识别耕地区域时会丢失内部边界,而基于边缘检测模型识别耕地边界时则会同时得到大量无关边界；此外,基于阈值提取地块的策略所提取的地块不够规整,存在内陷的问题。结合深度网络和分水岭进行的改进如下。

(1) 将耕地边界视作一种地物类别,在深度卷积网络中进行类别概率检测,帮助实现对耕地边界的语义识别。

(2) 基于改进后的 D-LinknetXt 网络进行检测,其网络架构适合对耕地边界这类线性目标的提取,同时更换原始 D-Linknet 网络的残差单元,有助于网络的特征提取能力。

(3) 基于分水岭分割对耕地地块进行提取,利用了区域分割方法获取封闭的边界。这种以区域为单元进行分割及合并的方式,解决了原有方法在像元尺度上基于阈值提取所遇到的提取地块存在内陷的问题,使地块更加规整准确。

总结和复习　　　随堂测试

第4章

分割技术扩展

第 2 章和第 3 章在介绍图像分割技术时，主要讨论的是对基本的 2-D 灰度图像的分割。近年来，更多种类的图像得到了应用。要分割这些图像，除了研究专门的分割技术外，还可以将原来仅适合特定图像的技术扩展为适合更广泛类型图像的技术。对图像分割技术的扩展可从多个方向考虑，本章将讨论其中的 6 个。

(1) 将对逐个像素的分割扩展到对像素集合甚至对目标的直接分割(检测和提取)。

(2) 将对特定形状目标的分割扩展到任意形状的目标。

(3) 将分割的精度从像素级提升到亚像素级。

(4) 将 2-D 图像的分割技术扩展到 3-D 图像。

(5) 将灰度图像的分割技术扩展到彩色图像。

(6) 将基础通用的分割技术扩展到复杂特殊的医学图像。

根据上述讨论，本章各节将安排如下。

4.1 节考虑将图像分割的基本单元从像素扩展到不同尺寸和含义的像素集合的方法，特别讨论了基于超像素、图像片和部件的分割，还以椭圆为例对目标区域的检测进行了分析。

4.2 节介绍哈夫变换的基本原理和计算步骤以及借助极坐标方程的改进方法。在此基础上，分析广义哈夫变换的基本思想，并结合数字示例介绍在已知曲线或目标轮廓的形状、朝向和尺度的情况下检测位置信息的具体计算方法。最后讨论将轮廓放缩、旋转等均加以考虑的完整广义哈夫变换。

4.3 节讨论从实际应用中提炼出来的亚像素边缘检测问题。首先分别介绍基于矩保持的和一阶微分期望值的利用边缘法向信息的两种亚像素边缘检测方法，然后介绍一种利用切线方向信息把像素级边缘细化到亚像素级边缘的方法。

4.4 节讨论如何将一般的 2-D 分割算法推广到 3-D。虽然仅以边缘检测和阈值化作为示例，但其基本思路和技术很容易推广到其他类型的分割算法。

4.5 节讨论如何从分割灰度图像扩展到分割彩色图像。先考虑了彩色图像中对区域的更多定义方法以及分析了相应的分割思路，还介绍了一种简单有效的彩色图像分割策略。

4.6 节介绍面向医学图像的分割。医学图像中对象各异、结构复杂，干扰因素多样，所以需要有针对性的技术方法。

4.1 从像素单元到目标单元

图像是由像素组成的，如果对每个像素进行逐一判断以将其划分为目标或背景，则可以实现对整幅图像的分割。这里每次操作的基本单元是像素。在很多实际情况下，可以或需要采用较大的基本操作单元，并考虑像素周围邻域点的信息，以提高工作效率和增强分割的鲁棒性。例如，可以考虑对若干像素的集合体(相关的纹理分割见第 10 章)进行操作以加快速度(虽然这样分割的精度可能有所降低)。又如，如果对要分割的目标已有较多的刻画知识，则可以直接对目标进行整体检测(相当于每次操作的基本单元是目标区域)。最后,如果已知目标的结构,且对其组成部分有较好的描述,那么可考虑先对目标的组件进行检测,再将结果按目标结构组合起来得到对目标的最终分割。

4.1.1　像素和目标之间的单元

在单个像素和整个目标区域两种表达之间还有多种中间表达。下面讨论其中几个。

1. 超像素

超像素是一个比较宽泛的概念,一般指包含一定数量像素的连通集合。从图像分割的角度看,超像素对应图像中具有某种属性一致性的局部子区域,也有人认为该类子区域保持了一定的图像局部结构特征,甚至具有一定的语义含义。

超像素分割指将图像分割为超像素的集合。图 4.1.1(a)和图 4.1.1(b)分别给出了一幅图像和对其进行超像素分割而得到的结果[Achanta 2012]。分割结果在较粗尺度上保留了图像结构信息和图像局部特征。

(a)

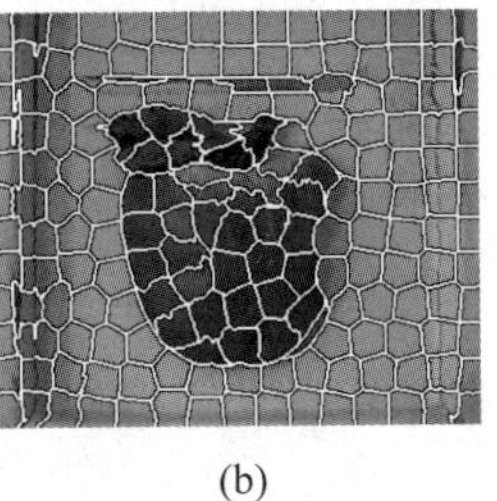
(b)

图 4.1.1　一幅图像和对它进行超像素分割的结果

相比于一般的像素级分割,超像素分割具有如下特点。

(1) 超像素本身与像素是不同的。一个超像素常包含了多个像素,所以分割得到的超像素自身可能有一定的语义含义,高于像素的语义层次,但主要还是局部的。

(2) 超像素本身与目标也是不同的。一个目标常包含多个超像素,所以分割得到的超像素自身语义层次比较低,低于目标的语义层次。

(3) 超像素分割并不需对图像进行像素级分割。因为超像素数量要小于像素数量,所以所需计算量会比较小,适合快速分割,但同时分割的精确度也可能较差。

(4) 超像素分割并没有直接将目标与图像中的背景分离出来,要提取目标,还需要一些后处理步骤。实用中,使用超像素分割的目的常常并不是直接提取目标,而多是为后续操作打基础。采用超像素分割常常能够大幅度降低后续操作的单元数量和计算复杂度。

2. 图像片

图像片(常简称片)也是一个比较宽泛的概念,一般也指包含一定数量像素的连通集合。

图像片可以按一定规律将图像分解得到,一般比较规则(为简单几何形状),此时也常常称为图像块。例如 2.4.4 小节中将图像划分成一系列子图像,每个子图像就是一个图像块。图像片也可以不太规则,此时与超像素比较接近。

在图像的处理和分析中,将一般传统的像素点用局部图像片来替代,不仅利用了像素灰度信息,还考虑了局部空间信息,所以可以增加信息量(属性由标量增加为矢量),有利于提高鲁棒性。另外,借助图像片也便于提取局部特征信息,可改善操作的针对性。

3. 部件

部件是相对于整体来说的。无论是自然形成还是人工制造的景物都可看作由一组元件按照一定的结构所组成。当目标结构清晰时，可构建目标的部件模型（描述相互关联的元件）。通过对目标各部件分别进行检测，有可能最终获得对整体目标的分割提取。下面列举几个常见的典型示例。

（1）车牌识别：将各个字符作为部件进行检测、匹配、识别。对双层车牌，需要对上下层字符串分别构建部件模型并可借助它们之间的几何约束进行识别。

（2）人脸检测：可将人脸分解为额头、左眼、右眼、鼻子及嘴巴等面部器官区域，通过对这些分离部件的检测来确定人脸。

（3）人体姿态判断：人体由头、躯干、四肢等组成，所以可将人体分为头部、躯干、左右上臂、左右前臂、左右大腿和左右小腿共10个相互关联的部件。在将部件检测出来的基础上，利用图模型表达整个人体，并利用图推理的方法对人体姿态进行优化。

部件的检测也可借助超像素分割来进行。例如，为了在复杂场景的图像中实现景物部件的检测，可先采用多尺度的超像素分割，再将同一尺度下相邻的超像素进行组合就有可能获得构成景物的部件[Levinshtein 2009]。

4.1.2　椭圆目标检测

对目标的直接检测提取常常需要利用目标的各种特性和对目标的先验知识。其中，目标的几何特性是用得比较普遍的。这里先考虑对椭圆形目标的几种检测方法，下一节再介绍更一般的方法。

1. 直径二分法

直径二分法是一种概念上很简单的确定各种尺寸椭圆中心的方法。首先，对图像中的所有边缘点根据其边缘方向建立一个列表。然后，排列这些点以获得反方向平行的点对，它们有可能处在椭圆直径的两边。最后，对这些椭圆直径线的中点位置在参数空间里进行投票，峰值位置对应的图像空间点就是椭圆中心的候选位置。参见图4.1.2，两个边缘方向反向平行的边缘点的中点应是椭圆中心的候选点。不过，当图像中有若干相同朝向的椭圆时，利用直径二分法有可能在它们之间的中点还发现中心点。要消除掉这些虚假中心点，需要只允许在边缘点向内的位置对中心进行投票。

上述基本方法对定位很多对称的形状（如圆、正方形、矩形等）都有用，所以可用于检测多种目标。另外，当一幅图像中有多种形状的目标时，如只需检测其中一种，则会有许多虚警，且会浪费很多计算量。如果为了仅仅检测出椭圆，那么可以考虑椭圆的另一个特性，即椭圆的两个垂直的半长轴 CP 和 CQ（参见图4.1.2）满足下式：

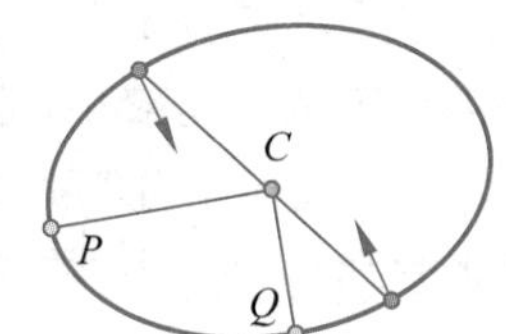

图4.1.2　直径二分法的基本思路

$$\frac{1}{(CP)^2}+\frac{1}{(CQ)^2}=\frac{1}{R^2}=\text{常数} \tag{4.1.1}$$

此时，可利用对参数空间中同一个峰有贡献的边缘点集合构建一个有多个直方条的直方图。如果在直方图中能找到一个明显的峰，则在图像中的特定位置很有可能存在一个椭圆。如果发现了两个或多个峰，那么可能是有对应数量的椭圆重叠。但如果没有发现峰，那么图像中只有其他对称形状的目标。

最后，用直径二分法搜索具有正确朝向的边缘点列表需要大量的计算。为加快处理过程，可使用下面的方法。

（1）将边缘点加到一个表中，然后可用朝向来访问。

（2）通过将恰当的朝向加进表中来寻找正确的边缘点。

如果有个 N 边缘点，则该加速方法可使计算时间复杂度从原来的 $O(N^2)$ 减到 $O(N)$。

2. 弦-切线法

弦-切线法也是一种确定各种尺寸椭圆中心的方法。参见图 4.1.3，在图像中检测成对的边缘点 P_1 和 P_2，过这两个点的切线相交于 T 点，而这两个点的连线的中点是 B 点，椭圆中心 C 点和 T 点在 B 点的两边。通过计算直线 TB 的方程，并且像哈夫变换(参见 4.2 节)那样，将直线上 BD 区间的点在参数空间中累加，最后用峰值检测就可确定 C 点的坐标。

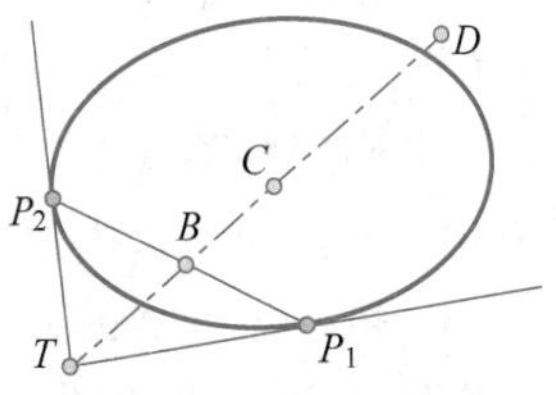

图 4.1.3 弦-切线法示意图

因为在参数空间里有很多点需要累加，所以计算量可能很大。减少计算量可从 3 方面考虑。

(1) 估计椭圆的尺寸和朝向，从而限制线段 BD 的长度。

(2) 如果两个边缘点过于接近或过于疏远，就不把它们组成对。

(3) 一旦一个边缘点已被确认为属于一个特定的椭圆，就不让它参与其后的计算。

3. 椭圆的其他参数

考虑椭圆方程：

$$Ax^2 + 2Hxy + By^2 + 2Gx + 2Fy + C = 0 \tag{4.1.2}$$

要将椭圆与双曲线区分开，需要满足 $AB > H^2$。这表明 A 永远不会是零，不失一般性，可取 $A=1$。这样就只剩下 5 个参数，分别对应椭圆位置、朝向、尺寸和形状(可用偏心率表示)。

前面已确定了椭圆中心位置 (x_c, y_c)，可将其移到坐标系原点，这样式(4.1.2)成为

$$x'^2 + 2Hx'y' + By'^2 + C' = 0 \tag{4.1.3}$$

其中

$$x' = x - x_c, \quad y' = y - y_c \tag{4.1.4}$$

确定椭圆中心后，可借助边缘点来拟合式(4.1.3)。这可借助类似哈夫变换(参见 4.2 节)的方式来进行。先对式(4.1.3)进行微分：

$$x' + \frac{By'}{\mathrm{d}x'} + H\left(y' + \frac{x'\mathrm{d}y'}{\mathrm{d}x'}\right) = 0 \tag{4.1.5}$$

其中，$\mathrm{d}y'/\mathrm{d}x'$ 可根据在 (x', y') 的局部边缘朝向来确定。同时，在新的参数空间 BH 进行累加。如果找到了一个峰，则可进一步利用边缘点以得到 C' 值的直方图，并从中确定最终的椭圆参数。

要确定椭圆朝向 θ 及两个半轴 a 和 b，需要利用 B、H 和 C' 进行如下计算：

$$\theta = \frac{1}{2}\arctan\left(\frac{2H}{1-B}\right) \tag{4.1.6}$$

$$a^2 = \frac{-2C'}{(B+1) - [(B-1)^2 + 4H^2]^{1/2}} \tag{4.1.7}$$

$$b^2 = \frac{-2C'}{(B+1) + [(B-1)^2 + 4H^2]^{1/2}} \tag{4.1.8}$$

其中，θ 是对角化式(4.1.3)中二次项的旋转角。经过旋转后，椭圆就变成标准形式，两个半轴 a 和 b 就可确定了。

总结一下前面的过程，对椭圆的 5 个参数是分 3 步确定的：首先是位置坐标，接着是朝向，最后是尺寸和偏心率。

例 4.1.1 在两类目标图像中定位一种目标

假设图像中分布有两类目标，小目标为较暗的矩形，而大目标为较亮的椭圆形。一种定位

小目标的设计策略包括以下步骤。

(1) 使用一个边缘检测器,使所有边缘点在背景为1的图像中取值为0。

(2) 对背景区域进行距离变换。

(3) 确定距离变换结果的局部极大值。

(4) 分析局部极大值位置的数值。

(5) 执行进一步的处理以确定小目标的近似平行的边线。

在这个问题中,根据距离变换结果来定位小目标的关键是忽略所有大于小目标一半宽度的局部极大值(任何明显小于这个值的也可忽略)。这意味着图像中大部分的局部极大值会被除去,只有某些在大目标之内和大目标之间的孤立点以及沿小目标中心线的局部极大值有可能被保留。进一步使用一个孤立点消除算法,可以仅保留小目标的极大值,然后对其扩展以恢复小目标的边界。检测到的边缘有可能被分裂成多个片段,不过边缘中的任何间断一般不会导致局部极大值轨迹的断裂,因为利用距离变换可将它们比较连续地填充起来。虽然给出的距离变换值会稍微小一些,但这并不会影响算法的其他部分。所以,该方法对影响边缘检测的因素有一定的鲁棒性。 □

4.2 从哈夫变换到完整广义哈夫变换

哈夫变换是一种特殊的在图像空间和参数空间之间进行的变换,常用于将特定的目标从图像中提取出来。本节先介绍基本的哈夫变换,然后推广到广义哈夫变换,最后到完整的广义哈夫变换。

4.2.1 哈夫变换

考虑在图像空间有一个目标,其轮廓可用代数方程表示,则代数方程中既有图像空间坐标的变量也有属于参数空间的参数。哈夫变换建立了变量和参数之间的联系。

基于哈夫变换,可利用图像全局特性将目标边缘像素连接起来组成目标区域的封闭边界,或直接对图像中已知形状的目标进行检测,并有可能确定边界到亚像素精度。哈夫变换的主要优点是:由于利用了图像全局特性,所以受噪声和边界间断的影响较小,鲁棒性较强。

1. 点-线对偶性

基本哈夫变换的原理可借助如下的点-线**对偶性**进行解释。在图像空间 XY 中,所有过点 (x,y) 的直线都满足方程

$$y = px + q \tag{4.2.1}$$

其中,p 为斜率;q 为截距。如果对 p 和 q 建立一个参数空间 PQ,则 (p,q) 表示参数空间 PQ 中的一个点。这个点和式(4.2.1)表示的直线是一一对应的,即 XY 空间中的一条直线对应 PQ 空间中的一个点。另外,式(4.2.1)也可写成

$$q = -px + y \tag{4.2.2}$$

式(4.2.2)代表参数空间 PQ 中的一条直线,此时它对应 XY 空间中的一个点 (x,y)。

现在考虑图4.2.1,图4.2.1(a)为图像空间 XY,图4.2.1(b)为参数空间 PQ。在 XY 中过点 (x_i,y_i) 的通用直线方程按式(4.2.1)可写为 $y_i = px_i + q$,也可照式(4.2.2)写成 $q = -px_i + y_i$,后者表示在 PQ 中的一条直线。同理,过点 (x_j,y_j) 有 $y_j = px_j + q$,也可写成 $q = -px_j + y_j$,它表示在 PQ 中的另一条直线。设这两条线在 PQ 中的点 (p',q') 相交,这里点 (p',q') 对应 XY 中一条过 (x_i,y_i) 和 (x_j,y_j) 的直线,因为它们满足 $y_i = p'x_i + q'$ 和 $y_j =$

$p'x_j+q'$。由此可见，XY 中过点(x_i,y_i)和(x_j,y_j)的直线上的每个点都对应 PQ 中的一条直线，这些直线相交于点(p',q')。

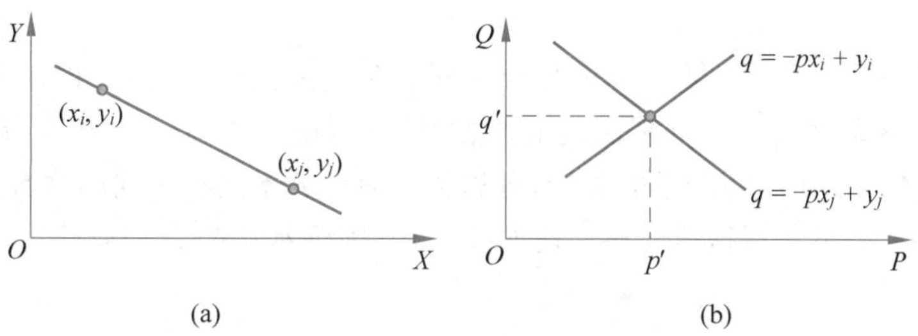

图 4.2.1　图像空间和参数空间中点和线的对偶性

根据上述分析可知，在图像空间中共线的点对应在参数空间里相交的线。反过来，在参数空间中相交于同一个点的所有直线在图像空间里都有共线的点与之对应。这就是点-线的对偶性。哈夫变换根据这些对偶关系把在图像空间中的检测问题转换到参数空间中，通过在参数空间中进行简单的累加统计完成检测任务。

2. 计算步骤

式(4.2.1)和式(4.2.2)所给图像空间和参数空间中点和线的对应关系是点-线对偶性的体现。根据点-线对偶性可将在 XY 空间中对直线的检测转化为在 PQ 空间中对点的检测。例如，设已知 XY 空间的一些点，则利用哈夫变换检测它们是否共线的具体步骤如下。

(1) 对参数空间中参数 p 和 q 的可能取值范围进行量化，根据量化的结果，构造一个累加数组 $A(p_{\min}:p_{\max},q_{\min}:q_{\max})$，并初始化为零。

(2) 对每个 XY 空间中的给定点让 p 取遍所有可能值，使用式(4.2.2)计算出 q，根据 p 和 q 的值累加数组 A：$A(p,q)=A(p,q)+1$。

(3) 根据累加后 A 中最大值所对应的 p 和 q，由式(4.2.1)定出 XY 中的一条直线，A 中的最大值代表了在此直线上给定点的数目，满足直线方程的点就是共线的。

由上可见，哈夫变换技术的基本策略是根据对偶性由图像空间的点计算参数空间中的线，再根据参数空间中这些线的交点计算图像空间中的线。

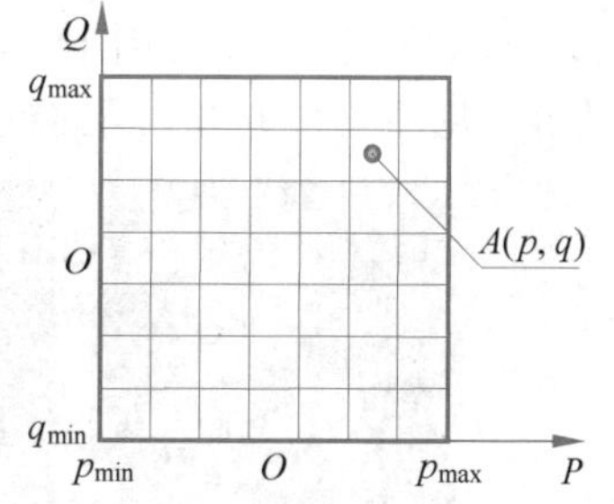

图 4.2.2　参数空间里的累加数组

在具体计算时需要在参数空间 PQ 中建立一个 2-D 的累加数组。设这个累加数组为 $A(p,q)$，如图 4.2.2 所示，其中，$[p_{\min},p_{\max}]$和$[q_{\min},q_{\max}]$分别为预期的斜率和截距的取值范围。开始时置数组 A 为零，然后对每个图像空间中的给定点，让 p 遍取 P 轴上所有可能的值，并根据式(4.2.2)算出对应的 q。接着根据 p 和 q 的值(设都已经取整)对 A 累加：$A(p,q)=A(p,q)+1$。累加结束后，根据 $A(p,q)$的值就可知道有多少点是共线的，即 $A(p,q)$的值就是在(p,q)处共线点的个数。同时(p,q)值也给出了直线方程的参数，并进一步给出了点所在的线(的方程)。

注意，这里空间点共线统计的准确程度是由累加数组的尺寸决定的。假设把 P 轴分成 K 份，那么对每个点(x_k,y_k)由式(4.2.2)可得到 q 的 K 个值(对应 p 取 K 个值)。如果有 n 个点，那么就需要 nK 次运算。可见，运算量是 n 的线性函数。如果 K 比 n 小(实际中均满足)，则总的计算量必然小于 n^2。如用直接的方法来解决这个问题，可看作已检测出一条直线上的若干点，需要求出它们所在的直线。此时需先确定所有由任意两点所决定的直线(这需约 n^2

次运算以确定 $n(n-1)/2$ 条线)，再找出接近具体直线的点的集合(需约 n^3 次运算以比较 n 个点中的每个与 $n(n-1)/2$ 条直线中的每一条)。两相比较，采用哈夫变换有明显的计算优势。

哈夫变换不仅可用来检测直线并连接处在同一条直线上的点，也可以用来检测满足解析式 $f(\boldsymbol{x},\boldsymbol{c})=0$ 形式的各类曲线并把曲线上的点连接起来。这里 $\boldsymbol{x}$ 是一个坐标矢量，在 2-D 图像中是一个 2-D 矢量；$\boldsymbol{c}$ 是一个系数矢量，可以根据曲线的不同有不同的维数，从 2-D 到 3-D，4-D……换句话说，如果能写得出要检测的曲线方程，则可利用哈夫变换检测。这里仅简单介绍如何检测圆。

圆的一般方程是

$$(x-a)^2+(y-b)^2=r^2 \tag{4.2.3}$$

因为式(4.2.3)有 3 个参数 a、b、r，所以需要在参数空间中建立一个 3-D 的累加数组 $A(a,b,r)$。可以让 a 和 b 依次变化而根据式(4.2.3)算出 r，并对 A 累加：$A(a,b,r)=A(a,b,r)+1$。可见，这里的原理与检测直线上的点相同，只是系数矢量 $\boldsymbol{c}$ 现在是一个 3-D 矢量，复杂性增加了。从理论上说，计算量和累加器尺寸随参数个数的增加是指数增加的，所以实际中哈夫变换最适合用于检测比较简单(即其解析表达式中参数个数较少)曲线上的点。

例 4.2.1 用哈夫变换检测圆的示例

图 4.2.3 给出了用哈夫变换检测圆的一组示例图。图 4.2.3(a)是一幅 256×256，256 级灰度的合成图，其中有一个灰度值为 160，半径为 80 的圆目标，它处在灰度值为 96 的背景正中。对整幅图还叠加了在[−48,48]区间均匀分布的随机噪声。现在考虑利用哈夫变换来检测这个圆的圆心(设圆半径已知)。这里第一步是计算原始图的梯度图(如可用索贝尔算子)，然后对梯度图阈值化就可得到目标的一些边缘点。由于噪声干扰的原因，如这里阈值取得较低，则边缘点组成的轮廓线将较宽。但如阈值取得较高，则边缘点组成的轮廓线将有间断，且仍有不少噪声点，如图 4.2.3(b)所示。这也说明有噪声时完整边界的检测是一个困难的问题。此时可对阈值化后的梯度图求哈夫变换，得到的累加器图像见图 4.2.3(c)。根据累加器图像中的最大值(即最亮点)可确定圆心坐标。因为已知圆目标半径，所以可直接得到圆目标的圆周轮廓(边界)，见图 4.2.3(d)中的白色圆周。图 4.2.3(d)中将圆周叠加在原图上以显示检测效果。

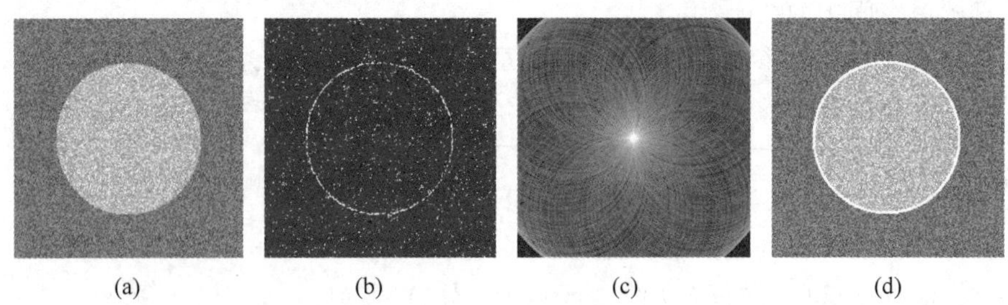

图 4.2.3 用哈夫变换检测圆的示例

□

3. 极坐标方程

运用式(4.2.1)的直线方程时，如果直线接近竖直方向，则会由于 p 和 q 的值都可能接近无穷大而使计算量大增(因为累加器尺寸将会很大)。此时可使用直线的极坐标方程：

$$\lambda = x\cos\theta + y\sin\theta \tag{4.2.4}$$

根据式(4.2.4)，原图像空间 XY 中的点对应新参数空间 $\Lambda\Theta$ 中的一条正弦曲线，即原来的点-直线对偶性变成了现在的点-正弦曲线**对偶性**。检测在空间 XY 中共点的直线需要在空间 $\Lambda\Theta$ 中检测正弦曲线的交点。具体就是让 θ 遍取 Θ 轴上所有可能的值，并根据式(4.2.4)算出所

对应的 λ。再根据 θ 和 λ 的值(设都已经取整)对累加数组 $A(\theta,\lambda)$ 累加，并由 $A(\theta,\lambda)$ 的数值得到共线点的个数。这里在参数空间建立累加数组的方法与上述仍类似，只是无论直线如何变化，θ 和 λ 的取值范围都是有限区间。

现在来看看图 4.2.4，其中图 4.2.4(a)给出了图像空间 XY 中的 5 个点(可看作一幅图像的 4 个顶点以及中心点)，图 4.2.4(b)给出了它们在参数空间 $\Lambda\Theta$ 中所对应的 5 条曲线。这里 θ 的取值范围为$[-90°,+90°]$，而 λ 的取值范围为$[-2^{1/2}N,2^{1/2}N]$(N 为图像边长)。

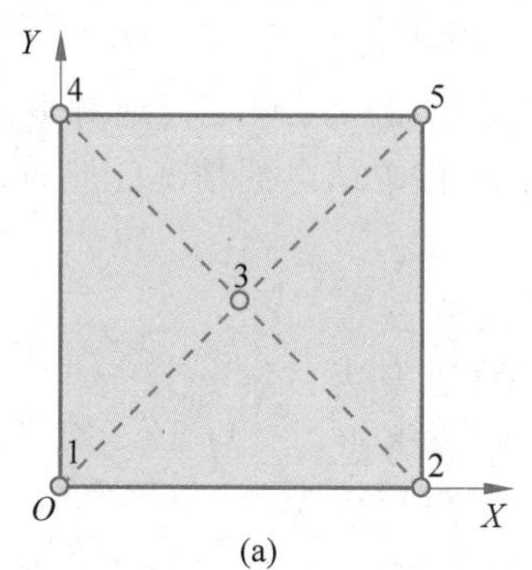

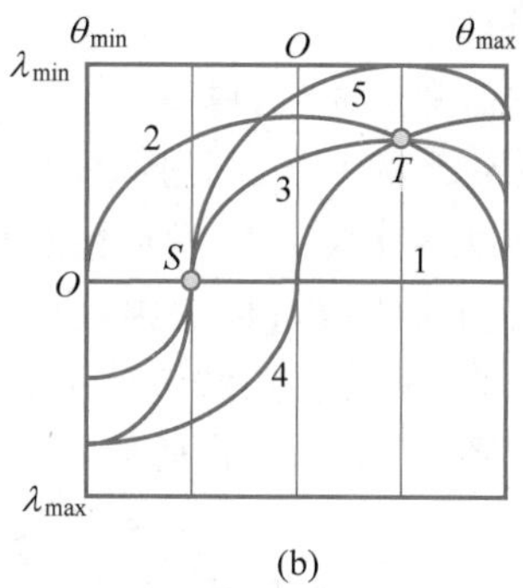

图 4.2.4　图像空间中的点和其在参数空间里对应的正弦曲线

由图 4.2.4 可见，对图像中的各个端点都可做出它们在参数空间中的对应曲线，图像中其他任意点的哈夫变换都应在这些曲线之间。前面指出参数空间中相交的正弦曲线所对应的图像空间中的点是连在同一条直线上的。在图 4.2.4(b)中，曲线 1、曲线 3、曲线 5 都过 S 点，这表明在图 4.2.4(a)中图像空间中的点 1、点 3、点 5 处于同一条直线上。同理，图 4.2.4(a)中图像空间中的点 2、点 3、点 4 处于同一条直线上，这是因为在图 4.2.4(b)中，曲线 2、曲线 3、曲线 4 都过 T 点。又由于 λ 在 θ 为 $\pm 90°$ 时改变符号(可根据式(4.2.4)算出)，所以哈夫变换在参数空间的左右两条边线具有反射相连的关系，如曲线 4 和曲线 5 在 $\theta=\theta_{\min}$ 和 $\theta=\theta_{\max}$ 处各有一个交点，这些交点关于 $\lambda=0$ 的直线是对称的。

例 4.2.2　法线足哈夫变换

对基本的哈夫变换有许多改进方法，其中有一种利用**法线足**的方法可以加快运算速度。参见图 4.2.5，基于极坐标的哈夫变换来检测直线时，使用(ρ,θ)来表示参数空间。设(ρ,θ)表示的直线与需检测直线的交点坐标为(x_f,y_f)，该交点可称为法线足。(ρ,θ)与(x_f,y_f)是一一对应的，所以也可使用(x_f,y_f)来表示参数空间。这样就可得到法线足哈夫变换。

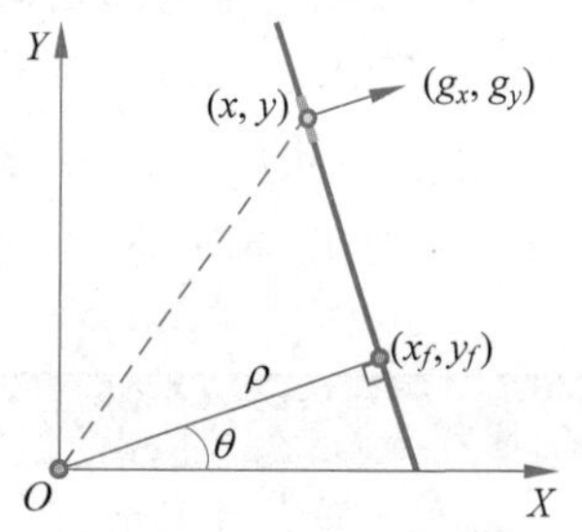

图 4.2.5　法线足哈夫变换

这里考虑需检测直线上的一点(x,y)，该处的灰度梯度为(g_x,g_y)。根据图 4.2.5，可以得到

$$g_y/g_x=y_f/x_f$$

$$(x-x_f)x_f+(y-y_f)y_f=0$$

联立可解得

$$x_f=g_x(xg_x+yg_y)/(g_x^2+g_y^2)$$

$$y_f=g_y(xg_x+yg_y)/(g_x^2+g_y^2)$$

在同一条直线上的每个点都会在参数空间给(x_f,y_f)投一票。这种基于法线足的哈夫变换与基本的哈夫变换具有相同的鲁棒性。但它在实际中计算速度更快，因为它既不需要计算反正切函数来获得 θ，也不需要计算平方根来获得 ρ。□

4.2.2 广义哈夫变换原理

从对圆的检测可知,相对于圆上的点(x,y)来说,圆的中心坐标(p,q)是一个参考点,所有(x,y)点都是以半径 r 为参数与(p,q)联系起来的。如果能确定(检测出)参考点(p,q),圆就确定了。据此,在所需检测的曲线或目标轮廓没有或不易用解析式表达时,可以利用表格来建立曲线或轮廓点与参考点之间的关系,从而可继续利用哈夫变换进行检测。这就是**广义哈夫变换**的基本原理。

这里先考虑已知曲线或目标轮廓上各点的相对坐标而只需确定其绝对坐标的情况,亦即已知曲线或目标轮廓的形状、朝向和尺度而只需要检测位置信息的情况。此时,可利用轮廓点的梯度信息来帮助建立表格。下面介绍具体过程。

首先要对已知曲线或目标轮廓进行"编码",即建立参考点与轮廓点的联系,从而不用解析式而用表格来离散地表达目标轮廓。参见图 4.2.6,先在所给轮廓内部取一个参考点(p,q),对任意一个轮廓点(x,y),令从(x,y)到(p,q)的矢量为 $\boldsymbol{r}$,$\boldsymbol{r}$ 与 X 轴正向的夹角为 ϕ。做出过轮廓点(x,y)的切线和法线,令法线与 X 轴正向的夹角(梯度角)为 θ。这里 $\boldsymbol{r}$ 和 ϕ 都是 θ 的函数。注意,这样每个轮廓点都对应一个梯度角 θ,但反过来一个 θ 可能对应多个轮廓点,对应点的数量与轮廓形状和 θ 的量化间隔 $\Delta\theta$ 有关。

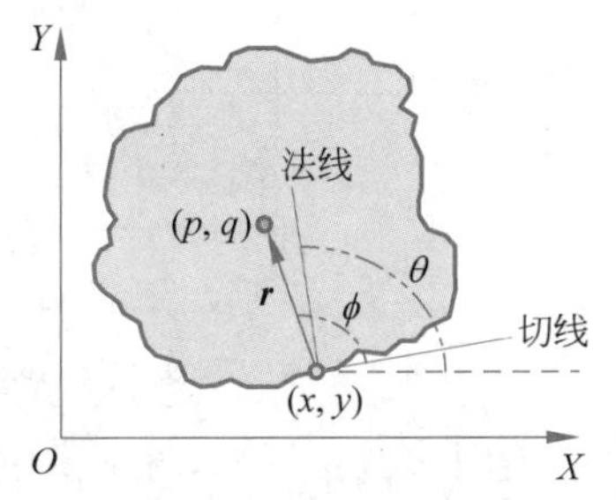

图 4.2.6 建立参考点和轮廓点的对应关系

如上定义后,参考点的坐标可基于轮廓点的坐标计算出来:

$$p = x + r(\theta)\cos[\phi(\theta)] \tag{4.2.5}$$

$$q = y + r(\theta)\sin[\phi(\theta)] \tag{4.2.6}$$

由上可见,以 θ 为自变量,根据 $\boldsymbol{r}$、ϕ 与 θ 的函数关系可做出一个参考表——***R* 表**,其中,$\boldsymbol{r}$ 在大小和方向上都会随轮廓点的不同而变化。R 表本身与轮廓的绝对坐标无关,只是帮助描述轮廓,但由式(4.2.5)和式(4.2.6)求出的参考点是具有绝对坐标的(因为 x 和 y 具有绝对坐标)。若设轮廓上共有 N 个点,梯度角共有 M 个,则应有 $N \geqslant M$,所建 R 表的格式如表 4.2.1 所示,表中 $N = N_1 + N_2 + \cdots + N_M$。

表 4.2.1 *R* 表示例

梯度角θ	矢径 $r(\theta)$	矢角$\phi(\theta)$
θ_1	$r_1^1, r_1^2, \cdots, r_1^{N_1}$	$\phi_1^1, \phi_1^2, \cdots, \phi_1^{N_1}$
θ_2	$r_2^1, r_2^2, \cdots, r_2^{N_2}$	$\phi_2^1, \phi_2^2, \cdots, \phi_2^{N_2}$
$\vdots$	$\vdots$	$\vdots$
θ_M	$r_M^1, r_M^2, \cdots, r_M^{N_M}$	$\phi_M^1, \phi_M^2, \cdots, \phi_M^{N_M}$

由表 4.2.1 可见,给定一个 θ,就可确定一个可能的参考点位置(相当于建立了一个方程),将轮廓如此进行编码后就可以利用哈夫变换来检测了。接下来的步骤与基本哈夫变换中的步骤对应。

(1) 在参数空间建立累加数组:$A(p_{\min}:p_{\max}, q_{\min}:q_{\max})$;

(2) 对轮廓上的每个点(x,y),先算出其梯度角 θ,再由式(4.2.5)和式(4.2.6)算出 p 和 q,据此对 A 进行累加:$A(p,q) = A(p,q) + 1$;

(3) 根据 A 中的最大值得到所求轮廓的参考点,整个轮廓的位置就可以确定了。

例 4.2.3　广义哈夫变换计算示例

参见图 4.2.7，设需检测的是一个单位边长的正方形，记顶点分别为 a、b、c、d，可认为它们分属正方形的 4 条边，a'、b'、c'、d'分别为各边的中点。以上 8 个点均为正方形的轮廓点。每条边上的各点具有相同的梯度角，分别为 θ_a、θ_b、θ_c、θ_d。如果设正方形的中心点为参考点，则各轮廓点向参考点所引矢量的矢径和矢角如表 4.2.2 所示。根据表 4.2.2 可建立正方形的 R 表，如表 4.2.3 所示，每个梯度角对应两个轮廓点。

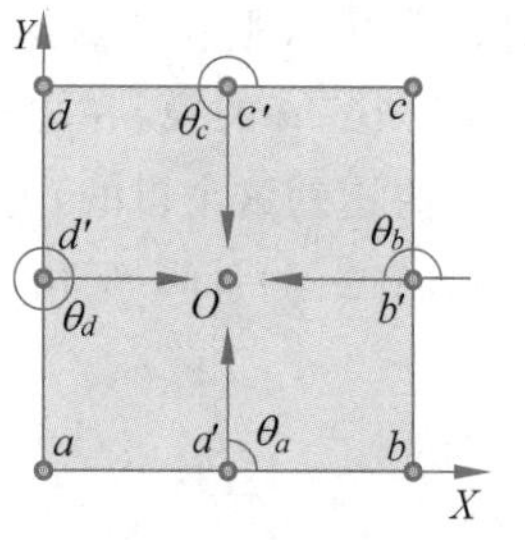

图 4.2.7　正方形检测示意

表 4.2.2　轮廓点向参考点所引的矢量

轮廓点	a	a'	b	b'	c	c'	d	d'
矢径 $r(\theta)$	$\sqrt{2}/2$	1/2	$\sqrt{2}/2$	1/2	$\sqrt{2}/2$	1/2	$\sqrt{2}/2$	1/2
矢角 $\phi(\theta)$	$1\pi/4$	$2\pi/4$	$3\pi/4$	$4\pi/4$	$5\pi/4$	$6\pi/4$	$7\pi/4$	$8\pi/4$

表 4.2.3　与图 4.2.7 中正方形对应的 R 表

梯度角 θ	矢径 $r(\theta)$		矢角 $\phi(\theta)$	
$\theta_a=\pi/2$	$\sqrt{2}/2$	1/2	$\pi/4$	$2\pi/4$
$\theta_b=2\pi/2$	$\sqrt{2}/2$	1/2	$3\pi/4$	$4\pi/4$
$\theta_c=3\pi/2$	$\sqrt{2}/2$	1/2	$5\pi/4$	$6\pi/4$
$\theta_d=4\pi/2$	$\sqrt{2}/2$	1/2	$7\pi/4$	$8\pi/4$

对图 4.2.7 正方形上的 8 个轮廓点分别判断它们所对应的可能参考点，结果见表 4.2.4。

表 4.2.4　由图 4.2.7 得到的可能参考点表

梯　度　角	轮　廓　点	可能参考点		轮　廓　点	可能参考点	
θ_a	a	O	d'	a'	b'	O
θ_b	b	O	a'	b'	c'	O
θ_c	c	O	b'	c'	d'	O
θ_d	d	O	c'	d'	a'	O

因为每条边上两个点的 θ 相同，所以对每个 θ 有两个 $\boldsymbol{r}$ 及两个 ϕ 与之对应。由表 4.2.4 可见，从参考点出现的频率来看，点 O 出现得最多(它是每个轮廓点的可能参考点)，所以如对它累加将得到最大值，即检测到的参考点为点 O。□

4.2.3　完整广义哈夫变换

在实际坐标变换中，不仅要考虑轮廓的平移而且要考虑轮廓的放缩、旋转，此时参数空间会从 2-D 增到 4-D，即需要增加轮廓的取向参数 β(是轮廓主方向与 X 轴的夹角)和尺度变换系数 S，但广义哈夫变换的基本思路不变。这时只需把累加数组扩大为 $A(p_{\min}:p_{\max}, q_{\min}:q_{\max}, \beta_{\min}:\beta_{\max}, S_{\min}:S_{\max})$，并把式(4.2.5)和式(4.2.6)分别改为(注意，取向角 β 和尺度变换系数 S 都不是 θ 的函数)

$$p = x + S \times r(\theta) \times \cos[\phi(\theta)+\beta] \tag{4.2.7}$$

$$q = y + S \times r(\theta) \times \sin[\phi(\theta)+\beta] \tag{4.2.8}$$

最后对累加数组的累加变为 $A(p,q,\beta,S)=A(p,q,\beta,S)+1$。

参数的维数增加后也可采用其他方法来考虑轮廓的放缩和旋转问题。例如，可以通过对 **R 表**进行变换来进行。首先把 R 表看成一个多矢量值的函数 $R(\theta)$。此时如果用 S 来表示尺度变换系数，将尺度变换记为 T_s，则有 $T_s[R(\theta)]=SR(\theta)$。如果用 β 表示旋转角，将旋转变

换记为 T_β，则有 $T_\beta[R(\theta)]=R[(\theta-\beta)\bmod(2\pi)]$。换句话说，对 R 中的每个 θ 给一个增量 $-\beta$ 并取 2π 的模，在轮廓上相当于将对应的矢径 $\boldsymbol{r}$ 旋转 β 角。

为达到这个目的，可将 R 表中的 θ 改为 $\theta+\beta$，而保持 $\boldsymbol{r}$ 和 ϕ 不变。这时仍可使用式(4.2.7)和式(4.2.8)计算 p 和 q，但解释可和前面不同。这里的含义是：

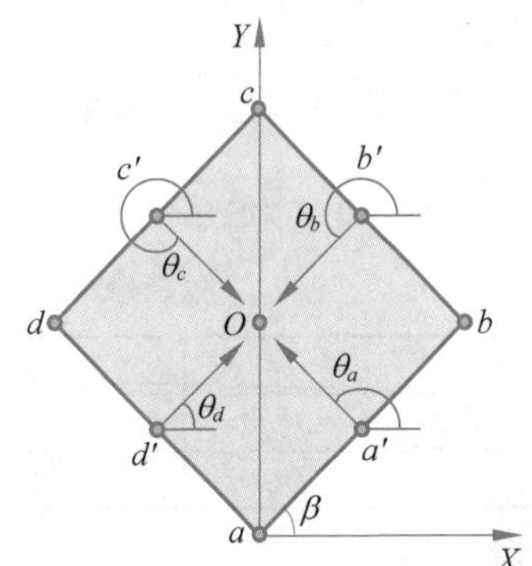

图 4.2.8　正方形旋转后的检测

(1) 先计算旋转后的梯度角；

(2) 再计算新矢角，得到新 R 表；

(3) 最后用新 R 表按原方法计算参考点。

例 4.2.4　完整广义哈夫变换计算示例

现将图 4.2.7 中的正方形绕点 a（原点）逆时针旋转 $\beta=\pi/4$，得到的图形见图 4.2.8，要求此时的参考点位置。

根据前面方法所得到的与旋转后正方形相对应的 R 表见表 4.2.5。对正方形上 8 个轮廓点分别判断它们可能的参考点（参见图 4.2.8），结果见表 4.2.6（可将它与表 4.2.4 比较）。根据参考点出现的频率可知，点 O 应为可能的参考点。

表 4.2.5　与图 4.2.8 中正方形对应的 R 表

原梯度角 θ	新梯度角 θ'	矢径 $\boldsymbol{r}(\theta)$		新矢角 $\phi(\theta)$	
$\theta_a=\pi/2$	$\theta'_a=3\pi/4$	$\sqrt{2}/2$	1/2	$2\pi/4$	θ'_a
$\theta_b=2\pi/2$	$\theta'_b=5\pi/4$	$\sqrt{2}/2$	1/2	$4\pi/4$	θ'_b
$\theta_c=3\pi/2$	$\theta'_c=7\pi/4$	$\sqrt{2}/2$	1/2	$6\pi/4$	θ'_c
$\theta_d=4\pi/2$	$\theta'_d=\pi/4$	$\sqrt{2}/2$	1/2	$8\pi/4$	θ'_d

表 4.2.6　由图 4.2.8 得到的可能参考点表

梯度角	轮廓点	可能参考点		轮廓点	可能参考点	
θ'_a	a	O	d'	a'	b'	O
θ'_b	b	O	a'	b'	c'	O
θ'_c	c	O	b'	c'	d'	O
θ'_d	d	O	c'	d'	a'	O

现在进一步考虑一种特例。如果 β 是 $\Delta\theta$ 的整数倍，即 $\theta=k\Delta\theta, k=0,1,\cdots$，则也可以采取保持 R 表本身不变，但对每个梯度角 θ 都改用原 R 表中对应 $\theta+\beta$ 的那行数据的方法。这里本质上可看作改变了 R 表的入口。□

另外还有一种推广的方法不需改变 **R 表**（仍使用原来 R 表中的元素），这时可考虑先将旋转角 β 的影响略去，即利用原 R 表算出参考点的坐标再将参考点坐标旋转 β 角。具体就是先求出

$$r_x=r(\theta-\beta)\cos[\phi(\theta)-\beta] \tag{4.2.9}$$

$$r_y=r(\theta-\beta)\sin[\phi(\theta)-\beta] \tag{4.2.10}$$

再旋转 β 角，最后得到

$$p=r_x\cos\beta-r_y\sin\beta=r(\theta-\beta)\cos[\phi(\theta-\beta)+\beta] \tag{4.2.11}$$

$$q=r_x\cos\beta+r_y\sin\beta=r(\theta-\beta)\sin[\phi(\theta-\beta)+\beta] \tag{4.2.12}$$

利用哈夫变换对目标进行检测时，对目标的部分遮挡问题有一定的鲁棒性。这是因为哈夫变换仅去寻找目标证据，而可以忽略由于部分遮挡而缺失的数据。所以，它可以从有限的信息（不管是否由噪声、目标失真、遮挡等造成）来推断目标的存在。

4.3　从像素精度到亚像素精度

在许多实际应用中，常需要将边缘的检测精度提高到像素内部，即达到**亚像素**精度。这时一般需要根据边缘附近多个像素的综合信息来准确地确定亚像素级边缘的位置。

4.3.1　基于矩保持的技术

一个理想的边缘可以认为是由一系列具有灰度 b 的像素与一系列具有灰度 o 的像素相接而构成的。下面定义一个算子，当把它用于实际的边缘数据时能产生一个理想边缘(分别见图 4.3.1 的离散点和点画线)，而且这两个(边缘的)像素序列的前 3 阶矩都对应相等，即矩不变化(**矩保持**)。

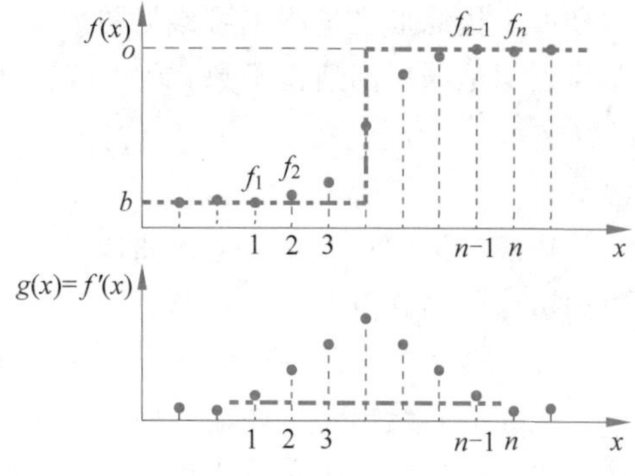

图 4.3.1　1-D 灰度和梯度图

这里考虑 1-D 时的情况，一个信号 $f(x)$ 的 p 阶矩($p=1,2,3$)定义为(设 n 为属于边缘部分的像素个数)

$$m_p=\frac{1}{n}\sum_{i=1}^{n}[f_i(x)]^p \tag{4.3.1}$$

可以证明，m_p 唯一地被 $f(x)$ 所确定，反之 m_p 也唯一地确定了 $f(x)$。如果用 t 表示理想边缘中灰度为 b 的像素的个数，那么保持两个边缘的前 3 阶矩都相等等价于求解下列方程：

$$m_p=\frac{t}{n}b^p+\frac{n-t}{n}o^p,\quad p=1,2,3 \tag{4.3.2}$$

从 3 个方程中消去 b 和 o，可以解得

$$t=\frac{n}{2}\left[1+s\sqrt{\frac{1}{4+s^2}}\right] \tag{4.3.3}$$

其中

$$s=\frac{m_3+2m_1^3-3m_1m_2}{\sigma^3},\quad \sigma^2=m_2-m_1^2 \tag{4.3.4}$$

这样，如果认为边缘的第一个像素位于 $j=1/2$ 处，并假设各相邻像素间的距离为 1，则由式(4.3.3)算出的不为整数的 t 能给出对边缘进行检测所得到的亚像素位置，且该位置不受图像平移或尺度变化的影响。

4.3.2　利用一阶微分期望值的技术

亚像素边缘也可利用**一阶微分期望值**来计算，这种方法的主要步骤(以 1-D 为例)如下。

(1) 对图像函数 $f(x)$，计算它的一阶微分(在离散图像中，可用差分来近似)$g(x)=|f'(x)|$。

(2) 根据 $g(x)$ 的值确定包含边缘的区间，也就是对一个给定的阈值 T 确定满足 $g(x)>T$ 的 x 的取值区间$[x_i,x_j]$，$1\leqslant i,j\leqslant n$(参见图 4.3.1 的梯度图)。

(3) 计算 $g(x)$ 的概率密度函数 $p(x)$，在离散图像中，有

$$p_k=g_k\Big/\sum_{i=1}^{n}g_i,\quad k=1,2,\cdots,n \tag{4.3.5}$$

(4) 计算 $p(x)$ 的期望值 E，并将边缘定在 E 处。在离散图像中，有

$$E=\sum_{k=1}^{n}kp_k=\sum_{k=1}^{n}\left(kg_k/\sum_{i=1}^{n}g_i\right) \tag{4.3.6}$$

这种方法与前一种方法相比，由于使用了基于统计特性的期望值，所以可较好地消除由于图像中噪声而造成的多响应问题（即误检测出多个边缘）。

上述方法也可以如下解释。设 $s(x)$ 是原始信号，$f(x)$ 是利用光学系统得到的输入图像，它是通过将 $s(x)$ 和一个点扩散函数 $G(x)$ 卷积而得到的：

$$f(x)=s(x)\otimes G(x) \tag{4.3.7}$$

这样一个边缘形成过程也可参见图 4.3.1，原理想边缘用点画线表示。式(4.3.7)中的 $G(x)$ 常可近似地采用高斯型函数，即

$$G(x)=\frac{1}{\sqrt{2\pi}\sigma}\exp\left(-\frac{x^2}{2\sigma^2}\right) \tag{4.3.8}$$

边缘检测的目的是从输入图像 $f(x)$ 出发寻找原始信号 $s(x)$。可以证明，E 就是原始信号中边缘的精确位置。

例 4.3.1 矩保持法和一阶微分期望值法在检测亚像素边缘位置中的比较

表 4.3.1 给出了一些输入序列以及对它们分别用矩保持法和一阶微分期望值法算得的亚像素边缘位置。由表 4.3.1 可见，一阶微分期望值法算得的亚像素边缘位置比较稳定，特别是受输入序列长度的影响较小（可比较第 2 序列和第 3 序列）。

表 4.3.1 一些输入序列和算得的亚像素边缘位置

序号	输入序列																	矩保持法	一阶微分期望值法
1	0	0	0	0.5	1	1	1	1	1									3.506	3.500
2	0	0	0	0.25	1	1	1	1	1	1								3.860	3.750
3	0	0	0	0.25	1	1	1	1	1	1	1	1	1	1	1	1	1	3.861	3.750
4	0	0.1	0.2	0.3	0.4	0.6	0.8	1	1									4.997	4.600

□

4.3.3 借助切线信息的技术

上面介绍了两种亚像素边缘检测算法。它们基本上都是根据较模糊图像中目标边缘较宽的特点，采用统计技术，利用边缘法线方向的信息确定目标边界的亚像素位置。但是当被检测的图像目标边缘比较清晰时，由于能参加统计计算的边缘点数量太少，所以这些方法误差会比较大。如果所检测的目标形状已知，且摄入的图像比较清晰，那么可以采用下面的基于切线方向信息的亚像素边缘检测算法（简称**切线法**）。利用这种方法检测边缘可分为两步。

(1) 检测出目标精确到像素级的边界。

(2) 借助像素级边界沿切线方向的信息将其修正到亚像素量级。

第(1)步与一般精度达到像素级的边缘检测方法类似（如 2.2 节的边缘检测方法），下面仅介绍第(2)步。

先以被检测的目标是圆为例来说明原理。设圆的方程为 $(x-x_c)^2+(y-y_c)^2=r^2$，其中 (x_c,y_c) 为圆心坐标，r 为半径。只要能测出圆在 X 和 Y 方向上的最外侧边界点即可确定 (x_c,y_c) 和 r，从而检测出该圆。图 4.3.2 给出了检测 X 轴方向最左侧点的示意图，其中在圆内的像素点标有阴影。考虑到圆的对称性，只画了上半圆左侧边界的一部分。设 x' 为 X 轴方向最左边界点的坐标，h 代表横坐标为 x' 的列上边界像素的个数。列上相邻两像素与实际圆

边界交点的横坐标之差 T(是 h 的函数)可表示为

$$T(h)=\sqrt{r^2-(h-1)^2}-\sqrt{r^2-h^2} \tag{4.3.9}$$

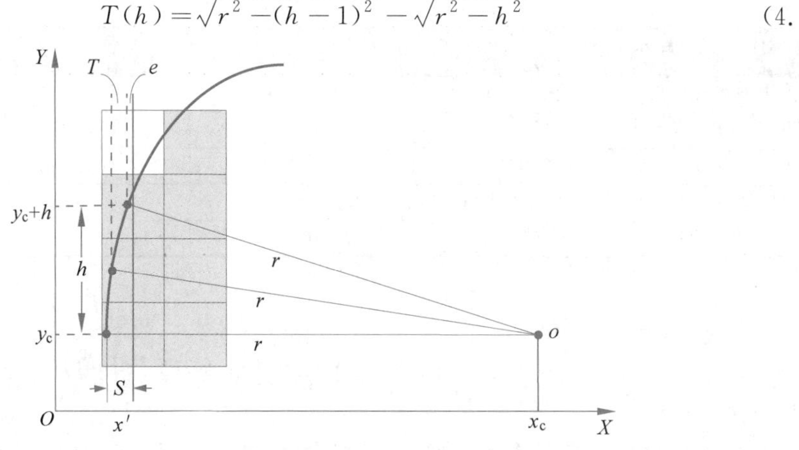

图 4.3.2 圆边界切线方向的示意图

设 S 为 x' 与准确的亚像素边缘的差,即从像素边界修正到亚像素边界所需的修正值。由图 4.3.3 可知,这个差可用对所有 $T(i)$(其中,$i=1,2,\cdots,h$)求和并加上 e 求得,即

$$S=r-\sqrt{r^2-h^2}+e<1 \tag{4.3.10}$$

其中,$e\in[0,T(h+1)]$,取平均值为 $T(h+1)/2$。由式(4.3.9)算得 $T(h+1)$并代入式(4.3.10),可得

$$S=r-\frac{1}{2}\left(\sqrt{r^2-h^2}+\sqrt{r^2-(h+1)^2}\right) \tag{4.3.11}$$

这就是检测到像素级边界后为进一步获得精确到亚像素级边界所需的修正值。

进一步考虑目标为椭圆时的情况(圆形目标斜投影时就会成为椭圆)。先设目标为正椭圆,其方程是:$(x-x_c)^2/a^2+(y-y_c)^2/b^2=1$,其中,$a$ 和 b 分别为其长短半轴的长度,这时在 X 方向的亚像素修正值 S 可按与前面对圆的推导类似的方法得到

$$S=a\left\{1-\frac{1}{2}\left[\sqrt{1-\left(\frac{h}{b}\right)^2}+\sqrt{1-\left(\frac{h+1}{b}\right)^2}\right]\right\} \tag{4.3.12}$$

例 4.3.2 切线法与期望值法的比较实例

在工业检测的实际应用中,由于一般 CCD 摄像机的视场有限,所以可采用在田字格中移动 CCD 获取 4 幅小(如 512×512) 的图像,然后进行拼接的方法,来获得 1 幅大(如 1024×1024) 的图像。在进行 CCD 校准时,首先获取其中有基准圆(圆作为基准物时其中心位置由于采样而产生的误差随景物尺度变化最小)的 4 幅图,通过检测它们的圆心和半径,以确定拼图所需的旋转、平移和放缩参数。由于这些参数都是从基准圆上计算得到的,所以对基准圆检测的精度要求较高。

表 4.3.2 给出了切线法与一阶微分期望值法的一组比较结果,这里检测的是 4 个半径相同($r=90$)而圆心水平位置略有不同的圆的左边缘。由此表数据可以看出,当准确的目标边缘处在一个像素内的不同位置时,用一阶微分期望值法测得的结果都一样,所以最大位置误差可能超过一个像素。原因是当边界比较清晰时边界宽度较小,能提供统计信息的点很少,从而使统计方法给不出更精细的结果。与之相比,基于切线信息的方法能较好地跟踪边界位置的变化。当准确的目标边缘在一个像素内变化时,实际最大的检测误差约为一个像素的 1/30,而最小的检测误差可达到只有一个像素的 1/500。实际拼图应用的效果也表明,该方法要明

显优于一阶微分期望值法[章 1997c]。

表 4.3.2 切线法与期望值法检测结果的比较

值	圆 A	圆 B	圆 C	圆 D
左边缘准确值	169.001	169.300	169.500	169.999
期望值法实测值	170.250	170.250	170.250	170.250
切线法实测值	168.986	169.264	169.488	169.997
期望值法误差值	1.249	0.950	0.750	0.251
切线法误差值	0.015	0.036	0.012	0.002

□

4.4 从 2-D 图像到 3-D 图像

早些年所提出的上千种不同类型的分割算法中绝大多数是针对 2-D 图像的。近年来,3-D 图像也得到了广泛的应用。对 **3-D 图像**,有时可把它分解成一系列 2-D 图像,先对每幅 2-D 图像进行分割,再将从一组 2-D 图像中得到的目标组合成一个 3-D 目标[章 1997d]。本节不讨论这种情况,仅考虑将 3-D 图像作为一个整体进行分割的问题。直接分割 3-D 图像的算法常可通过将现有的 2-D 图像分割算法进行推广来得到。对每个具体算法进行推广时,一般需要考虑 3 个层次的问题。

(1) 分割对象由 2-D 变为 3-D 带来的数据结构和表达等问题。

(2) 同一类算法共有的分割技术问题。

(3) 某一种算法本身特有的一些具体问题。

上述第(3)个层次的问题必须针对具体算法具体分析,这里重点放在第(1)个层次和第(2)个层次,即对推广同一类算法具有共性的问题。在第 2 章中曾将基本的分割算法分成四大类。

(1) PB——并行边界类。

(2) SB——串行边界类。

(3) PR——并行区域类。

(4) SR——串行区域类。

本节先介绍 3-D 边缘检测,这是 PB 类和 SB 类技术的基础;然后介绍对各种 2-D 阈值化方法(典型的 PR 类)进行推广的共同方法。SR 类技术在向 3-D 推广时主要涉及的是数据结构问题。

4.4.1 3-D 边缘检测

随着分割对象的维数提高,空域边缘检测的模板变得更为复杂,对其采用建模以进行解析分析的方法也更为便利。

1. 算子模板的推广

边缘检测常利用模板来进行。对 2-D 图像,**正交梯度算子**一般由两个 2-D 模板构成。对 3-D 图像,则需要 3 个 3-D 模板。获得 3-D 模板最简单的方法就是将 2-D 模板加上一维来考虑,例如,将 2-D 中的 3×3 模板变成 3-D 中的 3×3×1 模板。需要注意的是,模板运算是在以某个像素或(3-D)体素为中心的一定大小的邻域中进行的。在 2-D 图像中,以一个像素为中心的 3×3 模板一般覆盖 4 个或 8 个邻域像素,两个正交的 2-D 模板覆盖相同的邻域像素。而在 3-D 图像中,模板的尺寸和形式变化较多。以一个**体素**为中心的 3×3×3 模板可以覆盖多种邻域体素个数，最常见的是 6 个、18 个或 26 个邻域体素。图 4.4.1 给出了一组示意图，阴影体素为中心体素，图 4.4.1(a)的中心体素有 6 个邻域体素、图 4.4.1(b)的中心体素有 18 个邻域体素、图 4.4.1(c)的中心体素有 26 个邻域体素。

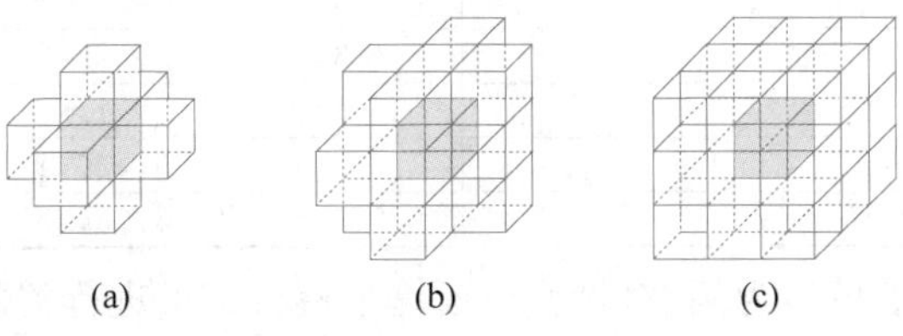

图 4.4.1 3-D 中心体素的邻域

图 4.4.2 给出了几个与图 4.4.1 对应的 **3-D 算子**的模板，其中，图 4.4.2(a)是 3 个 3×1×1 的模板，图 4.4.2(b)是 3 个 3×3×1 的模板，图 4.4.2(c)是一个 3×3×3 的模板(这时 3 个模板均包含 27 个系数，系数值对各向同性模板可以相同，此时 3 个模板相同)。注意，图 4.4.2(c)的扩展并不仅仅是将 2-D 模板加上一维，而是在 3 个方向都进行了扩展。类似的方法也可将 2-D 中的 2×2 模板扩展成 3-D 中的 2×2×2 模板[Zhang 1993c]。

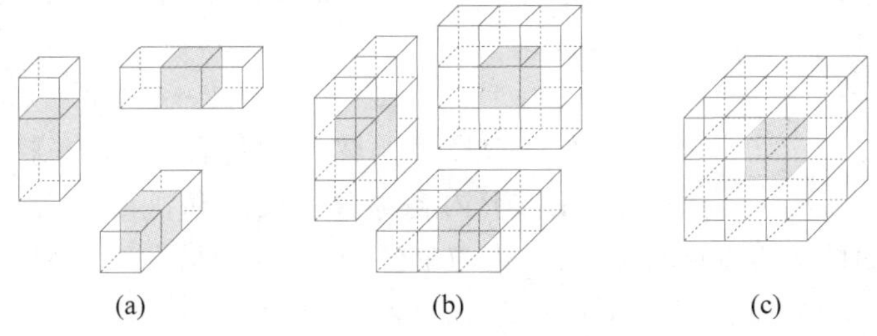

图 4.4.2 各种 3-D 算子的模板

例 4.4.1 从 2-D 模板到 3-D 模板

各种 2-D 模板都可以扩展成为 3-D 模板，图 4.4.3 给出了两个示例，其中，3-D 模板用 3 个 2-D 模板依次堆叠来表示。第 1 行是将**高斯平均**运算的 2-D 模板推广到 3-D，第 2 行是将**拉普拉斯算子**的 2-D 模板推广到 3-D。

$$\begin{bmatrix}1&2&1\\2&4&2\\1&2&1\end{bmatrix} \Rightarrow \begin{bmatrix}1&2&1\\2&4&2\\1&2&1\end{bmatrix}\begin{bmatrix}2&4&2\\4&8&4\\2&4&2\end{bmatrix}\begin{bmatrix}1&2&1\\2&4&2\\1&2&1\end{bmatrix}$$

$$\begin{bmatrix}0&-1&0\\-1&4&-1\\0&-1&0\end{bmatrix} \Rightarrow \begin{bmatrix}0&0&0\\0&-1&0\\0&0&0\end{bmatrix}\begin{bmatrix}0&-1&0\\-1&6&-1\\0&-1&0\end{bmatrix}\begin{bmatrix}0&0&0\\0&-1&0\\0&0&0\end{bmatrix}$$

图 4.4.3 从 2-D 模板到 3-D 模板 □

例 4.4.2 不完全对称邻域

在 3-D 模板中，邻域像素也可以是不完全对称分布的。图 4.4.4 给出了两个示例，其中 3-D 模板用 3 个 2-D 模板依次堆叠来表示，中心体素的值为 1。左边为第 1 种不完全对称 14-邻域，右边为第 2 种不完全对称 14-邻域。

$$\begin{bmatrix}1&1&0\\0&1&1\\0&0&0\end{bmatrix}\begin{bmatrix}1&1&0\\1&1&1\\0&1&1\end{bmatrix}\begin{bmatrix}0&0&0\\1&1&0\\0&1&1\end{bmatrix} \qquad \begin{bmatrix}1&1&0\\1&1&0\\0&0&0\end{bmatrix}\begin{bmatrix}1&1&0\\1&1&1\\0&1&1\end{bmatrix}\begin{bmatrix}0&0&0\\0&1&1\\0&1&1\end{bmatrix}$$

图 4.4.4 不完全对称 14-邻域 □

表 4.4.1 给出了常用 2-D 和 3-D 模板的尺寸以及对应覆盖的单元数。

表 4.4.1 2-D 和 3-D 模板对比

2-D 模板			3-D 模板		
个数	尺寸	覆盖单元数	个数	尺寸	覆盖单元数
2	2×2	4	3	2×2×1	7
2	2×2	4	3	2×2×2	8
2	3×1	5	3	3×1×1	7
2	3×3	9	3	3×3×1	19
2	3×3	9	3	3×3×3	27

以上讨论以梯度算子模板为例,对拉普拉斯算子模板也可进行类似推广[Zhang 1991b]。

2. 3-D 边缘模型和数字化模型

对 3-D 算子的分析可借助对 2-D 算子的扩展分析来进行[Zhang 1993c]。

在 3-D 空间中,局部边缘可以用无穷大的阶跃边缘平面来模型化,这个平面的方程是

$$x\cos\alpha + y\cos\beta + z\cos\gamma = 0 \tag{4.4.1}$$

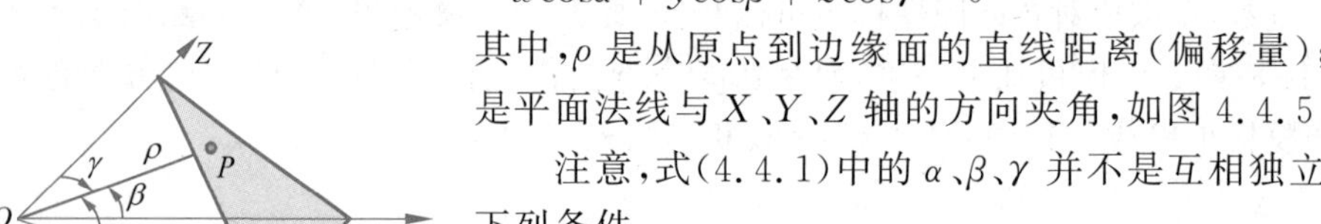

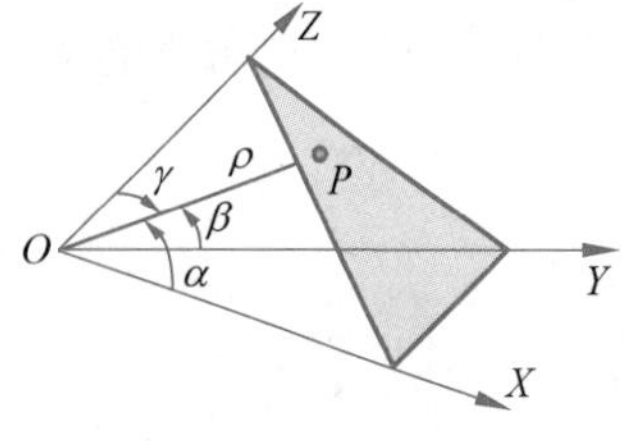

图 4.4.5 阶跃边缘平面示意图

其中,ρ 是从原点到边缘面的直线距离(偏移量);α、β、γ 分别是平面法线与 X、Y、Z 轴的方向夹角,如图 4.4.5 所示。

注意,式(4.4.1)中的 α、β、γ 并不是互相独立的,它们满足下列条件:

$$\cos^2\alpha + \cos^2\beta + \cos^2\gamma = 1 \tag{4.4.2}$$

一幅 3-D 图像是**体素**的集合,每个体素对应一个正方形,其值是正方形内各部分密度之和。在研究线性边缘检测算子时,可以设边缘平面的一边密度为零,另一边为单位密度(因为借助线性变换总可以达到这样的结果)。

根据以上边缘模型和图像数字化模型,就可计算边缘平面与体素网格的交集了。如果将体素的中心放在坐标系统的原点,那么这个体素的积分密度 $I(\alpha,\beta,\gamma,\rho)$ 就等于边缘平面为单位密度的一面(另一面为零密度)与该体素之交集的体积。如果设 $a=\cos\alpha$,$b=\cos\beta$,$c=\cos\gamma$,则 $I(\alpha,\beta,\gamma,\rho)$ 为[Zhang 1993c]

$$\begin{cases}
1-I(\alpha,\beta,\gamma,\rho), & \rho \leqslant 0 \\
0, & \rho > (a+b+c)/2 \\
\dfrac{-\rho^3}{6abc}+\dfrac{\rho^2}{4}\left(\dfrac{1}{ab}+\dfrac{1}{ac}+\dfrac{1}{bc}\right)+\dfrac{-\rho}{8}\left(\dfrac{c}{ab}+\dfrac{b}{ac}+\dfrac{a}{bc}-\dfrac{2}{a}-\dfrac{2}{b}-\dfrac{2}{c}\right)+ & \rho \leqslant (a+b+c)/2 \\
\quad \dfrac{1}{48}\left(\dfrac{c^2}{ab}+\dfrac{b^2}{ac}+\dfrac{c^2}{bc}\right)+\dfrac{1}{16}\left(\dfrac{b+c}{a}+\dfrac{a+c}{b}+\dfrac{a+b}{c}\right)+\dfrac{1}{8}, & \rho > (a+b-c)/2 \\
\dfrac{\rho^2}{2ab}+\dfrac{-\rho}{2}\left(\dfrac{1}{a}+\dfrac{1}{b}\right)+\dfrac{c^2}{24ab}+\dfrac{1}{8}\left(\dfrac{b}{a}+\dfrac{a}{b}\right)+\dfrac{1}{4}, & \rho \leqslant (a+b-c)/2 \\
 & \rho > (a-b+c)/2 \\
\dfrac{\rho^3}{6abc}+\dfrac{\rho^2}{4}\left(\dfrac{1}{ab}+\dfrac{1}{ac}+\dfrac{1}{bc}\right)+\dfrac{\rho}{8}\left(\dfrac{c}{ab}+\dfrac{b}{ac}+\dfrac{a}{bc}-\dfrac{6}{a}-\dfrac{2}{b}-\dfrac{2}{c}\right)+ & \rho \leqslant (a-b+c)/2 \\
 & \rho > (a-b-c)/2 \\
\quad \dfrac{1}{48}\left(\dfrac{c^2}{ab}+\dfrac{b^2}{ac}+\dfrac{c^2}{bc}\right)+\dfrac{1}{16}\left(\dfrac{b+c}{a}+\dfrac{a-c}{b}+\dfrac{a-b}{c}\right)+\dfrac{3}{8}, & \rho > (-a+b+c)/2 \\
-\dfrac{\rho}{a}+\dfrac{1}{2}, & \rho \leqslant (a-b-c)/2 \\
\dfrac{\rho^3}{3abc}+\dfrac{\rho}{4}\left(\dfrac{c}{ab}+\dfrac{b}{ac}+\dfrac{a}{bc}-\dfrac{2}{a}-\dfrac{2}{b}-\dfrac{2}{c}\right)+\dfrac{1}{2}, & \rho \leqslant (-a+b+c)/2
\end{cases} \tag{4.4.3}$$

3. 3-D 算子的幅度和方向响应

一个**3-D 算子**的响应与模板中包含的所有体素都有关，它是所有体素共同作用的结果。式(4.4.3)给出的是模板中心体素的响应，对中心体素的每个与其相距(Δx，Δy，Δz)的邻近体素，它的密度与中心体素的密度有如下关系：

$$I_n(\alpha,\beta,\gamma,\rho,\Delta x,\Delta y,\Delta z)=I(\alpha,\beta,\gamma,\rho-a\Delta x-b\Delta y-c\Delta z) \tag{4.4.4}$$

对算子中的每个模板，其响应是所有被它覆盖体素的响应的加权和。一个算子中 3 个模板的响应分别为(W 代表权重)

$$I_x=\sum_{n\in X\text{mask}} I_n W_{xn} \tag{4.4.5}$$

$$I_y=\sum_{n\in Y\text{mask}} I_n W_{yn} \tag{4.4.6}$$

$$I_z=\sum_{n\in Z\text{mask}} I_n W_{zn} \tag{4.4.7}$$

每个微分算子有两类响应：幅度响应、方向响应。它们都可根据算子中所有模板的响应算得。一般算子的**幅度响应**是取所有组成模板响应的 L_2 范数：

$$M_2=\sqrt{I_x^2+I_y^2+I_z^2} \tag{4.4.8}$$

考虑到计算量，也可以取各模板响应的 L_1 范数或 L_∞ 范数：

$$M_1=|I_x|+|I_y|+|I_z| \tag{4.4.9}$$

$$M_\infty=\max\{|I_x|,|I_y|,|I_z|\} \tag{4.4.10}$$

微分算子的**方向响应**可用相对于各个坐标轴的方向来确定，它们分别是

$$\hat{\alpha}=\arccos\frac{I_x}{\sqrt{I_x^2+I_y^2+I_z^2}} \tag{4.4.11}$$

$$\hat{\beta}=\arccos\frac{I_y}{\sqrt{I_x^2+I_y^2+I_z^2}} \tag{4.4.12}$$

$$\hat{\gamma}=\arccos\frac{I_z}{\sqrt{I_x^2+I_y^2+I_z^2}} \tag{4.4.13}$$

在此基础上，还可定义**方向检测误差**(DDE)ε[Zhang 1992a]，它是真实边缘面的方向与算子梯度的方向之间的差，其值与算子对应各个坐标轴的方向响应有如下关系：

$$\cos\varepsilon=\cos\alpha\cos\hat{\alpha}+\cos\beta\cos\hat{\beta}+\cos\gamma\cos\hat{\gamma} \tag{4.4.14}$$

对几种将典型的 2-D 微分算子进行推广而得到的 3-D 微分算子的详细性能分析研究可见[Zhang 1993c]，研究结果表明，有些算子的性能从 2-D 推广到 3-D 后会发生较明显的变化。

例 4.4.3 响应示例和分析

3-D 微分算子的幅度响应和方向响应都是边缘平面(由 α、β、γ 和 ρ 确定)和算子结构(由 Δx、Δy、Δz 和 W_{xn}、W_{yn}、W_{zn} 确定)的函数。以下仅以**索贝尔算子**为例讨论，此时对幅度响应只需考虑 α、β、γ 和 ρ 的影响。根据式(4.4.2)，仅需考虑 α 和 β，所以响应将在预先给定 γ(取 $\gamma=80°$)的基础上以等幅度线形式(归一化)显示在 α-ρ 平面中。对方向响应，则考虑方向检测误差(综合考虑了 3 个方向角 α、β 和 γ)随偏移量 ρ 变化的情况。

图 4.4.6 给出了一些响应的示例，其中图 4.4.6(a)为采用 18-邻域和 L_2 范数时的幅度响应；图 4.4.6(b)为采用 18-邻域和 L_∞ 范数时的幅度响应；图 4.4.6(c)为采用 18-邻域时的方向检测误差随偏移量 ρ 变化的情况；图 4.4.6(d)为采用 26-邻域时的方向检测误差随偏移量

ρ 变化的情况。

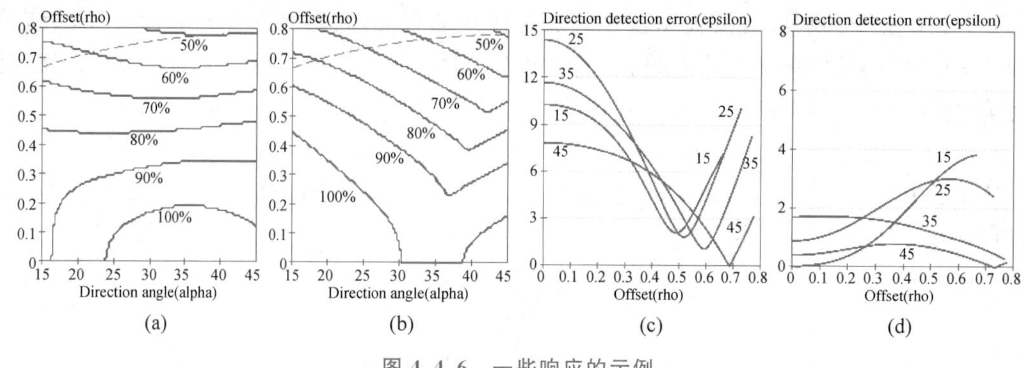

图 4.4.6　一些响应的示例

要分析算子的幅度响应需要考虑 3 个因素：

(1) 幅度响应图中的虚线代表中心体素的边界，如果等幅度线与虚线平行，则有可能通过阈值化来区分边缘位置和非边缘位置；

(2) 如果等幅度线是水平的，那么就意味着幅度响应不随方向角变化；

(3) 如果各等幅度线间的距离比较小，则表明当算子模板从中心体素的位置移开时，幅度响应比较敏感，会很快减小，这样就有可能检测到很细的边缘。

现在来分析比较图 4.4.6(a)和图 4.4.6(b)，两者的差别仅在于所用范数不同。除了第(3)个因素外，使用 L_2 范数的算子比使用 L_∞ 范数的算子性能要高很多。这表明，在 3-D 空间，使用计算简单的范数会使性能有明显变化(2-D 空间中的差距没有这么大)。

要分析算子的方向响应需考虑两个因素：一方面，方向响应的值应该不随边缘位置而变化，反映在响应图中就是响应曲线应尽可能水平；另一方面，方向响应所反映的边缘方向应该与实际边缘的方向尽可能一致，反映在响应图中就是响应曲线应尽可能接近水平轴。

现在来分析比较图 4.4.6(c)和图 4.4.6(d)，两者的差别仅在于所用邻域尺寸不同。从两个方面看，使用较大邻域比使用较小邻域，算子的性能都要高很多。这表明，在 3-D 空间，使用覆盖较大邻域的模板对取得好的方向性能更为重要。□

4.4.2　3-D 图像阈值化

取阈值分割是最常见的并行的直接检测区域的分割方法。取阈值分割方法的关键问题是选取合适的阈值，阈值选定后，不论对 2-D 图像还是 3-D 图像，分割的方法是一致的，均是将像素或体素的值与阈值相比而确定其归属。当然，在将**阈值化**方法从 2-D 推广到 3-D 时，还有一些影响因素值得考虑，包括：

1) 计算量的增加

3-D 图像的数据量会比 2-D 图像有明显增加，这肯定会导致阈值化计算量的增加。

2) 邻域运算

许多阈值化算法需利用邻域性质，在 3-D 图像中，邻域的概念、种类和尺寸都有增加，有可能使 3-D 的阈值化分割方法变得复杂。

3) 各向异性

在 2-D 图像中，两个方向上的分辨率一般是相同的。但在 3-D 图像中，第 3 个方向上的分辨率常和另两个方向不同，这就导致了**各向异性**的问题。由于各向异性，体素将不是正方形的，而是长方形的。体素之间的距离在不同方向上的变化对局部特性和全局特性的计算都会带来影响，也会对算法所采用的数据结构产生影响。

上述因素对不同的算法影响不同，需要具体考虑。在 2.4.1 小节中已指出可将取阈值分割方法分成 3 类：

(1) 基于像素本身性质的；

(2) 基于像素邻域性质的；

(3) 基于像素自身坐标的。

下面分别简单讨论将这 3 类方法进行推广所遇到的问题(特别是上面提到的 3 个因素)和技术，一些实际推广例子见[Zhang 1990]。

1. 推广基于像素值的阈值选取方法

这类方法比较容易推广，因为如果用体素代替像素，则类似 2-D 图像是一组像素的集合，3-D 图像只是一组体素的集合。这时可直接根据对每个体素性质的计算来得到所需的阈值。例如，许多阈值选取方法是根据图像的**直方图**来进行的，2-D 图像的直方图是一种简单的像素性质统计，3-D 图像的直方图可由对图像中所有体素的性质统计来得到。而一旦统计出了直方图，计算阈值的方法此时对 2-D 图像和 3-D 图像是一样的。

考虑上面 3 个影响因素，3-D 图像中的体素数量常大于 2-D 图像中的像素数量，这会带来计算量的增加。但对基于像素值的阈值选取方法，这种增加常是有限的和线性的(例如，统计直方图时)。在基于像素值的阈值选取方法中，一般不需考虑局域运算，对各向异性问题也没有什么影响。

2. 推广基于邻域的阈值选取方法

在依赖邻域的阈值选取方法中，除了利用单个像素的信息外，还常需要进行借助模板的局部运算。3-D 图像中的局部运算与在 2-D 图像中有些不同。如 4.4.1 小节所述，3-D 算子除了需要 3 个正交的 3-D 模板外，每个模板所覆盖的邻域的大小和形状有多种变化。这样在推广时就要根据原算法的具体特点选择相应的模板。模板尺寸的增加，特别是局部联系的复杂性，常会使计算量有比较大的增加。另外，各向异性问题对算法和模板也都会有较大影响。

3. 推广基于坐标的阈值选取方法

在 2.4.4 小节介绍了一种先将图像分解为子图像，然后求取子图像阈值，最后对阈值进行插值以获取依赖坐标的阈值来分割图像的方法。这类方法可以方便地推广以分割 3-D 图像，其主要的 3 个步骤如下：

(1) 将整幅图像划分成一系列(互相之间可以有重叠)3-D 子图像；

(2) 对每个子图像用基于像素值的阈值选取方法(见 2.4.2 小节)或基于局部区域的阈值选取方法(见 2.4.3 小节)确定一个子图像阈值；

(3) 借助各子图像阈值，通过 3-D 插值方法(如下所述)得到对图像中每个体素进行分割所需的阈值集合，并以此来进行分割。

对 3-D 图像的**双线性插值**方法可由对 2-D 图像的双线性插值方法(见上册 7.2.2 小节)推广得到[Zhang 1990]。参见图 4.4.7(a)，设点(x', y', z')的 8 个最近邻像素为 O、P、Q、R、S、T、U、V。它们的坐标分别为(i, j, k)、$(i, j, k+1)$、$(i+1, j, k)$、$(i+1, j, k+1)$、$(i, j+1, k)$、$(i, j+1, k+1)$、$(i+1, j+1, k)$、$(i+1, j+1, k+1)$。它们的灰度值分别为 $g(O)$、$g(P)$、$g(Q)$、$g(R)$、$g(S)$、$g(T)$、$g(U)$、$g(V)$。先计算出 A、B、C、D 这 4 个点的灰度值 $g(A)$、$g(B)$、$g(C)$、$g(D)$为

$$g(A) = (z' - k)[g(P) - g(O)] + g(O) \tag{4.4.15}$$

$$g(B) = (z' - k)[g(R) - g(Q)] + g(Q) \tag{4.4.16}$$

$$g(C)=(z'-k)[g(T)-g(S)]+g(S) \tag{4.4.17}$$

$$g(D)=(z'-k)[g(V)-g(U)]+g(U) \tag{4.4.18}$$

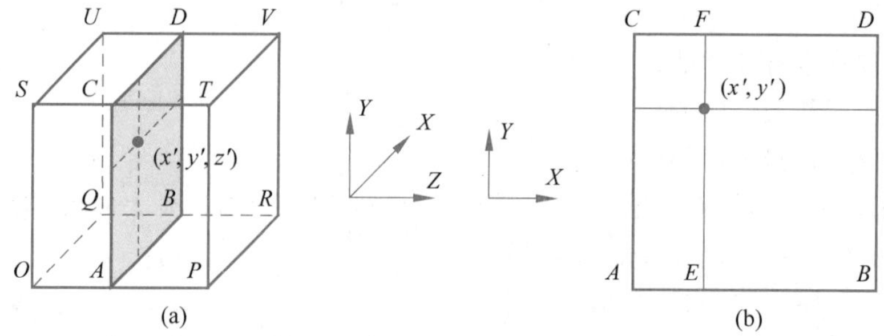

图 4.4.7 3-D 图像的双线性插值

这样问题就转化为由 A、B、C、D 这 4 个点所在 2-D 平面时的情况,见图 4.4.7(b)。此时再利用对 2-D 图像的双线性插值方法就可得到 z'所在 2-D 平面上(x',y')点的灰度值,这也就是在 3-D 图像中点(x',y',z')的灰度值。

在上面阈值选取的第(1)步中,3-D 图像数据量的增加会导致 3-D 子图像数量和各子图像数据量的增加。如果设图像各个方向上的尺寸为 N,而子图像各个方向上的尺寸为 n,则如果将 3-D 图像按 2-D 图像那样划分成子图像,则计算量会从 $O(N^2/n^2)$增到 $O(N^3/n^3)$。增加比率是 N/n。但如果要使 3-D 子图像中的体素数与 2-D 图像中的像素数相等,则计算量的增加比率将是 N。在上面第(2)步中,根据所采用的阈值选取方法,3 个因素的影响可分别参见对上两种情况的讨论。但这里还要考虑到子图像数量的增加。在上面第(3)步中,如果采用双线性插值,则计算量会增加一倍多(从 3 增加到 7)。而如果还有各向异性问题,插值算法也会比较复杂。

4.5 从灰度图像到彩色图像

前面讨论图像分割技术时,基本均以灰度图像为例。近年来,**彩色图像**得到广泛应用。要分割一幅彩色图像,首先要选好合适的**彩色空间**或模型(参见上册第 14 章);其次要采用适合于此空间的分割策略和方法。下面先概括介绍一下彩色图像分割的总体情况,再具体介绍一种简单有效的彩色图像分割策略。

4.5.1 分割不同定义的区域

彩色图像相对于灰度图像在属性上有了扩展,属性不再是标量,而成为有 3 个分量的矢量。一幅 2-D 的彩色图像需要表示为矢量图像 $\boldsymbol{f}(x,y)$。**彩色图像分割**是对矢量图像的分割。

1. 彩色分割类别

图像分割需要把感兴趣的区域提取出来。在彩色图像中,区域可采用更多的方法来定义[科 2010]。

(1) 基于边缘的定义。

将区域看作由构成彩色轮廓的边缘像素所围起来的像素的集合。这些边缘像素可使用扩展的边缘检测算子来确定。这个定义更强调的是区域之间的边界与区域的不一致性。

(2) 基于区域的定义。

将区域看作图像平面上(最大化的)相连的像素集合(连通组元)。这个集合满足均匀性条件。注意,这里对彩色信号的组合是在图像平面上进行的而不是在彩色空间进行的。例如,均匀区域可通过对大的、非均匀的区域进行分裂而得到,或将一个起始像素邻域内的其他像素(或像素块)合并进去而得到。这里强调的是区域内部的一致性。

(3) 基于像素的定义。

将区域看作由一组定义在彩色空间上的隶属度函数指定的、由像素的集合构成的连通组元。注意,这里对颜色的组合是在彩色空间进行的(所以没有考虑像素在图像平面上的联系)。例如,组合的一个条件可以是像素的颜色在彩色空间中都处在一个平面上或多面体中。

(4) 基于物理学的定义。

这里也将区域看作像素集合的连通组元,但这个像素集合的组合源于对彩色空间中彩色信号的物理建模。分割的目的是从对应景物表面的彩色图像中提取区域,每个区域包含一种物质。遮挡、阴影和高光等都不应对这种图像分割产生影响,尽管图像中的彩色值可以有变化。

这种区域定义可看作是前述区域的一个特例。但其中图像分割的目的和有关景物的物质特性假设都与其他 3 种有区别。例如,在该定义中,同一个区域可以包含仅亮度不同但色调和饱和度相同的像素,因为那里假设明亮程度的差别是由遮挡和阴影所导致的,而像素对应表示了相同表面区域的色度矢量(包括色调和饱和度)。使用这种区域定义的分割技术可归于一组新的图像分割技术类别——**基于物理学的视觉技术**。所有使用第 4 种区域定义的分割技术都不是原来基于灰度方法的扩展,都是完全用于彩色图像的。

下面对与上述 4 种区域定义对应的分割技术给予进一步介绍。

2. 基于边缘的分割

基于边缘的分割技术(参见 2.2 节、2.3 节和 3.3 节)使用非均匀测度或图像函数的不连续性以对图像划分区域。从原理上讲,可以采用各有特点的局部技术或全局技术。局部技术仅借助像素邻域信息来检测边缘像素,常可并行进行。全局技术对整幅图像实现某种全局优化,常需要进行大范围串行的搜索并经过多次优化。还有更多有关边缘检测的书籍,如[章 2001c]、[Zhang 2006c]。

局部技术有时可基于单色来进行。例如,可在彩色图像的每个分量图中分别独立地检测边缘(此时相当于在灰度图中的边缘检测),然后将在 3 个分量图中检测到的边缘像素组合起来。如果使用边缘像素的并集来组合边缘像素,则采用彩色图像有可能比采用灰度图像更容易得到封闭的轮廓。

3. 基于区域的分割

很多基于区域的分割技术可以从灰度图像推广到彩色图像。4.5.2 小节会介绍一种将阈值化技术推广到彩色图像分割的方法,这里先简单讨论一下将 3.4 节的分水岭技术扩展到彩色图像分割中。

一幅三通道的彩色图像在 RGB 彩色空间中可表示为 $\boldsymbol{C}(x,y)=[R(x,y),G(x,y),B(x,y)]$。如果在彩色信号的 3 个矢量分量中分别使用水线变换,那么将会得到 3 个具有不同区域和水线的结果。可以将它们的信息结合起来以给出对彩色图像的分割结果。

实际中,将原始彩色图像看作一个矢量,每个通道看作一个分量。对每个分量计算一个梯度图像,得到 3 幅对应红、绿、蓝通道的梯度图像 G_R、G_G、G_B。从 3 幅梯度图像 G_R、G_G、G_B 可以确定一幅组合梯度图像 G_C。然后,就可以对组合梯度图像 G_C 计算区域和水线。

4. 基于像素的分割

直方图是对图像中像素灰度的统计,可以将使用直方图进行阈值化的分割方法扩展到彩色图像中。在最简单的情况下,可将 RGB 各分量值组合成一个 1-D 的函数(如取 3 个分量的平均值或加权平均值),然后计算其直方图进行阈值化。还有一种方法是将 R、G、B 这 3 个分量经过线性变换得到两个正交彩色特征:

$$F_1=(R+G+B)/3 \tag{4.5.1}$$

$$F_2=(R-B)/2 \quad 或 \quad F_2=(B-R)/2 \tag{4.5.2}$$

在这个 2-D 空间中进行分割对大多数自然图像可获得较好的分割结果。这种方法也可看作对上一种方法(相当于仅使用一个 F_1 特征)的扩展(增加了一个 F_2 特征)。

如果对分量依次计算其 1-D、2-D 和 3-D 直方图可取得更好的结果。当使用 1-D 直方图时,需对各个彩色通道分别计算直方图,并对每个直方图确定最大值和最小值。从得到的最大值中可获得一个优先列表。这可根据频率来排列,也可考虑对不同分量进行特定的加权(如**色调**常比**亮度**更重要)。基于优先列表依次确定分割阈值。近期的技术更多是在 2-D 直方图(如彩色空间的色度平面)或 3-D 直方图中确定最大值和最小值。

聚类分析技术也可推广到包括矢量值的彩色图像中。设彩色空间中一组给定的矢量值聚类中心为 $\boldsymbol{J}_1,\boldsymbol{J}_2,\cdots,\boldsymbol{J}_n$,其中 n 为聚类数。对彩色图像 $\boldsymbol{C}$ 中每个像素 $\boldsymbol{q}_i$ 都可以确定一个 n-D 的概率矢量$(p_{i1},p_{i2},\cdots,p_{in})$,其中 p_{ik} 代表像素 $\boldsymbol{q}_i$ 属于类别 $\boldsymbol{J}_k(k=1,2,\cdots,n)$的概率。考虑像素与其所属类别的聚类中心之间的距离,可将 p_{ik} 定义为

$$p_{ik}=\frac{\|C(\boldsymbol{q}_i)-\boldsymbol{J}_k\|^{-1}}{\sum_{l=1}^{m}\|C(\boldsymbol{q}_i)-\boldsymbol{J}_l\|^{-1}} \tag{4.5.3}$$

5. 基于物理学的分割

这里需要使用彩色空间中的物理模型,这些模型用来将一幅图像分成对应场景中表面和/或目标的区域[科 2010]。这些技术的目的是在彩色图像的目标边界处,而不是在阴影处、遮挡处或高光处进行分割。基于物理学的分割至今都被限制在确定物质反射的变化上,这些物质的反射特性已知且能有效地建模。

一种典型的方法是借助**双色反射模型**(DRM)。它一般指在光学中非均匀的不透明物质上且没有特别对高光反射分量建模的混合反射模型。这些物质的表面由一个界面和一个光学上中性的含彩色色素的介质构成。界面将表面与围绕的介质(一般是空气)分开。照射到表面上的一部分光并不能穿透进入物质,而是在界面上反射,称为**界面反射**。没有从界面反射的光穿透进入物质,在那里它散射到彩色粒子上,部分被吸收,部分穿过去,最后还有一部分透射光通过界面的反射而进入围绕的介质中。最后这个过程称为**体反射**。当彩色色素分布是均匀的且色素显示出相同的光学行为时,可以假设穿透进入物质的光再从物质表面出来时并没有任何特殊的方向。

照到传感器上的光能量 L 依赖于波长 λ、表面法向量 $\boldsymbol{n}$、光照方向 $\boldsymbol{s}$ 和观察方向 $\boldsymbol{v}$。L 是界面反射 L_s 和体反射 L_b 的和。其中,界面反射描述镜面反射分量,而体反射描述散射反射分量。双色反射模型可以用数学公式写为

$$L(\lambda,\boldsymbol{n},\boldsymbol{s},\boldsymbol{v})=L_\mathrm{s}(\lambda,\boldsymbol{n},\boldsymbol{s},\boldsymbol{v})+L_\mathrm{b}(\lambda,\boldsymbol{n},\boldsymbol{s},\boldsymbol{v})=m_\mathrm{s}(\boldsymbol{n},\boldsymbol{s},\boldsymbol{v})\boldsymbol{c}_\mathrm{s}(\lambda)+m_\mathrm{b}(\boldsymbol{n},\boldsymbol{s},\boldsymbol{v})\boldsymbol{c}_\mathrm{b}(\lambda) \tag{4.5.4}$$

在双色反射模型中,假设几何分量 m_s 和 m_b 可以与镜面分量 $\boldsymbol{c}_\mathrm{s}$ 和 $\boldsymbol{c}_\mathrm{b}$ 分离开来。这里 $\boldsymbol{c}_\mathrm{s}$ 代表界面反射彩色,$\boldsymbol{c}_\mathrm{b}$ 代表体反射彩色。因为 m_s 和 m_b 可以是任何标量,矢量 $\boldsymbol{c}_\mathrm{s}$ 和 $\boldsymbol{c}_\mathrm{b}$ 构成 RGB 彩色空间中的一个平面,称为**双色平面**,也称**彩色-信号平面**。通过聚类分析有可能将反射分量分离开,从而实现彩色图像分割。

现在考虑如何区分场景中的物质变化与高光、阴影、遮挡或相互反射。一种基本的方法[Bajcsy 1990a]、[Bajcsy 1990b]是假设图像由目标表面的片(patch)集合构成，每个片具有均匀的彩色特性(不是亮度)。这样图像可分成具有均匀色调和饱和度的区域而不必考虑表面的结构。在 HSI 空间使用双色反射模型，假设高光由光照相同的频谱组成。对光照，先利用具有已知反射因子的反射图进行白平衡。通过在彩色 HSI 空间中分析诸如阴影、遮挡、高光和相互反射等现象的彩色聚类的结构，可得到下面的观察结果：

(1) 阴影、高光、遮挡和相互反射都会改变亮度；

(2) 阴影和遮挡既不会改变色调也不会改变彩色饱和度；

(3) 高光会减少饱和度值；

(4) 相互反射一般会导致色调和饱和度的改变。

根据这些观察结果，在色调分量和饱和度分量上进行操作就可将其他因素区分开，而实现对彩色图像按原始物质组成的目标的分割。

4.5.2　彩色图像分割策略

在许多实际应用中，可对彩色图像的各个分量进行适当的组合来转化为灰度图像(参见上册第 14 章)，然后可用对灰度图像的分割算法进行分割。

例如，可以将彩色图像转化为灰度图像分别分割。当对彩色图像的分割在 **HSI 空间**进行时，由于 H、S、I 三个分量是相互独立的，所以有可能将这个 3-D 分割问题转化为 3 个 1-D 分割问题。下面介绍一种对不同分量进行序列分割的方法，其流程见图 4.5.1[Zhang 1998b]。

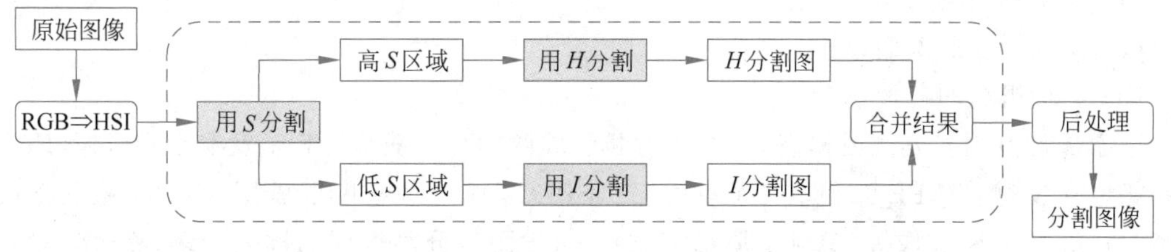

图 4.5.1　对彩色图像不同分量进行序列分割的算法流程图

从以上流程图中可以清楚地看到，整个彩色图像分割过程的 3 个主要步骤如下。

(1) 利用 S 分量来区分高饱和区和低饱和区。

(2) 利用 H 分量对高饱和区进行分割。由于在高饱和彩色区 S 值较大，H 值量化较细，可采用色调 H 的阈值来进行分割。

(3) 利用 I 分量对低饱和区进行分割。在低饱和彩色区 H 值量化较粗，所以无法直接用来分割，但由于比较接近灰度区域，因而可采用 I 分量来进行分割。

在以上这 3 个分割步骤中可以采用不同的分割技术，也可以采取相同的分割技术。图 4.5.2 给出了一个分割实例。其中图 4.5.2(a)为原始彩色图像(其 H、S、I 三个分量图可见上册的图 14.2.5)。先对 S 图进行分割得到图 4.5.2(b)，其中白色区域为高 S 区域，黑色区域为低 S 区域。然后对高 S 区域按 H 值进行阈值分割得到图 4.5.2(c)，对低 S 区域按 I 值进行阈值分割得到图 4.5.2(d)。图 4.5.2(c)和图 4.5.2(d)中的白色区域对应没有参与分割的区域，而其他不同的灰度区域代表进一步分割后所得到的不同区域。综合图 4.5.2(c)和图 4.5.2(d)得到的初步分割结果如图 4.5.2(e)所示。结合一些后处理得到图 4.5.2(f)，最后将各分割区域的边界叠加在原图(这里采用了 G 分量图)上得到图 4.5.2(g)。为了比较，图 4.5.2(h)给出了直接在 RGB 空间进行 3-D 阈值分割得到的一个结果，将其与图 4.5.2(g)

的结果比较可看出彩色空间选择的重要性。

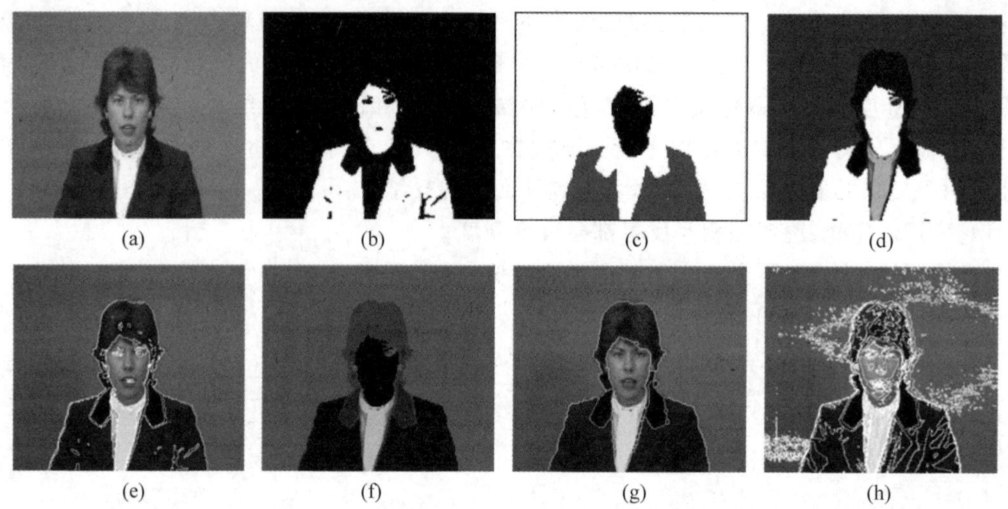

图 4.5.2　彩色图像分割实例

4.6　面向医学图像的分割

医学图像分割是各种医学图像应用的基础。医学图像分割的目的主要包括：

(1) 识别感兴趣目标；

(2) 研究器官的解剖结构；

(3) 测量组织的各种参数。

医学成像有很多方式或模态，诸如透射断层成像(TCT，简称 CT)；发射断层成像(ECT)，包括正电子发射 CT(PET)和单光子发射 CT(SPECT)；电阻抗断层成像(EIT)；磁共振成像(MRI)；超声(US)成像等(参见上册第 9 章)。医学图像分割遇到的挑战较多，除医学对象形态各异，结构复杂而具有很多不确定性外，还有许多成像中干扰的影响，如 CT 成像中的伪影就有运动伪影、条形伪影、环状伪影、金属伪影等；而 MRI 成像中还有吉伯斯伪影、折叠伪影、梯度伪影、磁敏感伪影等。

4.6.1　医学图像分割算法概述

由于医学图像的特殊性，所对其分割有专门的研究。对医学图像的分割，除考虑常见的基于区域的利用区域内像素同质性的方法和基于边界的利用区域间像素差异性的方法外，也常常考虑针对分割目标特点建模的方法。另外，还不断引入新的数学模型和工具，采用新的手段进行分割。

对医学图像的分割会遇到 3 方面的问题[Withey 2007]：

(1) 噪声的影响，噪声会改变像素值，从而导致对像素分割的不确定性；

(2) 像素值的不均匀性，表现为同一个目标里各部分的像素值有变化；

(3) 有限的像素尺寸，这使得单个像素中有可能包含不同目标的信息，该混合体像素的值是多个目标值的平均，且可能与任何一类目标的值都不同，这常称为部分容积平均效应。

医学图像的分割发展有 3 个阶段，每个阶段都代表算法设计的一个新水平。3 个阶段相应的分割算法可看作 3 代算法。最早的第一代算法中使用了低层的图像处理分析手段；第二代算法中使用了图像模型，优化方法以及不确定性模型等；第三代算法的特点是算法结合了高层知识。

1. 第一代算法

在第一代算法中，主要使用了底层技术，而且基本上没有使用先验知识。上面提到的分割会遇到的3方面的问题对这个阶段的算法都有影响。典型的方法包括边缘检测和跟踪方法、阈值化方法、区域生长方法、基于聚类的方法等[章 2001c]。

在这些算法中，阈值化方法比较简单，基本原理是利用医学影像成像技术获得原始图像数据时人体不同组织或器官的灰度值有不同的特点，选择合适的阈值进行分割。一般CT图像中各部分灰度值比较均匀，阈值化方法常可取得较好的结果。不过，磁共振图像的分辨率较高，灰度值的变化会比较复杂，灰度不均匀性较大，阈值化方法并不能保证取得较好的结果。

基于聚类的方法也比较常用，将需要分割的目标组织或者器官看成不同的模式类，通过划分模式类来得到目标分割结果。基于无监督聚类的分割算法有迭代自组织数据分析、无监督人工神经网络等，效果比较依赖于初值和参数的设置。基于有监督聚类的分割算法使用混合高斯模型、有监督的人工神经网络等，需要有合适的训练样本集。

2. 第二代算法

在第二代算法中，引进了不确定性模型和优化方法，一般避免直觉启发式的方法，但分割结果依赖于数据。典型的方法包括如下几种。

1）统计模式识别算法

使用一个混合模型，其中将图像中的每个像素都模型化为属于某个已知的类别（区域）。常用的有监督方法包括贝叶斯分类器、鉴别分析等，而K-最近邻分类就是一个典型的基础方法。使用期望最大化（EM）的算法是无监督统计聚类的典型代表。它们使用马尔可夫随机场（MRF）、隐马尔可夫随机场（HMRF）等来包含上下文信息以减少误分率。

2）神经网络

许多神经网络需要首先用合适的图像数据进行训练后才能用来分割其他图像。神经网络模型常与对应的统计模式识别方法或某些类型的生物模型等价。另外，模糊神经系统，即神经网络与模糊系统的组合，也已用于图像分割。一个相关综述可见[Boskovitz 2002]。

3）卡尔曼滤波器

使用**卡尔曼滤波器**来自动地进行目标跟踪，卡尔曼滤波器（见12.4节）可充分利用目标的动态信息，消除对目标位置、速度和加速度的测量值有影响的噪声，得到目标检测的更好估计。

4）变形模型

借助变形模型可以设计随时间根据特定的图像特征而扩张或收缩的目标。主动轮廓模型和基于水平集的前向传播模型都是典型的代表。与这两个模型密切相关的图割方法和分水岭方法都是医学图像分割中常用的基于图搜索的算法。

5）多分辨率方法

利用尺度放缩以将像素集合成组，也称多尺度或金字塔方法。通过先对原始图像迭代地进行模糊再进行下采样来减小尺度可得到一组重叠的图像。分割时，将其中一层中的像素与下一层的像素根据相似属性进行连接，而边界也通过使用多尺度方法进行细化。

6）K-均值聚类

利用一组描述特征将像素组合在一起。一般假设聚类数已知，并常将每个特征的数值归一化到[0,1]中。在医学图像分割中，使用更多的是**模糊 *K*-均值聚类**。

3. 第三代算法

仅使用第二代算法中引进的不确定性模型和优化方法在一般情况下不足以获得准确和自动的分割结果。结合高层次知识，如先验信息、专家规则、期望目标的（形状）模型等的方法构成了第三代算法。典型的方法包括如下几种。

1）形状模型

主动形状模型(ASM)是基于变形模型的，还增加了对模型变形的约束。先将目标轮廓用一系列标志点来表示，并借助训练图像分析其变化。利用训练好的主动形状模型就可以在其他图像中检测同类的目标。变形的发生与在变形模型中类似，区别是限制在统计模型的范围中。

2）表观模型

主动表观模型(AAM)是主动形状模型的一种推广，不仅考虑了目标的形状信息，还增加了目标的强度信息，并将它们结合进一个统计模型中。一个相关综述可见[Beichel 2005]。

3）基于图谱的分割

图谱是一幅组合图像，由多人分割且协调对齐的图像构成。在图谱与未知的分割图像之间建立一个3-D映射(配准)，图谱提供了统计模式识别的先验概率，使分割可以更好地利用先验信息。在很多情况下，要使用图谱方法需要将分割与配准步骤分离，但也有联合进行分割与配准的方法。当手动确定的标志点限制了变形时，也可考虑使用半自动的方法。

4）基于规则的分割

借助第一代算法和第二代算法获得图像基元，再使用结构信息和图像知识作为规则来解释这些基元。典型的例子包括：使用概率聚类和模糊逻辑，结合专家知识对目标和特征进行描述，同时对一组网状表面进行变形，使用感兴趣医学目标的形状和纹理信息构建一组规则来导引分割。

5）耦合面方法

对基于变形模型和图割方法的分割进行改进，使其同时满足多表面和保持已知空间联系的要求。这样可以结合不同算法之间的优点来改善分割结果。

4.6.2 交互式水平集胸主动脉图像分割

下面介绍一个具体的医学图像分割实例[刘 2013]。需要分割的胸主动脉原始图像是用磁共振成像方式获得的，可表示成128×128×20×24的4-D图像。其中128×128是每层图像的尺寸，共有20层，这样的3-D图像在每个心动周期里采集24次(24个时相)。图像的灰度用16bit表示。为准确分割胸主动脉，进一步采集血流速度幅值图像。图4.6.1给出了一个时相中的20幅3-D图像，其中血流速度越快的部分灰度值越大(在图像中越亮)。

由图4.6.1可见，各层图像间胸主动脉血管有较大的形变，且常伴有拓扑结构的改变。另外，4-D图像的数据量较大，所以分割方法的计算复杂度不能太高。为此，采用了基于可变模型的**交互式水平集**算法直接对每个时相的3-D图像进行分割。算法流程如图4.6.2所示，先在输入图像中借助交互确定属于血管的种子点，再利用区域生长算法得到初始血管区域并作为水平集算法中高维标量函数(水平集方法把曲面的参数方程随时间的变化看成是依赖于时间演化的高维标量函数)的初值。接下来，设定膨胀能量约束项、连续能量约束项以及外部能量约束项(包括灰度能量和梯度能量)，使得到的函数演化方程向血管壁表面逼近。最后用有限差分法迭代，直到收敛，就得到对血管的分割结果[刘 2013]。

有时，基于交互式水平集的分割结果中会出现一些不必要的凸起或者凹陷。为此，可通过添加血管形状信息约束的方法来对交互式水平集分割算法进行改进。形状信息可借助血管中心线来提供，而计算血管中心线可通过构建内部的**沃罗诺伊图**来实现。

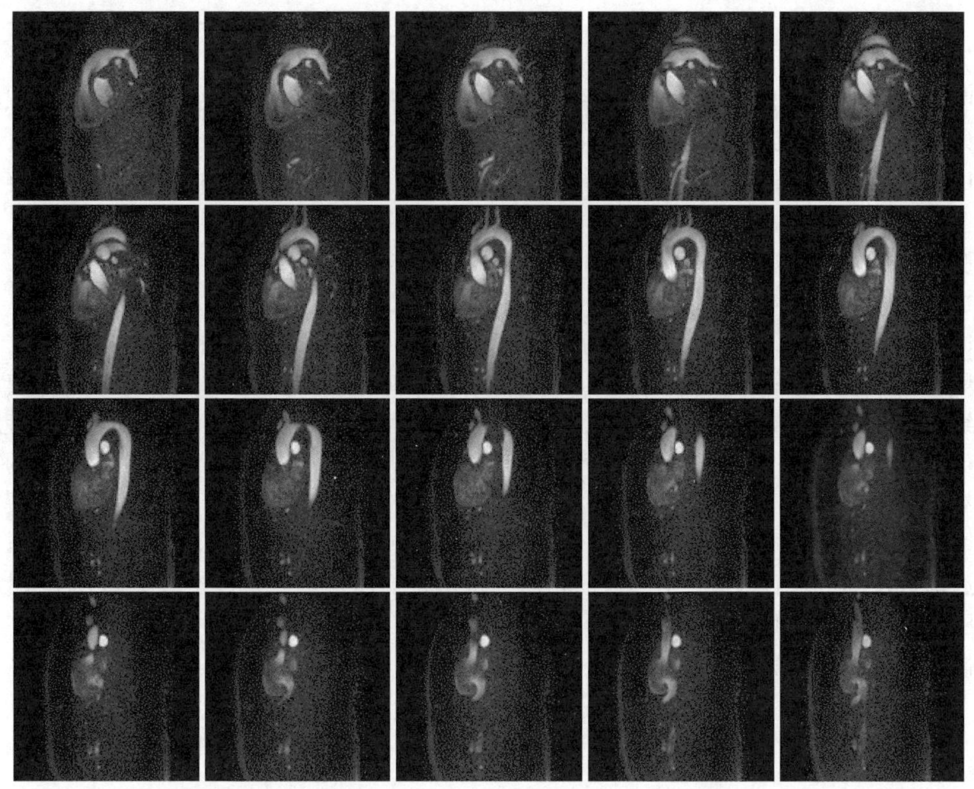

图 4.6.1　一个时相中 20 层 128×128 胸主动脉血流速度幅值图像

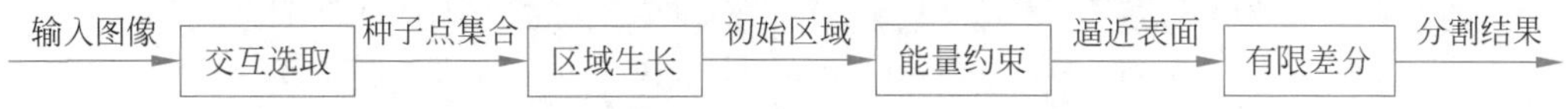

图 4.6.2　基于可变模型的交互式水平集算法的流程图

图 4.6.3 给出了形状信息约束改进的交互式水平集胸主动脉图像分割中各个步骤的结果图像。其中，图 4.6.3(a)为交互式初始化步骤，选取几个种子点后得到连接各种子点的折线。通过使用区域生长算法可由这些种子点的连线得到初始曲面，如图 4.6.3(b)所示，其中还给出了血管的中心线。进一步用水平集分割得到如图 4.6.3(c)所示的分割结果，其中在顶部血管有一个明显的凹陷。图 4.6.3(d)给出了血管内部的沃罗诺伊图。引入血管形状信息后得到的分割结果如图 4.6.3(e)所示，图 4.6.3(c)中顶部的凹陷消除了。最后，图 4.6.3(f)显示了分割后的胸主动脉中心线各处的血管半径。

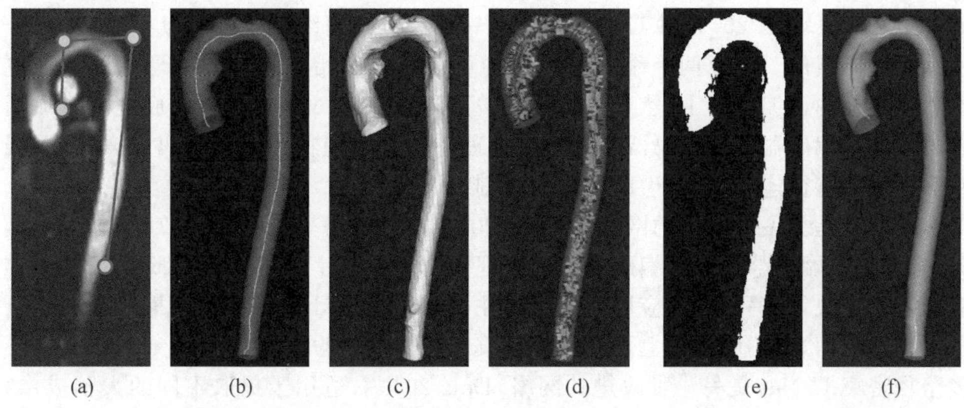

图 4.6.3　形状信息约束改进的交互式水平集胸主动脉图像分割中的一些示例

4.6.3 用于医学图像分割的 U-Net 网络

医学图像分割是很多医学图像应用的基础。近年来,用于医学图像分割的深度卷积模型的设计和性能也有了巨大的进步[Tajbakhsh 2020]。

U-Net 网络是较早提出用于医学图像分割的网络[Ronneberger 2015]。与其他现有的分割模型相比,U-Net 网络是一个训练参数较少的小模型,主要用于少量训练样本的情况。这个特性使 U-Net 成为解决各种医学分割任务的流行模型。

1. U-Net 网络结构

U-Net 网络由用于获取类别信息的编码器和与编码器有对称结构的解码器组成,它们分别实现图像的下采样和上采样过程。U-Net 网络结构如图 4.6.4 所示。其中,编码器使用**卷积神经网络**(CNN)的典型结构,交替使用多层卷积和池化操作,沿收缩路径逐渐降低特征图的分辨率,同时将每层特征图中的通道数量加倍,从而获得图像的全局信息。解码器中的每个步骤都与编码器对应,包括对特征图进行上采样,以及随后进行多次卷积。解码器沿扩展路径逐渐增加输出特征图的分辨率,同时将特征图的通道数量减半。为了定位上采样的特征,解码器通过跳跃连接将它们与来自编码器的相同分辨率特征图连接起来。模型中没有全连接层,最终层将通道数量映射到所需的类别。网络最终输出与输入图像尺寸相同的逐像素标签图,每个像素的值显示像素所属的类别。

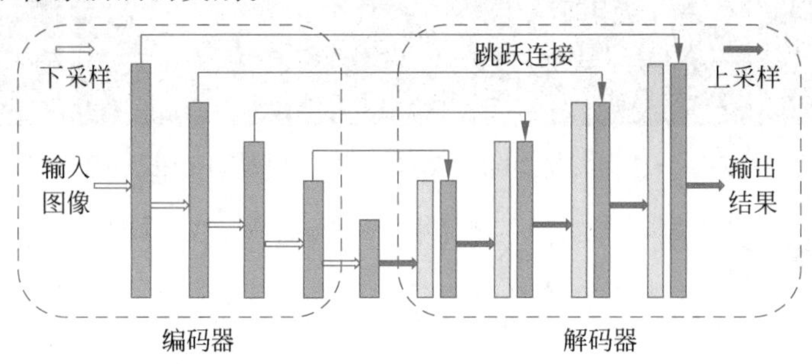

图 4.6.4 U-Net 网络结构

对 U-Net 网络,已有从网络模型、网络结构和网络机制等方面提出的改进建议。下面简要分析一些典型的改进。这些改进也可以结合起来。然而,这里需要注意的是,所有这些改进都考虑了具体医学图像的特定属性,因此它们的一般性仍有待验证。

2. U-Net 网络模型的改进

最初的 U-Net 网络采用了对称的编码器-解码器结构,一些改进使用了不同数量的编码器。下面是几个例子。

Y-Net 网络[Lan 2020]是对 U-Net 网络的一种改进。网络模型结构为 Y 形,由两个编码器和一个解码器组成。使用两个编码器的结构可以获得原始信号和波束形成图像的更多信息。原始信号被输入编码器Ⅰ,然后原始信号被**延迟求和**(DAS)处理以生成波束形成图像并输入编码器Ⅱ。编码器Ⅰ和编码器Ⅱ分别对物理特征和纹理特征进行编码,最后解码器将两个编码器输出的特征连接起来,生成最终的分割结果。

Ψ-Net 网络是另一种改进的网络[Kuang 2020]。该网络呈希腊字母 Ψ 的形状,其网络有 3 个编码层和 1 个解码器。3 个编码层分别处理要分割的切片及其两个相邻切片,并且在编码层中应用自关注块,在解码器中应用上下文关注块。这种设计不仅有助于提取全局特征能力以抑制不相关的信息,还可通过上下文关注块改善局部细节的恢复。

多路径密集 U-Net 是另一种改进的网络[Dolz 2019],适用于提取不同的大脑成像特征。网络在编码部分引入了超密集思想,编码路径的输入包括扩散加权成像(DWI)、脑血容量

(CBV)、CT 灌注成像(CTP)和平均传输时间(MTT)。这充分利用了每种形态的病变特征,并缓解了消失梯度的问题。此外,所有输入都相互连接,可以用少量训练样本进行训练。它可以有效地减少过拟合问题。

3. U-Net 网络结构改进

对 U-Net 结构的改进包括数据增强、卷积运算、下采样运算、上采样运算、模型优化策略和跳跃连接等。每个方面都有许多不同的方法,如表 4.6.1 所示[周 2021]。

表 4.6.1　U-Net 网络结构改进

改进方面	改进方法
数据扩充	弹性变换、几何变换、生成对抗网络(GAN)、Wasserstein GAN(WGAN)和实时增强器等
卷积运算	卷积块改进：不对称卷积、扩张卷积和初始模块的添加 改进的卷积填充：零填充、镜像填充、常量填充和重复填充
下采样运算	最大池化、平均池化、随机池化、跨度卷积(卷积期间步长大于或等于 2)、扩张卷积、空间金字塔池化和起始模块等
上采样运算	最近邻插值、双线性插值、三线性插值、亚像素卷积和转置卷积
模型优化	激活函数：校正线性单元(ReLU)、随机 ReLU(RReLU)、参数 ReLU(PRe LU)、泄漏 ReLU(LReLU),硬指数线性 S 形挤压(HardEliSH)和指数线性 S 形挤压(ELiSH) 归一化：批量归一化(BN)、组归一化(GN)、实例归一化(IN)和层归一化(LN)
跳跃连接	注意力机制、特征重用和注意力机制(FRAM)、去卷积和激活功能、孪生网络的注释信息以及新的跳跃连接模式

4. U-Net 网络机制改进

为了提高 U-Net 网络的性能,引入了不同的改进机制。

1) 基于残差网络的改进

在残差网络中,引入**恒等快捷连接**来解决多层神经网络的退化和梯度消失问题。残差网络示意图如图 4.6.5 所示[He 2016]。

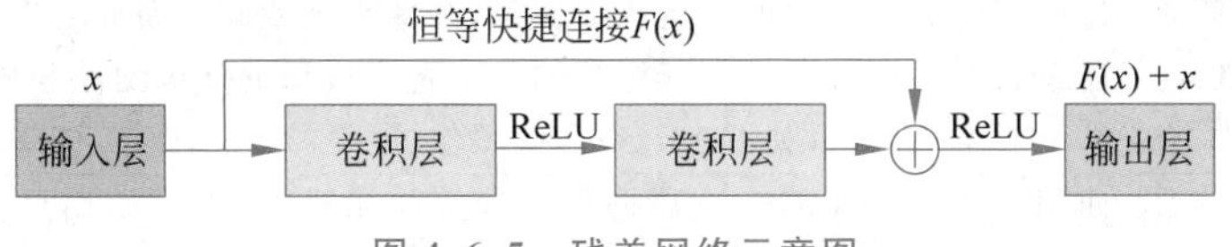

图 4.6.5　残差网络示意图

将残差网络引入 U-Net 网络以加深网络深度可以提高网络训练效果,同时引入批量归一化可以提高分割速度[Tong 2018]。残差 U-Net 网络已被用于肺部 CT 图像分割,将残差块集成到 U-Net 网络的编码器的收缩路径中,可以减少计算负担[Khanna 2020]。残差模块还用于替换 U-Net 的卷积模块,这增加了特征的可重用性,并降低了模型优化的难度[于 2020]。在 MultiResUNet 网络中,将多分辨率块用于替换收缩路径和扩展路径的卷积运算,以避免网络退化[Ibtehaz 2020]。

2) 基于密集模式的改进

在 ResNet 的基础上,还提出了**密集卷积网络**(DenseNet)[Huang 2017a]。该网络将输入和输出并行连接,不仅有效缓解了梯度消失的问题,而且增加了特征的可重用性,减少了网络计算的参数。在**密集连接 U-Net**(DC U-Net)网络中,密集连接块被应用于编码器路径,并且被用于网络的相邻池化层之间以代替卷积运算,从而提高了网络学习位置和边缘等特征的能力[Wang 2019b]。在**深度池化全卷积网络**(DPFCN)中,池化层采用了密集机制,以避免池化操作中由于滑动窗口而导致在相邻窗口出现的计算冗余[Nasr-Esfahani 2019]。在**密集初始 U-Net 网络**[Zhang 2020b]中,密集初始块被用于收缩路径的第四层和第五层,以替代传统卷积块。这可以加深网络的宽度和深度,避免梯度消失和冗余计算。

3）基于注意力机制的改进

在**残差注意力感知 U-Net**(RA-UNet)中，注意力机制被引入 U-Net，用于肝脏肿瘤的 CT 图像分割[Jin 2020]。该机制结合了低级和高级特征图来提取上下文信息。**双注意力 CapNet**(DA CapNet)结合了**挤压和激励**(SE)模块以及**卷积块注意力模块**(CBAM)。CBAM 被集成到 U-Net 的解码器部分，这使得网络能够聚焦于重要位置并更好地捕获上下文信息[Hariyani 2020]。在**类别注意力提升 U-Net**(CAB U-Net)中，CBAM 将深度网络计算图与梯度提升方法相结合，对不同类别的特征图给予不同的关注，并使用这些特征来增强概率空间中的分割，最终实现全局位置信息和局部纹理信息的聚合[Ding 2020]。在**基于注意力的嵌套 U 形网络**(ANU-Net)中，为了使网络聚焦于所关注器官的位置，在嵌套卷积块之间引入了注意力机制，使得从编码器的不同层提取的特征可以与解码器对应层的特征选择相结合[Li 2020]。

4.6.4 医学图像标记数据的解决方案

自 U-Net 引入以来，医学图像分割的神经架构发生了显著变化[Tajbakhsh 2020]。然而，为了训练图像分割模型，需要大型和高质量的标注数据集。实际中，很少能找到尺寸完美且标记仔细的数据集，该问题对数据和标注都很昂贵的医学成像应用更严重。

医学图像分割数据集的常见局限性包括稀疏标注（只有有限的标注数据可用于训练）、弱标注（训练数据只有稀疏标注、噪声标注或图像级标注）。以下两个小节分别介绍在克服上述两个局限性方面所提出的一些解决方案。

1. 稀疏标注的解决方案

解决稀疏标注的方法试图处理只有一小部分图像被密集标注的数据集。目前，可以区分 6 类稀疏标注解决方案，如表 4.6.2 所示。

表 4.6.2 稀疏标注的解决方案

类　别	主要子类别及其简要描述
数据扩充	传统扩充：使用空间和强度变换通过图像质量、图像外观或图像布局来操纵图像属性 混合扩充：通过成对的训练图像及其标签的凸组合生成新的训练图像和相应的标签 合成扩充：基于对抗性网络（如 GAN）来合成图像
利用外部标注的数据集	转移学习：使用一个大的外部标注数据集来训练初始模型，然后使用目标数据集对其进行微调 领域适应：通过学习共同的潜在表达或通过学习将图像从一个领域转换到另一个领域来弥合不同数据集之间的分布差距 数据集融合：利用多个外部数据集的数据来训练一个通用分割模型，该模型的性能优于在每个单独数据集上训练得到的模型
低成本标注	主动学习：从未标注的图像中确定一批样本用于专家标注，以最大化模型的性能 交互式分割：通过允许标注专家交互式地纠正模型生成的初始分割掩模，以加快注释过程
利用未标注的数据	自我监督预训练：将未标注的图像用于预训练分割网络 使用伪标签的半监督学习：将未标注的图像用分割模型标注，然后在训练期间用作新的示例 无伪标签的半监督学习：将标注和未标注的图像联合用于训练分割模型
正则化训练	变换图像表达：将图像投影或变换为信息量更大或更紧凑的表达，转化为问题更容易解决的深层模型，从而减少对大型训练集的需求 多任务学习：在 U-Net 的框架下，将编码器用作特征提取器，以学习可推广到所需任务的潜在表达，使每个任务充当其他任务的正则化器，使用上采样分支产生分割结果 形状正则化：形状在某些约束条件下定义了分割问题中的感兴趣区域(ROI)。这些约束可以有效地正则化编码，以使分割输出更真实（尤其在数据稀疏但标注良好时）

续表

类　别	主要子类别及其简要描述
分割后细化	局部连接的 CRF：CRF 被设计为通过限制相邻像素的成对电势来诱导局部平滑，或者优化局部图像块上的吉布斯能量 全连接 CRF(FC-CRF)：它使用迭代平均场近似来考虑所有像素对，从而以有效的方式将 CRF 的局部范围扩展到整幅图像 RNN-CRF：它采用类似于 FC-CRF 的方法，但使用递归神经网络(RNN)代替迭代计算来进行端到端训练

在这些类别中，前 4 类使用相同的理念来扩充训练集，但它们在所需的数据资源以及是否需要回路中的专家方面有所不同。在第五类中，正则化可以通过改变图像表达来应用于输入空间，通过用形状先验约束分割结果来应用于输出空间，或者通过利用多任务学习的附加监督信号来直接应用于梯度。在第六类中，大多数方法采用条件随机场(CRF)的不同变体，用于模型训练或作为后处理手段，以细化分割掩码。这里，CRF 将逐像素标签集体建模为随机场，该随机场取决于图像/体积强度。局部 CRF 在成对像素依赖性加权的局部图像块上优化吉布斯能量。全连接 CRF(FC-CRF)以有效的方式将 CRF 的局部范围扩展到整幅图像。递归神经网络 CRF(RNN-CRF)通过使用 RNN 代替迭代计算实现 FC-CRF 的端到端训练。

2. 弱标注的解决方案

解决弱标注的方法试图处理具有稀疏、有噪声(以及对象边界具有不精确性)或仅图像级标注的数据集。可以区分弱标注的 3 类解决方案，如表 4.6.3 所示。

表 **4.6.3**　弱标注的解决方案

类　别	主要子类别及其简要描述
使用稀疏标签学习	掩模完整的选择性损失：其思路是人工重建真值掩模的不完整区域，并使用完整的掩模进行训练 掩模不完整的选择性损失：当不需要重建完整分割掩模时，修改目标函数以规避真值
使用噪声标签学习	无掩模细化的鲁棒损失：它由加权交叉熵损失函数组成，其中每个像素对总损失的贡献由模型对像素标注质量的感知而控制 迭代掩模细化的鲁棒损失：它在半监督学习中识别样本，在训练期间使用噪声标签，然后通过减少梯度来降低其对参数更新的影响
使用图像级别标签学习	类激活图(CAM)：其思想是将特征图组合起来，生成特定于类别的显著性图。它可以与图像级注释结合使用 多实例学习(MIL)：标签是为整个实例包而不是每个单独的实例提供的。这里，每幅图像可以被视为一组实例，其中每个实例可以是图像中的一个像素或一组像素

在稀疏标注类别中，使用基于选择性损失的一些变体(仅针对标记像素)的方法，其中只有稀疏标记像素导致分割损失。在噪声标注或模型生成注释类别中，抗噪声损失函数用于从噪声标注中学习。在图像级标注类别中，类别激活映射的不同变体可用于利用弱图像级标签进行图像分割。

总结和复习　　**随堂测试**

第5章

分割评价比较

对图像分割的研究已进行了60多年，提出的方法成千上万，但尚没有一种适用于所有图像的通用算法。绝大多数算法都是针对具体问题提出的，这里一个重要的原因就是尚无通用的分割理论。另外，给定一个实际应用后选择适合的分割算法仍是一个很复杂的问题，且没有标准的方法。由于缺少通用的理论指导，要分割的图像又各有特点，进行分割常常需要反复进行试验。这些问题的存在促使人们一直不断地对图像分割开展大量工作[章 2014c]、[Zhang 2015e]、[章 2023]。

要克服上述图像分割中的问题和困难需要对如何评价（评估）图像分割技术及其性能开展研究。分割评价通过对分割算法性能的研究以达到改进和提高现有算法的性能、优化分割过程、改善分割质量以及指导新算法研究的目的。事实上，对分割算法的性能评价和比较[Zhang 1996a]也长期得到广泛的重视[Zhang 2015c]。

对图像分割的研究可分为3个层次。如果说对图像的分割处在研究的第一个层次，那么对图像分割的评价则构成研究的第二个层次（它帮助把握不同分割算法的性能），而对评价方法和评价准则的系统比较和刻画则构成研究的第三个层次（它帮助把握不同评价方法的性能）。换句话说，分割评价是为了研究分割技术，而对分割评价方法的比较和刻画则是为了研究评价方法，以更好地评价分割技术。从某种意义上说，对分割评价的比较和刻画是对分割评价的评价。

总体来说，在分割研究的3个层次都有许多值得进一步深入研究的地方。对图像分割技术自身理论的研究仍有待加强，对分割技术的评价研究仍不全面，而对评价方法的系统研究仍很缺乏。值得指出的是，研究图像分割评价正是为了更好地研究图像分割本身，而对评价方法的比较和刻画正是为了更好地研究分割评价，以便对分割研究本身起到引导作用。鉴于这项工作的重要性，本章将对图像分割评价已有的研究成果进行综述和讨论，以推动这方面的深入研究，并从“上”而“下”促进图像分割技术的进展。

根据上述讨论，本章各节将安排如下。

5.1节首先对已有的评价研究进行分类，包括评价工作（分成两种）和评价方法（分成3组），为进一步的讨论打下基础。

5.2节结合一个评价框架来介绍试验评价的机理和各个具体步骤，这是评价研究的重点之一。

5.3节对三组评价方法中使用的各种评价准则进行详细介绍和分析，讨论它们各自的特点，这是评价研究中的另一个重点。

5.4节给出了一个对各类分割算法进行评价的实例，介绍实验的设置和环境（包括涉及的算法和图像）以及得到的结果和对结果的讨论。

5.5节将对图像分割的研究从评价提高到对评价的评价，通过对评价方法的特性分析以及对定量准则的实验比较，给出它们评价能力的优劣次序。

5.6节介绍了近年若干在分割评价的比较和刻画中的相关工作。

5.7 节介绍了一个基于评价的分割算法优选系统，给出了一个利用分割评价的成果指导分割的例子。主要介绍了对算法优选的思想和策略以及优选系统的实现和效果。

5.1　分割评价研究分类

对**图像分割评价**的工作可以分成两种情况。

(1) **性能刻画**：掌握某种算法在不同分割情况中的表现，通过选择算法参数来适应分割具有不同内容的图像和分割在不同条件下采集到的图像的需要。

(2) **性能比较**：比较不同算法在分割给定图像时的性能，以帮助在具体分割应用中选取合适的算法或改进已有的算法。

上述这两方面的内容是互相关联的，性能刻画能使对算法的性能比较更加全面，性能比较能使对算法的性能刻画更有目的性。

为达到分割评价的目的，对评价方法提出的基本要求主要有[Zhang 1994]：

(1) 应具有广泛的通用性，即评价方法要适于评价不同类型的分割算法并适合各种应用领域；

(2) 应采用定量的和客观的性能评价准则，这里定量是指可以精确地描述算法的性能，客观是指评判摆脱了人为的因素；

(3) 应选取通用的图像进行测试以使评价结果具有可比性和可移植性，同时这些图像应尽可能反映客观世界的真实情况和实际应用领域的共同特点。

现有评价分割技术和算法的方法可归纳为两大类：一类是直接的方法，它直接研究分割算法本身的原理特性，通过分析推理获得分割算法的性能，所以也称为**分析法**；另一类是间接的方法，它根据对试验图像的分割质量间接地评判分割算法的性能，所以也称为**试验法**。具体就是使用需要评价的算法去分割图像，然后借助一定的质量测度来判断分割结果的优劣，据此转而得出所用分割算法的性能。试验法可进一步分为两组：一组采用(常根据人的直觉建立的)一些**优度**参数来描述已分割图的特征，然后根据参数值来判定分割算法的性能；另一组则先确定理想的或期望的分割结果参考图，然后通过比较已分割图与参考图之间的差异值来判定分割算法的性能。前一组方法可称为**优度试验法**，后一组方法可称为**差异试验法**。综合以上讨论，分割评价方法可分为分析法、优度试验法和差异试验法 3 组，它们各自的特点及相互关系可借助图 5.1.1 来说明[Zhang 1996a]。

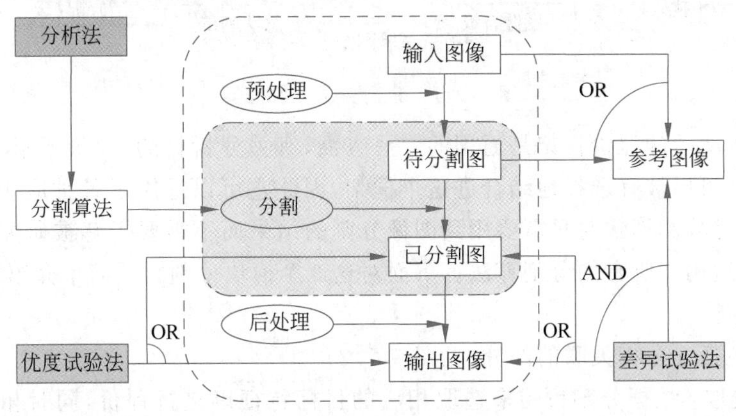

图 5.1.1　图像分割评价方法分组

图 5.1.1 中点画线框内给出了一个狭义的图像分割基本流程图，这里将图像分割看作用

分割算法去分割待分割图像得到已分割图像的过程。图 5.1.1 中虚线框内给出了一个广义的图像分割基本流程图,这里将图像分割看作由 3 个步骤串联而成:一是预处理;二是狭义的图像分割;三是后处理。在广义的分割流程图中,待分割图像是通过对一般的输入图像进行一定的预处理后得到的;而已分割图像也还要经过一定的后处理才能成为最终的输出图像。

从图 5.1.1 可以看到上述 3 组评价方法的不同作用点和工作方式。分析法仅仅作用在分割算法本身上,并不涉及分割图像和分割流程。优度试验法是去检测已分割图像或输出图像的质量来评价分割算法,不必考虑分割流程的输入;而差异试验法则是将通过输入图像或待分割图像得到的参考图像与已分割图像或输出图像的质量进行对比来评价分割算法,所以既要考虑分割流程的输入,又要考虑分割流程的输出。

不管是分析法还是试验法(包括直接法或间接法),它们基本上都有两个关键步骤或内容:一个是对分割算法进行分析或试验的框架或机制以及途径或方案(即机理和程序);另一个是用来评判算法特性的**评价准则**(也常称测度或指标)。前者对同一组评价方法有类似之处(因为这里分组时主要考虑的是机理),而后者则在同一组方法中对各个具体的方案也各有特点。评价准则对分析法或试验法都很重要。对分析法来说,要分析算法的某些特性,需要有衡量这种特性的测度,算法的特性要根据这种测度才能判别和比较。对试验法来说,因为它们依靠对图像分割后的结果进行评判来决定所用分割算法的性能,因而定量的(可计算和比较的)和客观的(不会因为评价人主观意识而不同)评价指标至关重要,算法的优劣就是基于指标值来确定的。由此可见,要对图像分割进行评价必须要采用合适有效的性能评价准则。另外,评价准则在一定情况下也对评价方案有限定作用,一定的评价准则只能用在一定的评价方案中。

5.2 分割算法评价框架

评价机制主要体现在**评价框架**中。其中,差异试验法既要考虑分割算法本身又要考虑分割流程,在分割流程中还需同时考虑输入和输出,相对比较复杂。

图 5.2.1 给出了一个对分割算法进行差异试验评价的框架示意图,它主要包括 3 个模块:性能评判、图像合成、算法测试[Zhang 1992b]。

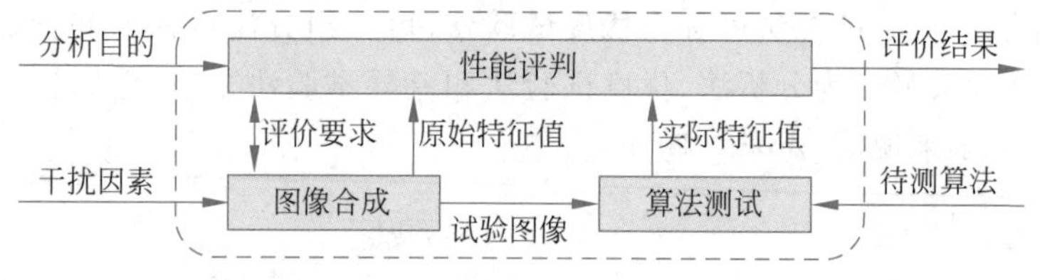

图 5.2.1 分割算法评价框架

如图 5.2.1 所示的评价框架是通用的。一方面,有关分析目的、评价要求、图像获取及处理的条件和因素可以被有选择地结合进这个框架,因此它可以适用于各种应用领域。另一方面,因为它在研究分割算法时只需要用到图像分割的结果而不需要了解被研究算法的内部结构特性,所以可适用于所有的分割算法。下面对这 3 个模块分别给予简单介绍。

1. 性能评判

性能评判包括 3 个相关联的部分(见图 5.2.2)。

(1) 特征选取:根据分割目的来选取相应的目标**特征**以进行评价,同时相应的合成测试图也要据此产生。

(2) 差异计算:利用从原始图和分割图所得到的原始和实测特征值计算。

(3) 性能描述：将差异计算结果与图像合成条件结合以给出评价结果。

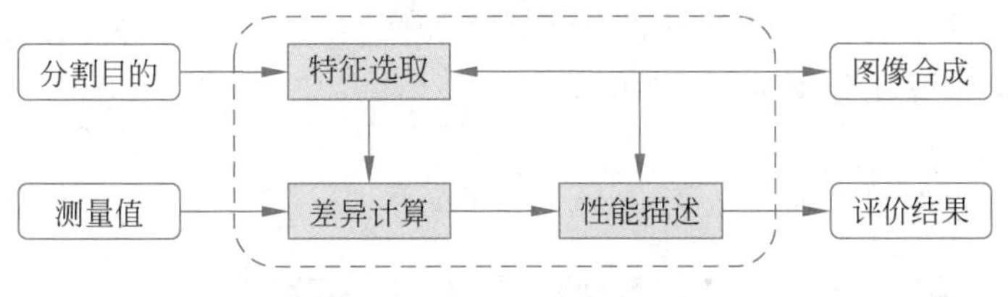

图 5.2.2　性能评判模块示意图

2. 图像合成

为根据试验分割结果来评判分割算法需要采用合适的分割试验图。为了保证评价研究的客观性和通用性，可采用合成图像来测试分割算法并作为参考分割图。这样不仅客观性好，而且可重复性强，结果稳定。而如用真实图则研究结果常受限于具体的应用，并且由于需要人工分割以得到参考图从而会在评价中引入主观偏差。合成图像应用中重要的一点是生成的图像应能尽可能反映客观世界，这就需要结合应用领域的知识。**图像合成**流程应可以调整以适应诸如图像内容变化、各种获取图像的条件等实际情况。下面介绍的图像合成系统框架可以满足以上的要求，它包括 4 个相关的部分(见图 5.2.3)。

(1) 组建基本图：基本图反映基本内容和结构，可以根据实际应用领域的模型来建立，它将是生成一系列合成图的基础和起点。

(2) 目标调整：修改基本图中的目标以产生不同灰度、尺寸、形状、数量、位置等的目标，以模拟实际图像；有关目标的原始数据可输出给性能评价模块。

(3) 叠加干扰：通过模拟采集条件(也可实际采集)产生噪声，模拟加工情况(如平滑)产生模糊，并叠加到具有不同目标的图像中，从而逼近真实世界。

(4) 图像组合：按一定次序组合各种图像目标和干扰因素以最终获得尽可能接近于实际情况的试验图像以用于图 5.2.1 中的"算法测试"模块。

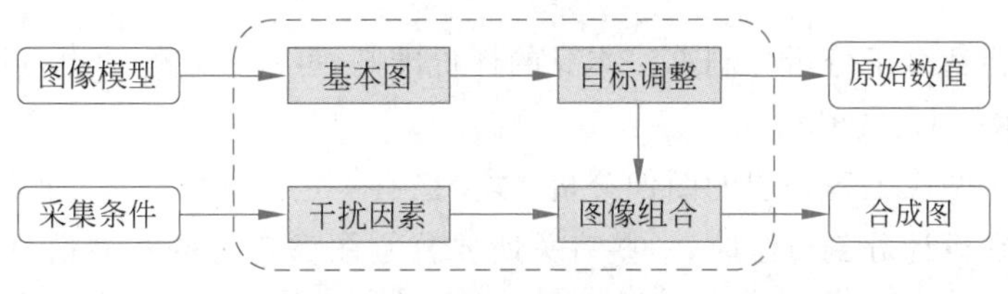

图 5.2.3　图像合成模块示意图

例 5.2.1　用于分割评价的合成图示例

图 5.2.4 给出了一组根据如图 5.2.3 所示的流程合成的分割评价试验图，这些图均为 256×256px、256 级灰度图。基本图是将亮的圆形目标放在暗的背景正中而组成的。图中目

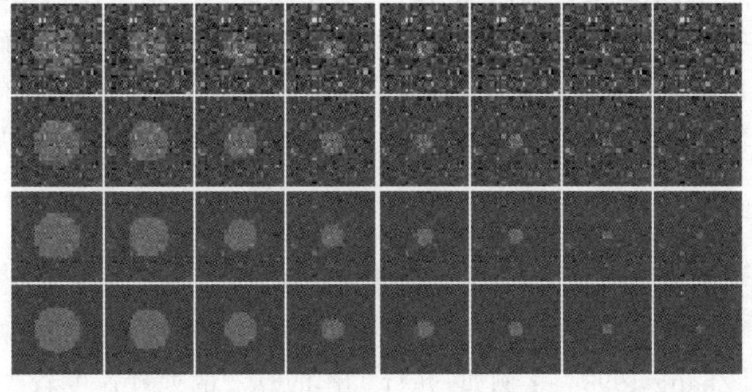

图 5.2.4　分割评价试验图示例

□

标与背景间的灰度对比度为32,叠加的噪声均为零均值高斯随机噪声。这组图可称为“尺寸组”,从左至右8列图中的目标面积分别为全图的20%、15%、10%、5%、3%、2%、1%、0.5%,从上至下4行图的信噪比分别为1、4、16、64。

3. 算法测试

算法测试的流程框图见图5.2.5。

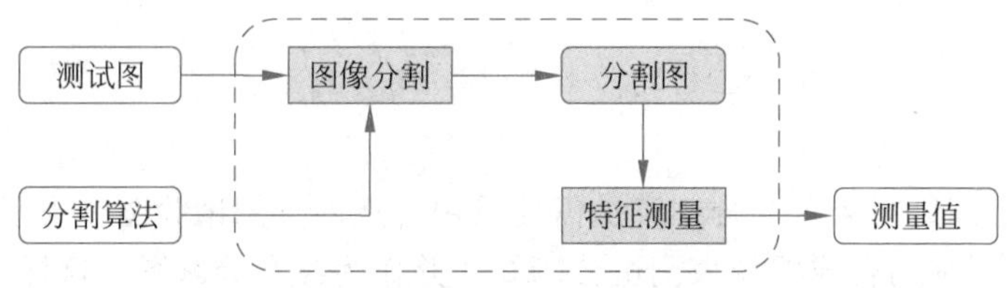

图5.2.5 算法测试的流程框图

如图5.2.5所示的算法测试流程框图是一个典型的图像分析模块框图,它包括两个前后连接的步骤:分割和测量。在分割阶段,将被测算法看作一个“黑盒子”,对它的输入是测试图(试验图),而得到的输出是分割图。在测量阶段,根据分割出来的目标对预先确定的特征进行测量就得到实际的目标特征值,然后将这些特征值输入图5.2.1中的“性能评判”模块以进行差异计算。

5.3 分割评价的准则

在5.1节中,将分割评价方法分成了3组:分析法、优度试验法和差异试验法。不同方法所采用的评判算法特性的评价准则也各有特点。下面分组介绍一些基本和典型的评价准则。

5.3.1 分析法准则

分析法准则指适合于分析分割算法本身的评价准则,可以是定性的也可以是定量的。

1. A-1:所结合的先验信息

图像分割属于图像工程中层的图像分析,本身已有一定的抽象程度,而高层知识的指导作用也比较重要。在设计分割算法时,一些有关所要分割图像自身的特性信息可以被结合和使用,以提高分割的稳定性、可靠性和效率等。对某些算法来说,将实际应用中的**先验信息**或**先验知识**结合进去有可能取得更好的分割结果。由于先验信息的应用对分割算法的性能有较大的影响,所以根据不同算法所结合的先验信息的种类和数量的不同,可以从一定程度去比较算法的优劣。

需要注意的是,并不是对所有算法都可有效地使用这种准则来评判比较。一方面这是因为目前还没有可以完全定量描述先验信息的方法,因而难以比较。另一方面,不仅是先验信息的种类和数量,而且如何在分割算法中利用这些信息也会对算法的性能有很大影响[Zhang 1991c]。由于先验信息的利用程度是很难定量描述的,所以这种准则主要用于定性分析算法性能。

2. A-2:处理策略

图像分割和许多图像分析技术一样,其过程可以串行或并行、迭代或混合地实现。图像分割算法的性能常常与这些处理策略是紧密联系的,所以根据算法的**处理策略**也可在一定程度上把握算法的特性[Zhang 1993a]。例如,并行工作的算法的处理速度较高,尤其适合于用具有并行处理能力的计算机来快速实现。但是由于在并行处理中对所有像素是同时处理的,无法利用串行和迭代算法中的中间结果调整算法，所以不够灵活，受噪声和干扰的影响也会较大。反过来，串行工作的算法虽然比较复杂，速度较低，但由于较多地利用了前期逐步获取的信息，能较好地应对困难的情况，抗噪声能力也常较强。

3. A-3：计算费用

每个分割算法都由一系列的运算操作来实现。为完成这些操作所需的**计算费用**与分割过程的复杂性、算法的效率（以及计算速度）都有关，也是衡量算法性能的一个指标。实际中完成各种操作的计算费用还与许多因素，例如计算机硬件、图像内容等都有关。为消除计算机硬件的影响，计算费用也可按不同操作的类型和数量来计算[Zhang 1993a]。在这种情况下，对某些算法的计算费用可由对算法的分析定量得到。有些分割算法的计算量是与图像内容或要分割的区域有关的，或者说与图像本身的复杂度有关，这时就需要用到根据每个具体分割任务来计算的准则（即通过测量具体分割图像所需的时间）来判定算法的计算费用，不过这一般仅对某些算法适用。

4. A-4：检测概率比

检测概率比被定义为正确检测概率与错误检测概率之比。这个准则最初用来比较和研究各种边缘检测算子。给定一个边缘模式，一个算子在检测这类边缘时的正确检测概率 P_c 与错误检测概率 P_e 可以由下两式计算出来（T 为一个给定的阈值）：

$$P_c = \int_T^{\infty} P(t \mid \text{edge}) \mathrm{d}t \tag{5.3.1}$$

$$P_e = \int_T^{\infty} P(t \mid \text{no-edge}) \mathrm{d}t \tag{5.3.2}$$

对简单的边缘检测算子常可以通过分析得到其 P_c 和 P_e 的比值。这个值越大，表明算子在检测对应边缘时可靠性越高。由于许多分割技术利用边缘检测算子来帮助分割图像，所以这种准则可用来对这些算法的性能进行评价。实际中，常将 P_c 和 P_e 的比值用检测和误警曲线表示以评估分割性能。

5. A-5：分辨率

利用不同的分割算法所得到的分割图像其**分辨率**可以有多种情况，例如，可以是一个像素、若干像素（组合）或一个像素的若干分之一（亚像素或子像素）。实际中大多数算法的分辨率都以像素为单位，不过纹理图像的分割常以多个像素的集合为单位，而**亚像素**的分辨率在很多应用中得到关注（见 4.3 节），所以分辨率也是衡量算法性能的一个有效指标。

一般来说，对给定的分割算法，其分辨率通过分析其原理和步骤就可得到。

5.3.2 优度试验法准则

优度试验法在评价图像分割效果时要利用一些**优度准则**，这些准则常代表主观上对理想分割结果所期望的一些性质。优度准则给出的结果常被量化，一般是定量的。

1. G-1：区域间对比度

图像分割要把一幅原始图像划分成若干区域。直观地考虑，这些区域的特性之间应有比较大的差距，或者说有明显的对比。根据对给定特性的**区域间对比度**的大小可以判别分割图的质量，也可由此推出所用分割算法的优劣。对图像中相邻接的两个区域来说，如果它们各自的平均灰度为 f_1 和 f_2，则它们之间的**灰度对比度**（GC）可按下式计算[Levine 1985]：

$$\mathrm{GC} = \frac{|f_1 - f_2|}{f_1 + f_2} \tag{5.3.3}$$

事实上,式(5.3.3)中的 f_1 和 f_2 也可代表除灰度外的其他特征量。这样就得到其他特征的区域间对比度。当一幅图中有多个区域时,可利用式(5.3.3)分别计算两两邻接区域之间的对比度再组合起来。

与区域间对比度密切相关的一个指标被称为**相关性**[Brink 1989],虽然它直接测量的是原始图像和阈值化后的二值图像之间的相关系数。不过已经证明,这里相关系数的平方也就是一种熵分割算法[Otsu 1979]中的类分离熵,所以这个指标的含义与区域间对比度类似[Zhang 1996a]。

2. G-2:区域内均匀性

分割常被定义为要把一幅原始图像 $f(x,y)$ 分解成若干内部具有相似特性的区域,所以可用分割图中各区域内特性均匀的程度来描述分割图像的质量,这里使用的性质就是**区域内均匀性**。如以 R_i 表示分割图中的第 i 个区域,A_i 表示其面积,则分割图中各区域内的**均匀性测度**(UM)可表示为[Sahoo 1988]

$$\mathrm{UM}=1-\frac{1}{C}\sum_i\left\{\sum_{(x,y)\in R_i}\left[f(x,y)-\frac{1}{A}\sum_{(x,y)\in R_i}f(x,y)\right]^2\right\} \tag{5.3.4}$$

其中,C 为归一化系数。与此类似,还有**繁忙性测度**[Weszka 1978]和**高阶局部熵**[Pal 1993]等测度也是基于相同想法的。

3. G-3:形状测度

直观地讲,一个好的分割结果应满足某些主观条件或视觉要求。一般希望物体轮廓线比较平滑,**形状测度**就是用于衡量目标外轮廓的光滑程度的,所以也可称轮廓指标。如以 $f_N(x,y)$ 表示像素 (x,y) 的邻域 $N(x,y)$ 中的平均灰度,$g(x,y)$ 表示像素 (x,y) 处的梯度,对图像以 T 为阈值进行分割所得形状测度 SM 可用下式计算[Sahoo 1988]:

$$\mathrm{SM}=\frac{1}{C}\left\{\sum_{x,y}\mathrm{Sgn}[f(x,y)-f_{N(x,y)}]g(x,y)\mathrm{Sgn}[f(x,y)-T]\right\} \tag{5.3.5}$$

其中,C 为归一化系数;Sgn(·)代表单位阶跃函数;T 是预先确定的阈值。

5.3.3 差异试验法准则

差异试验法中所使用的评价准则用来比较已分割图与参考图之间的差异,所以称为**差异准则**。利用差异准则应能定量地衡量分割结果,且这种量度是客观的。

1. D-1:像素距离误差

实际中的分割结果常常不是完善的,在这种情况下总有一些像素被错误地划分到并不应属于的区域。这些被错分的像素与它们本应该属于的正确区域之间的距离(带有一定的空间信息),从一个角度反映了分割质量的好坏。现已提出了若干基于**像素距离误差**的测度来评价分割结果。一个常用的测度是**质量因数/品质因数**(FOM):

$$\mathrm{FOM}=\frac{1}{N}\sum_{i=1}^{N}\frac{1}{1+p\times d^2(i)} \tag{5.3.6}$$

其中,N 是错分像素的个数;p 是一个比例系数;$d^2(i)$ 代表第 i 个错分像素与其正确位置的距离。与此相关联的一个测度是**偏差的平均绝对值**(MAVD):

$$\mathrm{MAVD}=\frac{1}{N}\sum_{i=1}^{N}|d(i)| \tag{5.3.7}$$

还有一个测度称为**归一化距离测度**(NDM):

$$\mathrm{NDM}=\frac{\sqrt{\sum_{i=1}^{N}d^2(i)}}{A}\times 100\% \tag{5.3.8}$$

式中，N 和 $d^2(i)$ 同式(5.3.6)；A 是图像的面积。其他类似的测度还有**像素空间分布**、**修正的质量因数**(MFOM)、**概率加权的质量因数**(PWFOM)等。

2. D-2：像素数量误差

对图像分割结果来说，由于分割错误而产生的错分像素个数是一个重要的图像质量衡量指标。对此已提出了借助**像素数量误差**来评判分割图像的质量的许多不同加权方法。例如，有一种称为**误差概率**(PE)，当图像是由目标和背景两部分构成时，PE 可用下式计算：

$$\mathrm{PE} = P(\mathrm{o}) \times P(\mathrm{b} \mid \mathrm{o}) + P(\mathrm{b}) \times P(\mathrm{o} \mid \mathrm{b}) \tag{5.3.9}$$

其中，$P(\mathrm{b}|\mathrm{o})$ 是将目标错误划分为背景的概率；$P(\mathrm{o}|\mathrm{b})$ 是将背景错误划分为目标的概率；$P(\mathrm{o})$ 和 $P(\mathrm{b})$ 分别是图像中目标和背景所占比例的先验概率。当图像中包含多个目标时，一个更加通用的 PE 定义可见[Lim 1990]。误差概率还有一个变型称为误分率[罗 1997]。

对一些特定的分割算法，其使用的分割参数与分割后的像素数量误差有一定的对应关系，此时像素数量误差也可借助参数误差来计算。例如，对全局阈值化的算法，当阈值给定时，像素数量误差也确定了，所以根据某一算法实际得到的阈值和理想阈值之间的差也可衡量这一算法的优劣。

3. D-3：目标计数一致性

设 S_n 为对一幅图像进行分割所得到的目标个数，T_n 为图像中实际存在的目标个数，由于分割结果的不完善，所以 S_n 和 T_n 有可能不同。它们之间的差异在一定程度上反映了分割算法性能的一个方面。利用概率的方法可借助这个差异直接定义一个称为**目标计数一致性**(OCA)的测度来评价分割算法。还有一种借助这个差异描述算法性能的指标称为**图像分块数**，用 F 表示，其定义为

$$F = \frac{1}{1 + p \mid T_n - S_n \mid^q} \tag{5.3.10}$$

其中，p 和 q 均是尺度参数。

4. D-4：最终测量精度

图像分析中的一个基本问题就是要获得对图像中各个目标特征值的精确测量[Young 1993]，这是图像分析中进行分割和其他后续操作的最终目标。因为特征的测量是基于分割结果的，所以其精确度直接取决于分割的结果和分割算法的性能。另外，这个精度(可称为**最终测量精度**，UMA)也反映了分割图像的质量并可以用来评判算法的性能[Zhang 1994]。从高层图像理解的角度看，一幅分割图像的质量高低要看基于它做出的决策和基于原始图像做出的决策有多大区别，这也是最终测量精度的本意所在。

在实际中，为了描述目标的不同性质可以使用不同的目标**特征**，因此 UMA 可写成 UMA_f。这给出了以目标特征为参数的一系列评价准则。如果用 R_f 代表从参考图像中获得的原始特征量值，而 S_f 代表从分割后图像中获得的实际特征量值，则它们的绝对差和相对差可分别由以下两式算得：

$$\mathrm{AUMA}_\mathrm{f} = \mid R_\mathrm{f} - S_\mathrm{f} \mid \tag{5.3.11}$$

$$\mathrm{RUMA}_\mathrm{f} = \frac{\mid R_\mathrm{f} - S_\mathrm{f} \mid}{R_\mathrm{f}} \times 100\% \tag{5.3.12}$$

由上面两式分别得到**绝对最终测量精度**和**相对最终测量精度**。注意，AUMA_f 和 RUMA_f 的值都反比于分割质量：它们的值越小，说明分割效果越好，所用的算法性能越好[章 1997b]、[Zhang 1997b]。

最终测量精度准则能满足 5.1 节中所述进行评价的 3 个要求。首先它们面向分析目的，

因而直接反映了人们对分析工作的质量量度的需要。而且因为这是不同类型分割算法的共性且不依赖于分割算法及其应用领域,所以准则具有广泛的通用性。其次它们是客观的,因为它们反映了目标本身的特性而不是主观定义的视觉质量;而且它们又是定量的,因为根据式(5.3.11)和式(5.3.12)可以精确地计算它们的数值。最后,好的评价方法应选取通用的图像进行测试以使评价结果具有可比性和可移植性,而最终测量精度准则计算简单,很易从通用的图像中算出。

例 5.3.1 用于最终测量精度的几个特征的比较

各种特征不仅对目标的描述能力不同,而且用于 UMA 中时其分割评价的性能也会不一样。图 5.3.1 给出了对 5 个常用的特征[即目标的面积(A,见 7.2.1 小节)、圆形性(C,见 11.4.1 小节)、偏心率(E,见 11.4.1 小节)、形状因子(F,见 11.4.1 小节)和周长(P,见 7.1.1 小节)]进行试验得到的一些结果。图像分割算法的性能可由算法的参数控制,所以改变算法参数可得到一系列效果不同的实际分割图。图 5.3.1 中横轴对应算法参数的变化,它们对应分割效果从差到好又从好到差的变化,纵轴对应被归一化到[0,1]区间的 UMA 值,值大表示分割效果差,值小表示分割效果好。

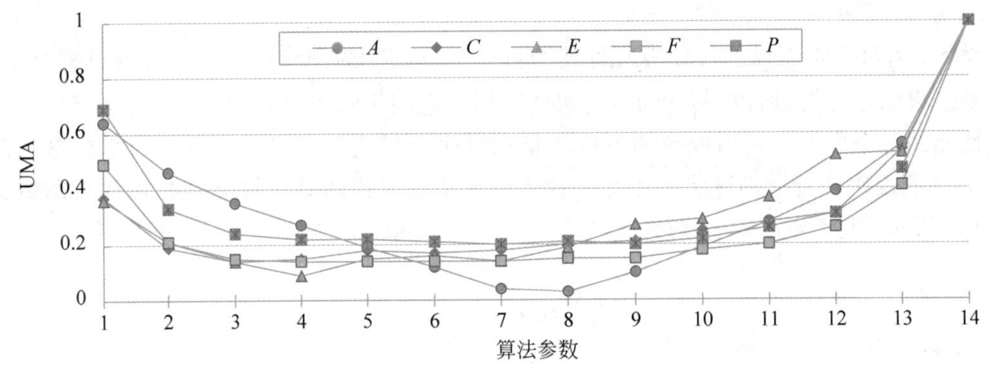

图 5.3.1 特征性能研究结果

从图 5.3.1 中可看到,各个特征的 UMA 值都随算法参数的改变而呈现从大到小又从小到大的变化,这说明这些特征用在 UMA 中都有表示不同分割质量从而评判分割算法性能的能力。不过这些 UMA 曲线也有差别,这反映了各对应特征评判分割的能力不同。具体来说,可从两方面进行分析,一方面是看曲线的全局形状特别是谷的深度。因为这里特征值已归一化到了相同的范围,所以谷的深度反映了各个特征 UMA 值的动态范围,谷的深度越大,说明对不同分割结果的区别能力越强。另一方面是看曲线的局部光滑程度。它反映了特征 UMA 值稳定跟踪分割结果微小变化的情况。一般说来,曲线平滑表明特征反映相近分割结果比较一致和稳定。根据以上标准考察图 5.3.1,可以发现各曲线的不同特点,其中圆形性和偏心率的曲线不够光滑而形状因子和周长曲线在某些范围内几乎是水平的。相比之下,面积曲线具有较明显的谷和较平滑的升降段,这表明在使用 UMA 的评价中,面积这个特征比其他几个特征常能较好地判断分割结果和质量。 □

5.4 分割算法评价实例

借助前面介绍的分割算法评价框架和评价准则,可对不同的分割算法进行评价。下面介绍一个实际评价工作的部分实验和结果[Zhang 1997a]。

5.4.1 实验算法和图像

根据图 5.2.1 给出的对分割算法进行试验评价的框架，先介绍用于评价的算法和图像。

1. 所评价的算法

根据 2.1 节中对分割算法的分类，为使评价具有较强的通用性和代表性，从每一类算法中各选了一种典型的算法[章 2005b]。

(1) 算法甲(PB 类)：坎尼算子边缘检测及边界闭合法，参见 2.2.4 小节和 2.2.5 小节。

(2) 算法乙(SB 类)：动态规划轮廓搜索法，参见 2.3 节和[章 2005b]。

(3) 算法丙(PR 类)：改进的直方图凹凸性分析法，参见 2.4.2 小节。

(4) 算法丁(SR 类)：分裂、合并和组合法，参见 2.5.2 小节。

2. 所用的实验图

在研究中采用了两组实验图：一组实验图即例 5.2.1 中的目标尺寸组(可用来研究目标尺寸与分割效果之间的关系，见下面对算法丁的讨论)；另一组实验图称为目标形状组(可用来研究目标形状与分割效果之间的关系，见下面对算法乙的讨论)。两组图合起来如图 5.4.1 所示，其中，左 8 列属于目标尺寸组(从左向右分别为 1 号到 8 号圆形目标)，右 4 列属于目标形状组(从左向右分别为 1 号到 4 号椭圆目标)。这两组图有一列图是相同的，即左数第 8 列图。在图 5.4.1 中，目标形状组里沿水平方向改变目标形状，沿竖直方向改变图像信噪比。目标形状的改变是靠改变基本图中的圆形目标为不同的椭圆来实现的，从左到右 4 列图中目标的长短轴比分别为 1∶1、1.5∶1、2∶1、2.5∶1。为了消除目标尺寸对分割的影响，在改变目标形状时要保持目标的面积与基本图中的目标尽量一致[Zhang 1998a]。噪声叠加采用了与例 5.2.1 中相同的方法进行。

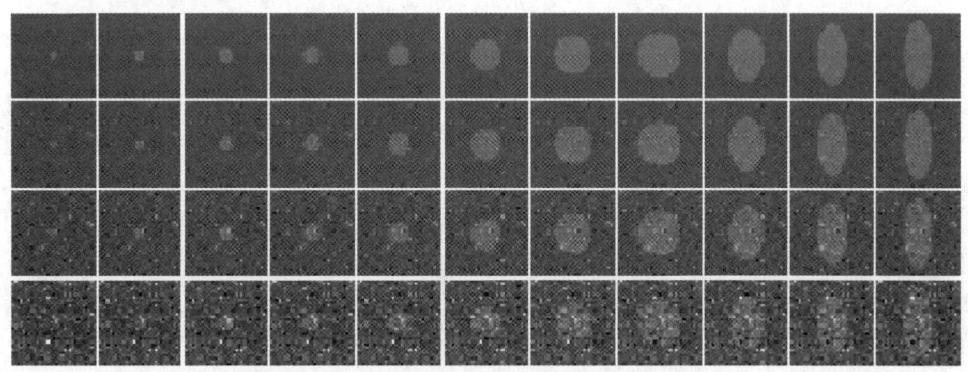

图 5.4.1 目标尺寸组和目标形状组实验图

5.4.2 实验结果和讨论

下面仅介绍对两种串行方法，即算法乙和算法丁得到的实验结果，并进行相应的讨论。

1. 对算法乙的讨论

用算法乙分割目标形状组的图像，所得到的一些结果如图 5.4.2 所示。图 5.4.2 中的上下两行图像分别对应含有 1 号椭圆目标和 4 号椭圆目标的各种情况，其中从左到右的 6 列图像分别为原始图像，对无噪声图像分割的结果，以及对有噪声且其信噪比分别为 64、16、4、1 的图像的分割结果。

以目标形状为参数，相对最终测量精度作为信噪比函数的曲线如图 5.4.3(a)所示。在图 5.4.3(a)中，除对应 4 号椭圆目标图像的曲线外，其他几条曲线均比较类似。注意，这里尽

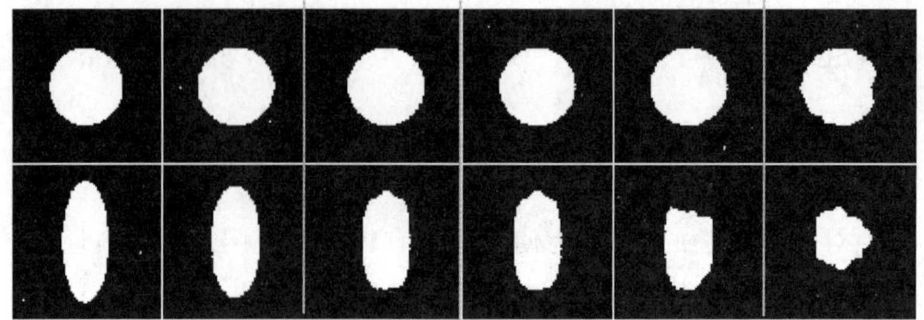

图 5.4.2　用算法乙得到的分割结果

管各个目标的形状不同，但各实验所用的感兴趣区域（这里是包含椭圆轮廓的圆环）是相同的，所以这些曲线的类似说明分割结果与感兴趣区域和目标之间的相对形状关系基本无关。换句话说，对算法乙来讲，确定感兴趣区域在这里并不是影响分割的重要因素。而信噪比对分割的影响要明显得多，正如图 5.4.3(a)中曲线随信噪比快速下降所表明的那样。

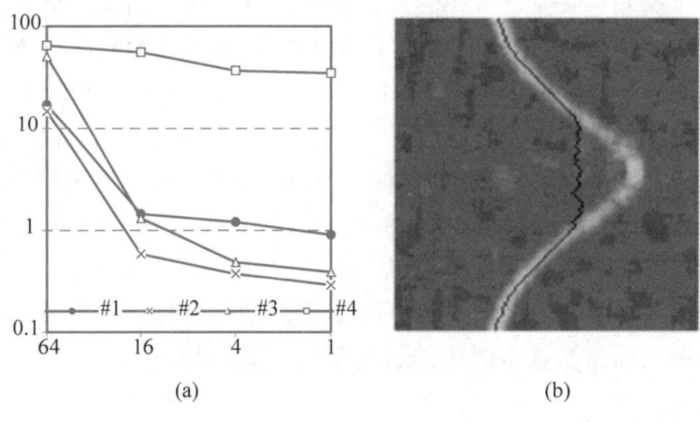

图 5.4.3　算法乙受目标形状的影响

回过来再讨论对应 4 号椭圆目标图像的曲线，这时利用极坐标变换后的图像来讨论比较清晰。图 5.4.3(b)给出了用梯度算子运算并进行极坐标变换得到的结果，其中竖轴对应极角，横轴对应矢径（从感兴趣区域中心到目标边界）。图 5.4.3(b)中的浅色条带基本对应目标的边界，但利用动态规划搜索技术自上而下搜索得到的边界线如图 5.4.3(b)中的黑线所示，有相当一部分脱离了预期的范围。对这个问题经进一步分析，发现主要是由于在极坐标变换时采样密度不够造成的，对细长或非规则目标需要适当增加采样率以避免这个问题[Zhang 1993d]。

2. 对算法丁的讨论

下面讨论算法丁的实验情况。这里使用了目标尺寸组的实验图。在分裂合并算法中，用于判断应该进行分裂或合并的一致性准则很重要。一种常用的准则基于区域的方差。由于区域的方差会随噪声而变化，所以算法丁的准则参数 V 要根据图像中的噪声水平来选择。如果噪声不知，就会导致准则参数 V 选择不准确，这会给分割造成什么影响呢？为此，考虑做出算法丁的以信噪比为参数，实际获得的相对最终测量精度 RUMA 与理想的相对最终测量精度 RUMA 的比值（纵轴）作为准则参数与**噪声标准方差**（SDN）的比值（横轴）的函数曲线，见图 5.4.4，其中，图 5.4.4(a)和图 5.4.4(b)分别为用 8 号圆形目标和 5 号圆形目标得到的结果。这里当函数值大于 6 时都标为 6，以使其他数值显示得比较清晰。

由于信噪比 SNR 和噪声标准方差 SDN 是相关的，所以对每个 SDN，选了 5 个 V 的值，使得 V 与 SDN 的比值分别为 0.5、0.75、1、1.25 和 1.5。实际的相对最终测量精度 RUMA 是在不同的 V 与 SDN 的比值下测得的，而理想的相对最终测量精度 RUMA 则是在 V 与 SDN 的比值为 1 时（即准确设置 V 参数的情况）测得的。实际 RUMA 和理想 RUMA 的比值越大，表示分割结果越差。

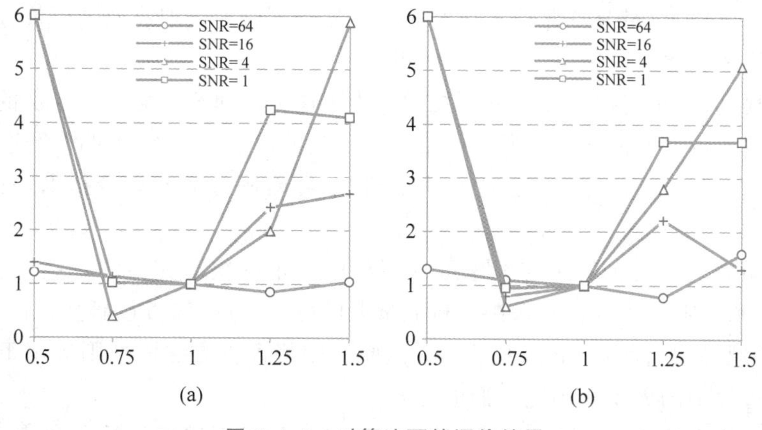

图 5.4.4 对算法丁的评价结果

图 5.4.4(a)和图 5.4.4(b)有许多相似之处,当 V 与 SDN 的比值不为 1 时,大多数实际的 RUMA 与理想的 RUMA 的比值都大于 1。当 V 与 SDN 的比值大于 1 时,分割算法趋向于欠分割图像,而当 V 与 SDN 的比值小于 1 时,分割算法趋向于过分割图像。图 5.4.4(a)和图 5.4.4(b)中部的低谷表明,将 V 设得比 SDN 大或将 V 设得比 SDN 小都会影响分割算法的性能。另外应指出,过分割图像所需要的计算量相比欠分割图像所需要的计算量会多得多[Zhang 1997c]。

图 5.4.4(a)和图 5.4.4(b)也有不同之处,最明显的就是在图 5.4.4(a)中只有在 SNR=4 和 SNR=1 两种条件下,实际的 RUMA 与理想的 RUMA 的比值当 V 与 SDN 的比值为 0.5 时达到最大值 6;而在图 5.4.4(b)中,在 SNR=16 条件下,当 V 与 SDN 的比值为 0.5 时也达到最大值 6。这个区别表明不正确的设定 V 在图像目标尺寸较小时影响更大,即在分割小目标时 V 的设定更为关键。

图 5.4.5 给出了当使用不同的 V 与 SDN 比值时分割同一幅图得到的结果。上下两行分别对应都使用 8 号圆目标,但图像信噪比分别为 SNR=16 和 SNR=1 的两种情况。从左向右,V 与 SDN 的比值分别为 0.5、0.75、1、1.25 和 1.5。由图 5.4.5 可见,V 与 SDN 的比值较小时(即过分割时),分割结果细节较多;而 V 与 SDN 的比值较大时(即欠分割时),分割结果的轮廓比较规则但粗糙。

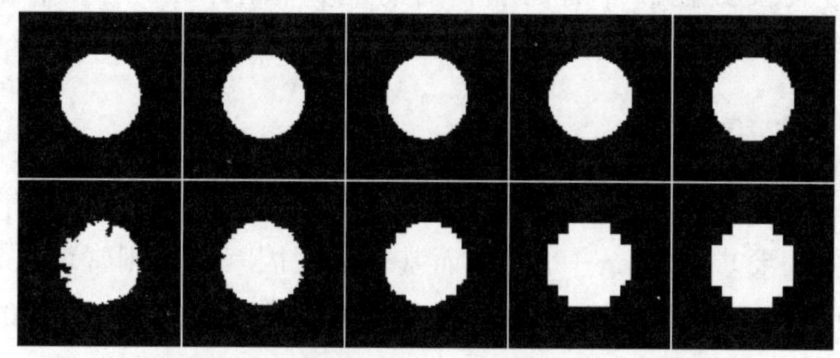

图 5.4.5 用算法丁得到的分割结果

以上实验结果和讨论对在实际应用中有效选择和使用合适的分割算法时可提供依据。

5.5 评价方法和准则比较

前面几节介绍了多种已提出的主要分割评价方法和基本的评价准则,这些方法和准则采用的原理和机理各有特点,因而评价性能也会不同。本节讨论对分割评价方法和评价准则的性能比较研究。事实上,对分割评价方法的系统比较和刻画对选取有效的评价方法至关紧要,它对评价分割算法和提高分割质量也非常关键。

本章开头提到,如果将研究图像分割技术作为图像分割研究中第一个层次的内容,则研究图像分割评价技术可看作图像分割研究中第二个层次的内容。那么如何评价这第二个层次的图像分割评价技术呢?这就需要第三个层次的研究,即对图像分割评价技术进行系统的性能刻画和比较。

在图像分割第三个层次的研究中也可采用在第二个层次研究中的一些概念和思路。例如,对评价方法和准则的比较也可采用分析或试验的方法,分析法直接研究评价方法或准则本身,讨论它们的原理、目标、应用性、代价等;试验法则将评价方法或准则应用于评价工作,根据它们在评价过程中的表现来确定它们的优劣。

下面先对评价方法进行讨论和对比,然后对各种评价准则进行分析比较,最后对其中几个典型的定量试验准则(包括优度试验准则和差异试验准则)进行实验比较。

5.5.1 方法讨论和对比

对5.1节的3组评价方法可从4方面进行分析讨论和对比。

1. 通用性

现已提出的分割算法的种类很多,所以用来评价它们的方法和准则应具有通用性,即应当可以适用于研究各种不同类型的分割算法。有些方法和准则由于自身的限制只适合于研究某些特定的分割算法,这样就会使评价工作受到限制。例如,对5.3.2小节中形状测度的计算需要用到阈值化算法中的阈值,所以它只可用于评价阈值化算法。另外,如5.3.1小节中的检测概率比对复杂的算子很难得到解析表达式,也使它的应用受到一定限制。

2. 复杂性

一种评价方法能否实用与它本身实现的复杂性,或者说与为了进行评价所需的操作手段和工作量有很大关系,这点对评价方法能否在线应用也非常重要。有些准则对每个像素都需要进行一系列的计算(如5.3.2小节中对区域内均匀性测度的计算),而一幅图像中的像素数量很大,所以评价所需的计算量就会很大。还有些试验指标,为了算得它们的数值除了需要对图像进行分割以外还需要其他额外的处理和辅助运算(如5.3.3小节中介绍的像素距离误差),这样评价工作就会变得相当复杂或需要很大的计算量。

3. 主客观性

对每种评价方法来说,其背后常有某些主观或客观的考虑,或者说所采用的评价准则是根据特定的主观或客观因素而确定的。基于主观因素的准则有可能与人的直觉相吻合,但并不一定能够反映实际应用要求[Zhang 1994]。而基于客观因素的准则常可以提供一致的和无偏的研究结果[Young 1993]。图像分割作为图像分析中的第一个步骤,客观的结果更为重要。

4. 对参考图的需求

对有些评价方法,评价结论取决于将分割结果和参考(真值)图进行的比较,而参考图的获得对评价方法的实用性带来了一些特定的问题。对实际图像,精确的分割结果往往不能自动获得,手工分割也很难保证评价的一致性。由图5.1.1可知,分析法和优度试验法均不需参考图,而差异试验法则需要使用参考图。

除以上4个方面外,另外还有一些情况值得讨论。例如,由3组评价方法不同的作用点和作用方式可知:**分析法**评判算法可以只对算法本身进行分析,而并不需要实现算法本身(这样在评价时不会受实现算法时产生的误差或近似等影响);采用试验法则需要实现算法并对输入图像进行实际分割以得到输出分割图(对差异试验法还需获得参考图)。又如分析法完全没有考虑算法的应用环境,评价结果只与算法本身有关。**优度试验法**实际上将已分割图的某些期望性指标结合在优度参数中,从而与实际应用建立了联系。**差异试验法**采用由输入图或待分割图获得的参考图作为分割的标准,已充分考虑了特定应用。在与应用结合方面,3 组评价方法的差别也对它们的性能有很大影响。

5.5.2 准则的分析比较

以上讨论基本上以各组方法为单位,各组的准则各不相同。对参考图的要求根据准则所属组别即可确定,而对其他 3 方面的情况,需分别讨论。对 5.3 节介绍的各种评价准则进行分析可综合得到表 5.5.1[Zhang 1993a],其中还补充了一些近年出现的评价准则(D-5～D-8)[Zhang 2015c]。从表 5.5.1 中可看出各组各个准则相互之间的一些主要优点和缺点。

表 5.5.1　分割评价准则的比较

组	评价准则	通用性	复杂性	主客观性	其他特点
A-1	先验知识	部分算法	低	主观	不同种类知识很难相互比较
A-2	处理策略	所有算法	低	客观	算法效率或复杂度的指示参数
A-3	计算费用	部分简单算法	低	客观	相对测度,未考虑硬件和软件实现情况
A-4	检测概率比	部分简单算法	中	客观	对复杂算法难以分析
A-5	分辨率	所有算法	低	客观	算法能力和效果的指示参数
G-1	区域间对比度	所有算法	中	主观	模拟人类评价能力的动态在线测度
G-2	区域内均匀性	所有算法	高	主观	与区域尺度和均匀性测度均有关
G-3	形状测度	阈值化算法	高	主观	仅与目标边界粗糙度有关
D-1	像素距离误差	所有算法	高	客观	需要与其他准则配合使用
D-2	像素数量误差	所有算法	中	客观	没有利用空间信息
D-3	目标计数一致性	所有算法	低	客观	简单但粗糙,当图像中目标数较少时不易精确
D-4	最终测量精度	所有算法	中	客观	一组与分割目的直接相关的测度
D-5	各种目标特性	所有算法	中	客观	一组表示分割目标特性的测度
D-6	区域一致性	部分算法	高	客观	与区域之间的相似性有关
D-7	灰度差别	所有算法	中	客观	平均灰度在分割前后的变化
D-8	对称散度(交叉熵)	所有算法	高	客观	反映图像之间的信息联系

进入 21 世纪,图像分割评价有了进一步的进展[Zhang 2006a]、[Zhang 2009c]、[Zhang 2015c]。表 5.5.2 给出了对近年出现的一些分割评价方法的分析比较。对每种方法列出了所用的主要评价准则(有些方法所用准则对原有准则有所改进,但基本上还属于同一类型)。有些方法结合使用了不止一种准则。所有准则均为**优度准则**或**差异准则**。

表 5.5.2　对 21 世纪一些新评价方法和准则的分析比较

编号	参考文献	主要准则	通用性	复杂性	编号	参考文献	主要准则	通用性	复杂性
1	[Oberti 2001]	D-1	所有算法	中	5	[Prati 2003]	D-1	所有算法	高
2	[Cavallaro 2002]	D-1,D-2	视频[1]	中/高	6	[Rosin 2003]	D-1	视频[1]	中
3	[Udupa 2002]	D-1	所有算法	中	7	[Carleer 2004]	D-1,D-3	多目标[3]	低/中
4	[Li 2003]	D-1,D-2	所有算法	高[2]	8	[Erdem 2004]	G-1,G-2	视频[1]	高

续表

编号	参考文献	主要准则	通用性	复杂性	编号	参考文献	主要准则	通用性	复杂性
9	[Kim 2004]	D-1	视频[1]	中	22	[Philipp 2008]	G-1，G-3	所有算法	中/高
10	[Ladak 2004]	D-1	所有算法	高[3]	23	[Xu 2008]	D-5，D-6	所有算法	中/高
11	[Lievers 2004]	G-1	阈值化算法	中	24	[Zhang 2008]	G-1，G-2	所有算法	高
12	[Niemeijer 2004]	D-1	所有算法	中	25	[Cárdenes 2009]	D-2，D-7	所有算法	中
13	[Renno 2004]	D-1，D-4	所有算法	中/高	26	[Hao 2009]	G-1	所有算法	中
14	[Udupa 2004]	D-1	所有算法	中	27	[Marçal 2009]	D-2	所有算法	中
15	[Cardoso 2005]	D-2	所有算法	中	28	[Polak 2009]	D-1，D-2，D-5	所有算法	高
16	[Chabrier 2006]	G-1，G-2，D-1	所有算法	中	29	[Qu 2010]	D-5	所有算法	中
17	[Jiang 2006]	D-2	所有算法	中	30	[Casciaro 2012]	D-1	所有算法	高
18	[Ortiz 2006]	D-1	所有算法	高	31	[Khan 2013]	D-8	所有算法	高
19	[Udupa 2006]	D-2	所有算法	中	32	[Peng 2013]	D-5	所有算法	中
20	[Ge 2007]	D-3	所有算法	低	33	[Pont-Tuset 2013]	D-1	所有算法	高
21	[Unnikrishnan 2007]	D-2	所有算法	中					

注 1：视频指只能用于视频分割，因为借助了时间信息

注 2：在评价中需要结合用户观察结果进行判断

注 3：适合评价图像中有较多目标的分割结果

5.5.3 准则的实验比较

本小节对 5.3 节介绍的一些评价准则进行实验比较。在选取进行比较的准则时有如下考虑。首先各种直接分析方法所用的模型都不相同，不具有可比性，所以仅考虑试验评价准则。在 7 组试验评价准则中，基于形状因子的准则只适合于研究阈值化算法，不适用于其他类算法。而且它实际上并不能真正描述目标**外形**[Zhang 1992b]，而只是描述了目标边界的光滑程度；基于目标计数一致性的准则虽可适用于各种算法，但并不总是适合于各种实际场合，这是因为当分割结果比较接近最优时(一般着重研究的也都是这种情况)，实际分割得到的目标个数与图像中原有的目标个数通常是吻合的，存在的问题只是每个目标并不一定分割得完全正确。在这种情况下，目标计数一致性已不能用来鉴别分割结果的优劣了。考虑到以上因素，下面在其余 5 组准则中各取一个准则作为代表进行比较研究。

(1) 准则甲：**区域间对比度**。它按式(5.3.3)计算。

(2) 准则乙：**区域内均匀性**。它按式(5.3.4)计算。但为了与其他准则相比较只计算该式后面的求和。这样在分割结果较好时所有的指标值都较小，反之则都较大。

(3) 准则丙：**像素距离误差**。它按式(5.3.8)计算。与式(5.3.6)相比，其好处是避免了主观选择式(5.3.6)中的 p 系数所带来的不确定性。

(4) 准则丁：**像素数量误差**。它按式(5.3.9)计算。

(5) 准则戊：**最终测量精度**。它按式(5.3.12)计算，这里选择目标面积作为特征。

对不同准则的比较可借助对一系列分割图的评价来进行。具体就是采用以上各个准则分别评判一系列相同的分割图，算得各指标的一系列值，从这些值的变化中可得到各准则不同的特性，然后通过比较特性来比较准则的优劣。整个实验安排与例 5.3.1 研究目标特征的评价性能有些类似，只是这里借助同一个目标特征，比较了 5 个评价准则。

图 5.5.1 给出了若干实验得到的分割图，其中标 A 的图为原始图像(8 号圆目标)，标 B～F 的图为分别用阈值 112、122、124、126、136 分割得到的结果。由图 5.5.1 可以看出，分割结果随阈值的变化呈现由差到好又由好到差的变化，好的评价准则随参数的变化也应有相应的趋势。

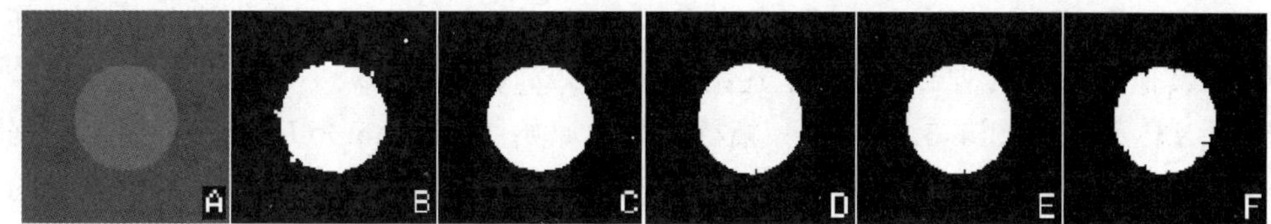

图 5.5.1　用不同阈值分割得到的实验结果

表 5.5.3 给出了一组 5 种评价准则比较的实验结果。其中，各列的标号对应分割图像时所用的阈值，由 5 个指标得到的 5 组值排成 5 行。表 5.5.3 中的数值已分别归一化到[0,1]区间以方便比较其相对大小。

表 5.5.3　评价准则比较数据

准则	112	114	116	118	120	122	124	126	128	130	132	134	136	138
甲	0.989	0.994	0.997	0.997	0.998	0.999	0.999	0.999	0.999	1.000	0.999	0.998	0.997	0.995
乙	1.000	0.897	0.858	0.846	0.821	0.808	0.804	0.800	0.800	0.800	0.808	0.825	0.854	0.906
丙	0.705	0.538	0.454	0.415	0.362	0.292	0.260	0.238	0.290	0.382	0.466	0.583	0.719	1.000
丁	0.578	0.340	0.242	0.202	0.154	0.100	0.079	0.066	0.099	0.170	0.254	0.395	0.573	1.000
戊	0.526	0.340	0.241	0.203	0.149	0.092	0.042	0.017	0.077	0.161	0.252	0.395	0.573	1.000

图 5.5.2 以曲线的形式给出了表 5.5.3 中的数值，这样可以比较直观地研究它们的变化趋势和特点。

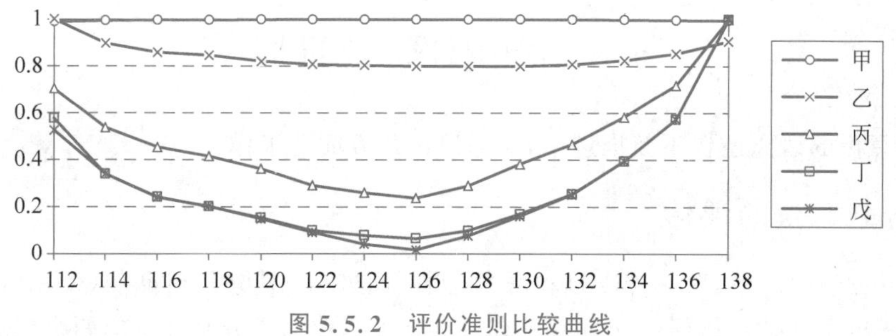

图 5.5.2　评价准则比较曲线

现在来分析表 5.5.3 中的数据和图 5.5.2 中的曲线。可从两方面对图 5.5.2 进行分析。

1. 各曲线的谷的深度

因为最大峰值都已归一化到 1，所以指标的动态范围就由谷的深度值来决定。谷越深表示动态范围越大，而动态范围越大则可表示的不同分割结果越多越细，或者说对分割结果变化的描述比较灵敏。这 5 个准则按动态范围从大到小排列是戊、丁、丙、乙、甲。最终测量精度最好，最差的是区域间对比度，其曲线上的谷值和峰值几乎一样，所以很难据此分辨出不同的分割结果。

2. 各曲线的形状

曲线的形状反映了曲线的走向趋势。在这点上大部分曲线类似，都是先单调下降然后单调上升，这与分割图像排列的情况一致。注意，戊曲线与丁曲线在许多地方都重合，但在接近谷底时(即对应接近最优的分割效果时)，戊曲线相比丁曲线下降更多更快(这在表 5.5.3 中也可看出)。这说明利用最终测量精度可以更好地评判接近最优的分割结果，这在实际中是很有意义的。

归纳起来这些准则的性能很不一样，最终测量精度最好，接下来是像素数量误差，而像素距离误差又次之，最后是区域内均匀性和区域间对比度。虽然区域内均匀性和区域间对比度在使用中不需要利用参考图，但它们的评价能力较差。事实上，它们对分割的评价主要还是比较主观的，其他一些实验结果也支持上述结论[罗 1997]、[Xue 1998]。例如，图 5.5.3 给出了一组图像[Xue 1998]，图 5.5.3(a)是一幅待分割的原始图，图 5.5.3(b)给出了使用根据区域内均匀性最好而选取的阈值进行分割得到的结果，可见区域内均匀性最好并不代表好的分割结果。图 5.5.3(c)给出了使用根据形状因子最优而选取的阈值进行分割得到的结果，同样分割效果并不理想，可见形状因子的数值并不能正确反映实际分割结果的优劣。

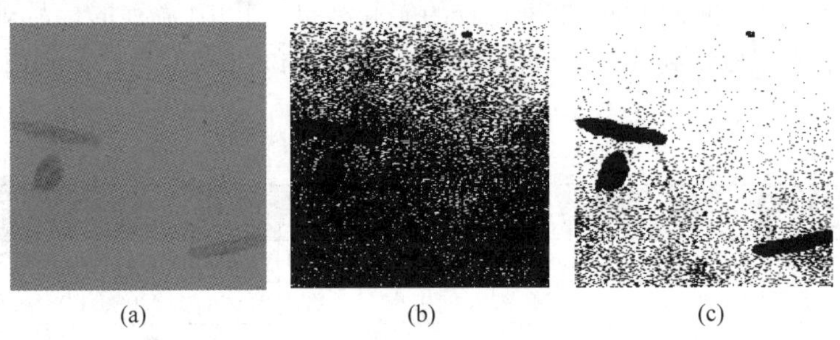

(a) (b) (c)

图 5.5.3　区域内均匀性和形状因子的评价能力示例

最后总结一下，从以上实验结果和讨论看，基于差异的准则在精确度和动态范围方面都要比基于优度的准则强，其中最终测量精度准则能提供最大的动态范围，并能最精确地描述分割算法在接近最优分割时的性能。

5.6　分割评价的进展

对分割评价的研究还在不断推进中，下面讨论几方面的工作。

5.6.1　分割算法的评估

在[Wallner 2019]中，对 6 种半自动医学(颅颌面外科)图像分割算法(使用开源代码)在 3 个平台上进行了评估。该研究和过程具有或共享了当前图像分割评价的两个代表性特征。

(1) **监督评价**：通过对分割算法和真值分割进行比较，评估分割方法的质量和准确性。真值分割的结果通常是在人类专家的帮助下获得的。例如，在该任务中，由临床专家根据观察目标的解剖结构进行判断。

(2) 限于特定的应用领域：这与早期的工作不同，早期工作多只考虑分割算法本身，而不考虑要分割的图像和/或目标。在这项工作中，考虑了特定的颅颌面外科图像，并选择下颌骨作为目标(解剖结构)。还可以找到更多类似的例子，如具体到血管[Moccia 2018]、高空间分辨率遥感图像[Chen 2018b]或肾皮质图像中的组织结构[Jayapandian 2021]。

1. 分割过程概述

在该研究中,使用了基于CT的颅骨3-D模型,并选取了一个没有牙齿的完整下颌骨示意图,由于其在创伤和重建手术中的临床相关性,所以将下颌骨作为解剖结构。

在该研究中,考虑到实验对用户的易用性、免许可证和可重复性,选择了一些开源分割算法。更多的考虑是它们在功能上的稳定性以及与许多软件平台的兼容性。

在该研究中,选择了一些易于下载、安装和使用的平台。更多的考虑是,它们非常广泛地应用于医学成像,而且提供了良好的文档和用户支持。

综合以上考虑,选择了3种平台和6种分割算法,如表5.6.1所示。

表5.6.1 多平台和多分割算法

平　台	分割算法
3D Slicer	GrowCut,鲁棒统计分割器(RSS)
MITK	3D区域生长,Otsu & Picking
MeVisLab	坎尼分割,大地测量分割器

2. 评价准则和过程

该研究中使用的评价准则是**骰子得分系数**(DSC)和**豪斯道夫距离**(HD)。

DSC描述的是两个分割目标 O_1 和 O_2 之间的(体积)一致性[Sampat 2006]。它测量 O_1 和 O_2 之间的相对体积重叠。如果将 $V(\cdot)$ 定义为目标内体素的体积,则 $V(\cdot)$ 可以通过计算体素的数量,然后将该值乘以体素尺寸来获得。所以有

$$\mathrm{DSC}=\frac{2\cdot V(O_1 \cap O_2)}{V(O_1)+V(O_2)} \tag{5.6.1}$$

两个分割目标体 O_1 和 O_2 之间的豪斯道夫距离(可见附录A)由目标的边界体素之间的欧氏距离定义[Huttenlocher 1993]。定义 $h(O_1,O_2)$ 为从第一个集合 O_1 中的任何点到第二个集合 O_2 的最小欧氏距离,$h(O_2,O_1)$ 为从第二个集合 O_2 中的任何点到第一个集合 O_1 的最小欧氏距离,这样,两个集合(O_1 和 O_2)之间的HD(用 $H(O_1,O_2)$ 表示,$H(O_1,O_2)=H(O_2,O_1)$)是这两个距离的最大值:

$$h(O_1,O_2)=\max_{o_1\in O_1}[d(o_1,O_2)]=\max_{o_1\in O_1}\left[\min_{o_2\in O_2}\|o_1-o_2\|\right] \tag{5.6.2}$$

$$H(O_1,O_2)=\max[h(O_1,O_2),h(O_2,O_1)] \tag{5.6.3}$$

在评价过程中,获得了两个专家的帮助以确定分割真值。从专家A获得10个真值分割集,从专家B获得10个真值分割集,以及从6个算法中的每一个都获得10个算法分割集。将这80个分割集在3个评估中进行比较:

(1) 算法分割与真值分割A;

(2) 算法分割与真值分割B;

(3) 真值分割A与真值分割B(这用于避免导致真值分割变化的偏差)。

除了DSC和HD之外,真值分割A和真值分割B之间的一致性也由体积和体素值确定。对上述3种评价案例进行描述性统计计算,以总结测量和评估参数(最小值、最大值、平均值和标准差)。

此外,借助分析统计方法以相互比较真值分割(A,B)。这些分析统计方法包括计算成对 t 检验(p)和皮尔逊积矩相关系数(r)[Rogers 1988]。在真值分割(A,B)之间计算概率值。p 值低于0.05($p<0.05$)被认为是显著的。在这项研究中,实验表明,当比较真值分割时,体积和体素值的皮尔逊积矩相关系数(r)接近值1($r>0.99$)。

通过该研究给出的一般结论包括:

(1) 由于不存在通用的分割理论,因此分割方法/算法的评价应考虑许多因素,包括应用领域;

(2) 由于已经提出了许多具有各种原理的分割方法/算法，所以看起来似乎任何评价研究都不能完全涵盖这些方法/算法的所有方面；

(3) 由于分割方法/算法经常利用应用领域中的某些先验知识来提高分割性能，因此限制在指定的应用领域将使评价的方法/算法更具有可比性。

5.6.2 像素分类的评价准则

从对血管图像的分割评价入手，[Moccia 2018]对其中的方法、数据集和评价准则进行了调查和评述，其中讨论了图像分割评价的一些准则。其中有些思想和方法可以扩展到更广义的图像分割问题。以下仅讨论评价准则部分。

图像分割经常被认为是像素分类任务。在许多医学图像应用中，通常根据黄金标准(GS)或真值(GT)来评价分割性能。这需要由一个或几个领域专家执行手动分割，并需要根据不同的策略来组合多个分割。一种允许合并被分割结构的先验信息或估计不完美或有限参考标准的方法称为**同时真实性和性能水平估计**(STAPLE)[Warfield 2004]。

从像素分类的角度来看，可以计算 4 个分割结果(4 个指标)，其中真和假(正和负)分别指属于与 GT 分割一致的目标和背景的像素。

(1) 真阳性(TP)：分割目标像素(s_o)被分类为 GT 目标像素(g_o)类。

(2) 真阴性(TN)：分割背景像素(s_b)被分类为 GT 背景像素(g_b)类。

(3) 假阴性(FN)：分割背景像素(s_b)被分类为 GT 目标像素(g_o)类。

(4) 假阳性(FP)：分割目标像素(s_o)被分类为 GT 背景像素(g_b)类。

借助图 5.6.1 可以说明它们之间的关系。

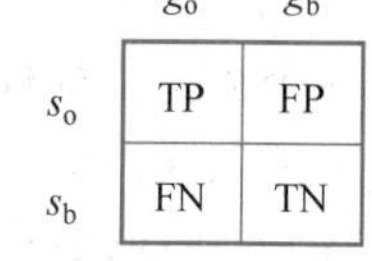

图 5.6.1 TP、FP、FN、TN 的关系

1. 基本评价准则

基本评价准则是上述 4 个指标的简单组合。最常用的评估标准是准确性(Acc，也称为查准率)、敏感性(Se，也称为查全率)和特异性(Sp)。通常，Se 越高，Sp 越低，FP 越高，则分割结果越好[Powers 2011]。此外，常用的其他评价准则还包括：FP 率，等于 1－Sp；正预测值(PPV)，也称为精度，即 TP 在 TP＋FP 中的比例；以及负预测值(NPV)，即 TN 在 TN＋FN 中的比例。表 5.6.2 列出了这些基本评价准则。

表 5.6.2 基本评价准则

准　则	公　式	描　述
Acc	(TP＋TN)/n	真实结果(TP 和 TN)占评价总数(n)的比例
Se	TP/(TP＋FN)	正确识别的阳性(TP 和 FN)比例
Sp	TN/(TN＋FP)	正确识别的阴性(TN 和 FP)比例
FP 率	FP/(TN＋FP)	错误识别的阴性(TN 和 FP)比例
PPV	TP/(TP＋FP)	PPV 给出了像素属于血管的可能性的估计，假设算法将其分类为正
NPV	TN/(TN＋FN)	NPV 对应于像素不属于血管的可能性，假设算法将其分类为负值

2. 扩展评价准则

扩展评价准则是上述 4 个指标的衍生组合。最常用的评价准则是**接收机操作特性**(ROC)曲线(精确召回曲线或 PPV-Se 曲线)下的面积，并表示为 AUROC；**马修斯相关系数**(MCC)；**科恩系数κ**；**骰子得分系数**(DSC)，也称为 F_1 分数；以及**豪斯道夫距离**(HD)。马修斯相关系数一般情况下是皮尔逊相关系数[Rodgers 1988]的二分形式。科恩系数 κ 是衡量评估者之间一致性的一个指标。表 5.6.3 列出了这些扩展评估标准。

表 5.6.3　扩展评价准则

准　则	公　式	描　述
AUROC	$\text{AUROC}=\sum_{p\in[0,1]} r(p)$	指示分类器将随机选择的阳性实例的排名高于随机选择的阴性实例的概率
MCC	$\text{MCC}=\dfrac{(\text{TP}\cdot\text{TN})-(\text{FP}\cdot\text{TN})}{\sqrt{(\text{TP}+\text{FP})(\text{TP}+\text{FN})(\text{TN}+\text{FP})(\text{TN}+\text{FN})}}$	相关系数的一种变型
κ	$\kappa=\dfrac{\text{Acc}-p_e}{1-p_e}$	其中，p_e 是假设的机会一致概率，等于 GS 生成阳性的概率乘以分割算法生成阳性的可能性
DSC	$\text{DSC}=\dfrac{2\text{card}(O\cap G)}{\text{card}(O)+\text{card}(G)}=\dfrac{2\text{TP}}{\text{FP}+\text{FN}+2\text{TP}}$	两个聚类 O 和 G 的交集元素的数量与平均标签图像的比率，其中 O 是分割目标，G 是相应的 GS 目标
HD	$\text{HD}=\max[\sup_{o\in O}\inf_{g\in G}d(o,g),\sup_{g\in G}\inf_{o\in O}d(o,g)]$	sup 表示上确界，inf 表示下确界，d 可以是任何距离度量

3. 更多评价准则

所有上述准则都基于分割图像(S)和 GS(G)的目标之间的像素比较。事实上，图像分割不仅用于对图像的划分，还用于提取感兴趣的连通组元(目标)。所以，对图像分割进行基于像素的评价，也需要从两方面着手。

一方面，应该计算 GS 目标和分割目标之间的点对点对应关系。例如，在血管分割的特定情况下，可以使用血管中心线上点的对应关系。由此可得出 3 种不同的中心线重叠度量作为评价准则。

(1) 重叠(OV)测量：跟踪观察者标注的整个血管的能力。

(2) 直到第一个误差的重叠(OF)测量：从 GS 中心线的第一个点到分割中心线上对应点的最小半径。

(3) 与血管的临床相关部分的重叠(OT)测量：仅测量对直径大于或等于 1.5mm 的血管进行分割的能力。也就是说，确定最接近参考 GS 末端且半径大于或等于 0.75mm 的点以限制相关部分。

另一方面，还可以利用目标的各种特性[Zhang 1996a]，例如，连通性(C)、面积(A)和周长(P)。因子 C 通过比较 G 中连接组元的数量和 G 中目标像素的总数来惩罚破裂的分割[Gegúndez-Arias 2012]。因子 A 测量分割目标(O)和 GS(G)中目标之间的重叠程度。在 A 的计算中，执行了一些形态学膨胀操作，这使得 A 与 DSC 相比，对实际分割和 GS 之间的细微差异不太敏感。因子 P 可以测量分割血管长度和 GS 血管长度之间的一致性。

表 5.6.4 列出了上述两组评价准则。

表 5.6.4　基于像素之间比较或点对点对应的评价准则

准　则	公　式	描　述
OV	$\text{OV}=\dfrac{\text{TPR}_{\text{ov}}+\text{TPM}_{\text{ov}}}{\text{TPR}_{\text{ov}}+\text{FN}_{\text{ov}}+\text{TPM}_{\text{ov}}+\text{FP}_{\text{ov}}}$	TPR_{ov} 指 GS 中心线上的点，其与分割中心线上对应点的距离小于局部血管半径。该距离大于半径的点标记为 FN_{ov}。如果 GS 上至少有一个点的该距离小于半径，则分割中心线上的点标记为 TPM_{ov}，否则标记为 FP_{ov}
OF	$\text{OF}=\dfrac{\text{TPR}_{\text{of}}}{\text{NR}}$	它是第一个误差之前的 TPR_{ov} 的数量(TPR_{of})与参考点的总数量(NR)的比率

续表

准　则	公　式	描　述
OT	$OT=\frac{TPM_{ot}+TPR_{ot}}{TPM_{ot}+TPR_{ot}+FN_{ot}+FP_{ot}}$	TPM_{ot}、TPR_{ot}、FN_{ot}、FP_{ot} 按 TPM_{ov}、TPR_{ov}、FN_{ov}、FP_{ov} 计算，但仅考虑 p_{end} 和 GS 中心线起点之间的点
C	$C=1-\min\left[1,\frac{\lvert card(G)-card(O)\rvert}{card(G)}\right]$	它评估 G 和 O 之间的碎裂程度。在血管分割的情况下，预计只有几个相连的组元（理想情况下是一个）
A	$A=\frac{card\{[d_A(O)\cap G]\cup[d_A(G)\cap O]\}}{card(O\cup G)}$	d_A 是计算 A 中用于形态膨胀的掩模半径
P	$P=\frac{card\{[d_P(O)\cap G]\cup[d_P(G)\cap O]\}}{card(O\cup G)}$	d_P 是计算 P 时用于形态扩张的掩模半径，S 表示同伦骨架化

5.6.3 全景分割的评价

在 2.7 节中介绍的全景分割（PS）分别考虑了物质和事物的分割[Kirillov 2019]，因此物质和事物统一度量将鼓励研究统一任务，或者换句话说，评价涉及物质类和事物类的联合任务。

1. 全景质量

全景质量（PQ）是一种适合 PS 的度量（评价准则）。其中考虑了 3 个因素[Kirillov 2019]。

（1）完整性。它应该以统一的方式处理物质和事物类，并考虑到联合分割任务的所有方面。

（2）可解释性。它应该具有便于沟通和理解的可识别的含义。

（3）简单性。它应该易于定义和实现，从而可以快速高效地计算。

使用 PQ 可测量全景分割结果相对于真值的质量。它包括两个步骤。

（1）在分割结果和真值中匹配相应的图像块，其中图像块是目标的一组像素（在极端情况下，也可以是一个像素）。

（2）PQ 值的计算（在确定分割结果中的图像块与真值中的图像块之间的匹配之后）。

2. 图像块匹配

当两个匹配的图像块相交时，它们有可能会匹配。在定义 PQ 时，要求它们在并集上的交集（IoU）严格大于 0.5。已经证明[Kirillov 2019]，这一要求与全景分割的非重叠属性一起，可以保证匹配的唯一性。换句话说，最多可以有一个分割图像块与每个真值的图像块相匹配。

匹配对的 IoU 必须大于 0.5 的要求也符合上述考虑。第一，这是简单而有效的，因为两个图像块之间的对应是唯一的并且容易获得。第二，它是明确和可解释的。注意，由于唯一性，对于 IoU>0.5，任何合理的匹配策略（包括贪婪和最优）都将产生相同的匹配。实验表明，具有 IoU≤0.5 的匹配在实践中是罕见的。

3. 计算评价值

全景分割包括物质类和事物类的分割。全景分割的评价指标也应该考虑这两类。所提出的 PQ 计算独立地处理每个类，最终结果是类的平均值。

对于每个类，根据上述关于匹配唯一性的讨论，分割图像块和真值图像块可分为 3 组：

（1）TP（真阳性）——满足匹配的图像块（分割的，真值的）；

（2）FP（假阳性）——不匹配的分割图像块；

（3）FN（假阴性）——不匹配的真值图像块。

根据这 3 个集合,PQ 可以定义为(g 是真值图像块,s 是分割图像块)

$$PQ = \frac{\sum_{(s,g)\in TP} IoU(s,g)}{|TP| + |FP|/2 + |FN|/2} \tag{5.6.4}$$

式(5.6.4) 右侧可以分解为两个因子,即

$$PQ = \frac{\sum_{(s,g)\in TP} IoU(s,g)}{|TP|} \times \frac{|TP|}{|TP| + |FP|/2 + |FN|/2} \tag{5.6.5}$$

第一项可以被称作**分割质量**(SQ),而第二项可以被称作**识别质量**(RQ)。第一项是匹配图像块的平均 IoU,第二项是检测质量的估计,即 F_1 分数。

值得注意的是,对 PQ 的分解,即 PQ=SQ×RQ 为分析提供了一些信息,但这两个因子并不独立,因为 SQ 仅在匹配的图像块上测量。

最后要指出的是,无论图像块的尺寸如何,所有图像块都会得到相同的权重。所以,这样的标准似乎更适合于评价相似尺寸实例的分割。

5.7　基于评价的算法优选系统

分割评价的目的是指导对算法的设计和选择,改进和提高算法的使用性能。将评价和分割应用联系起来的一种方法是结合人工智能技术,建立**分割专家系统**以有效地利用评价结果进行归纳推理,从而把对图像的分割由比较盲目地试验改进层次上升到系统地选择实现层次。

5.7.1　算法优选思想和策略

在本章,开头曾指出,尽管已有上千上万种图像分割算法,但并没有一种适用于所有图像分割任务。前几节关于图像分割评价的讨论更表明,即使都属于或符合同一模型的图像,当目标的尺寸、形状等发生变化以及当各种干扰因素改变时,都会对分割算法提出不同的要求。如何能动态地适应这些变化而且系统地选择恰当的算法来分割图像呢?

前面曾介绍了根据对分割图中目标特征测量的精确度来判断分割算法性能的评价方法和准则。通过这样的评价可以得到待分割图像的特性参数与所用分割算法性能之间相关的知识。进一步借助这种知识的指导,根据对待分割图像特性的分析和估计,就可以预测不同算法的分割效果,从而选择最优算法。这是一种基于分割评价对算法进行优选的基本思路[章 1998b]。

为实现上述算法优选方案而设计的图像分割算法优选系统的框图如图 5.7.1 所示[章 1998b]。系统(图 5.7.1 中虚线框内)的输入包括待分割图(在图像库中)和各种关于分割的知识(在知识库中),还可包括一系列分割算法(在算法库中)。系统的输出是系统选出的最优算法及由此得到的输出图。图 5.7.1 中点画线框内基本上是一个分割评价系统。通过对输入图进行分割,对分割结果进行判断,就能建立图像特性与算法的联系。实际中,图像特性主要由图像信噪比、图像模糊度、目标与背景的对比度、目标面积、形状和轮廓粗糙度等所决定[Zhang 1992c]。这些特性有些可从原始图像中估计出来,例如,对噪声的估计可参见[Olsen 1993],对模糊图像中边缘参数的估计可参见[Kayargadde 1994]。需要注意的是,同一个具体应用领域中的各个待分割图像是具有内在联系的,而且许多图像和目标的特性常可粗略地借助某种图像模型描述。据此也可以根据模型构造图像进行分割以通过评价来获取相应的先验评价知识。

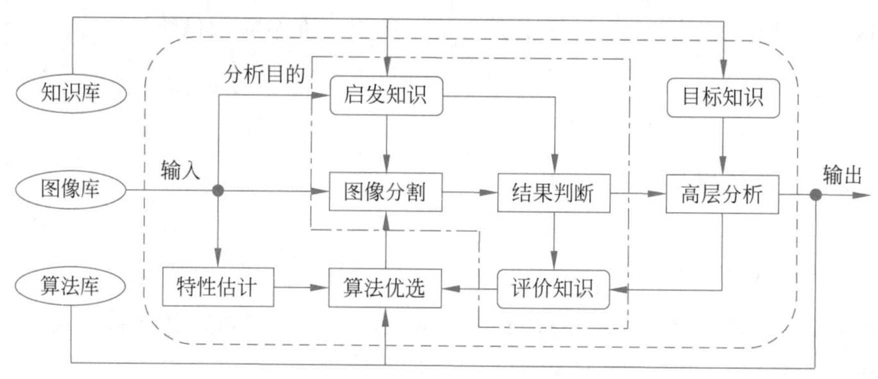

图 5.7.1　图像分割算法优选系统框图

一旦获得了足够的评价知识，对给定的输入图，通过特性估计，就可借助图像特性与算法性能的对应关系进行算法优选[罗 1998]。这个优选过程是一个知识驱动的**“假设-检验”**反馈过程。首先，根据先验的图像特性估计或测量做出可以产生先验最佳算法的假设；接着，根据使用所选出算法进行分割所得到的分割结果又可以计算后验的图像特性估计，并获得对应的后验最佳算法估计。若先验的假设是正确的，那么后验估计就应该与先验假设相吻合或一致；否则可用后验估计更新先验估计，以激发新一轮的“假设—检验”过程，直到两者满足一定的一致性条件为止。可以看出，这种反馈过程是一种对信息逐渐提取与逼近的过程。算法选择在这个过程中逐步得到优化，最终趋向于最优，并将最优的算法选出来。由于这种反馈方式主要由数据驱动来对分割环节进行自身调整，所以是一种自底向上的处理过程，因而比较迅速和方便。

在这种“假设—检验”方式下，对于分割算法的选择主要是用评价知识导引的。尽管这种指导能力和作用还要在反馈中进行调整，但它与纯粹的**“尝试—反馈”**模式不同，它并不需要尝试所有候选算法以得到最优解。这里由于图像分割算法的复杂性，算法评价知识的获取常受到各种限制，为此有时需要借助一定的启发性知识，以把主观上对分割性能的理解规则加入分割和评价过程。最后从加强高层知识对分割指导作用的角度考虑，还可利用高层分析手段。这里借助对分割之后目标的认识，通过对与目标区域属性有关特性的分析，由上而下地进一步保证对算法的优选(见图 5.7.1)。

5.7.2　优选系统的实现和效果

分割算法优选系统是一个知识驱动的系统。为提高系统的性能和增进系统的效率，在设计中还引进了启发性知识和基于高层目标分析的反馈知识以作为评价知识的补充，所以在系统中包含多种知识源。上述优选系统也可看作一个控制系统，系统中包含多种控制和反馈机制以管理多种知识源。基于这种考虑，使用了基于公共数据黑板的控制系统结构，将控制知识划分为知识源的形式，各知识源通过公共数据黑板交换信息和协调运行。这里所有知识可归纳成两类：

(1) 静态知识——包括算法处理方式以及各算子之间的组合关系，采用“框架”结构来表示；

(2) 动态知识——指系统中与动态系统状态相关的控制知识，用产生式规则及相应的附加过程来表示[Luo 1999]。

在该系统中，公共数据黑板被分为 4 个区[罗 1998]：图像数据区(放置由分割算法所处理的 2-D 图像数据)、图像特征区(放置特性估计所得到的参数)、控制数据区(放置记录系统优化运行的历史数据)和分割目标区(记录用户指定的分割区域所具有的特征)。

该系统的算法库中已有两种基本的基于边缘检测的分割算法(它们可用于分割灰度梯度

较大的图像)和 6 种典型的阈值选取算法。这 6 种阈值选取算法为(参见[罗 1997])改进直方图法、二维最大熵方法、直方图分析法、最小误差法、矩保持法和简单统计法。

通过用图 5.7.1 的评价框架可对上述这些算法进行试验评价,然后可将所得到的评价知识纳入到算法优选系统中。

使用该系统已对几十幅不同类型的图像进行了算法优选试验。在试验中,为便于比较,各算法在取阈值分割前均未采用预处理手段,分割后的后处理方法(利用了形态学开启和闭合,见第 14 章)对各算法都相同。其中一个典型的试验[Luo 1999]使用了尺寸为 256×256px,灰度为 256 级的癌细胞切片图(见图 5.7.2(a),图 5.7.2(b)为图 5.7.2(a)的灰度统计直方图)。

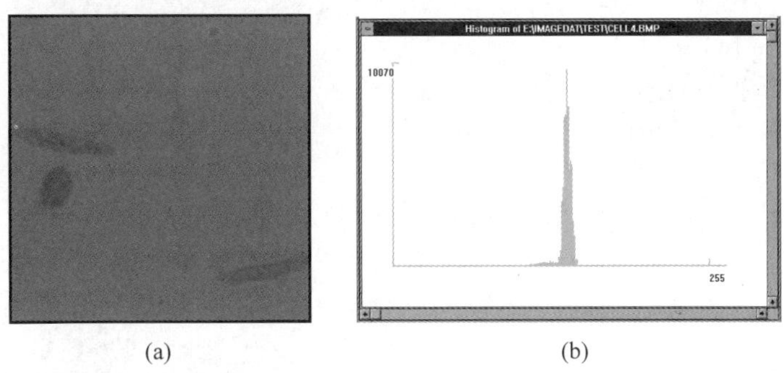

(a) (b)

图 5.7.2 癌细胞切片测试图及其直方图

图 5.7.3(a)~图 5.7.3(f)依次是为了验证系统优选效果用上述 6 种阈值分割算法(按前面介绍的次序排列)对图 5.7.2(a)分割而得到的结果。比较图 5.7.3 中的各图,可知对应图 5.7.3(c)的直方图分析法给出的分割结果最好,其次是对应图 5.7.3(e)的矩保持法给出的分割结果。试验中系统经过两次尝试选取了直方图分析法作为输出算法。

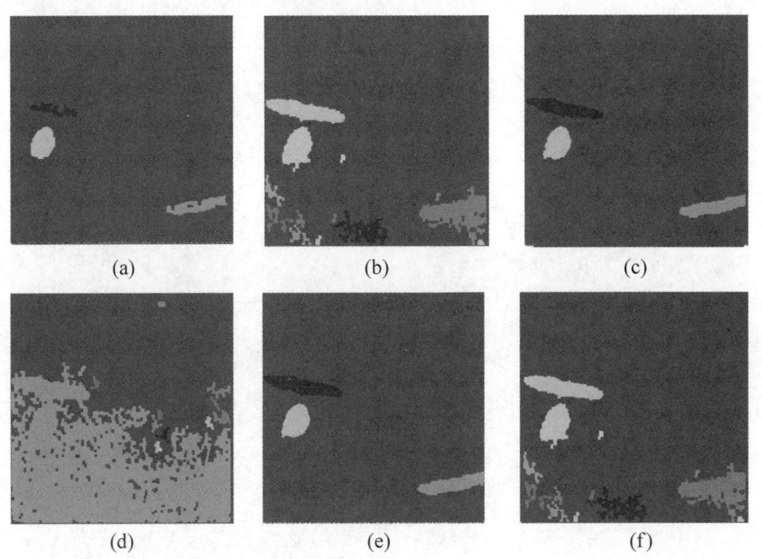

(a) (b) (c)

(d) (e) (f)

图 5.7.3 用 6 种阈值分割算法分别分割图 5.7.2(a)得到的结果

彩图

最后需要指出的是,在对其他一些图像的试验中,系统一般经过两到三次尝试都能自动选出适合于给定图像的最优分割算法或效果与最优算法最接近的亚最优算法。这表明系统在设计预期的范围内能达到比较满意的优选效果,与穷举方法相比效率有很大提高,而且可自动完成。另外试验结果表明,6 种算法都曾入选最优算法,这也验证了优选算法的必要性。其他类算法也可以结合到该系统中。

总结和复习　　随堂测试

第2单元

表达描述

本单元包括 4 章，分别为

第 6 章　目标表达

第 7 章　目标描述

第 8 章　目标显著性

第 9 章　测量和误差分析

通过图像分割得到了图像中的感兴趣区域，即目标。为有效地刻画目标，需要对它们采取合适的数据结构进行表达，采用恰当的形式描述它们的特性，并在此基础上进行特征测量，从目标获得一些定量的数值以进行分析。这些工作都是图像分析的重要步骤。

第 6 章介绍对目标的表达。在实际应用中，图像中被关注的目标都是连通组元（连通像素的集合）。一般对目标常用不同于原始图像基于像素的合适表达形式来表示。好的表达方法应具有节省存储空间、易于特征计算等优点。与图像分割类似，对目标区域既可用其内部（如组成区域的像素集合）表达，也可用其外部（如组成区域边界的像素集合）表达。一般来说，若比较关心的是区域的反射性质，如灰度、颜色、纹理等，则常选用内部表达法；若比较关心的是区域的形状等，则常选用外部表达法。

第 7 章介绍对目标的描述。选定了目标表达方法，还需要对目标进行描述，使计算机能充分利用所获得的分割结果。表达是直接具体地表示目标，描述则是较抽象地表示目标特性。好的描述应做到在尽可能区别不同目标的基础上对目标的尺度、平移、旋转等不敏感，以使对目标的描述更为通用。描述也可分为对边界的描述和对区域的描述。除此之外，当图像中有多个目标时，对边界和边界或区域和区域或边界和区域之间的关系也常需要进行有效的描述。

需要指出的是，对目标的表达和描述是紧密联系的。表达是描述的基础，所用方法对描述很重要，因为它实际上限定了描述的精确性；而通过对目标的描述，各种表达方法才有实际意义。表达和描述又有区别，表达侧重于数据结构，而描述侧重于区域特性以及不同区域间的联系和差别。

第 8 章介绍目标（视觉）显著性。显著性可看作一种特殊的、与主观感知相关联的、描述目标的特性。一方面，显著性的感知受人的视觉感官、生理和心理的影响；另一方面，显著性的检测和显著目标的提取均以对象的视觉特征及其表达描述为基础。作为一种具有语义含义的中层特性，显著性既描述了目标特性，也为目标检测提供了新的手段。显著性的检测与显著目标的提取既互相促进，还可以互为因果。

第 9 章对特征测量中一些常见问题、典型的影响特征精确测量的多种因素进行介绍和讨论。表达和描述为进一步对目标的特征测量打下了基础，而对特征的测量又是图像分析的重要目的。随着图像分析的广泛深入和应用，对特征的精确测量越来越显示出其重要性，也越来越得到重视。从根本上来说，对目标特征的测量是要从数字化的数据中去精确地估计产生这些数据的模拟量的性质，因为这是一个估计过程，所以误差是不可避免的。另外，在这个过程中有许多影响精确测量的因素，所以还需要研究导致误差产生的原因并设法减小各种因素的干扰，实现精确测量。

第6章

目标表达

教学视频

图像分割将图像中的目标提取了出来，**目标表达**是要对目标采取合适的数据结构来进行表示，以利于后续的分析工作。目标在图像中对应区域，且被该区域的轮廓或边界而与其他部分区分开来。所以，在图像空间进行目标的表达可有两种思路：或者基于边界或者基于区域。另外，对目标的表达还可在变换空间进行。

根据上述讨论，本章各节将安排如下。

6.1 节介绍基于边界的表达方法。其相关技术可分成 3 类，即基于参数边界、边界点集合和曲线逼近。该节对其中的链码、边界段、多边形逼近、边界标志和地标点 5 种方法进行了详细的分析。

6.2 节讨论基于区域的表达方法。其相关技术可分成 3 类，即区域分解、围绕区域和内部特征。该节具体介绍了各类中的一些典型方法，包括空间占有数组、四叉树、金字塔、几种围绕区域（包括外接盒、最小包围长方形、凸包）和骨架。

6.3 节讨论基于变换的表达方法。其相关技术可分成 2 类，即线性变换表达和非线性变换表达，前者又可分为 2 类，包括单一尺度（傅里叶变换、余弦变换和 Z-变换）和多尺度表达（盖伯变换、小波变换等）。该节仅以傅里叶变换为例介绍了变换表达的基本步骤和特点。由于变换方法中表达和描述密切相关，借助傅里叶变换也可以构成傅里叶描述符。

实际中应用的图像也可能是 3-D 的。此时可将 3-D 中的立体图像对应 2-D 中的平面区域，而将 3-D 立体图像的表面对应 2-D 区域的边界。在以下的讨论中主要考虑 2-D 图像，但所介绍的许多表达或描述方法可以很容易地推广到 3-D 图像中[章 2002b]。

6.1 基于边界的表达

利用基于边界的分割方法对图像进行分割，可以得到沿着目标边界的一系列像素点，它们构成目标的轮廓线，**边界表达**就是基于这些边界点对目标进行表达。下面先概括介绍基于边界表达的技术类别，再具体分析几种常用的表达形式。

6.1.1 技术分类

图 6.1.1 给出了对基于边界表达技术的一个分类图示[Costa 2001]，将相关技术分成了 3 类。

(1) **边界点集合**：将目标的轮廓线表示为边界点的集合，不必考虑各点之间的顺序。

(2) **参数边界**：将目标的轮廓线表示为参数曲线，其上的点具有一定的顺序。

(3) **曲线逼近**：利用一些几何基元（如直线段或样条）去近似地逼近目标的轮廓线。

在每类中都有许多种方法，图 6.1.1 最下面一行仅列出了接下来要分析的几种常用方法，包括链码、边界段、边界标志、多边形逼近和地标点。

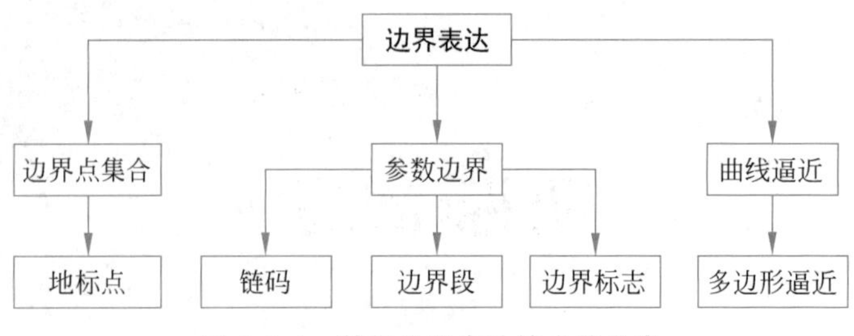

图 6.1.1　基于边界表达技术的分类

6.1.2　链码

链码是对边界点的一种编码表示方法，其特点是利用一系列具有特定长度和方向的相连的直线段来表示目标的边界。

1. 链码表达

在链码表达中，用线段表示目标边界上相邻两个像素之间的联系。这里每个线段的长度固定而方向数目取为有限个，所以只有边界的起点需用（绝对）坐标表示，其余点都可只用接续方向来代表偏移量。由于表示一个方向数比表示一个坐标值所需比特数少，而且对每一个点又只需一个方向数就可以代替两个坐标值，所以链码表达可大大减少边界表示所需的数据量。数字图像一般按固定间距的网格采集，所以最简单的链码是跟踪目标边界并赋给每两个相邻像素的连线一个方向值。常用的有 **4-方向链码**和 **8-方向链码**，其定义可分别参见图 6.1.2(a)和图 6.1.2(b)。它们的共同特点是直线段的长度固定，方向数有限（用 2 个或 3 个比特就可表示）。图 6.1.2(c)和图 6.1.2(d)分别给出用 4-方向链码和 8-方向链码表示区域边界的各一个例子。

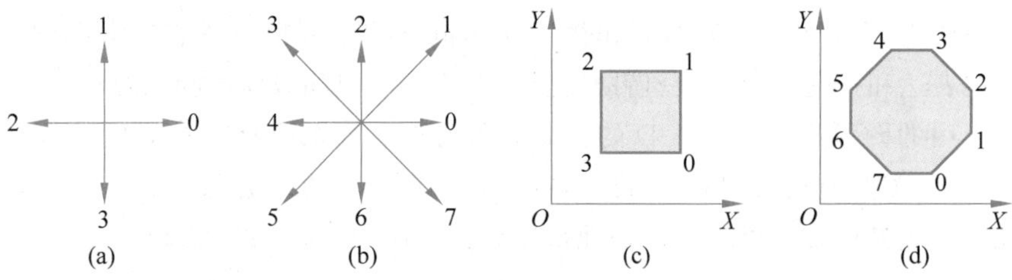

图 6.1.2　4-方向链码和 8-方向链码

在实际应用中，直接对分割所得到的目标边界进行编码有可能出现两个问题：

(1) 如此产生的码串常常会很长；

(2) 噪声等干扰所导致的小边界变化会使链码发生与目标整体形状无关的较大变动。

常用的改进方法是对原边界以较大的网格重新采样，并把与原边界点最接近的大网格点定为新的边界点。这样获得的新边界具有较少的边界点，而且其形状受噪声等干扰的影响也较小。对这个新边界可用较短的链码表示。这种方法也可用于消除目标尺度变化对链码带来的影响。

2. 链码归一化

使用链码时，起点的选择常常很关键。对同一个边界，如用不同的边界点作为链码起点，得到的链码是不同的。为解决这个问题可把**链码归一化**，下面介绍一种具体的做法（以 4-方向链码为例，但很易推广到 8-方向链码）。给定一个从任意点开始而产生的链码，可把它看作一个由各个方向数所构成的自然数。将这些方向数按照某一个方向循环以使它们所构成的自然数的值最小。然后将这样转换后所对应的链码起点作为这个边界的归一化链码的起点，参见图 6.1.3。

用链码表示给定目标的边界时，如果目标平移，那么链码不会发生变化；而如果目标旋

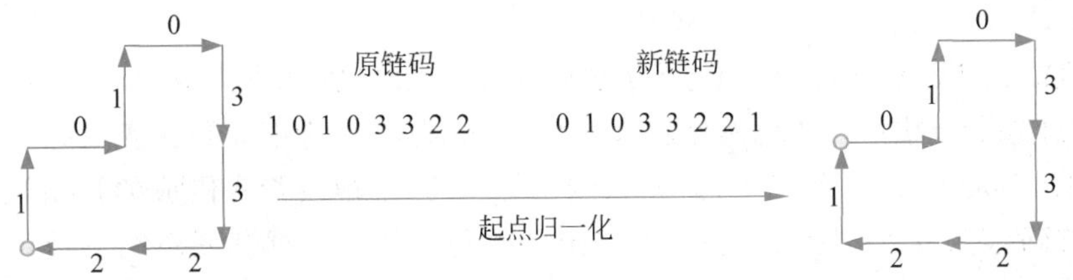

图 6.1.3　链码的起点归一化

转，则链码会发生变化。为解决这个问题，可利用链码的一阶差分来重新构造一个序列（一个表示原链码各段之间方向变化的新序列）。这相当于把链码进行旋转归一化。这个差分可用相邻两个方向数（按反方向）相减得到。参见图 6.1.4，上面一行为原链码和新链码（括号中为最右一个方向数循环到左边），下面一行为两两相减得到的对应差分码。左边的目标在逆时针旋转 90°后成为右边的形状，链码发生了变化，但差分码并没有变化。

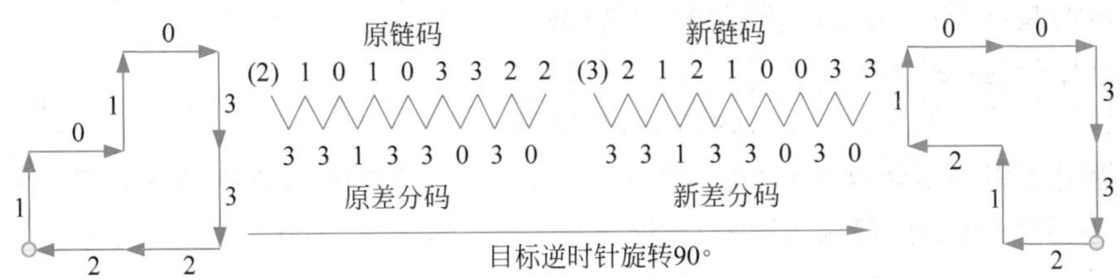

图 6.1.4　链码的旋转归一化（利用一阶差分）

3. 平滑轮廓链码

链码是一种对目标轮廓逐点表示的方式。受噪声等的影响，轮廓上常会出现一些不规则的部分，需采取轮廓平滑的手段来消除。平滑可以通过将原始的链码序列用较简单的序列代替来实现。图 6.1.5 给出了一些示例的**模板**，其中虚线箭头指示原始的在像素 p 和像素 q 之间的 8-方向链码，而实线箭头指示用来进行替换的新链码。新链码组成的序列与原来的链码序列等价但较短。在图 6.1.5(d)和图 6.1.5(e)中，由于像素 q 对应轮廓的尖突(peak)，所以都被除去了。

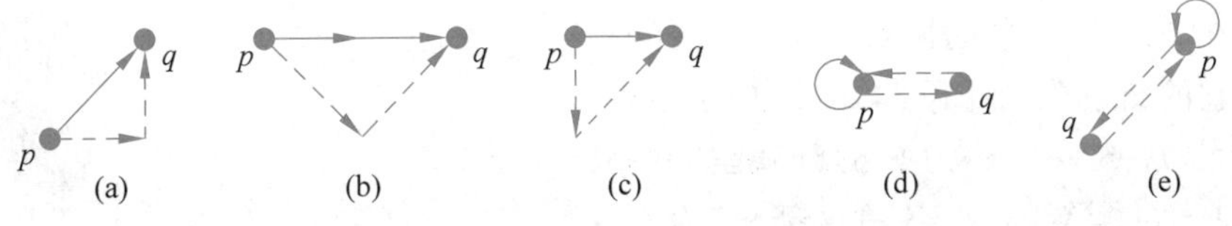

图 6.1.5　基于链码的轮廓平滑模板

例 6.1.1　基于链码的轮廓平滑示例

图 6.1.6 给出了一个基于链码的轮廓平滑示例，其中图 6.1.6(a)和图 6.1.6(b)分别给出了平滑前和平滑后的轮廓。图 6.1.6(b)中的空心圆表示平滑后被除去的、原来在平滑前存在的轮廓点。

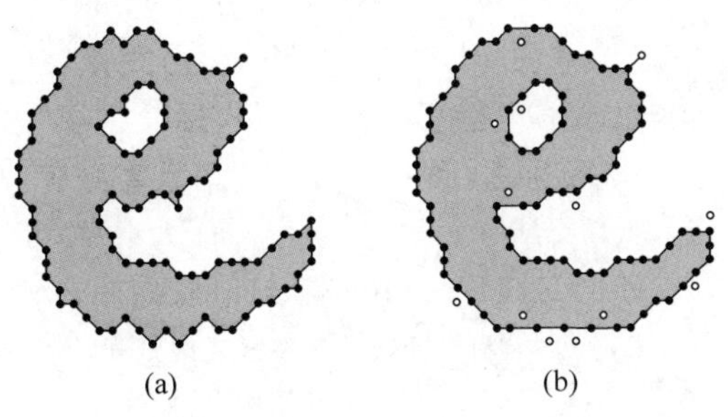

图 6.1.6　基于链码的轮廓平滑示例

□

4. 缝隙码

链码对应的直线段连接两个相邻像素的中心。当目标较小或比较细长时,目标轮廓像素个数在区域总像素个数中占的比例比较大,此时由链码得到的轮廓和真实轮廓会有较大的差别。以图6.1.7为例,其中有个T形的目标(阴影)。两个虚线箭头围成的封闭轮廓分别对应外链码和内链码,它们与实际目标轮廓有一定的差距。如果根据链码轮廓来计算目标的面积和周长,则利用外链码轮廓会给出偏高的估计,而利用内链码轮廓会给出偏低的估计。

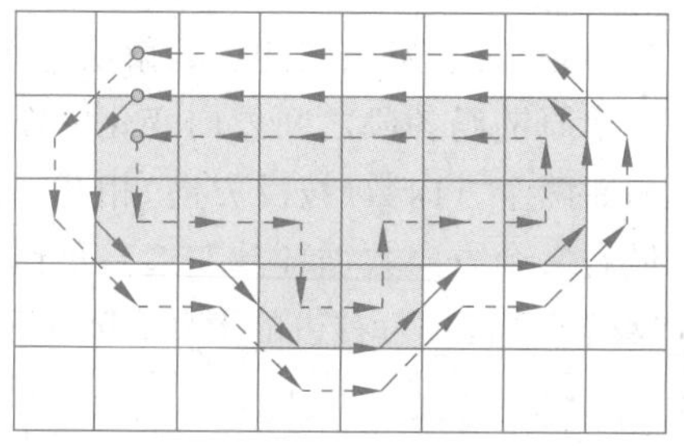

图6.1.7 轮廓链码和中点缝隙码

现在考虑两个相邻轮廓像素之间的边缘,也可称为缝隙(裂缝)。连接这些缝隙的中点得到**中点缝隙码**,如图6.1.7中实线箭头围成的封闭轮廓,它与实际目标轮廓比较一致。水平或垂直的中点缝隙码所对应的长度是1,对角的中点缝隙码所对应的长度是$\sqrt{2}/2$。从左上角用圆点表示的起点开始,参照8-方向链码对方向的标记,中点缝隙码序列为:5 6 7 0 7 7 0 1 1 0 1 2 3 4 4 4 4 4。为表示同样的轮廓,中点缝隙码常常需要使用更多个数的码(如这里是18个码,而外链码和内链码分别只有16个码和14个码),但计算目标面积和周长的平均误差只有-0.006%和-0.074%[Shih 2010]。

6.1.3 边界段

链码对边界的表达是逐点进行的,而一种更节省表达数据量的方法是把边界分解成若干段(即**边界段**)来分别表示。可以借助凸包概念将边界分解为多个边界段。

先介绍一下目标的**凸包**,可参见图6.1.8。图6.1.8(a)是一个五角形,称为集合S,将它的5个顶点用线段连起来得到一个五边形H,如图6.1.8(b)所示。五角形S是一个凹体,而五边形H是一个凸体,也是包含S的最小凸多边形,称为(S的)凸包。

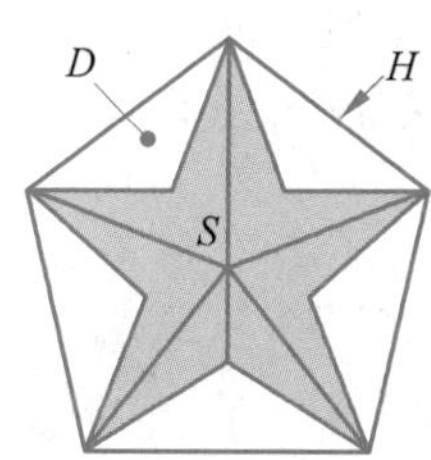

图6.1.8 区域的凸包

确定了目标的凸包(具体计算凸包的方法见6.2.5小节),就可以将边界分段。参见图6.1.9,图6.1.9(a)中的阴影代表一个任意的集合S,它的凸包H如图6.1.9(b)中黑线框内部分所示。H-S一般称为S的**凸残差**,并用D(即图6.1.9(b)黑线框内各白色部分)表示。当把S的边界分解为边界段时,能分开D的各部分的点就是合适的边界分段点。换句话说,这些分段点可借助D来唯一地确定。具体做法是,跟踪H的边界,每个进入D或从D出去的点就是一个分段点,见图6.1.9(c)的结果。这种方法不受区域尺度和取向的影响。

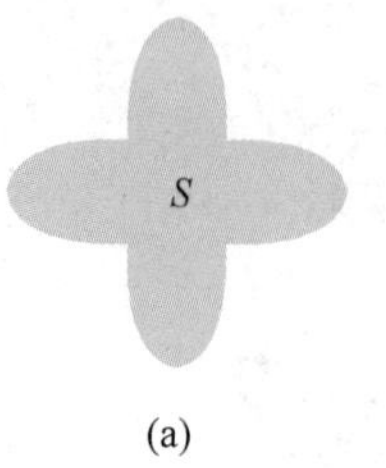

(a)

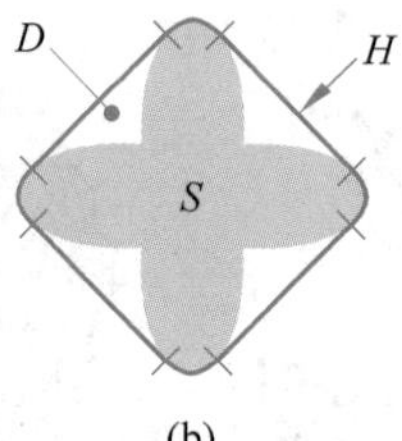

(b)

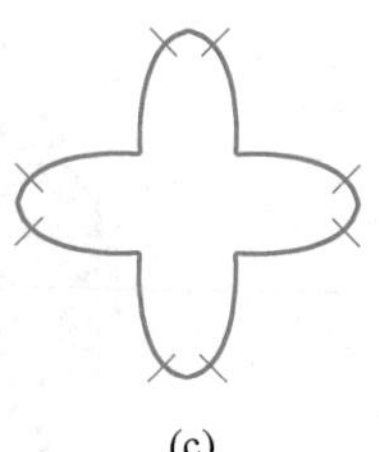

(c)

图6.1.9 利用区域凸包将区域边界分段

还有许多算法可将目标轮廓分割成直线段和圆弧段。它们主要可分成两大类。

(1) 第一类算法试图将各段之间的断点辨认(识别)出来。一方面,如果彼此相邻的两条直线具有不同的角度,那么轮廓的切线方向上将包含一个不连续点；另一方面,如果两个半径不同的圆弧平滑相交,则轮廓的曲率也会有一个不连续点。所以,断点可被定义为轮廓角的不连续点,即曲率最大处；或也可被定义为曲率自身的不连续处。前一个定义覆盖了直线段或圆弧段以锐角相交的情况,后一个定义覆盖了直线段和圆弧段或圆弧段和圆弧段平滑相接的情况。不过,曲率是由二阶导数确定的,所以是一个不稳定特征,易受轮廓点坐标误差的影响。但如果过度平滑轮廓,又可能使断点位置发生偏移,甚至使有些断点丢失。另外,这类算法不太适合用于分割直线段和椭圆弧段的情况,因为椭圆并没有圆形所具有的常数曲率,特别是椭圆长轴的两个端点由于有局部曲率最大值而会被定为断点。

(2) 第二类算法的思路是开始时先将轮廓全部都分割为直线段。这样会把圆弧段和椭圆弧段用多个直线段来逼近而导致在这些部分产生过度分割。所以,算法接下来要检测这些部分并判断是否这些直线段可用圆弧段或椭圆弧段拟合。一种实用的方法是先将轮廓进行多边形逼近(见 6.1.5 小节),然后依次检查每对相邻的线段,看它们是否能用圆弧段或椭圆弧段更好地拟合。如果拟合的误差小于两条线段的最大误差,那么这两条线段就被标记为合并处理的候选对象。在检查完所有线段对之后,将具有最小拟合误差的那对线段合并。该过程迭代进行,直到没有能合并的线段为止。

6.1.4　边界标志

在对边界的表达方法中,利用**标志**(也称签名)的方法是一种对边界的 1-D 泛函表达方法。产生**边界标志**的方法很多,但不管用何种方法产生标志,其基本思想都是把 2-D 的边界用 1-D 的较易描述的函数形式来表达。如果本来对 2-D 边界的形状感兴趣,那么通过这种方法可把对 2-D 形状描述的问题转化为对 1-D 波形进行分析的问题。

从更广泛的意义上说,标志可由广义的投影产生。这里投影可以是水平的、垂直的、对角线的或甚至是放射的(如下)、旋转的等。这里要注意的是,投影并不是一种能保持信息的变换,将 2-D 平面上的区域边界变换为 1-D 的曲线可能会丢失信息。

下面介绍 4 种不同的边界标志。

1. 距离为角度的函数

这种标志先对给定的目标求出其重心,然后取边界点与重心的距离为边界点与参考方向之间角度的函数,即**距离为角度的函数**。图 6.1.10(a)和图 6.1.10(b)分别给出了对圆和方形目标所得到的标志。

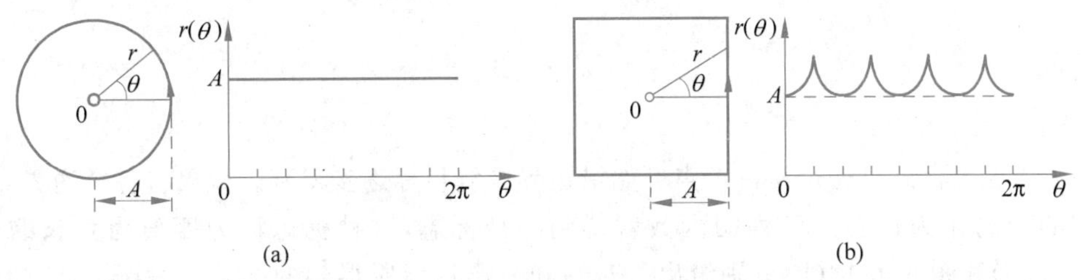

图 6.1.10　两个距离为角度函数的标志

在图 6.1.10(a)中,r 是常数,而在图 6.1.10(b)中,$r=A\sec\theta$。这种标志不受目标平移影响,但会随着目标旋转或放缩而变化。放缩造成的影响是标志的幅度值发生变化,这个问题可用把最大幅度值归一化到单位值来解决。消除旋转影响有多种方法。如果能规定一个不随目标朝向变化而产生标志的起点,则可消除旋转变化的影响。例如,可选择与重心最远的点作为产生标志的起点,如果只存在一个这样的点,则得到的标志就与目标朝向无关。更稳健的方法是先获得区域的**等效椭圆**(参见11.4.1小节),再在其长轴上取最远的点作为产生标志的起点。由于等效椭圆是借助区域中的所有像素来确定的,所以计算量较大但比较可靠。

2. ψ-s 曲线

如果沿边界围绕目标一周,在每个位置做出该点切线,该切线与一个参考方向(如横轴)之间的角度值就给出一种标志。**ψ-s 曲线**(**切线角为弧长的函数**)就是根据这种思路得到的,其中,s 为所绕过的边界长度,而 ψ 为参考方向与切线间的夹角。ψ-s 曲线有些像链码表达的连续形式。图6.1.11(a)和图6.1.11(b)分别给出了对圆和方形目标所得到的标志。

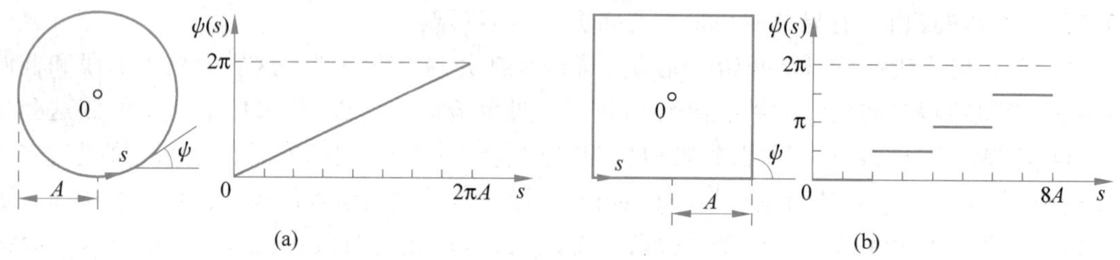

图6.1.11 两个切线为弧长函数的标志

由图6.1.11可见,ψ-s 曲线中的倾斜直线段对应边界上的圆弧段(ψ 以常数值变化),而 ψ-s 曲线中的水平直线段对应边界上的直线段(ψ 不变)。在图6.1.11(b)中,ψ 的4个水平直线段对应方形目标的4条边。

3. 斜率密度函数

斜率密度函数可看作将 ψ-s 曲线向 ψ 轴投影的结果。这种标志给出了目标切线角的直方图 $h(\theta)$。由于**直方图**是数值集中情况的一种测度,所以斜率密度函数会对具有常数切线角的边界段给出了比较强的响应,而在切线角有较快变化的边界段对应较深的谷。图6.1.12(a)和图6.1.12(b)分别给出了对圆和方形目标所得到的标志,其中对圆形目标的标志与距离为角度函数的标志有相同的形式,但对方形目标的斜率密度函数标志与距离为角度函数的标志有很不相同的形式。

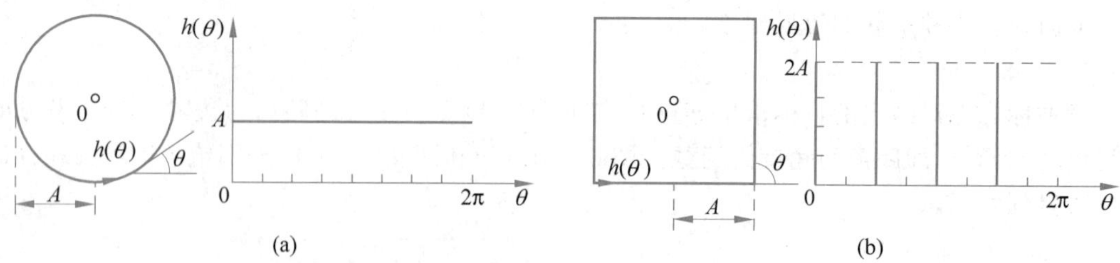

图6.1.12 两个斜率密度函数的标志

4. 距离为弧长的函数

基于边界的标志可通过从一个点开始沿边界围绕目标逐步得到。如果将各个边界点与目标重心的距离作为边界点序列的函数就得到一种标志,这种标志称为**距离为弧长的函数**。图6.1.13(a)和图6.1.13(b)分别给出了对圆和方形目标所得到的标志。对图6.1.13(a)的圆形目标,r 是常数;对图6.1.13(b)的方形目标,r 随 s 周期变化。与图6.1.10相比,对圆形目标,两种标志一致;而对方形目标,两种标志有差别。事实上,距离为弧长的函数与距离为角度的函数是等价的。

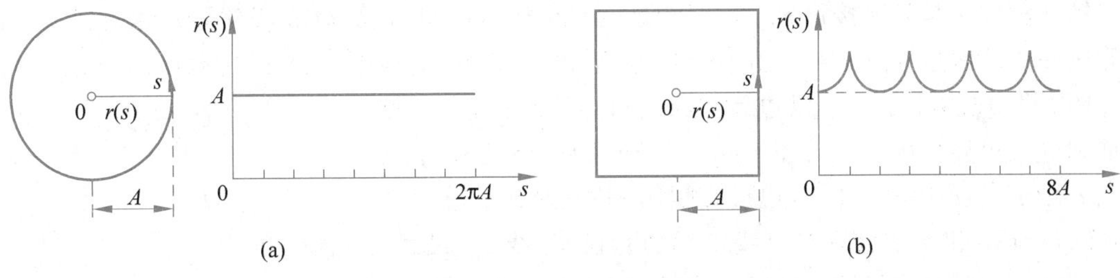

图 6.1.13　两个距离为弧长函数的标志

6.1.5　多边形逼近

实际应用中的数字边界常由于噪声、采样等的影响而有许多较小的不规则处。这些不规则处常对链码和边界段表达产生较明显的干扰。一种抗干扰性能更好，且更节省表达所需数据量的方法是用多边形去近似逼近边界。**多边形**是一系列线段的封闭集合，它可用来逼近大多数实用的曲线到任意的精度。在数字图像中，如果多边形的线段数与边界上的点数相等，则多边形可以完全准确地表达边界。实际中，多边形表达的目的通常是要用尽可能少的线段来代表边界并保持边界的基本形状，这样就可以用较少的数据和较简洁的形式来表达边界。获得多边形表达的常用方法有以下 3 种：

(1) 基于收缩的最小周长多边形法；

(2) 基于**聚合**的最小均方误差线段逼近法；

(3) 基于**分裂**的最小均方误差线段逼近法。

第 1 种方法将原边界看成是有弹性的线，将组成边界的像素序列的内外边界各看成一堵墙，如图 6.1.14(a)所示。如果将线拉紧(收缩)，则可得到如图 6.1.14(b)所示的最小周长多边形。

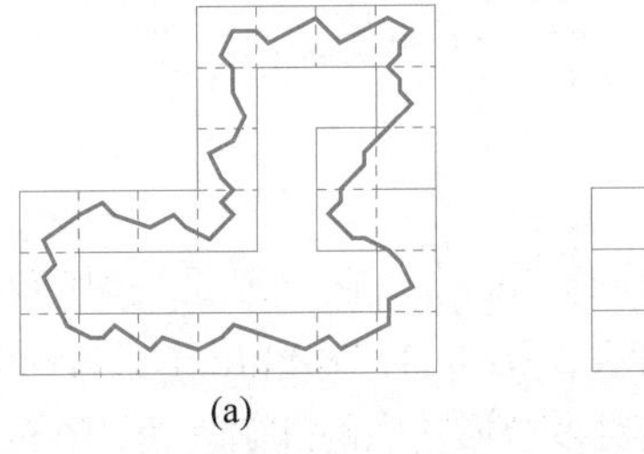
(a)

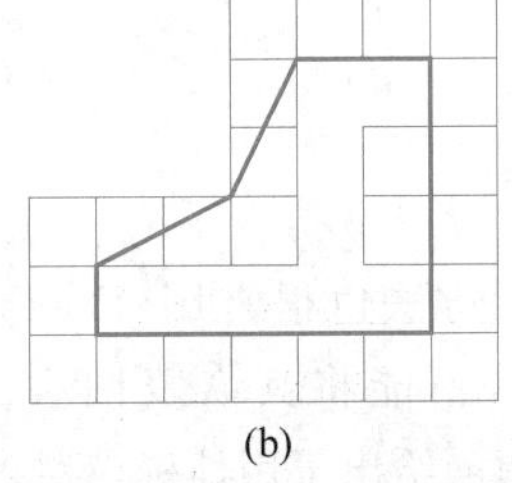
(b)

图 6.1.14　最小周长多边形法

第 2 种方法是沿边界依次连接像素。先选一个边界点为起点，用直线依次连接该点与相邻的边界点。分别计算各直线与边界的(逼近)拟合误差，把误差超过某个限度前的线段确定为多边形的一条边并将误差置零。然后以线段另一端点为起点继续连接边界点，如此进行直至环绕边界一周。这样不断进行连接就可得到一个边界的近似多边形。

图 6.1.15 给出了一个基于聚合的多边形逼近的示例。原边界是由点 a、b、c、d、e、f、g、h 等表示的多边形。现在先从点 a 出发，依次做直线 ab、ac、ad、ae 等。对从 ac 开始的每条线段计算前一边界点与线段的距离作为拟合误差。在图 6.1.15 中，设 bi 和 cj 没超过预定的误差限度，而 dk 超过该限度，所以选 d 为紧接点 a 的多边形顶点。再从点 d 出发继续如上进行，最终得到的近似多边形为 $adgh$。

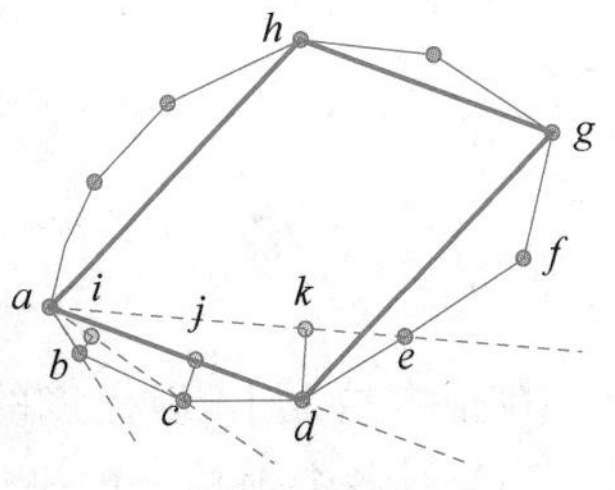

图 6.1.15　聚合逼近多边形

第 3 种方法是先连接边界上相距最远的两个像素（即把边界分成两部分），然后根据一定准则进一步分解边界（分裂），构成多边形逼近边界，直到拟合误差满足一定限度。

图 6.1.16 给出了一个以边界点与现有多边形的最大距离为准则分裂边界的例子。与图 6.1.15 相同，原边界是由点 a、b、c、d、e、f、g、h 等表示的多边形。现第一步先做出 ag，计算 di 和 hj（点 d 和点 h 分别在直线 ag 两边且距直线 ag 最远）。图中设这两个距离均超过限度，所以分解边界为 4 段：ad、dg、gh、ha。进一步计算 b、c、e、f 等各边界点与各相应直线的距离，图中设均未超过限度（例如 fk），则多边形 $adgh$ 为所求。

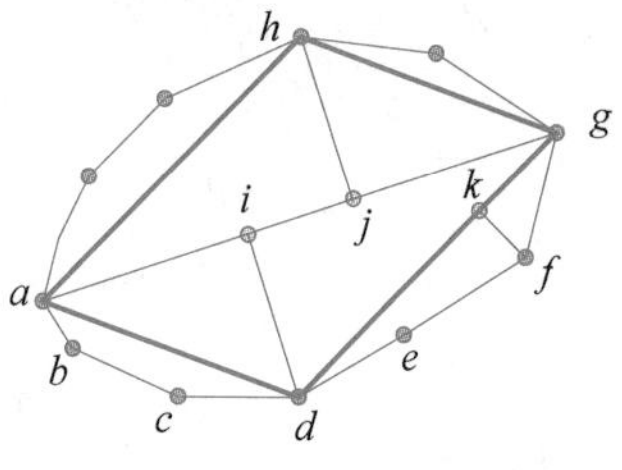

图 6.1.16 分裂逼近多边形

上述第 2 种和第 3 种方法也可理解为：通过让两点之间的直线段满足弦的性质（见 1.3.4 小节）而选取出一定数量的边界点，以得到原始边界的一个近似。这种方法能在一定程度上平滑边界，达到消除边界噪声的效果。

例 6.1.2 多边形边界表达示例

图 6.1.17 给出了几个用不同方法表达多边形边界的例子。图 6.1.17(a)为分割图像后得到的一个不规则形状目标；图 6.1.17(b)为对边界亚抽样后用链码表达的结果，它用了 112 比特；图 6.1.17(c)为用上述第 2 种多边形表达方法得到的结果，它用了 272 比特；图 6.1.17(d)为用上述第 3 种多边形表达方法得到的结果，它用了 224 比特。

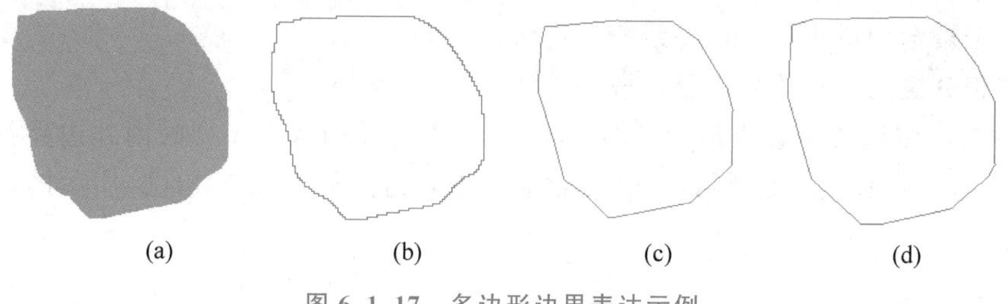

图 6.1.17 多边形边界表达示例

□

6.1.6 地标点

利用**地标点**的表达方法也很常用[Costa 2001]。它一般是一种近似表达方法，当将边界转换为地标点表达后常不能将其恢复回去。图 6.1.18 给出了几个示例，其中地标点 $\boldsymbol{S}_i=(S_{x,i},S_{y,i})$。图 6.1.18(a)给出了用地标点对多边形轮廓的准确表达；图 6.1.18(b)和图 6.1.18(c)给出了用地标点对另一个（连续）轮廓的近似表达，两图所用的地标点数不同，近似的程度也不同。一般来说，使用的地标点越多，近似的程度越好，当然地标点的位置选择也很重要。

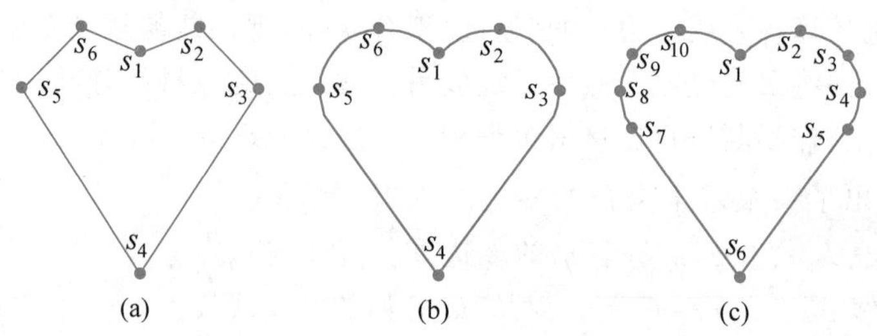

图 6.1.18 地标点表达示例

在很多情况下，地标点的排列或组合表达方式也很重要。常见的几种方法为：

(1) 对各个地标点的坐标进行选择，从某个固定的参考地标点开始将地标点组成一个矢量。这种方法给出**排序地标点**。目标 S 用一个 $2n$-矢量来表示：

$$\boldsymbol{S}_{\mathrm{o}}=[S_{x,1},S_{y,1},S_{x,2},S_{y,2},\cdots,S_{x,n},S_{y,n}]^{\mathrm{T}} \tag{6.1.1}$$

(2) 如果不考虑地标点的次序或没有地标点次序的信息，那么可考虑用**自由地标点**，即目标 S 用一个 $2n$-集合来表示：

$$\boldsymbol{S}_{\mathrm{f}}=\{S_{x,1},S_{y,1},S_{x,2},S_{y,2},\cdots,S_{x,n},S_{y,n}\} \tag{6.1.2}$$

(3) 用 2-D 矢量来表示平面目标 S，其中每个矢量代表一个地标点的坐标，可称**矢量-平面**方法。这里可将各个矢量顺序放入一个 $n\times 2$ 的矩阵：

$$\boldsymbol{S}_{\mathrm{v}}=\begin{bmatrix} S_{x,1} & S_{y,1} \\ S_{x,2} & S_{y,2} \\ \vdots & \vdots \\ S_{x,n} & S_{y,n} \end{bmatrix} \tag{6.1.3}$$

(4) 用一组复数值来表示平面目标 S，其中每个复数值代表一个地标点的坐标，即 $S_i=S_{x,i}+\mathrm{j}S_{y,i}$，可称**复数-平面**方法。这里将所有地标点集合顺序放入一个 $n\times 1$ 的矢量：

$$\boldsymbol{S}_{\mathrm{c}}=[S_1,S_2,\cdots,S_n]^{\mathrm{T}} \tag{6.1.4}$$

表 6.1.1 给出了上面 4 种地标点表达方法对具有顶点 $S_1=(1,1)$，$S_2=(1,2)$，$S_3=(2,1)$ 的三角形的表达结果，其中 3 个顶点作为 3 个地标点。

表 6.1.1 4 种地标点表达方法

方 式	表 达	解 释
排序地标点	$\boldsymbol{S}_{\mathrm{o}}=[1,1,1,2,2,1]$	$\boldsymbol{S}_{\mathrm{o}}$ 是一个 $2n\times 1$ 的实坐标矢量
自由地标点	$\boldsymbol{S}_{\mathrm{f}}=\{1,1,1,2,2,1\}$	$\boldsymbol{S}_{\mathrm{f}}$ 是一个包含 $2n$ 个实坐标的集合
矢量-平面	$\boldsymbol{S}_{\mathrm{v}}=\begin{bmatrix}1 & 1\\ 1 & 2\\ 2 & 1\end{bmatrix}$	$\boldsymbol{S}_{\mathrm{v}}$ 是一个 $n\times 2$ 的矩阵，每行包含一个地标点的 x-和 y-实坐标
复数-平面	$\boldsymbol{S}_{\mathrm{c}}=\begin{bmatrix}1+\mathrm{j}\\ 1+2\mathrm{j}\\ 2+\mathrm{j}\end{bmatrix}$	$\boldsymbol{S}_{\mathrm{c}}$ 是一个 $n\times 1$ 的复数矢量，每个复数表示一个地标点的 x-和 y-坐标

上面 4 种方法中，矢量-平面方法和复数-平面方法直觉上较好，因为它们不需要将目标映射到 $2n$-D 的空间。

实际中，地标点并不仅具有几何意义。从广义上讲，地标点还可以代表样本点中最重要的一些点。例如，在多视图聚类中，地标点代表利用加权排序算法[Rafailidis 2017]所挑选出的各个视图中最具代表性的数据点[马 2022a]。

6.2 基于区域的表达

对图像的分割提取出对应目标的区域，即所有属于目标的像素点(包括内部和边界点)。基于区域的表达根据这些像素点的信息对目标区域进行表达。下面先概括基于区域表达的技术类别，再具体介绍几种常用的表达形式。

6.2.1 技术分类

图 6.2.1 给出了对基于区域表达技术的一个分类图示[Costa 2001]，将相关技术分成了 3 类。

(1) **区域分解**：将目标区域分解(常重复分多层)为一些简单的单元形式，再用这些简单形式的某种集合（按照一定的数据结构）来表达。

（2）**围绕区域**：将目标区域用一些预先定义的、将其包围的几何结构来表达。

（3）**内部特征**：利用一些由目标区域内部像素获得的较抽象的特征集合来表达。

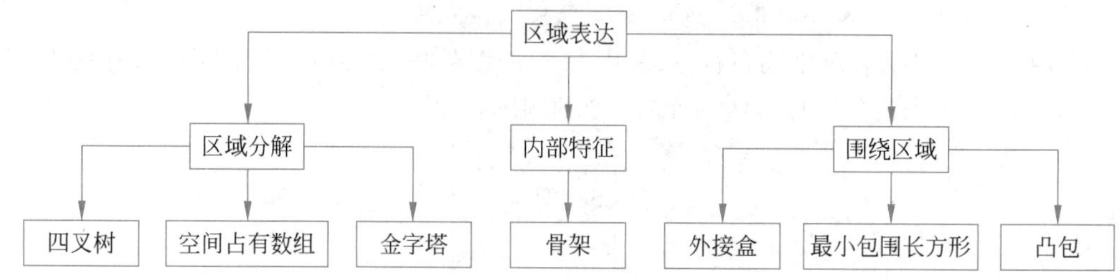

图 6.2.1　基于区域表达技术的分类

在每类中都有许多种方法，下面先介绍空间占有数组，这也是其他各种方法的基础，然后介绍四叉树和金字塔（均基于区域分解）、几种围绕区域（包括外接盒、最小包围长方形、凸包）和骨架。

6.2.2　空间占有数组

利用**空间占有数组**表达图像中的区域很方便、简单，并且也很直观。具体方法是，对图像 $f(x,y)$ 中任 1 点 (x,y)，如果它处在给定的区域内，则取 $f(x,y)$ 为 1，否则取 $f(x,y)$ 为 0。这种表达的物理意义很明确，所有 $f(x,y)$ 为 1 的点组成的集合就代表了所要表示的区域。如用这种方法表示 3-D 物体只需简单的推广。这种方法的缺点是需占用较大的空间，因为这是一种逐点表达的方法。区域的面积越大，表示这个区域所需的比特数就越多。图 6.2.2(a) 和图 6.2.2(b) 给出用空间占有数组表示 2-D 区域和 3-D 物体的各一个示例。由图 6.2.2 可见，图像像素（体素）与数组元素是一一对应的。

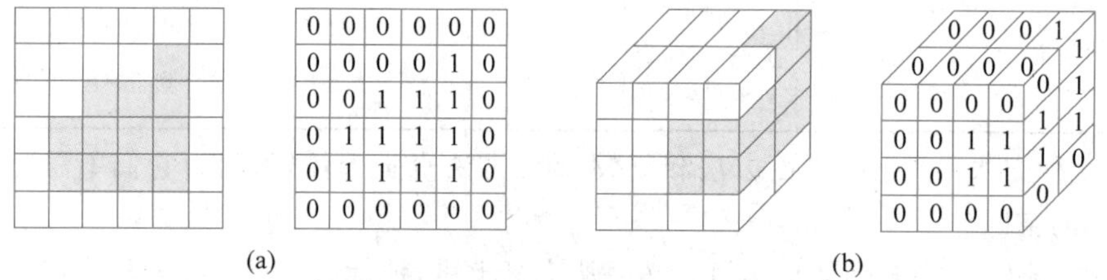

图 6.2.2　空间占有数组表达示例

6.2.3　四叉树

四叉树是一种数据结构。四叉树表达法利用分层的数据结构对图像进行表达。在这种表达中（例见图 6.2.3），所有的结点可分成 3 类：目标结点（用白色表示）、背景结点（用深色表示）和混合结点（用灰色表示）。四叉树的树根对应整幅图，而树叶对应各单个像素或具有相同特性的像素组成的方阵。这种结构特点使得四叉树常用在“粗略信息优先”的显示中。当图像是方形的，且像素点的个数是 2 的整数次幂时四叉树法最适用。

四叉树由多级构成，数根在 0 级，分 1 次叉多 1 级。对 1 个有 n 级的四叉树，其结点总数 N 最多为（对实际图像，因为总有包含多个像素的目标，所以一般要小于这个数）

$$N=\sum_{k=0}^{n}4^k=\frac{4^{n+1}-1}{3}\approx\frac{4}{3}4^n \tag{6.2.1}$$

一种通过扫描图像建立四叉树的方法如下。设图像大小为 $2^n\times 2^n$，用八进制表示。先对

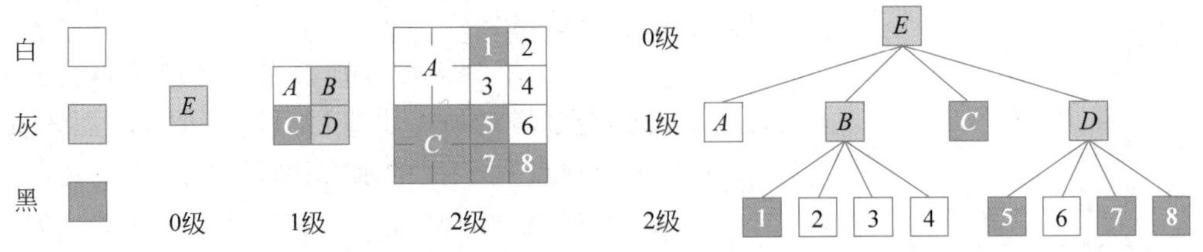

图 6.2.3 四叉树表达图示

图像进行扫描，每次读入两行。将图像均分成 4 块，各块的下标分别为 $2k$、$2k+1$、2^n+2k、$2^n+2k+1(k=0,1,2,\cdots,2^{n-1}-1)$，它们对应的灰度为 f_0、f_1、f_2、f_3。据此可建立 4 个新灰度级：

$$g_0 = \frac{1}{4}\sum_{i=0}^{3} f_i \tag{6.2.2}$$

$$g_j = f_j - g_0, \quad j = 1,2,3 \tag{6.2.3}$$

为了建立树的下一级，将上述每块的第一个像素（由式(6.2.2)算得）组成第一行，而把由式(6.2.3)算得的 3 个差值放进另一个数组，得到表 6.2.1。

表 6.2.1 四叉树建立的第一步

g_0	g_4	g_{10}	g_{14}	g_{20}	g_{24}	…
(g_1, g_2, g_3)	(g_5, g_6, g_7)	(g_{11}, g_{12}, g_{13})	(g_{15}, g_{16}, g_{17})	(g_{21}, g_{22}, g_{23})	(g_{25}, g_{26}, g_{27})	…

这样当读入下两行时，第 1 个像素的下标将增加 2^{n+1}，得到表 6.2.2 的结果。

表 6.2.2 四叉树建立的第二步

g_0	g_4	g_{10}	g_{14}	g_{20}	g_{24}	…
g_{100}	g_{104}	g_{110}	g_{114}	g_{120}	g_{124}	…

如此继续，可得到一个 $2^{n-1}\times 2^{n-1}$ 的图像和一个 $3\times 2^{2^n-2}$ 的数组。将上述过程反复进行，图像逐渐变粗（像素个数减少，每个像素的面积增大），当整个图像只有一个像素时，信息全集中到数组中。表 6.2.3 给出了一个示例。

表 6.2.3 四叉树建立的示例

0	1	4	5	10	11	14	15	20	21	24	25	…
2	3	6	7	12	13	16	17	22	23	26	27	…
100	101	104	105	110	111	114	115	120	121	124	125	…
102	103	106	107	112	113	116	117	122	123	126	127	…

借助四叉树表达，可以实现对图像加法、矩的计算和目标面积测量的快速算法。

6.2.4 金字塔

这里所说的**金字塔**是一种与四叉树密切相关（或者说更一般化）的数据结构[Kropatsch 2001]。金字塔结构可借助**图**（结构）来解释。图 $G=[V,E]$ 由顶点（结点）集合 V 和边（弧）集合 E 组成。对每个顶点对 $(v_1,v_2)\in V\times V$，都有一条边 $e\in E$ 将它们连起来。顶点 v_1 和 v_2 称为 e 的终端顶点。

金字塔结构由各层间的“父子”关系和各层内的邻域关系所确定。每个不在最底层的单元在其下面一层都有一组“儿子”。另一方面，每个不在顶层的单元在它上一层都有一个“父亲”。在同一层中，每个单元都有一组“兄弟”（也称邻居）。

图 6.2.4(a)给出了一个金字塔结构的示意图，图 6.2.4(b)指出了一个单元与其他单元的

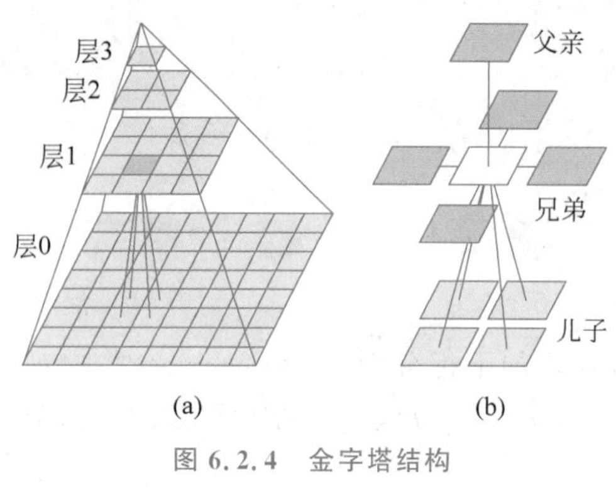

图 6.2.4 金字塔结构

各种联系。

金字塔结构可分别沿水平方向和垂直方向描述，金字塔的每个水平层可用一个邻域图来描述。一个顶点 $p \in V_i$ 的水平邻域可用下式定义：

$$R(p)=\{p\} \cup \{q \in V_i \mid (p,q) \in E_i\} \tag{6.2.4}$$

金字塔的垂直结构可用一个**二分图**来描述。令 $E_i \subseteq (V_i \times V_{i+1})$ 和 $R_i=\{(V_i \cup V_{i+1}), E_i\}$，则对一个单元 $q \in V_{i+1}$，它的儿子集合为

$$\mathrm{SON}(q)=\{p \in V_i \mid (p,q) \in E_i\} \tag{6.2.5}$$

类似地，对一个单元 $p \in V_i$，它的父亲集合为

$$\mathrm{FATHER}(p)=\{q \in V_{i+1} \mid (p,q) \in E_i\} \tag{6.2.6}$$

根据上面的定义，一个有 N 层的金字塔结构可用 N 个邻域图和 $N-1$ 个二分图来描述。

可以用**缩减率**（缩减因数）和**缩减窗**来描述金字塔结构[Kropatsch 2001]。缩减率 r 确定从一层到另一层单元数的减少速度。缩减窗（一般是个 $n \times n$ 的方窗）将一个当前层的单元与下一层的一组单元联系起来。一个金字塔结构可记为 $(n \times n)/r$。最广泛使用的金字塔为 $(2 \times 2)/4$ 金字塔，也常称为“图像金字塔”。因为 $(2 \times 2)/4=1$，所以在这个金字塔结构中，没有重复（每个单元只有一个父亲）。具有重复的缩减窗的金字塔结构的共同点是 $(n \times n)/r>1$，例如 $(2 \times 2)/2$ 的结构常称为“重叠金字塔”，又如 $(5 \times 5)/2$ 金字塔曾被用于紧凑的图像编码，其中图像金字塔伴随了一个拉普拉斯差分金字塔。这里，在给定层的拉普拉斯值是用在该层的图像和借助扩展而产生的下一个较低分辨率图像之间逐像素的差来计算的（参见上册 16.2.2 小节）。可以期望拉普拉斯值在低对比度的区域为零或接近零，所以可取得压缩效果。另一方面，如果一个金字塔结构满足 $(n \times n)/r<1$，则表明有些单元没有父亲。

四叉树很像一个 $(2 \times 2)/4$ 的金字塔结构，主要区别是四叉树没有相同层间的邻居联系。尽管可将四叉树看作一个特殊的金字塔结构，但它们还有一些其他不同点。例如，一般将对区域的四叉树表达看作一种多分辨率表达，而将对区域的金字塔表达看作一种区域的变分辨率表达。它们各有优点。金字塔表达比较适合用于基于位置的查询，如“给定一个位置，哪个目标在那里”；反过来，如果查询是“给定一个目标，确定它的位置”，则用金字塔表达需要检查每个位置以判断目标是否存在，工作量比较大。四叉树表达比较适合用于这种基于目标的查询。因为四叉树中每个结点存储了该结点之下各个非叶子结点的综合信息，所以可用来确定是否要沿树结构继续向下检查。如果一个目标没有出现在一个结点，那么它也不会出现在该结点的子树中，也就是不用继续向下搜索了。另外，也可以将金字塔表达转化为四叉树表达，只需要从高层到低层迭代地对金字塔进行搜索。如果金字塔中的一个组合单元全黑或全白，则将它作为一个对应的终端结点，否则将它作为一个中间结点并将其指向下一层的 4 个（组合）单元。

最后，总结金字塔结构的优点如下[Kropatsch 2001]：

（1）通过去除较低分辨率时不重要的细节可减少噪声的影响；

（2）对图像的处理与感兴趣区域的分辨率无关；

（3）将全局的特征转化为局部的特征；

（4）由于使用了分而治之策略（divide-and-conquer principle），减少了计算量；

（5）在低分辨率图像中能以低成本检出感兴趣区域；

（6）可方便地显示和观察大尺寸的图像；

(7) 通过由粗到细的策略可增加图像配准的速度和可靠性。

6.2.5 围绕区域

有许多基于**围绕区域**(**环绕区域**)的表达方法,共同点是用一个将目标包含在内的区域来近似表达目标。常用的主要有外接盒、最小包围长方形和凸包。

1. 外接盒

外接盒是包含目标区域的最小长方形。一般长方形相邻两边与坐标轴平行。

例 6.2.1 外接盒尺寸和形状随目标旋转的变化

当目标旋转时,可以得到其尺寸和形状都不同的一系列外接盒。图 6.2.5(a)给出了对同一个目标在不同朝向(与横轴夹角从 0°~90°,间隔为 10°)时得到的外接盒,图 6.2.5(b)和图 6.2.5(c)分别给出了各个对应外接盒的尺寸(归一化尺寸比)和形状(归一化短边长边比)随朝向的变化情况。

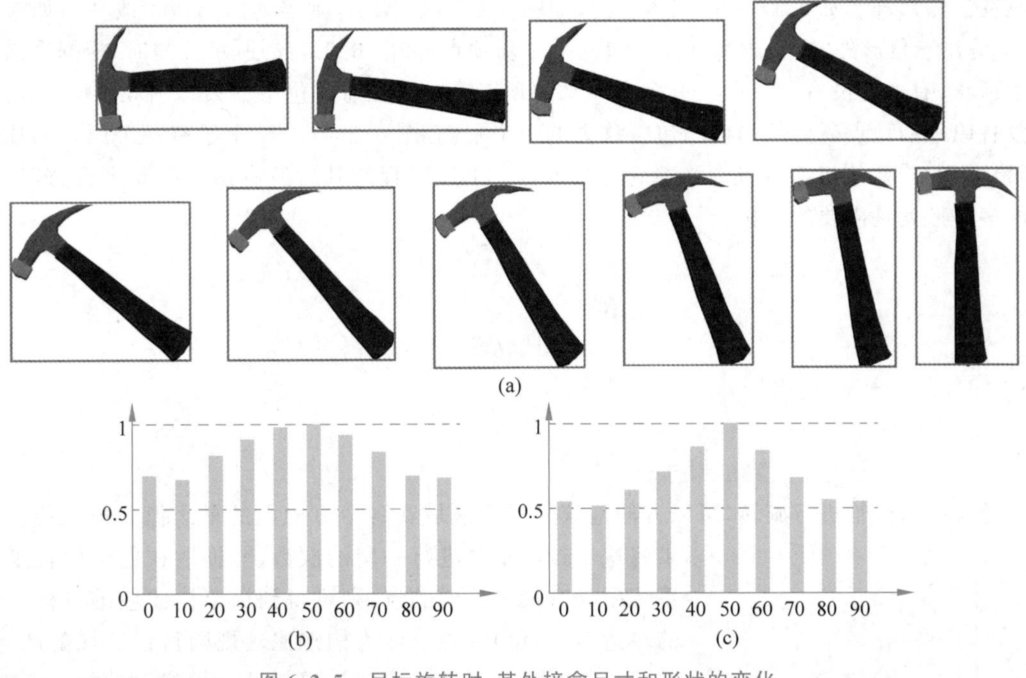

图 6.2.5 目标旋转时,其外接盒尺寸和形状的变化

□

2. 围盒

围盒也称为**最小包围长方形**(MER)。它定义为包含目标区域(可朝向任何方向)的最小长方形,即其四边并不总与坐标轴平行。外接盒和围盒均是长方形,但朝向常不同。图 6.2.6(a)和图 6.2.6(b)分别给出了对图中同一个目标的外接盒和围盒的表达示例。由于围盒的朝向可根据目标区域调整,所以围盒表达有可能比外接盒表达更精确地逼近目标。

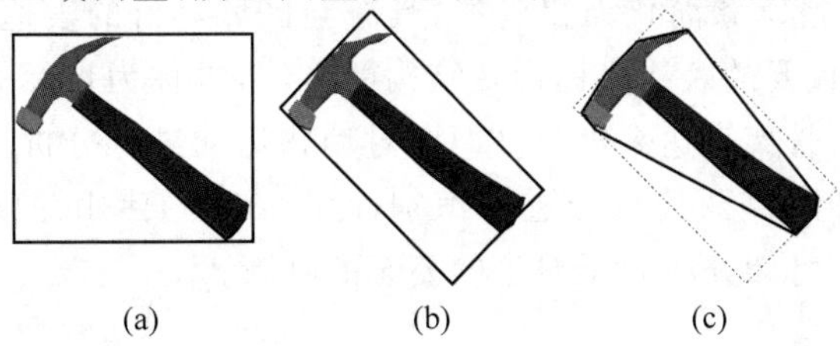

图 6.2.6 对同一个目标的 3 种围绕区域表达结果

3. 凸包

凸包是包含目标区域的最小凸多边形，6.1.3 小节已给出了示例。图 6.2.6(c)给出了一个凸包表达的示例。对比图 6.2.6 中 3 种围绕区域表达同一个目标区域的结果，可见凸包表达有可能最精确。

现在考虑目标已用多边形表示，多边形的 n 个顶点序列为：$P=\{v_1, v_2, \cdots, v_n\}$。如果多边形 P 是一个简单多边形（自身不交叠的多边形），则可用下面的方法来计算凸包，其计算量为 $O(n)$。这里使用的数据结构 H 是一个已预处理过的多边形顶点序列的列表（双端队列）。H 中的当前内容表示正在处理的凸包，且检测结束后最终的凸包也存储在这个数据结构中。$H=\{d_b, \cdots, d_t\}$，其中，d_b 指向列表的底，d_t 指向列表的顶。实际上，d_b 和 d_t 都对应同时代表多边形的第一个顶点和最后一个顶点的那个顶点。

下面给出了算法的主要思路。先从顶点序列获得前 3 个顶点，构成一个三角形（逆时针方向），如图 6.2.7(a)所示，这个三角形就是当前的凸包。接着判断下一个顶点 D 是在三角形内还是在三角形外。如果 D 是在三角形内，如图 6.2.7(b)所示，则当前的凸包不改变。如果顶点 D 是在三角形外，则它成为当前凸包的一个新顶点，如图 6.2.7(c)所示。同时，根据当前凸包的形状，有可能没有、有一个、有多个原来的顶点需要从当前凸包中移去。图 6.2.7(c)给出了没有原来的顶点需要从当前凸包中移去的一个示例，图 6.2.7(d)给出了有一个原来的顶点（即顶点 B）需要从当前凸包中移去的一个示例。上述过程对其后所有顶点都要进行，最后得到的多边形就是需要的凸包。

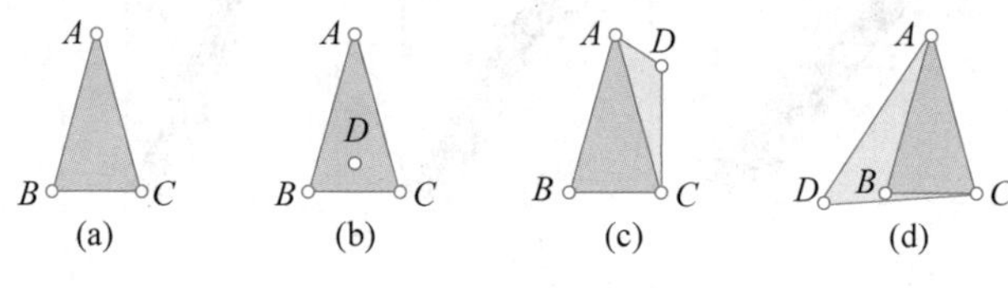

图 6.2.7　凸包检测示意

例 6.2.2　另一种凸包检测方法

通过将坐标轴进行旋转，可以方便地获得目标区域在各个方向上的最小值和最大值。如果将这个过程重复进行一定的次数，并提取在各个旋转坐标系统中具有最大差值的点，则可得到用于构成包围目标区域的多边形（凸包）的顶点。为构建比较规则目标区域的凸包，常常只需要数量不多的旋转步骤就可以做到，如图 6.2.8 所示。可见，许多顶点都聚集在很少几个位置，即目标区域的突出点。利用这些顶点，还可方便地借助式(7.2.7)计算目标区域的面积。□

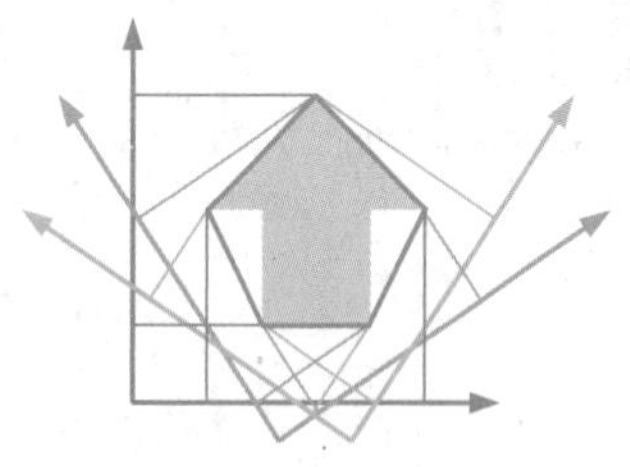

图 6.2.8　凸包检测示意

6.2.6　骨架

骨架是把一个区域精练和简化而得到的，具有与区域等价的表达（从骨架可重建区域）。抽取目标的骨架是一种重要的表达目标形状结构的方法，常称为目标的骨架化。在对人类运动的分析中，常提取人的骨架表达来进行。而要对动物运动进行分析，也可以提取动物骨架。例如，为了对肉牛站立和卧倒两种行为进行识别，[张 2022b]使用深度学习方法处理监控视频，通过分析获得了肉牛骨架并实现了对牛的姿态的判断。

1. 骨架的定义和特点

实现对骨架抽取的方法有多种思路，其中一种比较有效的技术是**中轴变换**（MAT）。具有

边界 B 的区域 R 的 MAT 是如下确定的(参见图 6.2.9)：对每个 R 中的点 p,可在 B 中搜寻与它距离最小的点。如果对 p 能找到多于一个这样的点(即有两个或以上的 B 中的点与 p 同时距离最小),则可认为 p 属于 R 的中轴或骨架,或者说 p 是一个骨架点。

图 6.2.9　区域 R、边界 B、骨架点 p

由上述讨论可知,骨架点可用一个区域点与两个边界点的最小距离来定义,即写成

$$d_s(p,B)=\inf\{d(p,z)\mid z\in B\}\tag{6.2.7}$$

其中,距离量度可以采用欧氏距离、城区距离或棋盘距离等。因为最近距离取决于所用的距离量度,所以 MAT 的结果也与所用的距离量度有关。

图 6.2.10 给出了几个区域和对它们用欧氏距离算出的骨架。由图 6.2.10(a)和图 6.2.10(b)可知,对较细长的物体其骨架常能提供较多的形状信息,而对较粗短的物体则骨架提供的信息较少。注意,骨架表达有时受噪声的影响较大,例如,比较图 6.2.10(c)和图 6.2.10(d),两图中的两个区域只有很少的差别(可认为由噪声产生),但两者的骨架相差很大。

(a)

(b)
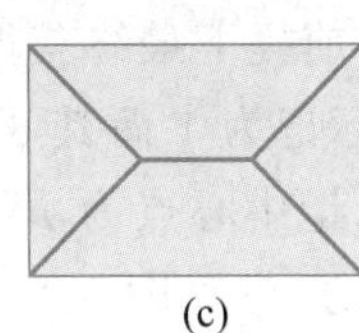
(c)
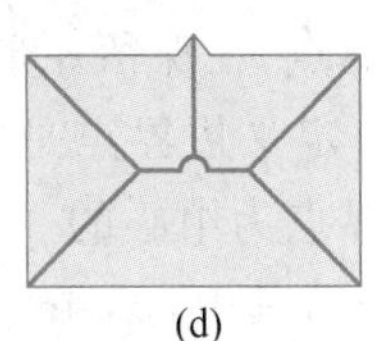
(d)

图 6.2.10　用欧氏距离算出的一些骨架的示例

从理论上讲,每个骨架点都保持了其与边界点距离最小的性质,所以将以每个骨架点为中心的圆都结合起来,就可恢复出原始的区域。具体就是以每个骨架点为圆心,以前述最小距离为半径作圆,参见图 6.2.11(a)。这些圆的包络就构成了区域的边界,参见图 6.2.11(b)。最后,如果填充区域内的圆周就能重新得到区域。也可以这样说,如果以每个骨架点为圆心,以所有小于或等于最小距离的长度为半径作圆,这些圆的并集就覆盖了整个区域。

前述中轴变换也可借助**波的传播/扩展**来形象地解释(也有人借助草场着火来解释)。在边界上各个点同时发射前进速度相同的波,两个波的锋面相遇的地方就属于骨架集合。参见图 6.2.12,最外周的细实线表示原来的边界,各个箭头表示波沿与边界垂直的方向传播,虚线表示不同时刻波的前锋,中心的粗实线代表最后得到的骨架。由图 6.2.12 可见,中轴变换所获得的中轴距各处边界都有最大距离,这已被成功地应用于机器人防碰撞的路径规划中。顺便指出,如果在骨架点处让波反向传播就可以重建出区域。

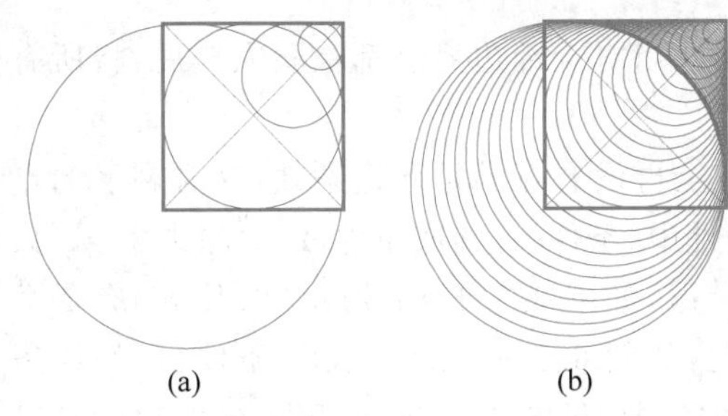
(a)　(b)

图 6.2.11　用圆的并集重建区域

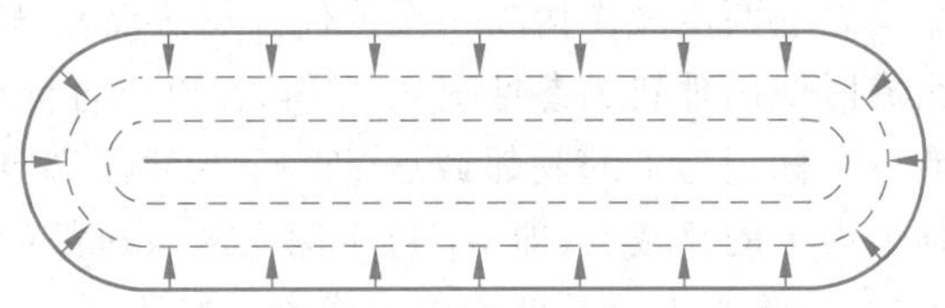
图 6.2.12　用波的传播来解释中轴变换

最后总结一下,如果设 S 是区域 R 的骨架,则有(实际中,有时并不能保证下述 5 点全能满足)[Marchand 2000]：

(1) S 完全包含在 R 中,S 处在 R 的中心位置；

(2) S 为单个像素宽；

(3) S 与 R 具有相同数量的连通组元；

(4) S 的补与 R 的补具有相同数量的连通组元；

(5) 可以根据 S 重建 R。

2. 计算骨架的一种实用方法

直接根据式(6.2.7)求取区域骨架需要计算所有边界点到所有区域内部点的距离，因而计算量是很大的。实际中都是采用逐次消去边界点的迭代细化算法，在这个过程中需要注意3个限制条件：

(1) 不消去线段端点；

(2) 不中断原来连通的点；

(3) 不过多侵蚀区域。

下面介绍一种实用的、计算二值目标区域骨架的算法[Zhang 1984]，该算法因两位作者的姓名也称为ZS算法。该算法根据一定准则对前景图像进行逐次剥离，每一次的迭代都会减少图像的外轮廓点，在保留原形状的前提下最终获得图像的骨架。设已知目标点标记为1，背景点标记为0。定义边界点是本身标记为1而其8-连通邻域中至少有一个点标记为0的点。算法考虑以边界点为中心的8-邻域，记中心点为 p_1，其邻域的8个点顺时针绕中心点分别记为 $p_2, p_3, \cdots, p_9$，其中，p_2 在 p_1 上方，参见图6.2.13。

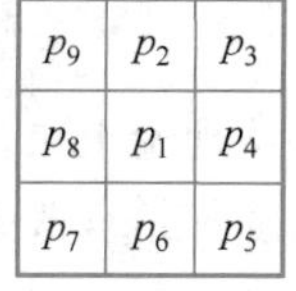

图 6.2.13　骨架计算模板

算法包括对边界点进行两步操作。

(1) 标记同时满足下列条件的边界点：

(1.1) $2 \leqslant N(p_1) \leqslant 6$；

(1.2) $S(p_1)=1$；

(1.3) $p_2 \cdot p_4 \cdot p_6=0$；

(1.4) $p_4 \cdot p_6 \cdot p_8=0$。

其中，$N(p_1)$是 p_1 的非零邻域点的个数，$S(p_1)$是以 $p_2, p_3, \cdots, p_9, p_2$ 为序时这些点的值从0→1变化的次数。当对全部边界点都检验完毕后，将所有标记了的点除去。

(2) 标记同时满足下列条件的边界点：

(2.1) $2 \leqslant N(p_1) \leqslant 6$；

(2.2) $S(p_1)=1$；

(2.3) $p_2 \cdot p_4 \cdot p_8=0$；

(2.4) $p_2 \cdot p_6 \cdot p_8=0$。

这里前两个条件同第(1)步，仅后两个条件不同。同样当对全部边界点都检验完毕后，将所有标记了的点除去。

以上两步操作构成一次迭代。算法反复迭代直至再没有点满足标记条件，这时剩下的点组成区域的骨架。参见图6.2.14，在以上各标记条件中，条件(1.1)或条件(2.1)除去了 p_1 只有一个标记为1的8-邻域点(即 p_1 为线段端点的情况，如图6.2.14(a)所示)以及 p_1 有7个标记为1的邻域点(即 p_1 过于深入区域内部的情况，如图6.2.14(b)所示)；条件(1.2)或条件(2.2)除去了对宽度为单个像素的线段进行操作的情况(见图6.2.14(c)和图6.2.14(d))以避免将骨架割断；条件(1.3)和条件(1.4)在 p_1 为边界的最右或最下端点($p_4=0$ 或 $p_6=0$)或左上角点($p_2=0$ 和 $p_8=0$)，即在不是骨架点的情况下同时满足(前一个情况见图6.2.14(e))。类似地，条件(2.3)和条件(2.4)在 p_1 为边界的最左或最上端点($p_2=0$ 或 $p_8=0$)或右下角点($p_4=0$ 和 $p_6=0$)，即在不是骨架点的情况下同时满足(前一个情况见图6.2.14(f))。最后应注意，如 p_1 为边界的右上端点，则有 $p_2=0$ 和 $p_4=0$；如 p_1 为边界的左下端点，则有 $p_6=0$ 和 $p_8=0$，它们都同时满足条件(1.3)和条件(1.4)以及条件(2.3)和条件(2.4)。

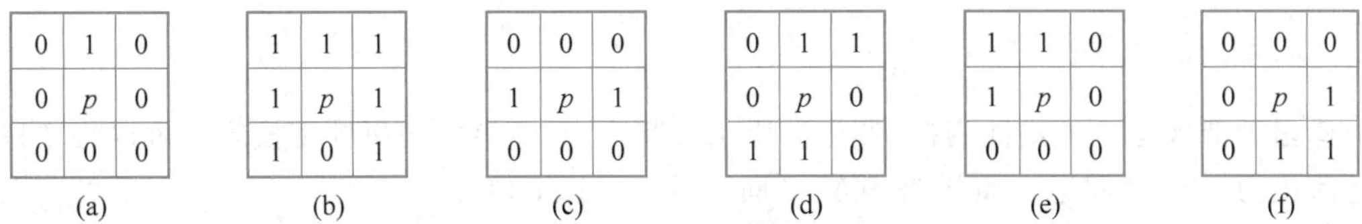

图 6.2.14　对各标记条件的解释示例

例 6.2.3　骨架计算实例

图 6.2.15 给出了一个骨架计算实例，其中，图 6.2.15(a)为图像分割后得到的二值图，图 6.2.15(b)为根据前述方法计算得到的骨架。可将这个骨架与例 14.4.2 中用数学形态学方法计算出的骨架进行对比，这里骨架的连通性和光滑性更好。

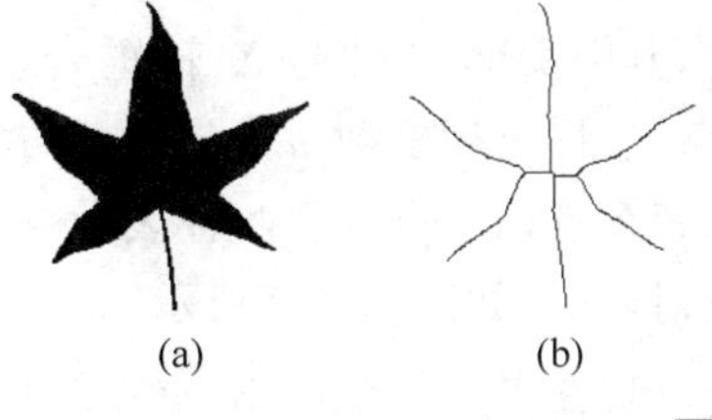

图 6.2.15　骨架计算实例　□

上述基本算法在有些实际应用中会遇到一些问题，也有一些针对性的解决方案。例如，[Ahmed 2002]用模板匹配迭代去除物体的边缘点，并增加了多条遍历规则和派生模板以克服基本算法可能丢失局部信息且存在对角线过度腐蚀的问题；[Dong 2017]利用笔画连续性，解决了基本算法在获取文字骨架时会在笔画相交处产生笔画失真的问题；[马 2022b]将方向信息与子区域迭代相结合，以克服基本算法会将 2×2 的正方形区域消除而导致骨架连通性受影响的问题，并可获得单像素宽度的骨架。

6.3　基于变换的表达

基于变换的表达的基本思想是利用一定的变换(如傅里叶变换或小波变换)将目标从图像空间变换到变换空间并利用变换参数来表达目标。

6.3.1　技术分类

图 6.3.1 给出了对基于变换表达技术的一个分类图示[Costa 2001]，尽管可采用的变换很多，但主要技术可分成两类。

(1) 线性变换：采用的变换技术是线性的，则表达也是线性的。这里变换 T 线性是指给定两个点集合 A 和 B，以及两个标量 α 和 β，有 $T(\alpha A+\beta B)=\alpha T(A)+\beta T(B)$。

(2) 非线性变换：采用的变换技术是非线性的，则表达也是非线性的。

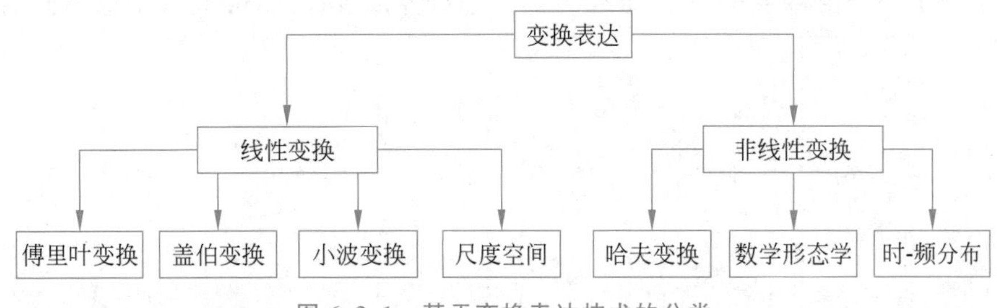

图 6.3.1　基于变换表达技术的分类

在线性变换中，还可以分成两个子类。有些变换只能用于单一尺度的表达，如傅里叶变换、余弦变换和 Z-变换等。而另一些变换还可以用于多尺度的表达，如盖伯变换、小波变换等。下面仅以傅里叶变换为例介绍变换表达的基本步骤和特点，其他变换的表达技术是类似的（用盖伯变换和盖伯频谱表达描述纹理特征可见 10.4.2 小节）。

6.3.2 傅里叶变换表达

傅里叶变换是一种线性变换（参见上册 4.2 节）。对边界的傅里叶变换表达可以将 2-D 的问题简化为 1-D 的问题。将图像 XY 平面看作一个复平面，可以将 XY 平面中的曲线段转化为复平面上的一个点序列。具体就是将 XY 平面与复平面 UV 重合，其中实部 U 轴与 X 轴重合，虚部 V 轴与 Y 轴重合。这样可用复数 $u+\mathrm{j}v$ 的形式来表示给定边界上的每个点 (x, y)。这两种表达在本质上是一致的，点点对应的，如图 6.3.2 所示。

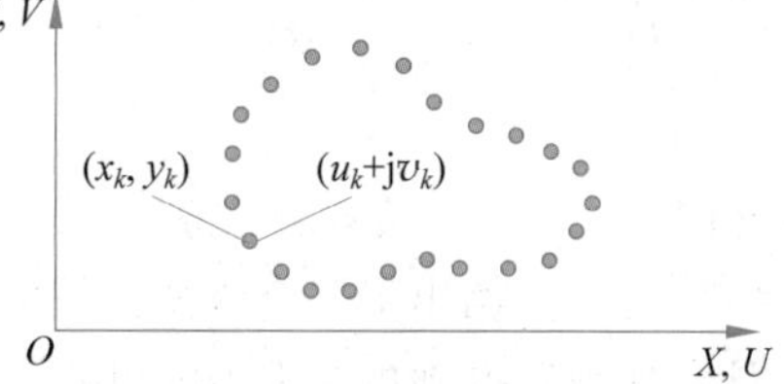

图 6.3.2 边界点的两种表达方法

现在考虑一个由 N 个点组成的封闭边界，从任一个点开始绕边界一周就得到一个复数序列：

$$s(k)=u(k)+\mathrm{j}v(k), \quad k=0,1,\cdots,N-1 \tag{6.3.1}$$

$s(k)$的离散傅里叶变换是

$$S(w)=\frac{1}{N}\sum_{k=0}^{N-1}s(k)\exp[-\mathrm{j}2\pi wk/N], \quad w=0,1,\cdots,N-1 \tag{6.3.2}$$

$S(w)$就是边界的傅里叶变换系数序列，它的傅里叶逆变换是

$$s(k)=\sum_{w=0}^{N-1}S(w)\exp[\mathrm{j}2\pi wk/N], \quad k=0,1,\cdots,N-1 \tag{6.3.3}$$

由上面两式可见，因为离散傅里叶变换是可逆线性变换，所以在这个过程中信息既未增加也未减少。但上述表达方法为简化对边界的表达提供了方便。假设只利用 $S(w)$的前 $M(M<N)$个系数，这样可得到 $s(k)$的一个近似：

$$\hat{s}(k)=\sum_{w=0}^{M-1}S(w)\exp[\mathrm{j}2\pi wk/N], \quad k=0,1,\cdots,N-1 \tag{6.3.4}$$

注意，式(6.3.4)中 k 的范围不变，即在近似边界上的点数不变，但 w 的范围缩小了，即为重建边界点所用的频率项数减少了。因为傅里叶变换的高频分量对应目标细节，低频分量对应总体形状，所以可只用一些对应低频分量的傅里叶系数来近似地表达边界形状。

例 6.3.1 借助傅里叶变换系数近似表达边界

根据式(6.3.4)，利用傅里叶变换的前 M 个系数可用较少的数据量表达边界的基本形状。图 6.3.3 给出了一个由 $N=64$ 个点组成的正方形边界以及在式(6.3.4)中取不同的 M 值重

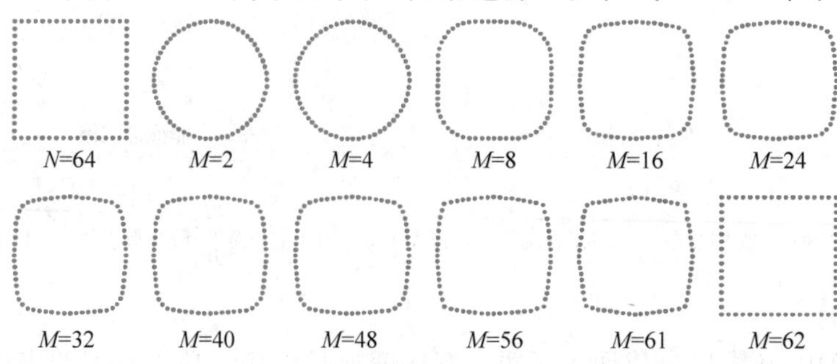

图 6.3.3 借助傅里叶变换系数近似表达边界 □

建这个边界得到的一些结果。首先可注意到，对很小的 M 值，重建的边界是圆形的。当 M 增加到 8 时，重建的边界才开始变得像一个圆角方形。其后随 M 的增加，重建的边界基本没有大的变化，只有到 $M=56$ 时，4 个角点才比较明显。继续增加 M 值到 61 时，4 条边才变得直起来。最后再加 1 个系数，$M=62$，重建的边界就与原边界几乎一致了。由此可见，当用较少的系数时虽然可以反映目标的大体形状，但需要继续增加很多系数才能精确地表达如直线和角点(很多高频分量)这样一些形状特征。

现在来考虑一下傅里叶变换系数序列受边界平移、旋转、尺度变换以及计算起点(傅里叶变换系数序列与从边界点建立复数序列对的起始点有关)的影响。边界的平移在空域相当于对所有坐标加个常数平移量，而这在傅里叶变换域中，除在原点 $k=0$ 处外并不带来变化。在 $k=0$ 处，根据对常数的傅里叶变换是在原点的脉冲函数可知，有一个 $\delta(w)$ 存在。对边界在空域旋转一个角度与在频率域旋转一个角度是相当的。同理，对边界在空域进行尺度变换也相当于对它的傅里叶变换进行相同的尺度变换。起点的变化在空域相当于把序列原点平移，而在傅里叶变换域中相当于乘以一个与系数本身有关的量。综合上面讨论可总结得表 6.3.1。

表 6.3.1　傅里叶变换系数序列受边界平移、旋转、尺度变化以及计算起点的影响

变换/变化	边界点序列	傅里叶变换系数序列
平移($\Delta x,\Delta y$)	$s_t(k)=s(k)+\Delta xy$	$S_t(w)=S(w)+\Delta xy\cdot\delta(w)$
旋转(θ)	$s_r(k)=s(k)\exp(\mathrm{j}\theta)$	$S_r(w)=S(w)\exp(\mathrm{j}\theta)$
尺度(C)	$s_c(k)=C\cdot s(k)$	$S_c(w)=C\cdot S(w)$
起点(k_0)	$s_p(k)=s(k-k_0)$	$S_p(w)=S(w)\exp(-\mathrm{j}2\pi k_0 w/N)$

注：$\Delta xy=\Delta x+\mathrm{j}\Delta y$

总结和复习　　　　随堂测试

第7章

教学视频

目标描述

在目标表达的基础上可进一步对目标进行描述,从而确定其特性,这常借助目标特征描述符来进行。在前面对单元的介绍中已指出对目标的表达和描述是紧密联系的,且可将对目标的表达和描述方法分为3类,包括基于边界的、基于区域的和基于变换的。在第6章中分3节对这3类表达方法进行了讨论,由于基于变换的描述与表达关系更密切,所以在第6章也举例给予了介绍。本章将仅涉及基于边界和基于区域的描述。另外,当图像中有多个目标时,对目标之间关系的描述也很重要,这也是目标描述的一个重要方面。

根据上述讨论,本章各节将安排如下。

7.1节介绍基于边界的描述方法。其中除一些简单的边界描述符(边界的长度、边界的直径和曲率)外,还将讨论两种典型的边界描述符:形状数和边界矩。

7.2节讨论基于区域的描述方法。在简单介绍区域面积、区域重心、区域密度(灰度)特征的基础上,对一些拓扑描述符和基于不变矩的描述符进行详细的介绍。

7.3节围绕对目标关系的描述进行介绍。首先介绍目标标记和计数技术,其次讨论点目标的分布规律,然后介绍字符串描述符和树结构描述符,最后介绍一些空间关系数据集。

7.1 基于边界的描述

基于边界的描述侧重描述目标边界的特性。

7.1.1 简单边界描述符

下面先介绍几种简单的**边界描述符**,即边界长度、边界直径和曲率。它们均可直接从边界点得到。

1. 边界长度

边界长度定义为包围区域的轮廓的周长,是一种全局描述符(描述整个区域的特性)。对区域 R,其边界 B 上的像素称为边界像素,其他像素则称为区域的内部像素。边界像素按4-方向或8-方向连接起来组成区域的轮廓。区域 R 的每个边界像素 P 都应满足两个条件:

(1) P 本身属于 R;

(2) P 的邻域中有像素不属于 R。

仅满足第一个条件不满足第二个条件的是区域的内部像素,而仅满足第二个条件不满足第一个条件的是区域的外部像素。

这里需要注意,如果 R 的内部像素用8-方向连通来判定,则得到4-方向连通的轮廓。而如果 R 的内部像素用4-方向连通来判定,则得到8-方向连通的轮廓。对此的详细讨论见9.2.3小节。

分别定义4-方向连通边界 B_4 和8-方向连通边界 B_8 如下:

$$B_4 = \{(x, y) \in R \mid N_8(x, y) - R \neq 0\} \tag{7.1.1}$$

$$\sqrt{2}B_8=\{(x,y)\in R \mid N_4(x,y)-R\neq 0\} \tag{7.1.2}$$

上面两式右边第一个条件表明边界像素本身属于区域 R，第二个条件表明边界像素的邻域中有不属于区域 R 的点。如果边界已用单位长链码表示，则其长度可用水平和垂直码的个数加上$\sqrt{2}$乘以对角码的个数来计算（更精确的公式见 9.3.5 小节）。将边界的所有像素从 0 排到 $K-1$（设边界点共有 K 个），这两种边界的长度可统一表示成：

$$\|B\|=\#\{k \mid (x_{k+1},y_{k+1})\in N_4(x_k,y_k)\}+\sqrt{2}\#\{k \mid (x_{k+1},y_{k+1})\in N_{\mathrm{D}}(x_k,y_k)\} \tag{7.1.3}$$

其中，# 表示数量；$k+1$ 按模为 K 计算。上式右边第一项对应两个共边的像素之间的线段长度，第二项对应两个对角像素之间的线段长度。

2. 边界直径

边界直径是边界上相隔最远的两点之间的距离，即连接这两点的直线的长度。有时这条直线也被称为边界的主轴或长轴（与此垂直且与边界的两个交点之间的最长线段也叫边界的短轴）。它的长度和取向对描述边界都很有用。边界 B 的直径 $\mathrm{Dia}_d(B)$ 可由下式计算：

$$\mathrm{Dia}_d(B)=\max_{i,j}[D_d(b_i,b_j)],\quad b_i\in B,\quad b_j\in B \tag{7.1.4}$$

其中，$D_d(\cdot)$ 可以是任一种距离量度。常用的距离量度主要有 3 种，即 $D_{\mathrm{E}}(\cdot)$、$D_4(\cdot)$ 和 $D_8(\cdot)$ 距离。如果 $D_d(\cdot)$ 用不同距离量度，得到的 $\mathrm{Dia}_d(B)$ 会不同。

例 7.1.1　不同的距离量度

图 7.1.1 给出了用 3 种不同的距离量度得到的同一个目标边界的 3 个直径值。由这个示例可见不同距离量度对距离值的影响。

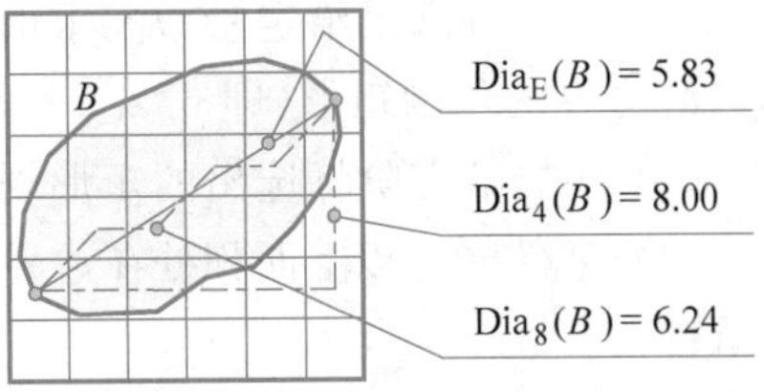

B

$\mathrm{Dia}_{\mathrm{E}}(B)=5.83$

$\mathrm{Dia}_4(B)=8.00$

$\mathrm{Dia}_8(B)=6.24$

图 7.1.1　边界直径和测量　□

3. 曲率

曲率是**斜率**的改变率，它描述了边界上各点沿轮廓变化的情况。在一个边界点，其曲率符号描述了边界在该点的凹凸性。如果曲率大于零，则曲线凹向朝着该点法线的正向。如果曲率小于零，则曲线凹向是朝着该点法线的负方向。如果沿着顺时针方向跟踪边界，则曲率在一个点大于零表明该点属于凸段的一部分，否则为凹段的一部分。有关离散曲率的更多介绍见 11.5.2 小节。

例 7.1.2　曲率和局部形状

目标边界上一个点的曲率反映了该点的局部凹凸性。图 7.1.2 给出了两个点的曲率变化的 4 种情况。图 7.1.2(a) 对应两条与圆相切的切线不平行的情况。图 7.1.2(b) 对应两条切线与圆的切点处的曲率之和为负的情况，两个粗/宽的区域靠近接触时就是这种情况。图 7.1.2(c) 对应两条边界线平行，边界上对应点（朝向可变化）处的曲率之和为零的情况。图 7.1.2(d) 对应局部曲率为正值的情况。

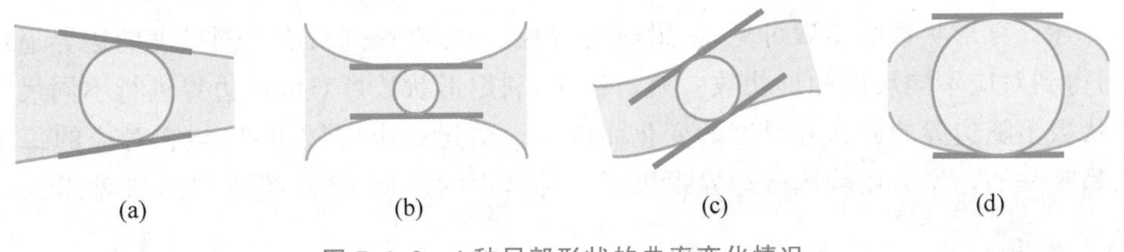

图 7.1.2　4 种局部形状的曲率变化情况　□

7.1.2 形状数

形状数是一个数串或序列,其计算基于边界的链码表达。根据链码的起点位置不同,一个用链码表达的边界可以有多个一阶差分。一个边界的形状数是这些差分中其值最小的一个序列。换句话说,形状数是值最小的(链码的)差分码(参见6.1.2小节)。例如,图6.1.3中归一化前边界的4-方向链码为10103322;差分码为33133030;形状数为03033133。

每个形状数都有一个对应的阶(order),这里阶定义为形状数序列的长度(即链码的个数或数串的长度)。对4-方向的闭合曲线,其阶数总是偶数。对凸形区域,其阶数也对应边界外包矩形(凸包)的周长。图7.1.3给出了阶数分别为4、6和8的所有可能的边界形状种类及它们的形状数。随着阶的增加,所对应的可能边界形状的种类及它们的形状数会很快变多。

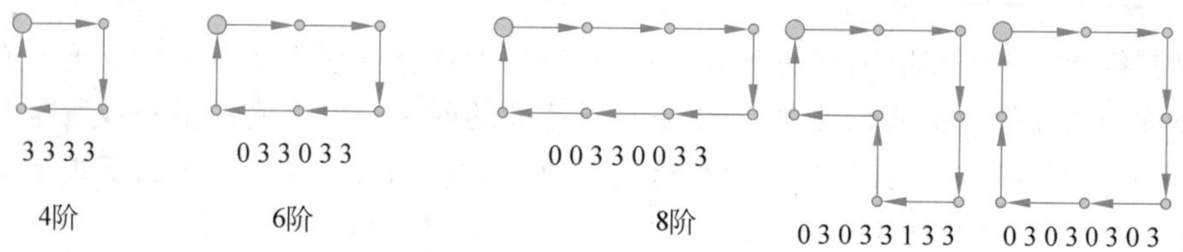

图7.1.3 阶分别为4、6和8的所有形状

如图7.1.4所示,在实际中从所给边界由给定阶计算其形状数有以下几个步骤:

(1) 从所有满足给定阶数要求的矩形中,选取出一个其长短轴比例最接近图7.1.4(a)所示已给边界的包围矩形(即6.2.5小节中的**围盒**),如图7.1.4(b)所示;

(2) 根据给定阶将选出的矩形划分为如图7.1.4(c)所示的多个正方形;

(3) 保留50%以上面积处在边界内的正方形,得到与边界最吻合的多边形,如图7.1.4(d)所示;

(4) 根据上面选出的多边形,以图7.1.4(d)中黑点(可任取)为起点计算其链码得到图7.1.4(e);

(5) 求出上述链码的微分码/差分码,如图7.1.4(f)所示;

(6) 循环差分码使其值最小,就得到所给边界的形状数,如图7.1.4(g)所示。

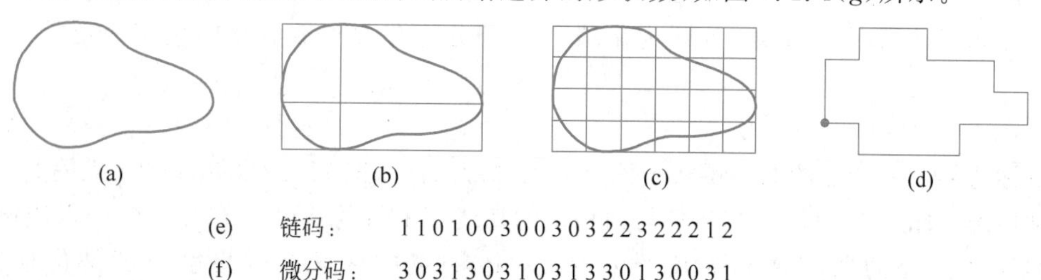

(e) 链码: 110100300303223222212

(f) 微分码: 303130310313330130031

(g) 形状数: 003130313031031330130 13

图7.1.4 边界形状数求取示意

由上述计算形状数的步骤可见,如果改变阶数,则可以得到对应不同尺度的边界逼近多边形,也即得到对应不同尺度的形状数。换句话说,利用形状数可对区域边界进行不同尺度的描述。形状数不随边界的旋转和尺度的变化而改变。给定一个区域边界,与它对应的每个阶的形状数是唯一的。这为比较区域边界提供了一种有用的度量方法(详见11.4.1小节)。

7.1.3 边界矩

目标的边界可看作由一系列曲线段组成,对任意一个给定的曲线段都可把它表示成一个

1-D 函数 $f(r)$，这里 r 是一个任意变量，其值可以遍取该曲线段上的所有点。进一步可把 $f(r)$ 的线下面积归一化成单位面积并将其作一个直方图，则 r 可看成一个随机变量，$f(r)$ 是 r 的出现概率。例如，可将如图 7.1.5(a)所示的包含 L 个点的边界段表达成图 7.1.5(b)所示的一个 1-D 函数 $f(r)$。接着可通过用矩来定量描述曲线段而进一步描述整个边界。这种描述方法对边界的旋转不敏感。

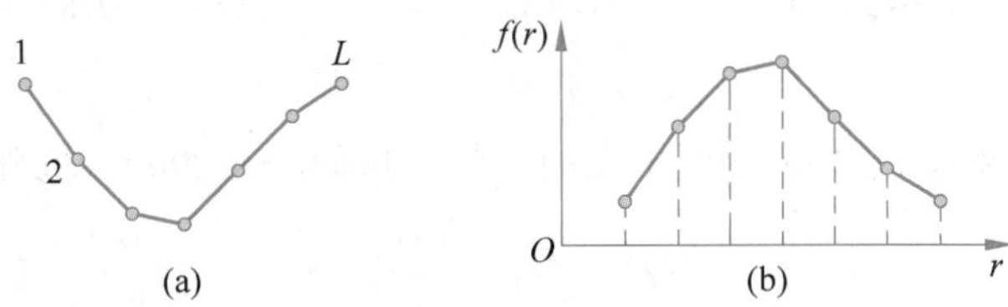

图 7.1.5　曲线段和其 1-D 函数表示

若用 m 表示 $f(r)$ 的均值：

$$m=\sum_{i=1}^{L} r_i f(r_i) \tag{7.1.5}$$

则 $f(r)$ 对均值的 n 阶矩为

$$\mu_n(r)=\sum_{i=1}^{L}(r_i-m)^n f(r_i) \tag{7.1.6}$$

这里 μ_n 与 $f(r)$ 的形状有直接联系，如 μ_2 描述了曲线相对于均值的分布情况，而 μ_3 则描述了曲线相对于均值的对称性。这些**边界矩**描述了曲线的特性，并与曲线在空间的绝对位置无关。

利用边界矩可以把对曲线的描述工作转化成对 1-D 函数的描述。这种方法的优点是容易实现并且有物理意义。除了边界段，标志(见 6.1.4 小节)也可用这种方法描述。

7.2　基于区域的描述

基于区域的描述侧重描述整个目标或目标内部的特性。

7.2.1　简单区域描述符

有一些**区域描述符**可以很容易地根据区域的所有像素直接获得，如面积、质心、密度等。

1. 区域面积

区域的面积 A 描述了区域的一个基本特性，它给出了区域的尺寸(大小)。对区域 R 来说，设正方形像素的边长为单位长，则有

$$A=\sum_{(x,y)\in R} 1 \tag{7.2.1}$$

可见，这里计算**区域面积**就是对属于区域的像素进行计数。虽然也可考虑用其他方式来计算区域面积，但可以证明，利用对像素计数的方法来求取区域面积，不仅最简单，而且也是对原始模拟区域面积的无偏和一致(见 9.2 节)的最好估计[Young 1993]。图 7.2.1 给出了对同一区域用不同的面积计算方法得到的几个结果(这里设像素边长为 1)。其中，图 7.2.1(a)方法对应式(7.2.1)，图 7.2.1(b)和图 7.2.1(c)所示两种方法虽然计算较简单，但都有较大的误差。

给定一个顶点为离散点的多边形 Q(因为离散点是处在采样网格上的点，所以这种多边形也称**网格多边形**)，令 R 为 Q 中所包含点的集合。如果 N_B 是正好处在 Q 的轮廓上点的个数，N_I 是 Q 的内部点的个数，那么 $|R|=N_B+N_I$，即 R 中点的个数是 N_B 和 N_I 之和。这样

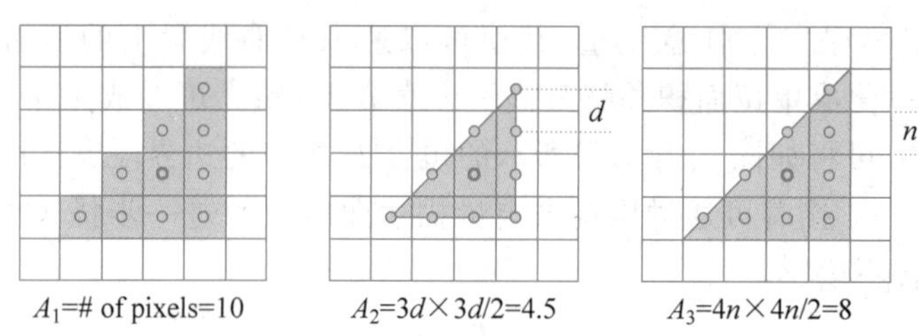

图 7.2.1 几种面积计算方法举例

一来，Q 的面积 $A(Q)$ 就是包含在 Q 中单元的个数[Marchand 2000]（也称**网格定理**），即

$$A(Q)=N_{\mathrm{I}}+\frac{N_{\mathrm{B}}}{2}-1 \tag{7.2.2}$$

考虑图 7.2.2(a)所给出的多边形 Q，Q 的轮廓用连续的粗线表示。属于 Q 的点用小圆（包括 • 和◦）表示。实心小圆代表 Q 的轮廓点（即角点及正好在轮廓线上的点），空心小圆代表 Q 的内部点。由于 $N_{\mathrm{I}}=71$，$N_{\mathrm{B}}=10$，所以由式(7.2.2)可得到 $A(Q)=75$。

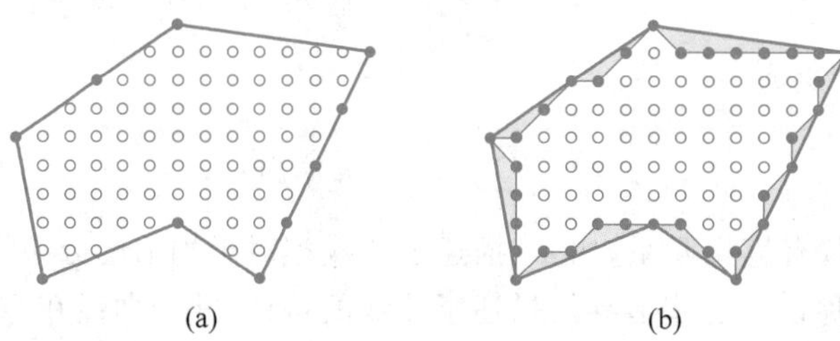

图 7.2.2 多边形面积的计算

注意，区分由多边形 Q 所定义的面积和由轮廓 P（点集）所定义的面积，后者是由边界像素集合 B 所构成的。图 7.2.2(b)给出了对 P 使用 8-连通性而对 P^{c} 使用 4-连通性所得到的轮廓集合（细实线）。轮廓 P（点集）所包围的面积是 63。这个值与前面由多边形 Q 所得到的面积值 75 的差就是图 7.2.2(b)中阴影的面积（介于轮廓 P 和多边形 Q）。

例 7.2.1 目标面积的 3 种测量方式

根据目标自身的特性和对测量数据的使用目的，对目标面积的测量可有不同方式。图 7.2.3 给出了 3 种测量情况。首先，一般可采用仅测量深色部分（字母 R）的方法，如图 7.2.3(a)所示，这与常见的目标定义一致。有时需采用图 7.2.3(b)所示的测量方式，例如，在遥感图像中有时不仅要考虑土地，也要考虑其中的湖泊，所以不仅要考虑深色部分也要考虑浅色部分。最后，有时需采用如图 7.2.3(c)所示的测量方式（即还要考虑有纹理的部分），例如，在遥感图像中有时不仅要考虑湖泊，还要考虑海湾（或河流及其流域）等。第 1 种测量得到的是**纯面积**，第 2 种测量得到的是**填充面积**，而第 3 种测量得到的是**凸面积**（**绷紧弦面积**或**橡皮筋面积**，可参见 6.1.5 小节获得最小周长多边形的方法），即凸包（参见 6.2.5 小节）的面积。这 3 种面积的数值依次单增不减。 □

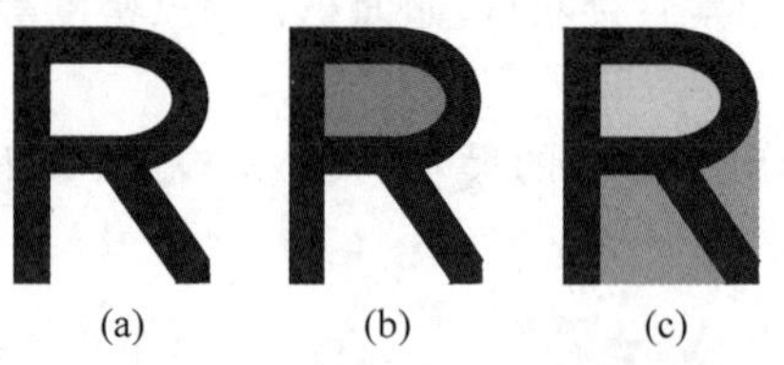

图 7.2.3 目标面积的 3 种测量方式

例 7.2.2 目标旋转对面积和周长测量的影响

对目标面积和周长的测量与对面积和周长的定义有关。例如，典型的面积测量是累积属于目标的像素面积，即对像素计数再乘以每个像素的面积；但有的测量考虑连接边界像素中心以获得目标轮廓，再以其所包围的面积作为目标的面积。又如，对目标周长的测量可借助对

轮廓上像素的计数来进行，即认为轮廓像素连成一串，则周长就是串的长度；也可考虑 2-D 情况的轮廓长度，即取 8-连接像素间的距离为 4-连接像素间距离的$\sqrt{2}$倍，如式(7.1.3)；还可考虑将轮廓上各个像素的外周长(与背景接触)累积起来。

需要指出的是，这些测量的结果一般是不同的。而且，当目标旋转后，这些测量结果的变化也是不同的。图 7.2.4 给出了对一个简单的正方形旋转不同角度得到的几个目标，对它们的测量结果见表 7.2.1。可见，利用像素计数得到的面积总大于轮廓所包围的面积。另外，累积轮廓像素外周长得到的结果会大于轮廓长度，而轮廓长度会大于或等于对轮廓上像素计数得到的结果。

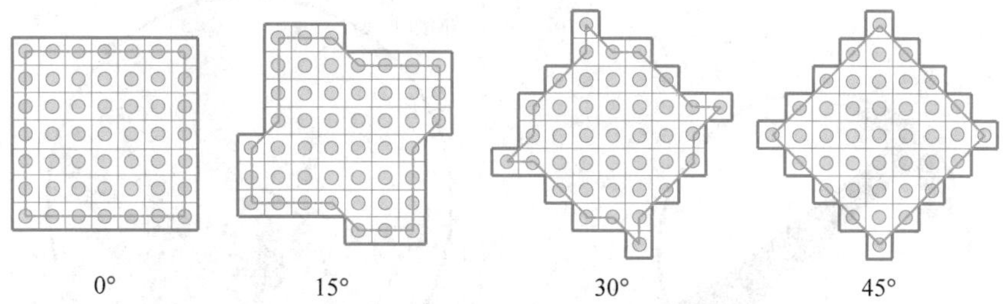

图 7.2.4 目标旋转不同角度后的情况

表 7.2.1 目标旋转后对面积和周长测量的结果

测　　度	0°	15°	30°	45°
面积(像素计数)	49	48	41	41
面积(轮廓点包围)	36	35	30	32
周长(轮廓像素计数)	24	24	20	16
周长(轮廓长度)	24	25.66	24.97	22.63
周长(轮廓像素外周长)	28	32	36	36

□

2. 区域质心

区域质心是一种全局描述符，一个区域质心的坐标是根据所有属于该区域的点计算出来的(A 表示区域的面积)：

$$\bar{x}=\frac{1}{A}\sum_{(x,y)\in R}x \tag{7.2.3}$$

$$\bar{y}=\frac{1}{A}\sum_{(x,y)\in R}y \tag{7.2.4}$$

如果已有了区域的边界表达(如链码)，则也可直接计算区域质心。设边界点序列的坐标依次为$(x_0,y_0),\cdots,(x_i,y_i),(x_{i+1},y_{i+1}),\cdots,(x_n,y_n)$，其中，$(x_0,y_0)=(x_n,y_n)$，且 $1\leqslant i\leqslant n$，n 为边界点个数。区域质心的坐标可如下计算：

$$\bar{x}=\frac{1}{A}\sum_{i=1}^{n}(x_i+x_{i-1})^2(y_i-y_{i-1}) \tag{7.2.5}$$

$$\bar{y}=\frac{1}{A}\sum_{i=1}^{n}(x_i+x_{i-1})(y_i-y_{i-1})^2 \tag{7.2.6}$$

顺便指出，该区域的面积为

$$A=\frac{1}{2}\sum_{i=1}^{n}(x_i+x_{i-1})(y_i-y_{i-1}) \tag{7.2.7}$$

尽管区域内各点的坐标总是整数，但区域质心的坐标常不为整数。当区域本身的尺寸与各区域之间的距离相比很小时，可将区域采用位于其质心坐标的质点来近似代表。

对非规则物体,其质心坐标和几何中心坐标常不相同。图 7.2.5 给出了一个示例。其中,目标的质心用方形点(浅黄色)表示,对密度加权得到的目标**重心**用五角形点(浅蓝色)表示,而由目标外接圆确定的几何中心用圆形点(红色)表示。

例 7.2.3 非规则形状物体的中心和质心

对规则形状的物体,其**几何中心**已能给出较好的描述。对非规则形状的物体,常还需要考虑一些其他点。图 7.2.6 给出了对一只手进行描述时的几个示例,其中**终极点**是内切圆的圆心,外接圆的圆心是几何中心点。在这里,**质心**点为手的质量中心,而**密度加权中心**点的位置则根据图像亮度进行了加权。

彩图

彩图

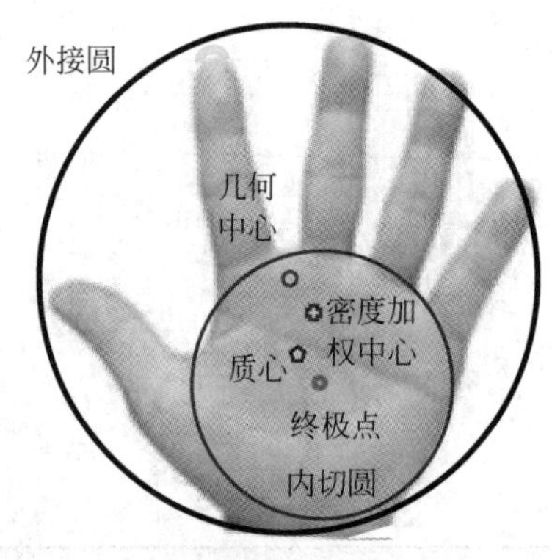

图 7.2.5 非规则物体的质心和中心

图 7.2.6 非规则形状物体的中心和质心 □

3. 区域密度

描述分割区域的目的常常是为了描述原目标的密度特性,体现在图像上就是灰度、颜色等。目标的密度特性与几何特性不同,它需要结合原始图和分割图来得到。常用的**区域密度特征**包括目标灰度(或各种颜色分量)的最大值、最小值、中值、平均值、方差以及高阶矩等各种统计量,它们多可借助图像的**直方图**得到。

以灰度图像为例,图像的密度特征对应图像的灰度,而图像成像时有一些影响图像灰度的因素需要考虑:

(1) 对有反射的目标表面,需考虑反射性。反射性实际上常是测量的目的;当目标通过透射光观察时,目标的厚度和目标(材料)对光的吸收都对反射值有影响。

(2) 光源的亮度,从光源到目标的光通路(如显微镜成像系统中的会聚透镜、滤光器、光圈等)。

(3) 在光通路的成像部分,光子除被吸收外,也会被通路上不同的表面所反射,这些反射的光子有可能到达非期望的地方;另外,目标的某个部分也可能由于目标其他部分的反射而被加强。

(4) 光子入射到采集器(如 CCD)的光敏感表面时,它们的能量会转化为电能,这个转化可能是线性的或非线性的。

(5) 从采集器的输出得到放大的电信号,这里也有个非线性的问题。

(6) 放大后的电信号需要数字化,此时可能通过查找表(look-up table)进行转换,事先确定的转换函数对最终灰度也有影响。

上述多种影响因子的存在说明在解释密度特征时要非常小心,由图像得到的灰度是景物成像中各个因素影响的综合结果。

下面给出几种典型的区域密度特征描述符:

(1) 透射率。**透射率**(T)是穿透目标的光与入射光的比例,即

$$T=\frac{\text{穿透目标的光}}{\text{入射的光}} \tag{7.2.8}$$

(2) 光密度。**光密度**(OD)定义为入射光与穿透目标的光的比值(透射率的倒数)的以 10 为底的对数：

$$\mathrm{OD}=\lg(1/T)=-\lg T \tag{7.2.9}$$

光密度的数值范围从 0(100%透射)到无穷(完全无透射)。

(3) 积分光密度。**积分光密度**(IOD)是所测图像区域中各个像素的光密度的总和。对一幅 $M\times N$ 的图像 $f(x,y)$，其 IOD 为

$$\mathrm{IOD}=\sum_{x=0}^{M-1}\sum_{y=0}^{N-1}f(x,y) \tag{7.2.10}$$

若设图像的直方图为 $H(\cdot)$，图像灰度级数为 G，则根据直方图的定义，有

$$\mathrm{IOD}=\sum_{k=0}^{G-1}kH(k) \tag{7.2.11}$$

即积分光密度是直方图中各灰度的加权和。

对上述各密度特征描述符的统计值，如平均值、中值、最大值、最小值、方差等也可作为密度特征描述符。

7.2.2 拓扑描述符

拓扑学研究图形不受畸变变形(不包括撕裂或粘贴)影响的性质。区域的拓扑性质对区域的全局描述很有用，这些性质既不依赖距离，也不依赖基于距离测量的其他特性。

1. 欧拉数

对一个给定平面区域来说，区域内的连通组元个数 C 和区域内的孔数 H 都是常用的拓扑性质，它们可被进一步用来定义**欧拉数**(E)：

$$E=C-H \tag{7.2.12}$$

欧拉数是一个全局特征参数，描述的是区域的连通性。图 7.2.7 给出了 4 个字母区域，它们的欧拉数依次分别为 −1、2、1 和 0。

图 7.2.7　拓扑描述示例

若一幅图像包含 N 个不同的连通组元，假设每个连通组元(C_i)包含 H_i 个孔(即能使背景中多出 H_i 个连通组元)，则该图像的欧拉数可按如下公式计算：

$$E=\sum_{i=1}^{N}(1-H_i)=N-\sum_{i=1}^{N}H_i \tag{7.2.13}$$

对一幅二值图像 A，可以定义两个欧拉数，分别记为 **4-连通欧拉数** $E_4(A)$和 **8-连通欧拉数** $E_8(A)$[Ritter 2001]。它们的区别就是所采用的连通性。$E_4(A)$定义为 4-连通的目标数 $C_4(A)$减去 8-连通的孔数 $H_8(A)$：

$$E_4(A)=C_4(A)-H_8(A) \tag{7.2.14}$$

而 $E_8(A)$定义为 8-连通的目标数 $C_8(A)$减去 4-连通的孔数 $H_4(A)$：

$$E_8(A)=C_8(A)-H_4(A) \tag{7.2.15}$$

表 7.2.2 给出了对一些简单结构的目标区域计算得到的欧拉数。

表 7.2.2　一些简单结构的目标区域计算得到的欧拉数

No.	A	$C_4(A)$	$C_8(A)$	$H_4(A)$	$H_8(A)$	$E_4(A)$	$E_8(A)$
1	✣	1	1	0	0	1	1
2	⁙	5	1	0	0	5	1

续表

No.	A	$C_4(A)$	$C_8(A)$	$H_4(A)$	$H_8(A)$	$E_4(A)$	$E_8(A)$
3		1	1	1	1	0	0
4		4	1	1	0	4	0
5		2	1	4	1	1	−3
6		1	1	5	1	0	−4
7		2	2	1	1	1	1

全部由直线段构成的区域集合可利用欧拉数简便地描述，这些区域也叫**多边形网**。图 7.2.8 给出了一个多边形网的例子，它是 7.2.1 小节中讨论的网格多边形的推广。对一个多边形网，假如用 V 表示其顶点数，B 表示其边线数，F 表示其面数，则下述的**欧拉公式**成立：

$$V - B + F = E = C - H \tag{7.2.16}$$

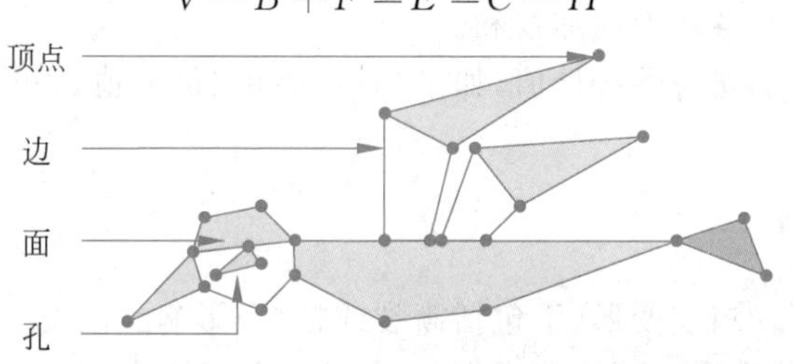

图 7.2.8　多边形网的拓扑描述示例

在图 7.2.8 中，$V=26$，$B=35$，$F=7$，$C=1$，$H=3$，$E=-2$。注意，有时两个封闭面相交在一条边缘处，则这样的边缘要计两次，即对应它们所属的面各计一次。

2. 骨架的欧拉公式

骨架是一种重要的用于识别的形状因子，既包含拓扑信息也包含测度信息。一个目标区域的骨架上的端点数、交点（交叉点）数、环（对应目标内部孔）数和分支（线段）数都是拓扑参数；而骨架上的非终结（内部）分支和/或终结（连接端点）分支的平均长度，以及这些线段的朝向都是测度参数。这些参数与人所观察到的骨架显著特性密切相关。

彩图

图 7.2.9 给出了对一个字母区域（黄色阴影）的骨架及 2 个端点（实心红圆点）、4 个交点（空心紫圆点）、2 段终结分支（绿色实线）和 4 段非终结分支（绿色虚线）。

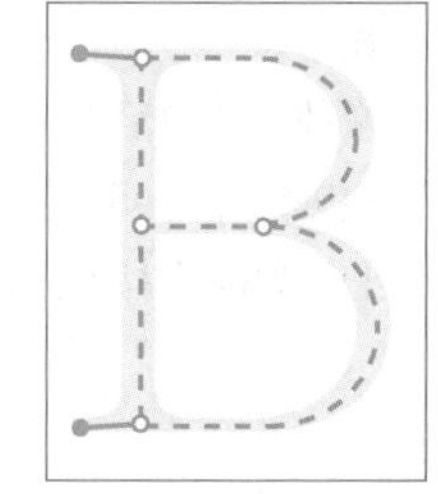

图 7.2.9　一个字母区域的骨架及其拓扑值

如果对一个目标的骨架用 E 表示其端点数，N 表示其交点数，B 表示其分支数，L 表示其环数，则这些拓扑参数满足如下的欧拉公式：

$$L + E + N = B + 1 \tag{7.2.17}$$

例 7.2.4　欧拉公式的特殊规则

这里需要指出，由于用像素表示形状的局限性，有个别特殊的情况会不满足式（7.2.17），此时需要对骨架使用特殊的规则。图 7.2.10 给出了两个例子。先看如图 7.2.10(a)所示的环，对它进行骨架化后得到的结果是一个循环的分支，它具有一个环和单个分支，且没有交点（此时不满足欧拉公式：$1+0+0 \neq 1+1$）。不过拓扑规则要求在环上某个位置有个“虚拟的交点”，在那里单个分支的两个端点相连。此时它满足欧拉公式：$0+2+0=1+1$。再看如图 7.2.10(b)所示的圆，它骨架化的结果是一个少于两个邻域像素的点，该点会被看作一个端点。而实际上，这个点代表一个（非常短的）分支，两个端点可看作是重叠的。此时满足欧拉公式：2＝1＋1。

3. 3-D 目标欧拉数

对以平面为表面构成的多面体来说，有与前述平面多边形对应的多面体欧拉公式：

$$V - B + F = 2 \qquad (7.2.18)$$

进一步考虑一般连接体的情况，令 N 代表体的个数，则式(7.2.18)成为

$$V - B + F = 2(N - H) \qquad (7.2.19)$$

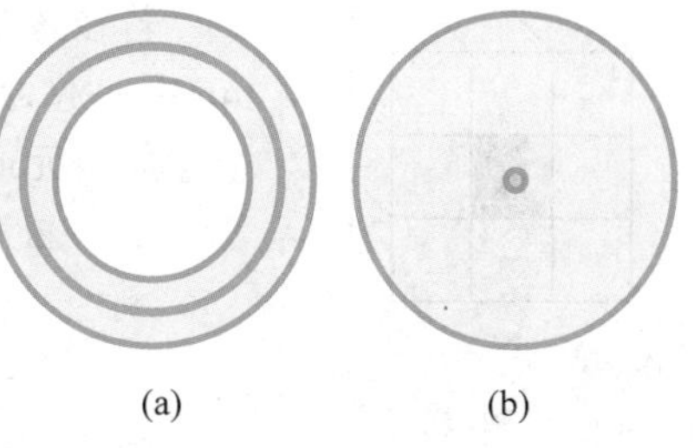

图 7.2.10 环和圆的骨架化结果 □

例 7.2.5 多面体欧拉公式计算示例

图 7.2.11 给出了几个多面体，对图 7.2.11(a)，有 $V=5$，$B=8$，$F=5$；对图 7.2.11(b)，有 $V=6$，$B=12$，$F=8$，$N=1$，$H=0$；对图 7.2.11(c)，有 $V=8$，$B=12$，$F=8$，$N=2$，$H=0$。这里将图 7.2.11(b)看作一个连接体，两个多面体的交线在计算边缘时计了两次；将图 7.2.11(c)看作两个连接体，两个多面体的交点在计算顶点时计了两次。

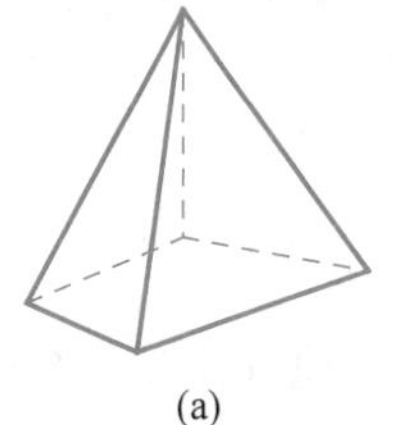

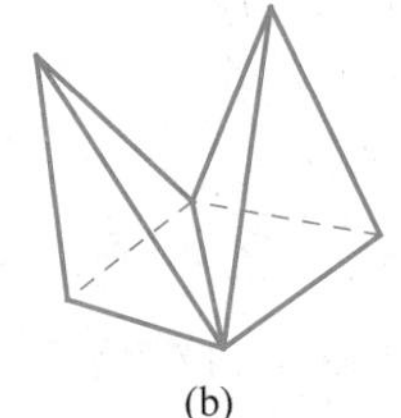

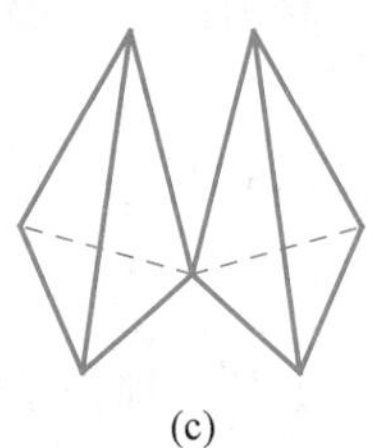

(a) (b) (c)

图 7.2.11 多面体欧拉公式计算示例 □

对 3-D 目标，可以借助如下几个量：腔、柄、类来计算其欧拉数。**腔**是完全被背景所包围的连通组元。**柄**常常与**通道**（即在物体表面有两个出口的洞）相关，一般将柄的数目也称为通道的数目或类的数目。这里**类**指"**不能分离的切割**"的最大的数目，其中不能分离的切割指对目标进行的、完全通过目标但不产生新连通组元的切割。图 7.2.12 分别给出了"不能分离的切割"和"能分离的切割"的各一个例子，可以看出，对图中的目标，两种切割都可以有多种不同的方式。不过要注意，一旦进行了一次不能分离的切割以后，就不可能再进行不能分离的切割了，因为任何新的切割都会将目标分成两块。这样看来，该目标的类数是 1。一个包含两个不相交圆的目标其类数是 2，因为对该目标可进行两次不能分离的切割（对每个圆各一次）。

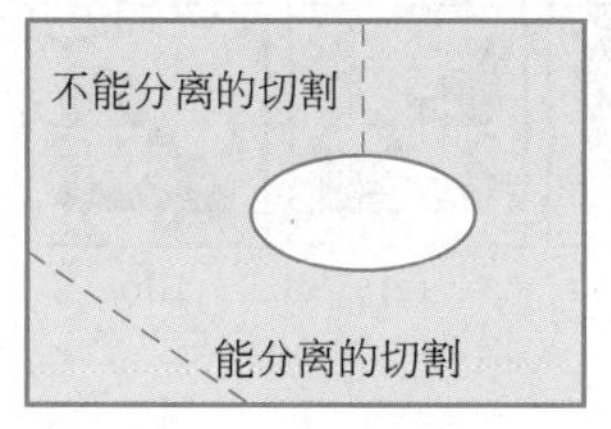

图 7.2.12 不能分离的切割和能分离的切割

在 3-D 时，**欧拉数**是连通组元数 C 加腔的数 A 再减类的数 G，即

$$E = C + A - G \qquad (7.2.20)$$

离散目标的类可借助包围目标的曲面和它的腔来计算。对一个离散目标，包围它的曲面由一组多面体组成。这样的曲面称为**网状曲面**，它由一组顶点(V)、边线(B)和体素面(F)组成。网状曲面的类可由下式算得

$$2 - 2G = V - B + F \qquad (7.2.21)$$

图 7.2.13 所示为一个只有一个通道的网状曲面包围的目标，其中 $V=32$，$B=64$，$F=32$。所以由式(7.2.21)有 $2-2G=32-64+32=0$，即类数为 1。可对照图 7.2.12 来判断计算的正确性。

有时两个封闭的网状曲面交在一条边缘处，这样的边缘要计数两次，即对应它们所属的曲面各计数一次（参见例 7.2.5）。

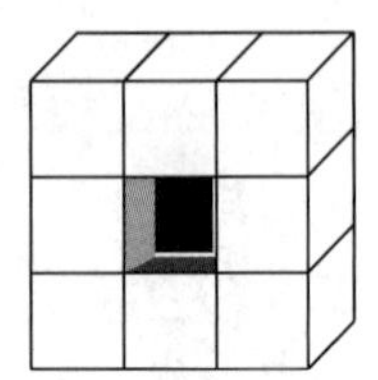

图 7.2.13 只有一个通道的 3-D 目标

若在各个网状曲面 S_i 中，相连的腔与连通组元缠绕（wrapped up）在一起，则此时网状曲面的数目是 $A+C$。每个封闭的曲面包围一个连通组元或一个腔，所以有 $E_i=1-G_i$，且

$$2-2G_i=2-2(1-E_i)=2E_i \tag{7.2.22}$$

$$2E=\sum_{i=1}^{A+C}2E_i=\sum_{i=1}^{A+C}2(2-2G_i)=\sum_{i=1}^{A+C}(V_i-B_i+F_i) \tag{7.2.23}$$

最后，若用 S 代表图像目标，用 S' 代表图像背景，用 $E_k(k=6,26)$ 代表 k-连通的目标的欧拉数，则有如下两个对偶的公式：

$$E_6(S)=E_{26}(S'),\quad E_{26}(S)=E_6(S') \tag{7.2.24}$$

7.2.3 区域不变矩

7.1.3 小节讨论了边界矩，现在来考虑**区域矩**。对图像函数 $f(x,y)$，如果它分段连续且只在 XY 平面上的有限个点不为零，则可证明它的各阶矩都存在。区域的矩是用所有属于区域的点计算出来的，因而不太受噪声等的影响。

1. 中心矩

一幅图像 $f(x,y)$ 的 $p+q$ 阶矩定义为

$$m_{pq}=\sum_x\sum_y x^p y^q f(x,y) \tag{7.2.25}$$

可以证明，m_{pq} 唯一地被 $f(x,y)$ 所确定，反之，m_{pq} 也唯一地确定了 $f(x,y)$。$f(x,y)$ 的 $p+q$ 阶**中心矩**定义为 $\bar{x}$

$$M_{pq}=\sum_x\sum_y (x-\bar{x})^p(y-\bar{y})^q f(x,y) \tag{7.2.26}$$

其中，$\bar{x}=m_{10}/m_{00}$，$\bar{y}=m_{01}/m_{00}$ 为 $f(x,y)$ 的重心坐标（式(7.2.3)和式(7.2.4)计算的是二值图的重心坐标，这里 $\bar{x}$ 和 $\bar{y}$ 的定义也可用于灰度图像）。最后，$f(x,y)$ 的归一化中心矩可表示为

$$N_{pq}=\frac{M_{pq}}{M_{00}^{\gamma}}\quad \gamma=\frac{p+q}{2}+1,\quad p+q=2,3,\cdots \tag{7.2.27}$$

例 7.2.6 中心矩的计算

图 7.2.14 给出了一些用于计算矩的简单示例图像。其中，图像尺寸均为 8×8px，像素尺寸均为 1×1，深色像素为目标像素（值为 1），白色像素为背景像素（值为 0）。

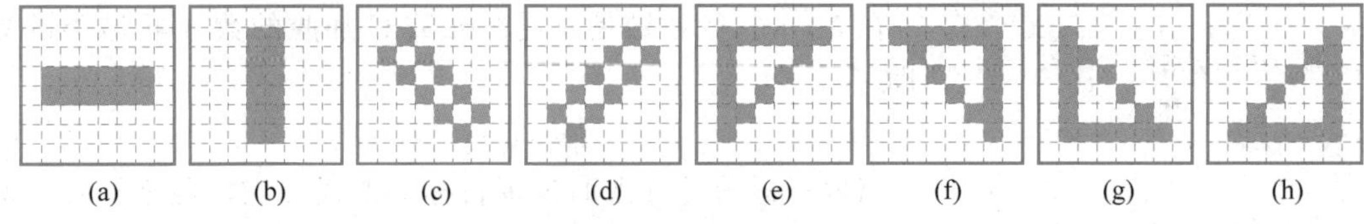

图 7.2.14 一些用于计算矩的简单示例图像

表 7.2.3 给出了根据式(7.2.26)从图 7.2.14 的各个图像算得的 3 个二阶中心矩和 2 个三阶中心矩（相对于目标重心的矩）的值（取了整）。这里设每个像素看作其质量在像素中心的质点。由于取图像中心为坐标系统的原点，所以含有某个方向奇数次的中心矩有可能有负值出现。

表 7.2.3 由图 7.2.14 示例图像算得的中心矩的值

序号	中心矩	(a)	(b)	(c)	(d)	(e)	(f)	(g)	(h)
1	M_{02}	3	35	22	22	43	43	43	43
2	M_{11}	0	0	−18	18	21	−21	−21	21
3	M_{20}	35	3	22	22	43	43	43	43

续表

序号	中心矩	(a)	(b)	(c)	(d)	(e)	(f)	(g)	(h)
4	M_{12}	0	0	0	0	−19	19	−19	19
5	M_{21}	0	0	0	0	19	19	−19	−19

对照观察图 7.2.14 和表 7.2.3 可见，如果目标是沿 X 或 Y 方向对称的，则其沿对称方向的区域矩可以根据区域的对称性而获得。 □

2. 不变矩

以下 7 个不随平移、旋转和尺度变换而变化的**区域不变矩**是由归一化的二阶中心矩与三阶中心矩组合而成的：

$$T_1 = N_{20} + N_{02} \tag{7.2.28}$$

$$T_2 = (N_{20} + N_{02})^2 + 4N_{11}^2 \tag{7.2.29}$$

$$T_3 = (N_{30} - 3N_{12})^2 + (3N_{21} - N_{03})^2 \tag{7.2.30}$$

$$T_4 = (N_{30} + N_{12})^2 + (N_{21} + N_{03})^2 \tag{7.2.31}$$

$$T_5 = (N_{30} - 3N_{12})(N_{30} + N_{12})[(N_{30} + N_{12})^2 - 3(N_{21} + N_{03})^2] + (3N_{21} - N_{03})(N_{21} + N_{03})[3(N_{30} + N_{12})^2 - (N_{21} + N_{03})^2] \tag{7.2.32}$$

$$T_6 = (N_{20} - N_{02})[(N_{30} + N_{12})^2 - (N_{21} + N_{03})^2] + 4N_{11}(N_{30} + N_{12})(N + N_{03}) \tag{7.2.33}$$

$$T_7 = (3N_{21} - N_{03})(N_{30} + N_{12})[(N_{30} + N_{12})^2 - 3(N_{21} + N_{03})^2] + (3N_{12} - N_{30})(N_{21} + N_{03})[3(N_{30} + N_{12})^2 - (N_{21} + N_{03})^2] \tag{7.2.34}$$

例 7.2.7 目标不变矩计算实例

图 7.2.15 给出了一组由同一幅图像得到的不同变型，借此验证式(7.2.28)～式(7.2.34)所定义的 7 个矩的不变性。图 7.2.15(a)为原始图，图 7.2.15(b)为将图 7.2.15(a)逆时针旋转 45°得到的结果，图 7.2.15(c)为将图 7.2.15(a)的尺度缩小一半得到的结果，图 7.2.15(d)为图 7.2.15(a)的镜面对称图像。

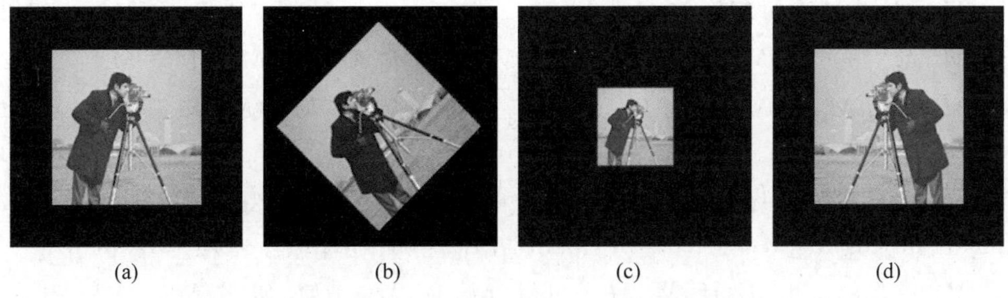

图 7.2.15 同一幅图像的不同变型

对图 7.2.15 中的各图，根据式(7.2.28)～式(7.2.34)算得的 7 个矩的数值列在表 7.2.4 中。由表 7.2.4 可知，这 7 个不变矩在图像发生以上几种变化时其数值基本保持不变(一些微小差别可归于对离散图像的计算数值取整误差)。根据这些不变矩的特点，可把它们用于对特定目标的检测，不管目标旋转或尺度放缩都可检测到。

表 7.2.4 不变矩计算结果

不变矩	原始图	旋转 45°的图	缩小一半的图	镜面对称的图
T_1	1.510494 E−03	1.508716 E−03	1.509853 E−03	1.510494 E−03
T_2	9.760256 E−09	9.678238 E−09	9.728370 E−09	9.760237 E−09
T_3	4.418879 E−11	4.355925 E−11	4.398158 E−11	4.418888 E−11

续表

不 变 矩	原 始 图	旋转 45°的图	缩小一半的图	镜面对称的图
T_4	7.146467 E−11	7.087601 E−11	7.134290 E−11	7.146379 E−11
T_5	−3.991224 E−21	−3.916882 E−21	−3.973600 E−21	−3.991150 E−21
T_6	−6.832063 E−15	−6.738512 E−15	−6.813098 E−15	−6.831952 E−15
T_7	4.453588 E−22	4.084548 E−22	4.256447 E−22	−4.453826 E−22

□

3. 边界不变矩

顺便指出，如果要计算边界曲线的不变矩，需对上述区域不变矩的计算公式进行修正[姚2000]。对于一个图像区域 $f(x,y)$ 来说，若对它进行尺度变换 $x'=kx, y'=ky$，则变换后的区域矩要乘以 $k^p k^q k^2$，其中因子 k^2 是由于尺度变化而带来的目标面积变化所引起的。由此可知，变换后的区域 $f(x',y')$ 的中心矩成为 $M'_{pq}=M_{pq}\times k^{p+q+2}$。而当对边界曲线进行尺度变换时，尺度的变化导致目标周长的变化，相应的变化因子是 k，而不是 k^2。此时尺度变换后的中心矩成为 $M'_{pq}=M_{pq}\times k^{p+q+1}$。

进一步考虑计算归一化矩的式(7.2.27)，要满足尺度不变性，须有 $N'_{pq}=N_{pq}$，对区域 $f(x,y)$，由此可推出

$$\gamma=\frac{p+q+2}{2} \tag{7.2.35}$$

而对曲线来说，从 $N'_{pq}=N_{pq}$ 可推出

$$\gamma=p+q+1 \tag{7.2.36}$$

所以，在计算**边界不变矩**时，需采用式(7.2.36)的 γ 代替式(7.2.27)中的 γ。

4. 仿射不变矩

上述 7 个区域不变矩仅仅对平移、旋转和放缩不变。对一般的仿射变换都能保持不变性的一组 4 个不变矩(它们都基于二阶矩和三阶矩)是

$$A_1=\{M_{20}M_{02}-M_{11}^2\}/M_{00}^4 \tag{7.2.37}$$

$$A_2=\{M_{30}^2M_{03}^2-6M_{30}M_{21}M_{12}M_{03}+4M_{30}M_{12}^2+4M_{21}^2M_{03}-3M_{21}^2M_{12}^2\}/M_{00}^{10} \tag{7.2.38}$$

$$A_3=\{M_{20}(M_{21}M_{03}-M_{12}^2)-M_{11}(M_{30}M_{03}-M_{21}M_{12})+M_{02}(M_{30}M_{12}-M_{21}^2)\}/M_{00}^7 \tag{7.2.39}$$

$$\begin{aligned}A_4=\{&M_{20}^3M_{03}^2-6M_{20}^2M_{11}M_{12}M_{03}-6M_{20}^2M_{02}M_{21}M_{03}+9M_{20}^2M_{02}M_{12}^2+12M_{20}M_{11}^2M_{21}M_{00}+\\&6M_{20}M_{11}M_{02}M_{30}M_{03}-18M_{20}M_{11}M_{02}M_{21}M_{12}-8M_{11}^3M_{30}M_{03}-6M_{20}M_{02}^2M_{30}M_{12}+\\&9M_{20}M_{02}^2M_{21}^2+12M_{11}^2M_{02}M_{30}M_{12}-6M_{11}M_{02}^2M_{30}M_{21}+M_{02}^3M_{30}^2\}/M_{00}^{11}\end{aligned} \tag{7.2.40}$$

5. 泽尼克矩

泽尼克(Zernike)矩是使用复数多项式在单位圆盘上构建的一组完整的正交函数。这里正交是指每个函数都与其他所有函数独立。泽尼克矩具有平移、旋转和尺度不变性。利用**泽尼克矩**，既可以表达和重建目标，也可以比较不同目标的形状相似性。

如果用(ρ,θ)表示极坐标，则泽尼克基函数是

$$Z_{mn}(\rho,\theta)=R_{mn}(\rho)\exp(\mathrm{j}m\theta) \tag{7.2.41}$$

$$R_{mn}(\rho)=\sum_{k=0}^{(n-m)/2}(-1)^k\rho^{n-2k}\frac{(n-k)!}{k![(n+|m|)/2-k]![(n-|m|)/2-k]!} \tag{7.2.42}$$

其中，n 是 0 或正整数，m 是满足 $|m|\leqslant n$ 的整数且 $(n-|m|)$ 是偶数。泽尼克矩为（“*”表示共轭）

$$A_{mn}=\frac{n+1}{n}\sum_{x,y}f(x,y)Z_{mn}^{*}(\rho,\theta) \tag{7.2.43}$$

其中，求和对 $x^2+y^2\leqslant 1$ 进行。

从最小的 m 和 n 开始，逐次将各个泽尼克基函数相加，就能重建目标到所需要的精度（类似 6.3.2 小节的傅里叶变换表达）。如果目标包含分离的部分或内部的孔或间隙，利用泽尼克矩仍能重建目标，这仅用傅里叶变换或小波变换是实现不了的。

7.3　对目标关系的描述

前面讨论的描述方法主要用于描述图像中单个独立的区域或其边界。实际图像中常有多个独立或相关的目标（或同一个目标的部件/子目标），而且它们之间存在各种各样的相对空间关系。

目标间的相对空间关系可以是边界与边界、区域与区域或者边界与区域之间的关系。下面先介绍几种对多个目标进行标记和计数的方法，再讨论点目标间的一些分布种类和关系，最后介绍两种常用的空间关系描述符，这里分别利用了字符串结构和树结构。

7.3.1　目标标记和计数

图像分割后一般得到多个区域，其中可有多个目标区域，需要通过**标记化**把它们分别提取出来，并可统计计数。标记分割后（二值）图像中各区域的简单而有效的方法是检查各像素与其相邻像素的连通性。下面介绍几种实用的算法。

1. 像素标记

像素标记是一种逐像素（0-D）进行判断的方法。假设对一幅二值图像从左向右、从上向下进行扫描（起点在图像的左上方）。要标记当前正被扫描的像素，需要检查它与在它之前扫描到的若干近邻像素的连通性。如果当前正被扫描像素的灰度值为 1，则将它标记为与之相连通的目标像素；如果它与两个或多个目标相连通，则可以认为这些目标实际是同一个，并把它们结合起来；如果发现了从 0 像素到一个孤立的 1 像素的过渡，则赋一个新的目标标记。

现先考虑 4-连通区域的标记过程。假如当前扫描像素的值是 0，就移到下一个扫描位置。假如当前像素的值是 1，检查它左边和上边的两个已扫描的近邻像素。如果它们都是 0，则给当前像素一个新的标记（这是该像素所在连通区域第一次被扫描到）。如果上述两个近邻像素只有一个值为 1，就把该像素的标记赋给当前像素。如果它们的值都为 1 且具有相同的标记，就将该标记赋给当前像素。如果它们的值都为 1 但具有不同的标记，则将其中的一个标记赋给当前像素并做个记号，表明这两个标记等价（两个近邻像素通过当前像素而连通）。在扫描终结时所有值为 1 的点都已标记但有些标记是等价的。这时所需要做的就是将所有等价的标记对归入等价组（参见[章 1999b]2.7.3 小节），对各个组赋一个不同的标记。然后第二次扫描图像，将每个标记用它所在的等价组的标记代替。

为了给 8-连通的区域标记，也可采用类似的方式，只是不仅对当前像素左边和上边的两个近邻像素，而且对两个上对角的近邻像素也要检查。假如当前像素的值是 0，就移到下一个扫描位置。假如当前像素的值是 1 并且上述 4 个相邻像素都是 0，给当前像素赋一个新的标记。如果只有一个相邻像素为 1，则把该像素的标记赋给当前像素。如果两个或多个相邻像素为1,则将其中一个的标记赋给当前像素并做个记号表明它们等价。在扫描结束后将所有等价的标记对归入等价组,对每个组赋一个唯一的标记。然后第二次扫描图像,将每个标记用它所在的等价组的标记代替。

2. 游程连通性分析

除了逐像素进行判断外,也可以通过分析由连续扫描线(1-D)得到的游程的连通性来标记目标,一个**游程连通性**分析示例见图 7.3.1。

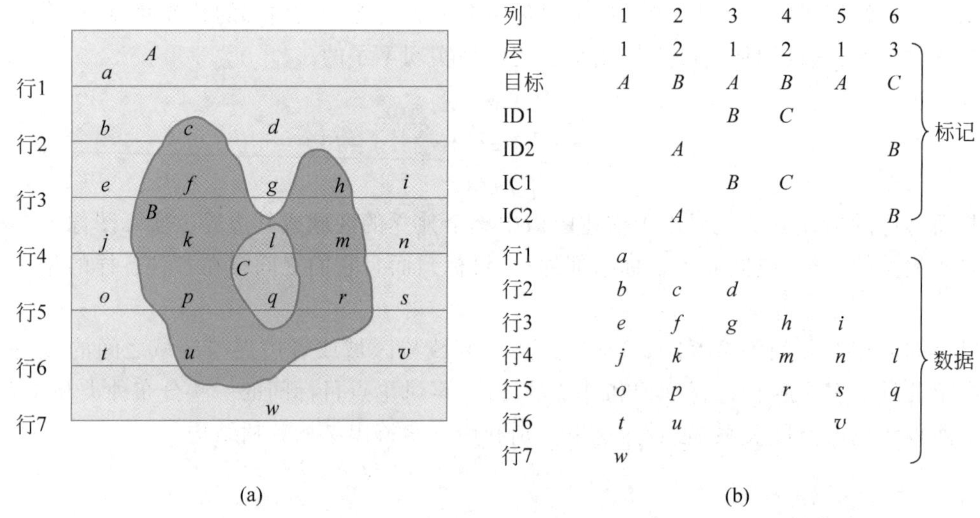

图 7.3.1 游程连通性标记示例

在图 7.3.1(a)中,A、B、C 分别表示图像中 3 个不同的区域,各个游程分别记为 a,b,c,d,…。标记过程中要建立一个表,如图 7.3.1(b)所示,将第一行扫描线的第一个游程 a 放入列 1。第一个游程 a 对应的目标记为 A。下一行扫描线的第一个游程是 b,它与 a 的颜色(灰度)相同并与 a 连通,因而 b 属于目标 A,可放在列 1 游程 a 的底下。再下一个游程 c 具有与 a 不同的颜色所以被放在一个对应新目标 B 的新列。接下来的游程 d 具有与 a 相同的颜色并与 a 连通。因为 b 和 d 都与 a 连通,所以说明产生了分叉。为此对目标 A 再开一列(列 3)将 d 放进去。这列的分叉标志 ID1 记为 B,以表示是 B 引出这个分叉的。列 2 的分叉标志 ID2 记为 A,以表示在 A 中出现了分叉。另外,当在给定行的两个或多个游程都与后一行的同色游程相连通时,就产生交会。例如在游程 u 就产生与游程 p 和 r 的交会,此时将列 4 的交会标志 IC1 记为 C,表示 C 的终结导致了交会;而将列 6 的交会标志 IC2 记为 B,表示 B 中产生了交会。同样,游程 w 将列 2 的交会标志 IC2 记为 A,而将列 5 的各游程标记为属于目标 A。

如上所述,只需经过一次扫描就能将所有具有闭合边界的目标都标记出来。图 7.3.1(b)中的表格给出了与各个目标有关的数据,其中分叉和交会标志给出目标的层次结构。因为 B 在 A 中既引起分叉也引起交会,且 C 与 B 有相似的联系,所以目标 A、B、C 分别赋给第 1 层、第 2 层、第 3 层。

3. 基于矩阵的标记

这可以看作一种 2-D 的算法[Marchand 2000]。对一幅图像中连通组元的标记结果仍是一幅图像,其中每个像素都得到一个标记,属于同一个连通组元的像素有相同的标记。这幅标记图像也可用一个矩阵[LABEL(p)]表示,其中每个元素 LABEL(p)代表对像素 p 所赋予的标号。

具体来说，给定一幅二值图像的前景像素集合 F 和背景像素集合 F^c，LABEL(p)要满足：

(1) 如果 $p \in F^c$，则 LABEL(p)=0；如果 $p \in F$，则 LABEL(p)=∞。

(2) 当且仅当 $p \in F$ 和 $q \in F$ 在同一个连通组元中时，有 LABEL(p)=LABEL(q)；否则 LABEL(p)≠LABEL(q)。

标记的过程如下[Marchand 2000]：一开始，初始化的矩阵为

$$\text{LABEL}^{(0)}(p)=\begin{cases}\infty, & \forall p \in F \\ 0, & \forall p \in F^c\end{cases} \tag{7.3.1}$$

然后，在迭代时刻 $t>0$，矩阵$[\text{LABEL}(p)]^{(t)}$的迭代表达式为

$$\text{LABEL}^{(t)}(p)=\min\{\text{LABEL}^{(t-1)}(p);\ \lambda;\ L_{\min}(p)\} \tag{7.3.2}$$

其中

$$L_{\min}(p)=\min_{k,l}\{\text{LABEL}^{(t-1)}(q) \mid q=(x_p+k, y_p+l) \in F\} \tag{7.3.3}$$

参数 $\lambda>0$ 是连通组元计数器，每次将 $\text{LABEL}^{(t)}(p)$的值设为 λ 时就加 1。整数 k 和 l 定义在连通性涉及的邻域中。当根据式(7.3.2)无法进行更新且 LABEL(p)不为有限值时，认为像素 p 属于一个新的连通组元并将其标为 λ。这样，λ 的值总比当前检测到的连通组元数大 1。上述迭代过程一直进行到矩阵不再发生变化才停止。在连通组元的标记过程结束时，具有标号 LABEL(p)=0 的像素属于 F^c，而属于 F 中同一个连通组元的像素具有相同的标号 LABEL(p)>0。

实现上述标记过程既可用串行的方法也可用并行的方法。

在用串行的方法时，需要将对应计算邻域的模板分解成两部分，即两个子模板。图 7.3.2(a)和图 7.3.2(b)各给出了一个示例，其中有阴影的像素为需计算的像素，而标有星号的像素为计算时要考虑的邻域像素。这些模板确定了式(7.3.3)中的整数 k 和 l 的范围。

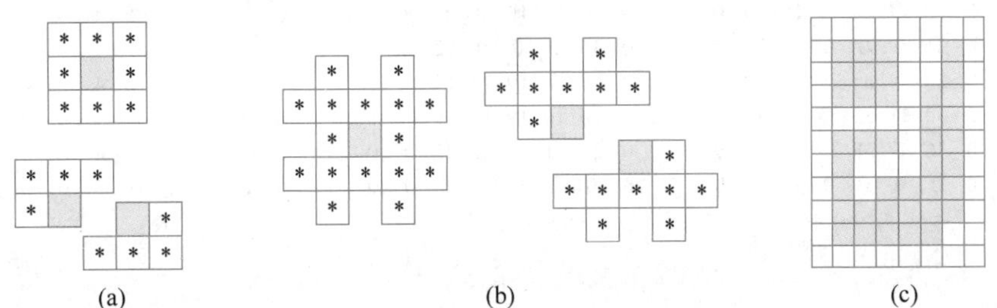

图 7.3.2 模板和图像

现在考虑图 7.3.2(c)中的图像，如果使用 8-连通性，则图中有两个连通组元。首先根据式(7.3.1)初始化标号矩阵，结果可见图 7.3.3(a)。将对应模板上半部的第一个子模板根据图 7.3.3(b)所示的次序逐次放在图像的各个像素上，这次扫描的结果可见图 7.3.3(c)。然后，用对应模板下半部的第二个子模板根据图 7.3.3(d)所示的次序反向扫描上次的结果图像，这第二次扫描的结果可见图 7.3.3(e)。上述两种扫描反复进行，直到标号矩阵不再变化，最后的结果见图 7.3.3(f)。

由此可见，扫描图像的次数与图像中目标的形状有关。最坏的情况将发生在目标为螺旋线形状时，如图 7.3.4 所示。在这种情况下，计算复杂度为 $O((W \times H)^2)$，其中 $W \times H$ 为图像尺寸。

在用并行方法时，每次迭代中前景像素的值都取用完整模板获得的所有值中的最小值。

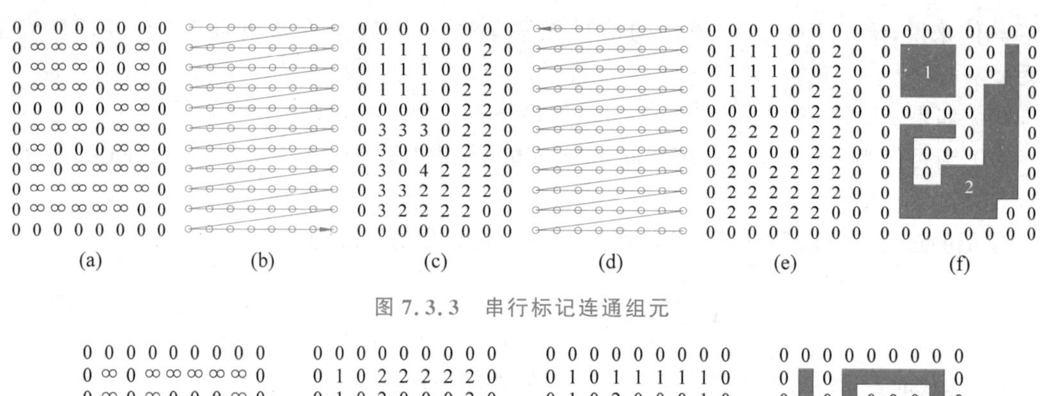

图 7.3.3　串行标记连通组元

(a)

0	0	0	0	0	0	0	0	0
0	∞	0	∞	∞	∞	∞	∞	0
0	∞	0	∞	0	0	0	∞	0
0	∞	0	∞	0	∞	0	∞	0
0	∞	0	∞	0	∞	0	∞	0
0	∞	0	∞	0	∞	0	∞	0
0	∞	0	∞	0	∞	0	∞	0
0	∞	0	∞	∞	∞	0	∞	0
0	∞	0	0	0	0	0	∞	0
0	∞	∞	∞	∞	∞	∞	∞	0
0	0	0	0	0	0	0	0	0

(b)

0	0	0	0	0	0	0	0	0
0	1	0	2	2	2	2	2	0
0	1	0	2	0	0	0	2	0
0	1	0	2	0	3	0	2	0
0	1	0	2	0	3	0	2	0
0	1	0	2	0	3	0	2	0
0	1	0	2	0	3	0	2	0
0	1	0	2	2	2	0	2	0
0	1	0	0	0	0	0	2	0
0	1	1	1	1	1	1	1	0
0	0	0	0	0	0	0	0	0

(c)

0	0	0	0	0	0	0	0	0
0	1	0	1	1	1	1	1	0
0	1	0	2	0	0	0	1	0
0	1	0	2	0	2	0	1	0
0	1	0	2	0	2	0	1	0
0	1	0	2	0	2	0	1	0
0	1	0	2	0	2	0	1	0
0	1	0	2	2	2	0	1	0
0	1	0	0	0	0	0	1	0
0	1	1	1	1	1	1	1	0
0	0	0	0	0	0	0	0	0

(d)

图 7.3.4　串行标记方法最坏情况的示例

连通组元的标号将随着扫描扩散出去，结果是获得一个标号矩阵，其中每个连通组元的标号都是该连通组元中像素的初始标号的最小值。将这个方法用于图 7.3.2(c)的图像，依次得到的结果如图 7.3.5 所示。

(a)

0	0	0	0	0	0	0	0
0	1	2	3	0	0	4	0
0	5	6	7	0	0	8	0
0	9	10	11	0	12	13	0
0	0	0	0	0	14	15	0
0	16	17	18	0	19	20	0
0	21	0	0	0	22	23	0
0	24	0	25	27	28	29	0
0	30	31	32	33	34	35	0
0	36	37	38	39	40	0	0
0	0	0	0	0	0	0	0

(b)

0	0	0	0	0	0	0	0
0	1	1	1	0	0	4	0
0	1	1	1	0	0	4	0
0	1	1	1	0	4	4	0
0	0	0	0	0	4	4	0
0	16	16	16	0	8	8	0
0	16	0	0	0	12	12	0
0	16	0	19	14	14	14	0
0	16	16	19	19	19	19	0
0	21	21	21	22	22	0	0
0	0	0	0	0	0	0	0

(c)

0	0	0	0	0	0	0	0
0	1	1	1	0	0	4	0
0	1	1	1	0	0	4	0
0	1	1	1	0	4	4	0
0	0	0	0	0	4	4	0
0	4	4	4	0	4	4	0
0	4	0	0	0	4	4	0
0	4	0	4	4	4	4	0
0	4	4	4	4	4	4	0
0	4	4	4	4	4	0	0
0	0	0	0	0	0	0	0

图 7.3.5　并行标记连通组元

图 7.3.5(a)给出了初始矩阵$[\mathrm{LABEL}(p)]^{(0)}$，图 7.3.5(b)给出了经过 3 次迭代后的结果，即$[\mathrm{LABEL}(p)]^{(3)}$。最终的迭代结果(经过 11 次迭代)见图 7.3.5(c)，其中标号“4”如进一步用标号“2”代替可以得到与图 7.3.3(f)相同的结果。

4. 通过收缩统计连通组元数

通过逐步将连通组元缩小直至成为一个点，然后对点计数即可统计图像中的连通组元个数[Ritter 2001]。设用 $B(x,y)$代表二值图像，$T(t)$代表阶跃函数(阈值函数)：

$$T(t)=\begin{cases}0, & t\leqslant 0\\ 1, & t>0\end{cases} \tag{7.3.4}$$

则可选择以下 4 个模板之一进行收缩(差别仅在收缩的方向)。

(1) 向右上方收缩

$$B(x,y)=T\{T[B(x,y)+B(x+1,y)+B(x,y-1)-1]+T[B(x,y)+B(x+1,y-1)-1]\} \tag{7.3.5}$$

(2) 向右下方收缩

$$B(x,y)=T\{T[B(x,y)+B(x+1,y)+B(x,y+1)-1]+T[B(x,y)+B(x+1,y+1)-1]\} \quad (7.3.6)$$

(3) 向左下方收缩

$$B(x,y)=T\{T[B(x,y)+B(x-1,y)+B(x,y+1)-1]+T[B(x,y)+B(x-1,y+1)-1]\} \quad (7.3.7)$$

(4) 向左上方收缩

$$B(x,y)=T\{T[B(x,y)+B(x-1,y)+B(x,y-1)-1]+T[B(x,y)+B(x-1,y-1)-1]\} \quad (7.3.8)$$

收缩过程是一个迭代的过程，在每次迭代中，并行地对每个像素使用所选定的模板进行计算。在每次迭代后，对图像中的孤立像素进行统计，每个孤立的像素对应原始图像中的一个8-连通的组元。迭代计算一直进行到原始图像中的目标像素完全被清除掉为止。

图7.3.6给出了一个解释上面过程的示例。原始图像中有5个8-连通的组元。收缩是向左上方进行的，在第5次迭代时，在左上角的连通组元就缩成了孤立像素(用空心方框表示)。接下来，对该孤立像素进行计数，并在第6次迭代时将其消除掉。如上过程继续进行，直到每个连通组元都被缩成孤立像素，每个孤立像素都被计数和消除掉。由图7.3.6可见，共出现过5次空心方框。

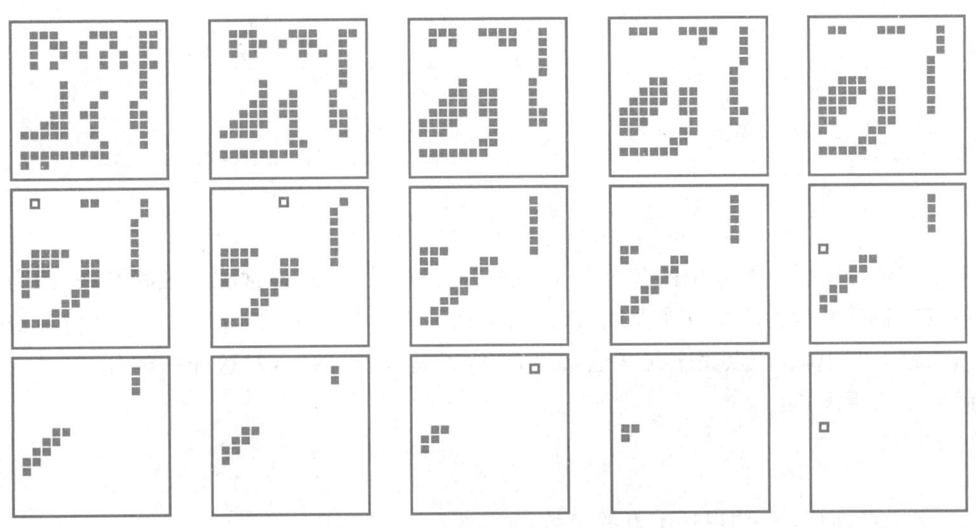

图7.3.6　通过收缩统计连通组元数

5. 轮廓跟踪

前面几种方法基本上属于基于区域的方法，即依次考虑所有属于区域的像素并进行标记。类似于图像分割可基于边界或基于区域进行，在对目标标记时也可以考虑采用基于边界的方法。这类方法先确定一个边界点，然后对目标边界点进行跟踪，最终获得目标的轮廓。这里的输入是分割得到的二值图像，输出是目标的轮廓，但也很容易转化为目标区域并进行标记。

在二值图像中围绕目标轮廓进行跟踪的通用策略是先扫描图像，直到遇到一个目标像素(该像素应是一个目标边界像素)，然后就围绕目标并总是沿顺时针(或逆时针)方向进行跟踪，直到沿相同运动方向又回到出发的点。如果图像中有多个目标，则接下去继续进行扫描跟踪。

实际中，对下一个边界像素点的判断可在当前像素点的3×3邻域中进行。假设当前像素点为图7.3.7(a)中标为⊙的点(其余数字指示方向码)，其3×3邻域的像素值如图7.3.7(b)

$$\begin{bmatrix} 4 & 3 & 2 \\ 5 & \odot & 1 \\ 6 & 7 & 8 \end{bmatrix} \quad \begin{bmatrix} 0 & 0 & 1 \\ 0 & 1 & 1 \\ 1 & 1 & 1 \end{bmatrix}$$

(a) (b)

图 7.3.7 轮廓跟踪中选择下一个边界像素点

所示(1 代表目标点,0 代表背景点)。

如果跟踪是按顺时针方向进行而到达当前点的,则需要选择其逆时针邻接点是 0 的那个点 1,取其所指示的方向,即沿方向码为 2 的方向进行跟踪。在更复杂的⊙为分叉点的情况(参见 10.5 节),则需要从先前来的方向反过来,顺时针搜索直到发现第一个 1(例如,原来是从方向码为 5 的点来到⊙点,则要从点 5 开始顺时针搜索)。

7.3.2 点目标的分布

当图像中有许多个同类的目标时,为方便研究它们之间的关系,常将各个目标抽象为点目标。对图像中的点目标集合,各个目标间的相互关系常比单个目标在图像中的位置或单个目标本身的性质更重要。此时常用点目标的分布来描述点目标集合。图 7.3.8 给出了一些**点目标分布**的示例,图 7.3.8(a)对应随机分布、图 7.3.8(b)对应聚类分布、图 7.3.8(c)对应规则分布。如果将盐撒在桌上,那么其分布就是一种随机分布;人类居住的分布常是聚类分布,在城市要比在乡村密集得多;规则分布中点目标之间均有一定间隔,互相避开(self-avoiding),如生长在沙漠中的仙人掌那样。

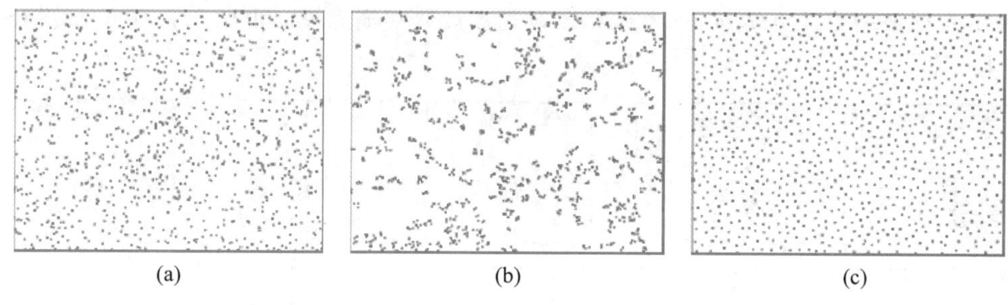

(a) (b) (c)

图 7.3.8 一些点目标分布的示例

再来仔细分析图 7.3.8 中的各个分布。图 7.3.8(a)的分布也常称为**泊松分布**,因为如果做出各点的最近邻像素距离分布曲线,该曲线呈现泊松分布形式,如图 7.3.9 中的红色曲线所示。在泊松分布中,各个点完全与其他点独立,所以是"随机的"。对这样一种分布,最近相邻像素间的平均距离是:

$$M = \frac{1}{2}\sqrt{A/N} \tag{7.3.9}$$

其中,A 是视场面积,N 是视场中点的个数。

当点的分布呈现图 7.3.8(b)的聚类趋势时,绝大多数点都有至少一个相当接近的邻点。结果是,最近邻像素间的平均距离将会大大减少。在多数情况下,作为聚类点间距离均匀性的测度的方差也会比较小。这些特点在图 7.3.9 的最近邻像素距离分布曲线(蓝色曲线)中也可看出,相比泊松分布,**聚类分布**更窄,均值也更小。

当点的分布呈现图 7.3.8(c)的比较规则的分布时,最近邻像素距离的分布也有其特点。如图 7.3.9 中的绿色曲线所示,对规则的**均匀分布**,其最近邻像素距离直方图的均值比泊松分布要大,方差比泊松分布要小。

根据上面的讨论,可以根据分布的统计值来描述和区分不同分布。将视场分成一些子区域(如正方形),令 μ 为子区域内目标数的均值,σ^2 为对应的方差,则根据两者的数值大小关系可区分以下 3 种分布:

(1) 当 $\sigma^2=\mu$ 时为泊松分布。

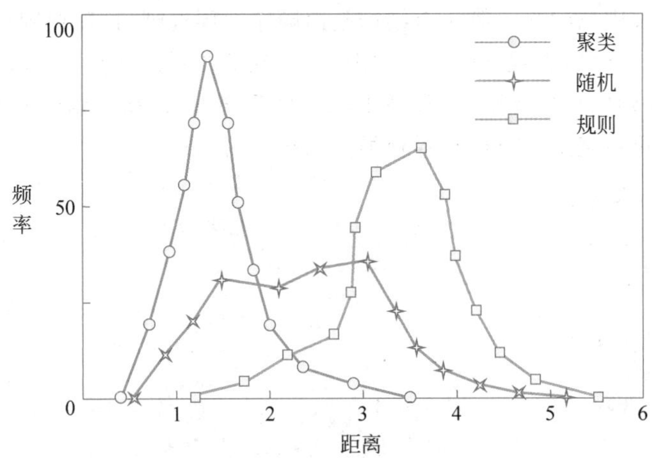

图 7.3.9 最近相邻像素距离的分布

(2) 当 $\sigma^2 > \mu$ 时为聚类分布；

(3) 当 $\sigma^2 < \mu$ 时为均匀分布。

顺便指出，可以证明：在一个给定的区域 R 中，如果其中的点是随机均匀分布的，那么对于区域 R 中的任一个子区域 r 来说，落入 r 中的点的个数是服从泊松分布的。

7.3.3 字符串描述

先借用图 7.3.10 来介绍一下利用**字符串描述**来描述关系的概念和方法。假设图 7.3.10(a)是从分割图像中得到的一个阶梯状结构(可理解为目标的一种几何分布)，则可以用一种形式化的方法(借助**形式语法**)来描述它，这称为**字符串描述**。先定义两个基本元素(字符)a 和 b，如图 7.3.10(b)所示。然后可将阶梯状结构用这两个基本元素表达为图 7.3.10(c)。

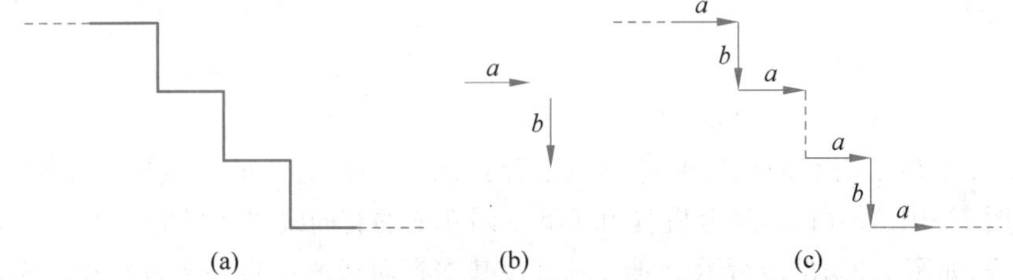

图 7.3.10 利用字符串描述关系结构

由图 7.3.10 可见，这种表达的一个突出特点是基本元素的重复出现。

现在建立一种利用基本元素循环的方式来描述上述结构。设 S 和 A 是变量，S 还是起始符号，a 和 b 是对应前面定义的基本元素的常数，则可建立一种描述语法，或者说可确定如下的重写(替换)规则：

(1) $S \rightarrow aA$(起始符号可用元素 a 和变量 A 来替换)；

(2) $A \rightarrow bS$(变量 A 可以用元素 b 和起始符号 S 来替换)；

(3) $A \rightarrow b$(变量 A 可以用单个元素 b 来替换)。

由规则(2)可知，如果用 b 和 S 替换 A 则可回到规则(1)，整个过程可以重复。根据规则(3)，如果用 b 替换 A 则整个过程结束，因为表达式中不再有变量。注意这些规则强制在每个 a 后面跟一个 b，所以 a 和 b 之间的关系保持不变。

例 7.3.1 运用重写规则产生结构

图 7.3.11 给出了几个利用这些重写规则产生各种结构的示例，其中各个结构下括号中的

数字代表依次所用规则的编号。第 1 个结构是由顺序运用规则(1)和规则(3)得到的;第 2 个结构是由顺序运用规则(1)和规则(2),再规则(1)和规则(3)得到的;最后,第 3 个结构是由顺序运用规则(1)和规则(2),再规则(1)和规则(2),最后规则(1)和规则(3)得到的。由此可见,反复利用上面 3 个重写规则就可产生各种类似结构。

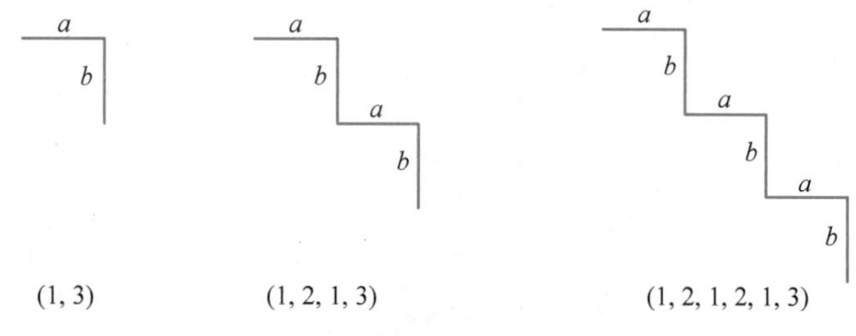

图 7.3.11 几个利用重写规则的例子 □

字符串是一种 1-D 结构,用来描述 2-D 图像时需将 2-D 的空间位置信息转换成 1-D 形式。在描述目标边界时,一种常用的方法是从一个点开始跟踪边界,用特定长度和方向的线段表示边界(6.1.2 小节的链码从本质上讲就是基于这种思想的),然后用字符代表线段得到字符串描述。另一种更通用的方法是先用有向线段来(抽象地)描述图像区域,这些线段除可以头尾相连接外还可以用其他一些运算来结合。图 7.3.12(a)给出了一个从区域抽取有向线段的示意图。图 7.3.12(b)给出了一些对有向线段进行典型组合操作的示例。利用组合操作可构建复杂的复合结构。

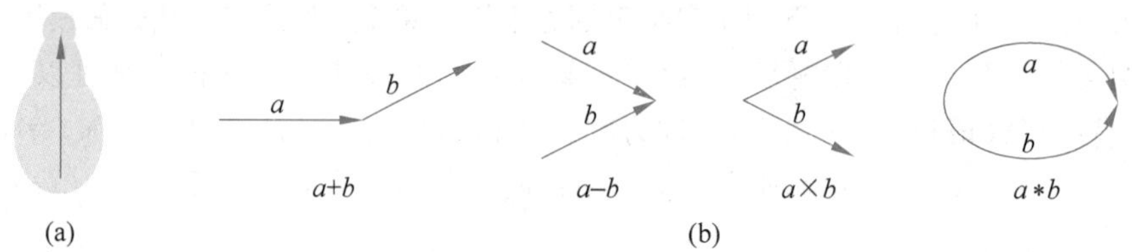

图 7.3.12 有向线段及典型运算

例 7.3.2 利用有向线段描述复杂结构

图 7.3.13 给出了用有向线段通过不同组合描述一个较复杂形状结构的示例。设需要描述的结构如图 7.3.13(c)所示,经分析是由 4 类不同朝向的有向线段构成的。先定义 4 个朝向的基本有向线段,如图 7.3.13(a)所示。通过对这些基本有向线段一步一步进行如图 7.3.13(b)所示的各种典型的组合操作,就可以最终组成图 7.3.13(c)所示的结构。

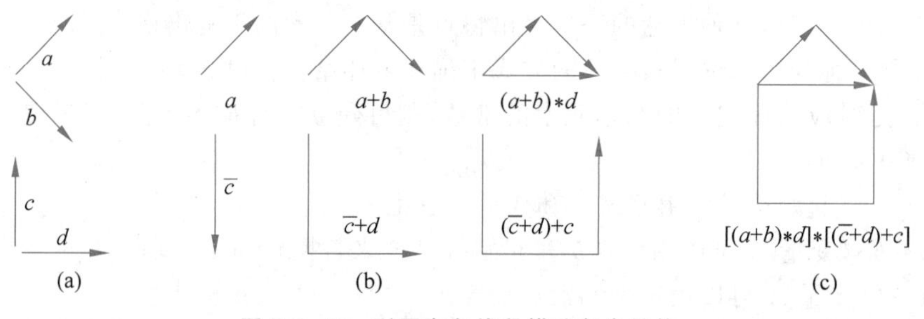

图 7.3.13 利用有向线段描述复杂结构 □

7.3.4 树结构描述

用**树结构**也可以描述区域或边界之间的关系。树(tree)是含一个或多个结点的有限集合,是**图结构**的一种特例。从一定意义上讲,树结构是一种 2-D 的结构。对每个树结构来说,它有一个唯一的根结点，其余结点被分成若干个互相不直接相连的子集，每个子集都是一个子树。每个树结构最下面的结点称为叶结点(树叶)。树中有两类重要的信息：一类是关于结点的信息，可用一组字符来记录；另一类是关于一个结点与其相连通结点的信息，可用一组指向这些结点的指针来记录。

在树结构的两类信息中，第一类确定了图像描述中的基本模式元，而第二类确定了各基本模式元之间的物理连接关系。图 7.3.14 给出了一个用树结构描述目标间关系的例子，图 7.3.14(a)是一个组合区域(由多个区域组合而成)，它可以用图 7.3.14(b)所示的树，借助“在……之中”关系进行描述。其中，根结点 R 表示整幅图，a 和 c 是在 R 之中的两个区域所对应的两个子树的根结点，其余结点是它们的子结点。由图 7.3.14(b)所示的树可知，e 在 d 中，d 和 f 在 c 中，b 在 a 中，a 和 c 在 R 中。

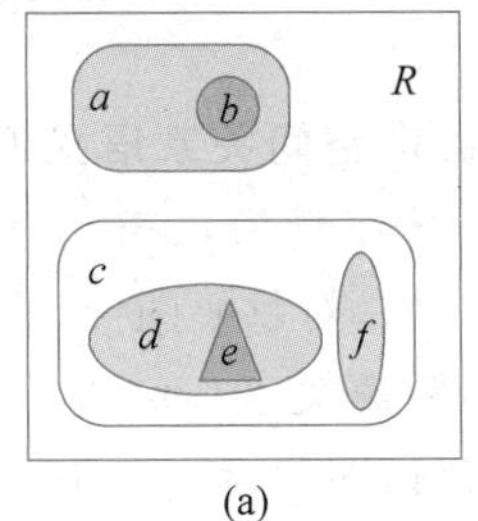

(a)

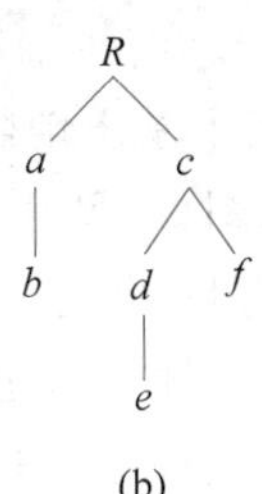

(b)

图 7.3.14　用“在……之中”关系借助树结构描述符来描述组合区域中各区域间的关系

图 7.3.14(b)的**树结构描述**给出了一个区域邻域图的特例。**区域邻域图**将图像中每个区域表达成一个结点，而邻域中的各个区域的结点用边(弧)相连接。结点包含区域的属性，而边指示区域之间的关系。图像中不同区域之间的关系除上面的“在……之中”外，还可以是“在……之上”“在……之上方”等。如果区域是互相接触的，则区域邻域图成为**区域邻接图**。

为描述区域之间的关系，常使用它们的相对空间位置。例如，一个区域 A 可以位于另一个区域 B 的上边或上方。如果 A 和 B 都是点，那么上述位置描述的含义很明确。但如果 A 和 B 都是区域，则上述位置描述有时会有歧义。参见图 7.3.15，定义区域 A 在区域 B 的左边可以有多种方法。

(1) A 中的所有像素都必须在 B 中的所有像素的左边，如图 7.3.15(a)所示；

(2) A 中至少一个像素必须在 B 中的若干像素的左边，如图 7.3.15(b)所示；

(3) A 的重心必须在 B 的重心的左边，如图 7.3.15(c)所示；

(4) A 的重心必须在 B 的最左边像素的左边，且(逻辑 AND)A 的最右边像素必须在 B 的最右边像素的左边，如图 7.3.15(d)所示。

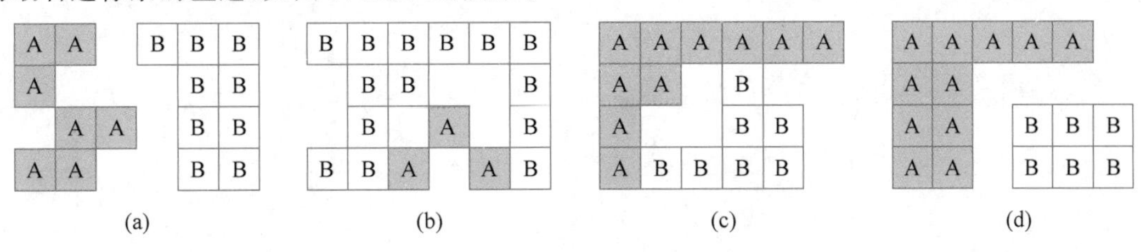

图 7.3.15　“在左边”的二值示例

尽管在许多情况下，所有这些定义都可以满足，但有时它们并不符合一般意义上的“在左边”，特别是图 7.3.15(b)和图 7.3.15(c)。用户一般比较认可的是定义(4)。

7.3.5　空间关系数据集

目标空间关系分析技术有广泛的应用。例如，在遥感图像分析中，地物目标的空间关系是需要重点考虑的。[农 2021]为此构建了一个用于遥感目标空间关系检测的数据库。库中共标注了飞机、船只、桥梁、棒球场、篮球场、网球场和田径场 7 种目标,指定了 6 种目标间的空间关系,分别为左右关系、上下关系和远近关系。另外还构建了一个基于深度学习的**遥感空间目标关系检测**(RSSRD)网络,其中包括视觉模块和语义模块。视觉模块基于卷积神经网络提取图像中目标区域特征、目标位置特征和目标类别等视觉特征。语义模块将视觉特征映射到语义空间,不仅识别出目标类别和位置,还确定出目标之间的空间关系。

对遥感影像场景的理解在很多情况下主要基于影像的全局特征来生成对图像的说明(caption)语句。不过,这种针对整幅图像的全局特征相对来说比较粗糙,常常不能精确描述多目标的情况,且有时会使地物目标的类别属性在语句生成过程中被错误预测。为解决这个问题,需要考虑以地物目标作为空间关系语义理解的基本单元,从而获得更全面精确的反映目标空间关系的描述。

为此,[陈 2021]构建了**基于地物目标的遥感影像空间关系语义理解数据集**(OGRIUD)。该数据集中共有 5000 幅图像,尺寸为 600×600,分辨率均为 0.5m。其中,地物目标包括建筑区、林地、道路、草地、体育场、耕地、裸地、水域共 8 种。对每幅图像,既提供目标的位置与类别信息,又提供对应的语义描述。这里空间关系包括距离关系(远、近等),方向关系(东、西、南、北等)和拓扑关系(如分离、接触、相交、包含等)。每幅图像对应 5 个空间关系说明语句。整个数据集中,距离关系说明语句约占 20%,方向关系说明语句约占 44%,拓扑关系说明语句约占 36%。

为实现自动获取目标空间关系,可设计一个包含两个模块的网络[陈 2021]:第一个模块使用 Faster RCNN 检测目标并获取其特征,第二个模块使用两层的 LSTM(注意力 LSTM 和语言 LSTM)生成描述图像内容的语句。

总结和复习　　　随堂测试

第8章

目标显著性

显著性是一个与主观感知相关联的概念，描述或代表的也是目标的一种特性。对人的不同感官，有不同的感知显著性。这里所关注的是与视觉器官相关的视觉显著性。视觉显著性常归因于场景区域在如亮度、颜色、梯度等底层特性方面的变化或对比而导致的综合结果。对于显著性的可靠估计往往并不需要对任何实际场景内容的高层理解，所以也是在语义中层的分析工作。典型的例子如人观察一个平面，其上的边缘处最先被观察到，其后才感知到目标及形状等。

对图像中显著性的有效提取对于图像分析具有重要的意义和应用价值[Duncan 2012]。同时，它也在一定程度上受到生理学和心理学研究成果的启发。在对视觉注意力机制建模过程中，图像中显著极值(常与图像中的主要结构成分密切相关)的提取是实施选择性注意力的关键步骤。例如，在分水岭图像分割过程中，标记图像的构建通常是以图像显著极值的提取为前提的。

显著性描述了目标特性，也为目标提取提供了基础。反之，要利用目标显著性进行图像分析，也需要对显著特性进行检测和提取，并在此基础上实现显著区域的分割，从而进一步分析显著目标。这些工作常常考虑不同的场合借助不同的技术来进行。

根据上述讨论，本章各节将安排如下。

8.1 节先对显著性进行较正式的定义，再讨论显著性的内涵、显著区域的特点以及对显著图质量的评价问题，并分析显著性与视觉注意力机制和模型的关系。

8.2 节概述对显著性的检测，包括检测方法分类、基本检测流程、对比度检测和显著区域提取。

8.3 节介绍几种显著区域分割提取的具体方法，包括基于对比度幅值、基于对比度分布和基于最小方向对比度的算法，还讨论了进一步的目标分割和检测评价问题。

8.4 节具体介绍一种基于背景先验提取显著性区域的方法。

8.5 节详细讨论基于最稳定区域提取显著性区域的原理和步骤。

8.6 节介绍的显著性检测方法分别结合了不同的特征，包括低秩背景约束和多线索传播，以及融合边界连通性和局部对比度。

8.7 节讨论了对 RGB-D 视频和光场图像中显著性的检测问题。

8.1 显著性概述

先来看**显著性**的定义。显著性既有一些客观性(可参见下册 A.1 节)，也有一定的主观性，所以在不同的场合其定义有可能不完全相同。下面是一个比较通用的较正式定义。显著性指能使一个特征、图像点、图像区域或目标的鉴别性或相对于其环境更显眼的度量。这个定义能覆盖显著性使用的各个领域。这里的关键是这个度量能使某些东西“脱颖而出”。虽然在纯粹基于刺激的意义上，图像中的任何部分在用某些图像特征衡量的条件下都有可能相对其邻域“脱颖而出”；但在具体的任务中，“脱颖而出”的可能只是感兴趣的目标（而目标是一个主观的概念）。

下面对与显著性及相关的概念给予一些讨论和解释。

1. 显著性的内涵

显著性可看作对图像中可观察到的目标进行标记或标注的性质。这种标记或标注可在单个层次或类别层次进行。作为一个中层的目标特性，显著性可帮助填补低层特征和高层类别间的鸿沟。为此，需要构建显著性模型，并借助显著性模型生成的显著性图（反映图像中各处显著性强度的图像，以下称**显著图**）来进行显著对象（区域）的检测。

显著性与人对世界的关注或注意有关。关注或注意是一个心理学概念，是心理过程的一种具有共性的特征，属于认知过程的内容。具体来说，关注指的是选择性地将视觉处理资源集中到环境中的某些部分而将其余部分忽略的过程。人在同一时刻对环境中对象的感知能力是有限的。所以要获得对事物的清晰、深刻和完整的知识，就需要使心理活动有选择地指向有关的对象。

2. 显著区域的特点

图像中孤立的亮度极值点，边缘点/角点等都可看作图像中的显著点，但这里讨论图像中的显著目标——具有显著性的连通区域。一般来说，图像中的显著区域具有以下特征：

(1) 认知语义性。人在观察中经常注意到的对象（如人脸、车轮等）经常对应图像中的显著区域，本身具有一定的认知语义含义。

(2) 认知稳定性。显著区域对场景亮度、对象位置、朝向、尺度以及观察条件等的变化比较鲁棒，即显著性的表现不仅突出而且比较恒定。

(3) 全局稀缺性。从全局范围来看，显著区域出现的频率比较低（局部、稀少），且不容易由图像中的其他区域复合而得到。

(4) 局部差异性。显著区域总是与周围区域具有明显的特性（如在颜色、梯度、边缘、边界、朝向、纹理、形状等方面）差异。

3. 显著图质量的评价

在显著区域检测中，输入是一幅原始图像，输出是由该图像的显著区域构成的**显著图**。显著图反映了图像中各部分吸引人注意的程度，这种程度反映在显著图中各个像素点的灰度值（对应显著强度值）上。显著图的质量是评价显著性检测算法好坏的重要标准，也与显著区域的特点密切关联。一般从以下几方面评价显著图的质量：

(1) 能突出最为显著的对象——显著图应能凸显视场中最显著的区域，且这个区域与人的视觉选择保持高度一致；

(2) 能使整个显著对象各部分具有比较一致的突出程度——这样能将显著对象区域完整地提取出来，避免局部漏检；

(3) 能给出精确完整的显著对象区域边界——这样可以将显著区域与背景区域完全分离开来，避免局部误检；

(4) 能给出全分辨率的检测结果——若显著图具有与原图像相同的分辨率，则有助于实际的应用。

为获得高质量的显著图，常要求检测算法具有较强的抗噪性能。如果显著性检测算法比较鲁棒，则受图像中的噪声、复杂纹理和杂乱背景的影响会较小。

4. 视觉注意力机制和模型

显著性概念与心理学中的视觉注意力理论有密切联系。人类视觉注意力理论假设人类视觉系统只处理环境的一部分细节，而几乎不考虑余下的部分。视觉注意力机制使人们能够在复杂的视觉环境中快速地定位感兴趣的目标。视觉注意力机制有两个基本特征：指向性和集中性。指向性表现为对出现在同一时段的多个刺激有选择性；集中性表现为对干扰性刺激的抑制能力，其产生和范围以及持续时间取决于外部刺激的特点和人的主观因素。

视觉注意力机制主要分为两大类：自底向上数据驱动的预注意力机制和自顶向下任务驱动的后注意力机制。其中，自底向上的处理是在没有先验知识指导的情况下由底层数据驱动而进行的显著性检测。它属于较低级的认知过程，因为没有考虑认知任务对提取显著性的影响，所以处理速度比较快。而自顶向下的处理过程则属于借助任务驱动来发现显著性目标的过程。它属于较高级的认知过程，因为要根据任务有意识地进行操作并提取出所需要的感兴趣区域，所以处理速度比较慢。

用计算机来模拟人类视觉注意机制的模型称为**视觉注意力模型**。在一幅图像中提取人眼所能观察到的引人注意的焦点，相对于计算机而言，就是确定该图像中含有特殊视觉刺激分布模式从而拥有较高感知优先级的显著区域。人类所具有的仅由外界环境视觉刺激所驱动的自底向上的选择性视觉注意力机制就源于此。事实上，自底向上的图像显著性检测就是在这种思想基础上提出来的。

例如，有一种典型的基于生物模型的预注意力机制模型[Itti 1998]。该模型的基本思想是在图像中通过线性滤波提取颜色特征、亮度特征和方向特征(低层视觉特征)，并通过高斯金字塔、**中央-周边差**算子和归一化处理后形成12张颜色特征地图、6张亮度特征地图和24张方向特征地图。将这些特征地图分别结合形成颜色、亮度、方向的**关注图**。再将3种特征的关注图线性融合生成显著图，最后通过一个两层的**赢者通吃**(WTA)神经网络获得显著区域。

另一个视觉注意力模型对图像中的显著区域用**视觉注意力**(VA)图来表示[Stentiford 2003]。若图像中某个像素与它周围区域由某种特征(如形状、颜色等)构成的模式在图像其他相同形态区域中出现的频率越高，则该像素的VA值越低；反之VA值越高。该模型能很好地辨别出显著特征和非显著特征，但是如果图像模式不够显著，则效果可能不理想。

8.2 显著性检测

要获取显著区域或**显著图**，需要进行显著性检测。

8.2.1 方法分类

显著性检测可以从不同的方面来考虑。例如，考虑显著性的定义、所用特征、所用计算技术、所用尺度、所用数据集合、应用领域……所以，从不同的角度出发，可以对显著性的检测方法进行不同的分类。

1. 不同视角的分类

(1) 根据对图像信号的处理是在空域或在变换域，可以将检测方法分为基于空域模型的方法和基于变换域模型的方法。

(2) 从检测算法的流程或结构看，可以将检测方法分为自底向上的方法和自顶向下的方法。

(3) 考虑计算的对象，可以将检测方法分为基于注视点的显著性计算方法和基于显著区域的计算方法。前者获得的常是图像中少量的人眼关注位置，而后者可以使图像中具有显著性的区域高亮显示，从而极大地改进显著景物提取的有效性。

(4) 从检测结果分辨率的角度考虑，可以将检测方法分为基于像素级的方法和基于区域(包括超像素)的方法。

(5) 在实用中，常有一些辅助信息(如网络上图片的说明文字)与输入图像数据伴随，考虑这个因素可以将检测方法分为仅利用图像自身信息的内部方法和还利用图像"周边"信息的外部方法。

(6) 显著性与主观感知相关联，所以检测方法除可借助计算模型外，也可考虑仿生学的方法。借助计算模型的方法通过数学建模来实现对显著性特征的计算和提取，而关注仿生学的方法更多地考虑了人类视觉系统特性和视觉感知理论。另外，还有将两者结合的方法。

2. 深度学习方法的分类

从所用计算技术来看，近期提出的**显著性检测方法**常基于**深度学习**方法，并结合图像和区域的多个特征、线索、属性等。对组合各种类型显著性的一些深度学习方法的一个分类如表 8.2.1 所示[罗 2021]。

表 8.2.1 基于深度学习的显著性检测方法分类

大类别	主要子类别及其简要描述
稀疏检测	以超像素为处理单元： 生成各个单元的特征序列并将其转换为超像素的显著性分数 提取以超级像素为中心的邻域中的局部和全局上下文信息，用于特征学习，以推断每个超像素的显著性
密集检测	基于编码-解码结构：编码器提取输入图像的特征表达式，解码器重建图像信息，并使用 Softmax 分类器获得每个像素的实用值 组合超像素和编码解码结构：将通过超像素分割获得的局部上下文线索用于借助卷积神经网络获得的全局信息来补充实用性估计 基于 U-Net 结构：U-Net 结构通过结合卷积层的高级语义特征和低级空间细节信息，为生成具有清晰目标边界的显著图提供了一个平台
弱监督	伪标注数据库：借助传统方法选择一些显著性目标检测模型，为每幅训练图像生成相应的一系列映射，并将其融合为单个样本标注映射，即伪标签，然后将其与训练图像进行比较，以进行网络训练 弱标注数据库：使用比像素级标注成本更低的标注(例如，图像级标注、图像描述文本)，以减少对像素级标注的依赖，并避免传统方法在生成伪标签时的限制

在表 8.2.1 中，基于深度学习的显著性检测方法分为三大类。稀疏检测方法中由于处理单元的粒度较大，检测精度的提高受到限制。近年来，许多研究转向了基于深度网络模型的密集检测方法。采用弱监督模型减少了对手动标注数据的依赖，但其提取有效特征的能力通常会下降，因此，当前更多的关注点是提高其检测性能。

8.2.2 检测流程

虽然显著性检测方法很多，但多数方法采用的基本流程有一些共性。

1. 基本检测流程

一个比较通用的显著性检测基本流程如图 8.2.1 所示，主要有 5 个模块，输入和输出可有不同的形式，其他 3 个模块也列出了一些常用的方法和技术。

特征检测可分别从像素、局部和全局层次来考虑。例如，在像素层次可以使用亮度，在局部层次可确定像素邻域的彩色直方图，在全局层次可确定颜色的全局分布。最常用的特征是颜色、亮度和朝向，它们模仿了哺乳动物的视觉系统。其他可用的特征还包括边缘、角点、曲率、纹理、运动、紧凑性、孤立性、对称性、彩色直方图、朝向直方图、离散余弦变换系数、主成分

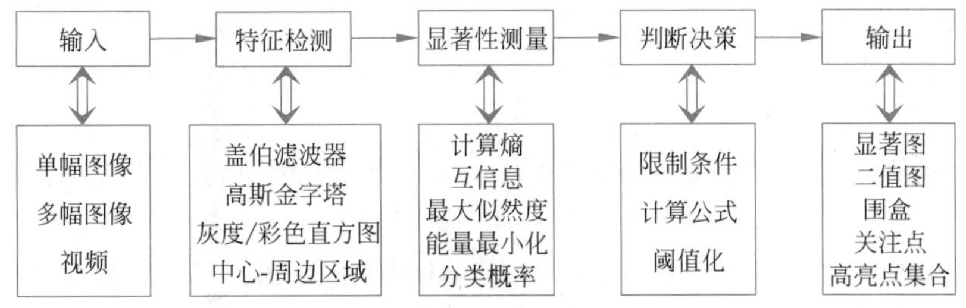

图 8.2.1 显著性检测基本流程

等。这些特征可以借助高斯金字塔、盖伯滤波器、高斯混合模型等来获得，也可借助特征融合来获得。

对图像点或区域的显著性测量非常依赖于所计算出来的特征。这里可以使用不同的特征和计算技术，如互信息、自信息、贝叶斯网络、熵、归一化的相关系数、神经网络、能量最小化，最大流、库尔贝克-莱布勒斯散度、条件随机场等。

基于显著性测量的数据，可以做出相应的判断决策。最简单的手段是设定阈值，区分显著性区域与非显著性区域。当然，还可以根据先验知识或限定性条件，通过搜索匹配获取显著区域在图像中的位置。

2. 对比度检测

感知方面的研究成果表明：在低层视觉显著性中，对比度是最重要的影响因素。现有的显著区域检测算法多通过计算一个图像子区域与其他区域的对比度来度量该图像子区域的显著性。根据用于计算对比度的其他区域空间范围和尺度的不同，现有的显著区域检测算法可分为两类：基于局部对比的算法和基于全局对比的算法。

(1) 基于局部对比的显著区域检测算法通过计算每个图像子区域或像素与其周围一个小邻域中子区域或像素的对比度来度量该图像子区域或像素的显著性；

(2) 基于全局对比的显著区域检测算法将整幅图像作为对比区域来依次计算每个图像子区域或像素的显著值。

对比度是计算显著性的核心。计算对比度的方法主要可分为三大类。

(1) 利用局部对比度先验知识。利用局部对比度的基本思想是将每个像素或者超像素仅仅与图像局部中某些像素或超像素比较从而获得对比度。常见的有 4 种形式：

① 将像素或超像素仅仅与相邻的像素或超像素比较；

② 将目标像素运用滑动窗口的方法与窗口内其他像素求差异度；

③ 利用多尺度方法在多个分辨率上计算对比度；

④ 利用中心-周边区域的关系计算对比度。

(2) 利用全局对比度先验知识。全局对比度的基本思想是将目标像素或超像素与图像中其余所有像素或超像素分别进行特征差异度计算，最后将这些差异度累加作为目标像素或超像素的全局对比度。相比于基于局部对比度的方法，基于全局对比度的方法在将大尺度目标从其周围环境中提取出来时能够在目标边界或邻域产生较高的显著性值。另外，对全局的考虑可比较均匀地给相似图像区域分配接近的显著性值，从而可以均匀地突出整个对象。

(3) 利用背景先验知识。有的方法将一个区域的显著性定义为该区域到图像四周（边框）的最短加权距离。这里，实际上利用了背景先验，即图像的四周对应背景。对人造物拍摄的照片一般满足这个条件，即目标景物经常集中在图像的内部区域，并远离图像边界。算法的主要思想就是首先检查出背景区域，进而得到目标区域。

3. 显著区域提取

在对显著性进行检测的基础上，可进一步将显著区域提取出来。这里可采用不同的提取框架。

(1) 直接阈值分割。该类方法采用简单阈值或者自适应阈值，直接对显著图进行二值化，获得显著区域。

(2) 基于交互图像分割。典型的方法常基于 GrabCut 算法。它是一种得到普及推广的、可用于显著目标提取的交互式图像分割算法[Rother 2004]。首先使用固定阈值来二值化显著图，在二值化后的显著图上结合原始图像通过多次迭代 GrabCut 算法来改善分割结果，并在迭代过程中对图像进行腐蚀和膨胀，从而为下一次迭代提供帮助。

(3) 结合矩形窗定位。为了避免显著性阈值的影响并同时减少 GrabCut 的迭代次数，可将交互式图像分割与矩形窗定位相结合。例如，可基于显著性密度的区域差异进行矩形窗口搜索，或将显著性与边缘特性相结合来进行嵌套窗口搜索。

显著区域的提取通常包括以下步骤：

(1) 显著图计算。需要根据区域的显著性（程度）来区分哪些区域显著，哪些区域不算显著。

(2) 初始显著区域定位。最常用的是图像二值化的方法，其关键问题是阈值选择的最优化。此外，也可采用通过窗口搜索获取显著区域在图像中的位置。

(3) 精细显著区域提取。在定位初始显著区域后，进一步细化其边界。在具体应用中，常需用 GrabCut 算法进行多次迭代，并借助一些其他操作，如腐蚀和膨胀操作（见第 14 章和第 15 章）。如何在降低迭代次数的同时减少对其他操作的需求并获得较好的效果是该步骤的关键问题。

8.3 显著区域分割提取

显著图被广泛应用于无人监督的目标分割。下面先介绍计算显著性的几个具体算法，然后介绍基于显著性的显著区域分割提取方法。

8.3.1 基于对比度幅值

像素之间属性（灰度/彩色）值的差别是区分像素显著性的重要指标。下面介绍两种相关的利用对比度幅值的全局显著性计算方法。

1. 基于直方图对比度的算法

这种算法利用**直方图对比度**（HC）对图像中每个像素分别计算其显著性。具体来说，它借助一个像素与所有其他图像像素之间的颜色差别来确定该像素的显著性值，从而可以产生全分辨率的显著图[Cheng 2015]。这里颜色差别可利用颜色直方图来判断，并同时借助平滑过程来减少量化伪影。

具体定义一个像素的显著性是该像素与图像中所有其他像素之间的颜色对比度，即图像 I 中的像素 I_i（$i=1,2,\cdots,N$，N 是图像 I 中的像素数量）的显著性数值为

$$S(I_i) = \sum_{\forall I_j \in I} D_c(I_i, I_j) \tag{8.3.1}$$

其中，$D_c(I_i, I_j)$度量像素 I_i 和 I_j 之间在 $L^*a^*b^*$ 空间（感知精度较高）中的颜色距离。可将式(8.3.1)按像素标号顺序展开来：

$$S(I_i)=D_c(I_i,I_1)+D_c(I_i,I_2)+\cdots+D_c(I_i,I_N) \tag{8.3.2}$$

很容易看出，根据这个定义，具有相同颜色的像素会具有相同的显著性值(不管这些像素与 I_i 的空间关系如何)。如果重新排列式(8.3.2)中的各项，将对应具有相同颜色值 c_i 的像素 I_i 分在同一组，则可得到具有这种颜色值像素的显著性数值为

$$S(I_i)=S(c_i)=\sum_{j=1}^{C}p_iD(c_i,c_j) \tag{8.3.3}$$

其中，C 对应图像 I 中像素(不同)颜色的总数量，p_i 是像素具有颜色 c_i 的概率，$D(c_i,c_j)$ 度量颜色 c_i 和颜色 c_j 之间的距离。

式(8.3.3)对应一个直方图表达。将式(8.3.1)表达成式(8.3.3)有利于在实际应用中提高计算速度。根据式(8.3.1)计算图像的显著性值，所需计算量为 $O(N^2)$；而根据式(8.3.3)计算图像的显著性值，所需计算量为 $O(N)+O(C^2)$。对 3 个通道的真彩色图像，每个通道有 256 个值。如果将其量化为 12 个值，则一共可组成 1728 种彩色。进一步考虑自然图像中彩色分布的不均匀性，如果将图像中出现的彩色按从多到少排列，一般使用不到 100 种彩色值就可表达图像中超过 95%的像素(其余的彩色值可近似量化进这不到 100 种彩色中)。这样对较大的图像使用式(8.3.3)就可明显提高计算图像显著性数值的速度。例如，对一幅 100 个像素的图像，采用式(8.3.1)和式(8.3.3)的计算量几乎一致；而对 512 个像素的图像，采用式(8.3.3)的计算量只有采用式(8.3.1)的计算量的 1/100。

2. 基于区域对比度的算法

这种方法对上述 HC 算法进行了改进，以进一步利用像素之间的空间关系信息[Cheng 2015]。首先将输入图像初步分割成多个区域，然后通过计算区域对比度(RC)获取每个区域的显著性值。这里使用全局对比度分数来计算区域显著性值，具体是考虑区域自身的对比度以及它与图像中其他区域的空间距离(相当于用区域替换 HC 算法中的像素作为计算单元)。这种方法能更好地将图像分割与显著性的计算结合起来。

先对图像进行初步的分割，然后对每个区域构建直方图。对区域 R_i，通过计算其相对于图像中所有其他区域的彩色对比度来测量其显著性：

$$S(R_i)=\sum_{R_i\neq R_j}W(R_i)D_c(R_i,R_j) \tag{8.3.4}$$

其中，取 $W(R_i)$ 为区域 R_i 中的像素数量，并用它对区域 R_i 进行加权(大区域的权重大)；$D_c(R_i,R_j)$ 度量区域 R_i 和 R_j 之间在 $L^*a^*b^*$ 空间中的颜色距离：

$$D_c(R_i,R_j)=\sum_{k=1}^{C_i}\sum_{l=1}^{C_j}p(c_{i,k})p(c_{j,l})D(c_{i,k},c_{j,l}) \tag{8.3.5}$$

其中，$p(c_{i,k})$ 是区域 i 中第 k 种彩色在所有 C_i 种彩色中的概率，$p(c_{j,l})$ 是区域 j 中第 l 种彩色在所有 C_j 种彩色中的概率。

接下来，将空间信息引入式(8.3.4)以加强邻近区域的权重并减少远离区域的权重：

$$S(R_i)=W_s(R_i)\sum_{R_i\neq R_j}\exp\left[-\frac{D_s(R_i,R_j)}{\sigma_s^2}\right]W(R_i)D_c(R_i,R_j) \tag{8.3.6}$$

其中，$D_s(R_i,R_j)$ 是区域 R_i 和 R_j 之间的空间距离；σ_s 控制空间距离加权的强度(其值越大则远离区域 R_i 的其他区域对 R_i 的加权强度越大)；$W(R_i)$ 代表对区域 R_i 的权重；$W_s(R_i)$ 是对区域 R_i 根据其接近图像中心的程度赋予的先验权重(接近图像中心的区域权重较大，即更显著)。

8.3.2 基于对比度分布

上述 HC 算法在计算显著性数值时仅考虑了各像素自身的对比度，上述 RC 算法在计算

显著性数值时还考虑了像素之间的距离，但两种算法均没有考虑图像中对比度的整体分布因素。下面举例说明这个因素的重要性[Huang 2017b]。

1. 对比度分布的影响

参见图 8.3.1，其中图 8.3.1(a)是原始图像，里面两个小方框分别指示了两个标记像素（一个前景像素和一个背景像素）。图 8.3.1(b)是理想的前景分割结果。对这两个像素算得的对比度图分别如图 8.3.1(c)和图 8.3.1(d)所示，深(绿)色指示大的对比度。由图 8.3.1(c)和图 8.3.1(d)可见，尽管对比度的总和可以比拟，但两图中对比度的分布很不同。以图 8.3.1(c)中的标记像素为中心，大的显著性数值主要分布在其右下方。以图 8.3.1(d)中的标记像素为中心，大的显著性数值则在各个方向上的分布都差不多。对人类视觉系统，高对比度的分布方向越多(前景在多个方向上都与背景有区别)，前景目标看起来越明显。

彩图

(a)

(b)

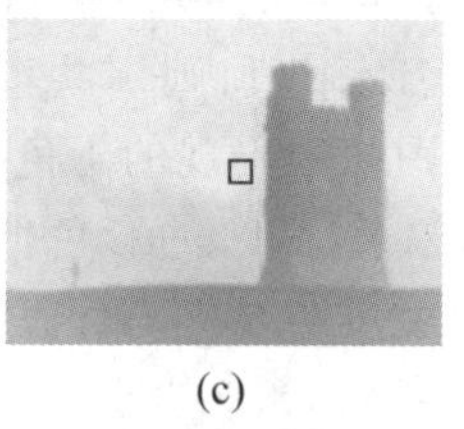
(c)

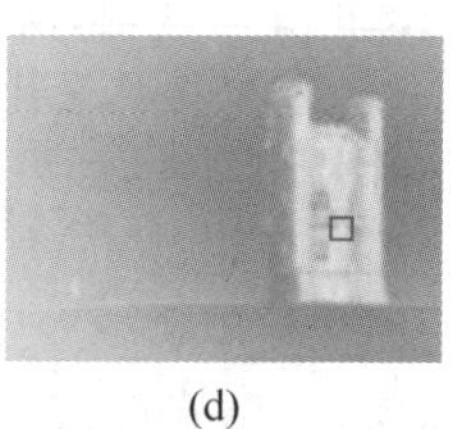
(d)

图 8.3.1　对比度分布的影响

2. 整体流程

一个考虑对比度分布算法的整体流程如图 8.3.2 所示。考虑到对每个像素计算全局对比度需要很大的计算量，先对图像进行超像素分割，取各个超像素为计算全局对比度的单位(即认为各个超像素内的像素彩色值具有一致性)。对各个超像素，计算其最大环绕对比度，获得其在多个方向上的最大对比度值。进一步地，通过综合考虑各个方向的最大对比度值，从而计算相对对比度方差。最后，将该方差数值转换为显著性值，就得到与原始图像对应的显著图。

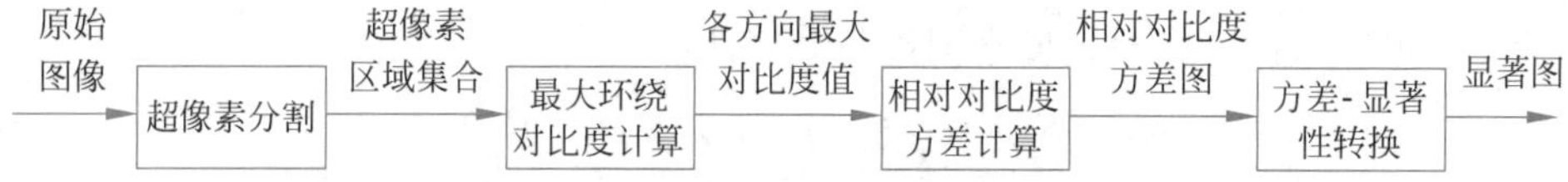

图 8.3.2　基于对比度分布算法的整体流程图

这里给出对比度的定义如下。将各个超像素区域记为 R_i，$i=1,2,\cdots,N$。一个超像素区域的显著性与该区域与其他区域的彩色对比度成比例，且与该区域与其他区域的空间距离也成比例。考虑这两个因素，两个超像素区域 R_i 和 R_j 之间的显著性可定义为

$$S(R_i,R_j)=\exp\left[\frac{D_s(R_i,R_j)}{-\sigma_s^2}\right]D_c(R_i,R_j) \tag{8.3.7}$$

其中，$D_c(R_i,R_j)$为区域 R_i 和 R_j 之间的颜色距离，$D_s(R_i,R_j)$为区域 R_i 和 R_j 之间的空间距离，σ_s 控制空间距离加权的强度(其值越大则远离区域 R_i 的其他区域对其的加权强度越大)。

3. 具体步骤和效果

下面依照如图 8.3.2 所示的流程给出一些具体步骤和示例结果，所用原始图像和超像素分割结果见图 4.1.1。现在来看图 8.3.3，在超像素分割的结果中分别选取两个超像素区域：一个在显著目标内部，另一个在显著目标外部。它们分别显示在图 8.3.3(a)和图 8.3.3(c)中。对每一个超像素区域，以其为中心，分别计算其在周围 16 个方向(间隔 22.5°)上与其他区域的对比度，并取 16 个方向上的最大对比度值(人类视觉常对最大对比度最敏感)。将这 16 个值画成一个直方图，就可计算其相对值的标准方差。对处在显著目标内部的超像素区域进

行计算的示意图和所得到的相对(归一化)标准方差直方图分别见图 8.3.3(a)和图 8.3.3(b);对处在显著目标外部的超像素区域进行计算的示意图和所得到的相对标准方差直方图分别见图 8.3.3(c)和图 8.3.3(d)。由这些图可见,对属于显著目标内部的超像素区域,其各个方向的最大对比度值都比较大;而对属于显著目标外部的超像素区域,其各个方向的最大对比度值有比较明显的差别。

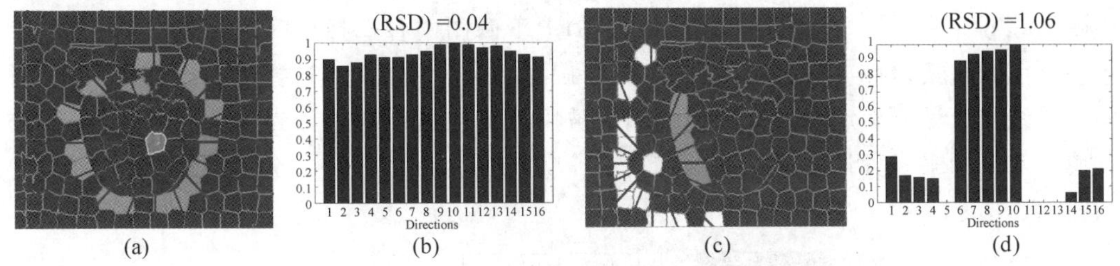

图 8.3.3 对比度分布的计算示意图

从整体来看,属于显著目标内部的超像素区域的相对标准方差(RSD)会比属于显著目标外部的超像素区域的相对标准方差小。这样得到的相对标准方差如图 8.3.4(a)所示,可见,区域的显著性与对比度的标准方差成反比。借助这个反比关系得到的显著图如图 8.3.4(b)所示。进一步对显著图后处理的结果见图 8.3.4(c),而图 8.3.4(d)给出了显著图的真值。

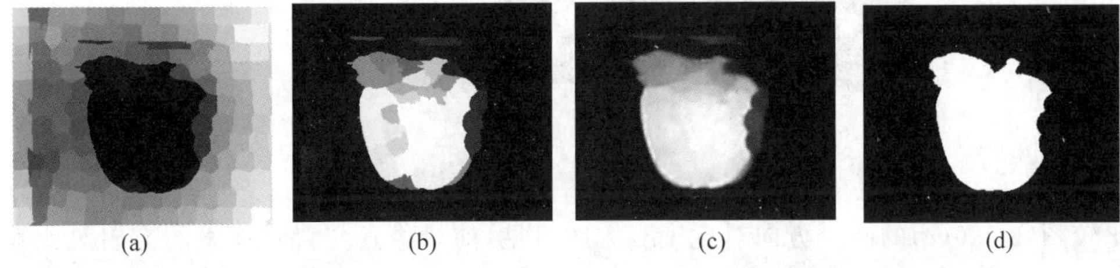

图 8.3.4 根据对比度分布得到的显著图

图 8.3.5 借助如图 8.3.1 所示的图像对基于对比度幅值的方法和基于对比度分布的方法进行了对比。图 8.3.5(a)和图 8.3.5(b)分别是用基于对比度幅值的方法和基于对比度分布的方法得到的显著性检测结果,图 8.3.5(c)和图 8.3.5(d)分别是对它们进一步后处理后得到的结果。可见,利用对比度分布信息收到的效果较好。

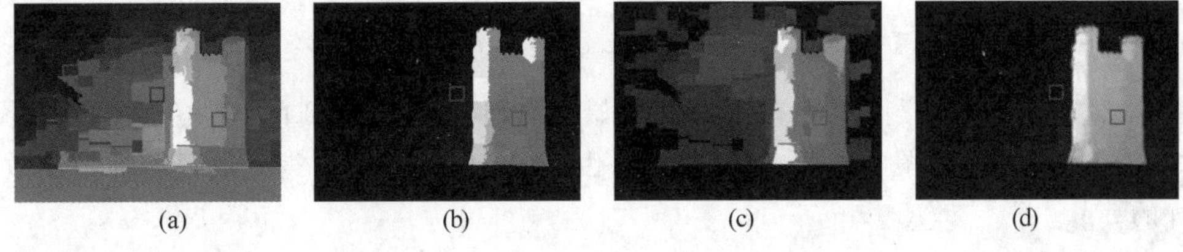

图 8.3.5 两种检测显著性方法的比较

8.3.3 基于最小方向对比度

基于**最小方向对比度**(MDC)是对基于对比度分布方法的改进。由于区域级的方法为了进行图像分割需要较大的计算量,所以选择了像素级的方法以取得快速的性能。

1. 最小方向对比度

考虑不同空间朝向的对比度。若将目标像素 i 看作视场中心,则整个图像可相对于像素 i 的位置被划分成若干个区域 H,如左上(TL)、右上(TR)、左下(BL)、右下(BR)。来自各个区域的**方向对比度**(DC)可如下计算($H_1=\mathrm{TL}, H_2=\mathrm{TR}, H_3=\mathrm{BL}, H_4=\mathrm{BR}$，$i$ 和 j 为在对应朝向上的像素指标)：

$$\mathrm{DC}_{i,H_l}=\sqrt{\sum_{j\in H_l}\sum_{k=1}^{K}(f_{i,k}-f_{j,k})^2},\quad l=1,2,3,4 \tag{8.3.8}$$

其中，f 代表在CIE-Lab彩色空间中具有 K 个彩色通道的输入图像。一个示例见图8.3.6，其中图8.3.6(a)是一幅输入图像，图8.3.6(b)上下两图中各选择了一个像素，其中上图中选择了一个前景像素，对应由两条红线交叉处所确定的位置；下图中选择了一个背景像素，对应由两条黄线交叉处所确定的位置。整幅图像被用红线或黄线都划分为4个区域，对应4个方向。使用前景像素和背景像素得到的包含4个方向对比度的直方图分别见图8.3.6(c)的上下两图。

彩图

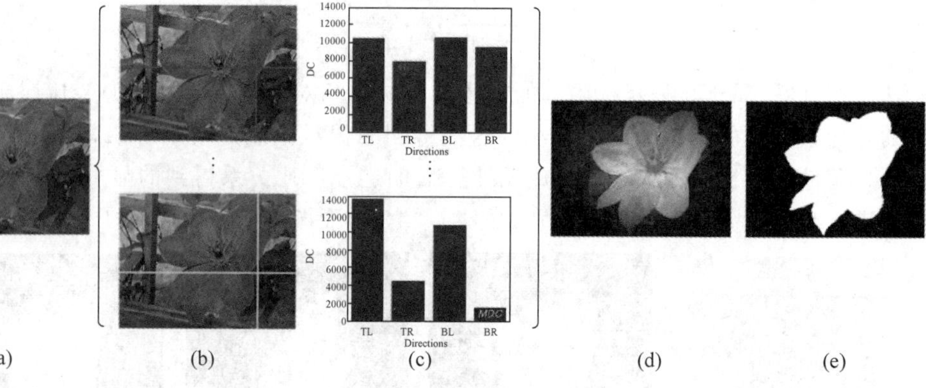

图8.3.6　两种检测显著性方法的比较

比较图8.3.6(c)的两个方向对比度直方图可见，前景像素与背景像素的方向对比度的分布很不一样，前景像素在几乎所有方向上都有相当大的DC数值，即使其中最小的数值也比较大。但背景像素在右下方向的DC数值很小。事实上，由于前景像素通常被背景像素所包围，所以其方向对比度在所有朝向都会有大的DC数值；而背景像素通常总有至少一个方向与图像边界相连，肯定会出现小的DC数值。这表明可以考虑用**最小方向对比度**(MDC)，即所有方向中对比度最小的DC值，作为初始的显著性的度量值：

$$S_{\min}(i)=\min_{H_l}\mathrm{DC}_{i,H_l}=\sqrt{\min_{H_l}\sum_{j\in H_l}\sum_{k=1}^{K}(f_{i,k}-f_{j,k})^2},\quad l=1,2,3,4 \tag{8.3.9}$$

图8.3.6(d)给出了基于所有像素的初始显著性数值所得到的MDC值的分布图，而图8.3.6(e)所示为显著图的真值。两相对比，由MDC值的分布所得到的显著性检测效果是相当好的。

2. 降低计算复杂度

为了对每个像素计算MDC，需要根据式(8.3.8)计算4个方向的对比度。如果直接按式(8.3.8)计算，则计算复杂度将是 $O(N)$，其中 N 是整幅图的像素个数。对较大尺寸的图像，这个计算量会很大。为降低计算复杂度，可以将式(8.3.8)进行如下分解：

$$\sum_{j\in H}\sum_{k=1}^{K}(f_{i,k}-f_{j,k})^2=\sum_{j\in H}\sum_{k=1}^{K}f_{i,k}^2-2\sum_{k=1}^{K}\left\{\sum_{j\in H}f_{j,k}\right\}f_{i,k}+|H|\sum_{k=1}^{K}f_{i,k}^2 \tag{8.3.10}$$

其中，$|H_l|$ 表示沿 H_l 方向上的像素个数。式(8.3.10)中等号右边第1项的双重求和以及第2项里花括号中的求和部分都可借助积分图像(参见12.2.3小节)来计算，这样一来，对每个像素的计算复杂度将可以减到 $O(1)$，即基本与图像尺寸无关。

获取初始显著性后，还可以进行一些后处理以提升显著性检测的性能。

3. 显著性平滑

为消除噪声影响，并提高后续对显著性区域提取的鲁棒性，需要对显著图进行平滑。为快速实现**显著性平滑**，可借助边界连通性的先验知识。先将每个彩色通道都量化到 L 级，这样彩色数量就由 256^3 减到 L^3（参见 8.3.1 小节）。此时，对具有相同量化彩色的像素的显著性进行平滑。

一般情况下，背景区域与图像边界的连接程度要远大于前景区域与图像边界的连接程度。所以，可借助**边界连通性**(BC)来确定背景。这个对背景的测定可在量化后的色彩级别计算。令 R_q 表示具有相同量化颜色 q 的像素区域，则对 R_q 的边界连通性可按下式计算：

$$\mathrm{BC}(R_q) = \sum_{j \in R_q} \delta(j) / |R_q|^{1/2} \tag{8.3.11}$$

其中，$\delta(j)$ 在像素 j 是边界像素时为 1，否则为 0；$|R_q|$ 表示具有相同量化颜色 q 的像素个数。

用边界连通性加权的 R_q 的平均显著性为

$$S_{\text{average}}(R_q) = \underset{j \in R_q}{\text{average}}\{S_{\min}(j)\exp[-W \cdot \mathrm{BC}(R_q)]\} \tag{8.3.12}$$

其中，W 是控制边界连通性的权重。最终的平滑显著性是平均显著性和初始显著性的组合：

$$S_{\text{smooth}}(i) = \frac{S_{\min}(i) + S_{\text{average}}(R_q)}{2} \tag{8.3.13}$$

其中，像素 i 具有量化的彩色 q。显著性平滑的结果见图 8.3.7(a)，由量化造成的伪影在显著性平滑中被消除了。

(a)
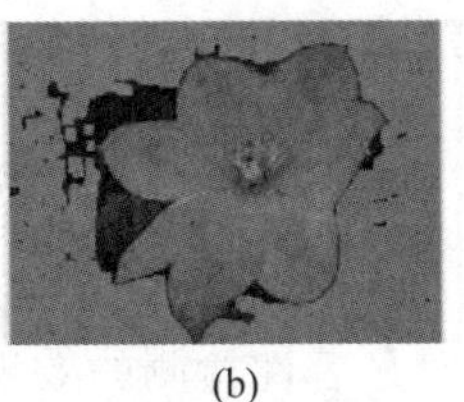
(b)
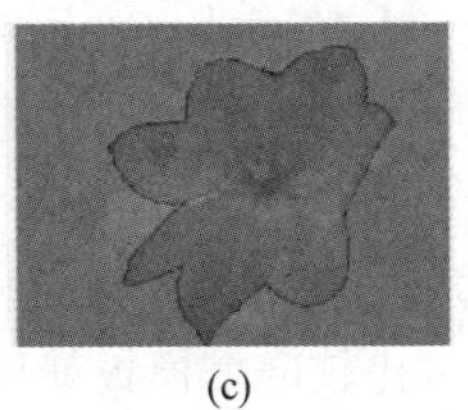
(c)
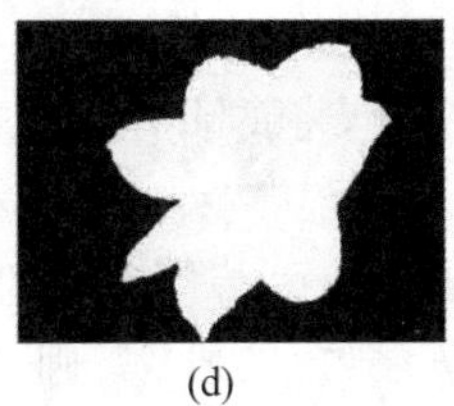
(d)

彩图

图 8.3.7　显著性检测后处理

4. 显著性增强

为了进一步增加前景和背景区域之间的对比度，可使用下面简单而有效的基于分水岭的显著性增强方法。首先使用 OTSU 方法得到二值化阈值 T，对平滑后的显著性区域 S_{smooth} 进行分割。然后使用可靠的条件将一些像素标记为前景(F)或背景(B)，其他像素标记为未定(U)：

$$M(i) = \begin{cases} F, & S_{\text{smooth}}(i) > (1+p)T \\ B, & S_{\text{smooth}}(i) < (1-p)T \\ U, & \text{其他} \end{cases} \tag{8.3.14}$$

其中，p 是控制初始标记区域(如图 8.3.7(b))的参数。在图 8.3.7(b)中，前景像素为红色、背景像素为绿色、分水岭没有标记。接下来使用基于标记的分水岭算法(见 3.4 节)将所有像素标记为前景、背景或分水岭(W)。每个像素的显著性为

$$S_{\text{enhance}}(i) = \begin{cases} 1-\alpha(1-S_{\text{smooth}}(i)), & i \in F \\ \beta S_{\text{smooth}}(i), & i \in B \\ S_{\text{smooth}}(i), & i \in W \end{cases} \tag{8.3.15}$$

其中，$\alpha \in [0,1]$ 和 $\beta \in [0,1]$ 用来控制增强的程度。小的 α 和 β 数值表示前景像素将被赋予大

的显著性数值,而背景像素将被赋予小的显著性数值。借助式(8.3.15),前景像素和背景像素的显著性数值分别被映射到$[1-\alpha,1]$和$[0,\beta]$。图 8.3.7(c)是使用基于标记的分水岭算法得到的最终标记区域。由最终标记区域得到的显著性增强结果如图 8.3.7(d)所示。

8.3.4 显著目标分割和评价

借助对显著性的检测,可进一步提取具有显著性的目标。

1. 目标分割和提取

最简单的显著性目标提取方法是对显著性数值进行阈值化计算,提取显著性数值大于给定阈值的像素为目标像素。这种方法受噪声以及目标自身结构变化的影响比较大。更稳定的方法是采用分水岭分割(见 3.4 节),其中可使用标号控制分割的方法来减少目标边界上的不确定像素(见 3.4.2 小节)。

一种借助对图割方法(见 3.2 节)的改进来分割显著图中目标的方法具有如下步骤[Cheng 2015]:

(1) 先用一个固定的阈值对显著图进行二值化;

(2) 将显著性值大于阈值的最大连通区域作为显著目标的初始候选区域;

(3) 将这个候选区域标记为未知,而把其他区域都标记为背景;

(4) 利用标记为未知的候选区域训练前景颜色以帮助算法确定前景像素;

(5) 用能给出高查全率(召回率)的潜在前景区域来初始化 GrabCut 算法(一种使用高斯混合模型和图割的迭代方法[Rother 2004]),并迭代优化以提高查准率(精确度);

(6) 迭代执行 GrabCut 算法,每次迭代后使用膨胀和腐蚀操作,将膨胀后区域之外的区域设为背景,将腐蚀后区域之内的区域设为未知。

2. 对显著性检测算法的评价

借助对显著性目标的提取,可方便地获得所提取目标的二值模板 M。如果已有原始目标的二值模板(真值)G,则通过比较两个模板就可对显著性检测的效果进行判断和评价。

常用的评价指标包括精确度和召回率,以及对它们结合得到的 PR 曲线、ROC 曲线、F-测度等。

(1) 查准率/精(确)度/精(确)性:$P=|M\cap G|/|M|$;

(2) 召回率/查全率:$R=|M\cap G|/|G|$;

(3) PR 曲线:在横轴为召回率,纵轴为查准率的坐标系中的曲线;

(4) ROC 曲线:先计算虚警 $F_{\text{PR}}=|M\cap G^C|/|G^C|$ 和正确率 $T_{\text{PR}}=|M\cap G|/|G|$,其中,$G^C$ 为 G 的补,再使用 F_{PR} 为横轴、T_{PR} 为纵轴得到坐标系中的曲线;

(5) ROC 曲线的**曲线下面积**(AUC):

$$\text{AUC}=\int_0^1 T_{\text{PR}}\,\mathrm{d}F_{\text{PR}} \tag{8.3.16}$$

(6) F-测度/F-分数:

$$F_k=\frac{(1+k^2)P\times R}{k^2P+R} \tag{8.3.17}$$

其中,k 为参数。$k=1$ 时,F_1 是 P 和 R 的调和平均数。

例 8.3.1 ROC 曲线上最小化总体误差的点

在 ROC 曲线上最接近原点的点处在使下式最小的位置:

$$P=\sqrt{P_{\text{FP}}^2+P_{\text{FN}}^2}$$

而误差概率是

$$P_{\mathrm{E}} = P_{\mathrm{FP}} + P_{\mathrm{FN}}$$

由上可知，

$$P_{\mathrm{FP}} = P_{\mathrm{E}} - P_{\mathrm{FN}}$$

求导，得到

$$\delta P_{\mathrm{FP}} = \delta P_{\mathrm{E}} - \delta P_{\mathrm{FN}}$$

对最小值，有 $\delta P_{\mathrm{E}}=0$。这发生在 ROC 曲线的梯度等于 -1 的位置。可见，在 ROC 曲线上能最小化总体误差的点并不是最接近原点的点，而是其梯度为 -1 的点。□

例 8.3.2　环绕方向数对检测的影响

上面显著性的计算是以超像素区域为中心沿各环绕方向上的最大对比度为基础的。环绕方向数有可能对最终结果有一定的影响。借助 PR 曲线，ROC 曲线和 F-测度对环绕方向数(取方向数分别为 4、8、12、16、20 和 24)的影响进行实验比较得到的一些结果见图 8.3.8。图 8.3.8(a)所示为 PR 曲线，可见当方向数在从 4 增加到 16 时效果有一定的提升，方向数多于 16 后，效果不再变化。图 8.3.8(b)所示为 ROC 曲线，可见除方向数为 4 外，其他情况下的效果基本看不出区别。图 8.3.8(c)给出了对应的 AUC 数值和 F-测度数值，从中也可以得到类似的结论。

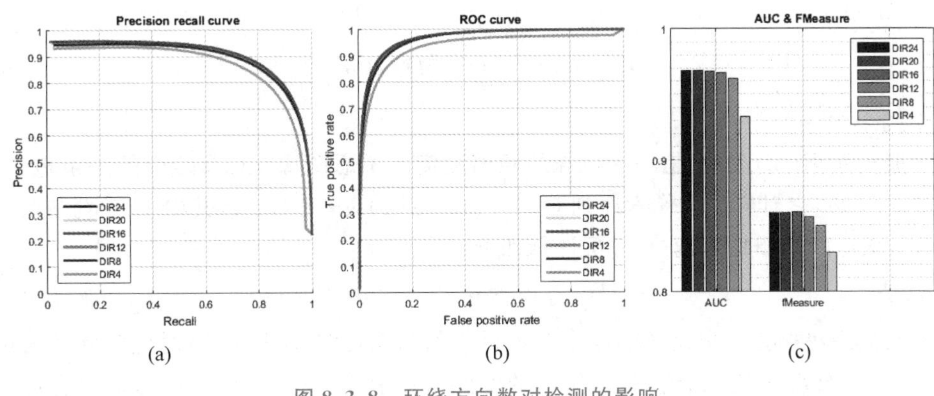

图 8.3.8　环绕方向数对检测的影响　□

8.4　基于背景先验提取显著性区域

对显著性区域的检测和提取常常需要借助一些先验知识。这里的先验知识除包括与显著性区域自身性质相关的先验信息，还包括与背景相关的先验信息。在与背景相关的先验中，边界先验和连通性先验是常用的。**边界先验**认为图像的边界(轮廓)在大部分情况下对应图像中的背景区域。**连通性先验**认为显著性区域以外的像素通常都与图像边界相连通。

根据这两个先验，首先可确定出图像的边界属于背景区域，其次与这些背景区域相连通的像素也属于背景区域，所以剩下的像素就应该属于显著性区域了。基于这样的思路，显著性区域应是与图像边界不连通的区域，或其中的像素与图像边界像素之间的相似距离很大。

8.4.1　相似距离

在基于背景先验来对显著性区域检测的方法中，需要确定图像中各个像素与图像边界之间的相似距离。这里常用的距离测度主要包括测地距离[Wei 2012]和最小栅栏距离[Strand 2013]。

1. 测地距离

测地距离(GD)是一种特殊的**距离测度**。记 A 为一个像素集合，a 和 b 是 A 中的两个像素。在像素 a 和 b 之间的测地距离 $d_A(a,b)$ 可表示为在 A 中从 a 到 b 的所有通路长度的下确界。将像素集合 $B \subseteq A$ 分成 K 个连通组元 B_i，有

$$B = \bigcup_{i=1}^{K} B_i \tag{8.4.1}$$

在高维时，测地距离是沿着(弯曲)表面上两点之间的最短通路的长度。这与不考虑起点和终点之间路径是否在曲面表面上的**欧氏距离**不同。

对 2-D 图像 $f(x,y)$，可将 f 看作对应 2-D 平面 XY 的高程，则测地距离也可如下定义。考虑图像 $f(x,y)$ 中的一条包含 $L+1$ 个像素的 4-通路，它对应一个像素序列 $G=\{g(0), g(1),\cdots,g(L)\}$，其中 $g(i)$ 与 $g(i+1)$ 是 4-邻接的。该通路的测地距离可计算如下：

$$D_{\text{GD}}(G) = \sum_{i=1}^{L} |g(i) - g(i-1)| \tag{8.4.2}$$

即一条通路的测地距离是该通路上各相邻像素绝对灰度差的总和。从一个像素 p 到一个像素集合 S 的通路可以有 N 条，这 N 条通路的集合可表示为 $T=\{G_1,G_2,\cdots,G_N\}$，其中每个 G 代表一个像素序列。像素 p 与像素集合 S 之间的测地距离是所有通路的测地距离中的最小值，可以表示成

$$D_{\text{GD}}(p,S) = \min_{G_i \in T}[D_{\text{GD}}(G_i)] \tag{8.4.3}$$

2. 最小栅栏距离

最小栅栏距离(MBD)也是一种特殊的**距离测度**。考虑图像 $f(x,y)$ 中的一条包含 $L+1$ 个像素的 4-通路，它对应一个像素序列 $G=\{g(0),g(1),\cdots,g(L)\}$，其中 $g(i)$ 与 $g(i+1)$ 是 4-邻接的。该通路的**栅栏距离**(BD)可计算如下：

$$D_{\text{BD}}(G) = \max_i g(i) - \min_i g(i) \tag{8.4.4}$$

即一条通路的最小栅栏距离是该通路上灰度最大值与灰度最小值的差(对应实际的灰度动态范围)。从一个像素 p 到一个像素集合 S 的通路可以有 N 条，这 N 条通路的集合可表示为 $T=\{G_1,G_2,\cdots,G_N\}$，其中每个 G 代表一个像素序列。所有这些通路中的最小栅栏距离称为像素 p 与像素集合 S 之间的最小栅栏距离，可以表示成

$$D_{\text{MBD}}(p,S) = \min_{G_i \in T}[D_{\text{BD}}(G_i)] \tag{8.4.5}$$

在显著性检测中，已有研究表明，测地距离对噪声比较敏感，而最小栅栏距离相对于测地距离来说鲁棒性更强。另外，最小栅栏距离也更抗图像中像素值的波动变化。

8.4.2 最小栅栏距离的近似计算

最小栅栏距离可以逐像素地精确计算，但这需要很大的计算量。根据式(8.4.5)，从每个像素到图像边界像素集合的最小栅栏距离要考虑从每个像素到图像边界像素集合的所有路径，路径的数量常常非常大。为减少计算量，可采取一些近似方法。下面先介绍借助最小栅栏距离的计算可能获得的结果，再介绍几种典型的近似计算方法。

1. 最小栅栏距离的计算结果

借助对最小栅栏距离的计算可实现从原始图像到最小栅栏距离图的转换，即得到每个像素的最小栅栏距离值。

图 8.4.1 给出了借助最小栅栏距离计算所获得的结果。图 8.4.1(a)为一幅原始图像，其

中那朵花为具有显著性的目标。图 8.4.1(b)给出了图像中两个不同(颜色)的方框,它们的中心是所考虑计算最小栅栏距离的示例像素(种子像素)。图 8.4.1(c)分别给出了对这两个像素算得的最小栅栏距离和所对应的路径。由图 8.4.1 可见,最小栅栏距离越小的像素属于背景像素的可能性越大。另外,最小栅栏距离所对应的路径可能是比较复杂曲折的曲线。图 8.4.1(d)为根据对全图像素计算最小栅栏距离获得的距离进行变换而得到的(显著性)结果。

(a)

(b)

(c)

(d)

图 8.4.1 最小栅栏距离的计算结果

2. 基于光栅扫描的近似方法

基于**光栅扫描**的方法[Zhang 2015a]是一种近似计算的方法。它采取对图像进行逐像素扫描的方式,先正向从图像左上角扫描到右下角,再反向从图像右下角扫描到左上角。正向加反向构成一次完整的扫描。这样的扫描可反复进行,随着扫描次数的增多,可逐渐逼近精确的路径。当然,多次扫描需要较高的计算成本。实际中,一般需要 3 次扫描以达到运算时间与计算精度的较好平衡。

该方法有一个与扫描方向相关的问题。一般扫描是沿从图像左上角到右下角的方向进行的,如果实际中有些像素的最小栅栏距离所对应的路径是在左下角与右上角连线的方向上,则该方法得到的计算结果有可能会有比较大的误差。仍考虑图 8.4.1(a)和图 8.4.1(b)所给出的原始图像和示例像素,采用基于光栅扫描方法得到的最小栅栏距离和所对应的路径如图 8.4.2(a)所示,而进一步获得的距离变换结果如图 8.4.2(b)所示。可见,所得到的近似路径与精确路径有较大区别(尤其是对偏右上方的那个像素),所得到的最小栅栏距离也与准确数值差距较大。这样计算所得到的距离变换结果与图 8.4.1(d)有明显不同。

(a)

(b)

图 8.4.2 基于光栅扫描的近似计算结果

3. 基于最小生成树的近似方法

在这种方法中,图像被简单地表示为一棵**最小生成树**(MST)。最小生成树是一种树结构,可由连通图转化而来。一般先将一幅图像表示成一个 4-邻接的无向图(其中结点对应像素而弧表示像素之间的灰度差),然后通过消去大数值/权重的弧就可得到该图像的最小生成树。一个有 N 个结点的图的最小生成树仍包含原来的 N 个结点,而且保留使图连通所需最少的弧,这样像素之间的路径就是唯一的[Tu 2016]。在这棵最小生成树中搜索具有最小距离值的路径是比较容易的,因为搜索范围小了很多。实际中,可以通过对树进行两次遍历来有效快速地计算最小栅栏距离：先从树叶到树根遍历一次，然后从树根到树叶遍历一次。

采用最小生成树结构来表示图像可简化搜索像素和像素集合之间路径的工作，但这种简化有可能导致一些近似路径偏离精确路径而产生误差。再次考虑图 8.4.1(a)和图 8.4.1(b)所给出的原始图像和示例像素，采用最小生成树方法得到的最小栅栏距离和所对应的路径如图 8.4.3(a)所示，而进一步获得的距离变换结果如图 8.4.3(b)所示。可见，所得到的近似路径也与精确路径有较大区别(尤其是对偏左下方的那个像素)，所得到的最小栅栏距离也与准确数值差距较大。这样计算所得到的距离变换结果与图 8.4.1(d)也有明显不同。

彩图

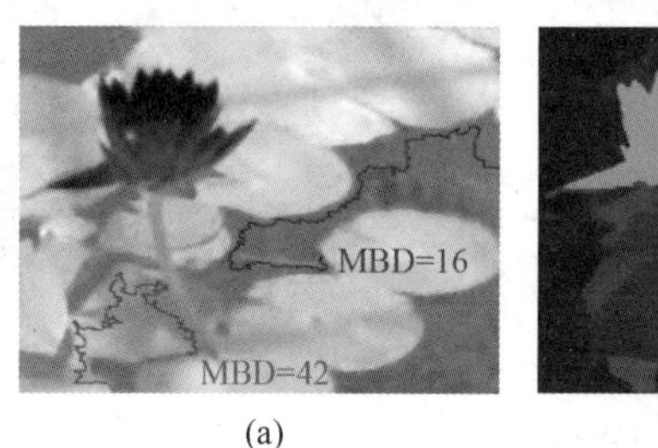

(a) (b)

图 8.4.3 基于最小生成树的近似计算结果

4. 基于流水驱动的近似方法

在这种方法中，借助了水从高向低流的自然规律[Huang 2018a]。考虑图像边界像素为一个像素集合 S，从图像中任意一个像素到 S 的距离用该像素到 S 的最小栅栏距离来衡量。如果将 S 设为水源，水从水源像素流向其他像素的代价用最小栅栏距离来衡量，则问题转化为寻找一条其像素灰度值(如为彩色图像，可考虑其 3 个通道之一或 3 个通道的平均值)的上下波动范围(即最大值与最小值之差)最小的路径。解决这个问题的过程就对应水从水源像素流向其他像素并将其淹没的过程。一个示例如图 8.4.4 所示。图 8.4.4(a)为原始图像，图 8.4.4(b)为将图像边界像素初始化为水源像素集合。图 8.4.4(c)～图 8.4.4(e)为水根据不同的最小栅栏距离流向图中其他区域的几个中间结果，其中红色掩模表示已被淹没的区域，可见在这个过程中，与图像边界的最小栅栏距离小的像素先被淹没。继续水流动的过程，直到最后所有区域都被淹没，如图 8.4.4(f)所示。图像中每个像素的最小栅栏距离就在这个流动过程中被计算出来，这样就可将原始图像转换为最小栅栏距离图，即得到每个像素的最小栅栏距离值。

彩图

(a) (b) (c)
(d) (e) (f)

图 8.4.4 基于流水驱动的近似计算的过程示例

这种方法对最小栅栏距离的计算有较好的近似效果。再次考虑图 8.4.1(a)和图 8.4.1(b)所给出的原始图像和示例像素,采用基于流水驱动方法得到的最小栅栏距离和所对应的路径如图 8.4.5(a)所示,而进一步获得的距离变换结果如图 8.4.5(b)所示。可见,所得近似路径与精确路径比较接近,所得到的最小栅栏距离也与准确数值差距很小。这样计算所得到的距离变换结果与图 8.4.1(d)很相似。

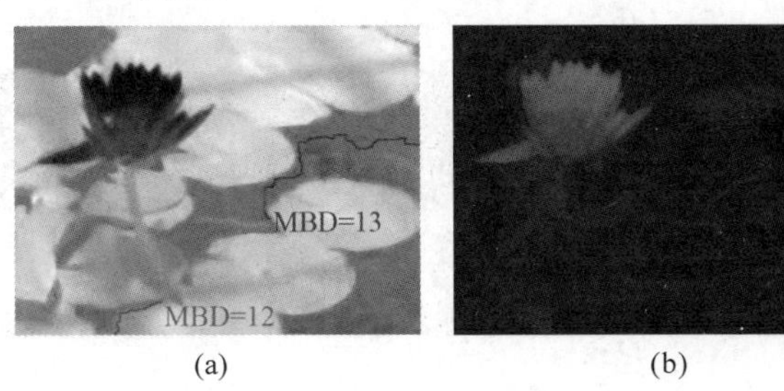

图 8.4.5 基于流水驱动的近似计算结果

8.4.3 流水驱动的显著性区域检测

基于对最小栅栏距离的计算,就可实现最小栅栏距离变换,获得距离变换结果(即各点的显著性数值)。实际中,在距离变换基础上将需要的显著性区域检测出来还需要一些预处理和后处理步骤。本小节结合整体流程介绍基于流水驱动近似计算方法相关的预处理和后处理方法。这些方法对使用其他近似计算方法的显著性区域检测工作也有参考作用。

1. 整体流程

对显著性区域检测的整体流程如图 8.4.6 所示。首先是对输入图像进行预处理,这里对图像边界进行一次加权平均替换以调整显著性区域与图像边界的显著性差异。然后进行像素级的最小栅栏距离计算。最后是一系列后处理操作,包括使用**中心先验**和进行全局平滑,并在自适应增强后再进行形态学平滑,就可获得显著图。整个检测流程在使用单个线程时可达到 180fps 的速度。

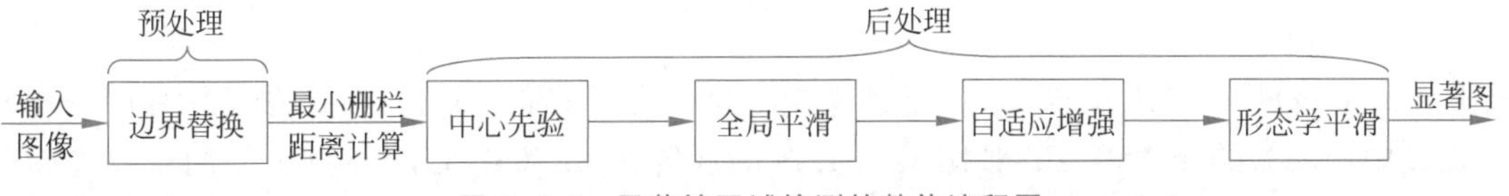

图 8.4.6 显著性区域检测的整体流程图

一个反映上述流程主要步骤结果的示例见图 8.4.7。图 8.4.7(a)是一幅输入图像,图 8.4.7(b)是最小栅栏距离计算的结果。接下来,图 8.4.7(c)是使用中心先验得到的结果,图 8.4.7(d)是进行全局平滑得到的结果,图 8.4.7(e)是借助自适应增强得到的结果,图 8.4.7(f)是使用形态学平滑后得到的最后结果,图 8.4.7(g)给出了显著性区域的真值。

下面分别介绍各个步骤的目的和方法[Huang 2018a]。

2. 边界替换

在背景相关的先验中,基于最小栅栏距离的计算中使用了边界先验和连通性先验。根据这两个先验,判定图像边界的像素属于背景,而与边界相连通的像素也属于背景。这种判断有时会带来一个问题,即与图像边界接触的显著性目标的显著性值将会很小,从而会被误判为背景。为克服这个问题,可以对边界像素值进行替换。

设输入图像为 $f(x,y)$,其边界(可取给定个数的像素宽度)的平均灰度为 f_b,则边界替换可按如下方法进行,即新图像 $f_N(x,y)$为

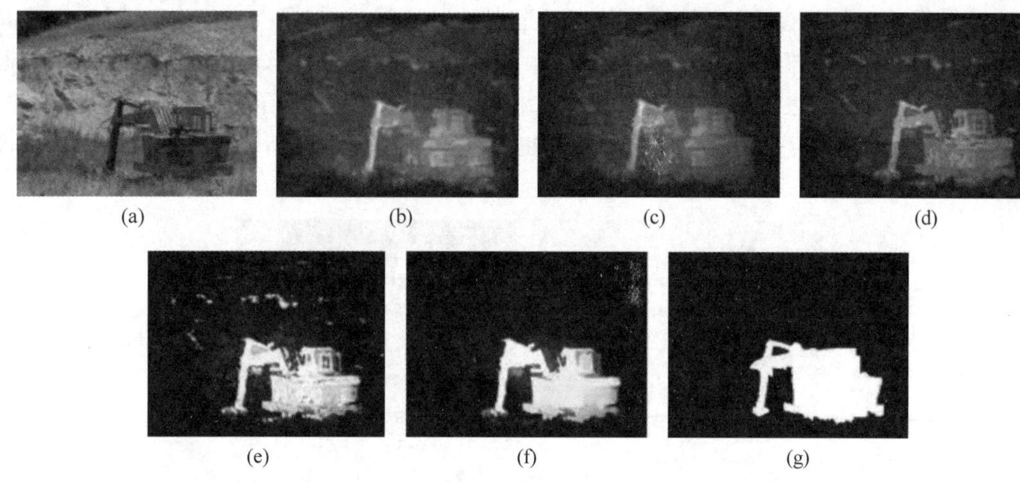

图 8.4.7　一个显著性区域检测步骤的结果示例

$$f_{\mathrm{N}}(x,y)=\begin{cases}(1-W)f(x,y)+Wf_{\mathrm{b}}, & (x,y)\in 边界\\ f(x,y), & (x,y)\notin 边界\end{cases} \tag{8.4.6}$$

其中，W 是一个控制平衡的权重。将由新图像算得的最小栅栏距离变换图记为 $d(x,y)$，而由输入图像计算得到的显著图 $S(x,y)$ 为

$$S(x,y)=\begin{cases}|f_{\mathrm{N}}(x,y)-f(x,y)|, & (x,y)\in 边界\\ d(x,y), & (x,y)\notin 边界\end{cases} \tag{8.4.7}$$

上述方法改变了边界像素的灰度值。这种**边界替换**的方法可增加与图像边界接触的显著性目标的显著性值，减小将目标误判为背景的可能性。

3. 中心先验

后处理的第一步是使用**中心先验**，即显著性目标在图像中心位置的可能性更大。为此，可对图像中每个像素的显著性值根据像素位置进行不同的加权：

$$S_{\mathrm{W}}(x,y)=S(x,y)\exp\left[-\frac{\mathrm{dis}^2(x,y)}{\sigma^2}\right] \tag{8.4.8}$$

其中，$\mathrm{dis}(x,y)$代表像素位置(x,y)与图像中心坐标之间的欧氏距离（可用图像尺寸归一化），σ^2 控制中心先验的作用程度。对比图 8.4.7(b)和图 8.4.7(c)，很容易看出使用中心先验的效果，即接近图像边界区域的显著性值得到了一定的抑制。

4. 全局平滑

全局平滑的目的是要使具有相似颜色的像素具有更接近的显著性。这里为降低计算复杂度，可先将彩色图像的每个颜色通道量化为 K 种颜色，即将全部颜色种类从 256^3 种量化到 K^3 种。然后，在具有相同量化颜色的像素之间进行平滑操作。若 $f(x,y)$被量化到了颜色 $g(x,y)$，用 G 代表所有具有量化颜色 $g(x,y)$的像素，则像素 $f(x,y)$平滑后的显著性 $S_{\mathrm{S}}(x,y)$ 由像素集合 G 的平均显著性 $A_G(x,y)$与像素 $f(x,y)$平滑前的显著性 $S(x,y)$加权而成：

$$S_{\mathrm{S}}(x,y)=\frac{1}{2}[S(x,y)+A_G(x,y)] \tag{8.4.9}$$

对比图 8.4.7(c)和图 8.4.7(d)，可看出经过全局平滑后，显著性区域各部分自身的显著性值更加一致，而显著性区域与背景区域的反差得到了增强。

5. 自适应增强

自适应增强的目的是要进一步加大显著性区域与背景区域之间的对比度。设 T 为对显著图进行阈值化的阈值，则对显著图进行自适应增强的**扩展 Sigmoid 函数**为(T 为 0.5 时就是原始的 Sigmoid 函数，也称 S 形生长函数)：

$$\text{Sigmoid}_{\text{E}}[S(x,y)]=\frac{1}{1+\dfrac{1-T}{T}\exp\{-k[S(x,y)-T]\}} \tag{8.4.10}$$

其中，k 为控制系数。经过这个扩展 Sigmoid 函数的映射，图像中显著性大于 T 的区域的显著性值将变得更大；图像中显著性小于 T 的区域的显著性值将变得更小；而显著性等于 T 的区域的显著性值将继续保持不变。对比图 8.4.7(d)和图 8.4.7(e)，很容易看出显著性区域与背景区域之间的对比度增加了。更多实验的统计数据表明，自适应增强在减少显著图和真值之间的平均偏差(MAE)方面能起到很大的作用。

6. 形态学平滑

形态学平滑的目的是要清除图像中小尺寸的目标或背景，同时保留明显的边缘[Zhang 2015]。这里的平滑操作由基于膨胀的重建和基于腐蚀的重建两部分组成[Vincent 1993]。这里膨胀和腐蚀操作所需要用到的模板尺寸 r 可根据图像的平均显著性来选择。

对比图 8.4.7(e)与图 8.4.7(f)，形态学平滑后一方面背景区域中的小白块消失了(它们多源自背景区域的起伏)，另一方面显著性区域内的波动也减少了，只保留了大的部件边界。

8.4.4 定位目标建议区域

基于对显著性区域的检测，还可以进一步定位**目标建议**区域(也称目标候选区域)。所谓定位目标建议区域，就是要确定图像中有可能有目标的区域并确定其位置和尺寸。

在实际中，一般采用对图像中大量不同尺度和位置的窗口进行扫描，并快速判断这些扫描窗内有目标的可能性，也称**目标性**。一个包含目标的理想扫描窗应该满足下面两个条件：

(1) 扫描窗的外部都是背景；

(2) 扫描窗的内部有目标。

根据前面的讨论，基于背景的边界先验假设图像的边界都属于背景区域，这与理想扫描窗所需满足的第(1)个条件相符。进一步地，如果将每个扫描窗稍稍扩大，并将扩大出来的区域视为背景，计算扫描窗中其他部分到背景的最小栅栏距离，就可得到其他部分的显著性值，据此就可判断出这个扫描窗内有目标的可能性，从而满足第(2)个条件。

现在借助图 8.4.8 介绍对不同扫描窗计算其显著性而得到的不同结果。图 8.4.8(a)是一幅包含目标(船)的输入图像，图 8.4.8(b)中给出了 4 个不同的扫描窗，将这 4 个扫描窗扩大一圈并以此作为背景，利用前面的最小栅栏距离计算出来的显著图如图 8.4.8(c)～图 8.4.8(f)所示，下面分别分析。

(1) 图 8.4.8(c)中扫描窗的边界同时覆盖船体和海水，将扫描窗扩大一圈得到的区域仍然覆盖船体和海水，所以它们都会被视为背景。这样一来，扫描窗内的其他部分也都会被视为背景，导致扫描窗内的显著性值很小。

(2) 图 8.4.8(d)中扫描窗的边界都只覆盖海水和天空，同时扫描窗内也只有海水和天空而没有船体。将扫描窗扩大一圈得到的区域仍然只包含海水和天空，它们都会被视为背景。这样一来，扫描窗内的显著性值也很小。

(3) 图 8.4.8(e)中扫描窗的边界都在海水和天空中，但扫描窗内有船只。将扫描窗扩大一圈所增加的区域部分仍只包含海水和天空，所以会视海水和天空为背景。由于船体与海水或天空在颜色上有较大的区别，所以扫描窗内的船体到背景海水或天空的最小栅栏距离会很

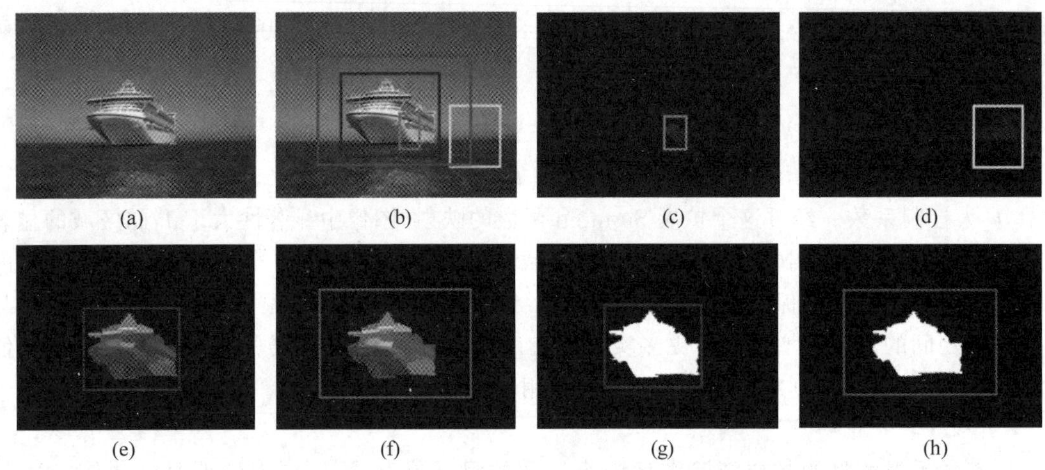

图 8.4.8　不同扫描窗计算的显著性结果

大,从而扫描窗内的显著性值会比较大。

(4) 图 8.4.8(f)的情况与图 8.4.8(e)比较类似,所以扫描窗内的显著性值也比较大。由于这里扫描窗更大一些,所以用最小栅栏距离(随路径长度单增不减)表示的显著性数值也有可能更大一些。不过,对图 8.4.8(e)和图 8.4.8(f)分别进行阈值化,得到的结果如图 8.4.8(g)和图 8.4.8(h)所示,可见检测出的显著性目标区域基本一致。

总结一下,如果扫描窗的边界只覆盖了背景区域且扫描框窗内也没有目标,或者扫描窗的边界同时覆盖了部分目标和部分背景,那么扫描窗内区域基于背景先验的显著性都会很低。仅当扫描窗的边界只覆盖了背景且扫描窗内部也有目标的情况下,才会有很大的显著性。这样确定出来的扫描窗应该是包含目标的扫描窗,它可以将目标与背景区分开来。

图 8.4.9 给出了对另外一些图像定位目标建议区域得到的结果,其中深(红)色框指示真值,而浅(绿)色框指示利用上面方法得到的与真值最接近的结果[Huang 2018b]。

彩图

图 8.4.9　定位目标建议区域得到的结果

8.5　基于最稳定区域提取显著性区域

逐像素计算其显著性再根据计算结果将具有大显著性的像素聚在一起构成区域是一种自底向上的方法。在背景比较复杂、噪声比较强的情况下,完全自底向上的方法常不够鲁棒。

克服这种问题的一种思路是将有可能属于显著性目标的像素看作一个整体而一起考虑。换句话说,在判断一个像素的显著性时,考虑它的邻域(或所在连通组元)属于哪个目标,从目标层级上考虑显著性。一般来说,显著性目标的像素邻域内部应具有比较相似的性质(如灰度、颜色等),但与其外部有明显不同的性质。下面考虑这个特性以定义**最稳定区域**(MSR),先确定最稳定区域并把最稳定区域作为一个整体来计算显著性从而检测和提取显著性区域

[Huang 2020]。

1. 总体流程

基于最稳定区域来提取显著性区域的总体流程图如图 8.5.1 所示，首先借助超像素分割获得对图像的超像素表达，然后以超像素为单位计算最稳定区域，接下来计算基于最稳定区域的**显著图**，最后对显著图进行后处理以提取需要的显著性区域。

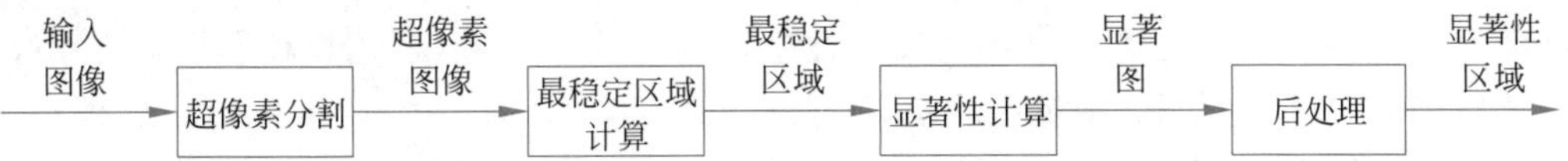

图 8.5.1 基于最稳定区域提取显著性区域的总体流程图

对**超像素**的分割已有很多算法，例如，**简单线性迭代聚类**(SLIC)算法[Achanta 2012]就是一种能较好地保留图像中边缘且具有较高运算效率的超像素分割算法。

下面分别介绍其他 3 个处理模块。

2. 最稳定区域计算

设借助超像素分割算法将输入图像划分为了 M 个超像素，记为 $P_i, i=1,2,\cdots,M$。为计算最稳定区域，对每个超像素 P_i 使用一个区域生长策略来寻找其邻域，以表示该 P_i 最可能属于的目标。这里要根据一个预先设计的优先级，让区域生长到相邻的超像素，直到生长成为整幅图像。在区域生长过程中会产生一系列对应(即由第 i 个超像素生长到第 j 个超像素)区域 $R_{i,j}, j=1,2,\cdots,M$。为判断这些区域中的哪个可以表示 P_i 最可能属于的目标，需要考虑以下 3 个因素：

(1) 该区域的面积是否超过一定的阈值(太小可能是噪声)；

(2) 该区域与外部周边区域是否有很高的对比度；

(3) 该区域内部是否有较好的一致性。

根据上述 3 个因素，可构建如下的评判函数：

$$J(R_{i,j}) = A(R_{i,j})C(R_{i,j})\exp[-WH(R_{i,j})] \tag{8.5.1}$$

其中，$A(R_{i,j})$表示区域 $R_{i,j}$ 的面积，$C(R_{i,j})$表示区域 $R_{i,j}$ 与其周边区域之间的对比度，$H(R_{i,j})$表示区域 $R_{i,j}$ 内部的一致性，W 为权重参数。$J(R_{i,j})$与 $A(R_{i,j})$和 $C(R_{i,j})$成正比，与 $H(R_{i,j})$成反比。$C(R_{i,j})$、$H(R_{i,j})$和 $A(R_{i,j})$分别对应前述 3 个要考虑的因素，其计算公式依次如下：

$$C(R_{i,j}) = \frac{1}{K}\sum_{p \in R_{i,j}}\sum_{q \notin R_{i,j}} D(p,q)\delta(q \in N_p) \tag{8.5.2}$$

$$H(R_{i,j}) = \frac{1}{L}\sum_{p \in R_{i,j}}\sum_{q \in R_{i,j}} D(p,q)\delta(q \in N_p) \tag{8.5.3}$$

$$A(R_{i,j}) = \min\left[1, \frac{A_{i,j}}{T_A}\right] \tag{8.5.4}$$

其中，K 表示参与计算区域之间对比度的超像素对的数量，L 表示参与计算区域内部一致性的超像素对的数量，$D(p,q)$表示两个超像素 p 和 q 在颜色空间中的平均距离，$\delta(q \in N_p)$表示关于超像素 q 是否属于超像素 p 的邻域 N_p 的函数，如果属于则取 1，否则取 0。这样算得的 $C(R_{i,j})$和 $H(R_{i,j})$分别是平均对比度和平均一致性。在式(8.5.4)中，$A_{i,j}$ 是区域 $R_{i,j}$ 的归一化面积(取图像归一化总面积为 1)，T_A 是预定的阈值，可见面积小于阈值 T_A 的小区域将得到抑制。

根据式(8.5.1)的计算，选出区域生长过程中所产生的一系列区域 $R_{i,j}$ 中得分最高(评价函数值最大)的区域，设为 $R_{i,m}$，则这个区域成为超像素 P_i 的最稳定区域：

$$\mathrm{MSR}_i = R_{i,m}, \quad m = \arg\max_j [J(R_{i,j})] \tag{8.5.5}$$

图 8.5.2 给出了一个最稳定区域计算示例，其中图 8.5.2(a)是一幅输入图像，图 8.5.2(b)是超像素分割的结果，图 8.5.2(c)给出了一个用于生长的超像素种子(绿色掩模)，图 8.5.2(d)～图 8.5.2(h)给出了基于这个超像素生长过程中得到的几个区域(蓝色掩模)，图 8.5.2(c)～图 8.5.2(h)对应的评判函数值依次为 1.04、4.65、19.25、21.94、20.60 和 0。可见，评价函数值有个从小到大又从大到小的变化过程。这样就可选出评价函数最大值所对应的区域为最稳定区域(见图 8.5.2(f))。

彩图

图 8.5.2　最稳定区域计算示例

3. 显著性计算

借助最稳定区域 MSR，可进一步计算区域显著性。仍考虑前面介绍过的边界先验和连通性先验。可以用**边界连通性**(BC)来衡量一个区域属于背景的可能性[Zhu 2014]。这里一个(最稳定)区域的边界连通性 B 定义为该区域和图像边界重叠的长度与该区域面积的平方根的比值：

$$B(\mathrm{MSR}) = \frac{\sum_{q \in P_b} \delta(q \in \mathrm{MSR})}{\sqrt{\sum_{q \in P} \delta(q \in \mathrm{MSR})}} \tag{8.5.6}$$

其中，P 表示图像超像素的集合，P_b 表示图像边界上的超像素，$\delta(q \in \mathrm{MSR})$是指示超像素 q 是否属于最稳定区域的函数，如果属于则取 1，否则取 0。

进一步考虑图像中前景和背景的**空间分布**情况。一般前景区域的分布会比较紧凑，因而在空间上只有很小的方差；背景区域的颜色会分布在整幅图像上，所以在空间上呈现出很高的方差。可以用空间分布特征[Perazzi 2012]来表示某个区域颜色在图像中其他地方出现的可能性。所以，对最稳定区域可用下式计算区域平均颜色在图像中其他地方出现的可能性(借助加权平均方差)：

$$C(\mathrm{MSR}) = \sum_{q \in P} \| P_q - \mu(\mathrm{MSR}) \|^2 \cdot D_s(\mathrm{MSR}, q) \tag{8.5.7}$$

其中

$$\mu(\mathrm{MSR}) = \sum_{q \in P} P_q \cdot D_s(\mathrm{MSR}, q) \tag{8.5.8}$$

$$D_s(\mathrm{MSR},q)=\frac{1}{G_{\mathrm{MSR}}}\exp\left[-\frac{D(\mathrm{MSR},q)}{\sigma}\right] \tag{8.5.9}$$

其中，P_q 表示超像素 q 的位置，$\mu(\mathrm{MSR})$ 表示与 MSR 颜色类似的所有区域在空间上的加权平均位置；$D_s(\mathrm{MSR},q)$ 表示 MSR 与超像素 q 之间由参数 σ 所控制的颜色相似度，G_{MSR} 是归一化参数以使 $\sum_{q\in P}D_s(\mathrm{MSR},q)=1$，$D(\mathrm{MSR},q)$ 表示 MSR 与超像素 q 之间的空间距离。这样得到的 $C(\mathrm{MSR})$ 给出了与 MSR 颜色类似的所有区域在空间上的加权平均方差，较小的方差表示分布比较紧凑，显著性较强；较大的方差表示分布比较松散，显著性较弱。

若综合考虑边界连通性和空间分布，则可得到一个显著性的计算式：

$$S(\mathrm{MSR})=\exp[-W_b B(\mathrm{MSR})]\times\exp[-W_d C(\mathrm{MSR})] \tag{8.5.10}$$

其中，W_b 和 W_d 分别是控制边界连通性和空间分布的权重。

对给定的超像素 P_i，可以算得其对应的 MSR_i。一方面，一个 P_i 可能属于多个不同的 MSR_i；另一方面，一个 MSR_i 除包括 P_i 外，还常包括其他超像素。所以，取超像素 P_i 的显著性为包含 P_i 的所有 MSR_i 的显著性的平均值：

$$S(P_i)=\frac{\sum_{j=1}^{M}S(\mathrm{MSR}_i)\delta(P_i\in\mathrm{MSR}_i)}{\sum_{j=1}^{M}\delta(P_i\in\mathrm{MSR}_i)} \tag{8.5.11}$$

其中，$\delta(P_i\in\mathrm{MSR}_i)$表示关于超像素 P_i 是否属于 MSR_i 的函数，如果属于则取 1，否则取 0。

4. 后处理

计算出各个超像素的显著性值之后，还有两步后处理工作：显著性平滑和显著性增强。

显著性平滑是要使得颜色和空间距离较小的区域之间具有较接近的显著性值。这可通过平滑滤波在超像素级别上实现。对超像素 p 的平滑滤波结果 S_a 为

$$S_a(p)=\sum_{q\in P}S(q)W_q\exp\left[-\frac{D_s(p,q)}{\sigma_s^2}-\frac{D_c(p,q)}{\sigma_c^2}\right] \tag{8.5.12}$$

其中，P 表示图像超像素的集合；W_q 表示对属于 P 的超像素 q 的加权，其值取决于其包含的像素数量；$D_s(p,q)$表示两个超像素在图像空间中的平均距离，$D_c(p,q)$表示两个超像素在颜色空间中的平均距离；σ_s^2 和 σ_c^2 分别用于控制在图像空间中和颜色空间中的平滑强度。

显著性增强是要加强前景区域和背景区域之间的对比度。这里仍可使用式(8.4.10)的自适应增强的扩展 Sigmoid 函数(T 为 0.5 时就是原始的 Sigmoid 函数)。

图 8.5.3 给出了显著性计算和后处理效果的示例。这里在获得如图 8.5.2(f)所示的最稳定区域后，单独使用边界连通性或空间分布特征而得到的显著性计算结果分别如图 8.5.3(a)和图 8.5.3(b)所示，将两个特征组合起来而得到的显著性计算结果如图 8.5.3(c)所示。

图 8.5.3(d)所示为对显著性计算结果进行平滑滤波得到的结果，图 8.5.3(e)所示为进一步进行增强而得到的结果，最后图 8.5.3(f)所示为理想真值。

(a)

(b)

(c)

图 8.5.3　显著性计算和后处理效果的示例

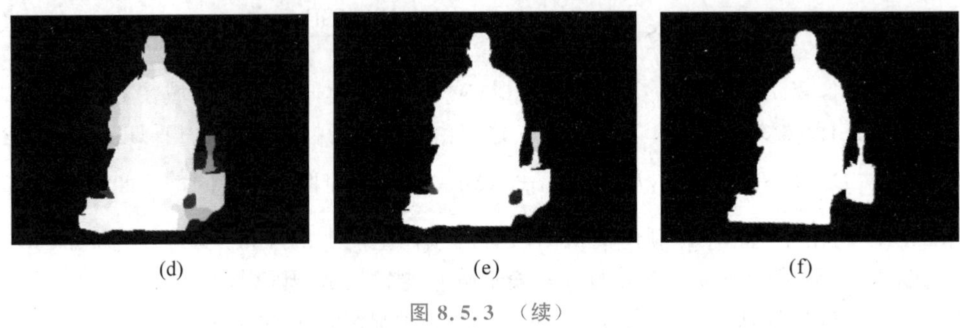

图 8.5.3 (续)

8.6 结合各种特征的显著性检测

人类从图像和景物的许多特征中考虑视觉上与众不同的显著性。下面简单介绍两种有代表性的结合不同特征的算法。

8.6.1 低秩背景约束和多线索传播

基于低秩背景约束和多线索传播的图像显著性检测算法的框架如图 8.6.1 所示[唐 2021]。首先,借助于**简单线性迭代聚类**(SLIC)算法[Achanta 2012]将输入图像分割成均匀的超像素块。其次,提取每个超像素块的特征矩阵,并使用高阶背景先验来约束特征矩阵的分解,以增加低秩矩阵和稀疏矩阵之间的差异,并获得用于将目标和背景分离的低秩背景约束显著图。此外,为了探索超像素之间的潜在联系,构建了适合人类感知系统的局部信息图结构。这将在低秩背景约束显著性映射的帮助下过滤出可靠的标签矢量,重建传播矩阵,并嵌入稀疏感知特征和局部平滑约束作为正则化项。最后,通过实现显著性值的多线索传播,以获得精细的显著图。

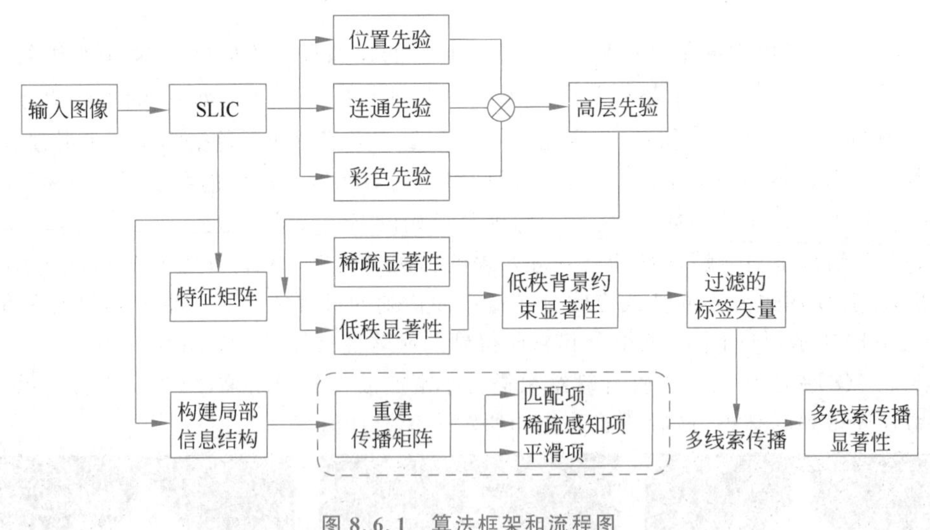

图 8.6.1 算法框架和流程图

8.6.2 边界连通性和局部对比度

融合边界连通性和局部对比度的显著目标检测算法可以解决由于目标区域处在边界先验或中心先验位置而引起的问题,算法框架如图 8.6.2 所示[陈 2020]。

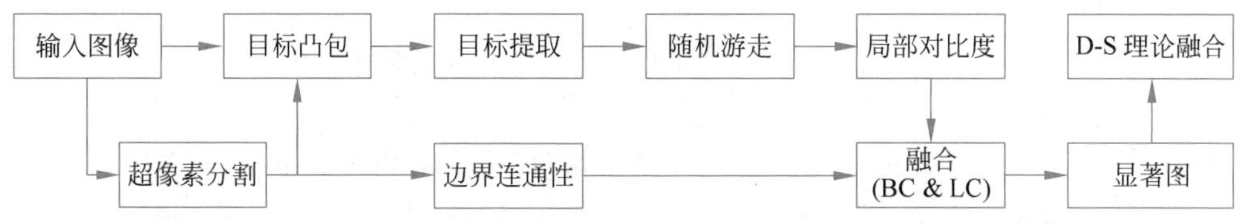

图 8.6.2 融合边界连通性和局部对比度的算法的流程图

该算法的主要步骤是：

(1) 使用颜色增强的哈里斯角点检测构建目标凸包；

(2) 将 SLIC 算法用于抑制凸包内的背景区域，以提取凸包内准确的目标区域；

(3) 将获取到的精确目标区域用作随机游走模型的吸收结点(结点之间的局部对比度将很大)，并计算整个图像中的超像素的显著性值，以包含图像中的所有目标区域；

(4) 使用 K-均值聚类算法将整个图像划分为多个聚类，并通过考虑每个聚类中其他超像素的影响来优化每个超像素的显著性值；

(5) 使用图像中的边界连通性信息来计算每个区域中超像素的背景概率，这里的边界连通度定义为区域大小与连接图像边缘的边界长度之比；

(6) 融合**边界连通性**(BC)和**局部对比度**(LC)以增强显著图的连续性，然后通过抑制背景超像素的显著性值以产生显著图；

(7) 使用加权 DS 证据理论(见下册 14.6.2 小节)融合像素级显著性检测算法，以进一步获得更接近真实的结果。

8.7 特定类型图像的显著性检测

随着图像采集技术的发展，人们已经能够获得各种模态的图像。除了常见的 RGB 图像外，视频图像[Lai 2020]、深度图像([牟 2020]、[Fan 2021])、热图像[蒋 2021a]等也得到了广泛应用。要对这些具有特殊模态的图像进行显著性检测，一方面可以考虑其模态特性，另一方面需要采用有针对性的方法。下面考虑两种特殊模态图像。

8.7.1 RGB-D 视频

RGB-D 视频可看作多模态的图像，图 8.7.1 给出了一种基于超像素(参见 4.1.1 小节)和**条件随机场**(CRF)的显著性检测模型的总体框架。首先，对 RGB-D 视频的每一帧提取 RGB 线索、深度线索和运动线索，并使用这些线索获得它们对应的显著图。其次，以超像素为单位建立条件随机场模型(用于减少计算和噪声影响)，设计全局能量函数来组合多模态的显著性线索，并考虑相邻超像素之间显著性数值的平滑约束。为了充分利用各种模态显著性线索的优势，基于**卷积神经网络**(CNN)的权重学习网络被训练来学习能量函数中每个线索的权重因子。最后，使用条件随机场模型和学习的权重来融合显著图，以获得全局优化的显著性检测结果。

根据图 8.7.1，可以区分出两个处理阶段：多模态显著图生成和多模态显著图融合。在第一个阶段，从 RGB 帧图像计算 RGB 显著图，从 D 帧图像计算深度显著图，根据从当前和先前 RGB 和 D 帧图像捕获的运动矢量计算运动显著图。对于第二个阶段，RGB 视频和深度视频以及 RGB、深度和运动显著图都被作为输入。一方面，它们被用来构建 CRF 模型；另一方面，它们在 CNN 中用于权重学习。

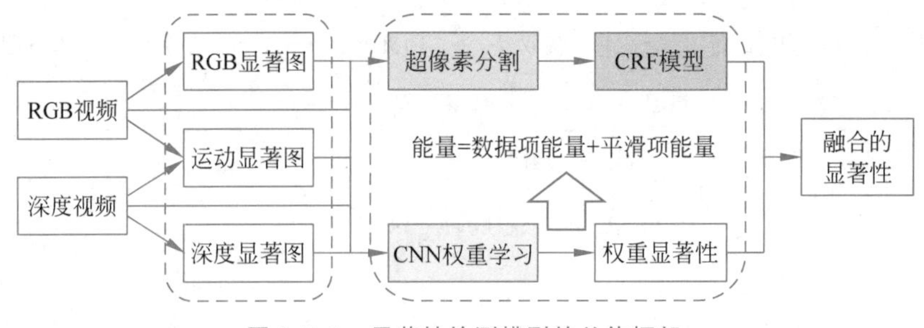

图 8.7.1 显著性检测模型的总体框架

在最小化能量函数时,考虑了两个约束:数据项能量约束和平滑项能量约束。数据项限制了多模态显著图和最终显著性标签之间的差异;平滑项约束了邻近超像素之间的差异。

8.7.2 光场图像

光场成像技术可以同时记录空间中光辐射的位置和方向信息[Adelson 1992],近年来逐渐受到了广泛关注。

1. 光场显著性检测

传统的 RGB 彩色图像不能完全代表人眼对世界的感知,因为一般的投影 RGB 图像忽略了人类双目系统对场景深度的感知。RGB-D 图像是 RGB 彩色图像和深度图像的组合。利用深度信息可以区分位于不同深度层的目标,并减少背景干扰[Wolfe 2004]。然而,使用 RGB-D 图像进行显著性检测有可能出现两个问题。

(1) 基于 RGB-D 图像的显著性检测算法的鲁棒性在很大程度上依赖于深度图的质量。当深度图的质量差时,难以提供用于显著性检测的有效信息。

(2) 基于 RGB-D 图像的显著性检测算法通常忽略深度和外观之间的相关性,当显著性目标具有与背景相似的颜色和深度时,显著性目标检测的准确性将受到很大影响。

从光场数据可以转换出 5 种类型的图像。

(1) 微透镜图像——记录光在 4-D 光场中的方向信息。

(2) 子孔径图像——这是当光线通过主透镜的子孔径时而拍摄到的图像。主透镜可以分为多个子孔径,因此光场传感器可以捕获具有不同视角的多个子孔径的图像。

(3) 极平面图像(EPI)——它是由从 3-D 场景空间中的所有点投影的直线组成的光场图像。

(4) 聚焦叠加图像——它是使用光场的数字重聚焦技术在不同深度平面上获得的一系列聚焦清晰的聚焦叠加序列。

(5) 全聚焦图像——它是通过融合聚焦在不同深度的多幅聚焦叠加图像中的所有聚焦区域而获得的图像,其中所有目标点都处于清晰聚焦状态。

与 RGB 图像和 RGB-D 图像相比,从光场数据中获得的图像包含更多信息,除了光的颜色、强度,还可以包括光源的位置和照射方向,因此能更好地反映自然场景的几何和反射特性。

对于显著性检测任务,与 RGB 图像和 RGB-D 图像相比,使用光场图像进行显著性检测具有以下优点。

(1) 包括位置信息和角度信息,这为获得场景深度信息提供了多视图几何信息。

(2) 当使用数字重聚焦技术[Ng 2005]时,可以通过合成光场数据来获得聚焦在不同深度层的一系列焦点叠加的图像。单个显著目标通常位于同一深度平面内。使用这些焦点叠加图像的焦点线索,可以为更为完整地检测显著目标提供背景线索。

(3) 光场数据记录了不同方向的光信息,可以从多个角度描述场景,提供有效地突出显著目标的遮挡信息。

(4) 可以根据光场数据生成全聚焦图像,并且全聚焦图像中的每个像素都是清晰的,包括更清晰的颜色、纹理等。

可见,在显著性目标检测中,与基于RGB图像的算法或基于RGB-D图像的算法相比,基于光场图像的**光场显著性**(LFS)检测算法可以为显著性检测提供更多信息,并为解决复杂的检测问题提供思路,例如,处理相似的目标和背景的问题,部分遮挡的显著目标的问题,具有多个显著目标的杂乱场景中的问题。

2. 方法分类

一般来说,LFS检测可以分为基于人类设计特征的显著性检测和基于学习的显著性检测。前者基于对比度的思想,通过计算每个像素或超像素与其他像素或超像素之间的特征差来检测显著性区域。后者使用图像特征编码或卷积网络的强大特征学习能力来获得显著区域。

表8.7.1提供了对各种类型的光场显著性检测算法的简要说明。

表8.7.1 光场显著性检测算法的分类

类别	主要子类别及其简要描述
基于人类设计特征	基于颜色和纹理对比度:将彩色图像划分为超像素,计算超像素之间的RGB颜色特征,并使用方向滤波器提取纹理特征,从而计算颜色和纹理的显著性 基于聚焦叠加的背景概率:通过使用一系列带通滤波器检测每幅叠加图像的聚焦区域来生成聚焦图。使用聚焦图上的U形滤波器来计算背景概率,然后使用高斯滤波器来计算目标线索以用于显著性目标检测 基于深度对比度:在深度图上计算目标的中心点位置,然后根据目标的中心点位置在聚焦堆栈中应用高斯滤波器,以获得目标引导的深度图,将该深度图与颜色或纹理对比度信息相结合,以获得最终的深度显著图 基于位置先验:隐式先验使用两个超像素的归一化中心坐标距离计算空间相似度。显式先验通过超像素的中心坐标和图像中心坐标之间的距离来测量中心偏差,并使用背景先验来增强中心偏差的显著区域并抑制非显著区域 基于多特征融合:可以融合各种线索,如目标线索、颜色对比线索、深度线索、焦点线索等。已经有多种不同的融合技术得到了应用,如线性加权融合、最小二乘融合、两阶段贝叶斯融合、基于随机搜索的融合、深度引导融合等
基于学习	基于稀疏编码:计算图像中每个像素的特征描述矢量,构建稀疏编码框架以输入初始显著性字典,并通过字典优化获得最终显著图 基于深度卷积网络:借助于深度卷积网络,可以学习构建非线性图像表示层次和提取高级语义概念。此外,可以通过组合光场数据的空间特性和多视图特性,或者通过引入递归注意力模型,或者通过创建面向记忆的光场,或者通过启动用于显著性检测的深光场驱动方法来执行学习

3. 两种具体方法

下面进一步介绍两种基于学习的方法。一种称为**加权稀疏编码**(WSC)的显著性检测框架[Li 2015]属于表8.7.1中的"基于稀疏编码"子类别。其原理图如图8.7.2所示。它可以处理许多不同类型的图像数据,如2-D RGB图像、3-D RGB-D图像和4-D光场数据图像。

在该框架中,首先计算图像中每个像素的特征描述矢量,包括RGB图像的颜色和纹理特征、RGB-D图像的深度值或视差值特征以及4-D光场数据图像的聚焦特征。然后,根据像素的特征矢量,通过计算矢量均值(通过平均将每个像素特征矢量转换为每个超像素特征矢量)

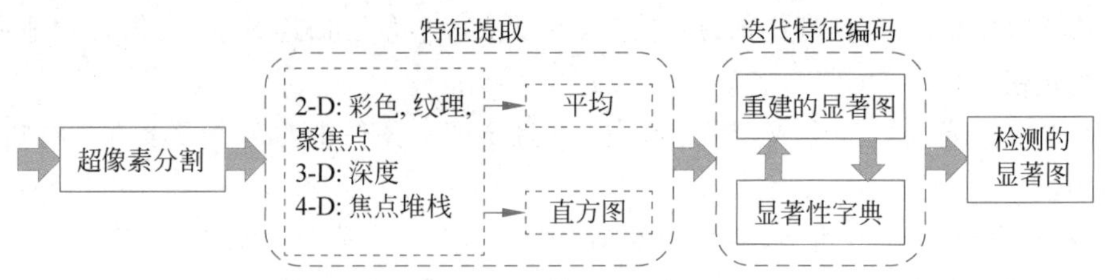

图 8.7.2　加权稀疏编码框架示意图

和 3 个颜色通道上的直方图(以处理纹理)为所有超像素生成两个特征矩阵,并构建稀疏编码框架。接下来,将初始显著性字典输入到稀疏编码框架中,并将显著性字典以迭代方式优化。当字典不再改变时,迭代终止,就获得了最终显著图。

另一种显著性检测方法[Zhang 2020a]属于表 8.7.1 中的"基于深度卷积网络"子类别。该方法探讨了光场数据的空间特性和多视图特性对显著性检测的积极影响,克服了光场显著性检测方法在独立处理深度和颜色信息时的缺点,有效地利用了深度和颜色的互补性。

有实验结果表明,角度变化与微透镜图像的视点变化一致,并且每个像素的有效角度变化可以增加深度选择性和加强显著性检测的能力。因此,在该方法中提出了一种**模型角度变化**(MAC)模块,试图通过处理微透镜图像中给定窗中的角度信息,借助卷积模块来利用视角和位置信息之间的关系。最后,可以通过预测获得显著性检测结果。其原理图如图 8.7.3 所示。

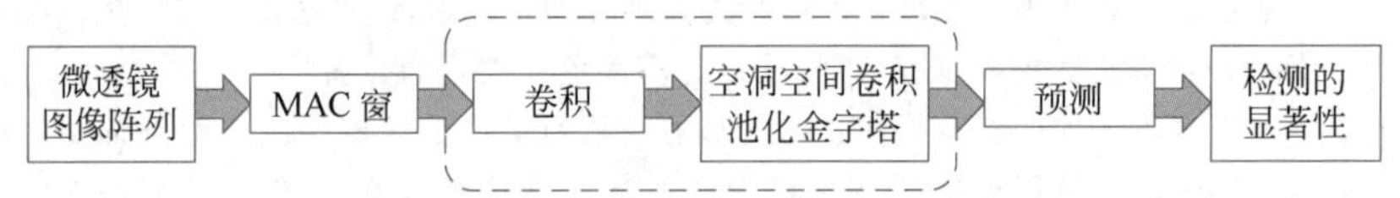

图 8.7.3　使用卷积模块检测显著性的方法示意图

在图 8.7.3 中,MAC 窗是在微透镜图像阵列输入上操作并产生输出特征图的基本计算单元。MAC 窗的动机是以明确的方式对一个像素位置处的角度变化进行建模。这里使用了 3 种不同的 MAC 窗来处理光场微透镜图像阵列,它们是 9×9 的 MAC 窗、3×3 的 MAC 窗和星形 MAC 窗(用于捕获长距离角特征的任意角度卷积核)。另外,还考虑了 4 个方向(0°、45°、90°、135°),以不同的方式将光场输入到特征图中。

总结和复习　　　随堂测试

第9章

测量和误差分析

图像分析的一个主要工作就是要从图像中获得目标特征量的数值，这些数值的获取常需借助对图像进行分割后得到的分割结果。对目标特征的测量是要利用分割结果进一步从图像中获取有用信息，为达到这个目的，要解决两个关键问题：其一是选用什么特征来描述目标；其二是如何精确地测量这些特征。本单元前几章已经介绍了一些描述目标的特征(第3单元还将介绍更多针对不同分析的特征)，本章主要讨论第二个问题。

在对目标表达和描述的基础上，根据一定的测度对目标性质进行测量是图像分析的重要目的。测量数据和真实数据之间的差别称为误差，可写成：误差＝测量数据－真实数据，其中真实数据常是对一个测量实验的期望结果[Webster 2000]。

对目标特征的测量从根本上来说是要从数字化(采样和量化)的数据中精确地估计出产生这些数据的原始模拟量的性质，因为这是一个估计过程，所以误差是不可避免的。另外，在这个过程中有许多影响因素，所以还需要研究导致误差产生的原因并设法减小各种因素的影响。

根据上述讨论，本章各节将安排如下。

9.1 节介绍直接测度和间接测度的概念和一些示例，并介绍几种多个测度结合的简单方法。

9.2 节对一些测量中密切相关但又需区别的术语进行了讨论，包括准确性和精确性及与系统误差和统计误差的关系、模型假设和实际观察的差别、导致连接歧义性的4-连通和8-连通。

9.3 节详细讨论了多种影响测量误差的因素，包括光学镜头分辨率、成像时的采样密度、分割目标的算法、特征量计算公式以及模型拟合中的野点数据。

9.4 节结合对距离测量中用离散距离代替欧氏距离所产生误差的分析，具体介绍一种对测量误差进行分析的手段。

9.1 直接测度和间接测度

对图像中目标的测量涉及许多种类的目标特征，其中有些可以直接对目标进行测量而得到，称为直接测度，另外一些可以借助直接测量的结果而间接推导出来，也称间接测度。

1. 直接测度

直接测度是指直接对特征进行测量得到的结果，其中又可分为以下两类[ASM 2000]。

1) 场测度

场测度一般是对给定视场(可以是一幅或多幅图像，也可以是一幅图像的一部分)的总体测度(不区分其中的目标或背景)，这个数目基于对精确度的考虑或依从一定的标准程序确定。

一些基本的场测度包括场数目、场面积、目标数量、未考虑的目标(如与场边界相切的目标)数量和目标的位置等。

2) 特定目标的测度

特定目标的测度一般指将目标从背景中区分出来后对目标进行测量得到的结果。常见的包括目标的面积、直径(包括最大、最小直径)、周长、内切位置、切线数量、交线数量、孔数量等。

2. 推导出的测度

推导出的测度是指借助其他已测出的测度而获得的新测度，是靠间接测量(或组合计算)得到的，也可分为以下两类[ASM 2000]。

1) 场测度

例如，各种体视学参数(见[章 2005b])、表面的分形维数(见 11.7 节)等。

2) 特定目标的测度

由推导而得出的、对特定目标的测度数量可以没有限制，这是因为只要将对特定目标的基本测度组合就有可能构成新的有用的测度。表 9.1.1 给出了一些常用的对特定目标的测度[ASM 2000]，有些前面已介绍过，有些将在后面介绍。

表 9.1.1 一些常用的对特定目标的测度

特征测度	英文(缩写)	定义/公式(解释)
面积	Area(A)	像素个数
周长	Perimeter(P)	轮廓长度
最长尺度	Longest dimension(L)	长轴长度
宽度	Breadth(B)	短轴长度
平均直径	Average diameter(D)	直径轴的平均长度
外观比例	Aspect ratio(AR)	长轴长度/正交轴长度
面积等价直径	Area equivalent diameter(AD)	$(4A/\pi)^{1/2}$(对圆就是直径)
形状因子	Form factor(FF)	$4\pi A/P^2$(依赖周长，总小于或等于 1)
圆形性	Circularity(C)	$\pi L^2/4A$(依赖最长轴，总大于或等于 1)
平均相交长度	Mean intercept length	A/投影长度(x 或 y)
粗糙度	Roughness(R)	$P/\pi D$(πD=圆周长)
球体体积	Volume of a sphere(V)	$0.75225\times A^{2/3}$(圆绕直径轴旋转)

顺便指出，可以用下列方式将多个测度结合起来构成一个新的测度。

(1) 相加：给定两个测度 d_1 和 d_2，它们的和也是一个测度，即

$$d=d_1+d_2 \tag{9.1.1}$$

(2) 用正实数相乘：给定一个测度 d_1 和一个常数 $\beta\in\mathbb{R}^+$，它们的乘积也是一个测度，即

$$d=\beta d_1 \tag{9.1.2}$$

(3) 倒数组合：如果 d_1 是一个测度，且 $\gamma\in\mathbb{R}^+$，那么如下组合也是一个测度

$$d=\frac{d_1}{\gamma+d_1} \tag{9.1.3}$$

上述 3 种方式可以用一个通式表达，设$\{d_n: n=1,2,\cdots,N\}$是一组测度，那么 $\forall\,\beta_n,\gamma_n\in\mathbb{R}^+$，则

$$d=\sum_{n=1}^{N}\frac{d_n}{\gamma_n+\beta_n d_n} \tag{9.1.4}$$

也是一个测度。

9.2 需区别的术语

在对目标及其特征的测量中，常涉及一些相关而不相同，类似而不一致的术语或概念。下面从获得准确的测量结果出发，对其中几组分别给予辨析和讨论。

9.2.1 准确性和精确性

统计误差导致对图像中目标进行任何测量其结果都有不确定性。对测量中不确定性的度量常借助准确性和精确性的概念。

1. 准确性和精确性的定义

准确性/准确度也称**无偏性**,指实际测量值和作为(参考)真值的客观标准值的接近程度。**精确性/精确度**也称**效率**或效能,是基于重复性来定义的。这里重复性指测量过程能重复进行并得到相同测量结果的能力。在很多情况下,前者需要借助一些(人们承认的)标准,而这些标准有时也需要由测量得到。

对图像和目标特征的测量结果可根据准确性和/或精确性来评判。在对数字图像的测量中,需借助对连续世界的离散采样来估计原始模拟量。准确性对应无偏估计,精确性对应一致估计。对一个参数 a 的无偏估计 $\tilde{a}$(准确的测量)满足 $E\{\tilde{a}\}=a$,即估计的期望值应是真值。对参数 a 的一致估计 $\hat{a}$ 若是基于 N 个样本的,则 $N\rightarrow\infty$ 就会收敛(条件是估计本身是无偏的)。

如果将特征测量值看作一个随机变量,那么可根据统计学观点来考虑准确性和精确性。测量值的准确性可用测量值 $E[x]$与真值之间的绝对差来衡量。测量值的精确性可用测量值的方差 $V[x]$来衡量。由于实际中并不知道测量值的概率分布,所以只能用经验平均值和实验值的方差对它们进行估计。

对科学应用来说,如果不能直接进行测量,则人们最期望的是得到无偏的估计。换句话说,无偏性是科学方法最重要的属性。在一个给定的实验中,使用正确的采样设计和测量方法有可能获得高的准确性,而是否可获得高的精确性则依赖于感兴趣的目标,且在很多情况下可由工作努力的程度所控制。注意,仅仅高度精确但不准确的测量一般是没有实际用途的。

2. 准确性和精确性的关系

当用估计器进行估计时,如果估计值能很快收敛到一个稳定的值,并且具有很小的标准方差,则可认为估计器是**有效率**的,此时也许估计本身是有偏的,但也有可能会有一个无偏的但是**无效率**的估计器,估计值收敛速度很慢但很接近真值。例如,设需要估计图 9.2.1 中间图中“十”字的位置,这时可能会有两种情况:第一种情况得到的 8 个估计如图 9.2.1 左边图所示,这些估计不一致(分布无规律)但无偏(各个方向都有),其平均值如图中圆点所示;第二种情况得到的 8 个估计如图 9.2.1 右边图所示,这些估计相当一致但不准确,很明显是有偏差的(其平均值如图中的圆点所示)。

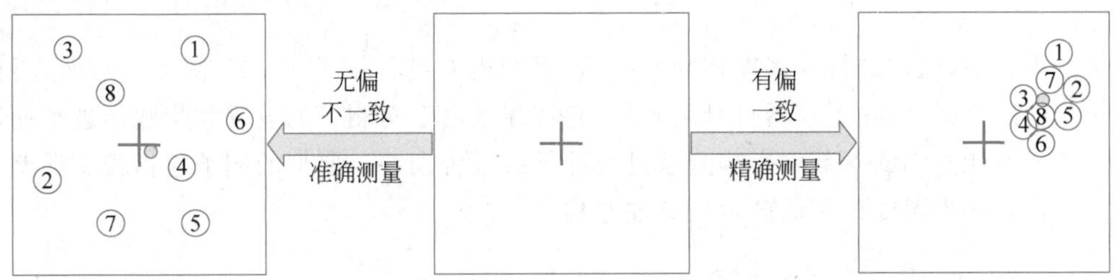

图 9.2.1 解释准确性和精确性的示例

准确性和精确性也可能同时很高,也可能同时很低,还可能一个很高而另一个很低。表 9.2.1 给出了以打靶为例的 4 种准确性和精确性不同组合的情况。对高的精确性,靶点相互间很接近,而对低的精确性,靶点散射得很分开。对高的准确性,靶点聚类的均值与靶心位置很接近，而对低的准确性，靶点位置相对靶心是有偏的。

表 9.2.1　准确性和精确性在打靶中的体现

准　确　性	高精确性	低精确性
高准确性(无偏)	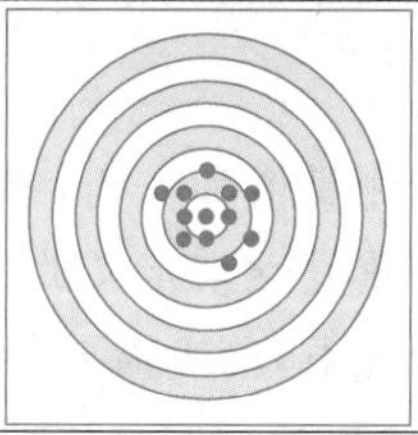	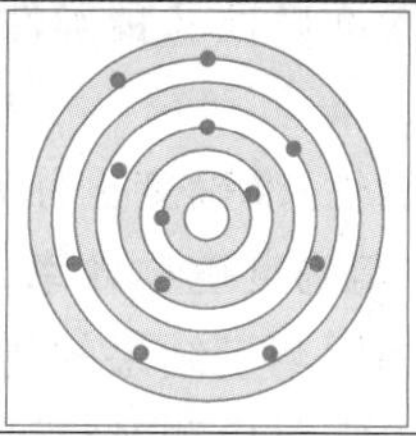
低准确性(有偏)	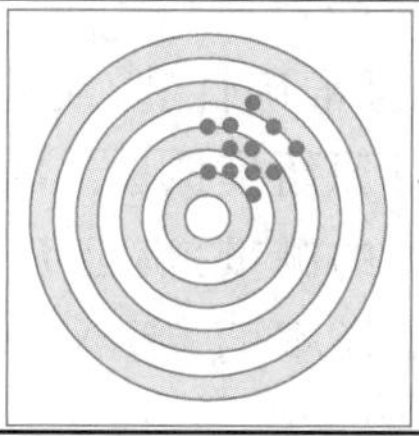	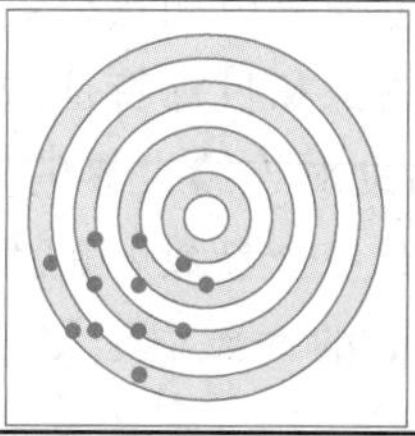

3. 系统误差和统计误差

测量误差可分为系统误差和统计误差。**系统误差**是实验或测量过程中保持恒定的误差，而**统计误差**也称为随机误差，是一种引起实验结果发散的误差。

与误差可以分为系统误差和统计误差相对应，测量的不确定性也可分为系统不确定性和统计不确定性。前者是对系统误差限度的一种估计，一般对设定的随机误差分布常取 95%置信度。后者是对随机误差限度的估计，一般取均值加减均方差。

系统误差和统计误差与准确性和精确性有密切的关系。举例来说，要抽样了解一幅图像中各点的灰度，如果采样不随机，即不能保证每个点有相同的机会被选上，那么将会有采样的偏差，对应准确性比较差。但如果使用没有校正好的测量仪器，那么将有系统偏差，对应精确性比较差。

回到图 9.2.1，其中各组测量数据值的重心用圆点指示。统计误差描述重复测量所得到的测量数据（相对于重心值）的散射程度（各个值的相对分布），具体可用分布的某种宽度测度来衡量。从统计误差的角度看，图 9.2.1 右图的情况要好一些。

另外，系统误差反映真值和测量数据的平均值之间的差别。当统计误差小但系统误差大时就会得到高精确性、低准确性的结果（例如图 9.2.1 右图的情况）。反过来，如果统计误差大但系统误差小时，每个测量值都与真值差别大但它们的均值可能接近真值（例如图 9.2.1 左图的情况）。

从原理上讲，通过进行许多次相同的测量，可获得对统计误差的一个估计。然而，要控制系统误差则困难得多，除了仪器自身问题外，它往往是由于对测量的设置和步骤不理解而造成的。未知或不能控制的参数常影响测量过程并导致系统误差。典型的例子包括校正误差和由于温度变化且缺少温度控制而产生的参数漂移。

9.2.2　模型假设和实际观察

为有效地描述客观场景，常在实际观察的基础上建立模型，以进一步分析未知的客观场景。但是，模型本身只能在一定的准确性和正确程度上来描述客观场景，**模型假设**与实际观察常有区别和不同。下面举两个与系统误差有关的例子[Jähne 2004]。

首先，有可能实际观察的结果与模型假设完全一致，但这并不能保证模型假设的正确性。

这是由于在很多情况下，彼此不同的多个模型假设都有可能给出相同的结果。假设观察一个放在白色背景上的被均匀照射的黑色平坦目标，如图 9.2.2(a)上部所示。图 9.2.2(a)下部所示为这样得到的图像的一个剖面，黑色目标可借助其低灰度而被辨识出来，而且高低灰度之间的不连续/间断指示了目标的边界。但是，如果抬高或加厚黑色目标并用平行的斜入射光进行照射，如图 9.2.2(b)上部所示，则会得到如图 9.2.2(b)下部所示的图像剖面。在这种情况下，仅仅目标的右边界可被正确地检测出来，而左边界会因为目标的阴影而向左偏移。这个例子表明，尽管在很简单的情况下，从观察结果看起来目标模型似乎正确，但实际上并非如此。

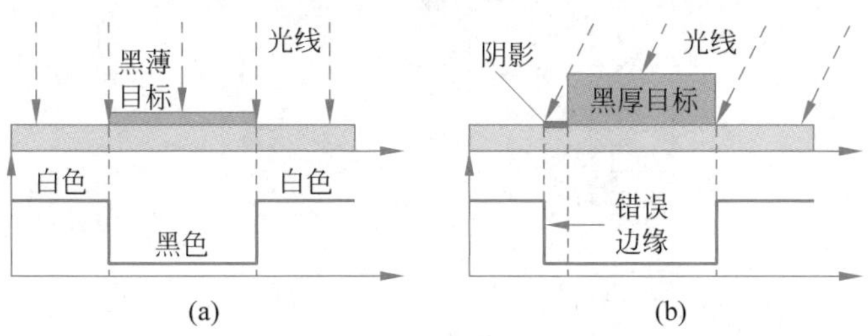

图 9.2.2 从感知的图像中看不出系统误差的示例

其次，有可能模型假设有问题，实际观察却发现不了。考虑图 9.2.3(a)，一个黑色平坦的目标填充了白色背景图像的一半面积。如图 9.2.3(b)所示的直方图显示图像中灰度的分布有两个峰，即图中仅有两种灰度：较低的对应深色目标，较高的对应白色背景。但如果因此做出深色目标在白色背景中的模型假设是有问题的。事实上，并不能说任何双峰直方图都源于这样一幅图像，也不能安全地做出深色目标在白色背景上，或反过来白色目标在深色背景上的结论。例如，同样的双峰直方图也可从如图 9.2.3(c)所示的图像得到，其中的条带可有各种不同的方向，但低灰度不再一定对应目标，高灰度不再一定对应背景。在这个简单的例子中，很容易看出模型假设的失败。不过要指出，在更复杂的情况下，仅通过实际观察来发现模型假设的问题也是有难度的。

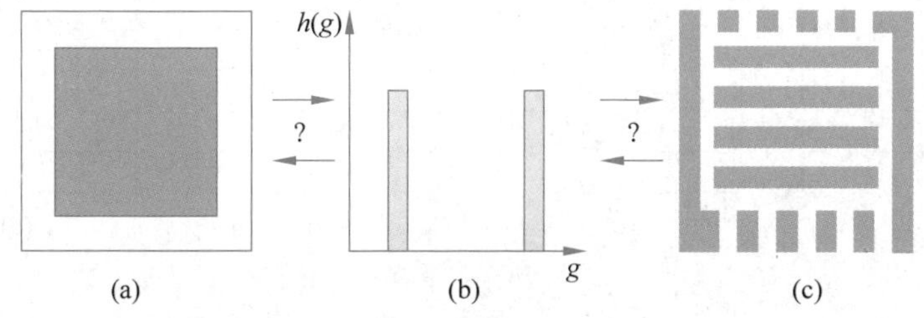

图 9.2.3 从图像直方图不能推出模型假设的示例

9.2.3 4-连通和 8-连通

1.3.1 小节在介绍像素邻域时指出正方形采样模式中常使用两种邻域：4-邻域和 8-邻域。与此对应，连通性也分为 **4-连通**和 **8-连通**。同时有两种邻域的定义和两种连通性导致了对连通的歧义性，也有人称为**连通悖论**。连通的歧义性常对准确测量带来影响，下面借助几个相关又不相同的示例来讨论这个问题。

1. 边界点和内部点

一个目标区域的边界点和内部点的确定与所采用的连通性有关。在图 9.2.4(a)中，浅阴影像素点组成一个目标区域。如果将内部点用 8-连通来判定，则图 9.2.4(b)中深色区域点为内部点，其余浅色区域点构成 4-连通边界（如图中粗线所示）。如果将内部点用 4-连通来判定，则此时的区域内部点和 8-连通边界如图 9.2.4(c)所示。这两种情况都是正确的。但如果边界点和内部点用同一种连通来判定，则图 9.2.4(d)中标有“?”点的归属就会出问题。例如，边界点用 4-连通来判定，内部点也用 4-连通来判定，则标有“?”的点既应被判为内部点（邻域中所有的像素都属于区域），又应被判为边界点（否则图 9.2.4(b)中的边界就不连通了）。同样如果边界点用 8-连通来判定，内部点也用 8-连通来判定，则标有“?”点的归属也会出问题。它被包围在边界内应属于内部点（如图 9.2.4(c)所示），但它的邻域中又有区域外的(8-连通)点，所以又应属于边界点。为解决这个连通悖论问题，需要对区域内部和边界像素采用不同的连通性来确定。

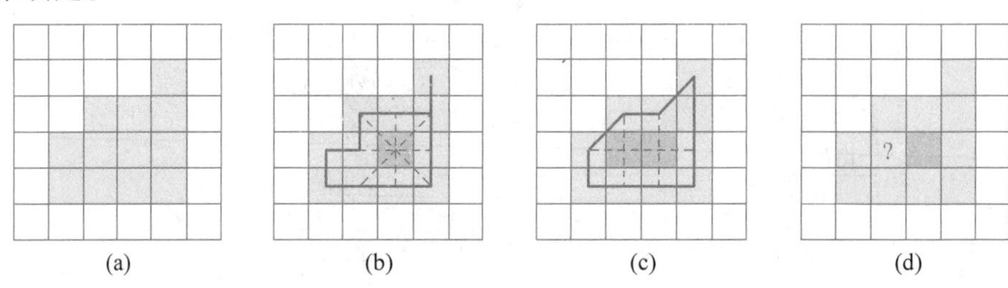

图 9.2.4　边界点和区域内部点的连通性

2. 目标点和背景点

作为另一个例子，考虑图 9.2.5。图 9.2.5(a)中有一个带孔的深色目标处在白色背景中。如果对目标和背景都使用 4-连通性来确定，见图 9.2.5(b)，虽然孔的部分和外周的背景不连通，但目标成为 4 块不连接的片段，这与直觉不一致。反过来，如果对目标和背景都使用 8-连通性来确定，见图 9.2.5(c)，虽然目标成为一块连接的区域，但是孔的部分现在与外周的背景连通起来了，这也与直觉不一致。解决问题的一种方法见图 9.2.5(d)，即对孔的部分使用 4-连通性来确定，这样孔和外周的背景不连通；而对目标使用 8-连通性来确定，这样目标是一块连通的区域。

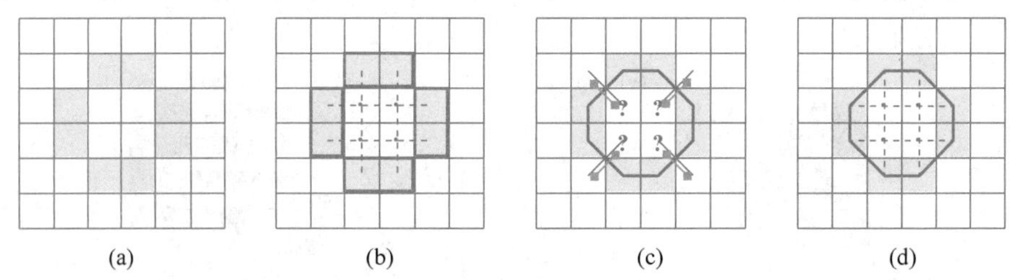

图 9.2.5　对目标和孔的连通性讨论

3. 连通组元的分离

一个目标的轮廓（封闭曲线）应将且仅将该目标与其他区域分开。但 4-连通的轮廓（封闭曲线）有可能把不止两个 4-连通组元分离开。例如，在图 9.2.6(a)中有 3 个点 p、q 和 r，粗实线的曲线 C 同时将它们分隔到 3 个 4-连通的**连通组元**中（即 p、q 和 r 互相之间都不连通）。这个问题可通过利用与 4-连通对偶的 8-连通来解决，即在轮廓 4-连通时定义内部组元 8-连通。如图 9.2.6(b)所示，4-连通曲线 C 将平面分为两个 8-连通的部分：一部分包含了点 p 和 q，而另一部分包含了点 r。

如果轮廓为 8-连通，连通组元也为 8-连通，则有可能出现另一个问题，即一个 8-连通的轮廓不能区分开两个 8-连通组元。在图 9.2.7 中，属于 8-连通轮廓 C 的内部组元与其外部组元是连通的（p 和 q 连通），即 8-连通曲线 C 并不能将平面分为两个 8-连通的部分。

由上可见，当使用 8-连通的曲线 C 时，连通组元应是 4-连通的，而当使用 4 连通的曲线 C 时，连通组元应是 8-连通的。

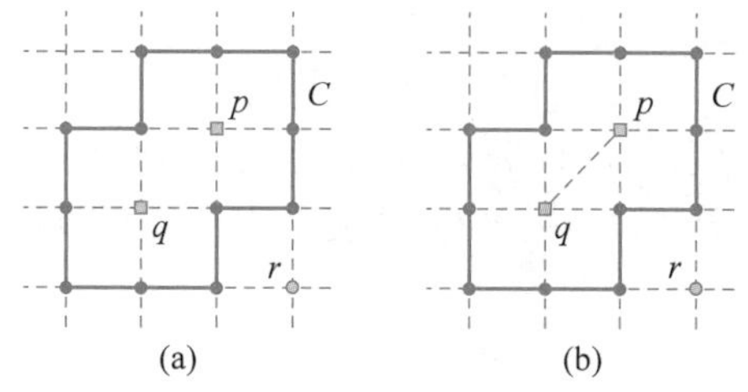

图 9.2.6 4-连通的轮廓分隔开 3 个 4-连通组元

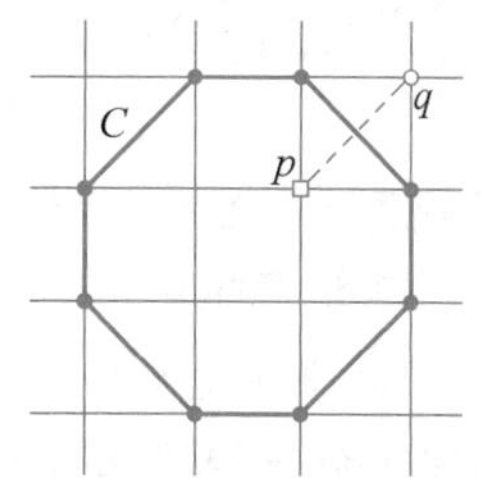

图 9.2.7 8-连通的轮廓不能分隔开两个 8-连通组元

4. 开集和闭集目标

前面的讨论中都将边界点算成区域点，此时区域是个闭集。如果将边界点算成背景点，则区域是个开集。下面比较这两种情况。考虑图 9.2.8(a)所示的二值图，黑点(•)代表 8-连通的目标像素，白点(◦)代表 4-连通的背景像素。如果将目标或背景分别选成开集，可以得到两个轮廓集合。在图 9.2.8(b)中，将目标考虑成闭集，所以它包含轮廓集合 B。在图 9.2.8(b)中，集合 B 由用小方框包围的黑点组成。这些像素的 4-邻域中至少有一个像素属于背景。在图 9.2.8(c)中，将目标考虑成开集，所以轮廓集合 B 属于背景。在图 9.2.8(c)中，集合 B 由用小方框包围的白点组成。这些像素的 8-邻域中至少有一个像素属于目标。

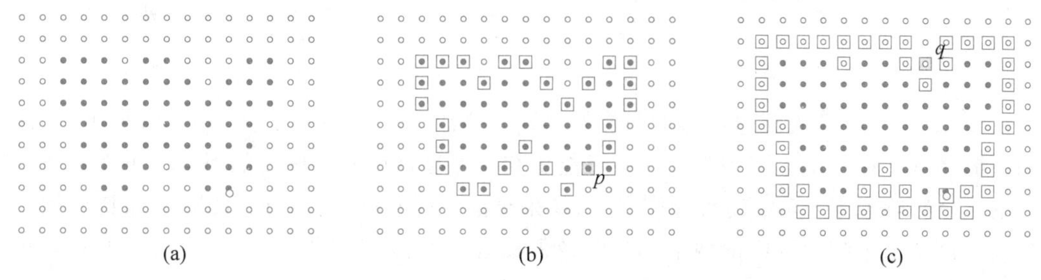

图 9.2.8 二值图的轮廓

需要指出的是，尽管一个连通组元的轮廓集合 B 相对于它所在集合的连通性来说也是一个连通组元，但集合 B 一般并不是一个封闭的数字曲线(这里封闭数字曲线的定义是：如果去除曲线上的任一点，则曲线不再封闭)。例如，在图 9.2.8(b)中，轮廓集合 B 是 8-连通的，但点 p 在 B 中有 3 个 8-邻域点。类似地，在图 9.2.8(c)中，轮廓集合 B 是 4-连通的，但点 q 在 B 中有 3 个 4-邻域点。

顺便指出，对 3-D 图像，同时有 3 种邻域的定义和 3 种连通性，为获得对连通立体一致的定义，需要考虑两种邻域：一种用于目标，另一种用于背景。实际中通常采用的分别是 6-邻域和 26-邻域(参见 4.4.1 小节)。

9.3 影响测量误差的因素

图像是客观世界的映射，但是在数字图像分析中，由于各种因素的作用和影响，原始的和连续的信息有所损失，只剩下它们的一个离散近似。当对图像中目标的某个性质进行测量时，是把计算机内存储的数据，即数字图像，近似作为实际的模拟图像来进行处理的，即对数字图像进行计算以获得实际模拟性质的一种逼近。从根本上来说，对特征的测量是要从数字化的数据出发，准确地和精确地估计产生这些数据的原始模拟量的性质。因为这是一个估计过程，所以误差是不可避免的。对误差的分析需要考虑误差产生的来源以及它们的规律特点。

9.3.1 误差来源

在从场景到数据的整个图像处理和分析过程中(包括图像采集、目标分割、特征测量等),有许多因素会对测量产生影响。测量的不确定性会导致误差的产生,常见的误差原因包括(参见图 9.3.1,其中标出了下列各因素的作用点):

(1) 客观物体本身参数或特征的自然变化;

(2) 图像采集过程中各种因素的影响,又可分为空间采样和灰度量化的影响以及光学镜头分辨率的影响(还有许多造成图像失真的因素,例如,可参见上册第 2 单元和下册第 2 章);

(3) 不同的图像处理和分析手段(例如,目标分割);

(4) 不同的特征测量方法和计算公式;

(5) 图像处理和分析过程中噪声(见上册第 5 章)等干扰因素的影响。

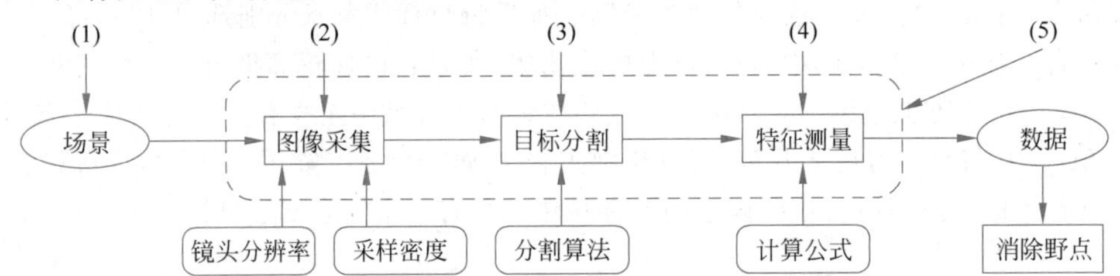

图 9.3.1 图像分析的几个关键步骤和若干影响测量准确度和精确度的因素

在图 9.3.1 中,虚线框内示出了图像处理和分析中的 3 个关键步骤,即图像采集、目标分割和特征测量。在每个步骤中都有一些可能影响测量准确度和精确度的因素。下面比较定量地讨论 4 个影响因素:光学镜头分辨率、图像采集的采样密度、目标分割的算法和特征量的计算公式。这 4 个影响因素中前两个都与图像采集有关,后两个分别作用在图 9.3.1 的后两个关键步骤中。

另外,由于各种因素的影响,在获得的测量数据中有可能出现一些野点数据(常源于噪声和干扰),所以最后简单讨论一下用随机样本共识(RANSAC)消除野点数据的问题。

9.3.2 光学镜头分辨率

实际采集图像时常用到光学镜头。**光学镜头分辨率**对图像采样有重要影响。对一个有限散射的光学镜头来说,其点扩散函数在成像平面的第 1 个零点对应半径为

$$r=\frac{1.22\lambda}{D}d_{\mathrm{i}} \tag{9.3.1}$$

其中,λ 是光的波长(对自然光常取 $\lambda=0.55\mu\mathrm{m}$);$d_{\mathrm{i}}$ 是镜头到成像平面的距离;D 是镜头的直径。根据瑞利分辨率准则,如果两个点源图像之间的距离达到 r,则它们可以被区分开。

下面讨论使用不同成像镜头的几种成像设备的情况。

1. 普通照相机

一般拍照时,镜头到物体的距离 $d_{\mathrm{o}}\gg d_{\mathrm{i}}\approx f$($f$ 为镜头焦距),设镜头的 f-因数(焦距与镜头直径之比)$n_{\mathrm{f}}=f/D$,此时对应分辨率的半径 r 为

$$r=\frac{1.22\lambda}{D}d_{\mathrm{i}}\approx 1.22\lambda\frac{f}{D}=1.22\lambda n_{\mathrm{f}} \tag{9.3.2}$$

上式表明,除了在很近距离拍摄(macro)的情况外都会有比较好的效果。近距离拍摄时 d_{i} 会比 f 大许多,式(9.3.2)的近似效果会比较差。

2. 望远镜

如果使用望远镜观察星座，需要注意星座实际上相当于点源，它们的图像尺寸比最好的望远镜的点扩散函数在成像平面的第 1 个零点所对应的半径还要小许多。此时星座在成像平面上并不能成出自己的像而是复制望远镜的点扩散函数。所以这时望远镜点扩散函数的尺寸决定了分辨率。

3. 显微镜

在光学显微镜中，d_i 由光学镜筒长度决定，一般为 190～210mm。与一般拍照时不同，除了放大倍数小于 10 倍的显微镜头，均有 $d_i \gg d_o = f$。定义镜头的**数值孔径**为

$$\mathrm{NA} \approx \frac{D}{2f} \tag{9.3.3}$$

则对应分辨率的半径 r 为

$$r = \frac{1.22\lambda}{2\mathrm{NA}} = \frac{0.61\lambda}{\mathrm{NA}} \tag{9.3.4}$$

表 9.3.1 给出了一些典型显微镜头的理论分辨率。理论单元尺寸指 CCD 中单个单元的理论尺寸。沿着目标直径上的理论单元数可通过考虑显微镜的视场来得到，现代显微镜视场的直径是 22mm，而先前的显微镜视场的直径是 20mm。

表 9.3.1　一些典型显微镜头的理论分辨率和 CCD 单元尺寸

目镜放大倍数	光　圈　数	目镜分辨率/μm	理论单元尺寸/μm	22mm 中的单元数
4×	0.10	3.36	13.4	1642
10×	0.25	1.34	13.4	1642
20×	0.40	0.84	16.8	1310
40×	0.65	0.52	20.6	1068
60×	0.95	0.35	21.2	1038
60 ×(油镜)	1.40	0.24	14.4	1528
100 ×(油镜)	1.40	0.24	24.0	917

下面考虑计算一幅 CCD 图像的物理分辨率。以典型的使用对角线为 13mm 的简单 CCD 摄像机为例，得到的图像为 640×480，每个像素的尺度为 15.875μm。通过将这个数字与表 9.3.1 中的理论单元尺寸比较，可知最简单的摄像机就已经足够满足这些应用要求了，并不需要在摄像机和目镜之间再增加镜头。许多金相显微镜允许再增加一个 2.5× 的变焦镜头，这会导致得到比上述讨论的摄像机更小的理论单元尺寸。

对光学显微镜，使用分辨率高于 1024×1024 的摄像机一般仅能产生增加数据量和分析时间的效果，并不能提供更多的信息。

需要指出的是，光学镜头分辨率不仅只与镜头的清晰度有关，还与镜头畸变(见下册 2.3.4 小节)、球差以及彗差等像差因素有关。

9.3.3 采样密度

采样定理指出：对一个有限带宽的信号，如利用 2 倍于其最高频率的间隔对其采样，就有可能从采样中完全恢复出原信号。然而这只适合于诸如滤波和重建等图像处理过程，如果要通过图像分析从图像中获取客观的数据信息，那么仅仅采用满足采样定理的图像**采样率**(单位时间或空间中的采样个数)常是不够的(事实上采样定理的条件常没有满足)。从根本上说，这时并不能只从采样定理出发来选取采样率。下面分几方面具体讨论。

1. 采样定理的适用性

这里为方便，借助 1-D 函数讨论，但结果可方便地推广到高维。如果信号 $f(x)$ 中的最高频率分量为 ω_o（设 $f(x)$ 的傅里叶频谱是 $F(\omega)$，则对所有 $|\omega|>\omega_o$，有 $F(\omega)=0$），根据采样定理，要从采样中完全恢复信号，采样频率 ω_s 必须满足 $\omega_s>2\omega_o$。采样过程的数学模型可用下式来表示：

$$\hat{f}(x)=f(x)\sum_{n=-\infty}^{+\infty}\delta(x-nx_s) \tag{9.3.5}$$

上式表明，采样是将 $f(x)$ 与一系列间隔为 x_s 的理想脉冲相乘的过程。这个间隔与采样频率有如下关系：$\omega_s=2\pi/x_s$。式(9.3.5)也可写成：

$$\hat{f}(x)=f(x)\sum_{n=-\infty}^{+\infty}\delta(x-nx_s)=\sum_{n=-\infty}^{+\infty}f(nx_s)\delta(x-nx_s) \tag{9.3.6}$$

根据式(9.3.6)，采样集合可表示为 $\{f_n\}=\{f(nx_s)|n=-\infty,\cdots,-1,0,1,\cdots,+\infty\}$。可见，为了完全表示一个具有带限的信号 $f(x)$，根据采样定理需要无穷多的采样。如果把这个信号限制在某个有限的区间 $[x_1,x_2]$（例如使用一个门函数进行截取），那么，式(9.3.6)中的无穷求和可转化为对有限 $N(N\approx(x_2-x_1)/x_s)$ 个采样的求和，但此时信号却不再是带限的了，采样定理不能应用。事实上，门函数的频谱是无限的，所以正是为了限制信号时限的操作使得信号不再是带限的了。

由以上讨论可知，对任一个实际的信号 $f(x)$ 和与其对应的傅里叶频谱 $F(\omega)$，或者是信号在时域有限（信号的持续时间是有限的），或者是频谱在频域有限（信号的频谱是有限的），但不能同时有限，所以采样定理不适用。

例 9.3.1　图像采集中信号带宽的变化

下面分析通过光学镜头和摄像机采集图像的过程以了解信号带宽在其中的变化：

首先进入光学镜头的连续信号不是带限的（无穷带宽），这一点可由能从信号中观察到任意微小的细节来证明。

其次由光学镜头出来的信号是带限的，光学传输函数限制了输出图像的频谱，这个频谱的宽度就是镜头系统的带宽。

接着图像采集时将以上带限信号在有限面积（摄像机光电感受面）上成像，所以只有其中一部分信号被利用，由摄像机输出来的图像信号不再是带限的了。

最后对所获得的图像进行采样，并把所得结果存入计算机内的存储器。注意，这里只使用有限个数字来表示图像，所以即使摄像机具有面积为无穷的光电感受面，用来表示图像的数据量仍是有限的，混叠效应总是不可避免的。

从以上过程和讨论可知，由于摄像机的孔径是有限的，且计算机只存储和使用有限的数据量，所以在实际中并不能如在理想情况那样正常地应用采样定理。 □

注意，以上讨论的内容对图像处理的影响远不如对图像分析明显和重要。图像处理的结果常由人的视觉系统来观察判断，采样不足（混叠）和不正确重建方法的后果或影响常常由于人的视觉系统的主观敏感度（或不敏感度）而得到补偿或可以忽略。然而图像分析是一个客观的过程，这些影响是不能忽略的。

2. 采样对目标特征测量的影响

对给定尺寸的目标，采样密度增加，属于目标的像素增加。一般来说，一个目标中的像素越多，测量目标特征时应该越准确[ASM 2000]。以使用正方形像素为例，由于目标的真实边界与像素的边界不一定重合，如果目标只包含较少数量的像素则会产生较大的测量误差。

图 9.3.2 给出了测量一个圆时的几种情况，图 9.3.2(a)中圆的上下左右正好与像素的边界重合，图 9.3.2(b)中圆向下移动了不到半个像素，图 9.3.2(c)中圆又向右移动了不到半个像素。图 9.3.2 中已标出，3 种情况下得到的面积均不同。如果增加采样密度，这种由于数字化造成的影响会减小，但代价是采样量和数据量的增加。

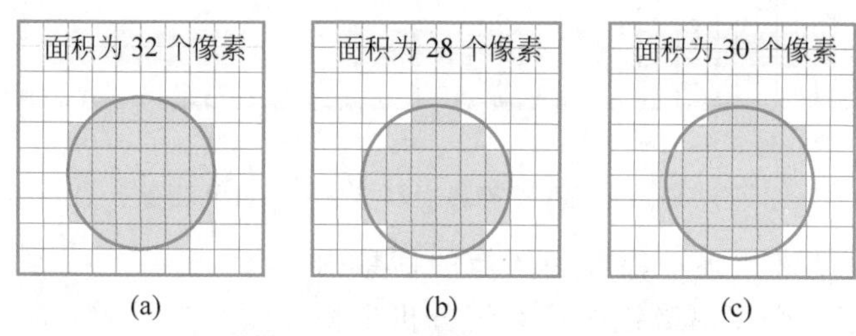

图 9.3.2　对同一个圆目标在 3 个不同位置时测得的面积不同

如果要在采样量和准确度之间取得平衡，就需要合理地选择采样率。在实际中，利用采样定理来指导对采样率的选择并不可靠，主要有如下两个原因：

(1) 具体应用中仅使用有限个采样而并没有利用全部信息；

(2) 实际中不可能写出在有限步骤（或有限时间）内能从采样数据中获得准确测量值的算法。

第(1)点在前面已经讨论过，下面简单讨论第(2)点。要从对一个信号的采样来完全重建这个信号需要用到 sinc 函数（一个理想低通滤波器）对采样进行插值。利用脉冲响应，重建的结果可表示为

$$f(x)=\sum_{n=-\infty}^{+\infty} f(nx_0)h(x-nx_0)=\sum_{n=-\infty}^{+\infty} f(nx_0)\frac{\sin[\omega_s(x-nx_0)]}{\omega_s(x-nx_0)} \tag{9.3.7}$$

根据式(9.3.7)，为了重建原始的模拟图像需要一个无穷求和。另外，为插值还要用到无穷个相当慢地收敛到零的 sinc 函数。换句话说，从图像中提取准确测量的公式需要用到所有（无穷个）采样。而如果这个公式还要用到信号的插值，那么就需要计算无穷个 sinc 函数以得到正确的测量值。上两个步骤都不可能在有限步的计算中完成。事实上，不可能用有限的计算得到准确的测量，所以对数字图像进行测量的中心问题实际上是一个选用最少时间（或最小计算量）得到最大准确度的问题。

例 9.3.2　网线采样和测量

对 2-D 目标的测量常采用两个方向相同的采样率，但在有些测量中不一样。考虑对河流宽度的测量问题。图 9.3.3 给出了一个示意，图 9.3.3(a)中部深色区域为河流部分，其在不同位置的宽度不同。为测量河流的宽度分布，可用平行的网线对图像进行采样，再用 AND 运算获取与河流部分相交的线段如图 9.3.3(b)所示，通过统计分析就可获得河流的宽度分布。类似地，当需要测量的是环状物体（如测量管壁的厚度时），则可用中心在内部的放射线进行采样。□

3. 采样密度的选择

在许多实际应用中，如利用高分辨率显微镜图像系统分析生物医学结构时，空间分辨率和采样密度的选择非常重要。这是因为图像中有许多结构细节的尺度都小于 1μm，而一个光学显微镜的理论空间分辨率是照射光波长和光学镜头光圈的函数，这个分辨率对非相干光一般为 0.2～0.3μm，两者比较接近。

例 9.3.3　图像分辨率与采样密度的关系

从数学的角度讲，可以用图像本身以及光学和图像扫描系统的调制转移函数（点扩散函数

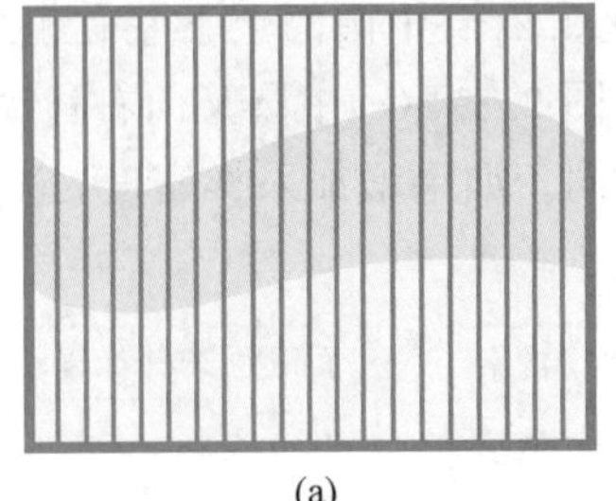
(a)

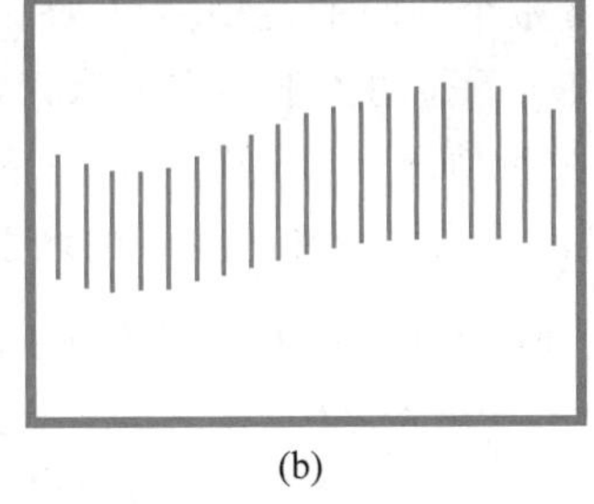
(b)

图 9.3.3 用平行网线对目标进行采样和测量

的傅里叶变换)的幅度来描述一幅数字图像的信息内容。图 9.3.4 给出了一个用显微镜图像系统分析生物医学中常见结构时求取调制转移函数(也对应分辨率)与采样密度关系的具体实验结果,其中分辨率的单位是 cycle/μm,采样密度的单位是 pixel/μm。由图 9.3.4 可见,图像分辨率在采样密度小于 10pixel/μm 时随采样密度的增加变化较快,而在采样密度大于 10pixel/μm 后,特别是大于 20pixel/μm 后随采样密度的增加变化就越来越缓慢了。

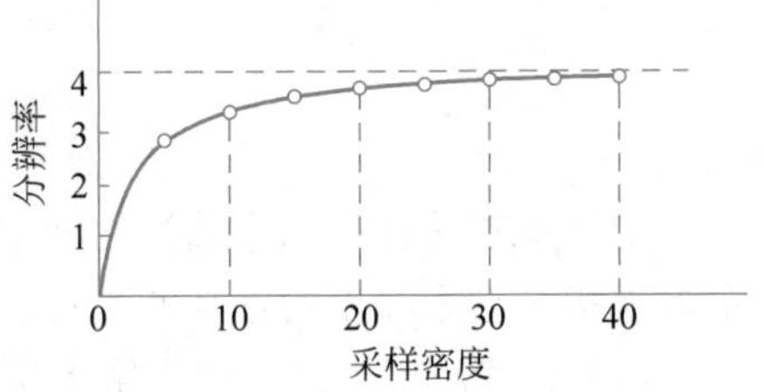

图 9.3.4 分辨率与采样密度的关系

根据图 9.3.4 和具体应用本身的特点,可总结得到如下几点:

(1) 传统的小于 4～6pixel/μm 的采样密度仅在需要确定目标位置及计算其尺寸时是够用的;

(2) 一般扫描系统的理论带宽是 4～5cycle/μm,这对应于 10～15pixel/μm 的采样密度,但此时人眼看到的数字图像中的信息比显微镜图像中的信息要少;

(3) 要想从数字图像中检测出被观察结构的细节,常需要用到 15～30pixel/μm 的采样密度;

(4) 如果采样密度达到 20～30pixel/μm 以上,调制转移函数的截断频率并不增加,图像信息内容基本不变但计算费用会较快增加。

由上述讨论可知,利用数字图像分析系统检测细微的结构(如细胞)所需的采样密度应为 15～30pixel/μm,这比一般根据采样定理算出的采样密度要高。 □

在对具体特征的测量中,为了获得高精度的测量结果或为了使测量误差减少到给定的程度,往往需要用到远大于采样定理的**采样密度**。这里采样密度与实际要测量目标的尺寸也有关系。以对圆形物体计算其面积为例,其测量的相对误差 ε 由下式表示:

$$\varepsilon = \frac{|A_E - A_T|}{A_T} \times 100\% \tag{9.3.8}$$

其中,A_E 为(测量)估计的面积;A_T 为真实的面积。通过统计试验可以得到对面积测量的相对误差 ε 与沿圆直径的采样密度 S 的关系,一个示例见图 9.3.5。可见,在双对数坐标中,相对误差近似是单调递减直线。

由图 9.3.5 可知,需根据对测量误差的要求来选择采样密度。例如,要使对圆形物体面积测量的相对误差小于 1%,需要沿直径采取 10 个以上的样本;而如果要使这样一个测量的相对误差小于 0.1%,则需要沿直径采集 50 个以上的样本。一般情况下,这样的采样密度会比按照采样定理所确定的采样密度要更高。事实上,不仅对面积,对其他特征的准确测量也对采样密度有明显高于采样定理的要求。

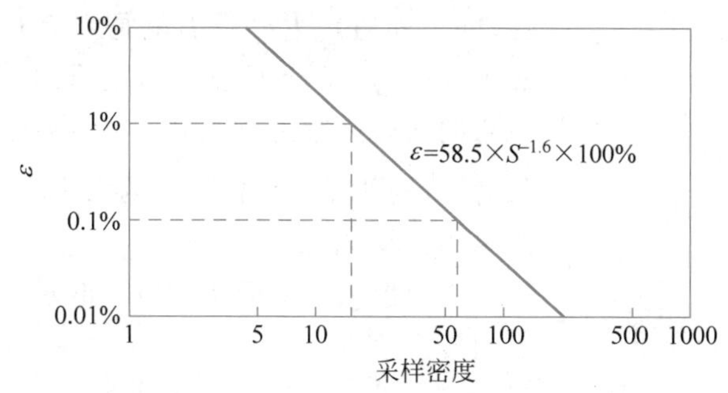

图 9.3.5 对圆形物体面积的测量误差与采样密度的关系曲线

根据以上讨论可知，从数字化的数据中对其所近似的模拟性质进行高准确度的测量常需要相当大的过采样，此时不能仅仅按照采样定理来选择采样密度。注意，这与图像处理中为重建图像而采样的要求不同。

4. 采样模式的影响

最后讨论一下采样密度受**采样模式**的影响问题。图像采集过程可以用对连续图像以一个离散的模式采样来模型化。这样一个离散的模式应有固定的规格并可以无缝地覆盖 2-D 平面。事实上，只有 3 种规则的形式可以使用[Marchand 2000]。它们都是多边形，其边数分别为 3、4 和 6，依次分别对应三角形、正方形和六边形，如图 9.3.6 所示。

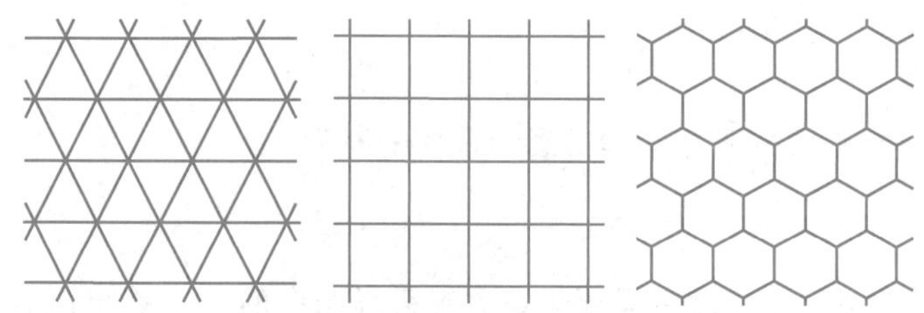

图 9.3.6 3 种不同的采样模式

下面来证明只有这 3 种模式满足条件。假设可以用正 n 边形将一个平面覆盖，则此正 n 边形的内角大小应该为$[(n-2)\times 180°]/n$。另外，要把一个平面完全覆盖，则整数个内角和应为 360°。设此整数为 m，则有

$$\frac{m(n-2)}{n}\times 180° = 360° \tag{9.3.9}$$

因为 m 和 n 都是整数，所以只有 3 组解：

(1) $n=3, m=6$，对应三角形覆盖；

(2) $n=4, m=4$，对应正方形覆盖；

(3) $n=6, m=3$，对应六边形覆盖。

由上可见，能够完全无缝覆盖平面的采样模式只有 3 种，它们所对应的图像单元分别为三角形、正方形和六边形。在图像中，这些小图像单元是尺寸有限、灰度均匀的，即像素。从理论上说，采样时，是采集像素中央点的数据，这些中央点在图像空间组成规则的**图像网格**。注意，图像网格与采样模式有互补的关系，三角形采样模式对应的是六边形的图像网格，六边形采样模式对应的是三角形的图像网格，只有按正方形采样模式对应的图像网格仍是正方形的。所以与上述 3 种采样模式相对应，也有 3 种图像网格，但依次分别对应六边形、正方形和三角形[Marchand 2000]。

近年来，六边形采样模式得到了较多的重视。除没有连通悖论的问题外（只有一种连通

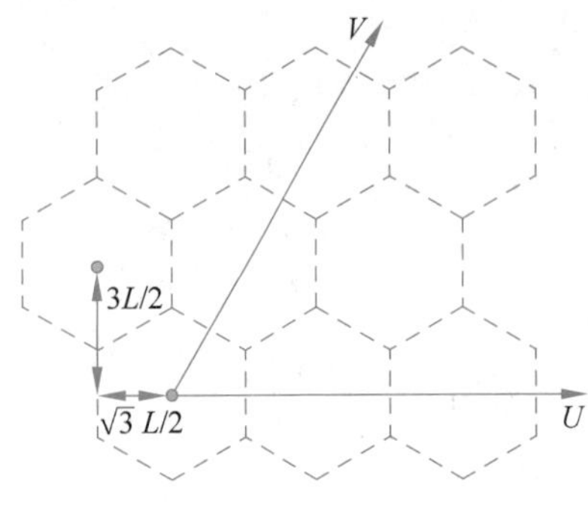

图 9.3.7 六边形采样模式

性，即 6-连通），主要原因就是它有较高的采样效率（昆虫和甲壳类动物的复眼就是六边形的）。参见图 9.3.7，其坐标系的两坐标轴之间形成 60°的夹角，如果设六边形的边长为 L，则两相邻采样点间的水平距离 Δx 为$\sqrt{3}L$，而垂直距离 Δy 为 $3L/2$。

六边形采样坐标(U,V)与正方形采样坐标(X,Y)具有下列转换关系：

$$x = u + v/2, \quad y = \sqrt{3}v/2 \tag{9.3.10}$$

$$u = x - y/\sqrt{3}, \quad v = 2y/\sqrt{3} \tag{9.3.11}$$

而空间两点间的距离为

$$d_{12} = \sqrt{(u_1 - u_2)^2 + (v_1 - v_2)^2 + (u_1 - u_2)(v_1 - v_2)} \tag{9.3.12}$$

因为在六边形采样中每个采样的面积为 $3\sqrt{3}L^2/2$，所以采样密度（单位面积的采样点数）为

$$N_{\text{hex}} = \frac{2}{3\sqrt{3}L^2} = \frac{1}{2\Delta x \Delta y} \tag{9.3.13}$$

如果设图像在 X-方向的最大频率为 S，Y-方向的最大频率为 T，则此时根据采样定理得到：

$$N_{\text{hex}} = \frac{1}{2\Delta x \Delta y} = 2\sqrt{3}ST \tag{9.3.14}$$

如果使用正方形采样，则根据采样定理得到的采样密度为

$$N_{\text{rec}} = \frac{1}{\Delta x \Delta y} = 4ST \tag{9.3.15}$$

两相对比，六边形采样的密度只需要为正方形采样密度的 87%就可以表达同样多的信息。另外，由于六边形采样得到的图像中行间距离只是正方形采样所得到图像的 87%，所以用同一个显示表面可以显示的点数会增加到 1.15 倍，将能更好地表达图像的细节。从图像处理和分析的角度看，六边形采样得到的图像很难进行傅里叶变换，所以要利用频域技术会受到一定的限制。

例 9.3.4 不同采样模式的采样效率

采样效率也可定义为单位圆面积与覆盖该单位圆的网格面积之比。这样，三角形采样模式（对应六边形网格）的采样效率为 $\pi/(3\sqrt{3})$，四边形采样模式（对应四边形网格）的采样效率为 $\pi/4$，六边形采样模式（对应三角形网格）的采样效率为 $\pi/(2\sqrt{3})$。可见，六边形采样模式的采样效率大于四边形采样模式的采样效率，而四边形采样模式的采样效率又大于三角形采样模式的采样效率。 □

9.3.4 分割算法

实际图像分割的结果一般都不是理想的。采用不同的分割算法或同一算法中的参数选取不同时都会导致分割结果的变化。分割结果的变化会直接影响对特征的测量结果，而且当分割结果发生相同变化时，不同特征的测量结果所受到的影响也可能不同。已经证明，**图像分割**对测量精度的影响与图像的信噪比、目标的尺寸（d）和形状（E）等都有关[Zhang 1995]，下面简单介绍一下。

在讨论对分割的评价时（参见例 5.3.1）曾指出，对给定的特征，选用不同的算法进行分割并对分割目标进行特征测量能得到不同的结果，所以例 5.3.1 采用对特征测量的精度来评价

分割算法的优劣。另外，不同的算法对不同特征测量的影响也不一样。这里可用给定的分割算法分割图像，然后对不同的特征进行测量，并以基于特征的测量精度来研究测量特征量受分割影响的情况。

下面考虑一个对目标的面积、周长、形状参数、球状性、偏心率、归一化绝对平均曲率和弯曲能(见 11.5.2 小节)共 7 个特征在图像信噪比、目标尺寸和形状 3 个影响因素变化情况下的特征测量精度受图像分割影响情况的实验。实验采用了与例 5.3.1 类似的方法。图 9.3.8 分别给出了目标面积在不同图像信噪比下，目标弯曲能在不同目标尺寸下和目标归一化绝对平均曲率在不同目标形状下受分割影响的实验曲线，每个因素都取了 4 个值。

首先，分析测量误差受分割质量影响的情况。图 9.3.8 中横轴对应取阈值分割所用的阈值。根据前面对例 5.3.1 的讨论可知，阈值选取过小或过大都会使分割效果变差。图 9.3.8 中各曲线都有中间低两边高的变化趋势，这说明对这些特征的测量精度都受到分割质量的影响。分割质量越高，测量误差越小，因此提高分割质量是获得准确测量的关键。

其次，分割质量(因而测量误差)也受到各种因素的不同影响。由图 9.3.8(a)可见，面积测量的误差曲线随信噪比 SNR 的减少而左移，所以有可能从不同信噪比的图像得到相近的面积测量精度。由图 9.3.8(b)可见，测量弯曲能的误差随着目标尺寸 d 的增加而增加。所以对大目标进行弯曲能测量所得到的结果不如对小目标的可靠。由图 9.3.8(c)可见，归一化绝对

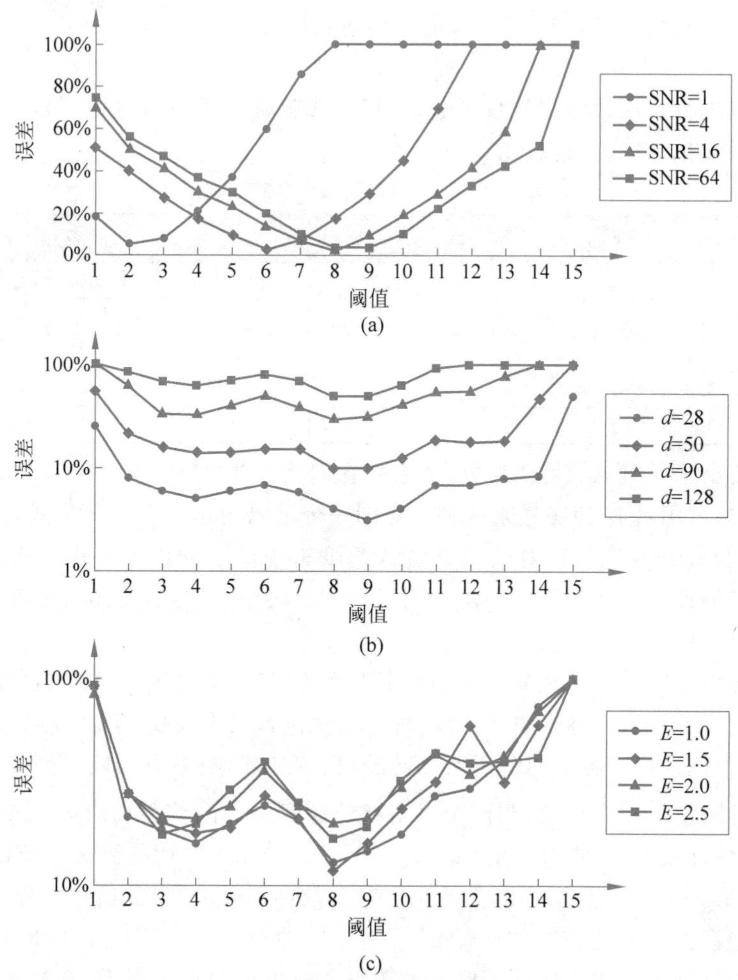

图 9.3.8　特征测量结果受图像分割影响的实验曲线

平均曲率测量的精度受到目标形状 E 的影响不太明显（各曲线基本重合），但测量误差总处于较高水平。换句话说，对不同形状的目标这个特征的测量都不易做到准确。

最后，需要指出，不同的特征具有不同的目标描述能力，某些特征在描述（分割后的）目标的某些性质方面要优于其他特征。首先，这是由特征自身的物理本质所决定的。然而如果把分割过程也考虑进来，则对各种特征描述能力优劣的排列次序有可能会改变。某些特征受分割影响比较大，预期的测量精度比较低，其描述能力就会相对较差。因此，在选择特征描述目标并进行测量时，还必须要顾及它们受图像分割过程影响的情况。

9.3.5 特征计算公式

在对目标特征的测量中，人们是从离散化了的图像去估计原来连续世界的情况。这里如何能估计得准确是一个复杂的问题，其中对**特征**的计算公式起到很重要的作用。下面以对图像中两点之间距离的测量（即直线长度的测量）为例来介绍。先讨论一种基于链码的方法，再讨论一种利用局部距离模板的方法（并推广到 3-D）。

1. 基于链码的距离测量

设图像中的两点间有一条数字直线，并已用 8-方向链码来表示。如设 N_e 为偶数链码的个数，N_o 为奇数链码的个数，N_c 为角点（指链码方向发生变化的点）的个数，链码的总长度为 $N(N=N_e+N_o)$，则整个**链码长度** L 可由下列通式计算：

$$L = A \times N_e + B \times N_o + C \times N_c \tag{9.3.16}$$

其中，A、B、C 是加权系数。给定加权系数，计算公式就确定了。对这些系数人们已进行了许多研究，其中一些结果归纳在表 9.3.2 中。

表 9.3.2 多种直线长度计算公式

L	A	B	C	E	备　注
L_1	1	1	0	16%	有偏估计，总偏短
L_2	1.111	1.111	0	11%	无偏估计
L_3	1	1.414	0	6.6%	有偏估计，总偏长
L_4	0.948	1.343	0	2.6%	线段越长误差越小
L_5	0.980	1.406	−0.091	0.8%	$N=1000$ 时成为无偏估计

表 9.3.2 给出了 5 组 A、B、C 系数，如果将它们代入式（9.3.16）就可得到 5 个具体的直线长度计算公式，可用给 L 加序号来区别。对同一个链码用这 5 个计算公式得到的长度一般不同，序号较大的 L 所对应的计算公式从统计角度来说产生的误差较小。在表 9.3.2 中，E 代表实际长度与估计长度之间经过平均的相对均方根误差（也是 N 的函数），它给出了使用这些公式时的误差量度。

下面具体分析这些公式。最简单的直线长度测量方法是对每个链码都乘以 1，这就得到长度估计量 L_1。L_1 是一个有偏估计，为此可对系数进行尺度变换，这就得到（无偏的）长度估计量 L_2。这两个估计量对各方向链码取相同的权。在实际图像中，如以两个（水平或垂直）相邻像素中心间的距离为一个单位，则两个对角相邻像素中心间的距离应为$\sqrt{2}$个单位。考虑到这点，得到长度估计量 L_3。将对应的 A、B、C 代入式（9.3.16）就得到最常用的计算公式，即式（7.1.3）。但 L_3 是一个有偏估计，为此也可对系数进行尺度变换，通过选择 A 和 B 以减少对长线段的期望误差就得到长度估计量 L_4。将对应的 A、B、C 代入式（9.3.16）就得到一个较准确的直线长度计算公式。如果不仅考虑链码个数也把角点考虑上，还能得到更为准确的长度估计量 L_5。

例 9.3.5 边界长度测量的误差

在对目标整个边界长度进行测量时，如果按照式(7.1.3)计算边界长度，即根据水平或垂直像素间距离为 1 和对角像素间距离为$\sqrt{2}$，则得到的边界长度数值会有一定的误差。考虑有一个边长为 20 个像素，其边与坐标轴平行的正方形。现对正方形进行一个像素的旋转，即旋转 arctan(1/20)的角度。从理论上说，正方形旋转后其边界总长度的增量应该小于 $4\times1/20=1/5$，但按式(7.1.3)计算得到的边界总长度的增量是 $4(\sqrt{2}-1)$。这表明测量中发生了明显的失真，且在旋转角接近 45°时也会发生类似的情况。事实上，所有旋转角度都会发生这种情况，但不同角度的显著度不同。如果把各种情况都考虑上，则对边界长度的平均过高估计约为 6%。 □

表 9.3.2 中的 A、B、C 都是固定值，但实际上它们都是链码长度 N 的函数，对每个给定的 N，都有一组确定的 A、B、C 能使误差最小。

例 9.3.6 不同长度计算公式的比较

图 9.3.9 给出了一个以不同计算公式对同一幅图中相同两点之间距离进行计算得到的结果。图 9.3.9 中中部图像里两端点间用实线连接的是链码。注意，实际场景中的许多直线成像得到的离散直线都可能以这两点为公共端点，图中用点画线和虚线给出了其中的两条。当对它们成像后，它们的对应端点分别在相同的像素中，并不能区分，都要借助链码来计算。

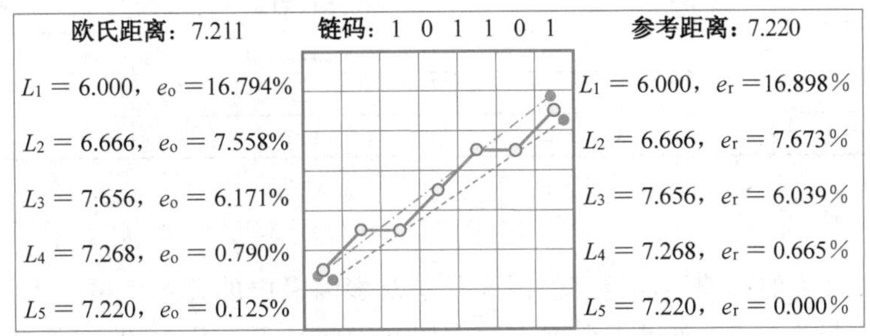

图 9.3.9 用不同公式计算同一链码长度的例子

根据表 9.3.2 中 5 个公式的不同系数组对同一链码计算得到的链码长度各不相同，如图 9.3.9 中 $L_1 \sim L_5$ 所示。为计算各公式所产生的相对误差，考虑了两种情况。第一种(如图 9.3.9 左方所示)考虑了以两个端点间的欧氏距离(O_d)为参考，其中 e_o 由下式定义：

$$e_o = \frac{|L_i - O_d|}{O_d} \times 100\%, \quad i=1,2,3,4,5 \tag{9.3.17}$$

第二种(如图 9.3.9 右方所示)以 L_5 的结果为参考，其中 e_r 由下式定义：

$$e_r = \frac{|L_i - L_5|}{L_5} \times 100\%, \quad i=1,2,3,4,5 \tag{9.3.18}$$

由图 9.3.9 给出的两组数据结果可以看出：一方面，各计算公式算出的距离各不相同；另一方面，各计算公式的相对误差的排序都与表 9.3.2 中的排序相同。计算公式在距离测量中确实起着很重要的作用。 □

2. 基于局部模板的距离测量

基于局部距离模板的方法已在距离变换(参见 1.4 节)中得到了应用。但是，在距离变换中选择最优局部距离图数值的问题与在 3-D 图像中选择测量直线长度数值的问题不同，它们各有其最优数值。下面仅讨论测量直线长度的问题。

一条长直线的长度可以逐步分段(局部地)计算。令 a 为沿水平或垂直方向的局部距离，

b	a	b
a	0	a
b	a	b

图 9.3.10 局部距离图/模板

b 为沿对角方向的局部距离。这些值构成了一个局部距离图/模板(如果用欧氏距离表示,则分别是 $a=1,b=2^{1/2}$),如图 9.3.10 所示。

现在来考虑如何选择 a 和 b,以使得在两点之间用 $D=am_a+bm_b$(其中,m_a 表示沿水平或垂直方向的移动步数;m_b 表示沿对角方向的移动步数)进行测量所得到的通路长度最接近用欧氏距离得到的"真值"。有一组较好的 a 和 b 值是 $a=0.95509,b=1.36930$。这样得到的测量数值和用欧氏距离得到的数值的最大差别小于 $0.04491M$,其中 $M=\max\{|x_1-x_2|,|y_1-y_2|\}$。

对 3-D 图像,计算局部距离的模板如图 9.3.11 所示,其中从左到右 3 个 2-D 模板分别代表 3-D 模板的上、中、下 3 层。

c	b	c
b	a	b
c	b	c

b	a	b
a	0	a
b	a	b

c	b	c
b	a	b
c	b	c

图 9.3.11 3-D 局部距离模板

如果要逼近欧氏距离,可简单地取 $a=1,b=2^{1/2},c=3^{1/2}$,但这样的一组数值对距离的估计总会过高(有偏)。表 9.3.3 还给出了一些较好的数值组。

表 9.3.3 3-D 模板中的局部距离值

序号	a	b	c
1	1.0	1.314	1.628
2	0.9398	1.3291	1.6278
3	0.8875	1.34224	1.59772
4	0.9016	1.289	1.65

9.3.6 综合影响

前面各小节讨论的影响测量精度的因素只是众多因素中的几个。事实上,人们还在研究其他因素。需要指出的是,上述各个因素的作用和影响并不是独立的,它们互相之间常有联系。例如,计算公式对长度计算误差的影响也与采样密度有关。当采样密度较小时,根据表 9.3.2 中的不同系数所确定的各个长度计算公式会给出比较相近的结果。而随着采样密度的增大,各个计算公式之间的差别也会增大,而且序号大的公式比序号小的公式给出的改善效果要更好。图 9.3.12 给出了一个示意图,其中,横轴为采样密度,纵轴为长度测量的相对误差。

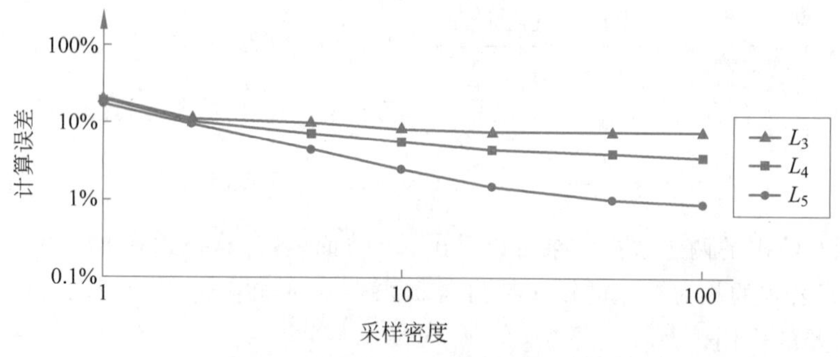

图 9.3.12 不同长度计算公式的误差随采样密度变化的曲线

由图 9.3.12 可见,L_3、L_4 和 L_5 的测量误差都随采样密度的增加而减少,且序号大的公式的测量效果在采样密度大时更好(由不同公式得到的测量精度在采样密度高时差距拉大了)。最后需要指出,这些公式测量误差的减小速率随采样密度增加而越来越小,并渐进趋于各自的极限。事实上,这些公式的误差都有不随采样密度改变的下限(见表 9.3.2),所以要想测量得更准确，还需要用到其他更复杂的计算公式。

9.3.7　随机样本共识

数据中存在野点(与其他点明显不同)的问题常常会使得原来对数据假设的概率模型(常用高斯模型)不再成立，从而使得估计出来的参数值与正确值之间有明显差别。为消除野点，可使用**随机样本共识**(RANSAC)方法。这是一种通用的、从存在野点的数据中拟合出模型的方法。

随机样本共识的目标是确定数据中的哪些点是野点，并将它们从最终的模型拟合中除去。随机样本共识试图借助数据中的随机子集来反复进行模型拟合，期望找到不包含野点的子集，从而拟合出好的模型。为加强这种情况的概率，它选择可以唯一地拟合出模型的最小尺寸的子集。例如，对直线拟合，所选的子集包含两个点。

选出最小尺寸的数据子集并进行拟合后，随机样本共识要判断拟合的质量。具体就是根据拟合结果，判断数据点是内点还是野点。这需要有一些对真实模型的期望变化量的知识。如果一个数据点(与模型的距离)超过了期望的方差变化(如 2 倍或 3 倍)，则要将其划为野点；反之，则将数据点划为内点。对每个子集，都统计其内点数。

对上述过程重复多次：在每次迭代中都随机选择一个最小子集来拟合模型，并统计满足模型的内点数。经过事先确定次数的迭代后，选择出具有最多内点数的子集和内点来计算需要的模型。

完整的随机样本共识算法包括如下步骤：

(1) 随机选择一个最小的数据子集；

(2) 使用这个最小子集估计模型参数；

(3) 计算该模型拟合后的内点数；

(4) 按照事先确定的次数重复进行前 3 个步骤；

(5) 根据最好的拟合结果中的所有内点来重新估计参数。

图 9.3.13 给出了几个步骤的示例，其中方形点为选择的子集，空心圆点为数据点，实心圆点为内点。在图 9.3.13(a)中，子集包括 2 个点，只有 1 个内点。在图 9.3.13(b)中，子集包括 2 个点，有了 3 个内点。在图 9.3.13(c)中，子集包括 2 个点，有了 8 个内点。

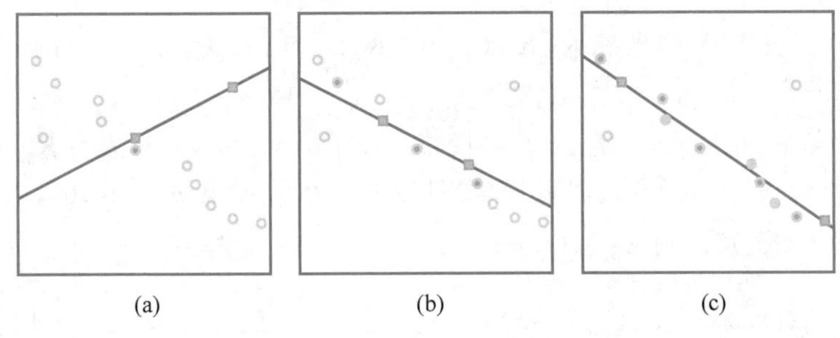

图 9.3.13　随机样本共识算法的步骤示例

9.4　误差分析

对**测量误差**的分析，特别是解析定量的分析常比较困难。这里仅介绍对在距离测量中用离散距离代替欧氏距离所产生的误差而进行的一个分析。

在测量图像中两点之间的距离时，用离散距离代替欧氏距离会产生逼近误差。绝对逼近误差与两点之间的距离有关,而相对逼近误差则依赖于沿两点之间通路移动时每次移动长度的数值。下面对由于沿垂直线移动 $d_{a,b}$ 所产生的相对误差进行分析计算[Marchand 2000]。

首先,定义相对误差。参见图 9.4.1,给定两个点 O 和 p,O 为原点,p 点坐标为(x_p, y_p),它们之间的离散距离值 d_D 和欧氏距离值 d_E 之间的相对误差为

$$E_D(O,p)=\frac{(1/s)d_D(O,p)-d_E(O,p)}{d_E(O,p)}=\frac{1}{s}\left[\frac{d_D(O,p)}{d_E(O,p)}\right]-1 \tag{9.4.1}$$

其中,系数 $s>0$ 为尺度因子,用来保持离散距离圆盘和欧氏距离圆盘的一致性。如果使用斜面距离,那么 s 的典型值为 a(a-move 的长度)。

考虑图 9.4.1 的第 1 卦限(0°～45°),即从 $y=0$ 到 $y=x$,有(注意,此时 $x_p=K$)

$$d_{a,b}(O,p)=a(x_p-y_p)+by_p \tag{9.4.2}$$

误差 $E_{a,b}$ 可沿直线($x=K$)进行测量($K>0$)。在点 p,相对误差是

$$E_{a,b}(O,p)=\frac{a(K-y_p)+by_p}{s\sqrt{K^2+y_p^2}}-1 \tag{9.4.3}$$

对 $y_p\in[0,K]$,典型的 $E_{a,b}(O,p)$ 的函数曲线在第 1 卦限部分如图 9.4.2 所示。

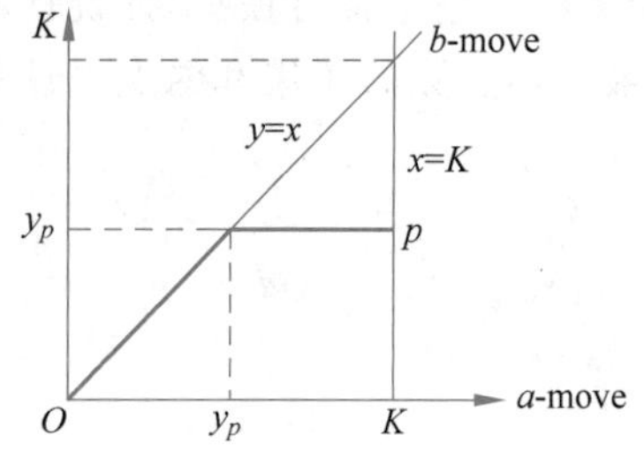

图 9.4.1 在第 1 卦限计算 $d_{a,b}$

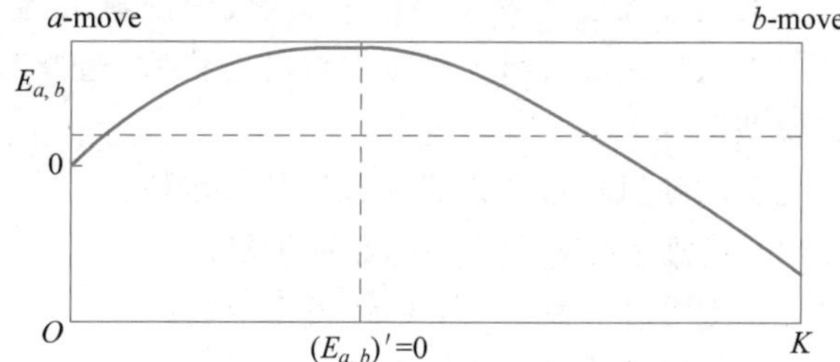

图 9.4.2 第 1 卦限内的 $E_{a,b}(O,p)$ 函数曲线

因为在$[0,K]$区间 $E_{a,b}$ 是凸函数,它的极值可通过$\partial E_{a,b}/\partial y=0$ 得到。对满足 $x_p=K$ 和 $0\leqslant y_p\leqslant K$ 的所有 p,都有

$$\frac{\partial E_{a,b}}{\partial y}(O,p)=\frac{1}{s\sqrt{K^2+y_p^2}}\left[(b-a)-\frac{[a(K-y_p)+by_p]y_p}{K^2+y_p^2}\right] \tag{9.4.4}$$

由$\partial E_{a,b}/\partial y=0$ 可解得 p 的坐标为$[K,(b-a)K/a]$,代入式(9.4.3)得到 $E_{a,b}(O,p)=[a^2+(b-a)^2]^{1/2}/s-1$。

最大相对误差 $E_{\max}=\max\{|E_{a,b}(O,p)|;\ x_p=K;\ 0\leqslant y_p\leqslant K\}$,这表明 $E_{\max}$ 或者在局部极值处取得,或者在 $y_p\in[0,K]$的边界取得(参见图 9.4.2)。如果 $p=(K,0)$,则 $E_{a,b}(O,p)=a/s-1$;如果 $p=(K,K)$,则 $E_{a,b}(O,p)=b/(2^{1/2}s)-1$。这样有

$$E_{\max}(O,p)=\max\left\{\left|\frac{a}{s}-1\right|,\left|\frac{\sqrt{a^2+(b-a)^2}}{s}-1\right|,\left|\frac{b}{\sqrt{2}s}-1\right|\right\} \tag{9.4.5}$$

上述计算虽然是沿直线进行的,但其数值并不依赖于直线,即 $E_{\max}$ 不依赖于 K。所以,这样计算得到的 $E_{\max}$ 在整个平面都成立。

对一些常用的距离移动长度,所计算出的最大相对误差见表 9.4.1。因为 d_4 和 d_8 分别是斜面距离在 4-邻域和 8-邻域的特例,所以也列在表中。

表 9.4.1　一些常用距离移动长度的最大相对误差

距　离	邻　域	移动长度和尺度因子	最大相对误差
d_4	N_4	$a=1,s=1$	41.43%
d_8	N_8	$a=1,b=1,s=1$	29.29%
$d_{2,3}$	N_8	$a=2,b=3,s=2$	11.80%
$d_{3,4}$	N_8	$a=3,b=4,s=3$	5.73%

总结和复习　　**随堂测试**

第3单元

特性分析

本单元包括 4 章,分别为

第 10 章　纹理分析

第 11 章　形状分析

第 12 章　运动分析

第 13 章　属性分析

特性分析是要在提取出目标,对其进行了有效的表达和描述,并获得基本特征的基础上,从视觉感知的角度,把握目标的各类特性,在较高抽象层次刻画目标。

第 10 章介绍纹理分析的主要内容。纹理是物体表面的固有特征之一,对区域纹理的分析是图像分析的一个重要分支。对图像中纹理特性的研究工作包括对纹理的表达和描述(所用的方法主要有 3 类:统计法、结构法、频谱法),借助纹理性质对纹理图像的分割(包括有监督分割和无监督分割),对纹理图像的分类和合成以及从纹理变化恢复景物形状。除最后一项工作属于图像理解将放在下册介绍外,该章将涉及其余属于图像分析的内容。

第 11 章介绍形状分析的内容。形状分析也是图像分析的一个重要分支,其重点是刻画图像中目标的各种形状特性。对形状的描述是对形状分类的基础,例如,在为确定形状相似性而进行的匹配中,匹配的常是对应的形状特性描述数值。对形状的描述常采用 3 类方法,即特征的方法(用特征描述形状特性)、形状变换的方法(借助从一种形状转换为另一种形状的参数模型)和基于关系的方法(将复杂形状分解成简单基元,既描述基元性质也描述基元关系)。对形状的分析应该基于形状的性质、可用的理论和技术进行。一方面,一个形状性质可用基于不同的理论技术的描述符来描述;另一方面,借助同一种理论技术也可以获得不同的描述符以刻画目标形状的不同性质。

第 12 章讨论有关运动分析的内容。要对场景中的运动信息进行分析,常需要使用图像序列(如视频),因为需要多幅时间上不同但有联系的图像才能将景物变化的情况记录下来。景物的变化会导致序列图像中灰度或灰度空间分布的变化。这种变化主要分为景的变化(外在照明改变、视场改变)和物的变化(目标位置朝向改变)。反映物的变化的图像也常称为运动图像,其中包含目标运动的信息。该章主要介绍对运动目标检测、分割和跟踪的内容,包括其基本原理、典型技术和方法等。另外,还专门讨论了对运动目标阴影的检测和利用孪生网络进行目标跟踪的技术。对一些有关场景亮度变化的计算,以及基于这些变化对立体景物进行重建和对运动场景的解释将放在下册介绍。

第13章介绍的目标属性是一个比较广泛的概念，也是近年得到较多关注的一类目标特性。属性反映了目标特定的特性，在其命名上也体现了人的主观性。视觉属性在中层语义层次上表达了图像的特性。相比纹理、形状、运动等目标特性，与生理学和心理学的结合更加紧密。该章对属性在属性学习和目标分类方面的应用进行了分析，重点讨论了借助知识迁移的零样本学习和借助行人属性先验分布、对行人属性分级，以及结合全身和部件属性在行人再识别方面的应用。

第10章

纹理分析

纹理是物体表面固有的一种特性,图像中的区域常常体现出纹理性质。纹理可认为是像素强度属性(灰度、颜色等)在空间以一定的形式变化而产生的图案(模式)。

纹理是图像分析中常用的概念,在生活中也常用到,但目前对纹理尚无正式的(或者说一致的)定义。人们常可以判断出纹理的存在性,但缺少对纹理比较严格的定义。一个原因是人们对纹理的感受是与心理效果相结合的,所以用语言或文字来描述纹理比较困难。

纹理与尺度有密切联系,一般仅在一定的尺度上可以观察到。对纹理的分析需要在恰当的尺度上进行。例如,给定一幅图像,当在较粗的尺度上观察时可能看不出纹理,需要到更细的尺度上观察才能看出来。任何物体的表面,如果一直放大下去进行观察则一定会显现出纹理。

纹理具有区域性质的特点,通常被看作对局部区域中像素之间关系的一种度量,对单个像素来说,讨论纹理是没有意义的。纹理可用来辨识图像中的不同区域。要描述一个图像中的纹理区域,常使用区域的尺寸、可分辨灰度元素的数目以及这些灰度元素的相互关系等[Brodatz 1966]。

根据上述讨论,本章各节将安排如下。

10.1 节先对纹理研究和应用的主要内容及分类以及纹理分析的基本方法进行概括介绍。

10.2 节讨论纹理描述的统计方法,除了常用的灰度共生矩阵和基于灰度共生矩阵的纹理描述符外,还对基于能量的纹理描述符进行介绍。

10.3 节讨论纹理描述的结构方法。基本的结构法包括两个关键点:确定纹理基元和建立排列规则。纹理镶嵌就是一种典型的方法,近年来,采用局部二值模式来描述纹理得到了广泛关注和应用。

10.4 节讨论描述纹理的频谱方法,包括傅里叶频谱和盖伯频谱。

10.5 节介绍一种纹理分类合成的方法。这里根据纹理的规则性将纹理分成 3 类,其中比较复杂的是局部有序纹理,需通过不同的组合方法来合成表达。

10.6 节介绍纹理分割的思路和方法。纹理是区分物体表面不同区域的重要线索,和灰度一样在分割中可起到重要的作用。本节对有监督纹理分割和无监督纹理分割都借助典型方法进行了介绍。

10.1 纹理研究概况

纹理可定义为在视场范围内的**灰度分布模式**(GLD)。这是一种可操作的定义,可帮助确定要分析表面纹理所需做的工作和所应采取的方法。

1. 纹理研究的内容

从研究的角度,对纹理的分析可分成 4 类。

(1) 纹理表达和描述。对纹理特点进行刻画,以表示纹理数据,帮助辨认纹理模式。

(2) 纹理分割。利用纹理性质作为特征对图像进行分割,将图像分成具有相同或相似纹理的多个区域。

(3) 纹理分类与合成。根据纹理特性对纹理区域分类(赋予唯一的标号),并利用对纹理的描述构建感知上与实际接近的纹理(如将其覆盖在合成图形的表面,可使图形产生真实感)。

(4) 由纹理恢复形状。根据图像的纹理(以及纹理变化)特点来恢复原始成像物体表面的朝向或表面的形状。

本章主要介绍和讨论前3类内容,第4类内容将在下册介绍。

2. 纹理分析的方法

从心理学的观点,人类观察到的纹理特征包括**粒度**、**方向性**和**重复性**等。

常用的3种纹理表达和描述方法是统计法、结构法、频谱法。

(1) 统计法。在**统计法**中,纹理被看作一种对区域中某种特征分布的定量测量结果[Shapiro 2001]。它利用统计规则来描述纹理,比较适合描述自然纹理,常可提供纹理的平滑、稀疏、规则与否等性质。因为仅从特征重建纹理是不可能的,所以这类方法只用于分类。统计法的目标是估计随机过程的参数,如分形布朗运动或马尔可夫随机场(分形将在11.7节介绍,分形还可描述纹理)。

(2) 结构法。在**结构法**中,纹理被看作一组**纹理基元**以某种规则的或重复的关系相结合的结果[Shapiro 2001]。这种方法试图根据一些描述几何关系的分布/排列规则来描述纹理基元[Russ 2006]。利用结构法常可获得一些与视觉感受相关的纹理特征,如**粗细度**、**对比度**、**方向性**、**线状性**、**规则性**、**粗糙度**或**凹凸性**等。利用结构法,还有可能合成纹理。

(3) 频谱法。**频谱法**是变换域的方法。传统的频谱法利用了傅里叶频谱(通过傅里叶变换获得)的分布特性,特别是频谱中的高能量窄脉冲来描述纹理中的全局周期性质。近年来,许多其他频谱方法也得到了应用(如[章2003b]和[章2005b])。其中,盖伯频谱在检测纹理模式的频率通道和朝向方面有效且精确。

对纹理采用哪种表达和描述方法依赖于纹理的模式或尺度,根据纹理的不同模式或尺度需采用不同的方法。考虑图10.1.1,图10.1.1(a)中的模式包含许多小的纹理基元,可以对它进行统计分析而不考虑单个基元;图10.1.1(b)中的模式包含许多大的纹理基元,可以对它基于各个基元进行结构分析;图10.1.1(c)中的模式也包含许多小的纹理基元但它们又组成一些小的聚类(集团),用统计的方法进行图像分割可以将各个聚类检测出来,此时不用考虑单个基元,在此基础上,利用检测出来的聚类可以对纹理模式进行结构分析;图10.1.1(d)中的模式包含构成聚类的纹理基元,通过将纹理基元组合可以用结构方式先将聚类检测出来,然后可基于检测出来的聚类对纹理模式进行结构分析。

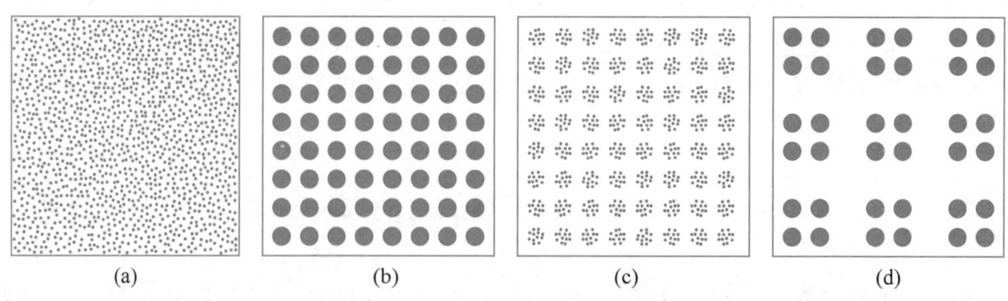

图10.1.1 分析方法依赖于纹理模式

10.2 纹理描述的统计方法

对纹理的统计描述由来已久。最简单的统计法借助于灰度直方图的矩来描述纹理。例如,由式(7.1.5)和式(7.1.6)可计算出直方图的各阶矩,其中,方差μ_2是灰度对比度的量度,可用于描述直方图的相对平滑程度；μ_3 表示直方图的**偏度**；μ_4 表示直方图的相对平坦性。更高阶矩的物理意义不直接，但定量地描述了直方图的特点从而反映了图像纹理的内容。

10.2.1　灰度共生矩阵

仅仅借助灰度直方图的矩来描述纹理只利用了像素灰度统计信息而没能利用像素相对位置的空间信息。为利用空间信息，可建立区域的**灰度共生矩阵**。设 S 为目标区域 R 中具有特定空间联系的像素对的集合，则灰度共生矩阵 $\boldsymbol{P}$ 中各元素可定义为

$$P(g_1,g_2)=\frac{\#\{[(x_1,y_1),(x_2,y_2)]\in S \mid f(x_1,y_1)=g_1 \,\&\, f(x_2,y_2)=g_2\}}{\# S} \tag{10.2.1}$$

上式等号右边的分子是具有某种空间关系、灰度值分别为 g_1 和 g_2 的像素对的个数；分母为像素对总和的个数（# 代表数量）。这样得到的 $\boldsymbol{P}$ 是归一化的。

例 10.2.1　位置算子和灰度共生矩阵

可借助位置算子计算像素对的特定空间联系。设 W 是一个位置算子，$\boldsymbol{p}$ 是一个 $k\times k$ 矩阵，其中，元素 p_{ij} 表示具有灰度值 g_i 的点相对于由 W 确定的具有灰度值 g_j 的点所出现的次数，有 $1\leqslant i,j\leqslant k$。如对图 10.2.1(a)中只有 3 个灰度级的图像($g_1=0,g_2=1,g_3=2$)，定义 W 为"向右 1 个像素和向下 1 个像素"的位置关系，得到(尚未归一化)的矩阵 $\boldsymbol{p}_{(1,1)}$ 如图 10.2.1(b)所示。以 p_{12} 的计算为例，它应是对灰度为 g_1 的像素出现在灰度为 g_2 的像素右下方的统计。

$$\begin{matrix}0&0&0&1&2\\1&1&0&1&1\\2&2&1&0&0\\1&1&0&2&0\\0&0&1&0&1\end{matrix}$$

(a)

$$\boldsymbol{p}_{(1,1)}=\begin{bmatrix}p_{11}&p_{12}&p_{13}\\p_{21}&p_{22}&p_{23}\\p_{31}&p_{32}&p_{33}\end{bmatrix}=\begin{bmatrix}4&2&0\\2&3&2\\1&2&0\end{bmatrix}$$

(b)

$$\boldsymbol{P}_{(1,1)}=\begin{bmatrix}1/4&1/8&0\\1/8&3/16&1/8\\1/16&1/8&0\end{bmatrix}$$

(c)

图 10.2.1　借助位置算子计算灰度共生矩阵

如果设图像中满足位置算子 W 的像素对的总个数为 N（本例中 $N=16$），则将 $\boldsymbol{p}_{(1,1)}$ 的每个元素都除以 N 就可得到满足 W 关系的像素对出现的概率，并得到式(10.2.1)定义的归一化灰度共生矩阵 $\boldsymbol{P}_{(1,1)}$，如图 10.2.1(c)所示。 □

像素对内部的空间联系也可借助极坐标的方式来定义。例如，可将关系用 $Q=(r,\theta)$ 来表示，其中 r 对应两像素之间的距离，θ 对应两像素之间连线与横轴的夹角。图 10.2.2(a)给出了一幅小图像，它的两个灰度共生矩阵分别如图 10.2.2(b)和图 10.2.2(c)所示(这里还未归一化)，其中图 10.2.2(b)对应 $Q=(1,0)$，而图 10.2.2(c)对应 $Q=(1,\pi/2)$。

0	0	0	1
1	1	1	1
2	2	2	3
3	3	3	3

(a)

	0	1	2	3
0	2	1	0	0
1	1	3	0	0
2	0	0	2	1
3	0	0	1	3

(b)

	0	1	2	3
0	0	3	0	0
1	3	1	3	0
2	0	3	0	3
3	0	0	3	1

(c)

图 10.2.2　一幅小图像及其两个灰度共生矩阵

例 10.2.2　图像和其灰度共生矩阵实例

不同的图像由于纹理尺度的不同其灰度共生矩阵可以有很大的差别，这可以说是借助灰度共生矩阵进一步计算纹理描述符的基础。图 10.2.3 和图 10.2.4 分别给出了一幅细纹理图

像及其灰度共生矩阵和一幅粗纹理图像及其灰度共生矩阵的实例。这里细纹理指有较多细节(纹理尺度较小)，粗纹理指相似区域较大(灰度比较平滑，纹理尺度较大)。两图的图(a)都是原始图像，而图(b)～图(e)分别为灰度共生矩阵 $\boldsymbol{P}_{(1,0)}(i,j)$，$\boldsymbol{P}_{(0,1)}(i,j)$，$\boldsymbol{P}_{(1,-1)}(i,j)$ 和 $\boldsymbol{P}_{(1,1)}(i,j)$。两相比较可看出，对细纹理图像，由于灰度在空间上变化比较快，所以其灰度共生矩阵中的 p_{ij} 值散布在各处；而对粗纹理图像，其灰度共生矩阵中的 p_{ij} 值较集中于主对角线附近，这是因为对于粗纹理，像素对的两个像素趋于具有相同的灰度。由此可见，灰度共生矩阵的确可反映不同灰度像素相对位置的空间信息。

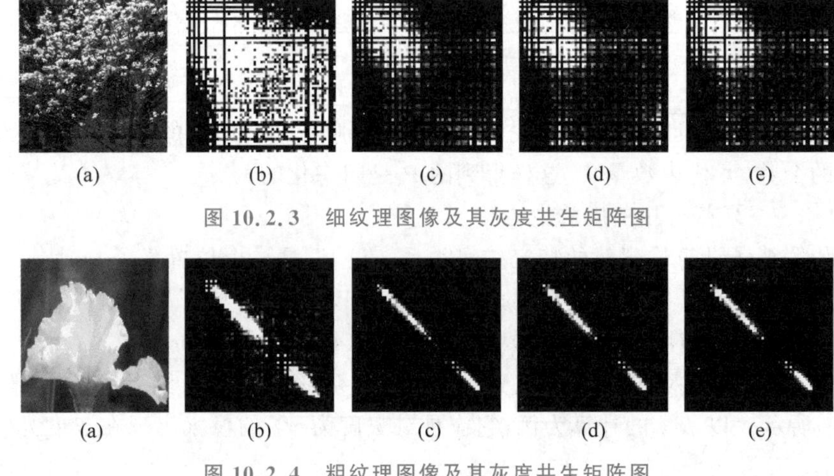

图 10.2.3　细纹理图像及其灰度共生矩阵图

图 10.2.4　粗纹理图像及其灰度共生矩阵图 □

10.2.2　基于灰度共生矩阵的纹理描述符

基于灰度共生矩阵 $\boldsymbol{P}$ 可定义和计算几个常用的**纹理描述符**，如纹理二阶矩 W_M、熵 W_E、对比度 W_C 和均匀性 W_H：

$$W_\mathrm{M}=\sum_{g_1}\sum_{g_2}p^2(g_1,g_2) \tag{10.2.2}$$

$$W_\mathrm{E}=-\sum_{g_1}\sum_{g_2}p(g_1,g_2)\log[p(g_1,g_2)] \tag{10.2.3}$$

$$W_\mathrm{C}=\sum_{g_1}\sum_{g_2}|g_1-g_2|\,p(g_1,g_2) \tag{10.2.4}$$

$$W_\mathrm{H}=\sum_{g_1}\sum_{g_2}\frac{p(g_1,g_2)}{k+|g_1-g_2|} \tag{10.2.5}$$

其中，W_M 对应图像的均匀性或平滑性，当所有的 $p(g_1,g_2)$ 都相等时，W_M 达到最小值，图像最光滑；W_E 给出一幅图像内容随机性的量度，当所有的 $p(g_1,g_2)$ 都相等时(即均匀分布)，W_E 达到最大；W_C 是灰度共生矩阵中各元素灰度差值的一阶矩，当 $\boldsymbol{P}$ 中小的元素接近矩阵主对角线时，W_C 较大(表明图像中的近邻像素间有较大的反差)；W_H 在一定程度上可看作 W_C 的倒数(k 的作用是避免分母为零，但 W_H 的大小受 k 值的影响较大，可参见例 10.2.3)。

例 **10.2.3**　纹理图像示例和纹理特征计算

图 10.2.5 给出了 5 幅纹理图像，它们的纹理二阶矩、熵、对比度和均匀性的数值如表 10.2.1 所示。可见式(10.2.5)中 k 的取值对描述符的计算有较大影响。

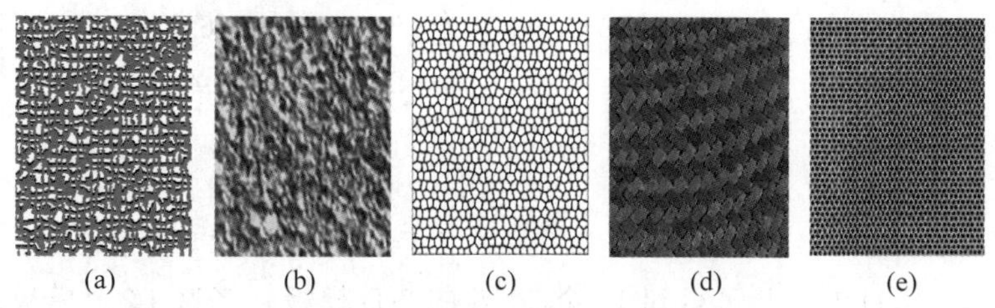

图 10.2.5 纹理图像示例

表 10.2.1 纹理图像描述符取值示例

描述符	(a)	(b)	(c)	(d)	(e)
二阶矩	0.21	5.42 E−5	0.08	0.17 E−3	1.68 E−4
熵	0.84	4.33	2.23	3.90	4.28
对比度	74.66	54.47	101.04	24.30	76.80
均匀性(k=0.0001)	4131.05	60.53	2820.45	155.04	144.96
均匀性(k=0.5)	0.83	0.06	0.58	0.13	0.06
均匀性(k=3.0)	0.14	0.04	0.15	0.07	0.03

□

10.2.3 基于能量的纹理描述符

通过利用**模板**(也称核)计算局部纹理能量可获得图像中灰度变化的信息。一种典型的方法是使用**劳斯算子**。如果设图像为 $f(x, y)$,一组模板分别为 $M_1, M_2, \cdots, M_N$,则卷积 $g_n = f \otimes M_n (n=1,2,\cdots,N)$ 给出了各个像素邻域中表达纹理特性的纹理能量分量。如果模板尺寸为 $k \times k$,则对应第 n 个模板的纹理图像元素为

$$T_n(x,y) = \frac{1}{k \times k} \sum_{i=-(k-1)/2}^{(k-1)/2} \sum_{j=-(k-1)/2}^{(k-1)/2} |g_n(x+i, y+j)| \tag{10.2.6}$$

这样对应每个像素位置(x,y),都有一个对应的纹理特征矢量$[T_1(x,y)\ T_2(x,y) \cdots T_N(x,y)]^{\mathrm{T}}$。

劳斯算子常用的模板尺寸为 3×3、5×5 和 7×7。令 L 代表层(level),E 代表边缘(edge),S 代表形状(shape),W 代表波(wave),R 代表纹(ripple),O 代表振荡(oscillation),则可得到相应的 1-D 模板。例如,对应 5×5 模板的 1-D 矢量形式为(写成行矢量)

$$\begin{cases} \boldsymbol{L}_5 = [1 \quad 4 \quad 6 \quad 4 \quad 1] \\ \boldsymbol{E}_5 = [-1 \quad -2 \quad 0 \quad 2 \quad 1] \\ \boldsymbol{S}_5 = [-1 \quad 0 \quad 2 \quad 0 \quad -1] \\ \boldsymbol{W}_5 = [-1 \quad 2 \quad 0 \quad -2 \quad 1] \\ \boldsymbol{R}_5 = [1 \quad -4 \quad 6 \quad -4 \quad 1] \end{cases} \tag{10.2.7}$$

其中,$\boldsymbol{L}_5$ 给出了中心加权的局部平均,$\boldsymbol{E}_5$ 可检测边缘,$\boldsymbol{S}_5$ 可检测点,$\boldsymbol{R}_5$ 可检测波纹。

图像中每个 2-D 模板的效果可用对两个 1-D 模板(行模板和列模板)的卷积得到。对原始图像中的每个像素都用在其邻域中获得的上述卷积结果来代替其值,就得到对应其邻域纹理能量的图。借助能量图,每个像素都可用表达邻域中纹理能量的 N^2-D 特征量代替。

在许多实际应用中,常使用 9 个 5×5 的模板以计算**纹理能量**。可借助 $\boldsymbol{L}_5$、$\boldsymbol{E}_5$、$\boldsymbol{S}_5$ 和 $\boldsymbol{R}_5$ 这 4 个 1-D 矢量组合以获得这 9 个模板。2-D 模板可由计算 1-D 模板的外积得到,例如

$$\boldsymbol{E}_5^{\mathrm{T}}\boldsymbol{L}_5=\begin{bmatrix}-1\\-2\\0\\2\\1\end{bmatrix}\begin{bmatrix}1&4&6&4&1\end{bmatrix}=\begin{bmatrix}-1&-4&-6&-4&-1\\-2&-8&-12&-8&-2\\0&0&0&0&0\\2&8&12&8&2\\1&4&6&4&1\end{bmatrix}\tag{10.2.8}$$

组合上述 4 个 1-D 矢量共可得到 16 个 5×5 的 2-D 模板。将这 16 个模板用于原始图像可得到 16 个纹理能量图。令 $F_n(i,j)$为用第 n 个模板在(i,j)位置滤波得到的结果，那么对应第 n 个模板的纹理能量图 E_n 为(c 和 r 分别代表行和列)

$$E_n(r,c)=\sum_{i=c-2}^{c+2}\sum_{j=r-2}^{r+2}|F_n(i,j)|\tag{10.2.9}$$

每幅纹理能量图都是完全尺寸的图像，代表用第 n 个模板得到的结果。

一旦得到了 16 幅纹理能量图，就可将有些对称的图进一步结合(将一对图用它们的均值图代替)以得到 9 个最终图。例如，$\boldsymbol{E}_5^{\mathrm{T}}\boldsymbol{L}_5$ 测量水平边缘而 $\boldsymbol{L}_5^{\mathrm{T}}\boldsymbol{E}_5$ 测量垂直边缘，它们的平均图将可以测量各个方向的边缘。如此得到 9 幅纹理能量图：$\boldsymbol{L}_5^{\mathrm{T}}\boldsymbol{E}_5/\boldsymbol{E}_5^{\mathrm{T}}\boldsymbol{L}_5$、$\boldsymbol{L}_5^{\mathrm{T}}\boldsymbol{S}_5/\boldsymbol{S}_5^{\mathrm{T}}\boldsymbol{L}_5$、$\boldsymbol{L}_5^{\mathrm{T}}\boldsymbol{R}_5/\boldsymbol{R}_5^{\mathrm{T}}\boldsymbol{L}_5$、$\boldsymbol{E}_5^{\mathrm{T}}\boldsymbol{E}_5$、$\boldsymbol{E}_5^{\mathrm{T}}\boldsymbol{S}_5/\boldsymbol{S}_5^{\mathrm{T}}\boldsymbol{E}_5$、$\boldsymbol{E}_5^{\mathrm{T}}\boldsymbol{R}_5/\boldsymbol{R}_5^{\mathrm{T}}\boldsymbol{E}_5$、$\boldsymbol{S}_5^{\mathrm{T}}\boldsymbol{S}_5$、$\boldsymbol{S}_5^{\mathrm{T}}\boldsymbol{R}_5/\boldsymbol{R}_5^{\mathrm{T}}\boldsymbol{S}_5$、$\boldsymbol{R}_5^{\mathrm{T}}\boldsymbol{R}_5$。上述得到的 9 幅纹理能量图也可看作一幅图像，而在其中每个像素位置有一个包含 9 个纹理属性的矢量。

劳斯算子有两个缺点：

(1) 当模板尺寸较小时，有可能检测不到大尺度的纹理结构；

(2) 对纹理能量的平滑操作可能会模糊跨越边缘的纹理特征值。

例 10.2.4　Ade's 本征滤波器

Ade's 本征滤波器是在劳斯算子基于能量的纹理描述符基础上发展起来的一种纹理描述方法[Ade 1983]。它考虑了 3×3 窗口中所有可能的像素对，并用 9×9 的协方差矩阵来刻画图像的灰度数据。为对角化协方差矩阵，需要确定本征矢量。这些本征矢量类似于劳斯算子的模板，称为滤波器模板或本征滤波器模板，可产生给定纹理的主分量图像。每个本征值给出了原始图像中可以使用对应滤波器提取的方差，而这些方差给出了对推导出协方差矩阵的图像纹理的全面描述。提取较小方差的滤波器对纹理识别的作用相对较小。

选择像素对的方式很多，但如果不考虑像素对的平移，只有 12 种不同类型的空间联系。如果加上零矢量，则共有 13 种，如表 10.2.2 所示，其中第 2 行给出了 13 种不同类型的空间联系的数量。

表 10.2.2　3×3 窗口中的像素空间联系数

类型	a	b	c	d	e	f	g	h	i	j	k	l	m
个数	9	12	12	8	8	6	6	2	2	4	4	4	4

由这 13 种类型的空间联系构成的协方差矩阵具有如下形式：

$$\boldsymbol{C}=\begin{bmatrix}a&b&f&c&d&k&g&m&h\\b&a&b&e&c&d&l&g&m\\f&b&a&j&e&c&i&l&g\\c&e&j&a&b&f&c&d&k\\d&c&e&b&a&b&e&c&d\\k&d&c&f&b&a&j&e&c\\g&l&i&c&e&j&a&b&f\\m&g&l&d&c&e&b&a&b\\h&m&g&k&d&c&f&b&a\end{bmatrix}\tag{10.2.10}$$

这里 $\boldsymbol{C}$ 是一个对称矩阵，一个实对称协方差矩阵的本征值是实的和正的，且本征矢量是互相正交的。这样得到的本征滤波器反映了纹理的正确结构，很适合刻画纹理。

Ade's 本征滤波器允许较早地把低值能量项除去，从而节约计算量。例如，9 个分量中的第 1 个就包含了纹理总能量的 80.3%，前 3 个就包含了纹理总能量的 96.5%，前 5 个就包含了纹理总能量的 99.1%。可见，排在前面的分量具有较好的能量集中效果。

在劳斯算子中，先使用标准的滤波器来产生纹理能量图像，然后可使用主分量方法来进行分析。在 Ade's 方法中，使用了特殊的滤波器（本征滤波器，其中已结合了主分量分析的结果），所以在计算出纹理能量项后，可仅仅使用其中一部分进行纹理分析。 □

10.3 纹理描述的结构方法

一般认为纹理是由许多相互接近的、互相编织的元素构成（它们常富有周期性），所以纹理描述可提供图像区域的平滑、稀疏、规则性等特性。**结构法**是一种空域方法，其基本思想是认为复杂的纹理可由一些简单的**纹理基元**（基本纹理元素）以一定的有规律的形式重复排列组合而成。

10.3.1 结构描述法基础

结构法的关键有两个：一是确定纹理基元；二是建立排列规则。为了刻画纹理，就需要刻画纹理基元自身的性质以及它们之间的空间排列规则。

1. 纹理基元

纹理区域的性质与基元的性质和数量都有关。如果一个小尺寸的图像区域包含灰度几乎不变的基元，那么该区域的主要属性是灰度；如果一个小尺寸的图像区域包含灰度变化很多的基元，那么该区域的主要属性是纹理。这里的关键就是这个小图像区域的尺寸、基元的种类以及各个不同基元的数量和排列。当不同基元的数量减少时，灰度特性将增强（事实上，如果这个小图像区域就是单个像素，则该区域只有灰度性质）；当小图像区域中不同基元的数量增加时，纹理特性将增强。当灰度的空间模式是随机的，且不同基元的灰度变化比较大时，会得到比较粗的纹理；当空间模式变得比较小，且图像区域包含越来越多的像素时，会得到比较细的纹理。

目前，并没有标准的（或者说大家公认的）纹理基元集合[Forsyth 2003]。一般认为一个纹理基元是由一组属性所刻画的相连通的像素集合。最简单的基元就是像素，其属性就是其灰度。比它复杂一点的基元是一组具有均匀性质的相连通的像素集合。这样一个基元可用尺寸、朝向、形状和平均值等来描述。

例 10.3.1　纹理基元图

一个纹理基元可看作一个离散变量，它指出当前像素邻域中可能存在的（有限个纹理类别中的）某一个纹理类别。一个纹理基元图中每个像素的值都是对应纹理基元的值。

对纹理基元的赋值取决于训练数据。用 N 个一组的滤波器与一幅训练图像进行卷积，将训练图像在每个像素位置的响应连接起来就构成一个 $N\times1$ 的矢量。将这些矢量用 K-均值算法聚成 K 类。对一幅新的输入图像，将其与相同的滤波器组卷积来计算纹理基元。对每个像素，看哪个聚类均值与当前位置的 $N\times1$ 滤波器输出的矢量最接近就赋予那个类。

对滤波器组的选择有多种方法。例如，可使用尺度为 σ、2σ 和 4σ 的高斯滤波器对 3 个彩色通道进行滤波，加上尺度为 2σ 和 4σ 的高斯导数滤波器以及尺度为 σ、2σ、4σ 和 8σ 的高斯-

拉普拉斯滤波器对亮度进行滤波。这样可以同时获取和利用彩色和纹理信息。

使用一个特定的滤波器组可使获得的纹理基元具有旋转不变性,并保留图像中朝向结构的信息。这个滤波器组包括一个高斯滤波器、一个高斯-拉普拉斯滤波器、一个具有3个尺度的(非对称)边缘滤波器和一个具有相同3个尺度的(对称)线段滤波器。边缘滤波器和线段滤波器在每个尺度上都在6个方向上重复(后文图10.4.5和图10.4.6中的盖伯滤波器类似)。所以该滤波器组相当于一共有38个滤波器,如图10.3.1所示。为获得旋转不变性,可仅考虑所有方向中最大的滤波响应,这里最终的滤波器组响应矢量包含8个分量,分别对应高斯滤波器和拉普拉斯滤波器(已经具有不变性)以及3个尺度上的边缘滤波器和线段滤波器在所有方向上具有的最大响应。

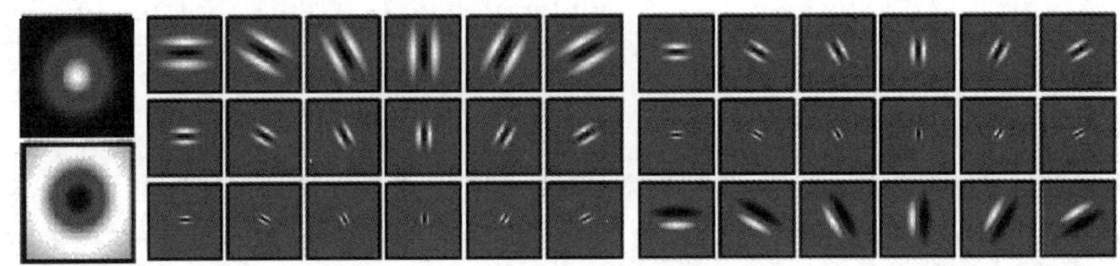

图10.3.1 38个滤波器示意 □

设纹理基元为$h(x,y)$,排列规则为$r(x,y)$,则纹理$t(x,y)$可表示为

$$t(x,y)=h(x,y)\otimes r(x,y) \tag{10.3.1}$$

其中

$$r(x,y)=\sum\delta(x-x_m,y-y_m) \tag{10.3.2}$$

这里,x_m和y_m是脉冲函数的位置坐标。根据卷积定理,在频域有

$$T(u,v)=H(u,v)R(u,v) \tag{10.3.3}$$

所以

$$R(u,v)=T(u,v)H(u,v)^{-1} \tag{10.3.4}$$

这样,给定对纹理基元$h(x,y)$的描述,可以推导反卷积滤波器$H(u,v)^{-1}$。将这个滤波器用于待分割的纹理图像,得到纹理区域中的脉冲阵列,每个脉冲都位于纹理基元的中心。纹理基元描述了局部纹理特征,对整幅图像中不同纹理基元的分布进行统计可获得图像的全面纹理信息。这里可用纹理基元标号为横轴,以它们出现的频率为纵轴而得到纹理图像的直方图(纹理谱)。

2. 排列规则

为用结构法描述纹理,在获得纹理基元的基础上,还要建立将它们进行排列的规则。如果能定义出一些排列基元的规则,就有可能将给定的纹理基元按照规定的方式组织成所需的纹理模式。这里的规则和方式可用**形式语法**来定义,与7.3.3小节中对字符串的描述类似。

考虑设计了如下4个重写规则(其中t表示纹理基元,r表示向右移动,d表示向下移动):

(1) $S\to rS$(变量S可用aS来替换);

(2) $S\to dS$(变量S可用bS来替换);

(3) $S\to tS$(变量S可用tS来替换);

(4) $S\to t$(变量S可用t来替换)。

则结合使用不同的重写规则可生成不同的2-D纹理区域。

例如,设t是如图10.3.2(a)的一个纹理基元,它也可看作直接使用规则(4)而得到的。如果依次使用规则(3)、(1)、(3)、(1)、(3)、(1)、(4),则可得到$trtrtrt$,即生成图10.3.2(b)的图案/模式；如果依次使用规则(3)、(1)、(3)、(2)、(3)、(1)、(3)、(1)、(4)，则可得到 *trtdtrtrt*，即可生成图 10.3.2(c)。

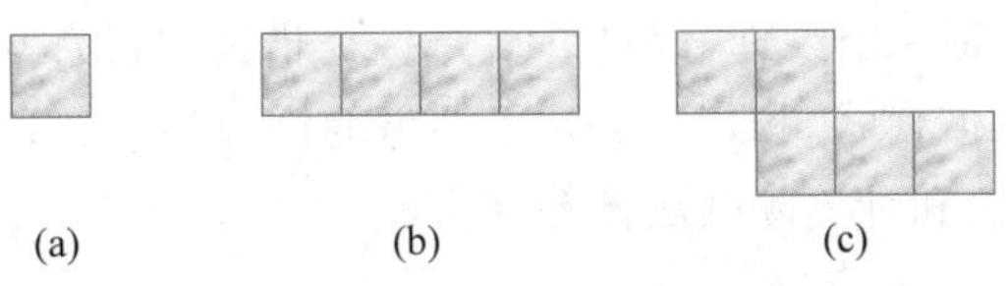

图 10.3.2　不同 2-D 纹理模式的生成

10.3.2　纹理镶嵌

比较规则的纹理在空间中可以用有次序的形式通过**纹理镶嵌**来构建，最典型的模式是用(一种)正多边形镶嵌，与采样网格的模式类似。在图 10.3.3 中，图 10.3.3(a)表示由正三角形构成的模式；在图 10.3.3(b)表示由正方形构成的模式；图 10.3.3(c)表示由正六边形构成的模式。

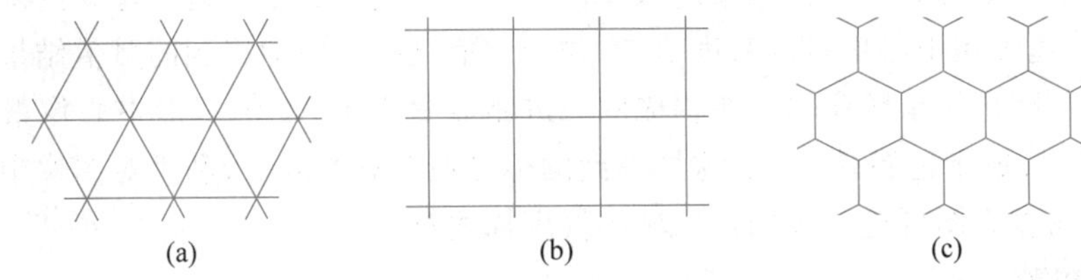

图 10.3.3　3 种正多边形镶嵌

如果同时使用两种不同边数的正多边形进行镶嵌就构成半规则镶嵌。几种典型的半规则镶嵌模式如图 10.3.4 所示。

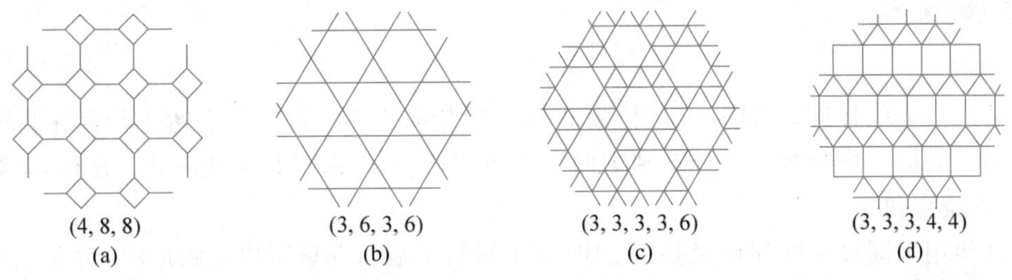

图 10.3.4　半规则镶嵌

为描述上述镶嵌模式，可以依次列出绕顶点的多边形的边数。例如，对图 10.3.3(c)的模式，可表示为(6,6,6)，即各个顶点都有 3 个六边形围绕。对图 10.3.4(c)的模式，对各个顶点都有 4 个三角形和 1 个六边形围绕它，所以表示为(3,3,3,3,6)。这里重要的是基元的排列，而不是基元本身。对一个用基元来定义的镶嵌模式，排列所定义的镶嵌模式与它是对偶的。在图 10.3.5 中，图 10.3.5(a)和图 10.3.5(c)分别对应基元的镶嵌和排列的镶嵌，而图 10.3.5(b)是它们结合的结果。

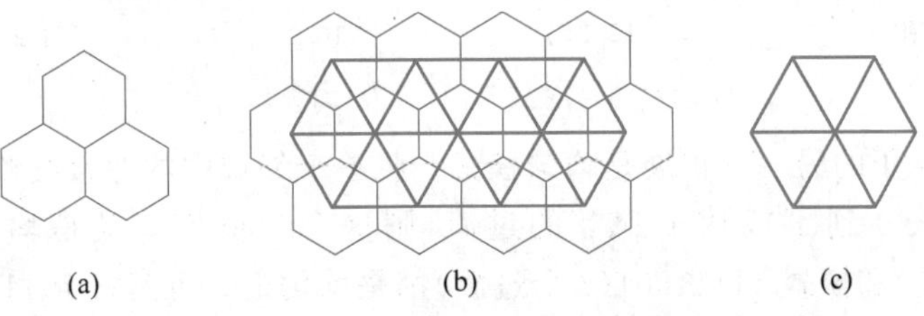

图 10.3.5　基元镶嵌和排列镶嵌的对偶性

10.3.3 局部二值模式

局部二值模式(LBP)是一个纹理分析算子,是一个借助局部邻域定义的纹理测度。它从灰度图像中提取一系列二值模式,相当于表达了图像的纹理频谱。它属于点样本估计方式,具有尺度不变性、旋转不变性和计算复杂度低等优点。

1. 空间 LBP

基本的或原始的 LBP 算子对图像中每个像素的 3×3 邻域中的像素进行操作,主要步骤为:

(1) 取需要考虑的像素作为中心像素,读出其 3×3 邻域中所有像素的灰度值;

(2) 以中心像素的灰度值为阈值,对其余 8 个像素阈值化,大于阈值的赋 1,小于阈值的赋 0;

(3) 将对 8 个像素阈值化后的赋值顺序取出构成一个二进制数串作为中心像素的标号。

图 10.3.6 给出了基本 LBP 算子的一个计算示例,其中左边是一幅纹理图像,从中取出一个 3×3 的邻域,中心像素的邻接像素的顺序由括号内的编号表示。这些像素的灰度值由接下来的窗口表示,通过用中心像素的灰度值 50 作为阈值进行阈值化得到的赋值结果可看作一幅二值图。对这些赋值结果顺序取出所构成的二进制数串为 10111001,即中心像素的二进制标号是 10111001,换成十进制是 185。这样得到的标号最多有 256 个,利用对图像中所有像素的标号统计得到的直方图可进一步用作区域的纹理描述符。

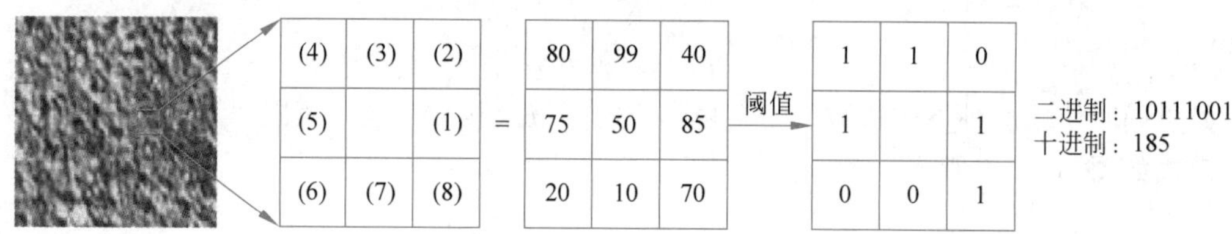

图 10.3.6 基本 LBP 算子的计算示例

借助进一步的计算,可使局部二值模式算子对朝向不变:对二值表达进行逐比特的移动可生成 8 个新的二进制数串并计算它们的二进数值,然后仅选出其中最小的。这样,就将可能的 LBP 值减少到 36 个。

可以使用不同尺寸的邻域对基本 LBP 算子进行扩展。邻域可以是圆形的,对非整数的坐标位置可使用双线性插值来计算像素值,以消除对邻域半径和邻域内像素数的限制。下面用 (P, D) 代表一个像素邻域,其中邻域中有 P 个像素,圆半径为 D。图 10.3.7 给出了圆邻域的几个示例。

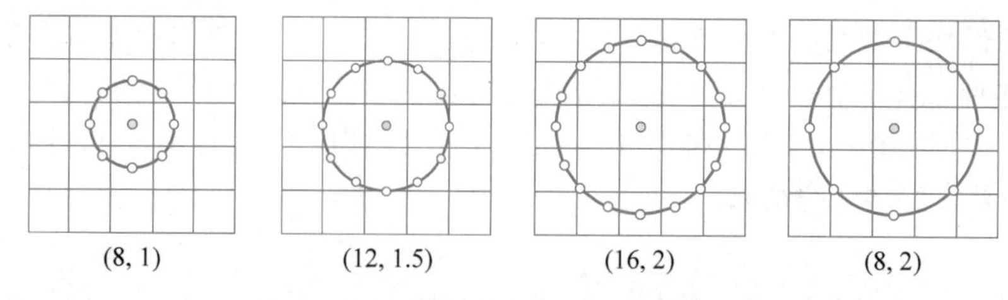

图 10.3.7 对应不同 (P, D) 的邻域集合

对基本 LBP 算子的另一种扩展是**均匀模式**。将一个邻域中的像素按顺序循环考虑,如果它包含最多两个从 0 到 1 或从 1 到 0 的过渡,则这个二值模式就是均匀的。例如,模式 00000000(0 个过渡)和模式 11111001(2 个过渡)都是均匀的;而模式 10111001(4 个过渡)和模式 10101010(7 个过渡)都不是均匀的,它们没有明显的纹理结构,可视为噪声。在计算

LBP 标号时,对每个均匀模式用一个单独的标号,而对所有非均匀模式则共同使用同一个标号,这样可增强其抗噪能力。例如,当使用(8,D)邻域时,一共有 256 个模式,其中 58 个模式为均匀模式,所以一共有 59 个标号。综上所述,可以用 $\mathrm{LBP}_{P,D}^{(u)}$ 来表示这样一个均匀模式的 LBP 算子。

在前面朝向不变的 36 个 LBP 值中,均匀模式占了大多数。如果将非均匀模式合成一类,则用 LBP 值表示的纹理类型(对应图像的局部结构)还可减少到 9 类,即 8 类旋转不变的均匀模式加一类非均匀模式。

根据 LBP 的标号可以获得不同的局部基元,分别对应不同的局部纹理结构。图 10.3.8 给出了一些(有意义)示例,其中,空心圆点代表 0,实心圆点代表 1。

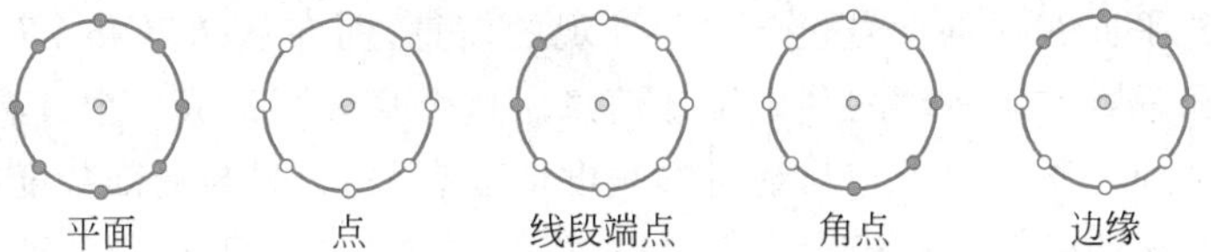

图 10.3.8 借助 LBP 标号获得的局部基元

如果计算出用 LBP 标号标记的图像 $f_{\mathrm{L}}(x,y)$后,则可得到 LBP 直方图:

$$H_i=\sum_{x,y} I\{f_{\mathrm{L}}(x,y)=i\}, \quad i=0,1,\cdots,n-1 \tag{10.3.5}$$

其中,n 是由 LBP 算子给出的不同的标号个数,而函数

$$I(z)=\begin{cases}1, & z\text{ 为真}\\0, & z\text{ 为假}\end{cases} \tag{10.3.6}$$

2. 时-空 LBP

将原始的 LBP 算子扩展到时-空表达中可以进行**动态纹理分析**(DTA),这就是**体局部二值模式**(VLBP)算子,可用于在 3-D(X,Y,T)空间中分析纹理的动态变化,既包括运动也包括外观。在(X,Y,T)空间中,可以考虑 3 组平面:XY、XT、YT。所获得的 3 类 LBP 标号分别是 XY-LBP、XT-LBP 和 YT-LBP。第一类包含了空间信息,后两类均包含了时-空信息。由 3 类 LBP 标号可得到 3 个 LBP 直方图,还可以把它们拼成一个统一的直方图。图 10.3.9 给出了一个示意图,其中图 10.3.9(a)显示了动态纹理的 3 个平面;图 10.3.9(b)给出了各个平面的 LBP 直方图;图 10.3.9(c)是拼合后的特征直方图。

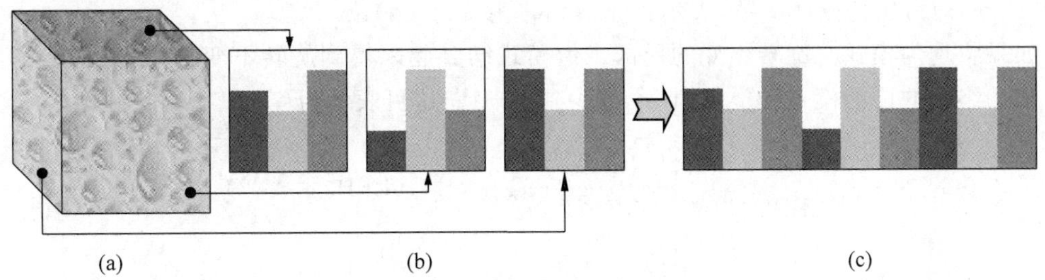

图 10.3.9 体局部二值模式的直方图表示

设给定一个 $X\times Y\times T$ 的动态纹理($x\in\{0,1,\cdots,X-1\}$,$y\in\{0,1,\cdots,Y-1\}$,$t\in\{0,1,\cdots,T-1\}$),动态纹理直方图是

$$H_{i,j}=\sum_{x,y,t} I\{f_j(x,y,t)=i\}, \quad i=0,1,\cdots,n_j-1; \quad j=0,1,2 \tag{10.3.7}$$

其中,n_j 是由 LBP 算子在第 j 个平面($j=0$:XY,1:XT 和 2:YT)所产生的不同的标号个数,$f_j(x,y,t)$代表在第 j 个平面上中心像素(x,y,t)的 LBP 码。

对动态纹理来说,并不需要将时间轴与空间轴设成相同尺度,即在 XT 和 YT 平面上,时间和空间采样点间的距离可以不同。更一般地,在 XY、XT 和 YT 平面上的采样点间的距离都可以不同。

当需要比较空间和时间尺度都不同的动态纹理时,需要将直方图归一化以得到一致的描述:

$$N_{i,j}=\frac{H_{i,j}}{\sum_{k=0}^{n_j-1}H_{k,j}} \tag{10.3.8}$$

在这个归一化直方图中,基于3个不同平面而得到的LBP标号可以有效地获得对动态纹理的描述。从 XY 平面获得的标号包含关于外观的信息,而在从 XT 和 YT 平面获得的标号中包含了沿水平和垂直方向运动的共生统计信息。这个直方图构成一个具有空间和时间特征的对动态纹理的全局描述。由于它与绝对的灰度值没有关系,只与局部灰度的相对关系有关,因此在光照发生变化的时候比较稳定。但LBP特征的缺点也在于它完全忽略了绝对的灰度,并且对于相对关系的强弱没有区分,因此噪声可能改变弱的相对关系,从而改变其纹理结构。

3. 不变LBP表达

现在考虑LBP算子的不变形式。

基本的LBP算法可以表示为

$$\mathrm{LBP}_{P,D}=\sum_{p=0}^{P-1}S(g_p-g_c)2^p \tag{10.3.9}$$

其中,$S(\cdot)$为单位阶跃函数,g_c 为邻域中心像素的灰度值,g_p 为邻域里距中心像素距离为 D 的像素的灰度值,p 为邻域里像素的序号。对 $\mathrm{LBP}_{P,D}$,共有 2^p 种0和1组合的可能模式。

对均匀模式 $\mathrm{LBP}_{P,D}^{(\mathrm{u})}$,其中确定过渡次数的函数 $G(\cdot)$可表示为

$$G(\mathrm{LBP}_{P,D}^{(\mathrm{u})})=|S(g_{p-1}-g_c)-S(g_0-g_c)|+\sum_{p=0}^{P-1}|S(g_p-g_c)-S(g_{p-1}-g_c)| \tag{10.3.10}$$

这样,旋转不变的局部二值模式可以定义为

$$\mathrm{LBP}_{P,D}^{(R)}=\min\{R(\mathrm{LBP}_{P,D},i)\mid i=0,1,\cdots,P-1\} \tag{10.3.11}$$

其中,$R(x,i)$为比特循环函数,表示将 x 循环右移 $i(i<p)$位。

如果将均匀模式与旋转不变的局部二值模式结合起来得到旋转不变的均匀模式,则可以让0和1组合的可能模式种类数由 2^p 减少到 $p+1$。这可表示为

$$\mathrm{LBP}_{P,D}^{(R,\mathrm{u})}=\begin{cases}\sum_{p=0}^{P-1}S(g_p-g_c), & G(\mathrm{LBP}_{P,D}\leqslant 2)\\ P+1, & \text{其他}\end{cases} \tag{10.3.12}$$

10.3.4 完全局部二值模式

基本的LBP算子只考虑了中心像素与邻域像素之间的差值符号特征,没有考虑差值幅度,对数据信息的利用不够全面,另外还对噪声有一定的敏感性。**完全局部二值模式**(CLBP)算子[Guo 2010]能比较全面地提取特征并且具有较强的鉴别能力。

完全局部二值模式(CLBP)算子不仅考虑了中心像素与邻域像素之间差值的符号,还考虑了差值的幅度。设 p 为一个邻域像素,用 D_p 表示该处的差值,用 S_p 表示该处差值的符

号,用 M_p 表示该处差值的幅度,则可定义**局部差异符号-幅度变换**(LDSMT):

$$D_p = S_p \times M_p \tag{10.3.13}$$

其中

$$S_p = \begin{cases} 1, & D_p \geqslant 0 \\ -1, & D_p < 0 \end{cases} \tag{10.3.14}$$

$$M_p = | D_p | \tag{10.3.15}$$

图 10.3.10 给出了对图 10.3.6 中数据计算得到的结果:图 10.3.10(a)代表差值,图 10.3.10(b)代表差值的符号,图 10.3.10(c)代表差值的幅度。

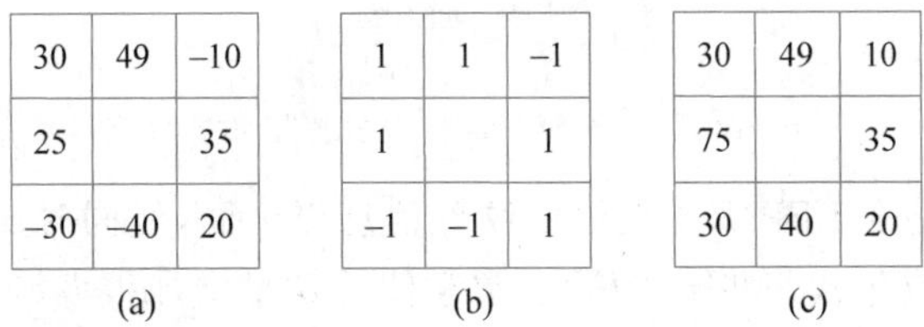

30	49	–10
25		35
–30	–40	20

(a)

1	1	–1
1		1
–1	–1	1

(b)

30	49	10
75		35
30	40	20

(c)

图 10.3.10　差值符号和差值幅度计算示例

虽然差值的符号和差值的幅度都携带了差值的信息,但分析和实验都表明:差值符号比差值幅度所具有的信息更多(约为 4∶1)[Guo 2010]。另外,在差值计算结果中,邻域中心像素的灰度值也具有一定的信息,如将其也考虑上,则完全局部二值模式可看作采用 3 个算子计算的结果。

(1) **CLBP** 符号(CLBP-S)算子:

$$\text{CLBP-S}_{P,D} = S_p \times M_p \tag{10.3.16}$$

CLBP-S 算子的计算结果与基本 LBP 算子的计算结果不同之处是这里用−1 替代了那里的 0,所以计算结果仍然是二进制数串。

(2) **CLBP 幅度**(CLBP-M)算子:参照基本 LBP 算子,可以将 CLBP-M 算子定义为

$$\text{CLBP-M}_{P,D} = \sum_{p=0}^{P-1} T(M_p, t_c) 2^p \tag{10.3.17}$$

其中,M_p 见式(10.3.15);t_c 是一个自适应阈值,可取邻域中所有像素的灰度均值;而函数 $T(M_p, t_c)$定义如下:

$$T(x, t_c) = \begin{cases} 1, & x \geqslant t_c \\ 0, & x < t_c \end{cases} \tag{10.3.18}$$

CLBP-M 算子的计算结果也是二进制数串。

(3) **CLBP 中心**(CLBP-C)算子:

$$\text{CLBP-C}_{P,D} = T(g_c, t_f) \tag{10.3.19}$$

其中,函数 $T(M_p, t_c)$如式(10.3.18)定义;阈值 t_f 可取整幅图像中所有像素的灰度均值。

完全 LBP 算子的计算流程如图 10.3.11 所示。输入图像被分为局部差值和中心灰度两部分。对局部差值进行局部差值符号-幅度变换,分别得到差值符号和差值幅度分量。将差值符号和差值幅度以及中心灰度结合起来构成 CLBP 直方图,就能给出纹理描述。对 CLBP-S 算子和 CLBP-M 算子给出的二进制数串可有两种结合方式:

(1) 串联,即将 CLBP-S 算子的数串和 CLBP-M 算子的数串分别转化为直方图,再将两个直方图串联起来;

(2) 联合,即将 CLBP-S 算子的数串和 CLBP-M 算子的数串结合转化为一个 2-D 联合直

方图。

如果将 CLBP-C 算子的数串考虑进来，则又有两种结合方式：

(1) 联合，即将 3 个算子的数串转化为一个 3-D 联合直方图；

(2) 混合，即将 CLBP-S 算子（或 CLBP-M 算子）的数串与 CLBP-C 算子的数串首先转化为一个 2-D 联合直方图，再与 CLBP-M 算子（或 CLBP-S 算子）的数串进一步串联起来。

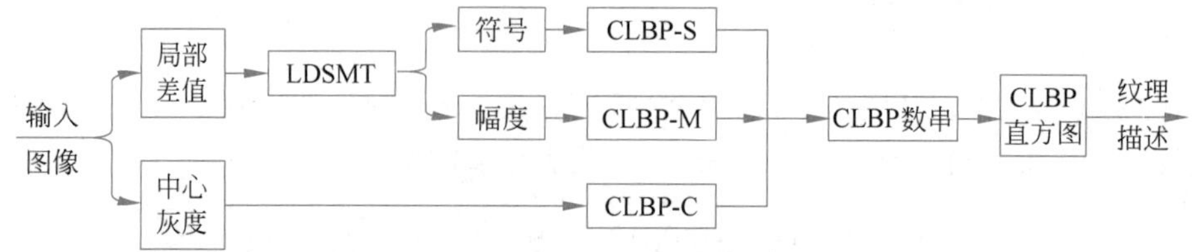

图 10.3.11 完全局部二值模式算子的计算流程

完全 LBP 算子比基本 LBP 算子提取的纹理信息更全面，但同时所提取信息数据的维数更高，也有相当的冗余或包含一些干扰信息，常常使计算量增加很多，但有时效果并不一定有很多改善。为此，常需要对信息进行筛选，并对数据进行降维。**基于费舍尔分离准则学习的局部二值模式**（FBL-LBP）算子[Guo 2011]借助**费舍尔分离准则**（FSC）和有监督学习进行特征筛选。**鉴别完全局部二值模式**（disCLBP）算子[Guo 2012]筛选特征值较大且各类共有模式的纹理特征。**基于费舍尔分离准则改进的鉴别完全局部二值模式**则将两者结合了起来[周 2017]，并用于表情识别（参见附录 A）。

10.4 纹理描述的频谱方法

一般来说，纹理和图像频谱中的高频分量是密切联系的，光滑的图像（主要包含低频分量）一般不当作纹理图像来看待。**频谱法**对应变换域的方法，着重考虑的是纹理的周期性。

10.4.1 傅里叶频谱

傅里叶频谱可借助**傅里叶变换**得到，它有 3 个适合描述纹理的性质：

(1) 傅里叶频谱中突起的峰值对应纹理模式的主方向；

(2) 这些峰在频域平面的位置对应模式的基本周期；

(3) 如果利用滤波把周期性成分除去，那么剩下的非周期性部分将可用统计方法描述。

在实际的特征检测中，为简便起见，可把频谱转化到极坐标系中。此时频谱可用函数 $S(r,\theta)$表示，对每个确定的方向 θ，$S(r,\theta)$是一个 1-D 函数 $S_\theta(r)$；对每个确定的频率 r，$S(r,\theta)$是一个 1-D 函数 $S_r(\theta)$。对给定的 θ，分析 $S_\theta(r)$可得到频谱沿原点射出方向的行为特性；对给定的 r，分析 $S_r(\theta)$可得到频谱在以原点为中心的圆上的行为特性。如果把这些函数对下标求和可得到更为全局性的描述：

$$S(r)=\sum_{\theta=0}^{\pi}S_\theta(r) \tag{10.4.1}$$

$$S(\theta)=\sum_{r=1}^{R}S_r(\theta) \tag{10.4.2}$$

其中，R 是以原点为中心的圆的半径。$S(r)$和 $S(\theta)$构成对图像区域纹理频谱能量的描述，其中，$S(r)$也称为环特征（对 θ 的求和路线是环状的），$S(\theta)$也称为楔特征（对 r 的求和路线是楔状的)。图 10.4.1(a)和图 10.4.1(b)给出了两个纹理区域和它们频谱的示意图,比较两条频谱曲线可看出两种纹理的朝向特点和区别。另外还可从频谱曲线计算它们的最大值的位置等。

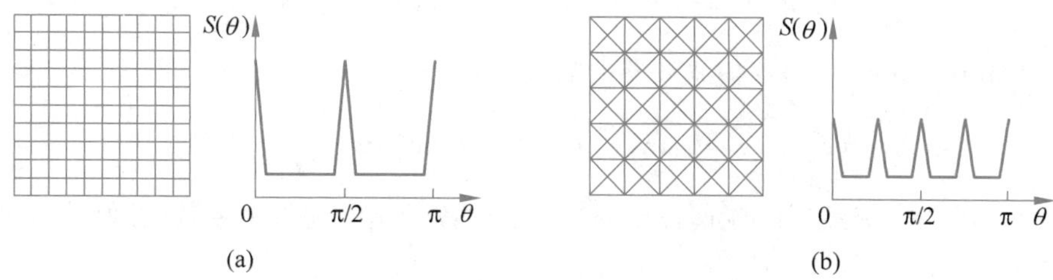

图 10.4.1 纹理和频谱的对应示意图

如果纹理具有空间周期性,或者具有确定的方向性,则能量谱在对应的频率处会有峰。以这些峰为基础可组建模式识别所需的特征。确定特征的一种方法是将傅里叶空间分块,再分块计算能量。常用的有两种分块形式,即夹角(angular)型和放射型。前者对应楔状或扇形滤波器,后者对应环状或环形滤波器,分别如图 10.4.2 所示。

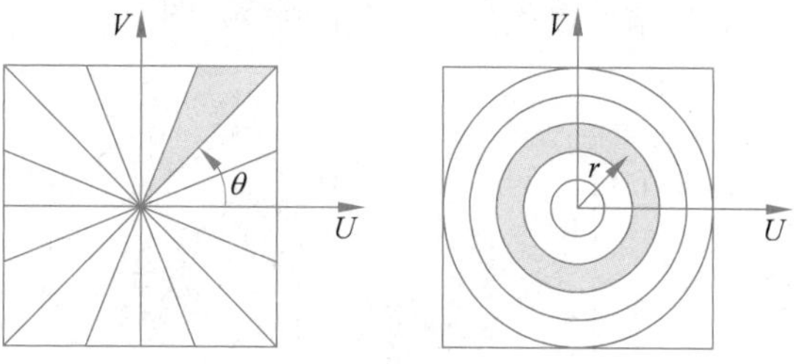

图 10.4.2 对傅里叶空间的分块

夹角朝向的特征可如下定义($|F|^2$ 是傅里叶功率谱):

$$A(\theta_1,\theta_2)=\sum\sum|F|^2(u,v) \tag{10.4.3}$$

其中,求和限为

$$\begin{gathered}\theta_1 \leqslant \arctan(v/u) < \theta_2 \\ 0 \leqslant u,v \leqslant N-1\end{gathered} \tag{10.4.4}$$

夹角朝向的特征表达了能量谱对纹理方向的敏感度。如果纹理在一个给定的方向 θ 上包含许多直线或边缘,$|F|^2$ 的值将会在频率空间中沿 $\theta+\pi/2$ 的方向附近聚集。

放射状的特征可如下定义:

$$R(r_1,r_2)=\sum\sum|F|^2(u,v) \tag{10.4.5}$$

其中,求和限为

$$\begin{gathered}r_1^2 \leqslant u^2+v^2 < r_2^2 \\ 0 \leqslant u,v \leqslant N-1\end{gathered} \tag{10.4.6}$$

放射状的特征与纹理的粗糙度有关。光滑的纹理在小半径时有较大的 $R(r_1,r_2)$值,而粗糙颗粒的纹理将在大半径时有较大的 $R(r_1,r_2)$值。

10.4.2 盖伯频谱

盖伯频谱源自盖伯变换。如果在傅里叶变换中加上窗函数,就构成了短时傅里叶变换。一般的傅里叶变换要求知道在整个空间的图像函数才能计算单个频率上的频谱分量,但短时傅里叶变换只需知道窗函数的区间就可计算单个频率上的频谱分量。进一步地,如果所用窗函数是高斯函数,那么这种特殊的短时傅里叶变换就是**盖伯变换**。高斯函数的傅里叶变换仍是高斯函数,所以盖伯变换在空域和频域都具有局部性,或者说可以将能量进行集中。

利用傅里叶变换可将图像表示成为一系列频率分量。类似地,利用一组基于盖伯变换的滤波器也可将图像分别转换到一系列的频率带中。实际中常使用两个成对的实盖伯滤波器，它们都对某个特定频率和方向有强响应。其中，对称的(symmetric)盖伯滤波器的响应为

$$G_s(x,y)=\cos(k_x x+k_y y)\exp\left(-\frac{x^2+y^2}{2\sigma^2}\right) \tag{10.4.7}$$

而反对称的(anti-symmetric)盖伯滤波器的响应为

$$G_a(x,y)=\sin(k_x x+k_y y)\exp\left(-\frac{x^2+y^2}{2\sigma^2}\right) \tag{10.4.8}$$

其中，(k_x,k_y)给出了滤波器响应最强烈的频率；参数 σ 是空间放缩系数，控制滤波器脉冲响应的宽度。

上述两个盖伯滤波器的幅度分布分别如图 10.4.3 所示，其中 $k_x=k_y$。图 10.4.3(a)是对称的(在主瓣两边各有一个负的副瓣)，图 10.4.3(b)是反对称的(有两个分别为正和负的主瓣)。

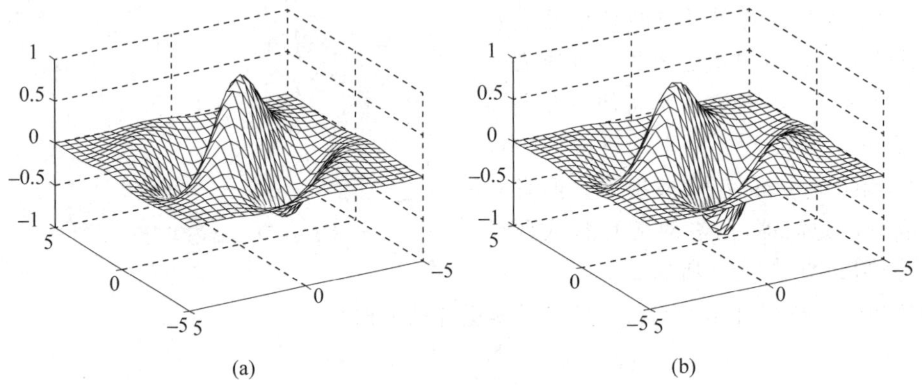

图 10.4.3　对称和反对称的盖伯滤波器的幅度分布

将上述两个盖伯滤波器旋转和放缩，可分别获得一组朝向和带宽均不同的滤波器(以获得盖伯频谱)，见图 10.4.4 的示意图。其中，各个椭圆代表各个滤波器半峰值所覆盖的范围。在图 10.4.4 中，沿圆周相邻两滤波器之间的朝向角相差 30°；沿半径方向相邻两滤波器半峰值范围相连，尺度差一倍。

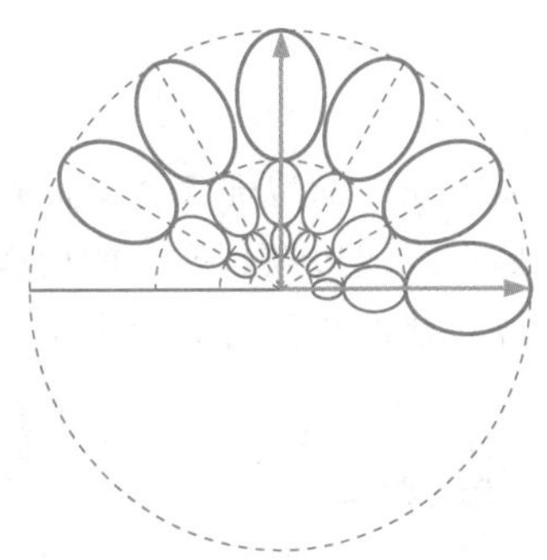

图 10.4.4　滤波器旋转和放缩所得到的一组滤波器示意

表示上述两组滤波器的灰度图像分别见图 10.4.5 和图 10.4.6，其中，图 10.4.5 为由图 10.4.3(a)的对称滤波器旋转和放缩得到的，图 10.4.6 为由图 10.4.3(b)的反对称滤波器旋转和放缩得到的。

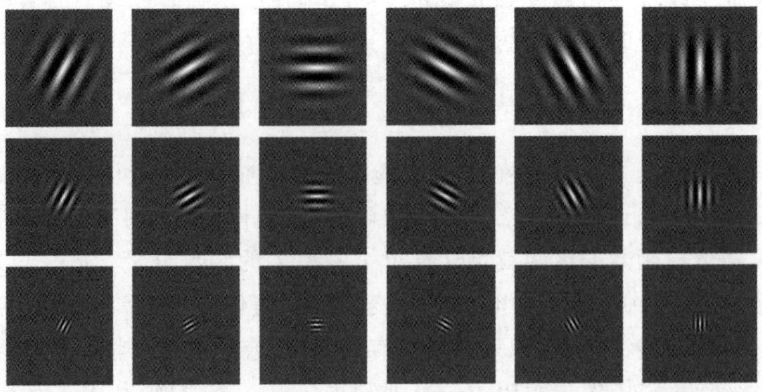

图 10.4.5　对称滤波器旋转和放缩所得到的一组滤波器示意

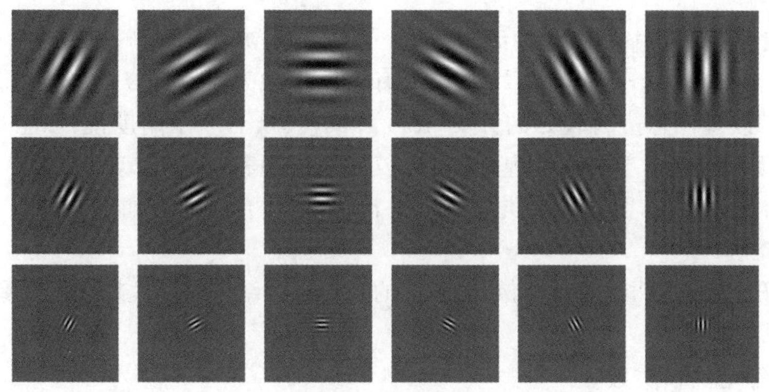

图 10.4.6 反对称滤波器旋转和放缩所得到的一组滤波器示意

10.5 一种纹理分类合成方法

纹理合成是要在对纹理表达、描述和分类的基础上,构建模型以生成需要的纹理结构。

1. 3 类纹理

在许多自然和人造物体表面的纹理可分成下面 3 类[Rao 1990]。

(1) 全局有序纹理。**全局有序纹理**也称**强纹理**。这种纹理或者包含对某些纹理基元的特定排列,或者由同一类基元的特定分布构成。这类纹理常可用结构方法来分析。

(2) 局部有序纹理。**局部有序纹理**也称**弱纹理**。这种纹理在其中的每个点存在某种方向性。这类纹理用统计方法或结构方法都不易建模。

(3) 无序纹理。**无序纹理**指那些既无重复性也无方向性的纹理,但有可能基于其不平整度来描述,此时用统计法分析比较合适。

图 10.5.1 对 3 类图像各给出了一个示例,其中图 10.5.1(a)是砖墙的图像(#95),含有全局有序纹理;图 10.5.1(b)是一块木疤(knot)的图像(#72),含有局部有序纹理;图 10.5.1(c)是软木的图像(#4),纹理是无序的。

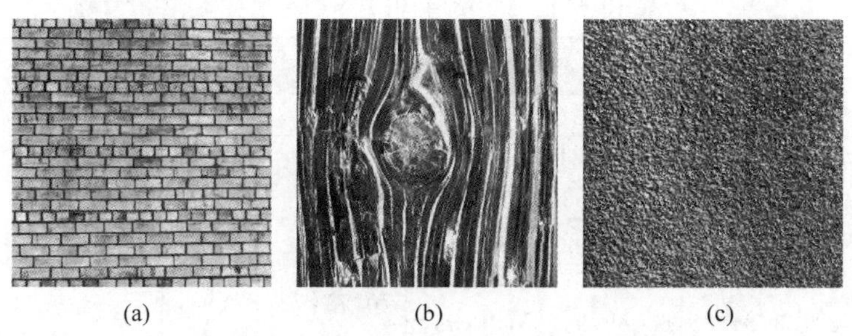

(a) (b) (c)

图 10.5.1 3 类纹理图像的示例

对全局有序纹理和无序纹理的特点,前面在介绍纹理的结构法和统计法时已分别讨论过。局部有序纹理的主要特点是具有局部的方向性但全图中方向是随机的,或者说是各向异性的。典型的示例是像山脉一样的图像灰度曲面,其走向和高度都连续变化。该类纹理图像的方(朝)向场可看作包含两幅图像:一幅是角度(angle)图,另一幅是相干(coherence)图[Rao 1990]。角度图表达了纹理中各点的主要局部朝向,相干图表达了纹理中各点的各向异性情况。

2. 纹理组合

在 1966 年,Brodatz 借助收集的 112 幅纹理图片出版了一本名为《纹理》的相册[Brodatz 1966]。该相册的本意是为艺术和设计使用的,但后来在纹理图像分析中常取这些图片作为标准图像,许多纹理分类和分割实验中都使用了这些图片。图 10.5.1 的图片就选自《纹理》相册，说明中的编号就是书中对图片的编号。

通过将基本纹理分成全局有序纹理、局部有序纹理和无序纹理 3 类，能够将《纹理》相册中 91%（101 幅）的纹理图像进行较好的分类[Rao 1990]。从另一个角度说，以全局有序纹理、局部有序纹理和无序纹理 3 类纹理为基础，可以较好地描述和合成《纹理》相册中 91% 的纹理图像，而对剩余的纹理图像，需结合 3 类纹理来进行，具体组合方法有如下 3 种。

1）线性组合

令 T_1 和 T_2 为任意两幅纹理图像，对它们的线性组合结果是第 3 幅纹理图像 T_3，可表示为

$$T_3 = c_1 T_1 + c_2 T_2 \tag{10.5.1}$$

其中，c_1 和 c_2 都是加权实数。

线性组合也称**透明覆盖**，可以想象将两幅纹理图像分别印在两张透明纸上，线性组合的结果就相当于将两张透明纸重叠起来一起观看的结果。

2）功能组合

功能组合的基本想法是将一类纹理的特征嵌入到另一类纹理的框架中。因为这里有 3 类纹理，所以两两的组合共有 9 种[Rao 1990]。

3）不透明重叠

在**不透明重叠**中，后来叠加上去的纹理会覆盖原先的纹理。令 T 为从 3 种基本纹理组合而产生出来的任何纹理，每种基本纹理的出现次数不限。对纹理 T 的限制只是它在 XY 平面上的一个区域 R 中。区域 R 实际上由平面中一条简单封闭曲线围成的点集合组成。如果假设 T 可以在平面中无限延伸，那么对 R 的限制就是 T 在 R 中，记为 T/R。现在考虑有一系列这样的限制（$T_1/R_1, \cdots, T_n/R_n$），如果 $i>j$，则认为区域 R_i 挡住了区域 R_j。这样一来，可以利用限制系列来组合图像。换句话说，可以将区域 R_1 到区域 R_n 依次按不透明的方式叠加，后来叠加的覆盖先前叠加的。

借助前面对纹理组合的 3 种方法可将《纹理》相册中剩下的 9%（11 幅）图像也合成出来。最后的综合结果见表 10.5.1[Rao 1990]。

表 10.5.1　对《纹理》相册中图像的分类

纹理种类	全局有序纹理	局部有序纹理	无序纹理	组合纹理
纹理数量	66	25	10	11
纹理图像的编号	1,3,5,6,8,10,14,18,20,21,22,23,25,26,27,28,29,30,31,32,33,34,35,36,46,47,48,49,52,53,54,55,56,59,62,64,65,66,67,73,74,75,77,78,79,80,81,82,83,84,85,88,89,94,95,96,98,99,101,102,103,104,105,106,111,112	12,13,15,16,17,24,37,38,43,44,45,50,51,68,69,70,71,72,87,93,97,107,108,109,110	2,4,7,9,57,86,90,91,92,100	11,19,39,40,41,42,58,60,61,63,76

图 10.5.2 给出了相册中两幅可借助组合纹理得到的图片，分别是具有细针脚的编织品（#41）和欧洲大理石（#61）。

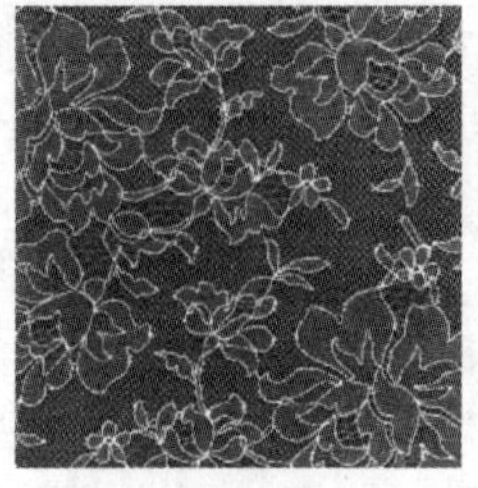
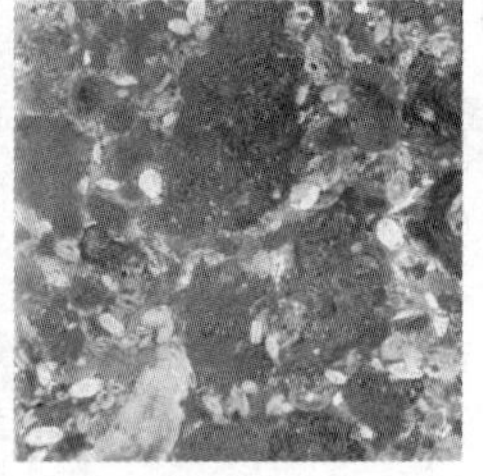

图 10.5.2　组合纹理图片

10.6 纹理分割

纹理是人们区分物体表面不同区域的重要线索。人类视觉系统很容易识别与背景均值接近但朝向或尺度不同的模式。图 10.6.1 给出了几个区分目标和背景的示例。图 10.6.1(a)中目标和背景的灰度不同,所以人们很容易辨别出图像中的字母;但图 10.6.1(b)中目标和背景的灰度相同,仅仅模式的朝向不同,人们也能辨别出图像中的字母。类似地,图 10.6.1(c)中目标和背景的平均灰度相近,但人们根据纹理(模式尺度)的不同(粗细)也能辨别出图像中的字母。

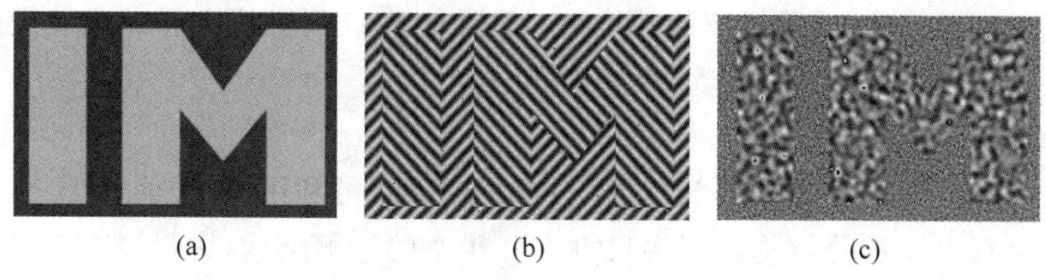

图 10.6.1　目标和背景的不同区别情况

例 10.6.1　纹理边缘检测

2.2 节曾指出,(灰度)边缘一般出现在灰度剧烈变化的地方,但实际中,在没有很大灰度变化的位置也有可能感知到区域的边缘。如图 10.6.2 所示,这里不伴随灰度变化的纹理变化也使人感知到边缘的存在(图 10.6.2 中甚至没有明显的边界线)。

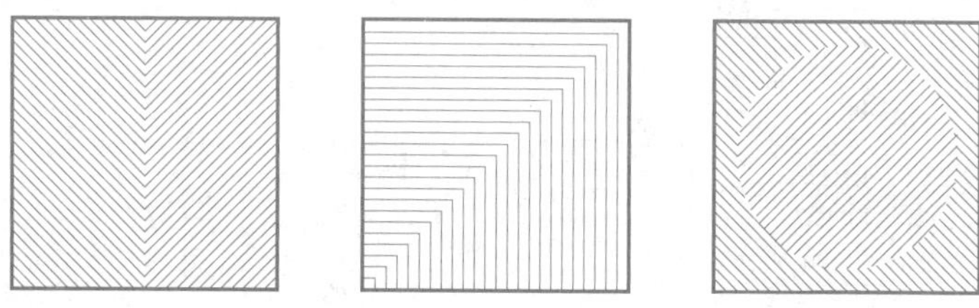

图 10.6.2　不伴随灰度变化的纹理边缘

□

下面分别介绍有监督纹理分割和无监督纹理分割技术,有关利用形态学操作进行纹理的分割将在 15.4 节介绍。

10.6.1 有监督纹理分割

大多数已有的**纹理分割**算法均认为纹理类别的数目已知,所以可进行**有监督纹理图像分割**,其中有些方法借助对纹理图像中提取的特征进行聚类来获得分割结果。

下面介绍一种借助小波变换的纹理分割方法[吴 2001b],它包括预分割和后分割两个过程,可看作对应于纹理分类中的训练和分类两个阶段[Wu 1999]。预分割过程中通过对提取的特征利用 K-均值算法进行聚类,获得原始图像的预分割结果,这相当于分类中的训练,获得各纹理类别的聚类参数。后分割过程对预分割过程中获得的分类特征进行特征加权处理,然后对原始图像的所有特征重新进行分类,获得最终的纹理分割结果。这种方法可同时获得较好的区域一致性和边界准确性。所谓**区域一致性**,是指原始图像纹理特性相对一致的区域在分割结果中是否呈现为统一的区域;**边界准确性**指示分割得到的边界与原始图像纹理边界的吻合程度,反映了对区域边缘部分分割结果的准确性。

1. 特征提取

首先将原始图像通过小波变换分解成具有方向选择性的多个频道,在这些频道上计算纹理能量来进行特征提取。定义在$(2u+1)\times(2u+1)$窗口中的"**纹理能量**"的宏特征 $e(i,j)$为

$$e(i,j)=\frac{1}{(2u+1)^2}\sum_{k=i-u}^{i+u}\sum_{l=j-u}^{j+u}|t(k,l)| \tag{10.6.1}$$

纹理区域边缘附近的像素邻域内会有属于不同纹理的像素，纹理图像内部也会含有相对不均匀的纹理区域，它们都会使纹理测度偏离"期望"数值。因此，对特征图像还要作进一步平滑：

$$E(i,j)=\frac{1}{(2v+1)^2}\sum_{k=i-v}^{i+v}\sum_{l=j-v}^{j+v}e(k,l) \tag{10.6.2}$$

其中，平滑窗口的大小为$(2v+1)^2$。选择大的特征窗口和平滑窗口会使区域一致性变好，但会使边界准确性变差；反之，选择小的特征窗口和平滑窗口则会使边界准确性变好，而区域一致性变差。

2. 预分割

预分割的目的是得到粗略的分割图像。在预分割中，可利用 K-均值聚类算法对小波分解的各频道特征进行。小波分解提供了多尺度多分辨率的分解结构，大尺度上的频道尺寸小，有利于快速获得大致的分割区域；而细尺度上的频道尺寸大，分割速度会减慢，但结果精细。考虑到小波分解的多尺度结构，对预分割的过程采用层次化的分割方法，按照小波分解的逆过程，从大尺度频道开始按尺度层次进行预分割，直到最细尺度为止。这种层次化的分割方法可以提高分割的速度，又不会对分割精度产生影响，而且符合小波变换多尺度的思想。其具体过程如下（参见图 10.6.3）。

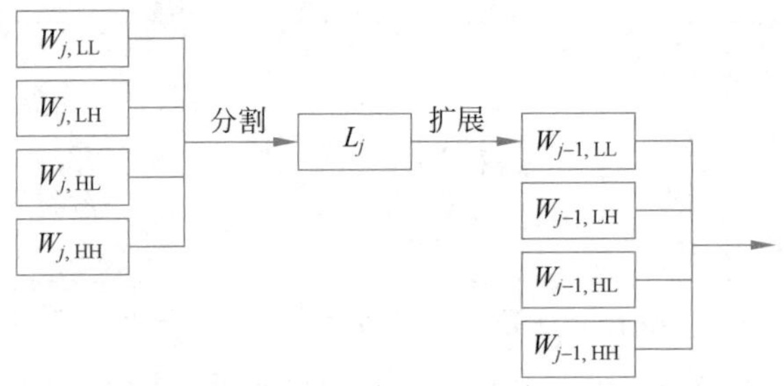

图 10.6.3　预分割算法的层次示例

从小波分解最大尺度的所有频带 LL、HL、LH 和 HH 出发构造一个 4-D 特征矢量，利用 K-均值聚类算法（参见 2.4.5 小节）对图像进行分割。将分割好的图像（L_j 是分辨率为 j 时的分割标号图像）在水平和垂直方向上分别扩展两倍，以便在下一个尺度上利用已分割的信息。这样在某一个尺度上，利用上一个尺度的分割结果以及当前尺度的 3 个小波分解频带输出，又可以在每个位置上构造一个 4-D 特征矢量，从而继续利用 K-均值聚类算法进一步聚类。如此使大尺度上的分割结果向小尺度传播，最终获得预分割结果。

3. 后分割

后分割过程是将小波分解的各频道扩展为与第一级小波分解频道同样大小的尺寸（因为预分割过程获得的是在第一级小波分解上的分割结果），在同一尺寸上进行特征加权［吴 1999］，然后进行分类。假设原始图像的大小为 $M\times M$，其中的纹理类数为 Q，则预分割得到的结果是一幅尺寸为 $M/2\times M/2$ 的标号图像 $L_1(k,l)$，$k,l=1,2,\cdots,M/2$。如果以(k,l)为中心的$(2w+1)^2$ 窗口内存在标号值不等于 $L_1(k,l)$的像素，则将 $L_1(k,l)$置为 0，否则 $L_1(k,l)$保持不变。这样处理的目的是去除预分割图像的边缘效应，使得接下来获得的用于加权的特征能够更有效地反映相应纹理的特性，从而提高后分割结果的精度。

将所有根据预分割提取的特征图像的尺寸扩展成与 $L_1(k,l)$ 一样大小，设为 $E_d(k,l)$，$k,l=1,2,\cdots,M/2$，$d=1,2,\cdots,D$，其中 D 为小波分解的总频道数目。这样，整个特征矢量空间就可表示为

$$\boldsymbol{E}(k,l)=[E_1(k,l)\quad E_2(k,l)\quad \cdots \quad E_D(k,l)]^{\mathrm{T}} \tag{10.6.3}$$

对于原始图像中的某一类纹理 q，可以用下式来构成表征该类纹理的 D 维特征矢量集：

$$\boldsymbol{F}_q(m,n)=[F_{q1}(m,n)\quad F_{q2}(m,n)\quad \cdots \quad F_{qD}(m,n)]^{\mathrm{T}} \tag{10.6.4}$$

其中，$F_{qd}(m,n)=E_d(m,n)$，$\{(m,n)\}=\{(k,l)\mid L_1(k,l)=q;\ k,l=1,2,\cdots,M/2\}$。进一步设 P 为 $L_1(k,l)=q$ 的像素数目，$\boldsymbol{F}_q(m,n)$ 的方差矢量为 $\boldsymbol{S}_q^2=[S_{q1}^2\quad S_{q2}^2\quad \cdots \quad S_{qD}^2]^{\mathrm{T}}$，则

$$S_{qd}^2=\frac{1}{P}\sum_{m,n}\{F_{qd}(m,n)-\bar{F}_{qd}\}^2 \tag{10.6.5}$$

其中，$\bar{F}_{qd}$ 为特征 $F_{qd}(m,n)$ 的均值，即

$$\bar{F}_{qd}=\frac{1}{P}\sum_{m,n}F_{qd}(m,n) \tag{10.6.6}$$

利用方差对特征及其均值进行加权，然后再用简单的最小欧氏距离分类器，对式(10.6.3)所示的特征空间进行分类，就得到原始图像最终的分割结果。

4. 实验结果和讨论

图 10.6.4 给出了一组实验结果。图 10.6.4(a)是由 5 种 Brodatz 纹理[Brodatz 1966]组合成的纹理图像，图 10.6.4(b)是对它的预分割结果，图 10.6.4(c)是对它的后分割结果。可以看出，后分割的边界准确性和区域一致性均比预分割的结果有明显提高，而且分割错误率也有明显的减小。

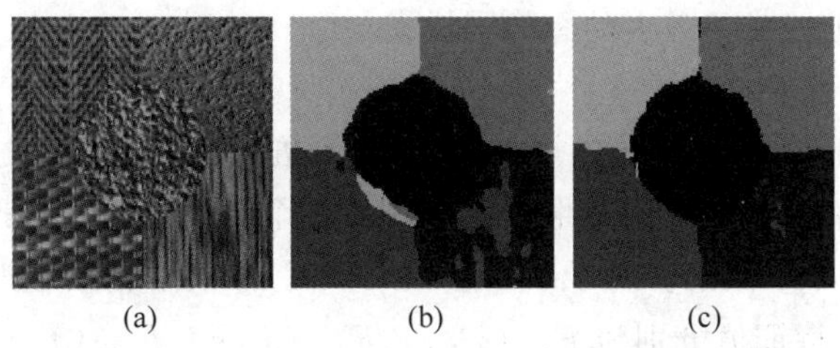

图 10.6.4 5 种 Brodatz 纹理的分割

10.6.2 无监督纹理分割

在一般的应用场合，原始图像中的纹理类别数目并不能事先知道。对应这种情况的无监督纹理分割方法可参见[Panda 1997]等，但其中确定纹理类别数目是一个难点。下面介绍一种利用小波包变换提供的丰富纹理频道特征信息，将纹理分割和纹理类别数目确定过程有机地结合起来，实现**无监督纹理图像分割**的方法。这里总的思路是从小尺度的小波分解频道出发，根据其给出的纹理局部特性获得原始图像中所包含纹理类别的相对粗略数目，然后继续分解，根据逐步表现出来的大尺度全局特性对前面获得的粗略纹理类别数目进行动态修正。

1. 特征提取和粗分割

原始图像经过**小波包分解**(对所有频道均进行完全分解)及特征提取(仍采用 10.6.1 小节的方法)后，形成一个完全的四叉树结构(参见 6.2.3 小节)。粗分割时先计算每个特征图像的直方图，并检测该直方图的局部谷集合。这里可通过使每个纹理区域的面积大于一定数值来消除过分割。当特征图像的总体灰度接近正态分布时，不能直接用直方图的局部谷集合所对应的灰度值作为阈值来分割特征图像。设区域 R_i 和 R_{i+1} 之间的分割阈值为 T_i，$i=1,2,$

$\cdots, N-1$，则 T_i 应满足

$$\frac{1}{\sqrt{2\pi}\sigma_i}\exp\left[\frac{(T_i-\mu_i)^2}{2\sigma_i^2}\right]=\frac{1}{\sqrt{2\pi}\sigma_{i+1}}\exp\left[\frac{(T_i-\mu_{i+1})^2}{2\sigma_{i+1}^2}\right] \tag{10.6.7}$$

其中，μ_i 为区域的灰度均值；σ_i 为区域的灰度方差。由式(10.6.7)可解得

$$T_i=\frac{\mu_i\sigma_{i+1}^2+\mu_{i+1}\sigma_i^2}{\sigma_{i+1}^2-\sigma_i^2}\pm\frac{\sigma_i^2\sigma_{i+1}^2\sqrt{(\mu_i-\mu_{i+1})^2+2(\sigma_i^2-\sigma_{i+1}^2)\ln(\sigma_{i+1}/\sigma_i)}}{\sigma_{i+1}^2-\sigma_i^2} \tag{10.6.8}$$

2. 分割结果的融合

粗分割将小波包分解得到的每个频道的特征图像都分成若干区域。现需要将这些已分割的图像融合起来。由于小波包分解采取的是完全四叉树结构分解，所以粗分割结果融合可分为 3 个级别：

(1) 属于同一父结点的 4 个频道之间的融合，称为子频道级融合；

(2) 属于四叉树同一层各频道之间的融合，称为层内级融合；

(3) 不同四叉树层之间的融合，称为层间级融合。

在以上 3 个级别的数据融合中，后一级别的融合需要用前一级别的融合结果为基础。在子频道级融合时，设两个粗分割得到的结果图像分别用 $L_1(x,y)$ 和 $L_2(x,y)$ 表示，其中，$L_1(x,y)$ 分为 N_1 类，$L_2(x,y)$ 分为 N_2 类，则融合结果图像 $L_{1,2}(x,y)$ 为

$$L_{1,2}(x,y)=\max(N_1,N_2)\times L_1(x,y)+L_2(x,y) \tag{10.6.9}$$

其中的纹理类数最大为 $(N_1\times N_2)$。

层内级的融合和层间级的融合与子频道级的融合的过程相似，但层间级的融合需要将各个待融合的图像尺寸扩展成与最大的图像同样大小。

3. 细分割

细分割是要对由于随机噪声和边缘效应的存在而在分割结果融合过程中产生的一些不确定像素进一步进行分割。与粗分割结果融合过程的 3 个级别相对应，细分割过程也包括子频道级、层内级和层间级 3 个级别。对于子频道级细分割，假设融合结果为 $L(x,y)$，$L(x,y)=1,2,\cdots,N$，4 个频道的特征值分别为 $F_{\mathrm{LL}}(x,y)$、$F_{\mathrm{LH}}(x,y)$、$F_{\mathrm{HL}}(x,y)$ 和 $F_{\mathrm{HH}}(x,y)$，则特征矢量空间为

$$\{\boldsymbol{F}(x,y)\}=\{[F_{\mathrm{LL}}(x,y)\quad F_{\mathrm{LH}}(x,y)\quad F_{\mathrm{HL}}(x,y)\quad F_{\mathrm{HH}}(x,y)]^{\mathrm{T}}\} \tag{10.6.10}$$

这样对某一类纹理 i，$i=1,2,\cdots,N$，它的聚类中心 μ_i 为

$$\mu_i=\frac{1}{\#[L(x,y)=i]}\sum_{L(x,y)=i}\boldsymbol{F}(x,y) \tag{10.6.11}$$

其中，$\#[L(x,y)=i]$ 表示第 i 类纹理区域的面积。对于任意一个不确定像素 (x_0,y_0)，计算它的特征矢量与每一个聚类中心的欧氏距离 d_i，然后按下式对像素 (x_0,y_0) 进行重新分割：

$$L(x_0,y_0)=i\quad \text{如果}\quad d_i=\min_{n=1}^{N}(d_n) \tag{10.6.12}$$

层内级的细分割和层间级的细分割的过程与子频道级的细分割过程相似，但对应的特征空间不同。对于层内级的细分割，假设在小波包分解的第 J 级分解上进行，则特征空间由 4^{J-1} 个类似于式(10.6.10)所示的特征矢量合并组成，维数为 4^J，即

$$\{\boldsymbol{F}(x,y)\}=\{[F_{\mathrm{LL}}^j(x,y)\quad F_{\mathrm{LH}}^j(x,y)\quad F_{\mathrm{HL}}^j(x,y)\quad F_{\mathrm{HH}}^j(x,y)]_{j=1,2,\cdots,4^{J-1}}^{\mathrm{T}}\} \tag{10.6.13}$$

对于层间级细分割，假设在小波包分解的前 K 级分解上进行，则特征空间由 K 个类似于

式(10.6.13)所示的特征矢量合并组成,维数为 $\sum_{k=1}^{K} 4^k$,即

$$\{\boldsymbol{F}(x,y)\}=\{\{[F_{\mathrm{LL}}^{j}(x,y)\quad F_{\mathrm{LH}}^{j}(x,y)\quad F_{\mathrm{HL}}^{j}(x,y)\quad F_{\mathrm{HH}}^{j}(x,y)]_{j=1,2,\cdots,4^{J-1}}\}_{k=1,2,\cdots,K}^{\mathrm{T}}\} \tag{10.6.14}$$

4. 分割流程和结果

图 10.6.5 给出了整个无监督纹理分割的流程。首先对原始图像进行第一级小波包分解,获得 4 个频道的特征图像,接着分别对它们进行粗分割,并对结果进行子频道级融合和细分割,得到第一级小波包分解的初步分割结果。然后,对第一级小波包分解的 4 个频道进行分解,即进行第二级小波包分解,获得 16 个频道的特征图像,接着对从第二级某个频道分解而得到的 4 个频道分别进行粗分割,并进行子频道级融合和细分割。反复进行 4 次这样的过程,对这 4 次分割获得的结果再进行层内级融合和细分割,得到第二级小波包分解的初步分割结果。将两次得到的分割结果进行层间级融合和细分割,获得两级的综合分割结果。如此进行直到满足 $N_{12\cdots J} \leqslant N_{12\cdots J-1}$,则说明已得到真正的原始图像中所包含的纹理类别数目,分割过程结束,否则按如上过程反复进行操作。

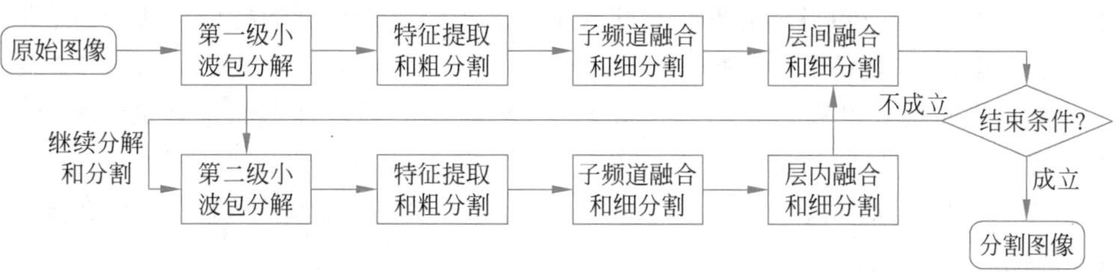

图 10.6.5 无监督纹理分割流程

这里分割的顺序与分解过程一致,都在完全四叉树结构小波包分解的层次上进行,直到获得最佳的结果为止。这种与分解过程一致的分割可以无须预先指定小波分解级数,所以可自动进行。

按上述方法对图 10.6.4(a)进行分割得到的结果见图 10.6.6。与图 10.6.4 用有监督纹理分割方法得到的结果相比,这里的分割结果要差一些,但这里对图像先验知识的要求要低一些。

图 10.6.6 无监督纹理分割结果

总结和复习

随堂测试

第11章

形状分析

在对图像中的目标进行分析时，形状具有特殊的意义。事实上当人阅读文字时，主要也是形状信息在起作用。不过，要用语言来解释形状是比较难的，仅有一些形容词可近似表达形状特点[Russ 2006]。有人说，形状是一个很多人都知道，但没人能全面定义的概念。目前已经提出了许多形状描述参数，但大多数仅能描述形状的某个特性；针对某个具体特性，可以有多个描述参数，但它们的总体性能很难比较和取舍。很多关于形状的讨论常使用比较的方法，但很少直接用定量的描述符。或者说，讨论形状常使用相对的概念，而不是绝对的度量。例如，对有一定复杂程度的目标，人很难精确地描述其形状。不过，人在看到它时常常能马上辨识出来，并将该目标与某个已知目标的形状关联起来。这里具有相似度的特性可帮助描述形状。

根据上述讨论，本章各节将安排如下。

11.1 节首先介绍对目标形状的定义和研究，然后讨论对目标形状描述的一些要求和方法，最后概括介绍目标形状研究的主要工作内容。

11.2 节介绍对平面形状的一种分类方案，并对各个类别概念给予进一步的解释，以得到对形状描述的一个总体了解。

11.3 节对形状描述方法进行了分级分类的介绍，给出了形状分析技术的整体概况。

11.4 节讨论使用不同的理论技术对同一个形状特性的描述。具体介绍了用外观比、形状因子、球状性、圆形性、偏心率以及基于目标围盒的描述符来描述形状紧凑性的方法，以及使用多种表达形状复杂度的简单描述符、形状上下文描述符、饱和度和利用对模糊图的直方图分析来描述形状复杂性的方法。

11.5 节讨论基于同一类技术手段对不同的形状特性进行描述的方法。首先介绍基于多边形表达的形状数比较和区域标志；然后考虑基于曲率计算的描述符，这里重点是离散曲率的计算和用离散曲率定义的形状描述符。

11.6 节在 7.2.2 小节对拓扑描述符介绍的基础上，结合对形状结构的描述补充了一些关于拓扑结构的新参数。

11.7 节介绍一种数学工具——分形的概念和分形维数的计算方法(盒计数方法)，并讨论了分形维数与图像尺度间的联系，这也是分形用于纹理和形状分析的基础。

11.1 形状定义和研究

什么是形状？什么是客观世界中一个景物的形状？什么是图像中一个区域的形状？这些看起来简单的问题本质上都是很难回答的。下面概括介绍一些对形状定义和研究的情况。

1. 形状定义

形状指目标的形状，但很难表达成一个数学概念，或给出精确的数学定义[Costa 2001]。对目标形状的描述是一个比想象中更复杂的问题。事实上，至今还没有找到几何的、统计的或形态学的形状测度使之能与人的感觉相一致。人对形状的感觉不仅是一个视网膜的生理反应结果，而且是视网膜感受与人关于现实世界的知识这二者之间综合的结果。

有许多关于形状的定义，如：

(1) 形状是由轮廓或外形所确定的外观；

(2) 形状是具有形体或图案的东西；

(3) 形状是伴随模式的；

(4) 形状是实际景物或几何图案的一个性质，该性质依赖于组成该景物或图案的轮廓点或表面的所有点之间的相对位置。

在由中国社会科学院语言研究所词典编辑室编写的《现代汉语词典》(2012 年第 6 版)中，对形状词条的解释定义是“物体或图形由外部的面或线条组合而呈现的外表”。

还有一个对形状较通用的定义是：从一个目标中过滤掉位置、尺度和旋转效果后留下来的几何信息[Prince 2012]。换句话说，形状可以包括对相似变换不变的所有几何信息。根据需要，可将该定义推广到其他变换形式，如仿射变换。

从实用的角度，对形状的定义应该能告诉人们如何去进行对形状测量的过程。所以可分析如下：形状是目标轮廓或表面的一个性质，且一个目标的轮廓或表面由一组点构成。因此为测量形状，需对轮廓或表面进行采样，并建立轮廓或表面点之间的联系。据此可考虑对**形状**给出定义：一个目标的形状就是该目标轮廓或表面上的点所组成的模式。该形状定义有一定的可操作性，它表明要对形状进行分析应有 4 个操作步骤：

(1) 确定处于目标轮廓或表面上的点；

(2) 对这些点进行采样；

(3) 确定采样点构成的模式；

(4) 分析上述模式并提炼抽象的描述。

为定义目标的形状和描述形状的等价性(以互相比较)，需要考虑形状概念的含义。一般考虑形状时，均考虑“单个”且“完整”的目标。“单个”和“完整”均可用连通的数学概念来描述，所以形状也可定义为“连通的点集合”[Costa 2001]。

2. 形状研究的工作步骤

形状研究主要是分析形状，所覆盖的内容很广，主要有 3 个工作步骤[Costa 2001]。

(1) 预处理。预处理包括对图像的采集、存储和目标的分割。由于图像常受到噪声的污染和其他干扰(如失真、遮挡)的影响，所以要进行相应的加工以获得精确的分析目标。

(2) 形状表达和描述。为进行形状分析，在获得目标后还需要从中进一步抽取信息。抽取信息的重要手段是用合适的方法表达目标并根据应用目的对其形状特征给以有效的描述。表示形状的一种方法是直接定义描述轮廓的代数表达式[Prince 2012]。例如，一个圆锥定义了处在目标轮廓上满足下式的点 $\boldsymbol{x}=[x \quad y]^{\mathrm{T}}$：

$$[x \quad y \quad 1]\begin{bmatrix} a & b & c \\ b & d & e \\ c & e & f \end{bmatrix}\begin{bmatrix} x \\ y \\ 1 \end{bmatrix}=0 \tag{11.1.1}$$

这组形状包括圆、椭圆、抛物线和双曲线，具体形状的选择依赖于参数 $S=\{a,b,c,d,e,f\}$。

(3) 形状分类。形状分类代表两类工作：一类是对给定形状的目标确定它是否属于某个预先定义的类别；另一类是对预先没有分类的形状如何定义或辨识其与其他形状的联系。前者可看作一个形状识别的问题，常用的解决方法是有监督分类。后者一般更困难，常需要获取并利用专门领域的知识。解决后一类问题的方法是无监督分类或聚类。有监督分类和无监督分类都需要对比目标形状，即确定两个目标形状间的相似性。

11.2 平面形状分类

图 11.2.1 给出对平面(2-D)形状的一个可能的分类图[Costa 2001]。首先形状可分为细形状和粗形状，实际上它们分别对应取决于轮廓的形状和取决于区域的形状(具体见下面的讨论)。细形状还可继续分为用**单参数曲线**描述和用**复合参数曲线**描述的两种。单参数曲线所描述的形状还可分为(敞)开的或闭(合)的、光滑的(所有阶的导数均存在)和不光滑的、约当(Jordan)形(没有自交叉)和非约当形的、规则的和非规则的(见下)。复合参数曲线是多个单参数曲线的组合。考虑到区域和轮廓的互补性，对粗形状的分析总是可以借助对细形状的分析而进行。

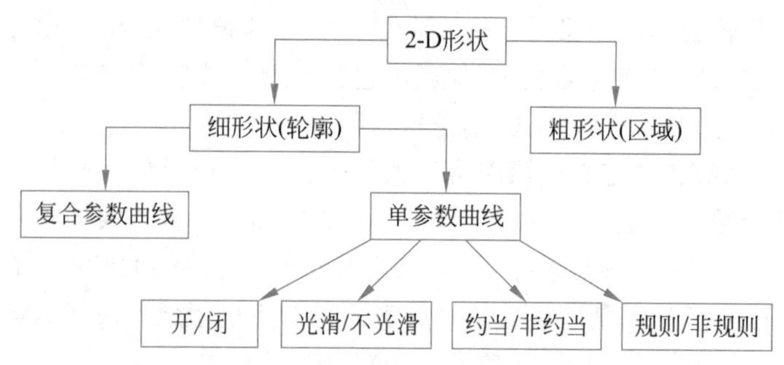

图 11.2.1 平面(2-D)形状的一个可能的分类图

下面再对上述的一些概念给予进一步的解释。

1. 粗形状和细形状

粗形状指包括内部的区域，**细形状**指没有充满的区域，它们分别对应区域和边界表达。更正式地说，细形状是与边界等价的连通点集合，而粗形状与边界不等价。细形状的宽度为无穷小。

需要指出，仅 2-D 目标的**外形**就常包含了足够识别原始目标的信息。这个事实表明，许多 2-D 形状分析方法还可用于分析 3-D 形状。

一般来说，2-D 形状是属于同一个模式的**原型**，图 11.2.2 给出了一些示例。由图 11.2.2 可见，尽管这里没有颜色、纹理或深度和运动等线索，仅由各个外形人们就能辨别出各个目标。进一步地，有些图案实际上是对复杂 3-D 目标的一个用简单 2-D 点集合的抽象表示，这说明，2-D 外形对有些 3-D 目标的分析也有帮助。

图 11.2.2 一些典型的容易识别的 2-D 形状

2. 参数曲线

参数曲线可看作点在 2-D 空间移动所得到的轨迹。从数学上讲，点在 2-D 空间的位置可用位置矢量 $\boldsymbol{p}(t)=[x(t)\ \ y(t)]$表示，其中 t 是曲线的参数。位置矢量的集合就表达了一条曲线，例如，$\boldsymbol{p}(t)=[\cos(t)\quad \sin(t)]$对 $0<t<2\pi$ 表示一个单位圆。其中，曲线在 $t=0$ 处开始，这也是曲线沿轨迹的起点，而参数 t 对应与 X-轴的夹角。

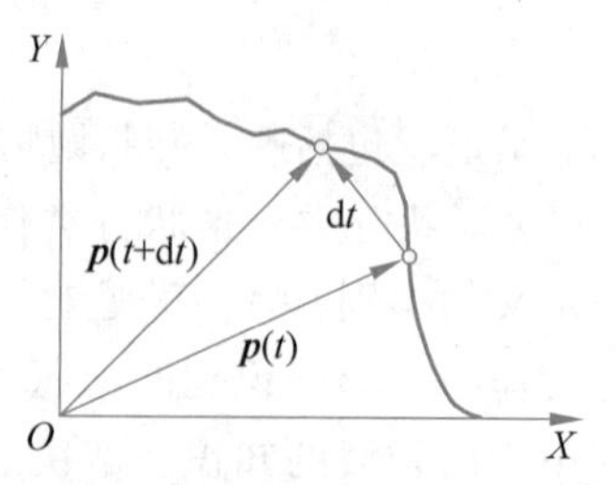

图 11.2.3 参数曲线上两个相近的点

考虑图 11.2.3 中的曲线及曲线上的两个点，当参数为 t 时，位置矢量表示为 $\boldsymbol{p}(t)$；当参数为 $t+\mathrm{d}t$ 时，位置矢量

表示为 $\boldsymbol{p}(t+\mathrm{d}t)=[x(t+\mathrm{d}t) \quad y(t+\mathrm{d}t)]$。上述两点的联系为 $\boldsymbol{p}(t+\mathrm{d}t)=\boldsymbol{p}(t)+\mathrm{d}\boldsymbol{p}$，设曲线是可导的，则在参数为 t 时的点速度为

$$\boldsymbol{p}'(t)=\frac{\mathrm{d}\boldsymbol{p}}{\mathrm{d}t}=\lim_{\mathrm{d}t\to 0}\frac{\boldsymbol{p}(t+\mathrm{d}t)-\boldsymbol{p}(t)}{\mathrm{d}t}=\begin{bmatrix}\lim\limits_{\mathrm{d}t\to 0}\dfrac{x(t+\mathrm{d}t)-x(t)}{\mathrm{d}t}\\ \lim\limits_{\mathrm{d}t\to 0}\dfrac{y(t+\mathrm{d}t)-y(t)}{\mathrm{d}t}\end{bmatrix}=\begin{bmatrix}x'(t)\\ y'(t)\end{bmatrix} \tag{11.2.1}$$

3. 规则曲线

若一条参数曲线的速度永远不为零，则称该曲线为**规则曲线**。规则曲线的速度有一个重要性质是曲线上各点的速度矢量都与曲线在该点相切。一条曲线的所有可能的切向矢量的集合称为切向场。只要曲线是规则的，就可能进行归一化以使沿曲线的切向矢量为单位大小：

$$\boldsymbol{q}(t)=\frac{\boldsymbol{p}'(t)}{\|\boldsymbol{p}'(t)\|}\Rightarrow\|\boldsymbol{q}(t)\|=1 \tag{11.2.2}$$

11.3　形状描述方法分类

对目标的形状描述需要提取目标的一些(数量尽量少)特征参数，并选用这些参数来描述目标的形状特性。现有的形状描述方法已有许多，下面分两级介绍。

1. 特征参数

理想的特征参数应该具备以下几条性质[吴 2019a]：

(1) 能够将一个目标形状与其他目标形状区分开来；

(2) 能够将同一个目标在不同角度下获得的结果识别为同一个目标；

(3) 对噪声以及轻微变形不敏感；

(4) 能够帮助识别非刚性变形的目标形状；

(5) 能够对形状之间的相似性进行计算和衡量；

(6) 能够实现对原始目标形状的重构。

在以目标检测为目的应用中，主要考虑性质(1)、(2)、(3)、(5)和(6)；在以目标跟踪为目的应用中，主要考虑性质(1)、(2)、(3)、(4)、(5)和(6)；在以形状检索为目的应用中，主要考虑性质(1)、(3)、(5)和(6)。

2. 大类概况

对目标形状描述的方法可分为四大类[吴 2019a]，一些相关内容归纳在表 11.3.1 中。

表 11.3.1　目标形状描述的方法分类表

大　类	基本思路	小　类	简单说明	可参见
线性组合	确定一组基(常用正交变换)，用基函数的线性组合描述形状	傅里叶描述符	连续正交变换	6.3.2 小节
		切比雪夫描述符	离散正交变换	[章 2021b]
		泽尼克矩	空域和频域混合变换	7.2.3 小节
		几何矩	伪正交变换	7.2.3 小节
		隐式多项式	多项式最小二乘拟合	[章 2021b]
空间关系	借助空域中点或区域的关联性	几何关系	边界点的几何特性	7.1 节
		统计关系	区域的统计特性	7.2 节
微分/积分	考虑特征点的独特性质	微分表达	边界点的微分特性	[Berrada 2011]，2.2 节
		积分表达	区域的积分特性	[Hong 2015]，3.1.2 小节
变形	利用变形能量的最小化	刚性变形	仿射或透射变换	上册 7.1 节，下册 2.3 节
		非刚性变形	变形模板/李群矩阵	[Younes 2010，Demisse 2018]

如果将微分和积分分开来算作五大类,那么对它们的一个比较如表 11.3.2 所示。

表 11.3.2 各大类方法的比较

表达	数学计算方法	多分辨率表达能力	不变量(欧氏)	不变量(仿射)	检索性能	识别性能	鲁棒性	噪声和高频分辨性能	能否重构形状
线性组合	正交变换	强	有	有	较强	较强	强	一般	能
空间关系	空域关联分析	较强	有	无	强	一般	一般	较强	不能
微分	特征点检测	无	无	无	较强	一般	一般	差	近似构建
积分	特征点检测	无	无	无	较强	一般	强	差	不能
变形	变形最小能量	无	有	有	一般	较强	强	差	不能

3. 小类介绍

下面对各大类中一些典型小类给予进一步的讨论。

1) 线性组合

线性组合方法就是将形状看作一个线性空间的元素,然后寻找一组基,将此形状线性地表达出来并描述其特性。

如果将形状视为线性空间的一个连续函数,那么该空间可以有无数多个基函数,形状即是这些基函数的线性组合。如此,形状表达和描述问题可转化为如何确定一组基函数和对应的系数的问题。

几种典型的线性组合方法及其特点如表 11.3.3 所示。

表 11.3.3 几种典型的线性组合方法及其特点

方法	变换	优点	缺点	适用
傅里叶描述符	连续正交变换	技术方便,多分辨率表达,能够计算不变量,对噪声鲁棒	数字量化误差大,形状数据集需要重新参数化	封闭边界形状描述
切比雪夫描述符	离散正交变换	多分辨率表达,效率高,不变量计算容易,对量化误差鲁棒	封闭形状表达起始点敏感,形状数据集需重新参数化	不封闭边界形状描述
泽尔尼克矩	空域和频域混合变换	多分辨率表达,频域和空域同时对形状表达	需要形状做单位圆映射,不变量性能差,对噪声敏感	形状区域表达
几何矩	伪正交变换	不变量计算容易,形状表达简单(低阶矩误差小)	性能差,对噪声敏感,高阶矩缺乏直接的物理解释	形状区域表达
隐式多项式	多项式最小二乘拟合	对噪声鲁棒,容易计算不变量,能够修补形状边界的缺失	复杂形状描述效率低,拟合算法寻找困难	各种边界形状表达

2) 空间关系

空间关系关联方法主要考虑形状边界点在一定邻域范围内所具有的关联关系以及结构特点。

两种典型的空间关联关系方法及其特点如表 11.3.4 所示。

表 11.3.4 两种典型的空间关联关系方法及其特点

方法	变换	优点	缺点	适用
几何关系	形状边界点的几何特性	描述精确,可用于局部匹配和局部数据点关联分析	对噪声敏感,计算复杂,无法重构形状,无法计算仿射不变量	形状边界表达
统计关系	形状区域的统计性质	表达稳定,对噪声鲁棒,将局部关联分析和局部统计分析相结合,适用范围广	丢失了局部数据点之间的关联关系,难以表达形状的高频信息,无法计算仿射不变量	形状区域表达和形状边界表达

3）微分和积分

基于微分的方法可帮助计算曲率，而基于曲率可计算角点。角点是形状边界轮廓的重要特征点。基于积分的方法可减少噪声干扰，鲁棒性较强。它们的特点如表 11.3.5 所示。

表 11.3.5 基于微分和积分的方法及其特点

方法	特征点提取	优点	缺点	适用
微分表达	形状边界点的微分性质	多尺度表达，能够重建形状，表达效率高，可较好地应用形状匹配	对噪声敏感，差分估值微分误差大，无法计算仿射不变量	形状边界表达
积分表达	形状区域的积分性质	表达稳定，对噪声鲁棒	表达精度差，无法计算仿射不变量	形状区域表达和形状边界表达

4）变形

变形一般指非刚性变形，与一般的平移、旋转或者缩放不同，与在空间发生仿射和投影变换也不同。对非刚性变形目前的基本思路是将形状看作参数函数，而将形状空间看作希尔伯特空间，并处理为黎曼流形的非线性和无限维形状空间。

两种基本的非刚体变形方法及其特点如表 11.3.6 所示。

表 11.3.6 两种基本的非刚体变形方法及其特点

方法	思路	优点	缺点	适用
定义一个变形模板	将变形空间看作一个群在其中定义度量	通过最小化能量进行计算，可获得几何不变量	变形模板需对不同变形空间分别定义	非刚性变形
不使用变形模板	将形状表达为有限维李群矩阵的一个元素	限制条件较少，对局部运动、扰动和缺失的鲁棒性强	计算复杂，无法处理拓扑改变的情况	非刚性变形

11.4 基于形状特性的描述

对形状定量描述的主要困难是缺少对形状精确的、统一的定义。直观地看，任何目标均可用它的形状和尺寸来描述。形状性质可解释为与目标尺寸不相关的目标性质，但实际上形状常常很难与尺寸完全分开。因为没有办法用绝对的方法来描述形状，所以人们常用对形状变化比较敏感的形状参数来描述形状。一般来说，描述微结构的形状参数应具有如下共性(但并不可能定义一个对所有种类的微结构都适合的形状参数)[ASM 2000]：

(1) **无量纲**——这样其数值不会随目标的尺寸而变化；

(2) 定量描述能力——能具体表明一个给定目标的形状与一个模型或理论上理想形状的区别；

(3) 对形状自身变化敏感——可以精细地分辨彼此相近的形状。

如 11.1 节所述，一个目标的形状性质可以用不同的理论技术或描述符来描述。本节讨论两种重要的形状性质：紧凑性和复杂性(也可分别称伸长性和不规则性)。

11.4.1 形状紧凑性描述

紧凑性(也称紧密度)是一个重要的形状性质，它与形状的**伸长度**有密切的联系。已有许多不同的描述符被用来描述目标区域的紧凑性(有些还能描述区域的一些其他性质)。这些描述符基本上都对应目标的几何参数,所以均与尺度有关(与拓扑参数不同)。一个目标区域的紧凑性既可以直接计算,也可以通过将该区域与典型/理想形状的区域(如圆和矩形)进行比较来间接地描述[Marchand 2000]。下面介绍几个常用的形状描述符。

1. 外观比

外观比 R 常用来描述塑性形变后的目标形状(细长程度,也称**细长度**),它可定义为

$$R = \frac{L}{W} \tag{11.4.1}$$

式中,L 和 W 分别是目标围盒的长和宽,也有人使用目标外接盒的长和宽(见 6.2.5 小节)。对方形或圆形目标,R 的值取到最小(为 1);对比较细长的目标,R 的值大于 1 并随细长程度而增加。

2. 形状因子

形状因子 F 是根据目标区域的周长 P 和面积 A 计算出来的:

$$F = \frac{P^2}{4\pi A} \tag{11.4.2}$$

由上式可见,一个连续目标区域为圆形时 F 为 1,为其他形状时 F 大于 1,即 F 的值当目标为圆形时达到最小。已证明,对数字图像来说,如果边界长度是按 4-连通计算的,则对正八边形区域 F 取最小值;如果边界长度是按 8-连通计算的,则对正菱形区域 F 取最小值。如用链码表达来解释,4-连通链码的长度就是链码段的个数,也就是边界像素的个数,此时正八边形区域给出最小的 F 值。对 8-连通链码,在计算边界长度时,对水平或垂直链码段只统计数目,而对倾斜的链码段则还要乘以$\sqrt{2}$,如式(7.1.3),此时正菱形区域给出最小的 F 值。

例 11.4.1 形状因子计算示例

在计算离散目标的形状因子时,需要考虑所用的距离定义。图 11.4.1 给出了一个圆目标,其 8-连通近似为一个八边形。如果采用 1.3.1 小节介绍的斜面距离($a=3$ 和 $b=4$)来计算周长,则在得到周长的数值以后还要除以 a。所以形状因子为 $(72/3)^2/4\pi(46) \approx 0.996$。

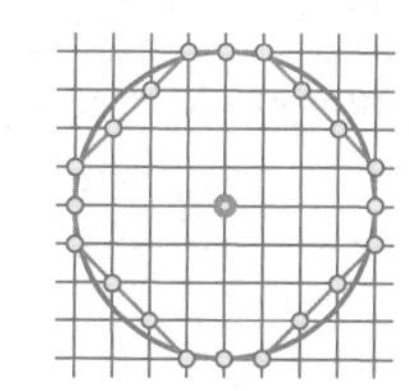

图 11.4.1 形状因子的计算 □

形状因子在一定程度上描述了区域的紧凑性。它没有量纲,所以对尺度变化不敏感。除掉由于离散区域旋转带来的取整误差,它对旋转也不敏感。需要注意的是,在有些情况下,仅靠形状因子 F 并不能把不同形状的区域区分开,例如图 11.4.2 中 3 个区域的周长和面积都相同,因而它们具有相同的形状因子值,但它们的形状明显不同。

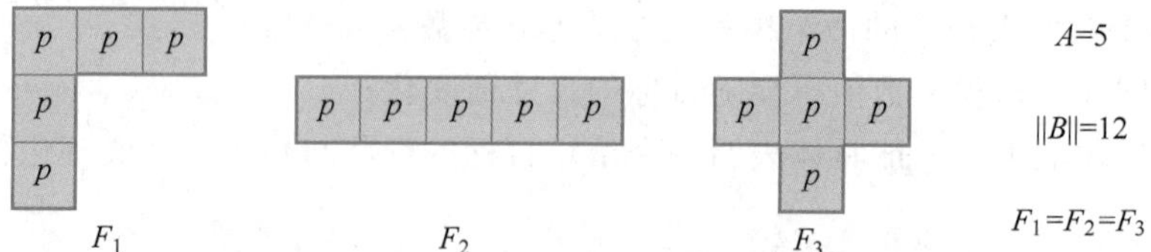

图 11.4.2 形状因子相同但形状不同的例子

3. 球状性

球状性 S 原本指 3-D 目标的表面积和体积的比值。为描述 2-D 目标,它被定义为

$$S = \frac{r_\mathrm{i}}{r_\mathrm{c}} \tag{11.4.3}$$

式中，r_c 代表**目标外接圆**的半径；r_i 代表**目标内切圆**的半径。此时也称为**半径比**。对这两个圆的圆心，可有不同的定义方法。图 11.4.3(a)给出了一个图像中的目标及计算其球状性的一种方法的示意图，其中两个圆的圆心都取在目标的重心上。图 11.4.3(b)给出了另一个图像中的目标及计算其球状性的一种方法的示意图，这里没有限定两个圆的圆心重合或都取在目标的重心上。

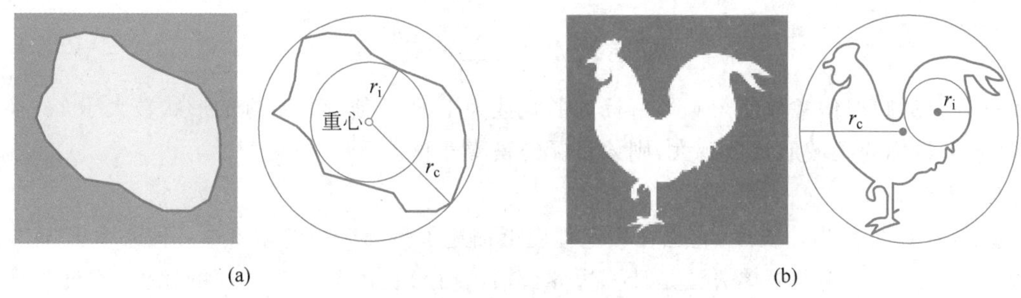

图 11.4.3　球状性定义示意图

不管圆心如何选择，球状性的值当目标为圆时都达到最大($S=1$)，而为其他形状时则有 $S<1$。它不受区域平移、旋转和尺度变化的影响。在 3-D 时，只要将圆用球代替就可以了。

例 11.4.2　几个描述符的比较

这里讨论外观比、形状因子和球状性的形状描述特点和能力，对同一个目标计算这 3 个描述符的示意图可见图 11.4.4(其中 d 代表直径)。

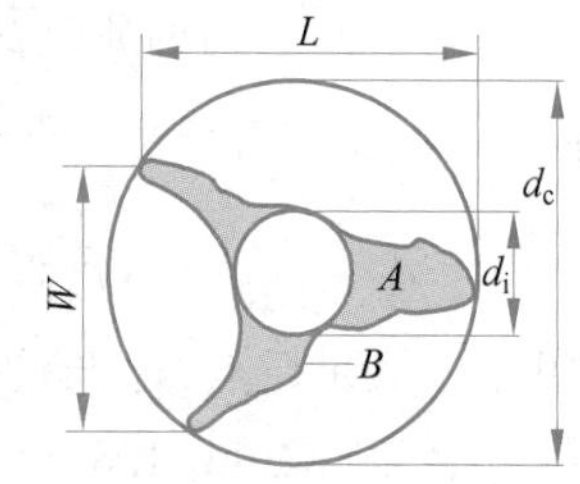

图 11.4.4　几个常用形状参数的示意图

外观比是一个比较容易计算的描述符，但它并不适合于去描述不规则的目标。例如，有可能不同的目标都有很接近 1 的外观比值，但它们可以有很不同的形状。例如，将圆的边线换成很不光滑的波浪线，外观比的值不会有什么变化。另一个简单的例子是将正方形的 4 个角切去可得到正八边形，它们有相同的外观比值(见表 11.4.1)。而如果得到的不是正八边形，只要原正方形的 4 条边均有部分保留，则外观比值也不会变。相对来说，形状因子对非规则性比较敏感，所以在描述不规则的类圆形目标时比较有效。不过它对形状伸长度方面的敏感度不如外观比，如目标由正方形变为长为 2 宽为 1 的长方形，形状因子数值的变化只有约 10%。当目标的变化既有伸长度方面的变化也有不规则性方面的变化时，可以使用球状性，它对伸长度和不规则性的变化都比较敏感。当目标与理想圆形目标有相对比较复杂的变化时，该参数比较有效。□

4. 圆形性

圆形性 C 是一个用目标区域 R 的所有边界点定义的特征量：

$$C=\frac{\mu_R}{\sigma_R} \tag{11.4.4}$$

式中，μ_R 为从区域重心$(\bar{x},\bar{y})$到边界点的平均距离；σ_R 为从区域重心到边界点的距离的均方差：

$$\mu_R=\frac{1}{K}\sum_{k=0}^{K-1}\|(x_k,y_k)-(\bar{x},\bar{y})\| \tag{11.4.5}$$

$$\sigma_R^2=\frac{1}{K}\sum_{k=0}^{K-1}[\|(x_k,y_k)-(\bar{x},\bar{y})\|-\mu_R]^2 \tag{11.4.6}$$

圆形性 C 的值当区域 R 趋向圆形时是单增的并趋向无穷的，它不受区域平移、旋转和尺度变化的影响，也很容易推广以描述3-D目标。

另一个基于区域点到边界点距离的形状描述符可称为**区域形状数**，与7.1.2小节介绍的那个基于链码表达的边界描述符（是一个数串）不一样。给定一个目标区域，令所有属于它的像素个数为 N，且其中一个像素 i 到目标边界外最近像素的距离为 d_i，则该目标的区域形状数 Q 定义为

$$Q = N^3 \Big/ \left[9\pi \left(\sum_{i=1}^{N} d_i \right)^2 \right] \tag{11.4.7}$$

这里分母上的归一化常数使得圆形目标的形状数为1，而其他形状目标的形状数大于1。换句话说，一个目标的区域形状数越大，则该目标的紧凑性越差。

5. 偏心率

偏心率 E 也称为伸长度，它也在一定程度上描述了目标区域的紧凑性。偏心率 E 有多种计算公式。一种常用的简单方法是计算边界长轴（直径）长度与短轴长度的比值，不过这样的计算方法受目标形状和噪声的影响比较大。较好的方法是利用整个区域的所有像素，这样抗噪声等干扰的能力较强。下面介绍一种由转动惯量推出的偏心率计算方法[章 1997d]。

刚体动力学告诉我们，一个刚体在转动时的惯性可用其转动惯量来度量。设一个刚体具有 N 个质点，它们的质量分别为 $m_1, m_2, \cdots, m_N$，它们的坐标分别为 (x_1, y_1, z_1)，(x_2, y_2, z_2)，$\cdots$，(x_N, y_N, z_N)，那么这个刚体围绕某一个轴线 L 的转动惯量 I 可表示为

$$I = \sum_{i=0}^{N} m_i d_i^2 \tag{11.4.8}$$

式中，d_i 表示质点 m_i 与旋转轴线 L 的垂直距离。若 L 通过坐标系原点，且其方向余弦分别为 α、β、γ，则式(11.4.8)可写成

$$I = A\alpha^2 + B\beta^2 + C\gamma^2 - 2F\beta\gamma - 2G\gamma\alpha - 2H\alpha\beta \tag{11.4.9}$$

其中，$A = \sum m_i (y_i^2 + z_i^2)$，$B = \sum m_i (z_i^2 + x_i^2)$，$C = \sum m_i (x_i^2 + y_i^2)$ 分别是刚体绕 X、Y、Z 坐标轴的转动惯量，$F = \sum m_i y_i z_i$，$G = \sum m_i z_i x_i$，$H = \sum m_i x_i y_i$ 称作惯性积。

式(11.4.9)可用一种简单的几何方式来解释。首先等式

$$Ax^2 + By^2 + Cz^2 - 2Fyz - 2Gzx - 2Hxy = 1 \tag{11.4.10}$$

表示一个中心处在坐标系原点的二阶曲面（锥面）。若用 r 表示从原点到该曲面的矢量，该矢量的方向余弦为 α、β、γ，则将式(11.4.9)代入式(11.4.10)可得到

$$r^2(A\alpha^2 + B\beta^2 + C\gamma^2 - 2F\beta\gamma - 2G\gamma\alpha - 2H\alpha\beta) = r^2 I = 1 \tag{11.4.11}$$

由上式中 $r^2 I = 1$ 可知，因为 I 总大于零，所以 r 必为有限值，即曲面是封闭的。考虑到这是一个二阶曲面，所以必是一个椭圆球，称之为惯量椭球。它有3个互相垂直的主轴。对匀质的惯量椭球，任两个主轴共面的剖面是一个椭圆，称之为**惯量椭圆**。一幅2-D图像中的目标可看作一个面状均匀的刚体，可如上计算一个对应的惯量椭圆，它反映了目标上各点的分布情况。

上述惯量椭圆可由其两个主轴的方向和长度完全确定。惯量椭圆两个主轴的方向可借助线性代数中求特征值的方法求得。设两个主轴的斜率分别是 k 和 l，则

$$k = \frac{1}{2H}\left[(A - B) - \sqrt{(A - B)^2 + 4H^2}\right] \tag{11.4.12}$$

$$l = \frac{1}{2H}\left[(A - B) + \sqrt{(A - B)^2 + 4H^2}\right] \tag{11.4.13}$$

进一步可解得惯量椭圆的两个半主轴长(p 和 q)分别为

$$p=\sqrt{2/[(A+B)-\sqrt{(A-B)^2+4H^2}]} \tag{11.4.14}$$

$$q=\sqrt{2/[(A+B)+\sqrt{(A-B)^2+4H^2}]} \tag{11.4.15}$$

目标区域的偏心率可由 p 和 q 的比值得到。容易看出,这样定义的偏心率不受平移、旋转和尺度变换的影响。它本身是在 3-D 空间中推导出来的,所以也可描述 3-D 图像中的目标。而且,式(11.4.12)和式(11.4.13)还能给出对目标区域朝向的描述。

例 11.4.3　椭圆匹配法用于几何校正

利用对惯量椭圆的计算可进一步构造**等效椭圆**,借助等效椭圆之间的匹配可以获得对两个图像区域进行配准校正所需的几何变换[章 1997d]。这种方法的基本过程可参见图 11.4.5。

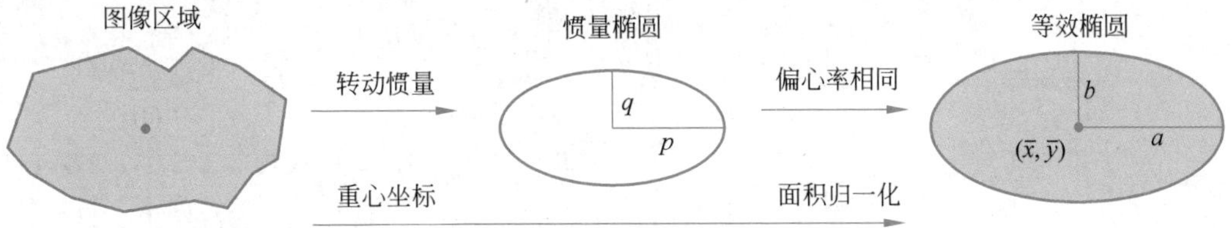

图 11.4.5　利用惯量椭圆构造等效椭圆

首先计算图像区域的转动惯量,得到惯量椭圆的两个半轴长。然后由两个半轴长得到惯量椭圆的偏心率,根据这个偏心率值(取 $p/q=a/b$)并借助区域面积对轴长进行归一化就可得到等效椭圆。在面积归一化中,如设图像区域面积为 M,则取等效椭圆(设在式(11.4.9)中 $A<B$)长半轴 a 为

$$a=\sqrt{2[(A+B)+\sqrt{(A-B)^2+4H^2}]/M} \tag{11.4.16}$$

等效椭圆的中心坐标可借助图像区域的重心确定,等效椭圆的朝向与惯量椭圆的朝向相同。这里,椭圆的朝向可借助朝向角计算,椭圆的朝向角定义为其主轴与 X 轴正向的夹角。等效椭圆的朝向角 ϕ 可借助惯量椭圆两个主轴的斜率来确定:

$$\phi=\begin{cases}\arctan(k), & A<B\\ \arctan(l), & A>B\end{cases} \tag{11.4.17}$$

在进行几何校正时,先分别求出失真图和校正图的等效椭圆,再根据两个等效椭圆的中心坐标、朝向角和长半轴的长度分别获得所需的平移、旋转和尺度伸缩 3 种基本变换的参数。□

例 11.4.4　一些特殊形状目标的形状描述符的数值

表 11.4.1 给出了对一些简单特殊形状目标计算出来的区域描述符的数值,可以看出,不同的区域描述符在描述不同的目标时各有特点(具体计算见[章 2002b])。

表 11.4.1　一些特殊形状目标的区域描述符数值

物　体	R	F	S	C	E
正方形(边长为 1)	1	1.273	0.707	9.102	1
正六边形(边长为 1)	1.1547	1.103	0.866	22.613	1.01
正八边形(边长为 1)	1	1.055	0.924	41.616	1
长为 2、宽为 1 的长方形	2	1.432	0.447	3.965	2
长轴为 2、短轴为 1 的椭圆	2	1.190	0.500	4.412	2

□

例 11.4.5 描述符的数字化计算

在前面对各种描述符的讨论中，基本考虑的是连续空间的情况。图 11.4.6 给出了对一个离散的正方形计算各描述符时的示例情况，其中图 11.4.6(a)和图 11.4.6(b)分别对应计算形状因子中的 B 和 A；图 11.4.6(c)和图 11.4.6(d)分别对应计算球状性中的 r_i 和 r_c；图 11.4.6(e)对应计算圆形性中的 μ_R；图 11.4.6(f)、图 11.4.6(g)和图 11.4.6(h)分别对应计算偏心率中的 A、B 和 H。

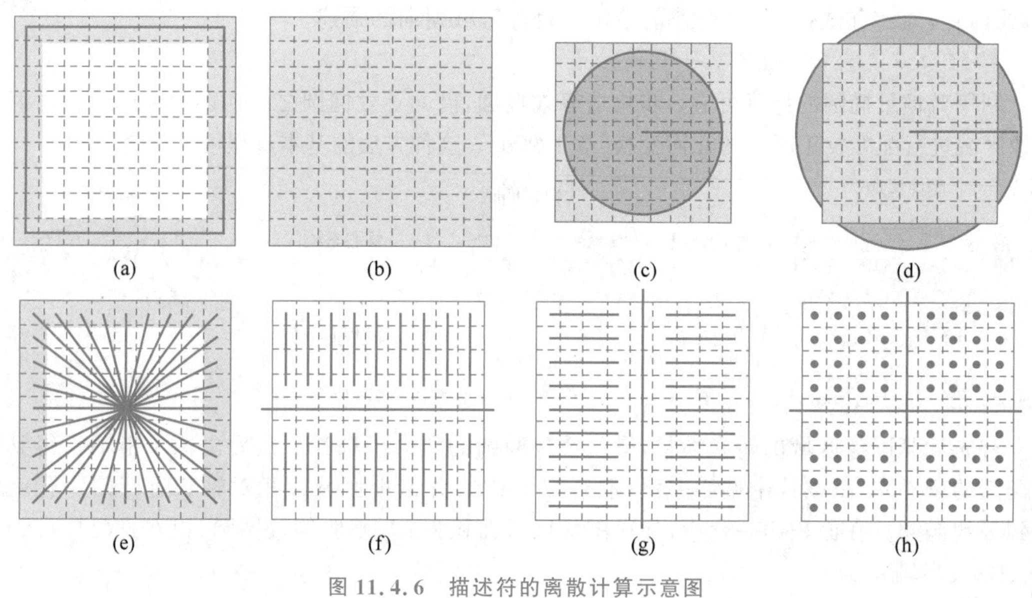

图 11.4.6 描述符的离散计算示意图

□

6. 基于目标围盒的描述符

还有一些基于目标**围盒**的紧凑性描述符。对一个目标区域，令 A 为其面积，P 为其围盒周长的长度，则称为**紧凑度**的描述符定义为

$$C_P = \frac{\sqrt{4A/\pi}}{P} \tag{11.4.18}$$

对圆目标，紧凑度的值是圆的直径与其正方形围盒的周长的比值，即 1/4，这也是紧凑度的最大值。紧凑度的平方常称为**圆度**：

$$R_P = \frac{4A}{\pi P^2} \tag{11.4.19}$$

还有一个定义略有不同的形状描述符，可称为**扩展度**（与圆度只差个常数系数）：

$$E_P = \frac{A}{P^2} \tag{11.4.20}$$

另外，对一个面积为 A 的目标区域，如果其围盒的面积为 B，则称为**矩形度**的描述符定义为

$$R_B = \frac{A}{B} \tag{11.4.21}$$

11.4.2 形状复杂性描述

复杂性/复杂度也是一个重要的形状性质。在很多实际应用中，需要根据目标的复杂程度对目标进行分类。如在对神经元的形态分类中，其枝状树的复杂程度常起着重要的作用。形状的复杂性有时也很难直接定义，所以需把它与形状的其他性质（特别是几何性质）相联系。

例如，有一个常用的概念是**空间覆盖度**，它与**空间填充能力**密切相关。空间填充能力表示生物体填满周围空间的能力，它定义了目标与周围背景的交面。如果一个细菌的形状越复杂，即空间覆盖度越高，那么它就更容易发现食物。又如，一棵树的树根所能吸取的水与它对周围土地的空间覆盖度也是成比例的。

1. 形状复杂性的简单描述符

需要指出，尽管形状复杂性的概念得到了广泛的应用，但还没有对它的精确定义。人们常用各种对目标形状的测度来描述复杂性的概念，下面给出一些例子(其中 P 和 A 分别代表目标周长和面积)[Costa 2001]。

(1) **细度比例**：它是形状因子的倒数，即 $4\pi(A/P^2)$。一个衍生出来的测度(更加强调了非圆目标)是$(P-\sqrt{P^2-4\pi A})/(P+\sqrt{P^2-4\pi A})$。

(2) **面积周长比**：A/P。

(3) **与边界的平均距离**：定义为 A/μ_R^2(参见式(11.4.5))。

(4) **轮廓温度**：根据热力学原理得到的一个描述符，定义为 $T=\log_2[(2P)/(P-P_C)]$，其中 P_C 为目标凸包的周长。

(5) **充实度**：定义为 A/A_C，其中 A_C 代表目标凸包的面积。当目标是凸体时，目标面积和目标凸包的面积相等，充实度的值为1。对其他形状的目标，充实度小于1。

(6) **凸度**：定义为 P_C/P。有时也将 P_C/P 的平方称为凸度。

(7) **凹度**：它也可借助目标面积和目标凸包的面积比来定义，此时与充实度相同。

2. 利用对模糊图的直方图分析来描述形状复杂度

由于**直方图**没有利用像素的空间分布信息，所以一般的直方图测度并不能用作形状特征。例如，图11.4.7(a)和图11.4.7(b)给出了两幅图，其中目标的形状不同，但它们的尺寸是相同的(将图11.4.7(a)正方形左上部分取一个小正方形移到右下方)，所以两幅图有完全相同的直方图，分别如图11.4.7(c)和图11.4.7(d)所示。

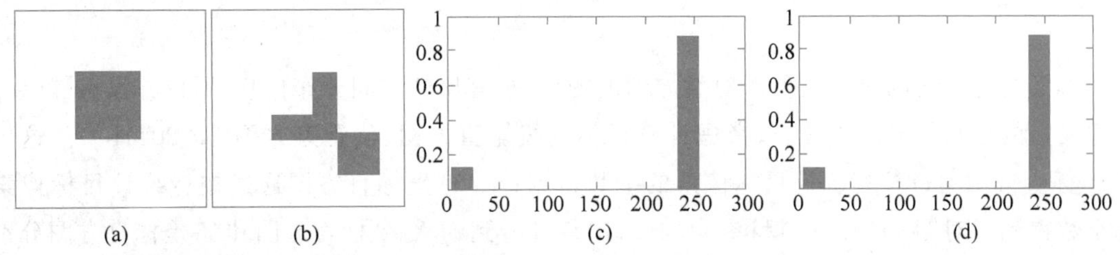

图11.4.7 包含不同形状目标的两幅图和它们的直方图

现在用平均滤波器对图11.4.7(a)和图11.4.7(b)的两幅图进行平滑，得到的结果分别如图11.4.8(a)和图11.4.8(b)所示。由于原来两图中的目标形状不同，边界长度不同，所以对平滑后图像所做的直方图就不再一样了，分别如图11.4.8(c)和图11.4.8(d)所示。进一步地，还可从平滑后图像的直方图中提取信息来定义形状特征。

将该方法推广，可以定义多尺度的特征[Costa 2001]。将原始图像与一组多尺度的高斯核 $g(x,y,s)=\exp[-(x^2+y^2)/(2s^2)]$进行卷积，其中 s 表示尺度系数。令 $f(x,y,s)=f(x,y)*g(x,y,s)$代表多尺度(模糊的)图像，这些图像随 s 的不同而不同。在此基础上可得到基于多尺度直方图的复杂度特征。

(1) 多尺度熵：定义为$E(s)=\sum_i p_i(s)\ln p_i(s)$，其中 $p_i(s)$ 是模糊图像 $f(x,y,s)$ 中第 i 个灰度级对应尺度系数 s 的相对频率。

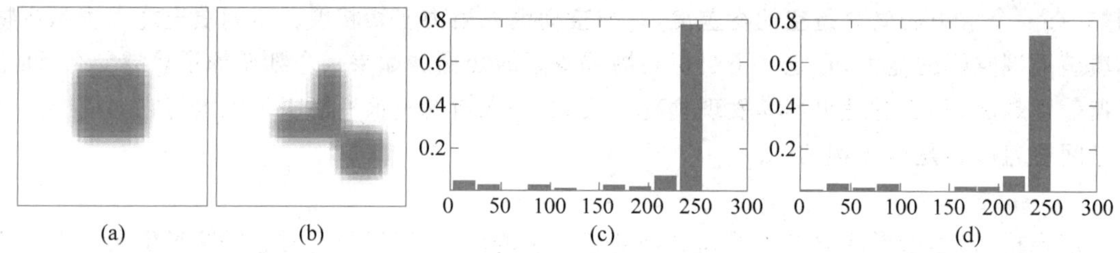

图 11.4.8 平滑后的包含不同形状目标的两幅图和它们的直方图

(2) 多尺度标准方差：定义为对应尺度系数 s 的模糊图像 $f(x,y,s)$ 的方差的平方根。

3. 饱和度

目标的紧凑性和复杂性之间常有一定的关系，比较紧凑分布的目标常有比较简单的形状。

饱和度在一定意义上反映了目标的紧凑性(紧致性)，它考虑的是目标在其围盒中的充满程度。具体可用属于目标的像素数与整个围盒所包含的像素数之比来计算。参见图 11.4.9，其中给出了用于讨论这个问题的两个目标以及它们的围盒。两个目标的外轮廓相同，但图 11.4.9(b)的目标中间有个孔洞。它们的饱和度分别为图 11.4.9(a)：81/140≈57.9%，图 11.4.9(b)：63/140=45%。比较饱和度可知，图 11.4.9(a)中目标的像素比图 11.4.9(b)中目标的像素分布更集中，或者说分布密度更大。对比这两个目标，图 11.4.9(b)中的目标给人形状更为复杂的感觉。可见，饱和度与复杂性成反比。

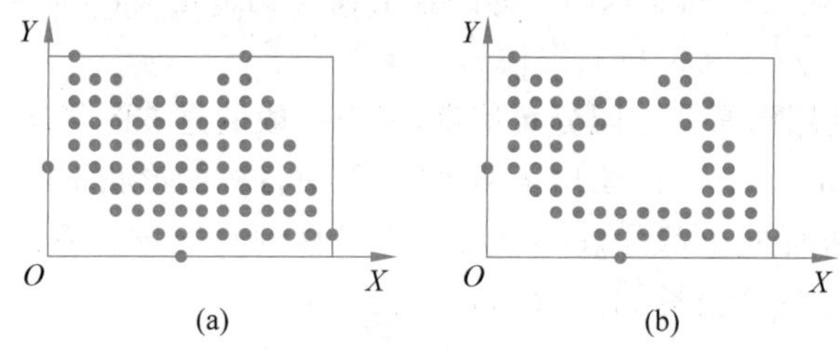

图 11.4.9 目标的饱和度

上面对饱和度的统计类似于对直方图的统计，没有反映空间分布信息，所以并没有提供一般意义上的形状信息。为此，可考虑计算目标的**投影直方图**(**位置直方图**[章 2011b])。这里 X-坐标直方图通过按列统计目标像素的个数得到；而 Y-坐标直方图通过按行统计目标像素的个数得到。对图 11.4.9(a)和图 11.4.9(b)统计得到的 X-坐标直方图和 Y-坐标直方图分别见图 11.4.10(a)和图 11.4.10(b)。其中，图 11.4.10(b)的 X-坐标直方图和 Y-坐标直方图均为非单调的直方图，中部均有明显的谷，并且均是由图 11.4.9(b)的目标中的孔洞造成的。

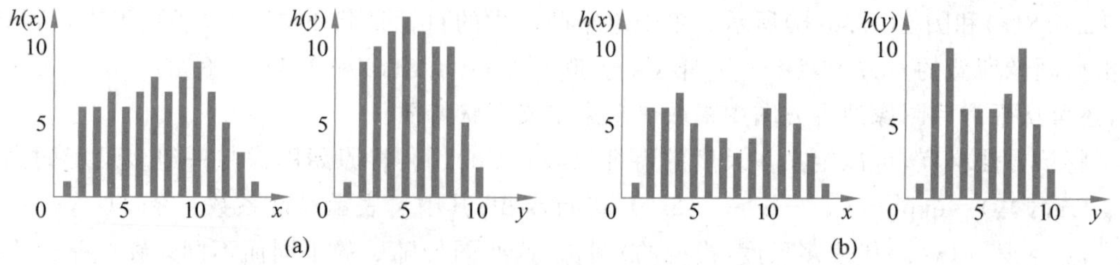

图 11.4.10 目标的 X-坐标和 Y-坐标投影直方图

4. 形状上下文描述符

形状上下文描述符是一个刻画目标轮廓的固定长度的矢量[Prince 2012]。本质上，它记录了轮廓上各点的相对位置关系(包括朝向和距离信息)。它提取了空间中的局部信息,以提供反映目标整体结构的表达形式(不太受小的空间变化的影响)。

图 11.4.11 给出了一个形状上下文描述符的计算示例。对一个目标区域,先计算其轮廓,再对轮廓采样得到一系列离散点,如图 11.4.11(a)所示。在极坐标系统中选择一个圆区域,沿矢角 θ 均匀地将其划分为 M 个扇区,沿矢径 r 按对数尺度将其划分为 N 个圆环,如图 11.4.11(b)所示。对每个离散点,依次将其放在该圆的中心(坐标原点)。对其他离散点,统计落在各个扇区中的点个数。将统计结果记录在一个 $M\times N$ 的数组(也称**形状矩阵**)中,如图 11.4.11(c)所示。这实际上是对每个轮廓点构建了一个 2-D 直方图。将所有直方条的值按某种次序连起来就构成长度固定的矢量描述符。这里对矢径采用对数尺度是因为要用点间距离对描述影响进行反比加权。

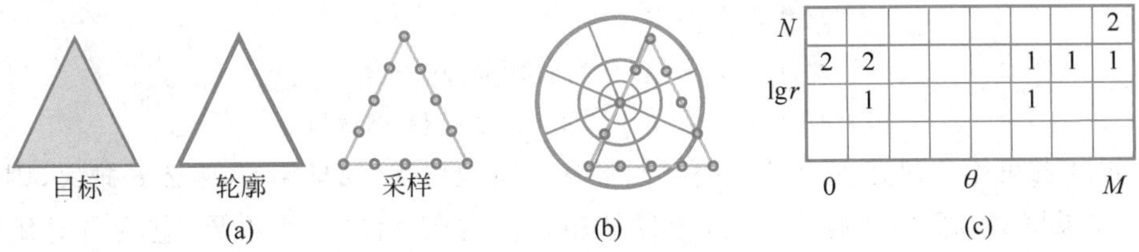

图 11.4.11 形状上下文描述符的计算示例

将对目标区域中所有的点计算得到的直方图结合起来,就可得到对目标形状的一个描述。该描述综合了目标区域的紧凑性和复杂性信息。对不太紧凑的目标,圆环个数会比较多(N 较大);而对比较复杂的目标,沿 M 方向的分布会比较发散。因为对矢径采用了对数尺度,不太紧凑的目标对圆环个数的影响较不敏感,所以形状上下文描述符更多地反映了目标的复杂性。

11.5 基于特定技术的描述

如 11.1 节所述,基于不同的理论技术也可以描述形状的不同性质。这里理论技术也可指具体的表达描述技术。另外,在基本描述符的基础上还可以得到一些导出的描述符(参见 9.1 节)。本节讨论利用多边形表达(包括标志)和基于曲率计算得到的一些形状描述符。

11.5.1 基于多边形的描述符

多边形逼近是一种近似表达轮廓的方法(见 6.1.5 小节),具有较好的抗干扰性能,可以节省数据量。它借助一系列线段的封闭集合,可以任意的精度逼近大多数实用的曲线。基于对轮廓的多边形表达,可以获得许多不同的形状描述符。

1. 直接计算的简单描述符

下面几个与形状相关的参数可直接从**多边形**表达的轮廓算出并用于描述目标形状:

(1) 角点或顶点的个数;

(2) 角度和边的统计量,如均值、中值、方差、矩等;

(3) 最长边和最短边的长度,它们的长度比以及它们之间的角度;

(4) 最大内角与所有内角和的比值;

(5) 各个内角的绝对差的均值。

2. 形状数的比较

这里仍考虑 7.1.2 小节介绍的**形状数**，它是一种基于多边形逼近而得到的形状描述符。由于区域边界与其对应的各阶的形状数是唯一的，所以可采用下面的方法来对目标的形状进行比较。

定义两个目标边界 A 和 B 之间的相似度 k 是这两个目标之间的最大公共形状数。例如，设 A 和 B 都是封闭的，并都用 4-方向链码表示，那么，如果 $S_4(A)=S_4(B)$，$S_6(A)=S_6(B)$，$\cdots$，$S_k(A)=S_k(B)$，$S_{k+2}(A)\neq S_{k+2}(B)$，$\cdots$，则 A 和 B 的相似度就是 k，其中 $S(\cdot)$ 代表形状数，下标表示阶数。两个目标形状上的距离定义为它们相似度的倒数：

$$D(A,B)=\frac{1}{k} \tag{11.5.1}$$

这个距离量度是一种超距离的量度，它满足

$$\begin{cases} D(A,B)\geqslant 0 \\ D(A,B)=0, \quad \text{当且仅当 } A=B \\ D(A,C)\leqslant \max[D(A,B),D(B,C)] \end{cases} \tag{11.5.2}$$

其实，k 和 D 都可用来描述两个目标边界间形状的相似程度，如果用 k，那么 k 越大，则两边界越相似；如果用 D，那么 D 越小，则两边界越相似。注意，对同一个边界，它的自身相似度为无穷大。

例 11.5.1　形状数比较示例

图 11.5.1(a)给出了 6 个不同的目标边界形状。现设给定了形状 F，需要在其余 5 个形状 A、B、C、D、E 中找出与它最接近的一个。图 11.5.1(b)给出的相似树可帮助解释比较和搜索的过程。

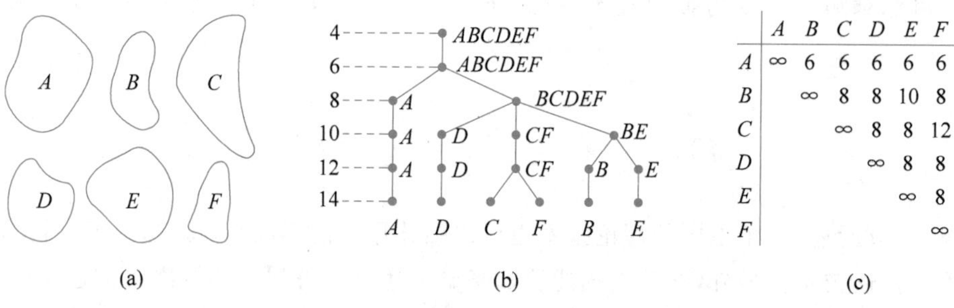

	A	B	C	D	E	F
A	∞	6	6	6	6	6
B		∞	8	8	10	8
C			∞	8	8	12
D				∞	8	8
E					∞	8
F						∞

图 11.5.1　形状数比较示例

这里，树的根对应最小可能的相似度，本例中为 4。也就是说，当形状数为 4 时，6 个形状是一致的。除了形状 A，其他形状在阶为 8 时其形状数仍相同，或者说 A 与其他形状的相似度为 6。沿着相似树继续下行直到把各个形状全部分开，可见，C 和 F 具有比任意其他两个形状间的相似度更高的相似度。图 11.5.1(c)给出了将以上信息汇总的相似度矩阵。□

3. 区域标志

在 6.1.4 小节中介绍的边界标志是一种边界表达方法。对多边形表达的边界，其边界标志常比较简单。**区域标志**的基本思想与边界标志的一样，仍是沿不同方向进行投影，把 2-D 问题转换为 1-D 问题。这里的区别只是基于区域的标志涉及区域中所有像素，即使用整个区域进行形状描述。在计算机断层重建(CT)应用中所使用的技术(参见上册第 9 章)就是区域标志的典型例子。

图 11.5.2 给出了一个简单的区域标志示例。有两个用 7×5 的点阵表达的(大写)字母："S"和"Z"(它们也可看作更复杂目标用多边形逼近后得到的结果)。这里令投影为沿与某个

参考方向垂直的方向将该直线上所有像素的数值累加。如果仅用垂直投影，那么对这两个字母得到的结果相同（见两字母下方）。但如果对两个字母进行水平投影，得到的结果就不相同（分别见两字母的左右）。基于这两个不同的水平投影（水平方向上的标志）可构造描述符将这两个字母分开。

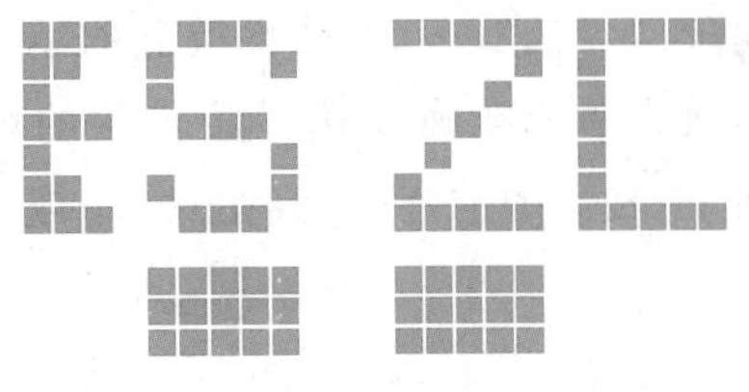

图 11.5.2　区域标志

11.5.2　基于离散曲率的描述符

曲率描述了边界上各点沿着边界方向变化的情况（参见 7.1.1 小节），可以看作是能从轮廓中提取出来的最重要的特征之一。研究曲率有很强的生物学背景和动力，人类视觉系统常将曲率作为观察场景的重要线索。

1. 曲率与几何特征

借助**曲率**可以刻画许多几何特性，表 11.5.1 给出了一些示例。

表 11.5.1　一些可用曲率刻画的几何特征

曲　率	几何特征
连续零曲率	直线段
连续非零曲率	圆弧段
局部最大曲率绝对值	角点
局部最大曲率正值	凸角点
局部最大曲率负值	凹角点
曲率过零点	拐点
大曲率平均绝对值或平方值	形状复杂性

2. 离散曲率

在离散空间，曲率常指离散目标中沿离散点序列组成的轮廓上方向的变化。所以，需要先定义离散点序列的顺序再确定**离散曲率**。

下面给出一个正式的离散曲率的定义[Marchand 2000]。给定一个离散点集合 $P=\{p_i\}_{i=0,1,\cdots,n}$，它定义了一条**数字曲线**（除曲线的两个**端点**像素外，每个像素都恰好有两个近邻像素，而曲线两个端点像素各只有一个近邻像素），在点 $p_i \in P$ 处的 k-阶曲率 $\rho_k(p_i)=|1-\cos\theta_k^i|$，其中，$\theta_k^i=\text{angle}(p_{i-k}, p_i, p_{i+k})$ 是两个线段 $[p_{i-k}, p_i]$ 和 $[p_i, p_{i+k}]$ 之间的夹角，而阶数 $k \in \{i, i+1, \cdots, n-i\}$。图 11.5.3 给出了对数字曲线 $P_{pq}=\{p_i\}_{i=0,1,\cdots,17}$ 在点 p_{10} 处计算 3-阶离散曲率 $\rho_3(p_{10})$ 的情况。

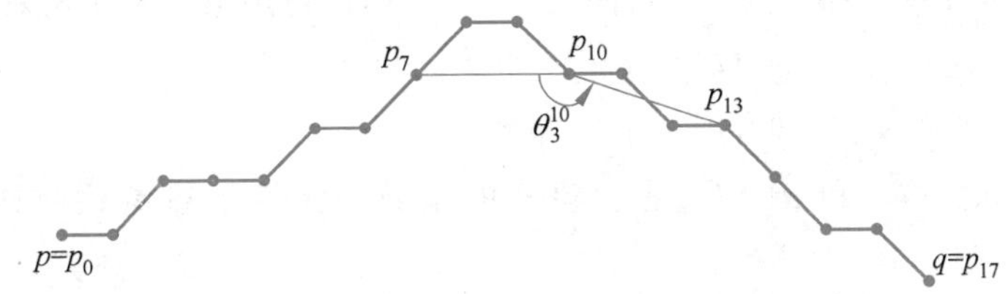

图 11.5.3　离散曲率的计算

引入阶数 k 是为了减小曲率受边界方向局部变化的影响。比较高阶的离散曲率能比较准确地逼近由离散点序列所确定的整体曲率。图 11.5.4 给出了对图 11.5.3 中的曲线计算不同阶($k=1,2,\cdots,6$)曲率得到的结果。很明显，1-阶曲率只考虑了很局部的变化，所以不是对离散曲率的准确表达。随着阶的增加，所计算出的曲率逐步反映出一条曲线的整体行为。图 11.5.4 中的各个峰(在点 p_8 或 p_9 处)对应边界上全局方向发生大变化的地方。

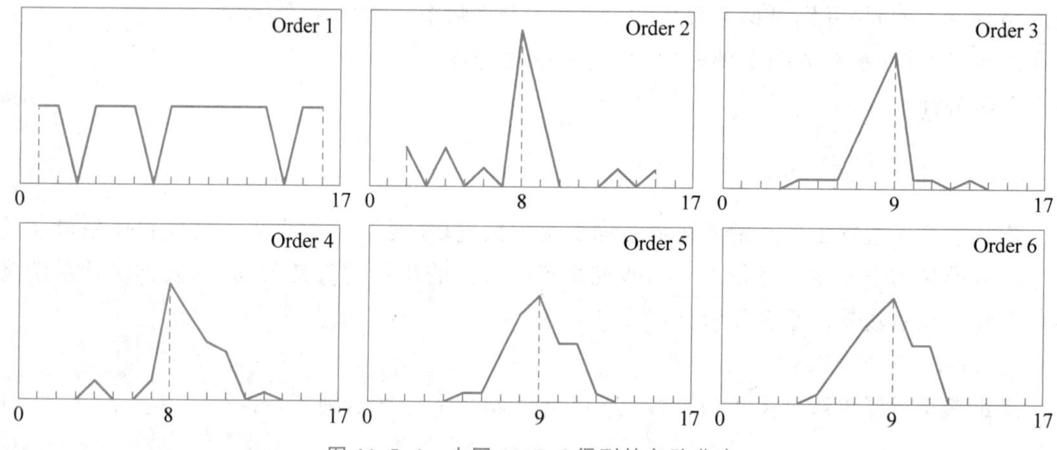

图 11.5.4　由图 11.5.3 得到的各阶曲率

3. 离散曲率的计算

对一个参数曲线 $c(t)=[x(t),y(t)]$，它的曲率函数 $k(t)$ 定义为

$$k(t)=\frac{x'(t)y''(t)-x''(t)y'(t)}{[x'(t)^2+y'(t)^2]^{3/2}} \tag{11.5.3}$$

对高阶导数的计算在离散空间可采用不同的方法[Costa 2001]。

1) 先对 $x(t)$ 和 $y(t)$ 进行采样再求导数

设需要计算在点 $c(n_0)$ 处的曲率，先在 $c(n_0)$ 两边获取一定数量的采样点，如图 11.5.5 所示。

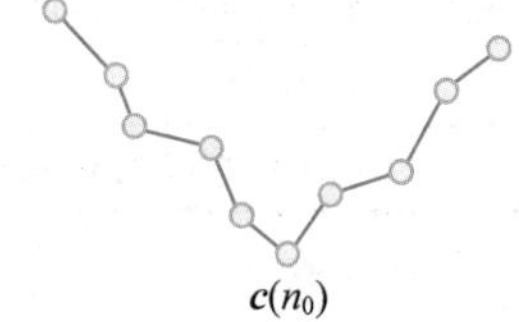

图 11.5.5　基于插值的曲率计算

然后，可用不同的方法利用这些采样点解析地计算曲率。最简单的方法是使用有限差分的方法，先计算一阶和二阶导数，具体如下：

$$\begin{cases} x'(n)=x(n)-x(n-1) \\ y'(n)=y(n)-y(n-1) \\ x''(n)=x'(n)-x'(n-1) \\ y''(n)=y'(n)-y'(n-1) \end{cases} \tag{11.5.4}$$

将上面的结果代入式(11.5.3)就可算得曲率。这种方法实现简单，但对噪声很敏感。

为降低噪声影响，可用 B 样条来逼近上述采样点。设需要用 3 阶多项式来逼近 $t\in[0,1]$ 间的采样点，则起点($t=0$)和终点($t=1$)间的 $x(t)$ 和 $y(t)$ 可用下列多项式来逼近：

$$\begin{cases} x(t)=a_1t^3+b_1t^2+c_1t+d_1 \\ y(t)=a_2t^3+b_2t^2+c_2t+d_2 \end{cases} \tag{11.5.5}$$

式中，a_1/a_2、b_1/b_2、c_1/c_2 和 d_1/d_2 是多项式的系数。计算上述参数曲线的导数并代入式(11.5.3)得到

$$k=2\frac{c_1b_2-c_2b_1}{[c_1^2+c_2^2]^{3/2}} \tag{11.5.6}$$

式中，系数 b_1、b_2、c_1 和 c_2 可计算如下：

$$
\begin{cases}
b_1 = \dfrac{1}{12}[(x_{n-2} + x_{n+2}) + 2(x_{n-1} + x_{n+1}) - 6x_n] \\
b_2 = \dfrac{1}{12}[(y_{n-2} + y_{n+2}) + 2(y_{n-1} + y_{n+1}) - 6y_n] \\
c_1 = \dfrac{1}{12}[(x_{n+2} - x_{n-2}) + 4(x_{n-1} + x_{n+1})] \\
c_2 = \dfrac{1}{12}[(y_{n+2} - y_{n-2}) + 4(y_{n-1} + y_{n+1})]
\end{cases}
\tag{11.5.7}
$$

2）根据矢量间的夹角来定义等价的曲率测度

设需要计算在点 $c(n_0)$处的曲率，令 $c(n)=[x(n),y(n)]$是一条数字曲线，则可定义下面两个矢量：

$$
\begin{cases}
\boldsymbol{u}_i(n) = [x(n) - x(n-i) \quad y(n) - y(n-i)] \\
\boldsymbol{v}_i(n) = [x(n) - x(n+i) \quad y(n) - y(n+i)]
\end{cases}
\tag{11.5.8}
$$

这两个矢量分别用点 $c(n_0)$和在其前面的第 i 个邻点，以及点 $c(n_0)$和在其后面的第 i 个邻点来确定，参见图 11.5.6。

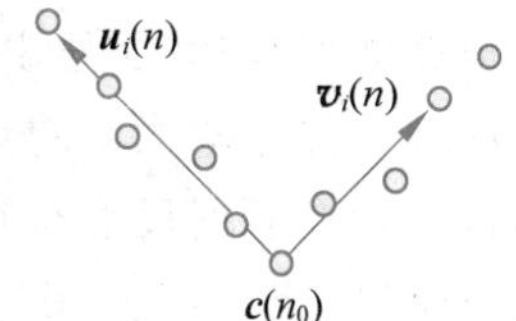

图 11.5.6　基于角度的曲率计算

用上述两个矢量计算大曲率点的曲率比较合适。此时，$\boldsymbol{u}_i(n)$和$\boldsymbol{v}_i(n)$间夹角的余弦满足：

$$
r_i(n) = \frac{\boldsymbol{u}_i(n)\ \boldsymbol{v}_i(n)}{\|\boldsymbol{u}_i(n)\|\ \|\boldsymbol{v}_i(n)\|}
\tag{11.5.9}
$$

这样，$-1 \leqslant r_i(n) \leqslant 1$，其中，$r_i(n)=-1$ 对应直线，而 $r_i(n)=1$ 对应两个矢量重合。

4. 基于曲率的描述符

目标轮廓上各点的曲率本身就可用作描述符(见 7.1.1 小节)，但这样数据量常太大且有冗余。在各点曲率计算出来后，可进一步对整个目标轮廓计算以下的曲率描述符(测度)。

1）曲率的统计值

曲率的直方图可提供一些有用的全局测度，如平均曲率、中值、方差、熵、矩等。

2）曲率最大点、最小点、拐点

在一个轮廓上并不是所有的点都同样重要。曲率达到正最大、负最小的点或拐点所携带的信息更多。这些点的数量，它们在轮廓中的位置，正最大、负最小点的曲率数值都可用来描述形状。

3）弯曲能

曲线的**弯曲能**(BE)是将直线段弯曲成特定曲线形状所需要的能量。它可由沿曲线将曲率的平方加起来得到(也可借助帕塞瓦尔定理用曲线的傅里叶变换系数来计算)。设曲线长度为 L，在其上一点 t 的曲率为 $k(t)$，则弯曲能 BE 为

$$
\mathrm{BE} = \sum_{t=1}^{L} k^2(t)
\tag{11.5.10}
$$

整个轮廓曲线的弯曲能的平均值也称轮廓能量。

例 11.5.2　弯曲能计算示例

如果边界是用链码表示的，则对其弯曲能的一个计算示例如图 11.5.7 所示。假设边界段的链码为 0,0,2,0,1,0,7,6,0,0(见图 11.5.7(a))，计算各点曲率得到 0,2,−2,1,−1,−1,−1,2,0(见图 11.5.7(b))，求曲率平方之和给出弯曲能(见图 11.5.7(c))，其平滑版本如图 11.5.7(d)所示。

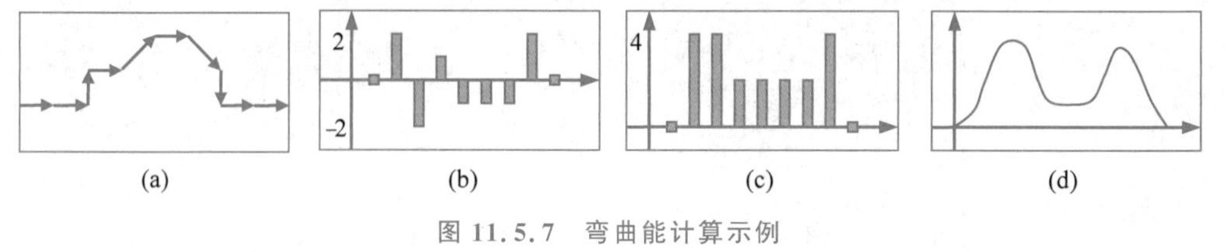

图 11.5.7 弯曲能计算示例

□

4）对称测度

对曲线线段，其**对称测度**定义为

$$S=\int_0^L\left[\int_0^t k(l)\mathrm{d}l-\frac{A}{2}\right]\mathrm{d}t \tag{11.5.11}$$

其中，内部的积分是到当前位置的角度改变量，A 是整个曲线的角度改变量，L 是整个曲线的长度，$k(l)$是沿轮廓的曲率。

基于离散曲率值的计算还可帮助检测角点。不过这个计算常对离散域中的局部变化和噪声比较敏感，而且在角点位置相互接近时效果不好。[Zhang 2019b]研究了单角点和双角点模型的离散曲率表达，并导出了相应的角点分辨率（精确检测相邻角点的能力）常数。据此提出的新测度在目标轮廓上的角点检测中对局部变化和噪声都不太敏感，也不易产生虚假角点检测错误。为在不同尺度空间进行角点检测，[景 2021]提出了一种多尺度离散曲率的计算方法并用于检测角点。先用坎尼算子检测输入图像中的边缘，从边缘图中提取边缘轮廓并检测角点。这里分别使用了 3 个不同尺度进行曲率度量，并用 3 个尺度下均可检测到的候选角点作为真实角点。

11.6 拓扑结构的描述

拓扑参数通过表达区域内部各部分的相互作用关系来描述整个区域的结构。与几何参数不同，拓扑参数不依赖于距离的概念。最基本的拓扑参数——欧拉数已在 7.2.2 小节给予了介绍。下面再介绍两个拓扑参数：**交叉数**和**连接数**。它们均反映了区域的结构信息。

考虑一个像素 p 的 8 个邻域像素 $q_i(i=0,1,\cdots,7)$，将它们从任何一个 4-邻域的位置开始，以绕 p 的顺时针方向排列。根据像素 q_i 为白或黑赋予 $q_i=0$ 或 $q_i=1$，则可得到如下定义。

（1）交叉数 $S_4(p)$：表示了在 p 的 8-邻域中 4-连通组元的数目，可写为

$$S_4(p)=\prod_{i=0}^{7}q_i+\frac{1}{2}\sum_{i=0}^{7}\mid q_{i+1}-q_i\mid \tag{11.6.1}$$

（2）连接数 $C_8(p)$：表示了在 p 的 8-邻域中 8-连通组元的数目，可写为

$$C_8(p)=q_0q_2q_4q_6+\sum_{i=0}^{3}(\bar{q}_{2i}-\bar{q}_{2i}\bar{q}_{2i+1}\bar{q}_{2i+2}) \tag{11.6.2}$$

其中，$\bar{q}_i=1-q_i$。

借助上述定义，可根据 $S_4(p)$的数值来区分在一个 4-连通组元 C 中的各个像素 p：

（1）如果 $S_4(p)=0$，则 p 是一个孤立点（即 $C=\{p\}$）；

（2）如果 $S_4(p)=1$，则 p 是一个端点（边界点）或一个中间点（内部点）；

（3）如果 $S_4(p)=2$，则 p 对保持 C 的 4-连通是必不可少的一个点；

（4）如果 $S_4(p)=3$，则 p 是一个分叉点；

（5）如果 $S_4(p)=4$，则 p 是一个交叉点。

上述各情况综合在图 11.6.1 中,其中图 11.6.1(a)给出两个连通区域(每个方框代表一个像素),各个小方框内的数字代表 $S_4(p)$的数值。将图 11.6.1(a)简化可得到如图 11.6.1(b)所示的拓扑结构图,它是对图 11.6.1(a)中所有连通组元的一个**图表达**,表达了其拓扑性质。因为这是一个平面图,所以欧拉公式成立。即,如果设 V 代表图结构中的结点集合,A 代表图结构中的结点连接弧集合,则图中的孔数 $H=1+|A|-|V|$,这里$|A|$和$|V|$分别代表 A 集合和 V 集合中的元素个数(此例中均为 5)。

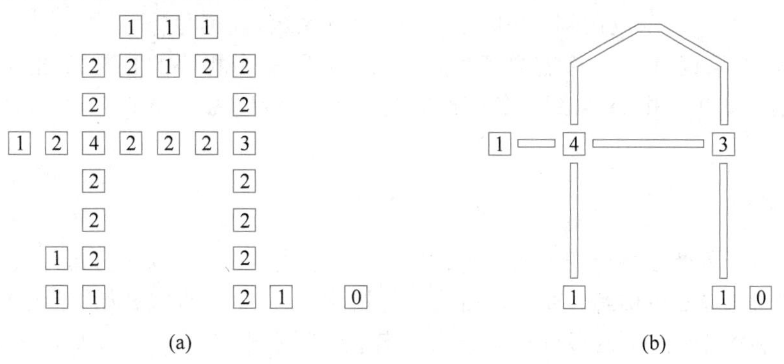

图 11.6.1 对交叉数和连接数的介绍示例

用图结构进行表达凸现了连通组元中的孔和**端点**,并给出了目标各部分之间的联系。需要注意,不同形状的目标有可能映射成相同的拓扑图结构。

11.7 分形维数

分形原来有不规则、支离破碎(分数的)等意思。分形几何是研究非规则性的工具,还可以描述自相似性。自然界物体的形状多不规则,但在不同尺度上常有自相似性,且随着放大倍数的增加而显现更多的细节。所以分形概念和分形测量对于在不同尺度上分析复杂的纹理和形状都很有用。

1. 两种维数定义

分形包含丰富的内容,很难给出一个确切的定义,不过分形的主要性质多由其维数确定。在欧氏空间里有两种不同的点集合的维数定义。

1) 拓扑维数

拓扑维数是点在集合中位置的自由度的数目,记为 d_T。例如,点的 d_T 是 0,曲线的 d_T 是 1,平面的 d_T 是 2,以此类推。

2) 豪斯道夫维数

豪斯道夫维数被记为 d。它的定义比较复杂,实际中也比较难计算,具体应用中常采取下面介绍的盒计数方法来解释和计算。

在欧氏空间的集合中,总有 $d \geqslant d_T$。两个维数的取值均为 $0 \sim N$,其中拓扑维数总取整数,但豪斯道夫维数则不一定。例如,在平面上,一条曲线越复杂,它的豪斯道夫维数越接近 2。

若一个集合的豪斯道夫维数大于该集合的拓扑维数,则该集合称为分形集合。因为 d 是实数,所以可称为**分形维数**。分形集合具有自相似性,常称为自相似集,所以分形维数也称自相似维数。注意,分形维数将目标的形状细节信息集中到单个数值中以描述形状轮廓的**粗糙度**,所以有可能很多看起来不同形状的目标具有相同或相近的分形维数或局部粗糙度[Russ 2006]。

2. 盒计数方法

盒计数方法是一种估计分形维数的常用方法。其基本思路是将对某种测度(如长度、面积）的测量值与进行这种测量的单位基元的数值（如单位长度、单位面积等）联系起来。令 S 是 2-D 空间的一个集合，$N(r)$ 是为覆盖 S 所需的半径为 r 的开圆（不包含圆周的圆）的个数。对一个中心在 (x_0, y_0) 的开圆，可以将其表示为集合 $\{(x,y)\in\mathbb{R}^2 \mid [(x-x_0)^2+(y-y_0)^2]^{1/2}<r\}$。则用盒计数方法得到的分形维数 d 定义为

$$N(r) \sim r^{-d} \tag{11.7.1}$$

这样定义的盒计数分形维数与开圆的尺寸有关，其中开圆的半径 r 确定了计算的尺度。式(11.7.1)中的"～"表示成比例，如果引入一个比例系数，则可写等号。

严格地说，如果设 A 是一个有界子集，可以被分成 N 个相等的且与 A 相似的部分，则称 A 为自相似集。如果设由 A 得到的各个部分与 A 的相似比为 $r=(1/N)^{1/d}$，则称 d 为 A 的自相似维数：

$$d = \log N / \log \frac{1}{r} \tag{11.7.2}$$

下面结合一个具体示例介绍如何利用式(11.7.1)或式(11.7.2)获得分形维数 d。图 11.7.1 给出的曲线称为**科赫三段曲线**。要对该曲线进行构建，先从一条直线开始（见图 11.7.1(a)），将其三等分，再将中间一份用两段同长的线段代替，就得到图 11.7.1(b)，如此继续对 4 段中的每一段都如此进行，就可依次得到图 11.7.1(c)和图 11.7.1(d)。这个过程可无限重复下去，分形结构的自相似性在各图中体现得很明显。

图 11.7.1　构建 Koch 三段曲线的初始步骤

用科赫(Koch)三段曲线可解释如何计算**盒计数维数**。对 Koch 曲线，开圆成为 1-D 的线段。为简便起见，设初始的线段长度为单位长，这样需要 $r=1/2$ 的开圆线段，见图 11.7.2(a)。当使用较短的线段时，需要较多的线段来覆盖 Koch 曲线。例如，当 $r=1/6$ 时，需要 $N(r)=4$ 个线段，见图 11.7.2(b)。而当 $r=1/18$ 时，需要 $N(r)=16$ 个线段，见图 11.7.2(c)。

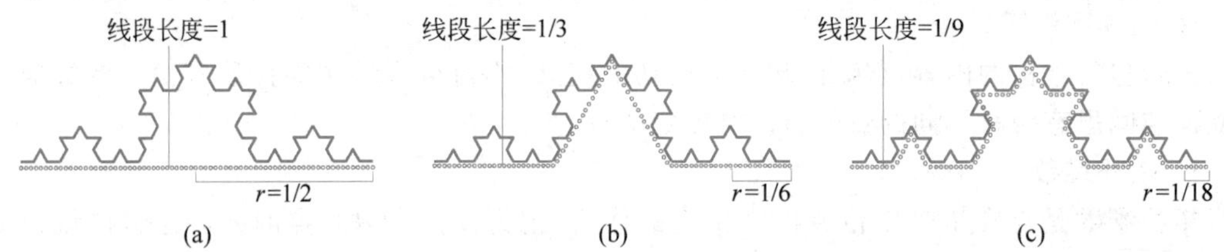

图 11.7.2　分形曲线的长度依赖于测量仪器

假设图 11.7.2 中的各个线段分别代表具有不同尺度的测量仪器，当用长度为 1 的测量仪器测量 Koch 曲线的长度时，测得的结果是曲线长度为 1。这是因为考虑不到小于 1 的细节。如果用长度为 1/3 的测量仪器测量 Koch 曲线的长度，则需要 4 个测量仪器，而测得的结果是曲线长度为 $4(1/3)\approx 1.33$。表 11.7.1 给出测量过程中 $N(r)$ 随 r 变化的情况。

表 11.7.1　$N(r)$ 随 r 变化的情况

r	$N(r)$	测得的曲线长度
$1/2=(1/2)(1)=(1/2)(1/3)^0$	$1=4^0$	1
$1/6=(1/2)(1/3)=(1/2)(1/3)^1$	$4=4^1$	1.33
$1/18=(1/2)(1/9)=(1/2)(1/3)^2$	$16=4^2$	1.78
⋮	⋮	⋮

前面的分析表明，r 以 1/3 的因子递减，而 $N(r)$ 以 4 的因子递增。根据式(11.7.1)可知：

$$4 \sim (1/3)^{-d} \tag{11.7.3}$$

这样，利用以 10 为底的对数可解得 $d = \lg(4)/\lg(3) \approx 1.26$，这就是 Koch 曲线的分形维数。

例 11.7.1　分形维数示例

图 11.7.3 给出的图案可称为雪花图案，其轮廓曲线可看作由 3 段 Koch 曲线构成。其分形维数也是 1.26。参见图 11.7.2，可看出这一系列图案是如何得到的。

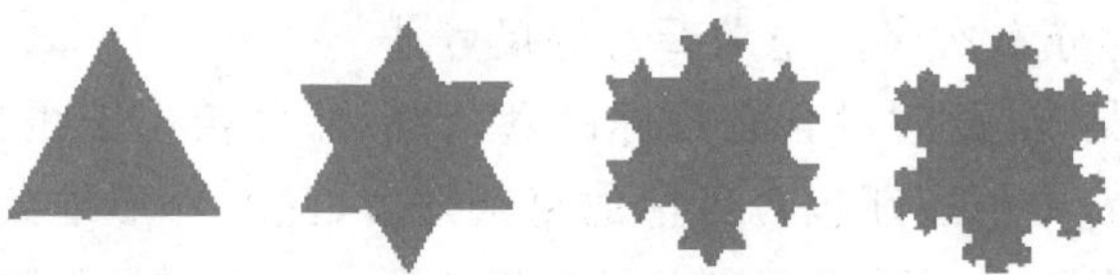

图 11.7.3　雪花图案

图 11.7.4 给出的图案可称为谢尔宾斯基三角形，将第 1 个图案中的正三角形的 3 边中点相连得到 4 个小三角形，去掉中间一个倒三角形得到第 2 个图案。继续对剩下的 3 个小正三角形进行同样的操作过程就得到第 3 个图案。以此类推，可得到一系列图案。这里 $N=3$，$r=1/2$，所以分形维数为 1.58。

图 11.7.4　谢尔宾斯基三角形

□

3. 盒计数方法的讨论

估计**盒计数维数**的基本方法是将图像分成尺寸为 $L \times L$ 的盒(块)，对含有感兴趣目标的盒进行计数，记为 $N(L)$。通过改变 L，例如从整幅图开始逐渐减半，可以得到 $\log[N(L)]$ 对 $\log(L)$ 的曲线，即 N 为 L 的双对数函数的曲线。图 11.7.5 分别给出对同一幅神经元图像以两个不同的尺度划分得到的结果，其中有阴影的盒表示含有神经元部分的盒[Costa 2001]。

图 11.7.6 给出了一条 $\log[N(L)]$ 对 $\log(L)$ 曲线的示意。由前面的讨论可知，分形维数是 $\log[N(L)]$ 对 $\log(L)$ 曲线的逼近直线(图中粗直线)的斜率的绝对值。

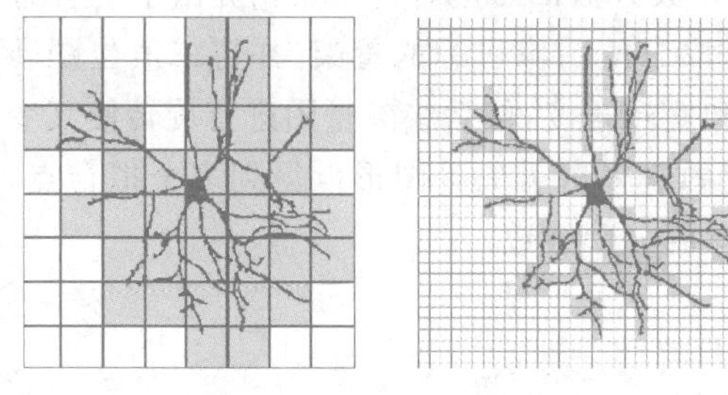

图 11.7.5　盒计数方法示例

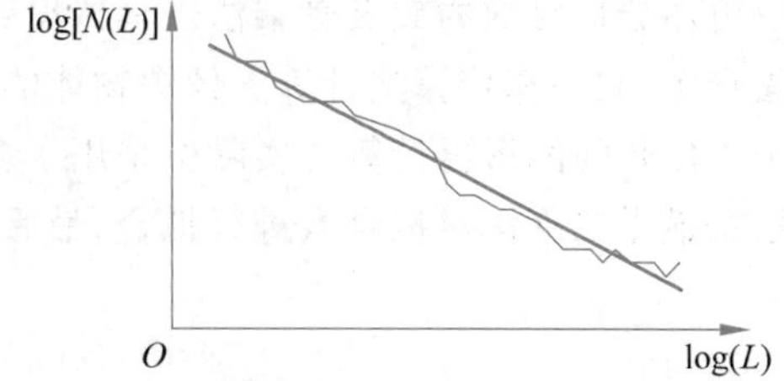

图 11.7.6　$\log[N(L)]$ 对 $\log(L)$ 曲线及其逼近直线

完全的分形结构是一种理想情况，在自然界中并不存在，也无法完全由计算机表达。图 11.7.6 中弯曲的 $\log[N(L)]$ 对 $\log(L)$ 曲线也暗示了这一点。具体原因可从两个角度说明。第一，自然物体不存在无穷的自相似性。从微观的角度说，最小的基本粒子也有一定的尺寸；从宏观的角度说，任何物体尺寸也是有限的。第二，数字图像的有限分辨率会将最小的形状细节忽略掉。

根据上面的讨论可知，“分形”目标总是只有有限的分形性。换句话说，分形总是对应一定的有限尺度。所以，一条完整的 $\log[N(L)]$ 对 $\log(L)$ 曲线应该具有图 11.7.7 所示的从左向右的 3 个区段，分别是：无分形的区段（$d\approx1$）、分形的区段（$d>1$）、约为零维数的区段（$d\approx0$）。

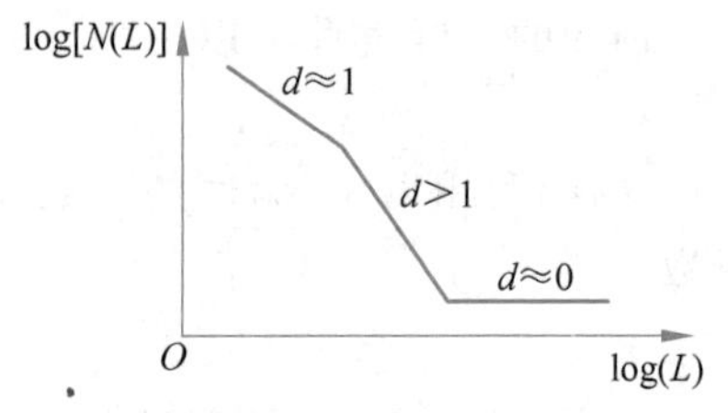

图 11.7.7　$\log[N(L)]$ 对 $\log(L)$ 曲线中的 3 个区段

考虑到目标和盒的相对尺寸，就很容易解释上述 3 个区段的存在性和它们的分布次序。先来看盒的尺寸非常小、盒的数量很多的情况，此时对含有目标的盒，目标部分相当于线状，所以盒维数接近 1。随着盒的尺寸的增加，盒中可逐渐包含目标的复杂细节，此时分形维数增加并大于 1，但小于或等于 2。最后，当盒的尺寸大到可与整个目标相比时，目标可被看作一个点（细节全看不出来了），盒维数接近于 0。在上述 3 个区段中，仅在中间区段中有分形维数大于拓扑维数的情况，这表达了目标形态上的复杂性。换句话说，只有在这个区段中可使用分形维数来表达目标的形状特性。前面用 $\log[N(L)]$ 对 $\log(L)$ 曲线的逼近直线的斜率的绝对值作为分形维数也指在这个区段中。

例 11.7.2　光滑集合的分形维数

对简单光滑的（自相似）集合，其分形维数与它的拓扑维数基本相等。下面是几个特例：

(1) 将一直线段 A 分成 N 等份，则每段长度为原来的 $1/N$，所以有

$$d_{\mathrm{A}}=\log N/\log\frac{1}{N}=1=d_{\mathrm{T}}$$

(2) 将一正方形 B 分成 N^2 等份，得到比例系数（边长）为 $1/N$ 的 N^2 个小正方形，所以有

$$d_{\mathrm{B}}=\log N^2/\log\frac{1}{N}=2=d_{\mathrm{T}}$$

(3) 将一立方体 C 分成 N^3 等份，得到比例系数（边长）为 $1/N$ 的 N^3 个小立方体，所以有

$$d_{\mathrm{C}}=\log N^3/\log\frac{1}{N}=3=d_{\mathrm{T}}$$ □

理论上，盒计数方法具有旋转不变性。但对数字图像，当图像中的目标旋转后，使用盒计数方法会产生一定的偏差，即对同一目标在不同旋转角度下计算出来的分形维数结果（即盒的豪斯道夫维数）存在差异。为了减小图像旋转对盒计数方法的影响，[纪 2020]提出了一种计算二值位图分形维数的旋转骨架法。具体思路是提取二值图像目标的**骨架**，并将二值位图转换为矢量图，利用遗传算法计算图像中物体的**凸包**和旋转角度，然后将矢量图进行旋转使其变为一个无旋转的图形再计算。实际中采用了多尺度的盒来覆盖矢量图形以得到多个拟合点，然后根据最小二乘法对拟合点进行拟合，最后得到盒的分形维数。

总结和复习　　**随堂测试**

第12章

运动分析

教学视频

为分析图像中的变化信息或运动目标，需要使用图像序列。图像序列是由一系列时间上连续的2-D(空间)图像组成的，或者说是一类3-D图像，可表示为$f(x,y,t)$。这里相比静止图像$f(x,y)$，增加了时间变量t。当t取某个特定值时，就得到序列中的一帧图像，所以图像是图像序列的特例。视频是t规则变化(一般为20～30次/秒)的图像序列(见上册第15章)。

与单幅图像不同，连续采集的图像序列能反映场景中景物的运动和景色的变化。另外，客观事物总是不断运动变化的。运动是绝对的，静止是相对的。场景的改变和景物的运动在序列图像(也称动态图像)中表现得比较明显和清楚。

对图像序列中运动的分析，既建立在对静止图像中目标的分析基础之上，又需要在技术上有所扩展、在手段上有所变化、在目的上有所拓宽。本章将介绍若干近年目标分割和目标跟踪的新方法。

根据上述讨论，本章各节将安排如下。

12.1节概括介绍了运动分析研究的内容，包括运动检测、运动目标定位和跟踪、运动目标分割和分析以及立体景物重建和运动/场景理解。

12.2节讨论运动检测特别是运动目标检测。主要介绍背景建模的技术和效果，以及光流场的计算和在运动分析中的作用。

12.3节讨论对序列图像中运动目标的分割。首先分析运动目标分割和运动信息提取的关系问题，并介绍了两种方法分类方案。然后介绍基于亮度梯度的稠密光流算法以及基于参数和模型的分割思路和方法。最后介绍了利用多尺度上下文与时间信息融合以及结合运动感知的感兴趣区域(ROI)预测和自适应参考更新的方法。

12.4节介绍了运动跟踪的典型技术，包括卡尔曼滤波器、粒子滤波器、均移和核跟踪技术，具体讨论了尺度非各向同性的均移以及结合粒子滤波器的均移方法，最后讨论了一种利用子序列决策的跟踪策略。

12.5节介绍了借助移动阴影的检测进行目标跟踪的方法，除给出整体流程外，对其中涉及的各个步骤也进行了详细的分析。

12.6节讨论基于孪生网络的目标跟踪技术，除分析了基本的方法外，还对两个改进工作进行了整体介绍和讨论。

12.1 运动研究内容

相比纹理和形状，运动的概念比较直观清晰，但运动的类别比较多。运动分析的研究目的和工作内容包括以下几方面。

1. 运动检测

运动检测指检测场景中是否有运动(包括全局和局部运动)信息。这种情况一般仅仅使用单个固定的摄像机就可以了。一个典型的例子就是安全监视，此时任何导致图像发生变化的因素都需考虑在内。当然，由于光照引起的变化通常比较缓慢，景物运动导致的变化通常比较迅速，所以可进一步区分开。有关运动分类和表达的内容，以及基本的运动检测方法在上册已有介绍。

2. 运动目标定位和跟踪

这里所关注的是发现场景中是否有运动目标；如果有目标，那么它当前在什么位置和处于什么姿态；进一步地，还可包括确定运动目标的轨迹，并预测它下一步的运动方向和趋势以及将来的运动状态等。这种情况一般也可仅使用单个固定的摄像机（近年也常使用多个摄像机）。在实际中，可以是摄像机静止而目标运动，或摄像机运动而目标静止，最复杂的是两者都运动。根据研究目的不同可采用不同的技术。如果仅需确定运动目标的位置，那么可采用基于运动的分割方法，即借助运动信息对运动目标进行初步分割。如果还需确定运动目标的运动方向和轨迹、预测运动的趋势等，则常采用目标跟踪技术来匹配图像数据和目标特征，或将运动目标表示成图结构并对图进行匹配。

对运动目标的定位常被认为是运动目标检测的同义词，但定位更关注目标位置而不是目标自身特性。在目标定位中常有一些假设。

（1）最大速度。如果已知运动目标在视频前一帧的位置，则在当前帧的位置会在以上一帧位置为中心、以最大速度为半径的圆中。

（2）小加速度。目标运动速度的变化有限，有一些可预测性。

（3）互对应。刚体目标在图像序列中保持稳定的模式，场景中目标点与图像上的点互相对应。

（4）共同运动。如果有多个目标点，它们的运动方式相关（运动相似性）。

3. 运动目标分割和分析

运动目标分割和分析的要求更多、更高，需要精确检测目标运动的情况、提取出目标，获得其特征和运动参数、分析运动规律、确定运动类型等。这种情况常需利用视频摄像机获取序列图像，区分场景中的全局运动和局部运动。还常需要获取目标的3-D特性，或进一步识别运动景物的类别。

4. 立体景物重建和运动/场景理解

通过所获取的目标运动信息还可进一步计算立体景物的深度/距离、确定其表面的朝向以及遮挡情况等。另外，综合运动信息和其他图像中的信息，可以进行运动因果关系的判定。如果进一步借助场景知识，则可对场景和运动给出有意义的解释。这种情况常使用两个或多个静止或运动的摄像机。有关内容将在下册介绍。

12.2 运动目标检测

在上册第15章已对运动检测及其基本方法进行了初步介绍。这里再介绍两类进一步的技术，更适合对运动目标的检测。

12.2.1 背景建模

背景建模是一种进行运动检测的通用思路，可以借助不同的技术手段来实现，所以它也被看作一类运动检测方法的总称。

1. 基本原理

运动检测是要发现场景中的运动信息，一个直观的方法是将当前需要检测的帧图像与原来还没有运动信息的背景进行比较，不同的部分就表示了运动的结果。先考虑一个简单的情况。在固定的场景(背景)中有一个运动目标，那么在采集的视频中，前后帧图像之间就会由于该目标的运动而在对应的位置产生差异。所以，利用对前后帧图像计算差异的方法(如上册15.3.1小节)就可检测出运动目标并定位。

计算差图像是一种简单快速的运动检测方法，但在很多情况下效果不够好。这是因为计算差图像时会将所有环境起伏(背景杂波)、光照改变、摄像机晃动等与目标运动一块全部检测出来(特别在总以第1帧作为参考帧时，该问题更为严重)，所以只有在非常严格控制的场合(如环境和背景均不变)才能将真正的目标运动分离出来。

比较合理的运动检测思路是并不将背景看成是完全不变的，而是计算和保持一个动态(满足某种模型)的背景帧作为参考。这就是背景建模的基本思路。

有一种简单的背景建模方法，主要包括如下步骤：

(1) 获取当前帧的前 N 帧图像，在每个像素处，确定它们的均值或中值，作为当前的背景值；

(2) 获取下一帧($N+1$ 帧)图像，计算该帧图像与当前背景在各个像素处的差(可对差阈值化以消除或减少噪声)；

(3) 使用平滑或形态学操作的组合来消除差图像中尺寸非常小的区域并填充大区域中的孔，保留下来的区域代表了场景中运动的目标；

(4) 结合该帧图像更新(作为当前背景的)均值或中值；

(5) 返回到步骤(2)，考虑接下来的帧。

这种基于 N 个帧周期中的均值或中值维护背景的方法比较简单，计算量较小，但当场景中同时有多个目标或目标运动很慢时效果并不太好。

2. 典型实用方法

下面介绍几种典型的实用背景建模方法，它们都将运动前景提取分为模型训练和实际检测两步，通过训练对背景建立数学模型，而在检测中利用所建模型消除背景获得前景。

1) 基于单高斯模型的方法

基于**单高斯模型**的方法认为像素点的灰度值或彩色值在视频序列中服从高斯分布。具体就是针对每个固定的像素位置，计算 N 帧训练图像序列中所有该位置像素值的均值 μ 和方差 σ，从而唯一地确定出一个(单)高斯背景模型。在运动检测时利用背景相减的方法计算当前帧图像中像素值与背景模型像素值的差，再将差值与阈值 T(常取3倍的方差)进行比较，即根据 $|T-\mu|\leqslant 3\sigma$ 就可以判断该像素为前景或者背景。

这种模型比较简单，但对应用的条件要求较严。例如，要求在较长时间内光照强度无明显变化，同时检测期间运动前景在背景中的阴影较小。它的缺点是对光照强度的变化比较敏感，有可能导致模型不成立(均值和方差都变化)；在场景中有运动前景时，由于只有一个模型，所以不能将其与静止背景分离开，有可能造成较大的虚警率。

2) 基于视频初始化的方法

在训练序列中背景静止但有运动前景的情况下，如果能将各像素点对应的背景值先提取出来，将静止背景与运动前景分离开来，然后再进行背景建模，则有可能克服前述问题。这个过程也可看作在对背景建模前对训练的视频进行初始化，从而将运动前景对背景建模的影响消除掉。

具体可对 N 帧包含运动前景的训练图像设定一个最小长度阈值 T_l，对每个像素位置的长度为 N 的序列进行截取，得到像素值相对稳定的、长度大于 T_l 的若干子序列 $\{L_k\}$，$k=1$,

2,…。从中进一步选取长度较长且方差较小的序列作为背景序列。

通过这个初始化，将在训练序列中背景静止但有运动前景的情况转化成为在训练序列中背景静止且没有运动前景的情况。在将静止背景下有运动前景时的背景建模问题转化为静止背景下无运动前景的背景建模问题后，仍可使用前述基于单高斯模型的方法来进行背景建模。

3）基于高斯混合模型的方法

当训练序列中背景也有运动的情况下，基于单高斯模型的方法效果也不好。此时更加鲁棒且有效的方法是对各个像素分别用混合的高斯分布来建模，即引入**高斯混合模型**(GMM)，对背景的多个状态分别建模。这样，根据数据属于哪个状态来相应地更新该状态的模型参数，以解决运动背景下的背景建模问题。根据局部性质，这里有些高斯分布代表背景，有些高斯分布代表前景。下面的算法可以区分它们。

基于高斯混合模型的基本方法是依次读取 N 帧训练图像，每次都对每个像素点进行迭代建模。设一个像素在时刻 t 具有灰度 $f(t)$，$t=1,2,\cdots$，$f(t)$可用 K 个(K 为每个像素允许的最大模型个数)高斯分布 $N(\mu_k,\sigma_k^2)$来(混合)建模，其中 $k=1,2,\cdots,K$。场景变化时高斯分布会随时间变化，所以是时间的函数，可写为

$$N_k(t)=N[\mu_k(t),\sigma_k^2(t)], \quad k=1,2,\cdots,K \tag{12.2.1}$$

对 K 的选择主要考虑计算效率，常取 3～7。

训练开始时设一个初始标准差。当读入一幅新图像时，用图像的像素值来更新原有的背景模型。对每个高斯分布加个权重 $w_k(t)$(所有权重的和为 1)，这样观察到 $f(t)$的概率为

$$P[f(t)]=\sum_{k=1}^{K}w_k(t)\frac{1}{\sqrt{2\pi}}\exp\left[\frac{-[f(t)-\mu_k(t)]^2}{\sigma_k^2(t)}\right] \tag{12.2.2}$$

可以利用 EM 算法(见下册 12.5.2 小节)来更新高斯分布的参数，但计算量常常会很大。简便的方法是将各个像素与高斯函数比较，如果它落在均值的 2.5 倍方差范围内就认为是匹配的，即认为这个像素与该模型相匹配，可用它的像素值来更新该模型的均值和方差。如果当前像素点模型个数小于 K，则对这个像素点建立一个新的模型。如果有多个匹配出现，那么可以选最好的。

如果找到一个匹配 l，则对高斯分布 $N(\mu_l,\sigma_l^2)$有

$$w_k(t)=\begin{cases}(1-a)w_k(t-1), & k\neq l\\ w_k(t-1), & k=l\end{cases} \tag{12.2.3}$$

然后接着重新归一化 w。式(12.2.3)中的 a 是学习常数，$1/a$ 确定了参数变化的速度。用来匹配高斯函数的参数可更新如下：

$$\mu_k(t)=(1-b)\mu_l(t-1)+bf(t) \tag{12.2.4}$$

$$\sigma_k^2(t)=(1-b)\sigma_l^2(t-1)+b[f(t)-\mu_k(t)]^2 \tag{12.2.5}$$

其中

$$b=aP[f(t)\mid\mu_l,\sigma_l^2] \tag{12.2.6}$$

若没有找到匹配，则可将对应最低权重的高斯分布用一个具有均值 $f(t)$的新高斯分布所代替。相对于其他 $K-1$ 个高斯分布，这个新的高斯分布具有较高的方差和较低的权重，更有可能成为局部背景的一部分。若已经判断了 K 个模型并且它们都不符合条件，则将其中权重最小的模型替换为新的模型，新模型的均值即为该像素点的值，这时再设定一个初始标准差。如此进行，直到把所有训练图像都训练完。

经过上述步骤，已可确定最有可能赋给像素当前灰度的高斯分布，接下来要确定它属于前

景还是背景。这可借助一个对应整个观察过程的常数 B 来确定。假设在所有帧中，背景像素的比例都大于 B。据此可将所有高斯分布用 $w_k(t)/\sigma_k(t)$ 来排序，排序在前的值表示大的权重或者小的方差或者两者兼备。这些情况都对应给定像素很可能属于背景的情况。

4）基于码本的方法

在基于码本的方法中，将每个像素点用一个码本表示，一个码本可包含一个或多个码字，每个码字代表一个状态[Kim 2004]。**码本**最初是借助对一组训练帧图像进行学习而生成的。这里对训练帧图像的内容没有限制，可以包含运动前景或运动背景。接下来，通过一个时域滤波器滤除码本中代表运动前景的码字，保留代表背景的码字；再通过一个空域滤波器将那些被时域滤波器错误滤除的码字（代表较少出现的背景）恢复到码本中，以减少在背景区域中出现零星前景的虚警。这样的码本代表了一段视频序列的背景模型的压缩形式。

3. 效果示例

背景建模是一个训练-测试的过程。先利用序列中开始的一些帧图像训练出一个背景模型，然后将这个模型用于对其后帧的测试，根据当前帧图像与背景模型的差异来检测运动。最简单的情况是：训练序列中背景是静止的，也没有运动前景。复杂些的情况包括：训练序列中背景是静止的，但有运动前景；训练序列中背景不是静止的，但没有运动前景。最复杂的情况是训练序列中背景不是静止的，而且有运动前景。下面给出上述各个背景建模方法在前 3 种情况下的一些实验效果[李 2006]。

实验数据来自一个开放的通用视频库中的 3 个序列[Toyama 1999]，共 150 帧，每幅彩色图像的分辨率为 160×120px。实验时，对每幅测试图像，先借助图像编辑软件给出二值参考结果，再用上述各个背景建模方法进行目标检测，得到二值检测结果。对每个序列，选 10 帧图像，将检测结果与参考结果比较，分别统计检测率（检测出的前景像素数量与真实的前景像素数量的比值）和虚警率（检测出的本不属于前景的像素数占所有被检测为前景的像素数的比值）的平均值。

1）静止背景中无运动前景时的结果

图 12.2.1 给出了一组实验结果图像。在所用的序列中，初始场景里只有静止背景，要检测的是其后进入场景的人。图 12.2.1(a)是人进入之后的一个场景，图 12.2.1(b)给出了对应的参考结果，图 12.2.1(c)给出了用基于单高斯模型方法得到的检测结果。该方法的检测率只有 0.473，而虚警率为 0.0569。由图 12.2.1(c)可见，人体腰部和头发部分有很多像素（均处于灰度较低且比较一致的区域）没有被检测出来，而且在背景上也有一些零星的误检点。

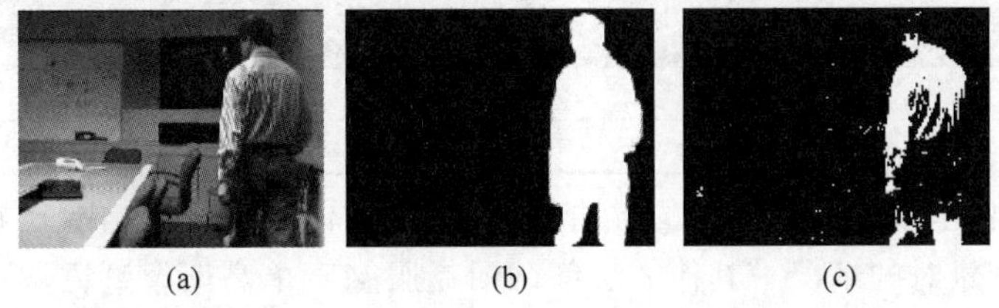

图 12.2.1　静止背景中无运动前景时的结果

2）静止背景中有运动前景时的结果

图 12.2.2 给出一组实验结果图像。在所用的序列中，初始场景里有人，后来离去，要检测的是离开场景的人。图 12.2.2(a)是人在离开时的一个场景，图 12.2.2(b)给出对应的参考结果，图 12.2.2(c)给出用基于视频初始化的方法得到的结果，图 12.2.2(d)给出了采用基于码本的方法得到的结果。

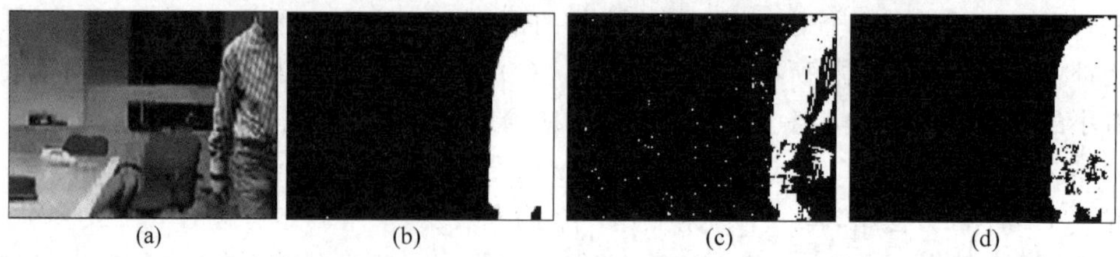

(a) (b) (c) (d)

图 12.2.2　静止背景中有运动前景时的结果

比较两种方法，基于码本的方法比基于视频初始化的方法的检测率要高且虚警率要低。这是由于基于码本的方法针对每个像素点建立了多个码字，从而提高了检测率；同时，检测过程中所用的空域滤波器又降低了虚警率。具体统计数据见表 12.2.1。

表 12.2.1　静止背景中有运动前景时的背景建模统计数据

方　法	检　测　率	虚　警　率
基于视频初始化	0.676	0.051
基于码本	0.880	0.025

3）运动背景中无运动前景时的结果

图 12.2.3 给出一组实验结果图像。在所用的序列中，初始场景里树在晃动，要检测的是进入场景的人。图 12.2.3(a)是人进入之后的一个场景，图 12.2.3(b)给出对应的参考结果，图 12.2.3(c)给出用基于高斯混合模型方法得到的结果，图 12.2.3(d)给出用基于码本的方法得到的结果。

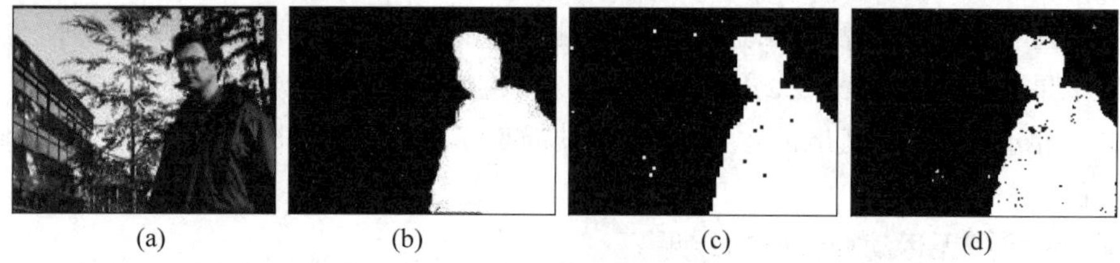

(a) (b) (c) (d)

图 12.2.3　运动背景中无运动前景时的结果

比较两种方法，基于高斯混合模型的方法和基于码本的方法都针对背景运动设计了较多的模型，因而都有较高的检测率（前者的检测率比后者稍高）。由于前者没有与后者的空域滤波器相对应的处理步骤，因此前者的虚警率比后者要高。具体统计数据见表 12.2.2。

表 12.2.2　运动背景中有运动前景时的背景建模统计数据

方　法	检　测　率	虚　警　率
基于高斯混合模型	0.951	0.017
基于码本	0.939	0.006

最后需要指出，基于单高斯模型的方法相对最简单，但其适用的情况比较少，仅可用于静止背景下无运动前景时的情况。其他方法都试图克服基于单高斯模型方法的局限性，但共同的问题是如果需要更新背景，则需要重新计算整个背景模型，而不是简单的参数迭代更新。

12.2.2　光流场

场景中景物的运动会导致运动期间所获得的图像中景物处在不同的相对位置，这种位置上的差别可称为**视差**，它对应景物运动反映在图像上的位移矢量（包括大小和方向）。如果用视差除以时差，就得到速度矢量（也称瞬时位移矢量）。一幅图像中的所有速度矢量（可能各不相同）构成一个矢量场，在很多情况下也可称为**光流场**（进一步的区别和讨论见下册）。

1. 光流方程

设在时刻 t 某个特定的图像点在 (x,y) 处，在时刻 $t+\mathrm{d}t$ 时该图像点移动到 $(x+\mathrm{d}x,y+\mathrm{d}y)$ 处。如果时间间隔 $\mathrm{d}t$ 很小，则可以期望（或假设）该图像点的灰度保持不变，换句话说，有

$$f(x,y,t)=f(x+\mathrm{d}x,y+\mathrm{d}y,t+\mathrm{d}t) \tag{12.2.7}$$

将上式右边用泰勒级数展开，令 $\mathrm{d}t\to 0$，取极限并略去高阶项可得到：

$$-\frac{\partial f}{\partial t}=\frac{\partial f}{\partial x}\frac{\mathrm{d}x}{\mathrm{d}t}+\frac{\partial f}{\partial y}\frac{\mathrm{d}y}{\mathrm{d}t}=\frac{\partial f}{\partial x}u+\frac{\partial f}{\partial y}v=0 \tag{12.2.8}$$

其中，u 和 v 分别为图像点在 X 和 Y 方向的移动速度，它们构成一个速度矢量。分别记

$$f_x=\frac{\partial f}{\partial x}\quad f_y=\frac{\partial f}{\partial y}\quad f_t=\frac{\partial f}{\partial t} \tag{12.2.9}$$

得到**光流方程**为

$$[f_x,f_x]\cdot[u,v]^{\mathrm{T}}=f_t \tag{12.2.10}$$

光流方程表明，运动图像中某一点的灰度时间变化率是该点灰度空间变化率与该点空间运动速度的乘积。

在实际中，灰度时间变化率可用沿时间方向的一阶差分平均值来估计：

$$\begin{aligned}f_t\approx&\frac{1}{4}[f(x,y,t+1)+f(x+1,y,t+1)+f(x,y+1,t+1)+f(x+1,y+1,t+1)]-\\&\frac{1}{4}[f(x,y,t)+f(x+1,y,t)+f(x,y+1,t)+f(x+1,y+1,t)]\end{aligned} \tag{12.2.11}$$

灰度空间变化率可分别用沿 X 和 Y 方向的一阶差分平均值来估计：

$$\begin{aligned}f_x\approx&\frac{1}{4}[f(x+1,y,t)+f(x+1,y+1,t)+f(x+1,y,t+1)+f(x+1,y+1,t+1)]-\\&\frac{1}{4}[f(x,y,t)+f(x,y+1,t)+f(x,y,t+1)+f(x,y+1,t+1)]\end{aligned} \tag{12.2.12}$$

$$\begin{aligned}f_y\approx&\frac{1}{4}[f(x,y+1,t)+f(x+1,y+1,t)+f(x,y+1,t+1)+f(x+1,y+1,t+1)]-\\&\frac{1}{4}[f(x,y,t)+f(x+1,y,t)+f(x,y,t+1)+f(x+1,y,t+1)]\end{aligned} \tag{12.2.13}$$

2. 最小二乘法光流估计

将式(12.2.11)～式(12.2.13)代入式(12.2.10)后可用最小二乘法来估计光流分量 u 和 v。在连续两幅图像 $f(x,y,t)$ 和 $f(x,y,t+1)$ 上取具有相同 u 和 v 值的同一个目标上的 N 个不同位置的像素，以 $\hat{f}_t^{(k)}$、$\hat{f}_x^{(k)}$、$\hat{f}_y^{(k)}$ 分别表示在第 k 个位置对 f_t、f_x、f_y 的估计（$k=1,2,\cdots,N$），记

$$\boldsymbol{f}_t=\begin{bmatrix}-\hat{f}_t^{(1)}\\-\hat{f}_t^{(2)}\\\vdots\\-\hat{f}_t^{(N)}\end{bmatrix}\qquad\boldsymbol{F}_{xy}=\begin{bmatrix}\hat{f}_x^{(1)}&\hat{f}_y^{(1)}\\\hat{f}_x^{(2)}&\hat{f}_y^{(2)}\\\vdots&\vdots\\\hat{f}_x^{(N)}&\hat{f}_y^{(N)}\end{bmatrix} \tag{12.2.14}$$

则对 u 和 v 的最小二乘估计为

$$[u,v]^{\mathrm{T}}=(\boldsymbol{F}_{xy}^{\mathrm{T}}\boldsymbol{F}_{xy})^{-1}\boldsymbol{F}_{xy}^{\mathrm{T}}\boldsymbol{f}_t \tag{12.2.15}$$

例 12.2.1　光流检测示例

图 12.2.4 给出了光流检测的一个示例。图 12.2.4(a)为带有图案球体的侧面图像，

图 12.2.4(b)为将球体(绕上下轴)向右旋转一个小角度得到的图像。球体在 3-D 空间中的运动反映到 2-D 图像上基本是平移运动,所以在对图 12.2.4(c)检测到的光流中,光流较大的部位沿经线分布,反映了边缘水平移动的结果。

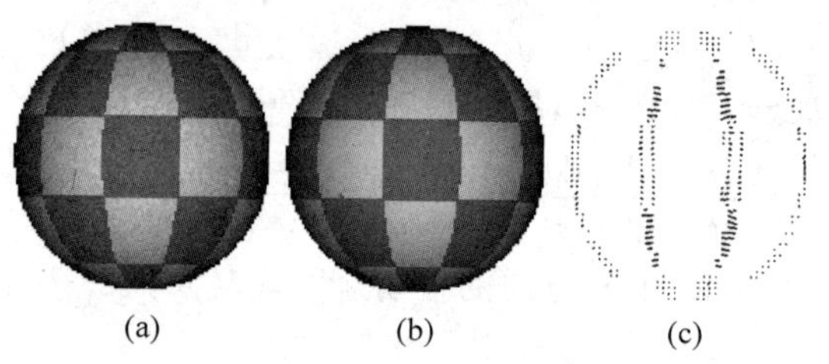

图 12.2.4 光流检测示例 □

3. 运动分析中的光流

利用图像差可以获得运动轨迹,利用光流不能获得运动轨迹,但可获得对图像解释有用的信息。光流分析可用于解决各种运动问题——摄像机静止目标运动、摄像机运动目标静止、两者都运动。

动态图像中的运动可以看作下面 4 种基本运动的组合,利用光流对它们的检测和识别可借助一些简单的算子基于其特点进行。

(1) 离摄像机的距离为常数的平动(可不同方向):构成一组平行的运动矢量,见图 12.2.5(a);

(2) 相对于摄像机在深度方向上沿视线的平动(各向对称):构成一组具有相同**扩展焦点**(FOE)的矢量,见图 12.2.5(b);

(3) 围绕视线等距离的转动:给出一组同心的运动矢量,见图 12.2.5(c);

(4) 与视线正交的平面目标的转动:构成一组或多组由直线段出发的矢量,见图 12.2.5(d)。

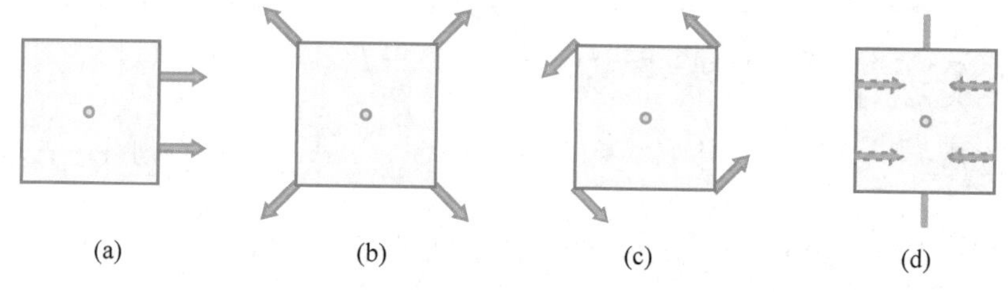

图 12.2.5 运动形式的识别

例 12.2.2 对光流场的解释

光流场反映了场景中的运动情况。图 12.2.6 给出一些光流场的示例以及对它们的解释(箭头长度与运动速度成比例)。图 12.2.6(a)中仅有一个目标向右移动;图 12.2.6(b)对应摄像机向前(进入纸内)运动,此时场景中固定的目标看起来是从扩展焦点(FOE)出发向外发散的。另外,还有一个水平运动的目标有它自己的扩展焦点。图 12.2.6(c)对应有一个目标向着固定的摄像机方向运动,它的扩展焦点在其轮廓中[如果目标离开摄像机而运动,则看起

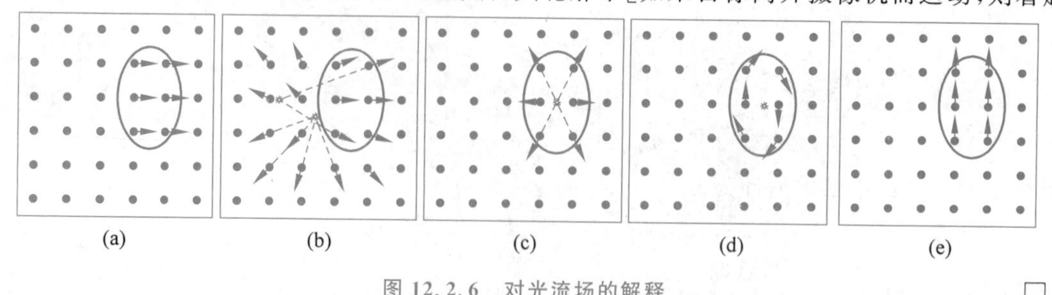

图 12.2.6 对光流场的解释 □

来离开其**收缩焦点**(FOC)]。图 12.2.6(d)对应有一个目标绕摄像机视线旋转的情况；而图 12.2.6(e)对应有一个目标绕与视线正交的一根水平轴旋转的情况，目标上的特征点看起来上下运动(其轮廓有可能出现振荡)。

利用光流对运动进行分析还可以获得很多信息。

1）互速度

利用光流表达可以确定摄像机和目标间的互速度 $\boldsymbol{T}$。令在世界坐标系 X、Y、Z 方向的互速度分别为 $T_X=u$，$T_Y=v$，$T_Z=w$，其中，Z 给出了关于深度的信息($Z>0$ 代表在图像平面前方的点)。如果在 $t_0=0$ 时一个目标点的坐标为(X_0,Y_0,Z_0)，则该点图像的坐标(设光学系统的焦距为 1 且目标运动速度是常数)在时间 t 为

$$(x,y)=\left(\frac{X_0+ut}{Z_0+wt},\frac{Y_0+vt}{Z_0+wt}\right) \tag{12.2.16}$$

2）扩展焦点

下面借助光流来确定 2-D 图像的**扩展焦点**。假设运动是朝向摄像机的，当 $t\to-\infty$时，可以获得在离摄像机无穷远距离开始的运动。该运动沿直线向着摄像机进行，图像平面上的开始点为

$$(x,y)_{\mathrm{FOE}}=\left(\frac{u}{w},\quad\frac{v}{w}\right) \tag{12.2.17}$$

注意，这个等式也可用于 $t\to\infty$的情况，此时运动处在相反的方向上(对应**收缩焦点**)。任何运动方向的改变都会导致速度 u、v、w 的变化以及扩展焦点在图像上的位置。

3）碰撞距离

假设图像坐标的原点沿方向 $\boldsymbol{S}=(u/w,v/w,1)$运动，且在世界坐标系中的轨迹为一条直线，即

$$(X,Y,Z)=t\boldsymbol{S}=t\left(\frac{u}{w},\frac{v}{w},1\right) \tag{12.2.18}$$

其中，t 代表时间。令 $\boldsymbol{X}$ 代表(X,Y,Z)，摄像机最靠近世界点 $\boldsymbol{X}$ 的位置是

$$\boldsymbol{X}_{\mathrm{c}}=\frac{\boldsymbol{S}(\boldsymbol{S}\cdot\boldsymbol{X})}{\boldsymbol{S}\cdot\boldsymbol{S}} \tag{12.2.19}$$

而在摄像机运动时，其与世界点 $\boldsymbol{X}$ 的最小距离为

$$d_{\min}=\sqrt{(\boldsymbol{X}\cdot\boldsymbol{X})-\frac{(\boldsymbol{S}\cdot\boldsymbol{X})^2}{\boldsymbol{S}\cdot\boldsymbol{S}}} \tag{12.2.20}$$

这样，一个点状摄像机与一个点状目标之间的距离小于 $d_{\min}$ 时就会发生碰撞。

12.2.3　特定运动模式的检测

在很多应用中，需要确定某些特定的**运动模式**，此时可结合使用基于图像的信息和基于运动的信息。运动信息可通过确定先后采集的图像间的特定差来获得。一般为提高精度和利用空间分布信息会先将图像分块，然后考虑具有时间差的两个移动图像块(一个在时刻 t 采集，一个在时刻 $t+\mathrm{d}t$ 采集)，运动的方向可借助下面 4 种差图像计算：

$$\begin{cases}U=|f_t-f_{t+\mathrm{d}t\uparrow}|\\ D=|f_t-f_{t+\mathrm{d}t\downarrow}|\\ L=|f_t-f_{t+\mathrm{d}t\leftarrow}|\\ R=|f_t-f_{t+\mathrm{d}t\rightarrow}|\end{cases} \tag{12.2.21}$$

其中，箭头代表图像移动的方向，如↓代表图像帧 $I_{t+\mathrm{d}t}$ 相对于前一帧 I_t 向下移动。

运动的幅度可用对图像块区域的求和来得到，这个求和可借助下面的积分图像快速计算。

积分图像（积分图）是保持图像全局信息的一种矩阵表达方法[Viola 2001]。在积分图中，在位置(x,y)的值$I(x,y)$给出了原始图像$f(x,y)$中该位置的左上方所有像素值的总和：

$$f(x,y)=\sum_{p\leqslant x,q\leqslant y} f(p,q) \tag{12.2.22}$$

积分图的构建可借助循环操作仅仅对图像扫描一次来进行：

(1) 令$s(x,y)$代表对一行像素的累积和，$s(x,-1)=0$；

(2) 令$I(x,y)$是一幅积分图，$I(-1,y)=0$；

(3) 对整幅图（从左向右、从上向下）逐行扫描，借助循环对每个像素(x,y)计算其所在行的累积和$s(x,y)$以及积分图$I(x,y)$：

$$s(x,y)=s(x,y-1)+f(x,y) \tag{12.2.23}$$

$$I(x,y)=I(x-1,y)+s(x,y) \tag{12.2.24}$$

(4) 当经过对整幅图的一次逐行扫描而到达右下角的像素时，积分图$I(x,y)$就构建好了。

如图 12.2.7 所示，任何矩形的和都可借助 4 个参考数组来计算。对矩形 D，有

$$D_{\text{sum}}=I(\delta)+I(\alpha)-[I(\beta)+I(\gamma)] \tag{12.2.25}$$

其中，$I(\alpha)$是积分图在点α的值，即矩形A中像素值的和；$I(\beta)$是矩形A和B中像素值的和，$I(\gamma)$是矩形A和C中像素值的和，$I(\delta)$是矩形A、B、C、D中像素值的和。所以，反映两个矩形之间差的计算需要 8 个参考数组。实际中可建立查找表，借助查表完成计算。

在目标检测和跟踪中常用的 Haar 矩形特征，如图 12.2.8 所示，就可借助积分图通过从无阴影矩形中减去有阴影矩形来快速地计算。如对图 12.2.8(a)和图 12.2.8(b)，只需查表 6 次；对图 12.2.8(c)，只需查表 8 次；而对图 12.2.8(d)，只需查表 9 次。

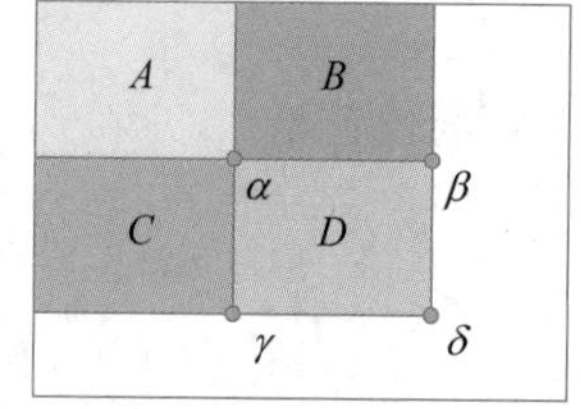

图 12.2.7 积分图像计算示意图

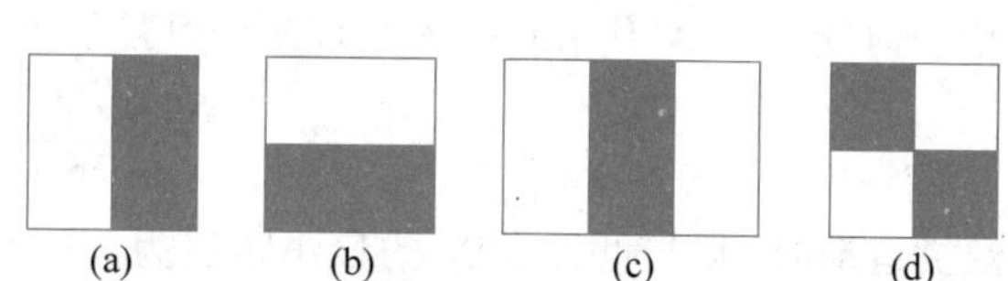

图 12.2.8 积分图像计算中的 Haar 矩形特征

12.3 运动目标分割

从图像序列中检测运动目标，并将其分离出来可看作一个空间分割的问题，例如，对视频图像的分割主要是希望把各帧中独立运动的区域（目标）都检测出来。为解决这个空间分割的问题，既可以利用图像序列中的时域信息（帧间灰度值等的变化），也可以利用图像序列中的空域信息（帧内灰度值等的变化），还可以同时利用。可以采用完全自动的方法从视频图像分割出目标，但也可以采用半监督的方法，即可以借助人机交互的方式在视频序列的第一帧中获得目标的初始掩模，然后在后续的视频帧中将该目标分割出来。

12.3.1 目标分割和运动信息提取

对运动目标的分割和对区域运动信息的提取是紧密联系的，常用的策略主要有如下 3 类。

1. 先分割之后再计算运动信息

先进行目标分割再计算其运动信息可看作直接分割的方法,主要是直接利用时-空图像的灰度和梯度信息进行分割。有一种方法是先利用运动区域的灰度或颜色信息(或其他特征)将视频帧图像分割成不同的区域,然后再对每个运动区域利用运动矢量场估计区域的仿射运动模型参数。这种方法的好处是可以较好地保留目标区域的边缘,缺点是对于较为复杂的景物,常会造成过度分割,因为同一运动景物可能由多个不同的部件区域组成。

另一种方法是先根据最小均方准则将整个变化区域拟合到一个参数模型中去,然后将这个区域连续分成较小的区域并逐次检测,这种层次结构的方法包括如下步骤:

(1) 使用 12.2.1 小节介绍的变化检测方法将把变化和非变化区域分开的分割模板初始化;

(2) 对每个空间连通的变化区域估计一个不同的参数模型(参见上册 15.3.2 小节);

(3) 利用步骤(2)计算出的参数将图像分为运动区域和背景,具体方法是对在后一帧图像中变化区域的像素进行反向跟踪(将运动矢量反过来),如果这样得到的前一帧图像中的像素也在变化区域,那么在后一帧图像中变化区域的像素可认为是运动像素,否则把它划归为背景;

(4) 根据对相邻帧图像之间差值的计算来验证运动区域内像素所对应模型参数的可靠性。如果对应的参数矢量不可靠,则将这些区域记为独立目标。然后返回步骤(2),重复检测直到每个区域的参数矢量在区域内不变。

2. 先计算运动信息再分割

先计算运动信息再进行目标分割可看作间接的分割方法,常用的方法是先在两帧或多帧图像间估计光流场,然后基于光流场进行分割。事实上,如果能先计算出各视频帧中全图的运动矢量场,则可借此进行分割。根据整个场景是由一系列可以用 2-D 或 3-D 的运动模型所表示的平面而构成的假设,在求得稠密的运动光流场后,可以采用哈夫变换和分裂-合并过程来将运动场分割为不同的区域。另外,也可将运动矢量场看作马尔可夫随机场,利用最大后验概率和全局优化的模拟退火算法来得到分割结果。最后,还可利用 K-均值聚类来对运动矢量场进行分割。在运动矢量场的基础上进行分割可以保证分割区域的边界是运动矢量差异较大的位置,即所谓的运动边界。对不同颜色或纹理的像素,只要它们的运动矢量相近,就会被划分为同一个区域。这样就减少了过度分割的可能性,所得结果比较符合人们对运动景物的理解。

3. 同时计算运动信息和进行分割

同时求得运动矢量场和进行运动区域分割的方法通常与马尔可夫随机场及最大后验概率(MAP)框架相联系,一般需要相当大的计算量。

12.3.2 分割方法分类

对已经开发的大量运动目标分割方法,还存在不同的分类方案。

1. 三类法

有一个分类方案将不同方法分为 3 类[李 2021]:基于在线学习的方法、基于离线学习的方法和基于跟踪的方法。一些示例及说明如下。

1) 基于在线学习的方法

基于在线学习的方法可以有效地提高视频目标分割模型的辨别能力。例如,在线学习方法可用于调整分割网络,以区分背景和干扰物中的目标。**单帧视频目标分割**(OSVOS)是一种对测试视频的第一帧进行微调的分割网络[Caelles 2017]。**语义单帧视频目标分割**(OSVOS-

S)通过引入实例信息进一步增强了 OSVOS 的性能[Maninis 2019]。然而,由于在线模型需要更新学习任务中模型的权重,所以导致了大量的优化迭代计算。

2) 基于离线学习的方法

基于离线学习的方法使用初始帧信息,并通过传播或匹配技术将目标信息传递到后续帧,避免了计算上昂贵的在线微调。**模板跟踪**方法将前一帧的预测掩模与当前帧的图像进行拼接,以提供空间引导[Perazzi 2017]。**对视频目标分割的快速端到端嵌入学习**(FEELVOS)采用语义嵌入方式以及全局和局部匹配机制,将位置信息传递到后续帧中[Voigtlander 2019]。**端到端视频对象分割的生成外观模型**(AGAMEVOS)使用概率生成模型来预测后续帧中目标和背景特征的分布[Johnander 2019]。由于信息流的效率低,这些方法仍然无法实现高速学习。此外,由于缺乏可靠的目标表达,它们通常只能达到次优精度。

3) 基于跟踪的方法

基于跟踪的方法结合了目标分割和目标跟踪。**快速准确的视频目标分割**(FAVOS)采用基于部件的跟踪技术来找到目标的位置区域[Cheng 2018a]。SiamRPN [Li 2018]放弃了提取多尺度特征图以实现目标尺度不变性的耗时步骤,此外,SiamMask 通过在 SiamRPN 上添加掩模分支来弥合跟踪和分割之间的差距[Wang 2019a]。由于网络的分类分支和回归分支是由联合训练区域生成的,因此运行速度可以满足实时性要求。然而,SiamRPN 很难处理外观类似目标的干扰(进一步讨论见 12.6 节)。

2. 四类法

另一个分类方案将不同方法分为 4 类:基于无监督的方法、基于检测的方法、基于传播的方法和基于孪生网络的方法[Fu 2021]。下面给出前 3 类中的一些典型示例和说明(第四类将在 12.6 节中讨论)。

1) 基于无监督的方法

基于无监督的方法通常认为,由于目标和背景的属性(如颜色外观或运动模式)不同,它们在特征空间中形成了不同的聚类。通过首先使用双流网络从 RGB 图像中提取显著的外观特征,并从光流中提取运动特征,然后融合这些特征,以在多个帧中联合预测和提取目标[Jain 2017]。

2) 基于检测的方法

这些方法主要通过将第一帧中给定目标的外观特征与视频后续帧中的目标进行匹配来实现视频目标分割。例如,在[Caelles 2017, Maninis 2019]的工作中,VGG 网络在 ImageNet 数据集上预训练,然后在 DAVIS 数据集上作为其上层网络进一步训练。在检测阶段,对于每个测试视频,上层网络根据其标记的第一帧在线微调,并将微调的网络视为检测器。采用类似于全景分割的程序。语义分割阶段首先用于注释帧图像中的所有目标。然后,根据第一帧中注释的目标,从语义分割结果中选择相同的实例分割掩模。此外,所选实例掩模及其对应的语义标签将传播到下一帧。

3) 基于传播的方法

这些方法主要通过传播先前掩模(即,将先前掩模与当前帧组合以形成输入到分割网络的 4-通道图像)来向分割网络提供帧间的时间信息。借助这种方式,它将较少关注无用的背景信息,并有助于将目标与背景分离。例如,可以扩展第一帧及其注释,以模拟后续帧中目标的可能变形,并实现更高的分割精度[Khoreva 2019]。

12.3.3 稠密光流算法

为了准确计算局部运动矢量场,可以采用**基于亮度梯度的稠密光流算法**(也称 Horn-

Schunck 算法)[Ohm 2000],它通过迭代的方法逐渐逼近相邻帧图像之间各个像素的运动矢量。

1. 求解光流方程

稠密光流算法是基于光流方程的,由式(12.2.10)的光流方程可见,对应每一个像素点有一个方程但有两个未知量(u,v),所以求解光流方程是一个病态问题,需要加入额外的约束条件以将其转化为一个可以求解的问题[章 2000b]。这里可以通过引入光流误差和速度场梯度误差,将光流方程求解问题转化成一个最优化问题。首先,定义光流误差 e_{of} 为运动矢量场中不符合光流方程的部分,即

$$e_{of}=\frac{\partial f}{\partial x}u+\frac{\partial f}{\partial y}v+\frac{\partial f}{\partial t} \tag{12.3.1}$$

求取运动矢量场就是要使 e_{of} 在整个帧图像内的平方和达到最小,即最小化 e_{of} 的含义是要使计算出的运动矢量尽可能符合光流方程的约束。另外,定义速度场梯度误差 e_s^2 为

$$e_s^2=\left(\frac{\partial u}{\partial x}\right)^2+\left(\frac{\partial u}{\partial y}\right)^2+\left(\frac{\partial v}{\partial x}\right)^2+\left(\frac{\partial v}{\partial y}\right)^2 \tag{12.3.2}$$

误差 e_s^2 描述了光流场的平滑性,e_s^2 越小,说明光流场越趋近于平滑,所以最小化 e_s^2 的含义是要使整个运动矢量场尽可能趋于平滑。稠密光流算法同时考虑两种约束,希望求得使两种误差在整个帧内的加权和为最小的光流场(u,v),即

$$\min_{u(x,y),v(x,y)}=\int_A[e_{of}^2(u,v)+\alpha^2e_s^2(u,v)]\mathrm{d}x\mathrm{d}y \tag{12.3.3}$$

其中,A 代表图像区域;α 是光流误差和平滑误差的相对权重,用来在计算中加强或减弱平滑性约束的影响。

2. 基本算法的问题

基本的稠密光流算法在实际应用中可能遇到一些问题。

1) 孔径问题

利用局部算子可以计算图像中在空间和时间上的灰度变化。局部算子的作用范围与它的模板尺寸相当,但由于模板的尺寸是有限的,所以会产生一个**孔径问题**(见例 12.3.1),导致求解光流方程的计算量大大增加。由于孔径问题,在强的空间边缘处,运动矢量仍然趋于沿着边缘的法线方向,需要通过多次迭代才能够将邻近区域的运动信息传播到本地以形成正确的运动矢量。这种多次迭代使得稠密光流算法的计算量常常很大,一般基于该算法的运动信息提取通常只能做到离线的非实时处理。

例 12.3.1 孔径问题示例

图 12.3.1(a)给出一个用圆模板检测运动的示例。运动景物尺寸远大于模板尺寸,所以在模板范围内只能观察到对应一条边缘的实线(在第 1 幅图像中)移向虚线位置(在第 2 幅图像中)。边缘的运动可用**移动矢量**(DV)来描述。在如图 12.3.1(a)所示的情况下,运动有不同的可能性,DV 可以从实线上的一个点指向虚线上的任一个点。如果将 DV 分解到与边缘垂直和与边缘平行的两个方向上,可以确定的只有 DV 法线分量(与边缘垂直),而与边缘平行的分量无法确定。这个歧义问题就是孔径问题。

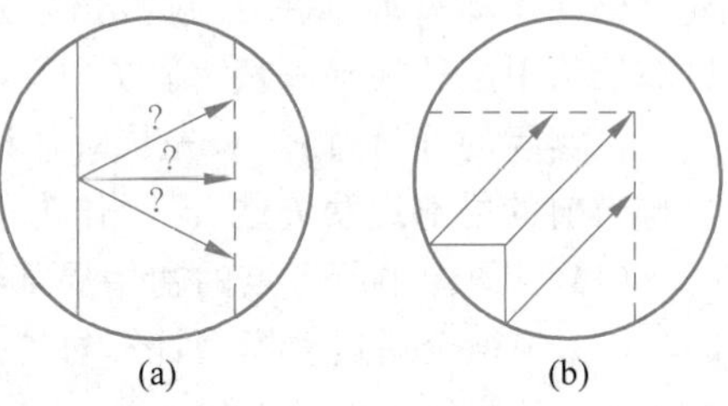

图 12.3.1 运动分析中的孔径问题

孔径问题的产生是由于无法在序列图像中确定前后边缘的对应点,或者说没有道理区分

开同一条边缘上的不同点。从这个角度看，可以将孔径问题看作更一般的问题，即“对应”问题的一个特例（该问题将在下册详细讨论）。

如果能在运动前后的图像上确定出对应点，那么就有可能无歧义地确定 DV。一个典型的情况是目标有一个角点处在局部算子的模板范围中，如图 12.3.1(b)所示。在这种情况下，该角点处的 DV 是可以完全确定的，而其他各点的 DV 也可根据平行关系来确定。但这种情况也表明，借助局部算子只可能获得在一些稀疏点位置的运动信息。 □

2）逼近误差问题

当场景中运动比较剧烈，运动矢量幅度较大时（全局运动的矢量常常有较大幅度），光流误差也会比较大，导致根据式(12.3.3)优化得到的结果也有较大误差。为此，可用位移帧差项 $f(x+\bar{u}_n, y+\bar{v}_n, t+1)-f(x,y,t)$ 来代替光流误差项 e_{of}，并用两个平均梯度项：

$$f_x=\frac{1}{2}\left[\frac{\partial f}{\partial x}(x+\bar{u}_n, y+\bar{v}_n, t+1)+\frac{\partial f}{\partial x}(x,y,t)\right] \tag{12.3.4}$$

$$f_y=\frac{1}{2}\left[\frac{\partial f}{\partial y}(x+\bar{u}_n, y+\bar{v}_n, t+1)+\frac{\partial f}{\partial y}(x,y,t)\right] \tag{12.3.5}$$

分别代替偏导数 $\partial f/\partial x$ 和 $\partial f/\partial y$，这样可以更好地逼近较大幅度的运动矢量。在具体实现中，如果像素点的位置与坐标不重合，则位移帧差值和平均梯度值都需借助插值计算，如利用双线性插值法从邻近的 4 个像素中插值得到。

利用上面得到的位移帧差项和平均梯度项，可以将计算第 $n+1$ 次迭代中的运动矢量增量 $(\Delta u(x,y,t)_{n+1}, \Delta v(x,y,t)_{n+1})$，分别用以下两式来表示：

$$\Delta u(x,y,t)_{n+1}=-f_x\frac{[f(x+\bar{u}_n, y+\bar{v}_n, t+1)-f(x,y,t)]}{\alpha^2+f_x^2+f_y^2} \tag{12.3.6}$$

$$\Delta v(x,y,t)_{n+1}=-f_y\frac{[f(x+\bar{u}_n, y+\bar{v}_n, t+1)-f(x,y,t)]}{\alpha^2+f_x^2+f_y^2} \tag{12.3.7}$$

另外，由于稠密光流算法利用了全局平滑性约束，因此位于运动景物边界处的运动矢量会被平滑成渐变的过渡，从而使运动边界发生模糊。下面先讨论如何利用全局运动信息进行运动补偿，以获得局部景物引起的运动矢量；再介绍如何采用基于区域生长的算法，以克服由于稠密光流算法导致边界模糊，使得基于边缘的分割算法不能取得很好的分割效果的问题。另外，还介绍两种新方法。

3. 全局运动补偿

在已经求得了摄像机运动造成的全局运动参数的基础上，可以根据所估计的运动参数恢复出全局运动矢量，从而在稠密光流算法中先对全局运动矢量进行补偿，再利用迭代逐渐逼近局部景物引起的运动矢量[俞 2002]。

在实际的计算过程中，先从所估计的全局运动模型中计算出每个像素点的**全局运动矢量**，再与当前的**局部运动矢量**合并，作为下一次迭代的初始值输入，具体步骤如下。

(1) 设图像中所有点的初始局部运动矢量 $(u_l, v_l)_0$ 为零。

(2) 根据全局运动模型计算每一点的全局运动矢量 (u_g, v_g)。

(3) 计算每个像素点的实际运动矢量：

$$(\bar{u}_n, \bar{v}_n)=(\bar{u}_g, \bar{v}_g)+(\bar{u}_l, \bar{v}_l)_n \tag{12.3.8}$$

其中，$(\bar{u}_l, \bar{v}_l)_n$ 是第 n 次迭代后局部运动矢量在该像素邻域里的平均值。

(4) 根据式(12.3.6)和式(12.3.7)计算该点运动矢量的修正值 $(\Delta u, \Delta v)_{n+1}$。

(5) 如果 $(\Delta u, \Delta v)_{n+1}$ 的幅度大于某一阈值 T，则令

$$(\bar{u}_l, \bar{v}_l)_{n+1}=(\bar{u}_l, \bar{v}_l)_n+(\Delta u, \Delta v)_{n+1} \tag{12.3.9}$$

并转到步骤(3)；否则结束计算。

图 12.3.2 给出了用直接块匹配法(见上册 15.3.2 小节)和用带全局运动补偿的改进稠密光流迭代法计算所得结果的比较。

(a) (b) (c)

图 12.3.2 直接块匹配法和改进稠密光流迭代算法计算结果的比较

对同一幅原始图像,图 12.3.2(a)在其上叠加了用直接块匹配法计算出的运动矢量场,图 12.3.2(b)在其上叠加了对全局运动估计出的运动矢量。可见直接块匹配法的结果中全局运动的影响已经被成功地给予了补偿,同时低纹理背景区域错误的运动矢量也被消除了；但全局平滑性约束导致运动边界不明显,运动矢量幅度较小。图 12.3.2(c)又叠加了用带全局运动补偿的稠密光流迭代算法计算出的局部运动矢量,这样最后结果中的运动矢量都集中分布在正进行向上运动的运动员和球的部分,这是比较符合场景中的局部运动情况的。

12.3.4 基于参数和模型的分割

基于参数和模型的分割方法的基本原理如下。假设图像中有 K 个独立的运动目标,则由此计算出的每个光流矢量都对应一个不透明目标在 3-D 空间中进行刚体运动所得到的投影。这样每个独立的运动目标都可准确地用一组映射参数来描述。另外,设有 K 组参数矢量,每一组在各个像素处都定义一个光流矢量。由映射参数定义的光流矢量可称为基于模型的或合成的光流矢量,这样在每个像素处有 K 个合成光流矢量。根据这样的分析,可以把对图像光流场分割以获得不同的运动区域看作对每个像素处的估计光流矢量赋一个合成光流矢量标号。这里的问题是类的数量 K 和各组的映射参数都事先不知道。如果对 K 设一个特殊的值,那么在与各类对应的估计光流矢量已知的情况下,就可以在最小均方误差的意义下来计算映射参数。换句话说,需要知道映射参数以确定分割标号,还需要知道分割标号以确定映射参数。这表明可以使用一个迭代的方法来进行分割。

1. 借助哈夫变换

如果把光流看作区域的特征,则分割可借助哈夫变换进行。**哈夫变换**(见 4.2 节)也可看作一种聚类技术,这里是在特征空间里根据所选特征进行“投票”,发现最有代表性的聚类。因为一个按刚体运动的平面在正交投影下产生仿射流场,所以直接利用哈夫变换对光流进行分割的一种方法是采用线性的 6 参数仿射流模型(参见上册 15.3.2 小节)：

$$\begin{cases} v_1 = a_1 + a_2 x_1 + a_3 x_2 \\ v_2 = a_4 + a_5 x_1 + a_6 x_2 \end{cases} \tag{12.3.10}$$

其中,$a_1 = V_1 + z_0 R_2$；$a_2 = z_1 R_2$；$a_3 = z_2 R_2 - R_3$；$a_4 = V_2 - z_0 R_1$；$a_5 = R_3 - z_1 R_1$；$a_6 = -z_2 R_1$。注意,这里 V_1 和 V_2 是平移速度矢量的分量；R_1、R_2 和 R_3 是角速度矢量的分量；z_0、z_1 和 z_2 是平面系数。如果知道在 3 个或更多个点的光流,则可以将 a_1、a_2、a_3、a_4、a_5、a_6 解出来。在确定每个参数的最大值和最小值后可以把 6-D 特征空间量化到一定的参数状态。这样,可以用每个光流矢量 $\boldsymbol{v}(\boldsymbol{x}) = [v_1(\boldsymbol{x}) \ v_2(\boldsymbol{x})]^{\mathrm{T}}$ 对一组量化的参数投票以最小化：

$$\eta^2(\boldsymbol{x}) = \eta_1^2(\boldsymbol{x}) + \eta_2^2(\boldsymbol{x}) \tag{12.3.11}$$

其中,$\eta_1(\boldsymbol{x})=v_1(\boldsymbol{x})-a_1-a_2x_1-a_3x_2$;$\eta_2(\boldsymbol{x})=v_2(\boldsymbol{x})-a_4-a_5x_1-a_6x_2$。获得超过预先确定量票数的参数集很有可能表示了候选的运动,这样就可以确定用于标记每个光流矢量的类数 K 和对应的参数集。

上述直接方法的缺点是计算量太大(参数空间维数高)。为解决这个问题,可使用一种基于改进哈夫变换的两步算法。在第一步,将相接近的光流矢量集合组成与单个参数集合相一致的元素。这里有多种办法可简化计算,包括:

(1) 将参数空间分成两个不重合的集合$\{a_1,a_2,a_3\}\times\{a_4,a_5,a_6\}$以进行两次哈夫变换。

(2) 利用多分辨率哈夫变换,在每个分辨率级上根据在前级得到的估计将参数空间量化。

(3) 利用多次进行哈夫变换,先将与候选的参数最一致的光流矢量组合在一起。然后在第(2)步里,将第(1)步得到的最一致的元素在最小均方意义下合并以组成相关片段(segment)。最后如果还有没被组合的光流矢量,则将它们归于邻近的片段。

概括来说,改进的哈夫变换是先将光流矢量聚合成小组,它们每一个都与运动的小平面吻合,这些小组再根据特定的准则融合成片段而构成最终目标。

2. 借助区域生长

如果把光流看作区域的特征,则分割也可借助**区域生长**进行[俞 2002]。这里假设场景中的运动景物是由一系列具有不同运动特性的平面区域所构成的,不同的区域可以用具有不同仿射参数的区域运动模型来表示[Ekin 2000,Ohm 2000]。式(12.3.10)的 6 参数仿射模型是对复杂区域运动的一阶近似模型,除了可以表示区域的平移运动外,还可以近似地描述区域的旋转和形变。

区域生长方法的两个关键是选取种子点的准则和确定区域生长的准则(见 2.5.1 小节),这两个准则的不同可以在很大程度上影响分割的结果。考虑到应尽量使分割区域内的所有点都满足同一个仿射运动模型,所以这里的区域生长准则是,判断拟生长邻近点的运动矢量是否还能用该区域的仿射运动模型来表示。换句话说,用运动矢量是否满足仿射运动模型作为区域一致性准则的判定标准。这种判断可以通过计算该点的运动矢量和用区域仿射运动模型估计出的运动矢量之间的差值来得出,如果差值大于一定的阈值,则不再继续生长。种子点的选取可按照一定的排序准则来完成,如顺序选取、随机选取等[Yu 2001b]。不过顺序选取和随机选取都有可能把种子点选择在有运动边缘的地方,若在这些种子点进行生长,则无法获得较为完整的一致性区域。为此,考虑根据每一点与邻域内各点的运动矢量的差异来对种子点排序,这个差异 $D_m(x,y)$ 定义为

$$D_m(x,y)=\sum_{(x',y')\in A}\sqrt{[u(x,y)-u(x',y')]^2+[v(x,y)-v(x',y')]^2} \quad (12.3.12)$$

其中,A 是点(x,y)的邻域(例如,4-邻域或 8-邻域)。$D_m(x,y)$的值越小,说明点(x,y)位于一个平滑区域中的可能性越大。每次选取种子点时,都选择 $D_m(x,y)$最小但还没有归入任何区域的点,这样的种子点总在平滑区域的中部,可以保证获得较为完整的生长结果。实际中,为了减少计算量,可先将局部运动矢量设为 0,即将没有局部运动的区域划分为非运动区域,以减少分割算法的操作区域。

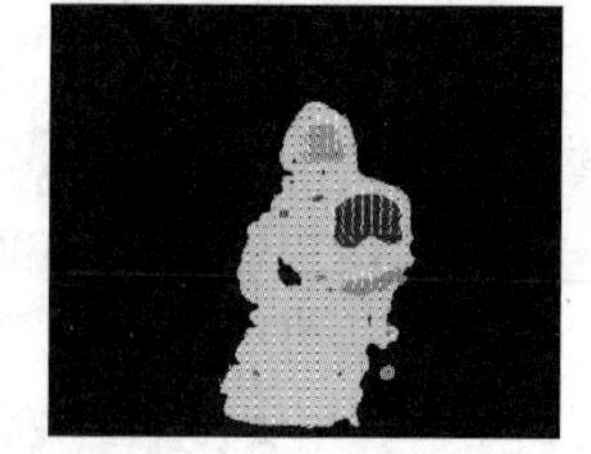

图 12.3.3 基于仿射模型的运动矢量场分割结果

由区域生长算法得到的结果是一系列运动区域的位置和相应的仿射运动模型参数,图 12.3.3 给出采用上述算法对图 12.3.2 中运动矢量场分割得到的结果,图中除黑色区域外均为运动前景区域,颜色不同的区域表示具有不同的运动模型参数。

12.3.5 融合多尺度上下文与时间信息

视频序列本身的连续性带来了时间接续的信息。该信息可以与深层网络中的多尺度空间上下文信息相结合，用于进行视频对象分割[李 2021]。

1. 空洞深度可分离卷积

深度卷积分别卷积每个通道的特征图，然后输出卷积结果并将其堆叠成具有与原始特征图相同数量通道的特征图。深度可分离卷积通过卷积操作将特征图压缩为单个通道，然后通过跨通道卷积操作将该特征图堆叠到所需数量的通道。借助这两个步骤，可以减少网络模型的参数，使网络变得更简单，并且可以保持网络的性能。将深度可分离卷积中的深度卷积替换为**空洞深度卷积**，得到的**空洞深度可分离卷积**在保持轻量化特性的同时具有各种感受野。这提供了组合时间信息与多尺度空间上下文信息的能力。

2. 多尺度空洞空间金字塔池化

借助空洞深度可分离卷积，可以构建具有不同空洞率的**多尺度空洞空间金字塔池化**模块，以使网络能够捕获多尺度上下文。该模块的流程图如图 12.3.4 所示。输入特征图先与具有一系列空洞率的不同感受野卷积，并自适应地合并特征图。然后将这些特征图拼接在一起，并使用卷积核为 1×1 的卷积运算来转换特征图的通道，以使得输出的特征图具有丰富的多尺度上下文信息，从而使网络具有预测多尺度目标的能力。

图 12.3.4 多尺度空洞空间金字塔池化流程图

3. 帧间掩模传播

视频序列的帧之间的一致性使得网络能够有效地从帧到帧传输信息。此外，来自先前帧的信息可以通过时间接续的信息为后续预测提供有用的提示。

帧间掩模传播的流程图如图 12.3.5 所示。它将掩模传播模块添加到视频目标的分割中，从而为网络提供定位和分割信息。这里的掩模传播模块由对应于不同空洞率的空洞卷积运算组成。首先，将前一帧的图像和前一帧掩模拼接并输入进卷积层以提取融合特征，然后通过上采样缩放融合特征图，再从当前帧中提取由网络操纵的特征，并将其关联以输入到掩模传播模块中。对整个视频都进行这样的一系列操作就可得到分割结果。

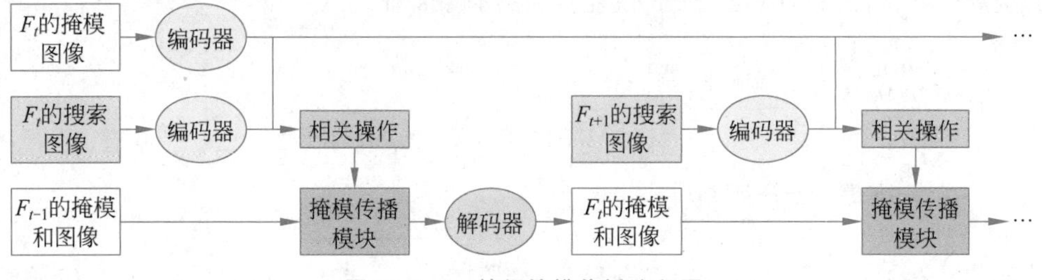

图 12.3.5 帧间掩模传播流程图

12.3.6 结合 ROI 预测和参考帧更新

为了减少背景对目标的干扰，避免过度依赖第一帧中给定目标的外观信息，可以采用一种结合运动感知 ROI 预测和自适应参考帧更新的方法[Fu 2021]。在该方法中，采用直接检测代替微调来减少计算时间。

该方法包括如下 3 个模块。

1. 运动感知 ROI 预测

在这个模块中，如图 12.3.6 所示，（来自图像序列的）感兴趣区域（ROI）的历史运动轨迹被视为先验知识。基于前一帧的运动信息和目标的实际分割区域，可以动态预测当前帧中的 ROI，通过掩模传播，可以对 ROI 信息进行分组，从而减少背景的影响。

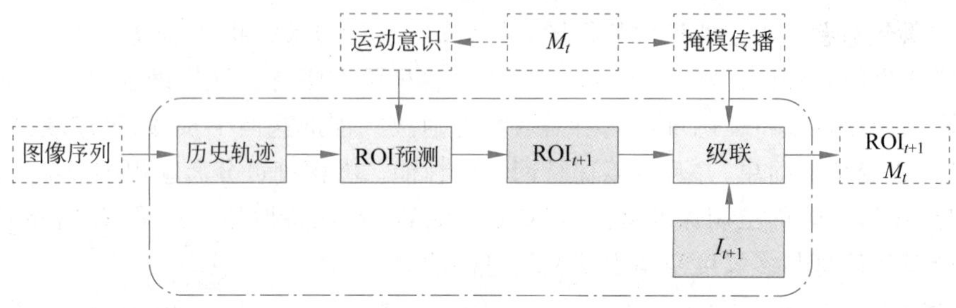

图 12.3.6 运动感知 ROI 预测

2. 动态自适应参考帧更新

在该模块中，如图 12.3.7 所示，使用在前一帧和当前帧之间计算的光流信息从前一帧的掩模估计当前帧的变形掩模，并计算当前帧的目标掩模和当前帧的变形掩模之间的相似度，通过确定当前帧是否作为新的参考帧，以在目标分割过程中实现参考帧的动态自适应更新，从而适应图像序列中目标的外观变化。

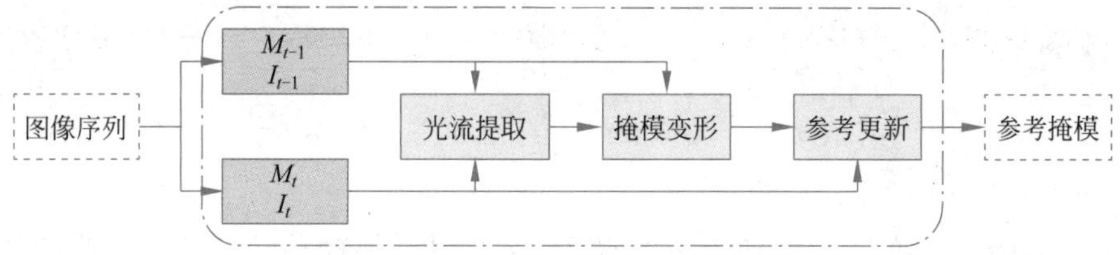

图 12.3.7 动态自适应参考帧更新

3. 孪生网络

孪生网络模块如图 12.3.8 所示，输入由两部分组成：一个是由当前帧目标的 ROI 和前一帧的分割掩模组成的目标流；另一个是由参考帧及其相应的分割掩模组成的参考流。以基于深度 Xception 网络的孪生网络[Chollet 2017]为骨干框架。该模块由 3 个子网组成：孪生编码器子网（用于降维）、全局特征提取子网（使用基于空洞卷积的残差块提取参考流和目标流之间的全局公共特征）和解码器子网（恢复目标的抽象特征）。

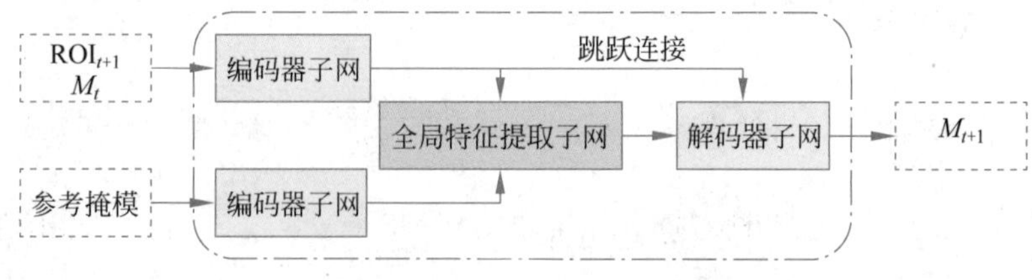

图 12.3.8 孪生网络

12.4 运动目标跟踪

对视频中的运动目标进行跟踪，即是要在每帧视频图像中都检测和定位出同一个目标。实际应用中常常会遇到如下几个难点。

(1) 目标和背景有相似性，这时不容易捕捉到两者之间的差别。

(2) 目标自身的外观随时间变化，一方面有些目标为非刚性，其外观必然随着时间变化而不断变化；另一方面光照等外界条件随时间变化也会导致目标的外观发生变化，无论目标是刚体还是非刚体。

(3) 跟踪过程中由于背景和目标等之间的空间位置改变导致被跟踪目标被遮挡而得不到(完整的)目标信息。

另外，跟踪还要兼顾目标定位的准确性和应用的实时性。

运动目标跟踪常将对目标的定位和表达(这主要是一个由底向上的过程，需要克服目标外观、朝向、照明和尺度变化的影响)与轨迹滤波和数据融合(这是一个由顶向下的过程，需要考虑目标的运动特性、使用各种先验知识和运动模型，以及对运动假设的推广和评价)相结合。

12.4.1 典型技术

运动目标跟踪可以使用多种不同的方法，主要包括基于轮廓的跟踪、基于区域的跟踪、基于模板的跟踪、基于特征的跟踪、基于运动信息的跟踪等。基于运动信息的跟踪还分为利用运动信息的连续性进行跟踪以及利用预测下一帧中目标位置的方法来减小搜索范围的跟踪两种。下面介绍几种常用的技术，其中卡尔曼滤波和粒子滤波都属于减小搜索范围的方法。

1. 卡尔曼滤波器

在对当前帧内的目标跟踪时，常常希望能够预测其在后续帧中的位置，这样可以最大限度地利用先前的信息，并在后续帧中进行最少的搜索。另外，预测也对解决短时遮挡带来的问题有帮助[Davies 2005]。为此，需要连续地更新被跟踪目标点的位置 $\boldsymbol{x}$ 和速度 $\boldsymbol{v}$：

$$\boldsymbol{x}_i = \boldsymbol{x}_{i-1} + \boldsymbol{v}_{i-1} \tag{12.4.1}$$

$$\boldsymbol{v}_i = \boldsymbol{x}_i - \boldsymbol{x}_{i-1} \tag{12.4.2}$$

这里需要获取 3 个量：原始位置、观测前对应变量(模型参数)的最优估计值(加上标－)和观测后对应变量的最优估计值(加上标＋)。另外，还需要考虑噪声。如果用 $\boldsymbol{m}$ 表示位置测量的噪声，$\boldsymbol{n}$ 表示速度估计的噪声，则式(12.4.1)和式(12.4.2)分别成为

$$\boldsymbol{x}_i^- = \boldsymbol{x}_{i-1}^+ + \boldsymbol{v}_{i-1} + \boldsymbol{m}_{i-1} \tag{12.4.3}$$

$$\boldsymbol{v}_i^- = \boldsymbol{v}_{i-1}^+ + \boldsymbol{n}_{i-1} \tag{12.4.4}$$

在速度为常数且噪声为高斯噪声时，最优解为

$$\boldsymbol{x}_i^- = \boldsymbol{x}_{i-1}^+ \tag{12.4.5}$$

$$\sigma_i^- = \sigma_{i-1}^+ \tag{12.4.6}$$

它们被称为**预测方程**；另有

$$\boldsymbol{x}_i^+ = \frac{\boldsymbol{x}_i/\sigma_i^2 + (\boldsymbol{x}_i^-)/(\sigma_i^-)^2}{1/\sigma_i^2 + 1/(\sigma_i^-)^2} \tag{12.4.7}$$

$$\sigma_i^+ = \left[\frac{1}{1/\sigma_i^2 + 1/(\sigma_i^-)^2}\right]^{1/2} \tag{12.4.8}$$

它们被称为**校正方程**，其中，$\sigma^{\pm}$ 是用对应模型估计 $\boldsymbol{x}^{\pm}$ 得到的标准方差，σ 是原始测量 $\boldsymbol{x}$ 的标准方差。这里简单解释一下为什么式(12.4.8)中方差不是以常见的相加方式结合的。如果有多个误差源都作用在相同的数据上，这些方差需要加起来。如果各个误差源都贡献出相同量的误差，则方差需要乘以误差源的数量 M。在相反的情况下，如果有更多的数据而误差源没有变化，方差需要除以总的数据点个数 N。所以，需要有一个自然的比例 M/N 控制总的误

差。这里采用小尺度的相关方差来描述结果，所以方差以一种特殊的方式来结合。

由上述方程可知，通过重复测量可以在每次迭代中改进对位置参数的估计以及减少基于它们的误差。由于对噪声像对位置一样模型化，这样早于 $i-1$ 的位置都可被忽略。事实上，很多位置值可平均起来以改进最后估计的准确性，这将反映在 $\boldsymbol{x}_i^-$、σ_i^-、$\boldsymbol{x}_i^+$ 和 σ_i^+ 的值中。

上述算法称为**卡尔曼滤波器**，它是对噪声为零均值高斯噪声的线性系统的最优估计。这个方法可以推广到多变量和变速度（甚至变加速度）的情况。此时，需要定义一个包含位置、速度和加速度的状态矢量，并利用线性近似来进行。不过，由于卡尔曼滤波器基于平均处理，所以如果数据中有野点时就会产生较大误差。在大多数运动应用中都会有这个问题，所以需要对每个估计进行测试以确定它是否与实际相差太远。

2. 粒子滤波器

卡尔曼滤波器要求状态方程是线性的，状态分布是高斯的，实际中并不总能满足这些要求。**粒子滤波器**是解决非线性问题的有效算法，基本思想是用在状态空间传播的随机样本（这些样本被称为"粒子"）来逼近系统状态的后验概率分布（PPD），从而得到系统状态的估计值。粒子滤波器本身代表一种采样方法，借助它可通过时间结构来逼近特定的分布。粒子滤波器也称**序列重要性采样**（SIS）、序列蒙特卡洛方法、引导滤波等。在图像技术的研究中，也被称为**条件密度扩散**（CONDENSATION）。

假设一个系统具有状态 $X_t=\{\boldsymbol{x}_1,\boldsymbol{x}_2,\cdots,\boldsymbol{x}_t,\cdots\}$，其中下标代表时间。在时间 t，有一个概率密度函数表示 $\boldsymbol{x}_t$ 的可能情况，这可用一组粒子（一组采样状态）来表示，粒子的出现由其概率密度函数控制。另外，还有一系列与状态 X_t 概率相关的观察 $Z_t=\{z_1,z_2,\cdots,z_t,\cdots\}$，以及一个马尔可夫假设，即 $\boldsymbol{x}_t$ 的概率依赖于前一个状态 $\boldsymbol{x}_{t-1}$，这可表示为 $P(\boldsymbol{x}_t|\boldsymbol{x}_{t-1})$。

条件密度扩散是一个迭代的过程，在每一步都保持一组 N 个具有权重 w_i 的采样 $\boldsymbol{s}_i$，即

$$S_t=\{(\boldsymbol{s}_{ti},w_{ti})\},\quad \begin{array}{c} i=1,2,\cdots,N \\ \sum_i w_i=1 \end{array} \tag{12.4.9}$$

这些采样和权重合起来表达了给定观察 Z_t 的情况下，状态 X_t 的概率密度函数。与卡尔曼滤波器不同，这里并不需要分布满足单模、高斯分布等限制，可以是多模的。现在需要从 S_{t-1} 推出 S_t。

粒子滤波的具体步骤如下[Sonka 2008]。

(1) 设已知时刻 $t-1$ 的一组加权样本 $S_{t-1}=\{\boldsymbol{s}_{(t-1)_i},w_{(t-1)_i}\}$。令权重的累积概率为

$$C_0=0$$
$$C_i=C_{i-1}+w_{(t-1)i},\quad i=1,2,\cdots,N \tag{12.4.10}$$

(2) 在[0,1]区间的均匀分布中随机选择一个数 r，确定 $j=\arg[\min_i(C_i>r)]$以计算 S_t 中的第 n 个样本。对 S_{t-1} 中的第 j 个样本进行扩散，这称为**重要性采样**，即对最有可能的样本加最大的权重。

(3) 使用有关 $\boldsymbol{x}_t$ 的马尔可夫性质来推导 $\boldsymbol{s}_{tn}$。

(4) 利用观察 Z_t 来获得 $w_{tn}=p(\boldsymbol{z}_t|\boldsymbol{x}_t=\boldsymbol{s}_{tn})$。

(5) 返回到步骤(2)，迭代 N 次。

(6) 对$\{w_{ti}\}$归一化，使得 $\sum_i w_i=1$。

(7) 输出对 $\boldsymbol{x}_t$ 的最优估计：

$$\boldsymbol{x}_t=\sum_{i=1}^N w_{ti}\boldsymbol{s}_{ti} \tag{12.4.11}$$

例 12.4.1　粒子滤波迭代示例

考虑 1-D 的情况，此时 x_t 和 s_t 都只是标量实数。设在时刻 t，x_t 有一个位移 v_t，且受到零均值高斯噪声 e 的影响，即 $x_{t+1}=x_t+v_t+e_t$，$e_t\sim N(0,s_1^2)$。进一步地，设观察 z_t 满足以 x 为中心的高斯分布，方差为 σ_2^2。粒子滤波要对 x_1 进行 N 次"猜测"，得到 $S_1=\{s_{11},s_{12},\cdots,s_{1N}\}$。

现在来生成 S_2。从 S_1 中选一个 s_j（不考虑 w_{1i} 的值），令 $s_{21}=s_j+v_1+e$，其中 $e\sim N(0,s_1^2)$。将上述过程重复 N 次以生成 $t=2$ 时的粒子。此时，$w_{2i}=\exp[(s_{2i}-z_2)^2/\sigma_2^2]$。重新归一化 w_{2i}，迭代结束。如此得到的对 x_2 的估计是 $\sum_i^N w_{2i}s_{2i}$。 □

更详细的对粒子滤波器的描述如下。粒子滤波器是一种递归（迭代进行）的贝叶斯方法，在每个步骤使用一组后验概率密度函数的采样。在有大量采样（粒子）的条件下，它会接近最优的贝叶斯估计。下面借助如图 12.4.1 所示的全过程示意来讨论。

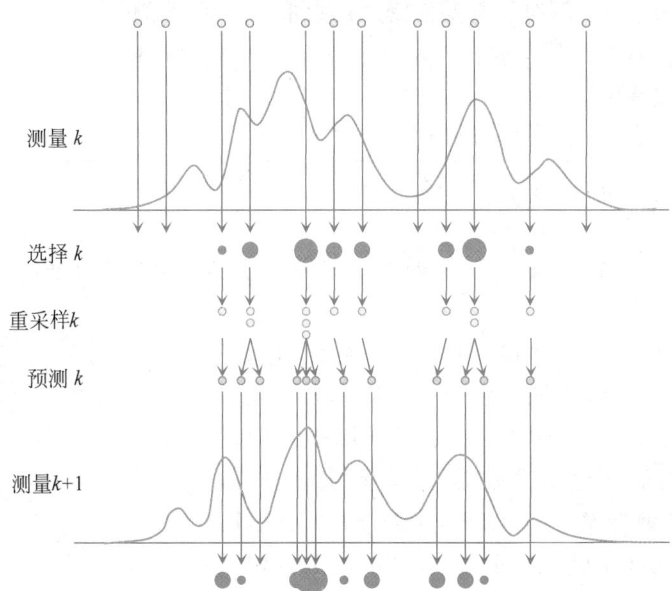

图 12.4.1　粒子滤波的全过程示意

考虑对一个目标在连续帧中的观测 $\boldsymbol{z}_1$ 到 $\boldsymbol{z}_k$，对应得到的目标状态 $\boldsymbol{x}_1$ 到 $\boldsymbol{x}_k$。在每个步骤，需要估计目标最可能的状态。贝叶斯规则给出后验概率密度：

$$p(\boldsymbol{x}_{k+1}\mid\boldsymbol{z}_{1:k+1})=\frac{p(\boldsymbol{z}_{k+1}\mid\boldsymbol{x}_{k+1})p(\boldsymbol{x}_{k+1}\mid\boldsymbol{z}_{1:k})}{p(\boldsymbol{z}_{k+1}\mid\boldsymbol{z}_{1:k})}\tag{12.4.12}$$

其中，归一化常数是

$$p(\boldsymbol{z}_{k+1}\mid\boldsymbol{z}_{1:k})=\int p(\boldsymbol{z}_{k+1}\mid\boldsymbol{x}_{k+1})p(\boldsymbol{x}_{k+1}\mid\boldsymbol{z}_{1:k})\mathrm{d}\boldsymbol{x}_{k+1}\tag{12.4.13}$$

从上一个时间可得到先验概率密度：

$$p(\boldsymbol{x}_{k+1}\mid\boldsymbol{z}_{1:k})=\int p(\boldsymbol{x}_{k+1}\mid\boldsymbol{x}_k)p(\boldsymbol{x}_k\mid\boldsymbol{z}_{1:k})\mathrm{d}\boldsymbol{x}_k\tag{12.4.14}$$

采用贝叶斯分析中常见的马尔可夫假设，得到

$$p(\boldsymbol{x}_{k+1}\mid\boldsymbol{x}_k,\boldsymbol{z}_{1:k})=p(\boldsymbol{x}_{k+1}\mid\boldsymbol{x}_k)\tag{12.4.15}$$

即，为更新 $\boldsymbol{x}_k\to\boldsymbol{x}_{k+1}$ 所需的转移概率仅间接地依赖于 $\boldsymbol{z}_{1:k}$。

对上述方程，特别是式(12.4.12)和式(12.4.14)并没有通用解，但约束解是可能的。对卡尔曼滤波器，假设所有后验概率密度都为高斯的。如果高斯约束不成立，则需要使用粒子滤波器。

为使用这个方法，将后验概率密度写成德尔塔函数采样的和：

$$p(\boldsymbol{x}_k \mid \boldsymbol{z}_{1:k}) \approx \sum_{i=1}^{N} w_k^i \delta(\boldsymbol{x}_k - \boldsymbol{x}_k^i) \tag{12.4.16}$$

其中，权重由下式归一化：

$$\sum_{i=1}^{N} w_k^i = 1 \tag{12.4.17}$$

代入式(12.4.12)～式(12.4.14)，得到

$$p(\boldsymbol{x}_{k+1} \mid \boldsymbol{z}_{1:k+1}) \propto p(\boldsymbol{z}_{k+1} \mid \boldsymbol{x}_{k+1}) \sum_{i=1}^{N} w_k^i p(\boldsymbol{x}_{k+1} \mid \boldsymbol{x}_k^i) \tag{12.4.18}$$

虽然式(12.4.18)给出了对真实后验概率密度的一个离散加权逼近，但要从后验概率密度直接采样是很困难的。所以，该问题需要使用**序列重要性采样**(SIS)，借助一个合适的“建议”密度函数 $q(x_{0:k} | z_{1:k})$ 来解决。重要性密度函数最好是可分解的：

$$q(\boldsymbol{x}_{0:k+1} \mid \boldsymbol{z}_{1:k+1}) = q(\boldsymbol{x}_{k+1} \mid \boldsymbol{x}_{0:k}\boldsymbol{z}_{1:k+1}) q(\boldsymbol{x}_{0:k} \mid \boldsymbol{z}_{1:k}) \tag{12.4.19}$$

接下来，就可算得权重更新方程：

$$w_{k+1}^i = w_k^i \frac{p(\boldsymbol{z}_{k+1} \mid \boldsymbol{x}_{k+1}^i) p(\boldsymbol{x}_{k+1}^i \mid \boldsymbol{x}_k^i)}{q(\boldsymbol{x}_{k+1}^i \mid \boldsymbol{x}_{0:k}^i, \boldsymbol{z}_{1:k+1})} = w_k^i \frac{p(\boldsymbol{z}_{k+1} \mid \boldsymbol{x}_{k+1}^i) p(\boldsymbol{x}_{k+1}^i \mid \boldsymbol{x}_k^i)}{q(\boldsymbol{x}_{k+1}^i \mid \boldsymbol{x}_k^i, \boldsymbol{z}_{k+1})} \tag{12.4.20}$$

其中消除了通路 $\boldsymbol{x}_{0:k}^i$ 和观测 $\boldsymbol{z}_{1:k}$。要使粒子滤波器能够以可控制的方式迭代进行跟踪，这是必需的。

纯的序列重要性采样会在很少几次迭代后使得除一个粒子外都变得很小。解决该问题的一个简单方法是重新采样以去除小的权重，并通过复制加倍来增强大的权重。实现重新采样的一个基础算法是“系统化的重采样”，它包括使用累积离散概率分布(CDF，其中将原始德尔塔函数采样结合成一系列的阶梯)并在[0,1]区间进行切割以找出对新采样合适的指标。如图 12.4.2 所示，这会导致消除小的样本，并使大的样本被加倍。图 12.4.2 中用规则间隔的水平线来指示发现新采样合适指标(N)所需的切割。这些切割倾向于忽略 CDF 中的小阶梯并通过加倍来加强大的样本。

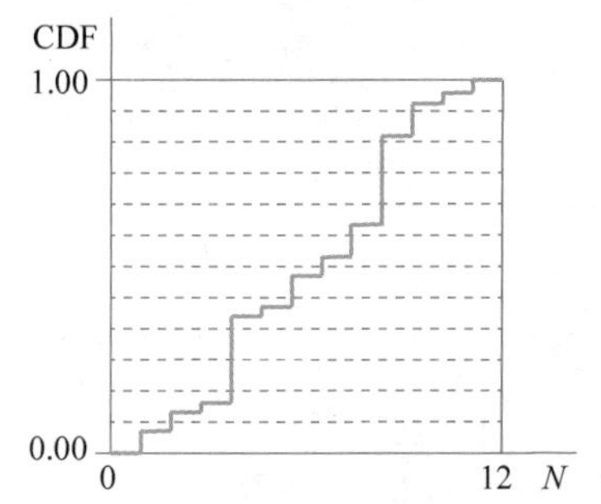

图 12.4.2　使用累积离散概率分布进行系统化的重采样

上述结果称为**采样重要性重采样**(SIR)，对产生稳定的样本集合很重要。使用这种特殊的方法，将重要性密度选成先验概率密度：

$$q(\boldsymbol{x}_{k+1} \mid \boldsymbol{x}_k^i, \boldsymbol{z}_{k+1}) = p(\boldsymbol{x}_{k+1} \mid \boldsymbol{x}_k^i) \tag{12.4.21}$$

并代回到式(12.4.20)中，得到大大简化的权重更新方程：

$$w_{k+1}^i = w_k^i p(\boldsymbol{z}_{k+1} \mid \boldsymbol{x}_{k+1}^i) \tag{12.4.22}$$

进一步地，由于在每个时间指标都进行重采样，所有的先前权重 w_k^i 都取值 $1/N$。上式被简化为

$$w_{k+1}^i \propto p(\boldsymbol{z}_{k+1} \mid \boldsymbol{x}_{k+1}^i) \tag{12.4.23}$$

3. 均移和核跟踪

在 3.3.3 小节中介绍了借助均移技术确定聚类进行图像分割的方法。**均移**技术也可用于运动目标跟踪，此时感兴趣区域对应跟踪窗口，而对被跟踪目标要建立特征模型。利用均移技术进行目标跟踪的基本思想就是不断地将目标模型在跟踪窗口内移动搜索，计算相关值最大

的位置。这相当于确定聚类中心时，将窗口移到与重心位置重合（收敛）的工作。均移是一种目标跟踪的有效匹配方法，具有很高的跟踪精度和跟踪计算速度。

为从上一帧到当前帧连续跟踪目标，可将上一帧确定的目标模型先放在跟踪窗口之局部坐标系统的中心位置 $\boldsymbol{x}_c$，而令当前帧中的候选目标在位置 $\boldsymbol{y}$。对候选目标的特征描述可借助从当前帧数据中估计出来的概率密度函数 $p(\boldsymbol{y})$ 来刻画。目标模型 $\boldsymbol{Q}$ 和候选目标 $\boldsymbol{P}(\boldsymbol{y})$ 的概率密度函数定义为

$$\boldsymbol{Q}=\{q_v\} \quad \sum_{v=1}^{m} q_v = 1 \tag{12.4.24}$$

$$\boldsymbol{P}(\boldsymbol{y})=\{p_v(\boldsymbol{y})\} \quad \sum_{v=1}^{m} p_v = 1 \tag{12.4.25}$$

其中，$v=1,2,\cdots,m$，m 是特征数量。令 $S(\boldsymbol{y})$ 是 $\boldsymbol{P}(\boldsymbol{y})$ 和 $\boldsymbol{Q}$ 之间的相似函数，即

$$S(\boldsymbol{y})=S\{\boldsymbol{P}(\boldsymbol{y}),\boldsymbol{Q}\} \tag{12.4.26}$$

对一个目标跟踪任务，相似函数 $S(\boldsymbol{y})$ 就是前一帧中一个要跟踪的目标处在当前帧中位置 $\boldsymbol{y}$ 的似然度。所以，$S(\boldsymbol{y})$ 的局部极值对应当前帧中目标的位置。

为定义相似函数，可以使用各向同性的核[Comaniciu 2000]，其中，特征空间的描述用核权重来表示，则 $S(\boldsymbol{y})$ 是 $\boldsymbol{y}$ 的一个光滑函数。如果令 n 为跟踪窗口内像素的总个数，$\boldsymbol{x}_i$ 为其中第 i 个像素点的位置，则对候选窗口中候选目标特征矢量 $\boldsymbol{Q}_v$ 的概率估计为

$$\hat{\boldsymbol{Q}}_v = C_q \sum_{i}^{n} K(\boldsymbol{x}_i - \boldsymbol{x}_c)\delta[b(\boldsymbol{x}_i) - q_v] \tag{12.4.27}$$

其中，$b(\boldsymbol{x}_i)$ 为目标的特征函数在像素点 $\boldsymbol{x}_i$ 的值；δ 函数的作用是判断 $\boldsymbol{x}_i$ 的值是否为特征矢量 $\boldsymbol{Q}_v$ 的量化结果；$K(\boldsymbol{x})$ 为凸且单调下降的核函数；C_q 是归一化常数。

$$C_q = 1\Big/\sum_{i=1}^{n} K(\boldsymbol{x}_i - \boldsymbol{x}_c) \tag{12.4.28}$$

类似地，对候选目标 $\boldsymbol{P}(\boldsymbol{y})$ 特征模型矢量 $\boldsymbol{P}_v$ 的概率估计为

$$\hat{\boldsymbol{P}}_v = C_p \sum_{i}^{n} K(\boldsymbol{x}_i - \boldsymbol{y})\delta[b(\boldsymbol{x}_i) - p_v] \tag{12.4.29}$$

其中，C_p 是归一化常数（对给定的核函数可预先算出），有

$$C_p = 1\Big/\sum_{i=1}^{n} K(\boldsymbol{x}_i - \boldsymbol{y}) \tag{12.4.30}$$

通常采用 Bhahattacharyya 系数来估计目标模板密度与候选区域密度之间的相似程度。两个密度之间的分布越相似，相似程度越大。而目标中心位置为

$$y = \frac{\sum_{i=1}^{n} \boldsymbol{x}_i w_i K(\boldsymbol{y} - \boldsymbol{x}_i)}{\sum_{i=1}^{n} w_i K(\boldsymbol{y} - \boldsymbol{x}_i)} \tag{12.4.31}$$

其中，w_i 是加权系数。注意，从式(12.4.31)得不到 $\boldsymbol{y}$ 的解析解，所以需要采用迭代方式求解。这个迭代过程对应一个寻找邻域内极大值的过程。**核跟踪**方法的特点是：运行效率高，易于模块化，尤其是对运动有规律且速度不高的目标，总可逐次获得新的目标中心位置，从而实现对目标的跟踪。

例 12.4.2 跟踪时的特征选择

在对目标的跟踪中，除了跟踪策略和方法外，选择什么样的目标特征也很重要[Liu 2007]。下面给出一个示例，是在均移框架下分别利用颜色直方图和**边缘方向直方图**(EOH)

进行的跟踪,如图 12.4.3 所示。图 12.4.3(a)是一个视频序列中的一帧图像,其中要跟踪的目标(用白框标出)颜色与背景相近,此时用颜色直方图效果不好(见图 12.4.3(b),没跟住目标),而利用边缘方向直方图可以跟住目标(见图 12.4.3(c))。图 12.4.3(d)是另一个视频序列中的一帧图像,其中要跟踪的目标边缘方向不明显,此时利用颜色直方图可以跟住目标(见图 12.4.3(e)),而利用边缘方向直方图效果不好(见图 12.4.3(f))。可见,单独使用一种特征在特定情况下会导致产生跟踪失败的结果。

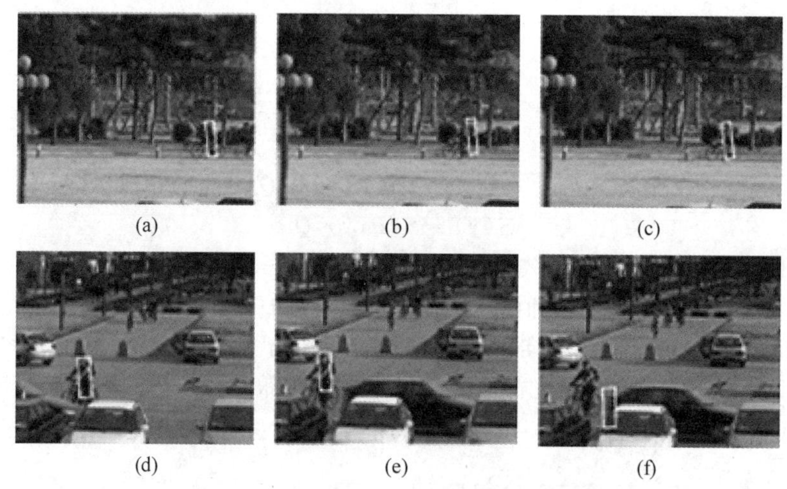

图 12.4.3 单独使用一种特性跟踪的示例

颜色直方图主要反映了目标内部的信息,而边缘方向直方图主要反映了目标轮廓的信息。将两者结合起来,有可能获得更通用的效果。图 12.4.4 给出一个示例,要跟踪的是一辆汽车。由于视频序列中有目标尺寸变化、观察视角变化和目标部分遮挡等情况,所以汽车的颜色或轮廓都随时间有一定变化。通过将颜色直方图和边缘方向直方图结合使用,补长取短,效果较好。

图 12.4.4 综合使用两种特性跟踪的示例

□

12.4.2 尺度非各向同性的均移

目标在运动时,其在图像中的尺度会发生变化。如果目标在图像平面中的投影满足相似变换时,尺度是一个 1-D 量,则表示目标在两个方向的尺度变化是一样的,即尺度各向同性地放缩。但在实际场景中,目标在图像平面中的投影常需用仿射变换来描述,即目标的尺度变化是各向异性的(目标的宽高比会不断变化,甚至目标尺寸在一个方向伸长而在另一个方向收缩),此时尺度如同空间坐标一样,是一个 2-D 的矢量[王 2010]。

考虑到空间坐标是一个 2-D 的矢量,如果让目标尺度也是一个 2-D 的矢量,则将它们联合起来,成为一个 4-D 的问题。假设考虑第 i 帧的跟踪结果,空间坐标(x_i, y_i)表示目标在空间维的中心,目标尺度(σ_i, τ_i)表示目标两个方向的尺度,则跟踪问题需要考虑 4-D 空间中的$(x_i, y_i, \sigma_i, \tau_i)$。

解决这个问题的一种方法是依次进行空间维卷积和尺度维卷积来建立特征空间，将目标的位置和尺度信息都映射为尺度空间中的极值点，通过交替进行空间维和尺度维的均移迭代，最终找到该极值点。顺便指出，在景物尺度增加和尺度减小两种情况下，问题是不对称的。这是因为随着目标尺度不断增大并超出跟踪窗口时，不仅会导致尺度定位误差，同时也会导致空间定位误差。反过来，随着目标尺度不断缩小，跟踪窗口中除包含目标区域外还会混入很多背景区域，但跟踪窗口的中心始终指示着目标的形心，即空间定位误差仍很小。可见前者带来的问题更加复杂。

一种借助交替迭代解决尺度非各向同性时跟踪问题的均移算法如下[王 2010]。在获得了第 i 帧的跟踪结果后，在第 $i+1$ 帧，主要有如下步骤（这里用 W_i 表示在第 i 帧的跟踪窗口，其尺寸为 $p\times q$，它仅由尺度矢量$[\sigma_i,\tau_i]^T$ 所决定，与空间坐标矢量$[x_i,y_i]^T$ 独立）：

(1) 考虑在$(x_i,y_i,\sigma_i,\tau_i,W_i)$处的候选目标，计算该处的权重图像；

(2) 先保持(σ_i,τ_i)固定，进行一次空间维的均移操作，获得新的中心位置坐标(x_{i+1},y_{i+1})；

(3) 以(σ_i,t_τ)为中心，进行一次尺度维的均移操作，获得新的尺度$(\sigma_{i+1},\tau_{i+1})$和第 $i+1$ 帧的跟踪窗口 W_{i+1}，该窗口的尺寸为 $p(\sigma_{i+1}/\sigma_i)\times q(\tau_{i+1}/\tau_i)$；

(4) 以坐标(x_{i+1},y_{i+1})为中心，在由 $p(\sigma_{i+1}/\sigma_i)\times q(\tau_{i+1}/\tau_i)-p\times q$ 的环状区域中进行第二次空间维的均移操作，获得新的中心位置坐标(x_{i+2},y_{i+2})；

(5) 以$(\sigma_{i+1},\tau_{i+1})$为中心，进行第二次尺度维的均移操作，获得新的尺度$(\sigma_{i+2},\tau_{i+2})$和第 $i+2$ 帧的跟踪窗口 W_{i+2}，该窗口的尺寸为 $p(\sigma_{i+2}/\sigma_i)\times q(\tau_{i+2}/\tau_i)$；

(6) 此时的候选目标在$(x_{i+2},y_{i+2},\sigma_{i+2},\tau_{i+2},W_{i+2})$处，可重复(1)～(5)的步骤，直到空间维和尺度维均收敛为止。

图 12.4.5 给出了尺度各向同性的均移算法与尺度非各向同性的均移算法对比的一组结果。所用视频序列中运动目标为一辆汽车，其运动既包括沿 Z 轴负向的纵向运动与沿 Y 轴正向的横向运动，也包括以 X 轴为转轴的顺时针旋转运动（沿 X 轴正向观察）。它在图像上的投影发生仿射变换。在图 12.4.5 中，左边一列是用尺度各向同性的均移算法得到的，右边一

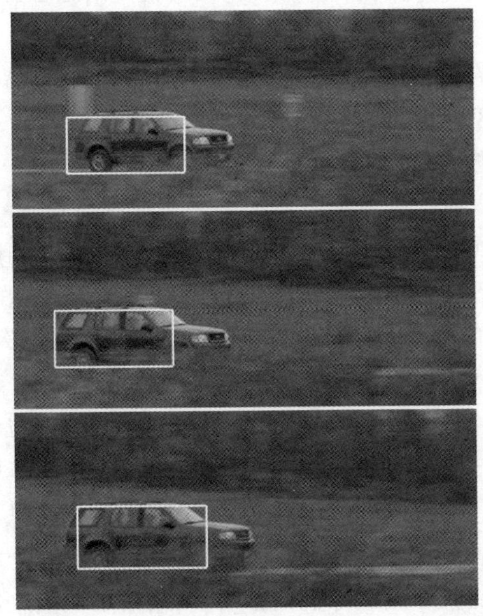
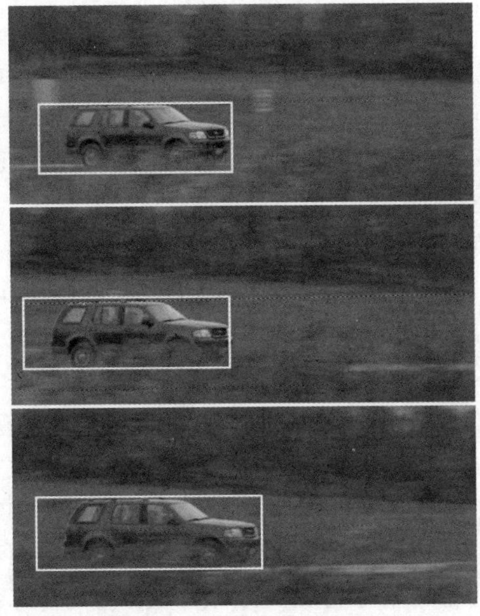

图 12.4.5 两种均移算法的跟踪结果比较

列是用尺度非各向同性的均移算法得到的。可见，尽管尺度各向同性的均移算法在目标的高度方向能较好地跟踪尺度变化，但是在目标的宽度方向未能跟踪上尺度变化，车头部分未能被跟踪器所检测出来，跟踪窗口没有覆盖整个目标。而尺度非各向同性的均移算法在两个方向上均有效地覆盖了跟踪目标。

12.4.3 均移结合粒子滤波器

当照明条件变化很快时或跟踪目标长时间处于阴影中时，均移方法跟踪的效果就会受到影响。但**粒子滤波器**在这些情况下的目标跟踪时有较好的效果，不过跟踪计算速度要慢得多。综合考虑这两者的优点和缺点，可以把它们结合进一个跟踪框架中。这个框架中有一个反馈模块，先用均移进行初始跟踪，当跟踪结果不令人满意时，使用粒子滤波器来改善跟踪精度[Tang 2011]。

假设在一帧图像中的粒子分布如图 12.4.6 所示，接近中心的实线矩形是先前已得到的跟踪结果，它已显示在上一帧中，现在可把它看作一个模型。对每个粒子，确定一个以它的位置为中心的区域，该区域的尺寸与模型尺寸相同。寻找周围的相应区域，一个例子由图 12.4.6 中右上方的虚线框给出。现在比较这两个区域的灰度直方图，并计算表示两个区域相似度的巴氏系数，以此代表粒子的可信度。最后，对粒子的权重进行归一化。

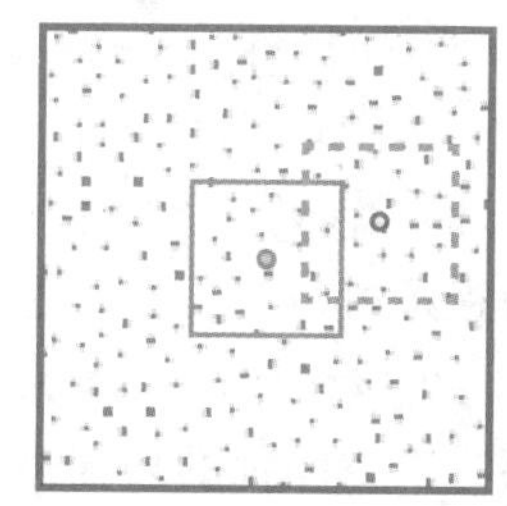

图 12.4.6　粒子滤波中模型的更新示意

结合均移和粒子滤波器的目标跟踪方法的主要步骤如下。

(1) 初始化目标模型 P。

(2) 从视频中读出一帧图像。

(3) 先基于均移算法进行跟踪。

(4) 给出跟踪结果，将得到的区域定为候选区域 Q。

(5) 计算巴氏系数 $B(P,Q)$，它代表了 P 和 Q 之间的相似性。

(6) 如果 $B(P,Q)$ 不小于一个阈值 T，则表示跟踪结果是可信的，使用直方图融合更新模型 P，返回到步骤(2)；否则继续。

(7) 如果基于均移得到的跟踪结果不可信，在一个区域 R 中使用粒子滤波器进行跟踪，区域 R 与区域 Q 具有相同的中心，但长和宽都是区域 Q 的两倍。

(8) 确定出跟踪结果，使用直方图融合更新模型 P，返回到步骤(2)。

(9) 如果视频中不再有图像，结束。

借助图 12.4.5 中的视频序列分别对均移与均移结合粒子滤波器的两种方法进行了比较，见图 12.4.7。其中上一行是均移跟踪的结果，下一行是均移结合粒子滤波器跟踪的结果。两相对比，可见均移结合粒子滤波器在目标行驶速度较快，且自身带有一定旋转时依然能够准确跟踪目标，对目标的旋转具有较强的鲁棒性。

图 12.4.8 给出借助图 12.4.4 场景的视频序列(这里要跟踪的是一个其服装色调与马路相近的行人)分别对粒子滤波器与均移结合粒子滤波器的两种方法进行比较的结果。其中上一行是粒子滤波器跟踪的结果，下一行是均移结合粒子滤波器跟踪的结果。基于粒子滤波器的跟踪在进行到 240 帧时，由于行人服装色调与马路边汽车相近而使得重采样后有部分粒子始终停留在车身上，影响了跟踪框位置的计算；而且一旦跟踪框偏移严重，就很难再次收敛到行人上，最终导致完全丢失目标。

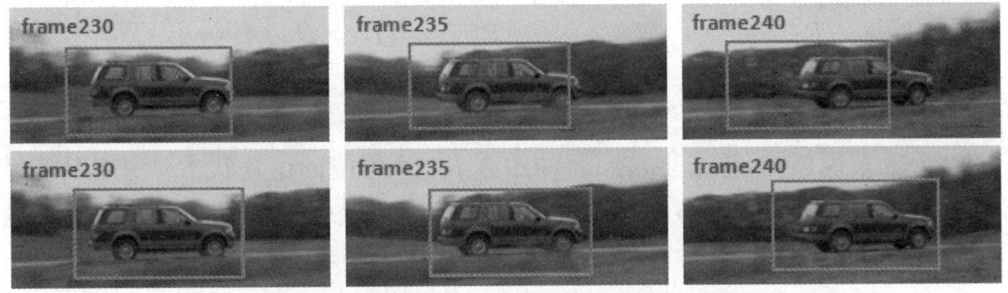

图 12.4.7 均移与均移结合粒子滤波器跟踪结果比较

图 12.4.8 粒子滤波器与均移结合粒子滤波器跟踪结果比较

12.4.4 子序列决策策略

前面介绍的方法在进行目标跟踪时是逐帧进行的,可能的问题是用于做出决策的信息比较少,且小的误差可能扩散而无法控制。一种改进的策略是将整个跟踪序列划分为若干子序列,根据子序列提供的信息对其中的每帧做出全局最优的决策,这就是子序列决策策略[Shen 2009b]。

子序列决策包括如下几个步骤:

(1) 将输入视频分成若干子序列;

(2) 在每个子序列中进行跟踪;

(3) 如果相邻子序列有重叠,则将它们的结果融合起来。

子序列决策也可看作对逐帧决策的推广,如果划分的每个子序列都是一帧,则子序列决策成为逐帧决策。

用 S_i 表示第 i 个子序列,其中的第 j 帧表示为 $f_{i,j}$,整个 S_i 共包括 J_i 帧。如果输入视频共包含 N 帧,且被划分成 M 个子序列,则

$$S_i = \{f_{i,1}, f_{i,2}, \cdots, f_{i,j}, \cdots, f_{i,J_i}\} \tag{12.4.32}$$

为保证任何一个子序列都不是其他子序列的子集,还定义了如下约束:

$$\forall m, n, \quad S_m \subseteq S_n \Leftrightarrow m = n \tag{12.4.33}$$

如果用 $P_j = \{P_{j,k}\}, k = 1, 2, \cdots, K_j$ 表示第 j 帧中的 K_j 个可能位置状态,则逐帧决策可表示为

$$\forall P_{j,k} \in P_j, \quad T(P_{j,k}) = \begin{cases} 1, & P_{j,k} \text{ 最优} \\ -1, & \text{其他} \end{cases} \Rightarrow \text{输出:} \arg_{P_{j,k}}[T(P_{j,k}) = 1] \tag{12.4.34}$$

而子序列决策可表示为

$$\forall P_{i,j,k} \in P_{i,1} \times P_{i,2} \times \cdots \times P_{i,j} \times \cdots \times P_{i,J_i}, \quad T_{\text{sub}}(P_{i,j,k}) = \begin{cases} 1, & P_{i,j,k} \text{ 最优} \\ -1, & \text{其他} \end{cases}$$

$$\Rightarrow \text{输出：} \underset{P_{i,j,k}}{\arg}[T_{\text{sub}}(P_{i,j,k}) = 1] \tag{12.4.35}$$

对子序列 S_i 来说，它共包括 J_i 帧，每帧中有 K_j 个可能的位置状态。这个最优搜索问题如用图结构来表示，则可借助动态规划的方法来解（搜索一条最优通路）。

例 12.4.3　子序列决策示例

图 12.4.9 显示了 3 种方法对同一个视频序列中目标（手持移动的鼠标，其移动速度很快且颜色与背景类似）进行跟踪得到的结果，深色的方框或椭圆标出最后的跟踪结果，浅色的方框标出候选位置。第一行采用了基于均移技术的方法，第二行采用了基于粒子滤波技术的方法，第三行采用了基于子序列决策的方法（其中只使用了简单的彩色直方图来帮助检测候选位置）。由图 12.4.9 可见，基于均移技术的方法和基于粒子滤波技术的方法均未能保持连续的跟踪，只有基于子序列决策的方法完成了整个跟踪。

彩图

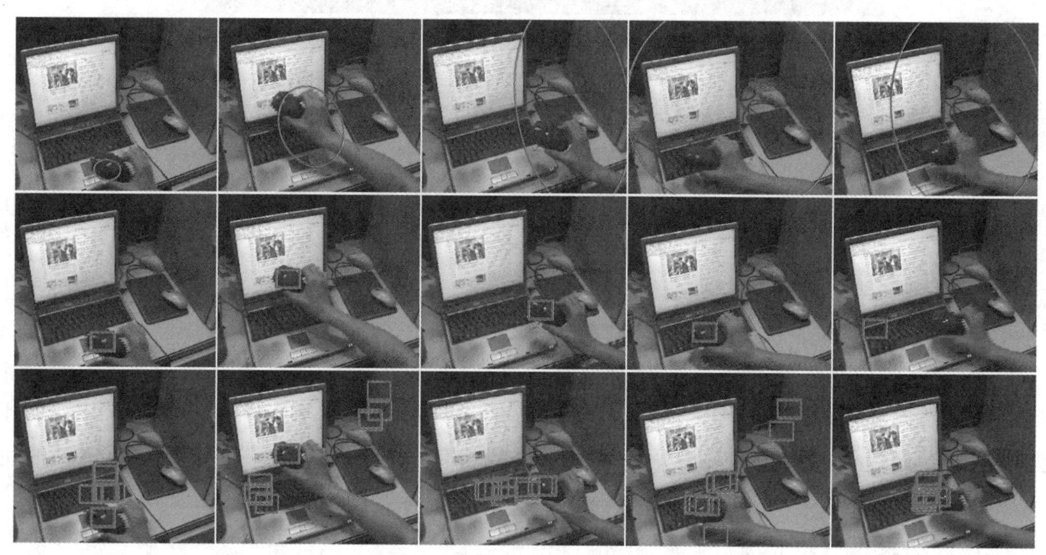

图 12.4.9　不同跟踪方法和策略的结果

□

12.5　移动阴影检测

移动阴影指随运动目标移动的阴影，对这种阴影的检测是目标跟踪中常遇到的问题。如果能检测出阴影，就可消除阴影的影响，提高目标跟踪的鲁棒性。尽管阴影的表现有很多情况，大部分阴影具有如下 4 个共同的性质[So 2005]：

（1）阴影的亮度比背景的亮度更低；

（2）阴影不会过多改变背景的颜色；

（3）阴影不会改变背景的纹理；

（4）需要消除的阴影只出现在真正目标区域之外。

已有的检测阴影的方法多结合性质（1）和性质（2）进行，近年来，性质（3）也得到了较多关注，但性质（4）比较难以利用，因为需要使用阴影区域的全局信息。另外，阴影可以进一步划分为深本影、浅本影和半影等，它们对背景颜色的改变程度各有不同，所以性质（2）的描述也不很精确，这对颜色特征的使用带来了不可靠的问题。

下面介绍的算法对颜色特征的可靠性进行判断，以确定是否可将颜色特征与亮度和纹理特征共同使用；还结合使用像素级的技术和区域级的技术，以利用阴影性质(4)[Li 2011]。

12.5.1 算法流程图

算法流程图如图 12.5.1 所示。对输入视频，使用混合高斯模型来检测前景(包括运动目标及其阴影)，并使用马尔可夫随机场来优化，进一步分割前景和背景。将获得的前景图像根据连通性分为若干个区域。对每个连通区域，根据前述阴影具有的性质(1)、性质(2)和性质(3)，分别计算其亮度、颜色和纹理特征。这里需要对颜色特征的可靠性进行检验。如果颜色特征可靠，则结合亮度、颜色和纹理特征初步区分目标像素和阴影像素。如果颜色特征不可靠，则不使用颜色特征，仅结合亮度和纹理特征初步区分目标像素和阴影像素。前面的操作都是在像素级进行的。在对目标进行填充并对阴影进行消除的基础上，可进一步进行区域级的操作。这包括对连通区域进行几何中心的判定和边缘像素重合的判定，最后借助性质(4)以区分目标区域和阴影区域。

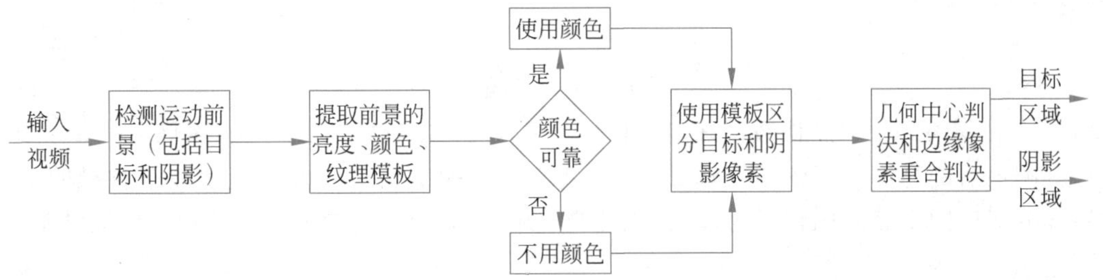

图 12.5.1　移动阴影检测的流程框图

下面依次介绍各个功能模块。

12.5.2 前景检测

这里前景主要指场景中的运动前景，由于运动目标投射出的阴影会随着目标运动，所以运动前景中运动目标及其阴影都包含其中，且在图像空间中是连在一起的。为将复杂的静止背景消除掉，可以采用混合高斯模型对背景建模的方法。还可利用马尔可夫随机场对背景模型进行优化，提高背景区域和前景区域各自的空间一致性。最后利用**图割**方法对马尔可夫随机场求解提取前景。

图 12.5.2 给出了两组实例，其中第一列为当前帧图像，第二列为对应检测出的运动前景。第一行的阴影在原图中就比较明显，而第二行的阴影在原图中不太明显，看过检测图才会注意到。

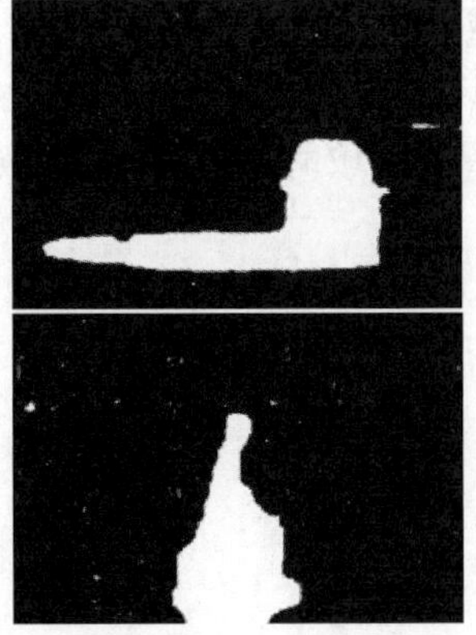

图 12.5.2　前景检测结果实例

12.5.3 特征模板提取

分别根据图像的 3 种特征提取 3 种模板。

1. 亮度模板

对彩色图像,可将其从 RGB 空间转换到 **HSI 空间**或 YC_bC_r 空间,利用 I 分量或 Y 分量计算亮度模板。根据阴影具有的性质(2),阴影区域的亮度不可能高于背景。所以,如果用 $f(x,y)$表示图像中(x,y)处像素的亮度值,用 $f_B(x,y)$表示背景像素的亮度值,则亮度模板图可计算如下:

$$L(x,y)=\begin{cases} f(x,y)-f_B(x,y), & f(x,y)>f_B(x,y) \\ 0, & \text{其他} \end{cases} \tag{12.5.1}$$

即 $L(x,y)$中非零的像素是原像素值高于背景值的像素。进一步地,可以对亮度模板图阈值化,以去除噪声的影响:

$$L_T(x,y)=\begin{cases} 1, & L(x,y)>T_L \\ 0, & \text{其他} \end{cases} \tag{12.5.2}$$

其中,T_L 是阈值。根据图像数据确定阈值 T_L 可采用 ISODATA 的方法(参见 2.4.5 小节)。

取阈值后的亮度模板图是一幅二值图,其中非零像素对应图像中亮度高于背景的部分。这些部分对应图中亮度比较平滑,颜色比较均匀单一,且纹理比较弱的区域。这些区域常不属于阴影。

2. 颜色模板

考虑在 YC_bC_r 空间进行颜色模板的提取。假设图像中(x,y)处像素的颜色值(色度分量)分别为 $C_b(x,y)$和 $C_r(x,y)$,背景像素的颜色值分别为 $C_{bB}(x,y)$和 $C_{rB}(x,y)$,则颜色模板图可计算如下:

$$C(x,y)=\{[C_b(x,y)-C_{bB}(x,y)]^2+[C_r(x,y)-C_{rB}(x,y)]^2\} \tag{12.5.3}$$

进一步地,也可以对颜色模板图阈值化,以去除噪声的影响:

$$C_T(x,y)=\begin{cases} 1, & C(x,y)>T_C \\ 0, & \text{其他} \end{cases} \tag{12.5.4}$$

其中,T_C 是阈值。根据图像数据确定阈值 T_C 可采用 ISODATA 的方法(参见 2.4.5 小节)。

3. 纹理模板

纹理模板在亮度空间提取,仍采用计算亮度特征时的表达。对每个像素,需要考虑其$(2M+1)\times(2N+1)$的邻域,即 $f(x+m-M,y+n-N)$和 $f_B(x+m-M,y+n-N)$,其中,$m=0,1,\cdots,2M$,$n=0,1,\cdots,2N$。在邻域中可通过计算自相关系数来帮助确定纹理模板。图像邻域的自相关系数和背景邻域的自相关系数分别为

$$R(x,y)=\frac{(2M+1)(2N+1)}{(2M+1-x)(2N+1-y)}\times\frac{\sum_{m=0}^{2M-x}\sum_{n=0}^{2N-y}[f(m,n)\times f(m+x,n+y)]}{\sum_{m=0}^{2M-x}\sum_{n=0}^{2N-y}f^2(m,n)} \tag{12.5.5}$$

$$R_B(x,y)=\frac{(2M+1)(2N+1)}{(2M+1-x)(2N+1-y)}\times\frac{\sum_{m=0}^{2M-x}\sum_{n=0}^{2N-y}[f_B(m,n)\times f_B(m+x,n+y)]}{\sum_{m=0}^{2M-x}\sum_{n=0}^{2N-y}f_B^2(m,n)} \tag{12.5.6}$$

然后计算它们的均方差以构建纹理模板图：

$$T(x,y)=\frac{1}{(2M+1)(2N+1)}\times\sum_{m=0}^{2M}\sum_{n=0}^{2N}[R(x,y)-R_B(x,y)]^2 \tag{12.5.7}$$

进一步地，也可以对纹理模板图阈值化，以去除噪声的影响：

$$T_T(x,y)=\begin{cases}1, & T(x,y)>T_S\\ 0, & \text{其他}\end{cases} \tag{12.5.8}$$

其中，T_S 是阈值。根据图像数据确定阈值 T_S 可采用 ISODATA 的方法（参见 2.4.5 小节）。

对图 12.5.2 中检测出的前景进一步计算 3 种特征模板得到的结果如图 12.5.3 所示，其中第一列是亮度模板，第二列是颜色模板，第三列是纹理模板。

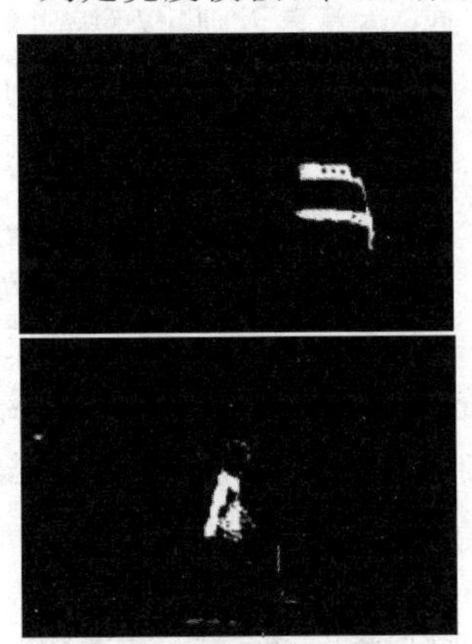
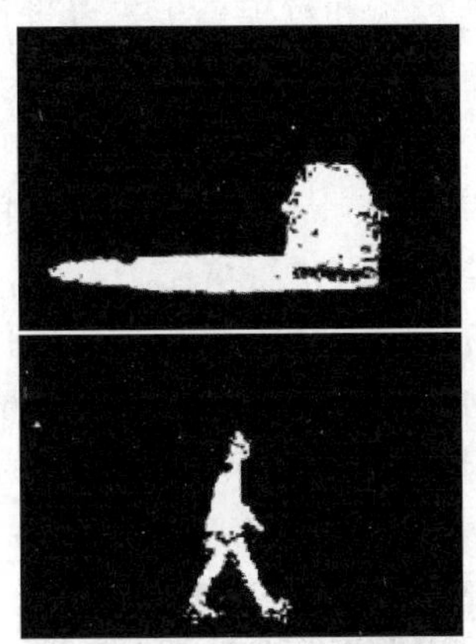
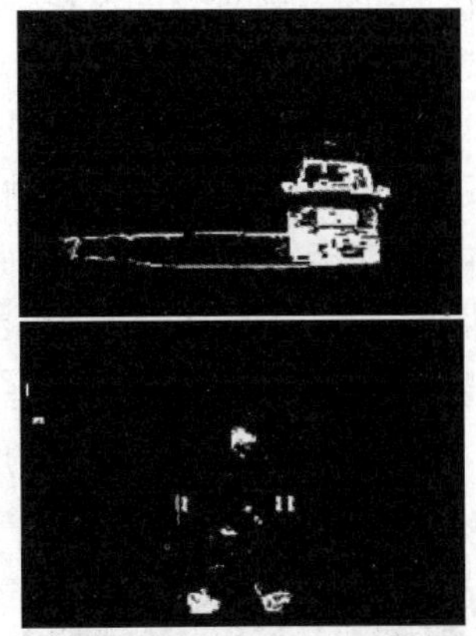

图 12.5.3　特征模板提取结果实例

12.5.4　颜色模板的判断

上面计算出的各个特征模板图都是由前景得到的二值图像，其中非零值像素表示该像素在给定特征方面与背景有较大差别，而零值像素表示该像素在给定特征方面与背景的差别较小。3 种特征中，阴影颜色和背景颜色会有不确定的差别，需要进一步讨论。这里的差别是要考虑运动前景中既包括运动目标也包括其阴影的事实，所以需要区分 4 种情况，如表 12.5.1 所示。

表 12.5.1　颜色模板图分类表

分　类	运动目标像素非零	运动目标像素为零
阴影像素为零	第 1 种情况	第 3 种情况
阴影像素非零	第 2 种情况	第 4 种情况

在理想情况下，运动目标与背景的颜色差别极大，而阴影区域与背景的颜色差别极小。这样，在获得的颜色模板图中，属于运动目标的所有像素均为非零，而属于阴影的所有像素均为零，颜色模板是可靠的。这相当于仅出现第 1 种情况。实际中，并非完全是上述理想情况，所以需对 4 种情况分别分析：

(1) 第 1 种情况表明使用颜色模板图可将运动目标和阴影区域有效地区分出来；

(2) 第 2 种情况表明使用颜色模板图不能区别运动目标和阴影区域，反而有可能干扰对阴影区域的检测；

(3) 第 3 种情况表明使用颜色模板图不能区别运动目标和阴影区域，但没有负面影响；

(4) 第 4 种情况表明阴影区域比运动目标的颜色信息更多，实际中很少出现，可忽略。

由上面的分析可见，如果出现了第 2 种情况，则需要检测出来，以避免颜色模板对其他模板的影响。由于当运动目标和阴影区域的像素都不为零时，颜色模板图中的非零像素数应接近于前景中的非零像素数，所以可据此判断出现了第 2 种情况，此时颜色模板不可靠，不能使用。

比较图 12.5.2 的第二列与图 12.5.3 的第二列可见，第一行所示的颜色模板不可靠，其中车辆和阴影无法区分；第二行所示的颜色模板是可靠的，其中非零像素对应于运动的人，阴影几乎不可见。

12.5.5 提取目标像素并抑制阴影

在成功提取了亮度模板、颜色模板和纹理模板之后，可通过“或”运算生成目标模板。如果颜色模板可靠，则对亮度模板、颜色模板和纹理模板三者进行“或”运算；否则，仅对亮度模板和纹理模板进行“或”运算。

3 种模板的联合使用最大限度地提取了运动目标而抑制了阴影。在用目标模板检测的结果中，阴影区域退化为孤立的细曲线或若干离散点，可以利用数学形态学滤波方法（参见第 14 章）将其去除。同时，对目标中的空洞也要进行填充。

图 12.5.4 给出了接续图 12.5.1～图 12.5.3 的两组实例，其中第一列为用目标模板检测的结果，第二列为数学形态学滤波的结果，第三列为进一步填充孔洞用目标模板检测的结果。可见，退化为细曲线或离散点的阴影部分被滤除，而目标中的细小孔洞被填充但整体的结构形态得以保留。

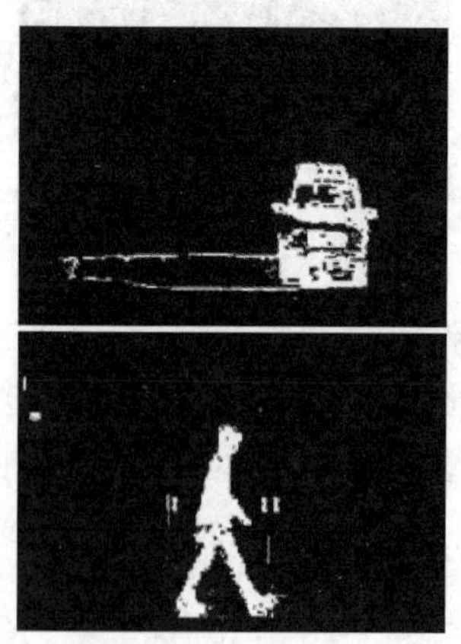
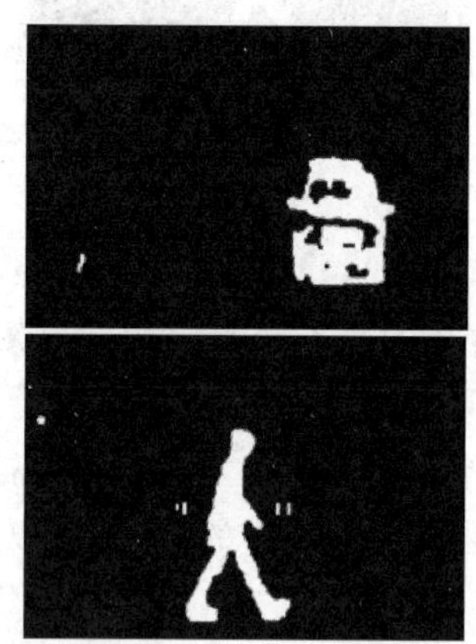
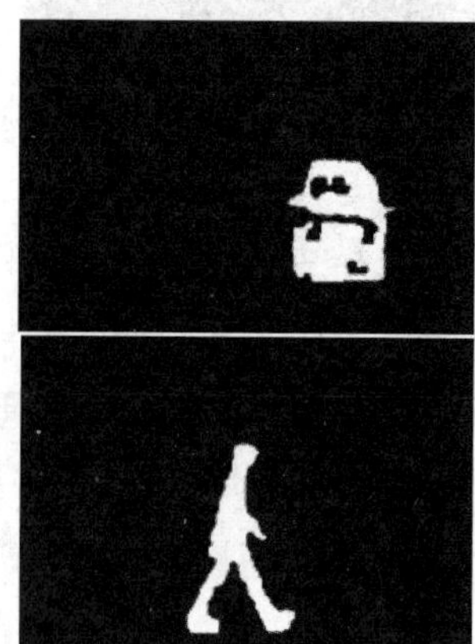

图 12.5.4 目标模板检测和后处理结果实例

12.5.6 获取完整目标区域

因为最开始时提取出来的前景包括了运动目标及其阴影，所以较好地提取出目标后，从前景中减去目标就可以得到阴影区域。但前面对运动目标的提取中只使用了基于像素的颜色、亮度和纹理特征，当目标区域的颜色、亮度和纹理特征与阴影区域的颜色、亮度和纹理特征分别比较接近时，还不能把它们完全分离开，会出现一些将目标像素当作阴影像素或将阴影像素当作目标像素的问题。图 12.5.5 第一列是用提取出来的前景减去图 12.5.4 第一列的目标区域而得到的阴影区域。其中有些非零像素并不属于阴影，而是在目标内部，这个问题在第一行尤其明显。

图 12.5.5　阴影检测和最终处理结果实例

为获得更为精确的阴影区域，可将已检测到的阴影部分划分为多个连通域，并对每个连通域分别检测其是否存在于运动目标的内部。为了明确运动目标的"内部"与"外部"，还需要对目标区域进行连通域划分。

假设目标区域中共有 M 个连通域，阴影部分包含 N 个连通域。以 P_i 表示目标区域中第 i 个连通域($i=1,2,\cdots,M$)，以 Q_j 表示阴影区域中第 j 个连通域($j=1,2,\cdots,N$)。如果前期处理的结果比较可靠，目标区域相对完整和闭合，则如果 Q_j 属于 P_i 的内部，则 Q_j 的几何中心应在 P_i 的内部，且 Q_j 的轮廓像素与 P_i 内部相应孔洞的轮廓像素应有大量重合。所以，可借助这两个因素判决是否 Q_j 为目标区域的一部分。相对来说，利用几何中心判决比较快速，但利用轮廓像素重合数量进行判决更加精细可靠，但计算量较大。实际中，可先用几何中心进行预判决，如果 Q_j 不在任意一个目标区域的 P_i 中，则可断定 Q_j 不属于目标区域，就不需要再计算轮廓像素重合数量。如果 Q_j 在某个目标区域中的 P_i 中，则为了精确判断，可以进一步计算轮廓像素重合数量来判决。如此得到的最终目标区域见图 12.5.5 的第二列。

12.6　基于孪生网络的目标跟踪

视频目标分割与视频目标跟踪密切相关。**视频目标分割**通常涉及从特定帧中分离提取目标。视频目标跟踪更强调确定视频序列的所有帧中一个目标的外观、位置和轨迹。然而，这种区分并不总是严格的，在许多情况下，往往并不苛求要明确区分这两项任务。

近年来，在视频运动目标的跟踪中，基于孪生网络的方法有了许多新的进展。典型的例子包括：**孪生完全卷积**(SiamFC)算法[Bertineto 2016]，一系列基于**区域建议网络**(RPN)的算法[Ren 2015]，上述算法的组合，如 SiamRPN [Li 2018]、DaSiamRPP [Zhu 2018]、SiamRPN＋＋[Li 2019a]。**孪生区域建议网络**(SiamRPN)在相关操作之后引入 RPN 模块，并对锚框执行联合分类和回归，以提高跟踪精度。DaSiamRPN 在训练中引入了具有不同语义的干扰物，并在训练中添加了一些检测数据集，以提高跟踪性能。SiamRPN＋＋将深度网络引入跟踪器，并对多层特征进行预测，以进一步提高跟踪性能。更多相关工作还可以参见[孙 2021]。

基于孪生网络的跟踪方法将视频运动目标的跟踪问题表示为借助目标特征和搜索区域特征之间的互相关矢量以学习目标以及搜索区域之间相似度的问题。孪生网络跟踪器通常有两个分支：分类和回归。分类分支负责输出相似度，该相似度提供被跟踪目标的粗略位置信息。

回归分支负责预测目标的准确状态信息。

大多数孪生网络跟踪方法对分类分支有类似的设计，但在训练样本的采样方面存在很大差异。SiamFC 和 SiamRPN 在训练过程中只收集相同目标的图像对作为输入，这是因为搜索图像中的背景信息比较简单，非语义填充像素占据了大部分区域，因此有效的负样本很少，导致模型识别能力差。DaSiamRPN 尝试添加由不同目标组成的图像对，引入了不同的语义干扰物，从而提高了模型的辨别能力。然而，它仍然不能有效地区分同一类中的干扰物（具有相似的语义），这导致在跟踪目标时网络鲁棒性较差。

回归分支的设计主要分为两类。SiamFC 采用多尺度测试方法。该方法将多尺度调整后的搜索图像块发送到跟踪器进行检测，并选择具有最高分类分数的图像块。与图像块相对应的比例被用作目标的比例。由于测试中尺度有限，最终目标尺度信息有可能不准确，而多尺度测试将增加计算负担并降低跟踪器的运行速度。**SiamRPN** 系列算法（SiamRPN、DaSiamRPP、SiamRPN＋＋）可以通过在孪生网络之后添加 RPN 来实现相当高的定位精度，这主要是因为多个锚框可以适应目标的形状变化，但是多个锚框的设置增加了分类和回归任务的复杂性，并进一步降低了跟踪器的运行效率。

为了解决这些问题，已经提出了对这类孪生网络跟踪方法的各种改进。下面给出了两个示例。

12.6.1 引导锚定区域推荐网络

SiamRPN 将 RPN 与孪生网络相结合，用于视频目标跟踪。在 RPN 模块中，通过在大量锚框中滑动窗口来生成候选区域，从中执行锚框区域分类和边界框回归以优化它们的位置。该方法没有考虑目标区域的语义特征，导致锚框和特征之间不一致，并生成大量冗余锚框，从而使计算量大幅增加。

为了解决上述问题，[Wang 2019a]提出了一种基于孪生 RPN 网络的**引导锚定网络**，通过语义特征引导稀疏锚框的生成[尚 2021]。其中，利用 CNN 在孪生网络中提取的语义特征来预测锚框的位置以及锚框在不同位置的长度和宽度，以提高网络性能和对视频中目标跟踪的准确性。

孪生引导锚定 RPN 网络的主要模块如图 12.6.1 所示。它由用于特征提取的孪生网络和用于提取候选区域的引导锚定 RPN 网络组成。引导锚定 RPN 网络的上部是分类分支，用于区分目标和背景；下部是边界框回归分支，用于微调候选区域。引导锚定模块通过孪生网络提取的语义特征预测掩模帧的锚框，然后与检测帧卷积以获得响应得分图，从而实现端到端训练。

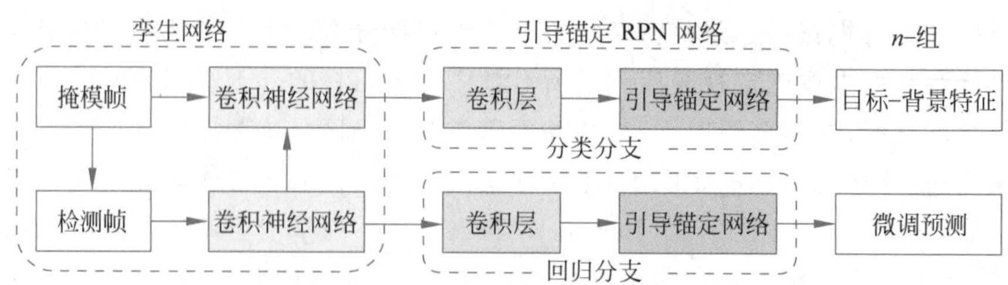

图 12.6.1 孪生引导锚定 RPN 网络

在图 12.6.1 中，引导锚定 RPN 网络根据目标位置和形状的分布，从孪生网络中 CNN 提取的高级语义特征中学习锚框的形状。引导锚定 RPN 网络包括锚框位置预测分支，该分支使用卷积核对输入特征图进行卷积以获得关于目标位置信息的得分图，然后通过 Sigmoid 函数获得每个点的概率值，最后输出与输入特征图大小相同的概率图。概率图上每个点的值指示检测目标在该位置的可能性。通过设置阈值，可以确定检测目标的可能位置。该方法可以过滤掉 90％的区域，同时保持召回率，从而提高网络的效率。引导锚定 RPN 网络还包括锚框形状预测分支，其目标是学习给定锚框中心点的最佳锚框高度和宽度，这是一个回归问题。形状预测分支仅预测一个锚框，其高度和宽度通过卷积网络在每个位置动态变换，这将具有较高的召回率。

12.6.2 无锚框全卷积孪生跟踪器

除了向锚框添加引导外，另一个想法是移除锚框以简化分类和回归的复杂性。一种相应的方法称为**无锚框全卷积孪生跟踪器**(AFST)，它基于对像素的直接预测[谭 2021]。AFST 网络是 SiamFC 的改进。AFST 网络框架如图 12.6.2 所示。

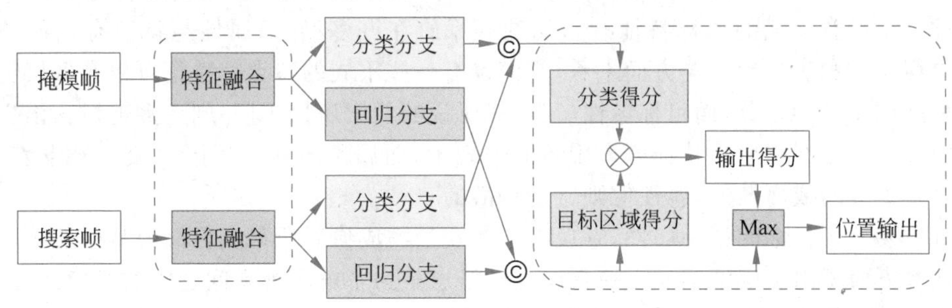

图 12.6.2 AFST 网络框架

可以看出，AFST 框架分别由用于特征提取的孪生网络和用于分类和回归的两个分支组成。分类分支负责对目标和背景进行分类，回归分支负责预测目标的状态信息。主干网络是 ResNet50，它提取其第二层、第三层和第四层的特征，这些特征被融合为分类分支和回归分支的输入特征。

孪生网络有两个分支：掩模分支负责从输入掩模图像中提取特征，搜索分支负责从包含目标的搜索区域中提取特征并接下来使用互相关运算(©)处理两个特征并输出相关矢量。相关矢量反映了搜索图像中的每个区域与掩模图像的相似程度，由此可以最终获得它们的相似概率。分类分数和目标区域分数按通道相乘(⊗)以产生输出分数。目标区域得分和输出得分之间的最大值(Max)用于预测目标位置。

总结和复习　　　　随堂测试

第13章

属性分析

前几章讨论的纹理、形状、运动反映了目标不同侧面的特性，属性其实也是目标的特性。目标属性与一般意义上的目标特征有密切的联系。在许多场合，属性与特征有相似的功能。但从其内容层次和表示形式等方面来看，它们也有一些不同的特点。特征可以有低层特征、中层特征和高层特征的划分，而目标属性（与一般所说的像素属性不同）则更多地包含语义含义，对属性的分析多处在中层。特征值多用数值来表示，而属性值还常用语言或符号来表示。特征值可以是连续的或离散的，属性值则常是离散的。

本章主要分析目标的视觉属性，它反映了客观景物成像后所得到目标的某些性质，可以对景物的某些方面做出一定的描述。视觉属性的概念是为了解决视觉问题中的"语义鸿沟"而提出来的[Ferrari 2007]。图像视觉属性是指可以由人指定名称并且能在图像中观察到的特性（例如，"表面条纹""圆锥状"等）。它们提供了有价值的新的语义线索。属性是一个比较广泛的概念，前面讨论过的景物的亮度、颜色、纹理、形状、运动等特性在广义上也可归为属性。属性还可以是观察者综合多种信息获得的（并非仅仅利用视觉观察）对象的标签（例如，一个人的"年龄""性别"等）。

属性与学习也有密切的联系。不同的对象类别往往有共同的属性，将它们模块化后可以明确地允许部分属性学习任务之间共享关联到的类别，或者允许将先前学习到的关于属性的知识迁移到一个新的类别上面。这在目标分类中可以减少训练所需要的图像样本数目并提高分类鲁棒性。同时，如果将属性作为级联分类器的中间层，则可以使得检测那些没有训练样本的对象类别成为可能。然而，大量属性的存在导致为每个属性都建立一个常规的分类器与为每个对象类别都建立一个分类器一样烦琐。近年来，在不同领域的属性应用中也提出了不同的方法来解决这一个问题。

根据上述讨论，本章各节将安排如下。

13.1 节对目标属性和属性描述进行概括介绍，讨论属性的类型和层次，以及属性学习的框架。

13.2 节讨论属性提取中的特征选择，主要介绍了一个对不同特征（包括它们的组合）在属性提取中性能的比较研究。

13.3 节讨论如何借助属性信息来有效地实现零样本学习、分类、识别，还具体介绍了一种基于语义自编码器和一种基于改进 GAN 的方法。

13.4 节集中讨论基于属性的行人再识别工作，分别介绍了借助属性先验分布、借助对属性分级结合全身和部件属性的方法，还对跨模态-异构行人再识别进行了概述。

13.5 节给出属性应用的几个示例，包括跨类目标分类、借助属性学习进行目标识别和基于局部动作属性的动作分类。

13.1 属性描述概况

目标**属性**是指可以由人指定名称并且能在图像中观察到的目标特性。例如，"环状""条带”都是从图像中提取出的有一定语义的视觉线索。属性的定义可以很宽泛，因此能够描述对象的各个方面。这里主要将属性描述为与视觉外观和功能提升有关的（中层）内容，并被看作人类可理解以及机器可检测的（中层）特性。例如，考虑视觉属性“有轮子”，其语义内容比“银白色”和“圆形”等低级特征更高；但又比“汽车”“自行车”等类别更基础。

13.1.1　属性的类型

属性常常可分成多种类型，例如从描述对象看，可将属性分成 3 种类型。

（1）**二元属性**：指示图像区域中某些特性存在或不存在（出现或没出现）的状态，也称为布尔属性（true 或 false），例如，“书架上有书或没有书”“晴天看到太阳、阴天看不到太阳”等。

二元属性可分为对称的和非对称的：对称指两种状态具有同等价值且相同的权重，如性别（男、女）；非对称是指状态的结果不是同样重要的，如病毒化验结果（阳性、阴性）。

（2）**相对属性**：可用于比较的属性，其值可连续变化，而不只是二元的有无。相对属性（RA）指示特定属性的相对存在程度，可相互比较大小强弱。例如，脸更宽、腿更长等。

（3）**语言属性**：二元属性和相对属性的组合，通过学习以在二元属性或相对属性之间进行选择。采用这种灵活的方式，可以更自然地对描述中的属性进行建模。

属性也可按其描述功能分成多种类型，常见的有 3 种。

（1）**语义属性**：可用于标注某类对象，又可分为形状属性（如 2-D 圆形、3-D 立方形），部件属性（如头部、四肢、轮子、方向盘），材料属性（如橡胶、塑料、天鹅绒）等。

（2）**鉴别性属性**：某类对象特有的性质，其语义含义相对较弱，而更强调不同类别间的具有区分性的特有性质。例如，可以对一个未知建筑判断它更像一个庙而不是写字楼。这里更倾向于否定它是写字楼而并不肯定它是庙，代表一种语义较为模糊的鉴别力。

（3）**可命名属性**：可明确被语言表达的属性，直接标识某类对象（如桌、椅、凳）。

还有一些其他的分类。

（1）**标称属性**：指与名称相关的属性，与可命名属性比较接近。标称属性的值常是一些符号或表示常态以外的名称。每个值代表某种类别、状态、特性，所以标称属性常是离散分类的。例如，血型有 A 型、B 型、O 型、AB 型；职业可分工、农、商、学、兵。标称属性值有时用数字表示，但它们常不具有一般意义上的序。例如，糖尿病分Ⅰ型和Ⅱ型，但没有定量的含义。又如，彩虹可能包含红、橙、黄、绿、青、蓝、紫共 7 色，但计算它们的均值或中值是没有意义的。

（2）**序数属性**：序数属性的可能值之间包含有意义的序，但是相继值之间的差可能是未知的。

（3）**定性属性**：定性属性描述对象的特征，但不给出实际大小或数量。定性属性的值通常是代表类别的词。标称属性和序数属性都是定性的属性，二元属性本质上也是定性的。

（4）**定量属性**：与定性属性相对，代表可定量度量的属性，常用实数值表示。

（5）**离散属性**：具有有限个或无限个可数的值，可以用或不用整数表示。例如，地球上的人就构成了一个无限可数的集合。

例 13.1.1　地震数据的属性

地震数据属性具有的特征使其成为解释地下地质的有力工具[Sain 2022]。

（1）执行定性和定量操作：属性可用于揭示地质复杂性，如地下结构和地层结构，并量化储层性质，如孔隙度、饱和度和渗透率。

（2）充当过滤器：借助属性能够通过删除不需要的元素来突出显示所需的数据成分。

（3）传达地质或地球物理含义：如不连续性属性表示地球物理意义上的高度相异性或低

连续性，这与地质方面的断层或断裂有关。

地震数据属性作为一个整体，遵循一个统一的特征，基于该特征可以提取关于目标的最大信息，并且可以从数据中推断地质体的地下结构。例如，叠前属性将地震数据视为与 P 和 S 阻抗、P 和 S 波速度、**振幅随偏移量的变化**（AVO）、衰减、各向异性、AVO 截距和梯度相关的地震反射记录。又如，叠后属性将地震数据视为地球表面下图像的一种表示，包括大量属性，例如复杂的轨迹属性、区间属性、基于层位的属性、时间频率属性和波形等。

地震属性的研究有助于阐明地下地质体，但没有一个属性总是对应于特定的结构或特征。所以，需要通过将一组属性结合来设计混合属性或元属性，从而可以更确定地界定特定的地质特征。元属性的设计包括 5 个步骤。

（1）清理输入数据，即数据调节，其中抑制了掩盖地质特征的噪声事件，并提高了信噪比。

（2）数据准备，即选择能够捕获目标或地物响应的适当的地震属性。

（3）训练和测试数据，即口译员根据其对目标特性和特征的熟悉程度选择合理的示例位置。

（4）训练神经网络，即神经网络设计，旨在使计算输出和指定输出之间的 RMS 误差最小。

（5）验证输出质量，并在整个地震体上运行网络，以获得元属性立方体。 □

13.1.2 属性的层次

目标属性往往被看作是一种含有语义信息的中层特征。它将底层的**基本特征**与高层的**实物模型**连接起来，沟通了语义鸿沟的两端。

属性是底层特征的抽象和总结，是对景物的一般化的较高层描述。底层特征是属性的构成基础，其所包含的信息更加丰富。事实上，底层特征和视觉属性都可以描述图像，区别在于底层特征只能被机器识别，没有直接的语义含义；而视觉属性是对图像较高层次的描述，能够同时被人和机器理解。视觉属性是目标的基本特征，例如“红色”“方形”等。可以通过已有的文本标签来学习视觉属性，从而建立属性标签。

相较于底层特征，属性含有更丰富的语义信息，可被人类感知、解释，因而更方便与先验知识结合和综合利用。相较于高层实物模型，属性又具有一定的抽象性，在一定程度上对应于人类智能中的抽象概括能力。比如人类可以辨别出轮子（wheel）这一属性，无论它在汽车上、摩托车上、自行车上，还是在马车（carriage）上。据此，属性就为**迁移学习**铺平了道路。

属性与高层抽象的文本标签有相容但不同的关系。属性可以是“绿色”“圆形”等用于描述目标的标签；但不是所有文本标签都可以称作属性，如“新款”“百搭”等（在缺少明确参考的情况下）。此外，一些非语义属性也不能简单地用文本标签来表示。

研究结果表明，属性在复杂易变的学习环境中十分有效。首先，属性对于人们描述事物很有帮助。例如，猎豹可以描述为“猫科”和“带斑点的”动物，或者通过检索大量图像数据也可以得出相关结论。其次，属性能够被运用在**零样本学习**模式中。因为如果不使用属性，那么当对待识别的类别没有训练样本时，无法取得其分类器模型参数，即不能完成识别任务。而引入属性概念后，就可以进行**跨类别学习**（这其实是引入属性的一个重要目的），或者说实现对没有训练样本的目标进行识别。再次，可以通过对属性的预测，建立一个监督对象模型，将属性作为中间结构实现对象分类。最后，近年来得到较多关注的深层特征可以被认为是属性识别问题的中级特征。属性能提供有助于更高级别识别的构建模块。

13.1.3 属性学习结构和框架

在很多识别任务中，形状、颜色、材质等语义属性非常关键。传统的学习方法是对目标类建模，直接将底层特征映射到目标类标签上，并且为每个类型的属性都去创建相对应的分类器，然后通过属性分类器来表达每个属性的语义。

属性学习有自己的理论依据和结构框架。超越传统的目标识别，属性学习可以通过更细粒度的描述，获取全局感知信息（如结构、形状等），判断存在或缺失图像中的部件。属性学习的过程是建立底层特征与属性以及属性与高层语义的关系。具体来说，可以根据图像的底层特征预测属性值，初步确定图像在属性特征空间中的位置，然后通过该位置来匹配图像标签。在自然场景中，可以把视觉属性当作一组坐标基，针对每一种属性，训练该属性对应的预测器，然后把图像中视觉属性的预测分数当作该图像的坐标，从而得到一幅图像在一组视觉属性基下的坐标表示，进而将这些坐标看作图像在视觉属性上的隶属度分布特征，以此来描述图像的语义内容。

属性概念的引入，使得在目标识别时的关注焦点从辨识独特的目标，向描述目标的属性发生转移。这种转移使得可以从图像中推测出更多信息，而不只是回答图像中是否存在某个或某种目标。借助属性概念和学习，可以报告出图像中熟悉目标所表现的异常属性，也可以指出不熟悉目标的已知属性，甚至可以在没有训练集的情况下，仅根据文字描述对目标进行识别。

13.2　属性学习中的特征比较

要利用图像的属性，就需要对图像提取其属性。这个过程也常称为属性学习或属性分类。虽然属性是一个中层的概念，但是要获得图像的属性，常从对图像的（底层）特征检测入手，通过对检测到的特征进行综合来提取属性。这一般涉及3个步骤的工作：特征提取、特征选择以及分类器训练和预测。特征选择的目的是解除在某些情况下有可能同时出现的属性之间的相关性。一种方法是使用 L_1 正则化逻辑回归，这种回归能通过使用各个目标类中的属性范例来拟合分类器以获得对各个属性最合适的特征。逻辑回归属性分类器要对各个目标类分别进行学习。

下面介绍一个对不同特征（包括它们的组合）在属性提取中性能的比较研究[Danaci 2015]，借此介绍特征和属性提取的步骤及性能。

1. 特征和特征组合

这里用到的特征主要包括如下5类。

（1）彩色特征：彩色**直方图**（包括3种，分别对应RGB、HSV和Lab**彩色空间**）。

（2）纹理特征：**纹理基元**（参见10.3.1小节），**局部二值模式**（参见10.3.3小节）。

（3）形状特征：方向梯度直方图HOG（类似12.4.1小节介绍的**边缘方向直方图**），借助图像灰度的梯度和方向描述形状；**尺度不变特征变换**（SIFT，见下册6.3.2小节），围绕高斯差的兴趣点提取。

（4）混合特征：**彩色尺度不变特征变换**（CSIFT）[Abdel-Hakim 2006]。它将彩色信息结合到基本的SIFT中，在特征提取时使用彩色不变梯度代替灰度梯度。

（5）深度特征：**卷积神经网络**（CNN）特征，它可借助在ImageNet图像分类数据库上训练的CNN模型来提取。CNN特征是有监督的特征，一般认为是中层特征。

除了上述各个单独特征，还可考虑对特征进行组合或融合。特征融合可分为3种方式。

（1）早期融合：将提取的低层特征矢量依次连接起来构成一个大矢量，用该大矢量训练分类器。

（2）晚期融合：先对每个特征构建对应的分类器，再将每 k 个特征分类器结合起来计算预测分数(融合是在对各个特征分类后进行的)：

$$S_j^k = P(C_j = +1 \mid \boldsymbol{x}^k) \tag{13.2.1}$$

其中，$P(C_j \mid \boldsymbol{x}^k)$对第 k 个特征矢量定义如下：

$$P(C_j = +1 \mid \boldsymbol{x}^k) = \frac{1}{1 + \exp(\boldsymbol{w}_j^{\mathrm{T}} \boldsymbol{x})} \tag{13.2.2}$$

其中，$\boldsymbol{w}$ 代表对要估计的逻辑回归分类器的权重。这里，对每个分类器分数给予相同的权重，所以对各个类别 C_j 的预测分数就是所有分数的平均$(1/K)\sum_{k=1}^{K} S_j^k$，其中 K 是用于融合的特征数量。

(3) 加权晚期融合：对晚期融合中每个分类器的分数给予不同的权重。具体是对各个分类器响应 S_j^k 乘以权重 w_j^k，而 w_j^k 是对整个训练集使用交叉验证而计算出来的。将加权分数的和作为最终的预测分数，记为 $S_j^{(s)}$：

$$S_j^{(s)} = \frac{\sum_{k=1}^{K} w_j^k S_j^k}{\sum_{k=1}^{K} w_j^k} \tag{13.2.3}$$

其中，权重 w_j^k 是对属性类别 j 使用交叉验证对整个训练集而计算出来的最高准确度，S_j^k 是使用一个特定的底层特征 k 对各个单独的属性分类器得到的预测分数，如式(13.2.1)。

2. 实验数据库

实验所用的数据库有 4 个。

(1) a-Pascal：对 Pascal VOC 2008 数据库增加属性标记而得到。它包括 20 个目标类别，用 64 个属性来表达。对每个目标的围盒区域用 64 个属性的存在或缺失来标记(**二元属性**)。训练集中有 2113 幅图像，测试集中有 2227 幅图像。

(2) a-Yahoo：对 Yahoo 数据库增加属性标记而得到。它包括 12 个与 a-Pascal 不同的目标类别，但也用相同的 64 个属性来表达。它一共有 2644 幅图像，所有图像都用作测试集。

(3) Shoes：源于一个属性发现数据库，其中原有 4 种商品类别：包、耳环、领带和鞋。将其中的鞋类单独提取出来得到鞋数据库。它包含 14 658 幅尺寸为 280×280px 的图像，有 10 个属性。

(4) People：是一个用于人属性识别的数据库。它包含 4013 幅训练图像，4022 幅测试图像，使用了诸如"有长头发""穿牛仔裤"等 9 个属性来标记。

3. 实验结果和分析

将实验结果根据特征从单独到组合分成 3 部分来介绍。

1) 单独特征的性能

根据 ROC 曲线得到的结果：总体上 CNN 特征最好，它在 People 数据库上比其他特征高许多，这是因为 CNN 特征还使用库外的其他图像(ImageNet)大量训练过。不过，HOG 特征和 CSIFT 特征的性能也相当好。对 a-Yahoo 数据库，HOG 特征的性能甚至比 CNN 特征还好一点；对 a-Pascal 数据库，HOG 特征的性能与 CNN 特征也可比拟；对 Shoes 数据库，HOG 特征的性能可排在第 2 位。对 a-Pascal 数据库和 People 数据库，CSIFT 特征的性能都可排在第 2 位。

另外，特征性能也与属性类别有关。例如，在 a-Pascal 数据库中，定义在人体部件上的属性，如头、耳、嘴、头发、手臂等能被 HOG 特征最好地识别，CSIFT 特征排在第 2 位，CNN 特征排在第3位。而对类似家具腿、钢琴、窗户、轮子、发动机等目标的属性以及如皮毛、木材、塑料等材料的属性，CNN特征都给出了最好的结果。

最后，同一类特征的性能与数据库有关。例如，对a-Pascal数据库和People数据库，Lab空间的彩色直方图特征性能最好；对a-Yahoo数据库，RGB空间的彩色直方图特征性能最好；对Shoes数据库，HSV空间的彩色直方图特征性能最好。

2）低层特征组合的性能

这里对各个数据库，当使用彩色特征时，均使用性能最好的彩色直方图特征。特征的组合有很多种，其中性能最好的几种组合（使用早期融合）对a-Pascal数据库得到的结果如表13.2.1所示。因为绝对数字并不重要，这里对两个性能指标（ROC曲线下面积AUC和平均精确度MAP）仅列出了相对排名。

表13.2.1 一些低层特征组合的性能列表

序 号	组合特征	AUC	MAP
1	CSIFT＋Texton	8	8
2	Color＋HOG＋Texton	6	6
3	Color＋HOG＋LBP	7	7
4	CSIFT＋HOG＋LBP	4	5
5	CSIFT＋HOG＋LBP＋Texton	5	4
6	CSIFT＋Color＋HOG	2	1
7	CSIFT＋Color＋HOG＋Texton	3	3
8	CSIFT＋Color＋HOG＋LBP＋Texton	1	2

由表13.2.1可见，仅使用彩色特征或形状特征都不能有效地表达属性信息，但它们的互补性较好。将所有类型的底层特征都结合起来的组合给出的结果最好。

3）低层特征与CNN特征组合的性能

考虑在a-Pascal数据库上将低层特征与CNN特征利用早期融合和晚期融合的效果。实验结果表明，晚期融合比早期融合的效果好。原因可能是分别对特征通道构建最优滤波器更容易，即对各个特征使用交叉验证更容易确定最优参数。加权晚期融合比晚期融合还要略好一些。最好的结果是将CNN特征与CSIFT、HOG和彩色直方图都借助加权晚期融合结合起来。

13.3 视觉属性和零样本学习

借助属性信息能有效地实现零样本学习、分类、识别[Huynh 2020]。

13.3.1 基于属性的零样本学习

为了填补底层特征和高层语义之间的“语义鸿沟”，[Ferrari 2007]提出了**“视觉属性”**的概念。视觉属性描述了目标的基本特性，是对底层特征的抽象和总结。底层特征是属性的构成基础，所包含的信息很丰富，但缺少直接的语义含义，只能被机器识别。视觉属性是对图像较高层次的描述，其语义含义能够同时被人和机器理解。视觉属性可通过已有的文本标签来学习，从而建立属性标签。属性学习的过程是建立底层特征与属性以及属性与高层语义（标签）的关系。根据图像的底层特征预测属性值，初步确定图像在属性特征空间中的位置，然后通过该位置来匹配图像标签。

1. 属性学习流程

从空间转换的角度,属性学习可看作从特征空间到属性空间,再从属性空间到语义空间的转换过程,如图 13.3.1 所示。这里可将属性空间定义成度量空间,该空间的每个维度表示相应的属性,这些属性能够表达对事物的认识。

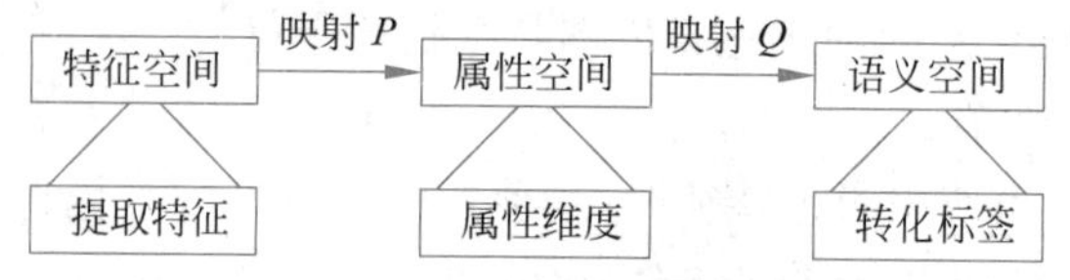

图 13.3.1 属性学习流程

属性学习的目标是要实现从底层特征(n-D 特征矢量 $\boldsymbol{X}$)到类别标签(L)的映射(F):

$$F:\boldsymbol{X}^n \to L \tag{13.3.1}$$

其中,在特征空间,要实现对底层特征 $\boldsymbol{X}$ 的提取;而在语义空间,要实现将高层语义转化为标签。所以,可将式(13.3.1)分解成如下形式:

$$G=Q[P(\boldsymbol{x})], \quad P:\boldsymbol{X}^n \to \boldsymbol{A}^M, \quad Q:\boldsymbol{A}^M \to L \tag{13.3.2}$$

其中,P 是从底层特征到属性层($\boldsymbol{A}$)的映射,包含 M 个独立的属性分类器,每个属性分类器都将底层特征映射到属性空间中对应的属性维度上;Q 是从属性层到类别标签的映射,将属性空间中对应维度映射到标签空间。

2. 零样本学习

在图像分类任务中,为保证测试集与数据集类别相同,在每次增加新的图像或目标类别时需要对模型重新进行训练。现实生活中存在着海量的景物类别,为使计算机具有知识迁移的能力,实现"**零样本学习**"成为关注的焦点。基于属性的零样本分类可通过对不同类别之间的共享属性进行学习,从而实现从训练类别到测试类别的迁移。

属性信息为进行零样本学习以及分类和识别提供了有力的支持。如果不使用属性,那么由于待分类的类别没有训练样本,所以无法取得其分类器模型参数,即不能完成分类任务。零训练样本的学习将先验知识和训练样本结合起来,相当于增加了目标类别的样本数量,而且不需要在所有图片上都注明属性,可在很大程度上提高学习效率。另外,引入属性概念后,就可以进行跨类别学习。具体就是使用属性分类器,用属性来描述未知的目标类别。例如,借助对属性的文字描述,就有可能仅根据这些描述而不使用图像样本来学习新的目标类型的模型。

在基于零样本学习的分类中,常考虑描述类别属性的可共享性,即认为共享属性之间存在一定的语义相关性[巩 2015]。例如,在描述动物时,"会飞"与"有翅膀"在大多数情况下总是相关联的。这些属性携带的语义信息可以建立起已知类别与未知类别的联系。将这些相关属性予以结合或者引入相关性信息可以对分类起到积极作用。为表述这些属性之间的正负相关性以及相关程度,可以根据类别、属性以及训练样本个数,计算训练样本属性-属性的相关性,并将其记作相关性矩阵。

最初的零样本学习,考虑的主要是**二元属性**。如果具有某种属性,则用 1 表示;如果不具有该种属性,则用 0 表示。采用二元属性对于共享属性层的描述偏于简单,有可能使该模型对语义的理解存在偏差。为此,[Parikh 2011b]提出了**相对属性**(RA)的概念,并在零样本图像分类中取得了良好的分类效果[Cheng 2018b]。相对属性的属性值是连续的,其大小可以表示为样本具有该属性的相对强弱程度,从而提高了对属性信息描述的准确性。这里需要注意,在有些情况下,使用不同属性的组合可以描述原来看不到的类别。但是,有时也可能会学习了不同属性之间的虚假相关性或目标与其共同上下文之间的虚假相关性。

可用于相关实验的带有语义属性标注的数据库包括 OSR 和 Pubfig。OSR 是户外场景识别数据集，包括 8 个户外场景共 2688 幅图像，拥有 6 个语义属性[Oliva 2001]。Pubfig 是公开的人脸数据集，包括 8 位名人的 772 幅图像，拥有 11 个语义属性[Kumar 2009]。

13.3.2 零样本语义自编码器

语义自编码器(SAE)[Kodirov 2017]是一种特殊的自编码器，其最显著的特点是中间隐藏层为一层语义层。网络结构如图 13.3.2 所示。其中，输入层为基础的特征矢量空间，可进行压缩编码和解码；隐藏层是一层语义层；输出层为经过隐藏层处理后恢复出来的特征矢量空间。语义自编码器将属性语义层作为隐藏层，实现了零样本图像底层特征到高层语义的映射。

借助语义自编码器可以构建特征到属性的映射，然后以最大后验概率估计在类高斯模型构建的基础上实现零样本图像分类[Kodirov 2017]。利用属性携带的语义信息可以建立起已知类别与未知类别的联系。借助深度神经网络的特征学习能力，可以将语义信息用于引导底层特征学习过程，从而获得具有鉴别性信息的共享特征[兰 2020]。

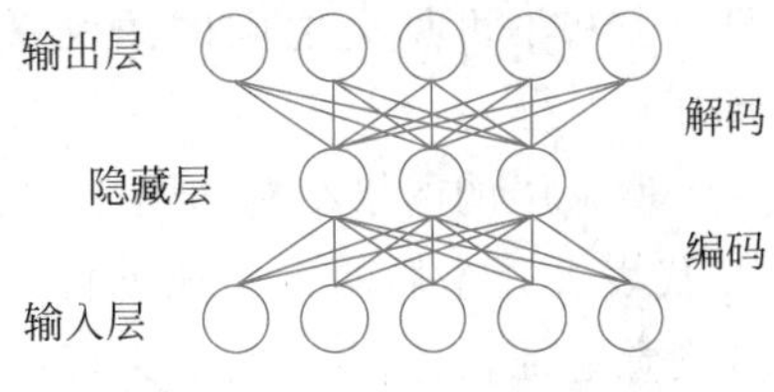

图 13.3.2 语义自编码器

当使用从深度神经网络学习的图像底层特征中提取出的共享属性信息进行零样本分类时，有可能使属性之间固有的相关性信息丢失，如何对丢失信息进一步补偿成为零样本图像分类的重要研究内容。为解决这个问题，[芦 2021]将属性相关性求解转化为参数寻优，使用经典启发式的**粒子群优化算法**(PSO)[Anamika 2018]寻找最优的嵌入相关性信息的新属性。这里粒子群算法是一种基于群体迭代的算法，依据粒子在解空间追随最优粒子的方法进行搜索，以使粒子能够飞向解空间并在最优解处降落。考虑到参数与目标之间的单向可解性，这里先采用 PSO 寻找合适的属性权重，再将 PSO 算法嵌入属性寻优过程中，并与 SAE 算法结合。

具体可采用**直接属性预测模型**(DAP)[Lampert 2009]实现零样本分类，通过属性分类器的学习，建立属性值到类别标签的映射。在 DAP 模型中，先将数据从特征空间映射到中间层的属性矢量层。属性矢量层的属性标签是收集到的各类特征的总结，通过利用数据预测属性，再将属性映射到类别标签来实现对于未知类别的预测。在分类过程中，针对每个已知类别，用一个对应的生成模型表示该类别的特征。根据图像相对属性取值的连续性，采用高斯模型来估计类别特征，采用最大似然估计实现高斯模型的参数估计。未知类别的模型参数需要通过与已知类别间的相对模型来进行指导学习。在判断标签类别时采用了高斯贝叶斯计算最大后验概率来实现。实际中，为弥补语义自编码器(SAE)对属性关系学习的不足，还可引入加性因子与乘性因子对属性相关性进行嵌入，并利用粒子群算法搜寻最优的因子参数，实现属性相关性信息的补偿。

另外，[乔 2017]提出了一种基于**共享特征的相对属性**(SF-RA)模型，利用多任务学习的思想同时学习类别分类器和属性分类器，以获得被类别和属性共享的特征，再利用这些共享特征学习属性排序函数，通过建立各个类别的高斯模型，从而预测测试样本的类别标签。

13.3.3 零样本属性识别

零样本学习(ZSL)通过对可见类样本的学习，借助可见类与不可见类在高层特征之间的相关性，实现对不可见类样本进行识别的目的。这里可见类指带标签的类别，而不可见类指未带标签的类别。

设可见类样本集 S 与不可见类样本集 U 不相交，训练集的类标签与测试集的类标签也不相交。定义一个由可见类样本的视觉特征、语义特征和标签组成的训练集，以及一个由不可见类的语义特征组成的测试集，零样本学习就是要利用训练集上的样本及其属性信息对模型进行训练，并在测试过程中利用在训练中得到的信息及测试类的属性对模型进行补充，以预测不可见类的类标签。

参照[Li 2019b]提出的以 **WGAN** [Arjovsky 2021]作为主干网络的生成式零样本学习方法，[张 2021a]采用 **CTGAN** 代替 WGAN 作为主干网络，构建了包括视觉特征生成网络和语义特征生成网络的新网络。首先，将视觉特征映射到一个新的特征空间，借助互相关信息进行去冗余处理，并保留类别的相关性。然后，利用可见类和不可见类之间的语义关系建立知识迁移模型，并引入语义关系约束损失，约束知识迁移的过程，使生成器生成的视觉特征更能反映可见类和不可见类之间的语义关系。最后，引入循环一致性结构，使生成特征更接近真实特征。

所采用的网络结构如图 13.3.3 所示。其中，$\boldsymbol{x}$ 代表真实视觉特征，$\boldsymbol{x}'$ 代表生成视觉特征，$\boldsymbol{x}_{\mathrm{r}}$ 代表去冗余后的真实视觉特征，$\boldsymbol{x}'_{\mathrm{r}}$ 代表去冗余后的生成视觉特征，$\boldsymbol{x}'_{\mathrm{s}}$ 代表语义约束后的生成视觉特征，$\boldsymbol{y}$ 代表真实语义特征，$\boldsymbol{y}'$ 代表生成语义特征，$\boldsymbol{n}$ 代表随机噪声，L_{c} 代表循环一致性损失。首先，将图像输入到视觉特征提取器提取图像的视觉特征，并作为真实视觉特征；将属性输入语义特征提取器，提取对应的语义特征，并作为真实语义特征。然后，将真实语义特征和随机噪声同时输入视觉特征生成器以得到相应的生成视觉特征，再将生成视觉特征和真实视觉特征输入到去冗余模块中进行去冗余处理，得到相应的去冗余后的生成视觉特征和去冗余后的真实视觉特征。接下来，将去冗余后的视觉特征输入到语义关系约束模块中，利用语义关系约束损失对知识迁移过程进行监督，使可见类的知识更有效地迁移到不可见类中，并得到语义关系约束后的生成视觉特征。最后，将生成视觉特征和随机噪声同时输入到语义特征生成器中，得到生成语义特征，并使用循环一致性损失函数对生成语义特征和真实语义特征进行约束，使生成特征更接近真实特征。

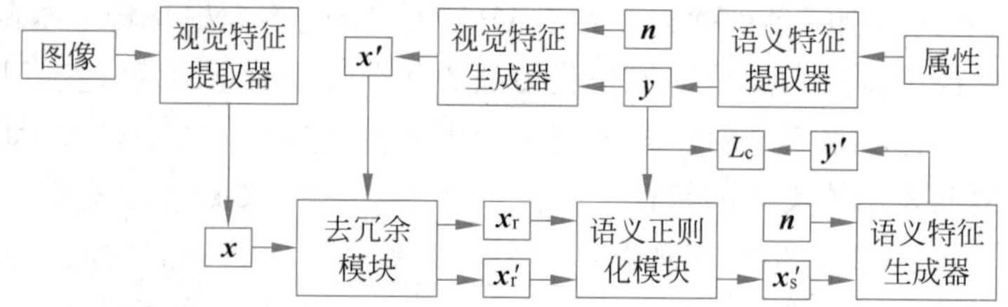

图 13.3.3　视觉特征生成和语义特征生成网络结构

视觉特征生成网络主要包括：

(1) 语义特征提取器——对输入属性进行预处理，并提取该属性的语义特征；

(2) 视觉特征生成器——从语义特征出发获得生成视觉特征；

(3) 视觉特征判别器——包括两个分支：一个用于真假判断，另一个用于对输入视觉特征进行分类(未画在图 13.3.3 中)。

语义特征生成网络主要包括：

(1) 视觉特征提取器——对输入图像进行预处理，并提取其中的视觉特征；

(2) 语义特征生成器——从视觉特征出发获得生成语义特征；

(3) 语义特征判别器——包括两个分支：一个用于真假判断，另一个用于对输入语义特征进行分类(未画在图 13.3.3 中)。

整个网络的损失函数除了包括视觉特征生成损失(含视觉特征生成器损失和视觉特征判别器损失)和语义特征生成损失(含语义特征生成器损失和语义特征判别器损失)外,还包括用于正则化视觉特征生成器的循环一致性损失。

在最后的测试阶段,输入不可见类的属性,通过语义特征编码器提取语义特征,将不可见类的语义特征和噪声同时输入训练好的模型进行测试,生成对应的生成视觉特征再根据生成视觉特征获得其对应的类别标签。

13.4 基于属性的行人再识别

行人再识别(ReID)是指在多个非重叠摄像机的视场中,按照指定的目标行人图像(或视频),在不同摄像机视场中检测出目标行人的过程和技术。行人再识别是一项以人为中心的人工智能技术,被广泛认为是跨摄像机的非重叠视域中特定行人的检索问题(更一般的讨论还可见下册第 15 章)。

传统手工设计的行人再识别方法主要分为两步:一是特征设计和检测,二是相似性度量。第一步的主要思路是设计具有高区别性且鲁棒性强的特征,并进一步在行人图像或视频帧中提取出具有高效表达能力的特征。这里很多特征是根据行人的外观而设计的。相似性度量通过比较要识别行人两次出现时所获取的图像中的特征来确定它们是否相同。这里可根据所提取的特征矢量计算它们之间的距离(有多种距离度量),从而确定两幅图像中行人的相似程度,并判断它们的一致性。由于行人外观易受光线、遮挡、视角和姿态的影响,所以同一个行人的外观在不同的图像中会呈现出很大的差异,使得行人再识别的工作具有相当的挑战性。

近年来,基于深度学习的行人再识别方法已得到广泛研究,并已取得比传统手工设计方法更高的识别率。常用的模型很多,主要包括孪生网络模型和分类模型等。

最初的行人再识别主要考虑行人图片的标签信息,即行人身份(ID)这个标记信息。近年来,随着带属性标签行人数据库的出现,且基于属性学习的方法具有更符合人类的搜索习惯,以及能应用于零样本学习等优点,基于属性的行人再识别方法受到更多的关注。

下面先介绍 3 种思路相似、但又各有特点的基于属性的行人再识别方法,然后介绍跨模态异构行人再识别的研究进展。

13.4.1 借助行人属性先验分布的方法

行人 ID 和行人属性都能表达行人的特性,将它们结合起来应能提供更多的客观信息。

1. 属性行人识别网络

属性行人识别(APR)是一种典型的借助行人 ID 和行人属性的联合识别方法[Lin 2018]。先对具有行人 ID 标签的数据库进行行人属性的标注,然后基于这些标注图片,设计实现相应的神经网络,就可实现行人再识别。参见如图 13.4.1 所示的流程框图,该方法具体是用所构建的 APR 网络对输入图像同时开展行人属性和行人 ID 的提取与识别,再将识别结果与图像标签进行比对,使用比对结果作为反向传播的依据进行训练以得到网络。最后从网络中提取出代表行人的矢量进行距离度量计算就可得到再识别的结果。

属性标签的作用和效果主要包括 3 方面。

(1) 使用属性标签进行训练可提高再识别模型的辨别能力。因为 ID 标签只能提供对象相同或不同的二值信息,无法给出更精细的结果,而属性标签考虑了对象的外观相似性信息,所以能更详细地描述行人图像。

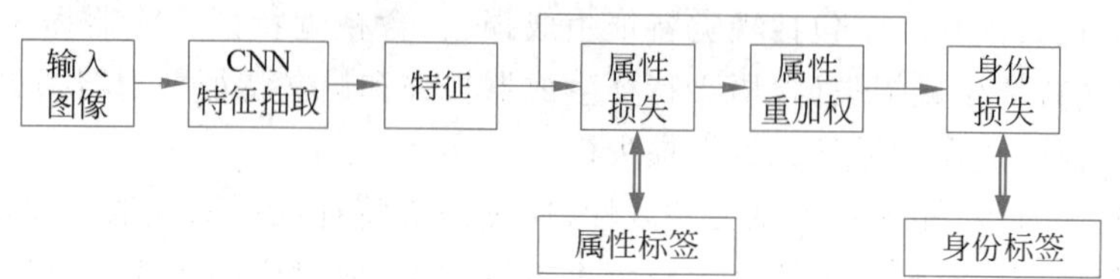

图 13.4.1　APR 的整体流程框图

（2）详细的属性标签可以明确地指导模型通过指定的行人特征来学习对象的局部信息，从而借助局部语义描述来学习对行人的分类，简化了模型的训练。

（3）借助属性可以滤除一些与查询没有相同属性的图像，从而加速再识别的检索过程。

2. 进一步的改进

为进一步提高基础 APR 方法的性能，针对应用中遇到的问题，提出了不同的改进方法。这里介绍对 APR 进行的 3 方面的改进[吴 2019b]。

（1）对网络结构的改进。这里添加了一层全连接层，并改用残差网络以避免网络退化。一般网络构建常常采用基于 ImageNet 上预训练得到的模型进行微调的方式。当源域图像与目标域图像差别较大时，增加全连接层可保证源模型表达能力的迁移。另外，这样也丰富了网络结构（残差网络不包含全连接层），从而提高了特征提取能力，进而提升网络的识别效果。

（2）对属性损失进行了归一化处理。实际中，数据集中各类属性之间的样本数量常不均衡，在损失函数中对各类属性的损失进行归一化处理，可提高网络对不均衡数据的处理能力。

（3）对各类属性损失的权重进行调整。一般数据集中每类属性正/负样本的数量常不一致，为此利用数据中属性分布的先验知识，通过样本数量的占比来调整每类属性在损失层中的权重。

考虑到这些改进后的整体流程框图如图 13.4.2 所示。在新全连接层前是残差网络，包括卷积层、池化层和残差块。残差块在一个浅层网络基础上叠加一个恒等映射，并学习残差函数，从而使得网络不会退化而且性能更好。

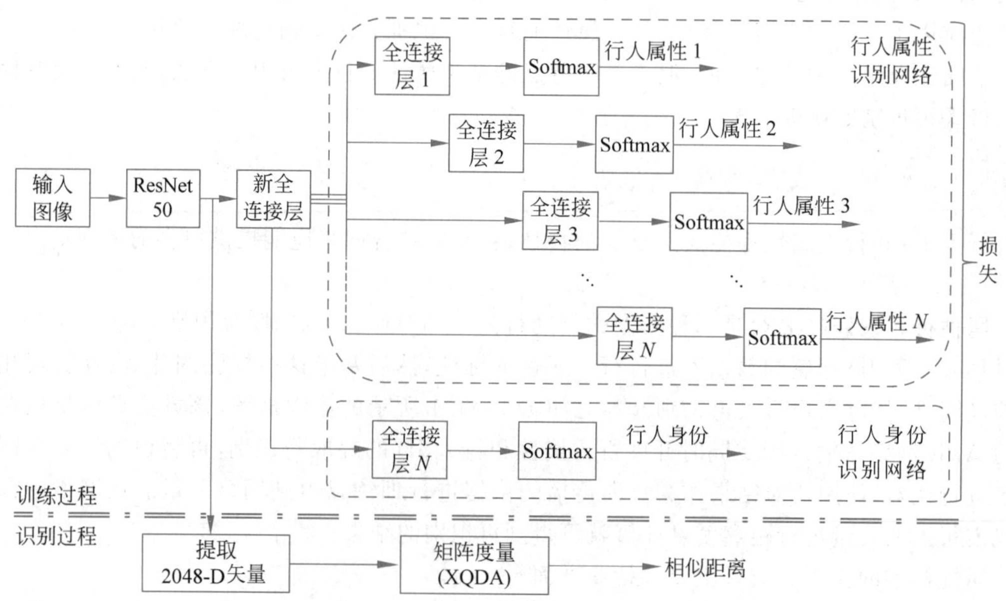

图 13.4.2　改进方法的整体流程框图

在新全连接层后是行人属性和行人身份的特征分类网络。它主要用于提取行人的属性特征和行人身份特征，由全连接层、Softmax 层和损失层组成。这些全连接层主要起分类器的作用，而 Softmax 层则在全连接层的基础上进行分类结果的概率计算。

实际识别过程中，为表示行人特征，从网络中提取出 2048 维的特征矢量，并采用**交叉视角二次判别分析**法(XQDA)[Liao 2015]进行矢量之间距离的度量。

3. 属性损失函数的设计

损失函数包括身份识别损失和属性识别损失，可以用它们的加权和来表示。实际中，各个身份类别的样本数量常基本相同，数据不平衡问题不明显，所以下面先考虑属性识别损失的归一化问题。

考虑图像数据库共有 I 幅图像、J 类属性的情况，此时属性损失可表示为

$$L_{\mathrm{A}}=\frac{1}{I}\sum_{j=1}^{J}L_j \tag{13.4.1}$$

其中，L_j 是第 j 类属性的具体损失函数，可以如下计算：

$$L_j=-\sum_{k=1}^{K_i}[\log(p_{i,j,k})]l_{i,j,k} \tag{13.4.2}$$

其中 $p_{i,j,k}$ 表示第 i 个行人样本在第 j 类属性中具有第 k 种属性值的概率，可由 Softmax 层计算得到。这里设 $l_{i,j,k}\in\{0,1\}$，当第 i 个行人样本确实具有第 j 类属性中的第 k 种属性值时，$l_{i,j,k}=1$，否则 $l_{i,j,k}=0$。

考虑样本数量不均衡而进行基于属性样本数量的归一化处理后，L_j 可以写成

$$L_j=-\frac{1}{J}\sum_{i}\sum_{j=1}^{J}\sum_{k=1}^{K_j}\frac{\log(p_{i,j,k})l_{i,j,k}}{N_{j,k}},\quad j=1,2,\cdots,J \tag{13.4.3}$$

其中，N_j 表示具有第 j 类属性的训练样本数量，$N_{j,k}$ 表示第 i 类属性中具有第 k 种属性(值)的训练样本数量。对 $p_{i,j,k}$ 借助 Softmax 层计算的公式为

$$p_{i,j,k}=\frac{\exp(O_{i,j,k})}{\sum_{k'=1}^{K_j}\exp(O_{i,j,k'})} \tag{13.4.4}$$

其中，$O_{i,j,k}$ 表示各对应全连接层的第 k 个输出值。

进一步考虑数据库中不仅存在各类属性之间的样本数量不平衡的问题，还存在每个属性内部正/负样本数量不平衡的问题。此时，数量偏少的正/负样本在识别过程中起到的影响作用就会偏小，不能反映该种属性的真实情况，并影响最终结果。此时，可考虑利用数据先验分布知识，根据正/负样本的数量占比对损失函数引入权重进行调整。具体来说，可将式(13.4.3)改为

$$L'_j=-\frac{1}{J}\sum_{i}\sum_{j=1}^{J}\sum_{k=1}^{K_j}W_{i,k}\frac{\log(p_{i,j,k})l_{i,j,k}}{N_{j,k}},\quad j=1,2,\cdots,J \tag{13.4.5}$$

且

$$W_{i,k}=\exp\left(-\frac{p_{i,k}}{T}\right) \tag{13.4.6}$$

其中，$W_{i,k}$ 是第 i 类属性中第 k 种属性的权重，$p_{i,k}$ 是第 k 种属性的数量占比，T 是调整权值的参数。

上述方法在 PETA 数据集上的实验给出了较好的结果[吴 2019b]。PETA 数据集是由 10 个用于研究行人重新识别的小规模公开数据集组合而成的。该数据集由 19 000 幅图像组成，分辨率为 17×39px 到 169×365px。这 19 000 幅图像包含 8705 个不同 ID 的人，每个人都

标注了 61 个二值属性和 4 个多值属性。从这 19 000 幅图像中随机地取出 9500 幅构成训练集，1900 幅构成验证集，7600 幅构成测试集。更多数据集还可见[Wang 2022]。

13.4.2 借助对行人属性分级的方法

13.4.1 小节的方法考虑了各类属性样本之间数量不均衡以及同一种属性正/负样本数量不均衡的问题。另外，各类属性之间的相关性以及每类属性所包含信息量的差异性也需要考虑。为此，[陈 2019]提出了一种借助对行人属性进行分级的方法。该方法主要包括 3 项工作：

(1) 在网络的特征提取部分，采用注意力机制模型提取行人属性特征，以获得各类行人属性的特征矢量和显著性程度；

(2) 在网络的特征识别部分，基于属性的显著性程度，利用注意力模型对行人属性进行分级，将等级高低作为后续属性识别顺序的依据；

(3) 基于属性之间的相关性和高等级属性的识别结果，去调整低等级属性的识别策略，以提高低等级属性的识别效果。

1. 属性分级识别网络

所设计的基于注意力模型的行人属性分级识别网络的结构如图 13.4.3 所示。该网络主要由两个部分组成，其中以 Conv10 卷积层为分界线。前半部分为基于 Vgg-16 网络的特征提取网络，为了避免网络层数太深对后续注意力模型识别效果的影响，只选取 Vgg-16 网络的前 13 层，其中包含了 10 层卷积层和 3 层池化层。后半部分为行人属性分级识别网络，其输入包括 Conv10 卷积层输出的特征图 $T_i(i=1,2,\cdots,N)$。

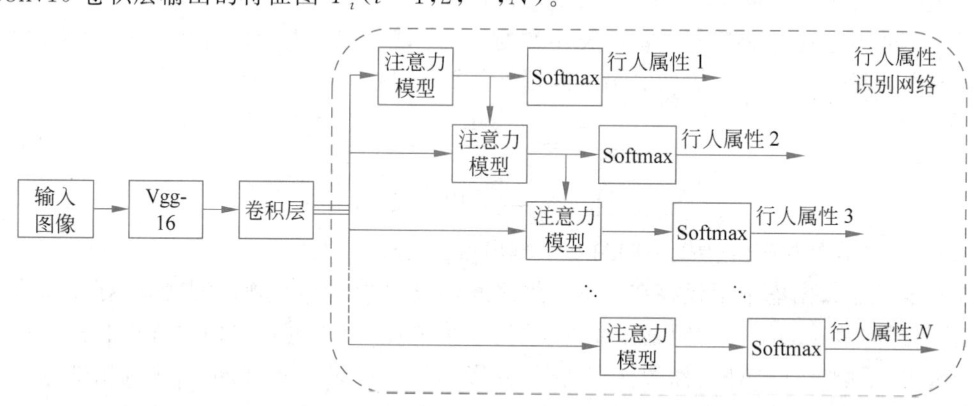

图 13.4.3 借助属性分级方法的整体流程框图

2. 注意力模型和属性分级

行人属性分级识别网络利用注意力模型来判别行人属性属于哪个区域，其内部结构如图 13.4.4 所示。图 13.4.4 中的 P 代表上一级注意力模型识别的概率分布(初始为零分布)。将特征图与 P 全连接作为网络输入，经过激活函数(如 tanh)后得到的输出再经过 Softmax 层，可得到行人属性属于各区域的概率 R_i。最终得到的行人属性计算结果 S 由 R_i 和 T_i 确定：

$$S=\sum_{i=1}^{N} R_i T_i \tag{13.4.7}$$

在第 n 级得到的 S_n 将成为下一级注意力模型的输入 P_{n+1}，其中，n 表示注意力模型的级数。如果将数据集中的行人属性标签分成 N 类，则也将属性分级识别网络分成 N 级。经过每一级注意力模型，就可确定一个行人属性类所在的区域，再由 Softmax 层和损失函数确定每一级识别得到的结果。

注意力模型可以识别出对结果影响最大的区域。分级识别网络首先识别出对行人识别结果影响最大的(显著性)属性，作为第 1 级，而每一级注意力模型的输出会与特征进行全连接以后作为下一级的输入。事实上，当将特征图输入进第 1 级注意力模型时，由于是零分布，对特征图不会产生影响，所以注意力模型输出的概率分布就是最能反映特征图真实情况的分布，其中概率值最大的属性就是行人在网络中最显著的属性，将此记为第 1 级属性。当将特征图输入进第 2 级注意力模型时，此时不再是零分布，而是第 1 级注意力模型输出的概率分布。这时由于与特征图的全连接，导致特征图中第 1 级属性的相关特征信息被抑制，即最显著的属性被抑制，所以得到的输出是行人在网络中第 2 显著的属性。以此类推，就可以得到各类属性的等级划分和在样本中所在区域的位置信息了。

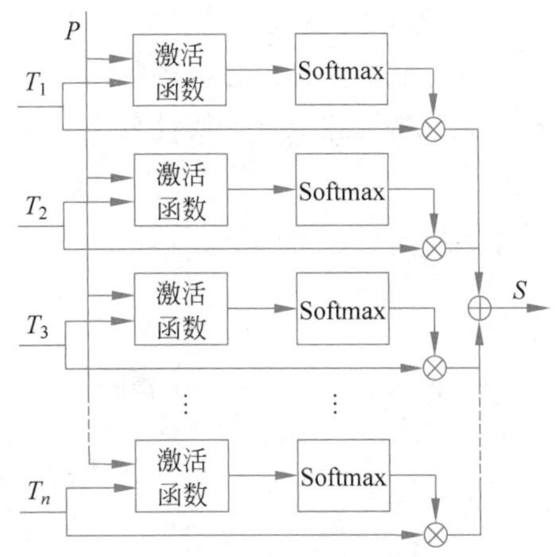

图 13.4.4 注意力模型的网络结构

3. 属性相关性和识别策略调整

各类属性之间常有一定的联系，这里主要考虑共生性/共享性。例如，男性、短头发、裤子这样一些属性或女性、长头发、裙子这样一些属性容易同时出现，而红上装、绿下装(红袄绿裤)一般不太出现，另外年龄和性别比较独立。可以通过对不同属性的具体分析，获得属性共生图。属性共生图可用类似**灰度共生矩阵**(参见 10.2.1 小节)的形式来表达，其中行列相交处的数值代表两两属性(分别位于行和列)共同出现的概率。

共生概率可以直观地描述为样本在包含一个行属性 r 的基础上，同时包含一个列属性 c 的概率：

$$P_k(c/r) = \frac{N_k(c,r)}{N(r)} \left[\sum_{k=1}^{K} P_k(c/r) = 1\right] \tag{13.4.8}$$

其中，$P_k(c/r)$是条件概率，$N(r)$是标注了行属性的样本的数量，$N_k(c,r)$是标注了行属性的样本中同时标注了第 k 个列属性的样本的数量。

在属性分级的基础上，网络可以根据分级结果和属性共生性，分级对属性进行识别。具体思路为：根据上一级属性的识别结果，并基于属性之间的共现概率，调整不同共现概率大小的属性种类在下一级识别时的权重。例如，在识别出性别为男性时，则在后续识别过程中会抑制识别头发为长头发、下装种类为裙子的识别结果，而提高头发为短头发、下装种类为裤子的识别结果的权重，从而减少误识情况的出现。这里的权重数值可以使用属性共生图中的共现概率。

13.4.3 结合全身和部件属性的方法

在行人再识别中，由于行人身体某些部位被遮挡也可能导致出现错误判断。由于人体的结构特点，有时通过注意行人部件上的显著性特征，去除其他部位的干扰信息，也能提高再识别的效果。在 13.4.2 小节中，借助注意力模型获取了显著性最高的属性。其实，如果考虑借助注意力机制关注最具识别力的部件，将行人全身和部件的属性结合起来，则可提高行人再识别的效果，如下面介绍的方法[郑 2020]。

1. 整体流程

该方法的整体流程框图如图 13.4.5 所示。其中,利用 ResNet50 网络进行特征提取。将提取到的特征输入全局属性分类分支和部件属性分类分支,并结合身份信息进行分类识别。

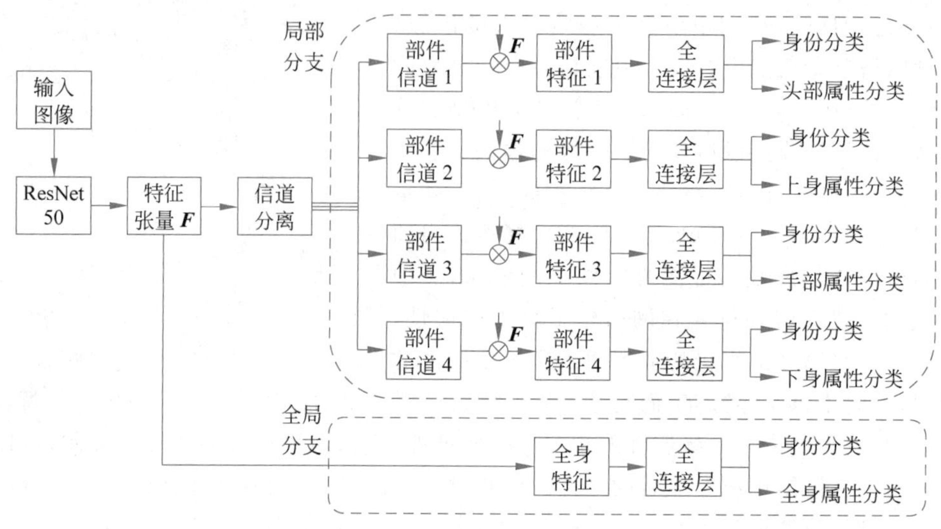

图 13.4.5 结合全身和部件属性方法的整体流程框图

在训练阶段,利用在 ImageNet 数据集上进行网络预训练得到的结果,通过 ResNet50 网络获取特征张量 $\boldsymbol{F}$,并分别输入到全局属性分类分支和部件属性分类分支(借助信道分离)。这里,可将行人分解为 4 个部件(头、上身、手和下身)。为了能进行端到端训练,使用了全连接层来拟合各点属于哪一个行人部件。最后将这 4 个部件的权重矢量乘以张量 $\boldsymbol{F}$ 得到每个部件的总特征,根据这 4 个总特征和全局特征对行人身份标签和属性标签的进行分类。在测试阶段,首先将测试数据传入模型,通过训练好的模型提取 4 个部件的局部特征(及对应的部件属性,如头和手)和全局特征(及对应的全身属性,如性别和年龄)并全部级联起来。然后计算不同行人之间的最终级联特征的欧氏距离,得到行人间的相似度并以此判定是否为同一人。

在全局分支中,要检测全局特征,并借助全连接层对行人身份和全身属性进行分类。

在局部分支中,首先将得到的初始张量 $\boldsymbol{F}$ 展开获得多个信道,然后在每个信道上找到响应值最高的点,聚合这些点并分成 4 部分,最后将这 4 部分的权重分别乘以初始张量 $\boldsymbol{F}$ 得到总特征,并据此进行对行人身份的分类和对每个部件属性的分类。

2. 具体计算

假设输入图像为 $\boldsymbol{X}$,网络参数用 $\boldsymbol{T}$ 表示,则它们的卷积给出特征张量 $\boldsymbol{F}$:

$$\boldsymbol{F} = \boldsymbol{T} \otimes \boldsymbol{X} \tag{13.4.9}$$

进一步将其中的各个信道展开为 N 个信道,并将其中的响应峰值提取出来,得到坐标位置 $[x_1, y_1; x_2, y_2; \cdots; x_N, y_N]$。为进行端到端的训练,使用全连接层将各通道的响应峰值聚合起来。假设用变量 t_{ij} 表示第 i 个信道属于第 j 个部件的标签(若属于,则 $t_{ij}=1$,否则 $t_{ij}=0$),则所有信道对应的第 $j(j \in \{1,2,3,4\})$ 个部件可表示为

$$\boldsymbol{t}_j = [t_{1j}, t_{2j}, \cdots, t_{Nj}] \tag{13.4.10}$$

假设共有 M 个部件,就需要设计 M 个全连接层。通过全连接层进行回归,将第 j 个全连接层的函数表示为 $f_j(\cdot)$,$j \in \{1,2,\cdots,M\}$,则输入初始特征值后在不同信道上产生的权重矢量为

$$\boldsymbol{w}_j = f_j(\boldsymbol{F}) \tag{13.4.11}$$

其中，$\boldsymbol{w}_j=[w_1,w_2,\cdots,w_N]$。可以借助式(13.4.10)拟合式(13.4.9)来初始化全连接层的参数，然后对纹理进行端到端训练。为使每个信道仅属于一个部件，需要使用损失函数进行约束。通过信道聚合获得的部件的注意力图为

$$\boldsymbol{P}_j=\text{Sigmoid}\left(\sum_{i=1}^{N}w_i\boldsymbol{F}_i\right) \tag{13.4.12}$$

其中，w_i 是矢量 $\boldsymbol{w}_i$ 的标量值，$\boldsymbol{F}_i$ 是张量 $\boldsymbol{F}$ 的第 i 个信道值。将每个属于第 j 个部件的信道相加，使用 Sigmoid 函数就可算出每个部件的注意力图 $\boldsymbol{P}_j$。将 $\boldsymbol{P}_j$ 与 $\boldsymbol{F}$ 中的每个信道进行对应元素相乘，就得到每个部件的最后特征 $\boldsymbol{F}'_j$：

$$\boldsymbol{F}'_j=\boldsymbol{F}\cdot\boldsymbol{P}_j \tag{13.4.13}$$

可用于全连接层后进行身份分类和属性分类。

最后讨论一下损失函数 L，它是分类损失 L_{cls} 与信道聚合损失 L_{ch} 之和，而分类损失又包括身份分类损失 L_{ID} 和对应的属性分类损失 L_{att}。总的分类损失 L_{cls} 可以表示为

$$L_{\text{cls}}=\frac{1}{M+1}\sum_{i=1}^{M+1}\left\{kL_{\text{ID}}(\boldsymbol{Y}_{\text{ID}},\boldsymbol{Y}_{\text{ID}}^{*})+\frac{1}{J}\sum_{j=1}^{J}L_{\text{att}}(\boldsymbol{Y}_{\text{att}},\boldsymbol{Y}_{\text{att}}^{*})\right\} \tag{13.4.14}$$

其中，k 是平衡身份和属性分类损失的参数，J 代表每个部件对应的属性数量，$\boldsymbol{Y}_{\text{ID}}$ 和 $\boldsymbol{Y}_{\text{att}}$ 分别代表真实的身份和属性标签，$\boldsymbol{Y}_{\text{ID}}^{*}$ 和 $\boldsymbol{Y}_{\text{att}}^{*}$ 分别代表预测的身份和属性标签。对 $L_{\text{ID}}(\cdot)$和 $L_{\text{att}}(\cdot)$均使用了交叉熵损失函数[Lin 2018]：

$$L_{\text{ID}}(\boldsymbol{Y}_{\text{ID}},\boldsymbol{Y}_{\text{ID}}^{*})=-\sum_{k=1}^{K_{\text{ID}}}\log[p(k)]q(k) \tag{13.4.15}$$

$$L_{\text{att}}(\boldsymbol{Y}_{\text{att}},\boldsymbol{Y}_{\text{att}}^{*})=-\sum_{k=1}^{K_{\text{att}}}\log[p(k)]q(k) \tag{13.4.16}$$

其中，K_{ID} 代表行人总数；K_{att} 代表属性分类中的输出总数；预测正确时，$q(k)=1$，否则 $q(k)=0$；对全连接层的输出 $\boldsymbol{Z}=[Z_1,Z_2,\cdots,Z_K]\in\mathbb{R}^K$，每个预测的输出概率为

$$p(k)=\frac{\exp(Z_k)}{\sum_{k=1}^{K}\exp(Z_k)} \tag{13.4.17}$$

信道聚合损失 L_{ch} 要使同一部件的坐标尽量聚集而不同部件的坐标尽量疏远，所以可定义为

$$L_{\text{ch}}=\text{Dis}(\boldsymbol{P}_j)+k\text{Div}(\boldsymbol{P}_j) \tag{13.4.18}$$

其中，k 是平衡部件内聚合点的距离 $\text{Dis}(\boldsymbol{P}_j)$与部件间聚合点的距离 $\text{Div}(\boldsymbol{P}_j)$的参数。$\text{Dis}(\boldsymbol{P}_j)$和 $\text{Div}(\boldsymbol{P}_j)$的定义分别为[Zheng 2017]：

$$\text{Dis}(\boldsymbol{P}_j)=\sum_{(x,y)\in\boldsymbol{P}_j}P_j(x,y)[\|x-x_j\|^2+\|y-y_j\|^2] \tag{13.4.19}$$

$$\text{Div}(\boldsymbol{P}_j)=\sum_{(x,y)\in\boldsymbol{P}_j}P_j(x,y)[\max_{i\neq j}\boldsymbol{P}_i(x,y)-\text{margin}] \tag{13.4.20}$$

其中，$P_j(x,y)$是式(13.4.10)中 $\boldsymbol{P}_j$ 在坐标为(x,y)时的值，代表点(x,y)的注意力权重；x_j 和 y_j 是信道峰值的坐标；借助 $\text{Dis}(\boldsymbol{P}_j)$可使部件内的点更好地聚集；借助 $\text{Div}(\boldsymbol{P}_j)$可使部件之间点的距离增大；margin 代表边距(容差范围)，防止损失对噪声过度敏感。

13.4.4 跨模态-异构行人再识别

一般行人再识别借助同类型数据源识别，也称为**同构行人再识别**(Homo-ReID)。与此对应的通过不同类型数据源进行的行人再识别可称为**跨模态-异构行人再识别**(Hetero-ReID)。

1. 不同类别

跨模态-异构行人再识别可分为如下 6 种类别[孙 2020]。

(1) 分别基于图像与视频的行人再识别。这里的应用场景是提供查询的为一幅(单帧)图像，而需要查询的是大量视频(多帧)。行人再识别在图像与视频序列之间进行。

(2) 分别基于不同分辨率图像的行人再识别。这里的应用场景是在多个摄像机(它们可能镜头不同、性能不同、位置/距离不同、朝向不同)所获得的图像之间进行行人再识别。

(3) 分别基于红外图像与可见光图像的行人再识别。这里的应用场景是为实现全天候图像采集，许多视频监控系统不仅有可见光摄像头也有红外摄像头(两者可根据光照条件自动切换)。

(4) 分别基于深度图像与可见光图像的行人再识别。这里的应用场景是为获得被拍摄人的几何信息(如身体形状和骨骼尺寸)，在采集可见光图像的同时还采集了深度图像(反映摄像机到场景各点的距离图像)。

(5) 分别基于文本数据与图像数据的行人再识别。其应用场景是提供查询的仅是对行人的语言描述，而需要在图像数据库中进行搜索匹配。这也称为**文本到图像的行人再识别**。

(6) 分别基于素描图像与可见光图像的行人再识别。这里的应用场景与上一种类似，提供查询的是根据对行人语言描述而绘制的素描图像，常比文本数据更直观，含有更多细节。

2. 不同方法

实现跨模态-异构行人再识别的方法可分为 3 种类别[孙 2020]。

1) 基于度量学习的方法

该类方法流程如图 13.4.6 所示。它先分别使用单模态数据样本单独训练，再使用度量学习方法进行特征匹配。它通过网络直接学习输入样本的相似度，不需要额外的全连接层以辅助特征学习，使用的网络大小与训练集规模无关。

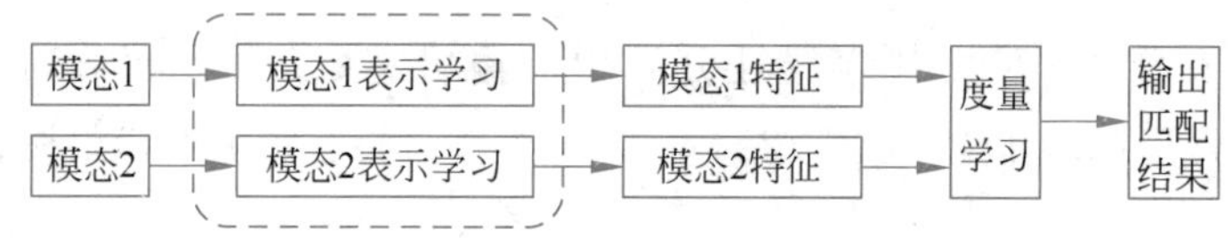

图 13.4.6　基于度量学习的流程图

2) 基于特征表示学习的方法

该类方法流程如图 13.4.7 所示。它将异构行人再识别任务看作一个分类问题，将两种模态的数据映射到同一个特征空间，学习具有鉴别性的共有特征模型。它不是直接学习输入样本的相似度，而是要通过网络获得特征，所以需要额外的全连接层以辅助特征学习，其网络大小与训练集规模相关。

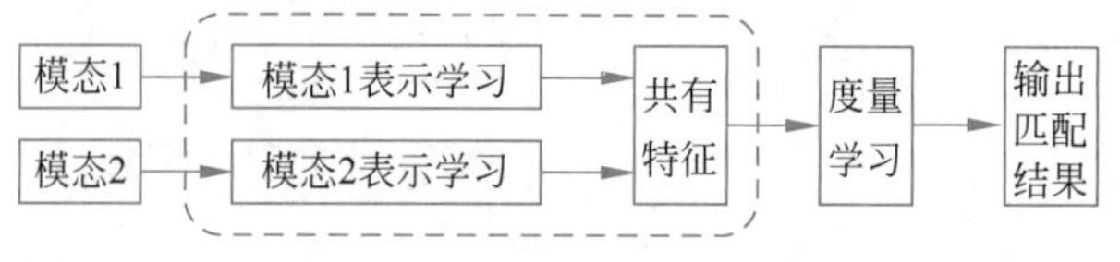

图 13.4.7　基于特征学习的流程图

3) 基于统一模态的方法

该类方法流程如图 13.4.8 所示。它的基本思路是要缩小不同模态的待匹配数据之间的差异。它先将不同模态的信息数据转化成统一模态样本(可使用 GAN 等技术)，再借助共有特征进行度量学习(类似基于特征表示学习的方法)。这里统一模态可以是待匹配模态之一，也可以是中间模态。

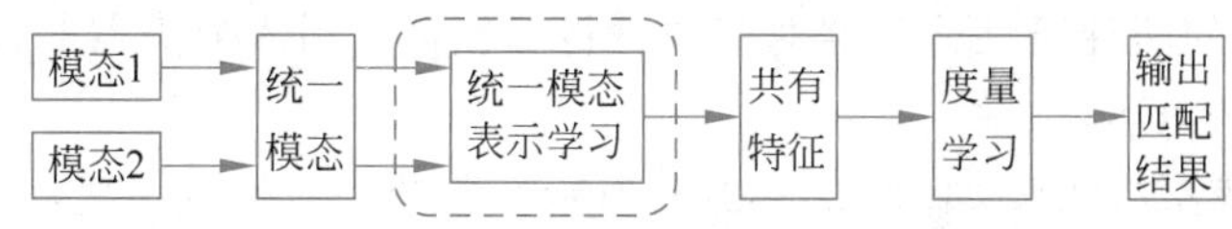

图 13.4.8　基于统一模态的流程图

13.5　图像属性应用示例

借助图像属性，还可以完成许多工作，下面再给出几个示例。

13.5.1　跨类目标分类

对图像中目标的分类可借助分类器实现。一般需要用训练集训练出有针对性的分类器以实现对相应测试集的分类。下面考虑用不同的训练集和测试集进行学习并实现分类的问题[Lampert 2009]。令$\{(y_1,x_1),(y_2,x_2),\cdots,(y_n,x_n)\}\subset Y\times X$是训练样本，其中，$Y$是一个任意的特征空间，$X=\{x_1,x_2,\cdots,x_M\}$包括$M$个离散类。现在的任务是要学习出一个分类器$f: Y\rightarrow Z$，其中$Z=\{z_1,z_2,\cdots,z_N\}$且与$X$不同。

1. 传统分类器

传统的分类器可解决训练集和测试集都具有相同类别的问题，即通过对训练集的学习可实现对测试集的分类。但传统分类器不能解决训练集和测试集互相具有不同类别的问题，这可借助如图 13.5.1 所示的传统分类器的图表达来解释。在图 13.5.1 中，黄色结点x_i代表训练集和测试集中都存在的目标类别，白色结点z_j代表训练集中不存在而测试集中可能存在的类别，蓝色结点y代表从训练集中提取出的特征空间。

这里x和z之间没有联系。对于训练集中出现的类别x_1，$x_2,\cdots,x_M$，可以通过训练出**参数矢量**$\boldsymbol{s}_1,\boldsymbol{s}_2,\cdots,\boldsymbol{s}_M$，并构建**分类器**来完成分类。然而对于类别$z_1,z_2,\cdots,z_N$，由于它们没有出现在训练集中，所以无法得到相应的参数矢量来构建分类器，对这些类别的分类就无法完成。

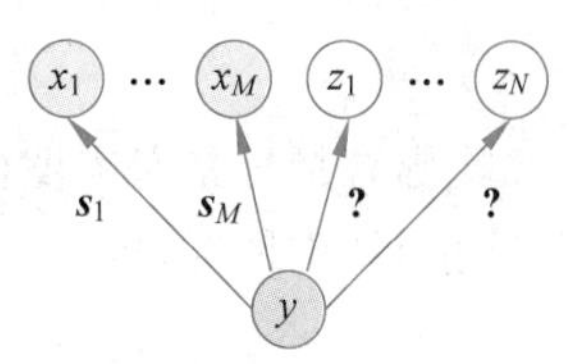

图 13.5.1　传统分类器图示

彩图

2. 利用属性跨类学习

现在考虑对每个类别(不是对每幅图像)引入一小组高层语义属性，以建立x和z之间的联系。这样得到的两种基于属性的分类器的图表达分别如图 13.5.2 所示，其中，绿色结点a_i代表属性集。如果对每个类别$x\in X$和$z\in Z$都可获得属性表达$a\in A$，则可以学习到一个有效的分类器，$f: Y\rightarrow Z$，即它通过A在X和Z之间传递信息。

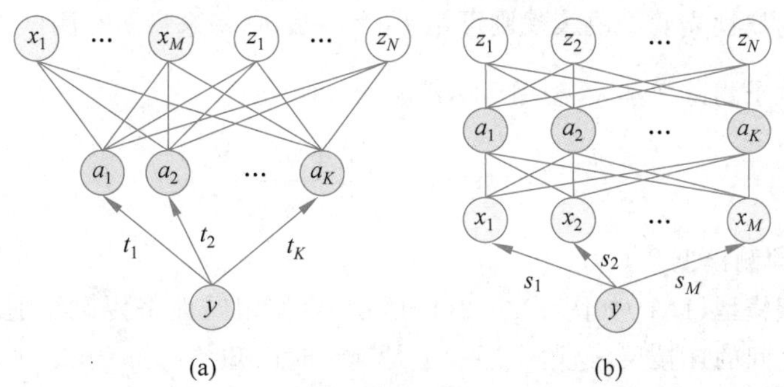

图 13.5.2　属性分类器图示

彩图

图 13.5.2 给出的两种属性分类器对应两种将属性概念引入分类器的模型。

1）直接属性预测模型

直接属性预测模型(DAP)如图 13.5.2(a)所示。它使用属性变量之间的层以将图像层与标签层耦合。在训练过程中,每个样本的输出类标签诱导一个属性层的确定性标签。所以,任何监督学习方法都可以用来学习各个属性的参数 t_k。在测试时,它们可以对每个测试样本的属性值进行预测,并推断测试类的标签。注意,这里测试的类别可以与用于训练的类别不同,只要耦合属性层不需要训练过程就可以。

对直接属性预测模型,先对各个属性 a_k 学习概率分类器。选取所有训练类别的所有图像作为训练样本,这些训练样本的标签是由对应样本标签的属性矢量值确定的,即一个属于类别 x 的样本被赋予二值标签 a_k^x。训练好的分类器提供对 $p(a_k \mid y)$ 的估计,从中可以构建完整的图像 - 属性层,即 $p(a \mid y)=\prod_{k=1}^{K} p(a_k \mid y)$。在测试时,假设每个类别 z 以一种确定性的方式诱导出它的属性矢量 a^z,即 $p(a \mid z)=[\![a=a^z]\!]$,这里$[\![\cdot]\!]$为**艾佛森括号**。根据贝叶斯规则,可以得到 $p(z \mid a)=[\![a=a^z]\!]p(z)/p(a^z)$ 作为属性 - 类别层的表达。将两个层结合起来,就可在给定一幅图像时计算一个测试类别的后验概率:

$$p(z \mid y)=\sum_{a \in \{0,1\}^K} p(z \mid a) p(a \mid y)=\frac{p(z)}{p(a^z)} \prod_{k=1}^{K} p(a_k^z \mid y) \tag{13.5.1}$$

例 13.5.1　艾佛森括号

艾佛森括号是一种数学表达。它将逻辑命题 P 转化为数 1(如果命题成立)或 0(如果命题不成立)。一般将命题放在中括号里,即

$$[\![P]\!]=\begin{cases}1, & P\text{ 为真} \\ 0, & \text{其他}\end{cases} \tag{13.5.2}$$

艾佛森括号是对克罗内克函数 δ 的推广,克罗内克函数 δ 是艾佛森括号中符号表示相等条件时的特殊情况,即

$$\delta_{ij}=[\![i=j]\!] \tag{13.5.3}$$

其中,δ_{ij} 是一个二元函数,其自变量(输入值)一般是两个整数,如果两者相等,则其输出值为 1,否则为 0。 □

在没有更特殊的知识时,可以假设类别的先验是相同的,这样就可以忽略掉 $p(z)$ 这个因子。对因子 $p(a)$,可以设因子分布为 $p(a)=\prod_{k=1}^{K} p(a_k)$,并使用训练类别的期望均值 $p(a_k)=(1/K)\sum_{k=1}^{K} a_k^{yk}$ 作为属性先验。决策规则可用 $f: Y \rightarrow Z$,它将来自所有测试类别 $z_1, z_2, \cdots, z_N$ 的最优输出类别赋予测试样本 y,利用 MAP 预测可得到

$$f(y)=\underset{n=1,2,\cdots,N}{\operatorname{argmax}} \prod_{k=1}^{K} \frac{p(a_k^{z_n} \mid y)}{p(a_k^{z_n})} \tag{13.5.4}$$

2）间接属性预测模型

间接属性预测模型(IAP)如图 13.5.2(b)所示,也使用属性来传递类别之间的知识,但属性构成两层标签之间的连接层,这两个层一个是训练时已知的,另一个是训练时未知的。IAP 的训练阶段是普通的多类分类。在测试时,对所有训练类别的预测都诱导属性层的标记化过程,从而可以推断测试类的标记。

为实现IAP,只需在前面的基础上调整图像-属性阶段：首先对所有训练类 $x_1, x_2, \cdots, x_M$ 学习一个概率多类分类器的估计 $p(x_m | y)$。再次假设属性和类别之间的确定性关系,令 $p(a_k|x)=[\![a_k=a_k^x]\!]$。两个步骤结合起来给出：

$$p(a_k \mid y)=\sum_{m=1}^{M} p(a_k \mid x_m) p(x_m \mid y) \tag{13.5.5}$$

可见,要获得属性的后验概率 $p(a_k|y)$,只需要一个矩阵-矢量乘法操作。其后,就可以使用与 DAP 相同的方式,借助式(13.5.4)来对测试样本进行分类。

13.5.2　属性学习和目标识别

借助属性进行目标识别有很多种方法,下面介绍几个典型的框架流程。

1. 基于属性的目标识别框架

采用前面的**直接属性预测模型**(DAP),可以从特征出发借助**支持向量机**(SVM)获得语义属性和鉴别性属性,从而计算出针对任意一幅测试图像的属性值,获得关于测试图像的中层“特征”。如果将这些“特征”中包含的语义信息进行综合(如构建属性矢量),则根据属性与目标类别间的联系最终得到高层的目标分类结果。这里由属性到最终分类的判断,需要其他先验知识的加入。对于训练集中出现过的类别,可利用这些样本经过逻辑回归,得到一系列不同类别关于各个属性的权重系数,然后将对测试集图像计算得到的属性值按照此系数加权以求得分类概率,最终根据最大后验判决就可确定图像所属的类别。这类基于属性的目标识别框架和主要步骤如图 13.5.3 所示[Farhadi 2009]。

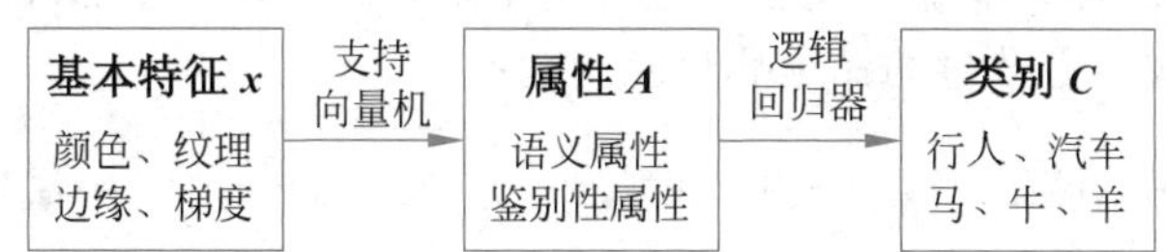

图 13.5.3　基于属性的目标识别框架和主要步骤

实际中,不同图像目标可包含大量的属性,要为每个属性都构建一个独立的训练集并训练一个分类器是非常复杂的。为此,可以利用中层语义能跨越对象类别界限的特点,把多个目标类的图像结合起来分别学习多个属性。例如,可以使用餐具、钟表、汽车、自行车等来学习圆形属性。当要学习车轮属性时,虽然餐具、钟表可能不提供帮助,但是汽车和自行车仍然可以用来学习。换句话说,可以从不同的目标种类里面提取多种属性。这除了可以简化属性学习的复杂度,也表明,用同一种属性可帮助检测多类目标。

2. 基于属性描述的属性学习框架

图像中所蕴含的属性对于图像识别有着重要作用,这是因为属性可以很好地描述目标[Farhadi 2009]。一种基于属性描述的属性学习框架和主要步骤见图 13.5.4。首先从有目标图像中提取基本特征,然后从中选出有利于属性分类器学习的有用特征,接下来就可利用属性分类器从训练集中预测出需要的属性集合。将预测出的属性作为(中层)特征输入目标类别学习模块,最后在类别模型的协助下实现对目标的识别并获得目标的描述属性。

使用属性分类器,除了进行目标识别外,还可以用属性描述未知的目标类别,指示非典型的属性,并从很少的样本中学习新的类别。如果借助对属性的文字描述,还有可能仅根据这些描述而不使用图像样本来学习新的目标类型的模型(即**零样本学习**识别)。

3. 鉴别性可命名属性模型

先正式地表述一下问题[Parikh 2011a]。给定一组 N 幅图像 $\{I_i, i=1,2,\cdots,N\}$,以及它

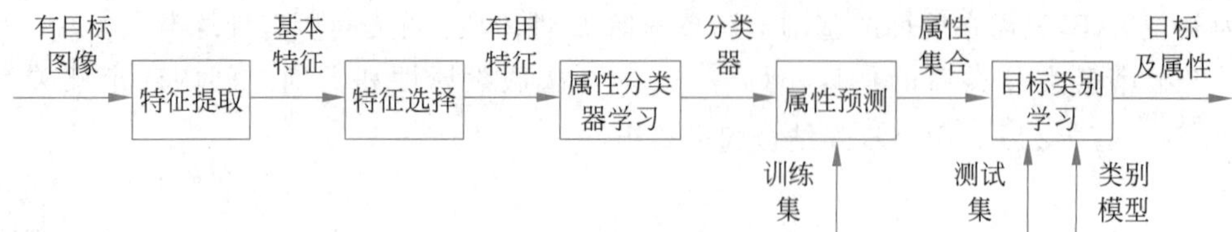

图 13.5.4　一种属性学习框架和主要步骤

们的表达和相关的类别标记$\{(x_1,y_1),(x_2,y_2),\cdots,(x_N,y_N)\}\subset X\times Y$，其中，$X$ 是一个任意的视觉特征空间，$Y=\{y_1,\cdots,y_K\}$包含 K 个离散类别。现在希望确定对 M 个属性分类器的中间表达$\mathbf{A}=[a_1,a_2,\cdots,a_M]$，其中每个二元属性 a_j：$X\rightarrow\{0,1\}$。$\mathbf{A}$ 是可命名的，即它有一个语义词与之关联。而且，$\mathbf{A}$ 的输出合起来是一个具有鉴别性的分类器 h：$A\rightarrow Y$，且具有高的准确性。这里 h 是一个前述的"直接属性预测"，它与 $\mathbf{A}$ 都可用线性支持向量机来实现。

总体框架如图 13.5.5 所示。这是一个迭代过程。在每次迭代 t，都主动地确定一个属性假设（对应一个视觉特征空间的超平面），该假设能帮助区分给定当前属性集合 $\mathbf{A}_t$ 时最容易混淆的类别。接下来，利用人工提供的且不断增加的命名学习模型来估计该假设属性可以命名的概率。如果它看起来不能命名，则丢弃它并选择下一个可能的属性假设。如果它看起来可以命名，那么系统就用一小组训练图像生成一个可视化表达，将可视化图像显示给标注者，并要求确定一个属性标号。标注者可以接受并命名假设，也可以拒绝它。如果接受了，则将这个新命名的属性 a_j 加到字典中，$\mathbf{A}_{t+1}=[\mathbf{A}_t,a_j]$，然后再一次去训练比较高层的分类器 h，并更新命名模型。如果拒绝了，那么系统返回以通过主动选择生成一个新的属性假设。这样，只有那些被用户命名的属性才能加到集合中且可用于识别。这样一个循环过程一直进行到标注者的资源用尽为止，或一定数量的命名属性获得为止。

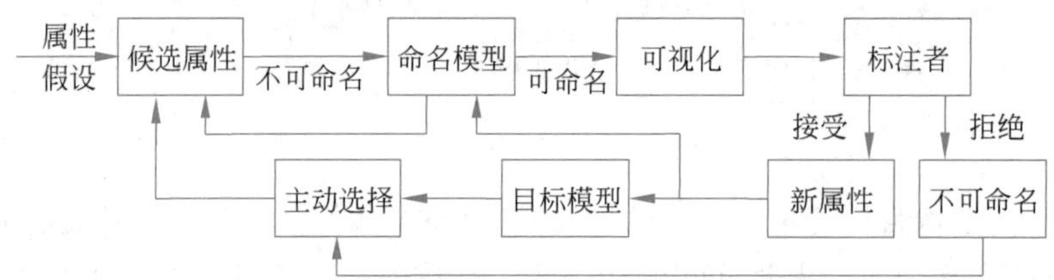

图 13.5.5　一种交互学习属性的框架和主要步骤

这里关键的技术挑战是：

（1）基于视觉特征的区分性和当前类别的混淆度来确定属性假设；

（2）对这些假设的命名能力建模；

（3）选择有代表性的图像范例以对属性名称提供可靠的人工响应。

13.5.3　基于局部动作属性的动作分类

在 4.1 节中已介绍过，部件是一种介于像素和目标之间的单元，是自然形成或人工制造的目标的构件。基于部件的方法将人体分为若干相互关联的部件，可利用图模型表示整个人体，并利用图推理的方法对人体姿态进行优化。基于部件的方法中有 3 个要点：图模型、部件的观测模型和优化算法[苏 2011]。图模型用于表示部件之间的约束关系，其中最常用的是树模型。树模型直接根据部件之间的连接关系定义，很直观。部件的观测模型对部件的表观（外观）进行建模，用于度量各个部件图像的似然度，并确定部件的位置。优化算法则根据图模型和观测模型估计最终的姿态。

部件与属性可以结合使用。例如，先将人体分为若干相互关联的部件，再利用部件的局部动作属性来描述人类行为，就能够构建用于人类行为识别的描述性模型。这里的局部动作属性是人类行为的局部视觉描述，与不同的人体部分相关联。可以称这些局部动作属性为“局部部件动作属性”。给定一个人的动作，使用局部部件动作属性有助于进行对相应动作的识别。可以认为，基于相应局部动作表示的局部动作属性使得动作模型能捕获更丰富的信息并更具描述性。

为了将人体结构信息嵌入到局部动作属性中去，要实现基于部件的低层动作表示来构建属性描述符。一个方法的概念示例如图 13.5.6 所示，其中人体被划分为 4 个有意义的部分（头、肢体、腿、脚），如图 13.5.6 左部所示。根据这 4 个身体部分可定义 4 组局部部件动作属性。这 4 组属性仅与 4 组局部部件分别对应，但合起来应给出动作丰富的视觉特性。

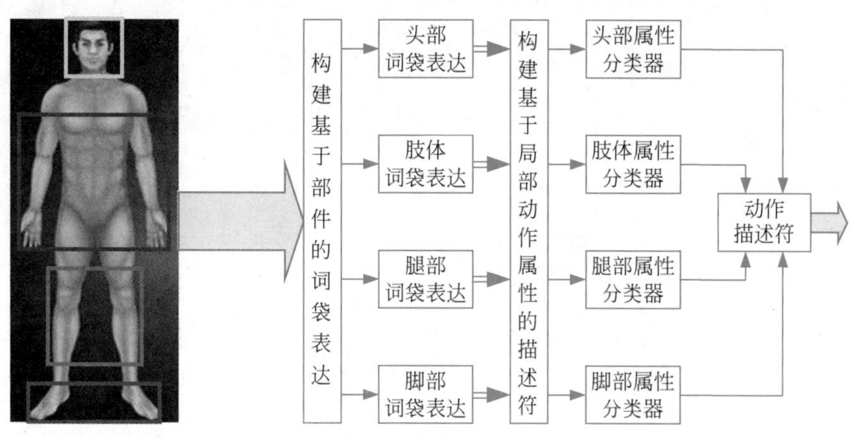

图 13.5.6 基于局部属性的动作识别框架和主要步骤

组合部件动作属性主要有两个工作模块。

1）构建基于部件的词袋表达

先使用底层特征并借助词袋模型来编码动作的结构信息。给定从输入视频中检测到的时空兴趣点（详细讨论可见下册 16.2 节），可根据人体结构的先验知识将这些兴趣点聚类为 4 个类别（头、肢体、腿、脚）。然后，可以通过执行 K-均值算法来学习 4 个单独的码本。接下来，将码字定义为学习集群的中心。最后，使用 4 个单独的码本为每个动作视频构建 4 个分段词袋。它们合起来隐含地表示了编码的结构信息（如图 13.5.6 的中部）。

2）构建基于局部动作属性的描述符

首先，对 4 组有意义的人体部件（头、肢体、腿、脚）定义 4 组局部动作属性。然后，对每组局部动作属性，使用对应的基于部件的词袋模型来表达训练决策函数集合。每个决策函数用来获得对应属性的置信度得分。具体可训练二值分类器，作为决策函数以获得表示各个属性的贡献的分数。最后，将这 4 个独立的置信度得分矢量串接起来以构成动作描述符，这种基于局部属性的描述符指示 4 个人体部件的运动信息（如图 13.5.6 的右部）。

总结和复习　　随堂测试

第4单元

数学工具

本单元包括3章，分别为

第14章　二值数学形态学

第15章　灰度数学形态学

第16章　图像识别

图像分析在发展中得到许多数学及其他学科理论和工具，如机器学习、模糊逻辑、模式识别、人工智能、深度学习、神经网络、数学形态学、小波理论、遗传算法等的支持。本单元仅对其中的两类结合其在图像分析中的应用进行介绍。

形态学(morphology)一般指生物学中研究动物和植物结构的一个分支。形态学因子/要素(morphological factor)指不包含单位的数或特性。它们一般是目标不同几何因子间的比例。近年人们采用数学形态学(也有称图像代数的)表示以形态为基础对图像进行分析的数学工具。它的基本思想是用具有一定形态的结构元素，去量度和提取图像中的对应形状，以达到对图像分析和识别的目的。数学形态学的数学基础和所用语言是集合论。数学形态学的应用可以简化图像数据，保持它们基本的形状特性，并除去不相干的结构。数学形态学的算法具有天然的并行实现的结构。

一般常认为数学形态学的基本运算有4个：膨胀(或扩张)、腐蚀(或侵蚀)、开启和闭合。有些人将击中-击不中变换也看作基本运算。基于这些基本运算可推导出各种数学形态学的组合运算，进一步还可构成各种进行图像处理和分析的实用算法。

数学形态学的操作对象可以是二值图像也可以是灰度(彩色)图像。数学形态学的基本运算在二值图像中和灰度(多值)图像中各有特点，基于这些基本运算而推导出的组合运算和结合构成的实用算法也不相同。

第14章介绍对二值图像的数学形态学运算和方法，包括基本运算、组合运算和实用算法。

第15章介绍对灰度图像的数学形态学运算和方法，也包括基本运算、组合运算和实用算法。

第16章介绍图像识别的基本原理和一些典型方法。模式识别是指用计算机就人类对周围世界的客体、过程和现象的识别功能进行自动模拟的学科。模式是一个比较广泛的概念，图像或像素的灰度分布就构成一个空间的亮度模式。图像模式识别(简称图像识别)就是要借助对图像中目标的定量或结构化的描述，实现对不同图像模式的分类辨识。该章介绍图像识别的基本原理和一些典型方法，包括统计模式识别中的分类器、基于人工神经网络的感知机和基于统计学习理论的支持向量机以及结构模式识别中的基本模式描述符和识别器，它们在诸如生物特征识别等领域中都得到了广泛的应用。图像模式识别的各种技术与图像分析技术有许多共性，也在一定程度上拓展了图像分析技术。

第14章

二值数学形态学

数学形态学是以形态为基础对图像进行分析的数学工具[Serra 1982]。它的基本思想是用具有一定形态的结构元素，去量度和提取图像中的对应形状，以达到对图像分析和识别的目的。数学形态学的应用可以简化图像数据，保持它们基本的形状特性，并除去不相干的结构。数学形态学的算法具有天然的并行实现的结构，它们可以进行许多图像处理和分析的操作，完成各种各样的工作。

数学形态学的操作对象可以是二值图像也可以是灰度图像。本章仅先介绍二值图像数学形态学。关于灰度图像的数学形态学将在第 15 章介绍。

根据上述讨论，本章各节将安排如下。

14.1 节先回顾一下基本的集合定义，主要是数学形态学中将涉及和使用的一些概念和定义。

14.2 节介绍二值数学形态学的基本运算。首先对最基本的膨胀和腐蚀运算进行详尽的介绍，在此基础上讨论由它们组合而成的开启和闭合运算，然后对基本运算的一些主要性质给予详细的说明和总结。

14.3 节首先详细介绍另一种基本运算，即击中-击不中变换。然后讨论一些由各种基本运算组合而成的二值图像数学形态学运算，包括区域凸包的构造、区域细化和粗化以及对区域凸起的剪切。

14.4 节讨论一些针对特定图像应用的二值形态学实用算法，它们可用于噪声滤除、角点检测、边界提取、目标定位、区域填充、连通组元抽取和区域骨架计算。

14.5 节概括介绍形态学运算及其在地球科学和地理信息科学中的应用领域。

14.1 基本集合定义

数学形态学的数学基础和所用语言是集合论。下面先给出一些基本的**集合**名词定义。

(1) 集合(集)：具有某种性质的、确定的、有区别的事物的全体(它本身也是一个事物)。常用大写字母 A、B 等表示。若某种事物不存在，就称这种事物的全体是空集。规定任何空集都只是同一个集，记为$\varnothing$。在以下的介绍中设 A、B、C 等均为欧氏空间 E^N 空间中的集合。

(2) 元素：构成集合的事物。常用小写字母如 a、b 等表示。任何事物都不是$\varnothing$中的元素。

(3) 子集：当且仅当集合 A 的元素都属于集合 B 时，称 A 为 B 的子集。

(4) 并集：由 A 和 B 的所有元素组成的集合称为 A 和 B 的并集。

(5) 交集：由 A 和 B 的公共元素组成的集合称为 A 和 B 的交集。

(6) 补集：A 的补集，记为 A^c，定义为

$$A^c = \{x \mid x \notin A\} \tag{14.1.1}$$

(7) 位移：A 用 x 位移，记为$(A)_x$，定义为

$$(A)_x = \{y \mid y = a + x, a \in A\} \tag{14.1.2}$$

(8) 映像：A 的映像（也称映射），记为 $\hat{A}$，定义为

$$\hat{A} = \{x \mid x = -a, a \in A\} \tag{14.1.3}$$

(9) 差集：两个集合 A 和 B 的差，记为 $A-B$，定义为

$$A - B = \{x \mid x \in A, x \notin B\} = A \cap B^c \tag{14.1.4}$$

例 14.1.1　基本集合定义示例

如果 a 是集合 A 的元素，记为：$a \in A$（读作 a 属于 A）。如果 a 不是 A 的元素，记为：$a \notin A$（读作 a 不属于 A）。因为 $\in$ 和 $\notin$ 在逻辑上彼此否定，所以上述两种情况不能都成立，也不能都不成立。

当一个集合仅仅由有限个元素构成时可具体写出，如 $A=\{a,b,c\}$。为标明集合的特征，常标出元素的特征。一般用 $\{x : x$ 具有性质 $P\}$ 或 $\{x \mid x$ 具有性质 $P\}$ 来表示。

如果某种事物只有一个，且这个事物假定记为 a，那么这种事物的全体是集 $\{a\}$，a 是 $\{a\}$ 中唯一的元素。需要注意 a 和 $\{a\}$ 一般是不同的概念，如 $\{\varnothing\}$ 有一个唯一的元素 $\varnothing$，但 $\varnothing$ 没有元素。

如果 A 是 B 的子集，记为：$A \subseteq B$（读作 A 包含于 B）或 $B \supseteq A$（读作 B 包含 A）。A 不是 B 的子集，记为 $A \not\subset B$（读作 A 不包含于 B）。因为 $\subseteq$ 和 $\not\subset$ 在逻辑上彼此否定，所以这两种情况不能都成立，也不能都不成立。

A 和 B 的并集记为：$A \cup B$（即 $x \in A \cup B \Leftrightarrow x \in A$ 或 $x \in B$）。A 和 B 的交集记为 $A \cap B$（即 $x \in A \cap B \Leftrightarrow x \in A$ 且 $x \in B$）。这里"$\Leftrightarrow$"读作"等价于"。

图 14.1.1 给出了一些基本集合定义的图示，其中图 14.1.1(a)给出了集合 A 和它的补集；图 14.1.1(b)给出了 A 的位移 $(A)_x$，这里 $\boldsymbol{x}=(x_1, x_2)$；图 14.1.1(c)给出了 A 的映像 $\hat{A}$（旋转 180°）；图 14.1.1(d)给出了 A 和另一个集合 B 的差集 $A-B$。映像集合与原集合是对称的，也可以说是互为转置。

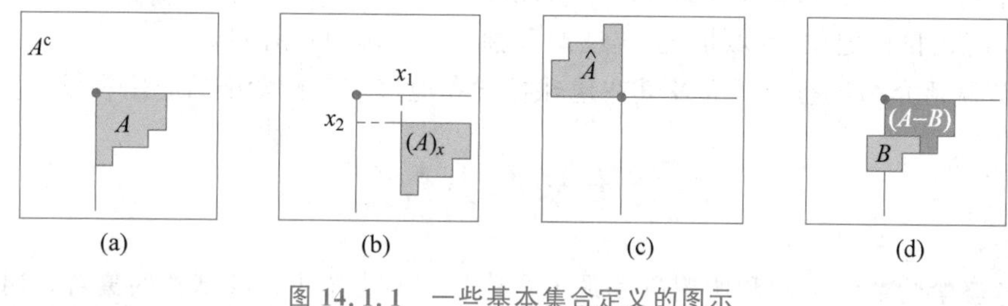

图 14.1.1　一些基本集合定义的图示

□

上面讨论的集合间基本操作与用于二值图像的基本逻辑运算（见上册 2.2.1 小节）有密切关系。事实上，补集概念与逻辑补运算相对应，并集操作与逻辑或运算相对应，而交集操作与逻辑与运算相对应。

14.2　二值形态学基本运算

二值形态学中的运算对象涉及两个集合，一般称 A 为图像集合，B 为**结构元素**（本身仍是图像集合），数学形态学运算记为用 B 对 A 进行操作。每个结构元素都有一个原点，它是结构元素参与形态学运算的参考点，但原点并不一定要属于结构元素。以下用阴影代表值为 1 的区域，白色代表值为 0 的区域，运算是对图像中值为 1 的区域进行的。

14.2.1 二值膨胀和腐蚀

二值形态学最基本的一对运算是膨胀和腐蚀。

1. 二值膨胀

膨胀的算符为$\oplus$,A 用 B 来膨胀写作 $A\oplus B$,其定义为

$$A \oplus B = \{x \mid [(\hat{B})_x \cap A] \neq \varnothing\} \tag{14.2.1}$$

上式表明,用 B 膨胀 A 的过程是先对 B 做关于原点的映射,再将其映像平移 x,这里要求 A 与 B 映像的交集不为空集。换句话说,用 B 来膨胀 A 得到的集合是 $\hat{B}$ 的位移与 A 中至少有一个非零元素相交时 B 的原点位置的集合。根据这个解释,式(14.2.1)也可写成

$$A \oplus B = \{x \mid [(\hat{B})_x \cap A] \subseteq A\} \tag{14.2.2}$$

式(14.2.2)可帮助人们借助卷积概念来理解膨胀操作。如果将 B 看作一个卷积的**模板**,膨胀就是先对 B 做关于原点的映射,再将映像连续地在 A 上移动而实现的。

例 14.2.1 膨胀运算图解

图 14.2.1 给出了膨胀运算的一个示例,其中图 14.2.1(a)中阴影部分为集合 A,图 14.2.1(b)中阴影部分为结构元素 B(标有"+"处为原点),其映像见图 14.2.1(c),而图 14.2.1(d)中的两种阴影部分(其中深色为膨胀出来的部分)合起来为集合 $A\oplus B$。由图 14.2.1 可见,膨胀将原始区域扩张了(增大了)。

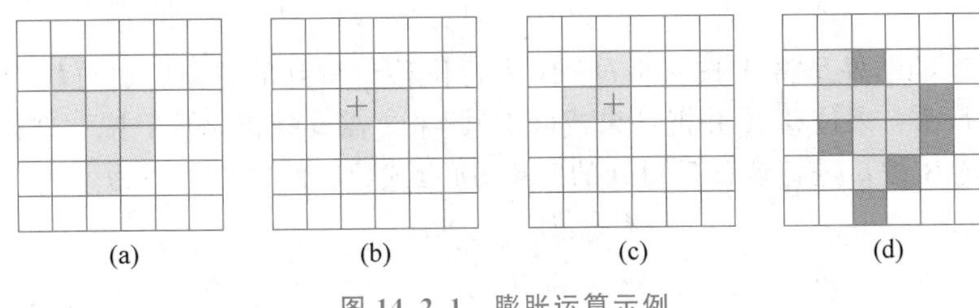

图 14.2.1 膨胀运算示例

□

2. 二值腐蚀

腐蚀的算符为$\ominus$,A 用 B 来腐蚀写作 $A\ominus B$,其定义为

$$A \ominus B = \{x \mid (B)_x \subseteq A\} \tag{14.2.3}$$

上式表明,A 用 B 腐蚀的结果是所有 x 的集合,其中 B 平移 x 后仍在 A 中。换句话说,用 B 来腐蚀 A 得到的集合是 B 完全包括在 A 中时 B 的原点位置的集合。式(14.2.3)也可帮助人们借助相关概念来理解腐蚀操作。

例 14.2.2 腐蚀运算图解

图 14.2.2 给出了腐蚀运算的一个简单示例。其中图 14.2.2(a)中的集合 A 和图 14.2.2(b)中的结构元素 B 都与图 14.2.1 中相同,而图 14.2.2(c)中深色阴影部分给出了 $A\ominus B$(浅色为原属于 A 但现在被腐蚀掉的部分)。由图 14.2.2 可见,腐蚀将原始区域收缩小了。

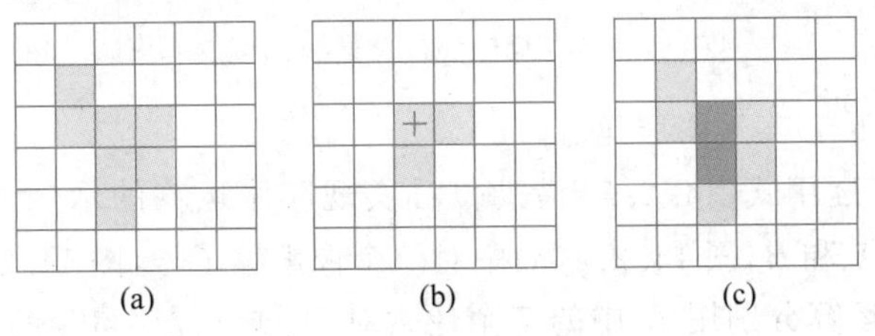

图 14.2.2 腐蚀运算示例

□

3. 用矢量运算实现膨胀和腐蚀

膨胀和腐蚀除前述比较直观的定义外,还有一些等价的定义。这些定义各有其特点,例如,膨胀和腐蚀操作都可以通过矢量运算或位移运算来实现,而且在实际使用计算机完成膨胀和腐蚀运算时更为方便。

先看矢量运算,将 A、B 均看作矢量,则膨胀和腐蚀可分别表示为

$$A \oplus B = \{x \mid x = a + b, \text{对某些 } a \in A \text{ 和 } b \in B\} \tag{14.2.4}$$

$$A \ominus B = \{x \mid (x + b) \in A, \text{对每个 } b \in B\} \tag{14.2.5}$$

例 14.2.3 用矢量运算实现膨胀和腐蚀操作示例

参见图 14.2.1,以图像左上角为{0,0},可将 A 和 B 分别表示为:$A=\{(1,1),(1,2),(2,2),(3,2),(2,3),(3,3),(2,4)\}$,$B=\{(0,0),(1,0),(0,1)\}$。用矢量运算进行膨胀可表示为:$A \oplus B=\{(1,1),(1,2),(2,2),(3,2),(2,3),(3,3),(2,4),(2,1),(2,2),(3,2),(4,2),(3,3),(4,3),(3,4),(1,2),(1,3),(2,3),(3,3),(2,4),(3,4),(2,5)\}=\{(1,1),(2,1),(1,2),(2,2),(3,2),(4,2),(1,3),(2,3),(3,3),(4,3),(2,4),(3,4),(2,5)\}$。这个结果与图 14.2.1(d)相同。同理,如果用矢量运算进行腐蚀可得到:$A \ominus B=\{(2,2),(2,3)\}$。对照图 14.2.2(c)可验证这里的结果。 □

4. 用位移运算实现膨胀和腐蚀

位移运算与矢量运算密切相联,矢量的和就是一种位移运算。根据式(14.1.2),从式(14.2.4)可得到膨胀的位移运算公式:

$$A \oplus B = \bigcup_{b \in B} (A)_b \tag{14.2.6}$$

上式表明,$A \oplus B$ 的结果是将 A 按每个 $b \in B$ 进行位移后得到的并集。也可解释成:用 B 来膨胀 A 就是按每个 b 来位移 A 并把结果或(OR)起来。需要指出,将 A 按 b 进行位移后得到的并集也等于将 B 按 a 进行位移后得到的并集,所以式(14.2.6)也可写为

$$A \oplus B = \bigcup_{a \in A} (B)_a \tag{14.2.7}$$

例 14.2.4 借助位移实现膨胀运算示例(一)

图 14.2.3 给出了利用位移运算膨胀的一个示例。其中,图 14.2.3(a)与图 14.2.1(a)相同;图 14.2.3(b)是结构元素(为简便,这里令原点不属于 B,即 B 只包含两个像素);图 14.2.3(c)和图 14.2.3(d)分别给出了对 A 以原点右边的结构元素点和以原点下边的结构元素点进行位移得到的结果;图 14.2.3(e)给出了将图 14.2.3(c)和图 14.2.3(d)结果求并集的结果(即两种颜色之和),可见它与图 14.2.1(d)相比,除点(1,1)外均相同。点(1,1)不在膨胀结果中是由 B 不包含原点造成的。

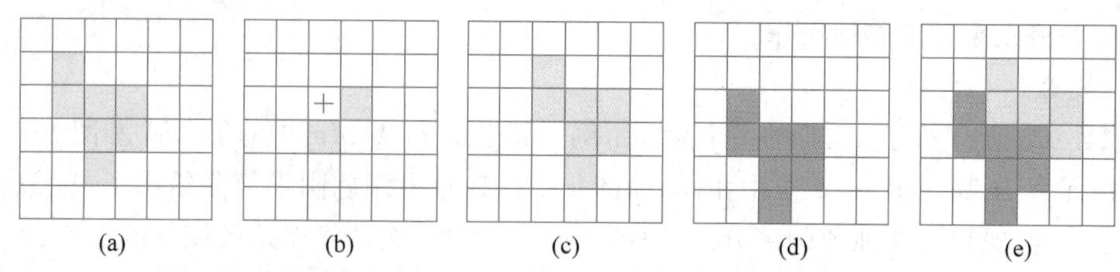

图 14.2.3 膨胀的位移运算示例(一)

□

例 14.2.5 借助位移实现膨胀运算(二)

图 14.2.4 给出了运用式(14.2.7)借助位移实现膨胀运算的示例,其中图 14.2.4(a)和图 14.2.4(b)分别为 A 和 B,图 14.2.4(a)中对 7 个像素编了号,图 14.2.4(c)~图 14.2.4(i)依次给出了利用位移运算分别用 A 中的 7 个像素对 B 进行位移得到的结果,图 14.2.4(j)给出的是将图 14.2.4(c)~图 14.2.4(i)的结果再求并集的结果。

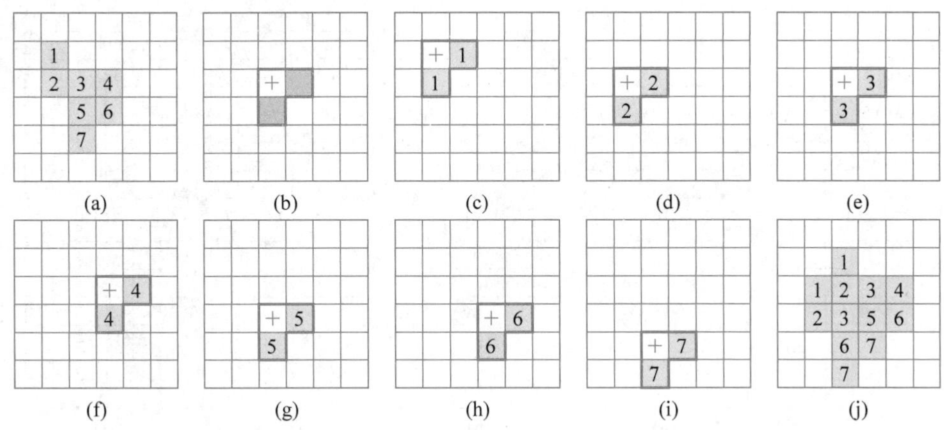

图 14.2.4　膨胀的位移运算示例(二)

比较图 14.2.4(j)与图 14.2.3(e)，可见两者相同，式(14.2.7)得到验证。 □

根据式(14.1.2)，从式(14.2.5)可得到**腐蚀**的位移运算公式

$$A \ominus B = \bigcap_{b \in B} (A)_{-b} \tag{14.2.8}$$

式(14.2.8)表明，$A \ominus B$ 的结果是将 A 按每个 $b \in B$ 进行负位移后得到的交集。也可解释成：用 B 来腐蚀 A 就是按每个 b 来负位移 A 并把结果并(AND)起来。可以指出，将 A 按 $-b$ 进行位移后得到的交集也等于将 B 按 $-a$ 进行位移后得到的交集，所以可将式(14.2.8)写为

$$A \ominus B = \bigcap_{a \in A} (B)_{-a} \tag{14.2.9}$$

例 14.2.6　借助位移实现腐蚀运算示例(一)

图 14.2.5 给出了腐蚀位移运算的一个例子，其中图 14.2.5(a)和图 14.2.5(b)分别与图 14.2.3 中对应相同；图 14.2.5(c)和图 14.2.5(d)分别给出了对 A 以原点右边的结构元素点和以原点下边的结构元素点反向位移的结果(分别为浅灰和深灰色)；图 14.2.5(e)中黑色点给出了将图 14.2.5(c)和图 14.2.5(d)结果并起来的结果，它与图 14.2.5(c)相同，式(14.2.8)得到验证。

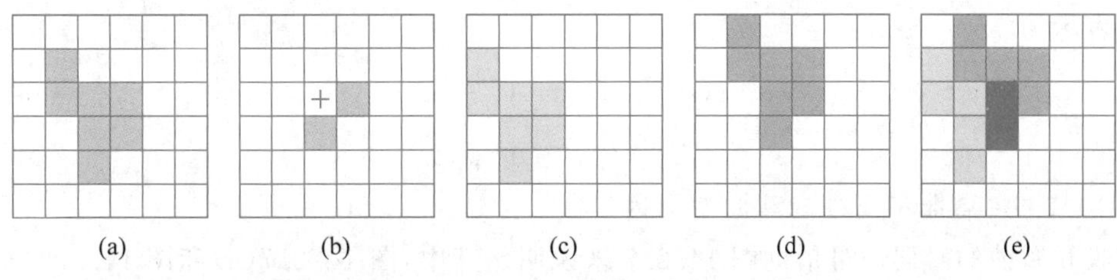

图 14.2.5　腐蚀的位移运算示例(一)

□

例 14.2.7　借助位移实现腐蚀运算(二)

图 14.2.6 给出了运用式(14.2.9)借助位移实现腐蚀运算的示例，其中图 14.2.6(a)和图 14.2.6(b)分别为 A 和 B，图 14.2.6(a)中对 7 个像素编了号，图 14.2.6(c)～图 14.2.6(i)依次给出了利用位移运算分别用 A 中的 7 个像素对 B 进行反向位移得到的结果，图 14.2.6(j)给出了将图 14.2.6(c)～图 14.2.6(i)全部求并集的结果，腐蚀运算最后剩下来的两个像素分别为由图 14.2.6(f)和图 14.2.6(g)以及图 14.2.6(h)和图 14.2.6(i)求交集的结果。

比较图 14.2.6(j)与图 14.2.5(e)，可见两者相同，式(14.2.9)得到验证。 □

例 14.2.8　一个消除二值图像中椒盐噪声的简单算法

设原始受椒盐噪声影响的二值图像为 $f(x,y)$，噪声消除后的图像为 $g(x,y)$，考虑一个像素的 8-邻域 $N(x,y)$，则一个消除二值图像中椒盐噪声的简单算法如下：

(1) 计算。

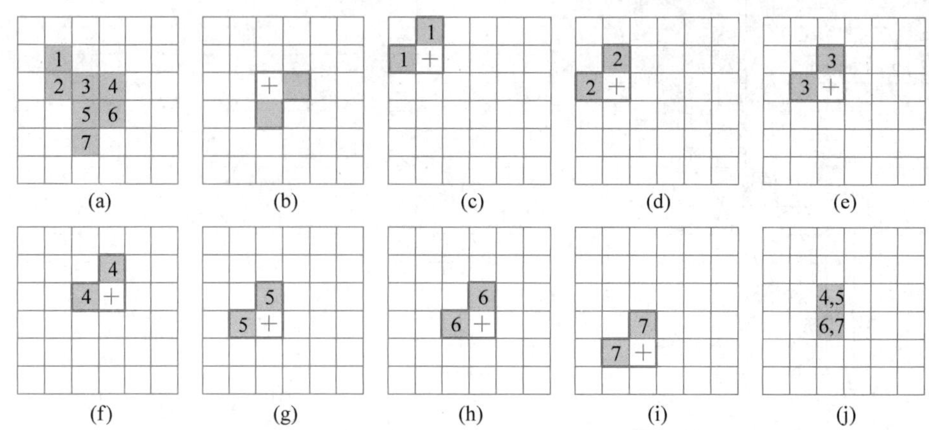

图 14.2.6　腐蚀的位移运算示例(二)

$$s = \sum_{\substack{(p,q) \in N(x,y) \\ (p,q) \neq (x,y)}} f(p,q)$$

(2) 判断。如果 $s=0$，则 $g(x,y)=0$；如果 $s=8$，则 $g(x,y)=1$；否则 $g(x,y)=f(x,y)$。

可以调整上述算法，以推广到消除二值图像中目标区域边界上的毛刺：

(1) 计算。

$$s = \sum_{\substack{(p,q) \in N(x,y) \\ (p,q) \neq (x,y)}} f(p,q)$$

(2) 判断。如果 $s \leqslant 1$，则 $g(x,y)=0$；如果 $s \geqslant 7$，则 $g(x,y)=1$；否则 $g(x,y)=f(x,y)$。□

5. 二值膨胀和腐蚀的对偶性

膨胀和腐蚀这两种运算是紧密联系在一起的，一个运算对图像目标的操作相当于另一个运算对图像背景的操作。根据 14.1 节中关于集合补集和映像的定义，可把膨胀和腐蚀运算的**对偶性**表示为

$$(A \oplus B)^{c} = A^{c} \ominus \hat{B} \tag{14.2.10}$$

$$(A \ominus B)^{c} = A^{c} \oplus \hat{B} \tag{14.2.11}$$

例 14.2.9　膨胀和腐蚀的对偶性图解

膨胀和腐蚀的对偶性可借助图 14.2.7 来说明。其中，图 14.2.7(a)和图 14.2.7(b)分别表示 A 和 B；图 14.2.7(c)和图 14.2.7(d)分别表示 $A \oplus B$ 和 $A \ominus B$；图 14.2.7(e)和图 14.2.7(f)分别表示 A^{c} 和 $\hat{B}$；图 14.2.7(g)和图 14.2.7(h)分别表示 $A^{c} \ominus \hat{B}$ 和 $A^{c} \oplus \hat{B}$(其中深色点在膨胀结果中代表膨胀出来的点，而在腐蚀结果中代表腐蚀掉的点)。比较图 14.2.7(c)和图 14.2.7(g)，可验证式(14.2.10)；比较图 14.2.7(d)和图 14.2.7(h)，可验证式(14.2.11)。

例 14.2.10　膨胀和腐蚀的对偶性验证实例

图 14.2.8 给出了一组与图 14.2.7 相对应的实例，进一步验证膨胀和腐蚀的对偶性。图 14.2.8(a)是对图 1.1.1(b)取阈值分割得到的二值图。

6. 二值膨胀和腐蚀的结合

二值膨胀和腐蚀可互相结合(还可见 14.2.2 小节)，它们还都可与集合运算结合。集合运算与膨胀和腐蚀的结合具有如下性质。

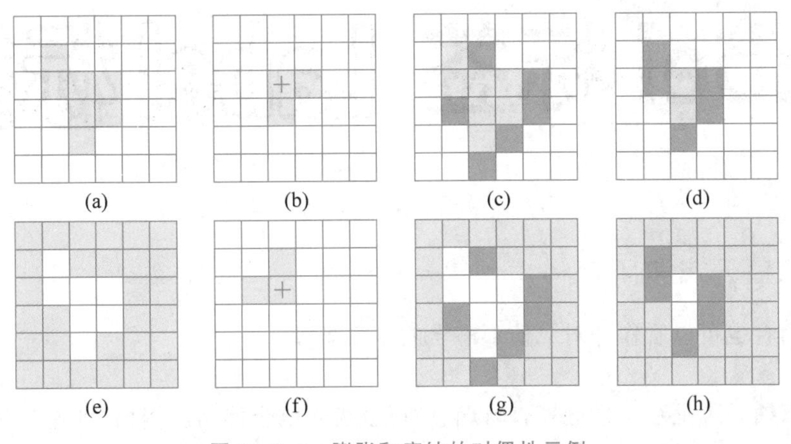

图 14.2.7　膨胀和腐蚀的对偶性示例

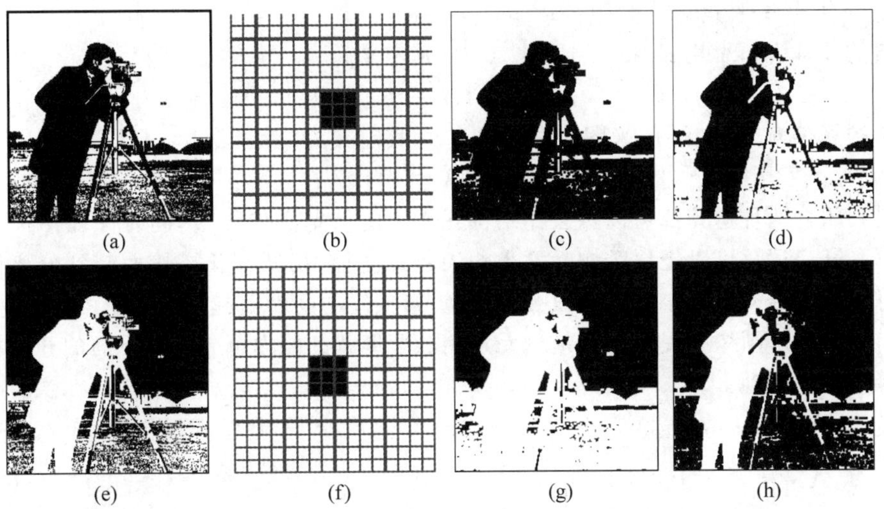

图 14.2.8　膨胀和腐蚀的对偶性验证实例

(1) 集合的并集运算与膨胀运算可交换顺序(并集的膨胀等于膨胀的并集)：

$$B \oplus (A_1 \cup A_2) = (A_1 \cup A_2) \oplus B = (A_1 \oplus B) \cup (A_2 \oplus B) \tag{14.2.12}$$

(2) 集合的并集运算与腐蚀运算不可交换顺序(并集的腐蚀包含腐蚀的并集)：

$$(A_1 \cup A_2) \ominus B \supseteq (A_1 \ominus B) \cup (A_2 \ominus B) \tag{14.2.13}$$

$$B \ominus (A_1 \cup A_2) = (A_1 \ominus B) \cap (A_2 \ominus B) \tag{14.2.14}$$

(3) 集合的交集运算与膨胀运算不可交换顺序(交集的膨胀包含于膨胀的交集中)：

$$B \oplus (A_1 \cap A_2) = (A_1 \cap A_2) \oplus B \subseteq (A_1 \oplus B) \cap (A_2 \oplus B) \tag{14.2.15}$$

(4) 集合的交集运算与腐蚀运算可交换顺序(交集的腐蚀等于腐蚀的交集)：

$$(A_1 \cap A_2) \ominus B = (A_1 \ominus B) \cap (A_2 \ominus B) \tag{14.2.16}$$

例 14.2.11　膨胀和逻辑运算结合的应用

逻辑运算也可与膨胀和腐蚀结合。将逻辑运算和膨胀运算结合使用，可获得中间镂空的标签，可用于覆盖在全黑或全白的图像区域上方进行标注(如电视台的台标)。具体做法是，先将需用的标签文字进行膨胀，再将结果与原文字进行 XOR 运算，这样得到的标签覆盖在全黑或全白的区域都能看得比较清楚。图 14.2.9 给出了一个示例，其中图 14.2.9(a)为原始文字，图 14.2.9(b)为用上述方法得到的原文字的镂空标签。

Label 标签 Label 标签

(a) (b)

图 14.2.9 膨胀和逻辑运算的结合实例

□

14.2.2 二值开启和闭合

开启和闭合也可以看作一对二值形态学的基本运算。

1. 定义

膨胀和**腐蚀**并不是互为逆运算，所以它们可以级联结合使用。例如，可先对图像进行腐蚀然后膨胀其结果，或先对图像进行膨胀然后腐蚀其结果（这里使用同一个结构元素）。前一种运算称为开启，后一种运算称为闭合。

开启的算符为$\circ$，A 用 B 来开启写作 $A \circ B$，其定义为

$$A \circ B = (A \ominus B) \oplus B \tag{14.2.17}$$

闭合的算符为 $\bullet$，A 用 B 来闭合写作 $A \bullet B$，其定义为

$$A \bullet B = (A \oplus B) \ominus B \tag{14.2.18}$$

开启和闭合两种运算都可以除去比结构元素小的特定图像细节，同时保证不产生全局的几何失真。开启运算可以把比结构元素小的尖刺过滤掉，切断细长搭接而起到分离作用。闭合运算可以把比结构元素小的缺口或孔填充上，搭接短的间断而起到连通作用。

开启和闭合从图像中提取与其结构元素相匹配形状的能力可分别由下面的开启特性定理和闭合特性定理得到：

$$A \bullet B = \{x \in A \mid \quad \text{对某些 } t \in A \ominus B, x \in (B)_t \text{ 和} (B)_t \subseteq A\} \tag{14.2.19}$$

$$A \bullet B = \{x \mid x \in (\hat{B})_t \Rightarrow (\hat{B})_t \cap A \neq \varnothing\} \tag{14.2.20}$$

式(14.2.19)表明，用 B 开启 A 就是选出了 A 中某些与 B 相匹配的点，这些点可由完全包含在 A 中的结构元素 B 的平移得到。式(14.2.20)表明，用 B 对 A 闭合的结果包括所有满足如下条件的点，即该点被映射和位移的结构元素覆盖时，A 与经过映射和位移的结构元素的交集不为零。

2. 几何解释

开启和闭合都可以结合集合论实现的方法给以简单的几何解释。对开启，可将结构元素看作一个（平面上的）圆球，开启的结果就是结构元素在被开启集合内滚动所得到的外沿。根据开启操作的填充性质可得到基于集合论的实现方法，即用 B 开启 A 可由对所有将 B 填充在 A 内的结果进行平移然后求并集得到。换句话说，可用如下填充过程来描述开启：

$$A \circ B = \bigcup \{(B)_x \mid (B)_x \subset A\} \tag{14.2.21}$$

图 14.2.10 给出了对开启进行几何解释的一个示例，其中图 14.2.10(a)给出了 A，图 14.2.10(b)给出了 B，图 14.2.10(c)给出了 B 在 A 中的几个位置，图 14.2.10(d)给出了用 B 开启 A 得到的结果。

对闭合可以有相似的几何解释，只是此时考虑结构元素在背景中。图 14.2.11 给出了对闭合几何解释的一个示例，其中图 14.2.11(a)给出了 A，图 14.2.11(b)给出了 B，图 14.2.11(c)给出了 B 在 A^c 中的几个位置，图 14.2.11(d)给出了用 B 闭合 A 得到的结果。

3. 二值开启和闭合的对偶性

如同膨胀和腐蚀一样，开启和闭合也具有对偶性，它们的**对偶性**可表示为

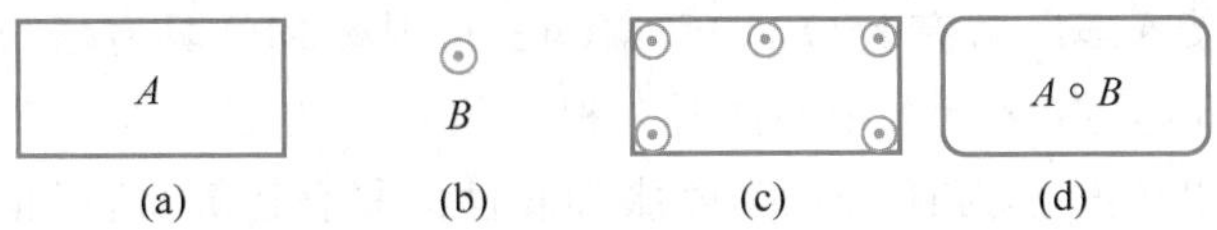

图 14.2.10　开启填充特性的几何解释

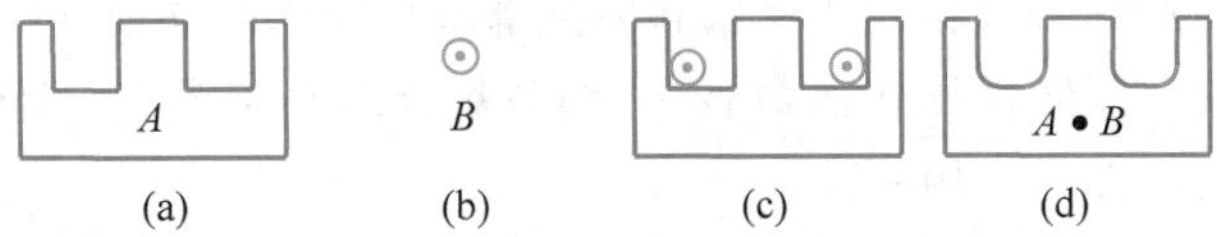

图 14.2.11　闭合填充特性的几何解释

$$(A \circ B)^c = A^c \bullet \hat{B} \tag{14.2.22}$$

$$(A \bullet B)^c = A^c \circ \hat{B} \tag{14.2.23}$$

这个对偶性可根据由式(14.2.10)和式(14.2.11)表示的膨胀和腐蚀的对偶性得到。

4. 二值开启和闭合与集合的关系

开启和闭合与集合的关系可用表 14.2.1 所列的 4 个互换特性表示。这样，在操作对象为多幅图像的情况下，可借助集合的性质来利用开启和闭合。

(1) 开启与并集：并集的开启包含了开启的并集。

(2) 开启与交集：交集的开启包含在开启的交集中。

(3) 闭合与并集：并集的闭合包含了闭合的并集。

(4) 闭合与交集：交集的闭合包含在闭合的交集中。

表 14.2.1　开启和闭合与集合的关系

操　作	并　集	交　集
开启	$\left(\bigcup_{i=1}^{n} A_i\right) \circ B \supseteq \bigcup_{i=1}^{n} (A_i \circ B)$	$\left(\bigcap_{i=1}^{n} A_i\right) \circ B \subseteq \bigcap_{i=1}^{n} (A_i \circ B)$
闭合	$\left(\bigcup_{i=1}^{n} A_i\right) \bullet B \supseteq \bigcup_{i=1}^{n} (A_i \bullet B)$	$\left(\bigcap_{i=1}^{n} A_i\right) \bullet B \subseteq \bigcap_{i=1}^{n} (A_i \bullet B)$

14.2.3　二值基本运算性质

下面介绍的运算性质中，前 3 个性质代表运算的基本特性，后 3 个性质是有关逻辑和集合运算的性质(设 MO 为数学形态学算符)。

(1) **位移不变性**：它指的是位移的结果不因位移的次序而异(例如，对膨胀和腐蚀)，或者说运算的结果与运算对象的位移无关(例如，对开启和闭合)。

(2) **互换性**：它指的是运算过程中改变运算操作对象的先后次序对结果没有影响。因为加法具有互换性(满足交换率)，由式(14.2.4)可知，膨胀具有互换性。因为减法不具有互换性，所以由式(14.2.5)可知腐蚀不具有互换性。而因为开启和闭合都包括腐蚀运算，所以也都不具有互换性。

(3) **组合性**：它表示在运算过程中各个运算对象可按不同形式结合而不对结果产生影响。这个性质在运算的实际实现中对减少运算量很有意义。因为加法具有组合性(满足结合率)，所以由式(14.2.4)可知膨胀具有组合性。当结构元素可以通过膨胀分解时，腐蚀也具有组合性。膨胀和腐蚀的组合性也叫链规则或迭代规则。开启和闭合一般情况下并不具有组合性。

(4) **增长性**：如果 $A \subseteq B$ 就有 $MO(A) \subseteq MO(B)$，则称 MO 具有增长性（递增性），也可称 MO 具有包含性或 MO 具有保持次序的性质。根据位移不改变包含关系的性质，可以证明膨胀和腐蚀都具有增长性。开启和闭合均为膨胀和腐蚀的复合运算，所以也都具有增长性。

(5) **同前性**：如果 $MO^n(A)=MO(A)$ 成立，就称 MO 具有同前性。换句话说，无论 MO 运算多少次，其结果与运算一次相同。膨胀和腐蚀都不可能满足同前性（一般膨胀操作次数越多，图像集合扩张越多；而腐蚀操作次数越多，图像集合缩小越多）。可证明开启和闭合都满足同前性，所以任何时候都只需用一次。

(6) **外延性**和**反外延性**：算符外延性的含义是算符对集合运算的结果包含原集合。如果 $MO(A) \supseteq A$，则称 MO 具有外延性，如果 $MO(A) \subseteq A$，则称 MO 具有反外延性。很明显，膨胀具有外延性而腐蚀具有反外延性，不过膨胀的外延性和腐蚀的反外延性只有在原点包含在结构元素中时才能保证（参见 14.2.1 小节，更多讨论见[章 2005b]）。由式(14.2.17)可知，开启具有反外延性；而由式(14.2.18)可知，闭合具有外延性。

对前述膨胀、腐蚀、开启和闭合 4 种数学形态学基本运算来说，它们具有或不具有上述 6 种性质的情况可归纳成表 14.2.2。

表 14.2.2　4 种基本运算的性质

性　质	运　算			
	膨　胀	腐　蚀	开　启	闭　合
位移不变性	$(A)_x \oplus B=(A \oplus B)_x$	$(A)_x \ominus B=(A \ominus B)_x$	$A \circ (B)_x = A \circ B$	$A \bullet (B)_x = A \bullet B$
互换性	$A \oplus B = B \oplus A$			
组合性	$(A \oplus B) \oplus C$ $= A \oplus (B \oplus C)$	$(A \ominus B) \ominus C$ $= A \ominus (B \oplus C)$		
增长性	$A \subseteq B \Rightarrow A \oplus C \subseteq B \oplus C$	$A \subseteq B \Rightarrow A \ominus C \subseteq B \ominus C$	$A \subseteq B \Rightarrow A \circ C \subseteq B \circ C$	$A \subseteq B \Rightarrow A \bullet C \subseteq B \bullet C$
同前性			$(A \circ B) \circ B = A \circ B$	$(A \bullet B) \bullet B = A \bullet B$
外延性	$A \subseteq A \oplus B$			$A \subseteq A \bullet B$
反外延性		$A \ominus B \subseteq A$	$A \circ B \subseteq A$	

例 14.2.12　4 种基本运算的对比示例

图 14.2.12 给出了对如图 14.2.12(a)所示的同一个原始集合进行 4 种基本运算得到的结果（这里使用的结构元素为原点及其 4-邻域）。图 14.2.12(b)～图 14.2.12(e)分别对应使用膨胀、腐蚀、开启和闭合算子作用于图 14.2.12(a)得到的结果。其中，图 14.2.12(b)中的深色像素为膨胀出来的像素，图 14.2.12(d)中的深色像素为腐蚀后又膨胀出来的像素，而图 14.2.12(e)中的深色像素为膨胀出来的像素中在其后的腐蚀中没有去掉的像素（可见膨胀和腐蚀并不是互为逆运算）。很明显，有 $A \ominus B \subset A \subset A \oplus B$。另外，开启操作通过消除目标上的尖峰（或狭窄带）而达到了平滑轮廓并使目标更加紧凑的目的，而闭合操作则可对目标上的凹陷（或孔洞）进行填充。两种操作都减少了轮廓的非规则性。

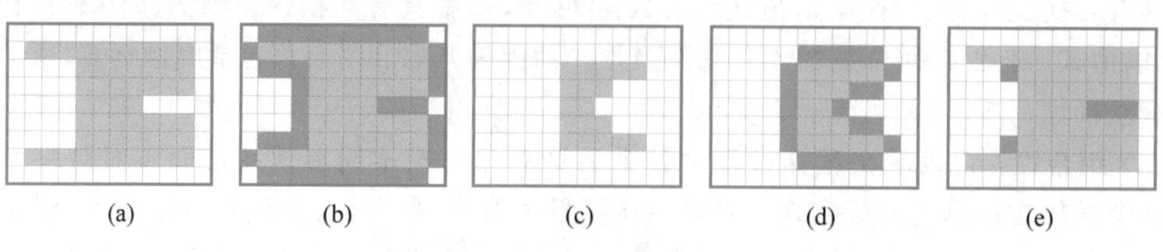

图 14.2.12　4 种基本运算的结果对比示例

□

14.3　二值形态学组合运算

前面介绍了二值形态学的 4 种基本运算(膨胀、腐蚀、开启、闭合)。有人将击中-击不中变换也看作二值形态学的基本运算。如将击中-击不中变换与前 4 种基本运算结合,还可组成另一些形态分析的组合运算和基本算法,下面分别介绍。

14.3.1　击中-击不中变换

数学形态学中的**击中-击不中变换**或**击中-击不中算子**是形状检测的一种基本工具,也是许多组合运算的基础。击中-击不中变换实际上对应两个操作,所以用到两个结构元素。设 A 为原始图像,E 和 F 为一对互相不重合的集合(它们定义了一对结构元素),击中-击不中变换用 $\Uparrow$ 表示,定义为

$$A \Uparrow (E,F)=(A \ominus E) \cap (A^c \ominus F)=(A \ominus E) \cap (A \oplus F)^c \tag{14.3.1}$$

击中-击不中变换结果中的任一像素 z 都满足:$E+z$ 是 A 的一个子集,且 $F+z$ 是 A^c 的一个子集;反过来,满足上述条件的像素 z 一定在击中-击不中变换结果中。E 和 F 分别称为击中结构元素和击不中结构元素,见图 14.3.1。其中,图 14.3.1(a)是击中结构元素,图 14.3.1(b)是击不中结构元素,图 14.3.1(c)给出了 4 个示例原始图像,而图 14.3.1(d)是对它们进行击中-击不中变换得到的结果。由图 14.3.1 可见,击中-击不中变换具有位移不变性,但不具有增长性。需要注意,两个结构元素要满足 $E \cap F=\varnothing$,否则击中-击不中变换将会给出空集的结果。

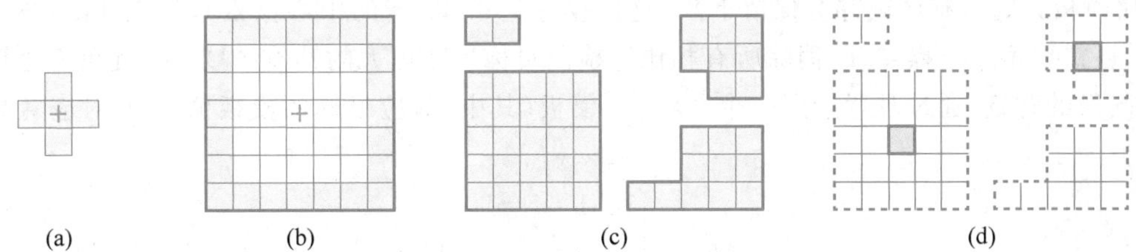

图 14.3.1　击中-击不中变换示例

例 14.3.1　不同结构元素的效果

在击中-击不中变换里使用不同的结构元素会给出不同的结果。图 14.3.2 给出了一个对比示例。对如图 14.3.2(c)所示的图像,如果使用如图 14.3.2(b)所示的结构元素,则得到的结果如图 14.3.2(a)中深色像素所示;如果使用如图 14.3.2(d)所示的结构元素,则得到的结果如图 14.3.2(e)中深色像素所示。在如图 14.3.2(b)和图 14.3.2(d)所示的结构元素中,“+”表示击中,“−”表示击不中,未标注表示可忽略/任意。

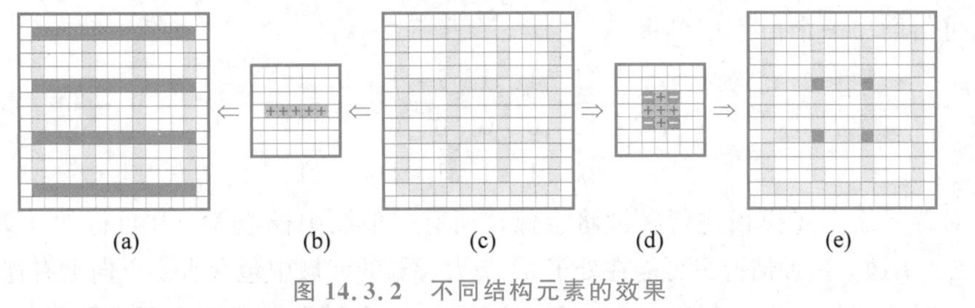

图 14.3.2　不同结构元素的效果　□

例 14.3.2　击中-击不中算子的模板

为更明确地了解击中-击不中变换中两个结构元素的作用,可参照图 14.3.3 给出的示例,

这里考虑需要从图 14.3.3(a)中检测仅仅包含水平方向上有连续 3 个像素的线段。

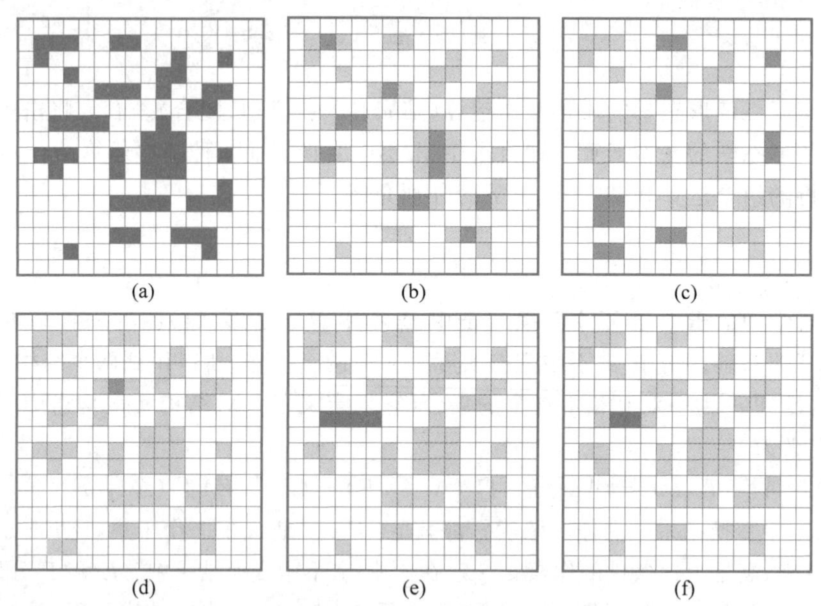

图 14.3.3　利用击中-击不中算子以提取包含水平方向上有连续 3 个像素的线段

如果用对应待检测目标的 1×3 的模板 $\boldsymbol{M}_1=[1\ 1\ 1]$进行腐蚀，则可以消除所有相比待检测目标更小的其他区域并保留比模板大的区域，即在移动的模板是区域 R 的一个子集时($M_1 \subseteq R$)，比模板大的所有区域都会保留下来（这里仅标记了 1×3 的中心像素），见图 14.3.3(b)。此时，还需要第二个操作，以消除所有相比待检测目标尺寸更大的其他区域。为此可考虑原始二值图像的背景，通过对背景用一个 3×5 的模板（其中，对应目标的模板值为 0，对应背景的模板值为 1）：

$$\boldsymbol{M}_2=\begin{bmatrix}1 & 1 & 1 & 1 & 1\\ 1 & 0 & 0 & 0 & 1\\ 1 & 1 & 1 & 1 & 1\end{bmatrix}$$

进行腐蚀来进行第二步操作。上述模板 $\boldsymbol{M}_2$ 也可看作待检测目标的一个负模板。

如上腐蚀后的背景包含所有具有 $\boldsymbol{M}_2$ 或更大背景的像素集合($\boldsymbol{M}_2 \subseteq R$)，见图 14.3.3(c)。这个集合对应与待检测目标尺寸相同或者更小的区域。由于第一次腐蚀得到了所有等于或大于待检测目标的区域，将用 $\boldsymbol{M}_1$ 腐蚀的图像与用 $\boldsymbol{M}_2$ 腐蚀的背景求交集就给出仅包含水平方向上有连续 3 个像素的线段的中心像素，如图 14.3.3(d)所示。

击中-击不中算子提供了一种灵活的手段以检测已知特定形状的目标。击中-击不中算子的通用性可借助另一个击不中模板：

$$\boldsymbol{M}_3=\begin{bmatrix}1 & 1 & 1 & 1 & 1 & 1 & 1\\ 1 & 0 & 0 & 0 & 0 & 0 & 1\\ 1 & 1 & 1 & 1 & 1 & 1 & 1\end{bmatrix}$$

来解释。对背景用上述模板进行腐蚀将会保留所有二值图中模板 $\boldsymbol{M}_3$ 和目标的并集为零的像素，见图 14.3.3(e)。这种情况只可能在处于 3×7 大背景的区域中包含水平方向上有连续 1～5 个像素的线段时才可能出现。所以用 $\boldsymbol{M}_1$ 和 $\boldsymbol{M}_3$ 的击中-击不中运算给出所有位于 3×7 大背景的区域中部包含水平方向上有连续 3～5 个像素的线段像素，见图 14.3.3(f)。□

因为击中-击不中算子中的击中模板和击不中模板是不重合的，它们可结合进一个模板中,其中 1 对应击中(击中模板为 1),0 对应击不中(击不中模板为 0),×代表不需确定。具体来说,为检测包含水平方向上有连续 3～5 个像素的目标而使用的击中-击不中模板为

$$\boldsymbol{M}_a=\begin{bmatrix}0 & 0 & 0 & 0 & 0 & 0 & 0\\ 0 & \times & 1 & 1 & 1 & \times & 0\\ 0 & 0 & 0 & 0 & 0 & 0 & 0\end{bmatrix}$$

如果一个击中-击不中模板中没有不需要确定的像素,那么它提取的目标形状由模板中为 1 的像素决定。如果一个击中-击不中模板中有不需确定的像素,那么模板中为 1 的像素给出可检测的最小目标,而模板中为 1 的像素和不需确定的像素的并集给出可检测的最大目标。

要检测出图像中孤立的像素,可以先使用如下击中-击不中模板:

$$\boldsymbol{M}_b=\begin{bmatrix}0 & 0 & 0\\ 0 & 1 & 0\\ 0 & 0 & 0\end{bmatrix}$$

然后,借助使用 $\boldsymbol{M}_b$ 得到的结果,执行操作 $R-(R\Uparrow\boldsymbol{M}_b)$就能从二值图像中消除孤立的像素(这里负号表示集合差运算)。

最后,只有在击不中模板包围击中模板时,击中-击不中算子才能检测到目标。如果击中模板与击不中模板的边缘相切,仅能检测某些目标边界的部分。例如,下列模板仅能检测目标的右下角。

$$\boldsymbol{M}_c=\begin{bmatrix}\times & 1 & 0\\ 1 & 1 & 0\\ 0 & 0 & 0\end{bmatrix}$$

例 14.3.3　击中-击不中变换示例

参见图 14.3.4,其中,•和◦分别代表目标和背景像素。令 B 为如图 14.3.4(a)所示的结构元素(没有画出的像素为不需考虑的像素),箭头指向与结构元素中心(原点)对应的像素。如果给出了如图 14.3.4(b)所示的目标 A,则 $A\Uparrow B$ 的结果见图 14.3.4(c)。图 14.3.4(d)给出了进一步的解释(工字形阴影给出结构元素的各个位置),$A\Uparrow B$ 的结果中仍保留的目标像素对应在 A 中其邻域与结构元素 B 对应的像素。

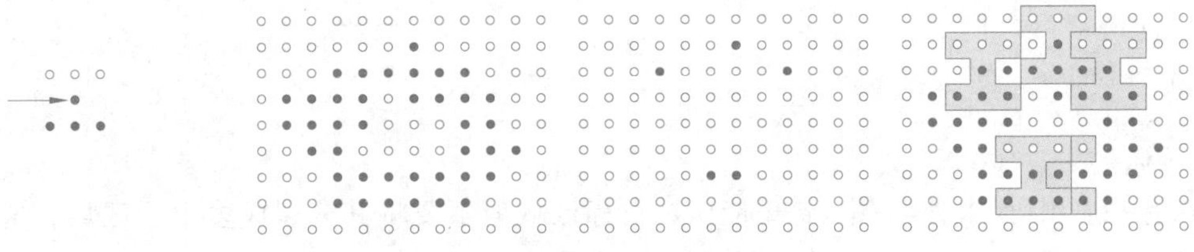

(a)　(b)　(c)　(d)

图 14.3.4　击中-击不中变换示例

□

14.3.2　二值组合运算

组合运算将基本运算结合起来完成一些有意义的操作,或实现一些特定的图像加工功能。

1. 区域凸包

区域**凸包**是对区域的一种表达方式(见 6.2.5 小节)。给定一个集合 A,可用简单的形态学算法得到它的凸包 $H(A)$。令 B_i,$i=1,2,3,4$,代表 4 个结构元素,先构造

$$X_i^k=[X_i^{k-1}\Uparrow B_i]\cup A,\quad i=1,2,3,4\quad 和\quad k=1,2,\cdots \tag{14.3.2}$$

式(14.3.2)中,$X_i^0=A$。现在令 $D_i=X_i^{\mathrm{conv}}$,其中,上标 conv 表示在 $X_i^k=X_i^{k-1}$ 意义下收敛。

根据这些定义,A 的凸包可表示为

$$H(A)=\bigcup_{i=1}^{4} D_i \tag{14.3.3}$$

换句话说,构造凸包的过程是:先用 B_1 对 A 迭代地进行击中-击不中变换,当没有进一步变化时将得到的结果与 A 求并集,将结果记为 D_1;再用 B_2 重复迭代地进行击中-击不中变换以及求并集且将结果记为 D_2;将此过程再用 B_3 和 B_4 进行,得到 D_3 和 D_4;最后将 4 个结果 D_1、D_2、D_3、D_4 求并集就得到 A 的凸包。

例 14.3.4 凸包构造示例

图 14.3.5 给出了一个构造凸包的示例。图 14.3.5(a)是所用的 4 个结构元素,各结构元素的原点都在其中心,"×"表示其值可为任意。图 14.3.5(b)给出了需构造其凸包的集合 A。图 14.3.5(c)是从 $X_1^0=A$ 开始通过用式(14.3.2)进行 4 次迭代得到的结果。图 14.3.5(d)~图 14.3.5(f)是分别从 $X_2^0=A$,$X_3^0=A$,$X_4^0=A$ 开始通过用式(14.3.2)进行 2 次、8 次、2 次迭代得到的结果。最后根据式(14.3.3)对上面 4 个结果求并集得到如图 14.3.5(g)所示的凸包。图 14.3.5(h)用数字指示出各个结构元素为构造凸包所做的贡献。

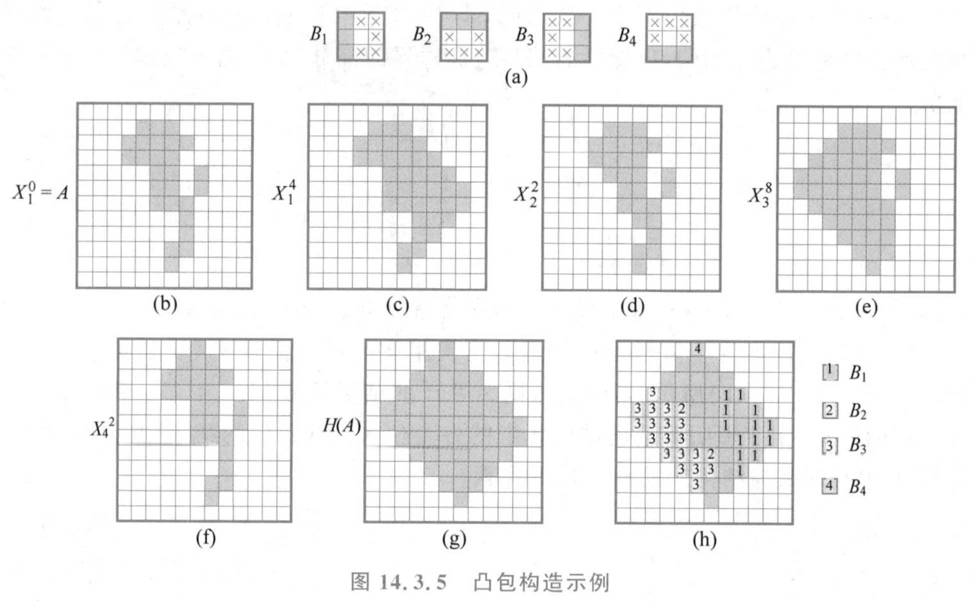

图 14.3.5 凸包构造示例

□

2. 细化

在有些应用(如求骨架)中,希望能腐蚀目标区域但不要将其分裂成多个子区域。这里需先检测位于目标边界上的一些像素,希望将它们除去并不会将区域分裂成多个子区域。这个工作可用**细化**操作来完成。用结构元素 B 细化集合 A 记作 $A\otimes B$,$A\otimes B$ 可借助击中-击不中变换定义如下:

$$A\otimes B=A-(A\Uparrow B)=A\cap(A\Uparrow B)^{c} \tag{14.3.4}$$

在式(14.3.4)中,击中-击不中变换用来确定应细化掉的像素,然后再从原始集合 A 中除去。实际中一般使用一系列小尺寸的模板,如果定义一个结构元素系列 $\{B\}=\{B_1,B_2,\cdots,B_n\}$,其中,$B_{i+1}$ 代表 B_i 旋转的结果,则细化也可定义为

$$A\otimes B=A-((\cdots((A\otimes B_1)\otimes B_2)\cdots)\otimes B_n) \tag{14.3.5}$$

换句话说,这个过程是先用 B_1 细化一遍,然后再用 B_2 对前面的结果细化一遍,如此继续,直到用 B_n 细化一遍。整个过程可再重复进行直到没有变化产生为止。

下面一组 4 个结构元素(击中-击不中模板)可用来进行细化(×代表不需确定):

$$\boldsymbol{B}_1=\begin{bmatrix}0 & 0 & 0\\ \times & 1 & \times\\ 1 & 1 & 1\end{bmatrix}\quad \boldsymbol{B}_2=\begin{bmatrix}0 & \times & 1\\ 0 & 1 & 1\\ 0 & \times & 1\end{bmatrix}\quad \boldsymbol{B}_3=\begin{bmatrix}1 & 1 & 1\\ \times & 1 & \times\\ 0 & 0 & 0\end{bmatrix}\quad \boldsymbol{B}_4=\begin{bmatrix}1 & \times & 0\\ 1 & 1 & 0\\ 1 & \times & 0\end{bmatrix} \tag{14.3.6}$$

例 14.3.5　细化示例

图 14.3.6 给出了一组结构元素和一个细化示例。图 14.3.6(a)是一组常用于细化的结构元素,各元素的原点都在其中心,白色和深色像素分别取值 0 和 1。如果将用结构元素 B_1 检测出来的点从目标中减去,那么目标将被从上部得到细化;如果将用结构元素 B_2 检测出来的点从目标中减去,那么目标将被从右上角得到细化,以此类推。使用上面一组结构元素可得到对称的结果。另外,奇数的 4 个结构元素具有较强的细化能力,而偶数的 4 个结构元素的细化能力较弱。图 14.3.6(b)给出了原始需要细化的集合,其原点设在左上角。图 14.3.6(c)~图 14.3.6(k)给出了分别用各个结构元素依次细化的结果(圆圈标记当前步骤细化掉的像素)。当用 B_6 进行第二次细化后得到的收敛结果见图 14.3.6(l),将细化结果转换成混合连通以消除图 14.3.6(l)中多路连通问题(参见[章 2006b])的结果示于图 14.3.6(m)。

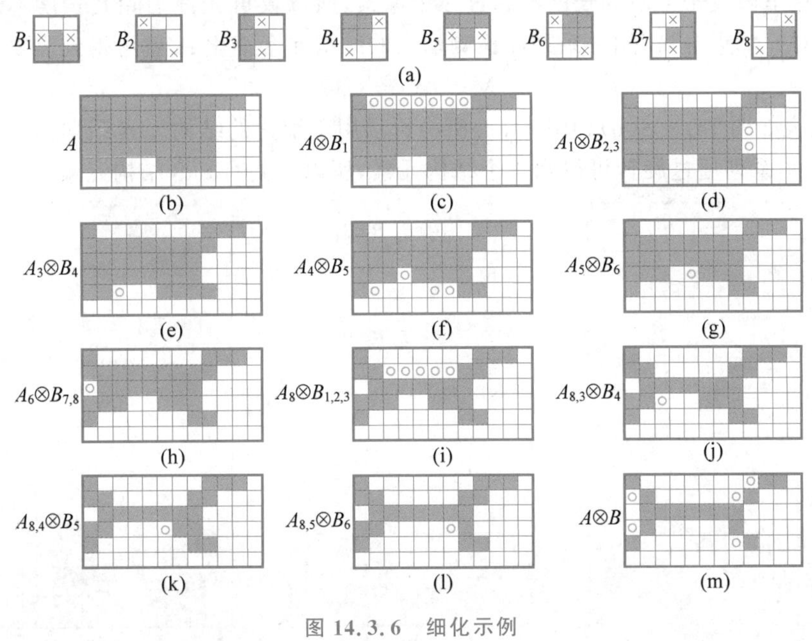

图 14.3.6　细化示例

□

3. 粗化

用结构元素 B 粗化集合 A 记作 $A \circledast B$。**粗化**从形态学角度来说与细化相对应,可用下式定义:

$$A \circledast B = A \cup (A \Uparrow B) \tag{14.3.7}$$

与细化类似,粗化也可用一系列操作来定义:

$$A \circledast \{B\} = ((\cdots((A \circledast B_1) \circledast B_2)\cdots) \circledast B_n) \tag{14.3.8}$$

粗化所用的结构元素可与细化的类似,见图 14.3.5(a),只是将其中的 1 和 0 对换过来。实际中,可先细化背景,然后求补以得到粗化的结果。换句话说,如果要粗化集合 A,则可先构造其补集 $D=A^c$,然后细化 D,最后求 D^c。

例 14.3.6　利用细化进行粗化

图 14.3.7 给出了利用细化操作实现粗化效果的一个例子。图 14.3.7(a)为集合 A,

图 14.3.7(b)为 $D=A^c$,图 14.3.7(c)为对 D 细化的结果,图 14.3.7(d)为对图 14.3.7(c)的结果求补得的 D^c,最后在粗化后进行简单的后处理去除了离散点就得到图 14.3.7(e)。

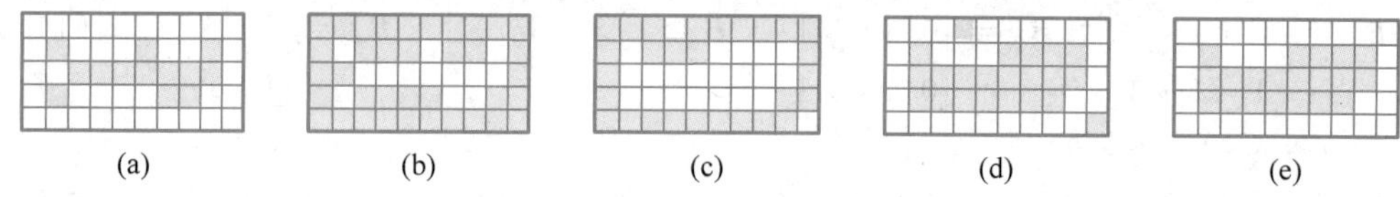

图 14.3.7 利用细化进行粗化 □

4. 剪切

剪切可借助对前述几种操作的组合来实现。剪切常用作细化和骨架提取的后处理手段,因为细化和骨架提取常会留下多余的寄生组元,所以需要采用一些后处理手段来去除。为解释剪切过程可考虑对手写字符自动识别中用的方法,那里一般要对字符骨架的形状进行分析。这些骨架的特点是含有由于在腐蚀字符笔画时的不均匀性而产生的寄生组元。

图 14.3.8(a)给出一个手写字符"a"的骨架。字符最左端的小竖段是一个典型的寄生组元例子。为解决这个问题,可以连续地消除它的端点,当然这个过程也会缩短或消除字符中的其他线段。这里假设寄生段的长度不超过 3 个像素,所以仅可允许消除其长度不超过 3 个像素的线段。对一个集合 A,用一系列能检测端点的结构元素细化 A 就可得到需要的结果。令

$$X_1 = A \otimes \{B\} \tag{14.3.9}$$

其中,$\{B\}$代表如图 14.3.8(b)和图 14.3.8(c)所示用于细化的结构元素系列。这个系列中有两种结构,每个系列通过旋转可得到 4 个结构元素,所以一共有 8 个结构元素。

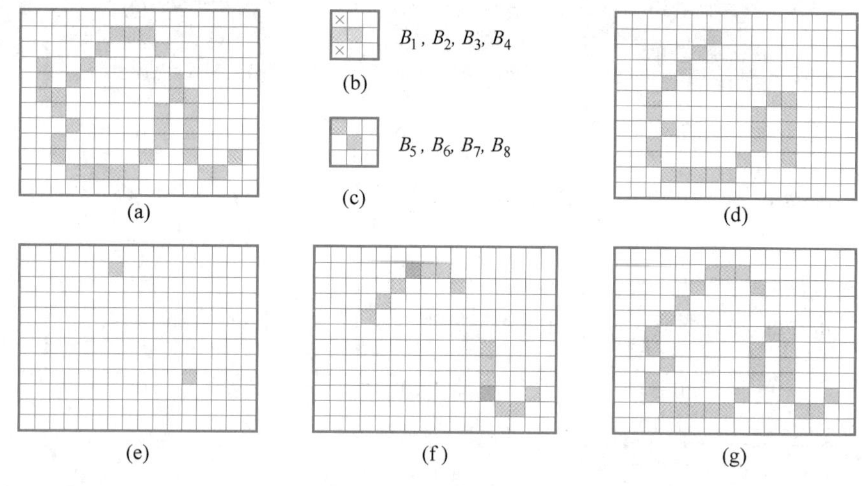

图 14.3.8 剪切示例

根据式(14.3.9)对 A 细化 3 次得到如图 14.3.8(d)所示的 X_1。下一步是将字符恢复以得到消除了寄生段的原始形状。为此,先构造一个包含 X_1 中所有端点的集合 X_2(见图 14.3.8(e)):

$$X_2 = \bigcup_{k=1}^{8} (X_1 \Uparrow B_k) \tag{14.3.10}$$

其中,B_k 是前述的端点检测器。接下来是用 A 作为限制将端点膨胀 3 次:

$$X_3 = (X_2 \oplus H) \cap A \tag{14.3.11}$$

其中 H 是一个其所有像素值全部为 1 的 3×3 结构元素。如同在区域填充或连通组元提取时,这样的条件膨胀可防止在感兴趣区域外产生像素值为 1 的元素(见图 14.3.8(f))。最后将 X_1 和 X_3 求并集可得到如图 14.3.8(g)所示的结果:

$$X_4 = X_1 \cup X_3 \tag{14.3.12}$$

上面的剪切包括循环地使用一组用来消除噪声像素的结构元素进行迭代。一般算法仅循环使用一两次这组结构元素，过度有可能导致图像发生不期望的改变。

14.4　二值形态学实用算法

利用前面介绍的各种二值形态学基本运算和组合运算，就可实现一系列二值形态学实用算法，解决实际应用中的图像分析问题。以下具体介绍几种算法。

1. 噪声滤除

分割后的二值图像中常有一些小孔或小岛。这些小孔或小岛一般是由系统噪声、阈值选取或预处理而造成的。椒盐噪声就是一种典型的、造成二值图中出现小孔或小岛的噪声。将开启和闭合结合起来就可构成形态学噪声滤除器以消除这类噪声。例如，用包括一个中心像素和它的4-邻域的像素构成的结构元素去开启图像就能消除椒噪声，而去闭合图像就能消除盐噪声[Ritter 2001]。

图14.4.1给出了消除噪声的一个图例。图14.4.1(a)包括一个长方形的目标A，由于噪声的影响在目标内部有一些噪声孔而在目标周围有一些噪声块。现在用如图14.4.1(b)所示的结构元素B通过形态学操作来滤除噪声。这里结构元素应当比所有的噪声孔和块都要大。先用B对A进行腐蚀得到图14.4.1(c)，再用B对腐蚀结果进行膨胀得到图14.4.1(d)，这两个操作的串行结合就是开启操作，它将目标周围的噪声块消除掉了。现在再用B对图14.4.1(d)进行膨胀得到图14.4.1(e)，然后用B对膨胀结果进行腐蚀得到图14.4.1(f)，这两个操作的串行结合就是闭合操作，它将目标内部的噪声孔消除掉了。整个过程是先开启后闭合，可以写为

$$\{[(A \ominus B) \oplus B] \oplus B\} \ominus B = (A \circ B) \bullet B \tag{14.4.1}$$

比较图14.4.1(a)和图14.4.1(f)，可以看出目标区域内外的噪声都消除掉了，而目标本身除原来的4个直角变为圆角外没有太大的变化。

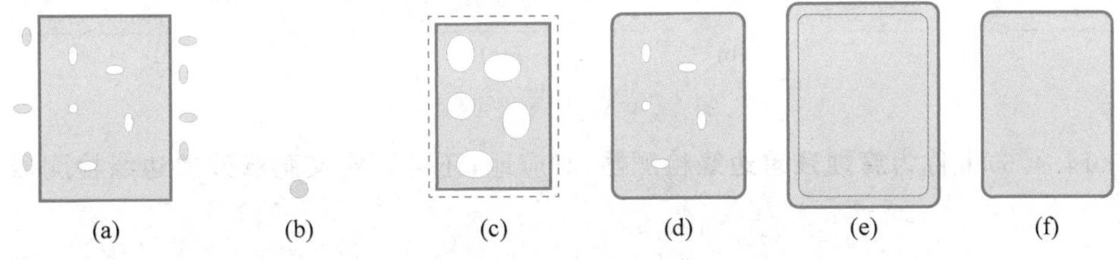

图14.4.1　噪声滤除示例

2. 角点检测

角点是斜率值有突然变化的像素，即绝对**曲率**很大的位置。角点可借助形态学操作提取。先选一个合适尺寸的圆形结构元素，用这个结构元素进行开启并将结果从原始图像中减去。再选择两个结构元素：一个比开启残留的面积小而另一个比开启残留的面积大。用这两个结构元素对开启残留的面积进行腐蚀，并比较所得到的两个结果。这等价于使用了一个形状带通滤波器。需要根据角点角度来选择结构元素的尺寸，因为开启残留的区域面积随角点的角度变化。减少角度，开启残留的面积增加，结构元素的面积也增加。所以先使用面积最大的结构元素，如果没有结果，则逐步减少结构元素的面积直到检测到角点，同时也获得了角度信息。

角点也可借助非对称闭合来检测[Shih 2010]。**非对称闭合**包括用一个结构元素对图像进行膨胀后再用另一个结构元素对图像进行腐蚀，其思路是让膨胀和腐蚀互补。一种方法是

使用两个结构元素,十字"+"和菱形"◇"。下式表示了对图像 A 的非对称闭合操作:

$$A^{c}_{+\diamond} = (A \oplus +) \ominus \diamond \tag{14.4.2}$$

此时角点强度为

$$C_{+}(A) = | A - A^{c}_{+\diamond} | \tag{14.4.3}$$

对不同的角点,还可计算旋转 45°的角点强度(结构元素分别是交叉"×"和正方形"□"):

$$C_{\times}(A) = | A - A^{c}_{\times\square} | \tag{14.4.4}$$

将上述 4 个结构元素(依次如图 14.4.2 所示)结合起来,则对角点的检测可写为

$$C_{+\times}(A) = | A^{c}_{+\diamond} - A^{c}_{\times\square} | \tag{14.4.5}$$

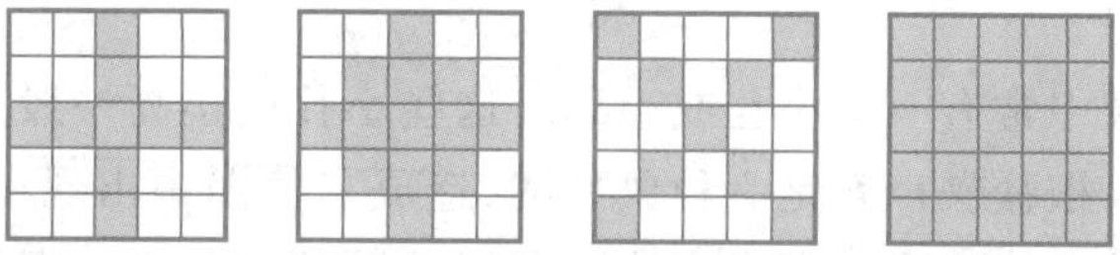

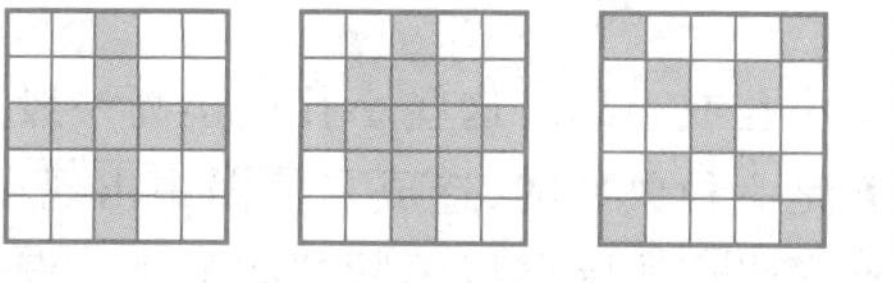

图 14.4.2　4 个结构元素,依次为+、◇、×、□

3. 边界提取

设有一个集合 A,它的边界记为 $\beta(A)$。通过先用一个结构元素 B 腐蚀 A,再求取腐蚀结果和 A 的差集就可得到 $\beta(A)$:

$$\beta(A) = A - (A \ominus B) \tag{14.4.6}$$

图 14.4.3 给出了一个示例,其中图 14.4.3(a)给出了一个二值目标 A,图 14.4.3(b)给出了一个结构元素 B,图 14.4.3(c)给出了用 B 腐蚀 A 的结果 $A \ominus B$,图 14.4.3(d)给出了用图 14.4.3(a)减去图 14.4.3(c)最终得到的内边界 $\beta(A)$。注意,当 B 的原点处于 A 的边缘时,B 的一部分将会在 A 的外边,此时一般设 A 之外都为 0。另外要注意,这里结构元素是 8-连通的,所得到的边界是 4-连通的。

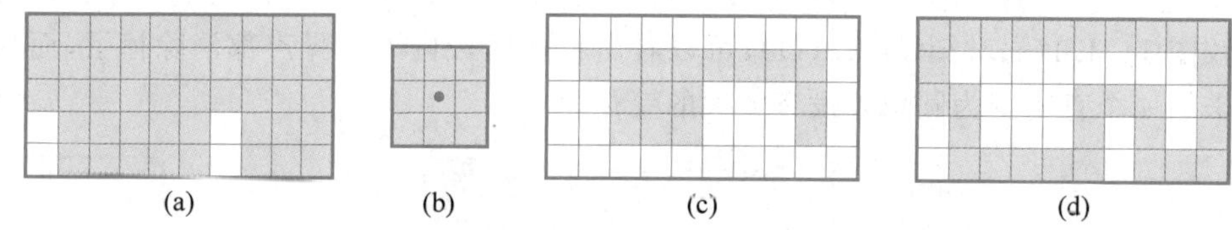

(a)　(b)　(c)　(d)

图 14.4.3　边界提取示例

式(14.4.6)也称为**腐蚀残差边缘检测器**,对应地,还可以定义**膨胀残差边缘检测器**[Chen 2002]:

$$\alpha(A) = A \oplus B - A \tag{14.4.7}$$

它给出了目标的外边界。如果将图 14.4.3(c)看作原始图像 A,仍使用如图 14.4.3(b)所示的结构元素 B,则 $A \oplus B$ 如图 14.4.3(a)所示,而根据式(14.4.7)得到的结果如图 14.4.3(d)所示。

4. 目标检测和定位

图 14.4.4 解释如何使用击中-击不中变换来确定给定尺寸方形区域的位置[Ritter 2001]。图 14.4.4(a)给出了原始图像,包括 4 个分别为 3×3、5×5、7×7 和 9×9 的实心正方形。图 14.4.4(b)中的 3×3 实心正方形 E 和图 14.4.4(c)中的 9×9 方框 F(边宽为 1 个像素)合起来构成结构元素 $B=(E,F)$。在这个例子中,击中-击不中变换设计成击中覆盖 E 的区域并"漏掉"区域 F。最终得到的结果见图 14.4.4(d)。

5. 区域填充

区域和其边界可以互求。已知区域按式(14.4.6)可求得其边界,反过来已知边界通过**填充**也可得到区域。图 14.4.5 给出了区域填充的一个例子,其中图 14.4.5(a)给出了一个区域

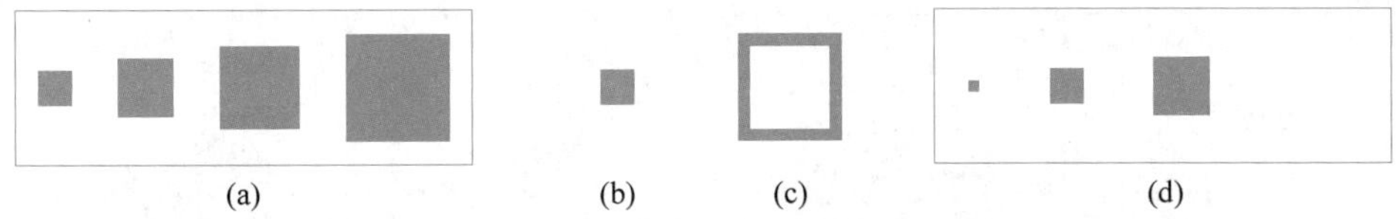

图 14.4.4　用击中-击不中变换来确定方形区域

边界点的集合 A，它的补集见图 14.4.5(b)，可通过用结构元素图 14.4.5(c)对它膨胀、求补和求交来填充区域。首先给边界内一个点赋 1(如图 14.4.5(d)中深色部分所示)，然后根据下列迭代公式填充(图 14.4.5(e)和图 14.4.5(f)给出了其中两个接续中间步骤的情况)：

$$X_k = (X_{k-1} \oplus B) \cap A^c \quad k = 1,2,3,\cdots \tag{14.4.8}$$

当 $X_k = X_{k-1}$ 时停止迭代(本例中 $k=7$，见图 14.4.5(g))。这时 X_k 和 A 的交集就包括填充满的区域内部和它的边界，见图 14.4.5(h)。式(14.4.8)中的膨胀过程如果不控制会超出边界，但是每一步与 A^c 的交集会将其限制在感兴趣的区域中。这种膨胀过程可称为条件膨胀过程。注意，这里的结构元素是 4-连通的，而原被填充的边界是 8-连通的。

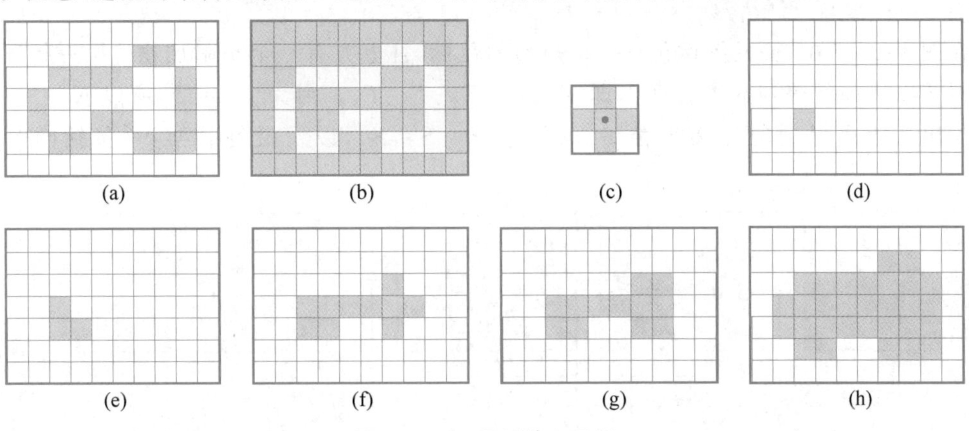

图 14.4.5　区域填充示例

6. 连通组元抽取

设 Y 代表在集合 A 中的一个**连通组元**，并设已知 Y 中的一个点，那么可用下列迭代公式得到 Y 的全部元素：

$$Y_k = (Y_{k-1} \oplus B) \cap A \quad k = 1,2,3,\cdots \tag{14.4.9}$$

当 $Y_k = Y_{k-1}$ 时停止迭代，这时 Y_k 和 A 的交集就是所求的连通组元。

式(14.4.9)与式(14.4.8)相比，除用 A 代替 A^c 以外完全相同。因为这里需要提取的元素已标记为 1，在每步迭代中与 A 求交集就可除去以 0 标记元素为中心的膨胀。图 14.4.6 给出了连通组元抽取的一个例子，这里所用结构元素与图 14.4.3 中相同。图 14.4.6(a)中浅阴影像素(即连通组元)的值为 1，但此时还未被算法发现。图 14.4.6(a)中深阴影像素的值为 1，且认为已知是 Y 中的点，并作为算法起点。图 14.4.6(b)和图 14.4.6(c)分别给出了第一次和第二次迭代的结果，图 14.4.6(d)给出了最终结果。

7. 区域骨架计算

在 6.2.6 小节中介绍了骨架概念和一种计算方法。这里介绍一种用数学形态学方法来计算**骨架**的技术。设 $S(A)$代表 A 的骨架，它可以表示成：

$$S(A) = \bigcup_{k=0}^{K} S_k(A) \tag{14.4.10}$$

式中，$S_k(A)$一般称为骨架子集，可写成：

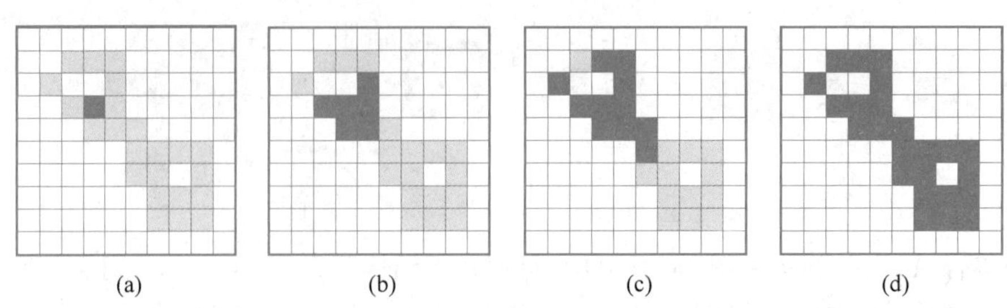

图 14.4.6　连通组元抽取示例

$$S_k(A) = (A \ominus kB) - [(A \ominus kB) \circ B] \tag{14.4.11}$$

式中，B 是结构元素；$(A \ominus kB)$代表连续 k 次用 B 对 A 腐蚀，可用 T_k 表示，即

$$T_k = (A \ominus kB) = ((\cdots(A \ominus B) \ominus B) \ominus \cdots) \ominus B \tag{14.4.12}$$

式(14.4.10)中的 K 代表将 A 腐蚀成空集前的最后一次迭代次数，即

$$K = \max\{k \mid (A \ominus kB) \neq \varnothing\} \tag{14.4.13}$$

例 14.4.1　形态学骨架示例

在图 14.4.7 中，原始图像包含一个矩形的目标，且上方有一个小附加物。第一行图给出了通过依次腐蚀所得到的集合 T_k，即 T_0、T_1、T_2、T_3、T_4。因为 $T_4 = \varnothing$，所以 $K=3$。第二行图给出了依次得到的骨架集合 S_k，即 S_0、S_1、S_2、S_3，以及最终骨架 S(包括两个连通部分)。

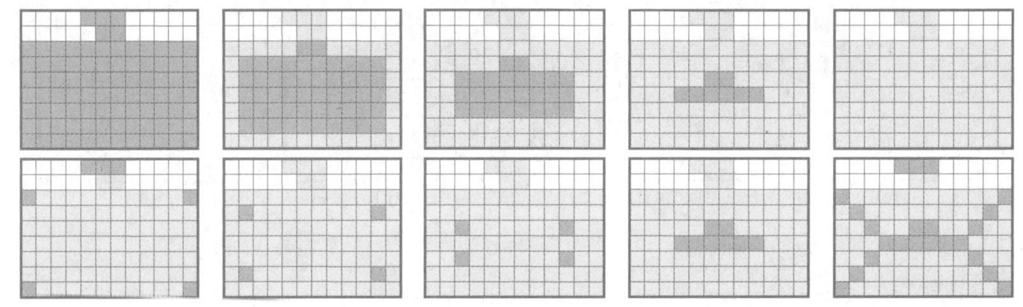

图 14.4.7　形态学骨架示例

□

式(14.4.10)表明 A 的骨架可由骨架子集 $S_k(A)$的并集得到。反之，A 也可用 $S_k(A)$重构：

$$A = \bigcup_{k=0}^{K} [S_k(A) \oplus kB] \tag{14.4.14}$$

式中，B 是结构元素；$(S_k(A) \oplus kB)$代表连续 k 次用 B 对 $S_k(A)$膨胀，即

$$[S_k(A) \oplus kB] = ((\cdots(S_k(A) \oplus B) \oplus B) \oplus \cdots) \oplus B \tag{14.4.15}$$

表 14.4.1 给出了一个区域骨架提取和重构的示例，其中所用结构元素 B 与图 14.4.3 中相同。表 14.4.1 中第一行给出了列数编号(1～7)，第二行给出了操作表达。列 1 给出了迭代次数 k；列 2 对应 $k=0$ 的是原始区域集合，对应 $k=1$ 和 $k=2$ 的分别是用 B 对 A 腐蚀 1 次和 2 次的结果。如果再对 A 腐蚀 1 次就会得到空集，所以这里 $K=2$。列 3 是用 B 对列 2 对应集合开启的结果；列 4 给出用列 2 的集合减去列 3 对应集合得到的差集；列 5 对应 $k=0$ 和 $k=1$ 的两个集合都是部分骨架(骨架子集)，而对应 $k=2$ 的集合就是最终得到的区域骨架。注意这个最终骨架不仅比所需要的粗，而且是不连通的。这是因为前面的推导过程只考虑了对集合的腐蚀和开启，并没有刻意保证骨架的连通性。

表 14.4.1　区域骨架计算和重构示例

列	1	2	3	4	5	6	7
运算		$A\ominus kB$	$(A\ominus kB)\circ B$	$S_k(A)$	$\bigcup_{k=0}^{K} S_k(A)$	$S_k(A)\oplus kB$	$\bigcup_{k=0}^{K}[S_k(A)\oplus kB]$
	$k=0$						
	$k=1$						
	$k=2$						

表 14.4.1 中列 6 各集合分别给出了对列 4 相应集合膨胀 k 次的结果(即 $S_0(A)$、$S_1(A)\oplus B$、$[S_2(A)\oplus 2B]=[S_2(A)\oplus B]\oplus B$)。最后,列 7 给出了对 A 重构的结果,根据式(14.4.10),这些结果是对列 6 膨胀了的骨架子集求并集而得到的。

例 14.4.2　形态学骨架计算实例

图 14.4.8 给出了用上述数学形态学方法计算骨架的实例结果。图 14.4.8(a)为一幅二值图;图 14.4.8(b)为用图 14.4.3 中的 3×3 结构元素得到的骨架;图 14.4.8(c)为用类似的 5×5 结构元素得到的骨架;图 14.4.8(d)为用类似的 7×7 结构元素得到的骨架。注意,在图 14.4.8(c)和图 14.4.8(d)中,由于模板较大叶柄没有保留下来(可与例 6.2.3 中用二值目标区域骨架算法计算出的骨架进行对比)。

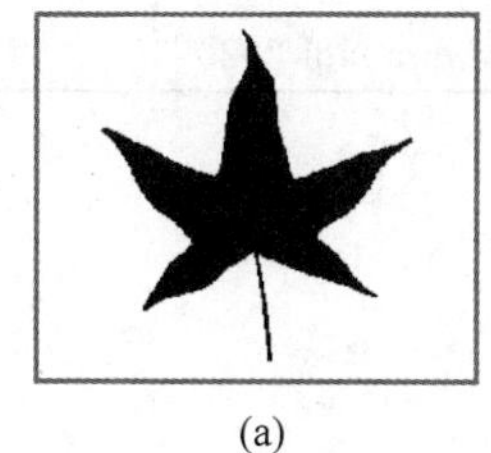
(a)

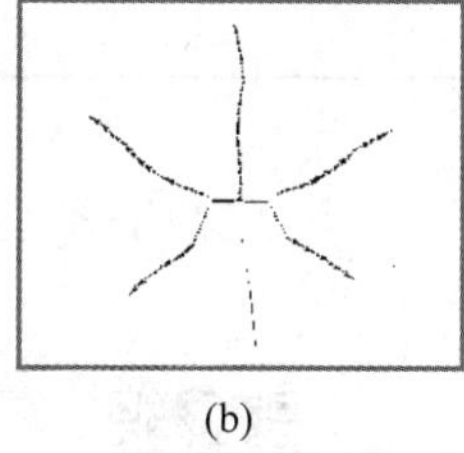
(b)

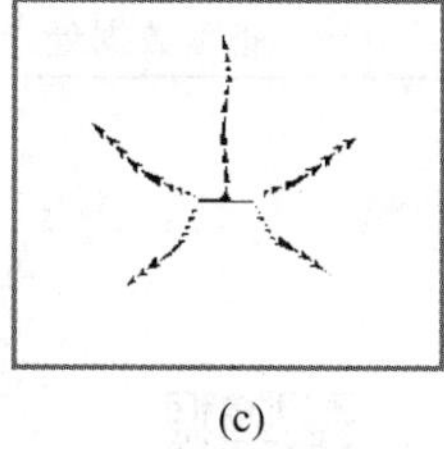
(c)

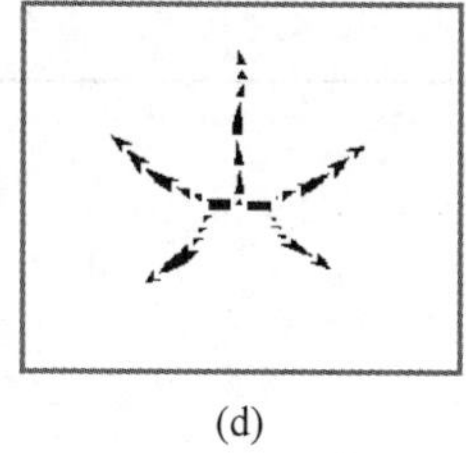
(d)

图 14.4.8　形态学骨架计算实例

□

14.5　形态学算子及其应用领域

形态学算子种类很多,其应用领域也很广。有关地球科学和**地理信息科学**(GISci)中的形态学的说明性综述[Sagar 2018]中提供了一个表,其中列出了数学形态学(MM)操作的一些成功应用,还列出了许多**形态学算子**及其应用领域,以及一些主要参考文献。表 14.5.1 对该表进行了更新(省略了旧的参考文献,添加了新的参考文献),以反映该领域的新进展。

表 14.5.1　形态学算子和应用领域以及近期的主要参考文献

形态学算子	应用领域	近期的主要参考文献
二值和灰度形态学膨胀、腐蚀、开启、闭合、多尺度形态操作	岩石学、GISci 地球科学、遥感	[Iglesias-Rey 2021] [Kong 2021] [Lopez-Molina 2021]
测地形态学运算	遥感、地理科学 地理学、岩石学	[Challa 2018] [De Oliveira 2019] [Sagar 2018]
击中-击不中变换	地貌学 水文学	[Cao 2018] [Nagajothi 2019] [Szczepanska 2020]
形态学细化、粗化、剪切	水文学 制图学	[Frejaville 2018] [Macey 2018] [Patricio 2020]
形态学骨架化	制图学 水文学 地貌学	[Mihelic 2021] [O'Sullivan 2021] [Zhang 2022]
按影响区域骨架化和按影响区域加权骨架化	制图学 水文学 地貌学	[Nagajothi 2019] [Sun 2020] [Torres 2019]
粒度和抗粒度	岩石学 地貌学 水文学	[Legentil 2022] [Nagajothi 2019] [Zhu 2022]
形态学距离 豪斯道夫膨胀(腐蚀)距离	地理信息科学 湖沼学、生物地理学 空间规划	[Das 2019] [Drazic 2019] [Li 2021]
形态学插值和外推	地球物理学 大气科学、地质学 遥感、制图学	[Challa 2018] [De Oliveira 2019] [Szczepanska 2020]
分水岭变换	水文学、遥感 测绘学、钻孔研究 地震数据处理	[Ghose 2021] [Lyu 2022] [Mahmoudi 2020]

总结和复习　　　随堂测试

第15章

灰度数学形态学

灰度数学形态学与第14章介绍的二值形态学有密切的联系和对应的关系，许多运算名称也相同。但是，由于处理的对象不同，它们在具体操作中也各有特点。二值形态学基于集合运算，而在灰度数学形态学中，灰度的排序起着类似的作用，所以要借助灰度排序来定义各种形态学运算。从图像 $f(x,y)$ 的角度来看，二值形态学操作的结果主要体现在像素位置 (x,y) 上，而灰度形态学操作的结果主要体现在像素属性 f 上。

另一方面，也有人将数学形态学推广到更一般的概念——图像代数[Mahdavieh 1992]。图像代数可将各种数学形态学操作嵌在其内，而且还比形态学包含了更多的操作。

根据上述讨论，本章各节将安排如下。

15.1节先讨论灰度图像的排序，介绍与二值集合中交集和并集操作对应的最小和最大操作以及与二值集合中相对原点映射操作对应的反射(映像)操作。

15.2节介绍灰度图像数学形态学的基本运算。其中采用了与二值类比的推广方法，对最基本的膨胀、腐蚀、开启和闭合运算进行了介绍并归纳了这些运算的一些主要性质。

15.3节介绍一些由基本运算组合而成的灰度图像数学形态学运算方法，包括形态梯度、形态平滑、形态滤波器和软形态学滤波器以及高帽变换和低帽变换。

15.4节讨论一些针对特定图像应用的灰度形态学实用算法，它们可用于背景估计和消除、图像聚类快速分割、水线分割和纹理分割。

15.5节介绍在高光谱图像的分析中，结构元素中的属性发生了变化；此时形态学操作需要考虑纯度指标，包括纯像素指标、形态偏心指标，以及如何利用形态学操作来提取这些指标。

15.6节介绍图像代数的概念和特点，包括图像运算、模板与形态结构元素、图像和模板间的操作以及一些图像代数算法。

15.1 灰度图像的排序

对灰度图像讨论**数学形态学**的方法时，不仅要考虑像素的空间位置，还要考虑像素灰度的大小，下面先对图像灰度的(按大小)排序进行介绍。为简单直观起见，这里以1-D的信号为例，所有结论很容易推广到2-D图像。

定义一个信号 $f(x)$ 的**支撑区**或定义域为

$$D[f]=\{x \mid f(x)>-\infty\} \tag{15.1.1}$$

如果对所有的 x 都有 $g(x)\leqslant f(x)$，则称 $g(x)$ 在 $f(x)$ 之下，并记为 $g\perp f$。根据负无穷大的约定，当且仅当 $D[g]\subset D[f]$ 且 x 属于两个信号的共同支撑区，即当 $x\in D[g]$ 时，有 $g\perp f$。图15.1.1给出了几个图例，其中，在图15.1.1(a)中 $g\perp f$；在图15.1.1(b)中 $g(x)$ 不在 $f(x)$ 之下，因为有些点 x 在 $g(x)$ 的支撑区中但此时 $g(x)>f(x)$；在图15.1.1(c)中，$g(x)$ 也不在 $f(x)$ 之下，但此次是因为 $D[g]$ 不是 $D[f]$ 的子集。

对应于二值信号情况下的交集和并集操作，可以对灰度信号定义**最小操作**和**最大操作**。两个信号 $f(x)$ 和 $g(x)$ 的**最小值** $(f\wedge g)(x)$ 可如下逐点来确定：

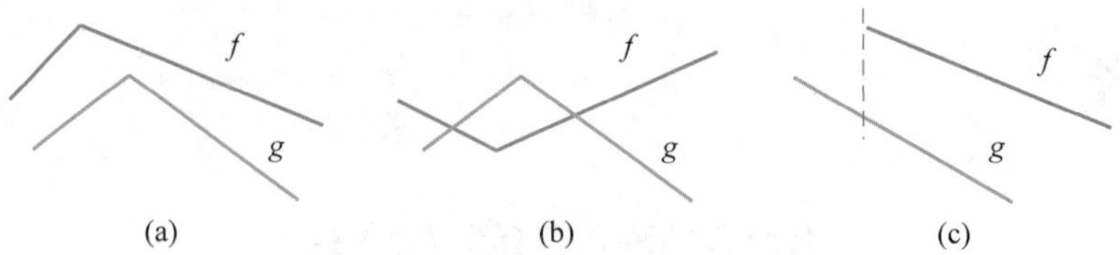

图 15.1.1　对 1-D 信号的排序

$$(f \wedge g)(x) = \min\{f(x), g(x)\} \tag{15.1.2}$$

注意，对任意的数值 a，有 $\min\{a, -\infty\} = -\infty$。相对于支撑区，若 $x \in D[f] \cap D[g]$，则 $(f \wedge g)(x)$ 是两个有限信号 $f(x)$ 和 $g(x)$ 的最小值，否则 $(f \wedge g)(x) = -\infty$。

两个信号 $f(x)$ 和 $g(x)$ 的**最大值** $(f \vee g)(x)$ 可如下逐点来确定：

$$(f \vee g)(x) = \max\{f(x), g(x)\} \tag{15.1.3}$$

其中，对任意的数值 a，有 $\max\{a, -\infty\} = a$。若 $x \in D[f] \cap D[g]$，则 $(f \vee g)(x)$ 是两个有限信号 $f(x)$ 和 $g(x)$ 的最大值，否则 $(f \vee g)(x) = -\infty$；若 $x \in D[f] - D[g]$，则 $(f \vee g)(x) = f(x)$；若 $x \in D[g] - D[f]$，则 $(f \vee g)(x) = g(x)$；最后，若 x 不在任何一个支撑区中，即 $x \notin D[f] \cup D[g]$，则 $(f \vee g)(x) = -\infty$。

图 15.1.2 给出了几个图例，图 15.1.2(a) 为两个信号 $f(x)$ 和 $g(x)$，图 15.1.2(b) 为 $(f \vee g)(x)$，图 15.1.2(c) 为 $(f \wedge g)(x)$。

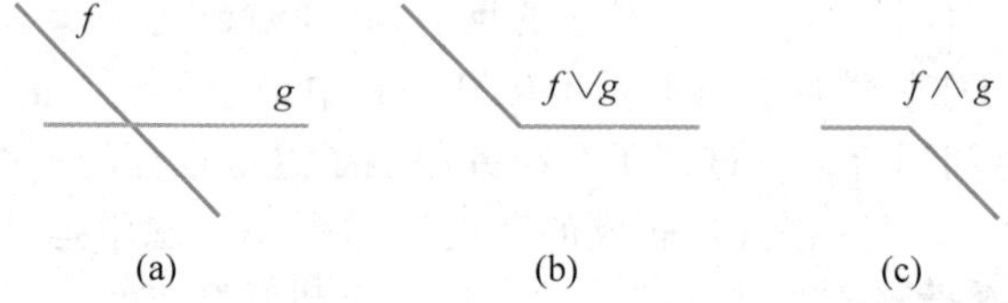

图 15.1.2　两个 1-D 信号的最大值和最小值

与二值集合中相对原点在平面上映射所相对应的灰度操作称为**反射**或**映像**。考虑图像 $f(x, y)$，它通过原点的反射定义为

$$\hat{f}(x, y) = f(-x, -y) \tag{15.1.4}$$

上述反射可通过先将图像相对竖轴进行反转，再相对横轴进行反转得到。它也等价于将图像围绕原点旋转 180°。

15.2　灰度形态学基本运算

二值形态学的 4 个基本运算，即膨胀、腐蚀、开启和闭合，都可以方便地推广到灰度空间。下面介绍用类比方法推广的结果。与二值形态学中不同的是，这里运算的操作对象不再看作集合而看作(多值)图像函数。以下设 $f(x, y)$ 是输入图像，$b(x, y)$ 是结构元素，它本身也是一幅小图像。

15.2.1　灰度膨胀和腐蚀

灰度膨胀和腐蚀都是灰度形态学的最基本运算。与在二值形态学中膨胀和腐蚀运算结果主要体现在图像平面不同，灰度膨胀和腐蚀的运算结果主要体现在幅度轴上。

1. 灰度膨胀

用结构元素 b 对输入图像 f 进行**灰度膨胀**记为 $f \oplus b$，其定义为

$$(f \oplus b)(s, t) = \max\{f(x, y) + b(s - x, t - y) \mid (x, y) \in D_f \text{ 和} [(s - x), (t - y)] \in D_b\} \tag{15.2.1}$$

式中，D_f 和 D_b 分别是 f 和 b 的定义域。这里限制 $(s-x)$ 和 $(t-y)$ 在 b 的定义域之内，类似于在二值膨胀定义中要求两个运算集合至少有一个(非零)元素相交。式(15.2.1)与2-D卷积的形式很类似，区别是用max(求最大)替换了卷积中的求和(或积分)，用加法替换了卷积中的相乘。膨胀灰度图像的结果是，比背景亮的区域得到扩张，而比背景暗的区域受到压缩。

下面先借用1-D函数来简单介绍式(15.2.1)的含义和运算操作机理。考虑1-D函数时，式(15.2.1)可简化为

$$(f \oplus b)(s)=\max\{f(x)+b(s-x) \mid x \in D_f \text{ 和 } (s-x) \in D_b\} \tag{15.2.2}$$

如同在卷积中，$b(-x)$ 是对应 x 轴原点的映像。对正的 s，$b(s-x)$ 移向右边；对负的 s，$b(s-x)$ 移向左边。要求 x 在 f 的定义域内且要求 $(s-x)$ 的值在 b 的定义域内是为了让 f 和 b 相重合。

例 15.2.1　灰度膨胀示意

图15.2.1给出了灰度膨胀的一个示意，其中图15.2.1(a)和图15.2.1(b)分别给出了 f 和 b，图15.2.1(c)同时图示了运算过程中结构元素 b(反转后)的一些位置，而图15.2.1(d)中粗线给出了最终的膨胀结果。由于膨胀具有互换性，所以如果让 f 反转平移进行膨胀其结果也完全一样。

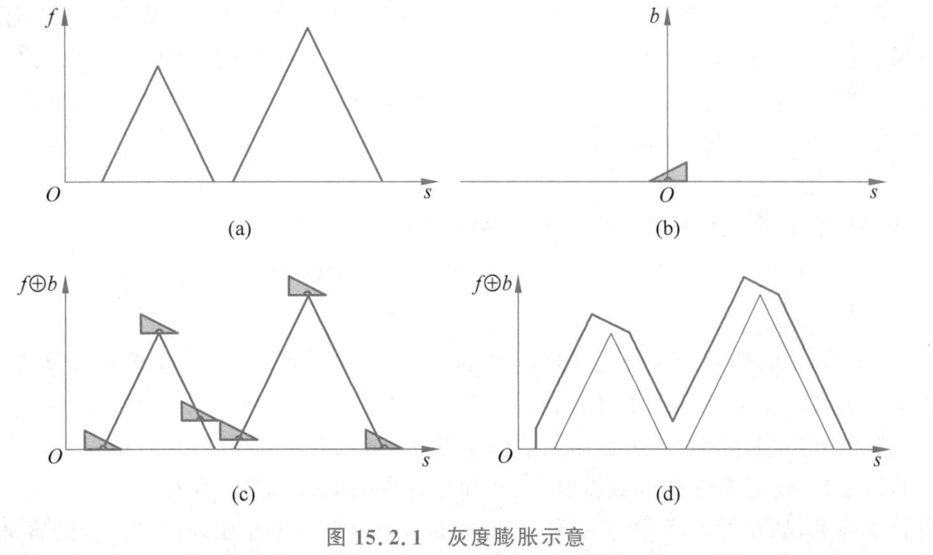

图 15.2.1　灰度膨胀示意

□

膨胀的计算是在由结构元素确定的邻域中选取 $f+b$ 的最大值，所以对灰度图像的膨胀操作有两类效果。

(1) 如果结构元素的值都为正，则输出图像会比输入图像亮。

(2) 如果输入图像中暗细节的尺寸比结构元素小，则其视觉效果会被减弱，减弱的程度取决于这些暗细节周围的灰度值以及结构元素的形状和幅值。

例 15.2.2　灰度膨胀计算示例

图15.2.2给出了灰度膨胀的一个示例。图15.2.2(a)是5×5的图像 f，图15.2.2(b)是3×3的结构元素 b，原点在其中心元素处，图15.2.2(c)是其映射。由于 b 的尺寸为3×3，为避免其系数在膨胀时落到 f 的外面，所以这里不考虑 f 的边缘像素，即对5×5的 f，只考虑其中心3×3的部分。f 的原点(0,0)定在左上角，所以需考虑的3×3部分的坐标如图15.2.2(d)所示。如将 b 的原点与 f 中(1,1)重合，计算 b 中各值与其在 f 中对应像素值之和，结果如图15.2.2(e)所示。取其中的最大值作为膨胀结果，则 f 更新为如图15.2.2(f)所示(更新值

以粗体表示）。再如将 b 原点与(2,2)重合，计算 b 中各值与其在 f 中对应像素值之和，结果如图 15.2.2(g)所示。再取其中的最大值作为膨胀结果，则 f 又更新为如图 15.2.2(h)所示。对 f 中心 3×3 的像素都如上进行膨胀，最后得到的结果如图 15.2.2(i)所示。

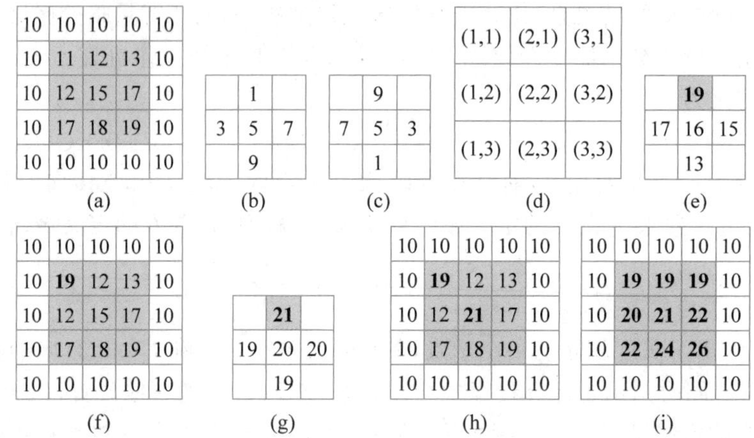

图 15.2.2　灰度膨胀计算和效果示例

对比图 15.2.2(a)与图 15.2.2(i)中心 3×3 的部分可见前述对灰度图像进行膨胀操作的两类效果。首先，这里结构元素的值都为正，且图 15.2.2(i)的灰度值均比图 15.2.2(a)的灰度值大。其次，考虑第一行的 3 个像素值(对应较暗部分)，图 15.2.2(a)中 3 个值依次相差 1，而图 15.2.2(i)中 3 个值完全相同，视觉上的区分度消失了。

2. 灰度腐蚀

用结构元素 b 对输入图像 f 进行**灰度腐蚀**记为 $f \ominus b$，其定义为

$$(f \ominus b)(s,t)=\min\{f(x,y)-b(s+x,t+y) \mid (x,y) \in D_f \text{ 和} [(s+x),(t+y)] \in D_b\} \tag{15.2.3}$$

式中，D_f 和 D_b 分别是 f 和 b 的定义域。这里限制$(s-x)$和$(t-y)$在 b 的定义域之内，类似于二值腐蚀定义中要求结构元素完全包括在被腐蚀集合中。式(15.2.3)与 2-D 相关很类似，区别是这里用 min(求最小)替换了相关中的求和，用减法替换了相关中的相乘。所以腐蚀灰度图像的结果是，比背景暗的区域得到扩张，而比背景亮的区域受到压缩。

为简单起见，如在讨论膨胀时一样，下面用 1-D 函数来简单介绍式(15.2.3)的含义和运算操作机理。用 1-D 函数时式(15.2.3)可简化为

$$(f \ominus b)(s)=\min\{f(x)-b(s+x) \mid x \in D_f \text{ 和} (s+x) \in D_b\} \tag{15.2.4}$$

如同在相关计算中，对正的 s，$f(s+x)$移向右边；对负的 s，$f(s+x)$移向左边。要求 x 在 f 的定义域内且要求值$(s+x)$在 b 的定义域内是为了把 b 完全包含在 f 的定义范围内。

例 15.2.3　灰度腐蚀示意

图 15.2.3(a)和图 15.2.3(b)分别给出了用图 15.2.1(b)中结构元素对图 15.2.1(a)中输入图像进行腐蚀的运算过程(让 b 平移)中结构元素的一些位置和最终的腐蚀结果。

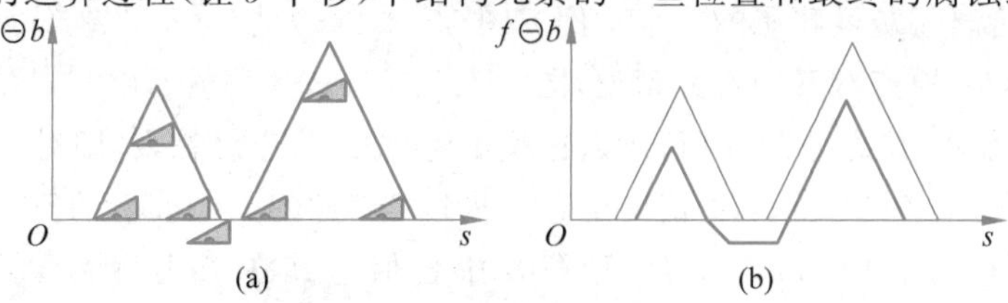

图 15.2.3　灰度腐蚀示意

□

腐蚀的计算是在由结构元素确定的邻域中选取 $f-b$ 的最小值，所以对灰度图像的腐蚀操作有两类效果。

(1) 如果结构元素的值都为正，则输出图像会比输入图像暗。

(2) 如果输入图像中亮细节的尺寸比结构元素小，则其视觉效果会被减弱，减弱的程度取决于这些亮细节周围的灰度值以及结构元素的形状和幅值。

例 15.2.4　灰度腐蚀计算示例

图 15.2.4 给出了灰度腐蚀的一个示例，所用图像 A 和结构元素 b 仍与图 15.2.2 相同。类似于例 15.2.2，如果将 b 原点与 f 中的(1,1)重合，计算 b 中各值与其在 f 中对应像素值之差，则结果如图 15.2.4(a)所示。取其中的最小值作为腐蚀结果，则 f 更新为如图 15.2.4(b)所示(更新值以粗体表示)。再如将 b 原点与(2,2)重合，计算 b 中各值与其在 f 中对应像素值之差，结果如图 15.2.4(c)所示。再取其中的最小值作为腐蚀结果，则 f 又更新为如图 15.2.4(d)所示。对 f 中所有需考虑的像素都如上进行腐蚀，最后得到的结果如图 15.2.4(e)所示。

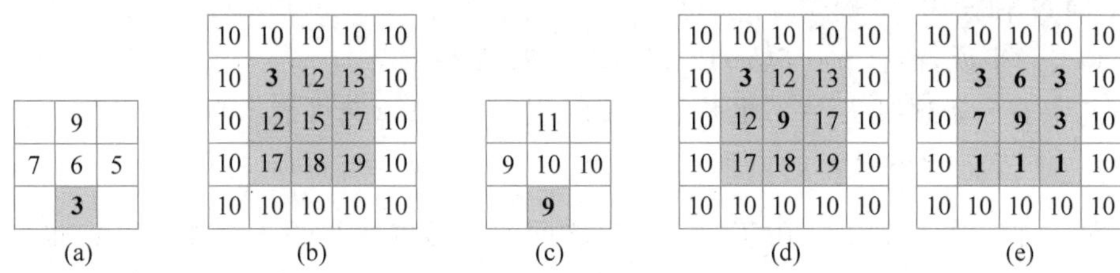

图 15.2.4　灰度腐蚀计算和效果示例

对比图 15.2.2(a)与图 15.2.4(e)中心 3×3 的部分可见前述对灰度图像进行腐蚀操作的两类效果。首先，这里结构元素的值都为正，且图 15.2.4(e)的灰度值均比图 15.2.2(a)的灰度值小。其次，考虑第三行的 3 个像素值(对应较亮部分)，图 15.2.2(a)中 3 个值依次相差 1，而图 15.2.4(e)中 3 个值完全相同，视觉上的区分度消失了。□

顺便指出，根据灰度膨胀和灰度腐蚀的定义和计算规则(还可参照例 15.2.2 和例 15.2.4)，其中结构元素中的零系数有可能影响最后的计算结果(与二值形态学不同)。这是因为灰度结构元素中的零系数会将对应图像中的像素值考虑进膨胀的加法和腐蚀的减法中来，而这些像素值有可能改变膨胀或腐蚀的结果。所以，在设计灰度形态学的结构元素时需要区分包含值为 0 的单元格和空("不在乎")的单元格，如图 15.2.5 所示。

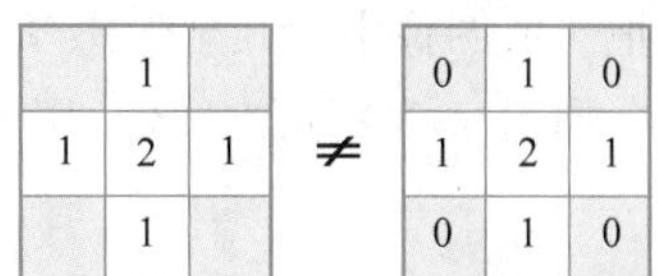

图 15.2.5　两个不同的灰度形态学结构元素

例 15.2.5　灰度膨胀和腐蚀实例

图 15.2.6 给出了一个灰度膨胀和腐蚀的实例。图 15.2.6(a)是原始图像，图 15.2.6(b)和图 15.2.6(c)分别为对图 15.2.6(a)各进行一次灰度膨胀操作和灰度腐蚀操作所得到的结果。所用结构元素中心元素为 2,4-邻域元素均为 1。

图 15.2.6　灰度膨胀和腐蚀实例　□

3. 灰度膨胀和腐蚀的对偶性

灰度膨胀和腐蚀相对于函数的补（补函数）和映像也是对偶的，它们的**对偶性**可表示为

$$(f \oplus b)^{c} = f^{c} \ominus \hat{b} \tag{15.2.5}$$

$$(f \ominus b)^{c} = f^{c} \oplus \hat{b} \tag{15.2.6}$$

这里函数的补定义为 $f^{c}(x,y)=-f(x,y)$，而函数的映像定义为 $\hat{b}(x,y)=b(-x,-y)$。

例 15.2.6　用最大最小值运算将形态学运算从二值图像推广到灰度图像

利用最大最小值运算也可把数学形态学的运算规则从二值图像推广到灰度图像。为此下面引入集合的**顶面**（T）和**本影**（U，也称为阴影）的概念。

为易于表达，先考虑 1-D 的情况。在空间平面 XY 上的一个区域 A，如图 15.2.7 所示。

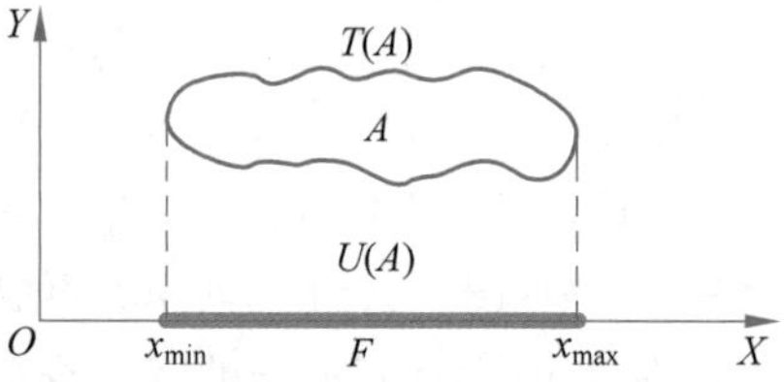

图 15.2.7　顶线和阴影

把 A 向 X 轴投影，可确定 $x_{\min}$ 和 $x_{\max}$。对属于 A 的每个点 (x,y) 来说，都有 $y=f(x)$ 成立。对 A 来说，它在平面 XY 上有一条顶线 $T(A)$，也就是 A 的上边缘 $T(A)$，它可表示为

$$T(A)=\{(x_i,y_i) \mid x_{\min} \leqslant x_t \leqslant x_{\max}, y_t = \max_{(x_i,y_i)\in A} f(x_t)\} \tag{15.2.7}$$

把 $T(A)$ 向 X 轴投影得到 F。在 $T(A)$ 与 F 之间的就是本影 $U(A)$，本影 $U(A)$ 也包括区域 A。以上讨论可以方便地推广到空间 XYZ 中去。一个 2-D 灰度图对应在 XYZ 上的一个体 V，它有一个顶面 $T(V)$，也就是 V 的上曲面。类似于式(15.2.7)，这个顶面可写为

$$T(V)=\{(x_t,y_t,z_t) \mid x_{\min} \leqslant x_t \leqslant x_{\max}, y_{\min} \leqslant y_t \leqslant y_{\max}, z_t = \max_{(x_i,y_i,z_i)\in V} f(x_t,y_t)\} \tag{15.2.8}$$

根据灰度图像的顶面和阴影定义，如果把 $U(V)$ 以内当作“黑”区，$U(V)$ 以外当作“白”区，就可以把二值图像中的几个形态学算符加以引申用到灰度图像中。

如用 f 表示灰度图像，用 b 表示灰度结构元素，则用 b 对 f 的膨胀、腐蚀分别定义为

$$f \oplus b = T\{U(f) \oplus U(b)\} \tag{15.2.9}$$

$$f \ominus b = T\{U(f) \ominus U(b)\} \tag{15.2.10}$$

最后，所引进的两个新算符 T 和 U 满足(可参见图 15.2.6)：

$$T\{U(f)\} = f \tag{15.2.11}$$

即顶面运算是本影运算的逆运算。□

15.2.2　灰度开启和闭合

灰度数学形态学中关于开启和闭合的表达与它们在二值数学形态学中的对应运算是一致的。用 b 开启 f 记为 $f \circ b$，其定义为

$$f \circ b = (f \ominus b) \oplus b \tag{15.2.12}$$

用 b 闭合 f 记为 $f \bullet b$，其定义为

$$f \bullet b = (f \oplus b) \ominus b \tag{15.2.13}$$

开启和闭合相对于函数的补和映像也是对偶的，它们的**对偶性**可表示为

$$(f \circ b)^{c} = f^{c} \bullet \hat{b} \tag{15.2.14}$$

$$(f \bullet b)^{c} = f^{c} \circ \hat{b} \tag{15.2.15}$$

因为 $f^{c}(x,y)=-f(x,y)$，所以式(15.2.14)和式(15.2.15)也可以写成

$$-(f\circ b)=-f\bullet\hat{b} \tag{15.2.16}$$

$$-(f\bullet b)=-f\circ\hat{b} \tag{15.2.17}$$

灰度开启和**灰度闭合**都可以有简单的几何解释，下面借助图 15.2.8 来讨论。在图 15.2.8(a)中，给出了一幅图像 $f(x,y)$ 在 y 为常数时的一个剖面 $f(x)$，其形状为一连串的山峰山谷。现在设结构元素 b 是球状的，投影到 x 和 $f(x)$ 平面上是个圆，分别讨论开启和闭合的情况。

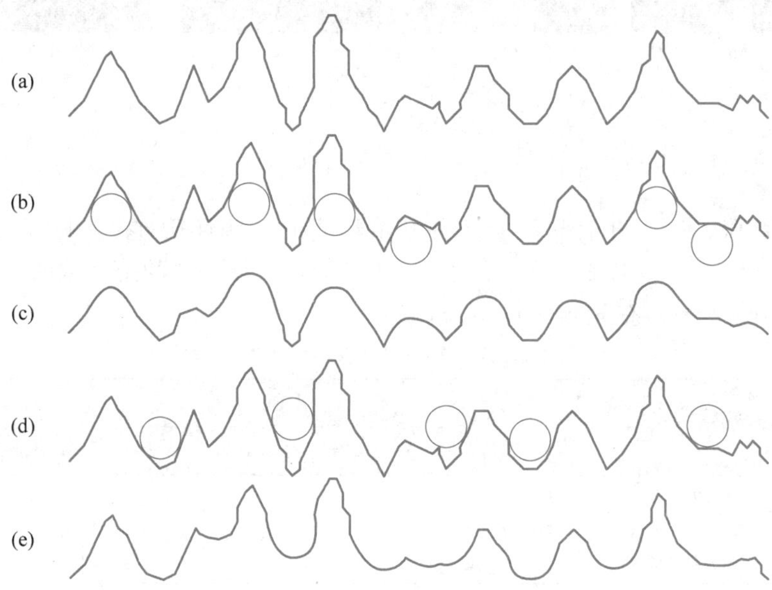

图 15.2.8　灰度开启和闭合示意

用 b 开启 f，即 $f\circ b$，可看作将 b 贴着 f 的下沿从一端滚到另一端。图 15.2.8(b)给出了 b 在开启中的几个位置，图 15.2.8(c)给出了开启操作的结果。从图 15.2.8(c)可以看出，所有直径小于 b 的山峰其高度和尖锐程度都减弱了。换句话说，当 b 贴着 f 的下沿滚动时，f 中没有与 b 接触的部位都下落到与 b 接触。实际中常用开启操作消除与结构元素相比尺寸较小的亮细节，而保持图像整体灰度值和大的亮区域基本不受影响。具体就是第一步的腐蚀去除了小的亮细节并同时减弱了图像亮度，第二步的膨胀增加(基本恢复)了图像亮度但又不会重新引入前面去除的细节。

用 b 闭合 f，即 $f\bullet b$，可看作将 b 贴着 f 的上沿从一端滚到另一端。图 15.2.8(d)给出了 b 在闭合中的几个位置，图 15.2.8(e)给出了闭合操作的结果。从图 15.2.8(e)可以看出，山峰基本没有变化，而所有直径小于 b 的山谷得到了填充。换句话说，当 b 贴着 f 的上沿滚动时，f 中没有与 b 接触的部位都填充到与 b 接触。实际中常用闭合操作消除与结构元素相比尺寸较小的暗细节，而保持图像整体灰度值和大的暗区域基本不受影响。具体就是第一步的膨胀去除了小的暗细节并同时增强了图像亮度，第二步的腐蚀减弱(基本恢复)了图像亮度但又不会重新引入前面去除的细节。

例 15.2.7　灰度开启和闭合实例

图 15.2.9(a)和图 15.2.9(b)分别给出了对图 1.1.1(b)进行灰度开启和闭合运算的结果，这里所用灰度结构元素与例 15.2.5 中相同。注意，图 15.2.9(a)中摄影师手握的操纵柄变得不太明显了，可见灰度开启消除了尺寸较小的亮细节。另外，由图 15.2.9(b)中摄影师嘴巴处变模糊可知，灰度闭合能够消除尺寸较小的暗细节。图 15.2.9(c)和图 15.2.9(d)分别给出了对图 15.2.6(a)进行灰度开启和闭合运算的结果。开启使图像变得灰暗一些，而闭合使

图像变得明亮一些。

(a)

(b)

(c)

(d)

图 15.2.9 灰度开启和闭合实例 □

15.2.3 灰度基本运算性质

前述灰度膨胀、腐蚀、开启和闭合 4 种基本运算的一些性质（参见 14.2.3 小节）列于表 15.2.1 中。其中 $u \perp v$ 代表 u 在 v 的下方（即 u 的定义域是 v 的定义域的子集，且对在 u 的定义域中的任意 (x,y) 有 $u(x,y) \leqslant v(x,y)$）。

表 15.2.1 灰度形态学 4 种基本运算的性质

性质	运算			
	膨胀	腐蚀	开启	闭合
互换性	$f \oplus b = b \oplus f$			
组合性	$(f \oplus b) \oplus c = f \oplus (b \oplus c)$	$(f \ominus b) \ominus c = f \ominus (b \oplus c)$		
增长性	$f_1 \perp f_2 \Rightarrow f_1 \oplus b \perp f_2 \oplus b$	$f_1 \perp f_2 \Rightarrow f_1 \ominus b \perp f_2 \ominus b$	$f_1 \perp f_2 \Rightarrow f_1 \circ b \perp f_2 \circ b$	$f_1 \perp f_2 \Rightarrow f_1 \bullet b \perp f_2 \bullet b$
同前性			$(f \circ b) \circ b = f \circ b$	$(f \bullet b) \bullet b = f \bullet b$
外延性	$f \perp (f \oplus b)$			$f \perp (f \bullet b)$
非外延性		$(f \ominus b) \perp f$	$(f \circ b) \perp f$	

15.3 灰度形态学组合运算

利用 15.2 节已介绍的灰度形态学基本运算，可通过组合得到一系列灰度形态学组合运算。

15.3.1 形态滤波

许多形态学操作的目标是实现空域滤波（见上册 3.2 节），滤波根据其功能主要分成**平滑滤波**和**锐化滤波**两类，而计算灰度梯度是实现锐化滤波的典型方法。

1. 形态梯度

膨胀和腐蚀常结合使用以计算形态学梯度。最基本的**形态梯度**可定义为

$$\text{grad}_1 = (f \oplus b) - (f \ominus b) \tag{15.3.1}$$

形态梯度能加强图像中比较尖锐的灰度过渡区。与各种空间梯度算子（见 2.2.2 小节）不同的是，用对称的结构元素得到的形态梯度受边缘方向的影响较小，但一般计算形态梯度所需的计算量要大些。

例 15.3.1 形态梯度 grad_1 示例

图 15.3.1 给出了应用式(15.3.1)于二值图像的一个示例（这里使用 8-邻域结构元素），其

中图 15.3.1(a)表示图像 f,图 15.3.1(b)表示 $f \oplus b$,图 15.3.1(c)表示 $f \ominus b$,图 15.3.1(d)给出 grad_1。注意,$f \oplus b$ 将 f 中亮区域扩展一个像素的宽度,而 $f \ominus b$ 将 f 中暗区域又收缩掉一个像素的宽度,所以 grad_1 给出的边界有两个像素宽。

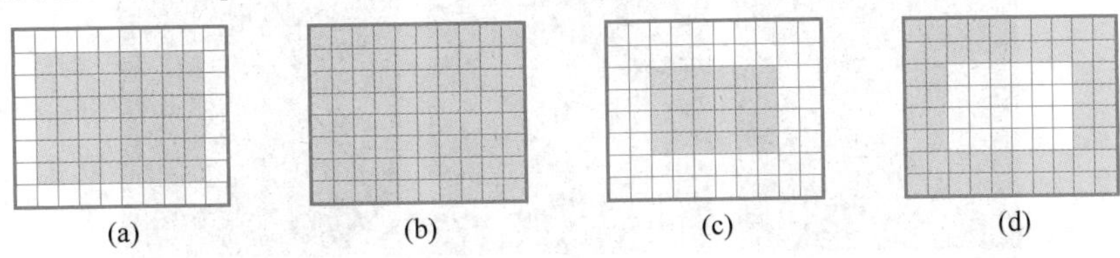

图 15.3.1 形态梯度 grad_1 的示例 □

较尖锐(细)的边界可用如下两个等价(严格地讲,离散时不等价)定义的形态梯度获得:

$$\text{grad}_2 = (f \oplus b) - f \tag{15.3.2}$$

$$\text{grad}_2 = f - (f \ominus b) \tag{15.3.3}$$

例 15.3.2 形态梯度 grad_2 示例

图 15.3.2 给出了应用式(15.3.2)的一个示例(这里使用 8-邻域结构元素),其中图 15.3.2(a)为图像 f,图 15.3.2(b)为 $f \oplus b$,图 15.3.2(c)为 $f \oplus b - f$。这样所得边缘为一个像素宽。

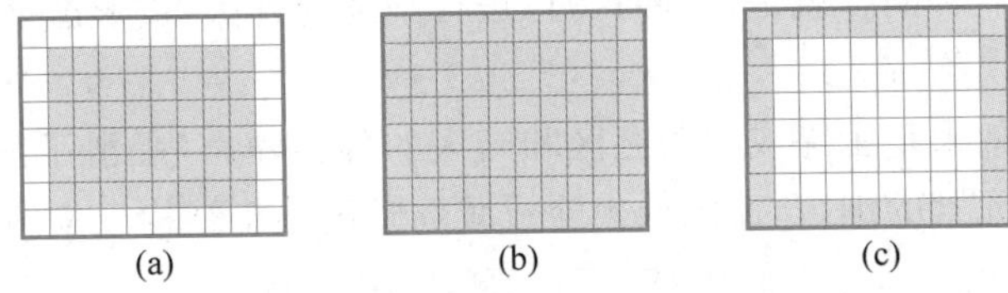

图 15.3.2 形态梯度 grad_2 的示例

由图 15.3.2 可见,这样得到的单像素宽的边缘实际上是在背景中的。如果使用式(15.3.3),则得到的单像素边缘会属于目标。 □

需要注意,形态梯度 grad_1 和 grad_2 都不会放大图像中的噪声,但仍保留了原有的噪声。下面给出另一种形态梯度:

$$\text{grad}_3 = \min\{[(f \oplus b) - f], [f - (f \ominus b)]\} \tag{15.3.4}$$

这种形态梯度对孤立的噪声点不敏感,如果将它用于理想斜面边缘,则检测效果很好。它的缺点是不能检测理想的阶梯边缘,但这时可先对图像进行模糊处理,将理想阶梯边缘转化为理想斜面边缘,然后再用 grad_3。这里需要注意的是,模糊模板的范围与用于膨胀和腐蚀模板的范围要一致。当使用 4-邻域圆柱模板时(见 15.3.2 小节),对给定图像 f,它对应的模糊图像 h 是

$$h(x,y) = \frac{1}{5}[f(x,y) + f(x+1,y) + f(x,y+1) + f(x-1,y) + f(x,y-1)] \tag{15.3.5}$$

在此基础上得到的形态梯度为

$$\text{grad}_4 = \min\{[(h \oplus b) - h], [h - (h \ominus b)]\} \tag{15.3.6}$$

这里由于进行了模糊的原因,所得到的边缘强度会有所减弱。因此,如果图像中噪声不是太强,那么最好直接使用 grad_3 而不去模糊图像。在选择使用 grad_3 和 grad_4 之一时,必须兼顾较大的信噪比和较尖锐的边缘两方面的要求。

例 15.3.3 形态梯度计算实例

图 15.3.3(a)和图 15.3.3(b)分别给出了对图 1.1.1 中两幅图像进行形态梯度计算的结

果。为与梯度算子比较，图 15.3.1(c)给出了对第二幅图像用索贝尔梯度算子得到的梯度（幅度）图像。它们的共同特点都是加强或检测出了图像中的边缘信息。

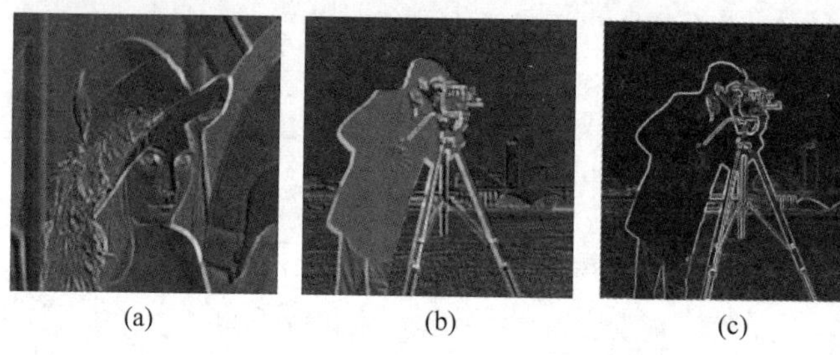

(a) (b) (c)

图 15.3.3 形态梯度计算实例

□

2.2.2 小节介绍的边缘检测算子多通过计算局部微分来工作，一般这类边缘检测器对噪声较敏感因而会加强噪声。**形态边缘检测器**虽也对噪声较敏感但不会加强或放大噪声。另外，式(15.3.2)和式(15.3.3)都可用于检测灰度边缘，与二值形态学中类似，它们分别被称为**膨胀残差边缘检测器**和**腐蚀残差边缘检测器**。

2. 形态平滑

先对图像开启然后再闭合就是一种对图像进行平滑的方法，设**形态平滑**的结果为 g，则

$$g=(f\circ b)\bullet b \tag{15.3.7}$$

式中两种操作的综合效果是去除或减弱亮区和暗区的各类噪声（平滑了图像），其中开启去除或减弱亮区小于结构元素的细节，而闭合去除或减弱暗区小于结构元素的细节。

图 15.3.4 形态平滑实例 □

例 15.3.4 形态平滑实例

图 15.3.4 给出了用 4-邻域构成的灰度结构元素对图 1.1.1(b)进行形态平滑的结果。平滑后三脚架上的波纹看不出来了，变得更加光滑。

3. 形态滤波器

更一般地讲，实现形态滤波功能的是**形态滤波器**。形态滤波器是非线性信号滤波器，它通过形态变换来局部地修改信号的几何特征[Mahdavieh 1992]。如果将在欧氏空间中的每个信号都看成一个集合，则形态滤波是改变信号形状的集合操作。给定滤波操作和滤波输出就可以得到对输入信号几何结构的定量描述。

膨胀和腐蚀并不互为逆运算，所以不能互换次序。例如，在腐蚀中丢失的信息并不能依靠对腐蚀后的图像进行膨胀而恢复。在基本的形态学操作中，膨胀和腐蚀很少单独使用。将膨胀和腐蚀结合使用可得到开启和闭合，而在图像分析中最常使用的是开启和闭合的各种组合。形态滤波器的一种实现方案就是将开启和闭合结合起来。开启和闭合可用于对几何特征的定量研究，因为它们对所保留或除掉特征的灰度影响很小。

从消除比背景亮且尺寸比结构元素小的结构的角度来看，开启有些像非线性低通滤波器。但是开启与阻止各种高频的频域低通滤波不同，在大小结构都有较高的空间频域时开启只允许大结构通过而能去除小的结构。开启一幅图像可消除图中的孤岛或尖峰等过亮的点。闭合对较暗特征的功能与开启对较亮特征的功能对应，它可将比背景偏暗且尺寸比结构元素偏小的结构消除掉。

将开启和闭合结合起来可以消除噪声。如果用一个小的结构元素先开启再闭合一幅图像，就有可能将图像中小于结构元素的类似噪声结构除去。常用的结构元素为小半球。

图 15.3.5 给出了这种混合滤波器的示意图。需要指出，在滤除噪声效果方面，中值、Sigma 和卡尔曼(Kalman)滤波器常常比混合形态滤波器好。

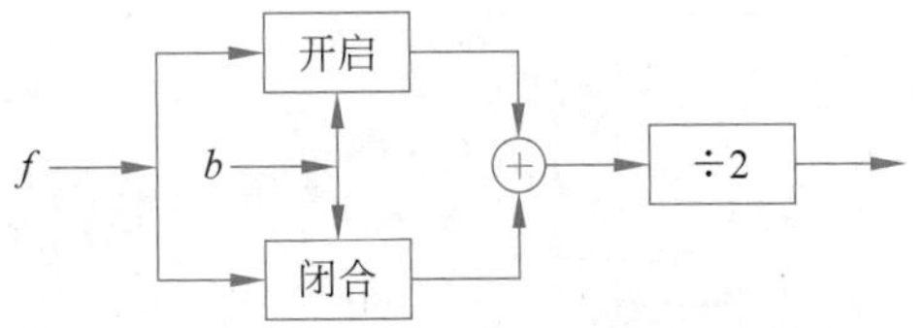

图 15.3.5　开启和闭合结合的混合滤波器

筛滤波器是一种仅允许尺寸在某个窄范围内的结构通过的形态滤波器。例如，要提取尺寸为 $n\times n$ 个像素(n 为奇数)的亮点状缺陷，可使用下列滤波器 S(上标表示结构元素的尺寸)：

$$S=(f\circ b^{n\times n})-[f\circ b^{(n-2)\times(n-2)}] \tag{15.3.8}$$

筛滤波器与频域带通滤波器类似，式(15.3.8)中的第一项将尺寸小于 $n\times n$ 的所有亮的结构除去，第二项将尺寸小于$(n-2)\times(n-2)$的所有亮的结构除去。所以将这两项相减就留下尺寸在 $n\times n$ 和$(n-2)\times(n-2)$之间的结构。一般当需要滤除结构的尺寸为若干像素时筛滤波器的效果最好。为提取细长的目标可用线状(3-D 中是面状)的结构元素进行开启和闭合。

4. 软形态滤波器

软形态滤波器与基本的形态滤波器很相似，主要区别是软形态滤波器对加性噪声不太敏感，对需滤波目标的形状变化也不太敏感。

软形态滤波器可以在**加权排序统计**的基础上定义。两个基本的软形态滤波操作是软膨胀和软腐蚀。将标准形态学中的结构元素用**结构系统**替换，结构系统$[B,C,r]$包括 3 个参数：有限平面集合 C 和 B，$C\subset B$，一个满足 $1\leqslant r\leqslant|B|$的自然数 r。集合 B 称为结构集合，C 是它的硬中心，B-C 给出了它的软轮廓，而 r 是其中心的阶数。软形态滤波器将灰度图像 $f(x,y)$转换成另一幅图像。

用结构系统$[B,C,r]$对 $f(x,y)$进行**软膨胀**记为 $f\oplus[B,C,r](x,y)$，其定义为

$$f\oplus[B,C,r](x,y)=\text{复合集}\{r\Diamond f(c):c\in C_{(x,y)}\}\cup\{f(b):b\in(B-C)_{(x,y)}\}\text{ 的第 }r\text{ 个最大值} \tag{15.3.9}$$

其中，◇表示重复操作，**复合集**是一系列目标的集合，在其上可进行重复操作。例如，{1,1,1,2,3,3}={3◇1,2,2◇3}就是一个复合集。

用结构系统$[B,C,r]$对 $f(x,y)$进行**软腐蚀**记为 $f\ominus[B,C,r](x,y)$，其定义为

$$f\ominus[B,C,r](x,y)=\text{复合集}\{r\Diamond f(c):c\in C_{(x,y)}\}\cup\{f(b):b\in(B-C)_{(x,y)}\}\text{ 的第 }r\text{ 个最小值} \tag{15.3.10}$$

对 $f(x,y)$用结构系统$[B,C,r]$在任何位置(x,y)进行软膨胀或软腐蚀均是通过移动集合 B 和 C 到位置(x,y)，并根据在移动后的集合中的 $f(x,y)$值来构成复合集。其中在硬中心的 $f(x,y)$值要重复 r 遍，然后对软膨胀取复合集中的第 r 个最大值，而对软腐蚀取复合集中的第 r 个最小值。

图 15.3.6 和图 15.3.7 分别给出了软膨胀和软腐蚀的示例。图 15.3.6(a)和图 15.3.7(a)均给出了结构元素 B 和它的中心 C，其中浅色点既代表原点也代表结构集合的硬中心 C 这个结构集合 B 的元素，深色点代表结构集合 B 的元素。图 15.3.6(b)和图 15.3.7(b)均是原始图像。图 15.3.6(c)表示 $f\oplus[B,C,1]$，图 15.3.6(d)表示 $f\oplus[B,C,2]$，图 15.3.6(e)表示 $f\oplus[B,C,3]$，图 15.3.6(f)表示 $f\oplus[B,C,4]$。图 15.3.7(c)表示 $f\ominus[B,C,1]$，图 15.3.7(d)表示 $f\ominus[B,C,2]$，图 15.3.7(e)表示 $f\ominus[B,C,3]$，图 15.3.7(f)表示 $f\ominus[B,C,4]$。图 15.3.6(c)～

图 15.3.6(f)中的浅色点代表不属于原始图像但膨胀出来的点，图 15.3.7(c)～图 15.3.7(f)中的浅色点代表属于原始图像但被腐蚀掉的点。

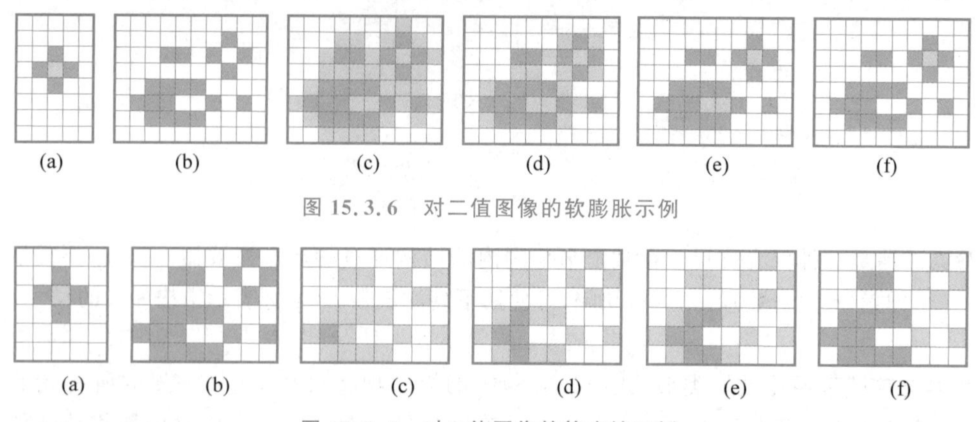

图 15.3.6　对二值图像的软膨胀示例

图 15.3.7　对二值图像的软腐蚀示例

在极端的情况下，软形态操作简化成标准的形态操作。例如 $r=1$ 或 $C=B$，就是用结构元素 B 进行的标准操作。如果 $r>|B-C|$，就是用结构集合 B 进行的标准操作。

对灰度图像，令结构集合 $B=\{(-1,0),(0,1),(0,0),(0,-1),(1,0)\}$ 和它的中心 $C=\{(0,0)\}$，那么用结构系统$[B,C,4]$进行软腐蚀的定义为

$$f\ominus[B,C,4](x,y)=\text{复合集}\{f(x-1,y),f(x,y+1),f(x,y),f(x,y),f(x,y),f(x,y),f(x,y-1),f(x+1,y)\}\text{的第 4 小值} \tag{15.3.11}$$

滤波器在点(x,y)的输出将是 $f(x,y)$，除非集合$\{f(b):b(B-C)_{(x,y)}\}$的所有值都小于 $f(x,y)$。在后一种情况下输出是集合$\{f(b):b(B-C)_{(x,y)}\}$的最大值。

15.3.2　高帽变换和低帽变换

高帽变换名称的来源是由于它使用上部平坦的柱体或平行六面体（像一顶高帽）作为结构元素。将对一幅图像 f 用结构元素 b 进行高帽变换得到的结果记为 T_{h}，则

$$T_{\mathrm{h}}=f-(f\circ b) \tag{15.3.12}$$

即从原图像中减去对原图像开启的结果。这个变换适用于图像中有亮的目标在暗背景上的情况，能加强图像中亮区的细节。

与高帽变换对应的是**低帽变换**，顾名思义，它要使用下部平坦的柱体或平行六面体（类似将一顶高帽的帽顶冲下放置）作为结构元素。实际中，仍可使用上部平坦的柱体或平行六面体（与高帽变换相同）作为结构元素，但将操作改为先用结构元素对原图像进行闭合，再从结果中减去原图像。将用结构元素 b 对一幅图像 f 进行一次低帽变换得到的结果记为 T_{b}，则

$$T_{\mathrm{b}}=(f\bullet b)-f \tag{15.3.13}$$

这个变换适用于图像中有暗的目标在亮的背景上的情况，能加强图像中较暗区域的细节。

例 15.3.5　高帽变换实例

设用 8-邻域构成的灰度结构元素作为高帽，用它对图 1.1.1 中两幅图像进行高帽变换而得到的结果见图 15.3.8。□

因为式(15.3.12)的高帽变换中使用了开启，[Chen 2002]将其称为**开启高帽变换**，而将式(15.3.13)的低帽变换称为**闭合高帽变换**。如果用高帽变换对灰度值变化不大的图像区域进行边缘检测，则某些灰度对比度较小的边缘可能无法检测出来。此时可考虑采用伪高帽变换。

图 15.3.8 高帽变换实例

当使用二值结构元素时，[Chen 2002]证明了图像中的局部极小值和局部极大值分别在开启和闭合操作后保持不变。对灰度开启和闭合操作，如果使用圆柱形结构元素，则也会保持该性质。据此，[Chen 2002]提出了**伪高帽变换**，也可分为伪开启高帽变换和伪闭合高帽变换。与原始的开启高帽变换从原始图像中减去开启操作的结果不同，伪开启高帽变换从原始图像中仅减去开启操作的结果中不变的像素。类似地，与原始的闭合高帽变换从闭合操作的结果中减去原始图像不同，伪闭合高帽变换仅从闭合操作的结果中不变的像素里减去原始图像。这两种伪高帽变换都比原始高帽变换能更好地增强图像中小灰度级的变化。

图 15.3.9 给出了开启高帽变换与伪开启高帽变换的一个对比。图 15.3.9(a)与图 15.2.2(a)中的图像相同，图 15.3.9(b)给出了一个简单的圆柱形结构元素(各元素值相同)。图 15.3.9(c)所示为开启高帽变换最终得到的结果，图 15.3.9(d)所示为伪开启高帽变换中的开启操作结果，图 15.3.9(e)所示为伪开启高帽变换最终得到的结果。

10	10	10	10	10
10	11	12	13	10
10	12	15	17	10
10	17	18	19	10
10	10	10	10	10

(a)

	1	
1	1	1
	1	

(b)

10	10	10	10	10
10	0	**0**	**2**	10
10	**0**	**3**	**5**	10
10	**6**	**6**	**8**	10
10	10	10	10	10

(c)

10	10	10	10	10
10	11	12	0	10
10	12	0	0	10
10	0	0	0	10
10	10	10	10	10

(d)

10	10	10	10	10
10	**0**	**0**	**13**	10
10	**0**	**15**	**17**	10
10	**17**	**18**	**19**	10
10	10	10	10	10

(e)

图 15.3.9 开启高帽变换与伪开启高帽变换的对比

观察图 15.3.9(d)所示的伪开启高帽变换的开启操作结果，其中将原灰度值发生变化的像素的灰度值置为 0，而其他像素的灰度值不变。这样，在接下来的高帽变换后，原灰度值发生变化的像素的灰度值将保持不变，而其他灰度值没有发生变化的像素的灰度值将变为 0。比较图 15.3.9(c)和图 15.3.9(e)可见，图像中沿 45°方向边缘两边的灰度差值在伪开启高帽变换结果中要远大于开启高帽变换中的结果。所以，原来对比度较小的边缘现在检测出来的可能性变大了。

15.4 灰度形态学实用算法

综合利用 15.2 节介绍的基本运算和 15.3 节介绍的组合运算，还可得到一系列实用的算法。这里操作对象是灰度图像，运算结果也是灰度图像。灰度形态学操作的效果在图像中较亮或较暗的区域通常比较明显。

15.4.1 背景估计和消除

形态滤波器能改变图像的灰度值，但灰度值的改变取决于滤波器的几何特性且可借助结构元素来控制。一个典型的例子是**背景估计和消除**。形态滤波可将弱的(不太明显的)目标很好地检测出来,特别是对具有低对比度过渡区的图像。利用开启操作可将比背景亮且比结构元素尺寸小的区域除去。所以通过选取合适的结构元素进行开启可使图像中仅剩下对背景的估计。如果从原始图像中减去对背景的估计就可将目标提取出来(参见15.3.2小节中的高帽变换):

$$背景估计 = f \circ b \tag{15.4.1}$$

$$背景消除 = f - (f \circ b) \tag{15.4.2}$$

利用闭合操作可将比背景暗且比结构元素尺寸小的区域除去,所以通过选取合适的结构元素进行闭合同样可使图像中仅剩下对背景的估计。如果将原始图像从对背景的估计中减去也可将目标提取出来(参见15.3.2小节中的低帽变换):

$$背景估计 = f \bullet b \tag{15.4.3}$$

$$背景消除 = (f \bullet b) - f \tag{15.4.4}$$

在对背景的估计中,圆柱形结构元素效果较好(见例15.4.1)。不过在滤波中,半圆球结构元素常比圆柱结构元素的效果要好。由于边缘比较尖锐,所以圆柱会将许多有用的灰度信息除掉,而半圆球则以较缓的边缘掠过原图像曲面。

例15.4.1 半圆球和圆柱结构元素的比较

图15.4.1给出了用半径相同的一个圆柱和一个半圆球结构元素对图像 f 进行开启的示例(这里对它们都使用了1-D剖面),其中图15.4.1(a)和图15.4.1(b)是用半圆球开启的示意及结果,图15.4.1(c)和图15.4.1(d)是用圆柱开启的示意及结果。

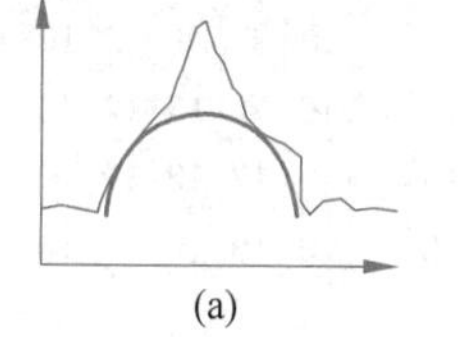
(a)
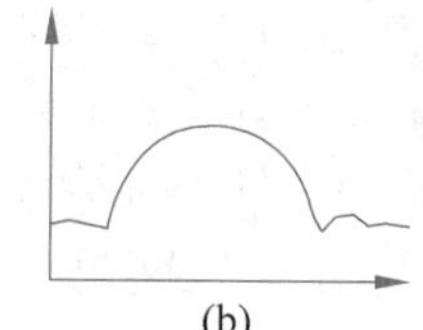
(b)
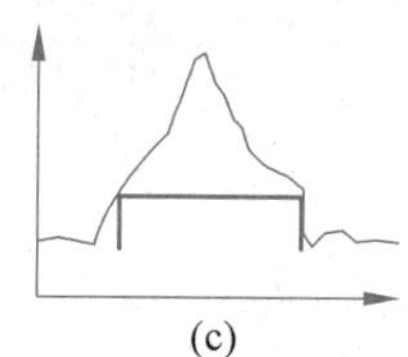
(c)
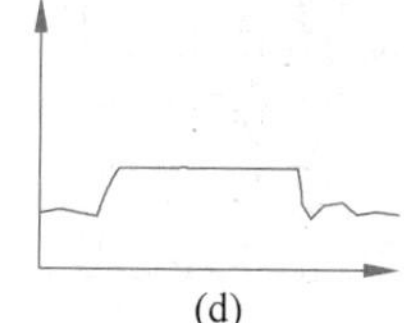
(d)

图15.4.1 用半圆球和圆柱开启效果的比较

由图15.4.1可见,用圆柱开启的结果较好,因为它可使结构的残留最少。当用半圆球开启时,其上部有可能与结构尖峰部分吻合而使得估计出的背景曲面不能真正反映背景的灰度。这样,当从原始灰度中减去背景曲面时会使接近结构尖峰处灰度减少。如果使用圆柱开启就可基本消除这个问题。由图15.4.1还可见,要从图像中去掉亮的区域,需用直径大于区域的圆柱来开启图像;而要从图像中去掉暗的区域,需用直径大于区域的圆柱来闭合图像。当然如果使用半径足够大的半圆球,那么也可取得相类似的效果,但计算时间将大大增加。 □

15.4.2 目标分割

借助对各种灰度形态学操作的组合,可以实现对图像中不同类型目标的分割。

1. 聚类快速分割

将条件膨胀和最终腐蚀(也称终极腐蚀)结合起来可实现对图像的分割。

一般的膨胀可有两种扩展:一种是**条件膨胀**;另一种是反复条件膨胀(重复条件膨胀或顺序条件膨胀)。在条件 X 的(X 可看作一个限定集合)情况下用 b 膨胀 f 记为 $f \oplus b; X$,并定义为

$$f \oplus b; X = (f \oplus b) \cap X \tag{15.4.5}$$

反复条件膨胀是上述操作的扩展,并记为 $f \oplus \{b\}; X$(这里 $\{b\}$ 代表迭代地用 b 膨胀 f 直到不

再有变化)：

$$f \oplus \{b\};\ X=[[[(f \oplus b) \cap X] \oplus b] \cap X] \oplus b \cdots \tag{15.4.6}$$

最终腐蚀的意思是指反复腐蚀一个目标直到它消失，此时保留这之前最后一步的结果(这个结果也称为目标的种子)。令 $f_k=f \ominus kb$，其中，b 是单位圆，kb 是半径为 k 的圆。最终腐蚀集合 g_k 可定义为 f_k 中的元素，如果 $l>k$，则 g_k 在 f_l 中消失。最终腐蚀的第一步是反复条件膨胀：

$$U_k=(f_{k+1} \oplus \{b\};\ f_k) \tag{15.4.7}$$

最终腐蚀的第二步是从对 f 的腐蚀结果中减去上述膨胀结果，即

$$g_k=f_k-U_k \tag{15.4.8}$$

如果图像中有多个目标，那么求它们各自 g_k 的并集就得到最终腐蚀了的目标集合 g。换句话说，最终腐蚀图像是

$$g=\bigcup_{k=1,m} g_k \tag{15.4.9}$$

式中，m 是腐蚀的次数。

对含有凸边界目标图像的**聚类快速分割**(CFS)包括 3 个步骤：一是迭代腐蚀 f；二是确定最终腐蚀集合 g_k；三是确定目标边界。下面分别介绍。

(1) 用单位圆形结构元素 b 迭代地腐蚀原始图像 f：

$$f_k=f \ominus kb,\ \begin{matrix} k=1,2,\cdots,m \\ \{m:\ f_m \neq \varnothing\} \end{matrix} \tag{15.4.10}$$

这里 $f_1=f \ominus b$，$f_2=f \ominus 2b$，接下去直到 $f_m=f \ominus mb$ 和 $f_{m+1}=\varnothing$；m 是非空图的最大个数。

例 15.4.2　迭代腐蚀示例

图 15.4.2(a)给出了一幅二值图像，其中像素的不同灰度是为了便于解释。采用 4-邻域结构元素。第一次腐蚀将深色区域腐蚀掉，然后使其他两个区域收缩并分离，结果见图 15.4.2(b)。图 15.4.2(c)给出了以图 15.4.2(a)为条件对图 15.4.2(b)进行条件膨胀的结果。第二次腐蚀对图 15.4.2(b)进行，将中色区域腐蚀掉并使浅色区域收缩，结果见图 15.4.2(d)。图 15.4.2(e)给出了以图 15.4.2(b)为条件对图 15.4.2(d)进行条件膨胀的结果。如果进行第三次腐蚀将得到空集。用图 15.4.2(a)减去图 15.4.2(c)得到第一个种子，用图 15.4.2(b)减去图 15.4.2(e)得到第二个种子，图 15.4.2(d)给出了第三个种子。

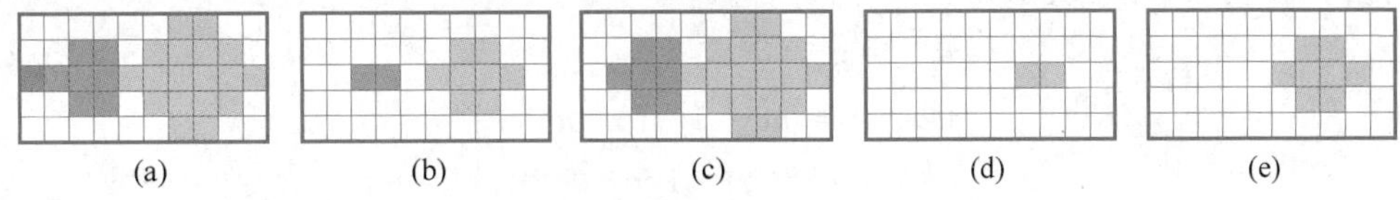

图 15.4.2　聚类快速分割的各个步骤

□

(2) 最终腐蚀各个 f_k 并从 f_k 中减去腐蚀的结果：

$$g_k=f_k-(f_{k+1} \oplus \{b\};\ f_k) \tag{15.4.11}$$

这里 g_k 就是最终腐蚀集合，或者说是各个 g_k 的种子。

仍借助图 15.4.2 解释本步骤。如果用图 15.4.2(a)限定并用 b 迭代地膨胀图 15.4.2(b)就可得到图 15.4.2(c)。它与图 15.4.2(a)相比只差深色的点。为得到深色的点，从图 15.4.2(a)中减去图 15.4.2(c)，得到的结果是对图 15.4.2(a)的最终腐蚀。这是第一个种子。如果用图 15.4.2(b)限定并用 b 迭代膨胀图 15.4.2(d)可将该区域恢复，将该结果从图 15.4.2(b)中

减去得到中色区域的种子。类似地，也可得到浅色区域的种子。

(3) 从各个种子出发借助下式可恢复回原来各区域的完整尺寸：

$$U = \bigcup g_k \oplus (k-1)b, \quad 对\ k = 1 \sim m \tag{15.4.12}$$

2. 水线分割

在形态学中，也有一种分割图像中相连目标的分水岭方法(对比 3.4 节)，也称为**水线分割**。它的基本过程是连续腐蚀二值图像，算法主要包括 3 个步骤。

1) 产生距离图

距离图是其中各个像素值与该像素到一个目标之距离成比例的图(见 1.4 节)。考虑一幅包含目标和背景的二值图，如将较大的值赋予较远离背景的目标像素(与距离成正比)，就可得到一幅距离图。为用形态学方法产生距离图，可迭代地腐蚀二值图，在每次腐蚀后将所有剩下像素的值加 1。

例 15.4.3　距离图计算示例

图 15.4.3 给出了计算距离图的一个示例。所用结构元素中心和 4-邻域均为 1。图 15.4.3(a)是一幅二值图(1 用浅色表示)。将第一次腐蚀所剩下的像素标为 2(用中色表示)得到图 15.4.3(b)。将第二次腐蚀所剩下的像素标为 3(用深色表示)得到图 15.4.3(c)。如果继续腐蚀，则会除去所有像素，所以腐蚀停止。此时综合前面各次腐蚀的结果并对每个像素保留最大值，就得到如图 15.4.3(d)所示的距离图。

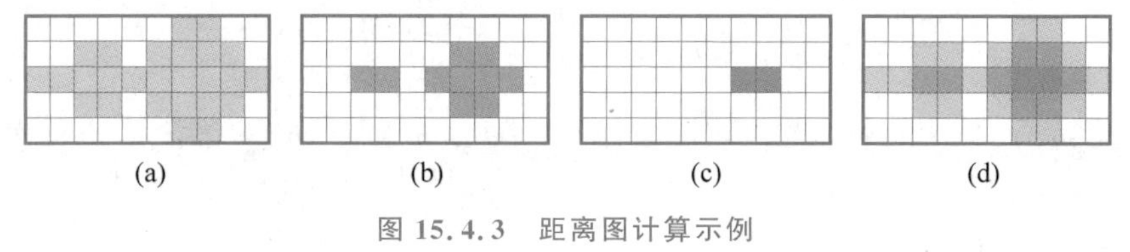

图 15.4.3　距离图计算示例

□

从地形学和拓扑的角度来看，距离图中的最大值对应山峰，最小值对应山谷。这些山谷就是水线(分水岭)，连接它们可对目标进行分割(对比 3.4 节)。

2) 计算最终腐蚀集合 Y_k

这一步与聚类快速分割中的第二步相同。从图 15.4.3(d)可看出，种子就是图中的山峰区域。这些山峰区域很容易被认证出来，因为它们周围都被较小距离的像素所包围。

3) 从种子开始生长并恢复原尺寸但不使各区域相连

这里要使用条件粗化，这是与聚类快速分割的主要区别。一种条件粗化算法由初始化和迭代计算两步构成，分别表示如下：

$$w_m = g_m \tag{15.4.13}$$

$$\left.\begin{array}{l} \text{Do} \quad n = m-1 \quad \text{to} \quad n = 0 \\ \qquad w_n = g_n \cup w_{n+1} \\ \qquad w_n = w_n \circledast \{b_k\};\ f_m \\ \qquad n = n-1 \\ \text{end Do} \end{array}\right\} \tag{15.4.14}$$

其中，当 $n=1$ 时，w_n 给出水线运算的结果，m 是第一步中腐蚀的次数，$\{b_k\}$是结构元素集合。上述算法实际上是从最终腐蚀步骤(m)出发，用对应的腐蚀集合去条件粗化最终腐蚀了的集合，例如，g_m 将相对于 f_m 进行条件粗化。为此需要控制粗化过程以防止目标连接，这可使用如图 15.4.4 所示的 12 个结构元素来实现。

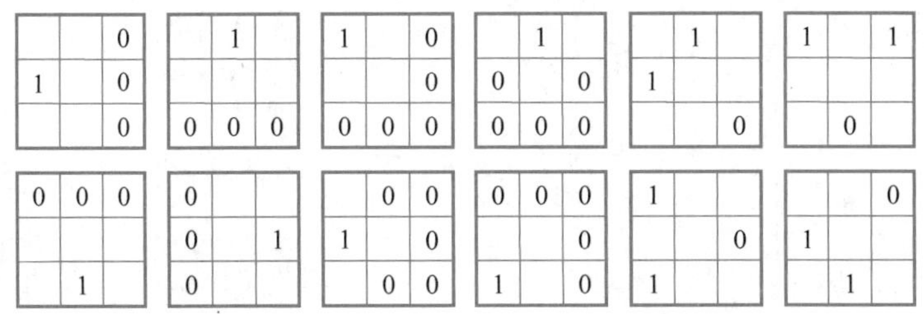

图 15.4.4 用于水线算法的结构元素

例 15.4.4 种子生长示例

图 15.4.5 给出了一个结合图 15.4.2 的种子生长示例。首先将图 15.4.2 中的最后两个种子结合(见图 15.4.5(a)),接下来考虑使用击中-击不中变换。先利用图 15.4.4 中的第一个结构元素,将其中心与包围种子的一个像素(例如 w_n)相重合。为生长这个种子,结构元素中的各像素必须准确地与其下的种子区域匹配。换句话说,在结构元素中像素为 1 的地方,种子区像素也必须为 1; 在结构元素中像素为 0 的地方,种子区像素也必须为 0。结构元素中没有指定的像素可以是 1 或者是 0,它所对应的种子区像素也可以是 1 或 0。如果以上匹配条件都满足,则给对应结构元素中心像素的 w_n 赋一个 1。这样种子区域在尺寸上就增加了一个像素。

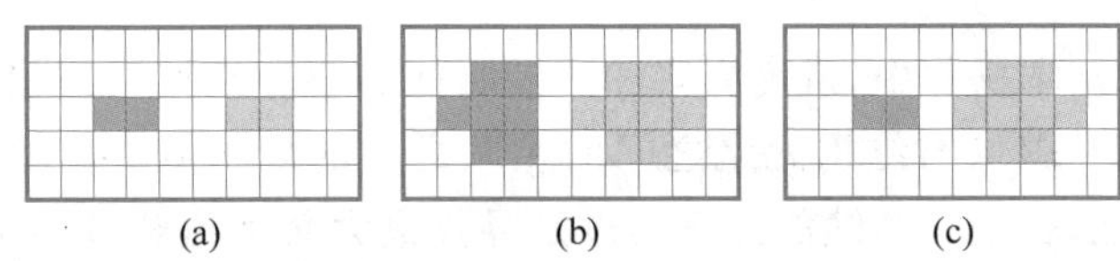

图 15.4.5 在水线算法中生长种子

要对图 15.4.4 中的 12 个结构元素都进行一遍上述过程。每个结构元素都有零像素,需要将结构元素的零像素与 w_n 匹配以避免生长的区域相连。图 15.4.5(b)给出了对图 15.4.5(a)进行一次粗化的结果。在将 12 个结构元素都使用一遍后,求 w_n 与一幅条件图像的交集,这样所得的结果是将一个像素宽的轮廓区域加在种子周围,除非另一个种子区域与该种子接触。图 15.4.5(c)给出了计算图 15.4.5(b)和图 15.4.2(b)并集得到的结果。

接下来,再次对 12 个结构元素重复进行上述生长种子和计算并集的步骤,直到结果没有变化为止。由各对应步骤得到的最终腐蚀了的集合要加起来,条件是生长限定在对应的腐蚀步骤中。为方便以上工作可利用距离图,对应的腐蚀步骤可根据距离图中的灰度值确定。 □

前面介绍了两种分割相连目标的方法。水线算法能很好地保持目标的原始形状,在目标间加入的分界比较清晰和合理。不过水线算法计算量较大。由上可知,它需要对每个最终腐蚀集用 12 个结构元素进行粗化,另外还要跟踪所有腐蚀的步骤。聚类快速分割并不能很好地保持目标的整体原始形状,但受错误分离的影响较小。两种方法会产生不同的结果。如果目标没有重叠只是相接,那么水线方法通常较好,反之可使用聚类快速分割。

3. 纹理分割

因为灰度闭合能去除图像中的暗细节,灰度开启能去除图像中的亮细节,所以将它们结合起来可用于分割某些纹理图像。**纹理分割**可以图 15.4.6 为例来说明。

图 15.4.6(a)给出的图像里包括两个带有纹理的区域,纹理都是由较暗的圆组合形成,但两个区域中圆的半径不同(代表两种不同粗细的纹理)。要分割开这两个区域可先用一系列逐步增大的圆形结构元素依次去闭合原始图,直到结构元素的尺寸与小圆的尺寸相当时,这些小

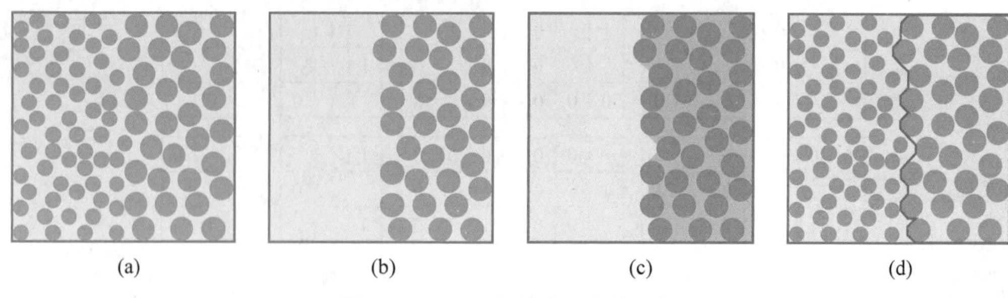

图 15.4.6 形态学纹理分割示例

圆就在闭合中被从图像里除去，在它们原来的位置只剩下区域中较亮的背景。对整幅图像来说，只剩下如图 15.4.6(b)所示的大圆和全图背景。这时再选用一个比大圆之间的间隙要大的结构元素进行一次开启，将大圆间的亮间隙除去并使整个大圆所在区域变暗(见图 15.4.6(c))。在这样得到的图像中，原小圆所在区域相对较亮而大圆所在区域相对较暗。对这种图像用简单的灰度阈值化算法就可将两个(纹理)区域分开(图 15.4.6(d)中叠加在原图上的区域分界线给出了分割边界)。

15.5 结构元素中的属性修改

在灰度形态学的基本操作中，灰度膨胀和灰度腐蚀需要分别搜索图像与结构元素之间的相加之和的最大值以及图像与结构元素之间的相减之差的最小值。在对高光谱图像的分析中，为了从中提取端元，膨胀和腐蚀的计算不再是寻找最大灰度值和最小灰度值，而是寻找结构元素中最纯净的像素和混合程度最大的像素(最不纯的像素)。

15.5.1 纯像素指标

用于测量像素纯度的一个指标是**纯像素指标**(PPI)。计算 PPI 的基本思想是基于凸几何理论。根据凸几何理论，高光谱图像在高维光谱特征空间中所有像素的对应样本点分布在散点图中，所有样本点包含在凸单纯形中，而那些纯像素(端元)位于凸单纯形的顶点。

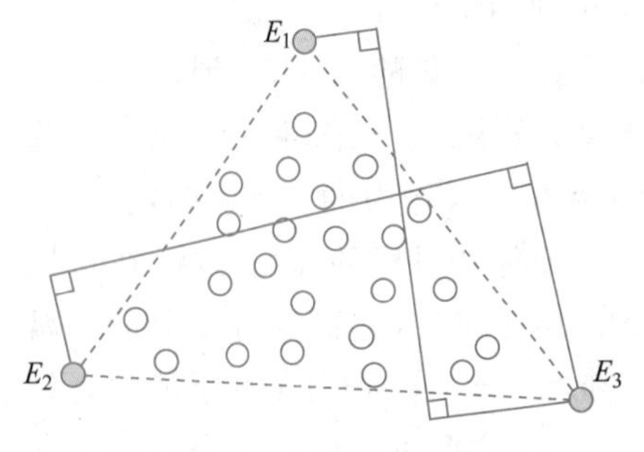

图 15.5.1 使用投影计算 PPI

凸单纯形的特征决定了位于单纯形顶点的样本点在特征空间中任何直线上的投影必然是投影线的两个端元。以如图 15.5.1 所示的 2-D 空间为例，3 个端元 E_1、E_2 和 E_3 位于三角形的顶点，混合像素由端元混合，它们都位于三角形内部。在这个 2-D 空间中，随机生成一条直线，所有采样点都投影在该直线上。三角形的顶点将大部分投影到线段的两端，三角形内部的点将投影到线段内部。

因此，可以在用于投影的特征空间中生成大量随机直线段，并且将每个像素落在线段的两个端点上的次数计算为 PPI。像素对应的 PPI 越高，它就越有可能为端元。由于直线段是随机生成的，因此提取出的端元可能不同。PPI 的计算只是将高光谱图像作为无序光谱矢量的集合，仅仅使用了图像的光谱信息，而忽略了图像中目标的空间分布。

15.5.2 形态偏心指标

用于测量像素纯度的另一个指标是**形态偏心指标**(MEI)。它被定义为纯像素和混合最多的像素之间的光谱角距离。

实际上,MEI 可以通过计算从结构元素内的像素到结构元素中心的距离来获得。假设结构元素 S 中的像素数为 N,那么 S 的中心可以定义为

$$C(x,y)=\frac{1}{N}\sum_{s}\sum_{t}f(s,t),\quad \forall(s,t)\in S \tag{15.5.1}$$

从结构元素 S 中的像素 $f(x,y)$ 到 S 的中心的距离可以表示为

$$D[f(x,y),S]=\text{dist}[f(x,y),C(x,y)] \tag{15.5.2}$$

此时,膨胀和腐蚀操作可以分别扩展和定义为

$$d(x,y)=(f\oplus S)(x,y)=\arg\left\{\max_{(s,t)\in S}[D(f(x+s,y+t),S)]\right\} \tag{15.5.3}$$

$$e(x,y)=(f\ominus S)(x,y)=\arg\left\{\min_{(s,t)\in S}[D(f(x-s,y-t),S)]\right\} \tag{15.5.4}$$

其中,$d(x,y)$是距离 S 中心最远的像素,即相对最纯的像素;$e(x,y)$是最接近 S 中心的像素,即混合度最大的像素。

形态偏心指标(MEI)可由 $d(x,y)$和 $e(x,y)$之间的光谱角距离定义:

$$\text{MEI}(p,q)=\text{dist}[d(x,y),e(x,y)] \tag{15.5.5}$$

15.5.3 自动形态学端元提取

基于 MEI,[Plaza 2002]提出了一个**自动形态学端元提取**(AMEE)算法。AMEE 算法使用 MEI 值表示相对纯度,并将该值分配给结构元素中最纯的像素。该算法从最小结构元素 $S_{\min}$ 开始,并扫描整幅图像。在每个位置,都可以找到一个最纯的像素和一个混合度最大的像素,并将它们用于计算分配给最纯像素的 MEI 值。对尺寸不断增加的结构元素重复该过程,直至达到预定义的最大迭代次数。这样就可以获得 MEI 图像,并根据 MEI 值从高到低选择端元。

AMEE 算法将结构元素中所有像素的平均光谱作为具有最大混合度的像素的光谱。当大多数像素是结构元素中的混合像素时,这是合理的;但当结构元素中有许多纯像素时,所有像素的均值光谱将更接近纯像素,距离平均光谱更远的像素是混合像素,而不是纯像素(即像素的 MEI 越高,纯度越低),所以此时膨胀和腐蚀操作不正确。此外,AMEE 算法将结构元素中最纯像素和最大混合像素之间的光谱角距离定义为 MEI,以表示像素纯度,但不同结构元素中的最大混合像素也可能不同,因此计算 MEI 值的参考标准不同,并且 MEI 值不能真实有效地表示像素的纯度。

15.5.4 将 PPI 嵌入 AMEE

一种改进的 AMEE 算法见[徐 2019]。其基本思想是将 PPI(替换 MEI)嵌入 AMEE 算法中,综合利用 PPI 和 AMEE 的特点来寻找结构元素中最纯的像素和具有最大混合度的像素。

已经证明,随着将 PPI 引入 AMEE,并利用 PPI 查找最纯像素,最纯像素将比其他像素更有可能在统计计算中被提取出来[徐 2019]。此外,随着结构元素的移动(相当于对同一个像素用多个结构元素进行计算),真实纯像素的 PPI 将持续增加,而混合像素的 PPI 不会增加。

换句话说，随着投影线数量的增加，提取真实端元的可能性会增加，而提取虚假端元的可能性会降低。所以，最终肯定会找到最纯的像素。

根据 PPI，可在考虑高光谱图像中提取端元的任务时将基本的膨胀操作和腐蚀操作定义为：

膨胀操作——将结构元素覆盖范围内的像素投影到随机生成的线段上，并计算每个像素落在线段两端的次数。具有最大计数数量的像素被认为具有最高纯度，并且该计数数值被分配给相应的像素作为纯度指标。

腐蚀操作——对每个投影的最靠近线段中点的像素进行计数，并记录计数数量，计数数量最大的像素被视为混合最多的像素。

当计算结构元素中的 PPI 时，首先生成投影矢量，计算结构元素的像素在投影矢量上的投影 P_s，并确定 P_s 中的最大值和最小值的位置：$i_{\max}=\text{argmax}(P_s)$，$i_{\min}=\text{argmin}(P_s)$。连续更新相应的像素纯度指标 $P_{i\text{-max}}=P_{i\text{-max}}+1$，$P_{i\text{-min}}=P_{i\text{-min}}+1$。这里，在结构元素 S 中投影特定像素 $f(x,y)$之后获得的 PPI 值的累积和被定义为

$$P[f(x,y),S]=\sum_{(x,y)\in S}P_{i\text{-max}}+P_{i\text{-min}} \tag{15.5.6}$$

相应的膨胀和腐蚀操作可扩展定义为

$$d_{\text{PPI}}(x,y)=(f\oplus S)(x,y)=\arg\left\{\max_{(s,t)\in S}[P(f(x+s,y+t),S)]\right\} \tag{15.5.7}$$

$$e_{\text{PPI}}(x,y)=(f\ominus S)(x,y)=\arg\left\{\min_{(s,t)\in S}[P(f(x-s,y-t),S)]\right\} \tag{15.5.8}$$

事实上，在改进的 AMEE 算法中并不需要腐蚀操作，只用膨胀操作就足以提取端元。

15.6 图像代数

从一般意义上讲，**图像代数**是一个比较大的概念。虽然有人将数学形态学称为图像代数，但实际上，图像代数除可以包括数学形态学外，还可包括诸如卷积等线性处理技术[Mahdavieh 1992]。也有人用图像代数描述数学形态学所定义的代数结构，其实它还可描述线性代数、迭代操作的结构。

图像代数可看作一种为表示图像处理算法而设计的高级语言，图像代数的用处是为建立这些算法提供一个通用的数学环境。图像代数通过用简短的代数语句来替换大块的代码以大大提高程序员的工作效率。图像代数还能大大简化对程序的纠错过程。图像代数的一个不足之处是，它的表达方法对人们直观理解算法的帮助不大。

图像代数本质上是并行的，且可方便地在许多并行机上实现。图像代数已成功地应用于所有线性变换、边缘增强、局部平滑、形态学操作、图像旋转和尺度伸缩。已证明用图像代数编写任何图像技术程序在理论上都是可行的，尽管实际中编写某些特殊的图像技术程序可能比较困难。

1. 图像运算

以下讨论中仅考虑实图像，即图像中的每个像素都取实值。记$\mathbb{R}$ 为实数集合，$\boldsymbol{X}$ 为图像的定义域。用图像代数的术语来说，一幅实值图像 $\boldsymbol{I}$（以下用 $\boldsymbol{I}$，$\boldsymbol{J}$，$\boldsymbol{K}$，…表示图像）定义为

$$\boldsymbol{I}=\{[\boldsymbol{x},\boldsymbol{I}(\boldsymbol{x})]\mid \boldsymbol{x}\in\boldsymbol{X}\} \tag{15.6.1}$$

式中，$\boldsymbol{x}$ 是像素位置；$\boldsymbol{I}(\boldsymbol{x})$是在 $\boldsymbol{x}$ 处的像素值；$[\boldsymbol{x},\boldsymbol{I}(\boldsymbol{x})]$是图像 $\boldsymbol{I}$ 的一个元素。

两个图像间的像素对运算可根据实数间的算术和逻辑运算来进行。令 $\boldsymbol{I}$ 和$\boldsymbol{J}$ 是具有相同

定义域 $\boldsymbol{X}$ 的两幅实图像，那么

$$\boldsymbol{K}=\boldsymbol{I}+\boldsymbol{J}=\{[\boldsymbol{x},\boldsymbol{K}(\boldsymbol{x})]\mid \boldsymbol{K}(\boldsymbol{x})=\boldsymbol{I}(\boldsymbol{x})+\boldsymbol{J}(\boldsymbol{x}),\boldsymbol{x}\in\boldsymbol{X}\} \tag{15.6.2}$$

$$\boldsymbol{K}=\boldsymbol{I}*\boldsymbol{J}=\{[\boldsymbol{x},\boldsymbol{K}(\boldsymbol{x})]\mid \boldsymbol{K}(\boldsymbol{x})=\boldsymbol{I}(\boldsymbol{x})*\boldsymbol{J}(\boldsymbol{x}),\boldsymbol{x}\in\boldsymbol{X}\} \tag{15.6.3}$$

$$\boldsymbol{K}=\boldsymbol{I}\vee\boldsymbol{J}=\{[\boldsymbol{x},\boldsymbol{K}(\boldsymbol{x})]\mid \boldsymbol{K}(\boldsymbol{x})=\boldsymbol{I}(\boldsymbol{x})\vee\boldsymbol{J}(\boldsymbol{x}),\boldsymbol{x}\in\boldsymbol{X}\} \tag{15.6.4}$$

式中，$\boldsymbol{K}$ 是结果图像；$[\boldsymbol{x},\boldsymbol{K}(\boldsymbol{x})]$是图像 K 的一个元素；“$\vee$”代表取两个数中的最大值。类似地，其他对实数成立的运算也可以用于图像。从以上几式还可看到它们的并行特点。例如，将两幅图像相加要使用一组独立的图像灰度加法，它们完全可以并行地完成。

任何定义在$\mathbb{R}$上的函数都可用实图像作为其变量导出，导出函数可用对图像值进行点操作实现(f 代表函数关系)：

$$\boldsymbol{K}=f(\boldsymbol{I})=\{[\boldsymbol{x},\boldsymbol{K}(\boldsymbol{x})]\mid \boldsymbol{K}(\boldsymbol{x})=f[\boldsymbol{I}(\boldsymbol{x})],\boldsymbol{x}\in\boldsymbol{X}\} \tag{15.6.5}$$

可以定义一类称为特性函数的函数，它们在许多图像应用中都很有用。例如，令 $S\subset\mathbb{R}$，将特性函数用于一幅实图像产生一幅二值图像(这是一个阈值化操作)，可表示为

$$\boldsymbol{T}^{S}(\boldsymbol{I})=\{[\boldsymbol{x},\boldsymbol{K}(\boldsymbol{x})]\mid \boldsymbol{K}(\boldsymbol{x})=1,\quad \text{如果 } \boldsymbol{I}(\boldsymbol{x})\in S\text{，否则 } \boldsymbol{K}(\boldsymbol{x})=0\} \tag{15.6.6}$$

例如，设 S 是$\mathbb{R}$中大于某个阈值 n 的所有值，这可记为 $\boldsymbol{T}_{>n}$，而 $\boldsymbol{T}_{>n}(\boldsymbol{I})$就是对图像取阈值的结果。

2. 模板与形态结构元素

图像代数中最有力的工具是模板和模板操作。这里**模板**结合了一般常说的模板、掩模、窗以及邻域操作，所以它的概念与数学形态学中的结构元素有所不同。

令 $\boldsymbol{X}$ 为原始图像的定义域，$\boldsymbol{Y}$ 为结果图像的定义域。在数学形态学中原始图像和结果图像的定义域是相同的，而在图像代数中并不一定相同。模板是一组图像，它的数量与 $\boldsymbol{Y}$ 中点的数量相同。即对每个 $\boldsymbol{y}\in\boldsymbol{Y}$，在模板中都有一个对应的实图像 $\boldsymbol{M}_{\boldsymbol{y}}$：

$$\boldsymbol{M}_{\boldsymbol{y}}=\{[\boldsymbol{x},\boldsymbol{M}_{\boldsymbol{y}}(\boldsymbol{x})]\mid \boldsymbol{x}\in\boldsymbol{X}\} \tag{15.6.7}$$

点 $\boldsymbol{y}$ 称为模板 $\boldsymbol{M}$ 的目标点，$(\boldsymbol{M}_{\boldsymbol{y}}(\boldsymbol{x}):\boldsymbol{x}\in\boldsymbol{X})$的值称为模板 $\boldsymbol{M}$ 在 $\boldsymbol{y}$ 处的权。

例 15.6.1　模板与形态结构元素对应关系示例

图 15.6.1 给出了模板与形态结构元素对应关系的一个示例。图 15.6.1(a)是一个 3×3 结构元素，对于图 15.6.1(b)所示图像中的点(256,256)，其对应的模板图像 $\boldsymbol{M}_{(256,256)}$ 如图 15.6.1(c)所示。由图 15.6.1(c)可知，在任意点的模板图像就是将结构元素平移到该点，并将模板图像中其余部分都用$-\infty$填写所得到的。

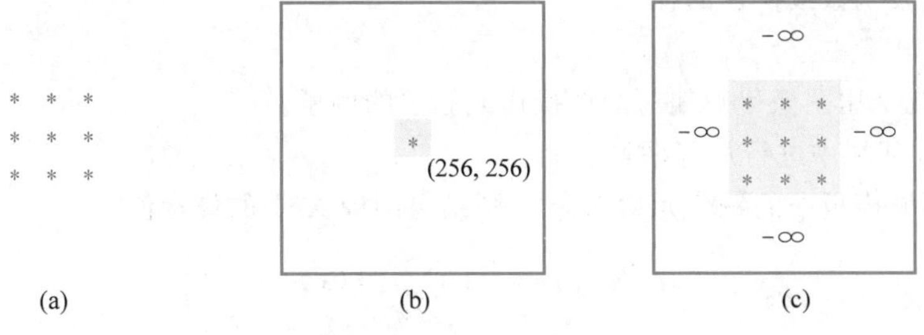

图 15.6.1　结构元素和模板图像　□

实模板的**支撑区**由下式给出：

$$Z(\boldsymbol{M}_{\boldsymbol{y}})=\{\boldsymbol{x}\in\boldsymbol{X};\ \boldsymbol{M}_{\boldsymbol{y}}(\boldsymbol{x})\neq 0\} \tag{15.6.8}$$

而 $\boldsymbol{M}_{\boldsymbol{y}}$ 的无穷支撑区为

$$Z_{-\infty}(\boldsymbol{M}_{\boldsymbol{y}})=\{\boldsymbol{x}\in\boldsymbol{X};\ \boldsymbol{M}_{\boldsymbol{y}}(\boldsymbol{x})\neq-\infty\} \tag{15.6.9}$$

例如，在图 15.6.1(c)中，9 个不为$-\infty$的像素确定了 $K_{(256,256)}$ 的支撑。

实图像 $\boldsymbol{M}_y(\boldsymbol{x})$ 的转置为 $\boldsymbol{M}_y^{\mathrm{T}}(\boldsymbol{x})=\boldsymbol{M}_x^{\mathrm{T}}(\boldsymbol{y})$。模板 K 的加性对偶是模板 $\boldsymbol{M}*$，它可由对 $\boldsymbol{M}$ 取转置并改变符号得到，即 $\boldsymbol{M}_y^*(\boldsymbol{x})=-\boldsymbol{M}_x^{\mathrm{T}}(\boldsymbol{y})$。

3. 图像和模板之间的操作

图像和模板之间有 3 种基本的操作：广义卷积、加性极大和乘性极大。这些操作将每个像素点变换为像素和模板的数值对，再对数值对进行操作，最后对结果值分别进行基本的加法、求最大值和乘法运算。

用模板 $\boldsymbol{M}$ 对图像 $\boldsymbol{I}$ 进行广义后向卷积定义为

$$\boldsymbol{I}\otimes\boldsymbol{M}=\{[\boldsymbol{y},\boldsymbol{J}(\boldsymbol{y})]\mid\boldsymbol{J}(\boldsymbol{y})=\sum_{\boldsymbol{x}\in\boldsymbol{X}}\boldsymbol{I}(\boldsymbol{x})\times\boldsymbol{M}_y(\boldsymbol{x}),\boldsymbol{y}\in\boldsymbol{Y}\}\tag{15.6.10}$$

式中，$\boldsymbol{J}$ 是结果图像；$\boldsymbol{Y}$ 是它的定义域；$[\boldsymbol{y},\boldsymbol{J}(\boldsymbol{y})]$ 是 $\boldsymbol{J}$ 中的一个元素。注意，$\boldsymbol{M}_y(\boldsymbol{x})$ 在它的支撑区之外为零，所以 $\boldsymbol{M}$ 对 $\boldsymbol{I}$ 的卷积也可定义为

$$\boldsymbol{I}\otimes\boldsymbol{M}=\{[\boldsymbol{y},\boldsymbol{J}(\boldsymbol{y})]\mid\boldsymbol{J}(\boldsymbol{y})=\sum_{\boldsymbol{x}\in\boldsymbol{Z}(\boldsymbol{M}_y)}\boldsymbol{I}(\boldsymbol{x})\times\boldsymbol{M}_y(\boldsymbol{x}),\boldsymbol{y}\in\boldsymbol{Y}\}\tag{15.6.11}$$

后向加性极大定义为

$$\boldsymbol{I}\uparrow\boldsymbol{M}=\{[\boldsymbol{y},\boldsymbol{J}(\boldsymbol{y})]\mid\boldsymbol{J}(\boldsymbol{y})=\max_{\boldsymbol{x}\in\boldsymbol{Z}(\boldsymbol{M}_y)}\{[\boldsymbol{I}(\boldsymbol{x})+\boldsymbol{M}_y(\boldsymbol{x})]:\boldsymbol{x}\in\boldsymbol{X}\},\boldsymbol{y}\in\boldsymbol{Y}\}\tag{15.6.12}$$

后向乘性极大定义为

$$\boldsymbol{I}\Uparrow\boldsymbol{M}=\{[\boldsymbol{y},\boldsymbol{J}(\boldsymbol{y})]\mid\boldsymbol{J}(\boldsymbol{y})=\max_{\boldsymbol{x}\in\boldsymbol{Z}(\boldsymbol{M}_y)}\{[\boldsymbol{I}(\boldsymbol{x})\times\boldsymbol{M}_y(\boldsymbol{x})]:\boldsymbol{x}\in\boldsymbol{X}\},\boldsymbol{y}\in\boldsymbol{Y}\}\tag{15.6.13}$$

用模板 $\boldsymbol{t}$ 对图像 $\boldsymbol{a}$ 进行广义前向卷积定义为

$$\boldsymbol{M}\otimes\boldsymbol{I}=\{[\boldsymbol{y},\boldsymbol{J}(\boldsymbol{y})]\mid\boldsymbol{J}(\boldsymbol{y})=\sum_{\boldsymbol{x}\in\boldsymbol{Z}(\boldsymbol{M}_y)}\boldsymbol{M}_y(\boldsymbol{x})\times\boldsymbol{I}(\boldsymbol{x}),\boldsymbol{y}\in\boldsymbol{Y}\}\tag{15.6.14}$$

前向加性极大定义为

$$\boldsymbol{M}\uparrow\boldsymbol{I}=\{[\boldsymbol{y},\boldsymbol{J}(\boldsymbol{y})]\mid\boldsymbol{J}(\boldsymbol{y})=\max_{\boldsymbol{x}\in\boldsymbol{Z}(\boldsymbol{M}_y)}\{[\boldsymbol{M}_y(\boldsymbol{x})+\boldsymbol{I}(\boldsymbol{x})]:\boldsymbol{x}\in\boldsymbol{X}\},\boldsymbol{y}\in\boldsymbol{Y}\}\tag{15.6.15}$$

前向乘性极大定义为

$$\boldsymbol{M}\Uparrow\boldsymbol{I}=\{[\boldsymbol{y},\boldsymbol{J}(\boldsymbol{y})]\mid\boldsymbol{J}(\boldsymbol{y})=\max_{\boldsymbol{x}\in\boldsymbol{Z}(\boldsymbol{M}_y)}\{[\boldsymbol{M}_y(\boldsymbol{x})\times\boldsymbol{I}(\boldsymbol{x})]:\boldsymbol{x}\in\boldsymbol{X}\},\boldsymbol{y}\in\boldsymbol{Y}\}\tag{15.6.16}$$

利用加性极大和乘性极大可以定义它们的对偶加性极小和乘性极小：

$$\boldsymbol{I}\downarrow\boldsymbol{M}=(\boldsymbol{M}^*\uparrow\boldsymbol{I}^*)^*\tag{15.6.17}$$

$$\boldsymbol{I}\Downarrow\boldsymbol{M}=\overline{(\overline{\boldsymbol{M}}\Uparrow\overline{\boldsymbol{I}})}\tag{15.6.18}$$

其中，上横线代表函数或操作的补。

4. 图像代数算法

下面给出几个用图像代数编写图像操作或算法的例子。

1) 在 3×3 邻域中进行局部平均

设 3×3 邻域模板中的每个元素均为 1，则结果图像 $\boldsymbol{K}$ 中的像素值为

$$\boldsymbol{K}(\boldsymbol{y})=\frac{1}{9}\sum_{\boldsymbol{x}\in\boldsymbol{Z}(\boldsymbol{M}_y)}\boldsymbol{I}(\boldsymbol{x})\tag{15.6.19}$$

如用一般的高级语言编写上式至少需要 4 行，而用图像代数可用一行码表示：

$$\boldsymbol{I}\otimes\boldsymbol{M}\tag{15.6.20}$$

2) 膨胀和腐蚀

图像代数中的操作符 $\uparrow$ 和 $\downarrow$ 可用来表示二值图及灰度图的形态膨胀和腐蚀，这是因为膨胀和腐蚀可分别借助最大和最小操作来表示。如果 $\boldsymbol{J}$ 是用于膨胀的结构元素，那么通过设 $\boldsymbol{Z}(\boldsymbol{M}_y)=\hat{\boldsymbol{J}}_y$ 可确定对应的模板。这里 $\boldsymbol{J}_y$ 代表用矢量 $\boldsymbol{y}$ 平移 $\boldsymbol{J}$，其中 $\boldsymbol{y}$ 是 $\boldsymbol{X}$ 的一个元素，$\boldsymbol{X}$

是膨胀结果 $\boldsymbol{K}$ 的定义域，$\hat{\boldsymbol{J}}_y$ 代表 $\boldsymbol{J}_y$ 关于原点的映像。模板的权 $\boldsymbol{M}_y(\boldsymbol{x})$ 定义为在位置 $\boldsymbol{x}$ 赋给 $\hat{\boldsymbol{J}}_y$ 的值。如果 $\boldsymbol{x}$ 不是 $\hat{\boldsymbol{J}}_y$ 的一个元素，则有 $\boldsymbol{M}_y(\boldsymbol{x})=-\infty$。用图像代数的术语来说，用 $\boldsymbol{M}$ 膨胀 $\boldsymbol{I}$ 可用一行码表示：

$$\boldsymbol{I} \uparrow \boldsymbol{M} \tag{15.6.21}$$

用 $\boldsymbol{M}$ 腐蚀 $\boldsymbol{I}$ 也可用一行码表示：

$$\boldsymbol{I} \downarrow \boldsymbol{M} \tag{15.6.22}$$

3）开启和闭合

用 $\boldsymbol{M}$ 开启 $\boldsymbol{I}$ 可用一行码表示：

$$(\boldsymbol{I} \downarrow \boldsymbol{M}^*) \uparrow \boldsymbol{M} \tag{15.6.23}$$

用 $\boldsymbol{M}$ 闭合 $\boldsymbol{I}$ 也可用一行码表示：

$$(\boldsymbol{I} \uparrow \boldsymbol{M}) \downarrow \boldsymbol{M}^* \tag{15.6.24}$$

4）边缘检测

形态学边缘检测可表示为

$$\boldsymbol{I} \uparrow \boldsymbol{M} - \boldsymbol{I} \tag{15.6.25}$$

5）索贝尔算子边缘检测

索贝尔算子边缘检测可表示为

$$\sqrt{(\boldsymbol{I} \otimes \boldsymbol{M})^2 + (\boldsymbol{I} \otimes \boldsymbol{M})^2} \tag{15.6.26}$$

式中，$\boldsymbol{M}$ 和 $\boldsymbol{N}$ 分别代表两个索贝尔模板。

6）击中-击不中变换

令 $\boldsymbol{I}^c$ 代表 $\boldsymbol{I}$ 的补，则击中-击不中变换可表示为

$$(\boldsymbol{I} \downarrow \boldsymbol{M})(\boldsymbol{I}^c \downarrow \boldsymbol{M}^*) \tag{15.6.27}$$

总结和复习　　　**随堂测试**

第16章

图像识别

图像识别是一种特殊的模式识别，这里将图像看作一种模式。传统的模式识别一般指对客观事物进行分析、做出判断的过程。现在常用的模式识别指用计算机就人类对周围世界的客体、过程和现象的识别功能进行自动模拟的学科。模式识别主要有 3 个分支：统计模式识别、结构(句法)模式识别和模糊模式识别。首先获得充分发展的是统计模式识别理论方法，它建立在经典的决策理论之上；其次是结构(句法)模式识别，它基于形式语言理论；近年来，基于模糊数学理论的模糊模式识别也取得了长足的发展。

根据上述讨论，本章各节将安排如下。

16.1 节对基本的模式概念和分类原理进行一般性的介绍。

16.2 节对一种识别中常用的不变量——交叉比进行了讨论，包括非共线点的不变量、对称的交叉比函数以及交叉比应用示例。

16.3 节先讨论统计模式识别中两种简单的分类器，即最小距离分类器和最优统计分类器；然后介绍将多个分类器结合起来的自适应自举。

16.4 节介绍基于人工神经网络的感知机和基于统计学习理论的支持向量机，它们都是模式识别中广泛应用的重要工具。

16.5 节讨论结构模式识别中基本的结构模式描述符，即字符串和树结构，以及与它们对应的识别器(自动机)。

16.1 模式和分类

先介绍一般模式识别的一些基本概念和定义。

1. 模式和模式矢量

模式是一个广泛的概念，这里主要考虑图像模式(图像的灰度分布构成一个亮度模式)。**图像模式**可定义为对图像中的目标或其他感兴趣部分定量或结构化的表达和描述。通常将一个模式看作由一个或多个模式符(也可叫**特征**)组成(或排列成)。一个模式类由一组具有某些共同特性的模式组成。一般将模式类用 $s_1, s_2, \cdots, s_M$ 表示，其中 M 为类的个数。**图像模式识别**指对图像模式进行分析、描述、分类等的功能和技术。

实际中模式表达(排列)的主要方式有 3 种，即矢量/矩阵、**字符串**和**树结构**。第一种主要用于定量描述，后两种主要用于结构描述。

模式矢量一般用小写黑体字表示，一个 n 维的模式矢量可写成

$$\boldsymbol{x} = [x_1 \quad x_2 \quad \cdots \quad x_n] \tag{16.1.1}$$

其中，x_i 代表第 i 个描述符；n 为描述符的个数。模式矢量 $\boldsymbol{x}$ 中，各分量的内容取决于用来描述物理上实际模式的测量技术。在模式空间中，一个模式矢量对应其中的一个点。

在有些情况下，模式矢量也可用结构关系来描述。字符串表达适用于基本元素重复的结构，可参见 7.3.3 小节。对元素间联系相对复杂的结构用树结构表达更为有效，可参见 7.3.4

小节。从根本上说，绝大多数层次结构在本质上都是树结构。设给定一幅城市的航测图，如用“组成”作为结构关系，则这幅图可能分成建筑群、草地、公路等，建筑群又可分成居民区和商业区等。

2. 模式识别和分类

对目标的识别工作可分 4 种：

(1) **验证**，对一个事先见过的目标的识别；

(2) **推广**，识别一个目标，尽管由于某些变换已使得它的外观等发生了变化；

(3) **分类**，将目标分到一组相近特性或属性的目标中去；

(4) **类似**，发现不同目标变换后的相似之处。

在验证工作中，假设(刚体)目标的形状是固定的，这样可以期望在成功识别时能得到精确的匹配。验证工作的一个基本特点是假设系统对需要验证的目标都见过。尽管这个假设在某些情况下(如计算机视觉的工业应用)成立，但在日常生活中一般并不是这种情况。对人类来说，对验证的需求常仅限于一定的目标类型(如人脸)。更常见的情况是，观察者的目的是确定目标属于哪一类而不是去发现特定的目标以前是否见过。

对模式的分类主要是基于决策理论的，而决策理论方法要用到**决策函数**。令式(16.1.1)中的 $\boldsymbol{x}$ 代表一个 n-D 模式矢量，对给定的 M 个模式类 $s_1, s_2, \cdots, s_M$，现在要确定 M 个判别函数 $d_1(\boldsymbol{x}), d_2(\boldsymbol{x}), \cdots, d_M(\boldsymbol{x})$。若一个模式 $\boldsymbol{x}$ 属于类 s_i，则有

$$d_i(\boldsymbol{x}) > d_j(\boldsymbol{x}), \quad j = 1, 2, \cdots, M;\ j \neq i \tag{16.1.2}$$

换句话说，对一个未知模式 $\boldsymbol{x}$ 来说，如果将它代入所有决策函数算得 $d_i(\boldsymbol{x})$ 值最大，则 $\boldsymbol{x}$ 属于第 i 类。如果对 $\boldsymbol{x}$ 的值，有 $d_i(\boldsymbol{x}) = d_j(\boldsymbol{x})$，则可得到将类 i 与类 j 分开的决策边界。上述条件也可写成

$$d_{ij}(\boldsymbol{x}) = d_i(\boldsymbol{x}) - d_j(\boldsymbol{x}) = 0 \tag{16.1.3}$$

这样，若 $d_{ij}(\boldsymbol{x}) > 0$，则模式属于 s_i；若 $d_{ij}(\boldsymbol{x}) < 0$，则模式属于 s_j。

基于决策函数可以设计各种**分类器**，而要确定决策函数需要用到不同的方法，包括统计的方法、结构的方法和模糊的方法。设计各种分类器是模式识别的重要工作。

另外，零样本识别也有许多进展，例如，[张 2022c]提出了一种面向大规模数据集的零样本学习框架，其中包括两个分支网络和一个公共空间。在图像分支网络中，感知机网络将图像特征矢量映射到公共空间，以改变特征矢量的分布，从而降低训练成本。在语义分支网络中，图卷积网络将语义矢量映射到公共空间。公共空间是借助损失函数设计的，可帮助进行模型的训练和推理，并增强模型的泛化能力。

16.2 不变量交叉比

在识别和分类中，目标的不变量起着很重要的作用。不变量是指不随某些变换(如平移和旋转)而改变的量度。它们可以帮助唯一地刻画目标而不用考虑其位置和朝向等，这在复杂的3-D 情况中尤为重要。下面介绍一个常用的不变量——交叉比。比例的想法是通过发现距离比来克服成像时的尺度问题。比例的比例的想法是通过发现比例的比值来克服投影角度的问题。

16.2.1 交叉比

交叉比是比例的比例(也称比率的比率)。使用它可以给出一个独立于观察点的位置和朝

向的度量。先来看一个简单的情况，即目标上有 4 个共线点。如图 16.2.1 所示，4 个共线点 P_1、P_2、P_3 和 P_4 在成像变换（光学中心位于 C 的透视变换）后给出点 Q_1、Q_2、Q_3 和 Q_4。恰当地选择坐标系，可使 P_1、P_2、P_3 和 P_4 的坐标为 $(x_1,0)$、$(x_2,0)$、$(x_3,0)$ 和 $(x_4,0)$；Q_1、Q_2、Q_3 和 Q_4 的坐标为 $(0,y_1)$、$(0,y_2)$、$(0,y_3)$ 和 $(0,y_4)$。

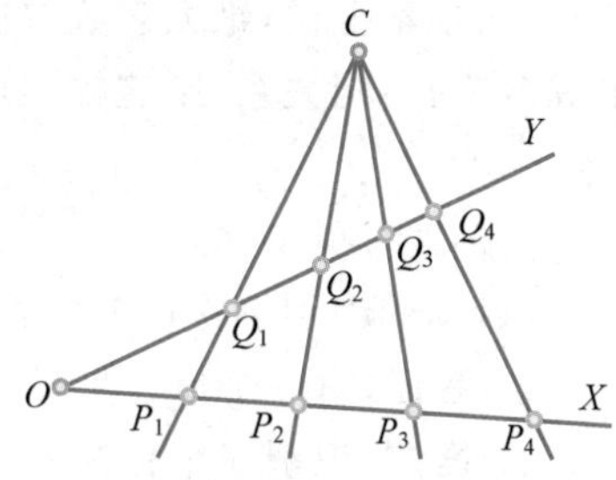

图 16.2.1　4 个共线点的透视变换

设 C 点坐标为 (x_0,y_0)，则根据距离比有关系式：

$$\frac{x_0}{x_i}+\frac{y_0}{y_i}=1,\quad i=1,2,3,4 \tag{16.2.1}$$

考虑两个点的关系式的差，可写出

$$\frac{x_0(x_j-x_i)}{x_i x_j}=-\frac{y_0(y_j-y_i)}{y_i y_j} \tag{16.2.2}$$

用两个这样关系式的比就可消除未知的 x_0 和 y_0。例如，

$$\frac{x_3(x_2-x_1)}{x_2(x_3-x_1)}=-\frac{y_3(y_2-y_1)}{y_2(y_3-y_1)} \tag{16.2.3}$$

不过，其中还有依赖于绝对坐标的项，如 x_3/x_2。为消除绝对坐标的影响，可使用如下的比：

$$\frac{(x_2-x_4)/(x_3-x_4)}{(x_2-x_1)/(x_3-x_1)}=-\frac{(y_2-y_4)/(y_3-y_4)}{(y_2-y_1)/(y_3-y_1)} \tag{16.2.4}$$

可见，从任何投影角度来看，由 4 个共线点得到的交叉比都有相同的值。这可写为

$$C(P_1,P_2,P_3,P_4)=\frac{(x_3-x_1)/(x_2-x_4)}{(x_2-x_1)/(x_3-x_4)}=R \tag{16.2.5}$$

将这个特殊的交叉比用 R 表示，则对一条直线上的 4 个共线点，共有 $4!=24$ 种可能的排列方式。不过，其中只有 6 种方式成立，即只有 6 种值。除去式(16.2.5)给出的一种外，还有 3 种较多见的：

$$C(P_2,P_1,P_3,P_4)=\frac{(x_3-x_2)/(x_1-x_4)}{(x_1-x_2)/(x_3-x_4)}-C(P_1,P_2,P_4,P_3)=\frac{(x_4-x_1)/(x_2-x_3)}{(x_2-x_1)/(x_4-x_3)}=1-R \tag{16.2.6}$$

$$C(P_1,P_3,P_2,P_4)=\frac{(x_2-x_1)/(x_3-x_4)}{(x_3-x_1)/(x_2-x_4)}=C(P_4,P_2,P_3,P_1)=\frac{(x_3-x_4)/(x_2-x_1)}{(x_2-x_4)/(x_3-x_1)}=\frac{1}{R} \tag{16.2.7}$$

$$C(P_3,P_2,P_1,P_4)=\frac{(x_1-x_3)/(x_2-x_4)}{(x_2-x_3)/(x_1-x_4)}=C(P_1,P_4,P_3,P_2)=\frac{(x_3-x_1)/(x_4-x_2)}{(x_4-x_1)/(x_3-x_2)}=\frac{R}{R-1} \tag{16.2.8}$$

以及两种较少见的：

$$C(P_3,P_1,P_2,P_4)=1-C(P_1,P_3,P_2,P_4)=1-\frac{1}{R}=\frac{R-1}{R} \tag{16.2.9}$$

$$C(P_2,P_3,P_1,P_4)=\frac{1}{C(P_2,P_1,P_3,P_4)}=\frac{1}{1-R} \tag{16.2.10}$$

由上可见，将点的排列顺序反过来（相当于从另一边观测这些线），不会改变交叉比的值。

如果将 4 个共线点所在共面直线的交点（相当于光学中心）也考虑进来，则它们定义了一个特殊结构——“光束”（这是比较形象的称呼）。可以对该“光束”定义一个交叉比，使其等于

任何过 4 个共线点的交叉比。为此，考虑各线之间的夹角，如图 16.2.2 所示。

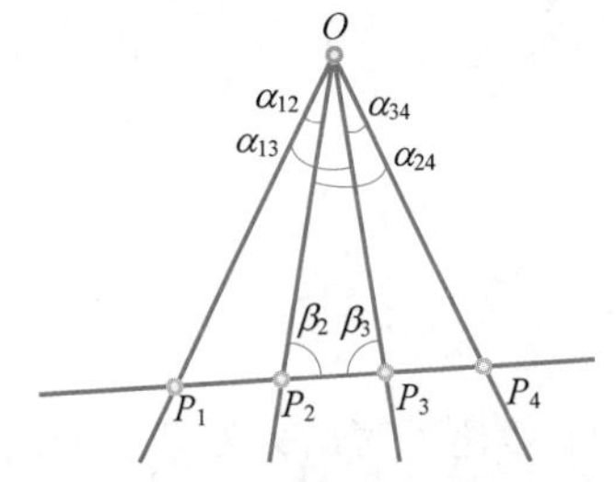

图 16.2.2　对构成"光束"的线组计算交叉比

对交叉比 $C(P_1,P_2,P_3,P_4)$ 使用 4 次正弦定理得到

$$\frac{x_3-x_1}{\sin\alpha_{13}}=\frac{OP_1}{\sin\beta_3}\qquad \frac{x_2-x_4}{\sin\alpha_{24}}=\frac{OP_4}{\sin\beta_2}$$
$$\frac{x_2-x_1}{\sin\alpha_{21}}=\frac{OP_1}{\sin\beta_2}\qquad \frac{x_3-x_4}{\sin\alpha_{34}}=\frac{OP_4}{\sin\beta_3}\tag{16.2.11}$$

联立式(16.2.11)消去 OP_1、OP_4、$\sin\beta_2$ 和 $\sin\beta_3$，得到

$$C(P_1,P_2,P_3,P_4)=\frac{\sin\alpha_{13}\sin\alpha_{24}}{\sin\alpha_{12}\sin\alpha_{34}}\tag{16.2.12}$$

可见，交叉比仅仅依赖于各线之间的夹角。

16.2.2　非共线点的不变量

上述结果可以推广到 4 个并行平面的情况，即考虑**非共线点的不变量**，以解决更一般的问题。

若 4 个点不共线，则仅仅计算交叉比的信息还不够。考虑一个点不在另外 3 个点所在直线的情况。此时若还有一个共面的点(第 5 个点，用◇表示)，如图 16.2.3(a)所示，则可以从该点连一条线过那个单独的点并与其他 3 个点所在直线相交。利用这样的 5 个点就可计算交叉比了。

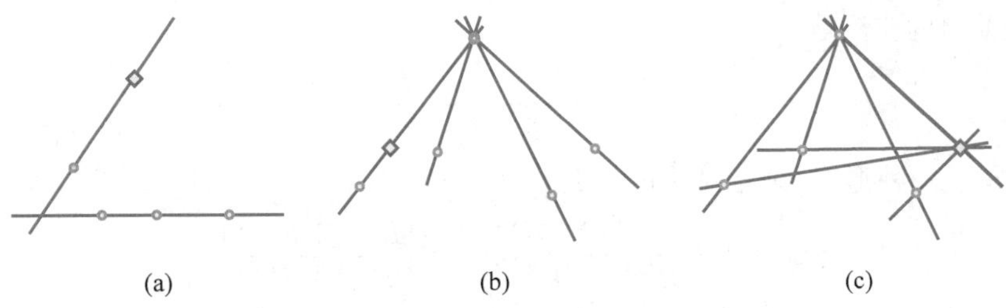

图 16.2.3　对不共线点计算交叉比

可以证明，对更一般的情况，用 5 个点总可以获得具有不变性的交叉比，如图 16.2.3(b)所示。图 16.2.3(b)中也有一个用◇表示的点，该点说明只计算一个交叉比是不能把它与在同一条直线上的其他点区分开的。进一步地，图 16.2.3(c)表明，取两个参考点计算两个交叉比就可以唯一地确定所有剩下点之间的朝向关系。这里第 5 个点(用◇表示)是第 2 个"光束"的原点。所以，结论是用 5 个共面的点可算出两个不同的交叉比，从而可以刻画点的分布/结构模式。

交叉比除去可以用各线之间夹角的正弦来描述外，也可以借助相关的三角形的面积来描述。这里三角形的面积可表示为(以图 16.2.2 中的三角形 OP_1P_3 为例，将 O 点看作第 5 个点)：

$$\Delta_{513}=\frac{1}{2}d_{51}d_{53}\sin\alpha_{13}\tag{16.2.13}$$

其中，d_{51} 和 d_{53} 分别为 O 点与 P_1 点和 P_3 点之间的线段长度。

面积也可表示为点坐标的函数：

$$\Delta_{513}=\frac{1}{2}\begin{vmatrix}p_{5x} & p_{1x} & p_{3x}\\ p_{5y} & p_{1y} & p_{3y}\\ p_{5z} & p_{1z} & p_{3z}\end{vmatrix}=\frac{1}{2}\left|\boldsymbol{p}_5\quad \boldsymbol{p}_1\quad \boldsymbol{p}_3\right|\tag{16.2.14}$$

利用式(16.2.14)，可将在5点结构时计算交叉比不变量的一对公式写为

$$C_a = \frac{\Delta_{513}\Delta_{524}}{\Delta_{512}\Delta_{534}} \tag{16.2.15}$$

$$C_b = \frac{\Delta_{124}\Delta_{135}}{\Delta_{123}\Delta_{145}} \tag{16.2.16}$$

虽然还可写出另外3个公式，但它们与上述两个公式不独立，并不能提供进一步的信息。

如果上述行列式为零或无穷，表明3个点共线，即三角形面积为零。这也就是图16.2.3(a)的情况。具有这样行列式的交叉比不能提供有用的信息。

16.2.3 对称的交叉比函数

当对一条线上的一组点使用交叉比时，点的顺序常常已知，此时因为交叉比与直线扫描方向无关，即 $C(P_1, P_2, P_3, P_4) = C(P_4, P_3, P_2, P_1)$，所以不会引起歧义。不过，有时点的顺序不确定，如在图16.2.3中有些点并不仅仅属于单根直线；又如有时仅知道是圆锥曲线但具体方程还未知。在这些情况下，最好能在各种可能的排序情况下都有不变性。也就是说，此时需要有**对称的交叉比函数**。

若歧义源于分不清交叉比的值是 R 还是 $(1-R)$，则可使用函数 $f(R)=R(1-R)$，该函数满足 $f(R)=f(1-R)$。如果歧义源于分不清交叉比的值是 R 还是 $1/R$，则可使用函数 $g(R)=R+1/R$，该函数满足 $g(R)=g(1/R)$。不过，如果歧义源于分不清交叉比的值是 R 还是 $(1-R)$ 或 $1/R$，那么情况就更复杂了。为此，需要能满足双重条件的函数 $h(R)=h(1-R)=h(1/R)$。最简单的应该是

$$S(R) = \frac{(1-R+R^2)^3}{R^2(1-R^2)^2} \tag{16.2.17}$$

因为它可以写成两种形式，满足对称的思路：

$$S(R) = \frac{[1-R(1-R)]^3}{R^2(1-R^2)^2} = \frac{(R+1/R-1)^3}{R+1/R-2} \tag{16.2.18}$$

沿这个思路可以讨论6种交叉比的值，即 R、$(1-R)$、$1/R$、$1/(1-R)$、$(R-1)/R$ 和 $R/(1-R)$。这6种交叉比可借助求反以及求倒数互相推出。

16.2.4 交叉比应用示例

下面举例说明在实际应用中借助交叉比来判定地平面的一些情况。这些情况在诸如车辆导航中经常发生，此时在连续的帧图像中都可观测到一组4个共线点。如果它们都在单个平面上，则交叉比保持常数；如果不在单个平面上，则交叉比会随时间变化。参见图16.2.4，图16.2.4(a)为4个共线点都在水平地面上的情况；图16.2.4(b)为地面不平整，交叉比不能保持常数的情况；图16.2.4(c)为交叉比保持常数，但4个共线点并不都在水平地面上的情况；图16.2.4(d)为4个点不共面，因而交叉比不为常数的情况。

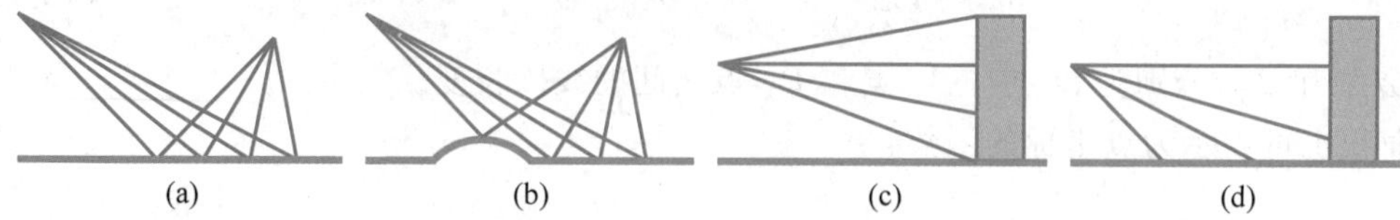

图16.2.4 借助交叉比来确定地平面

现在考虑圆锥曲线的情况。假设在一条圆锥曲线上有 4 个固定的共面点：F_1、F_2、F_3 和 F_4，另外还有一个活动的点 P，如图 16.2.5 所示。从 4 个固定点连到点 P 的直线构成一个“光束”，其交叉比的值一般随点 P 的位置变化。代数几何中的**沙勒定理**指出，如果点 P 运动并保持交叉比的值为常数，则点 P 的轨迹是圆锥曲线。类似上面确定地平面的情况，这给出了一种确定一组点是否在一个平面圆锥曲线（如椭圆、双曲线、抛物线）上的方法。

在透视投影条件下，一种圆锥曲线总可以变换为另一种圆锥曲线。换句话说，从一种圆锥曲线获得的特性可以推广到其他圆锥曲线上。下面先借助圆来证明一下沙勒定理。如图 16.2.6 所示，角 ϕ_1、ϕ_2 和 ϕ_3 分别与 θ_1、θ_2 和 θ_3 相等。所以由 PF_1、PF_2、PF_3 和 PF_4 构成的“光束”与由 QF_1、QF_2、QF_3 和 QF_4 构成的“光束”具有相同的夹角，它们的相对方向是重叠的。可见，当 P 沿圆周运动时，“光束”将保持常数交叉比。这证明沙勒定理对圆周成立，在透视投影条件下，也可推广到其他种类的圆锥曲线上。

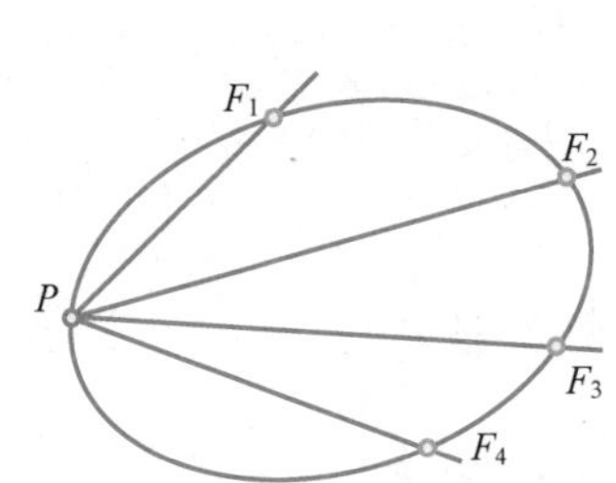

图 16.2.5 借助交叉比来确定圆锥曲线

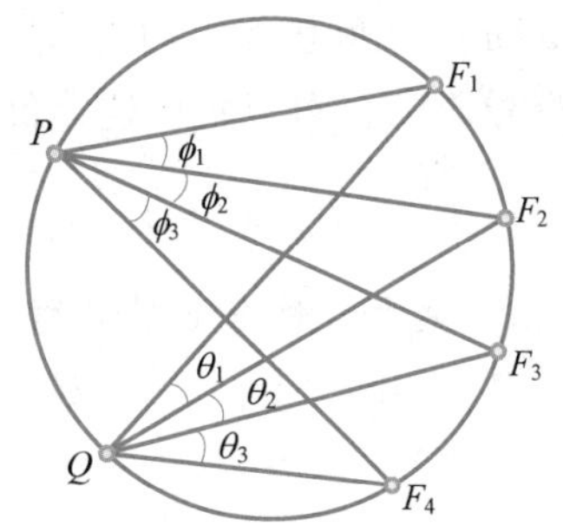

图 16.2.6 用圆来证明沙勒定理

例 16.2.1 两条圆锥曲线定义一个交叉比

对两条圆锥曲线，它们互相之间有 3 种关系。

(1) 它们相交在 4 个点。

(2) 它们相交在 2 个点。

(3) 它们完全不相交，所以有相同的切线。

在这 3 种情况下，都可以定义一个不变的交叉比。

(1) 对圆锥曲线之一使用沙勒定理，并使用 4 个交点给出一个交叉比。

(2) 对圆锥曲线之一在交点做切线，并确定它们在什么地方与另一条圆锥曲线相交。这样就可以在第 2 条圆锥曲线上确定 4 个点，于是可使用沙勒定理给出一个交叉比。

(3) 取两条圆锥曲线的 4 条共同切线，并对任一条圆锥曲线的 4 个接触点使用沙勒定理给出一个交叉比。 □

16.3 统计模式识别

统计模式识别指根据模式统计特性用一系列自动技术确定决策函数并将给定模式赋值和分类，主要工作是选取特征表达模式和设计分类器进行分类。统计模式识别中根据统计参数来分类，一般将用来估计统计参数的（已知其类别的）模式称为训练模式，将一组这样的模式称为训练集，将用一个训练集去获取决策函数的过程称为学习或训练。下面先介绍两种简单的分类器。各类中的训练模式直接用于计算与之对应的决策函数参数。一旦获得了这些参数，分类器的结构就确定了，而分类器的性能取决于实际模式样本满足分类方法中统计假设的程度。

16.3.1 最小距离分类器

最小距离分类器是一种简单的模式分类器，它基于对各类别模式的采样来估计其统计参数，并完全由各类别的均值和方差确定。当两类别均值间的距离比类中对应均值的分布要大时，最小距离分类器能很好地工作。

假设每个模式类用一个均值矢量表示如下：

$$\boldsymbol{m}_j = \frac{1}{N_j}\sum_{\boldsymbol{x}\in s_j}\boldsymbol{x}, \quad j=1,2,\cdots,M \tag{16.3.1}$$

其中，N_j 代表类 s_j 中的模式个数。对一个未知模式矢量进行分类的方法是将这个模式赋给与它最接近的类。如果利用欧氏距离来确定接近程度，则问题转化为对距离的测量，即

$$D_j(\boldsymbol{x}) = \|\boldsymbol{x}-\boldsymbol{m}_j\|, \quad j=1,2,\cdots,M \tag{16.3.2}$$

其中，$\|\boldsymbol{a}\|=(\boldsymbol{a}^{\mathrm{T}}\boldsymbol{a})^{1/2}$ 为欧氏模。因为最小的距离代表最好的匹配，所以如果 $D_j(\boldsymbol{x})$ 是最小的距离，则将 $\boldsymbol{x}$ 赋给类 s_j。可以证明这等价于计算：

$$d_j(\boldsymbol{x}) = \boldsymbol{x}^{\mathrm{T}}\boldsymbol{m}_j - \frac{1}{2}\boldsymbol{m}_j^{\mathrm{T}}\boldsymbol{m}_j, \quad j=1,2,\cdots,M \tag{16.3.3}$$

并且在 $d_j(\boldsymbol{x})$ 给出最大值时将 $\boldsymbol{x}$ 赋给类 s_j。

根据式(16.1.3)和式(16.3.3)，对一个最小距离分类器来说，类 s_i 和 s_j 之间的决策边界是

$$d_{ij}(\boldsymbol{x}) = d_i(\boldsymbol{x}) - d_j(\boldsymbol{x}) = \boldsymbol{x}^{\mathrm{T}}(\boldsymbol{m}_i-\boldsymbol{m}_j) - \frac{1}{2}(\boldsymbol{m}_i^{\mathrm{T}}\boldsymbol{m}_i - \boldsymbol{m}_j^{\mathrm{T}}\boldsymbol{m}_j) = 0 \tag{16.3.4}$$

这实际上给出一个连接 $\boldsymbol{m}_i$ 和 $\boldsymbol{m}_j$ 线段的垂直二分界。对 $M=2$，垂直二分界是一条线；对 $M=3$，垂直二分界是一个平面；对 $M>3$，则垂直二分界是一个超平面。

例 16.3.1 最小距离分类示例

设有两个模式类分别为 s_1 和 s_2，它们的均值矢量分别为 $\boldsymbol{m}_1=[1.05, 22]^{\mathrm{T}}$ 和 $\boldsymbol{m}_2=[1.45, 30]^{\mathrm{T}}$。根据式(16.3.3)，两个决策函数分别为 $d_1(x)=\boldsymbol{x}^{\mathrm{T}}\boldsymbol{m}_1-0.5\boldsymbol{m}_1^{\mathrm{T}}\boldsymbol{m}_1=1.05x_1+22x_2-242.55$ 和 $d_2(\boldsymbol{x})=\boldsymbol{x}^{\mathrm{T}}\boldsymbol{m}_2-0.5\boldsymbol{m}_2^{\mathrm{T}}\boldsymbol{m}_2=1.45x_1+30x_2-451.05$。

根据式(16.3.4)，边界方程为 $d_{12}(\boldsymbol{x})=d_1(\boldsymbol{x})-d_2(\boldsymbol{x})=-0.4x_1-8.0x_2+208.5=0$。将属于类 s_1 中的任一个模式代入将使 $d_{12}(\boldsymbol{x})<0$。反之，将属于类 s_2 中的任一个模式代入将使 $d_{12}(\boldsymbol{x})>0$。换句话说，给定一个属于这两类之一的一个未知模式，仅由 $d_{12}(\boldsymbol{x})$ 的符号就可判断该模式属于哪个类。 □

例 16.3.2 最小距离分类实例

美国银行协会的 E-13B 字体集包括 15 个字符，每个字符被设计在一个网格上以方便阅读，见图 16.3.1。

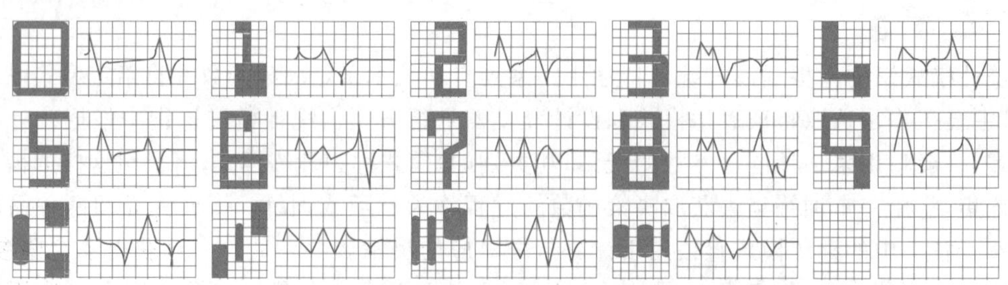

图 16.3.1 E-13B 字体集和变化率波形

阅读时使用单线扫描头沿水平方向对字符进行扫描。当扫描头通过字符时，产生一个1-D的信号，其强度与扫描头下方字符面积的增加率或减少率成正比。如对字符0，当从左向右扫描时，开始时面积增加，产生一个正的变化率；当头离开左边第一列，面积减少，产生一个负的变化率；当头在中间区域，面积是常数，变化率为零；当头扫描到最右边一列时，又产生如最左边一列的模式。

由图16.3.1可见，扫描每个字符所产生的波形都不相同，所以可用最小距离分类器来识别字符。这里只需存储每个波形的采样值，并将每组采样用一个模型矢量 $\boldsymbol{m}_i, i=1,2,\cdots,14$ 表示。当需要对一个未知字符进行识别分类时，只需对该字符进行扫描，将其波形的采样表示成一个矢量 $\boldsymbol{x}$，然后根据式(16.3.3)计算该矢量与各模型矢量的距离，并将其对应的字符归入所得距离最小的类。 □

16.3.2 最优统计分类器

在许多对物理事件进行检测、测量、识别和解释的领域，模式类别往往是随机产生的，所以常使用基于概率的方法。下面介绍一种在平均意义上产生最小可能分类误差的最优分类方法。

1. 最优统计分类原理

令 $p(s_i|\boldsymbol{x})$ 代表一个特定的模式 $\boldsymbol{x}$ 源于类 s_i 的概率，如果模式分类器判别 $\boldsymbol{x}$ 属于 s_j，但事实上 $\boldsymbol{x}$ 属于 s_i，则分类器犯了一个误检错误，记为 L_{ij}。因为模式 $\boldsymbol{x}$ 可能属于需要考虑的 M 个类中的任何一个，所以将 $\boldsymbol{x}$ 赋给 s_j 产生的平均损失为

$$r_j(\boldsymbol{x})=\sum_{k=1}^{M}L_{kj}p(s_k \mid \boldsymbol{x}) \tag{16.3.5}$$

在判别理论中，式(16.3.5)常称为条件平均风险损失。根据基本的概率理论，$p(a|b)=[p(a)p(b|a)]/p(b)$，可将式(16.3.5)写成

$$r_j(\boldsymbol{x})=\frac{1}{p(\boldsymbol{x})}\sum_{k=1}^{M}L_{kj}p(\boldsymbol{x} \mid s_k)P(s_k) \tag{16.3.6}$$

其中，$p(\boldsymbol{x}|s_k)$为模式属于 s_k 的概率密度函数，$P(s_k)$为类 s_k 出现的概率。因为 $1/p(\boldsymbol{x})$是正的，并且对所有 $r_j(\boldsymbol{x}), j=1,2,\cdots,M$ 都相同，所以可将其从上式中略去而不影响这些函数从大到小的排序。这样平均风险的表达式可写成

$$r_j(\boldsymbol{x})=\sum_{k=1}^{M}L_{kj}p(\boldsymbol{x} \mid s_k)P(s_k) \tag{16.3.7}$$

分类器对任意给定的未知模式都有 M 个可能的选择。如果对每个 $\boldsymbol{x}$ 都计算 $r_1(x)$，$r_2(x),\cdots,r_M(x)$，并将 $\boldsymbol{x}$ 赋给将产生最小损失的类，相对于所有判决的总平均损失将会最小。这种能够最小化总体平均损失的**最优统计分类器**称为**贝叶斯分类器**。对贝叶斯分类器，如果 $r_i(\boldsymbol{x})<r_j(\boldsymbol{x}), j=1,2,\cdots,M$，且 $j\neq i$，则将 $\boldsymbol{x}$ 赋给 s_i。换句话说，如果

$$\sum_{k=1}^{M}L_{ki}p(\boldsymbol{x} \mid s_k)P(s_k)<\sum_{l=1}^{M}L_{lj}p(\boldsymbol{x} \mid s_l)P(s_l) \tag{16.3.8}$$

则将 $\boldsymbol{x}$ 赋给 s_i。

在许多识别问题中，如果给出一个正确的判决，则损失为零；而对任一个错误的判决，损失都是一个相同的非零数(如1)。在这种情况下，损失函数变为

$$L_{ij}=1-\delta_{ij} \tag{16.3.9}$$

将式(16.3.9)代入式(16.3.7)得到

$$r_j(\boldsymbol{x}) = \sum_{k=1}^{M}(1-\delta_{kj})p(\boldsymbol{x} \mid s_k)P(s_k) = p(\boldsymbol{x}) - p(\boldsymbol{x} \mid s_j)P(s_j) \tag{16.3.10}$$

贝叶斯分类器在满足下面条件时将 $\boldsymbol{x}$ 赋给类 s_i：

$$p(\boldsymbol{x} \mid s_i)P(s_i) > p(\boldsymbol{x} \mid s_j)P(s_j), \quad j=1,2,\cdots,M;\ j \neq i \tag{16.3.11}$$

回顾前面对式(16.1.2)的推导可见对 0-1 损失函数，贝叶斯分类器相当于实现了如下的决策函数：

$$d_j(\boldsymbol{x}) = p(\boldsymbol{x} \mid s_j)P(s_j), \quad j=1,2,\cdots,M \tag{16.3.12}$$

其中，矢量 $\boldsymbol{x}$ 在 $d_i(\boldsymbol{x})>d_j(\boldsymbol{x})$ 时（对所有 $j\neq i$）将被赋给类 s_i。

式(16.3.12)的决策函数在最小化误分类的平均损失意义下是最优的，但要得到这个最优函数需要知道模式在各个类别中的概率密度函数和在各个类别出现的概率。知道各个类别出现的概率常能满足，例如，当各个类别出现的可能性相同时，有 $p(s_j)=1/M$。但是，估计概率密度函数 $p(\boldsymbol{x}|s_i)$ 则是另一回事。如果模式矢量是 n-D 的，则 $p(\boldsymbol{x}|s_i)$ 是一个有 n 个变量的函数。如果它的形式未知，则需要采用多变量概率理论中的方法来进行估计。实际中，一般仅在假设对概率密度函数有解析表达式且从模式采样中可估计出这些表达式参数的情况下才使用贝叶斯分类器。目前用得最多的假设是 $p(\boldsymbol{x}|s_i)$ 符合高斯概率密度。

2. 用于高斯模式类的贝叶斯分类器

先考虑 1-D 的情况。设有两个（$M=2$）服从高斯概率密度的模式类，其均值分别为 m_1 和 m_2，其标准方差分别为 σ_1 和 σ_2。根据式(16.3.12)，贝叶斯决策函数为（其中的模式为标量）

$$d_j(\boldsymbol{x}) = p(\boldsymbol{x} \mid s_j)P(s_j) = \frac{1}{\sqrt{2\pi}\sigma_j}\exp\left[-\frac{(\boldsymbol{x}-\boldsymbol{m}_j)^2}{2\sigma_j^2}\right]P(s_j), \quad j=1,2 \tag{16.3.13}$$

图 16.3.2 给出了这两类概率密度函数的一个剖面图示（可对照图 2.4.3）。这两类间的边界在 x_0 处。如果这两类产生的概率相同，即 $P(s_1)=P(s_2)=1/2$，则在决策边界处有 $p(x_0|s_1)=p(x_0|s_2)$，x_0 对应图 16.3.2 中两个概率密度函数相交之处。所有在 x_0 右边的点都分给类 s_1，而所有在 x_0 左边的点都分给类 s_2。如果这两个类产生的概率不同，那么当 $P(s_1)>P(s_2)$ 时，x_0 移向左方；当 $P(s_1)<P(s_2)$ 时，x_0 移向右方。在极端情况下，若 $P(s_2)=0$，则将所有模式都分给类 s_1（即将 x_0 移向负无穷）是永远不会出现错误的。

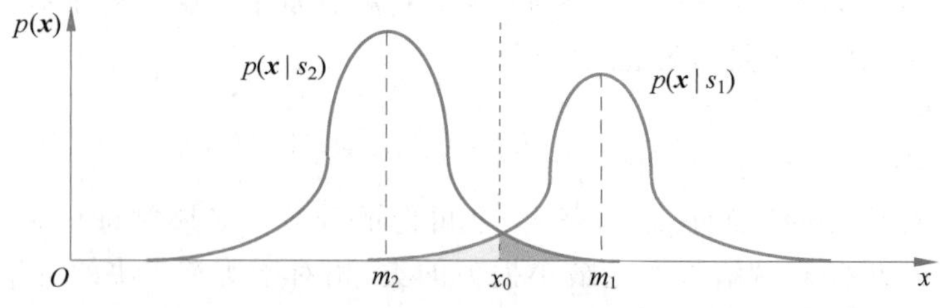

图 16.3.2　两个高斯分布概率密度函数

在 n-D 情况下，第 j 个模式类的高斯密度矢量具有如下形式：

$$p(\boldsymbol{x} \mid s_j) = \frac{1}{(2\pi)^{n/2} \mid \boldsymbol{C}_j \mid^{1/2}}\exp\left[-\frac{1}{2}(\boldsymbol{x}-\boldsymbol{m}_j)^{\mathrm{T}}\boldsymbol{C}_j^{-1}(\boldsymbol{x}-\boldsymbol{m}_j)\right] \tag{16.3.14}$$

其中每个密度都由它的均值矢量和方差矩阵完全确定。在式(16.3.14)中，

$$\boldsymbol{m}_j = E_j\{\boldsymbol{x}\} \tag{16.3.15}$$

$$\boldsymbol{C}_j = E_j\{(\boldsymbol{x}-\boldsymbol{m}_j)(\boldsymbol{x}-\boldsymbol{m}_j)^{\mathrm{T}}\} \tag{16.3.16}$$

其中，$E_j\{\cdot\}$ 代表对类 s_j 中的模式自变量的期望值。在式(16.3.14)中，n 为模式矢量的维

数，$|\boldsymbol{C}_j|$为矩阵$\boldsymbol{C}_j$的行列式。利用均值近似期望值给出的均值矢量和协方差矩阵为

$$\boldsymbol{m}_j = \frac{1}{N_j}\sum_{\boldsymbol{x}\in s_j}\boldsymbol{x} \tag{16.3.17}$$

$$\boldsymbol{C}_j = \frac{1}{N_j}\sum_{\boldsymbol{x}\in s_j}[\boldsymbol{x}\boldsymbol{x}^{\mathrm{T}} - \boldsymbol{m}_j\boldsymbol{m}_j^{\mathrm{T}}] \tag{16.3.18}$$

其中，N_j为类s_j中的模式矢量的个数；求和是对所有模式矢量进行的。

协方差矩阵是对称的和半正定的，其对角线元素C_{kk}是模式矢量中第k个元素的方差，而对角线外的元素C_{jk}是x_j和x_k的协方差。如果x_j和x_k在统计上是独立的，则$C_{jk}=0$，此时多变量高斯密度函数简化为$\boldsymbol{x}$中各个元素单变量高斯密度的乘积。

根据式(16.3.13)，对类s_j的贝叶斯决策函数是$d_j(\boldsymbol{x})=p(\boldsymbol{x}|s_j)P(s_j)$，但是考虑到高斯密度函数的指数形式，采用自然对数形式来表达常常更为方便。换句话说，可用如下形式来表示决策函数：

$$d_j(\boldsymbol{x}) = \ln[p(\boldsymbol{x} \mid s_j)P(s_j)] = \ln p(\boldsymbol{x} \mid s_j) + \ln P(s_j) \tag{16.3.19}$$

从分类效果来说，式(16.3.19)与式(16.3.13)是等价的，因为对数是单增函数。换句话说，式(16.3.13)和式(16.3.19)中的决策函数的秩是相同的。将式(16.3.14)代入式(16.3.19)得到：

$$d_j(\boldsymbol{x}) = \ln P(s_j) - \frac{n}{2}\ln(2\pi) - \frac{1}{2}\ln|\boldsymbol{C}_j| - \frac{1}{2}[(\boldsymbol{x}-\boldsymbol{m}_j)^{\mathrm{T}}\boldsymbol{C}_j^{-1}(\boldsymbol{x}-\boldsymbol{m}_j)] \tag{16.3.20}$$

因为$(n/2)\ln(2\pi)$这一项对所有类都是相同的，所以可以将它从式(16.3.20)中略去。式(16.3.20)变成：

$$d_j(\boldsymbol{x}) = \ln P(s_j) - \frac{1}{2}\ln|\boldsymbol{C}_j| - \frac{1}{2}[(\boldsymbol{x}-\boldsymbol{m}_j)^{\mathrm{T}}\boldsymbol{C}_j^{-1}(\boldsymbol{x}-\boldsymbol{m}_j)] \tag{16.3.21}$$

式(16.3.21)表示在0-1损失函数的条件下，高斯模式类的贝叶斯决策函数。

式(16.3.21)给出的**决策函数**是超二次函数(n-D空间的二次函数)，其中$\boldsymbol{x}$的分量中没有高于二阶的。可见，对高斯模式来说，贝叶斯分类器所能得到的最好效果是在每两个模式类之间放一个广义的二阶决策面。如果模式样本确实是高斯的，那这个决策面就能给出最小损失的分类。如果所有协方差矩阵都相等，即$\boldsymbol{C}_j=\boldsymbol{C}, j=1,2,\cdots,M$，将所有与$j$独立的项略去，则式(16.3.21)变成

$$d_j(\boldsymbol{x}) = \ln P(s_j) + \boldsymbol{x}^{\mathrm{T}}\boldsymbol{C}^{-1}\boldsymbol{m}_j - \frac{1}{2}\boldsymbol{m}_j^{\mathrm{T}}\boldsymbol{C}^{-1}\boldsymbol{m}_j \tag{16.3.22}$$

对$j=1,2,\cdots,M$来说，它们是线性决策函数。

进一步，如果$\boldsymbol{C}=\boldsymbol{I}$，$\boldsymbol{I}$为单位矩阵，且对$j=1,2,\cdots,M$，有$P(s_j)=1/M$，那么有

$$d_j(\boldsymbol{x}) = \boldsymbol{x}^{\mathrm{T}}\boldsymbol{m}_j - \frac{1}{2}\boldsymbol{m}_j^{\mathrm{T}}\boldsymbol{m}_j, \quad j=1,2,\cdots,M \tag{16.3.23}$$

式(16.3.23)给出式(16.3.3)所示最小距离分类器的决策函数。在下述3个条件下，**最小距离分类器**在贝叶斯意义上最优。

(1) 模式类是高斯的。

(2) 所有协方差矩阵都与单位矩阵相等。

(3) 所有类别出现的概率相等。

满足这些条件的高斯模式类是n-D中的球状体，称为超球体。最小距离分类器在每对类别之间建立一个超平面，这个超平面将每对球中心连接起来的直线等分。在2-D情况下，类对应圆形区域，边界成为平分连接每对圆形区域中心线段的直线。

例 **16.3.3** 模式在 **3-D** 空间的分布

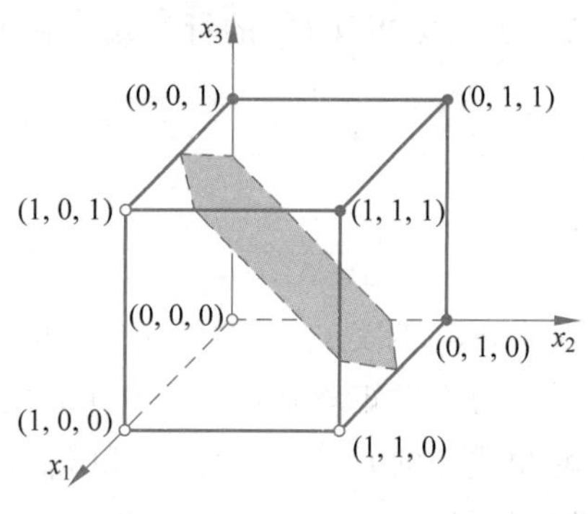

图 **16.3.3** 3-D 空间中的决策面

图 16.3.3 给出了两类模式（分别用实心圆和空心圆表示）在 3-D 空间的分布情况。假设各类中的模式都是高斯分布的采样，则可借助它们解释建立贝叶斯分类器的机理。

将式(16.3.17)用于如图 16.3.3 所示的模式得到：

$$\boldsymbol{m}_1=\frac{1}{4}\begin{bmatrix}3\\1\\1\end{bmatrix}\quad \boldsymbol{m}_2=\frac{1}{4}\begin{bmatrix}1\\3\\3\end{bmatrix}$$

类似地，将式(16.3.18)用于这两个模式得到两个相等的协方差矩阵：

$$\boldsymbol{C}_1=\boldsymbol{C}_2=\frac{1}{16}\begin{bmatrix}3&1&1\\1&3&-1\\1&-1&3\end{bmatrix}$$

因为协方差矩阵相等，所以贝叶斯决策函数可由式(16.3.23)给出。如果假设 $P(s_1)=P(s_2)=1/2$，并将对数项略去，得到 $d_j(\boldsymbol{x})=\boldsymbol{x}^{\mathrm{T}}\boldsymbol{C}^{-1}\boldsymbol{m}_j-(\boldsymbol{m}_j^{\mathrm{T}}\boldsymbol{C}^{-1}\boldsymbol{m}_j)/2$，其中

$$\boldsymbol{C}^{-1}=\begin{bmatrix}8&-4&-4\\-4&8&4\\4&4&8\end{bmatrix}$$

展开 $d_j(\boldsymbol{x})$ 的表达式得到 $d_1(\boldsymbol{x})=4x_1-1.5$，$d_2(\boldsymbol{x})=-4x_1+8x_2+8x_3-5.5$，而将两个类别区分开的决策面为 $d_1(\boldsymbol{x})-d_2(\boldsymbol{x})=8x_1-8x_2-8x_3+4=0$。图 16.3.3 中的阴影给出这个平面的一部分，它有效地将两个类别区分开了。 □

16.3.3 自适应自举

实际中有许多分类器的分类效果在只有两类样本时仅略高于 50%，称为**弱分类器**。此时需要将多个这样的独立分类器结合起来以取得更好的效果。具体是将这些分类器依次分别用于不同的训练样本子集，这称为**自举**。自举算法将多个弱分类器结合成一个比其中每个弱分类器都要好的新的强分类器。这里的关键问题有两个：一个是如何选择输入到各个弱分类器的训练样本子集；另一个是如何结合它们以构成一个强分类器。解决前一个问题的方法是对难以分类的样本给予更大的权重；解决后一个问题的方法是对各个弱分类器的结果进行多数投票。

最常用的自举算法是**自适应自举**，即 Adaboost。设模式空间为 X，训练集包含 m 个模式 $\boldsymbol{x}_i$，它们对应的类标识符为 c_i，在两类分类问题中 $c_i\in\{-1,1\}$。自适应自举算法的主要步骤如下。

(1) 初始化 K，K 为需使用的弱分类器数量。

(2) 令 $k=1$，初始化权重 $W_1(i)=1/m$。

(3) 对每个 k，使用训练集合和一组权重 $W_k(i)$ 来训练弱分类器 C_k，对每个模式 $\boldsymbol{x}_i$ 赋一个实数，即 $C_k: X\rightarrow\mathbb{R}$。

(4) 选择系数 $a_k>0\in\mathbb{R}$。

(5) 更新权重(G_k 是归一化系数，以使 $\sum_{i=1}^{m}W_{k+1}(i)=1$)，其中

$$W_{k+1}(i)=\frac{W_k(i)\exp[-a_k c_i C_k(\boldsymbol{x}_i)]}{G_k} \tag{16.3.24}$$

(6) 设置 $k=k+1$。

(7) 如果 $k\leqslant K$,则回到步骤(3)。

(8) 最后得到的强分类器是

$$S(\boldsymbol{x}_i)=\operatorname{sign}\left[\sum_{k=1}^{K}a_k C_k(\boldsymbol{x}_i)\right] \tag{16.3.25}$$

在上述算法中,将弱分类器 C_k 用于训练集,每个步骤中对单个样本的正确分类重要性均不同,而每个步骤中 k 都由一组权重 $W_k(i)$所决定,权重之和为 1。开始时,权重都相等。但每迭代一次,被错分样本的权重就会相对增加(第(5)个步骤中的 e 指数项对错分类为正,使得 $W_k(i)$的权重更大),即弱分类器 C_{k+1} 将更加关注在 k 次迭代中错分的样本。

在每个步骤,要确定弱分类器 C_k 以使其性能与权分布 $W_k(i)$相适应。在二分类情况下,弱分类器训练要最小化的目标函数为

$$e_k=\sum_{i=1}^{m}P_{i\sim W_k(i)}[C_k(\boldsymbol{x}_i)\neq c_i] \tag{16.3.26}$$

其中,$P[\cdot]$代表从训练样本获得的经验概率。误差 e_k 依赖于权分布 $W_k(i)$,而权分布 $W_k(i)$又与分类正确与否有关。各个分类器被训练成对训练集的各部分都比随机分类要好。

对 a_k 的确定有不同方法,对二分类问题可取:

$$a_k=\frac{1}{2}\ln\left(\frac{1-e_k}{e_k}\right) \tag{16.3.27}$$

利用自适应自举的一个示例和快速算法可见[贾 2009a]。

16.4 感知机和支持向量机

在具体的模式识别问题中,一般不知道或很难估计各个模式类的统计特性,此时最好直接通过训练或学习以获得所需要的决策函数。这样就不需要对所考虑模式类的概率密度函数进行假设。

16.4.1 感知机

感知机是基于人工神经网络的学习机器。已从数学上证明,如果用线性可分的训练集训练感知机,那么它在有限个迭代步骤后会收敛到一个解,而这个解将具有超平面系数的形式,可以正确地分开由训练集的模式所表达的类。

最基本的感知机能确定将两个线性可分训练集分开的**线性决策函数**。图 16.4.1(a)给出了用于两个模式类的感知机模型,它的响应取决于输入的加权和:

$$d(\boldsymbol{x})=\sum_{i=1}^{n}w_i x_i+w_{n+1} \tag{16.4.1}$$

这里系数 $w_i(i=1,2,\cdots,n,n+1)$称为权(重)。加权和最终输出的函数也称为触发函数。

由式(16.4.1)可知,当 $d(\boldsymbol{x})>0$,感知机的输出为 1,这表明模式 $\boldsymbol{x}$ 被识别为属于第 1 类 s_1;反之,如果 $d(\boldsymbol{x})<0$,感知机的输出为-1,则模式 $\boldsymbol{x}$ 被识别为属于第 2 类 s_2。当 $d(\boldsymbol{x})=0$ 时,$\boldsymbol{x}$ 处在分开两个类的决策面上。将式(16.4.1)置为 0 就得到感知机的决策边界:

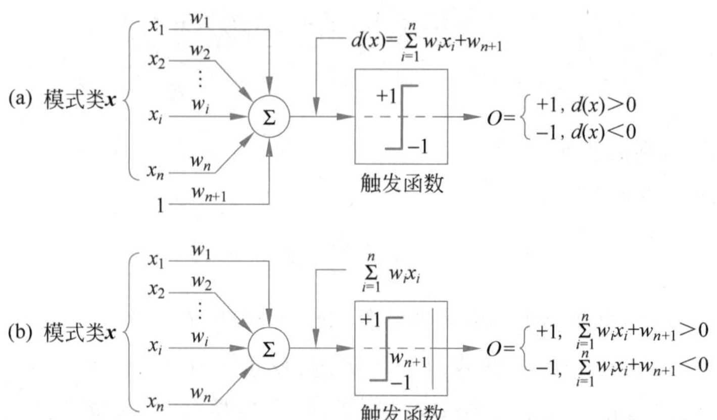

图 16.4.1 双模式感知机模型的两种等价表达

$$d(\boldsymbol{x}) = \sum_{i=1}^{n} w_i x_i + w_{n+1} = 0 \tag{16.4.2}$$

它实际上是 n-D 模式空间中的一个超平面。从几何上讲，前 n 个系数确定超平面的朝向，而最后一个元素 w_{n+1} 正比于从原点到超平面的直线距离。所以如果 $w_{n+1}=0$，则超平面通过模式空间的原点。类似地，如果 $w_i=0$，则超平面平行于 x_i 轴。

图 16.4.1(a)中阈值化元素的输出依赖于 $d(\boldsymbol{x})$的符号。除了检查整个函数以确定它是正的或负的外，也可以检查式(16.4.1)中求和部分与 w_{n+1} 的关系，即系统的输出 O 将是

$$O = \begin{cases} +1, & \sum_{i=1}^{n} w_i x_i > -w_{n+1} \\ -1, & \sum_{i=1}^{n} w_i x_i < -w_{n+1} \end{cases} \tag{16.4.3}$$

这种方法示意在图 16.4.1(b)中，它与图 16.4.1(a)中的方法等价。它们唯一不同的地方是阈值函数移动了 $-w_{n+1}$，且常数单位输入没有了。

另一种常用的形式是对模式矢量增加第 $n+1$ 个元素。换句话说，根据模式矢量 $\boldsymbol{x}$ 构建一个扩充模式矢量 $\boldsymbol{y}$，让 $y_i=x_i$，$i=1,2,\cdots,n$，且后面加一个元素 $y_{n+1}=1$，这样式(16.4.1)变成：

$$d(\boldsymbol{x}) = \sum_{i=1}^{n+1} w_i x_i = \boldsymbol{w}^{\mathrm{T}} \boldsymbol{y} \tag{16.4.4}$$

其中，$\boldsymbol{y}=[y_1,y_2,\cdots,y_n,1]^{\mathrm{T}}$ 为扩充模式矢量；$\boldsymbol{w}=[w_1,w_2,\cdots,w_n,w_{n+1}]^{\mathrm{T}}$ 为权重矢量。这种形式在表达时往往更为方便。不管用哪种形式，关键的问题是用两个类中模式矢量的给定训练集确定 $\boldsymbol{w}$。

以下给出几个有代表性的训练感知机的方法。

1. 线性可分类

考虑一个由两个线性可分训练集获取权矢量的迭代算法。对由两个属于模式类 s_1 和 s_2 的扩充模式矢量组成的训练集，令 $\boldsymbol{w}(1)$代表一个任意选定的初始权重矢量。在第 k 个迭代步骤，如果 $\boldsymbol{y}(k)\in s_1$，$\boldsymbol{w}^{\mathrm{T}}(k)\boldsymbol{y}(k)\leqslant 0$，则将 $\boldsymbol{w}(k)$换为

$$\boldsymbol{w}(k+1) = \boldsymbol{w}(k) + c\boldsymbol{y}(k) \tag{16.4.5}$$

其中，c 是一个正的校正增量。但如果 $\boldsymbol{y}(k)\in s_2$，$\boldsymbol{w}^{\mathrm{T}}(k)\boldsymbol{y}(k)\geqslant 0$，则将 $\boldsymbol{w}(k)$更新为

$$w(k+1)=w(k)-cy(k) \tag{16.4.6}$$

否则不改变 $w(k)$，即

$$w(k+1)=w(k) \tag{16.4.7}$$

这个算法中校正增量 c 设为正数，且这里还设它为常数，所以也称为固定增量校正规则。

这种训练方法是基于奖惩概念的，对机器正确分类的奖励也就是不给惩罚。换句话说，如果机器正确地划分了模式，那么给它的奖励就是不改变 $\boldsymbol{w}$；但如果机器错误地划分了模式，那么给它的惩罚就是改变 $\boldsymbol{w}$。根据感知机训练定理，如果两个训练模式集是线性可分的，则固定增量校正规则可在有限个步骤内收敛。

例 16.4.1 训练算法示例

图 16.4.2(a)给出了两个训练集，每个包括两个模式。类 s_1 的训练集为 $\{[0,0,1]^T,[0,1,1]^T\}$，类 s_2 的训练集为 $\{[1,0,1]^T,[1,1,1]^T\}$。由于两个训练集是线性可分的，所以训练算法应该可以收敛。

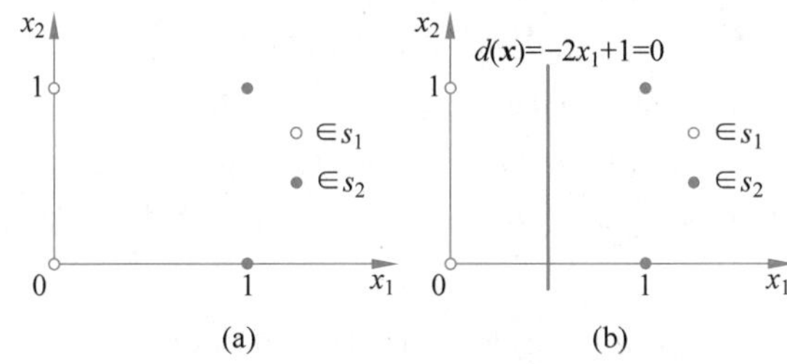

图 16.4.2 训练算法示例

令 $c=1$，$\boldsymbol{w}(1)=[0,0,0]^T$，顺序排列模式计算得到：$\boldsymbol{w}^T(1)\boldsymbol{y}(1)=[0,0,0][0,0,1]^T=0$，$\boldsymbol{w}(2)=\boldsymbol{w}(1)+\boldsymbol{y}(1)=[0,0,1]^T$，$\boldsymbol{w}^T(2)\boldsymbol{y}(2)=[0,0,1]\ [0,1,1]^T=1$，$\boldsymbol{w}(3)=\boldsymbol{w}(2)=[0,0,1]^T$，$\boldsymbol{w}^T(3)\boldsymbol{y}(3)=[0,0,1][1,0,1]^T=1$，$\boldsymbol{w}(4)=\boldsymbol{w}(3)-\boldsymbol{y}(3)=[-1,0,0]^T$，$\boldsymbol{w}^T(4)\boldsymbol{y}(4)=[-1,0,0][1,1,1]^T=-1$，$\boldsymbol{w}(5)=\boldsymbol{w}(4)=[-1,0,0]^T$。

训练中，在第一步和第三步由于权矢量被误分的原因对权进行了校正(见式(16.4.5)和式(16.4.6))。因为只有当算法对所有训练模式产生一个完全无误差的循环才能得到一个解，所以令 $\boldsymbol{y}(5)=\boldsymbol{y}(1)$，$\boldsymbol{y}(6)=\boldsymbol{y}(2)$，$\boldsymbol{y}(7)=\boldsymbol{y}(3)$，$\boldsymbol{y}(8)=\boldsymbol{y}(4)$，利用相同方法再次训练。最后在 $k=14$ 时算法收敛，解得权矢量为 $\boldsymbol{w}(14)=[-2,0,1]^T$。对应的决策函数为 $d(\boldsymbol{y})=-2y_1+1$。回到原来的模式空间，令 $x_i=y_i$，可得到 $d(\boldsymbol{x})=-2x_1+1$。如果设它等于零，则可得到如图 16.4.2(b)所示的决策边界。 □

2. 线性不可分类

在实际中，线性可分模式类是很少见的，解决线性不可分类问题的一种方法称为德尔塔(Delta)规则，它在任何一个训练步骤都试图去最小化在实际响应和希望响应之间的误差。

考虑如下准则函数：

$$J(\boldsymbol{w})=\frac{1}{2}(r-\boldsymbol{w}^T\boldsymbol{y})^2 \tag{16.4.8}$$

其中，r 为希望的响应。若扩充的训练模式矢量属于类 s_1，则 $r=+1$；而若扩充的训练模式矢量属于类 s_2，则 $r=-1$。

现在要做的是沿 $J(\boldsymbol{w})$负梯度的方向逐步增加 $\boldsymbol{w}$ 以寻找上述函数的最小值。最小值应在 $r=\boldsymbol{w}^T\boldsymbol{y}$ 时出现。换句话说，在正确分类的时候得到最小值。若以 $\boldsymbol{w}(k)$表示在第 k 个迭代步骤的权矢量，则通用的梯度下降算法可写成

$$\boldsymbol{w}(k+1)=\boldsymbol{w}(k)-\alpha\left[\frac{\partial J(\boldsymbol{w})}{\partial \boldsymbol{w}}\right]_{\boldsymbol{w}=\boldsymbol{w}(k)} \tag{16.4.9}$$

其中，$\boldsymbol{w}(k+1)$是 $\boldsymbol{w}$ 的新值，$\alpha>0$ 给出校正的幅度。参数 α 的选择能控制收敛的稳定性和速度。根据稳定性要求，可取 $0<\alpha<2$，实用的范围是 $0.1<\alpha<1.0$。由式(16.4.8)可得

$$\frac{\partial J(\boldsymbol{w})}{\partial \boldsymbol{w}}=-(r-\boldsymbol{w}^{\mathrm{T}}\boldsymbol{y})\boldsymbol{y} \tag{16.4.10}$$

将式(16.4.10)代入式(16.4.9)得到

$$\boldsymbol{w}(k+1)=\boldsymbol{w}(k)-\alpha[r(k)-\boldsymbol{w}^{\mathrm{T}}(k)\boldsymbol{y}(k)]\boldsymbol{y}(k) \tag{16.4.11}$$

其中，初始值 $\boldsymbol{w}(1)$可以随意选取。如果只有在错分了模式时才校正，可将式(16.4.11)表示成式(16.4.5)～式(16.4.7)给出的感知机训练算法。

如果将权矢量的变化，即德尔塔(Delta)写成

$$\Delta\boldsymbol{w}=\boldsymbol{w}(k+1)-\boldsymbol{w}(k) \tag{16.4.12}$$

则可将式(16.4.11)写成如下德尔塔校正算法的形式：

$$\Delta\boldsymbol{w}=\alpha\times e(k)\boldsymbol{y}(k) \tag{16.4.13}$$

其中，在模式 $\boldsymbol{y}(k)$出现时，权矢量 $\boldsymbol{w}(k)$的误差为

$$e(k)=r(k)-\boldsymbol{w}^{\mathrm{T}}(k)\boldsymbol{y}(k) \tag{16.4.14}$$

式(16.4.14)给出对应权矢量 $\boldsymbol{w}(k)$的误差。如不改变模式，只将权矢量改为 $\boldsymbol{w}(k+1)$，则误差变为

$$e(k)=r(k)-\boldsymbol{w}^{\mathrm{T}}(k+1)\boldsymbol{y}(k) \tag{16.4.15}$$

这时误差的变化量是

$$\begin{aligned}\Delta e&=[r(k)-\boldsymbol{w}^{\mathrm{T}}(k+1)\boldsymbol{y}(k)]-[r(k)-\boldsymbol{w}^{\mathrm{T}}(k)\boldsymbol{y}(k)]\\&=[\boldsymbol{w}^{\mathrm{T}}(k+1)-\boldsymbol{w}^{\mathrm{T}}(k)]\boldsymbol{y}(k)=-\Delta\boldsymbol{w}^{\mathrm{T}}\boldsymbol{y}(k)\end{aligned} \tag{16.4.16}$$

如再将式(16.4.13)代入，可得

$$\Delta e=-\alpha\times e(k)\boldsymbol{y}^{\mathrm{T}}(k)\boldsymbol{y}(k)=-\alpha\times e(k)\|\boldsymbol{y}(k)\|^2 \tag{16.4.17}$$

可见改变权重能将误差减少 $\alpha\|\boldsymbol{y}(k)\|^2$。如果从下一个输入模式开始一个新的调节循环，那么可将下一个误差减少 $\alpha\|\boldsymbol{y}(k+1)\|^2$，以此类推。

例 **16.4.2** 多层感知机

将多个感知机分层串接起来就构成**多层感知机**(MLP)。它通常称为前馈神经网络，是一种典型的深度学习模型。前馈网络的目标是近似某些功能函数 f。例如，对于分类器，$\boldsymbol{y}=f^*(\boldsymbol{x})$将输入 $\boldsymbol{x}$ 映射到类别 $\boldsymbol{y}$。前馈网络定义映射 $\boldsymbol{y}=f^*(\boldsymbol{x},\boldsymbol{p})$，并学习导致最佳函数近似的参数 $\boldsymbol{p}$ 的值。

组成**前馈神经网络**的 3 个词在模型中各有其含义。"前馈"是指在信息流从由 $\boldsymbol{x}$ 评估的函数，通过用于定义 f^* 的中间计算，到达最终输出 $\boldsymbol{y}$ 的过程中没有反馈连接，即没有将模型的输出反馈到自身(如果将 MLP 扩展到包括反馈连接时，则被称为循环神经网络)。"神经"则源自从神经科学所得到的启发。类似于生物神经元，模型中各层的元素从许多其他元素接收输入并计算其自身的激活值作为输出。"网络"则用来表示模型组合了许多不同的功能函数。这里可用有向非循环的图来表示功能函数之间的联系，最常见的是串接。最先作用的称为第 1 层，接下来是第 2 层，以此类推，直到输出层。串接的总长度称为模型的深度，目前深度已有成百上千层的，所以称为深度网络。 □

16.4.2 支持向量机

支持向量机(SVM)是一种对线性分类器的最优设计方法论。它被认为是统计学习理论

的第一个实际成果，而它的最初应用就是在模式识别方面。

1. 线性可分类

假设训练集 $\boldsymbol{X}$ 的特征向量为 $\boldsymbol{x}_i, i=1,2,\cdots,N$，它们或者属于第 1 类 s_1，或者属于第 2 类 s_2。现在设它们是线性可分的。线性分类器的设计目的就是要设计一个超平面，使得

$$g(\boldsymbol{x})=\boldsymbol{w}^{\mathrm{T}}\boldsymbol{x}+w_0=0 \tag{16.4.18}$$

其中，$\boldsymbol{w}=[w_1,w_2,\cdots,w_l]^{\mathrm{T}}$ 为权向量，w_0 为阈值。上述分类器应能将所有训练集的样本正确地给予分类。满足条件的超平面一般不唯一，例如图 16.4.3 给出了两个可能的超平面（这里的线可看作超平面的特例），它们均可将两类样本完全分开。如果考虑实际情况，哪个超平面会更好呢？肯定是粗线所代表的那个超平面，因为它离开两类样本都比较远。当两个类的样本都分布更散一些时或考虑到实际测试样本的波动时，用这个超平面分类的结果会更好些，可能的错误率也会更小。

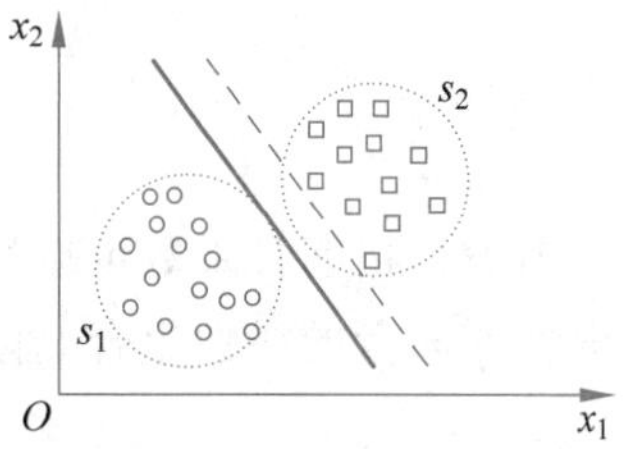

图 16.4.3　线性可分类和两个超平面

前面的讨论表明在分类器的设计中，需要考虑它的推广（泛化）能力和性能。换句话说，根据训练集设计出来的分类器，要考虑将它应用于训练集以外的样本时是否可得到满意的结果。在两类的线性分类器中，其分类超平面与两个类都有最大距离的应该是最优的（这个结论可从数学上证明，如见[Theodoridis 2009]）。

每个超平面可用它的朝向和它与原点的距离来刻画，前者由 $\boldsymbol{w}$ 确定，后者由 w_0 确定。当对两个类别没有偏向时，那么对每个朝向，与两个类的距离相等的超平面应该是与两个类都有最大距离的。所以问题变成：要确定一个能给出最大类间距离的特定朝向超平面。图 16.4.4 在图 16.4.3 的基础上给出了一个示例，其中朝向 A 的超平面与两个类都有最大距离（d_A），而朝向 B 的超平面与两个类的距离（d_B）较小。

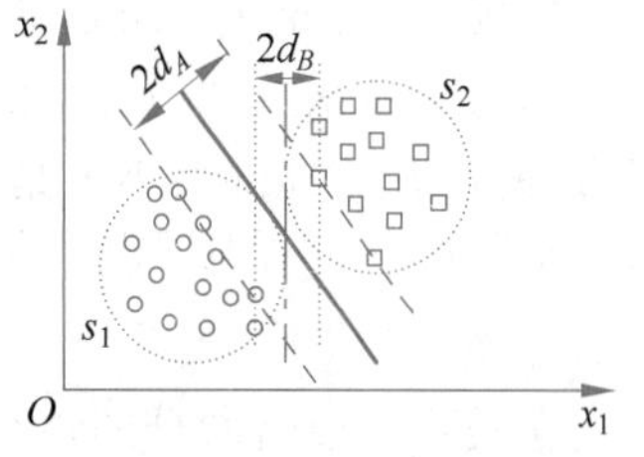

图 16.4.4　两个距离不同的特定朝向超平面

从一个点到一个超平面的距离可以表示成

$$d=\frac{|g(\boldsymbol{x})|}{\|\boldsymbol{w}\|} \tag{16.4.19}$$

通过对 $\boldsymbol{w}$ 和 w_0 的归一化，可以使得 $g(\boldsymbol{x})$ 在 s_1 中最近点处的值为 1 而 $g(\boldsymbol{x})$ 在 s_2 中最近点处的值为 −1。这也等价于距离为

$$\frac{1}{\|\boldsymbol{w}\|}+\frac{1}{\|\boldsymbol{w}\|}=\frac{2}{\|\boldsymbol{w}\|} \tag{16.4.20}$$

且满足

$$\begin{aligned}&\boldsymbol{w}^{\mathrm{T}}\boldsymbol{x}+w_0\geqslant 1,\quad \forall \boldsymbol{x}\in s_1\\&\boldsymbol{w}^{\mathrm{T}}\boldsymbol{x}+w_0\leqslant 1,\quad \forall \boldsymbol{x}\in s_2\end{aligned} \tag{16.4.21}$$

对每个类 s_i，记其标号为 t_i，其中 $t_1=1, t_2=-1$。现在问题变为计算超平面的 $\boldsymbol{w}$ 和 w_0，在满足条件

$$t_i(\boldsymbol{w}^{\mathrm{T}}\boldsymbol{x}_i+w_0)\geqslant 1,\quad i=1,2,\cdots,N \tag{16.4.22}$$

的情况下最小化：

$$C(\boldsymbol{w})\equiv\frac{1}{2}\|\boldsymbol{w}\|^2 \tag{16.4.23}$$

上述问题是一个在满足一组线性不等式的条件下最优化一个二次（非线性）代价函数的问题。

上述问题可用拉格朗日乘数法来解，具体就是解

$$L(\boldsymbol{w}, w_0, \lambda) = \frac{1}{2}\boldsymbol{w}^{\mathrm{T}}\boldsymbol{w} - \sum_{i=1}^{N}\lambda_i[t_i(\boldsymbol{w}^{\mathrm{T}}\boldsymbol{x}_i + w_0) - 1] \tag{16.4.24}$$

得到结果：

$$\boldsymbol{w} = \sum_{i=1}^{N}\lambda_i t_i \boldsymbol{x}_i \tag{16.4.25}$$

$$\sum_{i=1}^{N}\lambda_i t_i = 0 \tag{16.4.26}$$

因为拉格朗日乘数可以取正值或零，所以最优解的向量 $\boldsymbol{w}$ 是 N_s 个（$N_s \leqslant N$）与 $\lambda_i \neq 0$ 相关的特征向量的线性组合，即

$$\boldsymbol{w} = \sum_{i=1}^{N_s}\lambda_i t_i \boldsymbol{x}_i \tag{16.4.27}$$

这些向量就称为**支持向量**，而最优的超平面分类器就称为支持向量机。对 $\lambda_i \neq 0$，支持向量总与两个超平面之一重合，即

$$\boldsymbol{w}^{\mathrm{T}}\boldsymbol{x}_i + w_0 = \pm 1 \tag{16.4.28}$$

换句话说，支持向量给出与线性分类器最接近的训练向量。对应 $\lambda_i = 0$ 的特征向量或者处在式(16.4.28)的两个超平面限定的“分类带”的外边，或者处在两个超平面之一上（这是一种退化的情况）。这样获得的超平面分类器对不跨越分类带的特征向量的数目和位置都不敏感。

因为代价函数式(16.4.23)是严格凸性的，而不等式(16.4.22)中（用作约束的）都是线性函数，所以任何局部最小也是唯一的全局最小。换句话说，由支持向量得到的最优超平面分类器是唯一的。

2. 线性不可分类

在类不可（线性）分的情况下，需要对前面的讨论另行考虑。以图 16.4.5 为例，此时两个类的样本无论如何都不能（用直线）分开，或者说无论如何选择超平面，总会有样本落入分类带。

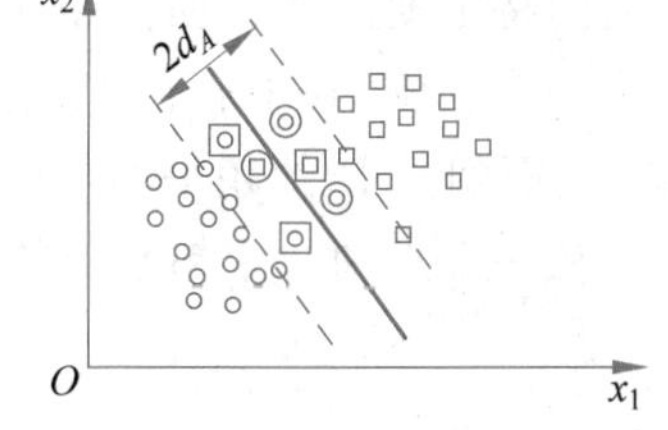

图 16.4.5 在类不可分的情况下样本落入分类带中

在这种情况下，训练特征向量可以分成以下 3 类。

(1) 向量落在分类带之外且被正确地分了类，这些向量都能满足式(16.4.22)。

(2) 向量落在分类带之内且被正确地分了类，这些向量对应图 16.4.5 中用大方框包围的样本，它们满足不等式：

$$0 \leqslant t_i(\boldsymbol{w}^{\mathrm{T}}\boldsymbol{x}_i + w_0) < 1 \tag{16.4.29}$$

(3) 向量被错误地分了类，这些向量对应图 16.4.5 中用大圆圈包围的样本，它们满足不等式：

$$t_i(\boldsymbol{w}^{\mathrm{T}}\boldsymbol{x}_i + w_0) < 0 \tag{16.4.30}$$

上面 3 种情况可以通过引入一组松弛变量统一为下式：

$$t_i(\boldsymbol{w}^{\mathrm{T}}\boldsymbol{x}_i + w_0) \geqslant 1 - r_i \tag{16.4.31}$$

前述第(1)种情况对应 $r_i = 0$，第(2)种情况对应 $0 \leqslant r_i \leqslant 1$，第(3)种情况对应 $r_i > 1$。这里的目标是在保持具有 $r_i > 0$ 的点数尽可能少的条件下，使最近点到超平面的距离尽可能小。此时要最小化的代价函数为

$$C(\boldsymbol{w},w_0,\boldsymbol{r}) \equiv \frac{1}{2}\|\boldsymbol{w}\|^2 + k\sum_{i=1}^{N} I(r_i) \tag{16.4.32}$$

其中，$\boldsymbol{r}$ 为参数 r_i 组成的向量，k 为控制前后两项相对影响的参数（在前面的可分类情况里，$k \to \infty$），而函数

$$I(r_i) = \begin{cases} 1, & r_i > 0 \\ 0, & r_i = 0 \end{cases} \tag{16.4.33}$$

由于 $I(r_i)$ 是一个离散函数，所以优化式(16.4.32)并不容易。为此，将问题近似为在满足下面条件：

$$\begin{aligned} & t_i(\boldsymbol{w}^{\mathrm{T}}\boldsymbol{x}_i + w_0) \geqslant 1 - r_i, \quad i=1,2,\cdots,N \\ & r_i \geqslant 0, \quad i=1,2,\cdots,N \end{aligned} \tag{16.4.34}$$

的情况下最小化：

$$C(\boldsymbol{w},w_0,\boldsymbol{r}) \equiv \frac{1}{2}\|\boldsymbol{w}\|^2 + k\sum_{i=1}^{N} r_i \tag{16.4.35}$$

这时的拉格朗日函数为

$$L(\boldsymbol{w},w_0,\boldsymbol{r},\boldsymbol{\lambda},\boldsymbol{\mu}) = \frac{1}{2}\|\boldsymbol{w}\|^2 + k\sum_{i=1}^{N} r_i - \sum_{i=1}^{N}\mu_i r_i - \sum_{i=1}^{N}\lambda_i[t_i(\boldsymbol{w}^{\mathrm{T}}\boldsymbol{x}_i + w_0) - 1 + r_i] \tag{16.4.36}$$

例 16.4.3　两类样本分类示例

考虑如下两类样本的分类问题。参见图 16.4.6，已知 4 个样本点为：属于 s_1 的 $[1,1]^{\mathrm{T}}$ 和 $[1,-1]^{\mathrm{T}}$，属于 s_2 的 $[-1,1]^{\mathrm{T}}$ 和 $[-1,-1]^{\mathrm{T}}$。这 4 个点在以原点为中心的正方形的 4 个顶点处，最优超平面这里为一条线，其方程为 $g(\boldsymbol{x}) = w_1x_1 + w_2x_2 + w_0 = 0$。

由于几何关系比较简单，可以通过观察直接得到 $w_2 = w_0 = 0$，$w_1 = 1$，即最优超平面 $g(\boldsymbol{x}) = x_1 = 0$。在该例中，4 个点都是支持向量。□

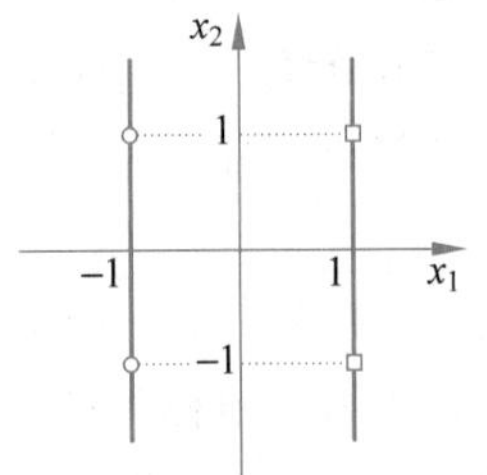

图 16.4.6　两类样本分类示例

最后需要指出，多类问题也可以用支持向量机的方法来解决。具体方法有多种，一种简单的思路是将前述两类问题的方法直接推广，将有 M 类的问题考虑成 M 个两类问题。对每个类别都设计一个最优的鉴别(discriminate)函数 $g_i(\boldsymbol{x})$，$i=1,2,\cdots,M$，使得 $g_i(\boldsymbol{x}) > g_j(\boldsymbol{x})$，$\forall i \neq j$，$\boldsymbol{x} \in s_i$。根据 SVM 的方法，对每个类 s_i 都设计一个鉴别函数 $g_i(\boldsymbol{x})$ 将类 s_i 与其他类区分开。这样得到的线性函数将对 $\boldsymbol{x} \in s_i$ 给出 $g_i(\boldsymbol{x}) > 0$，而对其他情况给出 $g_i(\boldsymbol{x}) < 0$。

16.5　结构模式识别

结构模式识别也有称为句法模式识别的。实现结构模式识别需要定义一组模式基元，一组确定这些基元相互作用的规则和一个识别器，称为**自动机**。其中，规则是以文法/语法(grammar)形式给出的，而识别器的结构由文法规则确定。如 16.1 节指出的，字符串和树结构是主要的结构模式描述符。下面先考虑字符串文法和自动机，然后将它们推广到树文法和对应的自动机。

16.5.1 字符串结构识别

在以下的讨论中，假设要研究的图像区域或目标已经借助如 7.3.3 小节中的字符串结构表达成字符串形式了。

1. 字符串文法

假设有两个类 s_1 和 s_2，类中的模式是基元的字符串。现在将每个基元看作某个文法字符集中一个可能的符号。这里文法是一组句法规则，它们能控制字符集中符号产生句子的过程。由一个文法 G 所产生的一组句子称为语言，并记为 $L(G)$。所以句子是符号的串，这些串代表了模式，而语言对应模式类。

考虑有两个文法 G_1 和 G_2，G_1 中的句法规则只允许产生对应类 s_1 中的模式的句子，G_2 中的句法规则只允许产生对应类 s_2 中的模式的句子。对一个表示未知模式的句子，识别的工作就是决定在哪个语言中待识别模式表示了一个可成立的句子。若句子属于 $L(G_1)$，则认为模式是由类 s_1 而来。类似地，如果句子在 $L(G_2)$ 中是成立的，则认为模式来源于类 s_2。若句子同时属于两个语言，则不能给出唯一的决策。若一个句子在两个语言中都不成立，则应舍去。

当有两个以上模式类时，进行结构分类的基本方法类似，不同的只是需要有更多个文法（至少每个类一个）。对多类模式的分类问题，若一个模式代表一个只属于 $L(G_i)$ 的句子，则它属于类 s_i。如前所述，若一个句子同时属于不同的语言，则不能给出唯一的决策。若一个句子在所有语言中都不成立，则应舍去。

当处理字符串时，可定义一个四元组：

$$G=(N,T,P,S) \tag{16.5.1}$$

其中，N 为一个有限的变量集，称为非终结符号集；T 为一个有限的常量集，称为终结符号集；P 是一组称为产生式的重写规则集；S 在 N 中，称为起始符号。这里要求 N 和 T 是不相交的。

以下用大写字母 $A,B,\cdots,S,T,\cdots$ 代表非终结符号，用处于字符集开头的小写字母 $a,b,c,\cdots$ 表示终结符号，用接近字符集尾处的小写字母 $\cdots,x,y,z$ 表示终结符号的串，用小写的希腊字母 $\alpha,\beta,\theta,\cdots$ 表示终结符号和非终结符号混合的字符串。空句（即没有符号的句子）记为 λ。对一个符号集 V，用 V^* 代表这样一个集合，它由所有 V 中元素结合而成的句子组成。

字符串文法的特点由产生式规则的形式决定。在结构模式识别中，最有用的是规则文法和前后文无关文法（上下文无关文法）。对**规则文法**，令 A 和 B 在 N 中，a 在 T 中，它只包含产生式规则 $A\to aB$ 或 $A\to a$；对**前后文无关文法**，令 A 在 N 中，它只包含形式为 $A\to\alpha$ 的产生式规则，α 在集合 $(N\cup T)^*-\lambda$ 中。换句话说，α 可以是除了空集以外的由终结符号和非终结符号组成的任何字符串。

例 16.5.1 字符串结构示例

设如图 16.5.1(a)所示的目标由其骨架表示（参见 6.2.6 小节），可定义如图 16.5.1(b)所示的基元来描述这个骨架的结构。考虑文法 $G=(N,T,P,S)$，其中，$N=\{A,B,C\}$，$T=\{a,b,c\}$，$P=\{S\to aA,A\to bA,A\to bB,B\to c\}$。如果用⇒代表由 S 出发，并用 P 中的产生式规则对字符串进行推导，则由 S 出发先用一次 P 中的第 1 条规则，再用两次第 2 条规则可得到 $S\Rightarrow aA\Rightarrow abA\Rightarrow abbA$。由于所生成的字符串中有非终结符号，上述推导还可继续进行下去。如果再用两次第 2 条规则，接下来再各用一次第 3 条和第 4 条规则，就可得到字符串 $abbbbbc$，这个字符串对应图 16.5.1(c)中的结构。在使用了第 4 条规则后，字符串中不再有非终结符号，所以推导结束。由上述文法中规则所产生的语言是 $L(G)=\{ab^nc \mid n\geqslant 1\}$，其中 b^n 代表 b 的 n 次重复。换句话说，G 只能产生如图 16.5.1(c)所示形状的骨架，但长度可任意。

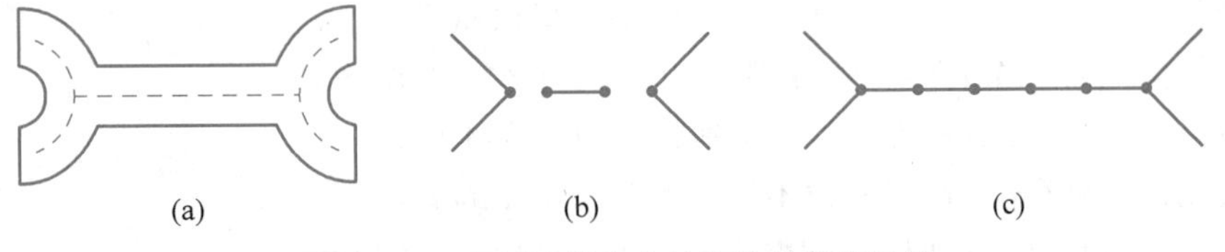

图 16.5.1 规则字符串文法产生的结构示例 □

2. 语义应用

在例 16.5.1 中，假设基元间的连接都是在如图 16.5.1(b)中的圆点处进行的。在更复杂的情况下，需要指出连接的规则和与其他信息（如基元长度和方向）有关的因素，以及一个产生式可以使用的次数等。这个工作可使用存储在知识库中的语义规则来完成。一般来说，产生式规则中的句法确定了目标的结构，而语义主要与其正确性有关。例如，在 FORTRAN 语言中，$A=B/C$ 从句法上讲是正确的，但只有当 $C\neq 0$ 时才能说语义上是正确的。

现在考虑将语义信息附加到例 16.5.1 所示的文法中去，表 16.5.1 给出了一些示例。

表 16.5.1 与产生式规则相连的语义信息示例

产 生 式	语 义 信 息
$S\to aA$	与 a 的连接只在圆点处，a 的方向（用 θ 表示）与两个线段端点间连线正交。每个线段长度为 2
$A\to bA$	与 b 的连接只在圆点处，不允许多重连接。a 和 b 的方向必须相同，b 的长度是 1。该规则不能用 5 次以上
$A\to bB$	a 和 b 的方向必须相同。连接为简单连接且只在圆点处发生
$B\to c$	b 和 c 的方向必须相同。连接为简单连接且只在圆点处发生

通过使用语义信息，可以用较少的句法规则来描述比较广泛（但仍有限）的模式类。例如，通过指定表 16.5.1 中 θ 的方向，就不需要对每个可能的方向指定一个基元。类似地，通过要求所有基元都朝着相同的方向，就不需要考虑那些偏离图 16.5.1(a)中基本形状的无意义结构了。

3. 用自动机作为字符串识别器

以下考虑如何识别一个模式是否属于由文法 G 产生的语言 $L(G)$。结构识别法的基本概念可借助称为**自动机**（计算机器）的数学模型来解释。给定一个输入模式字符串，一个自动机能识别该模式是否属于与自动机关联的语言。以下只考虑有限自动机，它是由规则文法产生的语言识别器。一个**有限自动机**可定义为一个五元组：

$$A_f=(Q,T,M,q_0,F) \tag{16.5.2}$$

其中，Q 为一个有限的非空状态集；T 为一个有限的输入字符集；M 为一个从 $Q\times T$（即由 Q 和 T 的元素组成的排序对集合）到所有 Q 子集的映射；q_0 为初始状态；F（Q 的一个子集）为一个最终或可接受状态的集合。

例 16.5.2 有限自动机状态图

考虑一个由式(16.5.2)给定的自动机，其中，$Q=\{q_0,q_1,q_2\}$，$T=\{a,b\}$，$F=\{q_0\}$。给定的映射规则是 $M(q_0,a)=\{q_2\}$，$M(q_0,b)=\{q_1\}$，$M(q_1,a)=\{q_2\}$，$M(q_1,b)=\{q_0\}$，$M(q_2,a)=\{q_0\}$，$M(q_2,b)=\{q_1\}$。由这些规则可知，当自动机处在状态 q_0 时，如果输入 a，则它的状态会变成 q_2；如果输入 b，则它的状态会变成 q_1，以此类推。

图 16.5.2 给出了该自动机的状态图，它由表示各个状态的结点和代表状态间可能转移的

有向弧组成。最终状态在一个双层圆环中,每个有向弧旁标有产生该弧所连接状态转移的符号。在这个例子中初始状态和终结状态是相同的。如果一个由终结符号组成的字符串由状态 q_0 开始,当对字符串最后一个符号的扫描导致自动机进入终结状态,则称该字符串是可由自动机所接受或识别的。例如,在图 16.5.2 中,自动机能识别字符串 $abbabb$,但不能识别字符串 $aabab$。

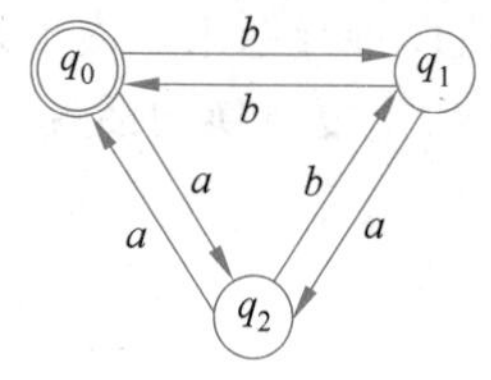

图 16.5.2　有限自动机的状态图 □

在规则文法和有限自动机之间有一一对应的关系。换句话说,一种语言在且仅在它是由一种规则文法产生时,才会被一个有限自动机所识别。基于以上概念可以方便地设计一个结构字符串识别器,即由给定的规则文法得到一个有限自动机。用 $G=(N,T,P,X_0)$ 代表文法,其中 $X_0 \equiv S$,设 N 是由 X_0 和 n 个非终结符号 $X_1,X_2,\cdots,X_n$ 组成的。对自动机,Q 由 $n+2$ 个状态 $\{q_0,q_1,\cdots,q_n,q_{n+1}\}$ 组成,其中当 $0\leqslant i\leqslant n$ 时,q_i 对应 X_i,且 q_{n+1} 是终结状态。输入符号集与 G 中的终结集相同,其中的映射规则是用两个基于 G 中的产生式而得到的,即对每个 i 和 j,$0\leqslant i\leqslant n$,$0\leqslant j\leqslant n$,满足:

(1) 若 $X_i \rightarrow aX_j$ 在 P 中,则 $M(q_i,a)$ 包括 q_j。

(2) 若 $X_i \rightarrow a$ 在 P 中,则 $M(q_i,a)$ 包括 q_{n+1}。

反之,给定一个有限自动机,$A_f=(Q,T,M,q_0,F)$,令 N 包含 Q 的元素,用起始符号 X_0 对应 q_0,则可如下得到对应的规则文法 $G=(N,T,P,X_0)$:

(1) 若 q_j 在 $\delta(q_i,a)$ 中,则在 P 中有 $X_i \rightarrow aX_j$。

(2) 若一个 F 中的状态在 $M(q_i,a)$ 中,则在 P 中有 $X_i \rightarrow a$。

注意,终结集 T 在两种情况下都相同。

例 16.5.3　有限自动机设计

与图 16.5.1 中结构文法对应的有限自动机可通过将产生式规则写成 $X_0 \rightarrow aX_1$,$X_1 \rightarrow bX_1$,$X_1 \rightarrow bX_2$ 和 $X_2 \rightarrow c$ 而得到,所以有 $A_f=(Q,T,M,q_0,F)$ 和 $Q=\{q_0,q_1,q_2,q_3\}$。为了完整性,可写出 $M(q_0,b)=M(q_0,c)=M(q_1,a)=M(q_1,c)=M(q_2,a)=M(q_2,b)=\varnothing$,其中 $\varnothing$ 为空集,表示在这个自动机中没有定义这些转移。 □

16.5.2　树结构识别

现在将前面的讨论扩展到对模式的树结构描述(参见 7.3.4 小节)。这里假设感兴趣的图像区域或目标已借助合适的基元用树结构形式表达。

1. 树文法

树文法是由五元组定义的:

$$G=(N,T,P,r,S) \tag{16.5.3}$$

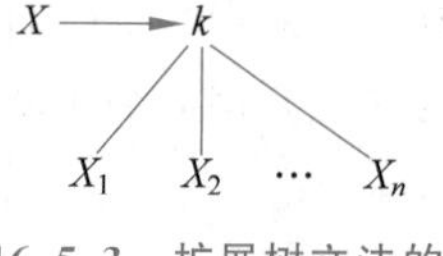

图 16.5.3　扩展树文法的产生式规则形式

其中,N 和 T 如前一样,分别为非终结符号集和终结符号集;S 为一个包含在 N 中的起始符号,它一般是一棵树;P 为一组产生式规则,其一般形式为 $T_i \rightarrow T_j$,其中 T_i 和 T_j 为树;r 为排序函数,它记录了一个其标号是文法中终结符号结点的直接后裔数目。与这里讨论有关的是扩展树文法,它的产生式规则可用图 16.5.3 表示,其中 $X_1,X_2,\cdots,X_n$ 为非终结符号,k 是一个终结符号,$r(k)=\{n\}$。

例 16.5.4　树文法产生的结构骨架

图 16.5.4(a)结构的骨架可用树文法产生。该树文法中,$N=\{X_1,X_2,X_3,S\}$,$T=\{a,b,c,d,e\}$,其中终结符号表示图 16.5.4(b)中的基元。

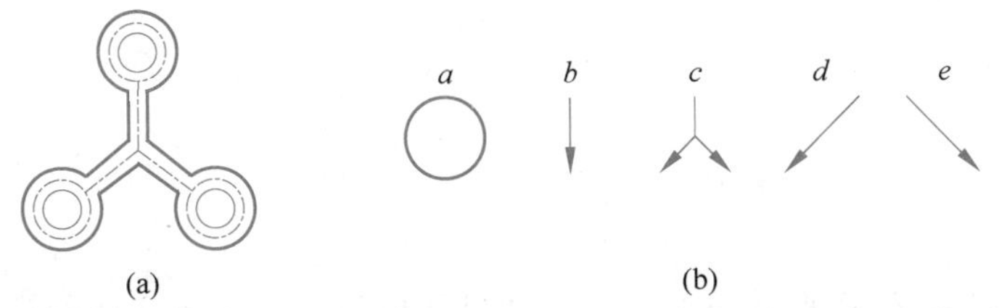

图 16.5.4　一个目标和用树文法表示其骨架所用的基元

假设各个线基元都是头尾连接的，而对圆周的连接是任意的，则该树文法具有如图 16.5.5 所示的产生式规则。排序函数现在为 $r(a)=\{0,1\}$，$r(b)=r(d)=r(e)=\{1\}$，$r(c)=\{2\}$。如果限制使用产生式规则(2)、(4)、(6)相同的次数，则会产生一个其中所有三段腿长度都相同的结构。类似地，如果要求产生式规则(4)和(6)使用的次数相同，那么将会产生一个关于垂直轴对称的结构。

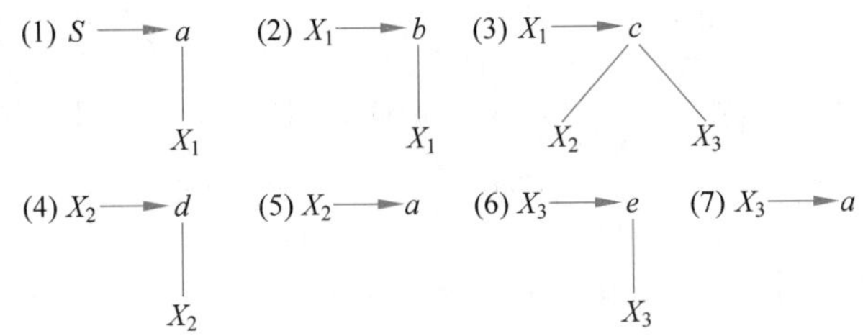

图 16.5.5　产生图 16.5.4(a)骨架的树文法所具有的产生式规则　□

2. 树自动机

当一个传统的有限自动机对一个输入字符串进行从左向右逐符号扫描时，**树自动机**必须对输入树的各个叶结点同时进行扫描并平行地向树根推进。具体地说，一个从树叶向树根扫描的自动机定义为

$$A_t=(Q,F,\{f_k \mid k\in T\}) \tag{16.5.4}$$

其中，Q 为一组状态有限集；F 为一组终结状态集，且是 Q 的一个子集；f_k 是 $Q^m\times Q$ 中的关系，其中 m 为 k 的秩，Q^m 代表 Q 的自身 m 次笛卡儿乘积，即 $Q^m=Q\times Q\times Q\times\cdots\times Q$。根据笛卡儿乘积的定义，上述表达代表所有排序的 m 元组(其元素源于 Q)的集合。举例来说，如果 $m=3$，$Q^3=Q\times Q\times Q=\{x,y,z \mid x\in Q,y\in Q,z\in Q\}$。注意，从集 A 到集 B 的关系 R 是 A 和 B 笛卡儿乘积的子集，即 $R\subseteq A\times B$。这样 $Q^m\times Q$ 中的一个关系就是集 $Q^m\times Q$ 的一个子集。

对一个扩展树文法 $G=\{N,T,P,r,S\}$，为构造对应的树自动机可让 $Q=N$，$F=\{S\}$，并对每个 T 中的符号 a 定义一个关系 f_k，使得当且仅当 G 中有如图 16.5.6 所示产生式规则时 $(X_1,X_2,\cdots,X_n,X)$ 在 f_k 中。

例 16.5.5　树文法示例

考虑一个简单的树文法 $G=\{N,T,P,r,S\}$，其中，$N=\{S,X\}$，$T=\{a,b,c,d\}$，产生式规则如图 16.5.6 所示。排序函数 $r(a)=\{0\}$，$r(b)=\{0\}$，$r(c)=\{1\}$，$r(d)=\{2\}$。对应的树自动机为 $A_t=(Q,F,\{f_k \mid k\in T\})$，其中 $Q=\{S,X\}$，$F=\{S\}$，$\{f_k \mid k\in T\}=\{f_a,f_b,f_c,f_d\}$，关系 $f_a=\{(\varnothing,X)\}$，$f_b=\{(\varnothing,X)\}$，$f_c=\{(X,X)\}$ 和 $f_d=\{(X,X,S)\}$ 分别源于图 16.5.6 中的产生式规则(1)、(2)、(3)和(4)。f_a 表示一个没有子结点且记为 a 的结点被赋给状态 X；f_b 表示一个没有子结点且记为 b 的结点被赋给状态 X；f_c 表示有一个子结点且记为 c 的结点被赋给状态 X；f_d 表示有两个子结点(每个都赋给状态 X)且记为 d 的结点被

赋给状态 S。

(1) $X \rightarrow a$　(2) $X \rightarrow b$　(3) $X \rightarrow c$（子结点 X）　(4) $S \rightarrow d$（子结点 X、X）

图 16.5.6　树文法的产生式规则

现在借助图 16.5.7(a)来看一下上述自动机如何识别由前述文法所产生的树。自动机 A_t 首先通过关系 f_a 和 f_b 对终端结点 a 和 b 赋予状态。这里状态 X 要赋给两个对应结点，如图 16.5.7(b)所示。然后自动机向上移动一层，根据 f_c 和 c 结点的子结点情况对 c 结点赋一个状态，如图 16.5.7(c)所示。这个状态值仍是 X。继续向上移动一层，自动机遇到结点 d。由于这个结点的两个子结点都已赋了状态，所以要使用将状态 S 赋给结点 d 的关系 f_d，因为这是最后一个结点且状态 S 在 F 中，自动机识别出这个树是前述树文法语言中的一个合法成员。图 16.5.7(d)给出了根据上述从叶到根路线的状态序列的最终表达。

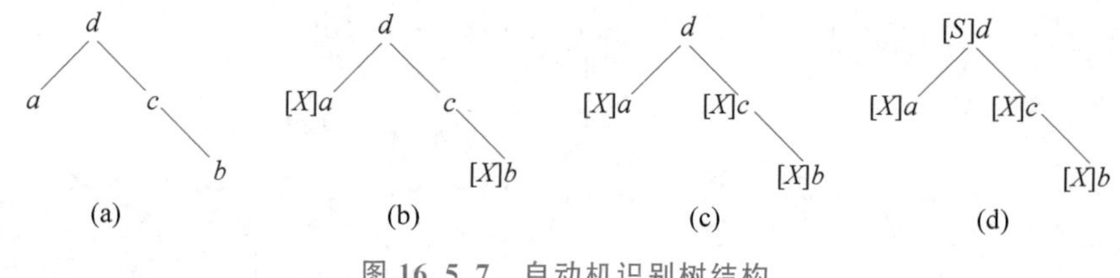

图 16.5.7　自动机识别树结构

□

总结和复习　　**随堂测试**

附录A

人脸和表情识别

人脸识别和表情识别都是生物特征识别和人机交互的重要内容和有效手段，它们也都是更一般的人脸图像分析任务的一部分[Zhang 2011]。随着近年来各种图像处理和分析技术的发展，它们都得到了广泛的研究和应用。人脸识别和表情识别所采用的技术与上册和本册所介绍的技术密切相关。这里结合图像技术对其中的部分研究和进展给予介绍，各节将安排如下。

A.1 节先对生物特征识别给予概括的评述，给出一些生物特征的特点和性能比较情况。

A.2 节讨论人脸检测定位（搜索人脸并确定其位置、尺寸等信息）的一些技术，这应该说是人脸和表情识别等人脸分析工作的第一步。

A.3 节讨论人脸活体检测问题。人脸欺骗是对人脸识别的攻击手段，而人脸活体检测是抗击人脸欺骗，或者说人脸反欺骗的有效方法。

A.4 节介绍对人脸上眼睛的检测和跟踪的技术，具体讨论了眼睛的提取和眼睛轮廓的跟踪，这对人脸识别和表情识别都很重要。

A.5 节介绍有关人脸识别的内容，除了将人脸表情识别的技术推广和运用到人脸识别中的两种方法，还详细介绍了两种有特色的人脸识别方法。另外，也讨论了遮挡人脸的识别问题。

A.6 节详细讨论有关表情识别的内容，在给出表情识别的步骤后，介绍了表情特征提取的主要工作步骤和一种典型的技术，还讨论了对表情特征的稀疏表达方法。另外，还介绍了不同表情分类的原理，具体分析了两类典型技术。最后给出了对微表情研究的概况。

A.1 生物特征识别

对生物特征的识别是近年的一个研究热点[章 2023]。要利用生物特征来对人的身份进行辨识或确认，则生物特征主要应满足普遍性（人人拥有）、唯一性（人与人不同）、稳定性（不因时间、年龄、环境的改变而变化）和采集方便性（设备简单、方式容易、对人影响程度小）等。

1. 生物特征

目前已比较成熟的和得到较广泛使用的、借助图像技术的**生物特征**主要包括解剖和生理特征：人脸、指纹、掌纹、手形、虹膜、视网膜、静脉血管等；行为特征：足迹、笔迹、签名、步态等。另外还有借助其他特征的，如语音、声纹、染色体 DNA 等。下面简单介绍其中几个。

(1) 人脸一般指头部除头发覆盖的表面部分。人脸识别常利用人面部不易变化的部分，如五官分布、眼眶轮廓、下巴轮廓等。人脸识别可被动进行，对人比较友好，但人脸模式会随说话、位姿、年龄、胖瘦等而发生变化，稳定性较低。借助对人脸图像的分析，除可以进行身份鉴别外，还可获得性别、年龄、表情等信息[Zhang 2015b]。

(2) 指纹指在手指末端正面皮肤上凹凸不平的纹路，在识别时主要使用这些纹路构成的空间模式特征，如交叉点、断点、走向趋势等。指纹随人而不同，又终身不变，易于获取。

(3) 虹膜指瞳孔和巩膜之间的环形可视部分，其上有纤维状的纹路组成放射结构。这些纹路中的60%对所有人一致，另外40%因人而异，可用于辨识。

(4) 视网膜是人类视觉系统中的重要器官，主要由位于眼球后部的小神经构成。用于视网膜识别的主要是分布在视网膜周围的血管所构成的模式，它们的组合可提供大量的特征点，所以误识率很低，但由于组合模式不稳定，所以拒识率会比较高。

2. 生物特征性能比较

生物特征的性能和使用涉及许多因素，除上面提到的普遍性、唯一性、稳定性、采集方便性外，其他期望的特性还有广泛性、独特性、持久性、使用方便性、高识别性能、防伪性、接受性、分辨性及性价比等。它们的含义和覆盖的内容有一定的重合。几个典型的对一些常用生物特征进行评价的指标及其定义/解释可见表A.1.1。

表 A.1.1 几个常用生物特征的评价指标

指标	定义/解释
采集干扰性	在获取信息时对人影响程度的大小，好的特征应少干扰人的活动
被识别人的接受性	指是否需要被识别人的配合，识别人对此是否有接受的心理基础
小类内差异	指同一个体在一段时间前后的差异，较小有利于识别同一个人
大类间差异	指一个人的特征与其他人的特征间的差异，较大有利于识别不同的人
识别可靠性	指借助识别可以有效地辨识被识别人
防止假冒能力	指对虚假的数据(如照片)有较强的免疫力，易于区分真假数据
性价比	指检测系统的性能与其软硬件费用的比值，越大越好

对常用的人脸、指纹、虹膜和视网膜用表A.1.1中的指标进行评价得到的结果(归一化到[0,1]区间)可参见图A.1.1，其中各种指标均以大的数值表示优越。人脸在采集干扰性和被识别人的接受性方面都有明显优势，但在小类内差异、大类间差异和识别可靠性方面均有许多问题需要解决。

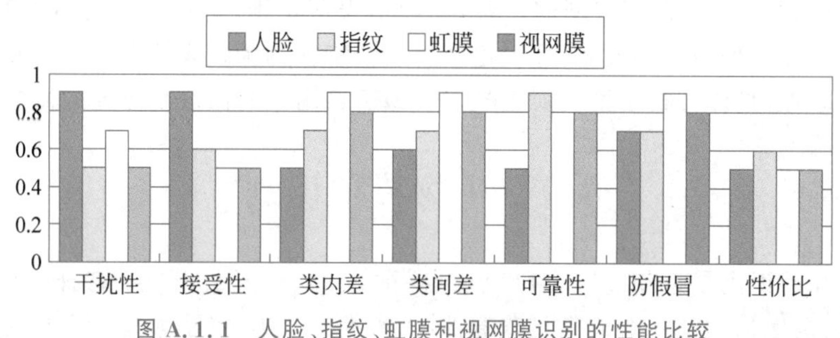

图 A.1.1 人脸、指纹、虹膜和视网膜识别的性能比较

A.2 人脸检测定位

人脸检测定位是人脸分析中的第一步，它要在输入图像中搜索人脸，并确定人脸的位置和尺寸等信息。从单幅图像中进行人脸检测定位常需要克服由于人脸朝向的不同、光照条件的改变、景物遮挡的存在，甚至不同表情给人脸外观带来的变化等一系列问题。在为识别而进行的人脸检测定位中，一般设人在图像中的存在性是确定的，否则常需要先对人进行检测[Dalai 2005]。在通常情况下，一幅图像中有不止一张人脸(如只有一个人脸则常可直接采用人脸分割的方法)[Zhang 1997c]。另外，人脸与人体的分离也是一个困难的问题，一般也不使用目标检测的方法[Mohan 2001]。

A.2.1 基本方法

对人脸的检测可使用不同的输入,既有利用静止图像的也有利用视频图像(序列)的。利用静止图像的主要方法包括以下几种。

(1) 基于特征的方法。在图像中搜索特定的角点、边缘、肤色和纹理区域来定位人脸。

(2) 基于人脸知识的方法。根据对人脸知识的了解建立人脸特征间联系的规则(例如,对正面人脸可利用其对称性[Liu 2005]),再根据这些规则来判断检测和定位的结果。

(3) 基于模板匹配的方法。先对人脸建模,构建相应的模板,通过匹配来检测和定位人脸。

(4) 基于外观的方法。**基于外观**的方法也使用模板匹配的方法来检测和定位人脸,只是这里的模板(或模型)是通过训练学习而得到的。

利用视频图像进行人脸检测定位时,除上述方法外,还可以借助头部运动信息等。典型的包括基于图像差的方法和基于光流的方法。它们均与检测运动目标的方法类似(见12.2节)。

A.2.2 基于豪斯道夫距离的方法

在基于模板匹配的人脸检测定位方法中,需要将预先建立的人脸模板与图像中的人脸区域进行相关运算,在这个过程中需要考虑对模板进行坐标变换(平移、旋转或伸缩)。为了衡量相关的程度,需要计算坐标变换后的人脸模板与图像中的人脸区域之间的距离。实际中常使用人脸边缘图像,边缘点可用SUSAN算子(见3.1.2小节)检测,相关运算在对应的边缘点集合之间进行。

例 **A.2.1** 人脸边缘模板构建示例

构建人脸模板的一种简单方法是将多个人脸图像直接进行平均,得到平均脸模板。实际中从相关运算的角度出发常使用人脸边缘图像。图A.2.1给出了一组示例,先获取一系列人脸的边缘图像,再将这些边缘图像叠加得到平均的人脸边缘图像作为模板。

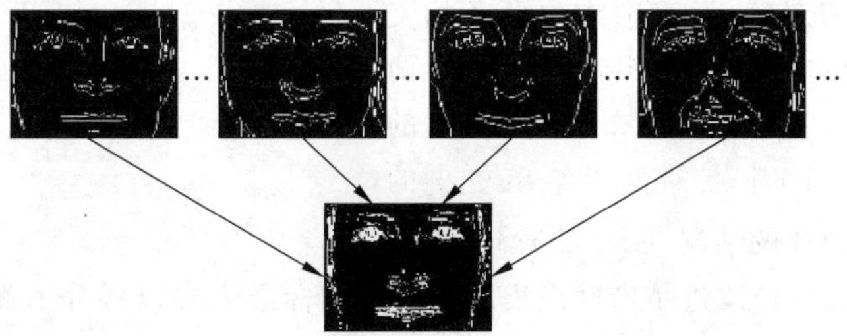

图 **A.2.1** 平均(边缘)脸模板构建示例

□

1. 豪斯道夫距离

目标是由像素点组成的,两个目标的相关计算在一定意义上是进行两个点集之间的匹配。利用**豪斯道夫距离**(HD)描述点集之间的相似性并通过特征点集来匹配的方法得到了广泛应用。给定两个有限点集 $A=\{a_1,a_2,\cdots,a_m\}$ 和 $B=\{b_1,b_2,\cdots,b_n\}$,它们之间的HD定义如下:

$$H(A,B)=\max[h(A,B),h(B,A)] \tag{A.2.1}$$

其中

$$h(A,B)=\max_{a\in A}\min_{b\in B}\|a-b\| \tag{A.2.2}$$

$$h(B,A)=\max_{b\in B}\min_{a\in A}\|b-a\| \tag{A.2.3}$$

在式(A.2.2)和式(A.2.3)中，范数$\|\cdot\|$也可取不同形式。函数$h(A,B)$称为从集合A到B的有向HD，描述了点$a\in A$到点集B中任意点的最长距离；同样，函数$h(B,A)$称为从集合B到A的有向HD，描述了点$b\in B$到点集A中任意点的最长距离。由于$h(A,B)$与$h(B,A)$不对称，所以一般取它们两者之间最大值作为两个点集之间的HD。

豪斯道夫距离的几何意义可这样来解释：若两个点集A和B之间的豪斯道夫距离为d，则对每个点集中的任意一个点，都可以在以该点为中心、以d为半径的圆中找到另一个点集中的至少一个点。若两个点集之间的豪斯道夫距离为0，则说明这两个点集是重合的。在如图A.2.2所示的示意图中：$h(A,B)=d_{21}$，$h(B,A)=d_{22}=H(A,B)$。

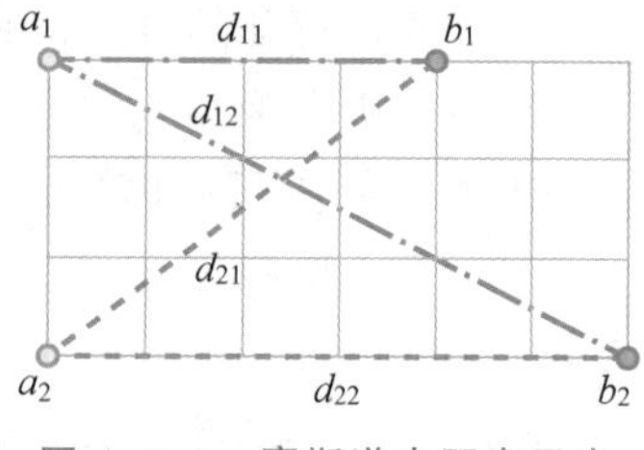

图 A.2.2　豪斯道夫距离示意

如上定义的HD对噪声点或点集的**外野点**很敏感，为克服此问题可借助统计平均的概念，用平均值代替最大值，得到用平均值**改进的豪斯道夫距离**(MHD)，即将式(A.2.2)和式(A.2.3)分别改为

$$h_{\mathrm{MHD}}(A,B)=\frac{1}{N_A}\sum_{a\in A}\min_{b\in B}\|a-b\| \tag{A.2.4}$$

$$h_{\mathrm{MHD}}(B,A)=\frac{1}{N_B}\sum_{b\in B}\min_{a\in A}\|b-a\| \tag{A.2.5}$$

其中，N_A表示点集A中点的数目，N_B表示点集B中点的数目。将它们代入式(A.2.1)，得到

$$H_{\mathrm{MHD}}(A,B)=\max[h_{\mathrm{MHD}}(A,B),h_{\mathrm{MHD}}(B,A)] \tag{A.2.6}$$

2. 用标准方差改进的豪斯道夫距离

前面介绍的MHD具有对噪声和点集外的野点不敏感的优点，但对点在点集中的分布比较敏感。这个问题可借助图A.2.3来介绍，其中图A.2.3(a)中由两条平行线段与图A.2.3(b)中由两条相交线段代表的两个点集之间的MHD均为d。但两图从匹配的角度看应有区别，图A.2.3(a)中点的分布应比图A.2.3(b)中点的分布给出更小的HD，才符合一般人感知的情况[Gao 2002]。

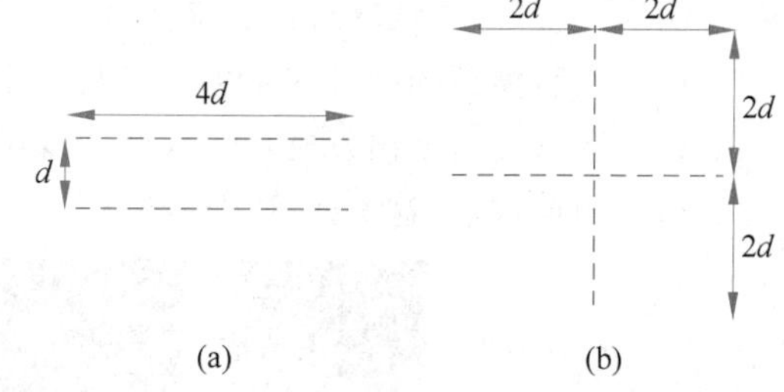

图 A.2.3　MHD计算中显现出的问题

对MHD度量的一种改进是借助点集之间距离的标准方差以区分上面两种情况，并能使由图A.2.3(b)得到的HD大于由图A.2.3(a)得到的HD[Liu 2005]。具体就是定义**标准方差改进的豪斯道夫距离**(SDMHD)：

$$h_{\mathrm{SDMHD}}(A,B)=\frac{1}{N_A}\sum_{a\in A}\min_{b\in B}\|a-b\|+k\times S(A,B) \tag{A.2.7}$$

$$h_{\mathrm{SDMHD}}(B,A)=\frac{1}{N_B}\sum_{b\in B}\min_{a\in A}\|b-a\|+k\times S(B,A) \tag{A.2.8}$$

其中，参数k为加权系数；$S(A,B)$表示点集A中一点到点集B中各点平均距离的标准方差，即

$$S(A,B)=\sqrt{\sum_{a\in A}\left[\min_{b\in B}\|a-b\|-\frac{1}{N_A}\sum_{a\in A}\min_{b\in B}\|a-b\|\right]^2} \tag{A.2.9}$$

$S(B,A)$表示点集B中一点到点集A中各点平均距离的标准方差，即

$$S(B,A)=\sqrt{\sum_{b\in B}\left[\min_{a\in A}\|b-a\|-\frac{1}{N_B}\sum_{b\in B}\min_{a\in A}\|b-a\|\right]^2} \tag{A.2.10}$$

例如,对图 A.2.3(a)有 $S(A,B)=S(B,A)=0$,而对图 A.2.3(b)有 $S(A,B)=S(B,A)=d/3^{1/2}$。

将式(A.2.7)和式(A.2.8)代入式(A.2.1),得到

$$H_{\text{SDMHD}}(A,B)=\max[h_{\text{SDMHD}}(A,B),h_{\text{SDMHD}}(B,A)] \tag{A.2.11}$$

上述 SDMHD 不仅考虑了两个点集之间点的平均距离,而且通过引入点集之间距离的标准方差加入了点集中点的分布信息(两个点集之间点分布的一致性),所以对点集的刻画更为细致[刘 2008a]。

3. 边缘频率加权的豪斯道夫距离

当借助 HD 来计算两个点集之间距离并进行人脸模板匹配时,由于人脸区域中不同位置对匹配的贡献不同,所以可考虑对 HD 中的各项分别进行加权,即可以将式(A.2.4)和式(A.2.5)分别改为[Lin 2003]

$$h(A,B)=\frac{1}{N_A}\sum_{a\in A}w(b)\times\min_{b\in B}\|a-b\| \tag{A.2.12}$$

$$h(B,A)=\frac{1}{N_B}\sum_{b\in B}w(a)\times\min_{a\in A}\|b-a\| \tag{A.2.13}$$

其中,$w(a)$和 $w(b)$为权值函数,每个点对应一个空间位置(x,y)。权值函数可利用训练集来确定,例如可通过统计图像中的边缘信息来确定权值函数,以能够更直接有效地反映人脸的结构信息。

一种具体的实现方法如下[Tan 2006a]。首先对训练集中的人脸图像进行归一化,包括空间尺度归一化和灰度幅值归一化。接下来利用边缘检测算子计算与它们对应的边缘图像,并将边缘图像阈值化得到二值图像。这里阈值的选取要使得二值图像中像素值为 1 的像素个数为整图的 20%,这样可使得训练集中各二值图像的贡献比较一致。

利用由训练集中人脸图像得到的二值图像可以通过计算各点的平均值来获得权值函数 $w(a)$和 $w(b)$。这样计算出来的权值函数正比于训练集中各图像在对应位置处边缘点出现的频率。将这样计算得到的权值函数 $w(b)$和 $w(a)$分别代入式(A.2.12)和式(A.2.13),就得到**边缘频率加权的豪斯道夫距离**(EFWHD)。

上述计算出来的权值函数可以表示成一幅表达边缘点出现频率的灰度图,对这幅灰度图二值化就得到人脸边缘模型的二值图。图 A.2.4(a)给出了权值函数的灰度图(其中较亮的点对应边缘点出现频率较大的点),图 A.2.4(b)给出了人脸边缘模型的二值图(其中白色的点表示二值化后的边缘点)。

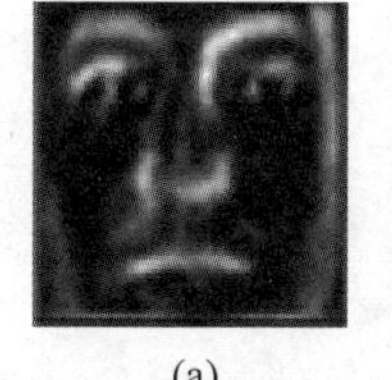
(a)

(b)

图 A.2.4 权值函数和人脸边缘模型的图像

对若干利用不同豪斯道夫距离进行人脸检测定位方法的一个比较实验如下[Tan 2006a]:比较的方法分别基于原始的 HD、MHD 以及 EFWHD;比较所用的图像共有 2007 幅,包括 BioID 库中所有 23 个人的 1521 幅图像[BioID 2001]以及从 Cohn-Kanade 库 210 个人的大约 2000 个图像序列中选取的具有不同光照的 486 幅图像(640×490)[Kanade 2000]。在对人脸模板的训练阶段,随机从中选取了大约 10%的人脸图像进行训练。在比较各方法的定位精度时,采用的指标是对眼睛检测的相对误差[Josorsky 2001]。这个相对误差指标定义为

$$d=\frac{\max\{d_l,d_r\}}{\|C_{lt}-C_{rt}\|} \tag{A.2.14}$$

其中，C_{lt} 和 C_{rt} 分别为左右两个眼睛中心的真实值；d_l 和 d_r 分别为左右两个眼睛中心的真实值与检测值的差。对两库分别实验得到的平均结果见表 A.2.1，可见 EFWHD 比 MHD 的误差要小，而 MHD 比 HD 的误差要小。

表 A.2.1　几种豪斯道夫距离检测的平均误差比较

数　据　库	HD	MHD	EFWHD
BioID 库	0.9788	0.4962	0.2513
Cohn-Kanade 库	0.6037	0.5157	0.1153

4. 对称性度量

人脸检测和定位中的一个关键问题是寻找能表征人脸特性的一些有代表性的特征，以将人脸从其他的物体中区分出来。常用的特征包括五官的固定结构、肤色等，而正面人脸还具有的一个重要特征就是高度的对称性。对人脸进行对称性检测的流程如图 A.2.5 所示，其中对称性的度量通过计算左半图像和右半图像的相似性来完成。

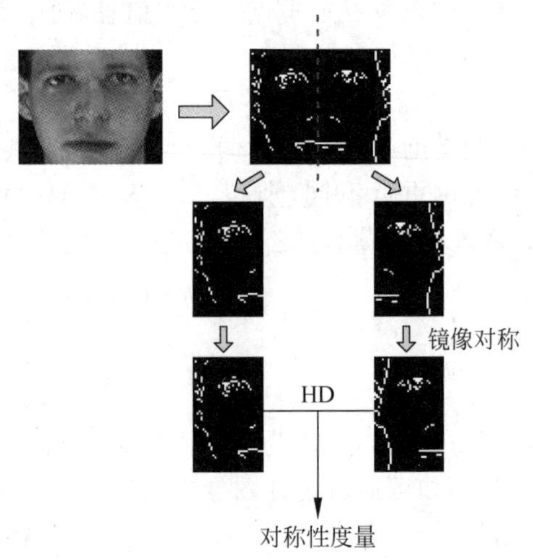

图 A.2.5　人脸对称性的检测流程示意

为计算左半图像和右半图像的相似性，使用豪斯多夫距离作为图像 I 的对称性度量 S：

$$S(I)=\max\{H(I_1,I_r),H(I_r^*,I_1)\} \tag{A.2.15}$$

其中，$H(\cdot)$表示豪斯多夫距离，I_1 和 I_r 分别表示左半图像和右半图像，而 I_r^* 表示 I_r 的镜像对称。由于场景中的其他物体（非人脸）也可能具有对称性的特征，所以上述对称性的度量方法有时并不能单独用来定位人脸。但可将对称性度量与基于模板匹配的相似性度量结合，如图 A.2.6 所示，以提高人脸定位的性能。

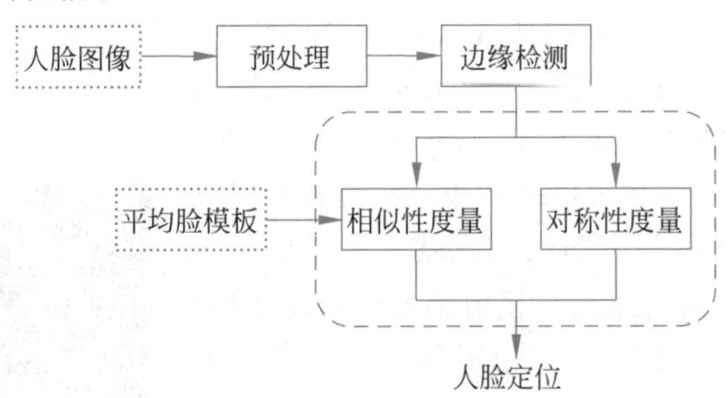

图 A.2.6　结合相似性度量与对称性度量的人脸定位流程

假设待检测的人脸都为正面人脸，且没有平面以外的旋转，则人脸定位的问题可以表示成

$$D_p=\min\{H[T_p^*(I),T_p(J)]+w\times S[T_p^*(I)]\} \tag{A.2.16}$$

其中，T_p 表示对人脸模板的仿射变化（如平移、放缩和旋转），p 代表变换参数，$T_p^*(I)$表示与变换后的模板 J 对应的图像 I 中的部分，w 是表示权重的参数。一个人脸定位系统的目标就是寻找一组变换参数 p，使得最终的度量结果最小化，从而定位人脸。

A.3　人脸活体检测

随着人脸识别的广泛应用，人脸识别技术的安全性问题也日益凸显。问题之一是冒名顶替者通过呈现合法用户的伪装面部来欺骗人脸识别系统。这种行为称为**面部欺骗**或**人脸欺骗**。

在人脸欺骗手段中,最常见的方法是基于**假脸**(也称义脸)。为了欺骗人脸识别系统,常将假脸的形式显现在摄像头前,这是一种低成本、简单可行的攻击。这通常被称为"呈现攻击",是一种典型的面部欺骗方式。为保证人脸识别系统做出正确的判断,首先需要确保系统输入的图像是从真实的人脸获取的。

为了应对这一挑战,可以采用**人脸活体检测**(也称为**面部活性检测**、**人脸反欺骗**)的方法。人脸活体检测对应在识别当前获取的面部图像时判断其来自活体人脸还是假脸的过程。活体人脸指的是真实的人脸,假脸指的是用各种方法伪造而成的人脸(如照片)。随着人脸识别技术的广泛应用,人脸活体检测成为保证人脸识别应用安全的关键。它通常被嵌入到人脸识别系统中并放置在人脸识别模块之前,即需要首先验证输入图像(确定是真脸还是假脸),然后开始实际的人脸识别。

A.3.1 人脸欺骗

人脸欺骗有多种方式。例如,可以区分以下 4 种类型的假脸[蒋 2021b]。

(1) 照片类假脸。**照片类假脸**是指在照片纸或普通打印纸上打印的黑白或彩色人脸照片。

(2) 视频类假脸。**视频类假脸**是指通过手机、计算机或其他电子显示设备播放的预先录制的人脸视频(帧)。

(3) 面具类假脸。**面具类假脸**是指由各种材料(包括塑料、乳胶、硅胶等)制成的 3-D 面具。它可以根据用户提供的照片进行定制。

(4) 模型类假脸。**模型类假脸**是指根据 3-D 人脸模型,借助人脸操纵软件,使用照片合成的 3-D 人造假脸。通常将这种假脸显示在电子设备上以攻击人脸识别系统。

另一种考虑人脸欺骗模式及其提供信息的分类方法见表 A.3.1[谢 2022]。

表 A.3.1 常见的欺骗模式和提供的信息

欺骗模式	提供的信息		
	纹理	3-D 结构	交互动作
打印的照片	有	无	无
曲面打印照片	有	简单	无
叠加真人五官的打印照片	有	简单	张嘴、眨眼、转头
屏幕显示的照片	有	无	无
屏幕显示的视频	有	无	无
屏幕显示的 3-D 模型	有	无	有
3-D 刚性面具	有	复杂	张嘴、眨眼、转头
3-D 柔性面具	有	复杂	丰富的表情

另外,还有其他一些欺骗模式[胡 2021],例如遮挡(真实人脸的一部分被不同程度的透明度覆盖),使用带有对抗性噪声的眼镜等。

A.3.2 交互式和非交互式方法

根据当前主流人脸活体检测方法的应用形式,可分为两类:交互式人脸活体检测(合作型)和非交互式人脸活体检测(沉默型)。

交互式人脸活体检测将人类带入检测循环。由于真实人脸的主人是活的人类，人类可以根据需要/要求做出动作或显现表情，而这对于假脸来说可能是一项艰巨的任务。交互式人脸活体检测使用动作命令与用户交互，系统通过判断用户是否准确完成了指定的动作来确定摄像机前面的人脸是活体人脸还是假脸。交互式人脸检测算法的性能主要取决于动作指令和结果的识别。通过精心设计的交互动作，交互式人脸活体检测技术可以有效地减少假脸对检测性能的影响，其识别率和通用性能满足许多实际业务场景（如银行中）的需求。

然而，交互式人脸活体检测需要大量的计算和步骤来从多帧图像中识别用户是否完成了动作，并且需要用户在指定区域中完成多个指定动作，检测过程比较烦琐，并且对用户的限制和要求很高。所以用户的体验感并不很好，这抵消了人脸识别技术的便利性和自然优势。此外，对用户合作的要求使得它只能用于用户主动合作的场景，而不适用于用户处于自然行为状态的情况，例如视频监控中的人脸分析。

非交互式人脸活体检测可以在没有用户的主动感知并且没有与用户交互的情况下区分真实人脸和假脸。非交互式人脸活体检测依赖于检测和分析真实人脸图像和摄像机捕获的假脸图像之间的差异，以区分真实人脸和假脸。表 A.3.2 总结了现有的主要非交互式人脸反欺骗活体检测方法的类别及其原理和特点[谢 2022]。

表 A.3.2 非交互式人脸反欺骗方法分类

方法类别	分类特征	反欺骗原理	欺骗物
基于图像纹理	LBP、HOG、盖伯描述符及其变型；用LPQ、BSIF、DOG、GLCM 等提取的特征	真实人脸与相纸或电子显示屏上显示的纹理不同（由于打印质量、显示分辨率、平面结构等）	照片、视频、面具
基于图像质量	镜面反射、颜色分布和清晰度等方面的图像质量特征	活体人脸与假脸由于材料不同导致的反射属性的差异	照片、视频
基于生命信息	来自远程光电容积描记法（rPPG）的信息，光流和运动分量分解	不同的生命特征：测试对象是否有心率，活体的不自主眨眼以及面部和嘴唇的微运动	面具、照片
基于其他图像采集硬件	近、短波、热红外图像，多波段图像，光场图像，深度图像	对于在可见光中具有不同反射特性的材料，不同的其他图像可能会产生较大的辨别力和类内差异，可以提高识别精度，同时打击多种类型的欺骗攻击	照片、视频、面具
基于深度特征	来自 CNN、ResNet-50、VGG 等的深度特征，深度特征和手动特征的融合	深度学习方法可以提取高级语义特征（人工设计特征大多是浅层特征），并可以有效地表示活体人脸和欺骗人脸之间的差异	照片、视频、面具
基于组合特征	结合来自纹理、运动生活、面部结构、图像质量、背景等以及其他特征的信息	更多的信息可以提供更多的分类线索，并扩展特征维度，从而有效区分活体人脸和欺骗人脸	照片、视频、面具

A.3.3 人脸反欺骗技术分类

现有的人脸活体检测方法致力于在考虑各种视角的情况下区分真实人脸图像和假脸图像。关于人脸活体检测方法的分类，可以根据不同的标准获得不同的分类方案。例如，考虑到输入信息的模态，可以区分基于单帧图像的人脸活体检测、基于视频的人脸活体检测、基于 3-D 模型的人脸活体检测和基于深度坐标点的人脸活体检测。

人脸反欺骗技术也可以根据其原理和特点分为7类[胡 2021]，如表A.3.3所示。

表A.3.3 反欺骗方法的技术分类

方法类别	原理和描述	优点和缺点
基于各种图像特征	使用局部二元模式(CCoLBP)特征、中心差分卷积(CDC)深度特征等，以捕捉真实人脸和假脸之间的差异	比较直接、直观 还不能确保源域中提取的特征能够适应新的目标域
基于活体和假脸之间的物质差异	活体人脸具有假脸所不具备的特征，例如体温、脉搏、面部运动等，而假脸可能包含活体人脸所不具有的特征，以及屏幕上光干涉产生的摩尔图案	原理简单，良好的可解释性，具有克服跨库性能下降的一定潜力 需要额外的硬件，因此系统硬件规模相对较大，计算复杂性增加
基于软件的辅助信息	使用局部特征块和全局深度图来辅助面部图像，或者使用残余空间梯度块(RSGB)来更好地表示空间信息，使用空间时间传播模块(STPM)来更好地表示时间信息，以指导人脸图像细节的提取并提高检测性能	无须硬件协调，成本低 辅助信息不能直接获得，因此在使用前需要使用人脸图像来估计辅助信息，性能需要提高
基于硬件获取的多模态信息	通过组合使用各种模态的人脸信息，如可见光图像、红外图像和深度图像，可以挖掘更丰富和有效的分类特征，从而进一步提高对假脸的分类精度和检测性能	相对较高的精度 需要可能取决于应用域的额外硬件
基于半监督或无监督学习的域调整	领域自适应可以缩小训练样本和实际检测样本之间的差异 域泛化可以使用多个现有的源领域来训练模型并学习广义特征空间，而不必使用目标数据	具有一定的推广作用，可以提高跨域能力 研究仍处于启发式探索阶段，需要根据经验使用真实人脸和假脸的基本常识来设计用于监督的损失函数
基于解耦合/去纠缠以分离假脸痕迹的学习	去纠缠学习可以表达复杂的数据和特征，因此使用去耦学习网络，如假轨迹去纠缠网络(STDN)，可以分离假脸和真实人脸，以隔离"假脸痕迹"，从而提高检测性能	可以有效地区分活体和非活体人脸的特征，有利于通用检测模型的设计 由于应用场景的复杂性、假脸类型的多样性以及缺乏真值，这些方法目前对假脸痕迹的描述不充足、度量不一致，并且假脸特征的提取容易受到外部环境的影响
基于信号异常检测	将真实人脸作为一种信号/数据类型，将所有非真实人脸作为异常信号/数据，通过分类方法解决检测问题	可借助分类问题中深度学习的进展和结果 如果完全没有假脸信息，性能可能会显著下降

A.4 眼睛检测和跟踪

脸部器官或脸上器官对人脸识别和表情分类都很重要。对人脸识别，脸部器官是区别不同人脸的主要线索；而对表情分类，不仅脸部器官本身的确定很重要，而且这些器官上特征的变化也对判断表情提供了重要的线索。所以，在确定了图像中人脸的存在并定位后，需要对脸部器官的位置、形状和运动变化等做进一步的检测、跟踪和描述。

对人脸识别和表情分类起比较重要作用的主要是眼睛和嘴巴，而鼻子、耳朵、眉毛等的作用相对小一些。下面仅介绍对眼睛的检测和跟踪(对嘴唇的检测和跟踪可见[谭 2009])。

A.4.1 眼睛几何模型及确定

在人脸表情分析中，眼睛的运动提供了表情表现的重要线索。为跟踪眼睛的运动，常采取对眼睛建模的方法，以表达虹膜的位置和半径、眼角点的位置和眼睛睁开的程度等信息。

一种典型的**眼睛几何模型**是用一个圆和两条抛物线分别表示虹膜的轮廓以及上、下眼帘的轮廓，也称为可变形模型或模板[Tian 2000]。对它的一种改进模型可参见图 A.4.1[Tan 2003]。这个模型可用一个 7 元组$(O, Q, a, b, c, r, \theta)$来表示，其中 O 为眼睛的中心（放在坐标原点），Q 为虹膜的中心，a 和 c 分别为上下抛物线的高度，b 为抛物线的长度，r 为虹膜半径，θ 表示两抛物线交点连线与 X 轴间的夹角。在这个模型中，两抛物线的交点是两个角点（P_1 和 P_2）。另外，虹膜圆分别与上下抛物线各有两个交点，构成另外 4 个角点（P_3 和 P_4、P_5 和 P_6）。利用 P_1 和 P_2 的信息可以帮助调整眼睛的宽度，$P_3 \sim P_6$ 的信息有助于确定眼帘的高度以及精确和鲁棒地计算眼睛参数。

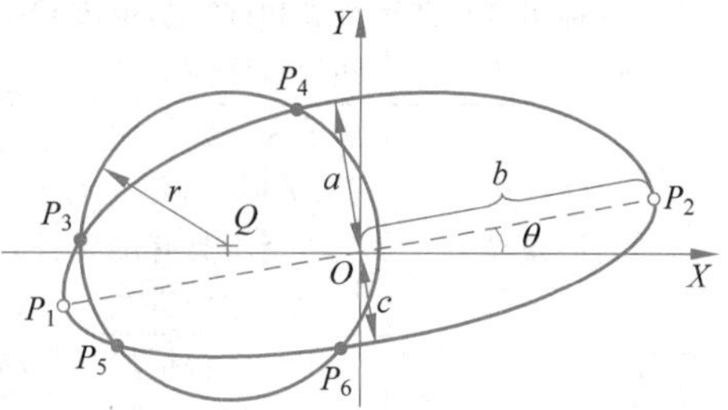

图 A.4.1 眼睛几何模型

为检测角点，可以借助 SUSAN 算子（见 3.1.2 小节），其在图像(x, y)处获得的检测响应值 $R(x, y)$为

$$R(x,y)=\begin{cases} G-S(x,y), & S(x,y)<G \\ 0, & \text{其他} \end{cases} \tag{A.4.1}$$

其中，G 为一个固定的几何阈值，可取为 $3S_{\max}/4$，而 $S_{\max}$ 是 S 所能取得的最大值（等于检测模板包含的像素数减 1）。对检测到的**角点**，将获得的响应值作为角点强度。

图 A.4.2 给出了眼睛角点检测的一个示例[谭 2007b]，其中图 A.4.2(a)为一幅合成眼睛的图像，图 A.4.2(b)为角点检测的结果，白色处为高响应值位置，图 A.4.2(c)为将最后检测到的角点叠在原始图像上的结果。

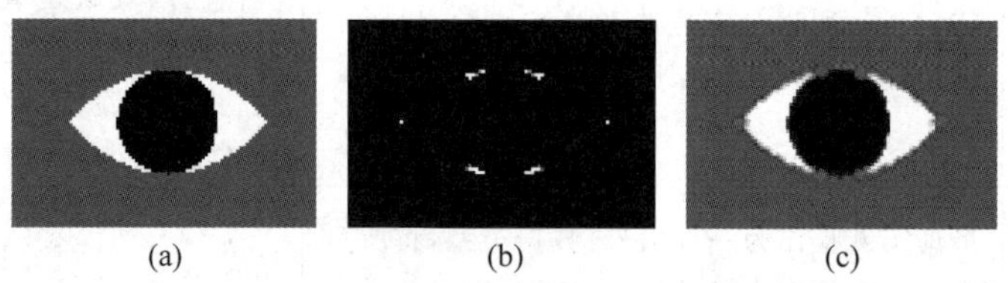

(a) (b) (c)

图 A.4.2 眼睛角点检测示例

根据检测到的角点，可以采用主动轮廓模型（见 2.3 节）的方法来进一步确定眼睛的几何模型。这里可定义相应的能量项为

$$E_c = 1 - \frac{1}{N}\sum_{i=1}^{N} R(x_i, y_i) \tag{A.4.2}$$

其中，N 为检测出来的角点个数（虹膜和眼帘的交点数目在不同情况下并不固定，N 一般为 4～6）；$R(x_i, y_i)$为在第 i 个角点处的检测响应值。

除了角点，还有一些其他信息可以帮助确定能量项和检测眼睛，如（灰度的）谷点、峰点以及边缘点等。图 A.4.3 给出了对同一幅眼睛图像（见图 A.4.3(a)）检测出的谷点域（见图 A.4.3(b)）、峰点域（见图 A.4.3(c)）、边缘点域（见图 A.4.3(d)）和角点域（见图 A.4.3(e)）。

图 A.4.4 给出了对眼睛（包括虹膜和眼帘）进行检测所得到的一组图像。其中，图 A.4.4(a)为原始图像，图 A.4.4(b)为初始参数确定的轮廓，接下来的图 A.4.4(c)、图 A.4.4(d)和

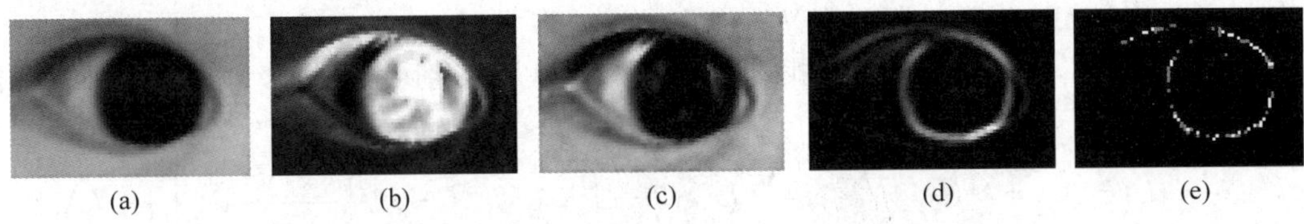

图 A.4.3 由同一幅眼睛图像检测出的各种特征点

图 A.4.4(e)依次为借助最小能量项调整虹膜轮廓、调整眼帘轮廓和最终细节调整得到的结果。由图 A.4.4 可见,角点能量项在调整眼帘轮廓中起到了重要的作用[Tan 2006b]。

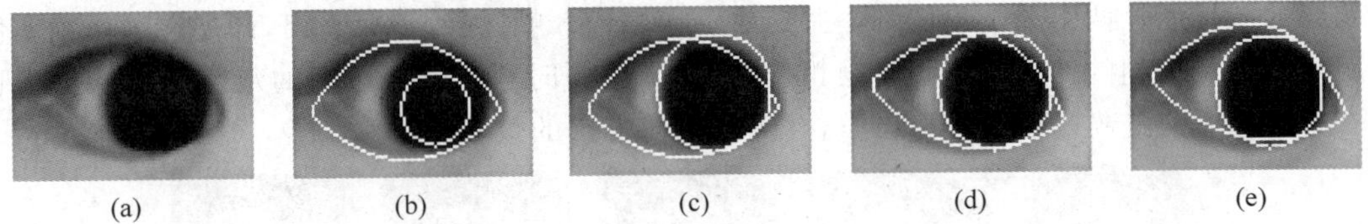

图 A.4.4 眼睛(包括虹膜和眼帘)检测过程和结果

A.4.2 眨眼过程中的眼睛轮廓跟踪

对眼睛变化(如眼睛睁闭程度)的跟踪需要使用序列图像并考虑眨眼过程,这可分虹膜检测(包括眼睛状态检测)和眨眼后眼睛重新睁开时的眼帘跟踪两部分来讨论。

1. 虹膜检测

对虹膜的检测可帮助判定眼睛的闭合状态。有一种基于可变形模板的双状态眼睛模型认为:可根据虹膜是否被检测到来区分眼睛的睁开和闭合两种状态[Tian 2000]。具体就是在第一帧图像中定位眼睛模板后,在其后的帧图像中利用眼睛区域的灰度和边缘信息来检测和跟踪虹膜。如果虹膜被检测到,则认为眼睛的状态为睁开,并利用眼帘中点来跟踪眼帘的位置;反之,则认为眼睛的状态为闭合,采用一条直线来描述眼睛。

具体在**虹膜检测**中可仅考虑其下半圆,设虹膜的中心坐标为(x,y),半径为r,则检测范围为从半径为$r-d$的半圆环到半径为$r+d$的半圆环间的区域,见图 A.4.5 中的阴影部分。这里d的取值越小,定位虹膜的精度就越高,但此时噪声等干扰的影响也会越强,一般情况可将d取为$r/3$。

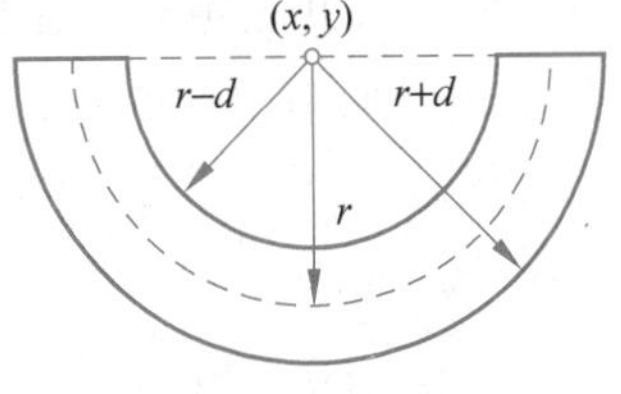

图 A.4.5 虹膜检测区域

对虹膜的具体检测包括如下步骤。

(1) 计算第一帧图像中虹膜下半圆部分的平均灰度I_0。

(2) 提取其后各帧图像中眼睛区域的轮廓,并计算虹膜检测区域内的边缘点数目N_0。

(3) 在内眼角点和外眼角点之间的眼睛区域内以虹膜下半圆部分为模板搜索最大边缘点数目$N(x,y)$,要求

$$\frac{N(x,y)}{N_0} > T_N \tag{A.4.3}$$

其中,T_N为边缘点数阈值。

(4) 计算(x,y)处虹膜下半圆部分的平均灰度$I(x,y)$,若有

$$| I(x,y) - I_0 | < T_g \tag{A.4.4}$$

则认为虹膜被检测到,其中心位置为(x,y),其中T_g为灰度差阈值。

在前面的检测过程中,顺序地利用了虹膜区域的边缘和灰度信息。一种改进方法是同时利用这两类信息[Tan 2006c]。为此可把对虹膜的检测过程转化为一个在一定灰度和边缘约

束条件下，计算最大边缘数目所在位置的优化过程。将式(A.4.3)和式(A.4.4)的两个判定条件作为约束条件，而优化就是要寻找合适的(x,y)，以最大化函数$N(x,y)$。这个问题可借助拉格朗日函数

$$L(x,y)=N(x,y)-\alpha[\mid I(x,y)-I_0\mid-T_g]-\beta\left[\frac{N(x,y)}{N_0}T_N\right] \tag{A.4.5}$$

来进行，其中α和β均为大于0的系数。

在有些情况下，同时利用虹膜区域灰度和边缘信息的方法能给出比顺序利用这两类信息的方法更好的结果。图A.4.6给出了两组同时利用虹膜区域灰度和边缘信息的方法进行眼睛跟踪的示例图。两组图给出的都是跟踪过程中的前5帧图像，可以看出，即便在第1帧图像中对虹膜检测得到的初始位置不是很精确的情况下，同时利用虹膜区域的灰度和边缘信息也可在后续帧中对虹膜的位置进行调整，并逐渐趋向准确的位置。

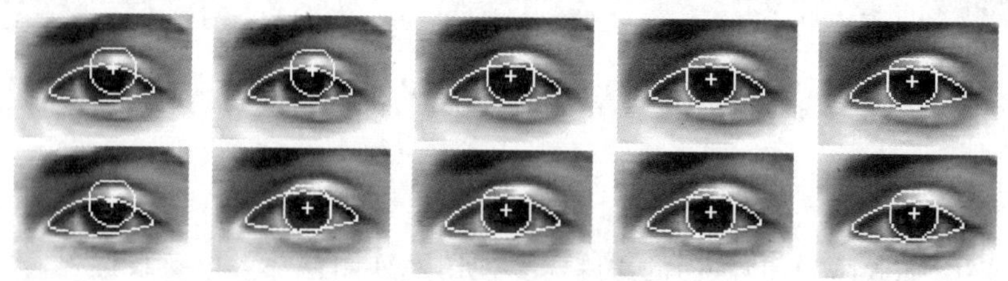

图 A.4.6　虹膜跟踪示例

2. 眼帘跟踪

眼帘跟踪可在对虹膜跟踪的基础上进行。根据眼睛的几何模型，将眼帘轮廓用抛物线表示后，通过对眼角点位置的检测可确定抛物线的参数。不过，当眼睛在眨眼过程中闭合时，上、下眼帘重合，表示眼帘轮廓的抛物线会变成直线。接下来当眼睛重新睁开后，由于上、下眼帘的运动方向不同，常会导致眼帘的跟踪出现问题，并会将误差传播到后续帧图像中。

为解决上述问题，可考虑借助预测模式，即用眼睛闭合前眼帘的状态模式来预测眼睛重新睁开后眼帘的状态模式。如果在一个图像序列中用k表示所检测到的眼睛闭合序列的首帧标号，l表示眼睛闭合的帧数目，N表示在闭合前用来预测的帧数目，则眼睛重新睁开后眼帘的状态模式M_{k+l+1}为

$$M_{k+l+1}=\sum_{i=1}^{N}w_iM_{k-i} \tag{A.4.6}$$

其中，w_i为预测权值。

图A.4.7给出了眨眼过程中对眼睛轮廓进行跟踪得到的一组结果，共15帧[Tan 2006c]。由图A.4.7可见，眼睛在第8帧($k=8$)闭合，在第10帧($l=2$)重新睁开后，眼帘被立刻正确地跟踪到了。

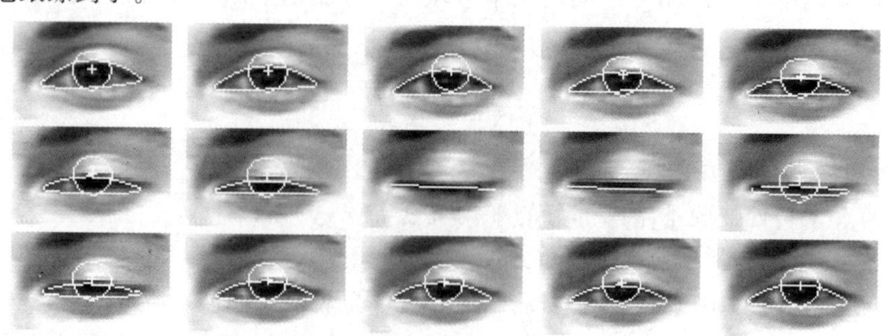

图 A.4.7　眨眼过程中眼睛的跟踪示例

A.5 人脸识别

人脸识别的方法可分为子空间法[章 2009c]和非子空间法两类。**子空间法**的基本思路是将高维的人脸图像特征通过空间变换(线性或非线性)压缩到一个低维的子空间中进行识别,典型的方法包括主分量分析、独立分量分析、线性判决分析和基于核的分析等以及鉴别投影嵌入[严 2008],类依赖特性分析[Yan 2008b]、[Yan 2008c]等。非子空间法主要有基于神经网络的方法、弹性匹配方法、形变模型方法和隐马尔可夫模型方法等。

人脸识别和与 A.6 节介绍的表情识别有密切的关系,例如,在人脸识别过程中,如果能用人脸表情识别的技术先识别出表情,则可以在已知表情的情况下缩小特征搜索的空间,提高人脸识别的识别率。另外,有些用于人脸表情识别的技术很容易推广到人脸识别中。例如,在人脸匹配的过程中,可将利用边缘统计信息对 HD 进行加权的思想推广到基于 HD 的人脸识别中,具体可用边缘本征矢量加权的 HD 来度量人脸边缘图像之间的相似度(利用鉴别特征加权的一个方法可见[Tan 2011])。其次,从人脸表情特征中去除个体差异所带来的影响与从人脸特征中去除表情差异所带来的影响是一个对偶的问题。所以,可以在高阶奇异值分解的框架下,通过用表情相似度加权的人脸特征来减小人脸特征中表情差异所带来的影响,这样能够有效地提高人脸特征对表情差异的鲁棒性[Tan 2010]。

A.5.1 边缘本征矢量加权方法

在 A.2.2 小节介绍的基于**豪斯道夫距离**(HD)的人脸检测定位中,利用了**边缘频率加权的豪斯道夫距离**(EFWHD)。基于边缘模板匹配的人脸识别和基于边缘模板匹配的人脸定位有着相似的过程,都需要将测试的图像/候选图像区域与预先定义的人脸边缘模板进行匹配,度量它们之间的相似度。它们的区别是:在人脸定位中,目标是在测试图像中搜索各种人脸所共有的特征,以检测人脸的位置;而在人脸识别中,目标是在测试图像中找到每个人所独有的特征,以鉴别测试人的身份。因此,两个工作对所利用人脸模板的要求并不相同。在人脸定位中,人脸的模板需要反映所有人脸的共性。而在人脸识别中,人脸的模板需要反映出不同人脸之间的区别。

人脸的不同区域在人脸识别中具有不同的重要性,因此需要对不同的人脸区域给以加权。权值函数可以建立在灰度域的基础上,也可以建立在梯度域的基础上。一种用基于人脸边缘图像的第一张特征脸而计算出来的权值函数进行加权的 HD 称为**边缘本征矢量加权的豪斯道夫距离**(EEWHD)[Tan 2005b]。这样计算出来的权值函数可写为

$$W(x,y)=\left[\frac{255}{\max(E)-\min(E)}\right]E(x,y) \tag{A.5.1}$$

其中,$E(x,y)=|E_1(x,y)|$,$E_1(x,y)$为训练集中人脸边缘图像的第一个本征矢量;$\max(E)$和$\min(E)$分别表示 $E(x,y)$的最大值和最小值。这里根据特征脸的定义,一个特征脸图像中幅值较大的点意味着训练集中的图像在这个位置上灰度变化较大。人脸识别需要找到测试人脸和其他人脸之间的区别,这样,采用第一张特征脸的幅值作为权值函数应该是合适的。

将 EEWHD 应用到人脸识别中的系统框架示意图见图 A.5.1。在提取了训练集中所有的人脸边缘图像后,可以计算得到边缘域上的第一张特征脸。然后,根据式(A.5.1)计算可得到所需要的权值函数。图 A.5.1 中将系统所用的权值函数也用灰度图像表示,其中白色表示权值大的点[Tan 2005b]。

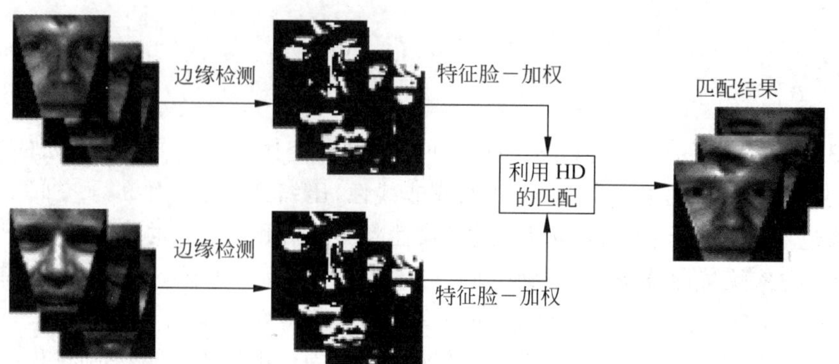

图 A.5.1 人脸识别流程示意图

A.5.2 相关滤波器设计

类依赖特征分析(CFA)采用不同的投影轴来区分不同的特定类别，每一个投影轴只试图提取出一个特定类别的样本。这相当于把一个多类分类问题看成多个两类分类问题，即将每个投影轴看作一个分类器，每个分类器只区分某一特定的类别与其他剩余类别。

利用类依赖特征分析进行人脸识别方法的关键是相关滤波器的设计。

1. 相关滤波器的训练

相关滤波器的训练流图如图 A.5.2 所示。首先对训练图像进行原始特征(如灰度特征或盖伯小波特征)提取，把提取出的特征矢量化后看成高维空间中的一个点，然后利用线性降维方法进行降维，接着在降维空间中利用低维特征(看成 1-D 信号)的一维傅里叶变换训练相关滤波器 H。这里设有 L 个类别，所以需要训练 L 个滤波器。如果有 N 幅训练图像，那么原始特征矩阵可表示为 $\boldsymbol{X}=[\boldsymbol{x}_1,\boldsymbol{x}_2,\cdots,\boldsymbol{x}_N]$，其中 $\boldsymbol{x}_i$ 是用训练图像经过原始特征提取后得到的矢量化特征。接着采用线性降维方法(如 PCA 和 LDA)得到的投影矩阵对原始的特征矩阵进行降维，这样得到的低维特征矩阵可表示为 $\boldsymbol{Y}=[\boldsymbol{y}_1,\boldsymbol{y}_2,\cdots,\boldsymbol{y}_N]$，经过线性降维后特征的维数为 M。

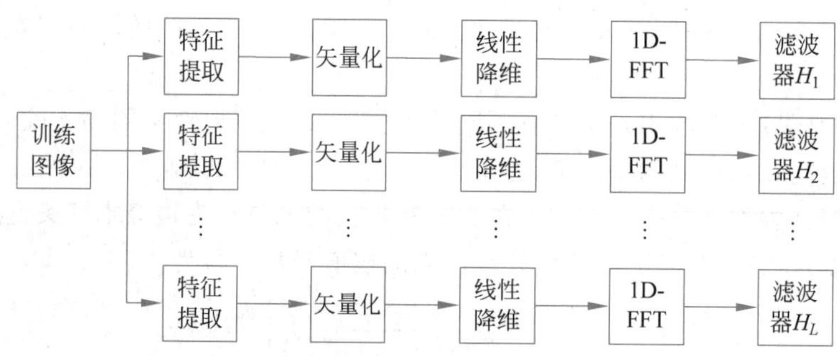

图 A.5.2 相关滤波器的训练

2. 特征矢量的提取

训练好相关滤波器就可进行特征矢量的提取，如图 A.5.3 所示。这里对识别图像也进行原始特征提取，矢量化和降维，接着把 L 个相关滤波器与所获得的低维特征进行内积就得到特征矢量。

3. 相关滤波器的设计

一般对相关滤波器的设计均基于图像的 2-D 傅里叶变换，但复杂度较高。下面考虑在低维的特征空间中设计相关滤波器，这不仅可以降低计算复杂度，还可以提高实际的识别性能

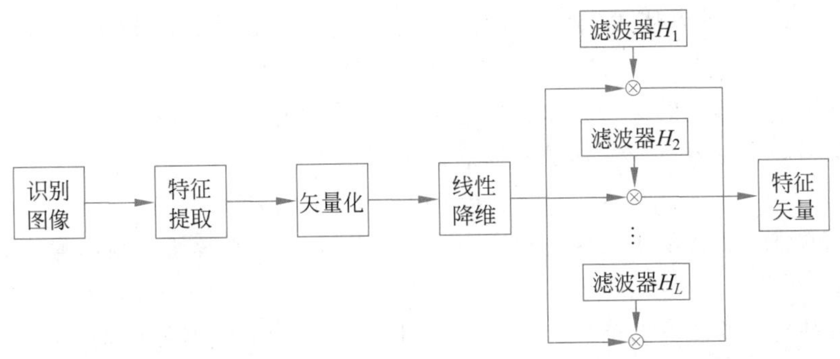

图 A.5.3 特征矢量的提取

[严 2008]。

设计滤波器可考虑两种不同的准则,但都需要控制输出图像在原点的峰值,即要使特定类别训练样本在输出图像原点的值为 1,其他类别训练样本在输出图像原点的值为 0。如果使用最小化所有训练图像平均输出相关能量的准则就得到**最小平均相关能量滤波器**(MACEF)。如果使用最小化平均输出噪声方差的准则就得到**最小方差合成鉴别滤波器**(MVSDF)。前一种滤波器强调高频成分,对噪声较敏感;后一种滤波器强调低频成分,不易获得尖峰。可以使用最优折中滤波器(OTF)把两种滤波器结合起来,通过控制两种滤波器的权重达到产生尖峰和抑制噪声的目的。

下面先考虑最小平均相关能量滤波器,其表达式为

$$\begin{aligned}\min_{\boldsymbol{H}} \frac{1}{N}\sum_{i=1}^{N}\sum_{n=0}^{M-1}|\boldsymbol{g}_i(n)|^2 &= \min_{\boldsymbol{H}} \frac{1}{NM}\sum_{i=1}^{N}\sum_{k=0}^{M}|\boldsymbol{G}_i(k)|^2 \\ &= \min_{\boldsymbol{H}} \frac{1}{NM}\sum_{i=1}^{N}\sum_{k=0}^{M}|\boldsymbol{H}(k)|^2|\boldsymbol{Y}_i(k)|^2 = \min_{\boldsymbol{H}} \frac{1}{M}\boldsymbol{H}^*\boldsymbol{D}\boldsymbol{H}\end{aligned} \tag{A.5.2}$$

其中,$\boldsymbol{G}_i$、$\boldsymbol{H}$、$\boldsymbol{Y}_i$ 分别是输出信号($\boldsymbol{g}_i$)、相关滤波器($\boldsymbol{h}$)、输入信号(y_i)的 1-D 傅里叶变换形式(列矢量形式),"$*$"表示共轭转置运算。第一个等式利用了帕斯瓦尔(Parseval)关系,而第二个等式利用了时域的相关对应频域的相乘的性质。另外

$$\boldsymbol{D} = \frac{1}{N}\sum_{i=1}^{N}\boldsymbol{D}_i \tag{A.5.3}$$

其中,$\boldsymbol{D}_i$ 是对角矩阵,对角线上的元素 $\boldsymbol{D}_i(k,k) = |\boldsymbol{Y}_i(k)|^2$。

根据相关定义,输出信号在原点的峰值为

$$\boldsymbol{g}_i(0) = \sum_{i=1}^{N}\boldsymbol{H}(k)\boldsymbol{Y}_i(k) = \boldsymbol{Y}_i^*\boldsymbol{H} \tag{A.5.4}$$

考虑控制输出图像在原点的峰值,则有

$$\boldsymbol{Y}_i^*\boldsymbol{H} = \boldsymbol{E} \tag{A.5.5}$$

其中,$\boldsymbol{E} = [E_1, E_2, \cdots, E_N]^{\mathrm{T}}$ 是一个 $N \times 1$ 的列矢量,表示所有训练图像经过滤波器后在原点输出值的期望。对于第 i 类训练样本对应的元素值取为 1,其他类别训练样本对应的元素值取为 0。

综上所述,基于 1-D 形式的最小平均相关能量滤波器的准则函数为

$$\min_{\boldsymbol{H}} = \boldsymbol{H}^*\boldsymbol{D}\boldsymbol{H} \tag{A.5.6}$$

而约束条件为式(A.5.5)。

根据最优化理论,可以从式(A.5.6)得到最小平均相关能量滤波器的最优解是

$$\boldsymbol{H}_{\text{MACE}}=\boldsymbol{D}^{-1}\boldsymbol{Y}(\boldsymbol{Y}^{+}\boldsymbol{D}^{-1}\boldsymbol{Y})^{-1}\boldsymbol{E} \tag{A.5.7}$$

同理可分析1-D形式的最小方差合成鉴别滤波器,其中,只需要把输入信号换成噪声信号即可。这样得到最小方差合成鉴别滤波器的最优解是

$$\boldsymbol{H}_{\text{MVSDF}}=\boldsymbol{C}^{-1}\boldsymbol{Y}(\boldsymbol{Y}^{*}\boldsymbol{C}^{-1}\boldsymbol{Y})^{-1}\boldsymbol{E} \tag{A.5.8}$$

其中,$\boldsymbol{C}$ 是对角矩阵,其对角线元素表示噪声的功率谱函数。通常假定为白噪声,此时 $\boldsymbol{C}$ 为单位阵。

综合上面对两个滤波器的推导结果,最终1-D最优折中滤波器可写成

$$\boldsymbol{H}_{\text{OTF}}=\boldsymbol{T}^{-1}\boldsymbol{Y}(\boldsymbol{Y}^{*}\boldsymbol{T}^{-1}\boldsymbol{Y})^{-1}\boldsymbol{E} \tag{A.5.9}$$

其中,$\boldsymbol{T}=a\boldsymbol{D}+\sqrt{1+a^2}\boldsymbol{C}$。参数 a 权衡两种滤波器的权重。当 $a=0$ 时成为最小平均相关能量滤波器,当 $a=1$ 时成为最小方差合成鉴别滤波器。

A.5.3 监督线性降维

利用**监督线性降维**(SLDR)方法[严 2008]可以解决所谓的“小样本集”(即训练样本数少于样本维数)问题,而该问题在人脸识别中常会遇到。

1. 监督线性降维方法

现在先来分析监督线性降维方法是如何提取对分类有用的鉴别信息的。假定有一个待识别人脸样本 $\boldsymbol{x}$,如果使用最近邻分类器,需要计算 $\boldsymbol{x}$ 和数据库中各个人脸类别的差值,并把具有最小范数的差值(即最小人脸距离)的人脸类别作为识别的结果(分类的结果)。这里有两种不同的人脸图像差值:人脸类内差值 D_W 和人脸类间差值 D_B。D_W 由变换差分量 $\boldsymbol{T}$(对应不同的光照、姿态、表情下的人脸变化)和噪声分量 $\boldsymbol{N}$ 组成。D_B 由身份差分量 $\boldsymbol{I}$(对应不同的身份变化),变换差分量 $\boldsymbol{T}$ 和噪声分量 $\boldsymbol{N}$ 组成。简单起见,可令 $D_\text{W}=\boldsymbol{T}+\boldsymbol{N}$ 及 $D_\text{B}=\boldsymbol{I}+\boldsymbol{T}+\boldsymbol{N}$。如果对待识别人脸算得的类内距离小于类间距离,那么该人脸将被正确地识别和分类。但在实际中,由于噪声、光照、姿态、表情等各种因素的影响,类内距离可能会大于类间距离从而导致识别的错误。

由上可见,直接的距离比对并不是最优的方法。人脸识别要提取的是表征身份不同的鉴别信息,而光照、姿态、表情等变化因素(变换差分量 $\boldsymbol{T}$ 和噪声分量 $\boldsymbol{N}$)都属于应该去除的干扰因素。为此,可通过训练集来寻找类内差值和类间差值中的变换差分量和噪声分量以去除,而类间差值的身份差分量也能被很好保留和增强的子空间。这相当于要进行一次投影,关键是确定投影矩阵。类内度量矩阵主要用来刻画变换差分量(常也包括噪声分量),而类间度量矩阵用来刻画身份差分量(常也包括一定的变换差分量和噪声分量)。所以,大多数SLDR方法通过最大化投影后类间度量矩阵和类内度量矩阵的迹的比值(增强身份差分量,减少变换差分量和噪声分量)来求取投影子空间,即用下面的准则函数来寻找最佳的线性投影矩阵 $\boldsymbol{P}_{\text{opt}}$:

$$\boldsymbol{P}_{\text{opt}}=\underset{\boldsymbol{P}}{\operatorname{argmax}}\frac{\operatorname{tr}(\boldsymbol{P}^{\text{T}}\boldsymbol{B}\boldsymbol{P})}{\operatorname{tr}(\boldsymbol{P}^{\text{T}}\boldsymbol{W}\boldsymbol{P})} \tag{A.5.10}$$

其中,$\boldsymbol{B}$ 和 $\boldsymbol{W}$ 分别代表类间度量矩阵和类内度量矩阵,tr(·)表示求迹运算。当类内度量矩阵 $\boldsymbol{W}$ 非奇异时,SLDR的最佳投影矩阵等于 $\boldsymbol{W}^{-1}\boldsymbol{B}$ 的特征矩阵。但在“小样本集”情况时,$\boldsymbol{W}$ 变成奇异矩阵。因此无法直接对SLDR计算投影矩阵。

2. 鉴别投影嵌入

为解决这个实际问题,需要利用不同的方法分别描述类内度量矩阵和类间度量矩阵。具体是采用邻域保持嵌入(NPE)来刻画类内变化,而采用非参数鉴别分析(NDA)的思想来提取

类间的鉴别结构信息。

1) 类内度量矩阵

类内数据之间有比较密切的关系。**局部线性嵌入**(LLE)假设类内数据中的每个点都可以用周围 K 近邻的线性组合来表示。这样降维后,通过保持这种线性组合的关系可以保留数据之间的几何位置关系。利用 LLE 可求下式:

$$\min \sum_{i} \left\| \boldsymbol{x}_i - \sum_{j} a_{ij} \boldsymbol{x}_j \right\|^2 \tag{A.5.11}$$

约束条件是不同类的结点之间的权重 $a_{ij}=0$,同类结点之间的权值和 $\sum_{j} a_{ij}=1$。

在上述约束条件下,权重 a_{ij} 对平移、旋转和尺度变换具有不变性。原始的 LLE 只定义在训练数据上,无法推广至测试数据。NPE 是 LLE 的线性化形式,可以同时定义在训练数据和测试数据上面。假定 $\boldsymbol{P}$ 是线性投影矩阵,为了保证投影后的矢量之间保持原始高维空间之间的空间位置关系,损失函数相应地变为

$$J_{\min}(\boldsymbol{P}) = \min \sum_{i} \left\| \boldsymbol{y}_i - \sum_{j} a_{ij} \boldsymbol{y}_j \right\|^2 = \min \sum_{i} \left\| \boldsymbol{P}^{\mathrm{T}} \boldsymbol{x}_i - \sum_{j} a_{ij} \boldsymbol{P}^{\mathrm{T}} \boldsymbol{x}_j \right\|^2 = \min_{\boldsymbol{P}} \operatorname{tr}(\boldsymbol{P}^{\mathrm{T}} \boldsymbol{W} \boldsymbol{P}) \tag{A.5.12}$$

其中,$\boldsymbol{y}$ 是投影后的数据。

2) 类间度量矩阵

非参数鉴别分析(NDA)采用了非参数的结构形式,因此可以保留对分类有用的结构信息。NDA 中对类间度量矩阵的定义为(n 是总的训练样本数目):

$$\boldsymbol{B} = \frac{1}{n} \sum_{i=1}^{n} w_i \boldsymbol{D}_i \boldsymbol{D}_i^{\mathrm{T}} = \frac{1}{n} \boldsymbol{D}^{\mathrm{T}} \boldsymbol{D} \tag{A.5.13}$$

其中,$\boldsymbol{D}=[\boldsymbol{D}_1\sqrt{w_1}, \boldsymbol{D}_2\sqrt{w_2}, \cdots, \boldsymbol{D}_n\sqrt{w_n}]$,$\boldsymbol{D}_i$ 是 $\boldsymbol{x}_i \in \boldsymbol{C}_k$ 和其 K 近邻均值的差值,w_i 是第 i 个样本的权重。

3) 鉴别投影嵌入

结合式(A.5.12)和式(A.5.13),就可计算式(A.5.11)。式(A.5.12)利用邻域保持嵌入刻画类内的模式变化,式(A.5.13)借助了鉴别分析的思想,所以合起来构成鉴别投影嵌入(DPE)。DPE 利用类内的局部流形变化有效地刻画变换差分量变化,而利用类间的最近邻差值变化刻画身份差分量变化。最小化类内的局部流形变化可以更好地保留类内的局部几何位置信息,从而有效地降低变换差分量;而最大化类间的最近邻差值变化可以更关注和区分距离接近的人脸类别,即能增强身份差分量。与线性鉴别分析等方法求得投影矢量个数小于总类别数不同,由于类间度量矩阵采用非参数化的形式,DPE 求得的投影矢量个数大于总的类别数,从而可以得到更多的鉴别矢量。该方法不仅在人脸识别中取得了好的效果,在指纹识别中的效果也很好[Yan 2008b]。

A.5.4 非特定表情人脸识别

对人脸的识别率会受到由于光照、姿态、遮挡和表情等变化而给人脸外观所带来变化的影响[Martinez 2002]。其中,表情的变化和差异会对人脸特征的提取带来极大的干扰。为减小人脸表情变化对识别的影响,可以分别计算表情对各个局部区域的影响,并根据影响大小进行加权。另外,也可以通过计算测试人脸图像与每个人脸模板之间的形变,并利用这个形变对每个特征进行加权,以减小表情对人脸识别的影响。

A.6.6 小节介绍了利用**高阶奇异值分解**(HOSVD)的框架,将人脸图像空间分解为两个

独立的子空间，即表情子空间和个体子空间的方法。在此基础上可以进行非特定表情的人脸识别，减小人脸表情变化对识别的影响。具体就是先将对影响人脸外观的多个因素进行分解，然后利用分解所得到的**张量脸**来对人脸进行识别[Tan 2005a]。事实上，在高阶奇异值分解的框架下，如果只考虑特征中表情和个体的影响，那么非特定人的表情特征提取和非特定表情的人脸特征提取实际上是一个对偶的问题。

在非特定人表情特征提取的过程中利用了在人脸表情合成中被广泛采纳的假设，即相似(人脸)的人具有相似的表情。虽然人脸的表情表现是一个非常复杂的过程，但一个非常直观的概念就是：测试人的表情与训练集中的某个表情越相似，那么可以用与这个表情相关的人脸特征来表示测试人含有表情因素的人脸特征的概率就越大，即(与式(A.6.16)对应)

$$P(\boldsymbol{u}_p^{\text{test}}=\boldsymbol{u}_{pj}^{\text{test}} \mid \boldsymbol{V}_p^{\text{test}}) \propto S_j, \quad j=1,2,\cdots,J \tag{A.5.14}$$

对于一个训练集中所不曾遇到的表情，它与训练集中的各种表情之间具有非常复杂的函数关系。出于简化的考虑，假设这个新的表情可以通过训练集中已知表情的线性组合来近似表示。这样，就可以利用式(A.5.14)和贝叶斯估计得到被测试人"真实的"人脸特征的估计值：

$$\hat{\boldsymbol{u}}_p^{\text{test}}=E(\boldsymbol{u}_p^{\text{test}} \mid \boldsymbol{V}_p^{\text{test}})=\sum_j P_j \times \boldsymbol{u}_{pj}^{\text{test}}=\frac{1}{N}\sum_j S_j \times \boldsymbol{u}_{pj}^{\text{test}} \tag{A.5.15}$$

其中，N 为归一化常数。由于估计值是用测试人的表情和训练集中所有表情之间的相似度对与表情相关的人脸特征加权得到的，因此称这个估计值为表情相似度加权的人脸特征。通过加权的过程，考虑了所有表情的信息，可以有效地减小表情差异所带来的影响。

在这个加权的过程中，需要先确定测试人的表情和训练集中所有表情之间的相似度。这可以利用 HOSVD 分解中的表情子空间(参见 A.6.6 小节)来求取。

A.5.5 遮挡人脸识别

当人脸面部或一些脸部器官被部分遮挡时，人脸识别系统的性能可能会显著降低。在真实场景中，经常会出现许多遮挡情况。各种遮挡情况都将会导致人脸检测困难，定位精度降低，特征提取不完整，识别率降低。

1. 遮挡人脸检测

为了提高对遮挡人脸的检测效果，[项 2021]提出了一种基于收敛 CNN 和注意力增强网络的遮挡人脸检测方法。当检测被遮挡的人脸面部时，首先需要确定检测区域是否是面部，这需要参考面部周围的上下文信息，即通过合理设置锚帧大小来学习面部特征。然而，由于遮挡的影响，仅参考面部周围的上下文信息可能仍然不够，需要参考面部的可见部分以帮助确认检测区域是否是面部。检测模型的框架示意图如图 A.5.4 所示，主要由 3 部分组成：主网络、注意力增强网络和附加增强网络。通过借助**非最大值抑制**(NMS)处理可以并行地检测到面部边界框(并行设置主网络和附加增强网络)，最后输出面部检测结果。

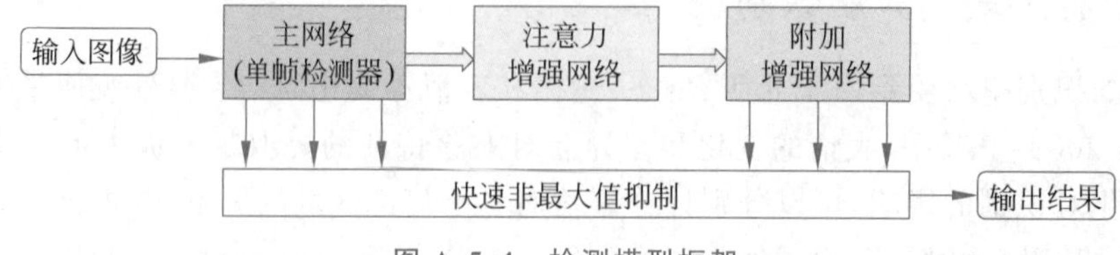

图 A.5.4 检测模型框架

主网络使用**单帧检测器**(SSD)算法在多个连续卷积层上提取多尺度特征图，然后分别对多个特征图执行人脸/非人脸分类和人脸边界框回归。SSD 算法是一种单阶段检测算法，可以在单个步骤后直接获得所预测目标的类别和候选帧位置，具有检测速度快、精度高的特点。该算法的核心是在多尺度特征图上使用卷积核来预测一系列默认检测框的类别和位置。

注意力增强网络通过级联多个卷积层构成，并引入分层监督学习来提高原始特征图中面部可见部分的响应值和识别度，从而获得增强的特征图以辅助面部/非面部检测。在网络训练中，需要将监督信息分布到多个尺寸的特征图上，以进行监督学习。因为浅层特征图适合于检测小尺寸的人脸，而深层特征图适合检测大尺寸的人脸，所以有必要向大尺寸浅层特征图添加小尺寸的面部监督信息，并向小尺寸深层特征图添加大尺寸的面部监督信息。

在处理了包括多个增强特征图的注意力增强网络之后，就获得了附加增强网络的检测层。由此得到的增强特征图具有与原始特征图相同的尺寸，但对面部的可见部分具有更高的响应值。

2. 去除眼镜进行面部识别

眼镜是一种常见的面部(特别对眼睛的)遮挡物。通常眼镜可以分为三大类：全框眼镜、半框眼镜和无框眼镜。在实际应用中，由于眼镜遮挡的影响，人脸识别的精度会明显下降。近年来，人们尝试了许多不同的方法来从面部图像中去除眼镜。

其中一种方法[毛 2021]借鉴了超分辨率重建中低分辨率图像和高分辨率图像之间的映射思想(可见上册 16.6.2 小节)，并通过端到端学习设计了一个**去除眼镜的深度卷积神经网络**(ERCNN)，以自动构建戴眼镜的人脸图像与无眼镜的人脸图像之间的映射关系，最终实现了从人脸图像中自动去除眼镜。

网络结构如图 A.5.5 所示。首先，将戴眼镜的人脸图像归一化为 128×128px 大小作为输入图像，并将输入图像中包含完整眼镜佩戴区域的 64×128px 部分作为卷积层的输入，将卷积结果用于网络中的**最大特征图**(MFM)单元，以执行特征选择和计算最大元素。然后，执行去卷积、平均池化和逐元素加权求和操作，以重建 64×128px 图像部分。进一步的处理可以在去除眼镜之后给出眼睛区域，并重叠在原始输入图像上，获得没有眼镜的完整面部图像。

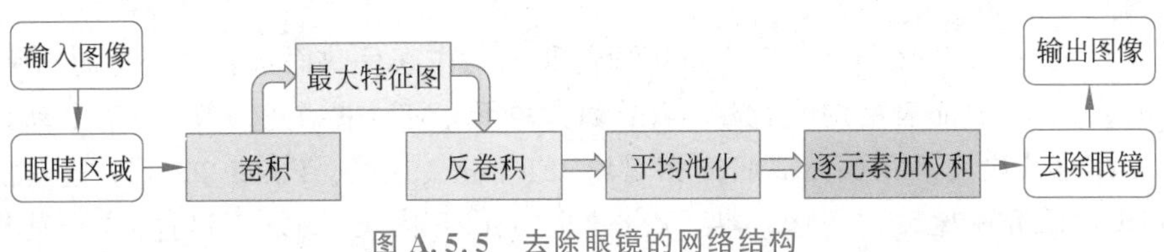

图 A.5.5 去除眼镜的网络结构

A.6 表情识别

表情是人类用来表达情绪的一种基本方式，是非语言交流中的一种有效手段。人们可通过表情准确、充分而微妙地表达自己的思想感情，也可通过表情判断对方的态度和内心世界。对表情识别的科学研究已有几十年的历史。

A.6.1 表情识别和步骤

表情传递信息的重要作用早已被认识，可从下面的公式里看出[Mehrabian 1968]：

$$感情表露 = 7\% 的言辞 + 38\% 的声音 + 55\% 的面部表情 \tag{A.6.1}$$

人脸表情识别(FER)要研究的是如何自动、可靠、高效地获取并利用**人脸表情**所传达的信息。

1. 基本表情

对人脸表情的识别侧重于将各种表情划分到预先确定的类别中，也称表情分类。人脸表情的产生有解剖学的基础。人脸是非刚性自然物体，其表情的表现与脸部器官的运动变形有关，或者说人脸表情从外观上表现在皮肤表面各器官所产生的位移或变化的方向和尺度上。对人脸表情的分类描述与人的情感有密切的联系，具有一定的多样性、多义性，常采用比较抽象和综合的方式进行。通常定义的 6 种基本表情/情感类别是：高兴、悲伤、愤怒、惊奇/惊讶、厌恶/沮丧、恐惧/害怕。有人将中性无表情也看作一种基本表情，这样共有 7 种基本表情。在社会学研究中的基本表情分 18 类。

例 A.6.1　基本表情示例

图 A.6.1 给出了同一个人的 7 种基本表情的示例图（源自日本女性表情库，JAFFE 库[Lyons 1999]）。

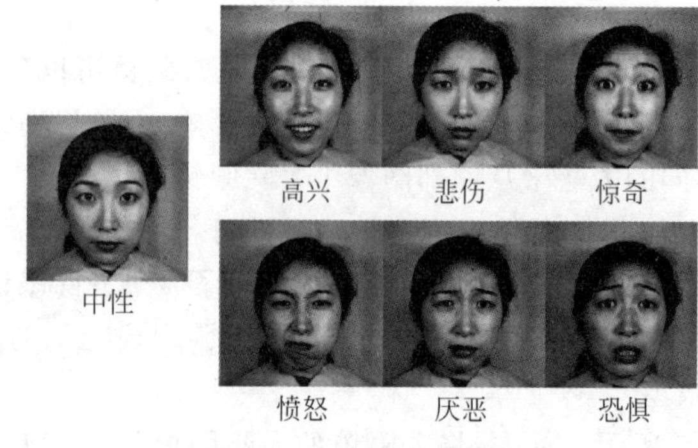

图 A.6.1　基本表情示例

□

上述对基本表情的判别有一定的主观性。虽然表情在不同性别和不同种族的人群中具有相当的一致性，但有许多因素会影响对人脸表情的识别，例如，光照条件、头部姿态以及环境和背景的变化等。另外，每个人的外观特征、表情表现方式等方面的差异也会导致对表情的不同理解。

在对人脸表情识别的研究中，人们从用面部肌肉动作来反映面部表情变化的思路出发，借助解剖学的知识，将面部表情的变化用 44 个**动作单元**（AU）来描述。其中，每个动作单元从解剖学角度都与某块或某几块面部肌肉相对应[Ekman 1978]、[Fasel 2003]。这种方法比较客观，在心理学研究中比较常用（如可见[Zhu 2009]、[Zhu 2011]）。不过这 44 个动作单元可以共有 7000 多种组合，数量比较庞大，另外，从检测的角度讲，有许多 AU 是很难仅靠 2-D 面部图像来获得的。

2. 表情识别步骤

对人脸表情的识别常分 3 个步骤进行，依次是人脸检测与定位、表情特征提取和人脸表情分类[Tan 2006c]，如图 A.6.2 所示[刘 2006]。

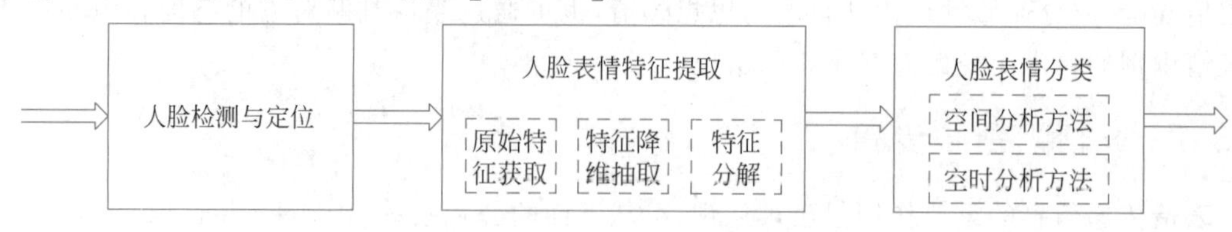

图 A.6.2　人脸表情识别步骤

在图 A.6.2 所示的 3 个步骤中，人脸检测与定位已在 A.2 节介绍（与人脸识别中相同）。下面主要介绍后两个步骤：表情特征提取（分别基于盖伯变换及特征稀疏表达方式）和人脸表情分类(包括一般原理和两种具体方法)。另外,还讨论了有特点的微表情识别。

A.6.2 人脸表情特征提取

人脸表情特征提取(**面部表情特征提取**)是人脸表情识别中的重要步骤,有效的表情特征提取工作将使其后的分类性能大大提高。好的表情特征提取结果应该具备以下几个特点:

(1) 能全面完整地表示出人脸表情的本质特征;

(2) 尽可能去除噪声和光照的影响以及其他与表情无关的干扰信息;

(3) 表达形式紧凑、维数较低,有利于减少进一步加工的复杂度;

(4) 不同类别表情的特征之间具有较好的区分性。

要得到满足这些条件的表情特征,特征提取的过程需要完成3个工作任务(参见图A.6.2)。首先,需要获取表情的原始特征,如几何特征、外貌特征和序列特征等。其次,由于原始特征一般都存在着信息冗余、维数过高和区分性不够等问题,所以为了能够更有效地表征人脸表情的本质,需要对原始特征数据进行一些后处理,主要是特征降维和抽取,以减少特征的维数。最后,上述获得的特征中常不仅包含了表情信息,也包含了其他信息,因此还需要对特征进行分解,去除对表情识别有干扰的因素,得到对分类更为有利的特征数据。表A.6.1列出了人们为完成上述3个工作任务而分别提出的一些典型方法[刘2006],下面给出具体解释。

表 A.6.1 人脸表情特征提取的3项工作及典型方法

原始特征获取	特征降维和抽取	特 征 分 解
几何特征:基准点 外貌特征:盖伯变换,高阶局部自相关(HLAC),**局部二值模式**(LBP) 混合特征:**活跃外貌模型**(AAM) 序列特征:光流,动作单元	**主分量分析**(PCA),**线性鉴别分析**(LDA),**独立分量分析**(ICA),基于聚类的判别分析(CDA)[Chen 2003],排序PCA+LDA[Dubuisson 2002],混合概率PCA	双线性分解,高阶奇异值分解(HOSVD)

1. 原始特征获取

原始特征包括永久特征(如眼睛、嘴唇等人脸特征)和瞬时特征(如某些表情所导致的鱼尾纹等),它们可从图像或视频中获取,不过所采用的方法有所不同。如果要从静态图像中获取原始特征,采用的方法主要分3类。

(1) 基于几何特征的方法。基于几何特征的方法侧重提取脸部表面的基准点/特殊点,并利用它们之间的几何关系。几何特征的优点是能够简洁地表示出人脸宏观的结构及变化,但几何特征的获取对基准点提取的准确性和精确性要求较高,这在图像质量低和背景复杂的情况下常难以实现。同时几何特征的提取忽略了其他表面信息(如皮肤的纹理及变化等),因此在识别细微变化的表情时区分性不够高。

(2) 基于外貌特征的方法。**外貌**特征也称**外观**特征,泛指使用像素灰度性质的特征,反映了人脸图像底层的信息,特别是反映局部细微变化的信息。对外貌特征的提取主要利用图像的局部特性。例如,利用模板对图像进行卷积,其结果就可以反映近邻像素之间的关系(梯度变化、相关性、纹理等)。近年来,基于盖伯变换(见10.4.2小节)的方法被广泛应用于人脸表情的特征提取,它能够同时检测多尺度、多方向的纹理变化,同时受光照变化影响较小(对一些基于盖伯特征的人脸识别算法的实验比较可见[王2006])。还有其他一些使用脸部不对称性、高阶局部自相关、不变矩、局部二元模式等的方法。

(3) 基于混合特征的方法。几何特征能够简洁地表示出人脸宏观的结构及变化,而外貌特征侧重于提取局部的细微变化,可将二者结合起来,用混合的特征进行表情识别。这里有许多不同的组合手段,并常用模型的方式来描述人脸的结构。例如,有一类广泛应用的方法基于**活跃外貌模型**(AAM),它结合形状和纹理信息建立对人脸的参数化描述,然后再用PCA进行降维。相对于基于外貌特征的方法,基于模型的方法可以得到更为可靠的人脸特征参数,但同时它也有计算较为复杂,而且初始点获取困难等缺点。

如果要从图像序列中获取原始特征,采用的方法主要分两类。

(1)基于帧内特征的方法。这类方法仅仅利用帧内信息进行特征的跟踪和提取,其中在提取特征方面与在静态图像内提取特征的方法大致相同。而在特征跟踪方面基本上分两种:

① 基于特征点跟踪的方法,如利用灰度变化较大的眼角点、嘴角点等进行跟踪,并进一步得到脸部特征的位移或形变信息。

② 基于模型跟踪的方法,常常针对整个人脸进行。这里模型可以是2-D或3-D的,但多数模型都需要较复杂的计算。

(2)基于序列特征的方法。这类方法不仅进行跟踪和提取,而且还利用帧间信息作为表情识别的特征。主要方法有两种:

① 基于光流的方法,即借助光流获得帧间运动信息,对表情进行动态分析。基于光流的方法的缺点是光照不均匀和脸部非刚性运动等因素将会影响特征提取的结果。

② 基于模型的方法,采用模型来跟踪人脸,并根据跟踪得到的模型参数以及一些前后帧的信息来表示人脸的运动特征。

2. 特征降维和抽取

前面获取的原始特征尤其是外貌特征通常有很高的空间维数(对一幅$M \times N$的图像,空间维数就达$M \times N$)。需要使用高维的像素阵列来表示。巨大的数据量和冗余会给进一步的分析带来计算量和复杂度方面的问题,因此需要通过一些映射或变换将高维特征转换到低维的子空间或将高维特征中的一部分抽取出来。为此进行的**特征降维**不仅可以使特征的维数明显降低,而且可以使这些低维空间特征的有效性得到提高。

从心理学角度看,高维的图像数据完全可以投射到一个低维的子空间当中,且在这个子空间的信息已经足够使计算机完成对人脸特征的鉴别和分类工作。事实上,人脸的表面通常是平滑的并且具有比较均匀的纹理,因此包含在相邻像素中的信息具有很多冗余。另外,人脸有良好的结构,五官处于相对固定的位置。从图像分析的角度来看,只需要考虑感兴趣的对象。为此,人们研究了许多进行降维的技术。

基于子空间的方法是一类比较成功的降维技术,在人脸识别和表情识别都得到了广泛应用。这里认为人脸面部空间只是图像空间的一个子空间,所以使用子空间技术可以有效地进行特征降维。

一些典型的、在人脸图像分析中使用的子空间方法列在表A.6.2中。

表A.6.2 人脸图像分析中子空间方法一览

缩写	技术名称	参考文献	缩写	技术名称	参考文献
2D-LDA	**2D线性鉴别分析**	[Li 2005a]	LDA	**线性鉴别分析**	[Price 2005]
2D-PCA	**2D主分量分析**	[Yang 2004]	LF	**拉普拉斯脸**	[Sundaresan 2008]
B2D-PCA	**双向2D主分量分析**	[Zhou 2006]	LFA	**局部特征分析**	[Penev 2004]
CFA	**类依赖特征分析**	[Yan 2008b]	LPP	**局部保持投影**	[Yu 2006]
DLDA	**直接线性鉴别分析**	[Yu 2001a]	NLPCA	**非线性主分量分析**	[Kramer 1991]

续表

缩写	技术名称	参考文献	缩写	技术名称	参考文献
EFM	增强费舍尔线性鉴别模型	[Liu 2000]	NSLDA	零空间线性鉴别分析	[Chen 2000]
FDA	费舍尔鉴别分析	[Kurita 2005]	NMF	非负矩阵分解	[Lee 1999]
FF	费舍尔脸	[Belhumeur 1997]	NMSF	非负矩阵集分解	[Li 2007],[Zhang 2015d]
FNMF	快速非负矩阵分解	[Li 2009]	OFLD	最优线性鉴别分析	[Yang 2001]
GSVD	广义奇异值分解	[Howland 2004]	PCA	主分量分析	[Kirby 1990]
ICA	独立分量分析	[Bartlett 2002]	PM	主流形	[Moghaddam 2002]
K2D-PCA	2D 核主分量分析	[Wang 2007]	PSA	概率子空间分析	[Moghaddam 2000]
KFDA	核费舍尔鉴别分析	[Mika 1999]	SVD	奇异值分解	[Hong 1991]
KLDA	核线性鉴别分析	[Park 2008]	TCF-CFA	基于 CFA 的张量相关滤波器	[Yan 2008d]
KPCA	核主分量分析	[Kim 2002]	TPCA	拓扑主分量分析	[Pujol 2001]
KTS	核张量子空间	[Park 2007]	UPCA	统一主分量分析	[Shan 2008]

下面对其中若干技术给出简单分析讨论(更多介绍还可见[章 2009c]、[Zhang 2011]、[Wang 2013]、[Zhang 2015a])。主分量分析(PCA)考虑将类内的变化集中在图像空间的一个子空间中(类的聚合形态是凸状的),然后再对聚类进行线性降维和分割。如果先针对类进行降维,再在降维后的特征空间使用简单的分类器就有可能取得比 PCA 更好的效果,这就是线性鉴别分析(LDA)的原理。费舍尔鉴别分析(FDA)就是一个典型的例子,它选择相关矩阵以使得类间离散度和类内离散度的比值为最大(即使类内样本点聚合得更加紧密,而类间样本点分散得更远),从而获得最优的分类结果。对费舍尔线性鉴别函数的一种推广形式可见[程 2009a]。上述方法的一个问题是相关矩阵有可能为奇异的。为了解决这个问题,可先用主分量分析将训练集合投影到一个比较低维的空间,使得矩阵在这个空间确保非奇异,再使用线性鉴别分析继续降维。这样使用线性鉴别分析的方式也称作 PCA+LDA。另一方面,利用核主分量分析(KPCA)可将 PCA 推广到非线性降维的应用中,一个对 KPCA 利用局部保持的方法进行改进的工作可见[Zheng 2015b]。

上述这些方法在进行特征降维和抽取时各有优势,如 PCA 抽取了最有代表性的特征,可以有效地消除冗余,降低数据维数,但它没有考虑不同类别数据之间的区分性。而 LDA 则通过最大化数据的类间离散度和最小化类内离散度来选择合适的投影方向,侧重于寻找具有最大分辨力的方向。

上述讨论的 PCA 等方法多先在 1-D 信号中得到应用,然后再推广到 2-D 图像中,此时常需要将图像逐行扫描转化为 1-D 信号。为提高效率和效果,现也常直接对 2-D 图像进行 PCA,这一般称为 2-D PCA,其是否优于 PCA 有一定的判定条件[程 2009b]。

3. 特征分解

人脸图像包含了丰富的信息。一方面,对不同的识别任务来说,所利用的信息各不相同。例如,人脸检测定位利用的是人脸图像共有的信息,人脸识别利用的是人脸个体差异的信息,而表情识别则既要利用人脸图像的共有结构信息,又要考虑人脸个体差异的影响。另一方面,对一种识别任务有利的信息有可能反而对其他识别任务造成干扰。所以,需要把与人脸有关的不同因素,如表情因素和个体因素分离开来,使得识别能够在相应的子空间中进行,避免其他因素的干扰。

在对脸部表情分解时，可以采用**高阶奇异值分解**（HOSVD）的方法[Wang 2003]。这类方法将不同人脸、不同表情的图像用一个三阶的张量（分别表示个体、表情和特征）来表示，通过对张量用 HOSVD 方法进行分解，分别得到个体子空间、表情子空间和特征子空间（具体见 A.6.6 小节）。这类方法由于可把人脸各种不同的因素分解开，所以不仅可以较好地应用于表情识别，还可以方便地进行人脸表情的合成，甚至增加新的因素来满足不同光照和不同角度的合成要求。

A.6.3 基于盖伯变换的特征提取

盖伯变换是一种特殊的短时傅里叶变换（见 10.4.2 小节），它使用一组不同尺度、不同方向的滤波器，可用于分析各个尺度和方向上的图像灰度变化，还可以进一步检测物体的角点和线段的终点等。

1. 表情识别中的盖伯变换

盖伯变换在表情特征提取方面具有提取图像局部细微变化的能力，这与表情信息主要体现在局部的特点非常符合。另外，盖伯变换结果对光照变化不敏感，且能容忍一定程度的图像旋转和变形，具有较好的鲁棒性。

2-D 盖伯变换的核函数可以有多种不同的选取方法，如可选择如下的核函数[Lyons 1999]：

$$K_l = \frac{p_l^2}{\sigma^2}\exp\left(\frac{p_l^2 x^2}{2\sigma^2}\right)\left[\exp(\mathrm{j}\boldsymbol{p}_l \cdot \boldsymbol{x}) - \exp\left(\frac{-\sigma^2}{2}\right)\right] \tag{A.6.2}$$

其中，方括号外的部分是一个高斯函数；方括号内的第一部分是盖伯变换函数，减号后是一个附加的直流项，用于减少光照的影响；σ 确定了变换滤波器的带宽，可取 $\sigma=2\pi$；$\boldsymbol{p}_l$ 为波矢量（p_l 为其模），其不同取值构成了函数族中不同但具有相近能量的波函数；$\boldsymbol{p}_l$ 定义为 $\boldsymbol{p}_l = \boldsymbol{p}_n \cdot [\cos\theta, \sin\theta]^{\mathrm{T}}$，其中，$\theta$ 表示波的不同方向；$\boldsymbol{p}_n$ 沿 X 轴方向，大小为 $2^{-(n+2)/2}\pi$，表示波的不同核频率。由于人脸表情表现为高频特征，因此可取较高频率的波函数与表情图像卷积，以提取高频信息并屏蔽掉与表情变化无关的低频信息。如果取 $n=0,1,2$，$\theta=0,\pi/6,2\pi/6,3\pi/6,4\pi/6,5\pi/6$，则可得到由 3×6 个盖伯变换滤波器组用于提取表情特征。实际中，为加快计算速度，还可仅从中选取部分滤波器[徐 2011]。

在定义了一组盖伯滤波器之后，可使用这些核函数与表情图像进行卷积：

$$G_l(\boldsymbol{x}) = \int I(\boldsymbol{x}')K_l(\boldsymbol{x}-\boldsymbol{x}')\mathrm{d}^2\boldsymbol{x}' \tag{A.6.3}$$

由每个核函数得到的结果都构成一幅盖伯系数图。对图 A.6.1 中愤怒表情图像用 18 个核函数进行滤波之后得到的 18 幅盖伯系数图见图 A.6.3。

2. 盖伯变换系数和分级直方图相结合

盖伯滤波器在分析局部纹理变化方面的能力非常强，但缺乏表示全局特征的能力。直方图是一种常用的表示图像全局特性的特征，不过直接对全图像使用直方图特征将会丢失很多结构上的细节。实际中，可以对图像进行逐级分块，并在分块后对每一个图像块区域内的盖伯系数计算其直方图分布，从而将盖伯系数和直方图统计的方法在每个图像块区域结合起来，如图 A.6.4 所示[刘 2007]。与直接使用盖伯系数相比，该特征包含了更多邻域内的信息，而且分级分块同时兼顾了局部的细微变化和整体的宏观变化。

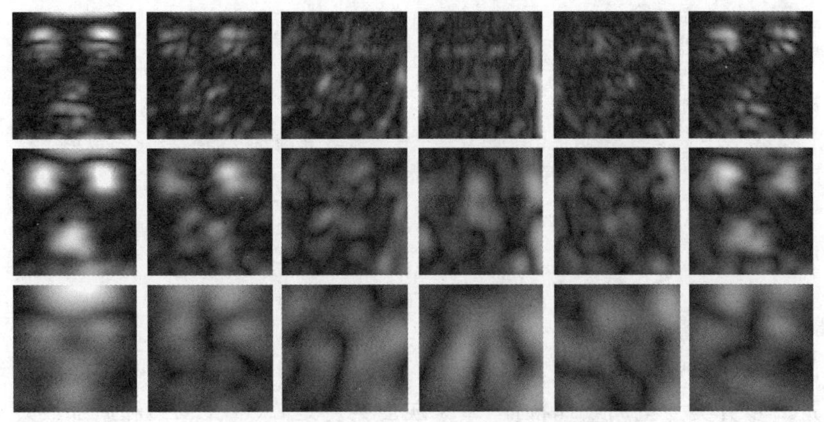

图 A.6.3 18 幅盖伯系数图示例

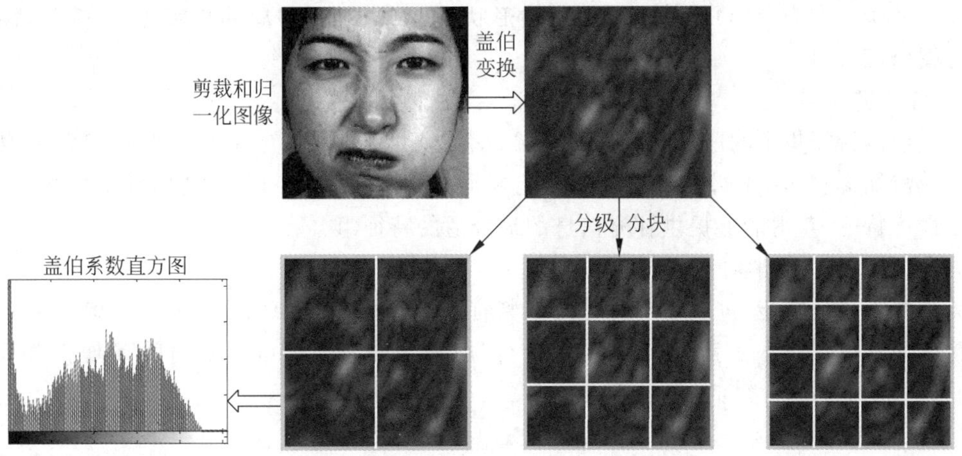

图 A.6.4 基于盖伯特征的分级直方图表示

A.6.4 表情特征的稀疏表达

表情分类和识别涉及许多因素，一般提取的表情特征往往具有较高维度。针对这个问题，已经提出了许多稀疏表达方法，并将其用于表情分类和识别。

1. 组稀疏表达分类

在表情分类和识别中，遮挡以及表情样本过少都会影响分类和识别的效果。使用**稀疏表达分类**(SRC)对遮挡表达式进行建模，可以从过完备的字典中找到尽可能少的原子来线性表示对象样本，从而对遮挡具有鲁棒性。稀疏表达技术还可以缓解由于表情样本过少引起的模型过拟合问题，因为它相对来说较少受样本数量的影响。

通过将稀疏表达扩展到由组字典获得的**组稀疏表达**，[谢 2021]提出了一种基于特征选择和字典优化的**组稀疏表达分类**(GSRC)方法。在特征选择方面，采用了一种特征的选择准则，以预筛选各种特征，并在类内选择具有相同类级稀疏模式和不同稀疏模式的互补特征以构建字典。在字典优化方面，对由组稀疏表示的特征字典执行**最大散差优化学习**(MSDOL)，并在监督下逐类优化字典，使其具有不失真的重构特征。在稀疏系数中加入最大散度差准则约束，使得相似样本的字典更接近，而异质样本的字典之间的差异更大，这提高了字典的辨别能力。

GSRC 方法的流程图如图 A.6.5 所示。它包括以下模块(上部训练、下部测试)。

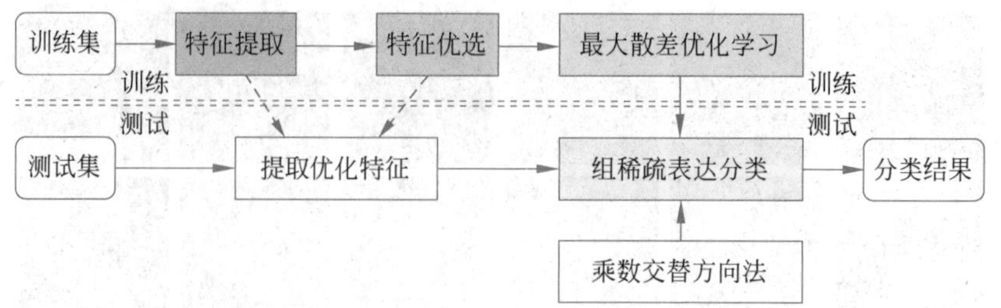

图 A.6.5　GSRC 方法流程图

1）特征提取

要提取的特征包括纹理特征和几何特征。基于图像的强度信息，可以提取纹理特征。纹理特征可以进一步分类为全局纹理特征（基于**灰度共生矩阵**（GLCM））和局部纹理特征［例如，LBP 和**局部相位量化**（LPQ）］。几何特征可以通过测量距离和变形几何形状来获得。几何特征可以进一步分类为全局几何特征［如**主动形状模型**（ASM）］和局部几何特征［例如，**梯度方向直方图**（HOG）］。

2）特征优选

直接使用特征集中的所有特征进行组稀疏表达将增加计算负担。因此，可以将提取的特征先组成特征集和测试样本矢量。根据具有相同类级稀疏模式和不同类内稀疏模式的准则，选择出最优特征，获得能够提供补充信息的最合适的特征组合。

3）最大散差优化学习

为了提高分类性能，进一步对优化后的特征进行增强。其中两个考虑是：确保字典能够重构特征而不失真；并使字典更具鉴别力。使用最大散差约束可以使同质字典的样本更接近，且异质字典的样本之间的差异更大。

4）组稀疏表达分类

在测试阶段，根据训练过程中提取的最佳特征，去提取待测试样本的相关特征。然后，借助通过最大散差优化学习构建的组字典，可以使用**交替方向乘子法**（ADMM）获得联合系数。最后，通过使用最小均方误差确定待测试样本的类别。

2. 稀疏子空间迁移学习

在实际应用中，用于训练和测试的图像通常来自不同场景，具有不同的分辨率、照明、背景，甚至不同的种族、性别等，这会使源域和靶域的数据服从不同的分布，进而导致识别率显著下降。

为解决这类问题，已经提出了许多用于跨域图像分类的**迁移学习**方法。其中，有一种基于稀疏子空间转移学习的跨域面部表情识别方法［张 2021b］。该方法可以借助图 A.6.6 介绍，其中有 3 个主要模块：迁移特征表达、局部鉴别学习和标签回归。

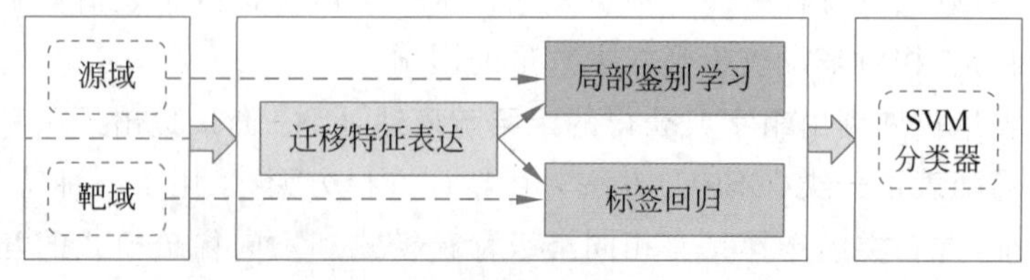

图 A.6.6　稀疏子空间迁移学习示意图

1）迁移特征表达

通过在重构系数矩阵上施加稀疏约束的同时进行迁移特征表达学习来学习公共子空间。考虑到源域数据和靶域数据分布的差异，可以引入子空间数据重构的思想来找到理想的投影矩阵 $\boldsymbol{P} \in \mathbb{R}^{d \times c}$，它将情感特征投射到源域 $\boldsymbol{X}_s \in \mathbb{R}^{d \times ns}$ 并将靶域 $\boldsymbol{X}_t \in \mathbb{R}^{d \times nt}$ 投射到源域数据和靶域数据的分布大致相同的公共子空间。通过学习重构系数矩阵 $\boldsymbol{Z} \in \mathbb{R}^{ns \times nt}$，靶域中的数据可以由源域中的数据线性地表示。这可以表示为

$$\min_{\boldsymbol{P},\boldsymbol{Z}} \|\boldsymbol{P}^{\mathrm{T}}\boldsymbol{X}_t - \boldsymbol{P}^{\mathrm{T}}\boldsymbol{X}_s Z\|_{\mathrm{F}}^2 + k\|\boldsymbol{Z}\|_{2,1} \tag{A.6.4}$$

其中，$\|\cdot\|_{\mathrm{F}}$ 是 F 范数，$\|\cdot\|_{2,1}$ 是 $L_{2,1}$ 范数，k 是用于调整迁移特征表达和稀疏表达之间平衡的比例因子。

2）局部鉴别学习

使用简单的 SVM 分类器以获得靶域的初始伪标签 $\boldsymbol{Y}_t$（最初没有标签信息），然后在靶域子空间的迭代学习中更新伪标签。引入拉普拉斯图正则化项，以充分考虑源域和靶域的局部鉴别几何结构，并分别用标签映射源域和靶域数据，最后将局部鉴别学习项表示为以下形式：

$$\min_{\boldsymbol{P}} [\mathrm{tr}(\boldsymbol{P}^{\mathrm{T}}\boldsymbol{X}\boldsymbol{L}\boldsymbol{X}^{\mathrm{T}}\boldsymbol{P})] \tag{A.6.5}$$

其中，$\mathrm{tr}(\cdot)$表示矩阵的迹，$\boldsymbol{X}=[\boldsymbol{X}_s,\boldsymbol{X}_t]$，$\boldsymbol{L}$ 是拉普拉斯图矩阵。

3）标签回归

标签回归方法用于将具有丰富标签信息的源域样本映射到由源域标签信息引导的子空间中，从而确保源域数据和靶域数据在子空间中具有相同或相似的分布：

$$\min_{\boldsymbol{P}} \|\boldsymbol{Y}_s - \boldsymbol{P}^{\mathrm{T}}\boldsymbol{X}_s\|_{\mathrm{F}}^2 \tag{A.6.6}$$

最后，组合式(A.6.4)中的迁移特征表示项、式(A.6.5)中的局部鉴别学习项和式(A.11.3)中的标签回归项，以获得最终目标函数：

$$\min_{\boldsymbol{P},\boldsymbol{Z}} \|\boldsymbol{P}^{\mathrm{T}}\boldsymbol{X}_t - \boldsymbol{P}^{\mathrm{T}}\boldsymbol{X}_s\boldsymbol{Z}\|_{\mathrm{F}}^2 + k\|\boldsymbol{Z}\|_{2,1} + l\,\mathrm{tr}(\boldsymbol{P}^{\mathrm{T}}\boldsymbol{X}\boldsymbol{L}\boldsymbol{X}^{\mathrm{T}}\boldsymbol{P}) + m\|\boldsymbol{Y}_s - \boldsymbol{P}^{\mathrm{T}}\boldsymbol{X}_s\|_{\mathrm{F}}^2, \quad \text{s.t. } \boldsymbol{P}^{\mathrm{T}}\boldsymbol{P} = \boldsymbol{I} \tag{A.6.7}$$

A.6.5　表情分类

表情分类指定义一组类别，并设计相应的分类机制对表情进行判别，归入相应类别。例如，可按照情感特点将表情分类到 6 种或 7 种基本表情，也可按照脸部动作将面部表情的变化用 44 个动作单元及它们的组合来描述。

1. 表情分析方法分类

实际中，根据表情分类时是否利用时间信息来进行分析，可把人脸表情分类的方法分为空间分析方法和空时分析方法两类。

1）空间分析方法

空间分析方法有较多的类别。例如，基于专家规则的方法先从人的观察角度出发来制定一些规则，然后借助特征提取得出的参数，判断表情符合哪一类规则，将其归入相应的类别。这类方法可以精确地描述人脸表情，有利于识别混合表情。另外，由于对表情进行了编码，所以也便于进行人脸表情的合成。各种基于机器学习的方法，如贝叶斯分类器、决策树、KNN，以及矢量输入多类输出的 AdaBoost 算法（见 A.6.7 小节）等也可用于表情分类。有些方法还可结合起来，如**支持向量机**（见 16.4.2 小节）在解决小样本、非线性和高维问题上有很多优势；**自适应自举**（见 16.3.3 小节）将多个弱分类器结合起来训练形成强分类器，不同分类器针对不同的特征，通过训练可以达到特征选择的目的；将它们结合起来的 AdaSVM 方法用于表情分类也取得了较好的效果。

2）空时分析方法

目前普遍采用的主要是**隐马尔可夫模型**（HMM）。用 HMM 方法进行分类需要确定其初始和终结状态，因此一般用于单独的表情序列或分割好的表情序列。一种借助神经自回归方法进行基于关注度的表情识别技术可见[Zheng 2015a]。

2. 表情分类识别系统比较

表 A.6.3 给出了一些已有表情识别(FER)系统在 Cohn-Kanade 库(基于 AU 编码，含有 210 个人的大约 2000 个图像序列，每个人有一系列的脸部动作，包括单个 AU 或者 AU 的组合[Kanade 2000])和 JAFFE 库[以 7 种基本表情(6 种典型表情+中性)为基础，有 10 位日本女性的表情图，每种表情有 3～4 幅图像，总共 213 幅图像[Lyons 1999]]上得到的一些结果[刘 2006]。对每一种系统列出了其采用的特征提取方法、分类方法和识别目标(AU 或基本表情)，还列出了所用数据类型(静态、序列或序列中抽取若干帧)、数据量以及训练/测试比等实验的客观条件。测试结果列出识别率，其中，A 表示该实验测试集中的人不在训练集中出现的识别率，B 表示该实验测试集中的人可能在训练集中出现的识别率。

表 A.6.3　一些 FER 系统及其识别结果列举

库	文献	特征提取方法	分类方法	识别任务	数据量	训练/测试比	数据类型	测试结果	
								A/%	B/%
Cohn-Kanade	[Lien 1998]	光流、特征点跟踪、边缘检测	HMM	3 种上部 AU	100～270 序列	5∶8～4∶5	序列	85～92	—
				7 种下部 AU			序列	81～92	—
	[Kapoor 2003]	红外照相机检测虹膜，恢复眼眉区域形状参数	SVM	5 种上部 AU 和中性	25 人	24∶1	不详	81.22	—
	[Littlewort 2004]	Boosting 方法定位特征，提取盖伯幅值	SVM	7 种上部 AU	90 人，625 帧	—	每序列抽取2帧：开始，峰值	92.9	—
				7 种表情				93.3	—
	[Cohen 2003]	PBVD 跟踪人脸，提取动作单元	贝叶斯网络	7 种表情	53 人	1∶4 重复	静态逐帧	73.22	—
	[Wen 2003]	PBVD 跟踪人脸；提取几何特征+局部纹理特征	混合高斯模型(GMM)	4 种表情	47 人，2981 帧	① 6∶4 ② 1∶1	静态逐帧	75.4	87.6
	[Mitra 2004]	局部脸部不对称性的表示-不对称脸	有序前向特征选择算法与 LDA	3 种表情(高兴、愤怒、沮丧)	55 人	6∶5 重复	每序列抽取 3 帧：开始、中间、峰值	FNR 3.6，FPR 1.8	—
	[Pardàs 2002]	ACM 跟踪，转换为 FAPs	半连续 HMM	6 种表情	90 人	89∶1 重复	序列	84	—
				6 种表情+“说话”			已分割序列	81	—
							连续序列	64	—
	[Yeasin 2004]	图像序列的光流	两步法：KNN+HMMs	6 种表情	97 人，488 序列	—	序列	90.9	—

续表

库	文献	特征提取方法	分类方法	识别任务	数据量	训练/测试比	数据类型	测试结果	
								A/%	B/%
JAFFE	[Lyons 1999]	手工标定 34 个点＋18 个盖伯滤波器	LDA	6 种基本表情＋中性	9 个人，193 帧	① 9∶1 ② 8∶1	静态显著表情	75	92
	[Shinohara 2004]	HOLA 特征＋Fisher 加权映射	Fisher 线性判别	6 种基本表情＋中性	9 个人	8∶1 重复	静态显著表情	69.4	—
	[Feng 2004]	局部二元模式(LBP)	改进的模板匹配法，两步分类	6 种基本表情＋中性	9 个人	8∶1 重复	静态显著表情	77	—
	[Guo 2005]	手工标定的 34 个特征点＋18 个盖伯滤波器	特征选择线性规划法	6 种基本表情＋中性	10 个人	9∶1 重复	静态显著表情	—	91

A.6.6 基于高阶奇异值分解的分类

要对脸部表情进行分解，可以采用**高阶奇异值分解**(HOSVD)的方法[Wang 2003]。

1. 表情张量

人脸表情的结构可以用一个 3-D 的张量 $\mathbf{A} \in \mathbb{R}^{I \times J \times K}$ 来表示，其中，I 表示个体或人(p)的数目，J 表示表情(e)类别的数目，K 为原始人脸表情特征(f)矢量的维数。对 $\mathbf{A}$ 的奇异值分解可表示为

$$\mathbf{A} = \boldsymbol{S} \times_1 \boldsymbol{U}^p \times_2 \boldsymbol{U}^e \times_3 \boldsymbol{U}^f \tag{A.6.8}$$

其中，$\boldsymbol{S}$ 表示个体、表情和表情特征矢量 3 个子空间相互作用的核张量；$\boldsymbol{U}^p$、$\boldsymbol{U}^e$ 和 $\boldsymbol{U}^f$ 分别表示个体、表情和表情特征矢量 3 个子空间(其前面的下标分别表示分解为第 1 维、第 2 维和第 3 维)。

对**表情张量 $\boldsymbol{A}$** 的一个图示可见图 A.6.7。图 A.6.7 中两个轴分别对应人数和表情类数，其中每个方块表示(对应某个人某个表情的)一个表情特征矢量，这样 3-D 张量就显示在一个平面上。各个表情特征矢量可按行或列组合起来，所有第 i 列的方块表示与第 i 个人相关的表情特征矢量，而所有第 j 行的方块表示与第 j 种表情相关的表情特征矢量。

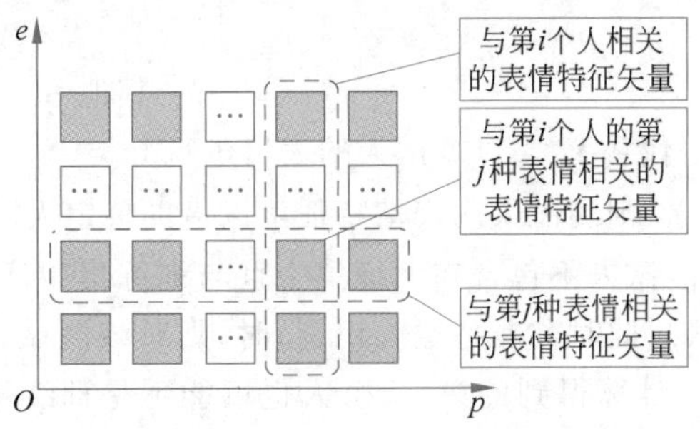

图 A.6.7 表情张量 A 的图示

在讨论表情分类时，可如下定义两个与个体和表情相关的张量 $\boldsymbol{T}^p$ 和 $\boldsymbol{T}^e$，分别称为个体张量和表情张量：

$$\boldsymbol{T}^p = \boldsymbol{S} \times_1 \boldsymbol{U}^p \times_3 \boldsymbol{U}^f \tag{A.6.9}$$

$$\boldsymbol{T}^e = \boldsymbol{S} \times_2 \boldsymbol{U}^e \times_3 \boldsymbol{U}^f \tag{A.6.10}$$

$\boldsymbol{T}^p$ 和 $\boldsymbol{T}^e$ 都是大小为 $I \times J \times K$ 的张量。它们在图 A.6.7 中分别对应某一行的方块集合和某一列的方块集合。

2. 表情特征分类

对需要分类的(测试人的)表情特征 $\boldsymbol{V}_e^{\text{test}}$,可以构造一个大小为 $1 \times 1 \times K$ 的测试张量 $\boldsymbol{T}^{\text{test}}$。这样,与(数据库中)第 i 个人相关的表情矢量 $\boldsymbol{u}_{ei}^{\text{test}}$ 可由下式计算[Wang 2003]:

$$\boldsymbol{u}_{ei}^{\text{test}} = \{\boldsymbol{u}_f[T^{\text{test}}, 2]^{\text{T}}\} \cdot \{\boldsymbol{u}_f[T^p(i), 2]\}^{-1} \tag{A.6.11}$$

类似地,与第 j 种表情相关的人矢量 $\boldsymbol{u}_{pj}^{\text{test}}$ 可由下式计算:

$$\boldsymbol{u}_{pj}^{\text{test}} = \{\boldsymbol{u}_f[T^{\text{test}}, 1]^{\text{T}}\} \cdot \{\boldsymbol{u}_f[T^e(j), 1]\}^{-1} \tag{A.6.12}$$

如果给定测试人表情特征 $\boldsymbol{V}_e^{\text{test}}$,则表情识别的目标就是要搜索 j^*,使得

$$j^* = \arg\max_{j=1,\cdots,J} P(w_j \mid \boldsymbol{V}_e^{\text{test}}) \tag{A.6.13}$$

其中,w_j 表示第 j 类表情;$P(w_j \mid \boldsymbol{V}_e^{\text{test}})$表示给定表情特征 $\boldsymbol{V}_e^{\text{test}}$,将 $\boldsymbol{V}_e^{\text{test}}$ 分到第 j 类表情的概率。

要对表情进行分类,则先计算与数据库图像中每一个人相关的表情特征 $\boldsymbol{u}_{ei}^{\text{test}}(i=1,2,\cdots,I)$,然后将它们与从式(A.6.8)中 $\boldsymbol{U}^e$ 得到的表情特征 $\boldsymbol{u}_{ej}(j=1,2,\cdots,J)$进行比较。此时的目标是要搜索使相似度 $S(\boldsymbol{u}_{ei}^{\text{test}}, \boldsymbol{u}_{ej})$最大的$(i^*, j^*)$:

$$(i^*, j^*) = \arg\max_{\substack{i=1,\cdots,I \\ j=1,\cdots,J}} P(w_j \mid \boldsymbol{V}_{ei}^{\text{test}}) \tag{A.6.14}$$

其中,$P(w_j \mid \boldsymbol{u}_{ei}^{\text{test}})$表示在已知和第 i 个人相关的表情特征 $\boldsymbol{u}_{ei}^{\text{test}}$ 的条件下,将 $\boldsymbol{u}_{ei}^{\text{test}}$ 分到第 j 类表情的概率。这里如果相似度 $S(\boldsymbol{u}_{ei}^{\text{test}}, \boldsymbol{u}_{ej})$越高,则 $P(w_j \mid \boldsymbol{u}_{ei}^{\text{test}})$越大。这样根据式(A.6.10)的计算结果就可将第 i^* 个人的表情特征分到第 j^* 类表情中去。

3. 特定人和非特定人表情分类

在上述关于表情分类的讨论中实际上有两个假设:

(1) 训练集包含了测试人(如在验证类工作中)或测试人与训练集中的某个人在表情表现方式、外观和形状等方面很相近(此时称特定人识别);

(2) 测试人"真实的"表情特征 $\boldsymbol{u}_e^{\text{test}}$ 以概率 1 等于 $\boldsymbol{u}_{ei^*}^{\text{test}}$,即

$$P(\boldsymbol{u}_e^{\text{test}} = \boldsymbol{u}_{ei^*}^{\text{test}} \mid \boldsymbol{V}_e^{\text{test}}) = \begin{cases} 1, & i = i^* \\ 0, & \text{其他} \end{cases} \tag{A.6.15}$$

则可用 $\boldsymbol{u}_{ei^*}^{\text{test}}$ 来估计 $\boldsymbol{u}_e^{\text{test}}$,并代替 $\boldsymbol{V}_e^{\text{test}}$ 对测试人的表情进行分类。

如果上述假设条件成立,则测试人的表情特征可以借助特定人的**表情特征矢量**来提取,并可以被正确地识别。但当测试人不包含在训练集中且与训练集中所有的人在表情表现方式、外观和形状等方面均不相似(此时称非特定人识别)时,则对该测试人的表情分类常会产生错误。同时,根据式(A.6.14)计算得到的第 i^* 个人也可能不是训练集中从人脸识别的意义上与测试人最相似的人。

上述分类错误的问题可借助示意图 A.6.8 来解释。这里为简化起见,只考虑了两个人(X 和 Y)和两种表情(A 和 B)的情况。设由训练集得到的两种表情特征矢量分别为 $\boldsymbol{u}_{eA}$ 和 $\boldsymbol{u}_{eB}$。它们是考虑了训练集中所有人的信息得到的,因此是非特定人的表情特征矢量。对于要

测试的表情，利用人 X 或 Y 的表情特征矢量，可以得到包含 X 或 Y 的个体信息的表情特征矢量 $\boldsymbol{u}_{eX}^{\text{test}}$ 或 $\boldsymbol{u}_{eY}^{\text{test}}$。因为它们是根据个体的信息计算得到的，所以是特定人的表情特征。如果用特定人的表情特征与非特定人的表情特征进行比较来计算它们之间的相似度(或距离)，并用与非特定人的表情特征距离最小(或最相似)的表情特征来代替测试人的实际表情特征，就有可能发生分类错误。具体从图 A.6.8 中可以看到，由于 $d_1>d_4$，测试人的实际表情将因此用与 Y 相关的表情特征矢量 $\boldsymbol{u}_{eY}^{\text{test}}$ 来表示，最后导致将测试表情错误地分到表情 B 中。

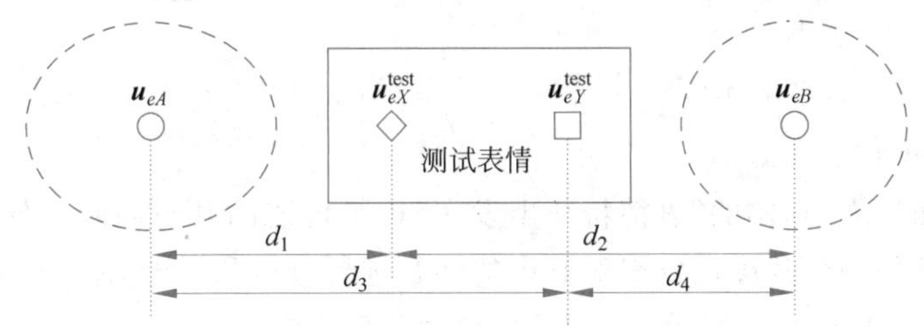

图 A.6.8 分类错误问题示例

4. 人脸相似度加权

出现以上错误的原因在于根据式(A.6.11)得到的表情特征矢量 $\boldsymbol{u}_{ei}^{\text{test}}$ 仅包含了第 i^* 个人的信息，在非特定人识别情况下，这样得到的表情特征不能准确地表示测试人的表情。为解决这个问题，需要建立 $\boldsymbol{V}_{e}^{\text{test}}$ 与所有 $\boldsymbol{u}_{ei^*}^{\text{test}}$ 的联系。为此，可以利用在人脸表情合成中广泛应用的一个假设(参见[Wang 2003])：相似的人具有相似的表情表现方式和外观形式。这个假设可以模型化：一个人的表情表现方式与另一个人的表情表现方式的相似性正比于他们两个人在人脸识别意义上的相似性。这个模型可以用公式写为

$$P(\boldsymbol{u}_{e}^{\text{test}}=\boldsymbol{u}_{ei^*}^{\text{test}} \mid \boldsymbol{V}_{e}^{\text{test}}) \propto S_i, \quad i=1,2,\cdots,I \tag{A.6.16}$$

上式表明，在给定测试人表情特征矢量 $\boldsymbol{V}_{e}^{\text{test}}$ 的情况下，测试人实际表情特征矢量与第 i 个人的表情特征矢量 $\boldsymbol{u}_{ei^*}^{\text{test}}$ 相等的概率正比于测试人和第 i 个人在人脸识别意义上的相似度 S_i。

再借助贝叶斯估计理论，对测试人实际表情特征矢量的最优估计为

$$\hat{\boldsymbol{u}}_{e}^{\text{test}}=E\{\boldsymbol{u}_{e}^{\text{test}} \mid \boldsymbol{V}_{e}^{\text{test}}\}=\sum_{i} P\{\boldsymbol{u}_{e}^{\text{test}}=\boldsymbol{u}_{ei}^{\text{test}} \mid \boldsymbol{V}_{e}^{\text{test}}\} \times \boldsymbol{u}_{ei}^{\text{test}}=\frac{1}{N}\sum_{i} S_i \times \boldsymbol{u}_{ei}^{\text{test}} \tag{A.6.17}$$

其中，N 为归一化常数。从式(A.6.17)可以看出，这样的最优估计是用测试人和训练集中所有人的相似度加权后得到的。通过加权可以有效地去除被估计表情特征矢量中的个人信息，减少由于训练数据不足而造成的对非特定人表情识别造成的影响，使得估计的表情特征更独立于特定的个体。

在这个加权的过程中，需要先确定测试人和训练集中所有人在人脸识别意义上的相似度。这可以利用前面介绍的个体张量 $\boldsymbol{T}^p$ 来求取[Wang 2003]。

下面利用示意图 A.6.9 来解释利用最优估计得到的结果。这里假设测试人与 X 比较相似，所以在估计测试人实际表情特征 $\boldsymbol{u}_{e}^{\text{test}}$ 时对 X 的表情特征 $\boldsymbol{u}_{eX}^{\text{test}}$ 会赋予更大的权值，如此估计得到的表情特征将与 $\boldsymbol{u}_{eX}^{\text{test}}$ 更接近。此时可用估计得到的表情特征与非特定人的表情特征 $\boldsymbol{u}_{ej}(j=1,2,\cdots,J)$进行比较。从图 A.6.9 可以看到，由于 $d_1<d_2$，测试的表情得到了正确的分类。更多的实验也表明，加权估计后的表情特征能够有效地减小个体差异所带来的影响，使得测试表情能够得到正确的识别(尤其当测试人是训练集中不熟悉的人的时候，这种改善比较明显)[谭 2007a]。

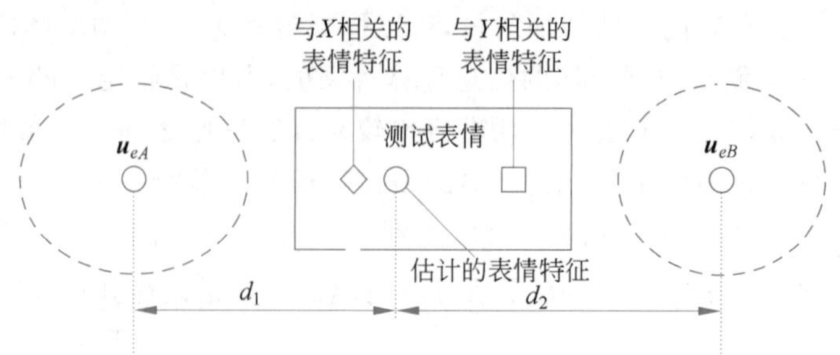

图 A.6.9 人脸相似度加权后消除了分类错误

5. 人脸相似度加权距离

前面从估计测试人“真实的”表情特征出发,分析了传统的基于高阶奇异值分解分类方法中的问题。下面从另一个角度出发来对其中的问题进行分析和讨论[谭 2007a]。

分析式(A.6.13)可知,求取 $P(w_j|\boldsymbol{V}_e^{\text{test}})$ 包括两个步骤:

(1) 在已知 $\boldsymbol{V}_e^{\text{test}}$ 的条件下,求转移到 $\boldsymbol{u}_{ei}^{\text{test}}$ 的概率 $P(\boldsymbol{u}_{ei}^{\text{test}}|\boldsymbol{V}_e^{\text{test}})$;

(2) 在已知 $\boldsymbol{u}_{ei}^{\text{test}}$ 的情况下,计算将 $\boldsymbol{u}_{ei}^{\text{test}}$ 分类到第 j 类表情的概率 $P(\boldsymbol{u}_{ej}|\boldsymbol{u}_{ei}^{\text{test}})$。

根据这两步,将测试人的表情特征分类到第 j 类表情的概率可以表示为

$$P(w_j \mid \boldsymbol{V}_e^{\text{test}}) = \sum_{i=1}^{L} P(w_j \mid \boldsymbol{u}_{ei}^{\text{test}}, \boldsymbol{V}_e^{\text{test}}) \times P(\boldsymbol{u}_{ei}^{\text{test}} \mid \boldsymbol{V}_e^{\text{test}}) = \sum_{i=1}^{L} P(w_j \mid \boldsymbol{u}_{ei}^{\text{test}}) \times P(\boldsymbol{u}_{ei}^{\text{test}} \mid \boldsymbol{V}_e^{\text{test}}) \tag{A.6.18}$$

比较式(A.6.13)、式(A.6.14)和式(A.6.18)可知,当式(A.6.15)成立时,式(A.6.13)可以简化成式(A.6.14)。这相当于将测试表情 $\boldsymbol{V}_e^{\text{test}}$ 分类到第 j 类表情的概率为

$$P(w_j \mid \boldsymbol{V}_e^{\text{test}}) = P(w_j \mid \boldsymbol{u}_{ei^*}^{\text{test}}) \times P(\boldsymbol{u}_{ei^*}^{\text{test}} \mid \boldsymbol{V}_e^{\text{test}}) \tag{A.6.19}$$

可见,当测试人是训练集中不熟悉的人(即其在表情表现方式、外观等方面和训练集中人的相似度低于某个阈值)时,式(A.6.5)不能成立,这样对测试人表情的分类就有可能出现误差。此时根据式(A.6.14)计算得到的第 i^* 个人通常不是训练集中从人脸识别的意义上与测试人最相似的人。

进一步地,在对训练集中不熟悉的人进行表情分类时,从 $\boldsymbol{V}_e^{\text{test}}$ 转移到 $\boldsymbol{u}_{ei}^{\text{test}}$ 的概率 $P(\boldsymbol{u}_{ei}^{\text{test}}|\boldsymbol{V}_e^{\text{test}})$,$[i=1,2,\cdots,I(i\neq i^*)]$并不为零,所以式(A.6.13)并不成立,这样利用式(A.6.19)时就会出问题。此时应该按照式(A.6.18)计算将测试人的表情特征分类到第 j 类表情的概率。再次利用前述假设和式(A.6.16),可将式(A.6.18)改写为

$$P(w_j \mid \boldsymbol{V}_e^{\text{test}}) = \sum_{i=1}^{L} P(w_j \mid \boldsymbol{u}_{ei}^{\text{test}}, \boldsymbol{V}_e^{\text{test}}) \times P(\boldsymbol{u}_{ei}^{\text{test}} \mid \boldsymbol{V}_e^{\text{test}}) = \frac{1}{N}\sum_{i=1}^{L} \text{sim}(\boldsymbol{u}_{ei}^{\text{test}}, \boldsymbol{u}_{ej}) \times S_i \tag{A.6.20}$$

其中,N 为归一化常数;$\text{sim}(\boldsymbol{a},\boldsymbol{b})$ 为矢量 $\boldsymbol{a}$ 和 $\boldsymbol{b}$ 的归一化点积,代表二者的相似度。从式(A.6.20)可以看出,将测试人分类到第 j 类表情的概率相当于一个人脸相似度加权的距离。通过加权的过程,可以有效地去除测试人原始表情特征中的个人信息,减少由于训练数据不足而造成对不熟悉的人进行表情识别的影响。

A.6.7 矢量输入多类输出表情分类

表情分类是一个多类的分类问题。例如,可按照情感特点将表情分类到 6 种或 7 种基本表情,也可按照脸部动作将面部表情的变化用 44 个运动单元及它们的组合来描述。如果使用

一般的二分类自适应自举分类器，则需训练多个二分类的分类器并给出投票的结果。例如，对于 k 类的问题，可以使用 k 个 1∶all 的二分类器；或者使用 $k(k-1)/2$ 个 1∶1 的二分类器并对单个分类器的输出进行投票得到最终的结果。但实验中会有如下的问题：使用 1∶1 的分类器会导致分类器数目过多，而自适应自举的训练时间远大于一般的学习算法，过多的分类器将会导致太长的训练周期；而使用 1∶all 分类器时将面临正样本和负样本的数据量很不平衡的情况，使得分类器在测试集上的准确率较差。

1. 多类多标签自适应自举

为解决表情分类中涉及的多类问题，需要将一般的二分类自适应自举算法推广为**多类多标签**的算法，而表情分类中涉及的多类问题实际上是从多类多标签退化而来的多类单标签的问题，即每个样本只能属于一个类别。

给定样本空间 X 和标签集 Y，可将每一个样本都表示为 (x,y)，其中 $x\in X$，$y\subseteq Y$，对第 l 个类别：

$$y(l)=\begin{cases}1, & l\in y\\ -1, & l\notin y\end{cases} \tag{A.6.21}$$

则多类多标签的自适应自举学习算法为：

(1) 给定样本集 $S=\{(x_1,y_1),(x_2,y_2),\cdots,(x_m,y_m)\}$ 及最终强分类器的迭代次数 T。初始化样本的概率分布为 $D_1(i,l)=1/mk$，$i=1,2,\cdots,m$，$l=1,2,\cdots,k$，其中，m 表示样本的总数，k 表示类别的数目。

(2) 在第 t 次迭代中进行如下操作：

① 为每个特征 $\boldsymbol{x}_i$ 训练一个输出为多类的弱分类器。

② 在权重分布 D_t 下，从各个特征的弱分类器中选出一个最佳分类器 h_t，使得在 D_t 下的分类误差最小，也即使下式取得最大值：

$$r_t=\sum_{i,l}D_t(i,l)y_i(l)h_t(x_i,l) \tag{A.6.22}$$

③ 根据分类的性能 r_t 计算分类器的权重：

$$w_t=\frac{1}{2}\ln\left(\frac{1+r_i}{1-r_i}\right) \tag{A.6.23}$$

④ 更新并归一化样本的分布：

$$D_{t+1}(i,l)=\frac{D_i(i,l)\exp\{-w_t y_i(l)h_t(x_i,l)\}}{N_t} \tag{A.6.24}$$

其中，N_t 为归一化常数，使得 D_{t+1} 为一个概率密度分布。

(3) 最终可得到的强分类器如下：

$$H(\boldsymbol{x},l)=\operatorname{sign}\left[\sum_{t=1}^{T}w_t h_t(\boldsymbol{x},l)\right] \tag{A.6.25}$$

在这个结果中，$\boldsymbol{x}$ 可以同时属于多个类别，即多类多标签的情况。进一步地，将强分类器的定义改写为多类单标签的情况：

$$H(\boldsymbol{x})=\underset{l}{\operatorname{argmax}}\left[\sum_{t=1}^{T}w_t h_t(\boldsymbol{x},l)\right] \tag{A.6.26}$$

用这样的分类器就可进行表情分类了。

2. 矢量输入多类输出的自适应自举算法

在人脸图像分析系统中，输入一般是具有若干个维数的特征矢量，可以写作 $\boldsymbol{x}=[x_1,\ x_2,\cdots,$

x_n]。对于一个高维的输入特征矢量,既可以将整个矢量 $\boldsymbol{x}$ 作为分类器的输入,也可以将矢量中的每一个分量 x_i 作为分类器的输入。以基于分块直方图的特征(参见 A.6.3 小节)为例,每个块特征都是一个矢量,相应的弱分类器也是针对矢量输入的弱分类器,即 $h(\boldsymbol{x},l)$。由于矢量特征比一维分量特征包含了更多的信息,这样每次迭代更新的信息更多,所以用较少的迭代次数就能收敛到较低的错误率。

对于二分类自适应自举算法中单个特征为矢量的情况,一种确定判决面的方法是根据在权重 D_t 下加权得到的正样本平均矢量和负样本平均矢量来确定二者中间的超平面[Howe 2003]。

如果用 $\boldsymbol{V}_\mathrm{P}$ 表示所有正样本的加权平均矢量,$\boldsymbol{V}_\mathrm{N}$ 表示所有负样本的加权平均矢量,即

$$\boldsymbol{V}_\mathrm{P}=\sum_{i\in J^\mathrm{P}}D(i)\boldsymbol{x}_{k,i} \tag{A.6.27}$$

$$\boldsymbol{V}_\mathrm{N}=\sum_{i\in J^\mathrm{N}}D(i)\boldsymbol{x}_{k,i} \tag{A.6.28}$$

其中,$J^\mathrm{P}=\{j\mid y_j=1\}$ 和 $J^\mathrm{N}=\{j\mid y_j=-1\}$ 分别表示正和负的样本集合,D 表示前述自适应自举分类过程中在样本集合上的权重分布,k 表示第 k 个特征,i 表示第 i 个样本,则二分类的决策超平面由矢量 $\boldsymbol{V}_\mathrm{P}$ 和 $\boldsymbol{V}_\mathrm{N}$ 的和矢量 $\boldsymbol{V}_\mathrm{P}+\boldsymbol{V}_\mathrm{N}$ 决定。这一决策面并不一定提供最佳决策,但其性能总能满足弱分类器的正确率大于50%的要求[Howe 2003]。

如下找出与上述超平面垂直的法向量 $\boldsymbol{V}_\perp$

$$\boldsymbol{V}_\perp=\boldsymbol{V}_\mathrm{P}-\frac{\boldsymbol{V}_\mathrm{N}\cdot(\boldsymbol{V}_\mathrm{P}+\boldsymbol{V}_\mathrm{N})}{\|\boldsymbol{V}_\mathrm{P}+\boldsymbol{V}_\mathrm{N}\|} \tag{A.6.29}$$

则弱分类器的输出可以由输入特征矢量 $\boldsymbol{x}$ 与法向量 $\boldsymbol{V}_\perp$ 的点积值来给出:

$$h(\boldsymbol{x})=\mathrm{sign}(\boldsymbol{x}\cdot\boldsymbol{V}_\perp-b) \tag{A.6.30}$$

该方法可推广到多类的情况,即**矢量输入多类输出的自适应自举算法**,这样使得弱分类器在矢量输入的情况下能给出多类的输出结果。注意到前述算法中的每一个输入的特征矢量都表示了一个直方图的分布,即矢量

$$\boldsymbol{x}=[x_1,x_2,\cdots,x_n] \tag{A.6.31}$$

且满足

$$\sum_i x_i=1 \tag{A.6.32}$$

那么考虑矢量

$$\boldsymbol{z}=[\sqrt{x_1},\sqrt{x_2},\cdots,\sqrt{x_n}] \tag{A.6.33}$$

则 $\boldsymbol{z}$ 为单位矢量,满足

$$\sqrt{\sum_i z_i^2}=1 \tag{A.6.34}$$

如果以 $\boldsymbol{z}$ 作为特征矢量,则各类特征矢量在特征空间中都分布在模为1的球面上,因此两个矢量之间的距离可以用它们的夹角来衡量。计算出每个类别样本的加权平均矢量,作为该类别的加权类中心。于是可以用样本到每一类样本的加权平均矢量的夹角作为判断样本属于某一类的判决标准。

定义各个类别的加权平均矢量为

$$\boldsymbol{V}_1=\sum_{i\in J^1}D(i)\boldsymbol{z}_{k,i},\boldsymbol{V}_2=\sum_{i\in J^2}D(i)\boldsymbol{z}_{k,i},\cdots,\boldsymbol{V}_L=\sum_{i\in J^L}D(i)\boldsymbol{z}_{k,i} \tag{A.6.35}$$

则各个样本到各类加权平均矢量的交角为

$$\cos\theta_1=\boldsymbol{z}_{k,i}\cdot\frac{\boldsymbol{V}_1}{\|\boldsymbol{V}_1\|},\cos\theta_2=\boldsymbol{z}_{k,i}\cdot\frac{\boldsymbol{V}_2}{\|\boldsymbol{V}_2\|},\cdots,\cos\theta_L=\boldsymbol{z}_{k,i}\cdot\frac{\boldsymbol{V}_L}{\|\boldsymbol{V}_L\|} \tag{A.6.36}$$

定义弱分类器为

$$h(\boldsymbol{x},l)=2\boldsymbol{z}_{k,i}\cdot\frac{\mathbf{V}_l}{\|\mathbf{V}_l\|}-1 \tag{A.6.37}$$

则该式可使 $h(\boldsymbol{x},l)$ 的输出在 $[-1,1]$ 区间。

注意，当分块的大小为 1×1 时，其直方图特征为 $\boldsymbol{z}\in\{[1,0,0,\cdots,0,0],[0,1,0,\cdots,0,0],\cdots,[0,0,0,\cdots,0,1]\}$，即第 i 维特征为 1，其他维均为零。各直方图特征的加权平均矢量相当于统计了一个 1×1 特征的加权分布，则这时弱分类器的输出与式(A.6.37)相同。

A.6.8 微表情识别

面部表情可以有多种形式，并以多种方式呈现。微表情是一种微妙而无意识的面部表情，通常在人们想要抑制情绪时产生。微表情属于自发表情[Mostafa 2014]。微表情通常发生在 1/25～1/2s 内(这与通常持续 0.5～4s 的正常面部表情不同)，并在此期间发生不可控制的变化。此外，相应的面部变化仅限于面部表面的几个小区域。

一个人微表情的发生往往是无意识的，但它更能反映其隐藏的真实情绪，即反映人们的真实情绪。现有的实验表明，识别一个人的微表情的能力与识别他的谎言的能力呈正相关。这表明微表情可以有效地帮助人们识别谎言。

3 种主流的微表情识别方法是[张 2021c]：基于**局部二值模式**(LBP)、基于**光流场**和基于**卷积神经网络**(CNN)。

1. 基于局部二值模式的方法

在微表情识别中，人脸纹理的变化表明了人脸上的微动作。局部二值模式(LBP)可以有效地捕捉纹理变化，并具有灰度不变性和旋转不变性。

基本的 LBP 是为 2-D 图像而定义的。微表情识别需使用视频，因此要进行一些扩展。一个合适的扩展是来自**三个正交平面的局部二值模式**(LBP-TOP)，其中综合考虑了三个正交的平面(XY、XT、YT)[Zhao 2007]。为了利用 LBP-TOP 所使用的外观和运动信息以外的信息，还可利用**时空完整局部量化模式**(STCLQP)[Huang 2016a]以用于面部微表情分析。为了充分利用积分投影提供的鉴别信息进行微表情识别，还可以使用**具有积分投影的时空局部二值模式**(STLBP-IP)[Huang 2015]。为了进一步考虑人脸图像的形状特性并区分时间和空间的微表情特征，还可以使用**具有改进积分投影的时空局部二值模式**(STLBP-IIP)[Huang 2016b]。表 A.6.4 对这些方法进行了总结归纳。

表 A.6.4 基于 LBP 的 4 种典型方法

方法	工作原理	应用场景
LBP-TOP	给定视频序列，可以将其视为分别沿时间 T 轴、空间 X 轴和空间 Y 轴的 XY、XT 和 YT 平面的 3 个堆栈。3 个直方图分别从 3 个平面堆栈中导出，并作为动态视频纹理描述符连接到一个直方图中	自然定向光环境
STCLQP	它首先提取 3 条信息，包括符号、幅度和方向分量。然后，对外观域和时域中的每个分量执行有效的矢量量化和码本选择，以学习用于推广经典模式类型的紧凑和有区别的码本。最后，基于鉴别码本，提取符号、幅度和方向分量的时空特征，并使用子空间方法将其拼接成一个特征	更适合识别厌恶和悲伤的表情
STLBP-IP	采用基于差分图像的积分投影方法获得水平和垂直投影，并基于积分投影构建时空局部二值模式，利用局部二值模式算子提取水平和垂直投射的外观和运动特征	未遮挡的面部表情

续表

方　法	工作原理	应用场景
STLBPIIP	首先用一种改进的积分投影方法来保持微表情的形状属性。然后,将改进的积分投影与跨时间和空间的局部二值模式算子相结合,即将形状属性集成到时空纹理特征中,以提取新的时空特征。最后,采用基于拉普拉斯算子的特征选择方法来提高识别能力	未遮挡的面部表情

2. 基于光流场的方法

光流反映了视频帧图像中像素在时域中的变化以及相邻帧之间的相关性和对应关系,可以表示物体在相邻帧之间的运动。使用光流方法的一个假设是,物体只有很微小的运动,即时间的变化不会引起物体位置的灰度值(外观)的急剧变化。这适用于面部动作相对较小且不易检测的微表情识别。此外,光流技术提取的特征主要是几何特征,因此特征维数不是很高,这更有利于实时识别。

微表情是面部肌肉运动的结果。从确定面部肌肉坐标的角度出发,[Li 2016]提出了一种使用深度多任务学习技术进行面部标志定位的方法。该方法计算感兴趣区域(ROI)中**定向光流直方图**(HOOF)。该方法得到的结果符合 FACS 的 AU 原理,可用于识别微表情。该方法已被进一步修改,以考虑光流的主要方向,并通过使用增强 HOOF 特征来补偿变化的强度[Li 2019c]。考虑主方向的另一种简单方法是使用**主方向平均光流**(MDMO)特征(基于 ROI 的归一化统计特征)进行微表情识别[Liu 2015]。该方法考虑了局部统计运动信息和空间位置,但其特征维数相对较小。表 A.6.5 对这些方法进行了总结归纳。

表 A.6.5　基于光流场的 3 种典型方法

方　法	工作原理	应用场景
ROI+HOOF	首先使用深度多任务卷积网络检测人脸标志点,并使用这些标志点分割人脸区域。然后利用融合卷积网络从包含肌肉变化的面部区域提取微表情的光流特征(HOOF)。最后,通过增强光流对特征信息进行细化,并通过支持向量机(SVM)对特征进行分类和识别	照明条件稳定的场所
ROI+Revised HOOF	类似于 ROI+HOOF,但在计算 HOOF 特征时,根据主要方向上的光流比例信息,使用光流矢量的最大幅度和方向来表示每个区域中肌肉变化的主要部分	照明条件稳定的场所
MDMO	它将稳健的光流方法应用于包含微表情的视频片段。首先基于部分动作单元将面部区域划分为感兴趣区域(ROI);然后使用光流驱动方法来配准微表情视频的所有帧,以减少头部运动引起的噪声影响;最后,将具有 MDMO 特征的支持向量机用于微表情识别	需要快速检测但精度要求较低的场合

3. 基于卷积神经网络的方法

卷积神经网络(CNN)近年来常被用于提取微表情识别所需的特征,并且通过分析提取的特征可以获得所需的识别结果。微表情的特点是相对较小的面部动作。如果使用卷积神经网络,那么通常需要使用其他辅助方法来改变网络的输入,或者改变和优化网络结构,以便网络能够提取更多有用的特征,从而提高微表情的识别精度[Zhang 2021]。一个借助 3-D 卷积神经网络的算法可见[张 2021d]。

用 CNN 对所有微表情帧进行特征提取是非常耗时的。为了解决这个问题,在**真实微表情识别**(MER)之前添加了**顶点框定位**(AFS)组件,构成了用于微表情识别的 AFS+MER 系统[Liong 2018],如图 A.6.10 所示。AFS 组件共有 5 个模块,各模块的任务如下:

(1) 使用标志点检测器来标注面部标志点;

(2) 提取感兴趣区域(ROI);

(3) 使用 LBP 获得每个帧的特征;

(4) 计算起始帧和其他帧之间的特征差;

(5) 检测峰值以找到顶点帧。

利用 AFS 组件,系统只需选择峰值(顶点)帧和初始帧用于识别,从而大大减少了计算量。

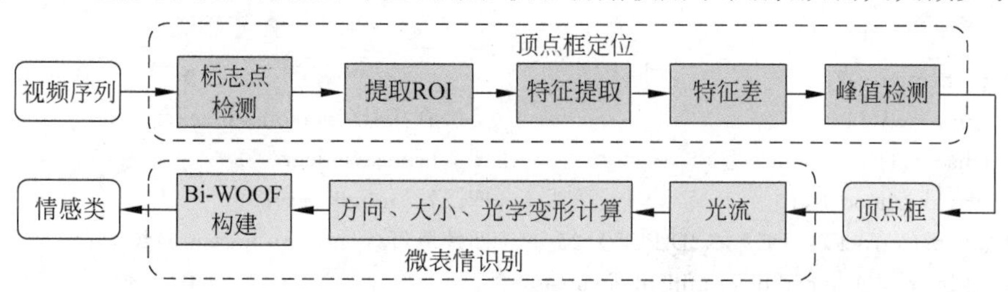

图 A.6.10 微表情识别系统框架

基于与 AFS+MER 系统相似的思想,[Kim 2016]使用卷积神经网络(CNN)来选择顶点帧,并结合**长短期记忆**(LSTM)进行微表情识别(CNN+LSTM)。进一步地,利用长-短期存储器模块为视频检测保留长久以前的信息的能力,[Khor 2018]提出了一种**丰富的长期循环卷积网络**(ELRCN)。ELRCN 模型包括深度分层空间特征提取器和表征时间动态的时间模块。该网络有两种变型:

(1) ELRCN-SE——具有**空间维度丰富**(SE)的 ELRCN;

(2) ELRCN-TE——具有**时间维度丰富**(TE)的 ELRCN。

表 A.6.6 对这些方法进行了总结归纳。

表 A.6.6 基于卷积神经网络的 4 种典型方法

方　法	工作原理	应用场景
AFS+MER	它首先使用时间信息将微表情划分为不同的片段,然后使用空间信息检测强度变化以提取峰值视频片段,最后仅使用峰值(顶点)帧和初始帧来提取用于识别的特征	需要较少计算
CNN+LSTM	它首先使用 CNN 来编码不同表达状态(开始、开始到顶点、顶点、顶点到偏移和偏移)下的微表情的空间特征。在目标函数中考虑表情状态以增加类表情的可分类性。然后,通过特征学习,将学习到的具有表情状态约束的空间特征转换为用于学习微表情的时间特征。最后使用 LSTM 循环神经网络来编码微表情的不同状态的时间特征	分析采集后图像
ELRCN-SE	网络首先通过 CNN 模块将每个微表情帧编码为特征矢量,然后通过 LSTM 传递特征矢量进行预测。最后通过输入通道堆叠实现空间维度的富集	使用单个数据库
ELRCN-TE	网络首先通过 CNN 模块将每个微表情帧编码为特征矢量,然后通过 LSTM 传递特征矢量进行预测。最后通过深度特征叠加实现时间维度的富集	具有跨域的场合

主题索引

（页码后加 E 表示索引词在该页链接的电子文件中）

K

T

W

X

部分思考题和练习题解答

参 考 文 献